Frank S. Crawford, Jr.

SCHWINGUNGEN UND WELLEN

2., überarbeitete Auflage

Mit 141 Bildern

Friedr. Vieweg + Sohn · Braunschweig

Originalausgabe

Frank S. Crawford, Jr.
Waves
Berkeley Physics Course – Volume 3

Published by McGraw-Hill Book Company, a Division of McGraw-Hill, Inc., in 1968.

Die Herausgabe der Originalausgabe des „Berkeley Physik Kurs" wurde durch eine finanzielle Unterstützung der National Science Foundation an Educational Services Incorporated ermöglicht.

Deutsche Ausgabe

Übersetzung aus dem Englischen: Prof. Dr. *Ferdinand Cap, S. Kuhn* und *E. Jager*, Innsbruck

Wissenschaftliche Beratung und Redaktion:
Prof. Dr. *Roman Sexl*, Institut für Theoretische Physik der Universität Wien

Verlagsredaktion: *Alfred Schubert*

1. Auflage 1974
2., überarbeitete Auflage 1982
   Nachdruck 1984

Satz: Friedr. Vieweg & Sohn, Braunschweig
Druck: Lengericher Handelsdruckerei, Lengerich
Buchbinderische Verarbeitung: Hunke & Schröder, Iserlohn
Umschlaggestaltung: Peter Morys, Wolfenbüttel

Printed in Germany-West

ISBN 3-528-18353-5

Vorsätze zur Bezeichnung eines dezimalen Teiles oder eines Vielfachen von Einheiten

10^{12}	Tera	T
10^{9}	Giga	G
10^{6}	Mega	M
10^{3}	Kilo	k
10^{2}	Hekto	h
10	Deka	da
10^{-1}	Dezi	d
10^{-2}	Centi	c
10^{-3}	Milli	m
10^{-6}	Mikro	μ
10^{-9}	Nano	n
10^{-12}	Pico	p
10^{-15}	Femto	f
10^{-18}	Atto	a

Wichtige Identitäten

$$\cos x + \cos y = [2\cos\tfrac{1}{2}(x-y)]\cos\tfrac{1}{2}(x+y)$$

$$\cos x - \cos y = [-2\sin\tfrac{1}{2}(x-y)]\sin\tfrac{1}{2}(x+y)$$

$$\sin x + \sin y = [2\cos\tfrac{1}{2}(x-y)]\sin\tfrac{1}{2}(x+y)$$

$$\sin x - \sin y = [2\sin\tfrac{1}{2}(x-y)]\cos\tfrac{1}{2}(x+y)$$

$$\cos(x \pm y) = \cos x\cos y \mp \sin x \sin y$$

$$\sin(x \pm y) = \sin x \cos y \pm \sin y \cos x$$

$$\cos 2x = \cos^2 x - \sin^2 x$$

(handschriftlich: $= 1 - 2\sin^2 x$)

$$\sin 2x = 2\sin x\cos x$$

$$\cos^2 x = \tfrac{1}{2}(1 + \cos 2x)$$

$$\sin^2 x = \tfrac{1}{2}(1 - \cos 2x)$$

$$\sin x = x - \tfrac{1}{6}x^3 + \ldots$$

$$\cos x = 1 - \tfrac{1}{2}x^2 + \ldots$$

$$(1+x)^n = 1 + nx + \tfrac{1}{2}n(n-1)x^2 + \ldots; \quad x^2 < 1.$$

$$\cos\theta_1 + \cos(\theta_1 + \gamma) + \cos(\theta_1 + 2\gamma) + \ldots + \cos[\theta_1 + (n-1)\gamma] = \cos[\theta_1 + \tfrac{1}{2}(n-1)\gamma]\frac{\sin\frac{1}{2}n\gamma}{\sin\frac{1}{2}\gamma}$$

Vorwort zum Berkeley Physik Kurs

Dieser Kurs ist ein zweijähriger Physiklehrgang für Studenten mit naturwissenschaftlich-technischen Hauptfächern. Es war das Ziel der Autoren, die Physik so weit wie möglich aus der Sicht des Physikers darzustellen, der auf dem jeweiligen Gebiet forschend arbeitet. Wir haben versucht, einen Kurs zu gestalten, der die Grundsätze der Physik klar und deutlich herausstellt. Insbesondere sollten die Studenten frühzeitig mit den Ideen der speziellen Relativitätstheorie, der Quantenmechanik und statistischen Physik vertraut gemacht werden, dies aber so, daß alle Studenten mit den in der Sekundarstufe II erworbenen Physikkenntnissen angesprochen werden. Eine Vorlesung über Höhere Mathematik sollte gleichzeitig mit diesem Kurs gehört werden.

In den letzten Jahren wurden in den USA verschiedene neue Physiklehrgänge für Colleges geplant und entwickelt. Angesichts der Neuentwicklung in Naturwissenschaft und Technik und der steigenden Bedeutung der Wissenschaft im Primar- und Sekundarbereich der Schulen erkannten viele Physiker die Notwendigkeit neuer Physikkurse. Der Berkeley Physik Kurs wurde durch ein Gespräch zwischen *Philip Morrison*, der jetzt am Massachusetts Institute of Technology tätig ist, und *C. Kittel* Ende 1961 begründet. Wir wurden dann durch *John Mays* und seine Kollegen von der National Science Foundation und durch *Walter C. Michels*, dem damaligen Vorsitzenden der Commission on College Physics, unterstützt und ermutigt. Ein provisorisches Komitee unter dem Vorsitz von *C. Kittel* führte den Kurs durch das Anfangsstadium.

Ursprünglich gehörten dem Komitee *Luis Alvarez, William B. Fretter, Charles Kittel, Walter D. Knight, Philip Morrison, Edward M. Purcell, Malvin A. Ruderman* und *Jerrold R. Zacharias* an. Auf der ersten Sitzung im Mai 1962 in Berkeley entstand in groben Zügen der Plan für einen völlig neuen Lehrgang in Physik. Wegen dringender anderweitiger Verpflichtungen einiger Komiteemitglieder war es nötig, das Komitee im Januar 1964 neu zu bilden; es besteht jetzt aus den Unterzeichnern dieses Vorworts. Auf Beiträge von Autoren, die dem Komitee nicht angehören, nehmen die Vorworte zu den einzelnen Bänden Bezug.

Die von uns entwickelte Rohkonzeption und unsere Begeisterung dafür hatten einen maßgeblichen Einfluß auf das Endprodukt. Diese Konzeption umfaßte die Themen und Lernziele, von denen wir glaubten, sie sollten und könnten allen Studenten naturwissenschaftlicher und technischer Studienrichtungen in den ersten Semestern vermittelt werden. Es war aber niemals unsere Absicht, einen Kurs zu entwickeln, der nur besonders begabte oder weit fortgeschrittene Studenten anspricht. Wir beabsichtigen, die Grundlagen der Physik aus einer unvorbelasteten Gesamtsicht darzustellen; Teile des Kurses werden daher vielleicht dem Dozenten gleichermaßen neu erscheinen wie dem Studenten.

Die fünf Bände des Berkeley Physik Kurses sind

1. Mechanik (*Kittel, Knight, Ruderman*)
2. Elektrizität und Magnetismus (*Purcell*)
3. Schwingungen und Wellen (*Crawford*)
4. Quantenphysik (*Wichmann*)
5. Statistische Physik (*Reif*)

Bei der Erarbeitung des Manuskriptes war jedem Autor freigestellt, den für sein Thema geeigneten Stil und die ihm passend erscheinenden Methoden zu wählen.

In Vorbereitung zu dem vorliegenden Kurs stellte *Alan M. Portis* ein neues physikalisches Einführungspraktikum zusammen, das nun unter der Bezeichnung Berkeley Physics Laboratory (Berkeley Physik Praktikum) läuft. Da der Physik Kurs sich im wesentlichen mit den Grundprinzipien der Physik befaßt, werden manche Lehrer der Ansicht sein, er befasse sich nicht ausreichend mit experimenteller Physik; das Laborpraktikum ermöglicht jedoch die Durchführung eines reichhaltigen Programms an Experimenten, das das theoretisch-experimentelle Gleichgewicht des gesamten Lehrgangs garantieren soll.

Die Finanzierung des Kurses wurde von der National Science Foundation ermöglicht, beträchtliche indirekte Unterstützung kam aber auch von der University of California. Die Geldmittel wurden von Educational Services Incorporated (ESI), einer gemeinnützigen Organisation zur Curriculumentwicklung, verwaltet. Im besonderen sind wir *Gilbert Oakley, James Aldrich* und *William Jones* von ESI für ihre tatkräftige und verständnisvolle Unterstützung verpflichtet. ESI hat eigens in Berkeley ein Büro eingerichtet, das unter der kompetenten Führung von Mrs. *Minty R. Maloney* steht und bei der Entwicklung des Lehrgangs und des Laborpraktikums eine große Hilfe ist.

Zwischen der University of California und unserem Programm bestand keine offizielle Verbindung, doch ist uns von dieser Seite verschiedentlich wertvolle Hilfe gewährt worden. Dafür danken wir den Direktoren des Physik Departments, *August C. Helmholz* und *Burton J. Moyer*; den wissenschaftlichen und nichtwissenschaftlichen Mitarbeitern des Departments; *Donald Coney* und vielen anderen von unserer Universität. *Abraham Olshen* half uns sehr bei der Bewältigung organisatorischer Probleme in der Anlaufzeit.

Hinweise auf Fehler und Verbesserungsvorschläge nehmen wir immer gern entgegen.

Eugene D. Commins
Frank S. Crawford, Jr.
Walter D. Knight
Philip Morrison
Alan M. Portis
Edward M. Purcell
Frederick Reif
Malvin A. Ruderman
Eyvind H. Wichmann
Charles Kittel, Vorsitzender

Januar 1965

Hinweis

Die Bände 1, 2 und 5 wurden in ihrer endgültigen Gestalt zwischen Januar 1965 und Juni 1967 veröffentlicht. Während der Vorbereitung der Bände 3 und 4 zur Veröffentlichung wurden einige organisatorische Änderungen vorgenommen. Das Education Development Center trat die Nachfolge der Educational Services Incorporated als administrative Organisation an. Auch erfolgten im Ausschuß selbst einige Änderungen und die Zuständigkeitsbereiche wurden neu verteilt. Der Ausschuß ist jenen Kollegen besonders dankbar, die diesen Lehrgang im Unterricht erprobt haben und auf Grund ihrer Erfahrung mit Kritik und Verbesserungsvorschlägen das Vorhaben förderten.

Frank S. Crawford, Jr.
Charles Kittel
Walter D. Knight
Alan M. Portis
Frederick Reif
Malvin A. Ruderman
Eyvind H. Wichmann
A. Carl Helmholz, *Edward M. Purcell* – Vorsitzende

Juni 1968
Berkeley, California

Vorwort zu Band 3 Schwingungen und Wellen

Der vorliegende Band behandelt Schwingungen und Wellen, ein umfangreiches Gebiet. Jedermann kennt viele Naturerscheinungen, die mit Wellen verknüpft sind: Es gibt Wasser-, Schall-, Licht-, Radiowellen, seismische Wellen, de Broglie-Wellen und noch andere. Ferner zeigt sich, wenn man die Regale physikalischer Bibliotheken durchstöbert, daß das Studium eines kleinen Teilgebietes der Wellenphänomene ganze Bücher und Zeitschriftenjahrgänge ausfüllt. Solche Spezialgebiete, wie etwa *Ultraschallwellen im Wasser*, können sogar die gesamte Schaffenskraft einzelner Wissenschaftler erfordern.

Ein „Spezialist" auf einem dieser Teilgebiete unterhält sich erstaunlicherweise gewöhnlich recht leicht mit anderen Fachspezialisten, die auf anderen, scheinbar völlig verschiedenen Gebieten arbeiten. Zuerst muß er ihre Fachsprache, die Maßeinheiten und die in ihrem Gebiete wichtigen Zahlen lernen – er muß beispielsweise wissen was ein Hertz ist. Doch wenn er erst einmal sein Interesse erwachen fühlt, so kann er tatsächlich sehr rasch ein „Spezialist" auf dem neuen Gebiet werden. Dies ist deshalb möglich, weil die Physiker eine gemeinsame Sprache verwenden. Der Grund dafür liegt in der bemerkenswerten Tatsache, daß sich viele völlig unterschiedliche und scheinbar nicht zusammenhängende physikalische Erscheinungen durch gemeinsame Begriffe beschreiben lassen. So sind mit dem Wort *Welle* viele solcher gemeinsamen Begriffe verknüpft.

Das Hauptanliegen dieses Bandes ist es, das Verständnis grundlegender Begriffe der Wellenlehre und ihres wechselseitigen Zusammenhanges zu vermitteln. Daher ist das Buch nach diesen Begriffen gegliedert und nicht nach beobachtbaren Naturerscheinungen wie Schall, Licht usw.

Zusätzlich soll der Leser Vertrautheit mit vielen interessanten und wichtigen Beispielen von Wellen gewinnen und so lernen, die allgemeinen und vielseitig verwendbaren Begriffe in konkreten Fällen anzuwenden. Daher wird jeder dieser Begriffe sofort nach seiner Einführung durch Anwendungen auf viele verschiedene physikalische Systeme, wie Saiten, Spiralfedern, Fernleitungen, Kartonröhren, Lichtstrahlen usw., erläutert. Im Gegensatz dazu könnte man zuerst die zu verwendenden Begriffe an einem einfachen Beispiel – z.B. der gespannten Saite – entwickeln und dann erst andere interessante physikalische Systeme betrachten.

Durch die Wahl erläuternder Beispiele, die untereinander geometrische „Ähnlichkeit" aufweisen, hoffe ich, den Studenten zur Suche nach Ähnlichkeiten und Analogien zwischen verschiedenen Wellenerscheinungen zu ermutigen. Ebenso hoffe ich, ihn dadurch in die Lage zu versetzen, solche Analogien bei der Konfrontation mit neuen Erscheinungen durch „Raten" auch *anzuwenden.* Analogiebildungen enthalten bekannterweise Gefahren und Fallen, doch die gibt es überall. Die Vermutung, Lichtwellen könnten „so etwas" wie mechanische Wellen in irgendeinem „Äther" sein, war sehr fruchtbar. Sie leitete *Maxwell* bei dem Versuch, seine berühmten Gleichungen aufzustellen. Auch lieferte sie interessante Voraussagen. Die Experimente – insbesondere die von *Michelson* und *Morley* – deuteten jedoch darauf hin, daß dieses mechanische Modell nicht ganz zutreffend sein konnte. Daraufhin zeigte *Einstein*, wie man zwar das Modell aufgeben, die Maxwellschen Gleichungen aber beibehalten sollte. *Einstein* zog es vor, die Gleichungen direkt zu erraten, was man als „reines" Raten bezeichnen könnte. Heutzutage lassen sich die meisten Physiker beim Aufstellen von Gleichungen zwar noch immer durch Analogien und Modelle leiten, doch veröffentlichen sie gewöhnlich nur die Gleichungen selbst.

Die *Heimversuche* bilden einen wichtigen Bestandteil dieses Bandes. Sie vermitteln nämlich Vergnügen – und Einsicht – in einer Art, wie sie die üblichen Vorlesungsdemonstrationen und Praktikumsversuche nicht geben können, so wichtig diese auch sind. Alle Heimversuche sind „Küchenphysik" und erfordern nur wenig oder überhaupt keine besondere Ausrüstung. Eine optische Ausrüstung wird mitgeliefert; Stimmgabeln, Spiralfedern und Kartonröhren gehören zwar nicht dazu, doch sind diese Dinge preiswert und stellen daher nichts „Besonderes" dar. Die Versuche *sind wirklich* für die Durchführung daheim gedacht, nicht fürs Laboratorium. Manche von ihnen wären vielleicht besser als *Demonstrationen* statt als Heimversuche zu bezeichnen.

Jeder der im Text besprochenen Hauptbegriffe wird durch mindestens einen Heimversuch veranschaulicht. Die Heimversuche dienen aber nicht nur diesem Zweck, sondern sie geben dem Studenten auch die Möglichkeit, enge persönliche „Beziehungen" zu den Erscheinungen zu gewinnen. Gerade weil es sich um *Heimversuche* handelt, ist diese Beziehung eng und ungezwungen. Das ist wichtig. Da gibt es nämlich keinen Praktikumspartner, der etwa den Ball nimmt und mit ihm fortläuft, während Sie noch die Spielregeln lesen, oder der auf dem Ball sitzt, wenn Sie diesen aufnehmen wollen. Da ist auch kein Demonstrator, der Ihnen die Bedeutung *seiner* Demonstrationen erklärt, während Sie in Wirklichkeit *Ihre* Demonstrationen durchführen müßten – mit Ihren eigenen Händen, mit Ihrem eigenen Tempo und so oft Sie es wünschen.

Der Heimversuch hat eine weitere wichtige Eigenschaft: Wenn einem um 22 Uhr plötzlich einfällt, daß man einen letzte Woche durchgeführten Versuch falsch verstanden hat, so kann man die Anordnung um 22.15 Uhr schon wieder aufgebaut haben und den Versuch wiederholen. Das ist wichtig. Schließlich geht es beim richtigen experimentellen Arbeiten kaum auf Anhieb „glatt"! Die nachträglichen Einfälle sind eines jener Geheimnisse, die zum Erfolg führen – es gibt aber noch andere. Nichts ist beim Lernen ärgerlicher und störender, als wenn man einen nachträglichen Einfall zu einem Versuch nicht ausführen kann, weil „die Anordnung schon abgebaut ist", weil „es schon nach 5 Uhr nachmittags ist" oder weil irgendein anderer dummer Grund vorliegt.

Schließlich hoffe ich, durch die Heimversuche das zu pflegen, was ich als „Wertschätzung der Naturerscheinungen" bezeichnen könnte. Ich möchte den Studenten so weit bringen, daß er mit seinen eigenen Händen eine Anordnung herstellt, die seine Augen, seine Ohren und seinen Geist zugleich überrascht und erfreut.

Steine mit klaren Farben
zittern im Bachbett . . .
oder es ist das Wasser

Soseki

Band 3 wurde in seinen provisorischen Fassungen in mehreren Vorlesungszyklen an der Universität Berkeley verwendet. Wertvolle Kritiken und Kommentare zu den provisorischen Ausgaben kamen von Studenten der Universität Berkeley, von den Professoren der Universität Berkeley *L. Alvarez, S. Parker, A. Portis* und besonders *C. Kittel*, von *J. D. Gavenda* und seinen Studenten an der University of Texas sowie von *W. Walker* und seinen Studenten an der University of California in Santa Barbara. Äußerst nützliche spezielle Kritik lieferte *S. Pasternack* bei seiner aufmerksamen Durchsicht der provisorischen Ausgabe. Von besonderer Hilfe und von besonderem Einfluß war die detaillierte Kritik von *W. Walker*, der die vorletzte Fassung durchsah.

Luis Alvarez steuerte auch sein erstes veröffentlichtes Experiment bei: „A Simplified Method for Determination of the Wavelength of Light" („Eine vereinfachte Methode für die Bestimmung der Wellenlänge von Licht"), *School Science and Mathematics* **32**, 89 (1932). Dieses Experiment bildet die Grundlage für Übung und Heimversuch 10 in Kapitel 9.

Besonders dankbar bin ich *Joseph Doyle*, der das gesamte endgültige Manuskript durchsah. Seine wohlüberlegten Kritiken und Anregungen führten zu vielen wichtigen Verbesserungen. Er machte mich auch mit dem japanischen Haiku bekannt, mit dem das eigentliche Vorwort endete. Er und ein anderer Doktorand, *Robert Fisher*, lieferten viele gute Ideen für Heimversuche. Meine Tochter *Sarah* ($4\frac{1}{2}$ Jahre) und mein Sohn *Matthew* ($2\frac{1}{2}$ Jahre) steuerten nicht nur ihre Spiralfedern bei, sondern sie demonstrierten auch, daß bei Systemen völlig ungeahnte Freiheitsgrade auftreten können. Meine Frau *Bevalyn* stellte ihre Küche und noch vieles andere zur Verfügung.

Die Herausgabe der provisorischen Fassungen wurde von Frau *Mary R. Maloney* geleitet. Frau *Lila Lowell* leitete die letzte provisorische Ausgabe und tippte den größten Teil des endgültigen Manuskripts. Die endgültige Form der Illustrationen stammt von *Felix Cooper*.

Ich anerkenne dankbar die Beiträge anderer, doch die letzte Verantwortung für das Manuskript trage ich selbst. Alle Berichtigungen, Beschwerden, Komplimente, Änderungsvorschläge und Ideen für Heimversuche werden mir willkommen sein. Sie können mir unter der Adresse Physics Department, University of California, Berkeley, California, 94720 zugesandt werden. In der Ausgabe, in der dieser Versuch neu aufgenommen wird, wird der Name dessen stehen, der ihn beigesteuert hat, auch wenn der betreffende Versuch zuerst von *Lord Rayleigh* oder sonst jemandem durchgeführt wurde.

F. S. Crawford, Jr.

Hinweise für Dozenten

Aufbau des Lehrbuches

Laufende Wellen sprechen das ästhetische Gefühl stark an, so daß es verlockend wäre, mit ihnen zu beginnen. Aber trotz ihrer Ästhetik und mathematischen Schönheit sind Wellen vom physikalischen Standpunkt aus recht kompliziert, da bei ihnen Wechselwirkungen zwischen sehr vielen Teilchen auftreten. Und da ich nicht die Mathematik, sondern die physikalischen Systeme in den Vordergrund stellen will, beginne ich nicht mit der einfachsten *Welle*, sondern mit dem einfachsten physikalischen *System*.

Kapitel 1 (Freie Schwingungen einfacher Systeme). Zuerst behandeln wir die freien Schwingungen eines eindimensionalen harmonischen Oszillators. Dabei untersuchen wir die physikalischen Aspekte von Trägheit und rücktreibender Kraft, die physikalische Bedeutung von ω^2 sowie die Tatsache, daß die Schwingungsamplitude bei einem realen System nicht zu groß sein darf, damit die Bewegung harmonisch bleibt. Sodann betrachten wir die freien Schwingungen zweier gekoppelter Oszillatoren und führen den Begriff der Eigenschwingung ein. Wir lassen deutlich werden, daß sich eine Eigenschwingung wie ein einziger „ausgedehnter" harmonischer Oszillator verhält, da alle Teile mit derselben Frequenz und mit derselben Phase schwingen. Ferner unterstreichen wir, daß ω^2 für eine Eigenschwingung dieselbe physikalische Bedeutung hat wie für einen eindimensionalen Oszillator.

Was man auslassen kann: Im gesamten Buch erscheinen einige physikalische Systeme immer wieder. Der Dozent sollte nicht auf alle eingehen, der Leser sie nicht alle studieren. Die Beispiele 2 und 8 behandeln longitudinale Schwingungen von Massen und Federn – Beispiel 2 für einen Freiheitsgrad, Beispiel 8 für zwei Freiheitsgrade. In späteren Kapiteln wird dieses System auf viele Freiheitsgrade sowie auf kontinuierliche Systeme (longitudinale Schwingungen auf Gummischnur und Spiralfeder) erweitert. Auch dient es als Modell zur Erleichterung des Verständnisses von Schallwellen. Ein Dozent, der den Schall nicht erörtern will, möchte vielleicht auch von Anfang an auf alle longitudinalen Schwingungen verzichten. Ähnlich befassen sich die Beispiele 4 und 10 mit *LC*-Kreisen von einem Freiheitsgrad bzw. von zwei Freiheitsgraden. In späteren Kapiteln werden sie auf *LC*-Ketten und schließlich auf kontinuierliche Fernleitungen erweitert. Daher sollte ein Dozent, der elektromagnetische Wellen in Fernleitungen nicht bringen will, von Anfang an alle Beispiele mit *LC*-Kreisen übergehen. Er kann dies tun, ohne auf eine gründliche Behandlung der elektromagnetischen Wellen verzichten zu müssen, die in Kapitel 7 mit den Maxwellschen Gleichungen beginnen. Lassen Sie aber die transversalen Schwingungen (Beispiele 3 und 9) *nicht* aus!

Heimversuche: Wir empfehlen Heimversuch 24 (Schwappende Schwingung in einer Wasserschüssel) und die zum selben Thema gehörige Übung 25 (Seiches), um den Studenten zum eigenen Experimentieren anzuregen. Heimversuch 8 (Gekoppelte Suppendosen) ist eine gute Vorlesungsdemonstration. Sicher werden Sie schon ein entsprechendes Demonstrationsgerät (gekoppelte Pendel) haben. Dennoch empfehle ich Spiralfedern und Suppendosen wegen ihrer Augenfälligkeit auch für Vorlesungsdemonstrationen, denn dadurch werden vielleicht die Hörer zur Anschaffung solcher Dinge und damit zum Experimentieren angeregt.

Kapitel 2 (Freie Schwingungen von Systemen mit vielen Freiheitsgraden). Wir gehen nun von zwei Freiheitsgraden auf eine große Anzahl von Freiheitsgraden über und ermitteln die transversalen Eigenschwingungen – die stehenden Wellen – einer kontinuierlichen Saite. Wir definieren k und führen den Begriff der Dispersionsrelation ein, die ω als Funktion von k liefert. Wir verwenden die Eigenschwingungen der Saite dazu, in Abschnitt 2.3 die Fourieranalyse periodischer Funktionen einzuführen. Die exakte Dispersionsrelation für Massenpunktketten wird in Abschnitt 2.4 angegeben.

Was man auslassen kann. Abschnitt 2.3 (Allgemeine Bewegung einer kontinuierlichen Saite und Fourieranalyse) muß nicht unbedingt behandelt werden, besonders dann nicht, wenn die Studenten schon die Grundlagen der Fourieranalyse beherrschen. Beispiel 5 (Abschnitt 2.4) behandelt in einer Linie angeordnete gekoppelte Pendel, das einfachste System mit einer unteren Grenzfrequenz. Dieses System wird später bei der Erklärung anderer Systeme mit einer unteren Grenzfrequenz benutzt. Beabsichtigt ein Dozent nicht, zu einem späteren Zeitpunkt unterhalb der Grenzfrequenz erregte Systeme zu behandeln (Wellenleiter, Ionosphäre, Totalreflexion von Licht in Glas, Durchdringung eines Potentialwalls durch de Broglie-Wellen, Hochpaßfilter usw.), so kann er Beispiel 5 übergehen.

Kapitel 3 (Erzwungene Schwingungen). Die Kapitel 1 und 2 begannen mit freien Schwingungen eines harmonischen Oszillators und endeten mit reinen stehenden Wellen abgeschlossener Systeme. In den Kapiteln 3 und 4 betrachten wir erzwungene Schwingungen – zuerst in *abgeschlossenen* Systemen (Kapitel 3), bei denen wir „Resonanzen" finden, sodann in *unbegrenzten* Systemen (Kapitel 4), bei denen wir auf laufende Wellen eingehen. In Abschnitt 3.2 beschreiben wir den gedämpften erregten eindimensionalen Oszillator und untersuchen sein Verhalten sowohl im Einschwingvorgang als auch im stationären Zustand. Dann gehen wir auf zwei oder mehr Freiheitsgrade über und entdecken, daß jeder freien Eigenschwingung eine Resonanz entspricht. Wir betrachten auch abgeschlossene Systeme, die unterhalb ihrer niedrigsten oder oberhalb ihrer höchsten Eigenfrequenz erregt werden, und stoßen auf Exponentialwellen sowie das Filterverhalten.

Was man auslassen kann: Der Einschwingvorgang (in Abschnitt 3.2) kann übergangen werden. Vielleicht möchten manche Dozenten auch alles über Systeme, die unterhalb der Grenzfrequenz erregt werden, auslassen.

Heimversuche: Für die Heimversuche 8 (Erzwungene Schwingung eines Systems aus zwei gekoppelten Suppendosen) und 16 (Mechanisches Bandpaßfilter) ist der Plattenteller eines Plattenspielers erforderlich. Diese Versuche sind ausgezeichnete Vorlesungsdemonstrationen, insbesondere die der Exponentialwellen von Systemen, die jenseits der Grenzfrequenzen erregt werden.

Kapitel 4 (Laufende Wellen). Hier führen wir *laufende* Wellen ein, die durch erzwungene Schwingungen eines *unbegrenzten* Systems entstehen (im Gegensatz zu den in Kapitel 3 gefundenen *stehenden* Wellen, die aus erzwungenen Schwingungen eines *abgeschlossenen* Systems resultieren). Der Rest von Kapitel 4 ist dem Studium der Phasengeschwindigkeit (einschließlich der Dispersion) und des bei laufenden Wellen auftretenden Wellenwiderstandes gewidmet. Wir stellen die beiden „Grundbegriffe bei laufenden Wellen", *Phasengeschwindigkeit* und *Wellenwiderstand*, den „Grundgrößen bei stehenden Wellen", *Trägheit* und *rücktreibender Kraft*, gegenüber. Ferner arbeiten wir den grundlegenden Unterschied zwischen den Phasenbeziehungen stehender Wellen und jenen laufender Wellen heraus.

Heimversuche: Wir empfehlen Heimversuch 12 (Wasserprisma), den ersten Versuch mit der optischen Ausrüstung. Dabei findet das purpurne Filter Verwendung, das Rot und Blau durchläßt, Grün jedoch unterdrückt. Ferner empfehlen wir nachdrücklich Heimversuch 18 (Messung der Solarkonstanten an der Erdoberfläche), bei dem unsere Augen als Nachweisgerät verwendet werden.

Kapitel 5 (Reflexion). Mit Abschluß des Kapitels 4 haben wir sowohl stehende als auch laufende (eindimensionale) Wellen zur Verfügung. In Kapitel 5 betrachten wir allgemeine Überlagerungen stehender und laufender Wellen. Bei der Herleitung der Reflexionskoeffizienten stellen wir nicht die Randbedingungen in den Vordergrund, sondern wir wenden das Superpositionsprinzip auf sehr „physikalische" Weise an. (Die Randbedingungen werden in den Aufgaben hervorgehoben.)

Was man auslassen kann: Es treten viele Beispiele auf, darunter Schall, Fernleitungen und Licht. Gehen Sie nicht auf alle ein! Kapitel 5 stellt im wesentlichen die „Anwendung" all dessen dar, was wir in den Kapiteln 1 bis 4 gelernt haben. Man kann beliebige Teile oder sogar das gesamte Kapitel auslassen.

Heimversuche: Jeder Leser sollte Heimversuch 3 (Kurzzeitige stehende Wellen auf einer Spiralfeder) durchführen. Die Heimversuche 17 (Ist Ihr Gehörapparat phasenempfindlich?) und 18 (Messung der Phasenbeziehungen an den beiden offenen Enden eines Schlauchs) sind besonders interessant.

Kapitel 6 (Modulationen, Impulse und Wellenpakete). In den Kapiteln 1 bis 5 arbeiten wir hauptsächlich mit einer einzigen Kreisfrequenz ω (außer bei der Fourieranalyse in Abschnitt 2.3). In Kapitel 6 untersuchen wir nun Überlagerungen mit vielen Frequenzen. Durch solche Überlagerungen bilden wir Wellenpakete und erweitern die Fourieranalyse, die wir in Kapitel 2 für periodische Funktionen entwickelt haben, auf die Behandlung aperiodischer Funktionen.

Was man auslassen kann: Der größte Teil der physikalischen Überlegungen steckt in den ersten drei Abschnitten. Hat ein Dozent die Fourieranalyse in Abschnitt 2.3 nicht behandelt, so wird er zweifellos auch die Abschnitte 6.4 und 6.5 auslassen wollen, in denen Fourierintegrale eingeführt und angewendet werden.

Heimversuche: Keiner glaubt an die Gruppengeschwindigkeit, bevor er nicht Wasserwellenpakete beobachtet hat (siehe Heimversuch 11). Auch sollte jeder die Heimversuche 12 (Wellenpakete in Seichtwasser — Flutwellen) und 13 (Triller und Bandbreite) durchführen.

Übungen: Frequenz- und Phasenmodulation werden nicht im Text, sondern in den Aufgaben besprochen. Dasselbe gilt für so interessante neuere Techniken wie die Phasenkopplung der Eigenschwingungen eines Lasers (Übung 23), die Mehrfach- oder Multiplex-Übertragung (Übung 32), sowie die Interferometrische Multiplex-Fourier-Spektroskopie (Übung 33).

Kapitel 7 (Zwei- und dreidimensionale Wellen). In den Kapiteln 1 bis 6 treten nur eindimensionale Wellen auf. In Kapitel 7 gehen wir zum zwei- und dreidimensionalen Fall über. Der Wellenvektor k wird eingeführt. Ausgehend von den Maxwellschen Gleichungen untersuchen wir elektromagnetische Wellen. (In früheren Kapiteln gibt es viele Beispiele für elektromagnetische Wellen in Fernleitungen, bei deren Behandlung wir vom *LC*-Kreis ausgingen.) Ferner gehen wir auf Wasserwellen ein.

Was man auslassen kann: Abschnitt 7.3 (Wasserwellen) kann übergangen werden, doch empfehlen wir die Ausführung der Heimversuche über Wasserwellen, gleichgültig ob Abschnitt 7.3 durchgenommen wird oder nicht. Will ein Dozent hauptsächlich auf Optik eingehen, so könnte er in seiner Vorlesung bei Abschnitt 7.4 (Elektromagnetische Wellen) beginnen und sie dann entsprechend fortsetzen.

Kapitel 8 (Polarisation). Dieses Kapitel untersucht elektromagnetische Wellen und Wellen auf Spiralfedern. Dabei wird die physikalische Beziehung zwischen unvollständiger oder teilweiser Polarisation und Kohärenz hervorgehoben.

Heimversuche: Jeder Leser sollte zumindest die Heimversuche 12, 14, 16 und 18 durchführen. Für Heimversuch 14 benötigt man eine Spiralfeder, für die anderen die optische Ausrüstung.

Kapitel 9 (Interferenz und Beugung). Hier betrachten wir Überlagerungen von Wellen, die von der Quelle zum Nachweisgerät unterschiedliche Wege zurückgelegt haben. Die physikalische Bedeutung der Kohärenz wird herausgearbeitet. Die geometrische Optik wird als Wellenphänomen behandelt, nämlich als das Verhalten eines Strahls mit beschränkter Beugung, der auf verschiedene reflektierende und brechende Oberflächen auftrifft.

Heimversuche: Jeder Leser sollte von den vielen Heimversuchen über Interferenz, Beugung, Kohärenz und geometrische Optik mindestens je einen durchführen. Auch empfehlen wir nachdrücklich Heimversuch 50 (Quadrupolstrahlung einer Stimmgabel).

Übungen: Einige Themen werden in den Aufgaben gebracht: Stellarinterferometer einschließlich der vor kurzem entwickelten Interferometer mit langer Basislinie (Übung 57). Die Analogie zwischen dem Phasenkontrastmikroskop und der Umwandlung von amplitudenmodulierten Radiowellen wird in Übung 59 diskutiert.

Heimversuche

Allgemeine Bemerkungen. Pro Woche sollte mindestens ein Heimversuch aufgegeben werden. Zu Ihrer Unterstützung zählen wir hier alle Versuche mit Wasserwellen, Wellen auf Spiralfedern und Schallwellen auf. Weiter unten beschreiben wir auch die optische Ausrüstung.

Wasserwellen. Sie werden in Kapitel 7 diskutiert; zusätzlich stellen sie ein immer wiederkehrendes Thema dar, das in den folgenden Heimversuchen behandelt wird (die erste Ziffer gibt jeweils das Kapitel an):

1.24. Schwappende Schwingung in einer Wasserschüssel
1.25. Seiches
2.31. Sägezahnförmige stehende Seichtwasserwellen
2.33. Kapillarwellen
3.33. Sägezahnförmige stehende Seichtwasserwellen
3.34. Zweidimensionale rechteckige stehende Oberflächenwellen in Wasser
3.35. Stehende Wellen in Wasser
6.11. Wellenpakete im Wasser
6.12. Wellenpakete im Seichtwasser – Flutwellen
6.19. Phasen- und Gruppengeschwindigkeiten von Tiefwasserwellen
6.25. Resonanz bei Flutwellen
7.11. Dispersionsrelation für Wasserwellen
9.29. Beugung von Wasserwellen

Spiralfedern. Jeder Student sollte eine Spiralfeder besitzen, die in jedem Spielwarengeschäft erhältlich ist. Vier der folgenden Versuche erfordern den Plattenteller eines Plattenspielers und gehen daher über den finanziellen Rahmen der „Küchenphysik" hinaus. Viele Studenten sind aber bereits im Besitz eines Plattenspielers. (Die Versuche mit dem Plattenspieler ergeben gute Vorlesungsdemonstrationen.)

1.8. Gekoppelte Konservendosen
2.1. Abhängigkeit der Frequenz einer Spiralfeder von der Länge
2.2. Spiralfeder als kontinuierliches System
2.4. „Klangfarbe" einer Spiralfeder
3.7. Resonanz einer gedämpften Spiralfeder (Plattenteller erforderlich)
3.8. Erzwungene Schwingungen eines Systems aus zwei gekoppelten Suppendosen (Plattenteller erforderlich)
3.16. Mechanisches Bandpaßfilter (Plattenteller erforderlich)
3.23. Exponentielles Eindringen in den reaktiven Bereich (Plattenteller erforderlich)
4.4. Phasengeschwindigkeit von Wellen auf einer Spiralfeder
5.3. Kurzzeitige stehende Wellen auf einer Spiralfeder
8.14. Polarisation einer Feder

Schall. Bei vielen Heimversuchen über Schall benötigt man zwei gleichartige Stimmgabeln, vorzugsweise C523.3 oder A440. Die billigste Art, die vollkommen ausreicht, ist in Musikalienhandlungen erhältlich. Kartonröhren erhält man in Papiergeschäften oder Geschäften für Künstlerbedarf. Die folgenden Versuche befassen sich mit Schall:

1.4. Messung von Schwingungsfrequenzen
1.7. Gekoppelte Sägeblätter

1.12. Schwebungen von zwei Stimmgabeln
1.13. Nichtlinearitäten in Ihrem Ohr — Summationstöne
1.18. Schwebungen zwischen schwach gekoppelten verschiedenartigen Gitarresaiten
2.4. „Klangfarbe" einer Spiralfeder
2.5. Klavier als Fourieranalysator — Unempfindlichkeit des Ohrs für die Phase
2.6. Obertöne des Klaviers — wohltemperierte Stimmung
3.27. Halbwertsbreite einer Kartonröhre
4.6. Schallgeschwindigkeitsmessungen mit Wellenpaketen
4.15. Whiskyflasche als Resonator (Helmholtz-Resonator)
4.16. Schallgeschwindigkeit in Luft, Helium und Erdgas
4.26. Schallwiderstand
5.15. Röhre mit offenen Enden — effektive Länge für stehende Wellen
5.16. Resonanz in Kartonröhren
5.17. Ist Ihr Gehörapparat (Trommelfell, Nerven, Gehirn) phasenempfindlich?
5.18. Messung der Phasenbeziehungen an den beiden offenen Enden eines Schlauchs
5.19. Obertöne der Stimmgabel
5.31. Resonanzen in Spielzeugballons
6.13. Triller und Bandbreite
9.50. Strahlungsmuster einer Stimmgabel — Quadrupolstrahlung

Optische Ausrüstung

Bestandteile: Vier Linearpolarisatoren, ein Zirkularpolarisator, ein $\lambda/4$-Plättchen, ein $\lambda/2$-Plättchen, ein Beugungsgitter und vier Farbfilter (rot, grün, blau und purpur). Diese Bestandteile werden im Text beschrieben (Linearpolarisator S. 235; Zirkularpolarisator S. 249; $\lambda/4$- und $\lambda/2$-Plättchen S. 250; Beugungsgitter S. 285). Für manche Versuche benötigt man auch Mikroskopgläser, eine Soffittenlampe als linienförmige Lichtquelle oder eine kleine Glühlampe als punktförmige Lichtquelle (beschrieben in Heimversuch 4.12). Mit Ausnahme von Heimversuch 4.12 kommen alle Versuche, bei denen die optische Ausrüstung Verwendung findet, in den Kapiteln 8 und 9 vor. Sie sind zu zahlreich, um hier aufgezählt zu werden.

Heimversuch: Der erste Versuch, den der Leser mit der optischen Ausrüstung ausführt, sollte die Identifizierung aller Bestandteile sein. (Diese sind auf der Papiertasche aufgezählt, die an der Innenseite des hinteren Umschlags aufgeklebt ist.) Kennzeichnen Sie die Bestandteile auf irgendeine Weise, um sie später auseinanderhalten zu können. Runden Sie z.B. die vier Ecken des Zirkularpolarisators mittels einer Schere leicht ab und kratzen Sie nahe einer Kante das Wort „EIN" in die Eintrittsfläche oder kleben Sie auf diese ein Stück Klebeband. Zwicken Sie beim $\lambda/4$-Plättchen *eine* Ecke, beim $\lambda/2$-Plättchen *zwei* Ecken ab. Kratzen Sie in die Linearpolarisatoren je eine Linie in der bevorzugten Durchlaßrichtung ein. (Diese Richtung ist einer der Kanten des betreffenden Polarisators parallel.)

Wir sollten bemerken, daß das $\lambda/4$-Plättchen für sichtbares Licht fast unabhängig von der Wellenlänge einen optischen Wegunterschied (eine räumliche Verzögerung) von 140 nm ± 20 nm liefert. Daher ist jene Wellenlänge, bei der es tatsächlich als $\lambda/4$-Plättchen wirkt, gleich 560 nm ± 80 nm. Die ± 20 nm sind die vom Hersteller angegebenen Toleranzgrenzen. Bewirkt ein Einzelstück einer bestimmten Produktionsserie eine Verzögerung von 140 nm, so ist es für Grün (560 nm) ein $\lambda/4$-Plättchen, für größere Wellenlängen (Rot) verzögert es jedoch um weniger, für kleinere (Blau) um mehr als eine Viertelwellenlänge. Ein Stück aus einer anderen Produktionsserie, das etwa die Verzögerung 160 nm bewirkt, stellt nur für Rot (640 nm) ein $\lambda/4$-Plättchen dar. Wieder ein anderes, das um 120 nm verzögert, ist nur für Blau (480 nm) ein $\lambda/4$-Plättchen. Ähnliches gilt für den Zirkularpolarisator, da dieser ein „Sandwich" aus einem $\lambda/4$-Plättchen und einem um 45° versetzten Linearpolarisator darstellt und das Plättchen eine Verzögerung von 140 nm ± 20 nm bewirkt. Auf diese Weise können bei der Verwendung weißen Lichts etwas verwirrende Farbeffekte auftreten. Der Leser muß gewarnt werden: Bei jedem Versuch, bei dem er Auslöschung und daher „Schwarz" erwartet, wird immer ein gewisses „nicht ausgelöschtes" Licht der „falschen" Farbe auftreten. Z.B. war ich bei der Abfassung von Heimversuch 8.12 naiv. In den Sätzen „Sehen Sie das dunkle Band im Grün? Das ist die Farbe bei der Wellenlänge 560 nm!" sollten Sie vielleicht alles durchstreichen, was hinter dem Wort „Band" kommt.

Verwendung komplexer Zahlen

Komplexe Zahlen vereinfachen die Rechnung, wenn sinusförmige Schwingungen oder Wellen zu überlagern sind. Sie können aber auch die physikalische Deutung erschweren. Daher habe ich sie, besonders im ersten Teil des Buches, vermieden. Alle trigonometrischen Identitäten, die man benötigt, sind neben der zweiten Umschlagseite zu finden. In Kapitel 6 verwende ich die komplexe Darstellung mittels $\exp i\omega t$, um die wohlbekannte graphische Methode des „Zeigerdiagramms" zur Überlagerung von Schwingungen benutzen zu können. In Kapitel 9 (Polarisation) benutze ich weitgehend komplexe Größen. In Kapitel 9 (Interferenz und Beugung) verwende ich komplexe Größen nur selten, obwohl sie manchmal die Rechnung erleichtern würden. Manche Dozenten wollen vielleicht – besonders in Kapitel 9 – viel öfter komplexe Zahlen einsetzen, als ich dies tue. In den Abschnitten über Fourierreihen (Abschnitt 2.3) und Fourierintegrale (Abschnitte 6.4 und 6.5) benutze ich keine komplexen Größen. (Insbesondere wollte ich Fourierintegrale mit „negativen Frequenzen" vermeiden!)

Einheiten

Wir verwenden in diesem Buch SI-Einheiten. Die hier eingeführten Grundeinheiten sind das Meter (m), das Kilogramm (kg), die Sekunde (s) und das Ampere (A). Die Definition des Ampere finden Sie auf S. 142. Die Einheit der Ladung, das Coulomb (C) ist eine abgeleitete Einheit, die durch 1 C = 1 As definiert ist. Das primäre Magnetfeld ist **B**. Es wird in Tesla (T) gemessen und wir bezeichnen es nicht als magnetische Induktion. Tabellen mit wichtigen Konstanten sind auf den Vorsatzblättern des Buches zu finden[1)].

Zeichen und Symbole

Im allgemeinen haben wir uns an die in der physikalischen Literatur gebräuchlichen Symbole und Abkürzungen gehalten, die meisten von Ihnen sind ohnehin durch internationale Übereinkunft festgelegt. In einigen wenigen Fällen haben wir aus didaktischen Gründen andere Bezeichnungen gewählt.

1) A.d.Ü.: Siehe auch H. Ebert, Physikalisches Taschenbuch, Verlag Friedr. Vieweg & Sohn, Braunschweig, 1976 und B.M. Jaworski / A.A. Detlaf, Physik griffbereit, Verlag Friedr. Vieweg & Sohn, Braunschweig, 1972.

Größenordnung

Unter dem Hinweis auf die Größenordnung versteht man gewöhnlich „etwas innerhalb eines Faktors 10". Häufige Größenordnungsabschätzungen kennzeichnen die Arbeits- und Sprechweise des Physikers, ein sehr nützlicher Berufsbrauch, die allerdings dem Studienanfänger enorme Schwierigkeiten bereitet. Wir stellen beispielsweise fest, daß 10^4 die Größenordnung der Zahlen 5500 und 25000 ist. Die Größenordnung der Elektronenmasse ist 10^{-30} kg ihr genauer Wert hingegen $(0{,}91072 \pm 0{,}00002) \cdot 10^{-30}$ kg.

Oft begegnen wir auch der Feststellung, daß eine Lösung bis auf Glieder der Ordnung x^2 oder E genau ist, welche Größen dies auch immer sein mögen. Man schreibt dafür auch $O(x^2)$ bzw. $O(E)$. Diese Aussage meint, daß Glieder mit höheren Potenzen (z.B. x^3 oder E^2), die in der vollständigen Lösung auftreten, unter gewissen Umständen im Vergleich zu den in der Näherungslösung vorhandenen Gliedern vernachlässigt sind.

Vorsätze zur Kennzeichnung dezimaler Vielfacher oder Bruchteile von Einheiten

Die Tabelle zeigt für einige gebräuchliche Vorsätze die Kurzzeichen und deren Bedeutung

Vorsatz	Kurzzeichen	Bedeutung
Tera	T	10^{12} Einheiten
Giga	G	10^{9} Einheiten
Mega	M	10^{6} Einheiten
Kilo	k	10^{3} Einheiten
Milli	m	10^{-3} Einheiten
Mikro	μ	10^{-6} Einheiten
Nano	n	10^{-9} Einheiten
Piko	p	10^{-12} Einheiten

Das griechische Alphabet

Α	α	Alpha
Β	β	Beta
Γ	γ	Gamma
Δ	δ	Delta
Ε	ϵ	Epsilon
Ζ	ζ	Zeta
Η	η	Eta
Θ	θ ϑ	Theta
Ι	ι	Jota
Κ	κ	Kappa
Λ	λ	Lambda
Μ	μ	My
Ν	ν	Ny
Ξ	ξ	Xi
Ο	o	Omikron
Π	π	Pi
Ρ	ρ	Rho
Σ	σ	Sigma
Τ	τ	Tau
Υ	υ	Ypsilon
Φ	ϕ φ	Phi
Χ	χ	Chi
Ψ	ψ	Psi
Ω	ω	Omega

Griechische Buchstaben, die nur sehr selten als Symbole Verwendung finden, sind grau unterlegt; meist sind sie lateinischen Buchstaben so ähnlich, daß sie sich als Symbole nicht eignen.

Inhaltsverzeichnis

1. Freie Schwingungen einfacher Systeme

1.1. Einleitung

Die Welt ist voll von Dingen, die sich bewegen. Ihre Bewegungen kann man grob in zwei Arten einteilen, je nachdem, ob das betreffende Ding sich immer in der Nähe eines festen Ortes aufhält oder sich weiter fortbewegt. Beispiele für die erste Art sind ein schwingendes Pendel, eine schwingende Violinsaite, in einer Schale hin- und herschwappendes Wasser, Elektronen, die im Atom schwingen oder andere Bewegungen ausführen, oder Licht, das zwischen Spiegeln hin- und herreflektiert wird. Entsprechende Beispiele für die fortschreitende Bewegung sind eine gleitende Eishockeyscheibe, ein Impuls, der längs eines gespannten langen Seils fortschreitet, wenn man gegen das eine Ende schlägt, gegen das Ufer rollende Ozeanwellen, der Elektronenstrahl einer Fernsehröhre oder ein Lichtstrahl, der von einem Stern ausgesandt und von Ihrem Auge registriert wird. Manchmal weist eine Erscheinung je nach der Betrachtungsart entweder die eine oder die andere Bewegungsart auf (d.h. Stillstand im Mittel oder Fortschreiten): Die Ozeanwellen bewegen sich dem Strand zu, doch das Wasser (und die Ente an der Oberfläche) geht auf und ab (und ebenso vor und zurück), ohne sich fortzubewegen. Der Verschiebungsimpuls schreitet längs des Seiles fort, doch das Material der Schnur schwingt, ohne sich fortzubewegen.

Zunächst betrachten wir Dinge, die in einer bestimmten Umgebung bleiben und um eine Mittellage schwingen (oszillieren, vibrieren). In den Kapiteln 1 und 2 werden wir viele Beispiele für Bewegungen abgeschlossener Systeme betrachten, die man zu Anfang (durch irgendeine äußere Störung) anstößt und die dann ohne weitere Beeinflussung frei schwingen. Solche Schwingungen heißen *freie* oder *natürliche Schwingungen*. In Kapitel 1 bildet eine Betrachtung dieser einfachen Systeme mit ein oder zwei beweglichen Teilen die Grundlage für das Verständnis der freien Schwingungen von Systemen mit vielen beweglichen Teilen in Kapitel 2. Dort werden wir finden, daß man sich die Bewegung eines komplizierten Systems mit vielen beweglichen Teilen immer zusammengesetzt denken kann aus dauernd vorhandenen einfachen Bewegungen, den sogenannten *Eigenschwingungen*. Auch bei einem noch so komplizierten System werden wir finden, daß jede seiner Eigenschwingungen Eigenschaften hat, die denen eines einfachen harmonischen Oszillators sehr ähnlich sind. So werden wir für die Bewegung irgendeines Systems in einer seiner Eigenschwingungen feststellen, daß jeder bewegliche Teil dieselbe rücktreibende Kraft pro Einheitsmasse und Einheitsverschiebung erfährt und daß alle bewegten Teile mit derselben Zeitabhängigkeit $\cos(\omega t + \varphi)$ schwingen, d.h. mit derselben Frequenz ω und derselben Phasenkonstanten φ.

Jedes der Systeme, die wir betrachten werden, wird durch irgendeine physikalische Größe beschrieben, deren Abweichung von ihrem Gleichgewichtswert von der betrachteten Stelle des Systems abhängt und sich mit der Zeit ändert. In den mechanischen Beispielen (bei denen punktförmige Massen, die rücktreibenden Kräften unterworfen sind, vorkommen) ist die physikalische Größe die Verschiebung der Masse, deren Ruhelage die Koordinaten x, y, z hat. Diese Verschiebung ist ein Vektor $\boldsymbol{\psi}(x, y, z, t)$. Bei einer kontinuierlichen Massenverteilung wird daraus eine Vektorfunktion $\boldsymbol{\psi}(x, y, z, t)$, die *Wellenfunktion* genannt wird. (Sie ist nur dann eine stetige Funktion von x, y und z, wenn wir die stetige Näherung anwenden können, d.h. wenn benachbarte Teile im wesentlichen die gleichen Bewegungen ausführen.) In manchen der elektrischen Beispiele ist die physikalische Größe etwa der Strom in einer Spule oder die Ladung eines Kondensators. In anderen ist es vielleicht das elektrische Feld $\mathbf{E}(x, y, z, t)$ oder das magnetische Feld $\mathbf{B}(x, y, z, t)$. Zu diesen Fällen gehören die elektromagnetischen Wellen.

1.2. Freie Schwingungen von Systemen mit einem Freiheitsgrad

Wir beginnen mit Dingen, die in einer bestimmten Umgebung bleiben und um eine Mittellage schwingen. Man sagt daß einfache Systeme, etwa ein in einer Ebene schwingendes Pendel, eine Masse an einer Feder oder ein *LC*-Kreis, deren Zustand jederzeit durch Angabe einer einzigen Größe vollkommen festgelegt ist, *einen* Freiheitsgrad haben – sozusagen *einen* beweglichen Teil besitzen (Bild 1.1). Z.B. kann das schwingende Pendel durch den Winkel, den die Schnur mit der Vertikalen einschließt, beschrieben werden, der *LC*-Kreis durch die Ladung auf dem Kondensator. (Ein Schnurpendel, das frei in jeder beliebigen Richtung schwingen kann, hat nicht einen, sondern *zwei* Freiheitsgrade: Zur Festlegung der Lage der Pendelkugel sind *zwei* Koordinaten notwendig. Das Pendel einer Pendeluhr ist hingegen gezwungen, in einer Ebene zu schwingen, und hat daher nur einen Freiheitsgrad.)

Für all diese Systeme mit einem Freiheitsgrad werden wir finden, daß die Verschiebung des „beweglichen Teiles" aus seiner Gleichgewichtslage dieselbe einfache Zeitabhängigkeit hat (sie heißt *harmonische Schwingung*):

$$\psi(t) = A\cos(\omega t + \varphi). \tag{1.1}$$

Bei der schwingenden Masse kann ψ die Abweichung der Masse von ihrer Gleichgewichtslage bedeuten; für den schwingenden *LC*-Kreis kann es der Strom in der Spule oder die Ladung auf dem Kondensator sein. Wir werden finden, daß Gl. (1.1) die Zeitabhängigkeit angibt, vorausgesetzt, daß sich der bewegliche Teil nicht zu weit von seiner Gleichgewichtslage entfernt. [Für Schwingungen eines Pendels über größere Winkel ist Gl. (1.1) eine

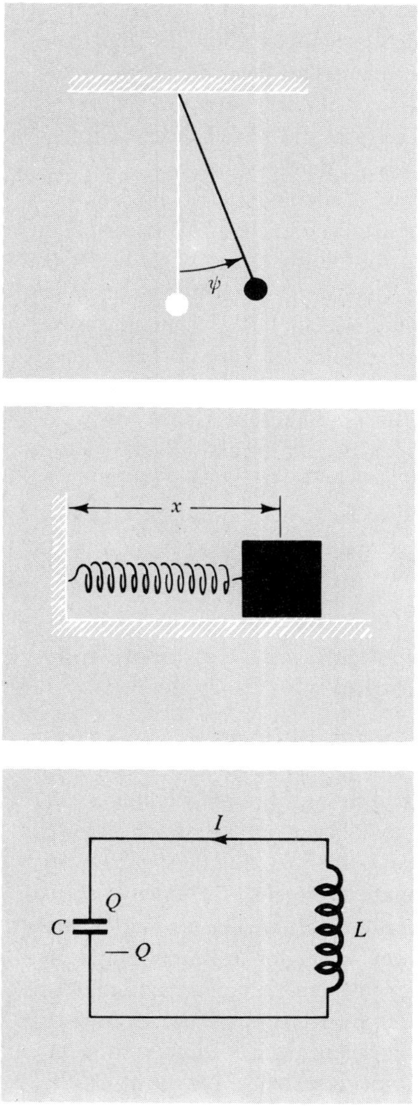

Bild 1.1. System mit einem Freiheitsgrad. (Das Pendel ist auf Schwingungen in einer Ebene beschränkt.)

schlechte Näherung für die Bewegung; für große Auslenkungen einer Feder ist die rücktreibende Kraft nicht der Auslenkung proportional, und die Bewegung wird nicht durch Gl. (1.1) beschrieben; eine genügend große Ladung auf einem Kondensator bewirkt seinen „Zusammenbruch" durch Funken zwischen den Platten, und für seine Ladung gilt nicht Gl. (1.1).]

Bezeichnungsweise. Wir verwenden bei Gl. (1.1) folgende Bezeichnungsweise: A ist eine positive Konstante und heißt die *Amplitude*; ω ist die *Kreisfrequenz*, gemessen in Radiant pro Sekunde (rad/s); $\nu = \omega/2\pi$ ist die *Frequenz*, gemessen in Schwingungen pro Sekunde oder Hertz (Hz). Das Inverse von ν heißt die *Periode* T, die in Sekunden pro Schwingung angegeben wird:

$$T = \frac{1}{\nu}. \qquad (1.2)$$

Die *Phasenkonstante* φ hängt von der Wahl des Zeitnullpunktes ab. Oft sind wir am Wert der Phasenkonstanten nicht besonders interessiert. In diesen Fällen können wir immer die „Uhr zurückstellen", so daß φ Null wird. Dann schreiben wir $\psi = A \cos \omega t$ oder $\psi = A \sin \omega t$ statt der allgemeineren Gl. (1.1).

Rücktreibende Kraft und Trägheit. Das oszillatorische Verhalten, das durch Gl. (1.1) dargestellt wird, rührt stets vom Wechselspiel zweier innerer Eigenschaften des physikalischen Systems her, die gegeneinander wirken: *rücktreibende Kraft* und *Trägheit*. Die „rücktreibende Kraft" versucht, ψ zum Nullpunkt zurückzubringen, indem sie dem beweglichen Teil eine entsprechende „Geschwindigkeit" $d\psi/dt$ erteilt. Je größer ψ, desto größer die rücktreibende Kraft. Beim schwingenden LC-Kreis rührt die rücktreibende Kraft von der abstoßenden Kraft zwischen den Elektronen her, durch die die Elektronen sich nicht auf einer der Kondensatorplatten ansammeln können, sondern sich vielmehr gleichmäßig über beide Platten verteilen, wodurch die Ladung Null wird. Die zweite Eigenschaft, die „Trägheit", „wirkt" jeder Änderung von $d\psi/dt$ „entgegen". Beim schwingenden LC-Kreis rührt die Trägheit von der Induktivität L her, die jeder Änderung des Stromes $d\psi/dt$ entgegenwirkt (ψ bedeutet in diesem Fall die Ladung auf dem Kondensator).

Oszillatorisches Verhalten. Beginnen wir mit positivem ψ und $d\psi/dt$ gleich Null, so bewirkt die rücktreibende Kraft eine Beschleunigung, die eine negative Geschwindigkeit zur Folge hat. Zum Zeitpunkt, in dem ψ Null wird, ist die negative Geschwindigkeit am größten. Die rücktreibende Kraft ist Null bei $\psi = 0$, aber die negative Geschwindigkeit hat nun eine negative Auslenkung zur Folge. Dann wird die rücktreibende Kraft positiv, sie verringert die negative Geschwindigkeit. Schließlich ist die Geschwindigkeit $d\psi/dt$ Null, doch ist dann die Auslenkung groß und negativ, und der Vorgang beginnt in umgekehrter Richtung. Dieser Ablauf wiederholt sich immer wieder: Die rücktreibende Kraft versucht, ψ zu Null zu machen; dabei erteilt sie eine Geschwindigkeit; die Trägheit hält die Geschwindigkeit aufrecht und bewirkt, daß ψ „über das Ziel hinausschießt". Das System schwingt.

Physikalische Bedeutung von ω^2. Die Kreisfrequenz ω eines Schwingungsvorganges steht mit den physikalischen Eigenschaften des Systems in jedem Fall (wie wir zeigen werden) in folgender Beziehung:

$$\omega^2 = \frac{\text{rücktreibende Kraft pro Einheitsauslenkung}}{\text{und pro Einheitsmasse}} \qquad (1.3)$$

Manchmal, wie im Falle der elektrischen Beispiele (LC-Kreis), muß die „träge Masse" nicht wirklich eine Masse sein.

Gedämpfte Schwingungen. Bleibt ein schwingendes System ungestört, so schwingt es gemäß Gl. (1.1) ewig weiter. In jeder realen physikalischen Situation gibt es jedoch „Reibungsprozesse" oder „Widerstände", die die Bewegung „dämpfen". Daher entspricht die Beschreibung eines schwingenden Systems durch eine „gedämpfte Schwingung" besser der Realität. Wird das System zur Zeit $t = 0$ zur Schwingung angeregt (durch einen Stoß oder durch das Schließen eines Schalters oder durch sonst etwas), finden wir (siehe Band 1, Kap. 7),

$$\psi(t) = A\,\mathrm{e}^{-t/2\tau}\cos(\omega t + \varphi) \tag{1.4}$$

für $t \geqslant 0$, während ψ für $t < 0$ Null sein soll. Der Einfachheit halber werden wir in den folgenden Beispielen Gl. (1.1) statt der realistischeren Gl. (1.4) verwenden. Wir vernachlässigen also die Reibung (oder den Widerstand im Falle des LC-Kreises), indem wir die Abklingzeit τ als unendlich annehmen.

● **Beispiele**: *1. Pendel.* Ein einfaches Pendel besteht aus einer masselosen Schnur oder einem masselosen Stab der Länge l, der oben an einer festen Achse hängt und unten einen „punktförmigen" Körper der Masse m trägt (Bild 1.2). ψ sei der Winkel (in Radiant) zwischen Schnur und Vertikale. (Das Pendel schwingt in einer Ebene; seine Lage ist durch ψ allein gegeben.) Die Auslenkung des Pendelkörpers, gemessen entlang seiner kreisförmig gekrümmten Bahn, ist $l\psi$. Die entsprechende augenblickliche Tangentialgeschwindigkeit ist $l\,d\psi/dt$. Die entsprechende Tangentialbeschleunigung ist $l d^2\psi/dt^2$. Die rücktreibende Kraft ist die Tangentialkomponente der Kraft. Die Schnur trägt zu dieser Kraftkomponente nichts bei. Das Gewicht mg trägt zur Tangentialkomponente

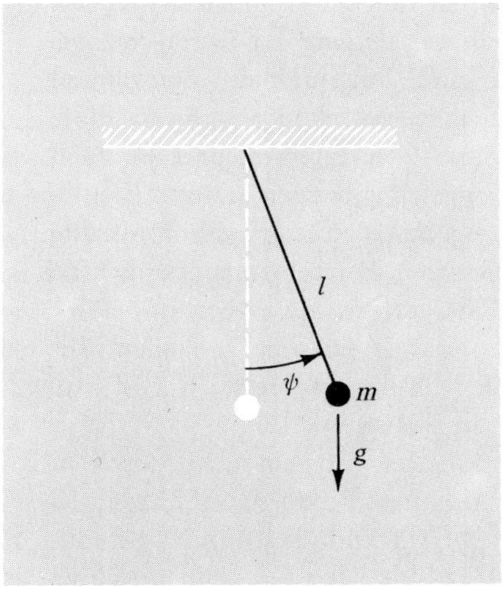

Bild 1.2. Einfaches Pendel

$-mg \sin\psi$ bei. Daher ergibt das zweite Newtonsche Gesetz (Masse mal Beschleunigung gleich Kraft)

$$\frac{ml\,d^2\psi}{dt^2} = -mg\sin\psi(t). \tag{1.5}$$

Wir verwenden nun die Taylorreihenentwicklung (Anhang, Gl. (A.4))

$$\sin\psi = \psi - \frac{\psi^3}{3!} + \frac{\psi^5}{5!} - \ldots, \tag{1.6}$$

wobei die Punkte (...) den Rest der unendlichen Reihe anzeigen. Wir sehen, daß wir für genügend kleines ψ (zur Erinnerung: in Radiant) alle Terme in Gl. (1.6) außer dem ersten, ψ, vernachlässigen können. Sie werden vielleicht fragen: „Wie klein ist ‚genügend klein'?" Auf diese Frage gibt es keine allgemeine Antwort. Sie hängt davon ab, wie genau Sie die Funktion $\psi(t)$ in dem Experiment, an das Sie denken, bestimmen können (denken Sie daran, wir haben es mit Physik zu tun – nichts ist genau meßbar) und wie sorgfältig Sie sind. Z.B. ist für $\psi = 0{,}10$ rad (5,7°) $\sin\psi$ gleich 0,0998. Bei manchen Aufgaben ist „0,0998 = 0,1000" eine schlechte Näherung. Für $\psi = 1{,}0$ rad (57,3°) ist $\sin\psi = 0{,}841$; „0,8 = 1,0" kann bei manchen Aufgaben eine ausreichende Näherung sein. Wenn wir in Gl. (1.6) nur den ersten Term beibehalten, dann erhält Gl. (1.5) die Form

$$\frac{d^2\psi}{dt^2} = -\omega^2\psi, \tag{1.7}$$

wobei

$$\omega^2 = \frac{g}{l}. \tag{1.8}$$

Die allgemeine Lösung von Gl. (1.7) ist die harmonische Schwingung

$$\psi(t) = A\cos(\omega t + \varphi).$$

Beachten Sie, daß sich die Kreisfrequenz der Schwingung nach Gl. (1.8) schreiben läßt:

ω^2 = rücktreibende Kraft pro Einheitsauslenkung und pro Einheitsmasse:

$$\omega^2 = \frac{mg\psi}{(l\psi)m} = \frac{g}{l},$$

wobei die Näherung $\sin\psi$ gleich ψ verwendet wurde.

Die beiden Konstanten A und φ werden aus den Anfangsbedingungen bestimmt, d.h. aus der Auslenkung und der Geschwindigkeit zur Zeit $t = 0$. (Da ψ ein Winkel ist, ist die entsprechende „Geschwindigkeit" die Winkelgeschwindigkeit $d\psi/dt$.) Wir haben also

$$\psi(t) = A\cos(\omega t + \varphi),$$

$$\dot\psi(t) \equiv \frac{d\psi(t)}{dt} = -\omega A\sin(\omega t + \varphi),$$

so daß

$$\psi(0) = A\cos\varphi,$$
$$\dot{\psi}(0) = -\omega A\sin\varphi.$$

Diese beiden Gleichungen können nach der positiven Konstanten A und nach $\sin\varphi$ und $\cos\varphi$ (die φ bestimmen) aufgelöst werden. ●

● 2. *Masse und Federn – Längsschwingungen*. Die Masse m gleitet auf einer reibungslosen Fläche. Sie ist durch zwei gleichartige Federn mit starren Wänden verbunden. Jede dieser Federn hat die Masse Null, die Federkonstante K und die Ruhlänge a_0. Im Gleichgewicht ist jede Feder auf die Länge a ausgedehnt und hat so die Spannung $K(a-a_0)$ (Bilder 1.3a und b). Der Abstand von m zur linken Wand sei z. Dann ist der Abstand zur rechten Wand $2a-z$ (Bild 1.3c). Die linke Feder übt eine Kraft $K(z-a_0)$ in der Richtung $-z$ aus, die rechte eine Kraft $K(2a-z-a_0)$ in der Richtung $+z$. Die gesamte Kraft F_z in der Richtung $+z$ ist die Summe dieser beiden Kräfte:

$$F_z = -K(z-a_0) + K(2a-z-a_0) = -2K(z-a).$$

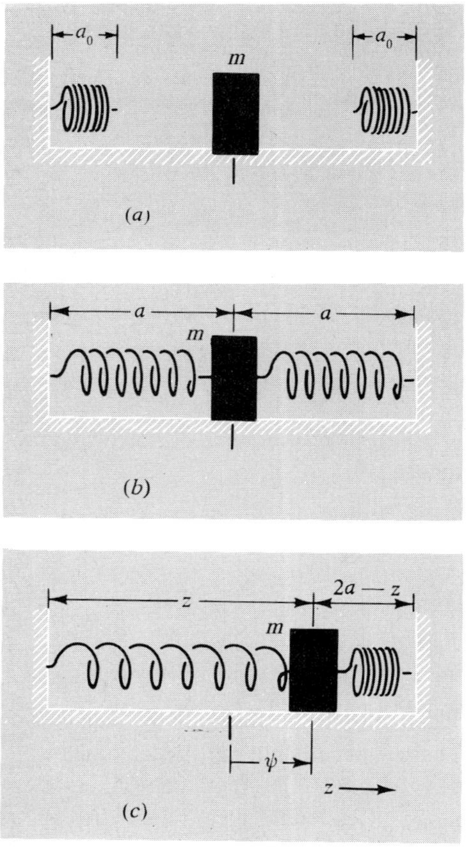

Bild 1.3. Längsschwingungen
a) Feder entspannt und nicht befestigt
b) Federn befestigt, m in Gleichgewichtslage
c) beliebige Lage

Dann ergibt das zweite Newtonsche Gesetz

$$\frac{md^2z}{dt^2} = F_z = -2K(z-a). \qquad (1.9)$$

Die Abweichung vom Gleichgewicht ist $z-a$. Wir bezeichnen sie mit $\psi(t)$:

$$\psi(t) = z(t) - a.$$

Dann gilt

$$\frac{d^2\psi}{dt^2} = \frac{d^2z}{dt^2}.$$

Nun können wir Gl. (1.9) in der Form

$$\frac{d^2\psi}{dt^2} = -\omega^2\psi \qquad (1.10)$$

schreiben, wobei

$$\omega^2 = \frac{2K}{m}. \qquad (1.11)$$

Die allgemeine Lösung von Gl. (1.11) ist wieder die harmonische Schwingung $\psi = A\cos(\omega t + \varphi)$. Beachten Sie, daß Gl. (1.11) die Form ω^2 = Kraft pro Einheitsauslenkung und pro Einheitsmasse hat, da die rücktreibende Kraft für eine Auslenkung ψ gleich $2K\psi$ ist. ●

● 3. *Masse mit Federn – transversale Schwingungen*. Das System ist in Bild 1.4 dargestellt. Die Masse m ist mittels zweier gleichartiger Federn zwischen starren Stützen aufgehängt. Jede der Federn hat die Masse Null, die Federkonstante K und die Ruhlänge a_0. Sie haben beide die Länge a, wenn m in seiner Gleichgewichtslage ist. Wir vernachlässigen die Schwerkraft, sie erzeugt bei dieser Aufgabe keine rücktreibende Kraft. Wohl bewirkt sie, daß das System sich „senkt", doch hat dies in der Näherung, die wir betrachten, keinen Einfluß auf die Ergebnisse. Die Masse m hat nun drei Freiheitsgrade: Sie kann sich in der z-Richtung entlang der Federachse bewegen und führt dann eine „longitudinale" Schwingung aus. Diese Bewegung haben wir schon oben betrachtet, wir brauchen daher diese Überlegung nicht zu wiederholen. Die Masse m kann sich aber auch in der x-Richtung oder in der y-Richtung bewegen und vollführt dann „transversale" Schwingungen. Betrachten wir der Einfachheit halber nur eine Bewegung in der x-Richtung. Wir können uns eine reibungsfreie Führung vorstellen, die völlige Bewegungsfreiheit in der transversalen x-Richtung gewährt, Bewegungen in y-Richtung und z-Richtung jedoch verhindert. Wir könnten z.B. ein Loch durch m bohren und einen reibungsfreien Stab so anbringen, daß er durch dieses Loch geht, starr mit den Wänden verbunden ist und in der x-Richtung liegt. Sie können sich jedoch leicht davon überzeugen, daß so eine Führung über-

Bild 1.4. Transversale Schwingungen
a) Gleichgewichtslage
b) beliebige Lage für Bewegung in x-Richtung

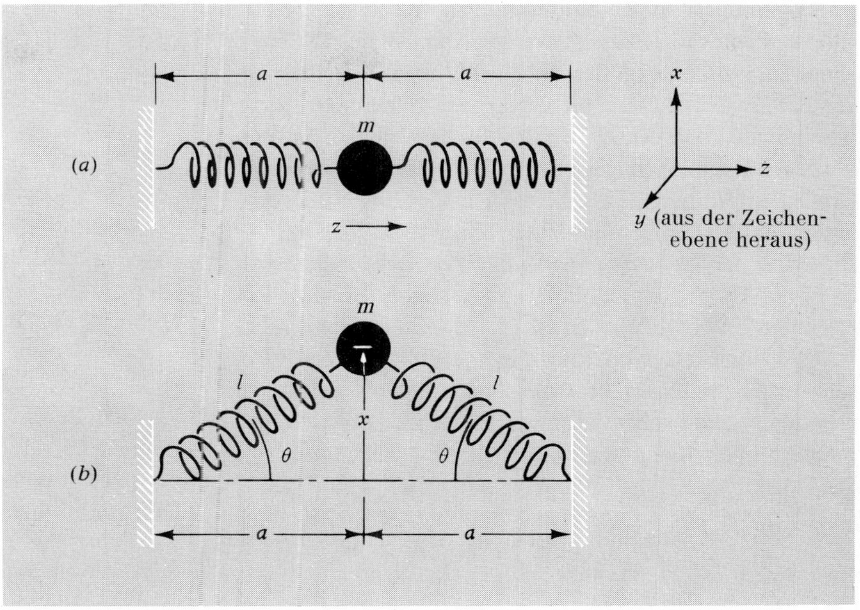

flüssig ist. Aus der Symmetrie in Bild 1.4 ersehen Sie: Schwingt das System zu einem bestimmten Zeitpunkt in Richtung x, so hat es keinerlei Veranlassung, eine Bewegung in Richtung y zu beginnen. Dasselbe gilt für jeden der beiden anderen Freiheitsgrade: Schwingungen in Richtung z verursachen keine einseitigen Kräfte in den Richtungen x oder y, ebenso verursachen Schwingungen in Richtung y keine Kräfte in den Richtungen x oder z.

Im Gleichgewicht (Bild 1.4a) hat jede der Federn die Länge a und übt einen Zug T_0 aus:

$$T_0 = K(a - a_0). \tag{1.12}$$

In einer beliebigen Lage (Bild 1.4b) hat jede Feder die Länge l und den Zug

$$T = K(l - a_0). \tag{1.13}$$

Dieser Zug wirkt entlang der Federachse. Nehmen wir die x-Komponente dieser Kraft, sehen wir, daß jede Feder eine rücktreibende Kraft $T \sin\theta$ in der Richtung $-x$ beiträgt. Wenden wir das zweite Newtonsche Gesetz an und berücksichtigen, daß $\sin\theta$ gleich x/l ist, so finden wir

$$\frac{md^2x}{dt^2} = F_x = -2T\sin\theta$$
$$= -2K(l-a_0)\frac{x}{l} = -2Kx\left(1 - \frac{a_0}{l}\right). \tag{1.14}$$

Die Gleichung (1.14) ist bei unseren Annahmen exakt. Darunter ist auch die Annahme – die durch Gl. (1.13) ausgedrückt wird –, daß die Feder „linear" ist, d.h., daß für sie das „Hooksche Gesetz" gilt. Beachten Sie, daß die Federlänge l, die auf der rechten Seite von Gl. (1.14) vorkommt, eine Funktion von x ist. Gl. (1.14) hat daher nicht genau die Form, aus der sich harmonische Schwingungen ableiten, denn die auf m wirkende rücktreibende Kraft ist der Abweichung x vom Gleichgewicht nicht genau proportional. ●

Näherung für stark gedehnte Federn ($a_0 \ll a$). Es gibt zwei interessante Möglichkeiten, eine Näherungsgleichung mit linearer rücktreibender Kraft zu erhalten. Bei der ersten Art handelt es sich um stark gedehnte Federn, bei der wir a_0/a gegenüber Eins vernachlässigen. Folglich vernachlässigen wir in Gl. (1.14) a_0/l, da l immer größer als a ist. Wir denken z.B. an eine Schraubenfeder mit einer Ruhlänge a_0 von etwa 7,5 cm. Sie läßt sich auf eine Länge a von etwa 5 m ausdehnen, ohne ihre Elastizitätsgrenze zu überschreiten. Das würde in Gl. (1.14) $a_0/a < 1/60$ ergeben. Wenden wir diese Näherung an, so können wir Gl. (1.14) in der Form

$$\frac{d^2x}{dt^2} = -\omega^2 x \tag{1.15}$$

schreiben, wobei

$$\omega^2 = \frac{2K}{m} = \frac{2T_0}{ma} \quad (\text{für } a_0 = 0). \tag{1.16}$$

Diese Gleichung hat die Lösung $x = A\cos(\omega t + \varphi)$, also eine harmonische Schwingung. Beachten Sie, daß die Amplitude A keiner Beschränkung unterliegt. Wir können „große" Schwingungen erzeugen und haben auch dann noch eine exakt lineare rücktreibende Kraft. Beachten Sie, daß die Frequenz für transversale Schwingungen in Gl. (1.16) gleich der für longitudinale Schwingungen in Gl. (1.11) ist. Dies ist im allgemeinen nicht der Fall, sondern gilt nur in der Näherung für stark gedehnte Federn, wo wir tatsächlich $a = 0$ annehmen.

Näherung für kleine Schwingungen. Wenn a_0 gegenüber a nicht vernachlässigt werden kann, was z.B. bei einer Gummischnur in den üblichen Vorlesungsversuchen der Fall ist, so ist die oben angegebene Näherung nicht anwendbar. Dann ist F_x in Gl. (1.14) nichtlinear in x. Wir werden jedoch zeigen, daß sich l von a nur um eine Größe der Ordnung $a\,(x/a)^2$ unterscheidet, wenn die Auslenkungen x klein gegenüber der Länge a sind. In der *Näherung der kleinen Schwingungen* vernachlässigen wir in F_x die Terme, die nichtlinear in x/a sind. Nun zur Rechnung: Wir wollen l in Gl. (1.14) als $l = a$ + irgend etwas ausdrücken, wobei das „irgend etwas" für $x = 0$ verschwinden soll. Da l sowohl für positive als auch für negative x größer als a ist, muß das „irgend etwas" eine gerade Funktion von x sein. Aus Bild 1.4 folgt tatsächlich

$$l^2 = a^2 + x^2$$
$$= a^2\,(1+\epsilon)\,, \qquad \epsilon = \frac{x^2}{a^2}\,.$$

Also gilt:

$$\frac{1}{l} = \frac{1}{a}\,(1+\epsilon)^{-1/2}$$
$$= \frac{1}{a}\left[1 - \left(\frac{1}{2}\,\epsilon\right) + \left(\frac{3}{8}\,\epsilon^2\right) - \ldots\right]. \qquad (1.17)$$

Dabei haben wir die Taylorreihenentwicklung [Anhang Gl. (A.20)] für $(1+x)^n$ mit $n = -1/2$ und $x = \epsilon$ verwendet. Als nächstes betrachten wir die Näherung für kleine Schwingungen. Wir nehmen $\epsilon \ll 1$ an und lassen die Terme höherer Ordnung in der unendlichen Reihe der Gl. (1.17) weg, wir werden schließlich alles außer dem ersten Term, $1/a$, weglassen.

$$\frac{1}{l} \approx \frac{1}{a}\left[1 - \left(\frac{1}{2}\,\epsilon\right)\right]$$
$$= \frac{1}{a}\left[1 - \left(\frac{1}{2}\,\frac{x^2}{a^2}\right)\right]. \qquad (1.18)$$

Setzen wir Gl. (1.18) in Gl. (1.14) ein, so finden wir

$$\frac{d^2x}{dt^2} = -\,\frac{2Kx}{m}\left(1 - \frac{a_0}{l}\right)$$
$$= -\,\frac{2Kx}{m}\left\{1 - \frac{a_0}{a}\left[1 - \left(\frac{1}{2}\,\frac{x^2}{a^2}\right) + \ldots\right]\right\}$$
$$= -\,\frac{2K}{ma}\,(a-a_0)\,x + \frac{K}{m}\,a_0\left(\frac{x}{a}\right)^3 + \ldots \qquad (1.19)$$

Indem wir die Terme dritter und höherer Ordnung weglassen, erhalten wir

$$\frac{d^2x}{dt^2} \approx -\,\frac{2K}{ma}\,(a-a_0)\,x = -\,\frac{2\,T_0\,x}{ma}\,. \qquad (1.20)$$

Beim zweiten Teil der Gl. (1.20) haben wir das durch Gl. (1.12) gegebene T_0 verwendet. Gl. (1.20) ist von der Form

$$\frac{d^2x}{dt^2} = -\,\omega^2 x$$

mit

$$\omega^2 = \frac{2\,T_0}{ma}\,. \qquad (1.21)$$

Daher ist $x\,(t)$ durch die harmonische Schwingung

$$x\,(t) = A\cos(\omega t + \varphi)$$

gegeben. Beachten Sie, daß ω^2 gemäß Gl. (1.21) die rücktreibende Kraft je Einheitsauslenkung und je Einheitsmasse ist. Für kleine Schwingungen ist die rücktreibende Kraft durch beide Federn gleich $2\,T_0 \sin\theta$, das ist gleich $2\,T_0\,(x/a)$. Die Auslenkung ist x, die Masse m. Daher ist die rücktreibende Kraft pro Einheitsauslenkung und Einheitsmasse gleich $2\,T_0\,(x/a)/xm$.

Beachten Sie, daß die Frequenz für transversale Schwingungen sowohl in der Näherung für stark gedehnte Federn ($a_0 = 0$) als auch in der Näherung für kleine Schwingungen ($x/a \ll 1$) gleich $\omega^2 = 2\,T_0/ma$ ist, wie wir aus einem Vergleich der Gl. (1.16) mit Gl. (1.21) ersehen. In der Näherung für stark gedehnte Federn hat auch die longitudinale Schwingung diese Frequenz, wie wir aus den Gln. (1.11) und (1.16) ersehen. Ist diese Näherung nicht anwendbar, kann also a_0/a nicht vernachlässigt werden, dann haben longitudinale und (kleine) transversale Schwingungen nicht dieselbe Frequenz, wie die Gln. (1.11), (1.12) und (1.21) zeigen. In diesem Falle gilt

$$\omega^2_{\text{long}} = \frac{2Ka}{ma}\,, \qquad (1.22)$$

$$\omega^2_{\text{trans}} = \frac{2\,T_0}{ma}\,, \qquad T_0 = K\,(a-a_0)\,. \qquad (1.23)$$

Für kleine Schwingungen einer Gummischnur, bei der a_0/a nicht vernachlässigt werden kann, sind die longitudinalen Schwingungen rascher als die transversalen:

$$\frac{\omega_{\text{long}}}{\omega_{\text{trans}}} = \frac{1}{(1 - a_0/a)^{1/2}}\,.$$

• **Beispiel**: *4. LC-Kreis.* Eine vollständigere Diskussion der *LC*-Kreise finden Sie in Band 2, Kap. 8. Betrachten Sie den *LC*-Serienkreis in Bild 1.5. Die von der unteren zur oberen Platte des linken Kondensators verschobene Ladung ist Q_1, die von der unteren zur oberen Platte des rechten Kondensators verschobene hingegen Q_2. Die an der Induktivität anliegende Spannung ist gleich der Gegenspannung $L\,dI/dt$. Die Ladung Q_1 verursacht eine Spannung $C^{-1}Q_1$, so daß ein positives Q_1 einen Strom in Richtung des Pfeiles

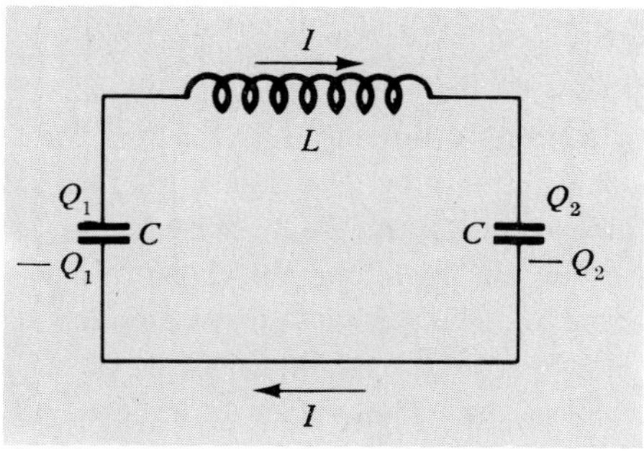

Bild 1.5. LC-Serienkreis. Die Festlegung der Vorzeichen für Q und I ist angegeben. Q_1 bzw. Q_2 ist positiv, wenn die obere Platte positiv gegenüber der unteren ist. I ist positiv, wenn positive Ladung in Richtung der Pfeile fließt.

in Bild 1.5 hervorruft. Positives Q_1 bewirkt also ein positives $L\,dI/dt$. Analog bewirkt ein positives Q_2 nach Bild 1.5 ein negatives $L\,dI/dt$. Wir haben also

$$L\,\frac{dI}{dt} = C^{-1}Q_1 - C^{-1}Q_2. \qquad (1.24)$$

Im Gleichgewicht sitzt auf keinem der Kondensatoren Ladung. Die Ladung Q_2 wird durch den Strom I auf Kosten der Ladung Q_1 aufgebaut. Daher haben wir aufgrund der Ladungserhaltung und der Vorzeichenvereinbarungen in Bild 1.5

$$Q_1 = -Q_2, \qquad (1.25)$$

$$\frac{dQ_2}{dt} = I. \qquad (1.26)$$

Wegen der Gln. (1.25) und (1.26) gibt es nur einen Freiheitsgrad. Wir können die augenblickliche Konfiguration des Systems durch Angabe von Q_1 oder Q_2 oder I beschreiben. Der Strom I wird in unseren zukünftigen Betrachtungen, die sich auf Systeme mit mehr als einem Freiheitsgrad beziehen werden, am bequemsten sein, und wir werden ihn auch jetzt verwenden. Wir benützen zuerst Gl. (1.25), um Q_1 aus Gl. (1.24) zu eliminieren. Dann differenzieren wir nach t und eliminieren Q_2 mit Hilfe von Gl. (1.26):

$$L\,\frac{dI}{dt} = C^{-1}Q_1 - C^{-1}Q_2 = -2C^{-1}Q_2\,;$$

$$L\,\frac{d^2I}{dt^2} = -2C^{-1}\frac{dQ_2}{dt} = -2C^{-1}I.$$

Daher gilt für den Strom $I(t)$ die Gleichung

$$\frac{d^2I}{dt^2} = -\omega^2 I,$$

wobei

$$\omega^2 = \frac{2C^{-1}}{L}. \qquad (1.27)$$

$I(t)$ vollführt eine harmonische Schwingung:

$$I(t) = A\cos(\omega t + \varphi).$$

Wir können Gl. (1.27) als Bestätigung dafür ansehen, daß ω^2 immer die „rücktreibende Kraft" pro Einheits-„Verschiebung" und Einheits-„Trägheit" ist. Als „rücktreibende Kraft" können wir die elektromotorische Kraft $2C^{-1}Q$ ansehen, wobei Q die „Ladungsverschiebung" Q_2 ist. Ferner fassen wir die Selbstinduktivität L als „Ladungsträgheit" auf. Dann ist die rücktreibende Kraft pro Einheitsverschiebung und Einheitsträgheit gleich $(2C^{-1}Q)/QL$. ●

Sie haben vielleicht eine mathematische Parallele zwischen den Beispielen 2, 3 und 4 bemerkt. Wir haben diesen Beispielen absichtlich dieselbe räumliche Symmetrie – „Trägheit" in der Mitte, symmetrisch angeordnete „treibende Kräfte" zu beiden Seiten – gegeben, um die Parallele herzustellen. Solche Parallelen sind oft nützliche Gedächtnisstützen.

1.3. Linearität und Überlagerungsprinzip

Die Lösungen, die wir in Abschnitt 1.2 für die Schwingungen von Pendel und Masse mit Federn hergeleitet haben, gelten nur unter der Voraussetzung, daß die rücktreibende Kraft proportional zur Auslenkung $-\psi$ und etwa von ψ^2, ψ^3 usw. unabhängig ist. Eine Differentialgleichung, die keine höheren Potenzen von ψ, $d\psi/dt$, $d^2\psi/dt^2$ usw. enthält als die erste, heißt *linear* in ψ und seinen zeitlichen Ableitungen. Wenn außerdem alle Terme ψ oder seine Ableitungen enthalten sind, heißt die Gleichung *homogen*. Kommen irgendwelche höheren Potenzen von ψ oder seinen Ableitungen vor, so heißt die Gleichung *nichtlinear*. Z.B. ist Gl. (1.5) nichtlinear, wie wir aus der Entwicklung von $\sin\psi$ in Gl. (1.6) ersehen. Nur wenn wir die höheren Potenzen von ψ vernachlässigen, erhalten wir eine lineare Gleichung.

Nichtlineare Gleichungen sind im allgemeinen schwierig zu lösen. Zum Glück gibt es viele interessante physikalische Vorgänge, für die lineare Gleichungen gute Näherungen sind. Wir werden es fast ausschließlich mit linearen Gleichungen zu tun haben.

Lineare homogene Gleichungen. Lineare homogene Differentialgleichungen haben folgende sehr interessante und wichtige Eigenschaft: *Die Summe zweier beliebiger Lösungen ist wieder eine Lösung.* Nichtlineare Gleichungen haben diese Eigenschaft nicht. Die Summe zweier Lösungen einer nichtlinearen Gleichung ist nicht wieder eine Lösung der Gleichung.

Wir werden diese Behauptungen für den linearen und den nichtlinearen Fall gleichzeitig beweisen. Nehmen Sie an, wir hätten für ein System mit einem Freiheitsgrad eine Bewegungsgleichung der Form

$$\frac{d^2\psi(t)}{dt^2} = -C\psi + \alpha\psi^2 + \beta\psi^3 + \gamma\psi^4 + \ldots \tag{1.28}$$

gefunden, wie dies z.B. beim Pendel (Gln. (1.5) und (1.6)) oder bei der mittels Federn aufgehängten Masse (Gl. (1.19)) der Fall war. Sind die Konstanten α, β, γ usw. alle Null oder können sie in hinreichend guter Näherung Null gesetzt werden, so ist Gl. (1.28) linear und homogen. Andernfalls ist sie nichtlinear. Nehmen Sie nun an, $\psi_1(t)$ sei eine Lösung der Gl. (1.28) und $\psi_2(t)$ eine von ihr verschiedene Lösung. ψ_1 kann z.B. die Lösung sein, die zu einer bestimmten Anfangsauslenkung und Anfangsgeschwindigkeit des Pendelkörpers gehört, während ψ_2 einer davon verschiedenen Anfangsauslenkung und -geschwindigkeit entspricht. Sowohl ψ_1 als auch ψ_2 erfüllen nach Voraussetzung die Gl. (1.28). Wir haben also

$$\frac{d^2\psi_1}{dt^2} = -C\psi_1 + \alpha\psi_1^2 + \beta\psi_1^3 + \gamma\psi_1^4 + \ldots \tag{1.29}$$

und

$$\frac{d^2\psi_2}{dt^2} = -C\psi_2 + \alpha\psi_2^2 + \beta\psi_2^3 + \gamma\psi_2^4 + \ldots . \tag{1.30}$$

Uns interessiert nun, ob bei *Überlagerung* von ψ_1 und ψ_2, also bei Einsetzen der Summe $\psi(t) = \psi_1(t) + \psi_2(t)$, dieselbe Bewegungsgleichung (1.28) erfüllt wird oder nicht. Ist

$$\frac{d^2(\psi_1+\psi_2)}{dt^2} = -C(\psi_1+\psi_2) + \alpha(\psi_1+\psi_2)^2 + \\ + \beta(\psi_1+\psi_2)^3 + \ldots \tag{1.31}$$

erfüllt? Die Antwort auf die Frage (1.31) ist dann und nur dann bejahend, wenn die Konstanten α, β usw. alle Null sind. Dies läßt sich wie folgt zeigen. Addieren Sie die Gln. (1.29) und (1.30). Die Summe ergibt dann und nur dann Gl. (1.31), wenn die folgenden Bedingungen erfüllt sind:

$$\frac{d^2\psi_1}{dt^2} + \frac{d^2\psi_2}{dt^2} = \frac{d^2(\psi_1+\psi_2)}{dt^2}, \tag{1.32}$$

$$-C\psi_1 - C\psi_2 = -C(\psi_1+\psi_2), \tag{1.33}$$

$$\alpha\psi_1^2 + \alpha\psi_2^2 = \alpha(\psi_1+\psi_2)^2, \tag{1.34}$$

$$\beta\psi_1^3 + \beta\psi_2^3 = \beta(\psi_1+\psi_2)^3 \text{ usw.} \tag{1.35}$$

Die Gln. (1.32) und (1.33) sind beide richtig. Die Gln. (1.34) und (1.35) sind nur dann richtig, wenn α und β verschwinden. Wir sehen also, daß die Überlagerung zweier Lösungen dann und nur dann wieder eine Lösung ist, wenn die Gleichung linear ist.

Die Eigenschaft, daß die Überlagerung zweier Lösungen wieder eine Lösung ergibt, haben nur lineare homogene Gleichungen. Schwingungen, die solchen Gleichungen genügen, erfüllen das Überlagerungsprinzip, auch *Superpositionsprinzip* genannt. Wir werden nur solche untersuchen.

Überlagerung von Anfangsbedingungen. Betrachten Sie als Beispiel für die Anwendung des Überlagerungsprinzips die Bewegung eines Pendels, das kleine Schwingungen ausführt. Nehmen Sie an, man habe eine Lösung ψ_1 mit bestimmten Anfangsbedingungen – Auslenkung und Geschwindigkeit – sowie eine davon verschiedene Lösung ψ_2 mit anderen Anfangsbedingungen gefunden. Stellen Sie sich nun vor, wir legen andere (dritte) Anfangsbedingungen auf folgende Weise fest: Wir *überlagern* die zu ψ_1 und ψ_2 gehörenden *Anfangsbedingungen*. Dies bedeutet, daß wir dem Pendelkörper als Anfangsauslenkung die algebraische Summe der Anfangsauslenkungen von ψ_1 und ψ_2 geben. Ebenso geben wir dem Pendelkörper als Anfangsgeschwindigkeit die algebraische Summe der Anfangsgeschwindigkeiten, die zu ψ_1 und ψ_2 gehören. Dann ist es leicht, die neue Bewegung aufzufinden. Die Lösung $\psi_3(t)$ ist genau die Überlagerung $\psi_1 + \psi_2$. Den Beweis überlassen wir Ihnen. Das Ergebnis gilt *nur* dann, wenn die Pendelschwingungen so klein sind, daß wir die nichtlinearen Terme in der rücktreibenden Kraft vernachlässigen können.

Lineare inhomogene Gleichungen. Lineare *in*homogene Gleichungen sind Gleichungen, die von ψ unabhängige Terme enthalten. Auch sie unterliegen einem – allerdings etwas verschiedenartigen – Überlagerungsprinzip. Viele physikalische Vorgänge lassen sich ähnlich beschreiben wie der „angetriebene" harmonische Oszillator, für den die Gleichung

$$\frac{md^2\psi(t)}{dt^2} = -C\psi(t) + F(t) \tag{1.36}$$

gilt. Dabei ist $F(t)$ eine „äußere", von ψ unabhängige Kraft. Das entsprechende Überlagerungsprinzip ist das folgende: Stellen Sie sich vor, eine äußere Kraft $F_1(t)$ allein erzeuge eine Schwingung $\psi_1(t)$ und ebenso erzeuge eine andere äußere Kraft $F_2(t)$ allein eine Schwingung $\psi_2(t)$. Wirken nun beide Kräfte gleichzeitig, so daß die Gesamtkraft gleich der Überlagerung $F_1(t) + F_2(t)$ ist, dann ist die entsprechende Schwingung, also die entsprechende Lösung von Gl. (1.36), gleich der Überlagerung $\psi(t) = \psi_1(t) + \psi_2(t)$. Wir überlassen Ihnen den Beweis, daß dies für die lineare inhomogene Gl. (1.36) gilt, nicht aber für eine in $\psi(t)$ nichtlineare Gleichung (siehe Übung 1.16).

Die in Abschnitt 1.2 behandelten Systeme sowie unsere Beispiele für das Überlagerungsprinzip in diesem Abschnitt waren ausschließlich Systeme mit einem Freiheitsgrad. Das Überlagerungsprinzip ist jedoch auch auf Systeme mit beliebig vielen Freiheitsgraden anwendbar, wenn die Gleichungen linear sind. Wir werden es sehr häufig verwenden, meist ohne es ausdrücklich zu erwähnen.

● **Beispiel**: *5. Sphärisches Pendel.* Als Beispiel für die Anwendung des Überlagerungsprinzips bei zwei Freiheitsgraden betrachten wir die Bewegung eines Pendels, das aus einem Pendelkörper mit der Masse m und einer Schnur mit der Länge l besteht. Das Pendel kann in jeder beliebigen Richtung frei schwingen. Es heißt *sphärisches Pendel.* Im Gleichgewicht hängt die Schnur senkrecht, also in z-Richtung, und der Pendelkörper befindet sich an der Stelle $x = y = 0$. Für genügend kleine Auslenkungen x und y können Sie leicht zeigen, daß $x(t)$ und $y(t)$ die Differentialgleichungen

$$m \frac{d^2x}{dt^2} = -\frac{mg}{l}x \tag{1.37}$$

$$m \frac{d^2y}{dt^2} = -\frac{mg}{l}y \tag{1.38}$$

erfüllen. Diese beiden Gleichungen sind „nicht gekoppelt". Darunter verstehen wir, daß die x-Komponente der Kraft nicht von y, sondern nur von x abhängt und umgekehrt. Gl. (1.37) enthält also y nicht, ebenso wie Gl. (1.38) x nicht enthält. Die Gln. (1.37) und (1.38) können unabhängig voneinander gelöst werden und ergeben

$$x(t) = A_1 \cos(\omega t + \varphi_1) \tag{1.39}$$

$$y(t) = A_2 \cos(\omega t + \varphi_2) \tag{1.40}$$

mit

$$\omega^2 = \frac{g}{l}.$$

Die Konstanten A_1, A_2, φ_1 und φ_2 werden durch die Anfangsbedingungen für Auslenkung und Geschwindigkeit in x- und y-Richtung bestimmt. Die vollständige Bewegung kann man sich nun als *Überlagerung* der Bewegung $\hat{\mathbf{x}}\, x(t)$ und $\hat{\mathbf{y}}\, y(t)$ denken, wobei $\hat{\mathbf{x}}$ und $\hat{\mathbf{y}}$ Einheitsvektoren sind. Die Nützlichkeit des Überlagerungsprinzips liegt darin, daß wir die Lösungen für die Bewegungen in x- und y-Richtung getrennt herleiten können und diese dann nur einander zu überlagern brauchen, um die vollständige Bewegung in beiden Freiheitsgraden zu erhalten. ●

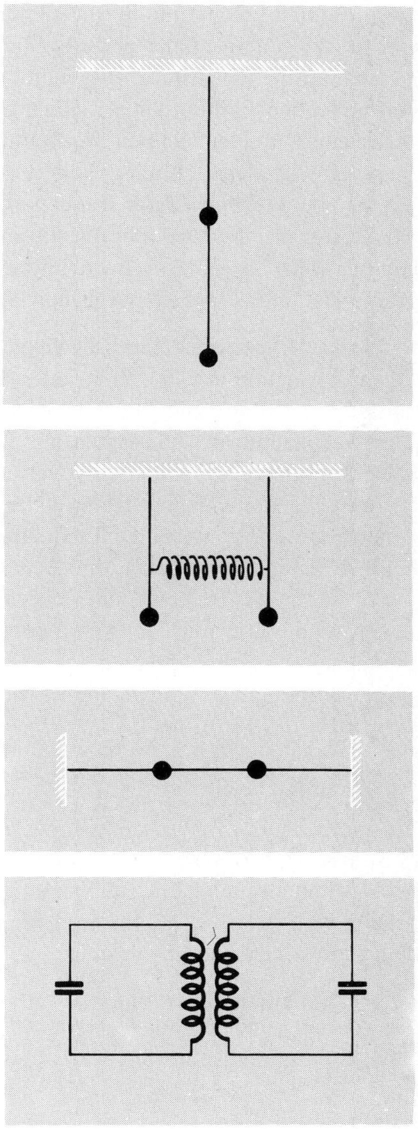

Bild 1.6. Systeme mit zwei Freiheitsgraden. (Die Massen bleiben in der Bildebene.)

1.4. Freie Schwingungen von Systemen mit zwei Freiheitsgraden

In der Natur gibt es viele interessante Beispiele für Systeme mit zwei Freiheitsgraden. Zu den schönsten gehören Moleküle und Elementarteilchen, im besonderen die neutralen K-Mesonen. Zu ihrer Untersuchung benötigt man die Quantenmechanik. Einige einfachere Beispiele sind: ein Doppelpendel, bei dem ein Pendel an der Decke, das andere am Pendelkörper des ersten befestigt ist; zwei Pendel, die durch eine Feder gekoppelt sind; eine Feder mit zwei Massen; und schließlich zwei gekoppelte LC-Kreise (Bild 1.6). Zur Beschreibung des Zustandes eines solchen Systems benötigt man zwei Variable, etwa ψ_a und ψ_b. Bei einem einfachen Pendel z.B., das in jeder Richtung frei schwingen kann, wären die „beweglichen Teile" ψ_a und ψ_b die Auslenkungen des Pendels in den beiden aufeinander senkrechten horizontalen Richtungen. Bei gekoppelten Pendeln wären es die Lagen der Pendel, bei zwei gekoppelten Schwingkreisen die Ladungen auf den beiden Kondensatoren oder die Ströme in den Kreisen.

Die allgemeine Bewegung eines Systems mit zwei Freiheitsgraden kann sehr kompliziert aussehen. Kein Teil führt eine einfache harmonische Bewegung aus. Wir werden jedoch zeigen, daß die allgemeinste Bewegung für zwei Freiheitsgrade und lineare Bewegungsgleichungen eine *Überlagerung* zweier einfacher harmonischer Schwingungen ist, die gleichzeitig ausgeführt werden. Diese beiden einfachen harmonischen Schwingungen, die unten beschrieben werden, heißen *Normalschwingungen* oder *Eigenschwingungen.* Durch geeignete Anfangswerte von ψ_a, ψ_b, $d\psi_a/dt$ und $d\psi_b/dt$ können wir erreichen, daß das System nur die eine oder nur die andere Eigenschwingung ausführt. Die Eigenschwingungen sind also „nichtgekoppelt", obwohl die beweglichen Teile gekoppelt sind.

Eigenschaften einer Eigenschwingung. Tritt nur eine Eigenschwingung auf, so führt jeder Teil eine einfache harmonische Bewegung aus. Alle Teilchen schwingen mit derselben Frequenz. Alle gehen gleichzeitig durch ihre Gleichgewichtslagen, in denen ψ verschwindet. Bei einer einzigen Eigenschwingung treten daher niemals verschiedene Phasenkonstanten oder Frequenzen auf, es gibt also keine Schwingungen der Form $\psi_a(t) = A\cos\omega t$ und $\psi_b(t) = B\sin\omega t$ (verschiedene Phasenkonstanten) oder $\psi_a(t) = A\cos\omega_1 t$ und $\psi_b(t) = B\cos\omega_2 t$ (verschiedene Frequenzen). Vielmehr hat man bei einer Eigenschwingung – die wir Eigenschwingung 1 nennen –

$$\begin{aligned}\psi_a(t) &= A_1\cos(\omega_1 t + \varphi_1),\\ \psi_b(t) &= B_1\cos(\omega_1 t + \varphi_1) = \frac{B_1}{A_1}\,\psi_a(t),\end{aligned} \qquad (1.41)$$

also *dieselbe Frequenz und dieselbe Phasenkonstante* für beide Freiheitsgrade, d.h. für beide beweglichen Teile. Analog vollführen bei Eigenschwingung 2 die beiden Freiheitsgrade a und b die Bewegung

$$\begin{aligned}\psi_a(t) &= A_2\cos(\omega_2 t + \varphi_2),\\ \psi_b(t) &= B_2\cos(\omega_2 t + \varphi_2) = \frac{B_2}{A_2}\,\psi_a(t).\end{aligned} \qquad (1.42)$$

Jede Eigenschwingung hat ihre eigene charakteristische Frequenz: Eigenschwingung 1 hat die Frequenz ω_1, Eigenschwingung 2 die Frequenz ω_2. Auch hat das System in jeder der Eigenschwingungen eine charakteristische „Form" oder „Gestalt", die durch das Verhältnis der Bewegungsamplituden der beweglichen Teile bestimmt wird. Dieses ist A_1/B_1 für Eigenschwingung 1, A_2/B_2 für Eigenschwingung 2. Beachten Sie, daß bei einer Eigenschwingung das Verhältnis $\psi_a(t)/\psi_b(t)$ konstant, also zeitunabhängig ist. Es ist gleich dem entsprechenden Verhältnis A_1/B_1 oder A_2/B_2. Diese Verhältnisse können positiv oder negativ sein.

Wie wir zeigen werden, ist die allgemeinste Bewegung des Systems einfach eine Überlagerung, bei der beide Eigenschwingungen gleichzeitig auftreten:

$$\begin{aligned}\psi_a(t) &= A_1\cos(\omega_1 t + \varphi_1) + A_2\cos(\omega_2 t + \varphi_2),\\ \psi_b(t) &= B_1\cos(\omega_1 t + \varphi_1) + B_2\cos(\omega_2 t + \varphi_2).\end{aligned} \qquad (1.43)$$

Betrachten wir einige spezielle *Beispiele.*

● **Beispiele**: *6. Einfaches sphärisches Pendel.* Dieses Beispiel ist fast zu einfach, denn es vermittelt keinen rechten Einblick in die Vielfalt der allgemeinen Bewegung nach Gl. (1.43). Die beiden Eigenschwingungen in x- bzw. y-Richtung haben nämlich dieselbe Frequenz $\omega^2 = g/l$. Anstelle von Überlagerungen der Gln. (1.43) mit zwei verschiedenen Frequenzen erhalten wir die einfacheren Ergebnisse der Gln. (1.39) und (1.40), nämlich

$$\begin{aligned}x(t) &\equiv \psi_a(t) = A_1\cos(\omega_1 t + \varphi_1), \qquad \omega_1 = \omega,\\ y(t) &\equiv \psi_b(t) = B_2\cos(\omega_2 t + \varphi_2), \qquad \omega_2 = \omega_1 = \omega.\end{aligned} \qquad (1.44)$$

Dabei haben wir die Gln. (1.44) so geschrieben, daß ihre Ähnlichkeit mit den Gln. (1.43) zum Ausdruck kommt. Es ist ein Ausnahmefall, wenn die beiden Eigenschwingungen dieselbe Frequenz haben. Sie heißen dann „entartet". ●

● *7. Zweidimensionaler harmonischer Oszillator.* In Bild 1.7 zeigen wir eine Masse m, die sich in der xy-Ebene frei bewegen kann. Zwei gleichartige masselose Federn mit der Federkonstanten K_1, die in x-Richtung liegen, sowie zwei gleichartige masselose Federn mit der Federkonstanten K_2, die in y-Richtung liegen, verbinden die Masse mit den Wänden. In der Näherung kleiner Schwingungen, bei der wir x^2/a^2, y^2/a^2 und xy/a^2 vernachlässigen, werden wir zeigen, daß die x-Komponente der rücktreibenden Kraft ausschließlich von den beiden Federn mit K_1 herrührt. Ebenso rührt die y-Komponente der rücktreibenden Kraft nur von den Federn mit K_2 her. Dies können Sie beweisen, indem Sie F_x und F_y exakt anschreiben und dann nichtlineare Terme weglassen. Es ist aber einfacher so einzusehen: Beginnen Sie bei der Gleichgewichtslage in Bild 1.7a. Denken Sie sich eine kleine Verschiebung x von m in der positiven x-Richtung. Die in dieser Stellung auftretende rücktreibende Kraft ist nach Bild 1.7

$$F_x = -2K_1 x, \qquad F_y = 0.$$

Führen Sie dann, beginnend vom Endpunkt der ersten Verschiebung, eine weitere kleine Verschiebung y aus, diesmal jedoch in der positiven y-Richtung. Uns interessiert, ob sich F_x ändert. Die Federn mit K_1 werden um ein kleines Stück proportional y^2 länger, doch vernachlässigen wir dies. Die Längenänderung der Federn mit K_2 ist proportional y – die eine wird kürzer, die andere länger. Die Projektion ihrer Kraft auf die x-Achse ist jedoch auch proportional x. Wir vernachlässigen das Produkt xy. Also bleibt F_x ungeändert. Eine analoge Schlußfolgerung gilt für F_y. Wir erhalten also die beiden linearen Gleichungen

$$m\,\frac{d^2x}{dt^2} = -2K_1 x \quad \text{und} \quad m\,\frac{d^2y}{dt^2} = -2K_2 y \qquad (1.45)$$

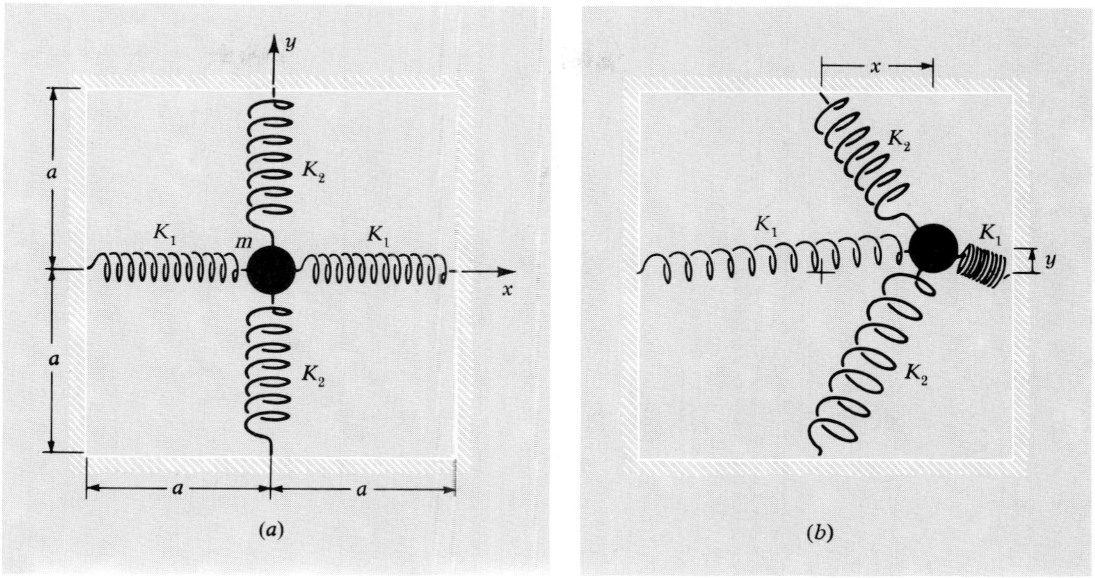

Bild 1.7. Zweidimensionaler harmonischer Oszillator.
a) Gleichgewicht, b) beliebige Lage

mit den Lösungen

$$x = A_1 \cos(\omega_1 t + \varphi_1), \quad \omega_1^2 = \frac{2K_1}{m},$$
$$y = B_2 \cos(\omega_2 t + \varphi_2), \quad \omega_2^2 = \frac{2K_2}{m}. \tag{1.46}$$

Wir sehen, daß die Bewegungen in x- und y-Richtung nicht gekoppelt sind und daß jede von ihnen eine harmonische Schwingung mit einer eigenen Frequenz ist. Die x-Bewegung entspricht also der einen Normalschwingung, die y-Bewegung der anderen. Die x-Eigenschwingung hat die Amplitude A_1 und die Phasenkonstante φ_1, die beide nur von den Anfangswerten $x(0)$ und $\dot{x}(0)$ abhängen, also von der Auslenkung und Geschwindigkeit in x-Richtung zur Zeit $t = 0$. Analog hat die y-Eigenschwingung die Amplitude B_2 und die Phasenkonstante φ_2, die nur von den Anfangswerten $y(0)$ und $\dot{y}(0)$ abhängen. •

Normalkoordinaten. Beachten Sie, daß unsere völlig allgemeine Lösung (1.46) noch nicht die allgemeine Gestalt der Gln. (1.43) aufweist. Wir haben nämlich Glück gehabt! Unsere natürliche Wahl von x und y in Richtung der Federn lieferte uns die ungekoppelten Gln. (1.45), von denen jede einer Eigenschwingung entspricht. In Bezug auf die Gln. (1.43) haben wir ψ_a und ψ_b günstig gewählt, so daß A_2 und B_1 dentisch Null wurden. Unsere glückliche Wahl der Koordinaten lieferte uns sogenannte *Normalkoordinaten*, in diesem Beispiel x und y.

Nehmen Sie an, wir hätten nicht soviel Glück oder Verstand gehabt, sondern hätten ein Koordinatensystem x' und y' ausgesucht, das, wie in Bild 1.8 dargestellt, aus x und y durch eine Drehung um den Winkel α hervorgeht. Aus dem Bild ersehen wir, daß die Normalkoordinaten x und y Linearkombinationen der Koordinaten x' und y' sind. Hätten wir statt der „geschickten" Koordinaten x und y die „ungeschickten" x' und y' verwendet, so hätten wir statt der ungekoppelten Gln. (1.45) zwei „gekoppelte" Differentialgleichungen erhalten, die beide sowohl x' als auch y' enthalten hätten.

Bei den meisten Aufgaben mit zwei Freiheitsgraden ist es nicht leicht, die Normalkoordinaten „durch Hinsehen" zu finden, wie wir es bei dem vorliegenden Beispiel getan haben. Daher sind die Bewegungsgleichungen der verschiedenen Freiheitsgrade gewöhnlich gekoppelt. Ein Weg zur Lösung dieser beiden gekoppelten Differentialgleichungen ist das Aufsuchen neuer Variablen, die Linearkombinationen der alten „ungeschickten" Koordinaten sind und für die ungekoppelte Bewegungsgleichungen gelten. Die neuen Variablen heißen dann „Normalkoordinaten". Bei dem vorliegenden Beispiel wissen wir, wie die Normalkoordinaten bei gegebenen „ungeschickten" Koordinaten x' und y' zu finden sind. Drehen Sie einfach das Koordinatensystem so, daß Sie x und y als Linearkombinationen von x' und y' erhalten. Bei einer allgemeineren Aufgabe müßten wir eine allgemeinere lineare Koordinatentransformation ausführen, nicht bloß eine einfache Drehung. Dies wäre z.B. der Fall, wenn die Federpaare in Bild 1.7 nicht aufeinander senkrecht stünden.

Systematische Lösung für Eigenschwingungen. Ohne ein bestimmtes physikalisches System im Auge zu haben,

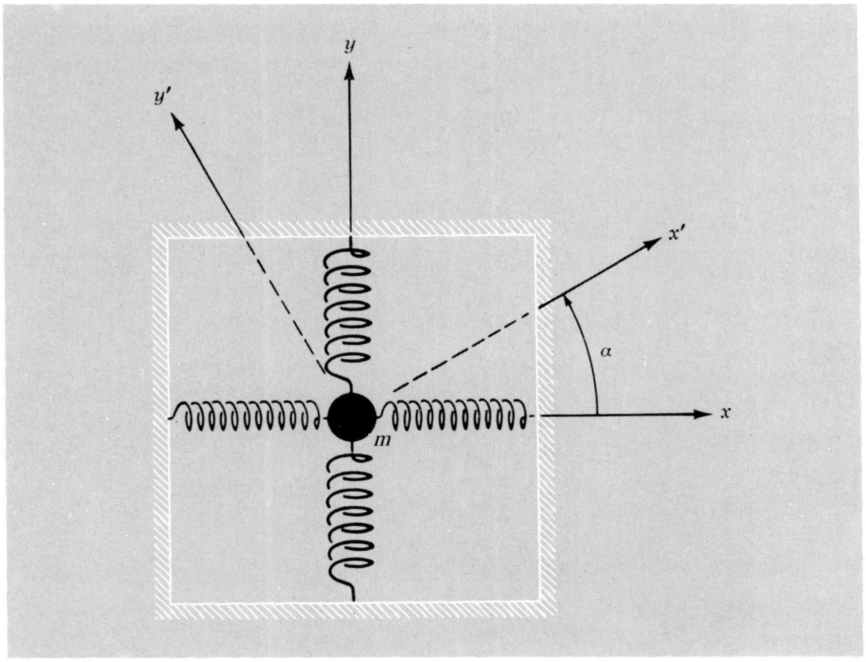

Bild 1.8.
Koordinatendrehung

nehmen wir an, wir hätten zwei gekoppelte lineare homogene Gleichungen erster Ordnung in den „ungeschickten" Koordinaten x und y gefunden:

$$\frac{d^2x}{dt^2} = -a_{11}x - a_{12}y \tag{1.47}$$

$$\frac{d^2y}{dt^2} = -a_{21}x - a_{22}y . \tag{1.48}$$

Nun *nehmen wir an*, das System schwinge in einer Eigenschwingung allein. Wir gehen also davon aus, beide Freiheitsgrade – x und y – schwingen harmonisch mit *derselben Frequenz und derselben Phasenkonstanten*. Das heißt, wir hätten

$$x = A\cos(\omega t + \varphi), \quad y = B\cos(\omega t + \varphi), \tag{1.49}$$

wobei ω und B/A noch unbekannt sind. Dann gilt

$$\frac{d^2x}{dt^2} = -\omega^2 x, \quad \frac{d^2y}{dt^2} = -\omega^2 y . \tag{1.50}$$

Setzen wir die Gln. (1.50) in die Gln. (1.47) und (1.48) ein und ordnen wir diese um, so erhalten wir zwei homogene lineare Gleichungen in x und y:

$$(a_{11} - \omega^2)x + a_{12}y = 0, \tag{1.51}$$

$$a_{21}x + (a_{22} - \omega^2)y = 0. \tag{1.52}$$

Die Gln. (1.51) und (1.52) liefern beide das Verhältnis y/x:

$$\frac{y}{x} = \frac{\omega^2 - a_{11}}{a_{12}}, \tag{1.53}$$

$$\frac{y}{x} = \frac{a_{21}}{\omega^2 - a_{22}}. \tag{1.54}$$

Aus Konsistenzgründen müssen die Gln. (1.53) und (1.54) dasselbe Ergebnis liefern. Das gibt die Bedingung

$$\frac{\omega^2 - a_{11}}{a_{12}} = \frac{a_{21}}{\omega^2 - a_{22}},$$

d.h.

$$(a_{11} - \omega^2)(a_{22} - \omega^2) - a_{21}a_{12} = 0. \tag{1.55}$$

Man kann Gl. (1.55) auch erhalten, indem man das Verschwinden der Koeffizientendeterminante der linearen homogenen Gln. (1.51) und (1.52) fordert:

$$\begin{vmatrix} a_{11} - \omega^2 & a_{12} \\ a_{21} & a_{22} - \omega^2 \end{vmatrix} \equiv (a_{11} - \omega^2)(a_{22} - \omega^2) - a_{21}a_{12} = 0. \tag{1.56}$$

Die Gl. (1.55) bzw. Gl. (1.56) ist in der Variablen ω^2 quadratisch. Sie hat zwei Lösungen, ω_1^2 und ω_2^2. Wir haben also folgendes gefunden: Die Annahme, daß eine Eigenschwingung allein auftritt, kann auf genau zwei Arten realisiert werden. Die Frequenz der Eigenschwingung 1 ist ω_1, die der Eigenschwingung 2 ist ω_2. Die Gestalt von x und y in der Eigenschwingung 1 erhält man durch Einsetzen von $\omega^2 = \omega_1^2$ in eine der beiden Gln. (1.53) und (1.54) – diese sind wegen Gl. (1.56) gleichwertig. Also gilt

$$\left(\frac{y}{x}\right)_{\text{Eigen-schwingung 1}} = \left(\frac{B}{A}\right)_{\text{Eigen-schwingung 1}} = \frac{B_1}{A_1} = \frac{\omega_1^2 - a_{11}}{a_{12}}. \tag{1.57a}$$

Analog gilt

$$\left(\frac{y}{x}\right)_{\text{Eigen-schwingung 2}} = \left(\frac{B}{A}\right)_{\text{Eigen-schwingung 2}} = \frac{B_2}{A_2} = \frac{\omega_2^2 - a_{11}}{a_{12}}. \tag{1.57b}$$

Haben wir die Eigenfrequenzen ω_1 und ω_2 sowie die Amplitudenverhältnisse B_1/A_1 und B_2/A_2 einmal gefunden, so können wir die allgemeinste Überlagerung der beiden Eigenschwingungen wie folgt schreiben:

$$x(t) = x_1(t) + x_2(t)$$
$$= A_1 \cos(\omega_1 t + \varphi_1) + A_2 \cos(\omega_2 t + \varphi_2), \quad (1.58)$$

$$y(t) = \frac{B_1}{A_1} A_1 \cos(\omega_1 t + \varphi_1) + \frac{B_2}{A_2} A_2 \cos(\omega_2 t + \varphi_2)$$
$$= B_1 \cos(\omega_1 t + \varphi_1) + B_2 \cos(\omega_2 t + \varphi_2). \quad (1.59)$$

Beachten Sie: Während wir in Gl. (1.58) A_1, φ_1, A_2 und φ_2 völlig frei gewählt hatten, hatten wir beim Schreiben der Konstanten in Gl. (1.59) überhaupt keine Freiheit mehr, da φ_1 und φ_2 schon festgelegt waren und wir die Gln. (1.57) befriedigen mußten.

Die allgemeine Lösung der Gln. (1.47) und (1.48) ist eine Überlagerung zweier beliebiger voneinander unabhängiger Lösungen, die die durch $x(0)$, $\dot{x}(0)$, $y(0)$ und $\dot{y}(0)$ vorgegebenen Anfangsbedingungen erfüllen. Eine Überlagerung der beiden Eigenschwingungen mit den durch die Anfangsbedingungen festgelegten vier Konstanten A_1, φ_1, A_2 und φ_2 ist eine solche Lösung. Daher kann die allgemeine Lösung immer als Überlagerung der Eigenschwingungen geschrieben werden.

• **Beispiele**: *8. Longitudinale Schwingungen zweier gekoppelter Massen.* Das betrachtete System ist in Bild 1.9 dargestellt. Die beiden Massen m gleiten auf einem reibungsfreien Tisch. Die drei gleichartigen Federn sind masselos und haben die Federkonstante K. Wir überlassen die systematische Lösung dem Leser (Übung 23), doch versuchen wir hier, die Eigenschwingung zu *erraten*. Wir wissen, es muß zwei Eigenschwingungen geben, da zwei Freiheitsgrade vorhanden sind. In einer Eigenschwingung führt jeder bewegte Teil, also jede Masse, eine harmonische Bewegung aus. Das heißt, daß jeder bewegte Teil mit derselben Frequenz schwingt, daß also *die rücktreibende Kraft pro Einheitsauslenkung und pro Einheitsmasse für beide Massen dieselbe ist*. Wir haben im Abschnitt 1.2 gelernt, daß ω^2 die rücktreibende Kraft pro Einheitsauslenkung und pro Einheitsmasse ist. Das gilt für jeden bewegten Teil, sei er nun ein eigenes isoliertes System mit einem Freiheitsgrad oder Teil eines größeren Systems. Es ist nur gefordert, daß er eine harmonische Schwingung mit einer einzigen Frequenz ausführe.

Bei dem vorliegenden Beispiel sind die Massen gleich. Wir brauchen daher nur nach solchen Konfigurationen zu suchen, bei denen beide Massen dieselbe rücktreibende Kraft pro Einheitsauslenkung erfahren. Wir vermuten, daß die Auslenkungen dieselben sein könnten, und prüfen nach, ob es so geht: Nehmen Sie an, wir beginnen bei der Gleichgewichtslage und verschieben beide Massen um dasselbe Stück nach rechts. Wirkt auf beide Massen dieselbe rücktreibende Kraft? Beachten Sie, daß die mittlere Feder dieselbe Länge wie im Gleichgewicht hat, so daß sie auf keine der Massen eine Kraft ausübt. Die linke Masse wird nach links gezogen, weil die linke Feder ausgedehnt ist. Die rechte Masse wird mit *derselben* Kraft nach links gedrückt, da die rechte Feder um dasselbe Stück zusammengepreßt ist. Wir haben also eine Eigenschwingung entdeckt!

Eigenschwingung 1:

$$\psi_a(t) = \psi_b(t), \qquad \omega_1^2 = \frac{K}{m}. \qquad (1.60)$$

Die Frequenz $\omega_1^2 = K/m$ in Gl. (1.60) kommt daher, daß jede der Massen genauso schwingt, als wäre die mittlere Feder nicht vorhanden.

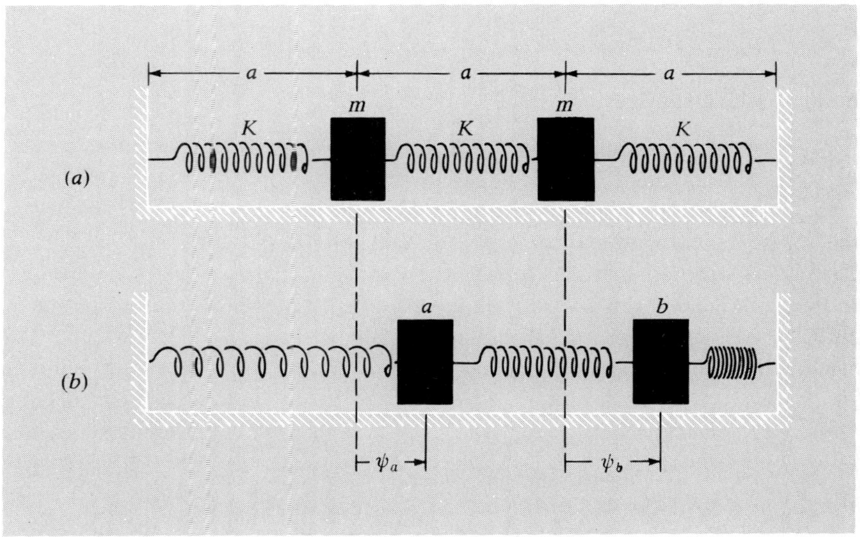

Bild 1.9.
Longitudinale Schwingungen
a) Gleichgewicht
b) beliebige Lage

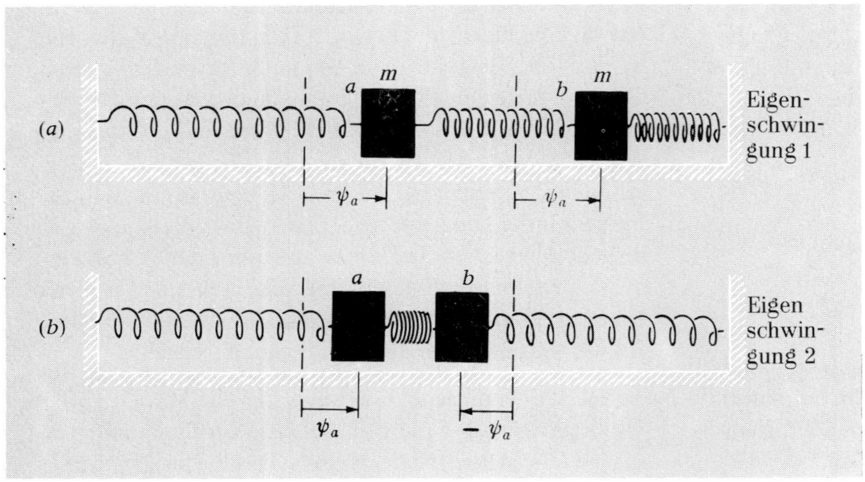

Bild 1.10.
Eigenschwingungen der longitudinalen Schwingung
a) Eigenschwingung mit niedrigerer Frequenz
b) Eigenschwingung mit höherer Frequenz

Versuchen wir nun, die zweite Eigenschwingung zu erraten. Aus Symmetriegründen vermuten wir eine Eigenschwingung für den Fall, daß sich a und b entgegengesetzt bewegen. Bewegt sich a um ein Stück ψ_a nach rechts und b um ein gleich großes Stück nach links, so erfahren beide dieselbe rücktreibende Kraft. Daher gilt für die zweite Eigenschwingung $\psi_b = -\psi_a$. Die Frequenz ω_2 kann man finden, indem man eine einzelne Masse betrachtet und ihre rücktreibende Kraft pro Einheitsauslenkung und pro Einheitsmasse ermittelt. Betrachten Sie die linke Masse a. Sie wird durch die linke Feder mit einer Kraft $F_z = -K\psi_a$ nach links gezogen, durch die mittlere Feder hingegen mit einer Kraft $F_z = -2K\psi_a$ nach links gedrückt. Der Faktor 2 kommt daher, daß die mittlere Feder um ein Stück $2\psi_a$ zusammengepreßt ist. Die Nettokraft für eine Auslenkung ψ_a ist also $-3K\psi_a$, die rücktreibende Kraft pro Einheitsauslenkung und pro Einheitsmasse $3K/m$:

Eigenschwingung 2:

$$\psi_a = -\psi_b\,, \quad \omega_2^2 = \frac{3K}{m}. \tag{1.61}$$

Die Eigenschwingungen sind in Bild 1.10 dargestellt.

Wir werden diese Aufgabe nochmals durch Aufsuchen der Normalkoordinaten, also der „geschickten" Koordinaten, lösen. Die „geschickten" Koordinaten sind immer eine solche Linearkombination von gewöhnlichen „ungeschickten" Koordinaten, daß man statt zweier gekoppelter linearer Gleichungen zwei ungekoppelte erhält. Aus Bild 1.9b ersehen wir leicht, daß in einer beliebigen Lage folgende Bewegungsgleichungen gelten:

$$m\,\frac{d^2\psi_a}{dt^2} = -K\psi_a + K(\psi_b - \psi_a)\,, \tag{1.62}$$

$$m\,\frac{d^2\psi_b}{dt^2} = -K(\psi_b - \psi_a) - K\psi_b\,. \tag{1.63}$$

Wir erhalten also die gewünschten ungekoppelten Gleichungen, wenn wir die Bewegungsgleichungen einmal addieren und einmal subtrahieren. Durch Addition der Gln. (1.62) und (1.63) ergibt sich:

$$m\,\frac{d^2}{dt^2}\,(\psi_a + \psi_b) = -K(\psi_a + \psi_b)\,. \tag{1.64}$$

Durch Subtraktion der Gl. (1.63) von der Gl. (1.62) erhalten wir

$$m\,\frac{d^2(\psi_a - \psi_b)}{dt^2} = -3K(\psi_a - \psi_b)\,. \tag{1.65}$$

Die Gln. (1.64) und (1.65) sind ungekoppelte Gleichungen in den Variablen $\psi_a + \psi_b$ und $\psi_a - \psi_b$ mit den Lösungen

$$\psi_a + \psi_b \equiv \psi_1(t) = A_1 \cos(\omega_1 t + \varphi_1) \qquad \omega_1^2 = \frac{K}{m}\,, \tag{1.66}$$

$$\psi_a - \psi_b \equiv \psi_2(t) = A_2 \cos(\omega_2 t + \varphi_2) \qquad \omega_2^2 = \frac{3K}{m}\,, \tag{1.67}$$

wobei A_1 und φ_1 Amplitude und Phasenkonstante der Eigenschwingung 1, A_2 und φ_2 Amplitude und Phasenkonstante der Eigenschwingung 2 sind. Wir sehen, daß $\psi_1(t)$ der Bewegung des Schwerpunktes entspricht, da $\frac{1}{2}(\psi_a + \psi_b)$ die Lage des Schwerpunktes ist. Wir hätten Gl. (1.64) durch 2 dividieren und ψ_1 als Lage des Schwerpunktes definieren können. Der Proportionalitätsfaktor $\frac{1}{2}$ ist unwichtig. Wir sehen ferner, daß ψ_2 die Kompression der mittleren Feder ist, oder anders ausgedrückt, die relative Verschiebung der beiden Massen. Hätten wir genügend Geschick besessen, so wäre unsere Wahl gleich auf ψ_1 und ψ_2 gefallen, denn die Bewegung des Schwerpunktes und die „innere Bewegung", d.h. die Relativbewegung der beiden Teile, sind physikalisch interessante Variable.

Oft ist es nicht so leicht, eine einfache physikalische Deutung für die Normalkoordinaten zu finden. So werden wir uns in der Regel an unsere „ungeschickten" Koordinaten halten, auch wenn wir die Eigenschwingungen gefunden haben, einfach weil wir sie am besten verstehen.

Bei dem vorliegenden Beispiel haben wir die Normalkoordinaten ψ_1 und ψ_2 gefunden, doch kommen wir nun wieder zu den uns geläufigeren Koordinaten ψ_a und ψ_b zurück. Als Lösung der Gln. (1.66) und (1.67) finden wir

$$2\,\psi_a = A_1 \cos(\omega_1 t + \varphi_1) + A_2 \cos(\omega_2 t + \varphi_2) \qquad (1.68)$$

$$2\,\psi_b = A_1 \cos(\omega_1 t + \varphi_1) - A_2 \cos(\omega_2 t + \varphi_2). \qquad (1.69)$$

Beachten Sie bitte, daß bei alleinigem Auftreten der Eigenschwingung 1 die Konstante A_2 verschwindet und nach den Gln. (1.68) und (1.69) die Beziehung $\psi_b = \psi_a$ gilt. Ähnlich gelten bei Eigenschwingung 2 die Beziehungen $A_1 = 0$ und $\psi_b = -\psi_a$. Das haben wir schon früher – in den Gln. (1.60) und (1.61) – gefunden. ●

● *9. Transversale Schwingungen zweier gekoppelter Massen.* Das System ist in Bild 1.11 dargestellt. Die Schwingungen sollen nach Voraussetzung auf die Bildebene beschränkt bleiben. Daher sind genau zwei Freiheitsgrade vorhanden. Die drei gleichartigen masselosen Federn haben eine Ruhlänge a_0, die kleiner als die Gleichgewichtsentfernung a der Massen ist. Die Federn sind daher alle gedehnt. Ist das System in seiner Gleichgewichtslage (Bild 1.11a), dann üben die Federn den Zug T_0 aus.

Wegen der Symmetrie des Systems lassen sich die Eigenschwingungen leicht erraten. Sie sind in Bild 1.11 dargestellt. Als tiefere oder untere Eigenschwingung bezeichnet man diejenige mit der niedrigeren Frequenz, d.h. die mit der kleineren rücktreibenden Kraft pro Einheitsauslenkung und pro Einheitsmasse für jede der Massen. Bei ihr wird die mittlere Feder niemals zusammengedrückt oder ausgedehnt (Bild 1.11c). Man erhält daher die Frequenz, wenn man eine der Massen für sich betrachtet, wobei die rücktreibende Kraft nur von jener Feder her-

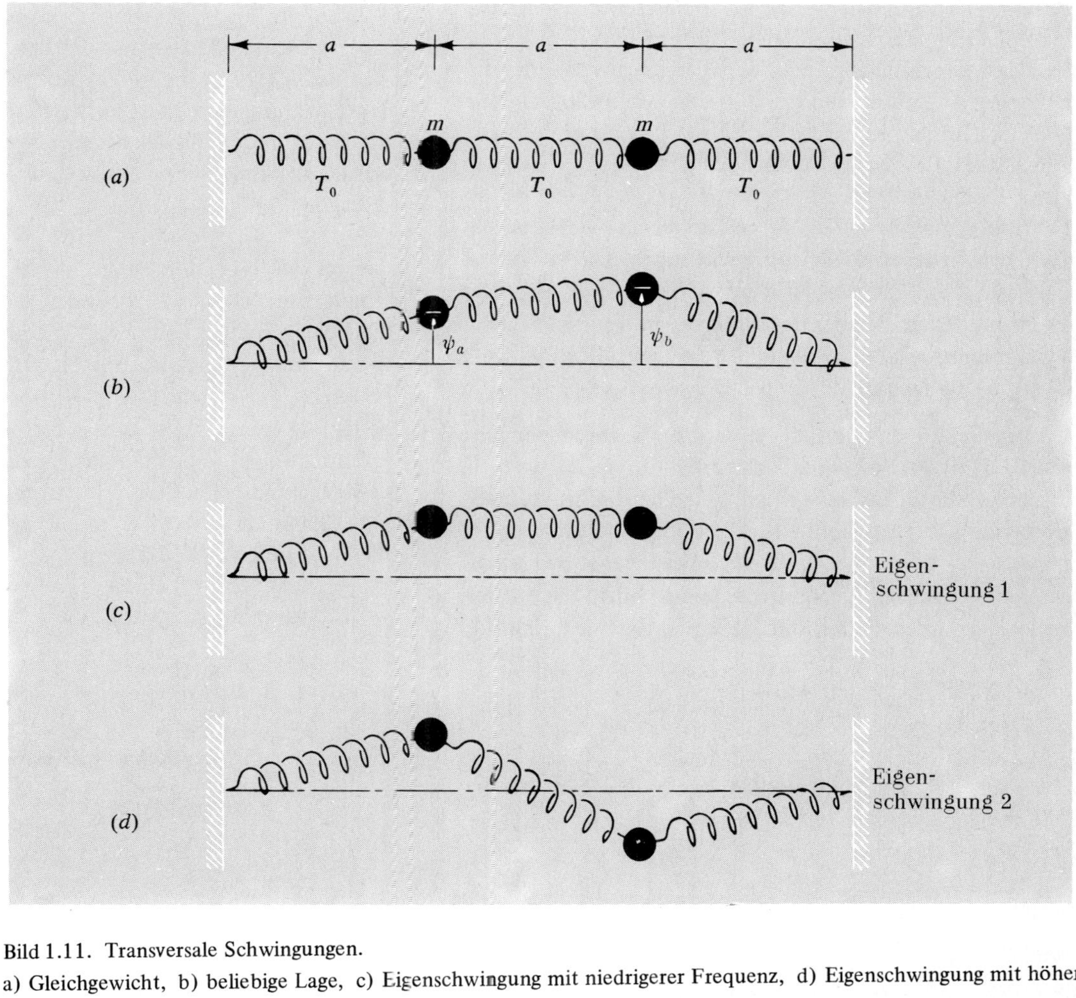

Bild 1.11. Transversale Schwingungen.
a) Gleichgewicht, b) beliebige Lage, c) Eigenschwingung mit niedrigerer Frequenz, d) Eigenschwingung mit höherer Frequenz

rührt, die sie mit der Wand verbindet. Sowohl für stark gedehnte Federn – Länge der ungedehnten Feder gleich Null – als auch für die Näherung für kleine Schwingungen – Auslenkungen sehr klein gegenüber der Entfernung a – werden wir gleich zeigen, daß die Auslenkung ψ_a der linken Masse eine rücktreibende Kraft $T_0(\psi_a/a)$ der linken Feder hervorruft. Folglich ist in dieser Eigenschwingung die rücktreibende Kraft pro Einheitsauslenkung und pro Einheitsmasse, ω_1^2, durch

Eigenschwingung 1:

$$\omega_1^2 = \frac{T_0}{ma}, \quad \frac{\psi_b}{\psi_a} = +1 \tag{1.70}$$

gegeben. Um dies einzusehen, betrachten wir zuerst die Näherung für stark gedehnte Federn (Abschnitt 1.2). In dieser ist der Zug T um den Faktor l/a größer als T_0, wobei l die Federlänge und a die Gleichgewichtslänge ist (Bild 1.11a). Die Feder erzeugt eine transversale rücktreibende Kraft, die gleich der Spannung T mal dem Sinus des Winkels zwischen Feder und Gleichgewichtsrichtung der Feder ist, d.h., die rücktreibende Kraft ist $T(\psi_a/l)$. Nun gilt aber $T = T_0(l/a)$. Also ist die rücktreibende Kraft $T_0(\psi_a/a)$, woraus Gl. (1.70) folgt. Betrachten wir nun die Näherung für kleine Schwingungen (Abschnitt 1.2). In dieser vernachlässigt man den Längenzuwachs der Feder, da der Unterschied zur Gleichgewichtslänge a nur von der Größenordnung $a(\psi_a/a)^2$ ist und daher auch das Anwachsen des Zuges vernachlässigbar ist. Der Zug ist also bei einer Auslenkung ψ_a gleich T_0. Die rücktreibende Kraft ist gleich dem Zug T_0 mal dem Sinus des Winkels zwischen Feder und Gleichgewichtsachse. Dieser Winkel darf als „klein" angesehen werden, da die Schwingungen klein sind. Dann ist aber der Winkel – in Radiant – gleich seinem Sinus, also ψ_a/a. Daher ist die rücktreibende Kraft $T_0(\psi_a/a)$, woraus Gl. (1.70) folgt.

Analog können wir die Frequenz der Eigenschwingung 2 (Bild 1.11d) auf folgende Weise erhalten: Betrachten Sie die linke Masse. Die von der linken Feder erzeugte rücktreibende Kraft pro Einheitsauslenkung und pro Einheitsmasse ist $T_0 = m/a$, wie wir soeben bei Eigenschwingung 1 gesehen haben. Bei Eigenschwingung 2 „hilft" die mittlere Feder der linken Feder und erzeugt tatsächlich eine doppelt so große rücktreibende Kraft wie die linke Feder. Dies ist in der Näherung für kleine Schwingungen leicht zu sehen: Der Zug ist bei beiden Federn T_0, doch schließt die mittlere Feder mit der Achse einen doppelt so großen Winkel ein wie die Feder am Ende, so daß sie eine doppelt so große transversale Kraftkomponente erzeugt. Die gesamte rücktreibende Kraft pro Einheitsauslenkung und pro Einheitsmasse ist daher durch

Eigenschwingung 2:

$$\omega_2^2 = \frac{T_0}{ma} + \frac{2T_0}{ma} = \frac{3T_0}{ma}, \quad \frac{\psi_b}{\psi_a} = -1 \tag{1.71}$$

gegeben.

Beachten Sie: In der Näherung für stark gedehnte Federn, bei der die Beziehung $T_0 = K(a - a_0)$ zu $T_0 = Ka$ wird, sind die Frequenzen für transversale Eigenschwingungen (Gln. (1.70) und (1.71)) dieselben wie für longitudinale Schwingungen (Gln. (1.60) und (1.61)). Es liegt also Entartung vor. Diese Entartung tritt bei der Näherung für kleine Schwingungen, bei denen a_0 nicht gegenüber a vernachlässigt werden darf, nicht auf.

Wären die Eigenschwingungen nicht so leicht zu erraten gewesen, so hätten wir die Bewegungsgleichungen für die beiden Massen a und b angeschrieben und hätten mit den Gleichungen weitergearbeitet statt mit einem gedachten Bild von dem physikalischen System selbst. Doch das werden wir Ihnen überlassen (Übung 1.20). •

• *10. Zwei gekoppelte LC-Kreise.* Betrachten Sie das in Bild 1.12 dargestellte System, um die „Bewegungs"-Gleichungen aufzufinden – in diesem Falle für die Bewegung der Ladungen. Die an der linken Induktivität anliegende Spannung ist $L\,dI_a/dt$. Eine positive Ladung Q_1 auf dem linken Kondensator erzeugt eine Spannung von $C^{-1}Q_1$, die – bei unseren Vorzeichenvereinbarungen – bestrebt ist, I_a zu vergrößern. Eine positive Ladung Q_2 auf dem mittleren Kondensator erzeugt eine Spannung von $C^{-1}Q_2$, die I_a zu vermindern sucht. So haben wir für alle Beiträge zu $L\,dI_a/dt$ die Beziehung

$$\frac{L\,dI_a}{dt} = C^{-1}Q_1 - C^{-1}Q_2 \tag{1.72}$$

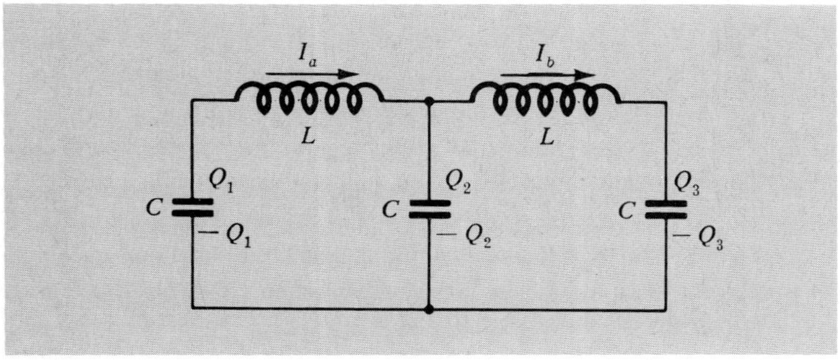

Bild 1.12.
Zwei gekoppelte LC-Kreise mit beliebigen Ladungen und Strömen. Die Pfeile definieren die positive Stromrichtung.

gefunden. Ähnlich gilt

$$\frac{L\,dI_b}{dt} = C^{-1}Q_2 - C^{-1}Q_3 . \tag{1.73}$$

Wie in Abschnitt 1.2 werden wir den Zustand des Systems durch Ströme, nicht durch Ladungen beschreiben. Zu diesem Zweck differenzieren wir die Gln. (1.72) und (1.73) nach der Zeit und benützen den Satz von der Erhaltung der Ladung. Die Differentiation ergibt

$$\frac{L\,d^2I_a}{dt^2} = C^{-1}\frac{dQ_1}{dt} - C^{-1}\frac{dQ_2}{dt} , \tag{1.74}$$

$$\frac{L\,d^2I_b}{dt^2} = C^{-1}\frac{dQ_2}{dt} - C^{-1}\frac{dQ_3}{dt} . \tag{1.75}$$

Aus der Ladungserhaltung folgt

$$\frac{dQ_1}{dt} = -I_a , \quad \frac{dQ_2}{dt} = I_a - I_b , \quad \frac{dQ_3}{dt} = I_b . \tag{1.76}$$

Wir setzen die Gln. (1.76) in die Gln. (1.74) und (1.75) ein und erhalten die gekoppelten Bewegungsgleichungen

$$\frac{L\,d^2I_a}{dt^2} = -C^{-1}I_a + C^{-1}(I_b - I_a) \tag{1.77}$$

$$\frac{L\,d^2I_b}{dt^2} = -C^{-1}(I_b - I_a) - C^{-1}I_b . \tag{1.78}$$

Da wir nun die beiden Bewegungsgleichungen haben, wollen wir die beiden Eigenschwingungen ermitteln. Wir können sie durch Aufsuchen der Normalkoordinaten, durch Erraten oder nach der systematischen Methode finden (siehe Übung 1.21). Man erhält

$$\begin{aligned} &\text{Eigenschwingung 1:} \quad I_a = I_b , \quad \omega_1^2 = \frac{C^{-1}}{L} . \\ &\text{Eigenschwingung 2:} \quad I_a = -I_b , \quad \omega_2^2 = \frac{3\,C^{-1}}{L} . \end{aligned} \tag{1.79}$$

Beachten Sie, daß der mittlere Kondensator bei Eigenschwingung 1 niemals Ladung aufnimmt und daher entfernt werden könnte, ohne daß sich die Bewegung der Ladungen ändern würde. Auch haben bei Eigenschwingung 1 die Ladungen Q_1 und Q_3 immer den gleichen Betrag, jedoch entgegengesetzte Vorzeichen. Bei Eigenschwingung 2 hingegen haben Q_1 und Q_3 immer den gleichen Betrag und gleiches Vorzeichen, während Q_2 den doppelten Betrag, aber entgegengesetztes Vorzeichen hat. ●

Wir haben die drei Beispiele 8 bis 10 für longitudinale Schwingungen (Bild 1.10), transversale Schwingungen (Bild 1.11) und gekoppelte *LC*-Kreise (Bild 1.12) gewählt, um dieselbe räumliche Symmetrie sowie Bewegungsgleichungen und Eigenschwingungen derselben mathematischen Form zu erhalten. Wir haben diese Beispiele auch deshalb gewählt, weil sie die naheliegende Verallgemeinerung der ähnlichen Systeme mit einem Freiheitsgrad für zwei Freiheitsgrade darstellen, also der Systeme, die wir in den Beispielen 2 bis 4 des Abschnitts 1.2 betrachtet haben und die in den Bildern 1.3, 1.4 und 1.5 dargestellt sind. In Kapitel 2 werden wir dieselben drei Beispiele für eine beliebige Anzahl von Freiheitsgraden verallgemeinern.

1.5. Schwebungen

Es gibt viele physikalische Vorgänge, bei denen die Bewegung eines bestimmten Teiles eine Überlagerung zweier harmonischer Schwingungen mit verschiedenen Kreisfrequenzen ω_1 und ω_2 ist. Z.B. können die harmonischen Schwingungen mit den Eigenschwingungen eines Systems mit zwei Freiheitsgraden zusammenfallen. In einem anderen Fall können die beiden harmonischen Schwingungen von Kräften herrühren, die durch zwei voneinander unabhängig schwingende ungekoppelte Systeme erzeugt werden. Ein Beispiel dafür sind zwei Stimmgabeln verschiedener Frequenz. Jede erzeugt ihren eigenen „Ton", indem sie harmonische Druckschwankungen an der Gabel hervorruft, die sich als Schall in der Luft ausbreiten. Die Bewegung, zu der Ihr Trommelfell angeregt wird, ist die Überlagerung zweier harmonischer Schwingungen.

Alle diese Beispiele werden mathematisch gleich behandelt. Der Einfachheit halber nehmen wir an, die beiden harmonischen Schwingungen hätten dieselbe Amplitude sowie dieselbe Phasenkonstante, die wir Null setzen. Dann schreiben wir die Überlagerung ψ der beiden harmonischen Schwingungen ψ_1 und ψ_2:

$$\psi_1 = A\cos\omega_1 t , \quad \psi_2 = A\cos\omega_2 t , \tag{1.80}$$

$$\psi = \psi_1 + \psi_2 = A\cos\omega_1 t + A\cos\omega_2 t . \tag{1.81}$$

Modulation. Wir geben nun der Gl. (1.81) eine interessante Gestalt. Dazu definieren wir eine „mittlere" Frequenz ω_{mit} und eine „Modulations"-Kreisfrequenz ω_{mod}:

$$\omega_{mit} = \frac{1}{2}(\omega_1 + \omega_2) , \quad \omega_{mod} = \frac{1}{2}(\omega_1 - \omega_2) . \tag{1.82}$$

Summe und Differenz dieser beiden Gleichungen ergeben

$$\omega_1 = \omega_{mit} + \omega_{mod} , \quad \omega_2 = \omega_{mit} - \omega_{mod} . \tag{1.83}$$

Dann können wir Gl. (1.81) in ω_{mit} und ω_{mod} schreiben:

$$\begin{aligned} \psi &= A\cos\omega_1 t + A\cos\omega_2 t \\ &= A\cos(\omega_{mit}t + \omega_{mod}t) + A\cos(\omega_{mit}t - \omega_{mod}t) \\ &= [2A\cos\omega_{mod}t]\cos\omega_{mit}t , \end{aligned}$$

d.h.

$$\psi = A_{mod}(t)\cos\omega_{mit}t , \tag{1.84}$$

wobei

$$A_{mod}(t) = 2A\cos\omega_{mod}t . \tag{1.85}$$

Wir können die Gln. (1.84) und (1.85) so deuten, daß sie eine Schwingung mit der Kreisfrequenz ω_{mit} darstellen, deren Amplitude A_{mod} nicht konstant ist, sondern sich gemäß Gl. (1.85) mit der Zeit ändert. Die Gln. (1.84) und (1.85) gelten streng. Es ist jedoch dann am vorteilhaftesten, die Überlagerung Gl. (1.81) in der Form der Gln. (1.84) und (1.85) zu schreiben, wenn ω_1 und ω_2 von vergleichbarer Größe sind. Dann ist die Modulationsfrequenz klein gegenüber der mittleren Frequenz

$$\omega_1 \approx \omega_2 ; \quad \omega_{\text{mod}} \ll \omega_{\text{mit}} .$$

In diesem Falle ändert sich die Modulationsamplitude $A_{\text{mod}}(t)$ während einiger der sogenannten „raschen" Schwingungen von $\cos \omega_{\text{mit}} t$ nur wenig, weshalb Gl. (1.84) einer „fast harmonischen" Schwingung mit der Frequenz ω_{mit} entspricht. Ist A_{mod} streng konstant, so stellt Gl. (1.84) selbstverständlich eine streng harmonische Schwingung mit der Kreisfrequenz ω_{mit} dar. Dann gilt $\omega_{\text{mit}} = \omega_1 = \omega_2$, da A_{mod} nur dann konstant ist, wenn ω_{mod} verschwindet. Unterscheiden sich ω_1 und ω_2 nur wenig, so heißt die Überlagerung der beiden streng harmonischen Schwingungen mit ω_1 und ω_2 eine „fast harmonische" oder „fast monochromatische" Schwingung der Frequenz ω_{mit} mit langsam sich ändernder Amplitude.

Fast harmonische Schwingung. Das ist unser erstes Beispiel für ein sehr wichtiges und allgemeines Ergebnis, dem wir häufig begegnen werden: Zwei oder mehr streng harmonische Schwingungen mit verschiedenen Frequenzen, Amplituden und Phasenkonstanten überlagern sich linear, wobei alle Frequenzen in einem verhältnismäßig schmalen Frequenzbereich oder „Frequenzband" liegen. Dies ergibt eine resultierende „fast" harmonische Schwingung mit einer Frequenz ω_{mit}, die irgendwo im Band der Schwingungskomponenten liegt, aus denen sich die Überlagerung zusammensetzt. Die resultierende Bewegung ist keine streng harmonische Schwingung, weil Amplitude und Phasenkonstante nicht streng konstant, sondern nur „fast konstant" sind. Ihre Änderung während einer Periode der „raschen" mittleren Schwingung mit der Frequenz ω_{mit} kann man vernachlässigen, vorausgesetzt, der Frequenzbereich oder die „Bandbreite" der harmonischen Schwingungskomponenten ist klein gegenüber ω_{mit}. Wir werden diese Bemerkungen in Kapitel 6 beweisen.

Es folgen einige Beispiele für Schwebungen:

● **Beispiel**: *11. Schwebungen von zwei Stimmgabeln.* Erreicht eine Schallwelle Ihr Ohr, so erzeugt sie eine Luftdruckschwankung am Trommelfell. Es seien ψ_1 und ψ_2 die entsprechenden Beiträge zu dem Überdruck, der durch zwei Stimmgabeln 1 und 2 an der Außenseite Ihres Trommelfells hervorgerufen wird. Der Überdruck ist gleich dem Druck an der Außenseite Ihres Trommelfells minus dem Druck an der Innenseite; dieser ist der normale Atmosphärendruck. Die erwähnte Druckdifferenz liefert die Kraft, die das Trommelfell in Bewegung setzt.

Werden beide Gabeln zur gleichen Zeit gleich stark angestoßen und gleich weit vom Trommelfell entfernt gehalten, so sind die Amplituden und Phasenkonstanten bei beiden Überdrücken ψ_1 und ψ_2 dieselben, weshalb Gl. (1.80) die beiden Druckbeiträge richtig beschreibt. Der Gesamtdruck, der die auf das Trommelfell wirkende Gesamtkraft ergibt, ist die Überlagerung $\psi = \psi_1 + \psi_2$ der Beiträge von den beiden Gabeln. Er wird entweder durch Gl. (1.80) oder durch die Gln. (1.84) und (1.85) angegeben. Unterscheiden sich die Frequenzen ν_1 und ν_2 der beiden Gabeln um mehr als 6 % von ihrem Mittelwert, dann ziehen Ihr Ohr und Ihr Gehirn gewöhnlich Gl. (1.81) vor. Das heißt, Sie „hören" den gesamten Schall als zwei getrennte Töne mit etwas unterschiedlicher Tonhöhe. Ist z.B. ν_2 gleich $\frac{5}{4}$ mal ν_1, so hören Sie zwei Töne, zwischen denen eine „große Terz" liegt. Ist ν_2 gleich $1{,}06\,\nu_1$, so hören Sie ν_2 als einen „um einen Halbton höheren" Ton als ν_1. Unterscheiden sich jedoch ν_1 und ν_2 um weniger als etwa 10 Hz, dann erkennen Ihr Ohr und Ihr Gehirn sie nicht mehr so leicht als verschiedene Töne – das geübte Ohr eines Musikers kann das vielleicht wesentlich besser. Dann wird eine Überlagerung der beiden nicht mehr als „Akkord" aus den beiden Tönen ν_1 und ν_2 aufgefaßt, sondern vielmehr als ein einziger Ton mit der Frequenz ν_{mit} und der veränderlichen Amplitude A_{mod}, genauso wie es durch die Gln. (1.84) und (1.85) dargestellt wird. ●

Empfänger mit einem quadratischen Gesetz. Die Modulationsamplitude A_{mod} schwingt mit der Modulationsfrequenz ω_{mod}. Jedesmal, wenn $\omega_{\text{mod}} t$ um 2π anwächst, vollführt die Amplitude A_{mod} eine volle Schwingung, nämlich die „langsame" Schwingung mit der Modulationsfrequenz, und kehrt zu ihrem Ausgangswert zurück. Zweimal während der Schwingung ist A_{mod} Null. In diesen Augenblicken hört das Ohr überhaupt nichts, es ist kein Schall vorhanden. Dazwischen jedoch hören Sie einen Ton mit der mittleren Frequenz. Da $\cos \omega_{\text{mod}} t$ die Werte $0, +1, 0, -1, 0, +1$ usw. annimmt, sehen wir, daß A_{mod} bei zwei aufeinanderfolgenden lauten Abschnitten entgegengesetztes Vorzeichen hat. Das Ohr unterscheidet jedoch die „zwei Arten" von lauten Abschnitten nicht, wie Sie durch das Experiment mit den Stimmgabeln feststellen können. Das Ohr und das Gehirn unterscheiden also nicht zwischen positiven und negativen Werten von A_{mod}. Sie erkennen nur, ob der Betrag von A_{mod} groß – „laut" – oder klein – „leise" – ist, d.h. ob das *Quadrat* von A_{mod} groß oder klein ist. Aus diesem Grunde bezeichnet man das Ohr im Zusammenwirken mit dem Gehirn manchmal als *Empfänger mit quadratischem Gesetz*. Da A^2_{mod} bei jeder Modulationsschwingung – während $\omega_{\text{mod}} t$ um 2π anwächst – zwei Maxima hat, ist die Wiederkehrhäufigkeit der Folge „laut, leise, laut, leise, laut, leise, ..." doppelt so hoch wie die Modulationsfrequenz. Diese

Wiederkehrhäufigkeit für große Werte von A^2_{mod} heißt *Schwebungsfrequenz*:

$$\omega_{\mathrm{Schw}} = 2\,\omega_{\mathrm{mod}} = \omega_1 - \omega_2\,. \tag{1.86}$$

Algebraisch sehen wir dies folgendermaßen:

$$A_{\mathrm{mod}}(t) = 2A\cos\omega_{\mathrm{mod}}t$$

$$[A_{\mathrm{mod}}(t)]^2 = 4A^2\cos^2\omega_{\mathrm{mod}}t\,.$$

Es ist aber

$$\cos^2\theta = \frac{1}{2}[\cos^2\theta + \sin^2\theta + \cos^2\theta - \sin^2\theta]$$

$$= \frac{1}{2}[1 + \cos 2\theta].$$

Also gilt

$$[A_{\mathrm{mod}}(t)]^2 = 2A^2[1 + \cos 2\,\omega_{\mathrm{mod}}t]\,,$$

d.h.

$$(A_{\mathrm{mod}})^2 = 2A^2[1 + \cos\omega_{\mathrm{Schw}}t]\,. \tag{1.87}$$

Daher schwingt A^2_{mod} mit der doppelten Modulationsfrequenz, d.h. mit der Schwebungsfrequenz $\omega_1 - \omega_2$, um seinen Mittelwert.

Die Überlagerung zweier harmonischer Schwingungen mit fast gleichen Frequenzen zur Erzeugung einer Schwebung ist in Bild 1.13 dargestellt.

• **Beispiele**: *12. Schwebungen zwischen zwei Quellen sichtbaren Lichts.* Im Jahre 1955 führten *Forrester*, *Gudmundsen* und *Johnson* ein schönes Experiment durch, das Schwebungen zwischen zwei unabhängigen Quellen sichtbaren Lichts mit fast gleichen Frequenzen demonstrierte.[1] Als Lichtquellen dienten Gasentladungsröhren, in denen Quecksilberatome die helle „grüne Linie" bei $\nu_{\mathrm{mit}} = 5{,}49\cdot 10^{14}$ Hz ausstrahlten. Die Atome befanden sich in einem Magnetfeld. Dieses bewirkte, daß sich die grüne Strahlung in zwei benachbarte Frequenzen „aufspaltete", deren Differenz proportional dem Magnetfeld war. Die Schwebungsfrequenz war $\nu_1 - \nu_2 \approx 10^{10}$ Hz, eine typische „Radar"- oder „Mikrowellen"-Frequenz. Als Empfänger diente eine Photozelle. Sie lieferte einen Ausgangsstrom, der dem Quadrat der Modulationsamplitude des elektrischen Feldes der Lichtwelle proportional war.

[1]) *A. T. Forrester, R. A. Gudmundsen* und *P. O. Johnson*, „Photoelectric Mixing of incoherent light", *Phys. Rev.* **99**, 1691 (1955).

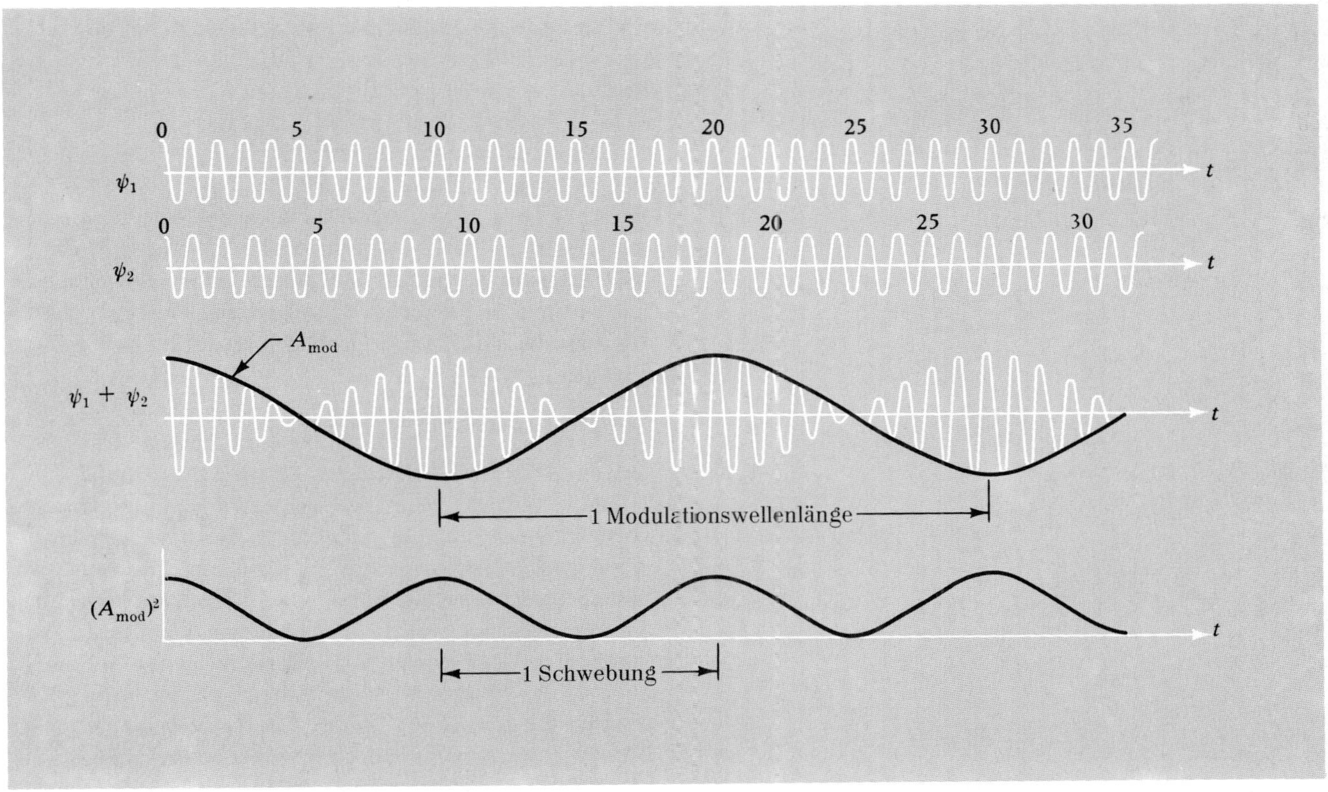

Bild 1.13. Schwebungen. ψ_1 und ψ_2 sind Druckschwankungen am Ohr, die durch zwei Stimmgabeln mit einem Frequenzverhältnis $\nu_1/\nu_2 = 10/9$ erzeugt werden. Der Gesamteindruck ist die Überlagerung $\psi_1 + \psi_2$, eine „fast harmonische" Schwingung mit der Frequenz ν_{mit} und der sich langsam ändernden Amplitude $A_{\mathrm{mod}}(t)$. Die Lautstärke ist proportional $(A_{\mathrm{mod}})^2$ und setzt sich aus einer Konstanten – dem Mittelwert – plus einer sinusförmigen Änderung mit Schwebungsfrequenz zusammen. Die Schwebungsfrequenz ist die doppelte Modulationsfrequenz.

Es handelte sich also um einen „quadratischen" Empfänger. Der Photostrom zeigte eine ähnliche Zeitabhängigkeit wie die „Lautstärke" A^2_{mod} in Bild 1.13. ●

● *13. Schwebungen zwischen den Normalschwingungen zweier schwach gekoppelter gleichartiger Oszillatoren.* Betrachten Sie das in Bild 1.14 dargestellte System aus zwei gleichartigen Pendeln, die durch eine Feder gekoppelt sind. Die Eigenschwingungen lassen sich leicht erraten, ähnlich wie die longitudinalen Schwingungen der gleichartigen Massen in Abschnitt 1.4. Bei Eigenschwingung 1 gilt $\psi_a = \psi_b$. Die koppelnde Feder könnte ebensogut entfernt werden, die rücktreibende Kraft rührt nur von der Schwerkraft her. Die rücktreibende Kraft pro Einheitsauslenkung und pro Einheitsmasse ist $mg\theta/(l\theta)m = g/l$, wenn wir Schwingungen kleiner Amplitude annehmen, bei denen wir eine lineare rücktreibende Kraft haben.

$$\text{Eigenschwingung 1:}\quad \omega_1^2 = \frac{g}{l}, \qquad \psi_a = \psi_b\,. \tag{1.88}$$

Für Eigenschwingung 2 gilt $\psi_a = -\psi_b$. Betrachten Sie den linken Pendelkörper. Die von der Feder herrührende rücktreibende Kraft ist $2K\psi_a$. Der Faktor 2 kommt daher, daß die Feder bei dieser Eigenschwingung um $2\,\psi_a$ zusammengedrückt wird, wenn der Pendelkörper a um ein Stück ψ_a ausgelenkt wird. Die von der Schwerkraft herrührende Kraft ist $mg\theta = mg\psi_a/l$. Feder und Schwerkraft wirken beide in derselben Richtung. Daher ist die gesamte rücktreibende Kraft pro Einheitsauslenkung und pro Einheitsmasse für

$$\text{Eigenschwingung 2:}\quad \omega_2^2 = \frac{g}{l} + \frac{2K}{m}, \quad \psi_a = -\psi_b\,. \tag{1.89}$$

Wir wollen nun „Schwebungen zwischen den beiden Eigenschwingungen" des Systems untersuchen. Was heißt das? Jede Eigenschwingung ist eine harmonische Schwingung mit bestimmter Frequenz. Die allgemeine Bewegung des Pendels a wird durch eine Überlagerung der beiden Eigenschwingungen dargestellt:

$$\psi_a(t) = \psi_1(t) + \psi_2(t)\,.$$

$\psi_a(t)$ wird daher die Gestalt der Überlagerung ψ_1 und ψ_2 in Bild 1.13 haben, wenn die Eigenschwingungsfrequenzen ungefähr gleich und die Amplituden der beiden Eigenschwingungen dieselben sind. Wir sagen dann, das Pendel a führe Schwebungen aus. Natürlich führt auch das Pendel b Schwebungen aus, wie wir sehen werden. Jedes System mit zwei Freiheitsgraden kann Schwebungen ausführen, doch ist das von uns gewählte System deshalb bequem, weil wir die Schwebungsfrequenz $\nu_1 - \nu_2$ durch eine genügend schwache Feder oder eine große Masse leicht klein gegenüber der mittleren Frequenz machen können. Um dies einzusehen, vergleichen Sie die Gln. (1.88) und (1.89).

Wie sehen die Schwebungen aus? Gemäß unserer Betrachtung in Abschnitt 1.4 können die Auslenkungen

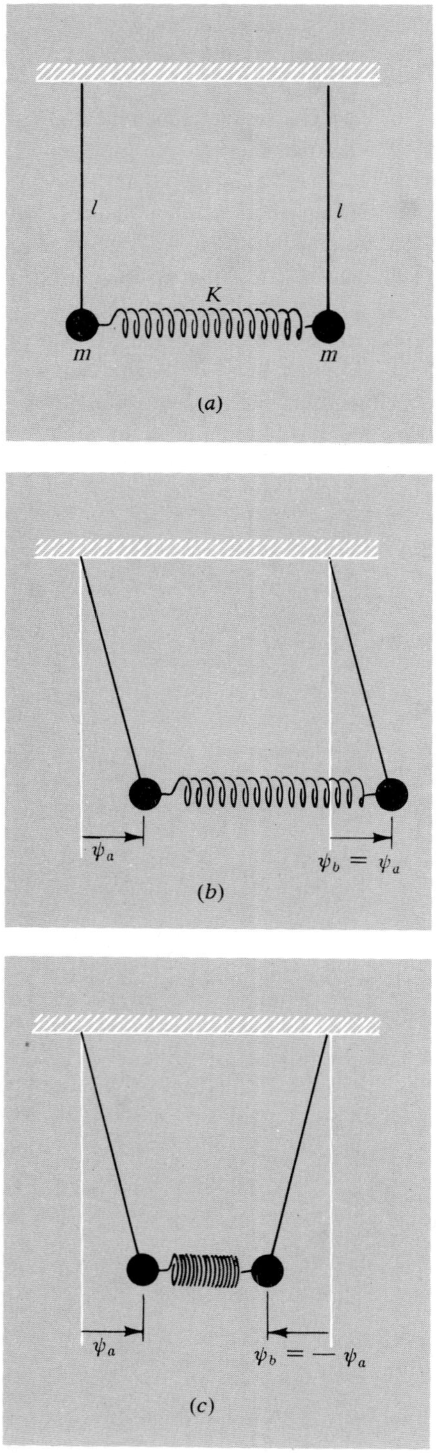

Bild 1.14. Gekoppelte gleichartige Pendel.
a) Gleichgewichtslage
b) Eigenschwingung mit niedrigerer Frequenz
c) Eigenschwingung mit höherer Frequenz

ψ_a und ψ_b der Pendelkörper durch die allgemeine Überlagerung

$$\psi_a = \psi_1 + \psi_2 = A_1 \cos(\omega_1 t + \varphi_1) + A_2 \cos(\omega_2 t + \varphi_2),$$
$$\psi_b = \psi_1 - \psi_2 = A_1 \cos(\omega_1 t + \varphi_1) - A_2 \cos(\omega_2 t + \varphi_2), \tag{1.90}$$

in den Normalkoordinaten ψ_1 und ψ_2 ausgedrückt werden. Wie bei den Stimmgabeln wird die Schwebung dann am stärksten ausgeprägt sein, wenn beide Eigenschwingungen mit derselben Amplitude auftreten. Kann eine der beiden Amplituden A_1 und A_2 im Vergleich zur anderen vernachlässigt werden, so tritt praktisch keine Schwebung auf, da – näherungsweise – nur eine harmonische Schwingung vorhanden ist. Um starke Schwebungen zu erzeugen, sollten beide Schwingungen ungefähr gleiche Amplituden aufweisen. Daher setzen wir $A_1 = A_2 = A$. Die Wahl der Phasenkonstanten φ_1 und φ_2 hängt, wie wir sehen werden, von den Anfangsbedingungen ab. Wie bei unserem Beispiel mit den Stimmgabeln setzen wir $\varphi_1 = \varphi_2 = 0$. Mit dieser Wahl von A_1, A_2, φ_1 und φ_2 ergeben die Gln. (1.90)

$$\psi_a(t) = A \cos\omega_1 t + A \cos\omega_2 t,$$
$$\psi_b(t) = A \cos\omega_1 t - A \cos\omega_2 t. \tag{1.91}$$

Die Geschwindigkeiten der Pendelkörper sind

$$\dot\psi_a(t) = \frac{d\psi_a}{dt} = -\omega_1 A \sin\omega_1 t - \omega_2 A \sin\omega_2 t,$$
$$\dot\psi_b(t) = \frac{d\psi_b}{dt} = -\omega_1 A \sin\omega_1 t + \omega_2 A \sin\omega_2 t. \tag{1.92}$$

Um zu sehen, wie wir die beiden Eigenschwingungen anregen müssen, damit wir Schwingungen nach Gl. (1.91) erhalten, betrachten wir die *Anfangsbedingungen* zur Zeit $t = 0$. Nach den Gln. (1.91) und (1.92) sind die Anfangsauslenkungen und -geschwindigkeiten der Pendelkörper

$$\psi_a(0) = 2A, \quad \psi_b(0) = 0, \quad \dot\psi_a(0) = 0, \quad \dot\psi_b(0) = 0.$$

Daher halten wir Pendelkörper a bei der Auslenkung $2A$, Pendelkörper b hingegen bei Null fest und lassen beide zur selben Zeit $t = 0$ los.

Danach beobachten wir einfach. Sie sollten übrigens diesen Versuch selbst ausführen. Sie benötigen dazu nur zwei Suppendosen, eine Schraubenfeder und etwas Bindfaden (siehe Heimversuch 1.8). Es vollzieht sich nun ein faszinierender Vorgang. Allmählich nimmt die Amplitude des Pendels a ab, die des Pendels b wächst hingegen an, bis Pendel a schließlich ruht und Pendel b mit der Energie und Amplitude schwingt, die Pendel a anfänglich hatte. Reibungskräfte vernachlässigen wir. Die Energie wird vollständig von einem Pendel auf das andere übertragen. Aus der Symmetrie des Systems ersehen wir, daß sich der Vorgang fortsetzt. Die Schwingungsenergie pendelt langsam zwischen a und b hin und her. Ein vollständiger Hin- und Hergang der Energie von a nach b und wieder zurück nach a ist eine Schwebung. Die Schwebungsdauer ist die Zeit für einen Hin- und Hergang. Sie ist das Inverse der Schwebungsfrequenz.

Das alles wird von den Gln. (1.91) und (1.92) vorausgesagt. Verwenden wir in Gl. (1.91) $\omega_1 = \omega_{mit} + \omega_{mod}$ und $\omega_2 = \omega_{mit} - \omega_{mod}$, so erhalten wir die „fast harmonischen" Schwingungen

$$\begin{aligned}\psi_a(t) &= A\cos(\omega_{mit} + \omega_{mod})t + A\cos(\omega_{mit} - \omega_{mod})t \\ &= (2A\cos\omega_{mod} t)\cos\omega_{mit} t \\ &= A_{mod}(t)\cos\omega_{mit} t\end{aligned} \tag{1.93}$$

und

$$\begin{aligned}\psi_b(t) &= A\cos(\omega_{mit} + \omega_{mod})t - A\cos(\omega_{mit} - \omega_{mod})t \\ &= (2A\sin\omega_{mod} t)\sin\omega_{mit} t \\ &= B_{mod}(t)\sin\omega_{mit} t.\end{aligned} \tag{1.94}$$

Wir wollen einen Ausdruck für die Energie eines jeden Pendels finden. Diese setzt sich aus kinetischer und potentieller Energie zusammen. Die Schwingungsamplitude $A_{mod}(t)$ sehen wir während einer Periode der „raschen" Schwingung im wesentlichen als konstant an. Wir vernachlässigen auch die Energie, die zwischen der schwachen Kopplungsfeder und dem Pendel ausgetauscht wird. Ist nämlich die Feder sehr schwach, so fällt ihre gespeicherte Energie niemals ins Gewicht, Wir sehen also während einer raschen Schwingung das Pendel a als harmonischen Oszillator der Frequenz ω_{mit} mit konstanter Amplitude A_{mod} an. Dann sieht man leicht, daß die Energie gleich dem zweifachen Mittelwert der kinetischen Energie, genommen über eine „rasche" Schwingung, ist. Das ergibt

$$E_a = \frac{1}{2} m\,\omega_{mit}^2 A_{mod}^2 = 2mA^2\omega_{mit}^2\cos^2\omega_{mod} t. \tag{1.95}$$

Analog gilt

$$E_b = \frac{1}{2} m\,\omega_{mit}^2 B_{mod}^2 = 2mA^2\omega_{mit}^2\sin^2\omega_{mod} t. \tag{1.96}$$

Die Gesamtenergie beider Pendel ist konstant, wie wir aus der Addition der Gln. (1.95) und (1.96) ersehen:

$$E_a + E_b = (2mA^2\omega_{mit}^2) = E. \tag{1.97}$$

Die Energiedifferenz zwischen den beiden Pendeln ist

$$\begin{aligned}E_a - E_b &= E(\cos^2\omega_{mod} t - \sin^2\omega_{mod} t) \\ &= E\cos 2\omega_{mod} t = E\cos(\omega_1 - \omega_2)t.\end{aligned} \tag{1.98}$$

Aus der Kombination der Gln. (1.97) und (1.98) ergibt sich

$$E_a = \frac{1}{2}E[1 + \cos(\omega_1 - \omega_2)t], \tag{1.99a}$$

$$E_b = \frac{1}{2}E[1 - \cos(\omega_1 - \omega_2)t]. \tag{1.99b}$$

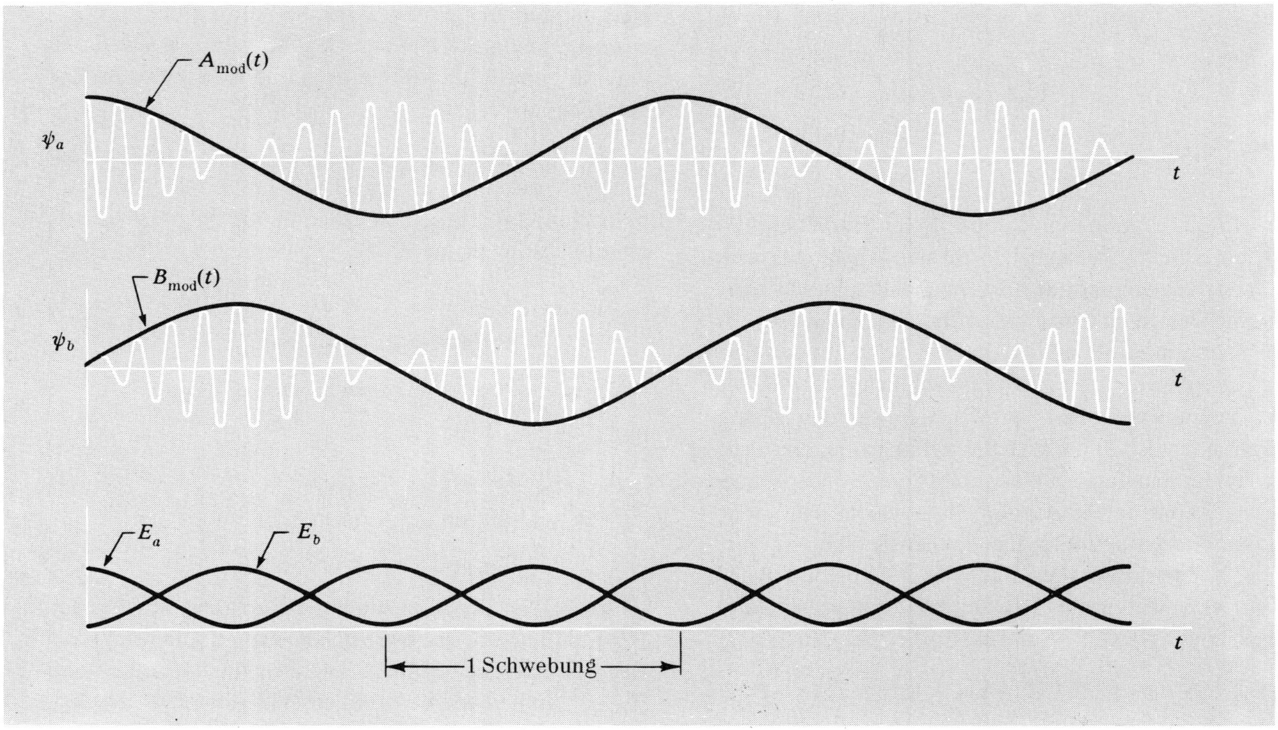

Bild 1.15. Energieaustausch zwischen zwei schwach gekoppelten gleichartigen Pendeln. Die Energie fließt mit der Frequenz $|\nu_1 - \nu_2|$, also der Schwebungsfrequenz der beiden Eigenschwingungen, zwischen *a* und *b* hin und her.

Die Gln. (1.99) zeigen, daß die Gesamtenergie E konstant ist und mit der Schwebungsfrequenz zwischen den beiden Pendeln hin- und herfließt. In Bild 1.15 sind $\psi_a(t)$, $\psi_b(t)$, E_a und E_b dargestellt.

Esoterische Beispiele: Bei mikroskopischen Systemen wie Molekülen oder Elementarteilchen trifft man auf etliche schöne Beispiele von Systemen, die sich mathematisch ebenso behandeln lassen wie unser mechanisches Beispiel mit zwei schwach gekoppelten gleichartigen Pendeln. Man benötigt zum Verständnis dieser Systeme die Quantenmechanik. Ähnlich wie beim Energieaustausch zwischen zwei schwach gekoppelten Pendeln „strömt" ein „Medium" zwischen den beiden Freiheitsgraden hin und her, doch *nicht* Energie, sondern Wahrscheinlichkeit. Die Energie ist dann „gequantelt", sie ist „unzerteilbar" und kann nicht strömen. Entweder hat der eine „bewegte Teil" oder der andere die *gesamte* Energie. Was „strömt", ist die Wahrscheinlichkeit, daß ein Teil die Anregungsenergie *hat*. Im Abschnitt 10.1 werden zwei Beispiele diskutiert, nämlich das Ammoniakmolekül, das „Uhrwerk" der Ammoniakuhr, und das neutrale K-Meson.

1.6. Übungen und Heimversuche

1. *Eigenfrequenzen einer LC-Schaltung.* Ermitteln Sie die beiden Eigenfrequenzen in Hz (Schwingungen pro Sekunde) für die *LC*-Schaltung in Bild 1.12, wobei $L = 10\,\text{H}$ und $C = 6\,\mu\text{F}$. Zeichnen Sie auch die Stromverteilung für jede Eigenschwingung.
   Lösung: $\nu_1 \approx 20\,\text{Hz}$, $\nu_2 \approx 35\,\text{Hz}$.

2. *Projektion einer gleichförmigen Kreisbewegung.* Legen Sie ein kleines Stück Holz oder sonst etwas auf einen Plattenteller, lassen Sie diesen rotieren und betrachten Sie das Ganze von der Seite. Verwenden Sie dabei nur ein Auge, um räumliches Sehen zu verhindern. Dann ist die scheinbare Bewegung, d.h. ihre Projektion senkrecht zu Ihrer Blickrichtung, harmonisch, also von der Form $x = x_0 \cos \omega t$.
   a) Beweisen Sie diese Behauptung.
   b) Bauen Sie ein einfaches Pendel, indem Sie ein kleines Gewicht, etwa eine Schraube oder eine Mutter, an einer Schnur anbringen, die über eine Stuhllehne herabhängt. Verändern Sie die Länge der Schnur, bis es Ihnen gelingt, Ihr Pendel synchron mit der projizierten Bewegung des Holzstückes auf dem Plattenteller schwingen zu lassen. Dabei soll der Plattenspieler mit 45 Umdrehungen pro Minute laufen.

Dieser hübsche Versuch zeigt Ihnen, daß die Projektion einer gleichförmigen Kreisbewegung eine harmonische Schwingung ist. Er bietet auch eine Möglichkeit zur Messung von g. Dieses habe den üblichen „Lehrbuchwert" $g = 9{,}8\ \mathrm{m/s^2}$. Zeigen Sie, daß für $\nu = 45$ Schwingungen pro Minute die Länge l etwa 0,45 m ist. Das sollte leicht zu merken sein!

3. *Fernsehapparat als Stroboskop – Heimversuch.* Das von einem Fernsehapparat ausgesandte Licht ergibt ein gutes Stroboskop. Ein bestimmter Punkt auf dem Schirm ist in Wirklichkeit die meiste Zeit über dunkel; er wird nur während eines kleinen Bruchteiles der Zeit in regelmäßigen Abständen belichtet. Dies können Sie dadurch feststellen, daß Sie Ihren Finger rasch vor dem Schirm hin- und herbewegen. Nennen wir die Frequenz der regelmäßigen Belichtung ν_{TV}. Das Ziel dieses Versuchs ist die Messung von ν_{TV}. Wir verraten Ihnen, daß ν_{TV} entweder 25 Hz oder 50 Hz ist. Um den richtigen Wert für die Frequenz genau zu erhalten, sollte man eine Station einschalten und ein stabiles Bild herstellen, das nicht flimmert oder wandert.

   a) Eine ziemlich grobe Messung können Sie ausführen, indem Sie Ihren Finger mit gleichbleibender Frequenz vor dem Schirm hin- und herbewegen, z. B. mit 4 Hz. Ist Ihr Finger an einer Stelle, wo der Schirm aufleuchtet, so wird er das vom Schirm kommende Licht nicht durchlassen. Messen Sie die Amplitude der Schwingung Ihres Fingers. Messen Sie den Abstand zweier benachbarter Fingerschatten an der Stelle, wo die Geschwindigkeit am größten ist. Nehmen Sie eine sinusförmige Bewegung an und berechnen Sie aus Amplitude und Frequenz die maximale Geschwindigkeit des Fingers. All das zusammen liefert Ihnen ν_{TV}.

   b) Nehmen Sie eine Zeitung oder sonst etwas und verdecken Sie den ganzen Schirm bis auf einen waagerechten Streifen von wenigen Zentimetern Breite. Setzen Sie sich mit dem Rücken zum Apparat und betrachten Sie diesen in einem Handspiegel. Bewegen Sie den Spiegel, drehen Sie ihn um eine waagerechte Achse. Was folgern Sie aus den Beobachtungen? Verdecken Sie nun alles bis auf einen senkrechten Streifen. Bewegen Sie den Spiegel um eine senkrechte Achse. Zu welchem Schluß kommen Sie jetzt? Eine Folgerung sollte sein, daß der Fernsehapparat bei einem freien waagerechten Streifen ein besseres Stroboskop ist als bei einem freien senkrechten Streifen. Entfernen Sie nun die Verdeckung. Bewegen Sie den Spiegel um eine waagerechte Achse und blicken Sie auf die „vielen Fernsehschirme". Fällt Ihnen auf, daß die reflektierten Schirme, die Sie in dem schwingenden Spiegel sehen, pro Längeneinheit in senkrechter Richtung nur halb so viele waagerechte Linien haben wie der ruhende Schirm bei unbewegtem Spiegel?

4. *Messung von Schwingungsfrequenzen – Heimversuch.*

   a) *Klaviersaiten.* Verwenden Sie nun, da Sie aus Heimversuch 1.3 die Frequenz ν_{TV} kennen, den Fernsehapparat zur Messung der Schwingungsfrequenz von Klaviersaiten. Beleuchten Sie im Dunkeln die Saiten der beiden untersten Oktaven mit einem Fernsehapparat. Drücken Sie das Dämpfungspedal nach unten und zupfen Sie alle diese Saiten mit Ihrer Hand ungefähr in der Mitte. Wenn Sie wie beim Spielen die Klavierhämmer benützen, sind die Schwingungsamplituden zu klein. Sie können sofort sehen, welche Saite „stillsteht". Stellen Sie genau fest, um welche Saite es sich handelt, und schlagen Sie dann die um eine Oktave tiefere Saite an. Haben Sie es richtig gemacht, so sollte auch die tiefere Saite stillstehen, aber „doppelt" erscheinen. Warum? Sie haben nun die Klaviersaite mit der Frequenz ν_{TV} und die dazugehörige Taste der Klaviatur gefunden. Die Frequenzen der höheren Oktaven dieses Tones können Sie erhalten, indem Sie immer mit zwei multiplizieren. Sehen Sie in einem Tabellenwerk der Physik nach, ob Ihr Klavier richtig in der wohltemperierten Stimmung mit dem heute gültigen Kammerton $a^1 = 440$ Hz gestimmt ist.

   b) *Gitarresaiten.* Einen ähnlichen Versuch kann man mit einer Gitarre ausführen. Nehmen Sie an, die tiefste Saite, also die e-Saite, sei richtig gestimmt. Beleuchten Sie sie mit dem Fernsehapparat stroboskopisch. Sie steht nicht still. Entspannen Sie sie, Haben Sie sie um ungefähr eine Quart heruntergestimmt, also auf das H unter diesem e, so wird sie stillstehen. Gehen Sie noch eine Oktave tiefer, um zu sehen, ob sich die Saite „verdoppelt". Bei diesem tiefsten Ton ist die Saite sehr locker, sie eignet sich jedoch noch immer recht gut für stroboskopische Zwecke. Untersuchen Sie zum Schluß aufgrund Ihrer Ergebnisse die Tonhöhe der tiefen e-Saite einer Gitarre. Sind es 82 Hz oder 164 Hz?

   c) *Sägeblatt.* Ein anderer hübscher Versuch ist es, ein schwingendes Sägeblatt mit dem Fernsehapparat stroboskopisch zu beleuchten. Befestigen Sie das Sägeblatt mit einer Schraubzwinge oder dergleichen an einem Tisch. Verändern Sie die Länge des Sägeblattes, um verschiedene Tonhöhen zu erhalten.

5. *Energieaustausch.* Betrachten Sie den Energieaustausch zwischen zwei schwach gekoppelten gleichartigen Schwingungen (Abschnitt 1.5). Bei $t = 0$ hat Oszillator a die gesamte Schwingungsenergie, b hingegen hat keine. Es ist leicht zu sehen, daß der „angetriebene" Oszillator b ist und daß a die „treibende Kraft" darstellt. Betrachten Sie nun den Zeitpunkt $t = \frac{1}{4}\, T_{\text{Schwebung}}$, also ein Viertel einer Schwebungsperiode nach $t = 0$. Zu diesem Zeitpunkt hat Pendel a die Hälfte seiner Energie verloren, Pendel b hat sie dazugewonnen. Beide Pendel haben dieselbe Schwingungsamplitude. Woher „wissen" Sie jetzt, welches angetrieben wird und welches antreibt?
Woher wissen Sie, in welche Richtung die Energie strömen muß? Mit anderen Worten, nehmen Sie an, Sie können Einblick in das System erhalten und es während einer Schwingung – und zwar mit einer raschen Schwingung mit einer Frequenz um ω_1 oder ω_2 – verfolgen und dies gerade dann, wenn beide Oszillatoren dieselbe Energie haben. Wie können Sie voraussagen, ob die Energieverteilung a) gleich bleibt, b) sich so ändert, daß die Energie von b zunimmt, c) sich auf entgegengesetzte Weise ändert? Versuchen Sie nicht, die Formeln heranzuziehen. Das ist zu einfach. Betrachten Sie das System selbst, was zieht an was, wann usw.
Hinweis: Es kommt auf die Phasenbeziehungen an.

6. *Dämpfungsmechanismen.* Erfinden Sie einen Dämpfungsmechanismus – („Reibung") – , der nur auf die Eigenschwingung 1 der gekoppelten Pendel von Bild 1.14 wirkt. Erfinden Sie einen anderen Mechanismus, der nur Eigenschwingung 2 dämpft. Beachten Sie, daß die Reibung an der Aufhängung *beide* Eigenschwingungen dämpft, ebenso wie der Luftwiderstand auf beide Pendel wirkt. Diese Mechanismen sind also ungeeignet. Siehe Abschnitt 10.1.

7. *Gekoppelte Sägeblätter – Heimversuch.* Befestigen Sie zwei Sägeblätter mit Schraubzwingen an einem Tisch und lassen Sie dabei etwa 10 cm zum Schwingen frei. Eine Möglichkeit, die beiden Blätter auf dieselbe Frequenz abzustimmen, besteht darin, den vorstehenden Teil des einen Sägeblattes soweit zu verkürzen, bis ein Ton hörbar ist, und dann das andere auf dieselbe Tonhöhe einzustellen. Eine andere Möglichkeit ist, beide „stroboskopisch zu beleuchten", wozu sich das Licht

eines Fernsehschirms bequem verwenden läßt (siehe Heimversuch 1.3). Sind die Sägeblätter hinreichend genau abgestimmt, so koppeln Sie sie mit einem Gummiband. Schlagen Sie eines von ihnen an und beobachten Sie die Schwebungen zwischen ihren Eigenschwingungen. Verändern Sie die Kopplung, indem Sie das Gummiband an den Sägeblättern nach innen oder nach außen verschieben. Bekommen Sie Schwebungen, wenn die Sägeblätter ungleich gestimmt sind?
Hier noch einige Beispiele für gekoppelte gleichartige Oszillatoren, die schöne Schwebungen zeigen:

a) Zwei gleichartige Magneten, die so aufgehängt sind, daß sie dicht über einem Eisenstück schwingen können; sie sind durch ihre Felder gekoppelt;
b) zwei Wäscheleinen oder Seile, die mit je einem Ende an demselben biegsamen Stab befestigt, mit dem anderen jedoch unabhängig voneinander irgendwo festgebunden sind;
c) zwei Saiten einer Gitarre, die gleich hoch gestimmt sind.

8. *Gekoppelte Konservendosen – Heimversuch.* In Spielwarenläden erhält man ein Spielzeug, das in Amerika den Namen „Slinky“ führt und aus einem Stück Spiralfeder aus schmalem Bandstahl besteht. Slinky hat seinen Namen daher, daß er eine Treppe oder eine schiefe Ebene herabsteigen kann. Wir benutzen es als Feder zwischen zwei Konservendosen, von denen es eine Größe gibt, die gerade in die Spiralfeder paßt. Benützen Sie die Dosen als Pendelkörper und befestigen Sie sie mit Klebeband an zwei etwa 50 cm langen Schnüren, die irgendwo festgebunden sind. Koppeln Sie die Pendelkörper durch die Spiralfeder, wobei Klebeband vorteilhaft ist. Messen Sie die Frequenz der beiden longitudinalen Eigenschwingungen und die Frequenz des Energieaustausches. Zu Beginn sollte ein Pendel in seiner Gleichgewichtslage, das andere jedoch ausgelenkt sein. Kommt diese Energieaustauschfrequenz bei Ihrem Versuch als Schwebungsfrequenz $\nu_1 - \nu_2$ heraus? Berechnen Sie aus der niedrigsten Eigenfrequenz, aus der Schwebungsfrequenz und aus der Windungszahl Ihrer Spiralfeder die inverse Federkonstante pro Windung, also K^{-1}/a.
Dieses System hat in Wirklichkeit vier Freiheitsgrade. Neben den beiden longitudinalen Freiheitsgraden und den entsprechenden Eigenschwingungen, die wir oben untersucht haben, gibt es noch zwei transversale Eigenschwingungen, bei denen die Pendelkörper senkrecht zur Feder schwingen. Ermitteln Sie diese beiden Schwingungen und messen Sie die dazugehörigen Eigenfrequenzen. Vergleichen Sie diese Frequenzen mit denen der longitudinalen Eigenschwingungen. Erklären Sie den Sachverhalt.

9. *Abklingzeit eines Fadenpendels.* Nehmen Sie an, ein Pendel bestehe aus einer Schnur von 1 m Länge mit einer Aluminiumkugel von 5 cm Durchmesser als Pendelkörper. Ein zweites Pendel bestehe aus einer Schnur von 1 m Länge und einer Messingkugel von 5 cm Durchmesser als Pendelkörper. Die beiden Pendel werden gleichzeitig mit derselben Amplitude A in Schwingung versetzt. Nach 5 min ungestörten Schwingens ist die Amplitude des Aluminiumpendels nur noch halb so groß wie am Anfang. Wie groß ist die Schwingungsamplitude des Messingpendels? Nehmen Sie an, die Reibung rühre von der Relativgeschwindigkeit zwischen Pendelkörper und Luft her und die augenblickliche Energieverlustrate sei proportional dem Geschwindigkeitsquadrat des Pendelkörpers. Zeigen Sie, daß die Energie exponentiell abnimmt. Zeigen Sie auch, daß die Energie für irgendeine andere Geschwindigkeitsabhängigkeit, etwa v^4, nicht exponentiell abnimmt. Zeigen Sie, daß bei der angenommenen exponentiellen Abnahme die mittlere Abklingzeit proportional der Masse des Pendelkörpers ist.
Das Endergebnis für die Amplitude des Messingpendels ist $0{,}81A$.

10. *Federpendel.* Eine masselose Feder, an der kein Gewicht befestigt ist, hängt von der Decke herab. Ihre Länge beträgt 20 cm. Nun wird eine Masse m am unteren Ende der Feder angebracht. Unterstützen Sie die Masse mit Ihrer Hand, so daß die Feder ungespannt bleibt, und entfernen Sie ruckartig die Hand. Die Masse und die Feder schwingen. Der tiefste Punkt, den die Masse während der Schwingung erreicht, liege 10 cm unterhalb der Lage, in der Ihre Hand sie unterstützte.

a) Wie groß ist die Schwingungsfrequenz?
b) Wie groß ist die Geschwindigkeit, wenn die Masse sich 5 cm unterhalb ihrer ursprünglichen Ruhelage befindet?

Lösungen: a) 2,2 Hz; b) 0,7 m/s.

Eine zweite Masse von 0,3 kg wird zur ersten hinzugefügt, was eine Gesamtmasse von $m + 0{,}3$ kg ergibt. Wenn dieses System schwingt, so ist seine Frequenz halb so groß wie die der Masse m allein.

c) Wie groß ist m?
d) Wo ist die neue Gleichgewichtslage?

Lösungen: c) 0,1 kg; d) 0,15 m unterhalb der alten Lage.

11. *Federpendel.* Ermitteln Sie die Eigenschwingungen und ihre Frequenzen für die gekoppelten Federn und Massen, die, wie unten dargestellt, auf einer reibungsfreien Fläche gleiten. Im Gleichgewicht sind die Federn entspannt.
Nehmen Sie $m_1 = m_2 = m$.

12. *Schwebungen von zwei Stimmgabeln – Heimversuch.* Nehmen Sie zwei Stimmgabeln derselben Nennfrequenz. (Stimmgabeln für $c^2 = 523{,}3$ Hz und $a^1 = 440$ Hz gibt es in vielen Musikalienhandlungen, ebenso Stimmgabeln für $c^2 = 517$ Hz und $a^1 = 435$ Hz, der alten internationalen Tonhöhe.)
Schlagen Sie in gleicher Entfernung von den Gabelspitzen die Gabeln gegeneinander. Halten Sie beide Gabeln nahe einem

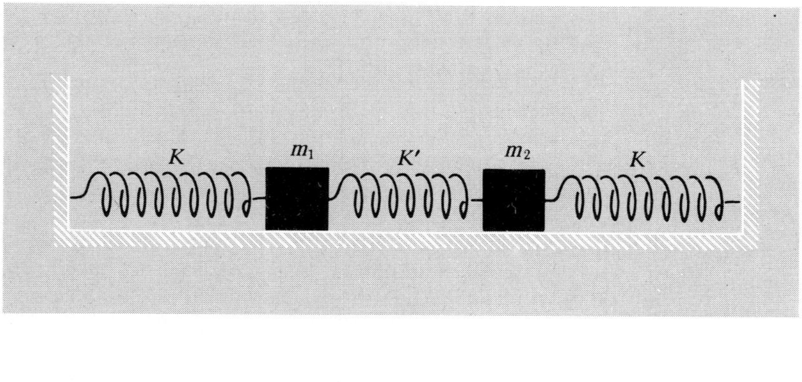

Bild 1.16

Ohr und verändern Sie ihre Lagen geringfügig, bis Sie Schwebungen hören. „Beschweren" Sie den einen Zinken einer Gabel, indem Sie ein Gummiband um ihn wickeln. Verändern Sie die Schwebungsfrequenz dadurch, daß Sie das Gummiband zum Ende des Zinkens hin oder davon weg schieben.

Gewöhnliche Eßgabeln sind manchmal gute Stimmgabeln, ebenso wie Vorleggabeln, wenn der Griff die Schwingungen nicht dämpft. Es sollte Ihnen gelingen, Gabeln zu finden, die annähernd dieselbe Tonhöhe haben und Schwebungen erzeugen. Manchmal geben auch Weingläser klare Töne von sich, sie schwingen meist in mehreren Eigenschwingungen zugleich. Wenn Sie sich Schwebungen zwischen Glocken anhören, werden Sie feststellen, daß eine einzelne Glocke Schwebungen erzeugt! Dasselbe gilt für Cognacschwenker oder Topfdeckel. Dies rührt daher, daß eine Glocke zwei Eigenschwingungen mit eng benachbarten Frequenzen hat. Schlagen Sie sie am Rand an, so regen Sie beide Eigenschwingungen an.

13. *Nichtlinearitäten in Ihrem Ohr – Kombinationstöne – Heimversuch.* Für diesen Versuch benötigen Sie eine 440-Hz- und eine 523-Hz-Stimmgabel, doch auch andere Kombinationen eignen sich gut. Ebenso benötigen Sie eine ruhige Umgebung. Schlagen Sie die Gabeln gegeneinander. Bringen Sie zuerst die 440-Hz-Gabel an Ihr Ohr, dann die 523-Hz-Gabel – dabei entfernen Sie aber die erste wieder. Während Sie nun die 440-Hz-Gabel an Ihr Ohr halten, bringen Sie die 523-Hz-Gabel wieder zurück. Konzentrieren Sie sich jedoch diesmal weder auf die 440-Hz-Gabel noch auf die 523-Hz-Gabel, sondern versuchen Sie, einen Ton herauszuhören, der um etwa eine große Terz *unter* den 440 Hz liegt. Dieses Verfahren – zuerst c^2, dann a^1 und schließlich beide zusammen zu hören – soll Ihnen helfen, sich bei einer Folge von Tongemischen auf immer tiefere Töne zu konzentrieren. Nach einigen Versuchen werden Sie vielleicht f^1 unter den 440 Hz hören, wenn a^1 und c^2 zugleich auftreten. Viele Leute hören es nicht, die meisten Violinisten jedoch sofort. Wenn Sie nicht wissen, was Sie heraushören sollen, so probieren Sie es mit den Tönen eines Klaviers aus. Nach dem oben Gesagten ergibt sich also ein angenehmer F-Dur-Dreiklang, d.h. f^1, a^1, c^2. Sie können beweisen, daß diese Erscheinung in Ihrem Trommelfell oder vielleicht auch in Ihrer Basilarmembran auftritt, daß Sie sie also nicht etwa deshalb wahrnehmen, weil das Gehirn gern Dreiklänge hört und sich das fehlende f^1 dazu denkt. Halten Sie zu diesem Zweck die eine Gabel an das eine Ohr, die andere Gabel an das andere Ohr. Dies wird Sie auch in der Überzeugung bestärken, daß Sie f^1 wirklich hören. Wäre die Erscheinung „psychologisch" bedingt, so daß das Gehirn den Ton gerne dazu denken würde, so könnte es dies auch jetzt noch tun. Ist das jedoch bei diesem Versuch der Fall?

Hier ist, wenigstens zum Teil, die Erklärung: Es sei $p(t)$ der Überdruck an der Außenseite Ihres Trommelfells. Ferner sei $q(t)$ die dadurch erzwungene Schwingung des Trommelfells. Wir sind jedoch nicht sicher, ob man $q(t)$ nicht vielleicht besser die Auslenkung der Basilarmembran im inneren Ohr nennen sollte. Jedenfalls suchen wir eine Erklärung für ***eine erzwungene Schwingung, für die nicht das Superpositionsprinzip gilt.*** D.h., wenn sich die Frequenzen ν_1 (440 Hz) und ν_2 (523 Hz) am Ohr überlagern, so enthält die dadurch erzwungene Schwingung nicht nur ν_1 und ν_2, sondern noch eine dritte Frequenz ν_3 ($\approx$ 349 Hz). Dies deutet auf eine Nichtlinearität hin, denn wir wissen, daß für lineare Schwingungen das Superpositionsprinzip gilt, und werden dies auch unten wieder sehen. Nehmen wir also an, $q(t)$ sei eine nichtlineare Funktion von $p(t)$:

$$q(t) = \alpha p(t) + \beta p^2(t) + \gamma p^3(t).$$

Nun sei $p(t)$ eine Überlagerung zweier verschiedener harmonischer Schwingungen, die von den beiden Stimmgabeln erzeugt werden. Nehmen wir der Einfachheit halber gleiche Amplituden und verschwindende Phasenkonstanten an. Wir wollen darüber hinaus Einheiten verwenden, in denen jede der Amplituden gleich Eins ist, damit wir nicht soviel zu schreiben haben. Daher nehmen wir

$$p(t) = \cos\omega_1 t + \cos\omega_2 t.$$

Die erzwungene Schwingung des Trommelfells (oder vielleicht der Basilarmembran?) ist dann

$$q(t) = \alpha[\cos\omega_1 t + \cos\omega_2 t] + \beta[\cos\omega_1 t + \cos\omega_2 t]^2 + \gamma[\cos\omega_1 t + \cos\omega_2 t]^3.$$

Sind β und γ Null, so sagt man, die erzwungene Schwingung $q(t)$ sei linear. Die Größe $q(t)$ schwingt nämlich unter dem Zwang einer äußeren Kraft wie eine Feder, für die das exakte lineare Hookesche Gesetz gilt. In diesem Falle ist $q(t)$ gerade eine Überlagerung harmonischer Schwingungen mit den Frequenzen ω_1 und ω_2, und Sie hören f^1 nicht!

Der Term mit β ist eine quadratische, der Term mit γ ist eine kubische Nichtlinearität.

Wir wollen $q(t)$ als Überlagerung harmonischer Schwingungen ausdrücken. Dazu benötigen wir einige trigonometrische Identitäten, die wir jetzt ableiten werden. Es sei $f(x) \equiv \cos x$. Wir kennen bereits die Identität

$$\cos(x+y) + \cos(x-y) = 2\cos x \cos y, \text{ d.h.}$$

$$f(x)\,f(y) = \tfrac{1}{2} f(x+y) + \tfrac{1}{2} f(x-y).$$

Wir verwenden dieses Ergebnis zur Ableitung der für die kubische Nichtlinearität benötigten Identität

$$\begin{aligned}[f(x)\,f(y)]\,f(z) &= [\tfrac{1}{2} f(x+y) + \tfrac{1}{2} f(x-y)]\,f(z)\\ &= \tfrac{1}{2} f(x+y)\,f(z) + \tfrac{1}{2} f(x-y)\,f(z)\\ &= \tfrac{1}{4} f(x+y+z) + \tfrac{1}{4} f(x+y-z) +\\ &\quad + \tfrac{1}{4} f(x-y+z) + \tfrac{1}{4} f(x-y-z).\end{aligned}$$

Ermitteln wir nun den quadratischen Term der erzwungenen Schwingung.

Mit $\theta_1 = \omega_1 t$, $\theta_2 = \omega_2 t$ haben wir für die quadratische Nichtlinearität

$$\begin{aligned}(\cos\omega_1 t + \cos\omega_2 t)^2 &= [f(\theta_1) + f(\theta_2)]^2\\ &= [f(\theta_1)\,f(\theta_1)] + [2 f(\theta_1)\,f(\theta_2)]\\ &\quad + [f(\theta_2)\,f(\theta_2)]\\ &= [\tfrac{1}{2} f(\theta_1+\theta_1) + \tfrac{1}{2} f(\theta_1-\theta_1)]\\ &\quad + [f(\theta_1+\theta_2) + f(\theta_1-\theta_2)]\\ &\quad + [\tfrac{1}{2} f(\theta_2+\theta_2) + \tfrac{1}{2} f(\theta_2-\theta_2)].\end{aligned}$$

Der quadratische Term der erzwungenen Schwingung enthält also die Frequenzen $2\omega_1$, 0, $\omega_1+\omega_2$, $\omega_1-\omega_2$ und $2\omega_2$. Diese heißen *Kombinationsfrequenzen* bzw. *Kombinationstöne*.

Für den kubischen Term der nichtlinearen erzwungenen Schwingung gilt

$$\begin{aligned}(\cos\omega_1 t + \cos\omega_2 t)^3 &= [f(\theta_1) + f(\theta_2)]^3\\ &= f^3(\theta_1) + 3 f^2(\theta_1)\,f(\theta_2) + 3 f(\theta_1)\,f^2(\theta_2)\\ &\quad + f^3(\theta_2).\end{aligned}$$

Mit Hilfe der Identität für $f(x)\,f(y)\,f(z)$ sehen wir, daß der Term $f^3(\theta_1)$ eine Überlagerung harmonischer Schwingungen mit den Frequenzen $3\omega_1$ und ω_1 darstellt. Der Term $f^2(\theta_1)\,f(\theta_2)$ ist eine Überlagerung der Frequenzen $2\omega_1+\omega_2$, $2\omega_1-\omega_2$ und ω_2.

Der Ausdruck $f(\theta_1)\ f^2(\theta_2)$ ist eine Überlagerung aus $2\omega_2 + \omega_1$, $2\omega_2 - \omega_1$ und ω_1. Schließlich ist $f^3(\theta_2)$ eine Überlagerung aus $3\omega_2$ und ω_2. Also ist der kubische Term der erzwungenen Schwingung eine Überlagerung harmonischer Schwingungen mit den Kombinationstönen $3\omega_1$, ω_1, $2\omega_1 \pm \omega_2$, $2\omega_2 \pm \omega_1$, ω_2 und $3\omega_2$.

Nun zurück zum Stimmgabelversuch! Eine kleine Rechnung zeigt, daß unser f^1 nicht von einer quadratischen Nichtlinearität herrührt. Tatsächlich ist es der Anteil des kubischen Terms, der die Frequenz $2\omega_1 - \omega_2$ hat:

$$\nu_1 = 440\,\text{Hz},$$
$$\nu_2 = 523\,\text{Hz},$$
$$2\nu_1 - \nu_2 = 880\,\text{Hz} - 523\,\text{Hz} = 357\,\text{Hz}.$$

Laut Tabelle gehört zu f^1 die Frequenz 349, zu fis^1 die Frequenz 370. Daher entspricht $2\nu_1 - \nu_2$ einem ziemlich „scharfen" f^1. Es liegt bei 8/21 des Frequenzunterschiedes zwischen f^1 und fis^1 und *klingt* auch ein bißchen scharf. Verwenden Sie Stimmgabeln, die nach der reinen (oder diatonischen) Tonleiter gestimmt sind, so erhalten Sie ein reines f^1, das auch rein klingt.

Nun wird es interessant. Tritt die kubische Nichtlinearität im Trommelfell oder vielleicht in der mitschwingenden Basilarmembran auf? Ich bin der Meinung, daß sie nicht im Trommelfell liegt, und zwar aus folgenden Gründen: Entferne ich die beiden Gabeln von meinem Ohr, so daß die von jeder der beiden herrührende Intensität abnimmt, dann höre ich den nichtlinearen Anteil noch immer. Käme er vom nichtlinearen Verhalten meines Trommelfells, so müßte seine Stärke mit zunehmender Entfernung weit rascher abnehmen als die Anteile mit ν_1 und ν_2, doch dies ist nicht der Fall. Auch müßte jener nichtlineare Anteil, der mit $2\nu_2 - \nu_1$ etwa in der Mitte zwischen d^1 und dis^1 liegt, vorhanden sein, doch kann ich ihn nicht hören. Keines dieser Argumente beweist, daß die Basilarmembran verantwortlich ist, sie beweisen nur, daß das Trommelfell *nicht* verantwortlich zu sein scheint. Kommen dadurch nur noch die Basilarmembran oder ihre Nervenenden infrage? Ich kenne die Antwort nicht. Ich habe diesen Effekt zufällig beim Ausdenken von Heimversuchen entdeckt. Vielleicht ist er wohlbekannt und schon geklärt.

Oberschwingungen. Man kann optische Oberschwingungen sowie Summen- und Differenzfrequenzen, also Kombinationsfrequenzen, erzeugen, indem man von dem kleinen nichtlinearen Anteil der Dielektrizitätskonstanten eines durchsichtigen Stoffes Gebrauch macht. Auf dem Titelblatt des Magazins *Scientific American* vom Juli 1963 findet sich eine schöne Photographie. Sie zeigt einen Strahl roten Lichts der Wellenlänge 694 nm, der auf einen Kristall trifft. An der gegenüberliegenden Seite des Kristalls tritt ein Strahl blauen Lichts der Wellenlänge 347 nm aus. Die halbe Wellenlänge entspricht der doppelten Frequenz. Daher muß es sich um eine quadratische Nichtlinearität handeln. Siehe auch „The Interaction of Light with Light" von *J. A. Giordmaine*, *Scientific American* (April 1964).

14. *Die Überlagerung von Anfangsbedingungen ergibt die Überlagerung der entsprechenden Bewegungen.* Nehmen Sie zwei gekoppelte Oszillatoren a und b. Betrachten Sie drei verschiedene Anfangsbedingungen:
    1. a und b werden mit den Amplituden 1 bzw. −1 aus der Ruhelage losgelassen,
    2. sie werden mit den Amplituden 1 und 1 losgelassen,
    3. sie werden mit den Amplituden 2 bzw. 0 aus der Ruhelage losgelassen. Die Anfangsbedingungen von Fall 3 sind also eine Überlagerung jener von Fall 1 und Fall 2.

    Zeigen Sie, daß die Bewegung im Fall 3 eine Überlagerung der Bewegungen von Fall 1 und Fall 2 ist.

15. *Verallgemeinerung.* Beweisen Sie die Verallgemeinerung des Beispiels von Übung 1.14. Schließen Sie dabei neben den Auslenkungen auch die Geschwindigkeiten in die Anfangsbedingungen ein.

16. *Superpositionsprinzip.* Beweisen Sie das Superpositionsprinzip für inhomogene lineare Bewegungsgleichungen von der Art der Gl. (1.36). Beweisen Sie, daß es für nichtlineare inhomogene Gleichungen nicht gilt.

17. *Freiheitsgrade und Eigenschwingungen.* Schreiben Sie analog den allgemeinen Gln. (1.47) und (1.48) die drei Gleichungen für ein System mit drei Freiheitsgraden. Zeigen Sie, daß man bei Annahme einer Eigenschwingung eine zu Gl. (1.56) analoge Determinantengleichung erhält, nur daß es sich hier um eine 3×3-Determinante handelt. Zeigen Sie, daß sich daraus eine kubische Gleichung in der Variablen ω^2 ergibt. Da eine kubische Gleichung drei Lösungen hat, treten drei Eigenschwingungen auf. Verallgemeinern Sie dies auf N Freiheitsgrade. Dies ergibt einen Beweis dafür, daß für ein System von N Freiheitsgraden N Eigenschwingungen existieren. Sie müssen existieren, denn hier haben Sie eine Vorschrift, wie man sie findet.

18. *Schwebungen zwischen schwach gekoppelten verschiedenartigen Gitarresaiten – Heimversuch.* Stimmen Sie die beiden untersten Saiten einer Gitarre auf gleiche Frequenz. Zupfen Sie eine Saite an und beobachten Sie die andere genau. (Sie sollten möglichst genau auf dieselbe Frequenz abgestimmt sein. Tatsächlich erreichen Sie die genaueste Stimmung, wenn Sie die Schwebungen, die Sie sehen, auf ein Maximum bringen.) Zupfen Sie nun die andere Saite an und beobachten Sie diese. Wird die Energie während des Schwebungsprozesses vollständig von einer Saite auf die andere übertragen? Können Sie einen vollkommenen Energieaustausch erreichen, wenn Sie die Abstimmung verbessern? Beschreiben Sie Ihre Beobachtung. Wie lautet die Erklärung dafür? Siehe Übung 1.19.

19. *Verschiedenartige gekoppelte Pendel.* Betrachten Sie zwei Pendel a und b mit derselben Schnurlänge l, doch mit verschiedenen Massen m_a und m_b. Sie sind durch eine an den Pendelmassen befestigte Feder der Federkonstanten K gekoppelt. Zeigen Sie, daß die Bewegungsgleichungen für kleine Schwingungen so aussehen:

$$m_a \frac{d^2\psi_a}{dt^2} = -m_a \frac{g}{l}\psi_a + K(\psi_b - \psi_a),$$

$$m_b \frac{d^2\psi_b}{dt^2} = -m_b \frac{g}{l}\psi_b - K(\psi_b - \psi_a).$$

Lösen Sie diese beiden Gleichungen für die beiden Eigenschwingungen, indem Sie die Normalkoordinaten aufsuchen. Zeigen Sie, daß $\psi_1 = (m_a\psi_a + m_b\psi_b)/(m_a + m_b)$ und $\psi_2 = \psi_a - \psi_b$ Normalkoordinaten sind. Ermitteln Sie die Frequenzen und die Eigenschwingungen. Was bedeuten ψ_1 und ψ_2 physikalisch? Ermitteln Sie eine Überlagerung der beiden Eigenschwingungen, die zu folgenden Anfangsbedingungen gehört: Zur Zeit $t = 0$ haben beide Pendelkörper die Geschwindigkeit Null, die Amplitude von a sei A, jene von b sei Null. Die Gesamtenergie von Pendelkörper a zur Zeit $t = 0$ sei E. Ermitteln Sie einen Ausdruck für $E_a(t)$ und für $E_b(t)$. Nehmen Sie an, die Kopplung sei schwach. Geht die Energie von a während einer Schwebung vollständig auf b über? Ist es vielleicht so, daß die Energie dann nicht vollständig übertragen wird, wenn sie anfänglich im schwereren Pendel steckte, daß sie im umgekehrten Fall hingegen vollständig übertragen wird?

Lösung: $\omega_1^2 = \frac{g}{l}, \quad \omega_2^2 = \frac{g}{l} + K\left(\frac{1}{m_a} + \frac{1}{m_b}\right).$

$$\psi_a = A\left(\frac{m_a}{m}\cos\omega_1 t + \frac{m_b}{m}\cos\omega_2 t\right),$$

$$\psi_b = A\,\frac{m_a}{m}\,(\cos\omega_1 t - \cos\omega_2 t),$$

wobei $m = m_a + m_b$.

Mit den Definitionen $\omega_{\text{mod}} = \frac{1}{2}(\omega_2 - \omega_1)$ und $\omega_{\text{mit}} = \frac{1}{2}(\omega_2 + \omega_1)$ findet man

$$\psi_a = (A\cos\omega_{\text{mod}}t)\cos\omega_{\text{mit}}t + \left(A\,\frac{m_a - m_b}{m}\sin\omega_{\text{mod}}t\right)\sin\omega_{\text{mit}}t,$$

$$\psi_b = \left(2A\,\frac{m_a}{m}\sin\omega_{\text{mod}}t\right)\sin\omega_{\text{mit}}t.$$

Die Energie eines jeden Pendels läßt sich leicht ermitteln, wenn wir die Näherung für schwache Kopplung anwenden, bei der wir während einer raschen Schwingung mit der Frequenz ω_{mit} die zeitliche Änderung des Sinus oder Cosinus von ω_{mod} vernachlässigen, weil wir $\omega_{\text{mod}} \ll \omega_{\text{mit}}$ voraussetzen. Ebenso vernachlässigen wir die Energie, die in jedem Augenblick in der Feder gespeichert ist. Dann sollten Sie herausbekommen

$$E_b = E\left(\frac{2\,m_a m_b}{m^2}\right)[1 - \cos(\omega_2 - \omega_1)t]$$

$$E_a = E\left[\frac{m_a^2 + m_b^2 + 2\,m_a m_b\cos(\omega_2 - \omega_1)t}{m^2}\right].$$

Die Energie des Pendels a, in dem zum Zeitpunkt $t = 0$ die gesamte Energie steckte, ändert sich also sinusförmig mit der Schwebungsfrequenz und bewegt sich zwischen einem Höchstwert E und einem Tiefstwert $[(m_a - m_b)/m]^2 E$.

Die Energie des Pendels b oszilliert mit der Schwebungsfrequenz zwischen einem Tiefstwert Null und einem Höchstwert $(4\,m_a m_b/m^2)\,E$. Die Gesamtenergie $E_a + E_b$ ist konstant, da wir ja die Dämpfung vernachlässigen. Sehen Sie sich nun Heimversuch 18 an. Erklären Sie auch *qualitativ*, warum der Energieaustausch sozusagen nicht vollständig durchgeführt wird, wenn die Massen ungleich sind. *Hinweis:* Betrachten Sie die zwei extremen Fälle a) m_a sehr groß gegenüber m_b und b) m_a sehr klein gegenüber m_b.

20. *Transversalschwingungen zweier gekoppelter Massen.* Ermitteln Sie die zwei gekoppelten Bewegungsgleichungen für die transversalen Auslenkungen ψ_a und ψ_b in Bild 1.11, indem Sie entweder die Näherung stark gespannter Federn oder die Näherung für kleine Amplituden anwenden.

a) Ermitteln Sie die Frequenzen und Amplitudenverhältnisse der beiden Eigenschwingungen mit Hilfe der systematischen Methode.

b) Ermitteln Sie Linearkombinationen von ψ_a und ψ_b, die ungekoppelte Gleichungen ergeben, d.h., ermitteln Sie die Normalkoordinaten sowie die Frequenzen und Amplitudenverhältnisse der beiden Eigenschwingungen.

Lösung: Siehe Gln. (1.70) und (1.71).

21. *Schwingungen zweier gekoppelter LC-Kreise.* Ermitteln Sie die beiden Eigenschwingungen der gekoppelten LC-Kreise von Bild 1.12, deren Bewegungsgleichungen die Gln. (1.77) und (1.78) sind.

a) Gehen Sie nach der systematischen Methode vor.

b) Gehen Sie an das Problem heran, indem Sie Normalkoordinaten aufsuchen.

Lösung: Siehe Gl. (1.79).

22. *Schwingungen eines Gummistücks.* Ein schwerer Gegenstand liegt auf einem Gummistück, das als Stoßdämpfer verwendet werden soll. Das Gummistück wird dadurch um 1 cm zusammengedrückt. Stößt man den Gegenstand in senkrechter Richtung an, so wird er schwingen. Schätzen Sie die Frequenz.
Hinweis: Nehmen Sie an, das Gummistück verhalte sich gleich einer Feder, für die das Hookesche Gesetz gilt.

Lösung: etwa 5 Hz.

23. *Longitudinale Schwingungen zweier gekoppelter Massen.* Das System ist in Bild 1.9 dargestellt. Seine Bewegungsgleichungen sind die Gln. (1.62) und (1.63). Ermitteln Sie nach der systematischen Methode, die durch die Gln. (1.47) bis (1.59) dargestellt wird, die Eigenschwingungen. Sie sollten ***nicht*** einfach in diese Gleichungen einsetzen, Sie sollten vielmehr die analogen Schritte „ohne Hinsehen" nachvollziehen.

Lösung: Siehe Gln. (1.60) und (1.61).

24. *Schwappende Schwingung in einer Wasserschüssel – Heimversuch.* Die einfachste Eigenschwingung in einem geschlossenen Flüssigkeitsvolumen kann man als „schwappende" Schwingung bezeichnen. Sie läßt sich leicht anregen, wie jedermann weiß, der einmal versucht hat, eine Schüssel voll Wasser ohne Überschwappen zu tragen.
Schütten Sie Wasser in eine rechteckige Schüssel. Stoßen Sie die Schüssel ein wenig an. Das Wasser schwappt. Besser geht es, wenn man die Schüssel auf eine ebene horizontale Fläche stellt, sie bis zum Rand füllt und schließlich überfüllt, so daß sich das Wasser über die Höhe des Randes wölbt. Stoßen Sie die Schüssel sachte an. Sind die höheren Eigenschwingungen aufgrund der Dämpfung abgeklungen, so bleibt nur die schwappende Schwingung übrig, die dann mit äußerst geringer Dämpfung weiterschwingt. Sie ist eine Gravitationsschwingung, obwohl Sie die Oberflächenspannung benützen, um das Wasser „oberhalb der Wände" zu halten. Das macht man so, um die Dämpfung so klein wie möglich zu halten. Die Wasseroberfläche bleibt praktisch eben, nachdem die höheren Eigenschwingungen infolge der Dämpfung verschwunden sind.
Nehmen Sie an, die Oberfläche sei während der ganzen Bewegung eben und horizontal, wenn sie durch ihre Gleichgewichtslage geht, und geneigt, wenn sie ausschwingt. Die Richtung x liege waagerecht, die Richtung y gehe senkrecht nach oben. Es seien $\bar{x}$ und $\bar{y}$ die Koordinaten des Wasserschwerpunktes in waagerechter bzw. senkrechter Richtung. Die Gleichgewichtswerte von $\bar{x}$ und $\bar{y}$ seien $\bar{x}_0$ und $\bar{y}_0$. Drücken Sie $\bar{y} - \bar{y}_0$ als Funktion von $\bar{x} - \bar{x}_0$ aus. Ein Parameter, mit dem sich bequem arbeiten läßt, ist die Wasserhöhe an einem Ende der Schüssel, bezogen auf die Gleichgewichtshöhe. Die Zunahme der potentiellen Energie des gesamten Wassers ist $mg\,(\bar{y} - \bar{y}_0)$. Sie werden finden, daß $\bar{y} - \bar{y}_0$ proportional $(\bar{x} - \bar{x}_0)^2$ ist. Daher ist die Energie des Schwerpunktes ähnlich der eines harmonischen Oszillators. Wenden Sie das zweite Newtonsche Gesetz an, so als ob die gesamte Masse m im Schwerpunkt läge. Ermitteln Sie eine Formel für die Frequenz.

Lösung: $\omega^2 = 3gh_0/L^2$, h_0 ist die Gleichgewichtstiefe des Wassers, $g = 9{,}8\ \text{m/s}^2$ und L die *halbe* Länge der Schüssel in Richtung der Wellenbewegung, also in Richtung x. Probieren Sie diese Formel bei Ihrem Wasserschüsselversuch aus, d.h. messen Sie ω, h_0 und L und überprüfen Sie, wie diese Größen mit der Formel im Einklang stehen. Betrachten Sie nun Übung 25.

25. *Seiches*[1]). Laut Lexikon ist die durchschnittliche Tiefe des Genfer Sees etwa 150 Meter. Die Länge beträgt etwa 60 Kilometer, wenn man das schmalere westliche Ende dazurechnet. Wenn wir als Näherung statt des Sees eine rechteckige Schüssel betrachten, können wir die Formel für ω^2 verwenden, die wir in Heimversuch 24 erhalten haben. Was sagt sie unter diesen Annahmen über die Schwingungsdauer der Seiches oder schwappenden Schwingungen aus, die in der Längsrichtung des Sees auftreten? Die tatsächliche Schwingungsdauer beträgt etwa eine Stunde, Wahrscheinlich werden die Seiches durch plötzlich auftretende Luftdruckunterschiede an verschiedenen Stellen des Sees hervorgerufen. Die beobachteten Amplituden betragen bis zu eineinhalb Metern.
Im Juni 1954 traten im Michigan-See Seiches mit einer etwa drei Meter hohen Amplitude auf und schwemmten eine Reihe von Personen, die beim Fischen waren, von den Molen. Laut *Times* vom 17. November 1967 riefen Stoßwellen von dem großen Erdbeben in Alaska am Karfreitag des Jahres 1964 Seiches in Flüssen, Seen und Häfen entlang der Golfküste der Vereinigten Staaten hervor und bewirkten, daß in dem Schwimmbad eines Hotels in Atlantic City das Wasser überschwappte.

[1]) Als Seiches bezeichnet man Schaukelbewegungen eines Sees. Es handelt sich um eine Resonanzschwingung des Seeinhalts (Anm. d. Übersetzers).

2 Freie Schwingungen von Systemen mit vielen Freiheitsgraden

2.1. Einleitung

In Kapitel 1 haben wir Schwingungen von Systemen mit ein oder zwei Freiheitsgraden untersucht. In diesem Kapitel werden wir uns mit Systemen von N Freiheitsgraden befassen. Dabei kann N auch eine sehr große Zahl bedeuten, für die wir etwas ungenauer auch gelegentlich unendlich einsetzen werden.

Für ein System mit N Freiheitsgraden gibt es immer genau N Eigenschwingungen (siehe 1.6, Übung 17). Jede Eigenschwingung hat ihre eigene Frequenz ω und ihre eigene „Form", die durch die Amplitudenverhältnisse $A : B : C : D \ldots$ bestimmt wird, die jeweils zu den entsprechenden Freiheitsgraden $a, b, c, d \ldots$ gehören. Bei jeder Eigenschwingung gehen alle bewegten Teile gleichzeitig durch ihre Gleichgewichtslagen, d.h., jeder Freiheitsgrad schwingt dann mit derselben Phasenkonstanten. So gibt es für die ganze Eigenschwingung eine einzige Phasenkonstante, die durch die Anfangsbedingungen festgelegt ist. Da in einer bestimmten Eigenschwingung jeder Freiheitsgrad mit derselben Frequenz ω schwingt, erfährt jeder bewegte Teil dieselbe rücktreibende Kraft pro Einheitsauslenkung und pro Einheitsmasse, nämlich ω^2.

Nehmen Sie z.B. ein System mit vier Freiheitsgraden a, b, c, d. Dann gibt es vier Eigenschwingungen. Sind bei Eigenschwingung 1 die Amplitudenverhältnisse

$$A : B : C : D = 1 : 0 : -2 : 7,$$

dann werden, wenn nur die Eigenschwingung 1 angeregt ist, die Bewegungen von a, b, c und d durch

$$\psi_a = A_1 \cos(\omega_1 t + \varphi_1),\ \psi_b = 0,\ \psi_c = -2\,\psi_a,\ \psi_d = 7\,\psi_a$$

beschrieben, wobei A_1 und φ_1 von den Anfangsbedingungen abhängen.

Enthält ein System eine große Anzahl bewegter Teile und sind diese in einem beschränkten Raumbereich verteilt, dann wird die mittlere Entfernung zwischen benachbarten bewegten Teilen sehr klein. Man stellt sich dann als Näherung vor, daß die Anzahl der Teile Unendlich wird und der Abstand zwischen benachbarten Teilen gegen Null geht. Dann sagt man, das System verhalte sich so, als wäre es „kontinuierlich". In dieser Betrachtungsweise steckt die Annahme, daß die Bewegung nahe benachbarter Teile ungefähr dieselbe ist. Diese Annahme gestattet uns, die vektorielle Auslenkung aller bewegten Teile in einer kleinen Umgebung eines Punktes x, y, z durch eine einzige Vektorgröße $\psi(x, y, z, t)$ zu beschreiben. Die „Auslenkung" (Verschiebung) $\psi(x, y, z, t)$ ist dann eine stetige Funktion des Ortes x, y, z und der Zeit t. Sie steht statt der Auslenkung der einzelnen Teile, also $\psi_a(t)$, $\psi_b(t)$ usw. Wir sagen dann, wir haben es mit Wellen zu tun.

Stehende Wellen sind Eigenschwingungen. Die Eigenschwingungen eines kontinuierlichen Systems heißen *stehende Wellen*. Gemäß den obigen Bemerkungen hat ein echt kontinuierliches System unendlich viele unabhängige bewegte Teile, obwohl diese nur einen endlichen Raumbereich ausfüllen. Es gibt daher unendlich viele Freiheitsgrade und folglich unendlich viele Eigenschwingungen. Dies stimmt für ein materielles System, wie es in der Praxis auftritt, nicht genau. Ein Liter Luft enthält nicht unendlich viele bewegte Teile, sondern nur $2{,}7 \cdot 10^{22}$ Moleküle, von denen jedes drei Freiheitsgrade besitzt, und zwar für die Bewegungen in x-, y- und z-Richtung. Daher gibt es in einer Flasche mit 1 Liter Luft nicht unendlich viele mögliche Eigenschwingungen, sondern höchstens $8 \cdot 10^{22}$. Jeder, der einmal eine Flasche oder eine Flöte angeblasen hat, weiß, daß es nicht so leicht ist, mehr als die ersten paar Eigenschwingungen anzuregen. Wir unterscheiden die Eigenschwingungen gewöhnlich dadurch, daß wir die mit der tiefsten Frequenz mit 1 bezeichnen, die mit der nächsthöheren mit 2 usw. In der Praxis werden wir uns oft nur mit den ersten paar Eigenschwingungen befassen, es können aber auch einige Dutzend oder einige tausend sein. Wie wir sehen werden, zeigt sich, daß sich die tiefsten Eigenschwingungen so verhalten, als wäre das System kontinuierlich.

Die allgemeinste Bewegung eines Systems kann als Überlagerung aller seiner Eigenschwingungen angeschrieben werden, wobei die Amplitude und Phasenkonstante jeder Schwingung durch die Anfangsbedingungen festgelegt werden. In einer so allgemeinen Lage sieht das schwingende System sehr kompliziert aus, einfach weil das Auge und das Gehirn sich nicht gleichzeitig mit mehreren Dingen befassen können, ohne verwirrt zu werden. Es ist nicht leicht, die vollständige Bewegung zu betrachten und jede Eigenschwingung getrennt zu „sehen", wenn deren viele vorhanden sind.

Eigenschwingungen einer Perlenschnur. Zuerst untersuchen wir die transversalen Schwingungen von Perlenschnüren. Wir werden annehmen, daß wir es mit linearen (d.h. dem Hookeschen Gesetz gehorchenden) masselosen Federn zu tun haben, die die Verbindung zwischen den Punktmassen m herstellen. In unseren Bildern werden wir die Federn als gerade Linien zeichnen, nicht als Schraubenlinien.

Bild 2.1 stellt eine Reihe von Perlenschnüren dar. Das System hat einen Freiheitsgrad, $N = 1$, das nächste zwei, $N = 2$, usw. In jedem Falle stellen wir ohne Beweis die Formen der jeweiligen Eigenschwingungen dar. Später werden wir die exakte Form und Frequenz einer jeden Eigenschwingung ableiten.

Wenn Sie annehmen, daß die dargestellten Formen wirklich die der Eigenschwingungen sind, sollten Sie schon in der Lage sein zu erkennen, daß wir sie genau in der Reihenfolge ansteigender Frequenzen angeordnet haben. Dies deshalb, weil die Schnüre immer größere Winkel mit

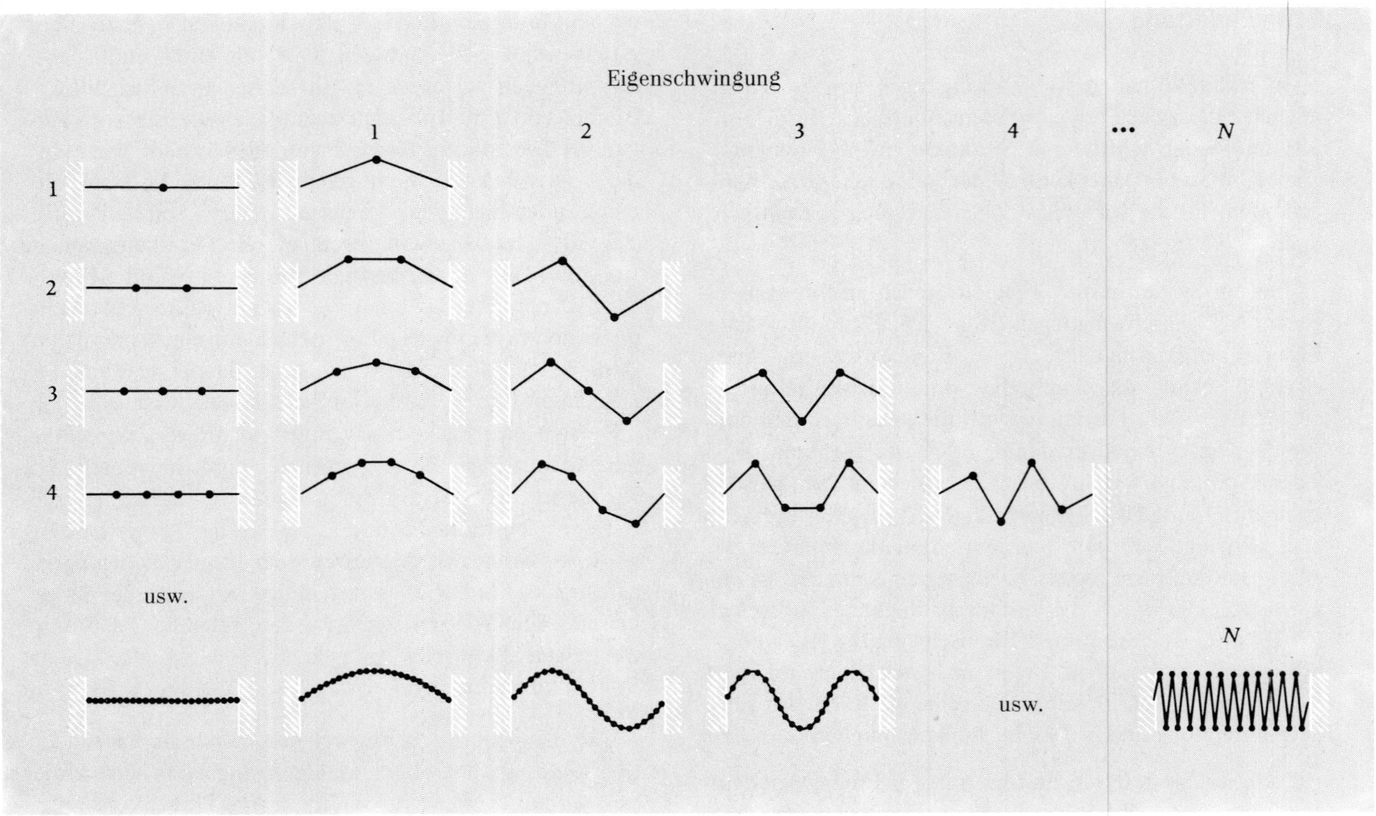

Bild 2.1. Transversale Eigenschwingungen einer Perlenschnur. Eine Schnur mit N Massenpunkten hat N Eigenschwingungen. Bei der Eigenschwingung n kreuzt die Schnur die Gleichgewichtslage $n-1$-mal und hat n halbe Wellenlängen. Die Eigenschwingung mit der höchsten Frequenz ist die „Zick-zack"-Konfiguration.

der Gleichgewichtsrichtung einschließen, wenn wir die Nummer der Eigenschwingung erhöhen und dabei die Auslenkung eines bestimmten Massenpunktes ungeändert lassen. Folglich nimmt für einen bestimmten Punkt in einem bestimmten System die rücktreibende Kraft pro Einheitsauslenkung und pro Einheitsmasse zu, wenn wir von einer Form zur nächsten übergehen. Daher wächst auch die Frequenz an.

Es fällt ferner auf, daß unsere Folge angenommener Eigenschwingungsformen immer genau N Konfigurationen ergibt: Die erste Eigenschwingung hat immer null „Knoten" – das sind, mit Ausnahme der Endpunkte, Stellen, an denen die Schnur die Achse kreuzt –, die zweite hat einen Knoten usw. Die höchste Eigenschwingung weist immer die größtmögliche Anzahl von Knoten auf, nämlich $N-1$. Diese wird durch eine auf- und abgehende „Zick-zack"-Linie erreicht, die die Achse zwischen zwei aufeinanderfolgenden Massen einmal schneidet.

2.2. Transversale Eigenschwingungen einer kontinuierlichen Perlenschnur

Wir lassen nun N sehr groß werden, etwa $N = 1\,000\,000$. Dann liegen bei den untersten Eigenschwingungen, also etwa bei den ersten paar tausend, zwischen je zwei Knoten sehr viele Massenpunkte. Die Auslenkung ändert sich daher von einer Perle zur nächsten nur langsam. Wir werden die obersten Eigenschwingungen hier *nicht* untersuchen, da diese als Grenzfall eine „Zick-zack"-Linie ergeben und sich nicht durch eine stetige Funktion $\psi(x, y, z, t)$ beschreiben lassen. – Aufgrund des oben Gesagten werden wir die augenblickliche Form nicht durch die Auslenkungen der einzelnen Punkte, also $\psi_a(t)$, $\psi_b(t)$, $\psi_c(t)$, $\psi_d(t)$ usw., beschreiben. Statt dessen schreiben wir allen Teilchen, deren *Gleichgewichtslagen* in der Umgebung des Punktes x, y, z (z.B. in einem infinitesimalen Würfel mit den Kantenlängen Δx, Δy, Δz) liegen, denselben augenblicklichen Verschiebungsvektor $\psi(x, y, z, t)$

$$\psi(x, y, z, t) = \hat{\mathbf{x}}\, \psi_x(x, y, z, t) + \hat{\mathbf{y}}\, \psi_y(x, y, z, t) + \hat{\mathbf{z}}\, \psi_z(x, y, z, t) \quad (2.1)$$

zu, wobei $\hat{\mathbf{x}}$, $\hat{\mathbf{y}}$, $\hat{\mathbf{z}}$ Einheitsvektoren, ψ_x, ψ_y, ψ_z die Komponenten des Verschiebungsvektors ψ sind. Es ist wichtig, sich klarzumachen, daß x, y, z die *Gleichgewichtslage* der Teilchen in dieser Umgebung bezeichnen. Also sind x, y, z *keine Funktionen der Zeit*.

Longitudinale und transversale Schwingungen. Die Gl. (2.1) ist von viel allgemeinerer Form, als wir sie zur Untersuchung von Saitenschwingungen benötigen. Nehmen Sie an, die Saite sei im Gleichgewicht in der z-Richtung ausgespannt, dann genügt die Koordinate z, um die Gleichgewichtslage jedes Massenelements mit der Genauigkeit Δz festzulegen. Gl. (2.1) läßt sich in der einfachsten Form

$$\psi(z, t) = \hat{\mathbf{x}}\, \psi_x(z, t) + \hat{\mathbf{y}}\, \psi_y(z, t) + \hat{\mathbf{z}}\, \psi_z(z, t) \quad (2.2)$$

schreiben. Schwingungen längs der z-Richtung heißen *longitudinale* Schwingungen, während solche in der x- und in der y-Richtung als *transversale* Schwingungen bezeichnet werden. Im Augenblick interessieren wir uns nur für die transversalen Schwingungen der Saite. Daher setzen wir ψ_z gleich Null:

$$\psi(z, t) = \hat{\mathbf{x}}\, \psi_x(z, t) + \hat{\mathbf{y}}\, \psi_y(z, t). \quad (2.3)$$

Lineare Polarisation. Als weitere Vereinfachung nehmen wir an, daß die Schwingungen ausschließlich in der x-Richtung ausgeführt werden, d.h. $\psi_y = 0$. Dann sagt man, die Schwingungen seien in der x-Richtung *linear polarisiert*. In Kapitel 8 werden wir allgemeinere Polarisationszustände untersuchen. – Nun können wir den Einheitsvektor $\hat{\mathbf{x}}$ sowie den Index bei ψ_x weglassen und schreiben:

$$\psi(z, t) = \text{augenblickliche transversale Auslenkung der Teilchen an der Stelle } z \text{ mit der Gleichgewichtslage } x = 0. \quad (2.4)$$

Betrachten Sie nun ein sehr kleines Stückchen unserer Saite. Im Gleichgewicht liegt es in einem kleinen Bereich der Länge Δz mit dem Mittelpunkt an der Stelle z. Seine Masse Δm, dividiert durch die Länge Δz, ist als *Massendichte* ρ_0 definiert. Sie wird in Masseneinheiten pro Längeneinheit gemessen:

$$\Delta m = \rho_0\, \Delta z. \quad (2.5)$$

Die Massendichte soll über die gesamte Saite dieselbe sein. Auch die Saitenspannung im Gleichgewicht, T_0, soll überall dieselbe sein.

Im allgemeinen, also auch wenn kein Gleichgewicht vorliegt, hat das Saitenelement Δz eine Auslenkung $\psi(z, t)$, die den Mittelwert über das Element darstellt (Bild 2.2). Das Element ist nicht mehr vollkommen gerade, sondern im allgemeinen leicht gekrümmt. Dies kommt in Bild 2.2 dadurch zum Ausdruck, daß θ_1 und θ_2 nicht gleich groß sind. Die Spannung des Elements ist nicht mehr T_0, da seine Länge nicht mehr der Gleichgewichtslänge entspricht. Wir wollen die auf das Element wirkende Gesamtkraft für den dargestellten Augenblick ermitteln. An seinem linken Ende wird das Element mit der Kraft $T_1 \sin\theta_1$ hinuntergezogen. An seinem rechten Ende wird es mit der Kraft $T_2 \sin\theta_2$ hinaufgezogen. Daher ist die Gesamtkraft nach oben

$$F_x(t) = T_2 \sin\theta_2 - T_1 \sin\theta_1. \quad (2.6)$$

Wir wollen $F_x(t)$ durch $\psi(z, t)$ und seine räumliche Ableitung

$$\frac{\partial \psi(z, t)}{\partial z} = \text{Anstieg der Saite an der Stelle } z \text{ zur Zeit } t \quad (2.7)$$

ausdrücken. Gemäß Bild 2.2 ist der Saitenanstieg an der Stelle z_1 gleich $\tan\theta_1$, an der Stelle z_2 hingegen $\tan\theta_2$. Ferner ist $T_1 \cos\theta_1$ die waagerechte Komponente des Federzuges an der Stelle z_1, und $T_2 \cos\theta_2$ ist die waagerechte Komponente an der Stelle z_2. Nun möchten wir aber eine *lineare* Bewegungsgleichung erhalten. Zu diesem Zweck nehmen wir an, daß wir entweder die Näherung stark gespannter Federn oder die Näherung für kleine Schwingungen verwenden können. In der ersten Näherung ist T um einen Faktor $1/\cos\theta$ größer als T_0, da das Element um diesen Faktor länger ist als Δz. Daher gilt $T\cos\theta = T_0$. In der Näherung für kleine Schwingungen vernachlässigen wir die Längenänderung des Elements und setzen $\cos\theta$ näherungsweise gleich Eins. Daher haben wir auch in diesem Fall $T\cos\theta = T_0$. Dann liefert Gl. (2.6):

$$\begin{aligned} F_x(t) &= T_2 \sin\theta_2 - T_1 \sin\theta_1 \\ &= T_2 \cos\theta_2 \tan\theta_2 - T_1 \cos\theta_1 \tan\theta_1 \\ &= T_0 \tan\theta_2 - T_0 \tan\theta_1 \\ &= T_0 \left(\frac{\partial \psi}{\partial z}\right)_2 - T_0 \left(\frac{\partial \psi}{\partial z}\right)_1. \end{aligned} \quad (2.8)$$

Betrachten Sie nun die Funktion $f(z)$, die durch

$$f(z) = \frac{\partial \psi(z, t)}{\partial z} \quad (2.9)$$

definiert ist. Dabei haben wir die Variable t beim Anschreiben von $f(z)$ nicht berücksichtigt, weil wir beabsichtigen, t konstant zu halten. Wir entwickeln $f(z)$ in eine Taylorreihe um z_1 und setzen dann $z = z_2$ (siehe Anhang, Gl. (A.3)):

$$f(z_2) = f(z_1) + (z_2 - z_1)\left(\frac{df}{dz}\right)_1 + \frac{1}{2}(z_2 - z_1)^2 \left(\frac{d^2 f}{dz^2}\right)_1 + \ldots \quad (2.10)$$

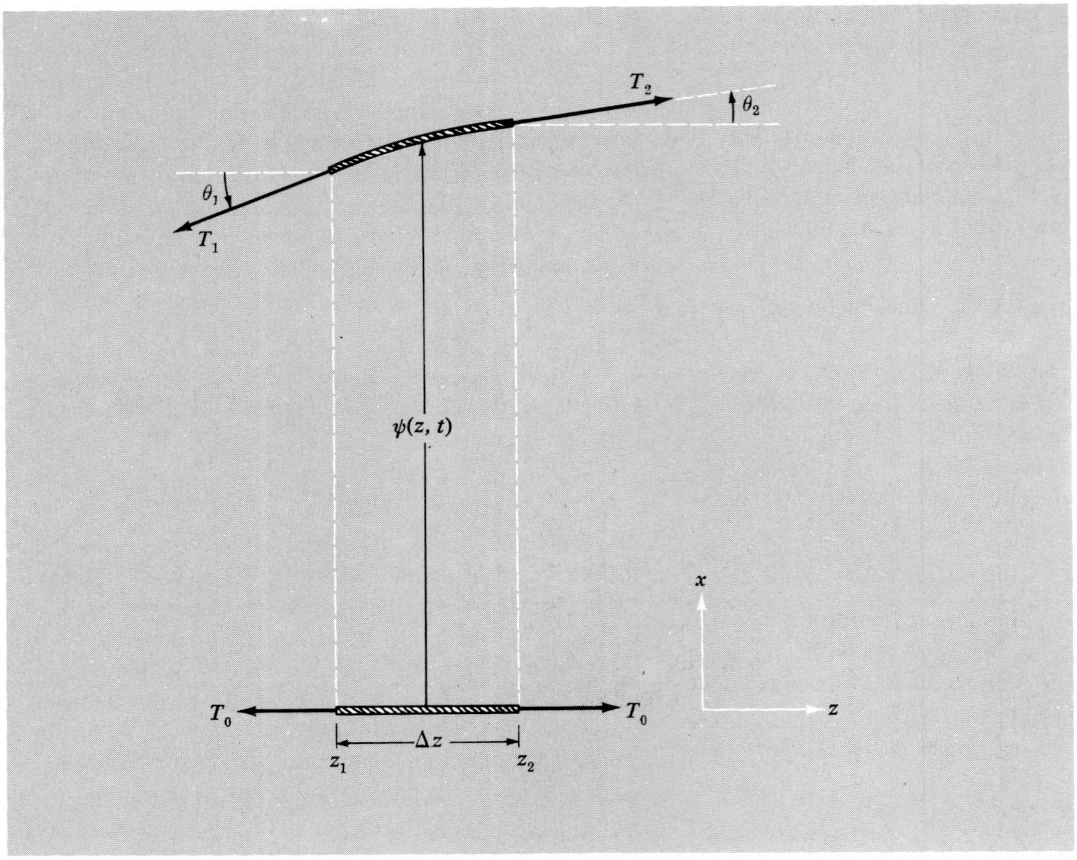

Bild 2.2. Transversale Schwingungen einer Saite. Unten die Gleichgewichtslage eines infinitesimalen Elements in Richtung der z-Achse. Oben eine beliebige Lage und Stellung desselben Elements.

wobei gemäß Bild 2.2 $z_2 - z_1 = \Delta z$. Wir gehen nun zum Grenzfall über, in dem Δz hinreichend klein ist, so daß wir quadratische und höhere Terme in Gl. (2.10) vernachlässigen können. Dann schreiben wir

$$\begin{aligned} f(z_2) - f(z_1) &= \Delta z \left(\frac{df}{dz}\right)_1 = \Delta z \frac{d}{dz}\left(\frac{\partial \psi(z,t)}{\partial z}\right) \\ &= \Delta z \frac{\partial}{\partial z}\left(\frac{\partial \psi(z,t)}{\partial z}\right) \\ &= \Delta z \frac{\partial^2 \psi(z,t)}{\partial z^2}. \end{aligned} \tag{2.11}$$

Beachten Sie, daß wir in Gl. (2.11) den Index 1 weggelassen haben. Der Grund dafür ist, daß es keine Rolle spielt, an welcher Stelle des Intervalls Δz wir die Ableitung nach z nehmen. Wir vernachlässigen ja höhere Ableitungen in der Taylorreihe von Gl. (2.10). Beachten Sie auch, daß wir die räumliche Ableitung als partielle Ableitung schreiben können, sobald wir die Bezeichnung $\psi(z, t)$ verwenden.

Wir können nun die Gln. (2.9) und (2.10) in Gl. (2.8) benützen, um für die Gesamtkraft auf das Element das Ergebnis

$$F_x(t) = T_0 \Delta z \frac{\partial^2 \psi(z,t)}{\partial z^2} \tag{2.12}$$

zu erhalten.

Wir verwenden nun das zweite Newtonsche Gesetz. Die Kraft F_x, gegeben durch Gl. (2.12), ist gleich dem Produkt aus der Masse Δm des Elements und seiner Beschleunigung. Geschwindigkeit und Beschleunigung des Elements mit der Gleichgewichtslage z werden mit Hilfe von $\psi(z, t)$ und seinen Ableitungen wie folgt ausgedrückt:

$$\left.\begin{aligned} \psi(z,t) &= \text{Auslenkung} \\ \frac{\partial \psi(z,t)}{\partial t} &= \text{Geschwindigkeit} \\ \frac{\partial^2 \psi(z,t)}{\partial t^2} &= \text{Beschleunigung} \end{aligned}\right\} \tag{2.13}$$

Also ergibt das Newtonsche Gesetz mit

$$\rho_0 \, \Delta z \, \frac{\partial^2 \psi}{\partial t^2} = F_x = T_0 \, \Delta z \, \frac{\partial^2 \psi}{\partial z^2},$$

d.h.

$$\boxed{\frac{\partial^2 \psi(z,t)}{\partial t^2} = \frac{T_0}{\rho_0} \frac{\partial^2 \psi(z,t)}{\partial z^2}.} \qquad (2.14)$$

Klassische Wellengleichung. Gl. (2.14) ist eine berühmte lineare partielle Differentialgleichung zweiter Ordnung. Sie heißt die *klassische Wellengleichung*. Wir werden ihr oft begegnen, und wir werden zum Schluß viele ihrer Eigenschaften und viele physikalische Situationen kennen, in denen sie vorkommt. (Natürlich bezieht sich die positive Konstante T_0/ρ_0 speziell auf die Saite. Bei anderen physikalischen Anwendungen treten in der Wellengleichung an ihrer Stelle irgendwelche anderen positiven Konstanten auf.)

Stehende Wellen. Wir versuchen, die Eigenschwingungen, die stehenden Wellen, einer Saite zu ermitteln. Daher *nehmen wir an*, wir hätten eine Eigenschwingung. Alle Teile der Saite sollen eine harmonische Bewegung mit derselben Kreisfrequenz ω und derselben Phasenkonstanten φ ausführen. Die Größe $\psi(z, t)$, d.h. die Auslenkung der Saitenteilchen mit der Gleichgewichtslage z, sollte also für alle z dieselbe Zeitabhängigkeit haben, nämlich $\cos(\omega t + \varphi)$. Gewöhnlich hängt die Phasenkonstante φ von dem Zeitpunkt ab, an dem die Eigenschwingung beginnt. Die „Gestalt" einer Eigenschwingung, die sich aus diskreten Freiheitsgraden a, b, c usw. herleitet, wird durch das Verhältnis der Schwingungsamplituden A, B, C usw. festgelegt. In dem vorliegenden Fall einer Saite, wo die unendlich vielen Freiheitsgrade durch den Parameter z bezeichnet werden, kann die Schwingungsamplitude der Freiheitsgrade bei z, d.h. in einer kleinen Umgebung von z, als stetige Funktion $A(z)$ geschrieben werden. Die Gestalt von $A(z)$ hängt von der Eigenschwingung ab, d.h., jede Eigenschwingung hat ein anderes $A(z)$. So lautet der *allgemeine Ausdruck für eine stehende Welle*:

$$\psi(z,t) = A(z)\cos(\omega t + \varphi). \qquad (2.15)$$

Die zu Gl. (2.15) gehörende Beschleunigung ist

$$\frac{\partial^2 \psi}{\partial t^2} = -\omega^2 \psi = -\omega^2 A(z)\cos(\omega t + \varphi). \qquad (2.16)$$

Die zweite partielle Ableitung der Gl. (2.15) nach z ist

$$\frac{\partial^2 \psi}{\partial z^2} = \frac{\partial^2 [A(z)\cos(\omega t + \varphi)]}{\partial z^2} = \cos(\omega t + \varphi)\,\frac{d^2 A(z)}{dz^2}, \qquad (2.17)$$

wobei nicht eine partielle, sondern vielmehr eine gewöhnliche Ableitung nach z auftritt, denn $A(z)$ hängt nicht von der Zeit ab. Wir setzen die Gln. (2.16) und (2.17) in Gl. (2.14) ein, kürzen den gemeinsamen Faktor $\cos(\omega t + \varphi)$ heraus und erhalten

$$\frac{d^2 A(z)}{dz^2} = -\omega^2 \frac{\rho_0}{T_0} A(z). \qquad (2.18)$$

Gl. (2.18) bestimmt die Gestalt der Eigenschwingung. Da jede Eigenschwingung eine andere Kreisfrequenz ω hat und ω^2 in Gl. (2.18) auftritt, sehen wir, daß verschiedene Eigenschwingungen unterschiedliche Gestalten aufweisen, wie wir es erwartet haben.

Gl. (2.18) hat die Form der Differentialgleichung für harmonische Schwingungen, jedoch nicht in der Zeit, sondern vielmehr im Raum. Die allgemeine Form einer harmonischen Schwingung im Raum kann als

$$A(z) = A \sin\left(2\pi \frac{z}{\lambda}\right) + B\cos\left(2\pi\frac{z}{\lambda}\right) \qquad (2.19)$$

geschrieben werden, wobei die Konstante λ die Strecke darstellt, auf der eine vollständige Schwingung ausgeführt wird. Daher heißt sie *Wellenlänge*. Sie ist für die Schwingung im Raum derjenige Parameter, der der Schwingungsdauer T bei den Schwingungen in der Zeit entspricht. Die Einheit, in der λ gemessen wird, ist Zentimeter pro Schwingung (d.h. pro voller räumlicher Schwingung in Richtung z) oder einfach Zentimeter.

Um zu sehen, wie diese Lösung mit Gl. (2.18) in Einklang zu bringen ist, differenzieren wir Gl. (2.19) zweimal:

$$\frac{d^2 A(z)}{dz^2} = -\left(\frac{2\pi}{\lambda}\right)^2 A(z). \qquad (2.20)$$

Vergleichen wir die Gln. (2.18) und (2.20) miteinander, so sehen wir, daß

$$\left(\frac{2\pi}{\lambda}\right)^2 = \omega^2\left(\frac{\rho_0}{T_0}\right) = (2\pi\nu)^2\,\frac{\rho_0}{T_0} \qquad (2.21)$$

gelten muß, d.h.

$$\boxed{\lambda\nu = \sqrt{\frac{T_0}{\rho_0}} \equiv v_0 = \text{const.}} \qquad (2.22)$$

Wellengeschwindigkeit. Gl. (2.22) gibt die Beziehung zwischen Wellenlänge und Frequenz für transversale stehende Wellen auf einer homogenen Saite an. Die Konstante $(T_0/\rho_0)^{1/2}$ hat die Dimension einer Geschwindigkeit, da $\lambda\nu$ die Dimension Länge/Zeit hat. Die Geschwindigkeit $v_0 \equiv (T_0/\rho_0)^{1/2}$ heißt die „Phasengeschwindigkeit für laufende Wellen" für dieses System. Laufende Wellen werden wir in Kapitel 4 untersuchen. Bei unseren gegenwärtigen Betrachtungen über stehende Wellen brauchen wir den Begriff der Phasengeschwindigkeit nicht, da stehende Wellen nirgends „hingehen". Sie „stehen und schwingen" wie ein großer „verteilter" harmonischer Oszillator. Wir werden es fortan in diesem Kapitel unterlassen, den Ausdruck $(T_0/\rho_0)^{1/2}$ als Geschwindigkeit zu bezeichnen, denn Sie sollen sich ja stehende Wellen vorstellen.

Die allgemeine Lösung für die Auslenkung $\psi(z, t)$ der Saite in einer einzigen Eigenschwingung, also einer stehenden Welle, erhält man durch Kombinieren der Gln. (2.15) und (2.19):

$$\psi(z, t) = \cos(\omega t + \varphi)\,[A \sin(2\pi z/\lambda) + B \cos(2\pi z/\lambda)]. \quad (2.23)$$

Randbedingungen. Gl. (2.23) ist etwas zu allgemein. Sie enthält nicht die wichtigen Randbedingungen. Unsere schwingende Saite wird *an beiden Enden festgehalten*, doch haben wir diese Information noch nicht bei unserer Lösung berücksichtigt. Wir tun es nun auf folgende Weise. Nehmen Sie an, die Saite habe die Gesamtlänge l. Wählen wir den Koordinatenursprung so, daß das linke Ende der Saite mit $z = 0$ zusammenfällt. Das rechte Ende liegt dann bei $z = l$. Betrachten Sie den Punkt $z = 0$. Die Saite wird dort festgehalten, so daß $\psi(0, t)$ für alle t Null sein muß. Diese Bedingung verlangt $B = 0$, da für alle Zeiten t gilt

$$\psi(0, t) = \cos(\omega t + \varphi)\,[0 + B] = 0. \quad (2.24)$$

Also haben wir

$$\psi(z, t) = A\cos(\omega t + \varphi)\sin\frac{2\pi z}{\lambda}. \quad (2.25)$$

Die andere Randbedingung ist, daß die Saite an der Stelle $z = l$ festgehalten werde, weshalb $\psi(l, t)$ für alle t Null sein muß. Wir wollen nicht etwa in Gl. (2.25) $A = 0$ wählen, denn das entspricht dem uninteressanten Fall, daß die Saite sich dauernd in Ruhe befindet. Die einzige andere Möglichkeit der Erfüllung der Randbedingung an der Stelle l ist

$$\sin\frac{2\pi l}{\lambda} = 0. \quad (2.26)$$

Die einzigen Wellenlängen λ, die diese Randbedingung zu erfüllen vermögen, sind die, für die die Anzahl halber Wellenlängen $2l/\lambda$ eine ganze Zahl ist. Daher müssen die brauchbaren Wellenlängen eine der folgenden Möglichkeiten erfüllen:

$$\frac{2\pi l}{\lambda} = \pi, 2\pi, 3\pi, 4\pi, 5\pi, \ldots. \quad (2.27)$$

(Warum haben wir den Fall $2\pi l/\lambda = 0$ ausgeschlossen?) Diese Folge von Möglichkeiten, die Randbedingungen zu erfüllen, entspricht sämtlichen möglichen Eigenschwingungen der Saite. Wir numerieren die Eigenschwingungen im Hinblick auf die Folge (2.27) und ordnen dem ersten Term die Nummer 1 zu. Dann gilt gemäß Gl. (2.27) für die Wellenlängen der Eigenschwingungen

$$\lambda_1 = 2l,\ \lambda_2 = \frac{1}{2}\lambda_1,\ \lambda_3 = \frac{1}{3}\lambda_1,\ \lambda_4 = \frac{1}{4}\lambda_1, \ldots \quad (2.28)$$

Harmonische Frequenzverhältnisse. Die zu den Wellenlängen gehörenden Frequenzen findet man mit Hilfe von Gl. (2.22):

$$\nu_1 = \frac{v_0}{\lambda_1},\ \nu_2 = 2\nu_1,\ \nu_3 = 3\nu_1,\ \nu_4 = 4\nu_1, \ldots \quad (2.29)$$

Die Frequenzen $2\nu_1$, $3\nu_1$ usw. heißen zweite, dritte usw. *Harmonische* der *Grundfrequenz* ν_1. Die Tatsache, daß die Eigenfrequenzen ν_2, ν_3 usw. eine Folge von Harmonischen der tiefsten Frequenz ν_1 darstellen, rührt von unserer Annahme her, daß die Saite vollkommen homogen und biegsam ist. In der Praxis bilden die Eigenfrequenzen der meisten physikalischen Systeme nicht diese harmonische Folge von Frequenzverhältnissen. Z.B. bilden die Eigenfrequenzen einer Saite mit inhomogener Massendichte keine Folge von Harmonischen der Grundfrequenz. Statt dessen trifft man etwa $\nu_2 = 2{,}78\,\nu_1$, $\nu_3 = 4{,}62\,\nu_1$ usw. an. Bei einer Klavier- oder Violinsaite ergeben die Eigenfrequenzen annähernd, jedoch nicht exakt, die harmonische Folge. Das kommt daher, daß sie nicht vollkommen biegsam sind. Wie diese harmonischen Frequenzverhältnisse mit der Inhomogenität der Saite zusammenhängen, wird in Aufgabe 7 qualitativ behandelt.

Die Eigenschwingungen der Saite sind in Bild 2.3 dargestellt. Zur Gleichgewichtslage würde der fehlende erste Term, $2\pi l/\lambda = 0$, der Folge von Gl. (2.27) gehören. Die zugehörige Frequenz ist Null. Es tritt keine Bewegung auf; der Gleichgewichtszustand wird nicht als Eigenschwingung bezeichnet.

Wellenzahl. Der Kehrwert der Wellenlänge λ heißt *Wellenzahl* σ. Ihre Dimension ist Schwingungen pro Zentimeter oder, gebräuchlicher, „Zentimeter hoch minus Eins". Sie spielt für räumliche Schwingungen dieselbe Rolle wie die Frequenz ν für zeitliche Schwingungen

$$\sigma = \frac{1}{\lambda} = \text{Wellenzahl}\ (\text{cm}^{-1}). \quad (2.30)$$

Die mit 2π multiplizierte Wellenzahl heißt ebenfalls *Wellenzahl* und wird mit k bezeichnet (*Kreiswellenzahl*). Ihre Dimension ist Radiant pro Meter. Diese Größe spielt bei räumlichen Schwingungen dieselbe Rolle wie die Kreisfrequenz ω für zeitliche Schwingungen.

$$k = \frac{2\pi}{\lambda} = \text{Wellenzahl (rad pro m)}. \quad (2.31)$$

Wir können die Rolle dieser Größen veranschaulichen, indem wir dieselbe stehende Welle in mehreren gleichwertigen Formen schreiben:

$$\psi(z, t) = A\sin 2\pi\frac{t}{T}\sin 2\pi\frac{z}{\lambda} = A\sin 2\pi\nu t\sin 2\pi\sigma z$$
$$= A\sin\omega t\sin kz. \quad (2.32)$$

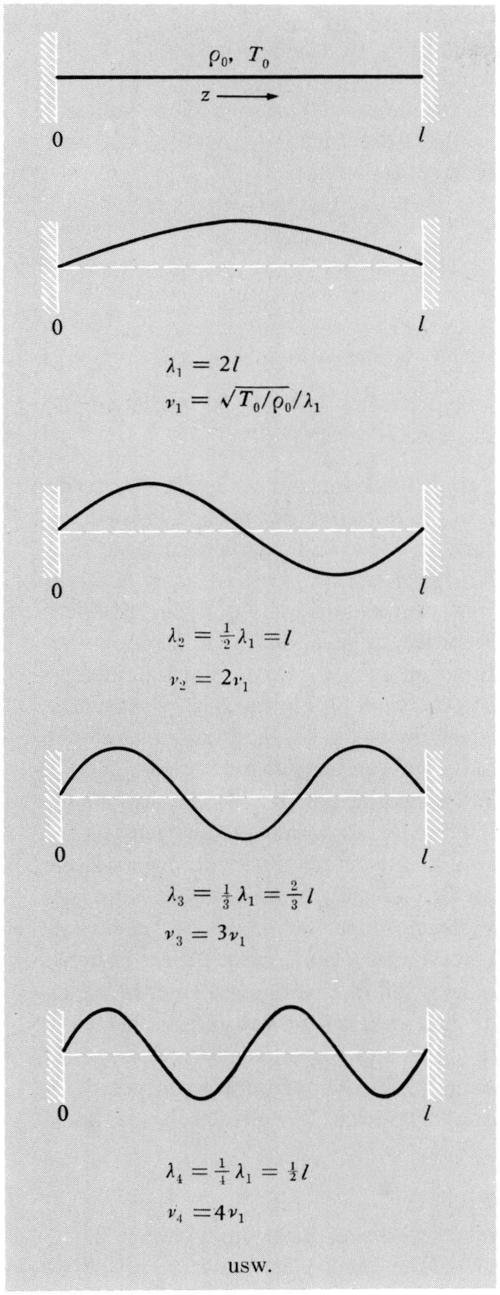

Bild 2.3. Eigenschwingungen einer kontinuierlichen Saite mit festgehaltenen Enden.

Zur weiteren Veranschaulichung können wir die Folge von Eigenschwingungen der Gln. (2.27), (2.28) und (2.29) schreiben:

$$k_1 l = \pi \,\text{rad}, \; k_2 l = 2\pi \,\text{rad}, \; k_3 l = 3\pi \,\text{rad usw.} \qquad (2.33)$$

$$\sigma_1 l = \frac{1}{2} \text{ Schwingung},$$

$$\sigma_2 l = 1 \text{ Schwingung}, \qquad (2.34)$$

$$\sigma_3 l = \frac{3}{2} \text{ Schwingungen usw.}$$

Dispersionsrelation. Gl. (2.22) liefert den Zusammenhang zwischen Frequenz und Wellenlänge der Eigenschwingungen der homogenen biegsamen Saite:

$$\nu = \sqrt{\frac{T_0}{\rho_0}} \frac{1}{\lambda} = \sqrt{\frac{T_0}{\rho_0}} \sigma$$

oder, wenn wir mit 2π multiplizieren,

$$\omega = \sqrt{\frac{T_0}{\rho_0}} k. \qquad (2.35)$$

Gl. (2.35) beschreibt den Zusammenhang zwischen Frequenz und Wellenzahl für Eigenschwingungen der Saite. Beachten Sie, daß wir den Vorsatz „Kreis-" in der Bezeichnung „Kreisfrequenz" und „Kreiswellenzahl" fortgelassen haben. Dies ist in der Praxis so üblich, die Symbole und Dimensionsangaben beseitigen jegliche Zweideutigkeit. Eine Beziehung wie Gl. (2.35), die ω als Funktion von k angibt, heißt *Dispersionsrelation*. Sie stellt eine bequeme Möglichkeit zur Charakterisierung der Wellen eines Systems dar.

Dispersionsrelation für eine wirkliche Klaviersaite. Die durch Gl. (2.35) gegebene Dispersionsrelation ist äußerst einfach, doch werden wir später auf kompliziertere stoßen. In einer komplizierteren Dispersionsrelation ist die Größe $\lambda\nu = \omega/k$ *nicht* konstant, d.h., sie hängt von der Wellenlänge ab. Z.B. zeigt sich, daß die Dispersionsrelation für eine Klaviersaite annähernd die Form

$$\frac{\omega^2}{k^2} = \frac{T_0}{\rho_0} + \alpha k^2 \qquad (2.36)$$

hat, wobei α eine kleine positive Konstante ist, die im Falle einer vollkommen biegsamen Saite Null wäre. In diesem Fall geht Gl. (2.36) in Gl. (2.35) über. Die Eigenschwingungen einer Klaviersaite haben dieselbe räumliche Abhängigkeit wie die einer vollkommen biegsamen Saite, also $\lambda_1 = 2l$, $\lambda_2 = \frac{1}{2}\lambda_1$, $\lambda_3 = \frac{1}{3}\lambda_1$ usw., weil die Randbedingungen dieselben sind. Die Eigenfrequenzen jedoch ergeben *nicht* die „harmonische" Folge $\nu_2 = 2\nu_1$, $\nu_3 = 3\nu_1$ usw., weil die Dispersionsrelation (2.36) nicht diese Folge liefert. Die harmonische Folge erhält man nur im Idealfall mit $\alpha = 0$, wenn also gilt $\lambda\nu$ = konstant. Bei einer Klaviersaite sind die Frequenzen der höheren Eigenschwingungen etwas höher als die Frequenzen der harmonischen Folge.

Dispersionsfreie und dispersionsbehaftete Wellen. Wellen, für die die einfache Dispersionsrelation ω/k = konstant gilt, heißen „dispersionsfreie Wellen". Wenn ω/k von der Wellenlänge und somit von der Frequenz abhängt, heißen die Wellen „dispersionsbehaftet". Für solche Wellen stellt man gewöhnlich ein Diagramm her, in dem man ω gegen k aufträgt. Bei dem vorliegenden Beispiel der biegsamen Saite besteht die Kurve bloß aus einer geraden Linie, die durch den Punkt $\omega = k = 0$ geht und die Steigung $(T_0/\rho_0)^{1/2}$ aufweist, wie es in Bild 2.4 dargestellt ist.

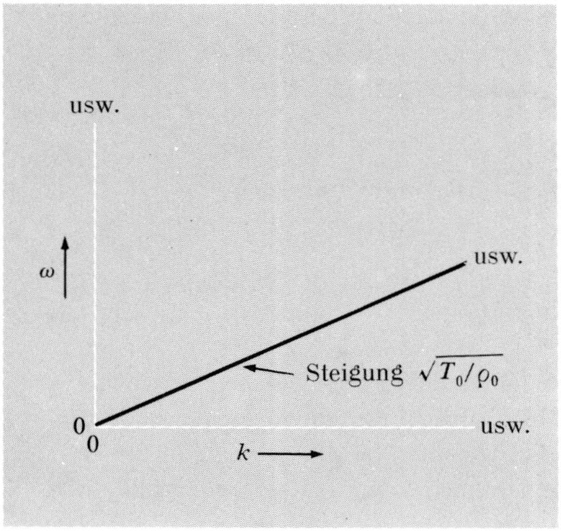

Bild 2.4. Dispersionsrelation für eine kontinuierliche, homogene, biegsame Saite

2.3. Allgemeine Bewegung einer kontinuierlichen Saite und Fourieranalyse

Wir betrachten den allgemeinsten Bewegungszustand der Saite für transversale Schwingungen in der x-Richtung, wenn beide Enden festgehalten werden. Dieser ist eine Überlagerung aller Eigenschwingungen 1, 2, 3, ..., zu denen die Amplituden $A_1, A_2, A_3, \ldots$ und die Phasenkonstanten $\varphi_1, \varphi_2, \varphi_3, \ldots$ gehören:

$$\psi(z, t) = A_1 \sin k_1 z \cos(\omega_1 t + \varphi_1) + A_2 \sin k_2 z \cos(\omega_2 t + \varphi_2) + \ldots, \quad (2.37)$$

wobei die k_n, wie im vorhergehenden Abschnitt beschrieben, so gewählt sind, daß sie die Randbedingungen bei $z = 0$ und $z = l$ erfüllen. Die ω_n sind mit den k_n durch die Dispersionsrelation $\omega(k)$ verknüpft. Die Amplituden A_n und die Phasenkonstanten φ_n, die die Beschreibung der Bewegung für alle Lagen z und alle Zeiten t vervollständigen, werden durch Vorgabe der *Anfangsbedingungen* festgelegt. Dies sind die augenblickliche Auslenkung $\psi(z, t)$ und die dazugehörige augenblickliche Geschwindigkeit $v(z, t) = \partial\psi(z, t)/\partial t$ für jeden Punkt z zur Zeit $t = 0$.

Bewegung einer an beiden Enden festgehaltenen Saite. Nehmen Sie an, wir zwingen der Saite für $t < 0$ mit Hilfe einer Schablone eine vorgegebene Gestalt auf. Zur Zeit $t = 0$ geben wir die Saite plötzlich frei, indem wir die Schablone entfernen. Daher hat zur Zeit $t = 0$ jeder Teil der Saite eine Auslenkung $\psi(z, 0) = f(z)$ und die Geschwindigkeit $v(z, 0) = 0$. Nun ist der n-te Term in der Geschwindigkeit, also in der zeitlichen Ableitung der Gl. (2.37), proportional $\sin(\omega_n t + \varphi_n)$. Dieser Ausdruck vereinfacht sich zur Zeit $t = 0$ zu $\sin \varphi_n$. Daher können wir $v(z, 0)$ für alle z zum Verschwinden bringen, indem wir alle Phasenkonstanten φ_n entweder gleich Null oder gleich π setzen. Setzen wir aber $\varphi_1 = \pi$, so ist dies gleichbedeutend mit dem Setzen eines Minuszeichens vor A_1. Daher können wir die Anfangsbedingungen erfüllen, wenn wir alle Phasenkonstanten Null setzen, doch sowohl positive als auch negative Amplituden A_1, A_2 usw. zulassen. Daher haben wir für $v(z, 0) = 0$

$$\psi(z, t) = A_1 \sin k_1 z \cos \omega_1 t + A_2 \sin k_2 z \cos \omega_2 t + \ldots \quad (2.38)$$

und zur Zeit $t = 0$

$$\psi(z, 0) = f(z) = A_1 \sin k_1 z + A_2 \sin k_2 z + \ldots \quad (2.39)$$

Wie wir unten sehen werden, legt Gl. (2.39) die Amplituden A_1, A_2 usw. fest.

Fourierreihe einer Funktion mit Nullstellen an beiden Enden. Nun kann die Funktion $f(z)$ sehr allgemein sein. Die einzige Bedingung war, daß die Saite nach ihr verlaufen sollte. Daher fordern wir von $f(z)$ nur, daß $f(z) = 0$ für $z = 0$ und $z = l$. Außerdem soll $f(z)$ über „kleine" Intervalle nicht „gezackt" sein, denn wir nahmen von unserer Wellenfunktion $\psi(z, t)$ an, daß sie sich nur langsam mit z ändert. Also muß $f(z)$ hinreichend glatt sein, damit die Saite nach dieser Funktion verlaufen kann und außerdem noch die Differentialgleichung erfüllt, die wir in der „stetigen" Näherung erhalten haben. Auf diese Weise haben wir gefunden, daß *jede* vernünftige Funktion $f(z)$, die bei $z = 0$ und $z = l$ verschwindet, in eine Reihe von der Form der Gl. (2.39) entwickelt werden kann, sich also als Summe sinusförmiger Schwingungen darstellen läßt. Gl. (2.39) heißt eine *Fourierreihe* oder *Fourierentwicklung*. Sie ist insofern ein Sonderfall einer Fourierreihe, als sie nur für Funktionen $f(z)$ gilt, die bei $z = 0$ und $z = l$ verschwinden. Es läßt sich jedoch eine wesentlich größere Klasse von Funktionen durch entsprechende Fourierentwicklung darstellen. Wir werden diese größere Klasse jetzt ermitteln.

Unsere Funktion $f(z)$ hatte den Zweck, den Verlauf der Saite anzugeben, und war daher nur zwischen $z = 0$ und $z = l$ definiert. Die Funktionen $\sin k_1 z$, $\sin 2k_1 z$, $\sin 3k_1 z$ usw., die die unendliche Reihe der Gl. (2.39) bilden, sind hingegen für alle z von $-\infty$ bis $+\infty$ definiert. Wir bemerken auch, daß $\sin k_1 z$ *periodisch* in z mit der Periode λ_1 ist, also die *Periodizitätsbedingung* erfüllt. D.h. für jedes z muß der Wert an der Stelle $z + \lambda_1$ derselbe sein wie an der Stelle z, wobei die Periode λ_1 in unserem Falle gleich $2l$ ist. Wir bemerken, daß die Funktion $\sin 2k_1 z$ auch periodisch in z mit der Periode λ_1 ist. Natürlich führt sie in einem Intervall der Länge λ_1 zwei volle Schwingungen aus. Sie ist deshalb periodisch sowohl mit der Periode $\frac{1}{2}\lambda_1$ als auch mit der Periode λ_1. Tatsächlich sind alle Sinusfunktionen in Gl. (2.39) periodisch in z mit der Periode λ_1. Daher ist auch die Reihe selbst periodisch mit der Periode λ_1. Somit können wir die Klasse

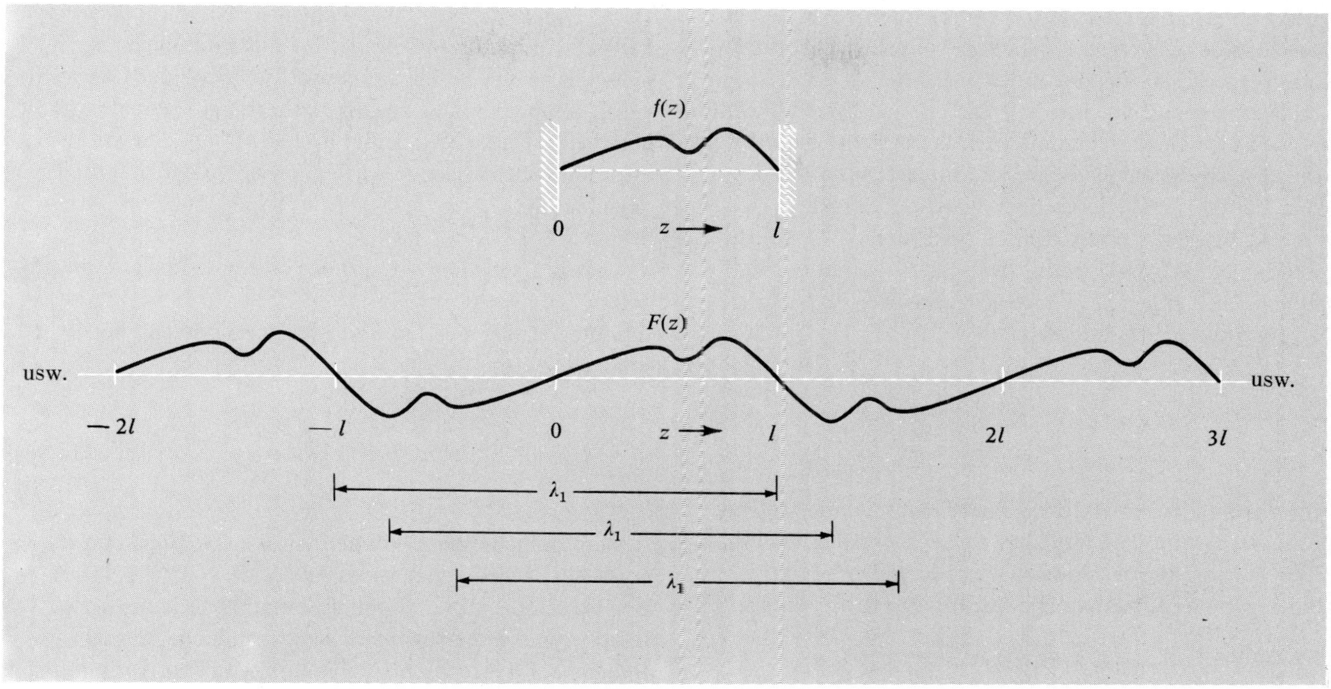

Bild 2.5. Konstruktion einer periodischen Funktion $F(z)$ mit der Periode $\lambda_1 = 2l$ aus einer Funktion $f(z)$, die für $z = 0$ und $z = l$ verschwindet. Beachten Sie, daß $F(z)$ die Periodizitätsbedingung erfüllt.

der Funktionen, die eine Fourierreihe von der Form der Gl. (2.39) besitzen, erweitern: Alle periodischen Funktionen $F(z)$ mit der Periode λ_1, die bei $z = 0$ und $z = \frac{1}{2}\lambda_1$ verschwinden, können in einer Fourierreihe von der Form der Gl. (2.39) entwickelt werden. Liegt eine Funktion $f(z)$ vor, die nur zwischen den Punkten $z = 0$ und $z = l$ definiert ist und in diesen verschwindet, so können wir eine periodische Funktion $F(z)$ konstruieren, die dieselbe Fourierreihe wie $f(z)$ besitzt. Dies geschieht auf folgende Weise: Zwischen $z = 0$ und $z = l$ lassen wir $F(z)$ und $f(z)$ zusammenfallen. Zwischen l und $2l$ konstruieren wir $F(z)$ als „umgekehrtes Spiegelbild" von $f(z)$, wobei der „Spiegel" bei $z = l$ liegt. Nun, da wir $F(z)$ zwischen $z = 0$ und $z = 2l$ vorgegeben haben, definieren wir $F(z)$ einfach durch Wiederholung in aufeinanderfolgenden Intervallen der Länge $2l$. Die Konstruktion ist in Bild 2.5 gezeigt.

Fourieranalyse einer periodischen Funktion von z. Wir erweitern nun abermals die Klasse von Funktionen, für die wir Fourierentwicklungen anschreiben können: Gl. (2.39) gilt nur für Funktionen, die periodisch mit der Periode λ_1 sind und für $z = 0$ sowie $z = \frac{1}{2}\lambda_1$ verschwinden. Nun war aber die Bedingung, daß die Funktion für $z = 0$ und $z = \frac{1}{2}\lambda_1$ verschwinden sollte, das Ergebnis unserer besonderen Wahl der Randbedingungen, nämlich daß beide Enden der Saite festgehalten werden. Ohne diese besonderen Randbedingungen hätten wir für die Saitenschwingung Lösungen erhalten, die nicht nur die Terme mit $\sin mk_1 z$, sondern auch solche mit $\cos mk_1 z$ enthalten hätten. Diese Funktionen sind ebenfalls periodisch in z mit der Periode λ_1, verschwinden jedoch nicht bei $z = 0$ und $z = \frac{1}{2}\lambda_1$. Sie entsprechen Saitenschwingungen mit einem freien Ende oder zwei freien Enden. Indem wir sie in die Reihe aufnehmen, gelangen wir schließlich zu einer sehr allgemeinen Klasse von Funktionen, für die wir Fourierreihen anschreiben können: Alle vernünftigen periodischen Funktionen $F(z)$ mit der Periode λ_1, d.h. Funktionen mit der Eigenschaft $F(z + \lambda_1) = F(z)$ für alle z, können in eine Fourierreihe der Form

$$
\begin{aligned}
F(z) &= \sum_{n=0}^{\infty} \left[A_n \sin n \frac{2\pi}{\lambda_1} z + B_n \cos n \frac{2\pi}{\lambda_1} z\right] \\
&= B_0 + \sum_{n=1}^{\infty} A_n \sin n \frac{2\pi}{\lambda_1} z + \sum_{n=1}^{\infty} B_n \cos n \frac{2\pi}{\lambda_1} z \\
&= B_0 + \sum_{n=1}^{\infty} A_n \sin n k_1 z + \sum_{n=1}^{\infty} B_n \cos n k_1 z \qquad (2.40)
\end{aligned}
$$

entwickelt werden.

Berechnung der Fourierkoeffizienten. Der Vorgang, nach dem man die Amplituden oder *Fourierkoeffizienten* B_0, A_n und B_n einer gegebenen periodischen Funktion $F(z)$ für alle n ermittelt, heißt *Fourieranalyse*. Wir werden nun zeigen, wie man diese Koeffizienten findet.

Zuerst ermitteln wir B_0: Wir integrieren beide Seiten von Gl. (2.40) über eine beliebige vollständige Periode von $F(z)$. D.h., wir integrieren von $z = z_1$ nach $z = z_2$, wobei z_1 irgendein z und $z_2 = z_1 + \lambda_1$ ist. Die Funktion $F(z)$ ist als bekannt vorausgesetzt. Daher kann ihr Integral von z_1 nach z_2, das gleich ist dem Integral auf der linken Seite der Gl. (2.40), berechnet werden. Betrachten Sie nun das Integral auf der rechten Seite der Gl. (2.40). Es treten unendlich viele Terme auf, daher müssen wir unendlich viele Integrale berücksichtigen. Der erste Term, B_0, ergibt folgendes Integral:

$$\int_{z_1}^{z_2} B_0\,dz = B_0(z_2 - z_1) = B_0\lambda_1. \tag{2.41}$$

Alle anderen Terme, integriert über eine Periode, ergeben Null. Der Grund dafür ist, daß $\sin nk_1 z$ und $\cos nk_1 z$ in jeder beliebigen vollständigen Periode gleich oft positiv und negativ werden und daher ihr Integral verschwindet:

$$\int_{z_1}^{z_2} \sin nk_1 z\,dz = 0, \qquad \int_{z_1}^{z_2} \cos nk_1 z\,dz = 0\,.$$

Wir haben also B_0 berechnet. Es lautet

$$B_0\lambda_1 = \int_{z_1}^{z_2} F(z)\,dz. \tag{2.42}$$

Als nächstes zeigen wir, wie Sie die A_m finden, wobei m irgendein gegebener Wert von n in Gl. (2.40) ist, der zwischen 1 und ∞ liegen kann. Der Kniff besteht nun darin, daß man beide Seiten der Gl. (2.40) mit $\sin mk_1 z$ multipliziert und beide Seiten über eine vollständige Periode von $F(z)$ integriert. Das Integral auf der linken Seite läßt sich berechnen, da $F(z)$ bekannt ist. Betrachten Sie nun das Integral auf der rechten Seite: Der erste Term ist das Integral von $B_0 \sin mk_1 z$, das Null ergibt, weil es m vollständige Perioden von $\sin mk_1 z$ umfaßt. Es bleiben noch die Integrale von $\sin nk_1 z \sin mk_1 z$ und $\cos nk_1 z \sin mk_1 z$ für $n = 1, 2, \ldots$. Betrachten Sie im besonderen den Term mit $n = m$. Der Mittelwert aus dem Quadrat von $\sin mk_1 z$ über eine Periode von $F(z)$ mit der Länge λ_1, die m vollständigen Perioden der Funktion $\sin mk_1 z$ entspricht, ist gleich $\frac{1}{2}$. Dies ergibt einen Beitrag $\frac{1}{2}A_m\lambda_1$ zum Integral auf der rechten Seite von Gl. (2.40). Alle anderen Terme liefern keinen Beitrag. Dies sehen wir folgendermaßen ein: Betrachten Sie z.B. den Integranden $\sin nk_1 z \sin mk_1 z$, wobei m ungleich n sei. Er läßt sich auf folgende Weise schreiben:

$$\sin nk_1 z\,\sin mk_1 z = \frac{1}{2}\cos(n-m)k_1 z - \frac{1}{2}\cos(n+m)k_1 z. \tag{2.43}$$

Da $n - m$ und $n + m$ ganze Zahlen sind, wird in einer beliebigen vollständigen Periode von $F(z)$ mit der Länge λ_1 jeder der beiden Terme auf der rechten Seite der Gl. (2.43) gleich oft positiv und negativ. Daher ergibt das Integral über beide Terme Null, außer im Fall $n = m$, den wir bereits untersucht haben. Analog verschwindet aufgrund der Identität

$$\cos nk_1 z\,\sin mk_1 z = \frac{1}{2}\sin(m+n)k_1 z + \frac{1}{2}\sin(m-n)k_1 z$$

das Integral über die Terme von der Form $\cos nk_1 z \sin mk_1 z$. Wir finden also

$$\frac{1}{2}A_m\lambda_1 = \int_{z_1}^{z_2} \sin mk_1 z\,F(z)\,dz. \tag{2.44}$$

Auf ähnliche Weise können wir die Koeffizienten B_m ermitteln, indem wir beide Seiten der Gl. (2.40) mit $\cos mk_1 z$ multiplizieren und über eine Periode der Länge λ_1 integrieren. Der einzige nicht verschwindende Beitrag zum Integral auf der rechten Seite kommt von dem Term mit dem Koeffizienten B_m. Wir finden also

$$\frac{1}{2}B_m\lambda_1 = \int_{z_1}^{z_2} \cos mk_1 z\,F(z)\,dz. \tag{2.45}$$

Fourierkoeffizienten. Unsere Ergebnisse sind in den Gln. (2.40), (2.42), (2.44) und (2.45) festgehalten. Wir fassen sie nun zusammen, um uns später bequem auf sie berufen zu können:

$$\begin{aligned}
F(z) &= B_0 + \sum_{m=1}^{\infty} A_m \sin mk_1 z + \sum_{m=1}^{\infty} B_m \cos mk_1 z,\\
B_0 &= \frac{1}{\lambda_1}\int_{z_1}^{z_1+\lambda_1} F(z)\,dz,\\
A_m &= \frac{2}{\lambda_1}\int_{z_1}^{z_1+\lambda_1} F(z)\sin mk_1 z\,dz,\\
B_m &= \frac{2}{\lambda_1}\int_{z_1}^{z_1+\lambda_1} F(z)\cos mk_1 z\,dz,
\end{aligned} \tag{2.46}$$

wobei z_1 ein beliebiger Wert von z ist. Die Gln. (2.46) geben an, wie wir an einer beliebigen periodischen Funktion $F(z)$ mit der Periode λ_1 die Fourieranalyse auszuführen haben.

Die Rechteckwelle. Die Fourieranalyse einer „Rechteckwelle“ liefert ein illustratives Beispiel. Die Funktion $f(z)$

Bild 2.6
Rechteckwelle $f(z)$.
Periodische
Rechteckwelle $F(z)$

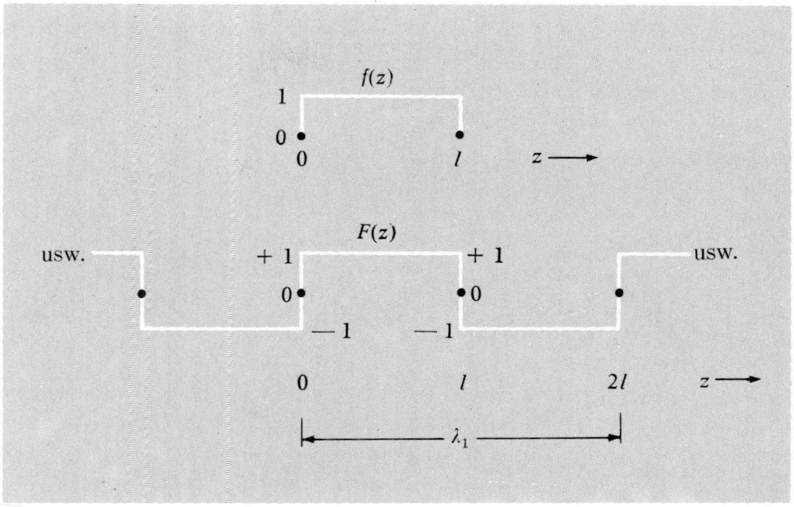

verschwinde in den Punkten $z = 0$ und $z = l$, sei jedoch gleich $+1$ für $0 < z < l$. Diese Funktion weist bei $z = 0$ und $z = l$ Unstetigkeiten auf, erfüllt also nicht die Voraussetzung, die wir bei der obigen Diskussion gemacht haben: daß sie überall „glatt" sein sollte. Daher können wir nicht gut erwarten, daß die Fourierreihe eine vollkommen getreue Darstellung der Rechteckwelle liefert. Es zeigt sich, daß bei $z = 0$ und $z = l$ ein „überschießender Zacken" auftritt, und zwar für jede Partialsumme der Reihe. Addiert man immer mehr Terme, so wird der Zacken schärfer, seine Höhe geht jedoch nicht gegen Null (*Gibbs-Phänomen*).

Die periodische Funktion $F(z)$, die wir gemäß der Vorschrift von Bild 2.5 konstruieren, sieht folgendermaßen aus: $F(z) = 0$ für $z = 0$; $+1$ für $0 < z < l$; 0 für $z = l$; -1 für $l < z < 2l$ usw., wie es in Bild 2.6 dargestellt ist.

Mit Hilfe der Gln. (2.46) erhält man leicht (Übung 11) $B_0 = 0$; $B_m = 0$ für alle m; $A_m = 0$ für $m = 2, 4, 6, 8, \ldots$ (gerade Zahlen); $A_m = 4/m\pi$ für $m = 1, 3, 5, 7, \ldots$ (ungerade Zahlen). Daher ist $F(z)$

$$\begin{aligned} F(z) &= B_0 + \sum_{m=1}^{\infty} B_m \cos mk_1 z + \sum_{m=1}^{\infty} A_m \sin mk_1 z \\ &= \frac{4}{\pi}\left\{\sin k_1 z + \frac{1}{3}\sin 3k_1 z + \frac{1}{5}\sin 5k_1 z + \ldots\right\} \\ &= 1{,}273 \sin\frac{\pi z}{l} + 0{,}424 \sin\frac{3\pi z}{l} + \\ &\quad + 0{,}255 \sin\frac{5\pi z}{l} + \ldots \end{aligned} \qquad (2.47)$$

In Bild 2.7 sind die Rechteckwelle $f(z)$, die in Gl. (2.47) auftretenden ersten drei Terme sowie die Überlagerung dieser ersten drei Terme dargestellt.

Nehmen Sie an, daß wir einer Spiralfeder die eckige Gestalt der Funktion $f(z)$ nicht aufzuzwingen versuchen, die wir bisher untersucht haben, sondern daß die Feder zur Zeit $t = 0$ genau nach der Funktion

$$g(z) = 1{,}273 \sin\frac{\pi z}{l} + 0{,}424 \sin\frac{3\pi z}{l} + 0{,}255 \sin\frac{5\pi z}{l} \qquad (2.48)$$

verläuft. Diese besteht aus den ersten drei Termen der Gl. (2.47) und ist in Bild 2.7b aufgezeichnet. Nun lassen wir zur Zeit $t = 0$ die Spiralfeder los. Wie sieht $\psi(z, t)$ aus? Bleibt die Gestalt mit anwachsendem t konstant? (Siehe Übung 16).

Fourieranalyse einer periodischen Funktion der Zeit. Nehmen Sie an, es sei eine Funktion $F(t)$ gegeben, die für alle t definiert und periodisch in t mit der Periode T_1 ist:

$$F(t + T_1) = F(t) \qquad \text{für alle } t. \qquad (2.49)$$

Wir nehmen an, daß sich $F(t)$ in die Fourierreihe

$$F(t) = B_0 + \sum_{n=1}^{\infty} A_n \sin n\omega_1 t + \sum_{n=1}^{\infty} B_n \cos n\omega_1 t \qquad (2.50)$$

entwickeln läßt, wobei

$$\omega_1 = 2\pi\nu_1 = \frac{2\pi}{T_1}. \qquad (2.51)$$

Die Fourierkoeffizienten erhalten wir direkt aus unseren Ergebnissen der Fourieranalyse einer räumlich periodischen Funktion $F(z)$, die wir oben untersucht haben. Der mathematische Formalismus macht keinen Unterschied zwischen den Variablen $\theta = \omega_1 t$ und $\theta = k_1 z$. Daher erhalten wir

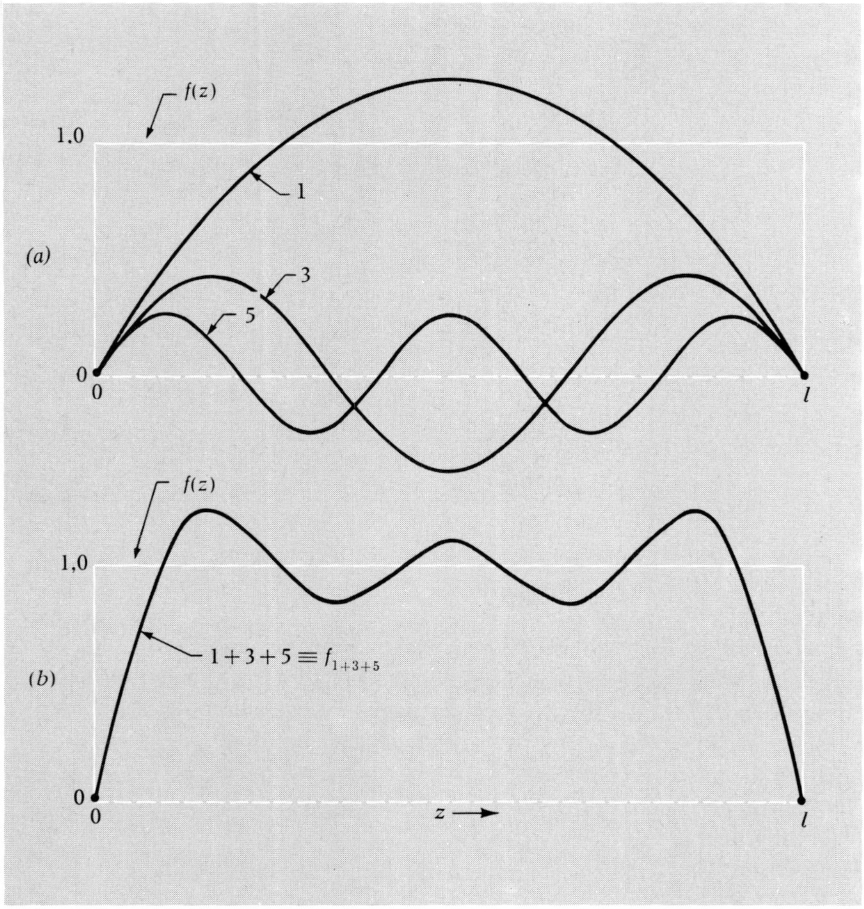

Bild 2.7

Fourieranalyse einer Rechteckwelle $f(z)$

a) die Rechteckwelle $f(z)$ und die ersten drei Anteile ihrer Fourierzerlegung; die Indizes 1, 3, 5 beziehen sich auf die Eigenschwingungen 1, 3, 5

b) die Rechteckwelle $f(z)$ und die Überlagerung f_{1+3+5} ihrer ersten drei Fourierkomponenten

die Koeffizienten in den Gln. (2.50) direkt aus den Gln. (2.46):

$$B_0 = \frac{1}{T_1} \int_{t_1}^{t_1+T_1} F(t)\,dt,$$

$$B_n = \frac{2}{T_1} \int_{t_1}^{t_1+T_1} F(t) \cos n\omega_1 t\,dt,$$

$$A_n = \frac{2}{T_1} \int_{t_1}^{t_1+T_1} F(t) \sin n\omega_1 t\,dt, \qquad (2.52)$$

wobei t_1 irgendein günstig gewählter Zeitpunkt ist.

Klang eines Klavierakkordes. Wir werden dieses Thema nicht durch die Fourieranalyse einer gegebenen Funktion $F(t)$ erläutern, sondern vielmehr durch eine Kombination bekannter Elemente. Nehmen Sie an, Sie hätten ein Klavier, das nach der „wissenschaftlichen Tonleiter" gestimmt ist. – Wenn Sie mehr über Tonleitern wissen wollen, so verweisen wir Sie auf Heimversuch 6. – Es sei $\nu_1 = 128$ Hz. Dies ist das c, das eine Oktave unter c^1 (= „mittleres c") liegt, also dessen halbe Frequenz hat. Nun sei $\nu_3 = 3\nu_1 = 384$ Hz. Dies ist g^1 über c^1. Ferner sei $\nu_5 = 5\nu_1 = 640$ Hz. Dies ist e^2 über c^1. Schlagen Sie nun alle drei Töne gleichzeitig an. Man hört einen hübschen „offenen" Akkord. Wenn Sie alle genau gleichzeitig anschlagen und die Stärke der Anschläge so wählen, daß – in entsprechenden Einheiten – die von den Saiten $c = 128$, $g^1 = 384$ und $e^2 = 640$ an Ihrem Ohr erzeugten Überdrücke gleich sind $1{,}273 \sin 2\pi\nu_1 t$, $0{,}424 \sin 2\pi\nu_3 t$ und $0{,}255 \sin 2\pi\nu_5 t$, dann ist der Gesamtdruck $p(t)$ an Ihrem Ohr gleich der Überlagerung

$$p(t) = 1{,}273 \sin 2\pi\nu_1 t + 0{,}424 \sin 2\pi\nu_3 t + 0{,}255 \sin 2\pi\nu_5 t. \qquad (2.53)$$

Nun ist aber Gl. (2.53) der Gl. (2.48) sehr ähnlich, deren Kurve in Bild 2.7b aufgezeichnet ist. Alles, was wir tun müssen, um ein Schaubild von $p(t)$ zu erhalten, ist die Variablenänderung von $k_1 z$ auf $\omega_1 t$ und die Erweiterung der in Bild 2.7b wiedergegebenen Kurve. Dann erhalten wir das in Bild 2.8 dargestellte Ergebnis.

Schlagen wir nicht alle Tasten gleichzeitig an, d.h. innerhalb einer wesentlich kürzeren Zeit als $\frac{1}{128}$ s, so werden

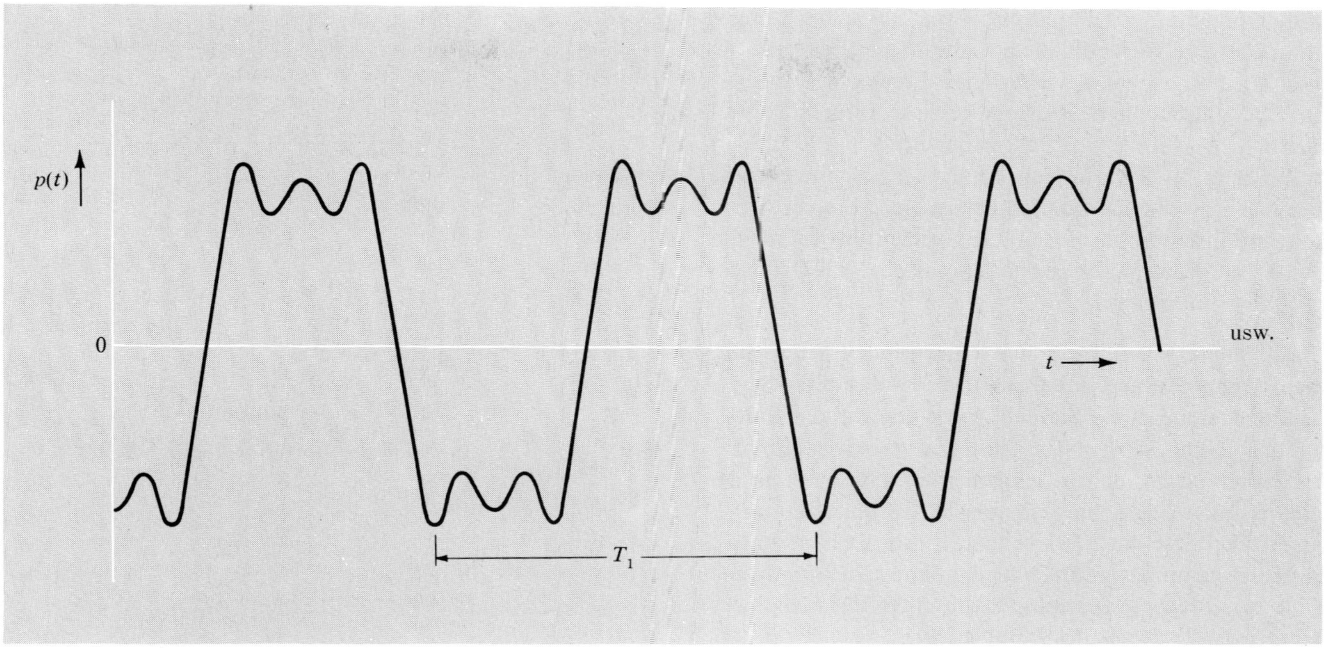

Bild 2.8. Überdruck am Ohr, erzeugt durch Überlagerung der Töne c, g^1 und e^2 mit den Amplituden- und Phasenverhältnissen der Gl. (2.53). Die Periode T_1 beträgt 1/128 s

die Phasenbeziehungen der drei Töne nicht dieselben sein wie in Gl. (2.53), und die Überlagerung wird nicht wie die in Bild 2.8 aussehen. Ihr Ohr bemerkt dies jedoch nicht! Ihr Ohr unterzieht im Zusammenwirken mit dem Gehirn den Gesamtdruck einer Fourieranalyse. Dies muß so sein, denn Sie „hören" die einzelnen Töne des Akkordes und erkennen sie. Die Information über die Phasenbeziehungen der Töne geht jedoch offenbar verloren oder kommt vielleicht gar nicht an. Andernfalls würden Sie im Klang Unterschiede feststellen, die von den Phasenbeziehungen abhängen.

Der Mechanismus im Ohr, der die Tonhöhe feststellt, ist die *Basilarmembran*. Sie ist in einem flüssigkeitsgefüllten, spiralförmigen Organ im inneren Ohr eingeschlossen, in der sogenannten *Cochlea*. Die Cochlea ist mechanisch mit dem Trommelfell verbunden. Das dem Trommelfell zunächst liegende Ende der Basilarmembran gerät bei etwa 20000 Hz in Resonanz, das entgegengesetzte Ende jedoch bei etwa 20 Hz. Daher umfaßt der größtmögliche Hörfrequenzbereich Frequenzen etwa von 20 Hz bis 20 kHz. Der Cochleanerv besitzt in der Basilarmembran Sensoren und setzt die mechanischen Schwingungen in elektrische Signale um, die dem Gehirn zugeführt werden, wo sie auf bestimmte Weise zu unseren Hörempfindungen verarbeitet werden. Wir können den Akkord immer und immer wieder anschlagen und sehen, daß unsere Empfindung die gleiche bleibt, obwohl doch $p(t)$ recht verschiedene Gestalten annehmen muß, die von den Phasenbeziehungen abhängen. Daraus lernen wir, daß die Informationen über die Phasenbeziehungen von Schwingungen verschiedener Teile der Basilarmembran irgendwo verloren gehen. Vielleicht wird diese Information niemals aufgegriffen. Vielleicht ist der Umsetzer ein *Empfänger mit quadratischer Charakteristik*, der ein elektrisches Signal liefert, das dem Quadrat der Schwingungsamplitude der Membran proportional ist. Oder vielleicht überträgt zwar der Nerv die Phaseninformation, also etwa $\psi(z, t)$ und nicht nur $\psi^2(z, t)$, doch wertet sie das Gehirn nicht aus; es überlagert die verschiedenen Nervensignale nicht zu $\psi(z, t)$. Offenbar hat die Phaseninformation keinen besonderen Wert für das Überleben; sonst hätten wir im Laufe der Evolution sicher einen Mechanismus zur Feststellung der Phasen entwickelt.

Andere Randbedingungen. Bei der allgemeinen Untersuchung der transversalen Saitenschwingungen ist es nicht nötig, beide Enden der Saite festzuhalten. Ein oder beide Enden können „frei" sein, zumindest was die transversalen Schwingungen anlangt. Man kann die Spannung und die Gleichgewichtskonfiguration der Feder beibehalten, indem man als Führung einen masselosen und reibungsfreien Ring nimmt, der an einer festen, in der x-Richtung liegenden Stange entlanggleitet, also transversal zur Gleichgewichtsachse der Feder, die wir stets in die z-Richtung legen. Die Eigenschwingungen werden dann anders aussehen als die, die wir für eine Saite mit zwei festgehaltenen Enden erhalten haben. Sie haben noch immer die

Gestalt sinusförmiger Funktionen von z, wie sie durch Gl. (2.19) gegeben sind. Auch ist die Dispersionsrelation zwischen Frequenz und Wellenlänge dieselbe wie die in Gl. (2.22). Tatsächlich ist unsere gesamte Diskussion bis zur Gl. (2.23), also bis zur allgemeinen Lösung für die Auslenkung der Saite in einer einzigen Eigenschwingung, unabhängig von den Anfangsbedingungen. Erst in den Betrachtungen, die nach Gl. (2.23) kamen, haben wir die Lösung auf eine Saite spezialisiert, die bei $z = 0$ und $z = l$ eingespannt ist.

An einem freien Ende einer schwingenden Saite wirkt nach Voraussetzung keine transversale Kraft auf die Saite, d.h., der reibungsfreie Stab übt keine transversale Kraft auf den reibungsfreien Ring aus. Dann üben aufgrund des dritten Newtonschen Gesetzes auch die Saite und der reibungsfreie Ring keine transversale Kraft auf den reibungsfreien Stab aus. Dies bedeutet, daß die Saite horizontal liegen muß. *Die Steigung der Saite an einem freien Ende ist zu allen Zeiten gleich Null.* Versucht man, eine transversale Kraft auf das freie Saitenende wirken zu lassen, so weicht die Saite im selben Augenblick aus, um die Kraft zum Verschwinden zu bringen. Diese wird nie ungleich Null, und die Saite bleibt horizontal, doch selbstverständlich nicht bewegungslos. Das Wesentliche ist, daß Sie nicht gegen etwas stoßen können, das zu keinerlei Gegenstoß bereit ist, daß Sie es aber nach Belieben verschieben können.

Bild 2.9 zeigt die Eigenschwingungen einer Saite mit einem festgehaltenen und einem freien Ende. Die aufeinanderfolgenden Eigenschwingungen sind nach der Anzahl der Viertel-Wellenlängen, die in der Saitenlänge l enthalten sind, bezeichnet. Beachten Sie, daß die geraden Oberschwingungen mit den Frequenzen $2\nu_1, 4\nu_1$ usw. fehlen. Die Fourieranalyse für Funktionen, die bei $z = 0$ gleich Null sind und deren Steigung bei $x = l$ verschwindet, wird in Übung 29 behandelt.

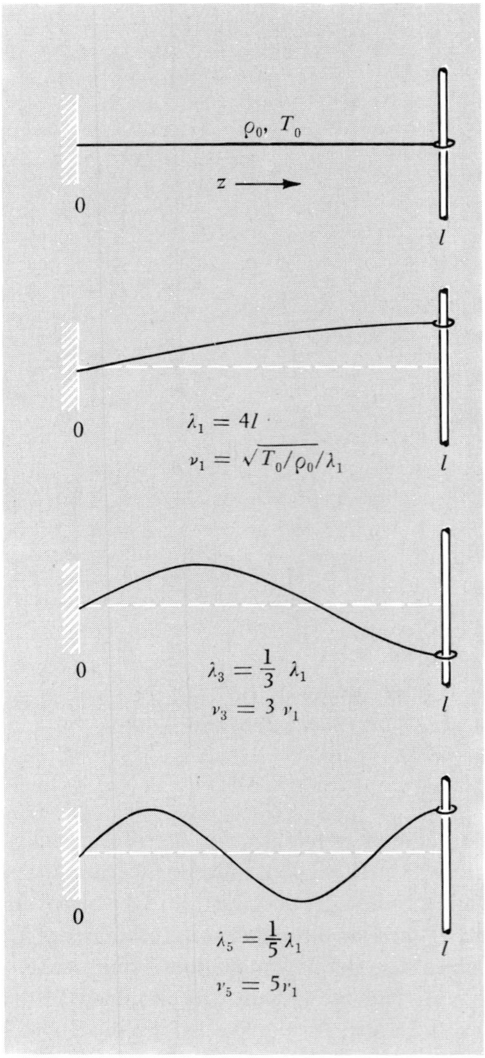

Bild 2.9. Eigenschwingung einer Saite mit einem festgehaltenen und einem freien Ende

Abhängigkeit der Tonqualität von der Art der Anregung. Wird eine Klaviersaite von ihrem Hammer angeschlagen, so werden die Grundfrequenz (ν_1), die zweite harmonische Oberschwingung, d.h. die Oktave ($2\nu_1$), die Oktave plus einer Quint ($3\nu_1$), die zweite Oktave ($4\nu_1$), die zweite Oktave plus einer großen Terz ($5\nu_1$) sowie die zweite Oktave plus einer Quint ($6\nu_1$) in gewissem Ausmaße angeregt, dazu noch höhere Oberschwingungen des Grundtones ν_1. Der Betrag und die Phase jeder Fourierkomponente, also jeder Oberschwingung, hängen von der anfänglichen Lage und Geschwindigkeit aller Saitenelemente unmittelbar nach dem Hammerschlag ab. Diese wiederum sind sehr stark von der Lage des Hammers abhängig, d.h. von seiner Entfernung vom Ende der Saite. Keine Eigenschwingung, die an der Stelle des Anschlags einen Knoten, also einen stets ruhenden Punkt aufweist, wird durch den Hammer angeregt, denn dieser erteilt dem Teil der Saite eine Geschwindigkeit, den er trifft. Wird z.B. die Saite in der Mitte angeschlagen, so werden die Eigenschwingungen, die dort einen Knoten besitzen, nicht angeregt. Aus Bild 2.3 ersieht man, daß in diesem Falle alle geraden Oberschwingungen fehlen. Schlagen wir also die Saite c128 in der Mitte an, so erwarten wir, daß sie in einer Überlagerung von c128, $g^1$384, $e^2$640 usw. schwingt. Die „Tonqualität" unterscheidet sich dann merklich von der, die man erhält, wenn die Saite nahe einem Ende angeschlagen wird und in einer Überlagerung von c128, $c^1$256, $g^1$384, $c^2$512, $e^2$640, $g^2$768 usw. schwingt.

Die Eigenschwingungen einer homogenen Saite bilden ein vollständiges Funktionensystem. Als wir am Anfang eine Saite mit zwei festgehaltenen Enden untersuchten, stellten wir fest, daß *jede* vernünftige Funktion $f(z)$, die zwischen $z = 0$ und $z = l$ definiert ist und an diesen Stellen verschwindet, in die Fourierreihe

$$f(z) = \sum_{n=1}^{\infty} A_n \sin nk_1 z; \qquad k_1 l = \pi \tag{2.54}$$

entwickelt werden kann. Aus diesem Grunde sagt man, die Funktionen $\sin nk_1 z$ mit $n = 1, 2, 3, \ldots$ bilden ein *vollständiges Funktionensystem* bezüglich der Funktionen $f(z)$, die bei $z = 0$ und $z = l$ verschwinden. Ein vollständiges Funktionensystem ist dadurch definiert, daß *jede* vernünftige Funktion $f(z)$ als Überlagerung von Funktionen aus dem System geschrieben werden kann, wobei die konstanten Koeffizienten geeignet zu wählen sind.

Inhomogene Saite. Gibt es außer den Sinusfunktionen der Fourierreihe noch andere vollständige Systeme? Ja, unendlich viele! Wir sehen dies folgendermaßen ein: Nehmen Sie an, die Saite sei nicht homogen, d.h. ihre Massendichte, ihre Spannung oder beide zusammen seien stetige Funktionen des Ortes z. Ein Beispiel für eine derartige „Saite" mit veränderlicher Massendichte und Spannung liefert eine senkrechte Spiralfeder, bei der sowohl das untere als auch das obere Ende befestigt ist. Die Spannung ist oben um das Gewicht mg größer als unten, wobei m die gesamte Federmasse ist. In diesem Falle führt die Bewegungsgleichung für ein kleines Saitenelement nicht zur klassischen Wellengleichung

$$\frac{\partial^2 \psi(z,t)}{\partial t^2} = \frac{T_0}{\rho_0} \frac{\partial^2 \psi(z,t)}{\partial z^2}$$

Statt dessen erhalten wir für die Gleichgewichtsspannung $T_0(z)$ und Gleichgewichtsdichte $\rho_0(z)$ ohne Schwierigkeiten (Übung 10)

$$\frac{\partial^2 \psi(z,t)}{\partial t^2} = \frac{1}{\rho_0(z)} \frac{\partial}{\partial z} \left[T_0(z) \frac{\partial \psi(z,t)}{\partial z} \right]. \tag{2.55}$$

Sind $T_0(z)$ und $\rho_0(z)$ konstant, also unabhängig von z, so reduziert sich diese Gleichung auf die klassische Wellengleichung. In einer Eigenschwingung dieser *inhomogenen Saite* schwingt bei der homogenen Saite jeder Teil harmonisch mit derselben Frequenz und Phasenkonstanten:

$$\psi(z,t) = A(z) \cos(\omega t + \varphi). \tag{2.56}$$

Also gilt

$$\frac{\partial^2 \psi}{\partial t^2} = -\omega^2 A(z) \cos(\omega t + \varphi), \tag{2.57}$$

$$\frac{\partial \psi}{\partial z} = \cos(\omega t + \varphi) \frac{dA(z)}{dz}. \tag{2.58}$$

Setzen wir dies in Gl. (2.55) ein und kürzen den gemeinsamen Faktor $\cos(\omega t + \varphi)$ heraus, so erhalten wir die Differentialgleichung für die Gestalt $A(z)$ der Eigenschwingung:

$$\frac{1}{\rho_0(z)} \frac{d}{dz} \left[T_0(z) \frac{dA(z)}{dz} \right] = -\omega^2 A(z). \tag{2.59}$$

Sinusförmige Gestalt der stehenden Wellen ist charakteristisch für homogene Systeme. Die Gestalt der Eigenschwingung ist durch $A(z)$ festgelegt, das man aus Gl. (2.59) mit den entsprechenden Randbedingungen, $A(z) = 0$ für $z = 0$ und $z = l$, erhält. Die Funktion $A(z)$ ist nicht sinusförmig, wenn T_0 und ρ_0 keine Konstanten sind. Daher sind *sinusförmige* Schwingungen im Raum nur für die Eigenschwingungen eines *homogenen* Systems charakteristisch.

Die Eigenschwingungen einer inhomogenen Saite bilden ein vollständiges Funktionensystem. Wir teilen Ihnen ohne Beweis das Wesentlich über die Eigenschwingungen einer Saite mit, deren Enden bei $z = 0$ und $z = l$ festgehalten werden. Die tiefste Eigenschwingung entspricht einer Lösung $A_1(z)$ der Gl. (2.59), die nur für $z = 0$ und $z = l$ verschwindet. Man könnte dies als halbe Wellenlänge einer „verzogenen Sinuswelle" bezeichnen, die zwischen 0 und l keine Knoten aufweist. Diese Eigenschwingung hat die Frequenz ω_1. Die nächste hat zwischen $z = 0$ und $z = l$ *einen Knoten* und ähnelt daher der vollen Wellenlänge einer Sinuswelle. Sie hat die charakteristische Frequenz ω_2. Die m-te Eigenschwingung hat $m-1$ Knoten zwischen $z = 0$ und $z = l$ und entspricht m halben Wellenlängen einer verzogenen Sinuswelle. Es gibt für die Saite unendlich viele Eigenschwingungen. Die Funktionen $A_1(z)$, $A_2(z)$, $A_3(z)$, ..., die die Raumabhängigkeit der Eigenschwingungen festlegen, bilden ein vollständiges System bezüglich beliebiger vernünftiger Funktionen $f(z)$, die bei $z = 0$ und $z = l$ verschwinden. Eine vernünftige Funktion soll so definiert sein, daß die Saite oder die Spiralfeder ihrem Verlauf ohne Verletzung einer unserer Annahmen folgen kann. In diesem Falle können wir eine Schablone herstellen, die inhomogene Saite daran anlegen und zur Zeit $t = 0$ aus der Ruhelage loslassen. Die Saite wird in einer Überlagerung unendlich vieler Eigenschwingungen schwingen:

$$\psi(z,t) = \sum_{m=1}^{\infty} c_m A_m(z) \cos \omega_m t. \tag{2.60}$$

Dann haben wir zur Zeit $t = 0$

$$\psi(z,0) = f(z) = \sum_{m=1}^{\infty} c_m A_m(z). \tag{2.61}$$

Gl. (2.61) zeigt, daß die Funktion $f(z)$, die unseren Annahmen unterworfen ist, nach den Funktionen $A_m(z)$ entwickelt werden kann. Daher bilden die $A_m(z)$ ein vollständiges Funktionensystem. Diese Schlußfolgerung ist genau dieselbe wie die, mit der wir uns überzeugt haben, daß die sinusförmigen Funktionen einer Fourierreihe ein vollständiges Funktionensystem bezüglich Funktionen $f(z)$ bilden, die bei $z = 0$ und $z = l$ verschwinden.

Eigenfunktionen. Es gibt unendlich viele verschiedene Möglichkeiten, eine Saite mit inhomogener Massendichte und Spannung zu konstruieren. Daher gibt es auch unendlich viele verschiedene vollständige Systeme $A_m(z)$. Sinusfunktionen von z sind daher nicht das einzig vollständige System, nach dem man Funktionen $f(z)$ entwickeln kann. Sie bilden jedoch ein sehr wichtiges System, weil sie einfach und leicht zu verstehen sind. Außerdem stellen sie die Gestalt der Eigenschwingungen dar, wenn ein räumlich *homogenes* physikalisches System vorliegt. Ist dies nicht der Fall, so nützen die Sinusfunktionen nicht viel. Statt ihrer versucht man, die Funktionen $A_m(z)$ zu ermitteln und zu verwenden, die den Eigenschwingungen des Systems entsprechen. Diese Funktionen $A_m(z)$ oder allgemeiner $A_m(x, y, z)$ für den dreidimensionalen Fall heißen *Eigenfunktionen*. Sie beschreiben die Raumabhängigkeit der Eigenschwingungen.

Für jede Stelle x, y, z ist die *Zeit*abhängigkeit einer Eigenschwingung *immer* durch $\cos(\omega t + \varphi)$ gegeben. Daher ist eine Eigenschwingung im wesentlichen nichts anderes als ein gleichzeitiges Schwingen aller bewegten Teile mit derselben Frequenz und derselben Phasenkonstanten, wobei die Amplituden hinreichend klein sein müssen, um lineare Gleichungen zu ergeben. Befindet sich ein System in einer Eigenschwingung allein, so pulsiert oder schlägt es wie ein einziger Oszillator. Jede Eigenschwingung hat ihre eigene „Gestalt", d.h. ihre spezielle Eigenfunktion. Die Beziehung zwischen Frequenz und Gestalt einer Eigenschwingung, also die Funktion $\omega(k)$, heißt *Dispersionsrelation*, wenn die Eigenfunktionen sinusförmig sind. Trifft dies nicht zu, so gibt es natürlich nicht so etwas wie die Wellenlänge oder die Wellenzahl k. Dann wird die Beziehung zwischen Frequenz und Gestalt der Eigenschwingung gewöhnlich nicht als „Dispersionsrelation" bezeichnet.

Wir werden inhomogene Systeme nicht weiter untersuchen. Wenn Sie sich mit Quantenphysik beschäftigen, werden Sie sich mit den Eigenfunktionen stehender de Broglie-Wellen in Systemen mit nichtkonstanter potentieller Energie befassen. Diese sind analog den stehenden Wellen einer inhomogenen Saite. Siehe Ergänzung 10.2.

2.4. Eigenschwingungen eines diskontinuierlichen Systems mit N Freiheitsgraden

In Abschnitt 2.2 untersuchten wir eine kontinuierliche Saite, also ein System mit unendlich vielen Freiheitsgraden. Doch kein mechanisches System in der Natur hat unendlich viele Freiheitsgrade; wir interessieren uns aber gerade für natürliche Systeme. In diesem Abschnitt werden wir die exakte Lösung für die Eigenschwingungen einer an den Enden festgehaltenen gleichmäßigen Perlenschnur mit N Perlen ermitteln. Für den Grenzfall unendlich vieler Perlen bei endlicher Länge werden wir die stehenden Wellen finden, die wir im Abschnitt 2.2 untersucht haben. Dies ist jedoch nicht unser einziges Ziel. Vielmehr werden wir finden, daß wir beim Übergang auf den Grenzfall der kontinuierlichen Saite einige höchst interessante Eigenschaften des Systems unberücksichtigt ließen. Erinnern Sie sich, daß wir bei großem, aber nicht unendlichem N die höchsten Eigenschwingungen, also die mit $m = N$, $N-1$, $N-2$ usw., von unserer Betrachtung ausschließen müssen, um die glatte Funktion $\psi(z, t)$ zur Beschreibung der Auslenkung verwenden zu können. Wir müssen uns auf solche m beschränken, die wesentlich kleiner als N sind. Der Grund dafür ist, daß die Eigenschwingung N die Zick-zack-Konfiguration von Bild 2.1 aufweist, weshalb benachbarte Punkte *nicht* näherungsweise gleiche Auslenkungen haben.

Das interessanteste neue Ergebnis, das wir in diesem Abschnitt erhalten werden, ist folgende Aussage: Das Dispersionsgesetz, das wir für die *kontinuierliche* Saite erhalten haben, nämlich „ω gleich einer Konstanten mal k", gilt nicht allgemein. Diese Beziehung zwischen Frequenz und Wellenlänge, nach der zur halben Wellenlänge die doppelte Frequenz gehört und sich harmonische Frequenzverhältnisse ergeben, ist eine Näherung, die für die biegsame Saite nur im kontinuierlichen Grenzfall gilt. Die Tatsache, daß sie im Falle einer „steifen", im übrigen aber homogenen Saite nicht zutrifft, ist ein Beispiel für eine interessante physikalische Erscheinung, die sogenannte *Dispersion*. Ein Medium, für das die obige einfache Dispersionsrelation „ω gleich einer Konstanten mal k" gilt, heißt dispersionsfrei für die entsprechenden Wellen. Gilt irgendeine andere Dispersionsrelation, so heißt das Medium *dispersionsbehaftet* (dispergierend). Betrachten Sie nun das folgende Beispiel:

● **Beispiel**: *1. Transversale Schwingungen einer Perlenschnur.* Das System ist in Bild 2.10 dargestellt. Es sind N Perlen vorhanden. Die Schnur wird bei $z = 0$ und $z = l$ festgehalten. Die Perlen befinden sich an den Stellen $z = a, 2a, \ldots, Na$. Die Gesamtlänge beträgt $(N+1)a$. Die Masse jeder Perle ist m. Die Schnurstücke zwischen den Perlen sind untereinander gleich, masselos, und es gilt das Hookesche Gesetz. Die Gleichgewichtsspannung ist T_0. Trifft für die Schnur die Näherung stark gespannter Federn zu, ist also die Spannung der Länge proportional, so gelten für die Schwingungen auch bei noch so großen Amplituden lineare Bewegungsgleichungen. Handelt es sich jedoch nicht um Spiralfedern, so werden wir uns auf Schwingungen mit kleinen Amplituden beschränken, um lineare Gleichungen zu erhalten.

Nun betrachten wir die allgemeine Konfiguration, die in Bild 2.11 dargestellt ist. Sie ist nur insofern nicht völlig

Bild 2.10
Gleichgewichtslage einer Perlenschnur

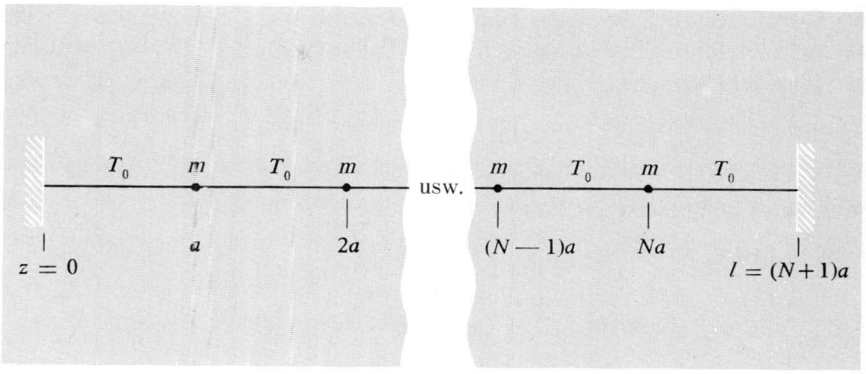

Bild 2.11
Beliebige Lage einer Perlenschnur für transversale Schwingung in der x-Richtung

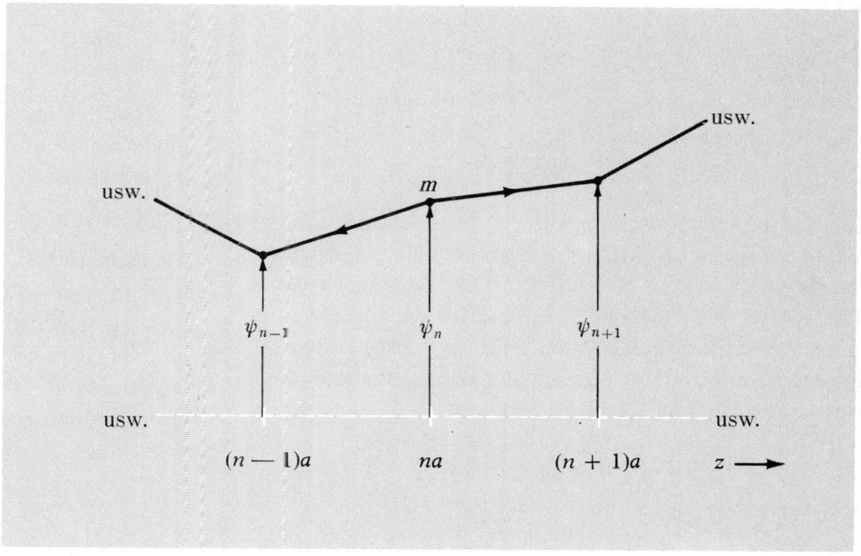

allgemein, als wir im Augenblick nur transversale Schwingungen in der x-Richtung untersuchen. Später werden wir die longitudinalen Schwingungen in der z-Richtung betrachten. Selbstverständlich ist die allgemeine Bewegung eine Überlagerung von longitudinalen Schwingungen in der z-Richtung und von transversalen Schwingungen in der x- und in der y-Richtung. Die Auslenkung der n-ten Perle aus ihrer Gleichgewichtslage, in Bild 2.11 nach oben, ist $\psi_n(t)$, mit $n = 1, 2, 3, \ldots, N-1, N$. Wir beobachten eine beliebige Perle n und ihre Nachbarperlen, $n-1$ zur Linken, $n+1$ zur Rechten. ●

Bewegungsgleichung. Wir suchen die Bewegungsgleichung für die Perle n. Schon einmal haben wir eine Aufgabe gelöst, die dieser sehr ähnlich war, und zwar in Abschnitt 1.2 für einen Freiheitsgrad und in Abschnitt 1.4 für zwei Freiheitsgrade. Daher überlassen wir es Ihnen zu zeigen, daß das Newtonsche Gesetz sowohl in der Näherung stark gedehnter Federn als auch in der Näherung für kleine Schwingungen für die Bewegung des Punktes n die Gleichung

$$m \frac{d^2 \psi_n(t)}{dt^2} = T_0 \left[\frac{\psi_{n+1}(t) - \psi_n(t)}{a}\right] - T_0 \left[\frac{\psi_n(t) - \psi_{n-1}(t)}{a}\right] \tag{2.62}$$

liefert. Gl. (2.62) ist völlig allgemein. Sie gilt für eine beliebige Bewegung des frei schwingenden Systems, d.h. für eine beliebige Überlagerung der N verschiedenen Eigenschwingungen.

Eigenschwingungen. Wir wollen die Frequenzen und Formen der einzelnen Eigenschwingungen ermitteln. Daher nehmen wir an, wir hätten eine einzelne Eigenschwingung mit der Frequenz ω. Jeder Massenpunkt schwingt harmonisch mit derselben Frequenz ω und derselben Phasenkonstanten φ. Die Gestalt der Eigenschwingung ist durch die Amplitudenverhältnisse der Perlen festgelegt.

Wir bezeichnen die Schwingungsamplitude der Perle n in der betrachteten Eigenschwingung mit A_n. Daher gilt für eine einzelne Eigenschwingung

$$\psi_1(t) = A_1 \cos(\omega t + \varphi);\ \psi_2(t) = A_2 \cos(\omega t + \varphi);\ \ldots;$$
$$\psi_{n-1}(t) = A_{n-1} \cos(\omega t + \varphi);\ \psi_n(t) = A_n \cos(\omega t + \varphi);$$
$$\psi_{n+1}(t) = A_{n+1} \cos(\omega t + \varphi);\ \ldots . \qquad (2.63)$$

Wegen Gl. (2.63) haben wir

$$\frac{d^2 \psi_n(t)}{dt^2} = -\omega^2 \psi_n(t) = -\omega^2 A_n \cos(\omega t + \varphi). \qquad (2.64)$$

Nun setzen wir Gl. (2.64) für die linke Seite der Gl. (2.62) ein, auf der rechten hingegen die Gln. (2.63). Wir kürzen den gemeinsamen zeitabhängigen Faktor $\cos(\omega t + \varphi)$ heraus und erhalten

$$-m\omega^2 A_n = \frac{T_0}{a}(A_{n+1} - 2A_n + A_{n-1});$$

also

$$A_{n+1} + A_{n-1} = A_n \left(2 - \frac{ma}{T_0}\omega^2\right). \qquad (2.65)$$

Gl. (2.65) sieht furchterregend aus. Sie bestimmt die Gestalt der Eigenschwingung mit der Frequenz ω. Wir wollen sie durch kühnes Raten lösen. Dabei lassen wir uns von unserer vorhergehenden Lösung für die Eigenschwingungen einer kontinuierlichen Saite mit festgehaltenen Enden bei $z = 0$ und $z = l$ anleiten. Damals fanden wir die Gestalt der Eigenschwingungen als

$$A(z) = A \sin \frac{2\pi z}{\lambda} = A \sin kz. \qquad (2.66)$$

Unsere Lösung für die A_n muß im Grenzfall unendlich vieler Perlen, also im kontinuierlichen Grenzfall, selbstverständlich in Gl. (2.66) übergehen. Untersuchen wir eine Lösung, die wir erhalten, wenn wir einfach in Gl. (2.66) $z = Na$ setzen:

$$A_n = A \sin \frac{2\pi na}{\lambda} = A \sin kna. \qquad (2.67)$$

Dann gilt

$$A_{n+1} = A \sin k(n+1)a = A \sin(kna + ka)$$
$$= A(\sin kna \cos ka + \cos kna \sin ka).$$
$$A_{n-1} = A \sin k(n-1)a = A \sin(kna - ka)$$
$$= A(\sin kna \cos ka - \cos kna \sin ka).$$
$$A_{n+1} + A_{n-1} = 2A \sin kna \cos ka = 2A_n \cos ka. \qquad (2.68)$$

Wir setzen Gl. (2.68) in Gl. (2.65) ein und erhalten

$$2A_n \cos ka = A_n \left(2 - \frac{ma}{T_0}\omega^2\right). \qquad (2.69)$$

Exakte Dispersionsrelation für die Perlenschnur. Wir setzen voraus, daß Gl. (2.69) für jede Perle n gilt, gleichgültig, ob A_n in einer bestimmten Eigenschwingung zufällig verschwindet oder nicht. Daher können wir annehmen, daß die Perle n keinen Knoten darstellt, daß also $A_n \neq 0$ ist. Dann kürzen wir A_n und erhalten die Bedingung, die unser erratener Ausdruck erfüllen muß, um wirklich eine Lösung zu sein:

$$2\cos ka = 2 - \frac{ma}{T_0}\omega^2, \qquad \text{also}$$
$$\omega^2 = \frac{2T_0}{ma}(1 - \cos ka)$$
$$= \frac{2T_0}{ma}\left[1 - \left(\cos^2\frac{ka}{2} - \sin^2\frac{ka}{2}\right)\right],$$
$$\omega^2 = \frac{4T_0}{ma}\sin^2\frac{ka}{2} = \frac{4T_0}{ma}\sin^2\frac{\pi a}{\lambda}. \qquad (2.70)$$

Gl. (2.70), die eine Beziehung zwischen Frequenz und Wellenlänge oder Wellenzahl einer Eigenschwingung mit der Frequenz ω herstellt, ist die Dispersionsrelation für die Perlenschnur.

Randbedingungen. Wir haben die Randbedingungen noch nicht vollständig festgelegt. Als wir statt des allgemeineren Ausdrucks

$$A_n = A \sin kna + B \cos kna \qquad (2.71)$$

Gl. (2.67) anschrieben, war die Randbedingung für $z = 0$ bereits erfüllt, daß nämlich die Auslenkung der Schnur für alle Eigenschwingungen verschwinden sollte. Setzt man in Gl. (2.71) $z = na = 0$ und fordert man $A_0 = 0$, so ergibt sich $B = 0$. Wir müssen noch die Randbedingung bei $z = l$ erfüllen, daß nämlich die Auslenkung auch dort verschwindet. Die Wand bei $z = l$ entspricht der „festgehaltenen Perle $N + 1$“. Daher brauchen wir $A_{N+1} = 0$:

$$A_{N+1} = A \sin k(N+1)a = A \sin kl = 0. \qquad (2.72)$$

Gl. (2.72) hat N mögliche Lösungen. Jede Lösung entspricht einer einzelnen Eigenschwingung p, wobei $p = 1, 2, \ldots, N$. Wir numerieren die Eigenschwingungen so, daß für $p = 1$ die Wellenlänge am größten ist. Daher haben wir

$$k_1 l = \pi,\ k_2 l = 2\pi,\ \ldots,\ k_p l = p\pi,\ \ldots,\ k_N l = N\pi. \qquad (2.73)$$

Der Grund dafür, daß es nur N Lösungen gibt, nämlich die durch Gl. (2.73) festgelegten Eigenschwingungen, ist, daß der letzte Term der Folge von Gl. (2.73) einer vollkommenen Zick-zack-Konfiguration entspricht: Beginnen wir bei $z = 0$, so steigt der erste Schnurabschnitt an, der zweite fällt ab usw., der $N + 1$-te Abschnitt steigt oder fällt zur Wand. Zwar hat Gl. (2.72) weitere Lösungen $k_{N+1} l = (N+1)\pi$, $k_{N+2} l = (N+2)\pi$ usw., doch wären zur Herstellung der zugehörigen Zick-zack-Formen mehr Abschnitte notwendig, als wir zur Verfügung haben.

Die Gl. (2.65) für die Gestalt der Eigenschwingungen erhielten wir ohne Berücksichtigung von Randbedingungen. (Bild 2.11 enthält keine Randbedingungen.) Die allgemeinste Lösung dieser Gleichung ist durch Gl. (2.71) gegeben, wobei B/A und k durch die Randbedingungen bestimmt werden. Setzen Sie Gl. (2.71) in Gl. (2.65) ein, so finden Sie die Dispersionsrelation (2.70) unabhängig von den Randbedingungen, d.h. unabhängig von A, B und k, wie Sie leicht zeigen können (Übung 19). Für unsere speziellen Randbedingungen (Schnur bei $z = 0$ und $z = l$ festgehalten) erhalten wir die Eigenschwingungsformen der Gl. (2.72), wobei die k_m durch Gl. (2.73) gegeben sind. Dann werden die Frequenzen durch Gl. (2.70) bestimmt.

Beachten Sie, daß die Eigenschwingungen der Gl. (2.73) genau die sind, die wir für die kontinuierliche Saite erhalten haben, mit dem einzigen Unterschied, daß wir dort $N = \infty$ hatten und folglich keine höchste Eigenschwingung vorfanden. Auch sind bei der Perlenschnur die Schnurstücke gerade und folgen nicht der glatten sinusförmigen Funktion A_m, die durch die Perlen verläuft.

Zur Veranschaulichung der Eigenschwingungen zeigen wir in Bild 2.12 den Fall $N = 5$. In Bild 2.13 stellen wir die durch Gl. (2.70) angegebene Dispersionsrelation dar:

$$\omega(k) = 2\sqrt{\frac{T_0}{ma}} \sin \frac{ka}{2}. \tag{2.74}$$

Die fünf bezeichneten Punkte geben k und ω für die fünf Eigenschwingungen einer Schnur mit fünf Perlen an, bei der beide Enden festgehalten sind. Wäre die Anzahl der Perlen oder wären die Randbedingungen verschieden – könnte z.B. ein freies Ende bei $z = l$ vorliegen –, so würden die Punkte, die die Eigenschwingungen darstellen, an anderen Stellen *derselben* Kurve $\omega(k)$ liegen. Also gilt Bild 2.13 für *jede* Perlenschnur.

Kontinuierlicher Grenzfall oder Grenzfall für große Wellenlängen. In der kontinuierlichen Näherung nehmen wir unendlich viele Perlen zwischen $z = 0$ und $z = l$ an. Daher geht der Perlenabstand a gegen Null. Es ist interessant, die Eigenschaften unserer exakten Dispersionsrelation (Gl. (2.74)) für „sehr kleine", aber nicht *exakt* verschwindende Abstände a zu betrachten und zu sehen, daß die Dispersionsrelation in die der kontinuierlichen Schnur übergeht. Wir müssen wissen, was wir unter „klein" verstehen sollen, also klein in Bezug auf was? Die stetige Näherung ist dann zutreffend, wenn der Abstand a klein ist gegenüber der Wellenlänge λ:

$$a \ll \lambda; \quad ka = 2\pi \frac{a}{\lambda} \ll 1.$$

Wir benützen nun die Taylorreihenentwicklung [Anhang Gl. (A.4)]

$$\sin x = x - \frac{1}{6} x^3 + \ldots$$

und setzen diese Reihe mit x gleich $\frac{1}{2} ka$ in Gl. (2.74) ein:

$$\omega(k) = 2\sqrt{\frac{T_0}{ma}} \left[\frac{1}{2} ka - \frac{1}{48} (ka)^3 + \ldots\right]$$

$$= \sqrt{\frac{T_0 a}{m}}\, k \left[1 - \frac{1}{24} (ka)^2 \ldots\right],$$

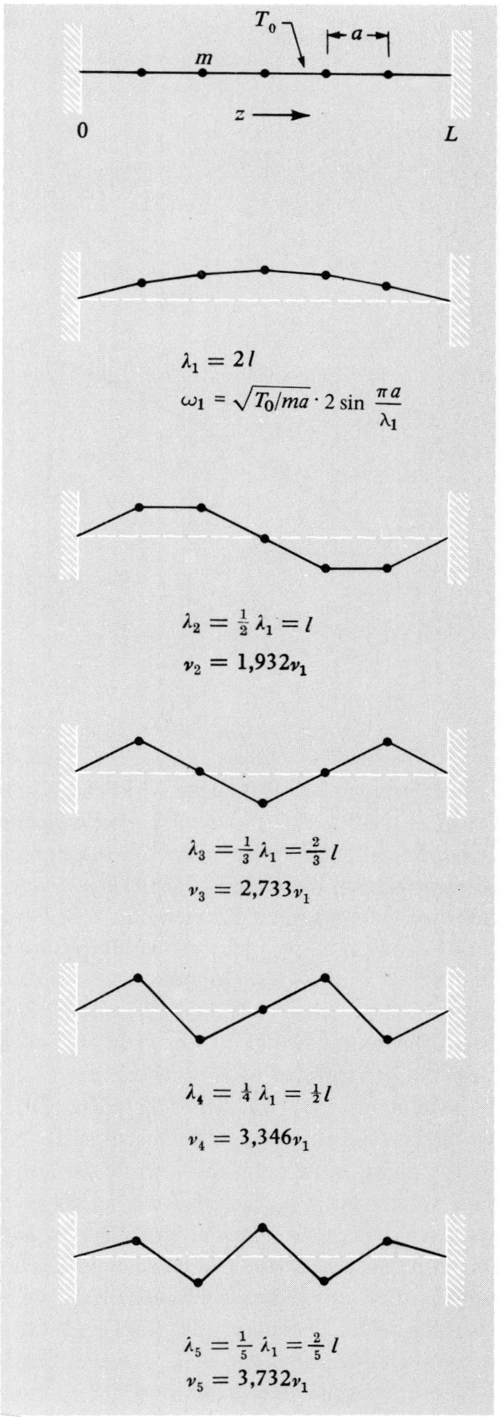

Bild 2.12. Eigenschwingungen einer Perlenschnur mit fünf Perlen

also

$$\omega(k) \approx \sqrt{\frac{T_0 a}{m}}\, k. \tag{2.75}$$

Gl. (2.75) stellt die Dispersionsrelation für den „dispersionsfreien" Fall dar, die wir für die kontinuierliche Saite in Abschnitt 2.3 erhalten haben, wo $m/a = \rho_0$ war.

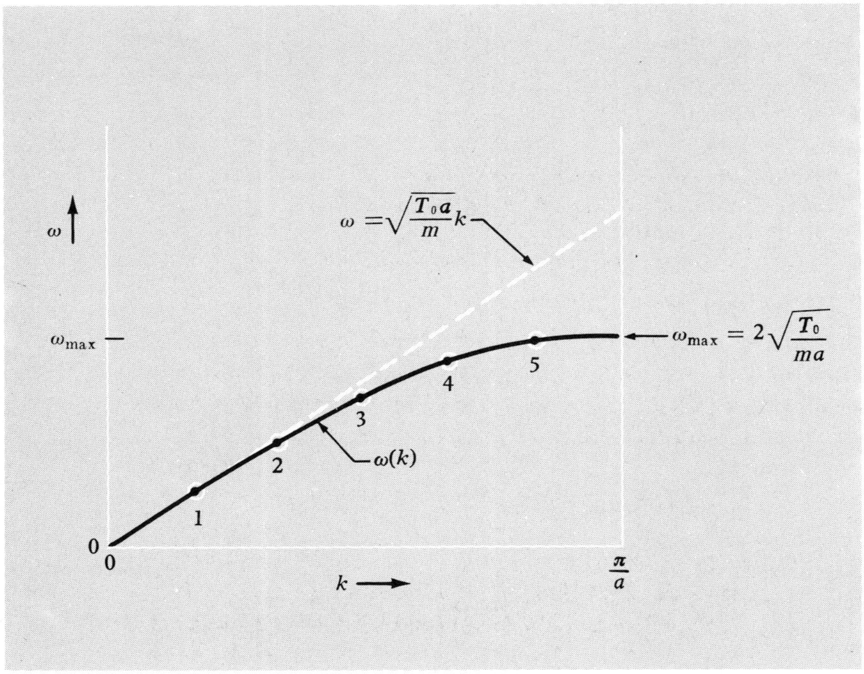

Bild 2.13

Dispersionsrelation für die Perlenschnur. Die fünf bezeichneten Punkte entsprechen den fünf Eigenschwingungen einer Schnur mit fünf Perlen, bei der beide Enden festgehalten sind. Andere Randbedingungen oder eine andere Perlenzahl würden andere Punkte in diesem Diagramm ergeben.

Dispersionsrelation für eine wirkliche Klaviersaite. Wir haben entdeckt, daß für die Eigenschwingungen einer diskontinuierlichen Saite nicht die dispersionsfreie Dispersionsrelation der Gl. (2.75) gilt. Wir erwarten daher, daß die Obertöne einer Klaviersaite, z.B. der Saite mit dem Grundton c 128, nicht genau als Oktave c^1 256, als Duodezime g^1 384, als Doppeloktave c^2 512 usw. auftreten. Das ist richtig. Nach Gl. (2.74) oder einfacher nach ihrem Diagramm in Bild 2.13 bewirkt ein Anwachsen von k nicht ein proportionales Anwachsen der Frequenz, sondern vielmehr eine etwas schwächere Zunahme. Daher erwarten Sie vielleicht, daß die Obertöne der Klaviersaite etwas „tiefer" sind, als es die Theorie der kontinuierlichen Saite voraussagt, d.h., Sie erwarten bei der zweiten Harmonischen $\nu_2 < 256$ Hz, bei der dritten $\nu_3 < 384$ Hz usw. Das ist nicht richtig! Die Obertöne einer Klaviersaite sind nicht zu tief, sie sind vielmehr *höher* als die einfachen „harmonischen Obertöne", die von Gl. (2.75) vorausgesagt werden. Der Grund dafür ist, daß weder das Modell der vollkommen kontinuierlichen und der vollkommen biegsamen Saite noch das der Perlenkette die Klaviersaite genau beschreibt. Tatsächlich ist das Modell der Perlenkette weniger geeignet als das der kontinuierlichen Saite, da es dem Ergebnis des letzteren eine „Korrektur" mit dem falschen Vorzeichen hinzufügt! Die Schwierigkeit mit dem Modell der kontinuierlichen Saite zur Beschreibung einer Klaviersaite liegt nicht etwa darin, daß man einige Perlen hinzufügen müßte, sondern vielmehr darin, daß eine Klaviersaite in Wirklichkeit nicht vollkommen biegsam ist. Wird sie gebogen, so ist sie bestrebt, sich wieder auszurichten, auch wenn keine Spannung vorhanden ist, die beim Geradeziehen mithilft. Folglich ist die rücktreibende Kraft, die ein kleines gekrümmtes Saitenelement, das im Gleichgewicht gerade ist, auszurichten sucht, etwas größer als vom „vollkommen biegsamen" Modell vorausgesagt. Die Frequenz der Eigenschwingung ist natürlich durch ω^2 = rücktreibende Kraft pro Einheitsauslenkung und pro Einheitsmasse gegeben. Die höheren Eigenschwingungen haben kürzere Wellenlängen und sind daher stärker gebogen. Die Steifheit spielt also für die höheren Eigenschwingungen eine größere Rolle als für die niedrigeren, weshalb die Frequenz *stärker* ansteigt, als es nach dem Modell der biegsamen Saite zu erwarten wäre.

Es gibt zu dieser Erklärung eine interessante „Feinheit". Die rücktreibende Kraft, die von der Spannung herrührt, sowie die, die in der Steifheit begründet ist, wachsen beide mit k an. Spielt daher die Steifheit bei höheren Werten von k eine verhältnismäßig größere Rolle als bei niedrigeren, so muß die durch die Steifheit erzeugte rücktreibende Kraft stärker mit k ansteigen als die durch die Spannung erzeugte. Die von der Spannung herrührende rücktreibende Kraft ist proportional k^2. Die von der Steifheit kommende erweist sich als proportional k^4. Daher ist die Dispersionsrelation für eine Klaviersaite in Wirklichkeit

$$\omega^2 \approx \frac{T_0}{\rho_0} k^2 + \alpha k^4, \tag{2.76}$$

wobei α eine positive, von der Steifheit herrührende Konstante ist. Wäre der Steifheitsterm ebenfalls proportional

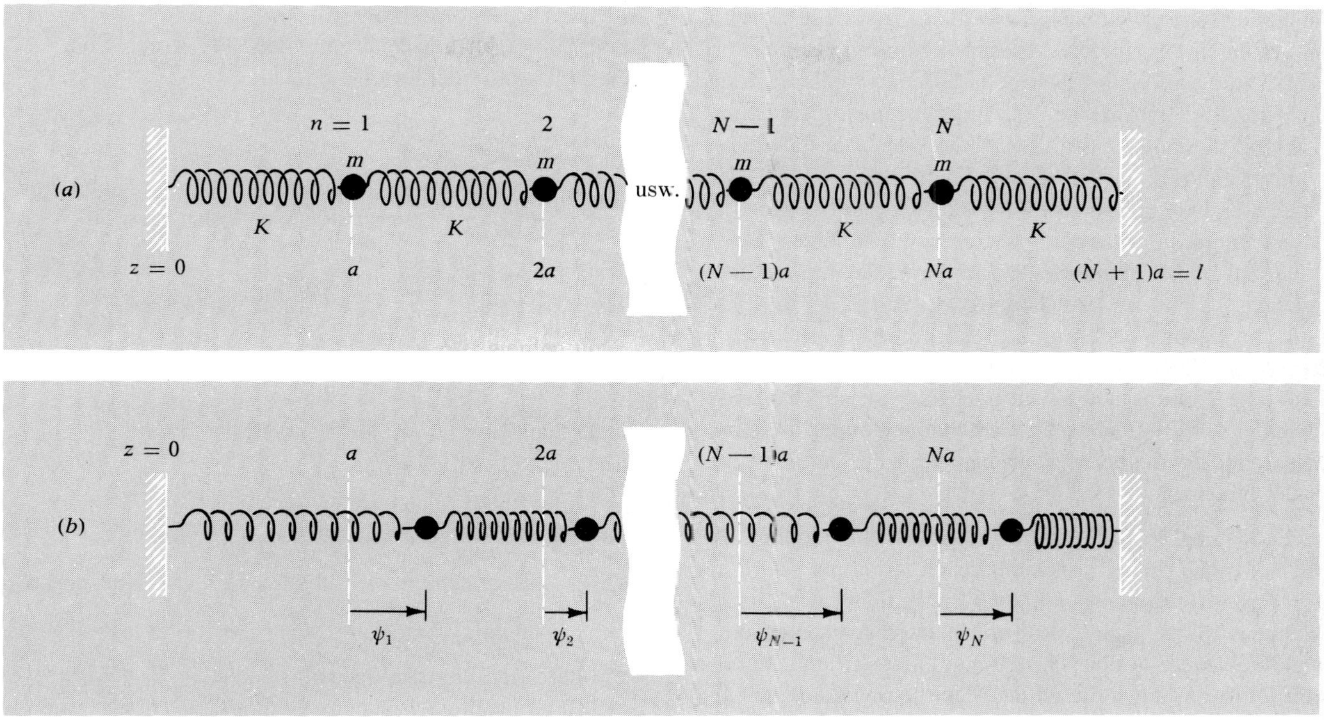

Bild 2.14. Longitudinale Schwingungen von N Massen und $N+1$ Federn. a) Gleichgewichtslage, b) allgemeine Lage

k^2, so würden wir weiterhin die „dispersionsfreie" Dispersionsrelation, Gl. (2.75), erhalten, wobei bloß T_0/ρ_0 durch $(T_0/\rho_0) + \alpha$ ersetzt wäre. Dann hätten wir weiterhin die „harmonischen" Frequenzverhältnisse $\nu_2 = 2\nu_1$, $\nu_3 = 3\nu_1$ usw. Nun betrachten wir weitere Beispiele:

● **Beispiel**: *2. Longitudinale Schwingungen eines Systems von Federn und Massen.* Dieses Beispiel ist wichtig, denn es wird uns später ein ganz einfaches Modell zum Verständnis von Schallwellen liefern. Schallwellen bestehen aus longitudinalen Schwingungen, die Schwingungen verlaufen also senkrecht zu den „Wellenfronten".

Wir haben in den Abschnitten 1.2 und 1.4 bereits die Fälle $N = 1$ bzw. $N = 2$ untersucht. Wir betrachten nun den allgemeinen Fall mit N Massen, die, wie in Bild 2.14 dargestellt, durch Federn gekoppelt sind.

Die Bewegungsgleichung der Kugel n läßt sich sehr leicht herleiten. Sollten Sie Schwierigkeiten haben, so betrachten Sie nochmals die Herleitung für $N = 2$ in Abschnitt 1.4. Man findet

$$m \frac{d^2 \psi_n}{dt^2} = K(\psi_{n+1} - \psi_n) - K(\psi_n - \psi_{n-1}). \qquad (2.77)$$

Gl. (2.77) hat dieselbe mathematische Form wie die Bewegungsgleichung für transversale Auslenkungen Gl. (2.62), nur ist die Konstante T_0/a durch die Federkonstante K ersetzt. Daher können wir wieder alle früheren mathematischen Schritte durchführen. So bekommen wir, wenn wir T_0/a in Gl. (2.74) durch K ersetzen, für die Dispersion die Beziehung

$$\omega(k) = 2\sqrt{\frac{K}{m}} \sin \frac{ka}{2} = 2\sqrt{\frac{K}{m}} \sin \frac{\pi a}{\lambda}. \qquad (2.78)$$

In der Eigenschwingung mit der Wellenzahl k wird die Bewegung der Masse m durch

$$\psi_n(t) = A \sin mka \cos[\omega(k)t + \varphi] \qquad (2.79)$$

beschrieben, wobei k gemäß

$$k_1 l = \pi, \; k_2 l = 2\pi, \; \ldots, \; k_N l = N\pi \qquad (2.80)$$

N verschiedene Werte annehmen kann. Die Dispersionsrelation, deren Diagramm in Bild 2.13 dargestellt ist, braucht nur auf geeignete Weise bezeichnet zu werden, um Gl. (2.78) darzustellen. ●

Diskret und kontinuierlich verteilte Parameter. Bei der Untersuchung von transversalen Schwingungen einer Perlenkette gingen wir zum kontinuierlichen Grenzfall über, indem wir den Punktabstand a gegen Null gehen ließen, dabei aber l konstant hielten. Ist man einmal auf ein hinreichend kleines a/λ übergegangen, so daß die kontinuierliche Näherung gut erfüllt ist, dann kann man ein anderes physikalisches Modell für das System verwenden. Statt den Abstand a immer mehr gegen Null gehen zu lassen und dabei die Vorstellung der masselosen Federn zwischen den Massenpunkten beizubehalten, könnten wir auch die Masse gleichmäßig längs der ganzen Feder verteilen. Dann gibt es einfach eine lange Feder mit einer Federkonstanten und einer Masse. Ein geeignetes Beispiel wäre eine Spiralfeder. Anstelle des Punktabstandes a nehmen wir jetzt die längs z gemessene Länge einer Spiralfederwindung. Die Parameter m und K sind nun als die Masse einer Spiralwindung besser als deren Federkonstante zu interpretieren. Besitzt die Spiralfeder N Windungen (Mit N wird also nicht mehr die Anzahl der Freiheitsgrade bezeichnet!), dann ist ihre Gesamtmasse durch $N \cdot m$ gegeben. Die gesamte Federkonstante, d.h. die Federkonstante der ganzen Feder der Länge $l = Na$, ist durch K/N gegeben. (Dies kommt daher, weil zwei völlig gleichartige, aneinander gereihte Federn zusammen eine doppelt so lange Feder mit der halben Federkonstanten der einzelnen Feder bilden.)

Es ist möglich, die Windungslänge a völlig zu eliminieren, indem wir in der kontinuierlichen Näherung m/a durch die Masse ρ_0 pro Längeneinheit (Liniendichte der Masse) ersetzen, wobei $\rho_0 = m/a$. Ähnlich kann man auch die Federkonstante K einer Windung eliminieren und durch eine Größe ersetzen, die für das Material und die Bauweise der Feder charakteristisch ist. Diese Größe ist die inverse Federkonstante pro Längeneinheit, K^{-1}/a. Dies ist leicht einzusehen: Für eine Feder der Gesamtlänge $l = Na$ ist die Federkonstante K_l N-mal kleiner als K:

$$K_l = \frac{1}{N} K = \frac{a}{l} K. \tag{2.81}$$

Daher erhalten wir $K_l l = Ka$, und diese Größe ist unabhängig von l. Ka ist also eine charakteristische Größe der „Federkraft" des Materials und hängt nicht von der Länge der Feder ab. Da wir gerne mit Größen der Dimension „irgend etwas pro Längeneinheit" arbeiten, schreiben wir die Beziehung

$$K_l l = Ka$$

in der Form

$$\frac{K^{-1}}{a} = \frac{K_l^{-1}}{l}. \tag{2.82}$$

Wir können nun dieses Ergebnis in Worte kleiden: Die inverse Federkonstante pro Längeneinheit ist eine von der Länge unabhängige charakteristische Größe der Feder.

● **Beispiele**: *3. Schraubenfeder (slinky).* Wir betrachten eine Schraubenfeder mit $N \approx 100$ Windungen, deren jede etwa 7 cm Durchmesser hat. Die Ruhelänge beträgt ungefähr 6 cm. Wird die Feder auf eine Länge l von etwa 1 m ausgedehnt, so erfüllt sie die Näherung stark gedehnter Federn sehr gut. Als „wiederholte Länge" a läßt sich bequem die Länge pro Windung, $a = l/N$, verwenden. Ferner ist K die Federkonstante für eine Windung, und K^{-1}/a ist von der Länge l unabhängig. Selbstverständlich ist die Masse verteilt und tritt nicht etwa in Intervallen der Länge a diskret auf. Die Dispersionsrelation für longitudinale Schwingungen erhält man, ausgehend von Gl. (2.78), durch Übergang zum kontinuierlichen Grenzfall:

$$\begin{aligned}\omega(k) &= 2\sqrt{\frac{K}{m}} \sin\frac{ka}{2} \\ &= 2\sqrt{\frac{K}{m}} \left[\frac{ka}{2} - \frac{1}{6}\left(\frac{ka}{2}\right)^3 + \ldots\right] \\ &\approx \sqrt{\frac{Ka^2}{m}}\, k \\ &= \sqrt{\frac{Ka}{(m/a)}}\, k.\end{aligned} \tag{2.83}$$

Die Dispersionsrelation für transversale Schwingungen lautet [siehe Gl. (2.75)]:

$$\begin{aligned}\omega(k) &\approx \sqrt{\frac{T_0}{m/a}}\, k \\ &\approx \sqrt{\frac{Ka}{m/a}}\, k,\end{aligned} \tag{2.84}$$

da in der Näherung stark gedehnter Federn $T_0 = Ka$ gilt. Folglich ist bei der Schraubenfeder die Dispersionsrelation für longitudinale Schwingungen dieselbe wie die für transversale Schwingungen. *Wenn* daher die Randbedingungen dieselben sind – z.B. beide Enden starr befestigt für Schwingungen in den Richtungen x, y oder z –, dann haben die Eigenschwingungen in der x-, y- oder z-Richtung dieselbe Folge von Wellenlängen und Frequenzen. Sie können leicht selbst nachprüfen, daß die longitudinalen und transversalen Eigenschwingungen dieselben Frequenzen haben. Wir empfehlen Ihnen nachdrücklich, jetzt einige der Heimversuche mit Schraubenfedern durchzuführen. Es gibt keinen besseren Weg zum Verständnis von Wellen, als selbst welche herzustellen. Besorgen Sie sich also eine Schraubenfeder. ●

● *4. LC-Schaltung.* Betrachten Sie die Anordnung gekoppelter Induktivitäten und Kapazitäten in Bild 2.15. Aus Bild 2.15b und aus unserer Besprechung derselben Schaltung für $N = 2$ in Abschnitt 1.4 erhalten wir ohne Schwierigkeit die Gleichung für die elektromotorische Kraft an der n-ten Induktivität:

$$L\frac{dI_n}{dt} = -C^{-1}Q' + C^{-1}Q.$$

Dann gilt

$$L\frac{d^2I_n}{dt^2} = -C^{-1}\frac{dQ'}{dt} + C^{-1}\frac{dQ}{dt}.$$

Berücksichtigen wir die Erhaltung der Ladung, um dQ'/dt und dQ/dt zu eliminieren, so erhalten wir

$$\begin{aligned}L\frac{d^2I_n}{dt^2} &= -C^{-1}[I_n - I_{n+1}] + C^{-1}[I_{n-1} - I_n] \\ &= C^{-1}[I_{n+1} - I_n] - C^{-1}[I_n - I_{n-1}].\end{aligned} \tag{2.85}$$

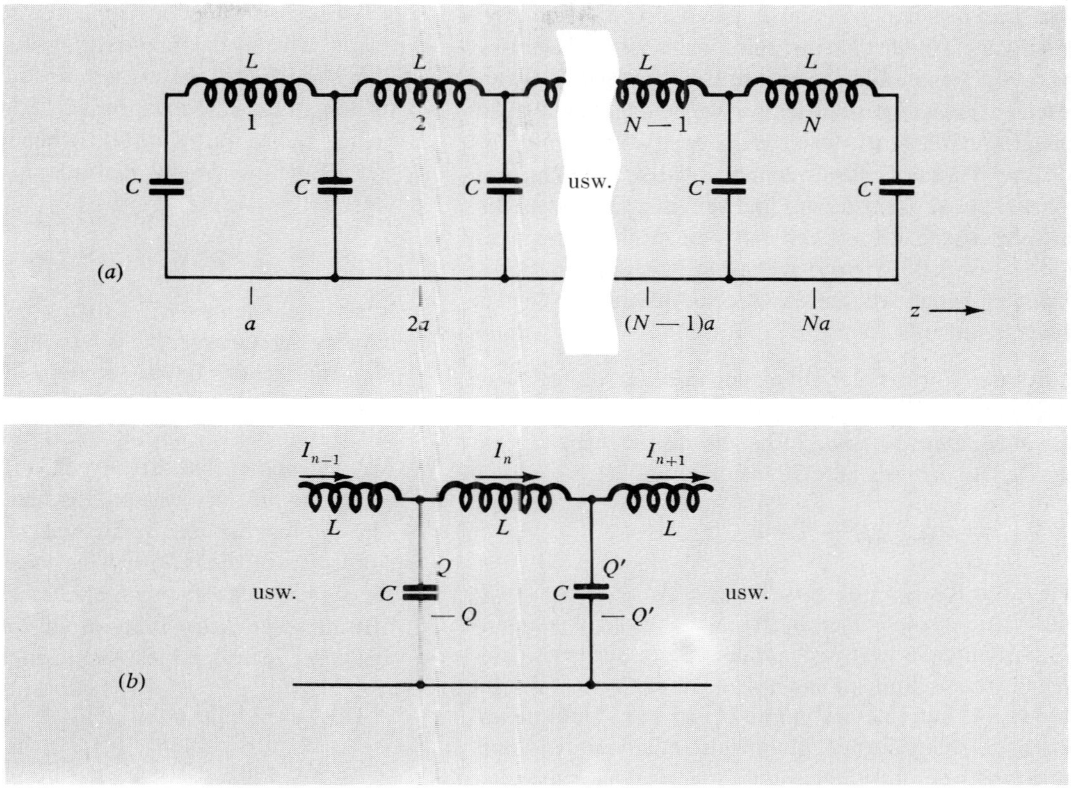

Bild 2 15. Schaltung aus gekoppelten Induktivitäten und Kapazitäten
a) die diskreten Parameter b) allgemeine Strom- und Ladungsverteilung bei der n-ten Induktivität

Gl. (2.85) hat dieselbe mathematische Form wie die Bewegungsgleichung für die longitudinalen Schwingungen einer Anordnung von Massen und Federn, Gl. (2.77). Daher können wir jetzt, ohne uns Gedanken über die Randbedingungen zu machen, die Dispersionsrelation und die allgemeine Lösung für die Spulenströme anschreiben. Die Dispersionsrelation erhält man, wenn man in Gl. (2.78) K/m durch C^{-1}/L ersetzt:

$$\omega(k) = 2\sqrt{\frac{C^{-1}}{L}} \sin\frac{ka}{2}. \tag{2.86}$$

Die allgemeine Lösung der Gl. (2.85) für eine einzelne Eigenschwingung ist, ohne Rücksicht auf die Randbedingungen,

$$I_n(t) = [A \sin nka + B \cos nka] \cos[\omega(k)\cdot t + \varphi], \tag{2.87}$$

wobei die Konstanten A und B sowie die Folge der Werte von k, die den verschiedenen Eigenschwingungen entspricht, von den Randbedingungen an den Enden des Systems abhängen. •

Die Bedeutung von ka. Es ist Ihnen vielleicht aufgefallen, daß die Bewegungsgleichung (2.85) für den LC-Kreis den Abstand a nicht enthält, Wir haben einen solchen Abstand in Bild 2.15 angegeben, doch hätten wir dies nicht zu tun brauchen, da ein Schaltbild kein räumliches Diagramm darstellt und das Verhalten der Schaltung nicht von ihrer räumlichen Anordnung abhängt. Doch was verstehen wir dann unter dem Ausdruck ka in der Dispersionsrelation (Gl. (2.86)) und in der allgemeinen Lösung für die Ströme (Gl. (2.87))? Wenn die Länge in der z-Richtung wirklich eine wichtige physikalische Bedeutung besitzt, wie es bei der schwingenden Saite der Fall ist, dann wissen wir: k bedeutet den Zuwachs der Phase der Funktion $A \sin kz + B \cos kz$, die die Gestalt der Eigenschwingung angibt, bezogen auf die Längeneinheit in der z-Richtung. Liegen, wie bei der Perlenschnur, diskrete Parameter vor, so schreiben wir $z = na$, wobei $n = 1, 2, \ldots$ die Nummer der Perle ist. Dann ist die Größe ka, die in der Gestaltsfunktion $A \sin nka + B \cos nka$ auftritt, gleich dem Produkt Phase der Gestaltsfunktion (in Radiant) pro Längeneinheit mal dem Abstand zwischen den diskreten Massen. Also ist ka der Phasenzuwachs von der diskreten Masse n zu der darauffolgenden diskreten Masse $n+1$. Im Falle der diskreten Induktivitäten und Kapazitäten stellt die Größe ka analog den Phasenzuwachs der „Gestalts"-Funktion $A \sin nka + B \sin nka$ dar, wenn wir von einer diskreten Induktivität zur nächsten übergehen.

Wir brauchen den Abstand a, durch den die Induktivitäten voneinander getrennt sind, nicht näher zu bestimmen. Wir könnten höchstens ka durch irgendein Symbol ersetzen, etwa durch θ. Dieses θ würde dann den Phasenzuwachs bezeichnen, wenn n in der Gestaltsfunktion $A \sin n\theta + B \cos n\theta$ um 1 zunimmt. Diese Bezeichnungsweise ist zu abstrakt für uns und verwischt außerdem die mathematische Ähnlichkeit mit den mechanischen Beispielen, weshalb wir uns weiterhin vorstellen, daß die diskreten Induktivitäten durch den Abstand a voneinander getrennt sind.

Andere Formen der Dispersionsrelation. Es ist Ihnen vielleicht aufgefallen, daß jedes der Systeme mit diskreten Parametern, die wir bisher betrachtet haben, eine exakte Dispersionsrelation der Form

$$\omega(k) = \omega_{max} \sin \frac{ka}{2}, \tag{2.88}$$

wie sie in Bild 2.13 dargestellt ist, aufweist, wobei ω_{max} eine vom physikalischen System abhängige Konstante ist. Der Grund dafür liegt in der Wahl unserer Systeme. In jedem der betrachteten Fälle hatten wir ein System gewählt, in dem die auf eine bestimmte Masse bzw. Induktivität wirkende rücktreibende Kraft vollständig von der Kopplung zwischen dieser Masse und ihren Nachbarmassen herrührt und proportional der relativen Auslenkung der Masse und ihrer Nachbarn ist. Solche Systeme treten häufig auf, doch gibt es noch viele andere interessante und wichtige Formen von Dispersionsrelationen. Z.B. findet man Systeme, bei denen sich die auf einen bewegten Teil wirkende rücktreibende Kraft aus folgenden zwei unabhängigen Anteilen zusammensetzt: Der erste kommt von der Kraft, die durch die Kopplung mit benachbarten ähnlichen bewegten Teilen entsteht. Wäre er der einzige Anteil, so hätte die Dispersionsrelation die Form der Gl. (2.88). Der zweite Anteil rührt von der Wechselwirkung mit irgendeiner „äußeren" Kraft her. Dieser äußere Anteil hängt nur von der Auslenkung des bewegten Teiles aus seiner Gleichgewichtslage ab, nicht jedoch von den Auslenkungen der benachbarten Teile. Wäre er der einzige Anteil, so wären die bewegten Teile nicht gekoppelt, und ihre Auslenkungen wären die Normalkoordinaten des gesamten Systems. Zur Illustration dieser Art von Systemen dient das folgende Beispiel.

● **Beispiele**: *5. Gekoppelte Pendel.* Das System ist in Bild 2.16 dargestellt. Auf jede Masse wirkt eine aus zwei Anteilen bestehende rücktreibende Kraft. Der „äußere" Anteil rührt von der Schwerkraft her. Er ist der Auslenkung der Masse aus ihrer Gleichgewichtslage proportional und hängt nicht von den Auslenkungen der Nachbarmassen ab. Der zweite unabhängige Anteil der Kraft kommt von der Kopplung zwischen einer bestimmten Masse und ihren Nachbarmassen mittels der Federn. Dieser Anteil hängt von der Auslenkung der benachbarten Massen ab.

Versuchen wir, die Dispersionsrelation zu erraten. Hätten wir nur die Kopplung zwischen den Massen, wäre also g gleich Null, so würden wir die Dispersionsrelation für longitudinale Schwingungen gekoppelter Massen erhalten. Daher wäre die rücktreibende Kraft pro Einheitsauslenkung und pro Einheitsmasse, ω^2, durch Gl. (2.78) gegeben:

$$\omega^2 = 4 \frac{K}{m} \sin^2 \frac{ka}{2}, \qquad \text{wenn } g = 0. \tag{2.89}$$

Nehmen Sie nun an, daß (mit $g = 0$) eine einzelne Eigenschwingung auftrete. Diese hat eine vom jeweiligen Wert von k festgelegte Gestalt, wobei k durch die Randbedingungen bestimmt wird. Stellen Sie sich vor, wir könnten mit Hilfe eines „Schwerkraftschalters" g allmählich von Null auf seinen Endwert von $9{,}8\,\text{m/s}^2$ anwachsen lassen. – Es wäre möglich, eine praktischere Methode zu erfinden. Was könnten Sie noch verändern? – Wenn wir g von Null auf den sehr kleinen Wert g' ansteigen lassen, wächst die rücktreibende Kraft pro Einheitsauslenkung und pro Einheitsmasse für *jedes* Teilchen um *denselben* Betrag, um den von g' herrührenden Anteil, an:

Der Beitrag von g' zu ω^2 ist $\frac{g'}{l}$ für jede Masse.

Das heißt, daß die Massen mit derselben Konfiguration, mit demselben k und mit derselben Linearkombination von $\sin kz$ und $\cos kz$ weiterschwingen werden, nur werden sie rascher schwingen. Der Grund dafür ist, daß sie dieselbe rücktreibende Kraft pro Einheitsauslenkung und pro Einheitsmasse *hatten*, als g' gleich Null war, und wir nun zum Quadrat der Frequenz jeder Masse *gleich viel* hinzugezählt haben. Daher besitzen weiterhin alle Massen dasselbe ω^2 und befinden sich weiterhin in einer Eigenschwingung. Wenn wir also g allmählich „einschalten", erhalten wir die Eigenschwingungen, ohne sie zu vermischen. Die Gestalten und Wellenlängen sind dieselben wie für $g = 0$, und die gesamte rücktreibende Kraft pro Einheitsauslenkung und Einheitsmasse ist jetzt

$$\omega^2(k) = \frac{g}{l} + \frac{4K}{m} \sin^2 \frac{ka}{2}. \tag{2.90}$$

Wenn Ihnen eine weniger qualitative Herleitung dieser Beziehung lieber ist, so betrachten Sie Übung 26. Dort werden Sie die Bewegungsgleichung der Masse m ermitteln, die Dispersionsrelation Gl. (2.90) verifizieren und die Formen der Eigenschwingungen auffinden. (Können Sie bereits sehen, daß die niedrigste Eigenschwingung im Falle der Randbedingungen von Bild 2.16 die Wellenzahl $k = 0$ hat?)

Später werden wir weitere Beispiele für Dispersionsgesetze von der Form der Gl. (2.90) antreffen, die wir allgemein so schreiben können:

$$\omega^2(k) = \omega_0^2 + \omega_1^2 \sin^2 \frac{ka}{2}. \tag{2.91}$$

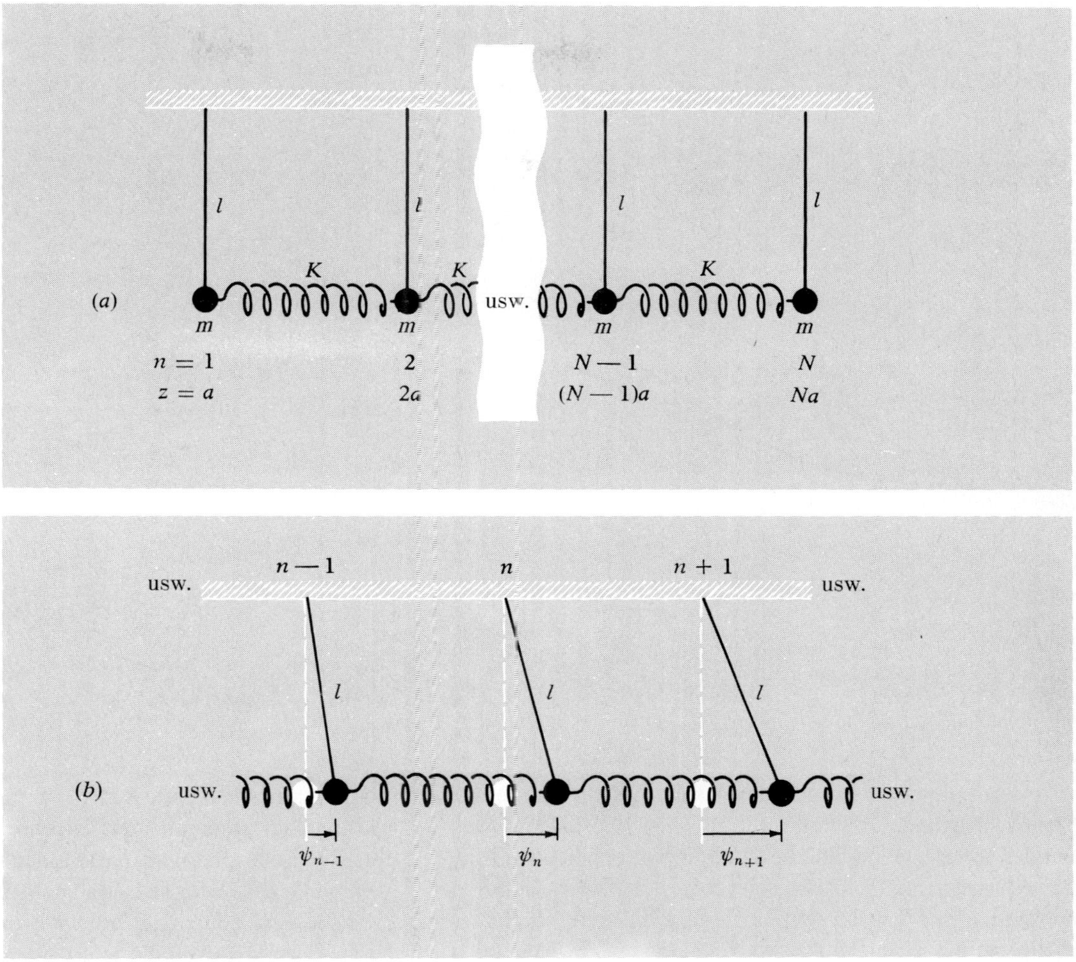

Bild 2.16. Gekoppelte Pendel. a) Gleichgewicht, b) beliebige Lage

Im kontinuierlichen Grenzfall, wo $ka \ll 1$ gilt, geht diese Beziehung in

$$\omega^2(k) = \omega_0^2 + v_0^2 k^2 \tag{2.92}$$

über, wobei v_0^2 die Konstante $\omega_1^2 a^2/4$ ist.

Wir werden Dispersionsgesetze von der Form der Gl. (2.92) antreffen, wenn wir elektromagnetische Strahlung in einem Wellenleiter und elektromagnetische Wellen in der Erdionosphäre untersuchen. Auch hat das Dispersionsgesetz für relativistische de-Broglie-Wellen bei der quantenmechanischen Beschreibung von Teilchen diese Form. Das Diagramm für Gl. (2.91) ist in Bild 2.17 dargestellt. ●

● *6. Plasmaschwingungen.* Wir betrachten nun ein interessantes Beispiel für ein System, dessen Dispersionsrelation von derselben Form ist wie die der gekoppelten Pendel. In Kapitel 4 werden wir die Dispersionsrelation für elektromagnetische Wellen in der Erdionosphäre ableiten. Sie wird von der Form der Gl. (2.92) sein:

$$\omega^2(k) = \omega_p^2 + c^2 k^2, \tag{2.93}$$

wobei c die Lichtgeschwindigkeit und ω_p die sogenannte „Plasmafrequenz" bedeutet. Sie ist gegeben durch

$$\omega_p^2 = \frac{Ne^2}{\epsilon_0 m_e}. \tag{2.94}$$

N ist die Dichte der Elektronen, gemessen in Elektronen pro cm^3, e die Ladung des Elektrons und m_e seine Masse. Aus Bild 2.17 ersehen wir, daß zu der Eigenschwingung mit der niedrigsten Frequenz, die bei einem System mit einer Dispersionsrelation von der Form der Gl. (2.91) oder Gl. (2.92) möglich ist, die Wellenzahl $k = 0$ gehört, d.h. unendliche Wellenlänge. Dies bedeutet aber, daß alle Pendel mit derselben Phasenkonstanten und Amplitude schwingen. Für die Pendelfrequenz gilt dann die Beziehung $\omega^2 = g/l$. In dem vorliegenden Beispiel ist die Frequenz dieser niedrigsten Schwingung gleich der Plasmafrequenz ω_p, wie wir sehen, wenn wir in Gl. (2.93) $k = 0$ setzen. Wir werden nun diese Eigenschwingung untersuchen und für ihre Frequenz Gl. (2.94) herleiten.

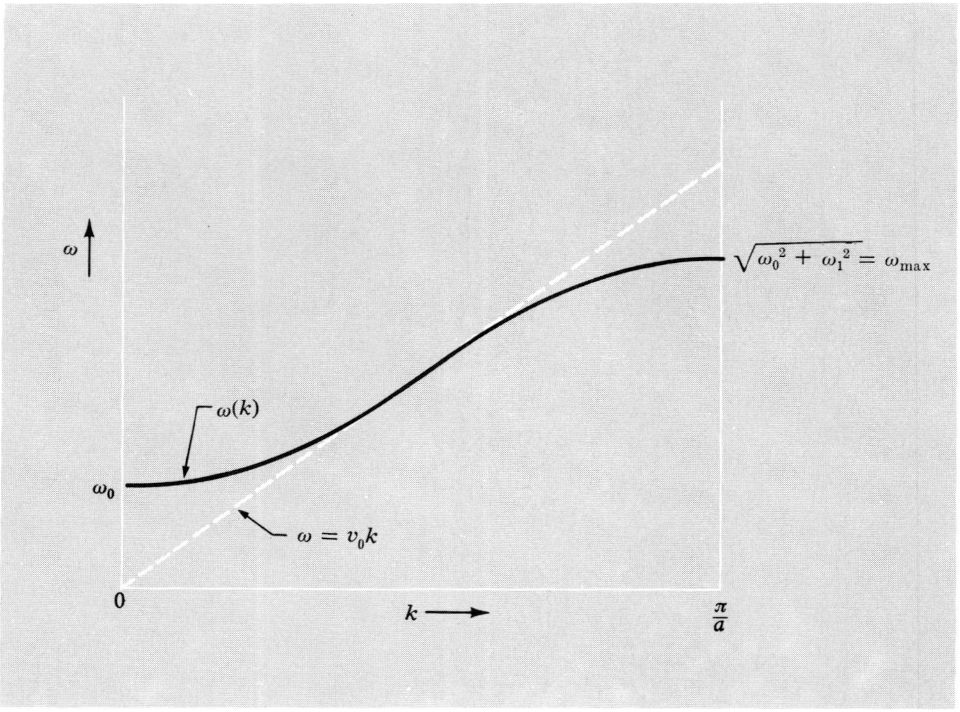

Bild 2.17
Dispersionsrelation für gekoppelte Pendel

Unter einem quasineutralen Plasma versteht man ein Gas aus neutralen und einigen ionisierten Molekülen. Jedes einfach ionisierte Molekül besteht aus einem positiven Ion, das ein negatives Elektron abgegeben hat. Die Erdionosphäre ist eine Luftschicht (eigentlich besteht sie aus mehreren Schichten mit etwas voneinander abweichenden Eigenschaften), die viele ionisierte Luftmoleküle, also N_2- und O_2-Moleküle enthält. Ein Luftmolekül wird gewöhnlich durch Absorption eines ultravioletten Lichtquants, das von der Sonne ausgesandt wurde, ionisiert. Die Dichte der Ionen und freien Elektronen ist etwa 200...400 km über der Erdoberfläche am größten. Weiter oben nehmen Elektronen- und Ionendichte ab, da die Dichte der für die Ionisation zur Verfügung stehenden Luftmoleküle geringer wird. Weiter unten nimmt die Elektronendichte ab, weil die ultraviolette Strahlung schon fast gänzlich absorbiert worden ist. (Wir würden ohne die schützende Luftschicht über uns bald an Sonnenbrand sterben.)

Da das Plasma im Mittel neutral ist, erzeugt es kein elektrostatisches Feld. Jedoch kann zu irgendeinem Zeitpunkt in einem Bereich des Plasmas ein geringer Ladungsüberschuß auftreten, was einen entsprechenden Mangel in einem benachbarten Bereich zur Folge hat. Diese Erscheinung erzeugt ein elektrisches Feld im Plasma. Unter seinem Einfluß werden die Ionen in der einen Richtung, nämlich in der Feldrichtung, beschleunigt, die Elektronen in der anderen. Die Ladungen sind bei ihren Bewegungen bestrebt, die das elektrische Feld hervorrufenden Ladungsüberschüsse und -defizite auszugleichen. Daher beobachten wir eine „rücktreibende Kraft". In dem Zeitpunkt, da der Ladungsüberschuß und das zugehörige elektrische Feld verschwunden sind, haben die Ionen und Elektronen eine gewisse Geschwindigkeit erlangt. Aufgrund ihrer Trägheit „schießen sie übers Ziel hinaus"; es treten von neuem Ladungsüberschuß und Ladungsmangel auf, diesmal mit dem entgegengesetzten Vorzeichen. Dieses Beispiel ist typisch für Vorgänge, bei denen einmal angeregte Schwingungen aufrechterhalten werden.

Interessieren wir uns nur für die von einem Bereich zu einem anderen hin- und hergehende Nettobewegung der Ladung, so können wir die positiven Ionen außer acht lassen und annehmen, daß die Bewegung der Ladung ausschließlich von der Elektronenbewegung herrührt. Der Grund dafür ist, daß die Beschleunigung eines Elektrons um das Verhältnis der beiden Massen, also um etwa $3 \cdot 10^4$, größer ist als die eines einfach geladenen Ions. Die elektrische Kraft ist nämlich für beide dieselbe.

Untersuchen wir den einfachen Fall, daß das Plasma zwischen Begrenzungswänden eingeschlossen ist. Wir vernachlässigen die Bewegung der Ionen gegenüber jener der Elektronen. In irgendeinem Augenblick kann an einer Wand ein Ladungsüberschuß Q, an der anderen hingegen ein entsprechender Ladungsmangel auftreten. Dies ruft im Plasma ein räumlich homogenes Feld

$$E_x = -\frac{Q}{\epsilon_0 A} \qquad (2.95)$$

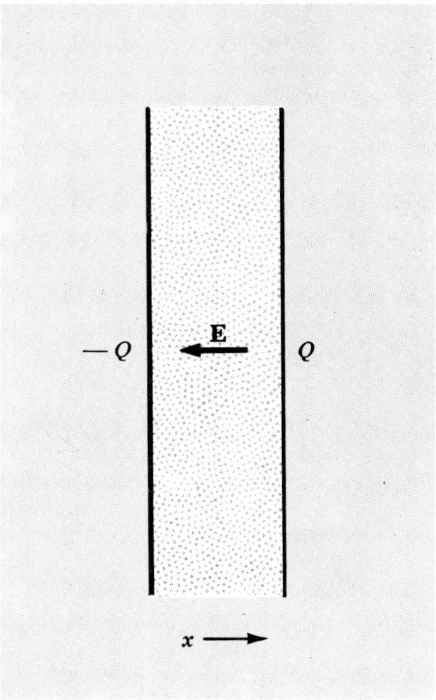

Bild 2.18. Schwingungen in einem eingeschlossenen Plasma

hervor (Band 2, Abschnitt 3.5), wobei A die Fläche der Wand ist und das Minuszeichen bedeutet, daß E_x die Ladung Q zum Verschwinden zu bringen sucht. Eine andere Quelle für das elektrische Feld ist nicht vorhanden. Das Plasma zwischen den Wänden ist quasineutral, denn jedes Elektron, das sich aus einem bestimmten Bereich nach rechts hinausbewegt, wird durch ein von links hereinkommendes anderes ersetzt. Ein einzelnes Elektron hat die Masse m_0 und die Ladung e. Das zweite Newtonsche Gesetz liefert für jedes Elektron im Plasma

$$\frac{m_e\, d^2 x}{dt^2} = eE_x . \tag{2.96}$$

Dabei vernachlässigen wir andere auf die Elektronen wirkende Kräfte, die von Stößen zwischen Elektronen und Ionen herrühren. Diese Kräfte heben sich im Mittel auf und verursachen keine Nettobewegung der Ladung. Nehmen Sie nun an, in einem Kubikzentimeter befänden sich N freie Elektronen, und jedes Elektron sei aus seiner Gleichgewichtslage um das Stück x ausgelenkt. Dann ist die an einer Wand auftretende (und an der anderen Wand fehlende) Nettoladung gleich

$$Q = NeAx . \tag{2.97}$$

Differenzieren wir Gl. (2.97) zweimal nach der Zeit und setzen wir die Gln. (2.96) und (2.95) ein, so erhalten wir

$$\frac{d^2 Q}{dt^2} = -\frac{Ne^2}{\epsilon_0 m_e} Q . \tag{2.98}$$

Die Lösung dieser Gleichung ist

$$Q = Q_0 \cos(\omega t + \varphi)$$

mit

$$\omega^2 = \frac{Ne^2}{\epsilon_0 m_e} \equiv \omega_p^2 . \tag{2.99}$$

Die Größe ω_p heißt Plasmafrequenz.

Die Dichte N der freien Elektronen in der Erdatmosphäre ändert sich mit der Höhe und mit der Zeit. Die Rekombination von Ionen und Elektronen zu neutralen Molekülen hält auch nach Sonnenuntergang an, die Bildung neuer Ionen hört dann jedoch auf. Daher nimmt die Elektronendichte in der Nacht ab. Typische Plasmafrequenzen $\nu_p = \omega_p/2\pi$ während des Tages sind

$$\nu_p = 10 \ldots 30\,\text{MHz} . \tag{2.100}$$

Die dazugehörige Dichte beträgt $N \approx 10^6 \ldots 10^7$ freie Elektronen pro cm^3. ●

● **Esoterische Beispiele.** Die de Brogliesche Hypothese schreibt einem Teilchen mit dem Impuls p eine Wellenzahl k zu, die durch die Beziehung $p = \hbar k$ bestimmt ist. Die „Bohrsche Frequenzbedingung" sagt aus, daß ein Teilchen mit der Energie E eine Wellenfrequenz ω besitzt, die der Beziehung $E = \hbar\omega$ genügt. Kombiniert man die beiden Aussagen, so kann man eine Dispersionsrelation zwischen ω und k für Teilchen finden, wenn der Zusammenhang zwischen E und p gegeben ist. Beispiele finden sich im Abschnitt 10.2. ●

2.5. Übungen und Heimversuche

1. *Abhängigkeit der Frequenz einer Schraubenfeder von der Länge – Heimversuch.* Halten Sie die erste Windung Ihrer Schraubenfeder in der Linken, die letzte in der Rechten. Dabei soll die Entfernung zwischen Ihren Händen etwa 90 cm betragen. Messen Sie die Frequenz der senkrechten transversalen Schwingungen, wobei Sie sich über das Durchhängen der Feder keine Gedanken zu machen brauchen. Dehnen Sie dann die Spiralfeder so weit aus, wie Ihre Arme reichen. Messen Sie die Frequenz. Befestigen Sie nun jedes Ende an irgendeinem Gegenstand, so daß die Gesamtlänge $2\frac{1}{2}$m oder 3 m beträgt. Messen Sie die Frequenz. Erklären Sie Ihr Ergebnis. Benützen Sie Ihre Frequenzmessung zur Bestimmung der reziproken Federkonstanten pro Windung. Nehmen Sie an, die Gesamtzahl der Windungen sei N_0. Halten oder befestigen Sie die Spiralfeder so, daß nur N Windungen freibleiben. Sagen Sie vor Ausführung des Versuches die Abhängigkeit der Frequenz von N/N_0 voraus. Führen Sie dann den Versuch durch.

2. *Schraubenfeder als kontinuierliches System – Heimversuch.* Befestigen Sie jedes Ende an irgendeinem unbeweglichen Gegenstand. Dabei können Klebeband, Bindfaden und Schraubzwingen von Nutzen sein. Günstig ist eine Länge von $2\frac{1}{2}$m oder 3 m. Machen Sie sich wegen des Durchhängens keine Gedanken. Regen Sie nun die niedrigste Eigenschwingung in jeder transversalen Richtung an. Messen Sie die Frequenzen

beider Eigenschwingungen. Regen Sie auch die niedrigste longitudinale Eigenschwingung an und messen Sie ihre Frequenz. Eine gewünschte Eigenschwingung erreicht man auf zwei Arten. Erstens kann man die Feder festhalten und dann loslassen. Zweitens kann man sie nahe einem Ende halten, sie vorsichtig mit der richtigen Frequenz anstoßen, bis eine brauchbare Amplitude auftritt. Verwenden Sie beide Möglichkeiten. Lernen Sie dann, die zweite Eigenschwingung anzuregen, bei der die Länge l zwei halben Wellenlängen entspricht. Führen Sie den Versuch für alle drei Richtungen x, y und z durch. Messen Sie die Frequenzen. Mit etwas Übung sollte es Ihnen gelingen, auch die dritten Eigenschwingungen anzuregen.

Regen Sie nun die niedrigste transversale und die zweite longitudinale Eigenschwingung gleichzeitig an. Dies gelingt leicht, wenn man die Feder am Anfang in geeigneter Weise festhält. Beachten Sie das System und messen Sie die Frequenz der Schwebung zwischen der zweiten longitudinalen und dem Doppelten der untersten transversalen Eigenschwingung. Dies bereitet keine Schwierigkeiten, wenn es Ihnen einmal gelungen ist und Sie einige Minuten lang üben. Dabei kann man sich gut mit eigenen Augen davon überzeugen, daß beim Übergang von der „Grundfrequenz" zur „ersten Oktave" genau der Faktor 2 in der Frequenz auftritt. Auf ähnliche Weise können Sie auch die niedrigste transversale und die zweite longitudinale Eigenschwingung gleichzeitig anregen.

3. *Nullpunktsmessungen.* Lesen Sie die Übung 2 durch, obwohl Sie bei der Behandlung dieser Aufgabe den Versuch nicht durchzuführen brauchen. Nehmen Sie an, Sie messen die Frequenzen der Schraubenfeder, indem Sie etwa 10 s lang die Schwingungen zählen und dann die Anzahl der vollen Durchgänge durch die Zeit dividieren. Nehmen Sie ferner an, Sie lesen die Uhr mit einer Genauigkeit von ± 1 s ab und Sie können eine „volle" Schwingung mit einer Genauigkeit von etwa $\pm\frac{1}{4}$ eines Durchgangs abschätzen. Die Frequenz ν_1 der niedrigsten Eigenschwingung beträgt etwa 1 Hz, die der zweiten, ν_2, etwa 2 Hz.

   a) Wie groß ist ungefähr die relative (prozentuelle) Genauigkeit, die Ihre Messung für ν_1 ergeben würde? Für ν_2? Wir erwarten eine Antwort wie „$\nu_1 = (1{,}0 \pm 0{,}1)$ Hz, $\nu_2 = (2{,}0 \pm 0{,}2)$ Hz", oder was eben herauskommt.

   b) Nehmen Sie nun an, Sie sollten beide Eigenschwingungen gleichzeitig anregen und die Frequenz der Schwebung zwischen $2\nu_1$ und ν_2 messen, wie es Übung 2 beschrieben hat. Zu diesem Zweck könnte man etwa 10 s lang die Schwebungen beobachten, wobei ungefähr 10 Schwingungen der Frequenz ν_1 ablaufen. Nehmen Sie an, Sie könnten – bei einer Genauigkeit von $\frac{1}{4}$ Durchgang – in dieser Zeit keine Schwebung zwischen $2\nu_1$ und ν_2 feststellen. Daher wäre Ihr Versuchsergebnis $\nu_2 - 2\nu_1 = 0$. Wie groß ist die Versuchsgenauigkeit? (Wir erwarten eine Antwort wie „$\nu_2 - 2\nu_1 = 0 \pm 0{,}10\,\nu_1$", oder was eben herauskommt.) Wie groß ist, in derselben Weise ausgedrückt, die Genauigkeit einer Abschätzung der Größe $\nu_2 - 2\nu_1$, die Sie durch Kombination Ihrer unabhängigen Meßergebnisse für ν_1 und ν_2 aus Teil a) erhalten? Erkennen Sie in der Methode, die Schwebungen zu zählen, einen Vorteil für Ihre Versuche? Erklären Sie, weshalb Sie mit dieser Methode wesentlich bessere Ergebnisse erzielen. Versuchen Sie, diese Erfahrung in Form einer Aussage: „Wie man nach Möglichkeit Messungen durchführen soll", zu verallgemeinern.

4. *„Klangfarbe" einer Schraubenfeder – Heimversuch.* Die Klangfarbe eines Musikinstrumentes hängt davon ab, welche Obertöne angeregt werden. (Z.B. fehlen – wenigstens näherungsweise – bei einer Klarinette die geraden Obertöne, und nur ν_1, $3\nu_1$, $5\nu_1$ usw. treten auf.) Stellen Sie nun die Mitte Ihrer Schraubenfeder fest, die wie bei Übung 2 aufgehängt sein soll. Versetzen Sie durch einen plötzlichen Handstoß gegen die Mitte die Feder in Bewegung. Versuchen Sie es mit verschieden harten Stößen. Sie sollten bald erkennen können, daß die geraden Oberschwingungen stets fehlen und daß um so mehr ungerade Eigenschwingungen angeregt werden, je kräftiger Sie anstoßen. Gibt es eine Möglichkeit, nur die geraden Eigenschwingungen anzuregen?

   Versuchen Sie, eine Gitarren- oder Klaviersaite an verschiedenen Stellen – in der Mitte oder nahe einem Ende – anzuzupfen, und stellen Sie fest, ob Sie einen Unterschied in der „Klangfarbe" heraushören.

5. *Klavier als Fourieranalysator – Unempfindlichkeit des Ohres für die Phase – Heimversuch.* Treten Sie an einem Klavier das Dämpfungspedal. Rufen Sie „he" gegen die Saiten und in den Resonanzkasten. Horchen Sie. Rufen Sie dann „uh". Probieren Sie alle Vokale aus. Die Klaviersaiten greifen, wenn auch in ziemlich verzerrter Form, die Fourieranalyse Ihrer Stimme auf und erhalten sie. Beachten Sie, daß der Klang des Vokals einige Sekunden lang merklich anhält. Welche Aufschlüsse gibt Ihnen das über die Rolle, die die Fourierkomponenten des Schalles für Ihr Ohr im Zusammenwirken mit dem Gehirn spielen?

6. *Obertöne des Klaviers – wohltemperierte Stimmung – Heimversuch.* In den meisten Tabellen physikalischer Größen findet man die Frequenzen der verschiedenen Tonleitern. Die Bezeichnungen sind allerdings nicht einheitlich. Hier werden wir betrachten:

   – wohltemperierte chromatische Tonleiter mit dem Amerikanischen Standardton (a^1 440),
   – wohltemperierte chromatische Tonleiter mit dem Internationalen Ton (a^1 435),
   – wissenschaftliche oder richtige Tonleiter (aufgebaut auf dem Ton c^1 256, so daß sich für a^1 426,67 Hz ergeben).

   Zuerst soll die wissenschaftliche Tonleiter erklärt werden. Eine Frequenzeinheit, also $\nu = 1$, entspreche 256 Hz. Die *Obertöne* dieses Grundtones sind dann als $\nu = 2, 3, 4$ usw., die *Untertöne* sind als $\nu = \frac{1}{2}, \frac{1}{3}, \frac{1}{4}$ usw. definiert. Das mittlere c auf einem Klavier dieser Stimmung ist $c^1 256$, wobei sich der Index auf die Oktave bezieht und beim Übergang auf die nächsthöhere Oktave um Eins wächst. Nehmen Sie an, für die Klaviersaiten gelte exakt das Dispersionsgesetz der „kontinuierlichen, vollkommen biegsamen Saite". In diesem Falle würden die Eigenfrequenzen einer bestimmten Saite die harmonische Folge ν_1, $2\nu_1$, $3\nu_1$ usw. bilden. Die Bezeichnungen und Frequenzen der ersten 16 Obertöne der c^1-Saite wären die folgenden, wobei wir c^1 und seine Oktaven unterstreichen:

Bezeichnung:	f	c	c^1	c^2	g^2	c^3	e^3	g^3	b^3
ν:	$\frac{1}{3}$	$\underline{\frac{1}{2}}$	$\underline{1}$	$\underline{2}$	3	$\underline{4}$	5	6	7
	c^4	d^4	e^4	f^4	g^4	a^4	b^4	h^4	c^5
	$\underline{8}$	9	10	11	12	13	14	15	$\underline{16}$

Eine Oktave hat immer eine um den Faktor zwei höhere Frequenz, wie vergleichsweise g^3 und g^4. Wir wollen nun innerhalb der Oktave zwischen c^1 und c^2 eine Tonleiter aufbauen, indem wir die Ober- und Untertöne von c^1 durch geeignete Potenzen von 2 dividieren oder sie mit solchen multiplizieren.

Dann erhalten wir die wissenschaftliche oder richtige diatonische Tonleiter in C-Dur. (Diatonisch bedeutet, daß wir nur die „weißen Tasten" des Klaviers verwenden, die „schwarzen Tasten" hingegen nicht.) Diese Tonleiter lautet:

Bezeichnung:	c^1	d^1	e^1	f^1	g^1	a^1	h^1	c^2
ν:	1	$\frac{9}{8}$	$\frac{5}{4}$	$\frac{4}{3}$	$\frac{3}{2}$	$\frac{5}{3}$	$\frac{15}{8}$	2

Wir haben stillschweigend a^1 mit hineingenommen. Es entspricht $\frac{5}{4} f^1$. c^1 heißt Grundton dieser Tonleiter.

Das kleinste Intervall in dieser diatonischen Tonleiter heißt kleine Sekunde. Das Frequenzverhältnis für eine kleine Sekunde ist $f^1/e^1 = c^2/h^1 = \frac{16}{15} = 1{,}067$. Das nächsthöhere Verhältnis heißt große Sekunde. Davon gibt es zwei Arten: $d^1/c^1 = g^1/f^1 = h^1/a^1 = \frac{9}{8} = 1{,}125$ und $e^1/d^1 = a^1/g^1 = \frac{10}{9} = 1{,}111$. Es gibt auch zwei Varianten des nächsthöheren Verhältnisses, der kleinen Terz: $f^1/d^1 = \frac{32}{27} = 1{,}185$ und $g^1/e^1 = c^2/a^1 = \frac{6}{5} = 1{,}200$. Von der großen Terz gibt es nur eine: $e^1/c^1 = a^1/f^1 = h^1/g^1 = \frac{5}{4} = 1{,}250$. Nun ergibt sich, musikalisch gesehen, die Schwierigkeit. Nehmen Sie an, Sie komponieren für ein nach dieser Tonleiter gestimmtes Klavier und fassen plötzlich den Entschluß, auf eine andere „Tonart" überzugehen, d.h., auf eine diatonische Tonleiter mit einem anderen Grundton. Sie möchten z.B. von C-Dur auf D-Dur überwechseln, dabei aber die Art der Tonleiter beibehalten, d.h., die Frequenzverhältnisse sollen dieselben sein wie vorher. Sie wollen also, daß die erste große Sekunde in der neuen Tonleiter, e^1/d^1, „von der Art der großen Sekunde d^1/c^1" mit dem Frequenzverhältnis 1,125 sei. Leider können Sie das e^1, das schon vorhanden ist, nicht verwenden, denn dieses ergibt $e^1/d^1 = 1{,}111$. So brauchen Sie eine neue Saite e'^1 mit $e'^1/c^1 = (1{,}125)(d^1/c^1) = 1{,}265$, während $e^1/c^1 = 1{,}250$ ist. Der auf e'^1 folgende Ton benötigt ebenfalls eine neue Saite, die die Bezeichnung fis^1 trägt. Wir geben ihr das Verhältnis $fis^1/d^1 = e^1/c^1$, so daß $fis^1 = (\frac{5}{4})(\frac{9}{8}) = 1{,}407$ ist. Das ist eine „schwarze Taste" auf dem Klavier. Beachten Sie, daß das Klavier nun eine neue Art der kleinen Sekunde hinzubekommen hat, nämlich $fis^1/f^1 = 1{,}0555$. Je weiter Sie die Tonleiter vervollständigen, um so mehr Tasten müssen Sie hinzufügen. Wenn Sie dann in wieder anderen Tonarten spielen wollen, wird die Lage immer schlimmer. Versuchen Sie z.B., die d-Tonleiter zu vervollständigen. Dazu müssen Sie die „schwarze Taste" cis^2 hinzunehmen, um den Ton zu erhalten, der dem h^1 in der c-Tonleiter entspricht. Doch welche „gestrichenen" Saiten benötigen Sie noch?

Die wohltemperierte Tonleiter umgeht alle diese Schwierigkeiten dadurch, daß alle ihre Töne im logarithmischen Maßstab gleich weit auseinanderliegen. Die Oktave ist in 12 kleine Sekunden, sogenannte „Halbtöne", unterteilt, von denen jede das Frequenzverhältnis $2^{1/12} = 1{,}059$ aufweist. Dann haben alle großen Sekunden das Verhältnis $2^{2/12} = 1{,}122$, alle kleinen Terzen $2^{3/12}$ usw.. Keines der Intervalle mit Ausnahme der Oktaven ist „richtig", doch liegen alle Intervalle nahe den richtigen Werten der diatonischen Tonleitern mit irgendeinem Grundton.

Führen Sie folgende Versuche aus:

a) Drücken Sie eine Taste, beispielsweise die für b^3, andauernd nach unten, so daß der Dämpfer hochgehoben wird, jedoch kein Ton erklingt. Schlagen Sie nun einen tieferen Ton scharf an, halten Sie ihn einige Sekunden lang und lassen Sie dann seine Taste los, so daß er gedämpft wird. Wenn Sie die b^3-Saite klingen hören, so muß sie durch einen der Obertöne im Eigenschwingungsspektrum der tieferen Saite angeregt worden sein. Probieren Sie mehrere tiefere Saiten aus. Es sollte mit dem um eine Oktave tieferen Ton gehen, ebenso wie mit dem um 12 Stufen tieferen Ton, dem es^2, da b^3 sein dritter Oberton ist. Der Effekt sollte auch mit der c^1-Saite auftreten, für die das b^3 den siebenten Oberton darstellt, vorausgesetzt, dieser Oberton tritt bei der schwingenden c^1-Saite auf. Mann kann diesen Versuch auch anders ausführen, indem man immer denselben tieferen Ton, etwa c^1, anschlägt und dabei verschiedene höhere Tasten ohne Klingen der zugehörigen Saiten niederhält, um zu sehen, ob sie angeregt werden. Haben Sie einen Ton gefunden, der angeregt wird, so versuchen Sie es mit dem um eine kleine Sekunde benachbarten Ton. Wird er angeregt?

b) Drücken Sie diesmal die Taste eines tiefen Tones ohne Klingen der Saite nach unten und schlagen Sie einen höheren Ton scharf an. Ist der höhere Ton ein Oberton der tieferen Saite, so werden Sie bei der tieferen Saite diesen Oberton anregen, nicht jedoch die niedrigste Eigenschwingung, also die Grundfrequenz der tieferen Saite. So können Sie den Klang der Obertöne der tieferen Saite hören, wenn sie nicht vom lauten Grundton übertönt werden.

c) Verwenden Sie die Methode von b), um herauszufinden, wie die ersten sechs oder sieben Obertöne von c^1 oder einem tieferen c klingen. Lernen Sie dann, wie man einen bestimmten Oberton des Tonspektrums heraushört, wenn die tiefere Taste auf die übliche Weise angeschlagen wird. Wollen Sie z.B. lernen, den siebenten Oberton, also b^3, herauszuhören, wenn c^1 angeschlagen wird, so drücken Sie die c^1-Taste ohne Klingen der Saite nach unten und schlagen Sie b^3 scharf an. Dann hören Sie, wie b^3 klingt, wenn es der siebente Oberton von c^1 ist. Schlagen Sie dann, solange Sie den Ton noch frisch im Gedächtnis haben, die c^1-Saite an und konzentrieren Sie sich darauf, b^3 aus dem Tongemisch herauszuhören, das vom Grundton der c^1-Saite beherrscht wird. Beachten Sie, daß die Frequenz dieses Tones, wenn er als siebenter Oberton der c^1-Saite auftritt, nicht genau dieselbe sein wird wie die des Grundtones der b^3-Saite. Sie wird wahrscheinlich nahe genug daranliegen, um angeregt zu werden, doch sobald die b^3-Saite gedämpft ist und die c^1-Saite einige Sekunden lang Zeit hatte, die Art ihrer Anregung zu vergessen, wird die c^1-Saite mit ihrer eigenen Frequenz des siebenten Obertones schwingen und nicht mit der anregenden Frequenz. Daher klingt sie leicht verschieden vom anregenden Ton. (Selbstverständlich kann sie bei verstimmtem Klavier sehr verschieden klingen.) Aufgrund dieses kleinen Frequenzunterschiedes können Sie auf folgende Weise Schwebungen hören:

d) Drücken Sie die c^1-Taste ohne Klingen der Saite nach unten. Schlagen Sie das c^2 scharf an. Dadurch wird die zweite Eigenschwingung der c^1-Saite angeregt. Dämpfen Sie nun, bevor diese abklingt, die c^2-Saite und schlagen Sie das c^2 nochmals an, diesmal aber vorsichtig. Versuchen Sie dabei, seine Lautstärke an den noch vorhandenen Rest des ersten Obertones der c^1-Saite anzupassen. Können Sie Schwebungen heraushören? Dieser Versuch geht bei manchen Klavieren besser als bei anderen. Er sollte in einem sonst stillen Zimmer ausgeführt werden.

e) Die beiden tiefsten Töne auf dem Klavier sind ${}_1A = 27{,}5$ und ${}_1Ais = 29{,}1$. Ihre Schwebungsfrequenz beträgt also 1,6 Hz und ist somit leicht festzustellen. Schlagen Sie beide Töne gleichzeitig sachte an. Sobald Sie Schwebungen zu hören glauben, lassen Sie eine Taste los, die andere jedoch nicht. Verschwinden die Schwebungen? (Ist das Klavier gestimmt?)

7. *Weshalb eine ideale kontinuierliche Saite exakt „harmonische" Frequenzverhältnisse ergibt, eine Massenpunktkette jedoch nicht.* Betrachten Sie eine Massenpunktkette (z.B. eine Perlenkette) mit sehr vielen – etwa 100 – Massenpunkten. Beide Enden seien festgehalten. Wir werden diese Kette als im wesentlichen kontinuierlich auffassen. Nehmen Sie an, sie schwinge mit ihrer niedrigsten Eigenfrequenz. Dann entspricht die Länge l einer halben Wellenlänge einer Sinuswelle. Betrachten Sie nun die zweite Eigenschwingung: Die Länge l entspricht zwei halben Wellenlängen, also ist die erste Hälfte von l gleich einer halben Wellenlänge. Vergleichen Sie nun die 50 Massenpunkte in der ersten Hälfte, wenn sich die Saite in ihrer zweiten Eigenschwingung befindet, mit allen 100 Massenpunkten, wenn sie sich in ihrer niedrigsten Eigenschwingung befindet. In beiden Fällen folgen die Massenpunkte einer Kurve, die einer halben Wellenlänge einer Sinuswelle entspricht. Vergleichen Sie Massenpunkt 1 in der zweiten Eigenschwingung mit dem Mittel aus den Massenpunkten 1 und 2 in der ersten Eigenschwingung. Vergleichen Sie Massenpunkt 2 in der zweiten Eigenschwingung mit den Massenpunkten 3 und 4 in der ersten Eigenschwingung usw. So hat Massenpunkt 17 in der zweiten Eigenschwingung dieselbe Amplitude wie das Mittel aus den Massenpunkten 33 und 34 in der ersten, wenn die Amplituden der Sinuswellen dieselben sind. In der zweiten Eigenschwingung jedoch schließt die Saite bei Massenpunkt 17 mit der Gleichgewichtsachse einen doppelt so großen Winkel ein wie in der ersten bei den Massenpunkten 33 und 34, wobei wir die Näherung für kleine Winkel verwenden. Daher ist die rücktreibende Kraft pro Einheitsauslenkung, die auf Massenpunkt 17 wirkt, zweimal so groß wie die, die auf die Massenpunkte 33 und 34 wirkt. Außerdem ist die Masse von 17 nur halb so groß wie die von 33 und 34. Daher ist die rücktreibende Kraft pro Einheitsauslenkung und pro Einheitsmasse für Massenpunkt 17 in der zweiten Eigenschwingung viermal so groß wie die für die Kombination aus den Massenpunkten 33 und 34 in der ersten Eigenschwingung. Wir finden also in der „fast kontinuierlichen" Näherung, die aus der großen Anzahl von Massenpunkten resultiert, das Ergebnis $\omega_2 = 2\,\omega_1$.

   Diese Schlußfolgerung ist nicht anwendbar, wenn die Anzahl der Massenpunkte klein wird. Erklären Sie den Grund. Dann sehen Sie, weshalb Sie die „harmonischen" Verhältnisse $\nu_2 = 2\,\nu_1$, $\nu_3 = 3\,\nu_1$ usw. im kontinuierlichen Grenzfall erhalten, nicht jedoch im Falle von nur wenigen Massenpunkten, wie z.B. in Bild 2.12 dargestellt.

8. *Wohltemperierte Tonleiter.* Nach wie vielen Jahren wird sich Ihr Geld verdoppelt haben, wenn Sie es zu 5,9 % Zinsen pro Jahr, alljährlich berechnet, anlegen? (*Hinweis:* Betrachten Sie die wohltemperierte Tonleiter von Übung 6.)

9. *Diatonische Tonleiter.* Vervollständigen Sie die „richtige" diatonische Tonleiter für D-Dur, die wir in Übung 6 begonnen haben. Dort fanden wir, daß wir eine neue Saite hinzunehmen mußten, die wir e'^1 nannten. Wir benötigten unsere erste „schwarze Taste", das fis^1, und wir werden auch noch eine weitere benötigen, nämlich cis^2. Wie verhält es sich mit f^1, g^1, a^1 und h^1? Können wir die bereits vorhandenen Töne benützen oder brauchen wir f'^1, g'^1, a'^1 und h'^1?

10. *Wellengleichung für eine inhomogene Saite.* Leiten Sie Gl. (2.55) her.

11. *Fourierkoeffizienten.* Ermitteln Sie Gl. (2.47) für die Fourierkoeffizienten der in Bild 2.6 dargestellten Funktion $F(z)$.

12. *Eigenschwingungen einer kontinuierlichen Saite.* Ermitteln Sie die Formen und Frequenzen der ersten drei transversalen Eigenschwingungen einer kontinuierlichen Saite mit der Spannung T_0, der Massendichte ρ_0 und der Länge l, mit den Randbedingungen, daß beide Enden frei seien. Diese bewegen sich an reibungsfreien Stäben entlang, die durch massenlose Ringe an jedem Ende der Saite hindurchgehen. Zeigen Sie, daß bei der niedrigsten Eigenschwingung der Sonderfall unendlicher Wellenlänge und verschwindender Frequenz auftritt. Dieser schließt die Möglichkeit ein, daß die Saite mit beliebiger Auslenkung in Ruhe bleibt.

13. *Eigenschwingungen einer Massenpunktkette.* Ermitteln Sie die Formen und Frequenzen der drei transversalen Eigenschwingungen einer Massenpunktkette mit drei gleichmäßig angeordneten Massenpunkten und vier Abschnitten, mit den Randbedingungen, daß beide Enden frei seien. Die äußeren Abschnitte tragen an den Enden massenlose Ringe und gleiten an reibungsfreien Stäben entlang. Vergleichen Sie die niedrigste Eigenschwingung mit der von Übung 12.

14. *Eigenschwingung einer LC-Schaltung.* Betrachten Sie eine LC-Schaltung aus drei Induktivitäten und vier Kapazitäten, die wie in Bild 2.15 für $N = 3$ angeordnet sind, nur daß die beiden äußeren Kondensatoren kurzgeschlossen sind. Ermitteln Sie die drei Eigenschwingungen, ihren Stromverlauf und ihre Frequenzen. Vergleichen Sie die physikalische Bedeutung der „besonderen" niedrigsten Eigenschwingung mit der in Übung 13.

15. *Spannung einer Saite.* Betrachten Sie die Klaviersaite mit dem mittleren c, also c_1 256, nach der wissenschaftlichen Tonleiter. Die Dichte des Stahles der Saite beträgt etwa 9000 kg/m^3. (Diese ist *nicht* die Linien-Massendichte ρ_0. Warum nicht?) Nehmen Sie für die Saite einen Durchmesser von $5 \cdot 10^{-4}$ m und eine Länge von 1 m an. Wie groß ist ihre Spannung?

    Lösung: $T_0 \approx 470$ N.

16. *Schraubenfeder.* Ermitteln Sie $\psi(z, t)$ für eine Schraubenfeder, die nach der durch Gl. (2.48) gegebenen Funktion $g(z)$ verläuft. Zeichnen Sie $\psi(z, t_0)$, wobei $\omega_1 t_0 = \pi/3$ ist. Vergleichen Sie die Form von $\psi(z, t_0)$ mit der der Funktion $\psi(z, 0)$, die in Bild 2.7 dargestellt ist.

17. *Stahlsaite und Darmsaite.* Vergleichen Sie die Spannung einer Gitarrensaite aus Stahl mit der einer Darmsaite derselben Länge, desselben Durchmessers und derselben Tonhöhe in der niedrigsten Eigenschwingung. Die Dichte des Stahles beträgt etwa 9000 kg/m^3, die der Darmsaite nicht viel mehr als 1000 kg/m^3. Haben Gitarrensaiten aus Stahl und solche aus Darm wirklich denselben Durchmesser? Sehen Sie sich Gitarren an und stellen Sie das fest. Haben Sie nachgesehen und das Verhältnis der Durchmesser abgeschätzt, so rechnen Sie das Verhältnis der Spannungen in den beiden Fällen nach.

18. *Klassische Wellengleichung.* Leiten Sie die Gl. (2.14) auf folgendem Wege her: Beginnen Sie bei der exakten Gl. (2.62) und gehen Sie zur kontinuierlichen Näherung über. Ersetzen Sie den Index n durch die Lagekoordinate z und berücksichtigen Sie dabei, daß der Abstand der Massenpunkte gleich a ist. Verwenden Sie die Taylorreihenentwicklung auf der rechten Seite der Gl. (2.62). Schließen Sie einen Term mehr ein, als zur Ableitung der klassischen Wellengleichung notwendig ist. Geben Sie ein Kriterium dafür an, wann dieser Term und Terme höherer Ordnung vernachlässigt werden können.

19. *Dispersionsrelation.* Zeigen Sie, daß man die Dispersionsrelation Gl. (2.70) erhält, wenn man Gl. (2.71) als Lösung der Bewegungsgleichung (2.65) für transversale Schwingungen der Massenpunktkette nimmt. Zeigen Sie, daß diese Tatsache unabhängig von der Wahl der Konstanten A, B und k ist, die nur von den Anfangs- und Randbedingungen abhängen.

20. *Eigenschwingungen einer Massenpunktkette.* Verwenden Sie die Gln. (2.73) und (2.70), um die Frequenzverhältnisse zu erhalten, die in Bild 2.12 für $N = 5$ dargestellt sind.

21. *Eigenschwingungen einer Massenpunktkette.* Ermitteln Sie die Formen und Frequenzen der Eigenschwingungen einer Massenpunktkette mit fünf Massenpunkten, bei der ein Ende festgehalten und eines frei ist. Zeichnen Sie die fünf zugehörigen Punkte auf der Dispersionskurve $\omega(k)$ ein, wie es in Bild 2.13 der Fall war.

22. *Eigenschwingungen einer Massenpunktkette.* Zeigen Sie mit Hilfe von Bild 2.13 und einer Skizze des Systems einen einfachen Weg, wie man in Bild 2.13 noch sechs Punkte hinzufügen kann, so daß man die Eigenschwingungen einer Massenpunktkette erhält, bei der beide Enden festgehalten sind.

23. *Eigenschwingungen einer Massenpunktkette.* Zeigen Sie, daß die Gln. (2.73) und (2.74) für $N = 1$ und $N = 2$ dieselben Frequenzen liefern, wie wir sie in den Abschnitten 1.2 und 1.4 erhalten haben.

24. *Eigenschwingungen einer Massenpunktkette.* Skizzieren Sie die Formen der fünf Eigenschwingungen einer Massenpunktkette mit fünf Massenpunkten gemäß den Gln. (2.78) bis (2.80).

25. *Dispersionsrelation.* Zeichnen Sie das Diagramm der Dispersionsrelation für das in Bild 2.15 dargestellte System.

26. *Gekoppelte Pendel.* Zeigen Sie, daß bei dem in Bild 2.16 dargestellten System gekoppelter Pendel die Bewegungsgleichung des n-ten Pendelkörpers unter der Annahme kleiner Schwingungen durch

$$\frac{d^2\psi_n}{dt^2} = -\frac{g}{l}\psi_n + \frac{aK}{m}\left(\frac{\psi_{n+1}-\psi_n}{a}\right) - \frac{aK}{m}\left(\frac{\psi_n-\psi_{n-1}}{a}\right)$$

gegeben ist. Zeigen Sie, daß die allgemeine Lösung für eine Eigenschwingung ungeachtet der Randbedingungen gleich

$$\psi_n(t) = \cos(\omega t + \varphi)\,[A\sin nka + B\cos nka]$$

ist. Zeigen Sie, daß die Dispersionsrelation die Form

$$\omega^2 = \frac{g}{l} + \frac{4K}{m}\sin^2\frac{ka}{2}$$

hat. Zeigen Sie, daß für die Randbedingungen von Bild 2.16 – keine Federn zwischen den äußeren Pendelkörpern und der Wand – die obige Lösung in

$$\psi_n(t) = \cos(\omega t + \varphi)\,B\cos nka$$

übergeht, wobei die Lage des n-ten Pendelkörpers $z = (n - \frac{1}{2})a$ ist. Zeigen Sie, daß die niedrigste Eigenschwingung $k = 0$ hat. Skizzieren Sie ihre Form. Wie würde sich das System mit dieser Form verhalten, wenn die Gravitationskonstante allmählich gegen Null ginge? Skizzieren Sie die Form für $N = 3$ und geben Sie die Frequenzen der drei ersten Eigenschwingungen an.

27. *Gekoppelte Kapazitäten und Induktivitäten.* Ermitteln Sie das System gekoppelter Kapazitäten und Induktivitäten, das dem System gekoppelter Pendel in Bild 2.16 „analog" ist. Dies ist so zu verstehen, daß die Bewegungsgleichung der n-ten Induktivität dieselbe Form haben soll wie die des n-ten Pendelkörpers, die Sie in Übung 26 gefunden haben. Ermitteln Sie die Dispersionsrelation.

28. *Gekoppelte Pendel.* Gehen Sie bei der Übung 26 mit den gekoppelten Pendeln zum kontinuierlichen Grenzfall über. Zeigen Sie, daß die Bewegungsgleichung zu einer Wellengleichung der folgenden Form wird:

$$\frac{\partial^2\psi}{\partial t^2} = -\omega_0^2\,\psi + v_0^2\,\frac{\partial^2\psi}{\partial z^2}.$$

29. *Eigenschwingungen einer kontinuierlichen Saite.* Beweisen Sie jede der unten aufgezählten Behauptungen mit Hilfe zweier Methoden: I. mit der „physikalischen" Methode, bei der man die Eigenschwingungen einer kontinuierlichen Saite mit entsprechenden Randbedingungen verwendet, und II. mit der Methode der Fourieranalyse einer periodischen Funktion von z.

a) Jede im Intervall zwischen $z = 0$ und $z = l$ definierte vernünftige Funktion, die bei $z = 0$ verschwindet und deren Anstieg bei $z = l$ verschwindet, kann in eine Fourierreihe der Form

$$f(z) = \sum_n A_n \sin nk_1 z\,; \quad n = 1, 3, 5, 7, \ldots; \quad k_1 l = \frac{\pi}{2}$$

entwickelt werden.

Anmerkung: Wenn Sie die Methode der Fourieranalyse verwenden, müssen Sie zuerst aus $f(z)$ eine periodische Funktion konstruieren, damit Sie die Formeln der Fourieranalyse benützen können.

b) Jede im Intervall zwischen $z = 0$ und $z = l$ definierte (vernünftige) Funktion $f(z)$, deren Anstieg bei $z = 0$ und $z = l$ verschwindet, kann in eine Fourierreihe der Form

$$f(z) = B_0 + \sum_n B_n \cos nk_1 z\,; \quad n = 1, 2, 3, 4, \ldots; \quad k_1 l = \pi$$

entwickelt werden.

c) Jede im Intervall zwischen $z = 0$ und $z = l$ definierte (vernünftige) Funktion $f(z)$, deren Anstieg bei $z = 0$ verschwindet und die bei $z = l$ verschwindet, kann in eine Fourierreihe der Form

$$f(z) = \sum_n B_n \cos nk_1 z\,; \quad n = 1, 3, 5, 7, \ldots; \quad k_1 l = \frac{\pi}{2}$$

entwickelt werden.

30. *Fourieranalyse eines periodisch wiederkehrenden Rechteckimpulses.* Wenn Sie periodisch in die Hände klatschen, kann der dadurch an Ihrem Ohr erzeugte Luftdruck durch einen periodisch wiederkehrenden Rechteckimpuls näherungsweise beschrieben werden. Der Überdruck an Ihrem Ohr werde durch $F(t)$ dargestellt. Während des kurzen Zeitintervalls Δt sei $F(t)$ gleich $+1$, vorher und nachher jedoch gleich Null. Dieser „Rechteckimpuls", der im Diagramm $F(t)$ gegen t die Höhe Eins und die Breite Δt hat, kehrt in Zeitintervallen der Länge T_1 periodisch wieder. Das kurze Intervall Δt gibt die Dauer eines jeden Klatschtones an. Die Periode T_1 ist die Zeit zwischen zwei aufeinanderfolgenden Klatschtönen. Die Klatschfrequenz ist $\nu_1 = T_1^{-1}$. Sie sollen die Fourieranalyse von $F(t)$ durchführen.

a) Zeigen Sie, daß Sie den Nullpunkt der Zeit so wählen können, daß nur der Cosinus von $n\omega_1 t$ auftritt, daß also gilt:

$$F(t) = B_0 + \sum_{n=1}^{\infty} B_n \cos n\omega_1 t.$$

b) Zeigen Sie, daß $B_0 = \Delta t / T_1$ ist. Dies ist gerade der Bruchteil der Zeit, in dem der Impuls „eingeschaltet" ist. Zeigen Sie, daß folgende Beziehung gilt:

$$B_n = \frac{2}{n\pi}\sin(n\pi\nu_1\Delta t), \qquad \text{für } n = 1, 2, \ldots$$

c) Zeigen Sie, daß im Falle $\Delta t \ll T_1$ die Fourieramplituden B_n des „Grundtones" ν_1 und der niedrigen Obertöne $2\nu_1$, $3\nu_1$, $4\nu_1$ usw. im wesentlichen denselben Wert annehmen.

d) Tragen Sie B_n gegen $n\nu_1$ auf und gehen Sie dabei bis zu hinreichend hohen Werten von n, so daß B_n eine oder zwei Nullstellen durchläuft.

e) Zeigen Sie mit Hilfe von d), daß die „wichtigsten" Frequenzen – die mit verhältnismäßig großen B_n – von der Grundfrequenz ν_1 bis zu einer Frequenz von der Größenordnung $1/\Delta t$ reichen. Daher können wir $1/\Delta t$ als ν_{max} bezeichnen. In Wirklichkeit gibt es natürlich keine größte Frequenz, da die Fourierreihe bis $n = \infty$ geht. Die wichtigsten Frequenzen liegen jedoch zwischen Null und ν_{max}. Die „Bandbreite" des „Frequenzbandes" beträgt etwa $\nu_{max} = 1/\Delta t$. Demzufolge sind die wichtigsten Frequenzen

$$\nu = 0, \nu_1, 2\nu_1, 3\nu_1, \ldots \nu_{max} = \frac{1}{\Delta t}.$$

Die Bandbreite der vorherrschenden Frequenzen kann als $\Delta\nu$ bezeichnet werden. Dann läßt sich Ihr Ergebnis in der Form

$$\Delta\nu\,\Delta t \approx 1$$

schreiben. Diese Beziehung ist sehr wichtig. Sie gilt nicht nur für das von uns angenommene $F(t)$, das einen „Rechteckimpuls" der Breite Δt beschreibt, sondern für jeden beliebigen Impuls, der die meiste Zeit über verschwindet und nur während eines Intervalles Δt ungleich Null ist. Kehrt der Impuls wie in unserem Beispiel in Intervallen der Länge T_1 wieder, so sind die vorherrschenden Frequenzen gleich 0, $\nu_1, 2\nu_1, 3\nu_1$ usw. bis etwa $1/\Delta t$. Kehrt der Impuls nicht wieder, sondern tritt nur einmal auf, dann zeigt sich – wie wir in Kapitel 6 sehen werden –, daß das „Fourierspektrum" der wichtigsten Frequenzen zwar noch immer das Frequenzband von 0 bis etwa $1/\Delta t$ einnimmt, daß es jedoch ein kontinuierliches Spektrum ist und alle Frequenzen des Bandes enthält, nicht bloß eine Grundfrequenz ν_1 und ihre Oberfrequenzen.

Die vorliegende Aufgabe erleichtert Ihnen das Verständnis der elektromagnetischen Strahlung, die als Synchrotronstrahlung bekannt ist und von einem relativistischen Elektron bei gleichförmiger Kreisbewegung ausgesandt wird. Es läßt sich zeigen (Kapitel 7), daß ein nichtrelativistisches Elektron bei gleichförmiger Kreisbewegung mit der Frequenz ν_1 elektromagnetische Strahlung mit der einzigen Frequenz ν_1 aussendet. Der Grund liegt darin, daß das elektrische Feld der Strahlung bei nichtrelativistischen Elektronengeschwindigkeiten genau der Beschleunigungskomponenten der Ladung proportional ist, die senkrecht auf der Verbindungslinie zwischen Ladung und Beobachter steht. Bei der Kreisbewegung führt diese Projektion der Beschleunigung eine einfache harmonische Bewegung aus. Daher ist das von einem nichtrelativistischen Elektron ausgestrahlte Feld dem Cosinus bzw. Sinus von $\omega_1 t$ proportional. Bei einem relativistischen Elektron hat das ausgestrahlte Feld nicht die Zeitabhängigkeit $\cos\omega_1 t$. Vielmehr ist die Strahlungsintensität sehr stark in der Richtung der augenblicklichen Geschwindigkeit der Ladung konzentriert. Bewegt sich das Elektron direkt auf den Beobachter zu, so sendet es eine Strahlung aus, die später vom Beobachter empfangen wird. Zu anderen Zeitpunkten wird die vom Elektron ausgesandte Strahlung den Beobachter nicht erreichen. Daher ist das vom Beobachter gemessene elektrische Feld während jeder Periode T_1 einmal in einem kurzen Zeitintervall Δt sehr stark, zu anderen Zeiten jedoch fast Null. Also besteht das beobachtete Frequenzspektrum aus $\nu_1 = 1/T_1$ und seinen Oberfrequenzen $2\nu_1, 3\nu_1$ usw. bis hinauf zu einer höchsten wichtigen Frequenz von der Größenordnung $1/\Delta t$. Zeigen Sie, daß das Zeitintervall Δt näherungsweise durch $\Delta t/T_1 \approx \Delta\theta/2\pi$ gegeben ist, wobei $\Delta\theta$ die „volle Winkelbreite" des Strahlungsgemisches ist.

31. *Sägezahnförmige stehende Seichtwasserwellen.* Unter Seichtwasserwellen versteht man Wellen, bei denen die Bewegungsamplitude am Grund der Schüssel, des Sees oder des Ozeans etwa gleich groß ist wie die an der Oberfläche. Die schwappende Schwingung von Übung 24 in Kapitel 1 ist eine Seichtwasserwelle. Zeigen Sie dies im Versuch, indem Sie etwas Kaffeesatz ins Wasser mischen, so daß sich ein Teil davon am Grund befindet. Regen Sie die schwappende Schwingung an, bei der die Oberfläche im wesentlichen eben bleibt, und beobachten Sie in der Mitte der Schüssel die Bewegung des Kaffeesatzes am Grund und an der Oberfläche. Beobachten Sie auch die Bewegung an den Rändern.

Betrachten Sie nun die folgende *sägezahnförmige stehende Seichtwasserwelle.* Stellen Sie sich vor, Sie hätten zwei unabhängige Schüsseln derselben Form mit Wasser derselben Gleichgewichtstiefe h, das die schwappende Schwingung ausführt. Die Schüsseln grenzen aneinander, so daß sie bei Fehlen der Trennwände eine einzige lange Schüssel in der waagerechten Schwingungsrichtung bilden würden. Die Phasen der Schwingungen seien so beschaffen, daß die waagerechte Bewegung des Wassers in der einen Schüssel der des Wassers in der anderen stets entgegengerichtet ist, weshalb das Wasser in beiden Schüsseln gleichzeitig an den beiden Trennwänden seine maximale Höhe erreicht. Stellen Sie sich nun vor, Sie entfernen die Wände, die die beiden Schüsseln voneinander trennen. Das Wasser an der Grenzfläche wies keine waagerechte Bewegung auf, als die Wände vorhanden waren. Sie weist auch jetzt noch keine auf, denn die Bewegung der beiden Wassermassen, die jetzt zu einer einzigen langen Masse vereinigt sind, ist symmetrisch. Die Bewegung würde unverändert weitergehen! Wenn wir wollen, können wir weitere Schüsseln hinzufügen. Wir beobachten hier eine stehende Welle mit sägezahnförmiger Gestalt. Approximieren wir diese Gestalt durch eine Sinuswelle. Dann sehen wir, daß die *Länge einer Schüssel gleich einer halben Wellenlänge ist.* (*Anmerkung:* Bei der Fourieranalyse dieser periodischen Funktion von z ist der erste und am stärksten hervortretende Term in der Fourierentwicklung der, den wir zur Approximation des Sägezahnes benützen.) Verwenden Sie diese Näherungsfunktion in der Formel für die Frequenz der schwappenden Schwingung (siehe Kapitel 1, Übung 24). Zeigen Sie, daß man auf diese Weise die Beziehung

$$\lambda\nu = \frac{2\sqrt{3}}{\pi}\sqrt{gh} = 1{,}10\sqrt{gh}$$

erhält. Wir sehen, daß *diese Wellen dispersionsfrei sind.* (*Anmerkung:* Als exakte Dispersionsbeziehung für sinusförmige Seichtwasserwellen bekommt man $\lambda\nu = \sqrt{gh}$. Unsere Sägezahnannäherung liefert eine um 10 % zu hohe Ausbreitungsgeschwindigkeit.)

Von *Tiefwasserwellen* spricht man, wenn die Gleichgewichtstiefe des Wassers groß gegenüber der Wellenlänge ist. In diesem Falle nimmt die Amplitude mit zunehmender Tiefe exponentiell ab. Wird die Tiefe um $\lambda\!\!\!^{-} \equiv \lambda/2\pi$ größer, so wird die Amplitude um den Faktor $e = 2{,}718\ldots$ kleiner. Die Größe $\lambda\!\!\!^{-}$ (sprich: „Lambda quer") ist die reduzierte Wellenlänge. In grober Näherung können wir sagen, eine Tiefwasserwelle sei so etwas wie eine Seichtwasserwelle, die von der Oberfläche bis hinab zu einer effektiven Tiefe $h = \lambda\!\!\!^{-}$ reicht. In diesem Bereich ist nämlich die Amplitude verhältnismäßig groß und annähernd konstant, während sie in wesentlich größeren Tiefen als $\lambda\!\!\!^{-}$ sehr klein wird. Wir vermuten daher, daß wir die Dispersionsrelation der Tiefwasserwellen aus der der Seichtwasserwellen erhalten können, wenn wir die Gleichgewichtstiefe h der Seichtwasserwellen durch die mittlere Abklinglänge $\lambda\!\!\!^{-}$ der Tiefwasserwellen ersetzen. Diese Vermutung erweist sich als richtig, wie wir in Kapitel 7 sehen werden. Daher lautet das Dispersionsgesetz für Tiefwasserwellen $\lambda\nu = \sqrt{g\lambda\!\!\!^{-}}$.

32. *Fourieranalyse eines symmetrischen Sägezahnes.* Wir sprechen von einem symmetrischen Sägezahn, wenn Vorder- und Hinterkante jedes Zahnes denselben Anstieg haben. Bei einer der Spitzen (Zahnpunkte) sei $z = 0$. Zeigen Sie, daß die Fourierreihe des periodischen Sägezahnes $f(z)$

$$f(z) = 0{,}82\,A\left[\cos k_1 z + \tfrac{1}{4}\cos 2k_1 z + \tfrac{1}{9}\cos 3k_1 z + \ldots\right]$$

lautet, wobei $k_1 = 2\pi/\lambda_1$ ist. Hier ist λ_1 die Zahnlänge (von einer Spitze zur nächsten), und A ist die Zahnamplitude, d.h. $2A$ stellt die senkrechte Entfernung vom Minimum (an einem Tiefpunkt) zum Maximum (an einer Spitze) dar. Wir sehen, daß die Amplitude des n-ten Terms proportional $1/n^2$ ist. Dies gibt Ihnen Aufschluß über die Güte unserer Approximation in Aufgabe 31, wo wir den Sägezahn durch seine erste Fourierkomponente approximierten und die Dispersionsrelation $\lambda\nu = 1{,}10\sqrt{gh}$ erhielten.

33. *Kapillarwellen – Heimversuch.* Kreisförmige stehende Kapillarwellen können auf folgende Weise klar sichtbar gemacht werden: Füllen Sie einen Papier- oder Plastikbecher bis zum Rande und geben Sie noch etwas dazu, so daß sich das Wasser über die Höhe des Becherrandes wölbt. Berühren Sie den Becher vorsichtig und beobachten Sie. Betrachten Sie, um die Wellen leicht erkennen zu können, das Spiegelbild des Himmels. Oder verwenden Sie eine kleine, helle Lichtquelle, die sich etwa 1 m über der Oberfläche befindet, und betrachten Sie das Muster am Grund, das durch die linsenähnliche Wirkung der Wellen hervorgerufen wird. Um zu sehen, daß wirklich die Kapillarität im Spiel ist, fügen Sie dem Wasser etwas Reinigungsmittel bei.

34. *Randbedingungen an einem freien Ende der Massenpunktkette.* Betrachten Sie die vier verschiedenen Systeme, die im Bild 2.19 dargestellt sind.

a) Zeigen Sie, daß alle vier Systeme in den dargestellten Eigenschwingungen dieselbe Frequenz aufweisen.

b) Nehmen Sie an, Sie wollen in den Fällen (III) und (IV) dieselbe Formel für die Bedingung, der die Wellenzahl genügen muß, anwenden wie im Falle (I). Zeigen Sie, daß in diesen Fällen das l in Ihrer Formel gleich $(\frac{3}{2})\,a$ sein muß. Geben Sie die Formel an.

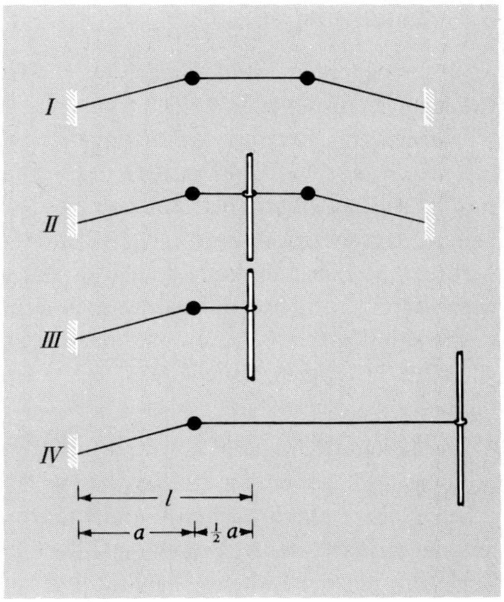

Bild 2.19

35. *Schwingungen einer Saite.* Eine biegsame Saite der Länge l ist mit der Gleichgewichtsspannung T zwischen festen Halterungen eingespannt. Ihre Masse pro Längeneinheit ist ρ, so daß ihre gesamte Masse $m = \rho l$ beträgt. Die Saite wird durch einen Hammerschlag in Schwingung versetzt, der einem kleinen Element der Länge a in der Mitte mit einem Mal eine transversale Geschwindigkeit v_0 erteilt. Berechnen Sie die Amplituden der drei niedrigsten Eigenschwingungen, die angeregt werden.

3. Erzwungene Schwingungen

3.1. Einleitung

In den Kapiteln 1 und 2 haben wir die freien Schwingungen verschiedener Systeme untersucht. In diesem Kapitel werden wir *erzwungene* Schwingungen dieser Systeme behandeln. Das heißt, wir werden das Verhalten der Systeme für den Fall untersuchen, daß eine vorgegebene äußere zeitabhängige Kraft irgendwie auf das System einwirkt. Ohne Einschränkung der Allgemeingültigkeit werden wir uns im besonderen mit harmonisch sich verändernden treibenden Kräften befassen und die erzwungene Schwingung des Systems in Abhängigkeit von der Frequenz untersuchen.

Im Abschnitt 3.2 werden wir auf die freien Schwingungen eines gedämpften eindimensionalen Oszillators eingehen. Dann werden wir den Einschwingvorgang betrachten, der auftritt, wenn der gedämpfte Oszillator seine Bewegung aus der Ruhelage beginnt und von einer harmonisch sich verändernden Kraft erregt wird. Wir werden die interessante Erscheinung der „Einschwingschwebungen" zwischen der erregenden Kraft und der „vorübergehenden" freien Schwingung finden. Dann werden wir die stationären Schwingungen untersuchen, die übrigbleiben, wenn der Einschwingvorgang vollständig abgeklungen ist. Wir werden auf die Resonanzschwingung des erregten Oszillators eingehen, die bei langsamer Änderung der erregenden Frequenz zu beobachten ist. Im Abschnitt 3.3 werden wir ein System mit zwei Freiheitsgraden untersuchen. Wir werden dabei feststellen, daß jede der freien Eigenschwingungen zu der erzwungenen Bewegung eines bestimmten bewegten Teiles einen Anteil liefert. Tatsächlich werden wir das ganz einfache Ergebnis herleiten, daß die Bewegung eines bestimmten bewegten Teiles eine Überlagerung unabhängiger Anteile – von jeder Eigenschwingung einer – darstellt. In Abschnitt 3.4 werden wir das merkwürdige Verhalten eines Systems mit mehreren Freiheitsgraden kennenlernen, das auftritt, wenn die erregende Frequenz oberhalb oder unterhalb der niedrigsten Eigenfrequenz des Systems liegt. In Abschnitt 3.5 wird schließlich auf das Verhalten eines erregten Systems aus vielen gekoppelten Pendeln eingegangen. Dies wird uns zur Entdeckung der Exponentialwellen führen.

Alle in diesem Kapitel besprochenen Erscheinungen lassen sich experimentell sehr einfach mit gekoppelten Pendeln untersuchen. Dabei verwendet man eine Spiralfeder zur Kopplung, Suppendosen von der Größe, daß sie gut in die Spiralfeder hineinpassen, als Pendelkörper sowie den Teller eines Plattenspielers, der die erregende Kraft liefert.

3.2. Erregter eindimensionaler gedämpfter harmonischer Oszillator

Dieser Abschnitt ist zum Teil eine Wiederholung von Band 1, Kapitel 7, in dem die freien und die stationären erzwungenen Schwingungen eines gedämpften Oszillators beschrieben worden sind. Wir werden auch das „Einschwingen" eines unter dem Einfluß einer harmonischen erregenden Kraft stehenden Oszillators betrachten, das auftritt, wenn der Oszillator anfänglich in seiner Gleichgewichtslage ruht.

Betrachten Sie eine punktförmige Masse m, die in der x-Richtung schwingt. Ihre Auslenkung aus der Gleichgewichtslage beträgt $x(t)$. Die Masse m erfährt eine *rücktreibende Kraft* $-m\omega_0^2 x(t)$, die von einer Feder mit der Federkonstanten $K = m\omega_0^2$ herrührt. Wäre keine andere Kraft vorhanden, so würde die Masse aus diesem Grund eine harmonische Schwingung mit der Kreisfrequenz ω_0 ausführen. Die Masse erfährt jedoch auch eine *Reibungskraft* $-m\Gamma\dot{x}(t)$, wobei Γ eine Konstante ist, die wir als *Dämpfungskonstante pro Einheitsmasse* oder einfach als *Dämpfungskonstante* bezeichnen können. Schließlich ist die Masse noch einer *äußeren Kraft* $F(t)$ unterworfen. Das zweite Newtonsche Gesetz liefert dann als Bewegungsgleichung von m die inhomogene lineare Differentialgleichung zweiter Ordnung

$$m\ddot{x}(t) = -m\omega_0^2 x(t) - m\Gamma\dot{x}(t) + F(t). \qquad (3.1)$$

Zuerst betrachten wir den Spezialfall ohne äußere Kraft.

Abklingen der freien Schwingungen im Einschwingvorgang. Die Bewegungsgleichung (3.1) wird zu

$$\ddot{x}(t) + \Gamma\dot{x}(t) + \omega_0^2 x(t) = 0. \qquad (3.2)$$

Wir setzen eine Lösung $x_1(t)$ von der Form

$$x_1(t) = e^{-(1/2)t/\tau}\cos(\omega_1 t + \theta) \qquad (3.3)$$

an, wobei τ, ω_1 und θ unbekannt sind. Durch direktes Einsetzen finden wir, daß Gl. (3.3) für *jeden* Wert der Phasenkonstanten θ eine Lösung von Gl. (3.2) darstellt, wenn wir nur

$$\tau = \frac{1}{\Gamma} \qquad (3.4)$$

und

$$\omega_1^2 = \omega_0^2 - \frac{1}{4}\Gamma^2 \qquad (3.5)$$

wählen. Die allgemeinste Lösung von Gl. (3.2) ist eine Überlagerung zweier linear unabhängiger Lösungen mit zwei „willkürlichen" Konstanten, die so gewählt werden können, daß die Anfangsauslenkung $x_1(0)$ und die Anfangsgeschwindigkeit $\dot{x}_1(0)$ herauskommen. Zwei unabhängige Lösungen erhält man, indem z.B. θ gleich Null oder $-\frac{1}{2}\pi$ gesetzt wird. Daher läßt sich die allgemeine Lösung in der Form

$$x_1(t) = e^{-(1/2)\Gamma t}(A_1 \sin \omega_1 t + B_1 \cos \omega_1 t) \qquad (3.6)$$

schreiben. Es ist leicht zu sehen, daß die Konstanten A_1 und B_1 durch $B_1 = x_1(0)$ und $\omega_1 A_1 = \dot{x}_1(0) + \frac{1}{2}\Gamma x_1(0)$ bestimmt sind. Dann folgt aus Gl. (3.6)

$$x_1(t) = e^{-(1/2)\Gamma t}\left\{x_1(0) \cos \omega_1 t + \left[\dot{x}_1(0) + \frac{1}{2}\Gamma x_1(0)\right] \frac{\sin \omega_1 t}{\omega_1}\right\}. \qquad (3.7)$$

Ist $\frac{1}{2}\Gamma$ klein gegenüber ω_0, so sagt man, die Schwingung sei *schwach gedämpft*. Ist $\frac{1}{2}\Gamma$ gleich ω_0, so heißt die Schwingung *kritisch gedämpft*. In diesem Fall ist nach Gl. (6.5) ω_1 gleich Null. In der Gl. (3.7) ersetzen wir dann $\cos \omega_1 t$ durch 1 und $(1/\omega_1) \sin \omega_1 t$ durch t, denn der Grenzwert von $(1/\omega_1) \sin \omega_1 t$ für ω_1 gegen Null ist gerade t.

Ist $\frac{1}{2}\Gamma$ größer als ω_0, so sagt man, der Oszillator sei *überkritisch gedämpft*. In diesem Fall ist nach Gl. (3.5) ω_1^2 negativ. Daher gilt für ω_1

$$\omega_1 = \pm \mathrm{i}|\omega_1|, \quad |\omega_1| = \sqrt{\frac{1}{4}\Gamma^2 - \omega_0^2}, \qquad (3.8)$$

wobei i die Quadratwurzel aus -1 ist. Die Gl. (3.7) gilt weiterhin und kann (Übung 25) in der Form

$$x_1(t) = e^{-(1/2)\Gamma t}\left\{x_1(0) \cosh |\omega_1| t + \left[\dot{x}_1(0) + \frac{1}{2}\Gamma x_1(0)\right] \frac{\sinh |\omega_1| t}{|\omega_1|}\right\} \qquad (3.9)$$

geschrieben werden.

Wir werden uns nur mit dem Fall befassen, bei dem $\frac{1}{2}\Gamma$ kleiner als ω_0 ist. Der Oszillator heißt dann *unterkritisch gedämpft*. Darunter fällt auch der Fall schwacher Dämpfung, in dem $\frac{1}{2}\Gamma \ll \omega_0$ ist. Im Falle schwacher Dämpfung können wir den Exponentialfaktor $e^{-(1/2)\Gamma t}$ während einer Schwingung im wesentlichen als konstant ansehen. Dann erhält man die Geschwindigkeit in hinreichend guter Näherung, wenn man die zeitliche Ableitung der Gl. (3.6) bildet und dabei $e^{-(1/2)\Gamma t}$ als Konstante betrachtet. Es kann dann leicht gezeigt werden, daß die Energie – kinetische plus potentielle – während einer Schwingung im wesentlichen konstant ist, jedoch während eines viele Schwingungen umfassenden Zeitintervalls exponentiell abnimmt:

$$W(t) = \frac{1}{2}m\dot{x}_1^2(t) + \frac{1}{2}m\omega_0^2 x_1^2(t) = W_0 e^{-\Gamma t} = W_0 e^{-t/\tau}, \qquad (3.10)$$

wobei

$$W_0 = \frac{1}{2}m(\omega_1^2 + \omega_0^2)\left(\frac{1}{2}A_1^2 + \frac{1}{2}B_1^2\right). \qquad (3.11)$$

Wir befassen uns jetzt mit dem Fall eines unterkritisch gedämpften Oszillators, der einer nichtverschwindenden äußeren Kraft $F(t)$ unterworfen ist.

Stationäre Schwingungen unter Einwirkung einer harmonisch erregenden Kraft. Eine sehr große Klasse von Funktionen $F(t)$ kann mit Hilfe einer Fourierentwicklung über verschiedene Frequenzen ω ausgedrückt werden:

$$F(t) = \sum_{\omega} f(\omega) \cos[\omega t + \varphi(\omega)]. \qquad (3.12)$$

Z.B. kann, wie wir in Abschnitt 2.3 gesehen haben, jede (vernünftige) periodische Funktion $F(t)$ auf diese Weise entwickelt werden. Außerdem lassen sich, wie wir in Kapitel 6 sehen werden, auch viele aperiodische Funktionen in Fourierreihen oder Fourierintegrale entwickeln. Betrachten Sie eine einzelne Fourierkomponente einer solchen Kraft:

$$F(t) = F_0 \cos \omega t, \qquad (3.13)$$

wobei wir den Zeitnullpunkt sogewählt haben, daß die Phasenkonstante verschwindet. Wenn wir einmal wissen, wie sich $x(t)$ bei einer harmonischen Kraft wie der von Gl. (3.13) ermitteln läßt, dann sind wir auch imstande, das $x(t)$ für eine Überlagerung wie die in Gl. (3.12) zu bestimmen. Gemäß unseren Betrachtungen in Abschnitt 1.3 gilt nämlich für die inhomogene lineare Gleichung ein Superpositionsprinzip, so daß die Lösung bei einer Überlagerung verschiedener äußerer Kräfte gerade die Überlagerung der einzelnen Lösungen ist. Daher brauchen wir nur die inhomogene Gleichung mit einer aus einer einzigen harmonischen Komponente bestehenden äußeren Kraft zu betrachten:

$$m\ddot{x}(t) + m\Gamma\dot{x}(t) + m\omega_0^2 x(t) = F_0 \cos \omega t. \qquad (3.14)$$

Wir wollen die *stationäre Lösung* der Gl. (3.14) ermitteln. Sie gibt an, wie sich der Oszillator bewegt, nachdem die harmonisch anregende Kraft während einer gegenüber der Abklingzeit τ langen Zeit auf ihn eingewirkt hat. Dann ist der „Einschwingvorgang", der das Verhalten des Oszillators während der ersten paar mittleren Abklingzeiten nach dem Einsetzen der erregenden Kraft beschreibt, auf Null abgeklungen. Der Oszillator führt dann harmonische Schwingungen mit der erregenden Frequenz ω aus. Nach Wunsch wählbare, d.h. „willkürliche", Konstanten gibt es nicht. Die Schwingungsamplitude ist der Amplitude F_0 der erregenden Kraft proportional. Die Phasenkonstante steht mit der Phasenkonstanten der erregenden Kraft in fester Beziehung.

Absorbierende und elastische Amplituden. Statt durch die Amplitude und die Phasenkonstante können wir die

Schwingung auch durch zwei Amplituden A und B beschreiben. Diese gehören zu der Schwingungskomponenten $A \sin \omega t$, die gegenüber der erregenden Kraft $F_0 \cos \omega t$ um 90° phasenverschoben ist, und $B \cos \omega t$, die mit der erregenden Kraft in Phase ist. Also kann die stationäre Lösung $x_s(t)$ als

$$x_s(t) = A \sin \omega t + B \cos \omega t \tag{3.15}$$

geschrieben werden, wobei A und B geeignet zu wählen sind. Durch direktes Einsetzen können Sie nachprüfen, daß für $x_s(t)$ dann und nur dann die Gl. (3.14) gilt, wenn A und B durch

$$A = \frac{F_0}{m} \frac{\Gamma\omega}{[(\omega_0^2 - \omega^2)^2 + \Gamma^2 \omega^2]} \equiv A_{ab}, \tag{3.16}$$

$$B = \frac{F_0}{m} \frac{(\omega_0^2 - \omega^2)}{[(\omega_0^2 - \omega^2)^2 + \Gamma^2 \omega^2]} \equiv A_{el} \tag{3.17}$$

gegeben sind. Die Konstante A_{ab} heißt *absorbierende Amplitude*, die Konstante A_{el} *elastische Amplitude*. (Manchmal wird die elastische Amplitude auch als „dispersive" Amplitude bezeichnet.) Diese Bezeichnungen wurden gewählt, weil der zeitliche Mittelwert der zugeführten Leistung ausschließlich von dem Term $A_{ab} \sin \omega t$ herrührt. Der Term $A_{el} \cos \omega t$ liefert zwar einen Beitrag zum augenblicklichen Leistungsverbrauch $P(t)$, ergibt jedoch im Mittel über eine stationäre Schwingung Null. Diese Ergebnisse folgen aus der Tatsache, daß die augenblickliche Leistung $P(t)$ gleich der Kraft $F_0 \cos \omega t$ mal der Geschwindigkeit $\dot{x}(t)$ ist. Die augenblickliche Geschwindigkeit besteht aus einem Anteil, der mit der Kraft in Phase ist, und einem zweiten Anteil, der gegenüber der Kraft um 90° phasenverschoben ist. Nur der Geschwindigkeitsanteil, der mit der Kraft in Phase ist, liefert zum *zeitlichen Mittelwert P der Leistung* einen Beitrag. Diese „phasengleiche" Geschwindigkeit kommt von der phasenverschobenen Auslenkung $A_{ab} \sin \omega t$ her. Algebraisch stellen wir diese Beziehungen wie folgt dar:

$$F(t) = F_0 \cos \omega t,$$

$$x_s(t) = A_{ab} \sin \omega t + A_{el} \cos \omega t,$$

$$\dot{x}_s(t) = \omega A_{ab} \cos \omega t - \omega A_{el} \sin \omega t.$$

Dann ist die augenblickliche zugeführte Leistung im stationären Zustand gleich

$$P(t) = F(t)\, \dot{x}_s(t) = F_0 \cos \omega t\, [\omega A_{ab} \cos \omega t - \omega A_{el} \sin \omega t]. \tag{3.18}$$

Bezeichnen wir das Zeitmittel über eine Schwingung durch Klammern $\langle\ \rangle$, so erhalten wir

$$P = F_0\, \omega A_{ab} \langle \cos^2 \omega t \rangle - F_0\, \omega A_{el} \langle \cos \omega t \sin \omega t \rangle.$$

Es gilt aber

$$\langle \cos^2 \omega t \rangle \equiv \frac{1}{T} \int_{t_0}^{t_0+T} \cos^2 \omega t\, dt = \frac{1}{2}, \tag{3.19}$$

wobei T die Schwingungsdauer ist. Ebenso gilt

$$\langle \cos \omega t \sin \omega t \rangle = \frac{1}{2} \langle \sin 2\omega t \rangle = 0. \tag{3.20}$$

Daher bekommen wir für den zeitlichen Mittelwert der zugeführten Leistung im stationären Zustand

$$P = \frac{1}{2} F_0\, \omega A_{ab}. \tag{3.21}$$

Mit Gl. (3.21) haben wir nachgewiesen, daß der zeitliche Mittelwert der zugeführten Leistung der Amplitude A_{ab} des Anteiles der Auslenkung $x_s(t)$ im stationären Zustand proportional ist, der gegenüber der erregenden Kraft um 90° phasenverschoben ist. Dieses Ergebnis ist von der speziellen Phasenfestlegung der Kraft ($\cos \omega t$) unabhängig; es würde bei der allgemeineren Kraft ($\cos(\omega t + \varphi)$) genauso gelten.

Im stationären Zustand muß der zeitliche Mittelwert der Leistung dem zeitlichen Mittelwert der durch die Reibung aufgezehrten Energie gleich sein. Die augenblickliche Reibungskraft beträgt $-m\Gamma\dot{x}(t)$. Die augenblickliche Reibungsleistung ist gleich der Reibungskraft mal der Geschwindigkeit. So ist leicht zu zeigen, daß der zeitliche Mittelwert der durch Reibung verlorengehenden Leistung gleich

$$P_{reib} = m\Gamma \langle \dot{x}_s^2 \rangle$$
$$= \frac{1}{2} m\Gamma\omega^2 [A_{ab}^2 + A_{el}^2] \tag{3.22}$$

ist und daß dies tatsächlich gleich dem durch Gl. (3.21) gegebenen Zeitmittel P der zugeführten Leistung ist (siehe Übung 6).

Im stationären Zustand ist die im Oszillator gespeicherte Energie nicht völlig konstant, weil die durch Gl. (3.18) angegebene augenblickliche zugeführte Leistung $F(t)\dot{x}_s(t)$ nicht gleich der augenblicklichen durch Reibung verlorengehenden Leistung $m\Gamma\dot{x}_s^2(t)$ ist. Nur bei der Mittelung über eine Schwingung sind zugeführte und durch Reibung verlorengehende Leistung einander gleich. Wir interessieren uns für den zeitlichen Mittelwert der gespeicherten Energie. Es ist leicht einzusehen, daß der *zeitliche Mittelwert E der gespeicherten Energie* bei der stationären Schwingung gleich

$$E = \frac{1}{2} m \langle \dot{x}_s^2 \rangle + \frac{1}{2} m\omega_0^2 \langle x_s^2 \rangle$$
$$= \frac{1}{2} m (\omega^2 + \omega_0^2) \left(\frac{1}{2} A_{ab}^2 + \frac{1}{2} A_{el}^2 \right) \tag{3.23}$$

ist (siehe Übung 10). Beachten Sie, daß der Term mit ω^2 den zeitlichen Mittelwert der kinetischen Energie, der mit ω_0^2 den zeitlichen Mittelwert der potentiellen Energie darstellt. Diese sind nur für $\omega = \omega_0$ einander gleich. (Erinnern Sie sich, daß die zeitlichen Mittelwerte der kinetischen und der potentiellen Energie beim schwach gedämpften *freien* Oszillator einander gleich sind.) Diese Tatsache läßt sich qualitativ auf folgende Weise einsehen: Ist ω groß gegenüber ω_0, so wird die Geschwindigkeit von m umgekehrt, bevor dieses eine große Auslenkung erreichen kann, und daher auch, bevor eine große potentielle Energie in der Feder gespeichert werden kann. Ist hingegen ω klein gegenüber ω_0, so wird die Geschwindigkeit niemals groß, und der zeitliche Mittelwert der potentiellen Energie überwiegt.

Beachten Sie, daß die durch Gl. (3.23) angegebene gespeicherte Energie im Falle $\omega = \omega_0$ gleich dem Produkt aus der im stationären Zustand verbrauchten Energie, die durch Gl. (3.22) angegeben wird, und der Abklingzeit τ für freie Schwingungen ist. Dies ist qualitativ einsichtig: Würden wir die erregende Kraft ausschalten, so würde die Energie des Oszillators aufgrund der Reibung mit einer mittleren Abklingzeit τ exponentiell „abklingen", wie Gl. (3.10) zeigt. Erregen wir den Oszillator mit seiner natürlichen Frequenz, die bei schwacher Dämpfung im wesentlichen gleich ω_0 ist, dann wächst die Schwingungsamplitude an, bis – im stationären Zustand – die zugeführte Leistung gleich der durch Reibung verlorengehenden Leistung ist. Da die Reibung den größten Teil der Energie in einer Zeit τ aufzehrt, ist die gespeicherte Energie im stationären Zustand gleich dem Anteil, der von der erregenden Kraft „vor kurzem" geliefert wurde, d.h. innerhalb einer Zeit τ. Wir erwarten daher, daß die gespeicherte Energie im Gleichgewicht ungefähr gleich der zugeführten Leistung mal τ sein wird, was wiederum gleich der Reibungsleistung mal τ ist. Wir haben gesehen, daß dies für $\omega = \omega_0$ tatsächlich der Fall ist. Ist ω ungleich ω_0, so läßt sich die Beziehung zwischen zugeführter Leistung und gespeicherter Energie nicht so leicht durch Vermutungen ableiten.

Resonanz. Nun untersuchen wir, wie sich die erzwungene Schwingung des Oszillators verändert, wenn wir die erregende Frequenz langsam ändern. Dabei halten wir die Frequenz in dem Zeitintervall von der Länge vieler mittlerer Abklingzeiten im wesentlichen konstant, so daß im wesentlichen immer ein stationärer Zustand vorliegt. Der zeitliche Mittelwert P der zugeführten Leistung ist nach den Gln. (3.21) und (3.16)

$$P = P_0 \frac{\Gamma^2 \omega^2}{(\omega_0^2 - \omega^2)^2 + \Gamma^2 \omega^2}, \tag{3.24}$$

wobei P_0 den Wert von P „im Resonanzfall", d.h. bei $\omega = \omega_0$, darstellt. Der größte Wert von P tritt im Resonanzfall auf. Als „Halbwertspunkte" sind die Werte von ω definiert, bei denen P die Hälfte seines Maximalwertes annimmt. Sie können sich selbst davon überzeugen, daß (Übung 11) die Halbwertspunkte durch

$$\omega^2 = \omega_0^2 \pm \Gamma\omega \tag{3.25}$$

bestimmt ist, was gleichbedeutend mit

$$\omega = \sqrt{\omega_0^2 + \frac{1}{4}\Gamma^2} \pm \frac{1}{2}\Gamma \tag{3.26}$$

ist. Beachten Sie, daß Gl. (3.25) zwei getrennte quadratische Gleichungen in ω mit je einer positiven und einer negativen Lösung darstellt. Die beiden positiven Lösungen liefert Gl. (3.26). Das Frequenzintervall zwischen den beiden Halbwertspunkten heißt *Halbwertsbreite* oder *Resonanzbreite* und schreibt sich $(\Delta\omega)_{\text{halb}}$ oder einfach $\Delta\omega$. Nach Gl. (3.26) gilt

$$(\Delta\omega)_{\text{halb}} = \Gamma. \tag{3.27}$$

Nun haben wir aber bereits gefunden (Gl. (3.4)), daß die freien Schwingungen eine mittlere Abklingzeit $\tau = 1/\Gamma$ besitzen. So haben wir eine sehr wichtige Beziehung zwischen der Halbwertsbreite der erzwungenen Schwingungen und der mittleren Abklingzeit der freien Schwingungen gefunden:

$$\boxed{(\Delta\omega)_{\text{halb}}\,\tau_{\text{frei}} = 1\,.} \tag{3.28}$$

In Worten: *Die Halbwertsbreite der Resonanzkurve für erregte Schwingungen ist gleich der reziproken Abklingzeit der freien Schwingungen.* Dies ist ein sehr allgemeines Ergebnis. Es gilt nicht nur für Systeme mit einem Freiheitsgrad, sondern auch, wie wir später sehen werden, für solche mit vielen Freiheitsgraden. In diesen Fällen zeigt sich, daß die Resonanzen bei den Frequenzen der ungedämpften freien Eigenschwingungen auftreten, genau wie beim eindimensionalen Oszillator. Die Resonanzfrequenz ω_0 ist nur dann gleich der Frequenz ω_1 der freien Schwingungen, wenn die Dämpfungskonstante Γ verschwindet. Bei den gedämpften freien Schwingungen wird die Frequenz wegen des Dämpfungsfaktors $e^{-(1/2)\Gamma t}$ von ω_0 nach ω_1 „gezogen". Bei den erzwungenen Schwingungen ist die Amplitude konstant, und die Resonanzfrequenz ist das, was die Frequenz der freien Schwingungen im Falle verschwindender Dämpfung wäre. Sind mehrere Freiheitsgrade vorhanden, so erfüllen die Halbwertsbreite und die Abklingzeit einer jeden Eigenschwingung die Gl. (3.28), vorausgesetzt, die Resonanzfrequenzen liegen genügend weit auseinander, so daß sie sich nicht „überlappen".

Gl. (3.28) hat für das Experiment sehr wichtige Folgen. Oft läßt sich die Resonanzschwingung eines Systems experimentell leichter beobachten als das Abklingen freier Schwingungen. In diesem Falle erhält man die mittlere Abklingzeit der freien Schwingungen, indem man statt ihrer die Resonanzschwingung untersucht, um $\Delta\omega$ zu bekommen. Die Abklingzeit wird dann aus Gl. (3.28) ermittelt.

● **Beispiel**: *1. Abklingzeit bei einer Kartonröhre.* Wir zeigen jetzt eine anschauliche Anwendung der Gl. (3.28) auf ein System mit vielen Freiheitsgraden. Nehmen Sie eine Kartonröhre, regen Sie sie an und lassen Sie die Schwingung frei abklingen. Schlagen Sie zu diesem Zweck die Röhre leicht gegen Ihren Kopf. Dieser Schlag regt hauptsächlich die niedrigste Eigenschwingung an, bei der die Länge der Röhre gleich einer halben Wellenlänge ist. Das System schwingt und strahlt von den Enden der Röhre Schallenergie ab. Außerdem verliert es etwas Schallenergie durch die „Reibung" zwischen der Luft und den rauhen Wänden der Röhre, d.h., Schallenergie wird in „Wärme" umgewandelt. Wir beobachten daher gedämpfte Schwingungen. Es erhebt sich die Frage nach der mittleren Abklingzeit. Ihr Ohr erkennt leicht, daß eine Frequenz besonders deutlich hervortritt, und zwar dieselbe Frequenz, die Sie hören, wenn Sie das Ende der Röhre anblasen. Die Abklingzeit ist jedoch zu kurz, als daß sie das Ohr ohne Hilfsmittel messen könnte. Sie haben nun zwei Möglichkeiten. In dem einen Fall können Sie ein Mikrophon, einen Verstärker und einen Oszillographen benutzen. Schalten Sie die Horizontalablenkung des Oszillographen zur gleichen Zeit ein, da Sie die Schwingungen anregen, und legen Sie den Ausgang des Verstärkers an die vertikalen Platten. (Dies geht am leichtesten mit einem guten Oszillographen, der einen „inneren Trigger" besitzt, so daß der Beginn des Verstärkerimpulses zum Triggern der Horizontalablenkung verwendet werden kann.) Photographieren Sie die Kurve am Oszillographen und messen Sie τ direkt. Eine andere, indirekte Messung erreichen Sie folgendermaßen: Beschaffen Sie sich einen Hörfrequenzgenerator. Speisen Sie damit einen kleinen Lautsprecher, der an dem einen Ende der Röhre befestigt ist. Dies ruft in der Röhre stationäre Schwingungen mit der Signalfrequenz hervor. Fangen Sie die Abstrahlung der Röhre am anderen Ende mit Ihrem Mikrophon auf und messen Sie die Wellenamplitude am Oszillographen. Verändern Sie nun die erregende Frequenz. (Experimentell ist es vielleicht einfacher, die erregende Frequenz konstant zu halten und die Röhrenlänge mit einem Teleskop zu verändern. Tragen Sie das Quadrat der Amplitude gegen die reziproke Röhrenlänge auf. – (Warum die reziproke?)) Ermitteln Sie die Halbwertspunkte. Dies liefert $\Delta\omega$. Berechnen Sie dann τ mit Hilfe von Gl. (3.28).

Auch ohne diese Geräte kommen Sie recht gut aus. Verwenden Sie eine Stimmgabel und fünf oder sechs Röhren, die bis auf ihre Längen gleichartig sind. Bewegen Sie die Stimmgabel rasch an den in einer Reihe angeordneten Röhren vorbei und versuchen Sie, die „Halbwertsbreite der abgestrahlten Leistung" anzugeben. Vielleicht gelingt es Ihnen, eine Möglichkeit zur Feststellung eines Faktors der Größe Zwei zu ersinnen. Jedenfalls können Sie $\Delta\omega$ – und damit die Abklingzeit – bis auf einen Faktor Zwei abschätzen. Ich habe herausgefunden, daß typische Abklingzeiten bei Kartonröhren 20...50 μs betragen (siehe Übung 27). ●

Frequenzabhängigkeit der elastischen Amplitude. Der Term $A_{el}\cos\omega t$, der bei der stationären Schwingung $x_s(t)$ auftritt, ist der Anteil von $x_s(t)$, der sich mit der erregenden Kraft $F_0\cos\omega t$ in Phase befindet. Wie oben besprochen, liefert dieser „elastische" Term zum zeitlichen Mittelwert der absorbierten Leistung keinen Beitrag. Außerdem ist A_{el} im Resonanzfall, also bei $\omega = \omega_0$, gleich Null. Heißt das, daß A_{el} keine Rolle spielt? Nein. Tatsächlich überwiegt bei erregenden Frequenzen, die von der Resonanzfrequenz weit entfernt liegen, der elastische Term. Wie sehen dies aus folgenden Gründen ein: Die elastische Amplitude ist nach Gl. (3.17)

$$A_{el} = \frac{F_0}{m}\,\frac{(\omega_0^2-\omega^2)}{(\omega_0^2-\omega^2)^2+\Gamma^2\omega^2}. \tag{3.29}$$

Das Verhältnis von elastischer zu absorbierender Amplitude ist aufgrund der Gln. (3.16) und (3.17)

$$\frac{A_{el}}{A_{ab}} = \frac{\omega_0^2-\omega^2}{\Gamma\omega}. \tag{3.30}$$

Ist ω kleiner als ω_0, so ist A_{el}/A_{ab} positiv und kann, wenn man ω hinreichend klein wählt, beliebig groß gemacht werden. Ist ω größer als ω_0, so ist das Verhältnis A_{el}/A_{ab} negativ, und sein Betrag kann, wenn man ω hinreichend groß gewählt hat, ebenfalls beliebig groß gemacht werden. Für jeden dieser Fälle gilt $\Gamma\omega \ll |\omega_0^2-\omega^2|$, und wir können den Beitrag von $A_{ab}\sin\omega t$ zu $x_s(t)$ vernachlässigen, wenn wir den sehr kleinen zeitlichen Mittelwert der Leistung vernachlässigen wollen. (Sind wir von der Resonanz weit entfernt, so ist der Leistungsverbrauch gegenüber dem im Resonanzfall sehr gering.) Daher ist die stationäre Lösung in großer Entfernung von der Resonanz gleich $A_{el}\cos\omega t$. Dabei erhält man A_{el} durch Vernachlässigung des Terms $\Gamma^2\omega^2$ im Nenner der Gl. (3.29):

$$x_s(t) \approx A_{el}\cos\omega t \approx \frac{F_0\cos\omega t}{m(\omega_0^2-\omega^2)}. \tag{3.31}$$

Beachten Sie, daß die Dämpfungskonstante Γ aus der Gl. (3.31) vollständig verschwunden ist. Tatsächlich ist leicht zu sehen, daß Gl. (3.31) die *exakte* stationäre Lösung der Bewegungsgleichung (3.14) darstellt, wenn wir in Gl. (3.14) $\Gamma = 0$ setzen (Übung 13).

In Bild 3.1 sind die absorbierende und die elastische Amplitude in Resonanznähe dargestellt.

Andere „Resonanzkurven". Das Verhalten des erregten harmonischen Oszillators wird durch mehrere verschiedene Größen beschrieben, die alle ähnliche (aber nicht identische) „Resonanzkurven" aufweisen, wenn man sie gegen die Frequenz aufträgt. Diese Größen sind die absorbierende Amplitude A_{ab}, das Quadrat des Betra-

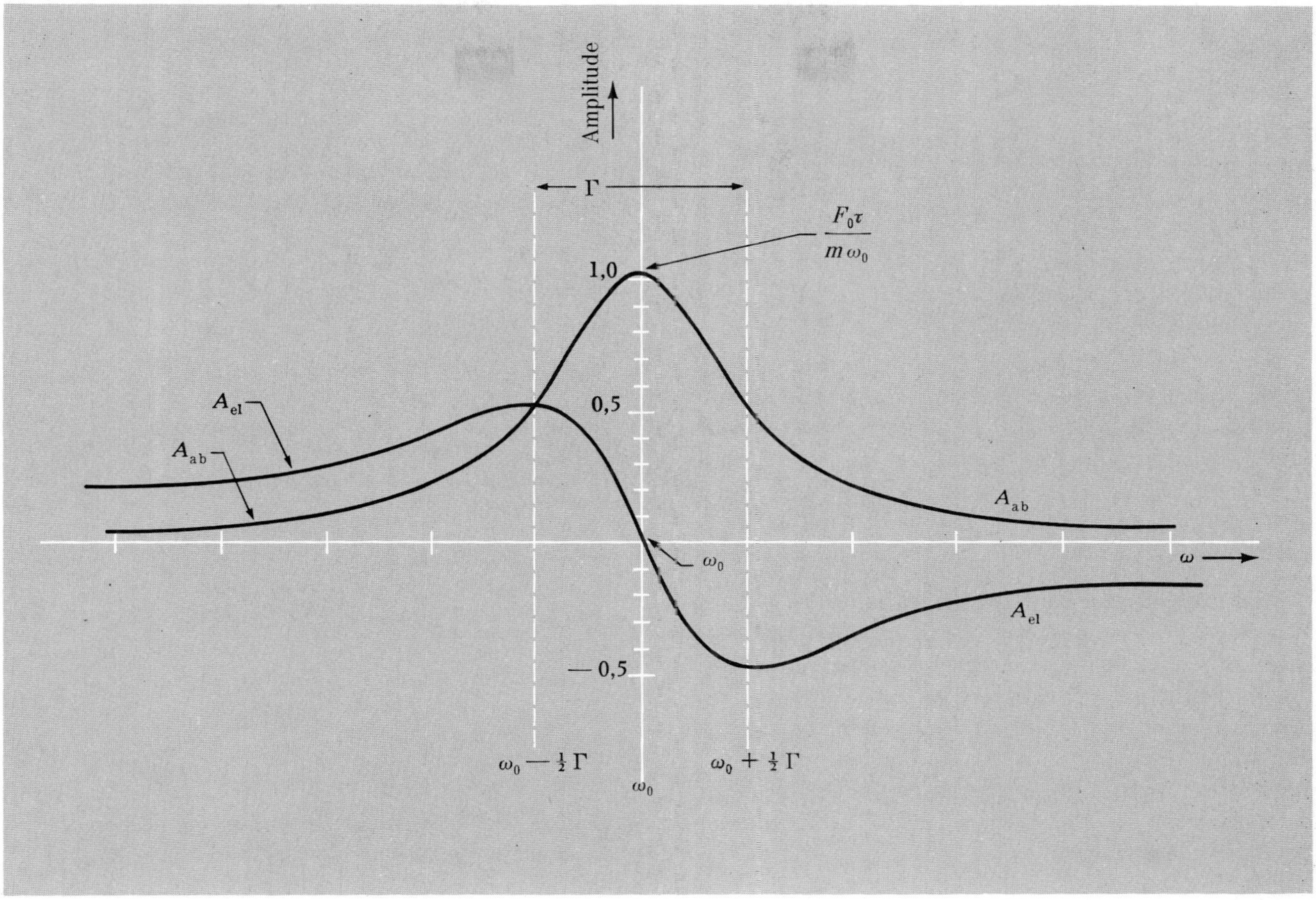

Bild 3.1. Resonanz beim erregten Oszillator. Ist der Oszillator der äußeren Kraft $F_0 \cos \omega t$ unterworfen, so ist die stationäre Schwingung gleich $x_s(t) = A_{ab} \sin \omega t + A_{el} \cos \omega t$.

ges der Amplitude, $|A|^2 \equiv A_{el}^2 + A_{ab}^2$, die zugeführte Leistung P (die auch gleich der verbrauchten Leistung ist) und die gespeicherte Energie. In diesem Abschnitt wollen wir sie alle zu Vergleichszwecken anschreiben. Aus den Gln. (3.16), (3.17), (3.22) und (3.23) erhalten wir

$$A_{ab}(\omega) = A_{ab}(\omega_0) \frac{\Gamma^2 \omega_0 \omega}{(\omega_0^2 - \omega^2)^2 + \Gamma^2 \omega^2}. \tag{3.32}$$

$$|A(\omega)|^2 = |A(\omega_0)|^2 \frac{\Gamma^2 \omega_0^2}{(\omega_0^2 - \omega^2)^2 + \Gamma^2 \omega^2}. \tag{3.33}$$

$$P(\omega) = P(\omega_0) \frac{\Gamma^2 \omega^2}{(\omega_0^2 - \omega^2)^2 + \Gamma^2 \omega^2}. \tag{3.34}$$

$$E(\omega) = E(\omega_0) \frac{\frac{1}{2}\Gamma^2(\omega^2 + \omega_0^2)}{(\omega_0^2 - \omega^2)^2 + \Gamma^2 \omega^2}. \tag{3.35}$$

Alle diese Größen haben den „Resonanznenner" D gemeinsam:

$$D \equiv (\omega_0^2 - \omega^2)^2 + \Gamma^2 \omega^2$$
$$= (\omega_0 - \omega)^2 (\omega_0 + \omega)^2 + \Gamma^2 \omega^2.$$

In der Nähe der Resonanz, d.h. nahe bei $\omega = \omega_0$, rührt die rasche Änderung von D mit ω fast ausschließlich von dem Faktor $(\omega_0 - \omega)^2$ im ersten Term her. Das Auftreten von ω an anderen Stellen in D sowie in den Nennern der vier obigen Größen bewirkt nur eine viel langsamere Änderung. Nun sind die absorbierende Amplitude und die anderen oben angeführten Größen nur „nahe" der Resonanz verhältnismäßig wichtig. (Wir können „nahe" ganz grob etwa als den Bereich $\omega_0 - 10\Gamma < \omega < \omega_0 + 10\Gamma$ definieren.) Im resonanznahen Bereich und bei schwacher Dämpfung, d.h. bei $\Gamma \ll \omega_0$, erhält man eine sehr gute Näherung, wenn man überall in D ω gleich ω_0 setzt, außer in dem empfindlichen Faktor $(\omega_0 - \omega)^2$ im ersten Term. Dann wird D zu

$$D \approx (\omega_0 - \omega)^2 (\omega_0 + \omega_0)^2 + \Gamma^2 \omega_0^2$$
$$= 4\omega_0^2 [(\omega_0 - \omega)^2 + (\tfrac{1}{2}\Gamma)^2].$$

In derselben Näherung können wir in den Nennern aller vier Resonanzgrößen $\omega = \omega_0$ setzen. Dann haben alle vier

Größen dieselbe Gestalt, die wir mit R – für Resonanz – bezeichnen:

$$R(\omega) \equiv \frac{(\frac{1}{2}\Gamma)^2}{(\omega_0 - \omega)^2 + (\frac{1}{2}\Gamma)^2}. \qquad (3.36)$$

Wir haben den Proportionalitätsfaktor so gewählt, daß $R(\omega_0) = 1$ ist. Beachten Sie, daß $R(\omega)$ eine gerade Funktion von $\omega_0 - \omega$ ist, d.h., $R(\omega)$ ist um die Resonanzfrequenz symmetrisch. Es ist leicht zu sehen, daß die Halbwertsbreite von $R(\omega)$ gleich Γ ist, genau wie beim exakten Ausdruck für die Halbwertsbreite der Leistung.

In der Optik heißt die durch $R(\omega)$ dargestellte Frequenzabhängigkeit gewöhnlich die „Lorentz-Linienform". In der Kernphysik heißt $R(\omega)$ die „Breit-Wigner-Resonanzkurve", wobei ω_0 und ω durch $E_0 = \hbar\omega_0$ bzw. $E = \hbar\omega$ ersetzt werden. Die exakten Resonanzkurven sind sowohl in der Optik als auch in der Kernphysik immer komplizierter als $R(\omega)$, genau wie beim harmonischen Oszillator.

Einschwingvorgang bei erzwungenen Schwingungen. Wir wollen die Lösung von Gl. (3.14), der Differentialgleichung eines harmonisch erregten gedämpften harmonischen Oszillators, bei beliebigen vorgegebenen Anfangsbedingungen $x(0)$ und $\dot{x}(0)$ ermitteln. Dazu benötigen wir die allgemeine Lösung. Diese ist eine Überlagerung der stationären Lösung $x_s(t)$ und der allgemeinen Lösung $x_1(t)$ der homogenen Bewegungsgleichung, also der Gleichung der freien Schwingungen:

$$\begin{aligned} x(t) &= x_s(t) + x_1(t) \\ &= A_{ab} \sin \omega t + A_{el} \cos \omega t \\ &\quad + e^{-(1/2)\Gamma t}[A_1 \sin \omega_1 t + B_1 \cos \omega_1 t], \end{aligned} \qquad (3.37)$$

wobei A_1 und B_1 beliebige Konstanten sind, die so gewählt werden können, daß sie die Anfangsbedingungen für Auslenkung und Geschwindigkeit erfüllen. Gl. (3.37) stellt die allgemeine Lösung dar: Erstens genügt sie der vorgegebenen Differentialgleichung zweiter Ordnung. Zweitens kann man durch geeignete Wahl von A_1 und B_1 erreichen, daß sie beliebige Anfangsbedingungen $x(0)$ und $\dot{x}(0)$ erfüllt. Nur das ist gemäß der Theorie der Differentialgleichungen erforderlich, damit sie eine eindeutige Lösung sei.

Anfänglich ruhende Oszillatoren. Spezialisieren wir unsere allgemeine Lösung auf den interessanten Fall, daß der *Oszillator zur Zeit $t = 0$ praktisch in seiner Gleichgewichtslage ruht.* Nimmt man $B_1 = -A_{el}$, so ergibt das die Anfangsbedingung $x(0) = 0$. Wir wählen nun A_1 so einfach wie möglich, aber so, daß die Anfangsgeschwindigkeit $\dot{x}(0)$ im wesentlichen gleich Null ist. Wir interessieren uns nur für schwache Dämpfung, weshalb wir annehmen, daß $e^{-(1/2)\Gamma t}$ während irgendeiner bestimmten Schwingung im wesentlichen konstant ist. Mit dieser Näherung können Sie zeigen, daß die Beziehung $\dot{x}(0) \approx \omega A_{ab} + \omega_1 A_1$ gilt. Da wir uns für Frequenzen interessieren, die nicht zu weit von der Resonanzfrequenz entfernt liegen, setzen wir einfach $A_1 = -A_{ab}$. Dann gilt

$$\dot{x}(0) \approx (\omega - \omega_1) A_{ab}. \qquad (3.38)$$

Dieser Ausdruck verschwindet für $\omega = \omega_1$ oder für $A_{ab} = 0$ (woraus $\Gamma = 0$ folgt). Mit den so gewählten Konstanten erhalten wir $x(0) = 0$ und $\dot{x}(0) \approx 0$. Dann wird Gl. (3.37) zu

$$\begin{aligned} x(t) &= A_{ab}[\sin \omega t - e^{-(1/2)\Gamma t} \sin \omega_1 t] \\ &\quad + A_{el}[\cos \omega t - e^{-(1/2)\Gamma t} \cos \omega_1 t]. \end{aligned} \qquad (3.39)$$

Es folgen einige interessante Spezialfälle.

Fall 1: *Erregende Frequenz gleich der Eigenfrequenz.* Setzen wir in Gl. (3.39) $\omega = \omega_1$, so erhalten wir

$$\begin{aligned} x(t) &= [1 - e^{-(1/2)\Gamma t}][A_{ab} \sin \omega t + A_{el} \cos \omega t] \\ &= [1 - e^{-(1/2)\Gamma t}]\, x_s(t), \end{aligned} \qquad (3.40)$$

wobei $x_s(t)$ die stationäre Lösung bedeutet. Wenn also die erregende Frequenz genau gleich der Eigenfrequenz ω_1 ist, dann ist die stationäre Lösung „von Anfang an da". Ihre Schwingungsamplitude wächst kontinuierlich von Null bis zu ihrem stationären Endwert an.

Fall 2: *Verschwindende Dämpfung und unbegrenzte Schwebungen.* Setzt man $\Gamma = 0$, so erhält man $A_{ab} = 0$ und

$$A_{el} = \frac{F_0/m}{\omega_0^2 - \omega^2}.$$

Dann liefert Gl. (3.39)

$$x(t) = \frac{F_0}{m} \frac{[\cos \omega t - \cos \omega_0 t]}{\omega_0^2 - \omega^2}. \qquad (3.41)$$

Gl. (3.41) ähnelt der Überlagerung zweier harmonischer Schwingungen, wie wir sie bei der Untersuchung der Schwebungen zwischen zwei Stimmgabeln in Abschnitt 1.5 angetroffen haben. Wir erinnern uns, daß wir $x(t)$ entweder als lineare Überlagerung zweier exakt harmonischer Schwingungen anschreiben können, wie es bei Gl. (3.41) der Fall ist, oder aber als „fast harmonische" Schwingungen mit der „raschen" mittleren Frequenz $\omega_{mit} = \frac{1}{2}(\omega_0 + \omega)$ und einer „langsam sich ändernden" Amplitude, die mit der „langsamen" Modulationsfrequenz $\omega_{mod} = \frac{1}{2}(\omega_0 - \omega)$ harmonisch schwingt. Die zweite Art liefert (Übung 22)

$$x(t) = A_{mod}(t) \sin \omega_{mit} t, \qquad (3.42)$$

wobei

$$A_{mod}(t) = \frac{F_0}{m} \frac{2 \sin \frac{1}{2}(\omega_0 - \omega)t}{(\omega_0^2 - \omega^2)}. \qquad (3.43)$$

Die Schwingungsamplitude oszilliert also für alle Zeiten mit der Modulationsfrequenz $\frac{1}{2}(\omega_0 - \omega)$. Die gespeicherte

Energie oszilliert um ihren Mittelwert und geht dabei von Null bis zu ihrem größten Wert E_0, gemäß der Beziehung

$$\begin{aligned} E(t) &= E_0 \sin^2 \frac{1}{2}(\omega_0 - \omega)t \\ &= \frac{1}{2}E_0[1 - \cos(\omega_0 - \omega)t]. \end{aligned} \tag{3.44}$$

Daher oszilliert die Energie für alle Zeiten mit der Schwebungsfrequenz zwischen erregender und Eigenfrequenz.

Um die fast unbegrenzten Schwebungen zu beobachten, können Sie folgendes Experiment ausführen: Eine Suppendose oder ein anderer Gegenstand wird an eine Schnur von etwa 45 cm Länge gehängt. Koppeln Sie dieses Pendel unter Zwischenschalten von Gummiband an einen Plattenspieler mit 45 Umdrehungen je Minute.

Für den Spezialfall $\omega = \omega_0$ folgt aus Gl. (3.43), daß die Amplitude der raschen Schwingungen für alle Zeiten linear mit der Zeit anwächst, was einer unendlichen Schwebungsdauer entspricht:

$$x(t) = \left[\frac{1}{2}\frac{F_0 t}{m\omega_0}\right] \sin \omega_0 t. \tag{3.45}$$

Nach einer unendlichen Zeit ist die Amplitude unendlich groß.

Fall 3: *Schwebungen beim Einschwingen.* Ist die Dämpfung schwach und liegt ω nahe bei ω_1, so ist es nicht schwierig – aber langwierig – zu zeigen, daß (Übung 24) die gespeicherte Energie näherungsweise gleich

$$E(t) = E[1 + e^{-\Gamma t} - 2e^{-(1/2)\Gamma t} \cos(\omega - \omega_1)t] \tag{3.46}$$

ist, wobei E die Energie im stationären Zustand bedeutet. (Setzen wir $\omega = \omega_1$, so erhalten wir den oben beschriebenen Fall 1. Setzen wir $\Gamma = 0$, so erhalten wir Fall 2.) Wir sehen also, wenn im Oszillator zur Zeit $t = 0$ keine Energie steckt, dann wächst die Energie $E(t)$ nicht kontinuierlich auf ihren stationären Wert an, es sei denn, die erregende Frequenz ω ist genau gleich der Frequenz der freien Schwingungen ω_1. Vielmehr oszilliert die Energie mit der Schwebungsfrequenz $\omega - \omega_1$. Diese Schwebungen kommen dadurch zustande, daß der Oszillator „gern" mit seiner Eigenfrequenz ω_1 schwingt, während er mit der Frequenz ω angestoßen wird. Daher wirkt die erregende Kraft manchmal mit einer Phase, die zum Anwachsen der Schwingungsamplitude förderlich ist, doch manchmal – eine halbe Schwebungsdauer später – wirkt sie mit entgegengesetzter Phase und verringert so die Schwingungen. Wäre keine Dämpfung vorhanden, so würden diese Schwebungen wie in Fall 2 für alle Zeiten weitergehen. Aufgrund der Dämpfung jedoch richtet der Oszillator allmählich seine Phase nach der der erregenden Frequenz aus. Nach einer hinreichend langen Zeit nimmt der Oszillator einen stationären Schwingungszustand ohne Schwebungen an und schwingt dann genau mit der erregenden Frequenz. Dabei ist die Phasenbeziehung zwischen dem Oszillator und der erregenden Kraft so beschaffen, daß die bei jedem Anstoß, d.h. bei jeder Schwingung, der erregenden Kraft an den Oszillator übertragene Energie genau gleich groß ist wie die während einer Schwingung durch Reibung verloren gehende Energie. Dann bleibt die Energie des Oszillators konstant, ebenso die Phasenbeziehung zwischen Oszillator und erregender Kraft. Der Energiezuwachs beim Einschwingen ist in Bild 3.2 dargestellt.

Qualitative Herleitung der Resonanzkurve. Wir wenden nun die Erkenntnisse, die wir bei der Untersuchung der Schwebungen beim Einschwingvorgang des Oszillators gewonnen haben, dazu an, das Verhältnis der stationären Schwingungsamplitude bei voller Resonanz zu der bei anderen Frequenzen zu erraten. Der Oszillator befinde sich am Anfang in Ruhe und werde genau mit seiner Resonanzfrequenz erregt. Wäre keine Dämpfung vorhanden, so würde die Schwingungsamplitude für alle Zeiten linear mit der Zeit anwachsen (siehe Gl. (3.45)). Tatsächlich nimmt sie zu *Beginn* linear mit der Zeit zu, denn am Anfang, wenn die mittlere Geschwindigkeit noch klein ist, kann man die Dämpfung vernachlässigen. Wegen der Dämpfung strebt sie jedoch schließlich einem Wert zu, der gleich der Amplitude ist, die der Oszillator in einer Zeit von der Größenordnung τ „erlangen" kann. Wegen der Dämpfung kann dieser nur die Bewegung aufrechterhalten, die er „vor kurzem", d.h. innerhalb einer Zeit τ, erlangt hat. Wir können diese Amplitude erraten, indem wir uns vorstellen, daß die maximale Kraft F_0 während einer Zeit τ einwirkt und so der Masse einen maximalen Impuls $F_0 \tau$ erteilt. Der maximale Impuls der schwingenden Masse ist aber das Produkt aus m und der maximalen Geschwindigkeit $\omega_0 A(\omega_0)$. Also gilt $F_0 \tau \approx m\omega_0 A(\omega_0)$, und wir erhalten

$$A(\omega_0) \approx \frac{F_0 \tau}{m\omega_0}. \tag{3.47}$$

als erratenen Wert der stationären Amplitude bei $\omega = \omega_0$.

Erregen wir nun den Oszillator mit einer von der Resonanzfrequenz ω_0 stark unterschiedlichen Frequenz ω. Wäre keine Dämpfung vorhanden, so würde die Amplitude für alle Zeiten mit der Modulationsfrequenz $\frac{1}{2}(\omega_0 - \omega)$ oszillieren, und die Energie des Oszillators würde mit der Schwebungsfrequenz $\omega_0 - \omega$ oszillieren. Wir „schalten" jetzt die Dämpfung „ein". Der durch die Dämpfung verursachte Energieverlust ist dem Quadrat der Geschwindigkeit proportional. Daher ist die Dämpfung dann am größten, wenn die Energie ihr Maximum erreicht. Ist die Energie gleich Null, so tritt keine Dämpfung auf. Die Dämpfung neigt also dazu, in einem Energie-Zeit-Diagramm die „Spitzen abzuschneiden". (Sie neigt auch dazu, die „Täler auszufüllen".) Schließlich klingen die Schwebungen durch die Dämpfung ab. Wir dürfen annehmen, daß die Amplitude auf etwa die Hälfte des Maximalwertes gedämpft

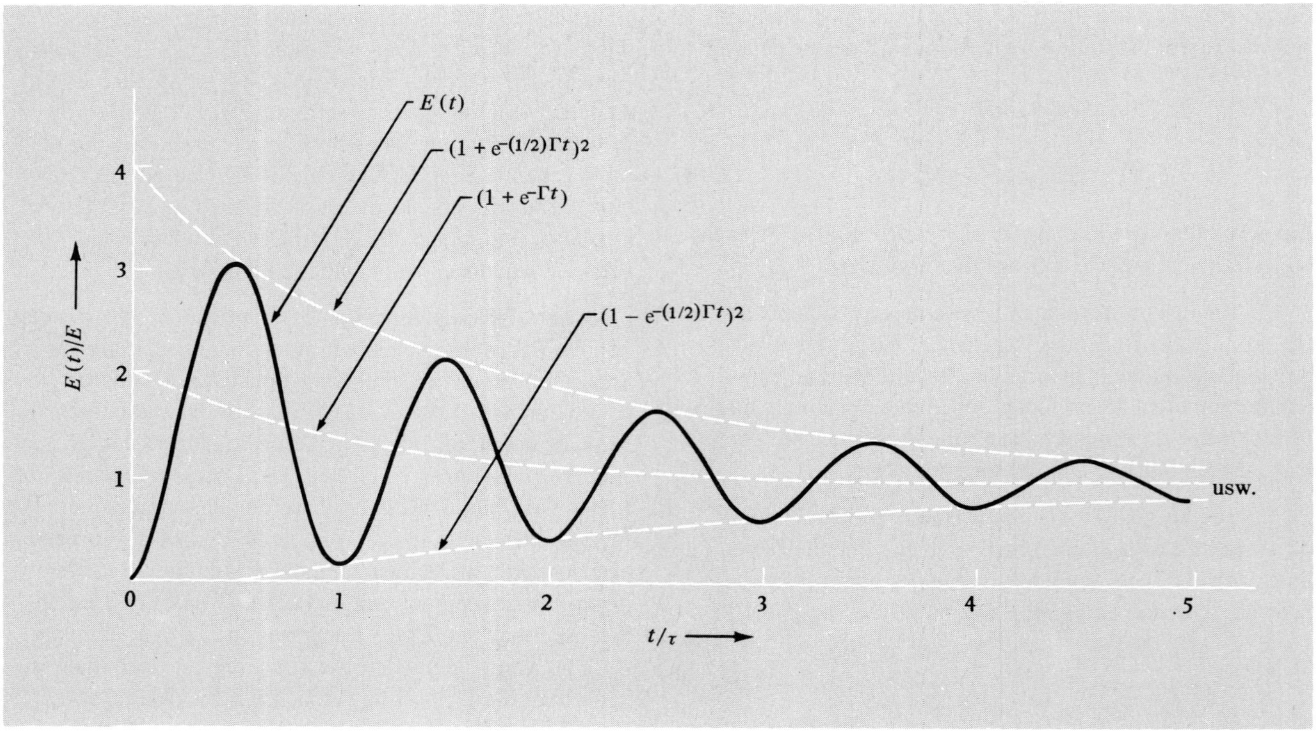

Bild 3.2. Schwebungen beim Einschwingen. (Wir haben die Schwebungsperiode gleich der Abklingzeit τ gewählt.) Die gespeicherte Energie $E(t)$ wächst von Null an, oszilliert gedämpft mit der Schwebungsfrequenz zwischen der erregenden Kraft und den Eigenschwingungen, und nimmt schließlich den stationären Wert E an.

wird, den sie bei den Schwebungen als ersten annimmt. Daher ersetzen wir in Gl. (3.43) $\sin\frac{1}{2}(\omega_0-\omega)t$ durch $\frac{1}{2}$. Also erhalten wir für den Fall, daß ω von ω_0 weit entfernt ist, aus Gl. (3.43)

$$A(\omega) \approx \frac{F_0}{m}\frac{1}{\omega_0^2-\omega^2}. \tag{3.48}$$

Anders ausgedrückt: Wir dürfen annehmen, daß $A(\omega)$ dem maximalen Impuls entspricht, der von der maximalen Kraft F_0 während eines bestimmten Bruchteiles f der Schwebungsdauer übertragen werden kann. Dieser Impuls ist gleich dem Produkt aus der Masse m, der Amplitude $A(\omega)$ und der mittleren Kreisfrequenz $\frac{1}{2}(\omega_0+\omega)$. Die Schwebungsdauer T_{schweb} ist gleich $2\pi/(\omega_0-\omega)$. Daher vermuten wir

$$\frac{F_0 f 2\pi}{(\omega_0-\omega)} \approx mA(\omega)\frac{1}{2}(\omega_0-\omega).$$

Dies liefert Gl. (3.48), wenn wir so geschickt sind, $f = 1/4\pi$ zu erraten. (Ich war es nicht.)

Wir wissen von unserer exakten Lösung her, daß die Schwingungsamplitude genau bei Resonanz $A_{\text{ab}}(\omega_0)$ ist, da A_{el} im Resonanzfall verschwindet. Tatsächlich ist unsere erratene Amplitude $A(\omega_0)$ gleich $A_{\text{ab}}(\omega_0)$, wie Sie durch Vergleich der Gln. (3.47) und (3.16) nachprüfen können.

Wir wissen, daß nach der exakten Lösung in großer Entfernung von der Resonanz die Schwingungsamplitude im wesentlichen gleich $A_{\text{el}}(\omega)$ ist. Unsere erratene Amplitude, $A(\omega)$ für ω weit entfernt von ω_0, ist tatsächlich gleich $A_{\text{el}}(\omega)$ in großer Entfernung von der Resonanz, wie Sie durch Vergleich der Gln. (3.48) und (3.17) nachprüfen können.

3.3. Resonanz in einem System mit zwei Freiheitsgraden

In Kapitel 1 haben wir festgestellt, daß sich jede Eigenschwingung eines freien Systems mit mehr als einem Freiheitsgrad sehr ähnlich einem einfachen harmonischen Oszillator verhält. Der Hauptunterschied liegt darin, daß das System einen endlichen Raumbereich einnimmt, so daß der „harmonische Oszillator" über diesen Raumbereich verteilt, also nicht auf einen Massenpunkt beschränkt ist. Daher hat jede Eigenschwingung eine charakteristische „Gestalt", ein Begriff, den man beim eindimensionalen Oszillator nicht benötigt.

In Kapitel 1 haben wir bei der Untersuchung der Eigenschwingungen freier Systeme die Dämpfung vernachlässigt.

Berücksichtigt man sie dagegen, so findet man, wie wir sehen werden, daß jede Eigenschwingung Ähnlichkeit mit einem gedämpften eindimensionalen Oszillator aufweist. Jede Eigenschwingung hat also ihren eigenen charakteristischen Dämpfungsmechanismus, ihre Dämpfungskonstante Γ und daher ihre eigene charakteristische Abklingzeit τ. Bei manchen Systemen können die Dämpfungsmechanismen mit den einzelnen „bewegten" Teilen zusammenhängen; dann können alle Eigenschwingungen ungefähr gleiche Dämpfungskonstanten und gleiche Abklingzeiten aufweisen. Ein Beispiel dafür ist ein System aus zwei durch eine Feder gekoppelten Pendeln, bei dem die Dämpfung durch Reibung irgendeines Gegenstandes, entweder an den beiden Schnüren oder an den beiden Pendelkörpern, hervorgerufen wird. Da sich beide Pendelkörper in jeder Eigenschwingung auf gleiche Weise bewegen, haben die beiden Eigenschwingungen dieselbe Abklingzeit. Bei anderen Systemen hängen die Dämpfungsmechanismen mit den Eigenschwingungen zusammen. Z.B. kann auf die Feder, die zwei Pendel miteinander koppelt, irgendein dehnbares Band geklebt sein, so daß sie eine Reibungsdämpfung erfährt, wenn sie ausgedehnt oder zusammengedrückt wird. Ist dies im wesentlichen der einzige Dämpfungsmechanismus, so hat Eigenschwingung 2 (bei der die Feder gedehnt und zusammengedrückt wird) eine wesentlich größere Dämpfungskonstante als Eigenschwingung 1, d.h., es gilt $\Gamma_2 \gg \Gamma_1$, weshalb Eigenschwingung 2 eine wesentlich kürzere Abklingzeit als Eigenschwingung 1 aufweist: $\tau_2 \ll \tau_1$.

Erregt man ein System mit mehreren Eigenschwingungen, so beobachtet man immer dann eine Resonanz, wenn die erregende Frequenz nahe einer Eigenfrequenz liegt. Es zeigt sich, daß *die absorbierende und die elastische Amplitude eines bestimmten bewegten Teiles einfach Überlagerungen von Amplitudenbeiträgen sind*, die von jeder der Resonanzen herrühren, d.h. von jeder Eigenschwingung des freien Systems. Jeder dieser Beiträge hat eine Form ähnlich der, die wir in Abschnitt 3.2 für ein System mit einem einzigen Freiheitsgrad gefunden haben.

Ändern wir (langsam) die erregende Frequenz und tragen wir die von einem bestimmten bewegten Teil absorbierte Leistung als Funktion der erregenden Frequenz ω auf, so beobachten wir jedesmal, wenn ω die nähere Umgebung einer Eigenfrequenz durchläuft, eine Resonanz. (Wir werden die Bezeichnungen „Resonanzfrequenz" und „Eigenfrequenz" als gleichwertig verwenden, obwohl sich die eine auf erzwungene, die andere auf freie Schwingungen bezieht.) Jede Resonanz weist eine Halbwertsbreite (siehe Gl. (3.28))

$$\Delta\omega = \Gamma = \frac{1}{\tau}$$

auf, wobei $\Delta\omega$ das Intervall bis zu dem Punkt, an dem die absorbierte Leistung auf die Hälfte des Maximalwertes gesunken ist, darstellt. Die Größen Γ und τ bedeuten die Dämpfungskonstante und die Abklingzeit für freie Schwingungen in der betreffenden Eigenschwingung. Die obige Beziehung gilt, wenn die Dämpfung hinreichend klein ist und die einzelnen Resonanzen durch Frequenzintervalle getrennt sind, die groß gegenüber den Halbwertsbreiten sind. In diesem Fall liefert in jedem Punkt des Frequenzdiagramms höchstens eine Eigenschwingung einen Beitrag zur absorbierenden Amplitude. Andererseits zeigt sich, daß wir im allgemeinen nicht *jeden* der elastischen Anteile vernachlässigen können (siehe Übung 20).

● **Beispiel**: *2. Erzwungene Schwingungen zweier gekoppelter Pendel.* Das System ist in Bild 3.3 dargestellt und wird auch unter Übung 8 beschrieben. (Dort sind die Pendelkörper Suppendosen, die Feder ist eine Spiralfeder, die erregende Kraft liefert ein Plattenteller, der durch etwa 3 m Gummiband mit dem System gekoppelt ist. Die Dämpfung wird dadurch erzeugt, daß die Schnüre an irgend etwas reiben.) Der Einfachheit halber nehmen wir an, jedes Pendel habe dieselbe Dämpfungskonstante Γ.

Man sieht leicht, daß die Bewegungsgleichungen

$$m\ddot{\psi}_a = -\frac{mg}{l}\psi_a - K(\psi_a - \psi_b) - m\Gamma\dot{\psi}_a + F_0\cos\omega t, \tag{3.49}$$

$$m\ddot{\psi}_b = -\frac{mg}{l}\psi_b + K(\psi_a - \psi_b) - m\Gamma\dot{\psi}_b \tag{3.50}$$

sind. Wir haben bereits die freien Schwingungen dieses Systems ohne Dämpfung untersucht. Daher wissen wir, daß im Falle F_0 und Γ gleich Null die Eigenschwingungen so aussehen:

Eigenschwingung 1:

$$\psi_a = \psi_b, \quad \omega_1^2 = \frac{g}{l}, \quad \psi_1 = \frac{1}{2}(\psi_a + \psi_b), \tag{3.51}$$

Eigenschwingung 2:

$$\psi_a = -\psi_b, \quad \omega_2^2 = \frac{g}{l} + \frac{2K}{m}, \quad \psi_2 = \frac{1}{2}(\psi_a - \psi_b), \tag{3.52}$$

wobei die Überlagerungen ψ_1 und ψ_2 die Normalkoordinaten darstellen. ●

Jede Eigenschwingung verhält sich wie ein erregter Oszillator. Gehen wir nun auf die Normalkoordinaten ψ_1 und ψ_2 über. Durch Addition der Gln. (3.49) und (3.50) erhalten wir

$$m\ddot{\psi}_1 = -\frac{mg}{l}\psi_1 - m\Gamma\dot{\psi}_1 + \frac{1}{2}F_0\cos\omega t. \tag{3.53}$$

Subtraktion der Gl. (3.50) von Gl. (3.49) liefert

$$m\ddot{\psi}_2 = -m\left(\frac{g}{l} + \frac{2K}{m}\right)\psi_2 - m\Gamma\dot{\psi}_2 + \frac{1}{2}F_0\cos\omega t. \tag{3.54}$$

Beachten Sie, daß die Gln. (3.53) und (3.54) ungekoppelt sind. Durch Vergleich mit Gl. (3.1) stellen wir fest, daß

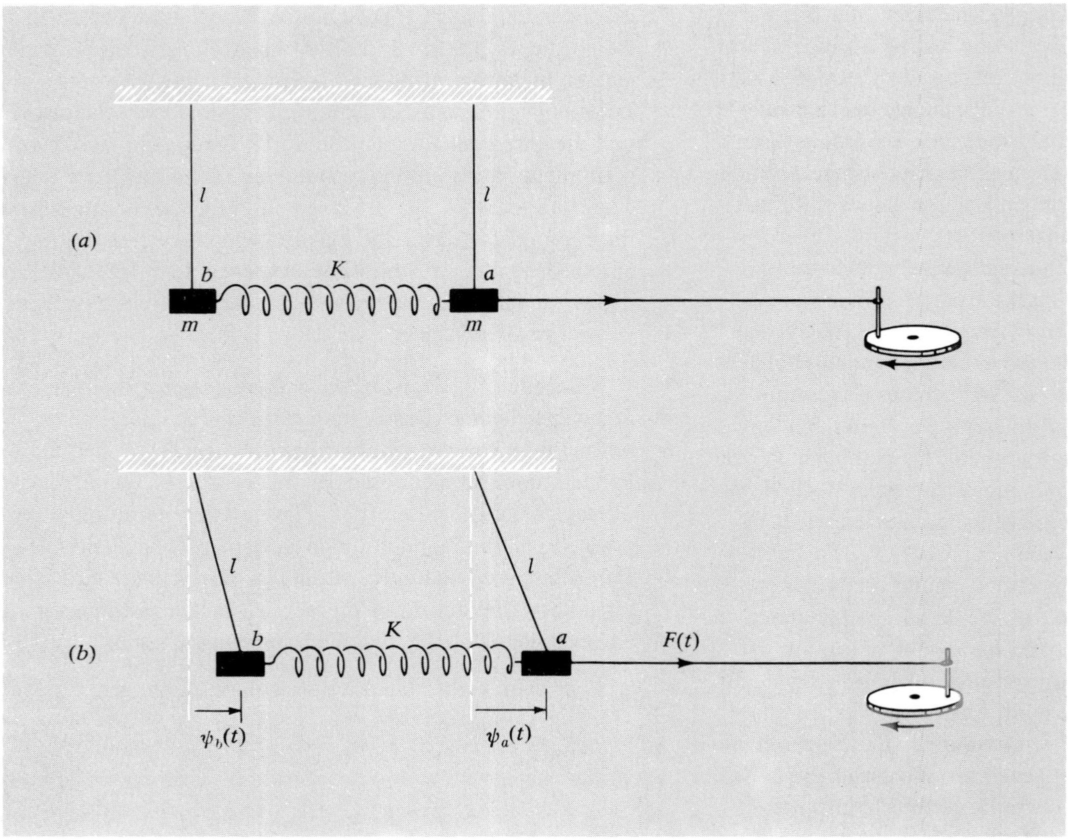

Bild 3.3. Erzwungene Schwingungen gekoppelter Pendel. a) Gleichgewicht, b) allgemeine Lage

die Gln. (3.53) und (3.54) beide die dem erregten gedämpften harmonischen Oszillator eigene Form aufweisen. Daher verhält sich die Normalkoordinate ψ_1 wie ein einfacher harmonischer Oszillator mit der Masse m, der Federkonstanten $m\omega_1^2$, der Dämpfungskonstanten Γ und der erregenden Kraft $\frac{1}{2}F_0 \cos \omega t$. Die Normalkoordinate ψ_2 verhält sich ähnlich: Die Masse ist m, die Federkonstante $m\omega_2^2$, die Dämpfungskonstante Γ, die erregende Kraft $\frac{1}{2}F_0 \cos \omega t$. Die beiden Schwingungen sind voneinander unabhängig, weshalb wir die stationären Lösungen von ψ_1 und ψ_2 getrennt anschreiben können. Jede Eigenschwingung verhält sich wie ein eindimensionaler erregter Oszillator. Daher hat jede Eigenschwingung ihre eigene absorbierende und elastische Amplitude, und die Resonanzfrequenz entspricht genau wie beim eindimensionalen Oszillator der Eigenfrequenz.

Die Bewegung jedes Teiles ist eine Überlageung erregter Eigenschwingungen. Betrachten wir nun die Bewegung der beiden bewegten Teile a und b. Nach den Gln. (3.51) und (3.52) ist

$$\psi_a = \psi_1 + \psi_2, \quad \psi_b = \psi_1 - \psi_2. \tag{3.55}$$

Gemäß Gl. (3.55) ist die absorbierende Amplitude von Teil a gerade die Summe der absorbierenden Amplituden der beiden Eigenschwingungen. Die absorbierende Amplitude von Teil b ist die Differenz der absorbierenden Amplituden der beiden Eigenschwingungen. Analog ist die elastische Amplitude von Teil a gleich der Summe der elastischen Amplituden der beiden Eigenschwingungen, die von Teil b gleich ihrer Differenz.

Ist die erregende Frequenz gleich einer der Eigenfrequenzen, so bewegen sich a und b im wesentlichen so, wie sie dies bei freien Schwingungen in der betreffenden Eigenschwingung tun würden.

In Bild 3.4 ist die absorbierende und elastische Amplitude von ψ_a und ψ_b dargestellt.

Bei diesem Beispiel haben wir das allgemeine Ergebnis gefunden, daß die stationäre Amplitude eines jeden bewegten Teiles als Überlagerung von Beiträgen von jeder Resonanz, d.h. von jeder Eigenschwingung des freien Systems, angeschrieben werden kann. Jeder Beitrag zu der Überlagerung hat die Form, die dem der betreffenden Eigenschwingung entsprechenden erregten Oszillator

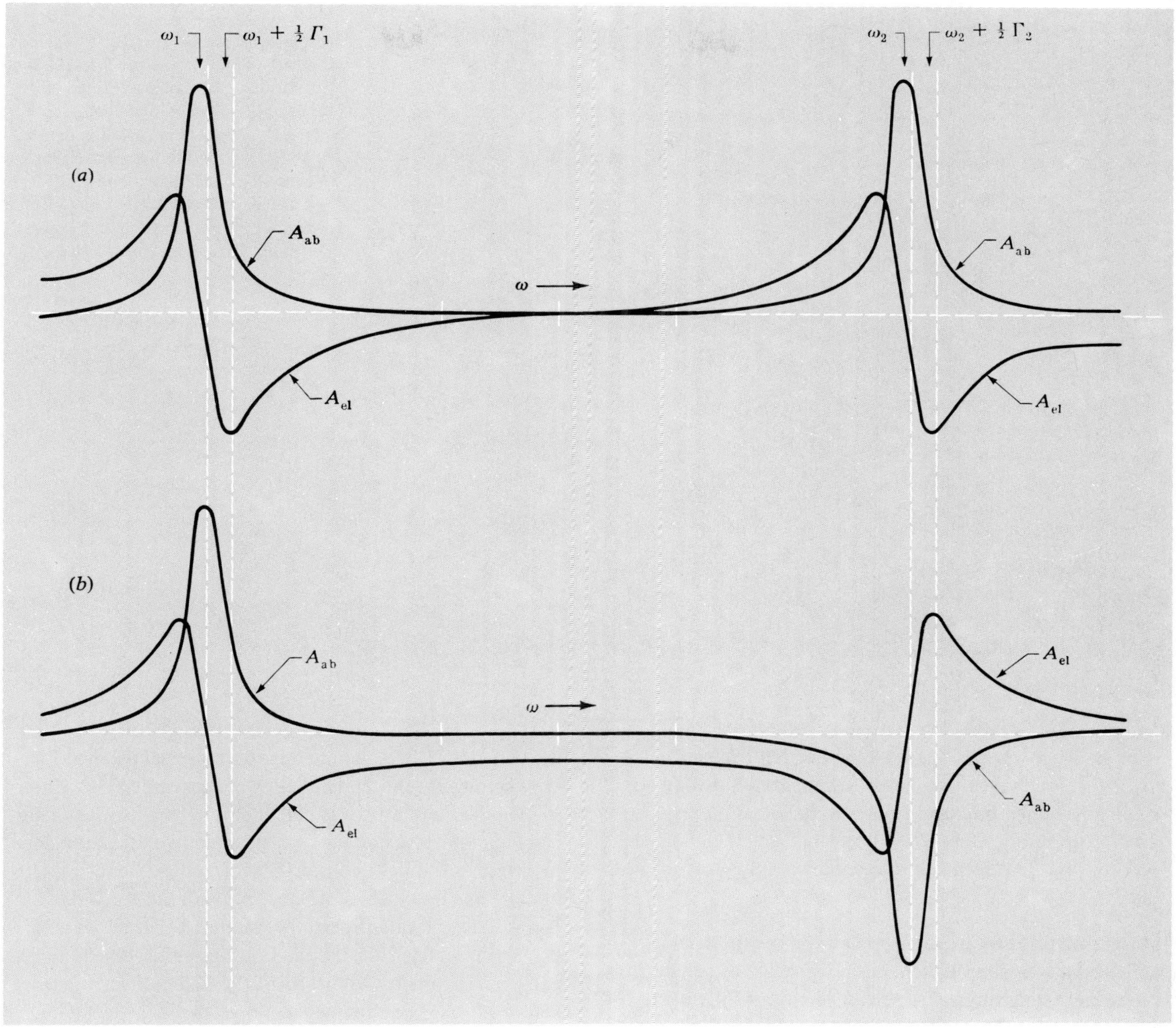

Bild 3.4. Resonanzen in einem System mit zwei Freiheitsgraden. Aufgetragen sind absorbierende und elastische Amplitude gegen die Frequenz (a) für das direkt mit der erregenden Kraft gekoppelte Pendel und (b) für das von der erregenden Kraft entfernte Pendel. Der Unterschied der Kreisfrequenzen $\omega_2 - \omega_1$ wurde gleich $30 \cdot \frac{1}{2}\Gamma$ – der Halbwertsbreite jeder Eigenschwingung – gewählt.

eigen ist. Der Beitrag jeder Eigenschwingung hängt davon ab, wie die erregende Kraft mit dem System gekoppelt ist. Für die Anordnung von Bild 3.3 haben wir festgestellt, daß jeder bewegte Teil von jeder der beiden Eigenschwingungen bis auf das Vorzeichen gleiche Beiträge erhält. Hätten wir jedoch das Gummiband nicht an einem der Pendelkörper, sondern in der Mitte der Feder festgebunden, so hätten wir ganz andere Verhältnisse bei den beiden Eigenschwingungen festgestellt. Wieviel jede der Eigenschwingungen im Verhältnis beiträgt, hängt also davon ab, wo die erregende Kraft im einzelnen angreift.

Erzwungene Schwingungen eines Systems aus vielen gekoppelten Pendeln. Stellen Sie sich vor, wir hätten anstelle zweier Pendel deren viele, und sie seien in einer Linie angeordnet und gekoppelt. Lassen wir eine harmonische erregende Kraft auf das System einwirken und ändern die erregende Frequenz (so langsam zwar, daß wir uns immer im „stationären Zustand" befinden), so werden wir jedesmal, wenn die erregende Frequenz eine der Eigenfrequenzen durchläuft, eine Resonanz erhalten. Natürlich kann die erregende Kraft so angekoppelt sein, daß manche Eigenschwingungen, wie oben besprochen,

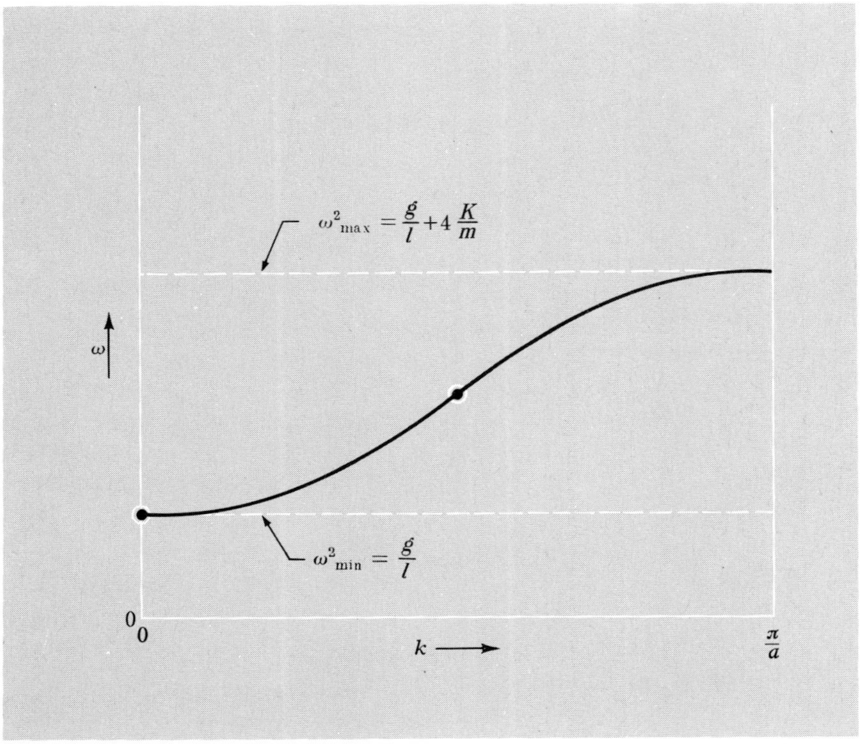

Bild 3.5

Dispersionarelation gekoppelter Pendel. Die beiden Punkte entsprechen den beiden Resonanzen zweier gekoppelter Pendel. Resonanzen in ähnlichen Systemen mit mehr als zwei gekoppelten Pendeln können durch geeignete Punkte in demselben Diagramm dargestellt werden. Die Anzahl der Punkte ist gleich der Anzahl der Resonanzen, und diese ist gleich der Anzahl der freien Eigenschwingungen.

nicht angeregt werden. Dann treten bei den Frequenzen dieser Eigenschwingungen keine Resonanzen auf. Genau wie bei Systemen mit zwei Freiheitsgraden wird die stationäre Amplitude eines jeden bewegten Teiles eine Überlagerung von Beiträgen jeder Eigenschwingung des Systems sein.

Um die Resonanzfrequenzen und die zugehörigen Wellenzahlen zu überblicken, zeichnet man zweckmäßigerweise das Diagramm der Dispersionsrelation – die nicht von den Randbedingungen und der Anzahl der Freiheitsgrade abhängt – und setzt bei jeder Resonanz des betreffenden Systems einen Punkt auf die Kurve. Die Dispersionsrelation für gekoppelte Pendel wurde in Bild 2.17 dargestellt. In Bild 3.5 geben wir sie nochmals wieder, jetzt mit zwei Punkten, die den durch die Randbedingungen des soeben betrachteten Systems aus zwei gekoppelten Pendeln bestimmten Eigenschwingungen entsprechen.

3.4. Filter

Erregen wir ein System mit irgendeiner Frequenz ω, so ist die Bewegung eines jeden bewegten Teiles im stationären Zustand eine Überlagerung von Beiträgen aller Resonanzen. Im besonderen rührt die rücktreibende Kraft pro Einheitsauslenkung und pro Einheitsmasse, ω^2, die im stationären Zustand für alle bewegten Teile dieselbe ist, von einer Überlagerung der zu den verschiedenen Eigenschwingungen gehörenden Schwingungsformen her. Untersuchen Sie qualitativ, was bei Änderung von ω^2 geschieht. Nehmen Sie als erstes an, ω liege irgendwo zwischen der niedrigsten und der höchsten Eigenfrequenz, jedoch nicht in der Nähe irgendeiner Resonanz. Dann setzt sich die Amplitude eines bestimmten bewegten Teiles im wesentlichen nur aus den elastischen Beiträgen aller Eigenschwingungen zusammen. Unterschiedliche Eigenschwingungen liefern Beiträge verschiedenen Vorzeichens, je nachdem, welchen bewegten Teil wir betrachten. [Siehe die Gln. (3.55); vergleichen Sie die Beiträge von Eigenschwingung 2 zu ψ_a und ψ_b.] Lassen wir ω^2 anwachsen, so nähern wir uns möglicherweise einer Resonanzfrequenz. Durchlaufen wir die Resonanz, so ändert sich das Vorzeichen des elastischen Beitrages dieser Eigenschwingung. Lassen wir die Frequenz weiter ansteigen, so vergrößern oder verkleinern sich die Amplituden verschiedener bewegter Teile auf mehr oder weniger komplizierte Weise, wenn wir eine Eigenfrequenz nach der anderen durchlaufen. Schließlich ist die höchste Eigenfrequenz erreicht. Danach ändern sich die Vorzeichen der Beiträge nicht mehr, d.h., jeder Beitrag zur elastischen Amplitude eines bestimmten bewegten Teiles behält sein Vorzeichen bei, wenn wir jenseits der höchsten Resonanz die Frequenz anwachsen lassen. Daher behalten die bewegten Teile mehr oder weniger die Schwingungsform der höchsten Eigenschwingung bei, natürlich nicht genau. Es tritt nun eine interessante Erscheinung auf. Ist das System in einer Linie angeordnet und erregen wir es an einem Ende mit einer Frequenz, die über der höchsten Eigenfrequenz liegt, so hat der dem erregten Ende nächstliegende bewegte Teil die größte Amplitude, sein Nachbar hat eine kleinere, der dritte bewegte Teil eine noch kleinere usw. Die Amplitude wird *geschwächt*, je größer die Entfernung vom *Eingangsende* des Systems ist. Das System heißt dann ein *Filter*.

● **Beispiel**: *3. Zwei gekoppelte Pendel als mechanische Filter.* Betrachten Sie z.B. die beiden gekoppelten Pendel von Bild 3.3. Nehmen Sie an, wir erregen das Eingangsende – Pendel a – mit einer Frequenz, die über der Eigenfrequenz ω_2 liegt. Nun ist Pendel a direkt an die erregende Kraft gekoppelt. Im stationären Zustand rührt daher die rücktreibende Kraft auf Pendel a teilweise von der erregenden Kraft her. Dies ist bei Pendel b nicht der Fall. Seine rücktreibende Kraft rührt wie im Falle freier Schwingungen nur von der Feder und der Schwerkraft her. Nun ist die größte rücktreibende Kraft pro Einheitsauslenkung und pro Einheitsmasse, die von Feder und Schwerkraft geliefert werden kann, in einer freien Eigenschwingung gleich der in der höchsten Eigenschwingung, wo sich die Pendelkörper einander entgegengesetzt bewegen. Doch diese genügt nun nicht, um ω^2 zu erreichen, wenn die Schwingungsform genau die der höchsten Eigenschwingung ist, wo der Beitrag $|B|$ der Schwingungsamplitude von Pendel b gleich dem Betrag $|A|$ der Schwingungsamplitude von Pendel a ist. Die einzige Möglichkeit für Pendel b, dieselbe rücktreibende Kraft pro Einheitsauslenkung und pro Einheitsmasse zu erfahren wie a, ist eine kleinere Auslenkung: $|B| < |A|$. Je größer ω gegenüber ω_2 wird, desto kleiner muß die entsprechende Auslenkung von Pendel b gegenüber der von a sein. Anders ausgedrückt: b kann nur dann mit a Schritt halten, wenn es einen kürzeren Weg zurücklegt.

Haben wir statt zwei drei oder mehr in einer Linie angeordnete gekoppelte Pendel und erregen wir sie an einem Ende mit einer Frequenz, die über der höchsten Eigenfrequenz liegt, so tritt eine ähnliche Situation ein. Die Schwingungsform im stationären Zustand ähnelt der der höchsten Eigenschwingungen, d.h., jeder Pendelkörper bewegt sich mit einer Phase, die der seines Nachbarn auf jeder Seite entgegengesetzt ist. Dies liefert für jeden Pendelkörper die größtmögliche rücktreibende Kraft pro Einheitsauslenkung und pro Einheitsmasse. Doch genügt dies nicht, um ω^2 zu erreichen, wenn nicht die Auslenkung eines jeden nachfolgenden Pendelkörpers kleiner ist als die seines Vorgängers, der dem Eingangsende, d.h. dem erregten Ende, näher liegt. So nimmt die Bewegungsamplitude aufeinanderfolgender Pendelkörper mit zunehmender Entfernung vom erregten Ende des Systems ab. ●

Obere Grenzfrequenz. Das Beispiel 3 beschreibt ein *mechanisches Filter*. Wenn Sie das Eingangsende mit einer Kraft $F_0 \cos \omega t$ anstoßen, dann ist die Bewegungsamplitude am Ausgangsende – dem von der erregenden Kraft entfernten Ende – viel kleiner als am Eingangsende, vorausgesetzt, ω ist viel größer als die höchste Eigenfrequenz des Systems. Die Schwingungsform des Systems ähnelt der der höchsten Eigenschwingung, nur daß die Amplitude mit zunehmender Entfernung vom erregten Ende immer weiter abnimmt. *Die höchste Eigenfrequenz (für freie Schwingungen) heißt Grenzfrequenz (für erzwungene Schwingungen).* Eine erregende Kraft an einem Ende, deren Frequenz oberhalb der Grenzfrequenz liegt, liefert eine Bewegung, die nicht durch das Filter „hindurchgeht"; sie wird abgeschnitten. Wir sagen, das System werde „oberhalb der Grenzfrequenz" erregt. In Bild 3.6 zeigen wir ein System aus drei gekoppelten Pendeln, das oberhalb der Grenzfrequenz erregt wird. Diese Anordnung

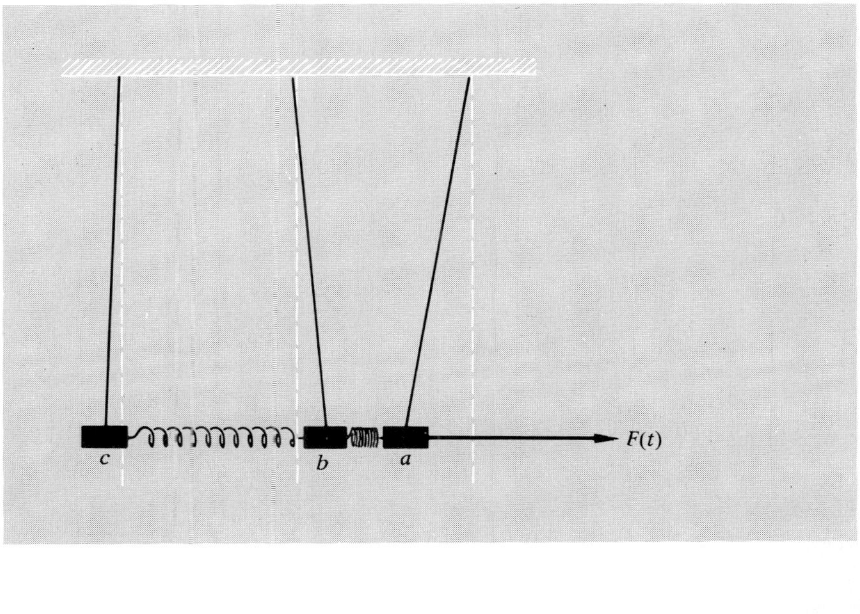

Bild 3.6
Mechanisches Filter. Die erregende Frequenz liegt oberhalb der höchsten Eigenfrequenz. Die Schwingungsform ist so beschaffen, daß die Phasenbeziehungen der Pendelkörper dieselben wie in der höchsten Eigenschwingung sind. Die „Ausgangs"-Amplitude (die von Pendelkörper c) ist kleiner als die „Eingangs"-Amplitude (die von Pendelkörper a).

kann im übrigen mit einer Spiralfeder und drei Suppendosen leicht hergestellt werden (siehe Übung 16).

Untere Grenzfrequenz. Wir wollen nun untersuchen, was geschieht, wenn wir das System mit einer Frequenz erregen, die unterhalb der niedrigsten Eigenfrequenz für freie Schwingungen liegt. Wir werden zeigen, daß die Ausgangsamplitude, das ist die Amplitude des von der erregenden Kraft am weitesten entfernten Pendelkörpers, viel kleiner als die Eingangsamplitude (die Amplitude des erregten Pendelkörpers) ist, wenn die erregende Frequenz viel kleiner als die niedrigste Eigenfrequenz für freie Schwingungen ist. Also *auch die niedrigste Eigenfrequenz ist eine Grenzfrequenz.*

In unserem System aus zwei gekoppelten Pendeln (Bild 3.3) schwingen in der niedrigsten Eigenschwingung alle Pendel mit derselben Phase und mit derselben Amplitude. Die Federn werden weder ausgedehnt noch zusammengedrückt. Die rücktreibende Kraft rührt nur von der Schwerkraft her. Also ist die Frequenz $\omega_1 = \sqrt{g/l}$. Nehmen Sie nun an, wir erregen das System mit einer Frequenz $\omega < \omega_1$. Dann muß die rücktreibende Kraft pro Einheitsauslenkung und pro Einheitsmasse, ω^2, im stationären Zustand für jeden Pendelkörper kleiner als g/l sein. Bei dem Pendelkörper am Eingansende rührt ein Teil der rücktreibenden Kraft von der direkten Kopplung mit der erregenden Kraft her. Der zweite Pendelkörper muß mit der Kraft auskommen, die von der Schwerkraft und von der Feder erzeugt wird. Um die rücktreibende Kraft pro Einheitsauslenkung und pro Einheitsmasse kleiner als g/l zu machen, muß die Feder einen Beitrag liefern, der dem der Schwerkraft entgegengerichtet ist. Daher muß, wie leicht einzusehen ist, die Auslenkung von Pendelkörper b kleiner als die von a sein, jedoch in dieselbe Richtung weisen. (Dann ist die Feder ausgedehnt.) So sind die Phasenverhältnisse dieselben wie in der niedrigsten Eigenschwingung, die Amplitudenverhältnisse jedoch nicht; Pendelkörper b hat eine kleinere Amplitude als Pendelkörper a.

Dasselbe gilt für drei oder mehr gekoppelte Pendel, die unterhalb der niedrigsten Eigenfrequenz erregt werden. Die Phasenverhältnisse sind dieselben wie in der niedrigsten Eigenschwingung, doch nehmen die Amplituden mit zunehmender Entfernung vom Eingangsende immer weiter ab. Dies ist in Bild 3.7 dargestellt. Am leichtesten versteht man Bild 3.7, wenn man sich vorstellt, daß die erregende Frequenz verschwindet. Dann haben Sie bloß eine stationäre Kraft, die Pendel bewegen sich nicht und Ihre Anschauung sagt Ihnen sofort, daß die Anordnung der Pendel tatsächlich der in Bild 3.7 entspricht.

Bezeichnungsweise. Das Frequenzband zwischen der unteren und der oberen Grenzfrequenz heißt das *Paßband* oder der *Durchlaßbereich* des Filters. Liegen die erregenden Frequenzen im Paßband, so ist die Amplitude am Ausgangsende mit der am Eingangsende vergleichbar. Bei erregenden Frequenzen, die außerhalb des Durchlaßbereiches liegen, ist die Ausgangsamplitude kleiner als die Eingangsamplitude. Das System heißt daher *Bandpaßfilter.* Ist die untere Grenzfrequenz, also die niedrigste Eigenfrequenz, gleich Null, so heißt das System ein *Tiefpaßfilter.* Lassen wir z.B. bei dem System gekoppelter Pendel zu, daß die Länge der Pendelschnüre gegen Unendlich geht, dann sind die Schnüre immer senkrecht und liefern niemals eine rücktreibende Kraft. Es ist dann gleichwertig, ob wir Schnüre nehmen oder die Pendelkörper auf einen „reibungsfreien“ Tisch legen. Dann ist die niedrigste Eigenfrequenz gleich Null, sie entspricht translatorischer Bewe-

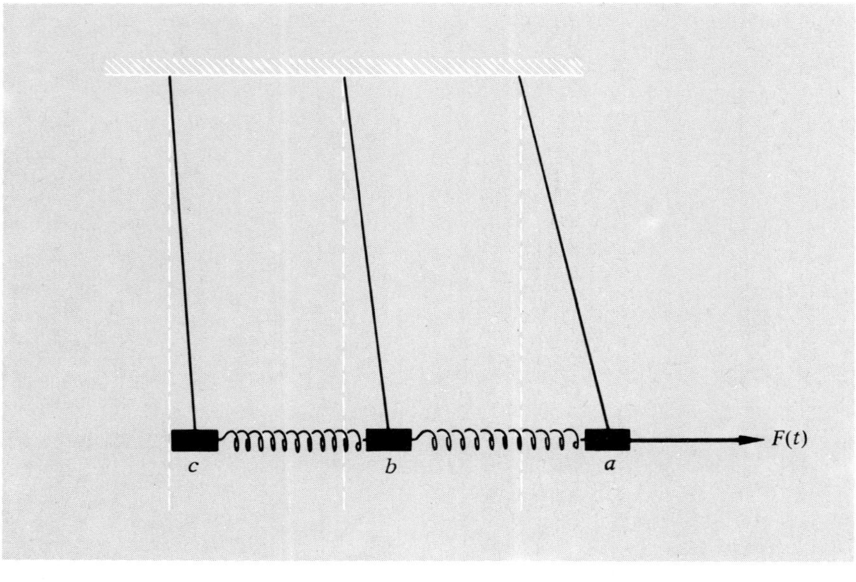

Bild 3.7

Mechanisches Filter. Die erregende Frequenz ist kleiner als die niedrigste Eigenfrequenz. Die Schwingungsform ist so beschaffen, daß die Phasenbeziehungen dieselben wie in der niedrigsten Eigenschwingung sind. Die Ausgangsamplitude (die von Pendelkörper c) ist kleiner als die Eingangsamplitude (die von Pendelkörper a).

gung. Erregen wir das System an einem Ende, so haben wir ein Tiefpaßfilter, das Frequenzen von Null bis zur oberen Grenzfrequenz durchläßt.

Ist die niedrigste Eigenfrequenz größer als Null, die höchste jedoch „Unendlich", so heißt das System *Hochpaßfilter*. Lassen wir z.B. bei dem System gekoppelter Pendel K/m gegen Unendlich gehen, erhalten wir ein Hochpaßfilter. Die Federn sind dann so steif (oder die Massen so gering), daß sie auch bei noch so hoher Frequenz immer eine hinreichend große rücktreibende Kraft pro Einheitsauslenkung und pro Einheitsmasse liefern können, ohne daß die Amplituden immer weiter abnehmen müßten.

Ein System aus zwei, drei oder mehr durch Spiralfedern gekoppelten Suppendosenpendeln, das an einem Ende durch einen Plattenspieler erregt wird, kann anschaulich die Eigenschaften eines Bandpaßfilters demonstrieren (siehe Übung 16).

• **Beispiele**: *4. Mechanisches Bandpaßfilter.* Zwei gekoppelte Pendel, die wie in Bild 3.3 an einem Ende erregt werden, bilden ein einfaches mechanisches Bandpaßfilter. In Übung 28 ist zu zeigen, daß das Verhältnis von Ausgangs- zu Eingangsamplitude bei Vernachlässigung der Dämpfung gleich

$$\frac{\psi_b}{\psi_a} \approx \frac{\omega_2^2 - \omega_1^2}{\omega_2^2 + \omega_1^2 - 2\,\omega^2} \tag{3.56}$$

ist, wobei

$$\omega_1^2 = \frac{g}{l}, \qquad \omega_2^2 = \frac{g}{l} + 2\,\frac{K}{m}. \tag{3.57}$$

Beachten Sie: Wenn ω gleich einem der Resonanzwerte ω_1 und ω_2 ist, dann ist das Amplitudenverhältnis dasselbe wie es in der entsprechenden Eigenschwingung wäre. Für $\omega = \omega_1$ ist ψ_b/ψ_a gleich $+1$, für $\omega = \omega_2$ ist es gleich -1. Läßt man ω unter die niedrigste Eigenfrequenz ω_1 absinken, so bleibt das Amplitudenverhältnis positiv, da es von $+1$, seinem Wert bei $\omega = \omega_1$, auf $(\omega_2^2 - \omega_1^2)/(\omega_2^2 + \omega_1^2)$, seinem Wert bei $\omega = 0$, abnimmt. Also werden Schwingungen mit erregenden Frequenzen, die ziemlich unterhalb der unteren Abschneidefrequenz liegen, beim Durchgang durch das Filter stark geschwächt, vorausgesetzt, der Frequenzbereich des Paßbandes ist klein gegenüber der mittleren Frequenz des Paßbandes. Läßt man ω oberhalb der höchsten Eigenfrequenz ω_2 anwachsen, so bleibt das Amplitudenverhältnis negativ. Bei steigendem ω nimmt sein Betrag ab, und bei hinreichend hohen Frequenzen wird es $-(\omega_2^2 - \omega_1^2)/2\,\omega^2$. Daher werden erregende Frequenzen, die ziemlich über der oberen Grenzfrequenz liegen, stark geschwächt. •

• *5. Mechanisches Tiefpaßfilter.* Wir gehen von den beiden gekoppelten Pendeln von Bild 3.3 aus. Hängen Sie nun die Schnüre höher und verlängern Sie sie gleichzeitig, so daß die Pendelkörper an ihrem alten Platz bleiben. Werden die Schnüre „unendlich lang", so bleiben sie bei jeder endlichen Auslenkung der Pendelkörper senkrecht. Daher liefert die Schwerkraft keine rücktreibende Kraft, die Schnüre dienen nur zum Halten und sind einem reibungsfreien Tisch gleichwertig. Dann geht die niedrigste Eigenfrequenz $\omega_1^2 = g/l$ gegen Null. Wir erhalten so ein Tiefpaßfilter, das Frequenzen zwischen Null und der oberen Grenzfrequenz $\omega_2^2 = 2K/m$ durchläßt. (Dies erhält man auch für zwei durch eine Feder gekoppelte Massen, die auf einem reibungsfreien Tisch aufliegen und an einem Ende von einer harmonischen Kraft erregt werden.) Das Amplitudenschwächungsverhältnis ψ_a/ψ_b wird durch Gl. (3.56) angegeben, wobei ω_1 gleich Null gesetzt ist:

$$\frac{\psi_b}{\psi_a} = \frac{\omega_2^2}{\omega_2^2 - 2\,\omega^2} = \frac{K/m}{(K/m) - \omega^2}. \tag{3.58}$$

Wir sehen, daß das Schwächungsverhältnis bei verschwindender Frequenz gleich $+1$ ist. Bei $\omega^2 = \frac{1}{2}\,\omega_2^2$ ist es Unendlich, d.h. ψ_a ist gleich Null. Bei der oberen Grenzfrequenz ist es gleich -1. Bei sehr hohen Frequenzen wird es sehr klein und negativ.

Wir zeigen nun eine Anwendung von Gl. (3.58). Stellen Sie sich vor, wir hätten ein empfindliches Gerät, das nicht funktioniert, wenn es waagerechten Schwankungen ausgesetzt ist. Senkrechte Schwankungen machen jedoch nichts aus. Daher montieren wir das Gerät auf eine Platte, die auf einem ebenen, reibungsfreien, waagerechten Tisch aufliegt. Eine dünne Luftschicht bildet die reibungsfreie Unterlage. Um die Platte daran zu hindern, vom Tisch zu gleiten, müssen wir für irgendeine waagerechte Führung sorgen. Nehmen Sie an, daß Wände, Fußboden und Decke alle mit Frequenzen von 20 Hz aufwärts schwingen, wobei die gefährlichste Schwingung bei 20 Hz liegt. Ist die Platte fest mit den Wänden verbunden, dann sei die Schwingungsamplitude 100mal größer, als wir zulassen dürfen. Die Masse von Gerät und Platte sei 10 kg. Was sollen wir tun? Wir koppeln das Gerät und seine Platte mittels eines Tiefpaßfilters mit den Wänden. Dieses besteht aus je einer Feder in der x- und in der y-Richtung. Jede der Federn hat die Federkonstante K, die wir noch bestimmen müssen. Die Freiheitsgrade x und y sind voneinander unabhängig, so daß wir nur die Bewegung in der x-Richtung zu betrachten brauchen. Wir bezeichnen die Wand, an der die Feder befestigt ist, als „bewegten Teil a", das Gerät hingegen als „bewegten Teil b". Nun betrachten wir bei der Herleitung der Gl. (3.58) zwei durch eine Feder gekoppelte Massen, wobei Masse a durch eine Kraft $F_0 \cos \omega t$ erregt wurde. Natürlich weiß aber Masse b nicht, was Masse a anstößt. Sie weiß nur, daß sie durch eine Feder K mit einem bewegten Teil gekoppelt ist und daß im stationären Zustand zwischen ihrer Bewegung und der von a eine bestimmte Beziehung besteht, nämlich Gl. (3.58). Daher dürfen wir Gl. (3.58) auch dann verwenden, wenn die Masse a durch eine zitternde Wand ersetzt wird, wobei ψ_a die Bewegung des an der Wand befestigten Endes der Feder beschreibt. Wir wollen, daß ψ_b/ψ_a für Frequenzen von 20 Hz aufwärts kleiner als 10^{-2} sei.

$$\frac{\psi_a}{\psi_b} = 1 - \frac{\omega^2}{K/m} = -100,$$

d.h.

$$\frac{K}{m} = \frac{\omega^2}{101}, \quad \sqrt{\frac{K}{m}} \approx \frac{\omega}{10}.$$

Bei einer festen Wand ist die Kreisfrequenz der Eigenschwingungen von Gerät und Platte gleich $\sqrt{K/m}$. Wenn wir also Frequenzen von ν und darüber um mindestens $f = 10^{-2}$ schwächen wollen, dann muß die Federkonstante K klein genug sein, so daß die Eigenfrequenz des Gerätes kleiner als $f^{1/2}\,\nu$ wird. Bei unserem Beispiel muß die Eigenfrequenz kleiner als (20/10) Hz = 2 Hz sein. •

Es folgt noch ein weiteres Beispiel: Stellen Sie sich vor, Sie sitzen am Boden sehr unbequem, da dieser senkrechte Schwingungen von 20 Hz ausführt. (Vielleicht ist es der Boden eines Flugzeuges oder etwas Ähnliches.) Daher setzen Sie sich auf ein Kissen. Dieses schwächt die Amplitude der senkrechten Schwingung um den Faktor 100, und Sie sitzen bequem. Wie weit sinkt der obere Teil des Kissens ab, wenn Sie sich daraufsetzen (Übung 12)?

• *6. Elektrisches Bandpaßfilter.* Wir wollen ein elektrisches Analogon für das mechanische Beispiel der beiden gekoppelten Pendel von Bild 3.3 finden. Für jede Masse m setzen wir eine Induktivität L ein. Die koppelnde Feder mit der Federkonstanten K ersetzen wir durch einen Kondensator mit der reziproken Kapazität C^{-1}. Nun hängt die von der Schwerkraft herrührende rücktreibende Kraft eines jeden Pendels von dessen Auslenkung, nicht jedoch von seiner Kopplung mit anderen Pendeln ab. Ähnlich wollen wir eine Spannung herstellen, die jede Induktivität unabhängig von ihrer Kopplung mit den anderen erregt. Dies erreichen wir, indem wir die Induktivität in zwei Hälften teilen und einen Kondensator C_0 in Serie in der Mitte der Induktivität einfügen. Schließlich vernachlässigen wir die Tatsache, daß jede Induktivität einen Widerstand R aufweist, der von der Spule, die ja die Induktivität erzeugt, herrührt. Alle anderen Widerstände vernachlässigen wir ebenfalls. Das System ist in Bild 3.8 dargestellt.

Wir überlassen es Ihnen, die Bewegungsgleichungen herzuleiten sowie die Normalkoordinaten und Eigenschwingungen zu ermitteln (Übung 29). Hier leiten wir die Ergebnisse einfach in Analogie mit den gekoppelten Pendeln her:

Eigenschwingung 1:

$$I_a = I_b, \qquad \omega_1^2 = \frac{C_0^{-1}}{L}$$

Eigenschwingung 2:

$$I_a = -I_b, \qquad \omega_2^2 = \frac{C_0^{-1}}{L} + \frac{2\,C^{-1}}{L}. \tag{3.59}$$

Die durch das Bandpaßfilter bewirkte Schwächung wird durch Gl. (3.56) angegeben, wenn wir die Dämpfung – d.h. den Widerstand der Spulen – vernachlässigen:

$$\frac{I_b}{I_a} = \frac{\omega_2^2 - \omega_1^2}{\omega_2^2 + \omega_1^2 - 2\omega^2} = \frac{1/LC}{(1/LC_0) + (1/LC) - \omega^2}. \tag{3.60}$$ •

• *7. Elektrisches Tiefpaßfilter.* Schließen wir den Kondensator C_0 in Bild 3.8 kurz, so wird seine Kapazität effektiv unendlich. Die niedrigste Eigenfrequenz wird Null und entspricht somit einem stationären Gleichstrom. Dann haben wir ein Tiefpaßfilter, wie es in Bild 3.9 dargestellt ist. Das Stromschwächungsverhältnis wird durch Gl. (3.60) mit $1/C_0$ gleich Null angegeben:

$$\frac{I_b}{I_a} = \frac{\omega_2^2}{\omega_2^2 - 2\omega^2} = \frac{1/LC}{(1/LC) - \omega^2}. \tag{3.61}$$ •

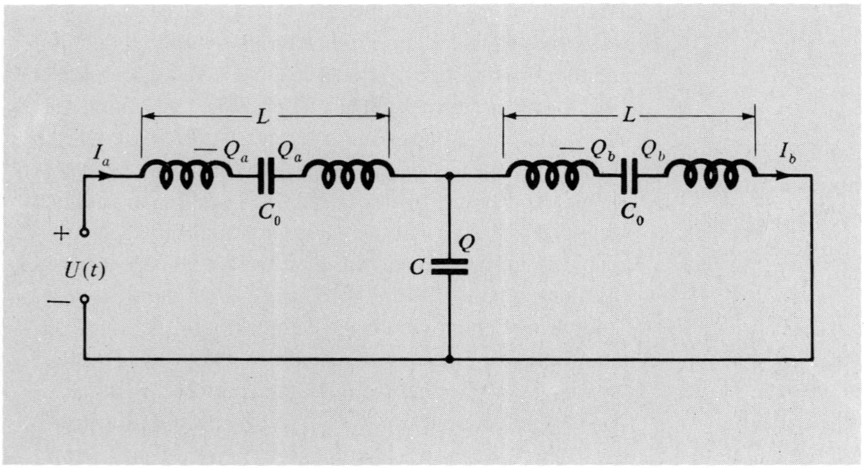

Bild 3.8
Gekoppelte LC-Kreise, die an einem Ende durch die Spannung $U(t)$ erregt werden. Diese Schaltung stellt das elektrische Analogon zu den beiden gekoppelten Pendeln von Bild 3.3 dar.

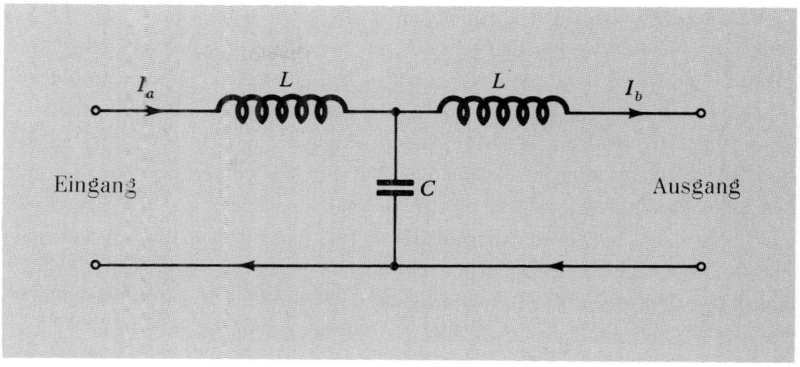

Bild 3.9
Elektrisches Tiefpaßfilter

● 8. *Tiefpaßfilter für eine Gleichstromquelle.* Es handelt sich hier um eine sehr praktische Anwendung der Gl. (3.61). Eine typische Gleichstromquelle wird primär durch Wechselstrom aus einer Wandsteckdose gespeist, die Leistung mit einer Frequenz von 50 Hz und einer effektiven Spannung von etwa 220 V liefert. Diese Spannung wird an die Primärwicklung eines Transformators gelegt. Die Sekundärwicklung des Transformators kann mehr Windungen als die Primärwicklung haben (Hinauftransformieren der Spannung) oder weniger (Herabtransformieren der Spannung), je nach der Gleichspannung, die wir schließlich haben wollen. An die Sekundärwicklung ist eine Diode angeschlossen, die nur in einer Richtung Strom durchläßt. Dies ergibt einen „einwegig gleichgerichteten" Gleichstrom. In der Praxis verwendet man zwei Dioden mit einer in der Mitte angezapften Sekundärwicklung, um „Vollweggleichrichtung" zu erhalten. Dieser so erhaltene Gleichstrom wird zum Aufladen eines Kondensators benutzt, der dann als stationäre Spannungsquelle dient. Die Ladung (und daher auch die Spannung) des Kondensators ist jedoch nicht völlig konstant. In guter Näherung ist sie gleich einer Konstanten plus einer kleinen „Wellung", deren Frequenz bei Vollweggleichrichtung 100 Hz beträgt. (*Frage:* Warum ist die Wellungsfrequenz zweimal so groß wie die Wechselstromfrequenz, von der wir ausgingen?) Wird dieser geladene Kondensator als Gleichspannungsquelle für Radio- oder Plattenspielerröhren verwendet, so enthält die Ausgangsspannung des Radios ein störendes „Brummen" mit 100 Hz. (Dieses Brummen hören Sie bei einem Radio gleich nach dem Einschalten, bevor die Röhren warm sind. Selbstverständlich weist ein batteriebetriebenes Radio dieses Brummen nicht auf. Andere Möglichkeiten sind eine elektrische Uhr oder eine „Hochleistungslampe" mit 12 V, z.B. Autoscheinwerfer-Glühlampen. Beide haben Induktionswicklungen, und Sie können das Brummen hören, das von der mechanischen Spannung in den Wicklungen herrührt. Warum weist dieses Brummen 100 Hz statt 50 Hz auf?)

Um das Brummen mit 100 Hz zu unterdrücken, legen wir den Kondensator zwischen die Eingangsanschlüsse des Tiefpaßfilters in Bild 3.9 und verwenden den Ausgang des Filters als Gleichspannungsquelle. Werte von L und C, wie sie in einem typischen Filter vorkommen, sind (siehe irgendein Handbuch für Funkamateure) $L = 10\,\mathrm{H}$, $C = 6\,\mu\mathrm{F}$. Dann ist die obere Grenzfrequenz gleich

$$\nu_2 = \frac{1}{2\pi}\sqrt{\frac{2}{LC}} = \frac{1}{6{,}28}\sqrt{\frac{2}{10\cdot 6\cdot 10^{-6}}}\,\mathrm{Hz} = 29{,}1\,\mathrm{Hz}.$$

Der Schwächungsfaktor für die Stromkomponente mit 100 Hz wird durch Gl. (3.61) angegeben:

$$\frac{I_b}{I_a} = \frac{\nu_2^2}{\nu_2^2 - 2\nu^2} = \frac{29{,}1^2}{29{,}1^2 - 2\cdot 100^2} = -0{,}044.$$

Also wird die Wellung um einen Faktor von etwa 44 reduziert. Die Gleichstromkomponente wird vom Filter nicht beeinflußt. ●

3.5. Erzwungene Schwingungen eines abgeschlossenen Systems mit vielen Freiheitsgraden

In diesem Abschnitt werden wir das Verhalten eines Systems gekoppelter gleichartiger Pendel untersuchen, die unter dem Einfluß einer erregenden Kraft mit beliebiger Frequenz ω stationäre Schwingungen ausführen. Am Anfang werden wir die Randbedingungen offenlassen; ebenso werden wir nicht berücksichtigen, welcher oder welche der bewegten Teile direkt mit der erregenden Kraft gekoppelt sind. (Die Spezifizierung dieser Verhältnisse kann als Teil der Randbedingungen angesehen werden.) Wir werden unser Augenmerk nur auf die Bewegungsgleichung eines Pendelkörpers richten, der nicht direkt mit irgendeiner erregenden Kraft gekoppelt ist. Dadurch können wir die allgemeine Lösung der Bewegung des Pendelkörpers mit beliebigen Randbedingungen ermitteln. Selbstverständlich ist es in jedem speziellen Fall notwendig, die Randbedingungen des Systems vollständig festzulegen – ob die Enden fest oder frei sind oder keines von beiden, wo die Kräfte angreifen usw.

Vernachlässigung der Dämpfung. Wir werden Dämpfungsterme in den Bewegungsgleichungen weglassen. Schränkt dies die Allgemeinheit unserer Ergebnisse ein? Ja, aber nicht sehr stark. In Abschnitt 3.3 haben wir gefunden, daß die Auslenkung eines jeden bewegten Teiles eine Überlagerung nur der elastischen Beiträge ist – einer von jeder Eigenschwingung –, wenn ω nicht in der Nähe einer Resonanz, also einer Eigenfrequenz für freie Schwingungen, liegt, Die absorbierenden Amplituden tragen nichts bei, denn diese fallen bei Frequenzänderungen wesentlich rascher ab als die elastischen. Solange ω wenigstens fünf bis zehn Halbwertsbreiten von jeder Resonanzfrequenz entfernt ist, können wir die absorbierenden Terme vernachlässigen. Dies ist gleichbedeutend damit, daß wir in den Ergebnissen $\Gamma = 0$ setzen. Wir werden stattdessen in den Bewegungsgleichungen $\Gamma = 0$ setzen, werden aber trotzdem eine gewisse Dämpfung berücksichtigen, so daß das System einen Zustand stationärer Schwingungen mit der erregenden Frequenz ω annimmt. Wir wissen, wenn wirklich keine Dämpfung vorhanden wäre, so würde das System keinen stationären Zustand annehmen, sondern für alle Zeiten „unbegrenzte Schwebungen" ausführen. Wir gehen nun davon aus, daß Dämpfung *vorhanden ist*, doch werden wir es vermeiden, das Verhalten für den Fall zu beschreiben, daß ω nahe einer Resonanz liegt. Wir kennen dieses Verhalten schon aus den Ergebnissen von Abschnitt 3.3.

Phasenbeziehungen der bewegten Teile. Eine wichtige Folge der Tatsache, daß wir die von den verschiedenen Eigenschwingungen herrührenden absorbierenden Amplituden vernachlässigt haben, ist, daß jede Eigenschwingung zur Auslenkung eines bestimmten bewegten Teiles einen Beitrag liefert. Dieser ist entweder mit der erregenden Kraft $F_0 \cos(\omega t + \varphi_0)$ in Phase oder ihr gegenüber um $180°$ phasenverschoben. Wie wir nämlich in Abschnitt 3.3 gezeigt haben, ist die elastische Amplitude gleich einer positiven oder negativen Konstanten mal $\cos(\omega t + \varphi_0)$. Man erhält dieses Ergebnis, ohne auf Abschnitt 3.3 zurückzugreifen, auf folgende Weise: Stellen Sie sich vor, es sei keine Dämpfung vorhanden, doch hätten Sie das System trotzdem irgendwie in einen Zustand stationärer Schwingungen mit der erregenden Frequenz ω gebracht. Ohne Dämpfung gibt es aber keine Energiedissipation. Daher darf die erregende Kraft keine positive oder negative Arbeit an *irgendeinem* bewegten Teil verrichten, denn sonst würde sie bei jeder Schwingung eine Nettoarbeit verrichten. Daraus folgt, daß die Auslenkung eines jeden bewegten Teiles entweder mit der erregenden Kraft in Phase oder ihr gegenüber um $180°$ phasenverschoben ist; wir haben somit rein elastische Amplituden.

Also erhalten wir das wichtige Ergebnis, daß *jeder bewegte Teil im stationären Zustand (und wenn ω nicht in der Nähe einer Resonanz liegt) dieselbe Phasenkonstante aufweist*, nämlich die der erregenden Kraft. Wir lassen positive und negative Werte für die Amplitude eines jeden bewegten Teiles zu, so daß wir uns um Phasenkonstanten von $180°$ nicht zu kümmern brauchen. Wir erhalten ferner das Ergebnis, daß die rücktreibende Kraft pro Einheitsauslenkung und pro Einheitsmasse, ω^2, für alle bewegten Teile dieselbe ist, da jeder bewegte Teil mit derselben Frequenz schwingt. Beachten Sie, daß dies gerade die Bedingungen sind, die auch für eine einzelne Eigenschwingung eines freien ungedämpften Systems gelten!

Wir sind nun in der Lage, ein spezielles System zu betrachten.

● **Beispiel**: *9. Gekoppelte Pendel.* Es wird Sie nicht überraschen zu hören, daß man aus den Ergebnissen für die gekoppelten Pendel die entsprechenden Ergebnisse für sehr viele verschiedene physikalische Systeme ohne Wiederholung der mathematischen Details erhalten kann, indem man nur Bezeichnungen ändert (z.B. „Kapazität" statt „Schnurlänge" und „Induktivität" statt „Masse") und neue Skizzen zeichnet. Wir haben davon in Kapitel 2 oft Gebrauch gemacht. Im Augenblick tun wir so, als interessierten wir uns nur für gekoppelte Pendel.

Drei der in einer Linie angeordneten gleichartigen Pendel (Gesamtzahl der Pendel und Randbedingungen sind dabei offengelassen) sind in Bild 3.10 dargestellt. Die Bewegungsgleichung für die Auslenkung $\psi_n(t)$ des n-ten Pendelkörpers ist bei kleinen Schwingungen

$$m\ddot{\psi}_n = -m\omega_0^2 \psi_n + K(\psi_{n+1} - \psi_n) - K(\psi_n - \psi_{n-1}), \tag{3.62}$$

wobei

$$\omega_0^2 = \frac{g}{l}.$$

Bevor wir die exakte Lösung von Gl. (3.62) ansteuern, wollen wir ihre Lösung in der kontinuierlichen Näherung untersuchen. Das bedeutet, daß wir keinerlei Aufschlüsse über die Bewegung bei Schwingungsformen erhalten werden, wie sie bei freien Schwingungen in der höchsten Eigenschwingung auftreten, wo aufeinanderfolgende Pendelkörper „hin und her" schwingen. („Hin und her" ist das longitudinale Analogon zur transversalen „zick-zack"-Form.) Wir werden uns daher im Augenblick auf Frequenzen beschränken müssen, die weit unterhalb der oberen Grenzfrequenz liegen. Erst wenn wir darauf zurückkommen und die Gleichung exakt lösen, können wir die Bewegung bei erregenden Frequenzen im oberen Teil des Paßbandes und oberhalb der oberen Grenzfrequenz diskutieren. ●

Kontinuierliche Näherung. Wir nehmen an, daß sich $\psi_n(t)$ mit wachsendem n langsam ändert. Wir nehmen also an, daß alle Pendelkörper in einer kleinen Umgebung des Pendelkörpers n, dessen Gleichgewichtslage z ist, ungefähr dieselbe Bewegung ausführen wie Pendelkörper n, so daß

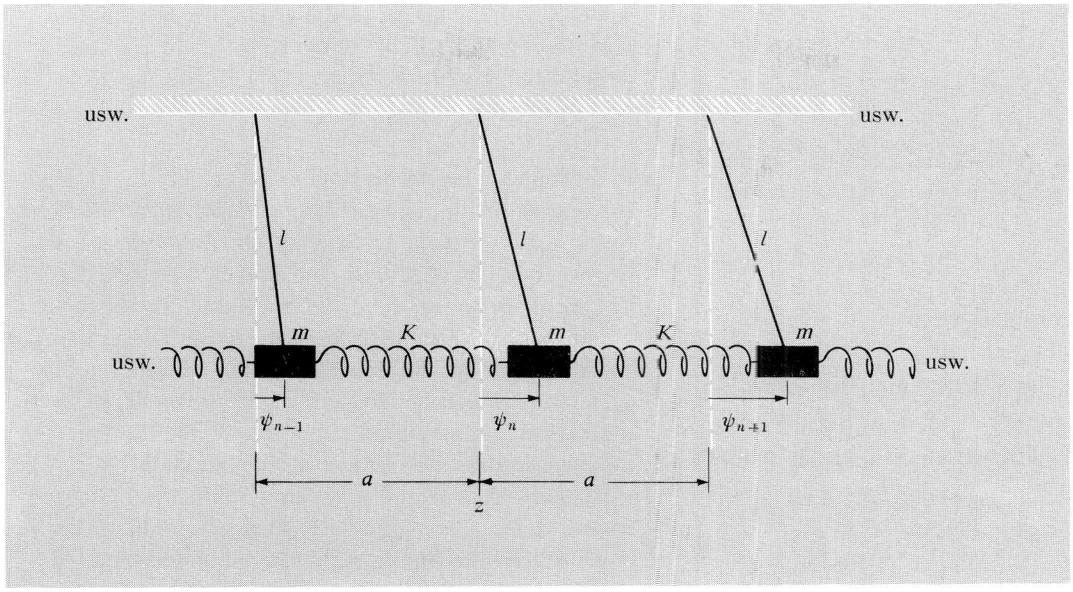

Bild 3.10
Gekoppelte Pendel ohne spezifische Randbedingungen

die Bewegung eines an der Stelle z liegenden Pendelkörpers durch eine stetige Funktion $\psi(z, t)$ beschrieben werden kann. Wir entwickeln die entsprechenden Terme in Gl. (3.62) in eine Taylorreihe:

$$\psi_n(t) = \psi(z, t),$$

$$\psi_{n+1}(t) = \psi(z + a, t) = \psi(z, t) + a \frac{\partial \psi(z, t)}{\partial z} + \frac{1}{2} a^2 \frac{\partial^2 \psi(z, t)}{\partial z^2} + \ldots,$$

$$\psi_{n-1}(t) = \psi(z - a, t) = \psi(z, t) - a \frac{\partial \psi(z, t)}{\partial z} + \frac{1}{2} a^2 \frac{\partial^2 \psi(z, t)}{\partial z^2} + \ldots.$$

Daher gilt

$$\psi_{n+1} - \psi_n = a \frac{\partial \psi}{\partial z} + \frac{1}{2} a^2 \frac{\partial^2 \psi}{\partial z^2} + \ldots,$$

$$\psi_n - \psi_{n-1} = a \frac{\partial \psi}{\partial z} - \frac{1}{2} a^2 \frac{\partial^2 \psi}{\partial z^2} + \ldots.$$

Dann ersetzen wir diese Ausdrücke sowie $\ddot{\psi}_n(t) = \frac{\partial^2 \psi(z,t)}{\partial t^2}$ in Gl. (3.62) ein und erhalten

$$\boxed{\frac{\partial^2 \psi(z, t)}{\partial t^2} = -\omega_0^2 \psi(z, t) + \frac{Ka^2}{m} \frac{\partial^2 \psi(z, t)}{\partial z^2}.} \quad (3.63)$$

Klein-Gordon-Wellengleichung. Gl. (3.63) ist eine berühmte Wellengleichung. Sie stellt nicht die klassische Wellengleichung dar, außer im Fall ω_0 gleich Null. Manchmal heißt sie die „Klein-Gordon-Wellengleichung". Sie gilt für die de-Broglie-Wellen relativistischer freier Teilchen (siehe Abschnitt 10.2).

Wir nehmen an, alle bewegten Teile führen stationäre Schwingungen mit der erregenden Frequenz ω aus, und die erregende Kraft verrichte keine Arbeit, weshalb alle bewegten Teile dieselbe Phasenkonstante aufweisen. Dann gilt

$$\psi(z, t) = \cos(\omega t + \varphi) A(z), \quad (3.64)$$

$$\frac{\partial^2 \psi}{\partial t^2} = -\omega^2 \cos(\omega t + \varphi) A(z), \quad (3.65)$$

$$\frac{\partial^2 \psi}{\partial z^2} = \cos(\omega t + \varphi) \frac{d^2 A(z)}{dz^2}. \quad (3.66)$$

Setzen wir die Gln. (3.64), (3.65) und (3.66) in Gl. (3.63) ein und kürzen den gemeinsamen Faktor $\cos(\omega t + \varphi)$, so erhalten wir die räumliche Schwingungsform der Pendel für den Fall, daß sie im stationären Zustand mit der Frequenz ω erregt werden:

$$\frac{d^2 A(z)}{dz^2} = \frac{m}{Ka^2} (\omega_0^2 - \omega^2) A(z). \quad (3.67)$$

Die Lösungen der Gl. (3.67) weisen in den beiden Fällen $\omega^2 > \omega_0^2$ und $\omega^2 < \omega_0^2$ eine sehr unterschiedliche z-Abhängigkeit auf. Ist ω^2 größer als ω_0^2, so erhalten wir sinusförmige Wellen, wie wir sie früher (Abschnitt 2.2) bei der kontinuierlichen Saite untersucht haben.

Sinusförmige Wellen. Für $\omega^2 > \omega_0^2$ hat Gl. (3.67) die Form

$$\frac{d^2 A(z)}{dz^2} = -k^2 A(z), \quad (3.68)$$

wobei k^2 die positive Konstante

$$k^2 = (\omega^2 - \omega_0^2) \frac{m}{Ka^2} \quad (3.69)$$

ist. Gl. (3.69) ist die Dispersionsrelation für Wellen in dem System, wenn $\omega^2 > \omega_0^2$ ist. Die allgemeine Lösung von Gl. (3.68) lautet

$$A(z) = A \sin kz + B \cos kz, \tag{3.70}$$

wobei A und B Konstanten sind, die durch die Randbedingungen festgelegt werden. In Abhängigkeit von den Randbedingungen wird es gewisse Wellenlängen und entsprechende erregende Frequenzen geben, die einer „Resonanz" entsprechen. Die Resonanzfrequenzen sind gleich den Frequenzen der Eigenschwingungen, d.h. der stehenden Wellen, des freien Systems.

Nun kommen wir zu etwas Neuem und Wichtigem:

Exponentialwellen. Ist $\omega^2 < \omega_0^2$, dann definieren wir die positive Konstante κ (Kappa) als die positive Quadratwurzel der positiven Größe

$$\kappa^2 = (\omega_0^2 - \omega^2)\,\frac{m}{Ka^2}. \tag{3.71}$$

Verwechseln Sie Kappa nicht mit dem ähnlich aussehenden Großbuchstaben K. Gl. (3.71) ist die Dispersionsrelation für den Fall $\omega^2 < \omega_0^2$. Dann hat Gl. (3.67) die Form

$$\frac{d^2A(z)}{dz^2} = \kappa^2 A(z). \tag{3.72}$$

Das Auftreten eines Pluszeichens auf der rechten Seite der Gl. (3.72) bewirkt, daß die Lösungen völlig anders als die sinusförmigen Lösungen der ähnlich aussehenden Gl. (3.68) gestaltet sind. Wegen des Minuszeichens in Gl. (3.68) ist deren Lösung, die durch Gl. (3.70) angegebene Sinusfunktion $A(z)$, immer zur z-Achse gekrümmt. Daher schneidet sie schließlich immer die z-Achse. Hierauf kehrt sich die Krümmung um und schneidet schließlich wieder die z-Achse usw., woraus sich Schwingungen im Raum ergeben. Im Gegensatz dazu bedeutet das Pluszeichen auf der rechten Seite der Gl. (3.72), daß deren Lösung $A(z)$ immer von der z-Achse weg gekrümmt ist. Wenn daher $A(z)$ einmal positiv ist und einen positiven Anstieg hat oder negativ ist und einen negativen Anstieg hat, so wird es nie mehr zur z-Achse zurückkehren. Ist es positiv und hat einen negativen Anstieg, so wird es sich mit anwachsendem z immer langsamer der z-Achse nähern. Schneidet es schließlich die z-Achse mit negativem Anstieg (was es kann, aber nicht muß), dann wird es mit anwachsendem z zu immer größeren negativen Werten von $A(z)$ übergehen und die z-Achse nie mehr schneiden.

Die allgemeine Lösung der Gl. (3.72) ist eine Überlagerung zweier Exponentialfunktionen:

$$A(z) = Ae^{-\kappa z} + Be^{+\kappa z}. \tag{3.73}$$

Um zu sehen, daß $A(z)$ eine Lösung ist, differenzieren Sie es:

$$\frac{dA(z)}{dz} = -\kappa Ae^{-\kappa z} + \kappa Be^{+\kappa z},$$

$$\frac{d^2A(z)}{dz^2} = (-\kappa)^2 Ae^{-\kappa z} + (\kappa)^2 Be^{+\kappa z} = \kappa^2 A(z),$$

so daß Gl. (3.73) die Gl. (3.72) erfüllt. Die Konstanten A und B werden durch die Randbedingungen bestimmt. So lautet die allgemeine Lösung $\psi(z,t)$ für $\omega^2 < \omega_0^2$

$$\psi(z,t) = (Ae^{-\kappa z} + Be^{+\kappa z})\cos(\omega t + \varphi). \tag{3.74}$$

Gekoppelte Pendel als Hochpaßfilter. Gl. (3.74) gibt die allgemeine Form einer *Exponentialwelle* an. Die Frequenz $\omega_0^2 = g/l$ wirkt als *untere Grenzfrequenz*. Das war zu erwarten, da wir bei dem einfachen System der zwei gekoppelten Pendel denselben Wert der unteren Grenzfrequenz gefunden haben. Mit dieser niedrigsten Eigenfrequenz schwingen alle Pendel miteinander in Phase, und die rücktreibende Kraft rührt nur von der Schwerkraft her. Die Federn sind weder ausgedehnt noch zusammengedrückt. Die Wellenlänge ist „Unendlich", d.h., k ist gleich Null. Wird das System unterhalb der Grenzfrequenz erregt, so kann es die sinusförmige räumliche Abhängigkeit der Amplitudenverhältnisse der schwingenden Pendelkörper nicht aufrechterhalten. Statt dessen hängen die Amplitudenverhältnisse der Pendelkörper exponentiell von der Entfernung ab, wie es durch Gl. (3.74) angegeben wird. Daher wirkt das System wie ein Hochpaßfilter. In Wirklichkeit ist es ein Bandpaßfilter, doch behandeln wir das System nur in der kontinuierlichen Näherung und müssen davon Abstand nehmen, die erzwungenen Schwingungen in der Nähe der höchsten Eigenschwingungen mit ihren „zick-zack"-Formen zu betrachten.

Nehmen Sie an, das System werde an der Stelle $z = 0$ erregt und erstrecke sich von $z = 0$ bis $z = L$, wo die letzte Feder an einer starren Wand angebracht sei. Es sollte intuitiv einsichtig sein, daß die Amplitude $A(z)$ mit zunehmender Entfernung vom erregten Ende abnehmen muß, wenn wir das System unterhalb der Grenzfrequenz erregen. Ist das System sehr lang, d.h., ist L groß, so muß die Amplitude sehr klein werden, wenn wir bei $z = L$ die Wand erreichen. Im Grenzfall L gleich „Unendlich" muß die Amplitude bei $z = L$ verschwinden. Daraus folgt, daß der Beitrag $Be^{+\kappa z}$ in Gl. (3.74) verschwinden muß, d.h., B muß gleich Null sein. Diese Vermutung ist richtig (siehe Übung 30).

Bild 3.11 zeigt ein Beispiel für diese Anordnung. Beachten Sie, daß es bei dem in Bild 3.11 gezeigten Beispiel sehr wenig ausmacht, ob wir das Ende bei $z = L$ wirklich anbinden oder nicht. Im Falle $\kappa L \gg 1$ ist die Schwingungsamplitude im wesentlichen gleich Null, bevor die Stelle $z = L$ erreicht ist. Daher können wir mit einer endlichen Länge L, die groß gegenüber $1/\kappa$ ist, experimentell eine „unendliche" Länge simulieren (siehe Übung 16).

Bezeichnungsweise bei Exponentialwellen. Die Konstante κ (Kappa) heißt *Amplitudenschwächungskonstante* oder einfach *Schwächungskonstante*. Ihre Dimension ist *relative Amplitudenschwächung pro Längeneinheit* oder einfach *Schwächung pro Längeneinheit*. Zu dieser Dimen-

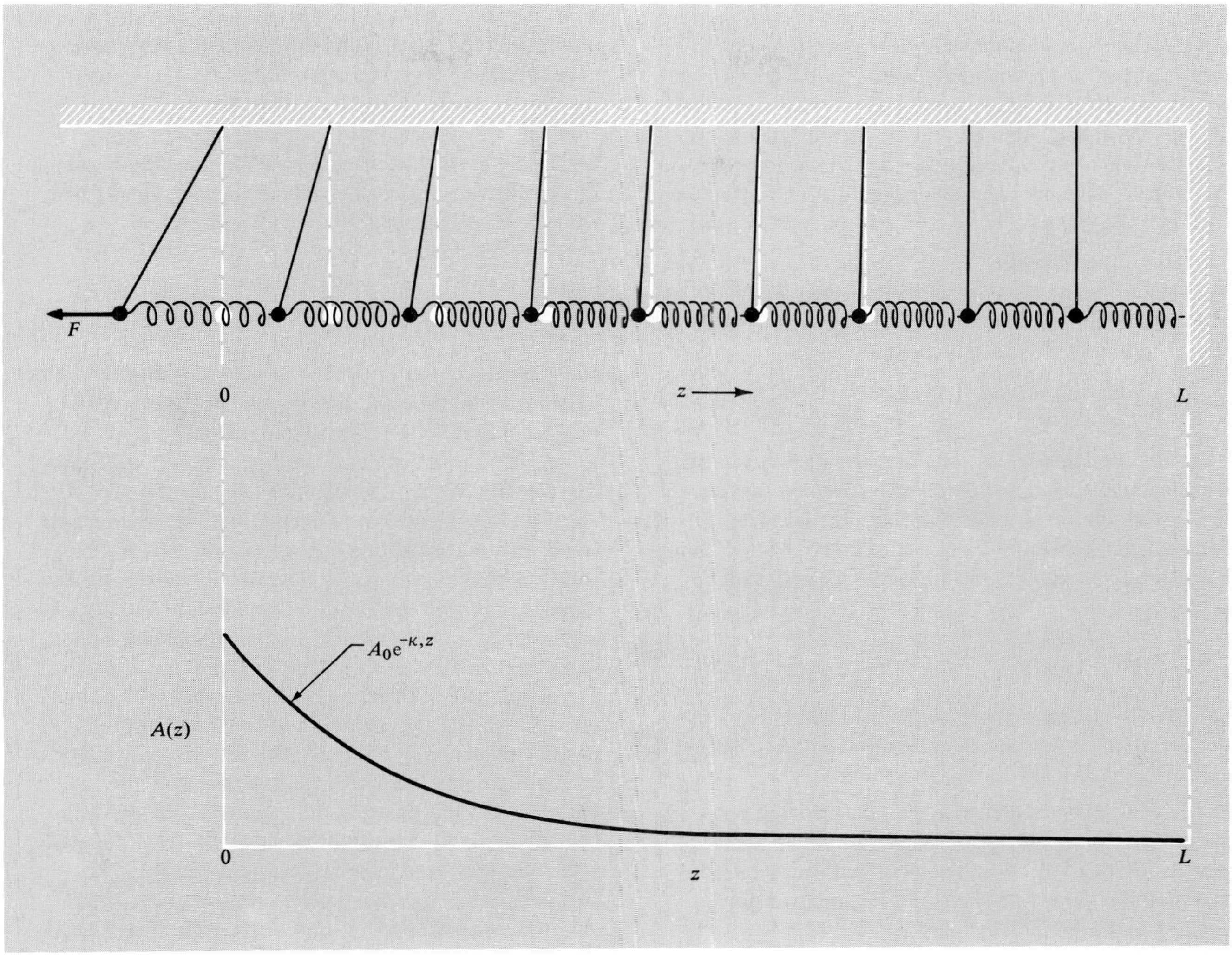

Bild 3.11. Gekoppelte Pendel, die am linken Ende mit einer unterhalb der Grenzfrequenz ω_0 liegenden Frequenz erregt werden.
a) Augenblickliche Schwingungsform des Systems, b) Kurve $A(z)$

sion kommt man durch Betrachtung einer Amplitude $A(z)$, die durch eine erregende Kraft am linken Ende eines langen Systems erzeugt wird. Und zwar sei das System lang genug, so daß wir es nur mit der abnehmenden Exponentialfunktion

$$\psi(z, t) = A(z) \cos \omega t \tag{3.75}$$

mit

$$A(z) = A e^{-\kappa z} \tag{3.76}$$

zu tun haben. Die relative Amplitudenschwächung pro Längeneinheit der Amplitude $A(z)$ ist definiert als

$$-\frac{1}{A(z)} \frac{dA(z)}{dz} = \text{relative Amplitudenschwächung pro Längeneinheit.} \tag{3.77}$$

Im Falle, daß $A(z)$ durch Gl. (3.76) gegeben ist, ist dies gleich κ. Ist hingegen $A(z)$ gleich $A(z) = B\exp(+\kappa z)$, so wird die Amplitude nicht bei anwachsendem, sondern bei abnehmendem z geschwächt. Dadurch entsteht aber keine Verwechslung, und wir können κ weiterhin als Schwächungskonstante bezeichnen. Auch bei der allgemeinen Lösung $A\exp(-\kappa z) + B\exp(+\kappa z)$ behalten wir dieselbe Bezeichnung für κ bei, obwohl $A(z)$ in manchen Bereichen von z anwachsen und in anderen abnehmen kann. Wir sagen einfach, $A(z)$ sei eine Überlagerung zweier Terme, von denen der eine bei anwachsendem, der andere bei abnehmendem z geschwächt wird.

Der Kehrwert von κ ist eine Länge δ. Diese bedeutet die Strecke, nach der die Amplitude $e^{-\kappa z} = e^{-z/\delta}$ um den Faktor $e = 2{,}718\ldots$ geschwächt wird. Sie heißt *Amplitudenschwächungslänge* oder die *Länge einer Schwächung auf den e-ten Teil* oder einfach *Schwächungslänge*:

$$\frac{1}{\kappa} = \delta = \text{Schwächungslänge.} \tag{3.78}$$

Zwischen der Schwächungskonstanten κ bei geschwächten Exponentialwellen und der Wellenzahl k bei Sinuswellen gibt es eine gewisse Parallele: κ ist die relative Schwächung pro Längeneinheit, k die Anzahl der Radiant pro Längeneinheit. Ähnlich sind die Schwächungslänge δ und die Wellenlänge λ in gewisser Beziehung analog: δ ist die Strecke, nach der Schwächung um den Faktor e^{-1} auftritt; λ ist die Strecke, nach der die Phase um 2π anwächst.

Dispersionsrelationen. Liegt ω über der unteren Grenzfrequenz ω_0, so beobachten wir sinusförmige Wellen. Die Beziehung zwischen Frequenz und Wellenzahl stellt Gl. (3.69) her, die wir nochmals anschreiben:

$$\omega^2 = \omega_0^2 + \left(\frac{Ka^2}{m}\right) k^2 . \tag{3.79}$$

Liegt ω unterhalb der unteren Grenzfrequenz ω_0, so treten keine sinusförmigen Wellen auf. Sie werden „abgeschnitten". Statt ihrer beobachten wir Exponentialwellen. Die Beziehung zwischen der Frequenz ω und der Schwächungskonstanten κ stellt Gl. (3.71) her, die wir nochmals anschreiben:

$$\omega^2 = \omega_0^2 - \left(\frac{Ka^2}{m}\right) \kappa^2 . \tag{3.80}$$

Die Gln. (3.79) und (3.80) stellen die vollständige Dispersionsrelation des Systems in der kontinuierlichen Näherung dar.

In dem Frequenzbereich, in dem die erzwungenen Schwingungen sinusförmige Wellen sind, ist die Dispersionsrelation (3.79) für *erzwungene* Schwingungen identisch mit der, die wir für die *freien* Eigenschwingungen erhalten haben [siehe Abschnitt 2.4, Gln. (2.90), (2.91) und (2.92)]. Das ist kein Zufall. Bei beiden Ableitungen haben wir die Bewegungsgleichung des n-ten Massenpunktes ermittelt und dann die Annahme eingeflochten, daß sich alle bewegten Teile harmonisch mit derselben Frequenz ω (im einen Fall eine Eigenfrequenz, im anderen die Frequenz der stationären Schwingungen) und derselben Phasenkonstantenen bewegen. Die Dispersionsrelation ergab sich aus diesen Annahmen. Das trifft allgemein zu: *Die Dispersionsrelation für erzwungene sinusförmige Schwingungen ist dieselbe wie die für freie Schwingungen.*

Dispersive und reaktive Medien. Bei dem vorliegenden Beispiel besteht das „Medium", in dem die Wellen auftreten, aus dem System gekoppelter Pendel. Ein Medium, das sinusförmige Wellen aufrechterhalten kann, heißt *dispersives* Medium. Dies bedeutet nichts anderes, als daß ω nicht unterhalb der Grenzfrequenz ω_0 liegt. Ein Medium, das keine sinusförmigen Wellen aufrechterhalten kann, dafür aber Exponentialwellen (ohne Energiedissipation) liefert, heißt *reaktiv*. Ein und dasselbe Medium kann selbstverständlich bei manchen Frequenzen reaktiv, bei anderen dispersiv sein, wie es bei den gekoppelten Pendeln der Fall ist.

● **Beispiel**: *10. Die Ionosphäre.* Die Erdionosphäre ist ein Beispiel für ein Medium, das (bezüglich elektromagnetischer Wellen) für Frequenzen oberhalb einer Grenzfrequenz, der sogenannten Plasmafrequenz ν_p, dispersiv, für Frequenzen unterhalb dieser Grenzfrequenz hingegen reaktiv ist. Die Dispersionsrelation für in der Erdionosphäre erregte Schwingungen ist der für gekoppelte Pendel sehr ähnlich. Wie sich zeigt, gelten die Beziehungen

$$\omega^2 = \omega_p^2 + c^2 k^2, \quad \omega > \omega_p$$

und

$$\omega^2 = \omega_p^2 - c^2 \kappa^2, \quad \omega < \omega_p. \tag{3.81}$$

Die Plasmafrequenz ist die Frequenz der niedrigsten Eigenschwingung der „freien" Elektronen. Wir haben sie in Gl. (2.99) hergeleitet. Typische Plasmafrequenzen $\nu_p (= \omega_p/2\pi)$ während des Tages liegen zwischen 10 MHz und 30 MHz. Wird die Ionosphäre „an einem Ende" durch einen Radiosender mit typischen Mittelwellenfrequenzen von etwa $\nu = 1000$ kHz erregt, so verhält sie sich wie ein reaktives Medium, da $\nu \ll \nu_p$. Die Wellen werden wie bei unseren gekoppelten Pendeln von Bild 3.11 exponentiell geschwächt. Arbeit wird dabei in der Ionosphäre keine verrichtet, da die Geschwindigkeit eines jeden Elektrons gegenüber dem elektrischen Feld in seiner Nachbarschaft um $\pm 90°$ phasenverschoben ist. Nun ist im Falle der erregten Pendel von Bild 3.11 die von der erregenden Kraft gelieferte Energie bei Vernachlässigung der Dämpfung im Mittel gleich Null. Energie, die augenblicklich auf die Pendel übertragen wird, geht zu einem späteren Zeitpunkt während der Schwingung wieder an die erregende Kraft zurück. Im Falle des dreidimensionalen Problems mit dem Radiosender und der Ionosphäre trifft dies nicht zu: Der Radiosender bekommt von der ausgesandten Energie sehr wenig zurück. Die Ionosphäre absorbiert keine Energie, aber die Wellen laufen nicht zum Sender zurück, sondern werden in einen weiten Bereich der Erdoberfläche reflektiert. Diese *Totalreflexion* an der „Unterseite" der Ionosphäre ermöglicht ein Verfahren, mit dem man entfernte Empfänger, die wegen der Krümmung der Erde „außer Sichtweite" liegen, erreicht: Man läßt die Signale einfach an der Ionosphäre abprallen. Dies geht immer dann, wenn ω unterhalb der Grenzfrequenz ω_p liegt.

Typische Ultrakurzwellen- und Fernsehsendefrequenzen betragen etwa 100 MHz. Diese Frequenz ist größer als die Grenzfrequenz der Ionosphäre von 10...30 MHz. Daher verhält sich die Ionosphäre bei Ultrakurzwellen- und Fernsehfrequenzen wie ein dispersives Medium. Das bedeutet, sie ist „durchsichtig". Die Wellen werden nicht exponentiell geschwächt, sondern sie sind sinusförmig. Daher werden die elektromagnetischen Wellen nicht zur Erde totalreflektiert, und man kann die Ionosphäre nicht wie bei Mittelwellenfrequenzen zur Übertragung von Signalen heranziehen. Die Übertragung ist auf die „Sichtlinie" beschränkt.

Auch für Frequenzen $\nu = 10^{15}$ Hz, also von der Größenordnung der Frequenzen *sichtbaren Lichts*, stellt die Ionosphäre ein dispersives Medium dar. Wir wissen, daß die Ionosphäre bei 10^{15} Hz nicht reaktiv ist, denn andernfalls würden wir weder die Sterne noch die Sonne sehen. In einem späteren Kapitel werden wir die Dispersionsrelation der Ionosphäre (Gl. (3.81)) ableiten. •

Eindringen von Wellen in einen reaktiven Bereich. Wird die Ionosphäre durch einen Radiosender unterhalb der Grenzfrequenz erregt, so werden die Radiowellen zur Erde *totalreflektiert*. Doch das alles geschieht sozusagen nicht an einer Stelle. Betrachten wir dazu ein ähnliches Problem bei gekoppelten Pendeln, deren Dispersionsrelation von derselben Form wie die der Ionosphäre ist, in der kontinuierlichen Näherung. Der erste Pendelkörper bei $z = 0$ werde durch die Kraft erregt, die zur Herstellung der Bewegung $\psi_1(t) = A_0 \cos\omega t$ notwendig ist. Zwischen $z = 0$ und $z = L$ liegt eine Anzahl gekoppelter Pendel, von denen jedes die Länge l_1 aufweist, so daß

$$\omega_0^2 = \frac{g}{l_1} < \omega^2. \tag{3.82}$$

Somit ist dieser Bereich – wir bezeichnen ihn als Bereich 1 – dispersiv. (Die erregende Kraft liefert der „Radiosender". Der Bereich von $z = 0$ bis $z = L$ besteht aus „gewöhnlicher Luft", also nicht aus „Plasma".) Bei $z = L$ werden die Pendelschnüre plötzlich kürzer, ihre Länge beträgt nun l_2, so daß

$$\omega_0^2 = \frac{g}{l_2} > \omega^2. \tag{3.83}$$

Folglich ist dieser Bereich – wir nennen ihn Bereich 2 – reaktiv. (Bereich 2 ist das „Plasma".) Er erstreckt sich bis $z = \infty$. Das System ist in Bild 3.12 dargestellt.

Wir wollen $\psi(z, t)$ ermitteln, wenn es bei $z = 0$ als $A_0 \cos\omega t$ vorgegeben ist. Für jedes z gilt

$$\psi(z, t) = A(z) \cos\omega t, \tag{3.84}$$

wobei $A(z)$ zu bestimmen ist. In Bereich 2, also im reaktiven Bereich zwischen $z = L$ und ∞ muß für $A(z)$ die Beziehung

$$A_2(z) = C e^{-\kappa(z-L)} \tag{3.85}$$

gelten, wobei C eine unbekannte Konstante ist und κ durch

$$\kappa^2 = \frac{m}{Ka^2}\left(\frac{g}{l_2} - \omega^2\right) \tag{3.86}$$

gegeben ist. Dabei nehmen wir an, ω^2 sei kleiner als der Grenzwert g/l_2. In dem dispersiven Bereich zwischen $z = 0$ und $z = L$ lautet $A(z)$

$$A_1(z) = A \sin k(z-L) + B \cos k(z-L), \tag{3.87}$$

wobei A und B unbekannte Konstanten sind und k durch

$$k^2 = \frac{m}{Ka^2}\left(\omega^2 - \frac{g}{l_1}\right) \tag{3.88}$$

gegeben ist. Dabei nehmen wir an, ω^2 sei größer als g/l_1. Wir führen nun die Randbedingungen ein: Bei $z = L$ müssen die Funktionen $A_1(z)$ und $A_2(z)$ glatt ineinander übergehen, d.h., ihre Werte und ihre Anstiege müssen bei $z = L$ dieselben sein. Setzt man die Werte bei $z = L$ gleich, so erhält man $B = C$. Eine Gleichsetzung ihrer Anstiege bei $z = L$ liefert $kA = -\kappa C$. Wir erhalten daher in Bereich 1

$$A_1(z) = C\left[\frac{-\kappa}{k} \sin k(z-L) + \cos k(z-L)\right]. \tag{3.89}$$

Bei $z = 0$ lautet die Randbedingung $A_1(z) = A_0$ für $z = 0$. Dann liefert Gl. (3.89)

$$C = \frac{A_0}{\frac{\kappa}{k} \sin kL + \cos kL}. \tag{3.90}$$

Die vollständige Lösung wird durch die Gln. (3.84), (3.85), (3.89) und (3.90), zusammen mit der Dispersionsrelation (3.86) und (3.88), dargestellt.

Resonanz. Bei gewissen Werten von kL wird der Nenner der Gl. (3.90) Null, weshalb die Amplitude C „Unendlich" wird. (Vernachlässigt man die Reibung nicht, treten keine unendlichen Amplituden auf.) Diese Werte von kL bestimmen die Resonanzfrequenzen des Systems. Um diese zu finden, muß man die Dispersionsrelationen sowie Gl. (3.90) benützen (siehe Übung 31). Das Diagramm der Amplitude $A(z)$ ist für Werte von ω, die in der Nähe der niedrigsten Resonanz liegen, in Bild 3.12 dargestellt. Dabei wird ein großes, aber nicht unendliches C angenommen.

Gebundene Eigenschwingungen. Wir ersehen aus Bild 3.12c, daß sich ein reaktiver Bereich, der sich weit erstreckt – in unserem Beispiel bis $L' = \infty$ –, so ähnlich wie eine „allmähliche Wand" verhält. Der Pendelkörper bei $z = L$ wird nicht wie bei einer Wand festgehalten. Dennoch ist die Pendelbewegung einige Schwächungslängen δ hinter $z = L$ vernachlässigbar. Dies läßt vermuten, daß wir, wenn wir einen dispersiven Bereich zwischen zwei unendlich dicken reaktiven Bereichen einschließen, (freie) *Eigenschwingungen* der Pendel in dem dispersiven Bereich erhalten, etwa so, als wären sie zwischen zwei Wänden eingeschlossen. Diese Vermutung ist richtig. Man nennt diese Eigenschwingungen *gebundene Eigenschwingungen*. Sie treten ungefähr bei den Resonanzfrequenzen des Systems von Bild 3.12 auf.

Eine interessante Eigenschaft der gebundenen Eigenschwingungen ist, daß es in einem bestimmten System nur eine beschränkte Anzahl von ihnen gibt, auch wenn „unendlich" viele Pendel in dem dispersiven Bereich liegen. Der Grund liegt darin, daß die Frequenz anwächst, wenn wir von einer gebundenen Eigenschwingung zur nächsthöheren fortschreiten, bis wir schließlich zu einer gelangen, deren Frequenz größer ist als $\sqrt{g/l_2}$. Für $\omega^2 > g/l_2$ sind die äußeren Bereiche dispersiv und dienen

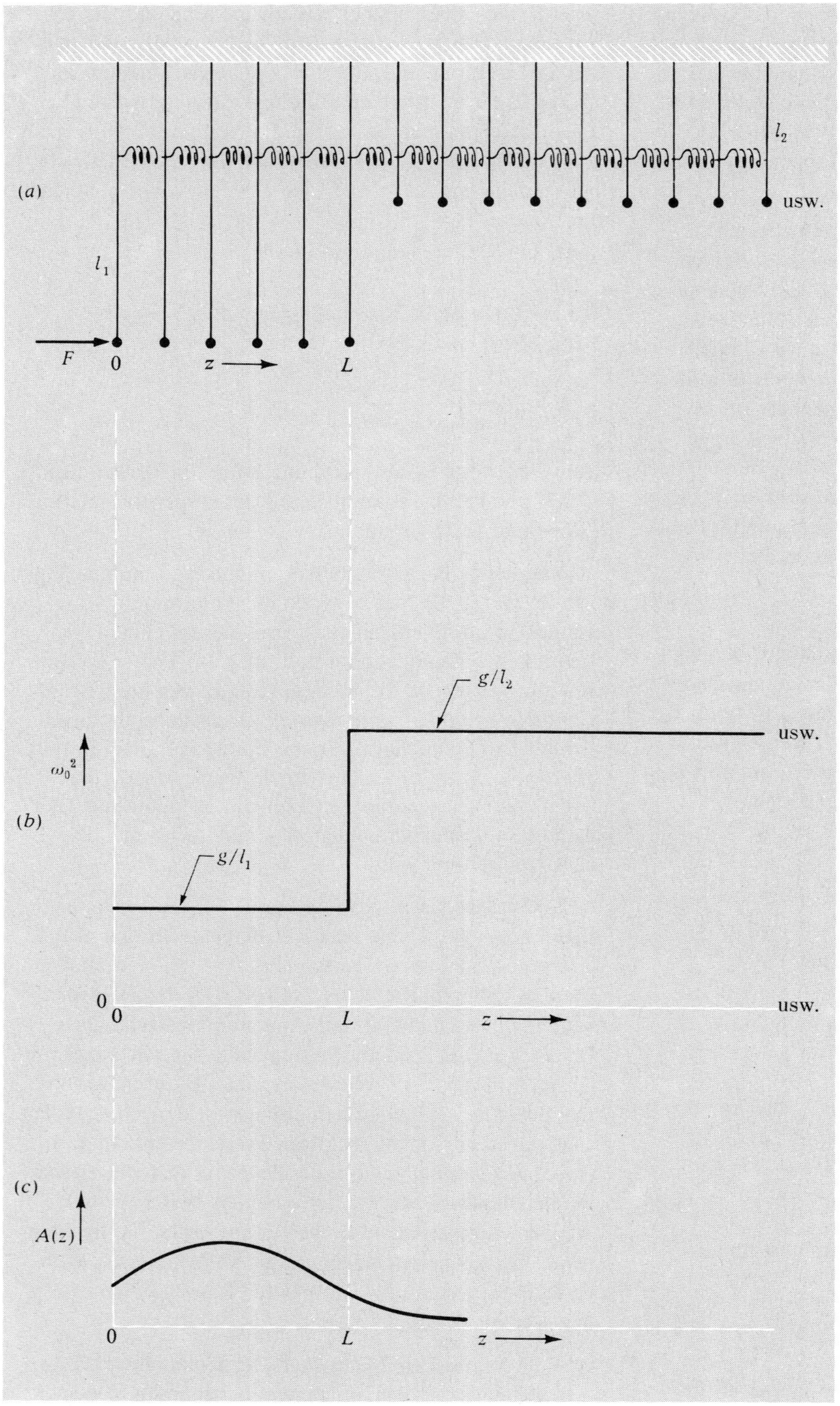

Bild 3.12

Gekoppelte Pendel mit plötzlicher Änderung von ω_0^2 bei $z = L$.

a) Das System. Das Pendel bei $z = 0$ ist mit einer äußeren erregenden Kraft gekoppelt.

b) Diagramm ω_0^2 gegen z. Liegen die erregenden Frequenzen ω zwischen $\sqrt{g/l_1}$ und $\sqrt{g/l_2}$, so ist Bereich 1 (von $z = 0$ bis L) dispersiv, Bereich 2 (von $z = L$ bis ∞) reaktiv.

c) Diagramme der Amplitude $A(z)$ gegen z bei einer erregenden Frequenz ω, die in der Nähe der niedrigsten Resonanzfrequenz des Systems liegt.

nicht mehr dazu, Schwingungen in dem mittleren Bereich „einzuschließen".

In der Quantenphysik findet man, daß sich die de-Broglie-Wellen von Elektronen in Atomen wie die gebundenen Eigenschwingungen gekoppelter Pendel verhalten. Diese Eigenschwingungen der Elektronen heißen *gebundene Zustände*. Ein Beispiel für ein Quantensystem mit gebundenen Zuständen ist in Abschnitt 10.3 angeführt.

Exakte Lösung der erzwungenen Schwingungen eines Systems gekoppelter Pendel. Wir haben die Eigenschaften der erzwungenen Schwingungen gekoppelter Pendel in der kontinuierlichen Näherung untersucht. Nun wollen wir die exakte Lösung der Bewegungsgleichung (3.62) eines der in einer Linie angeordneten Pendel ermitteln, die wir hier nochmals anschreiben:

$$\ddot{\psi}_n = -\omega_0^2 \psi_n + \frac{K}{m}(\psi_{n+1} - 2\psi_n + \psi_{n-1}). \tag{3.91}$$

Wir nehmen an, daß alle bewegten Teile harmonisch mit derselben Frequenz und derselben Phasenkonstanten schwingen

$$\psi_n = A_n \cos\omega t. \tag{3.92}$$

Setzen wir Gl. (3.92) in Gl. (3.91) ein und kürzen wir den Faktor $\cos\omega t$, so erhalten wir

$$-\omega^2 A_n = -\omega_0^2 A_n - \frac{2K}{m} A_n + \frac{2K}{m}\left(\frac{A_{n+1} + A_{n-1}}{2}\right),$$

d.h.

$$\omega^2 = \omega_0^2 + \frac{2K}{m}\left(1 - \frac{\frac{1}{2}(A_{n+1} + A_{n-1})}{A_n}\right). \tag{3.93}$$

Dispersiver Frequenzbereich. In der Bezeichnungsweise für Filter ausgedrückt, handelt es sich hierbei um das „Paßband". Im dispersiven Bereich sind die Schwingungen im Raum sinusförmig. Nehmen wir also eine Lösung von der Form

$$A_n = A\sin kna + B\cos kna \tag{3.94}$$

an. Dann gilt

$$A_{n+1} = A\sin(kna + ka) + B\cos(kna + ka),$$
$$A_{n-1} = A\sin(kna - ka) + B\cos(kna - ka). \tag{3.95}$$

Folglich haben wir

$$\begin{aligned} A_{n+1} + A_{n-1} &= 2A\sin kna \cos ka + 2B\cos kna \cos ka \\ &= 2\cos ka\,(A\sin kna + B\cos kna) \\ &= 2\cos ka A_n. \end{aligned} \tag{3.96}$$

Einsetzen dieses Ergebnisses in Gl. (3.93) liefert

$$\omega^2 = \omega_0^2 + \frac{2K}{m}(1 - \cos ka), \tag{3.97}$$

d.h.

$$\omega^2 = \omega_0^2 + \frac{4K}{m}\sin^2\frac{ka}{2}. \tag{3.98}$$

Gl. (3.98) ist die Dispersionsrelation im dispersiven Frequenzbereich. Sie liefert Frequenzen von $\omega^2 = \omega_0^2$ bis $\omega^2 = \omega_0^2 + 4K/m$, entsprechend den Werten von ka, die von $ka = 0$ bis $ka = \pi$ reichen. Gl. (3.98) ist genau dasselbe Dispersionsgesetz, wie wir es für frei schwingende gekoppelte Pendel in Gl. (2.90) erhalten haben.

Unterer reaktiver Bereich. Aufgrund unserer Erfahrung mit der kontinuierlichen Näherung vermuten wir, daß die allgemeine Lösung für Frequenzen unterhalb der unteren Grenzfrequenz ω_0 die Form einer Exponentialwelle hat:

$$A_n = Ae^{-\kappa na} + Be^{+\kappa na}. \tag{3.99}$$

Folglich gilt

$$A_{n-1} + A_{n-1} = (e^{\kappa a} + e^{-\kappa a})A_n. \tag{3.100}$$

Gl. (3.93) liefert dann das Dispersionsgesetz:

$$\omega^2 = \omega_0^2 + \frac{2K}{m}\left[1 - \frac{1}{2}(e^{\kappa a} + e^{-\kappa a})\right]. \tag{3.101}$$

Gl. (3.101) läßt sich in Formen bringen, die den Gln. (3.97) und (3.98) ähneln. Mit Hilfe der Definitionen von Sinus hyperbolicus und Cosinus hyperbolicus [Anhang Gln. (A.11) und (A.12)] erhalten wir

$$\omega^2 = \omega_0^2 + \frac{2K}{m}(1 - \cosh\kappa a) \tag{3.102}$$

oder

$$\omega^2 = \omega_0^2 - \frac{4K}{m}\sinh^2\frac{1}{2}\kappa a. \tag{3.103}$$

Bei $\omega = \omega_0$ liefert die dispersive Lösung (Gl. (3.98)) $k = 0$, die reaktive Lösung (Gl. (3.103)) hingegen $\kappa = 0$. Diese sind beide „ebene Wellen" und stimmen so überein.

Oberer reaktiver Bereich. Dieser Bereich besteht aus allen Frequenzen oberhalb der oberen Grenzfrequenz ω_{max}, wobei $\omega_{max}^2 = \omega_0^2 + 4K/m$. Hier werden wir durch unsere Untersuchung von Filtern mit zwei Freiheitsgraden angeleitet. Wir fanden dort, daß Schwingungen, die mit einer Frequenz oberhalb der oberen Grenzfrequenz erregt werden, eine „zick-zack"-Form wie die der höchsten Eigenschwingung aufweisen, daß bei ihnen aber auch eine Schwächung der Amplitude mit zunehmender Entfernung vom Eingangsende auftritt (siehe Bild 3.6). Wir wollen die Vermutung aufstellen, daß die Gestalt von A_n durch die zick-zack-förmige Exponentialwelle

$$A_n = (-1)^n(Ae^{-\kappa na} + Be^{+\kappa na}) \tag{3.104}$$

beschrieben wird. Wenn wir – bis auf die Minuszeichen – dieselben Schritte durchführen, die zu Gl. (3.100) führten, so erhalten wir

$$A_{n+1} + A_{n-1} = -A_n(e^{\kappa a} + e^{-\kappa a}).$$

Gl. (3.93) liefert dann das Dispersionsgesetz

$$\begin{aligned} \omega^2 &= \omega_0^2 + \frac{2K}{m}\left\{1 + \frac{1}{2}(e^{\kappa a} + e^{-\kappa a})\right\} \\ &= \omega_0^2 + \frac{2K}{m}\{1 + \cosh\kappa a\} \qquad (3.105) \\ &= \omega_0^2 + \frac{4K}{m}\cosh^2\frac{1}{2}\kappa a. \qquad (3.106) \end{aligned}$$

Bei $\kappa = 0$ ist ω^2 gleich $\omega_0^2 + 4K/m = \omega_{max}^2$. Daher tritt genau bei der oberen Grenzfrequenz ω_{max} keine Schwächung auf.

Bild 3.13 zeigt das Diagramm des exakten Dispersionsgesetzes für alle Frequenzen, wie es durch die Gln. (3.98), (3.103) und (3.106) dargestellt wird.

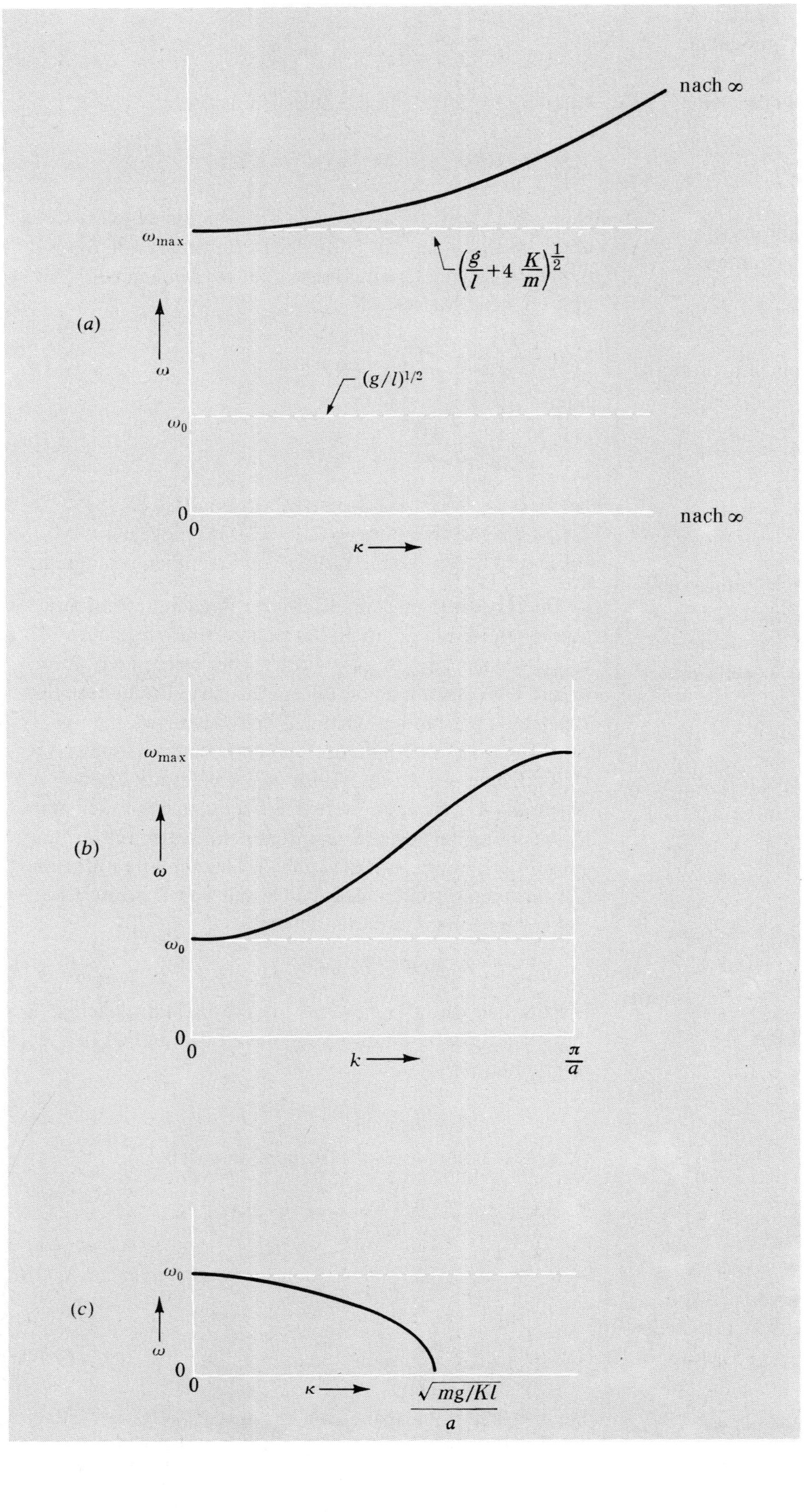

Bild 3.13

Vollständige Dispersionsrelation für gekoppelte Pendel.

a) Oberhalb der oberen Grenzfrequenz: Die Wellen sind zickzack-förmige Exponentialwellen.

b) Dispersiver Frequenzbereich: sinusförmige Wellen.

c) Unterhalb der unteren Grenzfrequenz: Exponentialwellen.

3.6. Übungen und Heimversuche

1. *Energie einer Schwingung.* Sehen Sie sich Gl. (3.10) an und fügen Sie die algebraischen Schritte ein, die bei der Herleitung des Ergebnisses $E = E_0 e^{-t/\tau}$ ausgelassen wurden.
2. *Bewegungsgleichung.* Zeigen Sie durch direktes Einsetzen, daß das durch Gl. (3.3) angegebene $x_1(t)$ eine Lösung der Bewegungsgleichung des gedämpften harmonischen Oszillators, Gl. (3.2), darstellt.
3. *Bewegungsgleichung.* Zeigen Sie: Ist $x_1(t)$ eine Lösung der Gl. (3.1) mit einer erregenden Kraft $F_1(t)$ und ist $x_2(t)$ eine Lösung für eine andere erregende Kraft $F_2(t)$, so ergibt die Kraft $F(t) = F_1(t) + F_2(t)$ die Lösung $x(t) = x_1(t) + x_2(t)$, vorausgesetzt, die Anfangsbedingungen $x(0)$ und $\dot{x}(0)$ der Überlagerung sind auch gleich den entsprechenden Summen der Anfangsbedingungen, d.h. $x(0) = x_1(0) + x_2(0)$ und $\dot{x}(0) = \dot{x}_1(0) + \dot{x}_2(0)$.
4. *Bewegungsgleichung.* Zeigen Sie durch Einsetzen, daß die Gln. (3.15), (3.16) und (3.17) eine Lösung von Gl. (3.14) liefern.
5. *Schwebungen beim Einschwingen – Heimversuch.* Für diesen und manchen späteren Versuch werden Sie den Teller eines Plattenspielers benötigen. Beim vorliegenden Versuch sollen Sie ein Pendel mit Hilfe des Plattentellers erregen. Als Pendelkörper können Sie eine Suppendose oder etwas Ähnliches verwenden. Zweckmäßig ist eine Geschwindigkeit des Plattenspielers von 45 Umdrehungen pro Minute. (Wie groß ist die entsprechende Länge der Pendelschnur?) Befestigen Sie eine leichte Kartonschachtel mittels Klebeband am Plattenteller und befestigen Sie einen Bleistift aufrecht an der Schachtel. Schieben Sie eine Schnurschlinge über den Bleistift. Befestigen Sie das eine Ende einer aus zusammengebundenen Gummibändern bestehenden Schnur von etwa 2...2,5 m Länge an dieser Schlinge, das andere an der Pendelschnur. Messen Sie die Frequenz der freien Schwingungen des Pendels. Alles, was Sie dazu benötigen, ist eine gewöhnliche Uhr mit einem Sekundenzeiger. Messen Sie die Schwebungsfrequenz, wenn das Pendel erregt wird. Probieren Sie verschiedene Schnurlängen usw. Vergrößern Sie die Dämpfung, indem Sie ein Buch, ein Brett oder etwas Ähnliches so anordnen, daß die Pendelschnur daran reibt. Am besten ist ein Schlitz, d.h. ein Brett oder Buch auf jeder Seite. Ein so langes Gummiband ist notwendig, um es zu einer hinreichend schwachen „Feder" zu machen. Auch koppelt man das Gummiband am besten nahe genug dem oberen Ende der Pendelschnur an, so daß die Bewegungsamplitude der Schnur an diesem Punkt auch bei großen Pendelamplituden wesentlich kleiner ist als die Bewegungsamplitude des Bleistiftes am Plattenteller. Dies gibt die Gewähr, daß die erregende Kraft nicht von der Pendelamplitude abhängt.
6. *Leistung.* Verifizieren Sie Gl. (3.22) für die durch Reibung verlorengehende Leistung. Verifizieren Sie, daß diese gleich der durch Gl. (3.21) angegebenen zugeführten Leistung ist.
7. *Resonanz einer gedämpften Schraubenfeder – Heimversuch.* Dehnen Sie die Schraubenfeder auf etwa 2,5 m aus und unterstützen Sie sie an beiden Enden. Ein Ende sollte so festgeklemmt sein, daß man die Schraubenfeder leicht freimachen und mit verschiedener Windungszahl zwischen den Klammern wieder befestigen kann. Erregen Sie die Schraubenfeder mit Hilfe des Plattentellers von Übung 5 und verwenden Sie dabei ein langes Gummiband zur Kopplung. Benützen Sie die Geschwindigkeit 45 U/min. Messen Sie die Frequenz der freien Schwingungen der Schraubenfeder. (Dabei ist die Einheit U/min am bequemsten.) Diese Frequenz kann durch Änderung der Anzahl der Spiralwindungen zwischen den festen Halterungen variiert werden (siehe Übung 1 in Kapitel 2). Messen Sie die mittlere Abklingzeit τ. Vergrößern Sie die Dämpfung, indem Sie einen langen Streifen dehnbaren Bandes entlang der Spiralfeder anbringen, so daß Sie eine bequeme Abklingzeit – etwa 10...20 s – erhalten. ***Zeichnen Sie eine Resonanzkurve***, d.h., tragen Sie $|A|^2$ gegen ω_0 auf, wobei ω bei 45 U/min festgehalten wird. Beachten Sie die Phasenbeziehungen und vergewissern Sie sich, daß Sie sie verstehen. Eine Möglichkeit zur Messung von $|A|$ ist die Verwendung einer Lichtquelle, die scharfe Schatten wirft (durchsichtige Glühlampe statt Milchglaslampe, also möglichst punktförmige Quelle). Messen Sie die Lage des Schattens, den ein Stück Band auf der Schraubenfeder an die Wand oder auf den Fußboden wirft. Berechnen Sie die erwartete Halbwertsbreite, gemessen in Federwindungen, *während* Sie den Versuch ausführen. Vielleicht entschließen Sie sich dazu, die Abklingzeit zu verkürzen, wenn Sie herausfinden, daß die Resonanz unangenehm schmal oder die Abklingzeit der Schwebungen beim Einschwingen zu lang ist.

   Mögliche Quellen von Schwierigkeiten: Wenn sich das Gummiband völlig entspannt und dann wieder „strafft", wird die Fourieranalyse der durch das Gummiband ausgeübten erregenden Kraft sowohl Oberfrequenzen von 45 U/min als auch 45 U/min selbst enthalten. Diese werden Oberschwingungen der Spiralfeder anregen. Das ist zumindest eine interessante Schwierigkeit. *Eine weitere Schwierigkeit:* Zupfen Sie das Gummiband an und beobachten Sie seine Schwingungen. Vergewissern Sie sich, daß die Schwingungen ziemlich rasch im Vergleich zu ein- oder zweimal 45 U/min verlaufen, denn sonst treten seltsame Erscheinungen auf. Sie werden vielleicht noch weitere Probleme finden. Sehen Sie zu, ob Sie das Verschwinden der elastischen und das Auftreten der absorbierenden Amplitude beobachten können, wenn genau Resonanz vorliegt. D.h., betrachten Sie die Phasenbeziehung zwischen Plattenspieler (Bleistift) und Spiralfeder. Was erhalten Sie als Produkt aus Halbwertsbreite und mittlerer Abklingzeit? Stimmt Ihr Ergebnis im Rahmen der Versuchsgenauigkeit mit Gl. (3.28) überein?
8. *Erzwungene Schwingungen eines Systems aus zwei gekoppelten Suppendosen – Heimversuch.* Die Anordnung ist in Bild 3.3 dargestellt, die Theorie wird in den Abschnitten 3.3 und 3.4 behandelt. Die Schnüre sollten an Stäben befestigt sein, an denen sie zwecks Änderung der Frequenz auf- oder abgerollt werden können. Klammern Sie die Stäbe an einem Bücherregal, an einem Tisch oder an sonst etwas fest. Die Schnurlängen sollten sich in dem Bereich von 30...70 cm verändern lassen. Wenn Sie die Schnurlängen variieren, ändern Sie sowohl ω_1^2 als auch ω_2^2, und zwar so, daß ihre Differenz konstant bleibt. Daher ist es fast gleichwertig, ob man die Schnur bei konstanter erregender Frequenz oder die erregende Frequenz bei konstantem ω_1^2 und ω_2^2 verändert. Messen Sie die Frequenzen der beiden Eigenschwingungen bei nichtangekoppeltem Plattenspieler für vorgegebene Schnurlänge. Erregen Sie das System dann mit 45 U/min. Erregen Sie die longitudinalen Schwingungen in erster Linie dadurch, daß Sie die Kopplung in Richtung der Feder anlegen. Die longitudinalen und die transversalen Eigenschwingungen haben denselben Satz von Frequenzen, wie Sie leicht feststellen können. Dies kann zu interessanten, doch störenden Effekten führen, besonders in der Nähe einer Resonanz. Es gibt fünf interessante Frequenzen, auf die man stoßen kann, nämlich die beiden Resonanzfrequenzen und die Bereiche weit unterhalb, in der Mitte und weit oberhalb der Resonanzen. Betrachten Sie die Filtercharakteristiken oberhalb und unterhalb der Grenzfrequenzen.

Untersuchen Sie die Phasenbeziehungen – beobachten Sie einfach und stellen Sie fest, ob Sie die Vorgänge verstehen. Schwebungen beim Einschwingen können sehr lange dauern, wenn man nicht für Dämpfung sorgt. Dämpfung erhält man am besten, indem man die Schnüre an etwas reiben läßt. Wahrscheinlich ist es zu zeitraubend, die Resonanzkurven zu zeichnen. Machen Sie sich deswegen keine Gedanken. (Hoffentlich haben Sie das einmal, nämlich bei Übung 7, getan.) Messen Sie dafür die Abklingzeiten der beiden Eigenschwingungen und berechnen Sie die erwarteten Halbwertsbreiten Γ mit Hilfe der Beziehung $\Delta\omega\tau = 1$. Wie gut stimmt Ihre Versuchsanordnung mit der in Bild 3.4 beschriebenen überein? Stimmen die Gleichungen für das mechanische Filter von Abschnitt 3.4?

Eine andere Möglichkeit zur Frequenzänderung ist selbstverständlich die Benutzung der anderen Plattenspielergeschwindigkeiten, 78 U/min, 33 U/min und 16 U/min. Leider ergeben diese keine kontinuierliche Variable.

9. *Tiefpaßfilter.* Ein Preßlufthammer stampft die Straßendecke mit etwa 20 Hz fest. Der Griff erschüttert die Hände des Bedienenden mit derselben Frequenz. Entwerfen Sie ein Tiefpaßfilter, das sich im Griff einbauen läßt und dessen Schwingungsamplitude um den Faktor 10 vermindert. Eine Möglichkeit ist, einfach die Masse des Rumpfes des Gerätes, also des Teiles, gegen den sich das Hammerblatt bewegt, um den Faktor 10 zu vergrößern. Versuchen Sie es jedoch, da das Gerät schon etwa 25 kg wiegt, mit einer Anordnung von Federn und Massen.

10. *Energie bei stationären Schwingungen.* Verifizieren Sie, daß der zeitliche Mittelwert der gespeicherten Energie bei stationären Schwingungen durch Gl. (3.23) angegeben wird.

11. *Resonanzkurve des stationären Zustandes.* Verifizieren Sie, daß die Halbwertspunkte der Resonanzkurve des stationären Zustandes durch die Gln. (3.25) und (3.26) angegeben werden.

12. *Mechanische Filter* (siehe Abschnitt 3.4). Ein empfindliches Gerät ist auf einer Unterlage aufgestellt, die senkrechte Schwingungen mit etwa 20 Hz ausführt. Sie möchten dieses Schwingen verringern und stellen daher das Gerät auf ein Kissen. Wie weit sollte die Oberseite des Kissens ungefähr absinken, wenn das Gerät daraufgesetzt wird?
(*Hinweis:* Siehe das Beispiel nach Gl. (3.58). Approximieren Sie auch das Kissen durch eine Feder, für die das Hookesche Gesetz exakt gilt.)

    Lösung: ≈ 6 cm.

13. *Gleichung des erregten Oszillators.* Zeigen Sie, daß Gl. (3.31) für den Fall Γ gleich Null die exakte stationäre Lösung der Gleichung des erregten Oszillators, Gl. (3.14), angibt.

14. *Pendel.* Zeigen Sie, daß die Pendel von Bild 3.10, wenn sie durch Spiralfedern gekoppelt sind, für transversale waagerechte Schwingungen dieselben Bewegungsgleichungen haben wie für die dargestellte longitudinale Bewegung.

15. *Elektrischer Schwingkreis.* Skizzieren Sie ein System aus Induktivitäten und Kapazitäten, dessen Bewegungsgleichungen ähnlich wie Gl. (3.62) aussehen, und leiten Sie die Bewegungsgleichungen her.

16. *Mechanisches Bandpaßfilter – Heimversuch.* Bei nur zwei Pendeln kann man den exponentiellen Charakter der Filterung nicht erkennen, denn durch zwei Punkte kann jede Kurve gelegt werden. Bringen Sie in der Mitte zwischen den beiden Suppendosen eine dritte Dose im Innern Ihrer Spiralfeder an, so daß Sie ein System wie das in den Bildern 3.6 und 3.7 erhalten. Erregen Sie das System mit Hilfe des Plattenspielers oberhalb und unterhalb der Grenzfrequenzen. Messen Sie die Verhältnisse ψ_a/ψ_b und ψ_b/ψ_c. Sind sie einander gleich? Sollen sie es sein?

17. *Amplitudenschwächungslänge.* Nehmen Sie an, die Ionosphäre beginne plötzlich an einer Grenzfläche, wo die Grenzfrequenz ν_p scharf von Null auf 20 MHz anwächst. Ermitteln Sie die Amplitudenschwächungslänge δ für Mittelwellen von 1000 kHz.

    Lösung: Ungefähr 2,5 m, unabhängig von der Frequenz, solange diese weit unterhalb der Grenzfrequenz liegt.

18. *Dispersionsgesetz.* Schreiben Sie, abgeleitet von den gekoppelten Pendeln, die vollständige Dispersionsrelation eines analogen Systems aus gekoppelten Induktivitäten und Kapazitäten an. Wir wollen das Dispersionsgesetz im Paßband und in den beiden außerhalb der Grenzfrequenzen liegenden Frequenzbereichen erhalten.

19. *Näherung für schwache Dämpfung.* Zeigen Sie, daß sich die absorbierende und die elastische Amplitude, wenn wir die Näherung für schwache Dämpfung anwenden und in vernünftiger Nähe einer Resonanz bleiben, bei geeigneter Wahl der Einheiten in der Form

$$A_{ab} = \frac{1}{x^2+1}, \qquad A_{el} = \frac{-x}{x^2+1}$$

schreiben läßt, wobei $x = (\omega - \omega_0)/\frac{1}{2}\Gamma$.

20. *System mit zwei Resonanzfreqzenzen.* Nehmen Sie an, es liege ein System vor mit zwei Resonanzfrequenzen ω_1 und ω_2, die zur elastischen Amplitude eines bewegten Teiles gleiche Beiträge liefern. Ist ω sowohl von ω_1 als auch von ω_2 weit entfernt, so können wir in irgendwelchen Einheiten schreiben:

$$A_{el} = \frac{1}{\omega_1^2 - \omega^2} + \frac{1}{\omega_2^2 - \omega^2}.$$

Zeigen Sie, daß A_{el}, wenn ω sich von ω_1 und ω_2 um viel mehr als ihre Differenz $\omega_2 - \omega_1$ unterscheidet, in guter Näherung gerade zweimal so groß ist wie jeder der Beiträge. Das heißt, zeigen Sie, daß

$$A_{el} = \left(\frac{2}{\omega_{mit}^2 - \omega^2}\right)\{1 + \epsilon^2 + \dots\}$$

gilt, wobei

$$\omega_{mit}^2 = \frac{1}{2}(\omega_1^2 + \omega_2^2), \qquad \epsilon = \frac{1}{2}\,\frac{(\omega_1^2 - \omega_2^2)}{\omega_{mit}^2 - \omega^2}.$$

21. *Dispersionsgesetz gekoppelter Pendel.* Gehen Sie von dem exakten Dispersionsgesetz gekoppelter Pendel aus, das durch die Gln. (3.98), (3.103) und (3.106) angegeben wird. Nehmen Sie $a/\lambda \ll 1$ und $a/\delta \ll 1$ an. Dann sollte die kontinuierliche Näherung gut zutreffen. (Warum?) Entwickeln Sie die Dispersionsformeln in eine Taylorreihe und behalten Sie nur die ersten bedeutsamen Terme bei. Vergleichen Sie Ihr Ergebnis mit dem, das wir in Abschnitt 3.5 in der kontinuierlichen Näherung erhalten haben.

22. *Unbegrenzte Schwebungen beim Einschwingen* (siehe Abschnitt 3.2). Verifizieren Sie, daß die Auslenkung des Oszillators beim Einschwingen bei verschwindender Dämpfung von der Form „amplitudenmodulierter fast harmonischer Schwingungen" ist, d.h., verifizieren Sie Gl. (3.43). Zeigen Sie, daß die modulierte Amplitude linear mit der Zeit anwächst, Gl. (3.45), wenn die Dämpfung verschwindet und die erregende Frequenz genau mit einer Resonanzfrequenz zusammenfällt.

23. *Exponentielles Eindringen in den reaktiven Bereich – Heimversuch.* Bauen Sie ein System auf, das wie in Bild 3.12 aus Suppendosen und einer Spiralfeder besteht. Koppeln Sie Ihr erregendes System, den Plattenspieler, an ein Ende des dispersiven Bereiches an. Bemessen Sie die Längen so, daß 78 U/min oberhalb der oberen Grenzfrequenz, 45 U/min im Paßband und 33 U/min sowie 16 U/min unterhalb der unteren Grenzfrequenz liegen. Wenn Sie einen raschen und leichten Weg zur gleichzeitigen Änderung aller Schnurlängen um denselben Betrag finden, können Sie ω_0^2 und folglich alle Resonanzfrequenzen bei konstanter erregender Frequenz kontinuierlich ändern und auf Resonanzen achten.

24. *Schwebungen beim Einschwingen.* Verifizieren Sie Gl. (3.46), die die Zeitabhängigkeit der in einem erregten Oszillator gespeicherten Energie angibt, wenn der Oszillator zur Zeit $t = 0$ die Energie Null besitzt. Nehmen Sie schwache Dämpfung an. Gehen Sie außerdem davon aus, daß die erregende Frequenz ungefähr (doch nicht genau) gleich ω_1 sei. Setzen Sie also $\omega/\omega_1 = 1$, wo dies zulässig ist. Bei einem Ausdruck wie $\cos\omega t - \cos\omega_1 t$ ist es nicht zulässig, $\omega = \omega_1$ zu setzen, denn jede noch so kleine Differenz zwischen ω und ω_1 führt schließlich zu einem großen Effekt, d.h. zu einer großen relativen Phasenverschiebung.

25. *Stark gedämpfter Oszillator.* Zeigen Sie, daß das durch Gl. (3.9) angegebene Ergebnis für den stark gedämpften Oszillator aus den Gln. (3.7) und (3.8) folgt. (*Hinweis:* Verifizieren Sie zuerst die Identität $\cos ix = \cosh x$, $\sin ix = i\sinh x$ und verwenden Sie sie dann.)

26. *Kritische Dämpfung.* Zeigen Sie, ausgehend von der Gleichung des schwach gedämpften Oszillators, Gl. (3.7), daß die Lösung bei kritischer Dämpfung zu

$$x_1(t) = e^{-(1/2)\Gamma t}\{x_1(0) + [\dot{x}_1(0) + \tfrac{1}{2}\Gamma x_1(0)]\,t\}$$

wird. Zeigen Sie, daß man dasselbe Ergebnis erhält, wenn man von der Gleichung für überkritisch gedämpfte Schwingungen, Gl. (3.9), ausgeht.

27. *Halbwertsbreite einer Kartonröhre – Heimversuch.* Lesen Sie die Absätze nach Gl. (3.28) durch. Bei der niedrigsten Eigenschwingung von Schallwellen in einer an beiden Enden offenen Kartonröhre ist die Röhrenlänge notwendigerweise gleich einer halben Wellenlänge. (Es tritt eine kleine „Endkorrektur“ auf, so daß die Röhrenlänge in Wirklichkeit um etwa einen Röhrendurchmesser kleiner ist als eine halbe Wellenlänge.) Die Schallgeschwindigkeit beträgt etwa 330 m/s. Erzeugt Ihre Stimmgabel den Ton $c^2 = 523$ Hz, so wird die Kartonröhre bei einer Länge von etwa 32 cm am stärksten in Resonanz geraten.

a) Verifizieren Sie diese Behauptung. Die Resonanzfrequenz ν_0 einer Röhre der Länge l ist also gleich

$$\nu_0 = \frac{523\,\text{Hz}}{l/l_0} = \frac{\omega_0}{2\pi},$$

wobei l_0 etwa 32 cm beträgt. l_0 wird wegen des oben erwähnten Endeffektes nicht genau 32 cm sein.

b) Verifizieren Sie diese Formel. Schneiden Sie nun fünf oder sechs Kartonröhren mit geeignet gewählten Längen l so zu, daß sie das Maximum der Resonanzkurve sowie die beiden Halbwertspunkte zu beiden Seiten des Maximums „überstreichen“. Wir erwarten, daß die Schallintensität I eine „Resonanzgestalt“

$$I = \frac{(\frac{1}{2}\Gamma)^2}{(\omega_0 - \omega)^2 + (\frac{1}{2}\Gamma)^2}$$

aufweist, wobei wir I so normiert haben, daß es bei $\omega = \omega_0$ gleich 1,0 ist. In Ihrem Versuch ist die erregende Frequenz ν die der Stimmgabel und ist daher konstant. Die Resonanzfrequenz ν_0 wird durch Änderung der Röhrenlänge verändert. Sie sollen die Röhrenlänge l_0 bei Resonanz unter Berücksichtigung der Endkorrektur ermitteln. Dies geht am leichtesten mit dem Gehör, wenn Sie die Röhre leicht gegen Ihren Kopf schlagen und die Tonhöhe mit der der Stimmgabel vergleichen. Außerdem sollen Sie die beiden Röhrenlängen finden, die den beiden Halbwertspunkten entsprechen. Sie sollen also die Halbwertsbreite Γ ermitteln. Das wird Ihnen indirekt die Abklingzeit für freie Schwingungen liefern. Die Hauptschwierigkeit bei Ihrem Versuch liegt darin, eine einigermaßen einfache Methode zum Abschätzen einer Abnahme der Schallintensität um die Hälfte zu erfinden.

28. *Zwei gekoppelte Pendel als mechanische Bandpaßfilter.* Betrachten Sie das in Bild 3.3 dargestellte und in Abschnitt 3.3 beschriebene System. Vernachlässigen Sie die Dämpfung. Zeigen Sie, daß

$$\psi_a \approx \frac{F_0}{2m}\cos\omega t\left\{\frac{1}{\omega_1^2 - \omega^2} + \frac{1}{\omega_2^2 - \omega^2}\right\},$$

$$\psi_b \approx \frac{F_0}{2m}\cos\omega t\left\{\frac{1}{\omega_1^2 - \omega^2} - \frac{1}{\omega_2^2 - \omega^2}\right\}$$

und

$$\frac{\psi_b}{\psi_a} \approx \frac{\omega_2^2 - \omega_1^2}{\omega_2^2 + \omega_1^2 - 2\,\omega^2}$$

gilt, wobei ω_1 die kleinere, ω_2 die größere der beiden Eigenfrequenzen und ω die erregende Frequenz bedeutet.

29. *Elektrisches Bandpaßfilter.* Betrachten Sie das in Bild 3.8 dargestellte Filter. Ermitteln Sie die Differentialgleichung für I_a und I_b. Zeigen Sie, daß die Normalkoordinaten $I_a + I_b$ sowie $I_a - I_b$ sind und daß die Eigenschwingungen durch die Gln. (3.59) angegeben werden.

30. *Gekoppelte Pendel.* Betrachten Sie in einer Linie angeordnete Pendel, die bei $z = 0$ unterhalb der Grenzfrequenz erregt werden und bei $z = L$ an einer starren Wand befestigt sind, wie es in Bild 3.11 dargestellt ist. Zeigen Sie, daß $\psi(z, t) = A(z)\cos\omega t$ gilt, wenn $\psi(z, t)$ bei $z = 0$ gleich $A_0\cos\omega t$ ist, wobei

$$A(z) = A_0\,\frac{[e^{-\kappa z} - e^{-\kappa L}\,e^{-\kappa(L-z)}]}{1 - e^{-2\kappa L}}.$$

Beachten Sie, daß dieser Ausdruck für $L \to \infty$ einfach gleich $A_0 e^{-\kappa z}$ wird.

31. *Resonanz eines Systems gekoppelter Pendel.* Lesen Sie die auf Gl. (3.90) folgende Erörterung. Ermitteln Sie die Resonanzwerte von ω^2 wie folgt.

a) Zeigen Sie, daß im Resonanzfall

$$k\cot kL = -\kappa$$

gilt. Daraus ersieht man, daß die Resonanzwerte von $\theta \equiv kL$ im zweiten Quadranten (90…180°), im vierten Quadranten (270…360°), im sechsten, achten usw. Quadranten liegen müssen.

b) Es sei Ka^2/mL^2 gleich „einer Einheit“ der rücktreibenden Kraft pro Einheitsauslenkung und pro Einheitsmasse, d.h. von ω^2. Es sei $g/l_1 = \omega_1^2$, $g/l_2 = \omega_2^2$. Zeigen Sie dann, daß man die Resonanzwerte von ω^2 erhält, indem man die beiden Funktionen

$$\omega^2 = \omega_1^2 + \theta^2$$

$$\omega^2 = \omega_2^2 - \theta^2\cot^2\theta$$

gegen θ aufträgt. Die Resonanzen werden durch die Hälfte der Schnittpunkte der beiden Kurven bestimmt. Warum bloß die Hälfte? (*Anmerkung:* ω^2, ω_1^2 und ω_2^2 sind in den obigen Gleichungen dimensionslos, d.h., sie werden in Einheiten Ka^2/mL^2 angegeben.) Skizzieren Sie ein typisches Diagramm, das die Resonanzfrequenzen liefert. Was geschieht bei sehr hohen Frequenzen?

32. *Totalreflexion von sichtbarem Licht an einem Spiegel aus Silber.* Nehmen Sie an, das „Valenzelektron" eines Silberatoms werde in metallischem Silber zu einem „freien" Elektron. Schlagen Sie die Wertigkeit, die relative Atommasse und die Massendichte von Silber in einem Tabellenwerk nach. So finden Sie die Dichte N der freien Elektronen pro Volumeneinheit in metallischem Silber. Nehmen Sie an, die Dispersionsrelation für Licht in Silber habe dieselbe Form wie die für Licht oder andere elektromagnetische Wellen in der Ionosphäre, d.h., nehmen Sie

$$\omega^2 = \omega_p^2 + c^2k^2, \quad \text{falls} \quad \omega^2 \geqslant \omega_p^2,$$

$$\omega^2 = \omega_p^2 - c^2\kappa^2, \quad \text{falls} \quad \omega^2 \leqslant \omega_p^2$$

an, wobei $\omega_p^2 = Ne^2/\epsilon_0 m$ ist und e und m die Ladung und die Masse des Elektrons bedeuten.

a) Berechnen Sie die Grenzfrequenz ν_p von metallischem Silber. Zeigen Sie, daß die Frequenz ν von sichtbarem Licht unterhalb dieser Grenzfrequenzen liegt. Daher erwarten wir, daß eine hinreichend dicke Silberschicht senkrecht einfallendes sichtbares Licht totalreflektieren wird. Diese Tatsache bewirkt das „silbrige" Aussehen eines Silberspiegels.

b) Berechnen Sie die mittlere Schwächungslänge δ für rotes Licht mit der Vakuumwellenlänge 650 nm und für blaues Licht mit der Vakuumwellenlänge 450 nm. Unter einem „halbversilberten" Spiegel versteht man eine Glasplatte mit einer Silberschicht, die soviel dünner als eine Schwächungslänge ist, daß etwa die Hälfte des Lichts durchgeht. D.h., es liegt keine Totalreflexion vor. Nehmen Sie an, Sie betrachten eine „weiße" Glühlampe durch einen halbversilberten Spiegel. Das „weiße" Licht enthält in Wirklichkeit alle sichtbaren Farben. Würden Sie annehmen, daß das durchgelassene Licht weiß ist? Daß es einen Blaustich hat? Daß es einen Rotstich hat? Wie verhält es sich mit dem reflektierten Licht?

c) Wie dick muß die Silberschicht sein, um die Intensität (die dem Quadrat der Amplitude proportional ist) des blauen Lichts an der Hinterseite der Schicht um den Faktor 100 zu vermindern? So ein Spiegel müßte 99 % des einfallenden Lichtes reflektieren. In Wirklichkeit liegt das Reflexionsverhältnis für sichtbares Licht eher bei 95 %. Wir haben den vom Widerstand des Silbers herrührenden Energieverlust vernachlässigt. Außerdem kann die Oberfläche matt werden, indem sie sich mit einer Schicht aus Silberoxid überzieht, dessen Eigenschaften von denen des metallischen Silbers ganz verschieden sind.

d) Bei welchen Frequenzen müßte die Silberschicht durchsichtig werden? (Geben Sie auch die Vakuumwellenlänge an. Dieses Licht trägt die Bezeichnung „ultraviolett".)

33. *Sägezahnförmige stehende Seichtwasserwellen – Heimversuch.* Diese werden in der Übung 31 des Kapitels 2 beschrieben. Wir wollen nun lernen, wie man die niedrigsten sägezahnförmigen Eigenschwingungen in einer Schüssel voll Wasser anregt. Die niedrigste sägezahnförmige Eigenschwingung ist die schwappende Schwingung. Sie weist nur einen halben „Zahn" auf. Die Oberfläche ist eben. Die Länge der Schüssel entspricht einer halben Wellenlänge. Bei der nächsten sägezahnförmigen Eigenschwingung würde ein vollständiger Zahn auftreten, d.h., die Länge der Schüssel wäre gleich einer Wellenlänge der niedrigsten Fourierkomponente des Sägezahnes. Diese Eigenschwingung wird nicht angeregt, wenn Sie die Schwingungen durch Hin- und Herbewegen der Schüssel erzeugen. *Erklären Sie, warum sie nicht angeregt wird.* Die nächste Eigenschwingung hat $1\frac{1}{2}$ Zähne, also drei ebene Bereiche. Die Länge der Schüssel ist daher gleich drei halben Wellenlängen. Diese Eigenschwingung *können* Sie anregen. Versuchen Sie, korrigieren Sie und bewegen Sie die Schüssel sachte. Wenn Sie glauben, daß es funktioniert, so lassen Sie die Schüssel los und überlassen Sie die Schwingungen sich selbst. Nach einiger Übung sind Sie in der Lage, die Eigenschwingung zu erkennen und anzuregen. Wir geben nun eine systematischere Methode an: Borgen Sie sich ein Metronom oder fertigen Sie eines an, indem Sie ein Gewichtsstück an eine Schnur hängen – also ein Pendel – und den Pendelkörper gegen ein Stück Papier oder sonst etwas schlagen lassen, um ein Geräusch zu erzeugen. Bewegen Sie bei einer bestimmten Einstellung des Metronoms die Schüssel sachte im Rhythmus des Metronoms und warten Sie, bis sich ein stationärer Zustand einstellt. Verändern Sie zwecks Aufsuchens einer Resonanz die Metronomgeschwindigkeit. Sind Sie in der Nähe einer Resonanz, so beobachten Sie die *Schwebungen beim Einschwingen*! Sie sind nicht nur schön, sondern geben Ihnen auch Aufschluß darüber, wie weit Sie von der Resonanz entfernt sind. Berechnen Sie die erwartete Resonanzfrequenz mit Hilfe der Beziehung $v = \sqrt{gh}$. Tun Sie dies *während* des Versuchs, damit Sie eine rasche Einstellung der Resonanz erreichen, d.h., daß Sie nicht in einem falschen Bereich suchen. Haben Sie die Resonanz hergestellt, so lassen Sie die Schüssel los und überlassen Sie die Schwingungen sich selbst. Bestimmen Sie die Dauer der freien Schwingungen.

Haben Sie eine hinreichend leichte Schüssel, so daß nicht die Schüssel, sondern das Wasser die Hauptmasse liefert und die gesamte Masse groß genug ist, Ihren Händen einen merklichen Bewegungswiderstand entgegenzusetzen, so können Sie die Resonanz einstellen, indem Sie das Fühlen Ihrer Hände mit dem Beobachten kombinieren. Dann brauchen Sie kein Metronom.

Sie können spitzenartige „Punkte" beobachten, wenn Sie Sägezahnwellen in beiden waagerechten Richtungen anregen. Wenn diese zusammenbrechen und Wasser in die Luft schleudern, dann können Sie sicher sein, daß keine lineare Theorie sie jemals erklären könnte!

34. *Zweidimensionale rechteckige stehende Oberflächenwellen in Wasser – Heimversuch.* Nehmen Sie eine rechteckige Eisschüssel her, doch nicht eine aus steifem Hartplastik, sondern eine biegsamere aus Polyäthylen. Füllen Sie sie bis zum Rand mit Wasser und überfüllen Sie sie dann, so daß sich die Wasseroberfläche über die Schüssel wölbt. – Dies vermindert die Dämpfung durch die Seitenwände. Stoßen Sie das System sachte an und beobachten Sie das Muster der freien stehenden Wellen. Beschaffen Sie sich einen Kinderkreisel, wie er in jedem Spielwarengeschäft erhältlich ist. Halten Sie den rotierenden Kreisel gegen die Wand der Schüssel und stellen Sie die Kopplung z.B. durch eine umgekehrte Schüssel her, auf der beide aufliegen. Sie können beobachten, wie die Wellenlänge der erzwungenen Schwingungen, also der stehenden Wellen, allmählich länger wird, wenn sich der Kreisel langsamer dreht. Sie werden wahrscheinlich auch beobachten, was sich beim Durchlaufen einer Resonanz ereignet.

35. *Stehende Wellen in Wasser – Heimversuch.*

a) Tauchen Sie eine schwingende Stimmgabel in Wasser ein und beobachten Sie die Wellen, besonders zwischen den Zinken.

b) Halten Sie eine schwingende Stimmgabel waagerecht auf einer Wasseroberfläche (wie zwei parallel schwimmende Holzstücke) und beobachten Sie, was sich zwischen den Zinken abspielt. Einige Eigenschwingungen der Gabel werden rasch gedämpft. Es gibt eine, die einige Sekunden lang anhält. Versuchen Sie, mit Hilfe einer kleinen Lichtquelle Beleuchtung unter verschiedenen Winkeln – parallel und senkrecht zu den Zinken – herzustellen, um die erstaunliche Vielfalt der Struktur zu sehen.

36. *Ober- und Unterschwingungen.* Gegeben sei ein harmonischer Oszillator mit der Eigenfrequenz $\nu_0 = 10$ Hz und einer sehr langen Abklingzeit. Wird dieser Oszillator durch eine harmonische Kraft mit der Frequenz von 10 Hz erregt, so wird er eine große Amplitude annehmen, d.h., er wird sich mit der erregenden Frequenz „in Resonanz befinden". Keine andere *harmonisch* erregende Kraft wird eine große Amplitude, also eine Resonanz, erzeugen.

a) Rechtfertigen Sie die vorangehende Behauptung. Nehmen Sie als nächstes an, der Oszillator sei einer Kraft unterworfen, die die Form eines einmal pro Sekunde periodisch wiederkehrenden Rechteckimpulses von 0,01 s Dauer aufweist.

b) Beschreiben Sie die Fourieranalyse des wiederkehrenden Rechteckimpulses qualitativ.

c) Wird der harmonische Oszillator unter dem Einfluß dieser erregenden Kraft „in Resonanz geraten", d.h. eine große Amplitude erlangen?

d) Nehmen Sie an, die erregende Kraft bestehe aus demselben Rechteckimpuls der Breite 0,01 s, der jedoch zweimal pro Sekunde wiederkehre. Wird der Oszillator in Resonanz geraten? Beantworten Sie dieselbe Frage für Wiederkehrfrequenzen von 3/s, 4/s, 5/s, 6/s, 7/s, 8/s und 9/s.

e) Nun kommen wir zu etwas Neuem. Was geschieht, wenn wir denselben Oszillator mit demselben Rechteckimpuls, aber einer Wiederkehrfrequenz von 20/s erregen? Gerät der Oszillator in Resonanz? Beachten Sie, daß die Oszillatorfrequenz in diesem Falle eine *Unterfrequenz* der Grundfrequenz – der Wiederholungsfrequenz des erregenden Rechteckimpulses – darstellt.

f) Betrachten Sie auf ähnliche Weise erregende Kräfte, die aus wiederkehrenden Rechteckimpulsen mit dreifacher, vierfacher usw. Oszillatorfrequenz bestehen. Gerät der Oszillator in Resonanz? Erklären Sie, was vorgeht.

g) Nun kommen wir zu wieder etwas anderem. Nehmen Sie an, die erregende Kraft sei nur dann mit dem Oszillator gekoppelt, wenn dessen Auslenkung aus dem Gleichgewicht positiv ist. Das ist z.B. der Fall, wenn Sie ein Kind auf einer Schaukel anstoßen. Sie stoßen nur dann an, wenn es seine Auslenkung in Reichweite Ihrer Arme, also der erregenden Kraft. bringt. Überlegen Sie sich nochmals die Frage, ob Sie in diesem Falle „asymmetrischer Kopplung" Unterschwingungen anregen können. Nehmen Sie an, die „Schaukel" schwinge mit 1 Hz. Wenn Sie blindlings, also ohne Rücksicht darauf, ob die Schaukel da ist oder nicht, mit 2 Hz anstoßen, wird die Schaukel dann in Resonanz geraten? Was geschieht, wenn Sie mit 3 Hz anstoßen? Geben Sie die Erklärung. Erklären Sie nun, wie es kommt, daß eine hochfrequente erregende Kraft – z.B. von einem Flugzeugmotor – Resonanz bei einer viel tieferen Frequenz hervorrufen kann, die eine Unterfrequenz der erregenden Frequenz darstellt, d.h. die $\frac{1}{2}, \frac{1}{3}$ usw. der erregenden Frequenz beträgt. Würden Sie erwarten, daß die Anregung von Unterschwingungen in Systemen, die beben und rattern können, üblich ist? Erklären Sie das.

4. Laufende Wellen

4.1. Einleitung

Die Systeme, die wir in den Kapiteln 1, 2 und 3 betrachtet haben, waren *abgeschlossene Systeme*, also Systeme, die zwischen festen Grenzen eingeschlossen sind, so daß alle Energie innerhalb der Systemgrenzen bleibt. Wir haben gefunden, daß die freien Schwingungen eines abgeschlossenen Systems durch Überlagerung stehender Wellen, d.h. Eigenschwingungen, beschrieben werden können und daß die stationären erzwungenen Schwingungen sich durch Überlagerung stehender Wellen oder Eigenschwingungen beschreiben lassen. Die Art der auftretenden Eigenschwingungen wird durch die Randbedingungen festgelegt.

Offene (unbegrenzte) Systeme. In Kapitel 4 werden wir erzwungene Schwingungen *offener Systeme* betrachten, d.h. von Systemen, die *keine äußere Begrenzung* besitzen. Hängt z.B. ein Mann, der Trompete bläst, an einem langen Seil, das von der Gondel eines hoch über der Erde fliegenden Ballons herunterhängt, so ist die Luft ein offenes System (offenes Medium) für Schallwellen, zumindest, wenn wir Echos, also Reflexionen von der Erde zum Trompeter, vernachlässigen können. Wenn hingegen derselbe Trompeter in einem abgeschlossenen Raum mit Hartholzboden, Hartholzwänden und Hartholzdecke spielt, so wird der Effekt ein ganz anderer sein. In diesem Fall verhält sich die Luft im Raum wie ein abgeschlossenes System und gerät bei ihren Eigenfrequenzen in Resonanz, wenn sie geeignet erregt wird. Sind jedoch die Wände des Raumes mit vollkommen schallschluckendem Material überzogen, so daß keine Wellen zum Sender, also zur Trompete, reflektiert werden, dann verhält sich der Raum so, als wäre er ein vollständig offenes System ohne äußere Grenzen. Um ein offenes System darzustellen, muß sich das Medium also nicht notwendigerweise ins Unendliche erstrecken.

Die Wellen, die von einer mit einem offenen Medium gekoppelten erregenden Kraft erzeugt werden, heißen *laufende Wellen* – sie laufen von der Störung, die sie erzeugt, weg. Laufende Wellen habe die wichtige Eigenschaft, daß sie Energie und Impuls transportieren. Wenn Sie also einen Stein in einen ruhenden Teich werfen, so können die sich von der Einfallstelle nach außen ausbreitenden Kreiswellen später einem entfernten treibenden Insekt kinetische Energie erteilen oder die potentielle Gravitationsenergie eines Zweiges, der auf einem Sandstrand halb innerhalb, halb außerhalb des Wassers liegt, vergrößern, indem sie ihn auf den Strand schwemmen.

Oszilliert eine mit dem offenen Medium gekoppelte erregende Kraft harmonisch, so heißen die von ihr erzeugten laufenden Wellen *harmonische laufende Wellen*. Im stationären Zustand schwingen alle bewegten Teile des Systems harmonisch mit der erregenden Frequenz.

Amplitudenverhältnisse. Breiten sich die Wellen zwei- oder dreidimensional aus, so ist die Bewegungsamplitude um so kleiner, je weiter der bewegte Teil von der Wellenquelle (die als klein vorausgesetzt wird) entfernt ist. Wenn das Medium hingegen eindimensional ist – z.B. eine gespannte Schnur, die an einem Ende erregt wird und sich bis ins Unendliche erstreckt oder in einer Wellen absorbierenden Vorrichtung endet –, dann nimmt die Amplitude der harmonischen Bewegung der bewegten Teile nicht mit der Entfernung von der Quelle ab, vorausgesetzt, das Medium ist homogen. Dies ist nicht nur bei eindimensionalen Wellen (wie denen auf einer Schnur) der Fall, sondern auch bei zweidimensionalen „geraden Wellen“ (von einem entfernten Sturm herrührende Dünung im Ozean) und dreidimensionalen „ebenen Wellen“ (Radiowellen von einem entfernten Stern).

Phasenbeziehungen. Die Phasenbeziehung zwischen zwei verschiedenen bewegten Teilen eines offenen Mediums, das eine harmonische laufende Welle trägt, ist stark unterschiedlich von der, die bei einer stehenden Welle in einem abgeschlossenen System zu beobachten ist. Im Falle einer stehenden Welle, die entweder eine freie Eigenschwingung oder eine erzwungene Schwingung eines abgeschlossenen Systems sein kann, schwingen alle bewegten Teile bis auf mögliche Minuszeichen miteinander in Phase. Bei einer laufenden Welle trifft dies nicht zu. Vielmehr macht der bewegte Teil b, wenn er von der erregenden Kraft weiter entfernt ist als der bewegte Teil a, zwar dieselbe Bewegung wie a durch, doch wegen der Zeit, die die Welle benötigt, um von a nach b zu laufen, zu einem späteren Zeitpunkt. Daher unterscheidet sich die Phasenkonstante von b von der von a um den Betrag Frequenz mal zeitlicher Verzögerung.

4.2. Harmonische laufende Wellen in einer Dimension und Phasengeschwindigkeit

Nehmen Sie an, wir hätten ein eindimensionales System, das aus einer kontinuierlichen, homogenen Saite besteht, die sich von $z = 0$ ins Unendliche erstreckt. Die Saite ist bei $z = 0$ mit der Ausgangsklemme irgendeiner Vorrichtung (des „Senders“) verbunden, die die Saite schütteln und so laufende Wellen entlang der Saite „ausstrahlen“ kann. Die Auslenkung $D(t)$ der Ausgangsklemme sei gleich der harmonischen Schwingung

$$D(t) = A \cos \omega t. \qquad (4.1)$$

Wir wollen die Auslenkung $\psi(z, t)$ eines bewegten Teiles, das an der Stelle z liegt, ermitteln, wobei sich z irgendwo zwischen $z = 0$ und Unendlich befindet. An der Stelle $z = 0$ können wir $\psi(z, t)$ leicht finden. Da die Saite direkt mit der Ausgangsklemme des Senders verbunden ist, ist die Auslenkung der Saite bei $z = 0$ gleich $D(t)$:

$$\psi(0, t) = D(t) = A \cos \omega t. \qquad (4.2)$$

Phasengeschwindigkeit. Nun wissen wir aufgrund unserer gemeinsamen Erfahrung aus der Beobachtung laufender Wasserwellen, daß diese sich mit konstanter Geschwindigkeit ausbreiten, solange die Eigenschaften des Mediums – z.B. die Wassertiefe – konstant bleiben. Sind die Wellen harmonische laufende Wellen, so heißt diese Geschwindigkeit die *Phasengeschwindigkeit* v_φ. Wir stellen auch fest, daß die Bewegung eines bewegten Teiles an der Stelle z zur Zeit t dieselbe ist wie die des bewegten Teiles an der Stelle $z = 0$ zum früheren Zeitpunkt t', wobei t' um die Zeit vor t liegt, die die Welle zum Durchlaufen der Distanz z mit der Geschwindigkeit v_φ benötigt:

$$t' = t - \frac{z}{v_\varphi}\,. \tag{4.3}$$

So erhalten wir die Form einer laufenden sinusförmigen Welle,

$$\begin{aligned}\psi(z, t) &= \psi(0, t') \\ &= A\cos\omega t' \\ &= A\cos\omega\left(t - \frac{z}{v_\varphi}\right) \\ &= A\cos\left(\omega t - \frac{\omega z}{v_\varphi}\right).\end{aligned} \tag{4.4}$$

Beachten Sie, daß $\psi(z, t)$ bei festgehaltenem z eine harmonische Schwingung in der Zeit darstellt. Beachten Sie ebenso, daß $\psi(z, t)$ bei festgehaltenem t eine sinusförmige Schwingung im Raum beschreibt. Natürlich gelten diese beiden Aussagen auch für eine sinusförmige stehende Welle, die z.B. die Form

$$\psi(z, t) = B\cos\omega t\cos(\alpha - kz) \tag{4.5}$$

aufweisen kann, wobei α eine Konstante ist. Bei festgehaltener Zeit hat die durch Gl. (4.4) beschriebene laufende Welle dieselbe Raumabhängigkeit wie die stehende Welle von Gl. (4.5). Wenn wir daher die laufende Welle in der Form

$$\psi(z, t) = A\cos(\omega t - kz) \tag{4.6}$$

anschreiben, dann können wir bei einer sinusförmigen laufenden Welle zu einem festgehaltenen Zeitpunkt denselben Begriff der Wellenzahl k und der Wellenlänge λ verwenden, den wir schon bei einer stehenden Welle benutzt haben. Durch Vergleich der Gln. (4.4) und (4.6) sehen wir, daß die Zunahme des Phasenwinkels pro Längeneinheit k bei einer sinusförmigen laufenden Welle zu einem festgehaltenen Zeitpunkt gleich

$$k = \frac{\omega}{v_\varphi} \tag{4.7}$$

ist, d.h., die Phasengeschwindigkeit beträgt

$$\boxed{v_\varphi = \frac{\omega}{k}} \tag{4.8a}$$

oder, da $\omega = 2\pi\nu$ und $k = 2\pi/\lambda$ gilt,

$$\boxed{v_\varphi = \lambda\nu} \tag{4.8b}$$

oder, da $\nu = 1/T$ ist,

$$\boxed{v_\varphi = \frac{\lambda}{T}\,.} \tag{4.8c}$$

Die Phasengeschwindigkeit einer sinusförmigen laufenden Welle ist eine äußerst wichtige Größe. Wir geben die verschiedenen Formen in den Gln. (4.8) an und raten Ihnen dringend, jede von diesen auswendig zu lernen. In Bild 4.1 ist eine sinusförmige laufende Welle dargestellt.

Die Gln. (4.8) sind so wichtig, daß wir nun eine andere Herleitung bringen. Wir definieren die *Phasenfunktion* $\varphi(z, t)$ einer sich in der positiven z-Richtung ausbreitenden sinusförmigen laufenden Welle als das Argument der Wellenfunktion $\cos(\omega t - kz)$:

$$\varphi(z, t) = \omega t - kz\,. \tag{4.9}$$

Wir haben in Gl. (4.9) eine mögliche Phasenkonstante unterdrückt. Bei vorgegebenem festem z wächst die Phase aufgrund des Terms ωt linear mit der Zeit an. Bei vorgegebener fester Zeit t nimmt die Phase aufgrund des Terms $-kz$ linear mit z ab. Geht man zu größerem z über, so nimmt die Phase ab, da sie zu früheren Zeiten ausgesandten Wellen entspricht. Übrigens ist unsere Vorzeichenvereinbarung für eine positive Phase nicht universell; manche Leute ziehen es vor, $kz - \omega t$ als Phase zu bezeichnen. Wollen wir einen bestimmten Wellenberg [ein Maximum von $\cos\varphi(z, t)$] oder ein Wellental [Minimum von $\cos\varphi(z, t)$] verfolgen, während sich die Welle fortbewegt, so müssen wir, wenn sich t ändert, verschiedene z betrachten, um die Phase $\varphi(z, t)$ konstant zu halten. Wenn wir daher das totale Differential von $\varphi(z, t)$ bilden und es gleich Null setzen, so erhalten wir die Beziehung zwischen z und t für einen Punkt konstanter Phase. Das totale Differential von $\varphi(z, t)$ lautet:

$$d\varphi = \left(\frac{\partial\varphi}{\partial t}\right) dt + \left(\frac{\partial\varphi}{\partial z}\right) dz = \omega dt - k\,dz\,. \tag{4.10}$$

Es verschwindet, wenn dt und dz durch die Beziehung

$$v_\varphi \equiv \left(\frac{dz}{dt}\right)_{[d\varphi=0]} = \frac{\omega}{k} \tag{4.11}$$

miteinander verknüpft sind, die mit Gl. (4.8a) identisch ist.

Weisen laufende Wellen dieselbe Dispersionsrelation auf wie stehende Wellen? In Kapitel 2 haben wir erkannt, daß die Dispersionsrelation, die ω als Funktion von k oder k als Funktion von ω angibt, bei freien stehenden Wellen in einem bestimmten Medium nicht von den Randbedingungen abhängt, obwohl dies für die speziellen Werte von k gilt. In Kapitel 3 haben wir gefunden, daß für die durch erzwungene Schwingungen eines abgeschlossenen Systems bedingten stehenden Wellen das gleiche Dispersionsgesetz gilt wie für freie stehende Wellen, mit speziellen Werten von k, die von den Randbedingungen ab-

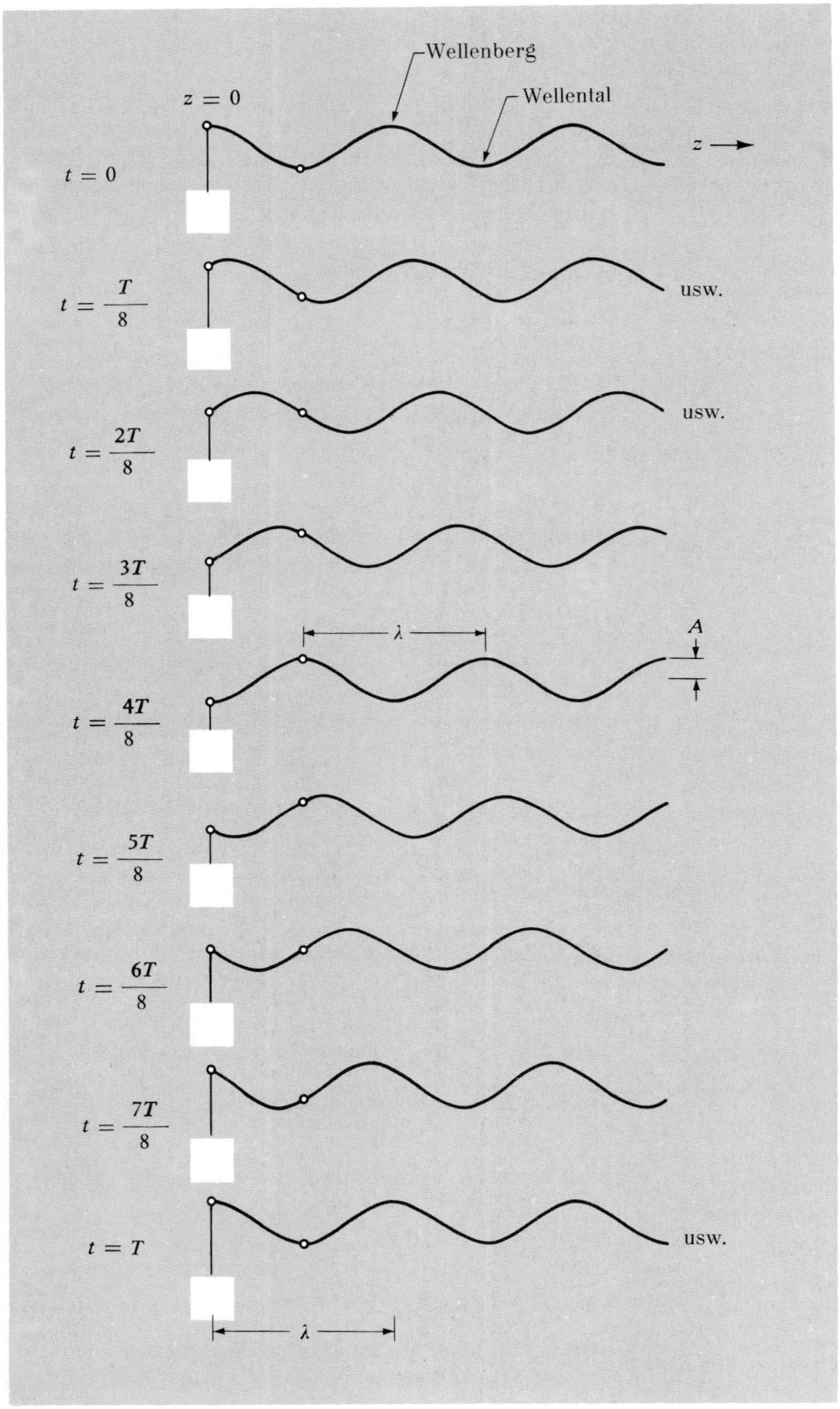

Bild 4.1

Die erregende Kraft bei $z = 0$ führt eine harmonische Bewegung mit der Schwingungsdauer T aus. Eine sinusförmige laufende Welle breitet sich in der positiven z-Richtung aus. Die Wellenlänge ist λ. Die Phasengeschwindigkeit ist $\lambda/T = \omega/k = \lambda\nu$. Jeder Punkt der Saite vollführt dieselbe harmonische Bewegung wie der bei $z = 0$, jedoch zu einem späteren Zeitpunkt.

hängen. Auch entdeckten wir bei einem oberhalb oder unterhalb seiner größten bzw. kleinsten Eigenfrequenz erregten System eine neue Wellenart, die Exponentialwelle. Bei unserer gegenwärtigen Betrachtung laufender Wellen in offenen Systemen treten keine anderen Randbedingungen auf als die an dem mit dem Sender gekoppelten Ende. Wir erwarten, daß die Dispersionsrelation wie vorher unabhängig von den Randbedingungen sein wird. Etwas an den laufenden Wellen ist jedoch ganz anders als bei stehenden Wellen, die entweder von freien oder erzwungenen Schwingungen eines abgeschlossenen Systems herrühren, nämlich die Phasenbeziehung zwischen verschiedenen bewegten Teilen. Im Falle sowohl der freien als auch der erzwungenen Schwingung (unter Vernachlässigung der Reibung) weisen alle bewegten Teile dieselbe Phase auf. Dies verhält sich bei laufenden Wellen nicht so. Könnte das nicht die Dispersionsrelation beeinflussen? Nein, wie wir zeigen werden.

Dispersionsgesetz für in einer Linie angeordnete Pendel. Betrachten wir ein spezielles Beispiel, das aber genügend allgemein ist, uns davon zu überzeugen, daß tatsächlich alle Dispersionsrelationen für laufende wie für stehende Wellen dieselbe Form aufweisen. Wir benutzen zur Einführung des Begriffs der laufenden Welle die kontinuierliche Saite als einfaches Beispiel. Aber selbstverständlich können wir, genau wie es bei stehenden Wellen der Fall ist, laufende Wellen ebenso gut in Systemen mit diskreten Parametern wie in kontinuierlichen Systemen herstellen. Daher betrachten wir, um ein sehr allgemeines Ergebnis zu erhalten, das so reichhaltige System der gekoppelten Pendel. Wir werden das *exakte Dispersionsgesetz für eine unendliche Anzahl in einer Linie angeordneter gekoppelter Pendel* ermitteln, die bei $z = 0$ erregt werden. Betrachten Sie Bild 3.10, das eine allgemeine Stellung dreier aufeinanderfolgender gekoppelter Pendel darstellt, und überzeugen Sie sich davon, daß die exakte Bewegungsgleichung des n-ten Pendelkörpers die in Gl. (3.62), Abschnitt 3.5, angegebene ist. Wir schreiben sie hier nochmals an:

$$\ddot{\psi}_n = -\frac{g}{l}\,\psi_n + \frac{K}{m}\,(\psi_{n+1} - \psi_n) - \frac{K}{m}\,(\psi_n - \psi_{n-1}). \qquad (4.12)$$

Da alle bewegten Teile ebenso wie bei stationären erzwungenen Schwingungen eines abgeschlossenen Systems auch bei stationären laufenden Wellen harmonisch schwingen sollen, wissen wir, daß bei beliebigen Phasenkonstanten von ψ_n gelten muß

$$\ddot{\psi}_n = -\,\omega^2\,\psi_n\,. \qquad (4.13)$$

Setzen wir Gl. (4.13) in Gl. (4.12) ein, fassen die Terme zusammen und dividieren durch $\psi_n(t)$, so finden wir

$$\omega^2 = \frac{g}{l} + \frac{2K}{m} - \frac{K}{m}\,\frac{(\psi_{n+1} + \psi_{n-1})}{\psi_n}\,. \qquad (4.14)$$

Sinusförmige laufende Welle. Nun nehmen wir an, es liege eine *sinusförmige laufende Welle* der Form

$$\psi_n = A\cos(\omega t + \varphi - kz), \qquad z = na,$$

vor, Dann gilt, wie Sie leicht zeigen können,

$$\psi_{n+1} + \psi_{n-1} = 2\,\psi_n \cos ka\,.$$

Daher wird Gl. (4.14) zu

$$\omega^2 = \frac{g}{l} + \frac{2K}{m}\,(1 - \cos ka), \qquad (4.15)$$

d.h.

$$\omega^2 = \frac{g}{l} + \frac{4K}{m}\sin^2\frac{1}{2}\,ka\,. \qquad (4.16)$$

Dies ist genau dasselbe Dispersionsgesetz, das wir in Abschnitt 3.5, Gln. (3.91) bis (3.98), für erzwungene Schwingungen gefunden haben. Wir sehen, daß der Frequenzbereich, in dem sinusförmige Wellen auftreten, bei laufenden wie bei stehenden Wellen derselbe ist. Er erstreckt sich von $\omega_{\min}$ bis $\omega_{\max}$, wobei

$$\omega_{\min}^2 = \frac{g}{l} \equiv \omega_0^2, \qquad \omega_{\max}^2 = \frac{g}{l} + \frac{4K}{m}\,. \qquad (4.17)$$

Exponentialwellen in einem offenen System. Liegen die erregenden Frequenzen unterhalb der unteren Grenzfrequenz ω_0, so dürfen wir vermuten, daß das Dispersionsgesetz für ein erregtes offenes System wieder dasselbe wie für ein geschlossenes sein wird. Das ist richtig. Daher gilt für ein System gekoppelter Pendel, das sich von $z = 0$ bis $z = +\infty$ erstreckt und bei $z = 0$ mit der Frequenz $\omega < \omega_0$ erregt wird

$$\psi(z,t) = A e^{-\kappa z}\cos\omega t, \qquad z = na, \qquad (4.18)$$

$$\omega^2 = \omega_0^2 - \frac{4K}{m}\sinh^2\frac{1}{2}\,\kappa a\,. \qquad (4.19)$$

Zick-zack-förmige Exponentialwellen. Analog erhalten wir bei einer erregenden Frequenz oberhalb der oberen Grenzfrequenz die *zick-zack-förmigen Exponentialwellen*

$$\psi(z,t) = A(-1)^n e^{-\kappa z}\cos\omega t, \qquad z = na, \qquad (4.20)$$

$$\omega^2 = \omega_0^2 + \frac{4K}{m}\cosh^2\frac{1}{2}\,\kappa a\,. \qquad (4.21)$$

Daher unterscheidet sich eine Exponentialwelle in einem erregten offenen System von einer, die im allgemeinen Fall des erregten abgeschlossenen Systems auftritt, nur darin, daß wir die Lösung $e^{+\kappa z}$ unterdrücken müssen, die bei $z = +\infty$ gegen Unendlich geht. Beachten Sie, daß in einer Exponentialwelle alle bewegten Teile mit derselben Phasenkonstanten schwingen [siehe Gln. (4.18) und (4.20)]. Daher tritt so etwas wie eine Phasengeschwindigkeit nicht auf, weil keine Wellenform vorhanden ist, die sich ohne Gestaltsänderung fortbewegt, und auch keine Wellenform, die sich zwar mit Gestaltsänderung, doch mit erkennbaren Wellenbergen und -tälern ausbreitet.

Wir haben also am Beispiel der gekoppelten Pendel gezeigt, daß in einem vorgegebenen Medium das Dispersionsgesetz, das die Beziehung zwischen ω und k herstellt, für laufende Wellen dasselbe ist wie für stehende Wellen, die von freien oder von stationären erzwungenen Schwingungen eines abgeschlossenen Systems herrühren.

Dispersionsbehaftete und dispersionsfreie sinusförmige Wellen. Hat das Dispersionsgesetz die einfache Form

$$v(k) = \frac{\omega(k)}{k} = \text{konstant, unabhängig von } k\,, \qquad (4.22)$$

so heißen die Wellen *dispersionsfrei*; andernfalls heißen sie *dispersionsbehaftet*. Die Verwendung des Symbols k bedingt in jedem Fall, daß sie sinusförmig sind. Eine dispersionsbehaftete Welle, die eine Überlagerung laufender Wellen mit verschiedenen Wellenzahlen darstellt, wird beim räumlichen Fortschreiten ihre Gestalt ändern, da Komponenten mit verschiedenen Wellenlängen mit unterschiedlichen Geschwindigkeiten dahinlaufen. Die Komponenten mit verschiedenen Frequenzen werden so „dispergiert". *Dispersionsbehaftete Wellen sind sinusförmige Wellen, deren Phasengeschwindigkeit* $v_\varphi = \omega/k$ *sich mit der Wellenlänge ändert.*

Reaktive Exponentialwellen. Liegt die erregende Frequenz ω nicht im „Paßband" zwischen der unteren Grenzfrequenz (die in manchen Fällen gleich Null sein kann) und der oberen Grenzfrequenz (die in manchen Fällen Unendlich sein kann), so weisen die Wellen, wie wir gesehen haben, nicht eine sinusförmige, sondern eine exponentielle Raumabhängigkeit auf. Diese Art von Exponentialwellen wird manchmal als „reaktiv" bezeichnet, während man eine sinusförmige Welle „dispersiv" nennt. Manchmal spricht man von einem „dispersiven Medium" oder von einem „reaktiven Medium". Natürlich kann ein und dasselbe Medium in einem Frequenzbereich – dem Paßband – dispersiv, in einem anderen – außerhalb des Paßbandes – hingegen reaktiv sein.

In den folgenden Beispielen befassen wir uns mit Phasengeschwindigkeiten dispersiver Wellen.

• **Beispiele**: *1. Transversale Wellen auf einer Perlenkette.* Die Dispersionsrelation[1]) für transversale Wellen auf einer Perlenkette mit der Gleichgewichtsspannung T_0, der Punktmasse m und dem Punktabstand a lautet (siehe Gl. (2.70))

$$\omega^2 = \frac{4\,T_0}{ma}\sin^2\frac{1}{2}ka, \quad 0 \leqslant k \leqslant \frac{\pi}{a}. \tag{4.23}$$

Daher gilt für die Phasengeschwindigkeit transversaler laufender Wellen für $0 \leqslant ka \leqslant \pi$ die Beziehung

$$v_\varphi^2 = \frac{\omega^2}{k^2} = \frac{4\,T_0}{ma}\,\frac{\sin^2\frac{1}{2}ka}{k^2}. \tag{4.24}$$

Bei Frequenzen oberhalb der oberen Grenzfrequenz $\omega_0 = \sqrt{4\,T_0/ma}$ sind die Wellen zick-zack-förmige Exponentialwellen, und so etwas wie eine Phasengeschwindigkeit tritt nicht auf. Bei Frequenzen zwischen Null und ω_0 sind die Wellen dispersionsbehaftet, da die Phasengeschwindigkeit nicht konstant ist, sondern von k abhängt. Im Grenzfall großer Wellenlängen oder kleiner Massenpunktabstände, wo $a/\lambda \ll 1$ gilt, wird die Phasengeschwindigkeit im wesentlichen von der Wellenlänge unabhängig, so daß die Wellen nichtdispersiv werden. Das können wir sehen, indem wir $\sin\frac{1}{2}ka$ in eine Taylorreihe entwickeln:

$$\begin{aligned} v_\varphi &= \sqrt{\frac{T_0 a}{m}}\,\frac{\sin(\frac{1}{2}ka)}{(\frac{1}{2}ka)} \\ &= \sqrt{\frac{T_0 a}{m}}\,\frac{(\frac{1}{2}ka) - \frac{1}{6}(\frac{1}{2}ka)^3 + \ldots}{(\frac{1}{2}ka)} \\ &= \sqrt{\frac{T_0 a}{m}}\left[1 - \frac{1}{24}(ka)^2 + \ldots\right]. \end{aligned} \tag{4.25}$$

Dann erhalten wir, wenn wir ρ_0 als mittlere Masse pro Längeneinheit im Gleichgewicht, also $\rho_0 \equiv m/a$, definieren, für die kontinuierliche Saite

$$v_\varphi = \sqrt{\frac{T_0}{\rho_0}}. \tag{4.26}$$

Also ist die Phasengeschwindigkeit transversaler laufender Wellen auf einer kontinuierlichen Saite eine Konstante, unabhängig von der Frequenz. Gl. (4.26) ist identisch mit dem Ergebnis für ω/k, das wir in Kapitel 2 als Dispersionsgesetz stehender Wellen auf der kontinuierlichen Saite erhalten haben (Gl. (2.22)). •

• *2. Longitudinale Wellen auf einer Perlenkette.* Das Dispersionsgesetz erhält man aus dem für transversale Wellen, indem man einfach die Spannung T_0 durch die Federkonstante K mal dem Massenpunktabstand a ersetzt (siehe Gl. (2.78)). Im kontinuierlichen Grenzfall erhalten wir, wenn wir in Gl. (4.26) Ka für T_0 einsetzen,

$$v_\varphi = \sqrt{\frac{Ka}{\rho_0}} = \sqrt{\frac{K_L L}{\rho_0}}, \tag{4.27}$$

wobei wir $Ka = K_L L$ geschrieben haben, um Sie daran zu erinnern, daß die gesamte Federkonstante K_L, wenn Sie Federn in Serie zu einer langen Feder der Gesamtlänge L zusammenfügen, gerade a/L mal der Federkonstanten eines Saitenelementes der Länge a ist. Gemäß Gl. (4.27) sind longitudinale Wellen auf einer kontinuierlichen Saite dispersionsfrei. In Bild 4.2 zeigen wir ein laufendes „Wellenpaket", das aus einer „Verdichtung" und einer „Verdünnung" besteht und sich entlang einer Feder fortbewegt. •

Phasengeschwindigkeit des Schalls – Newtonsches Modell. *Newton* leitete als Erster einen Ausdruck her, der die Geschwindigkeit von Schallwellen in der Luft voraussagte. *Newtons* Gleichung liefert ein falsches Ergebnis: sie sagt eine Geschwindigkeit von etwa 280 m/s voraus, während die beobachtete 332 m/s beträgt (bei Normaltemperatur von 0 °C und Normaldruck von 1,01 bar). Die Herleitung ist sehr einfach, und der Grund, weshalb die Gleichung ein falsches Ergebnis liefert, ist recht interessant. Wir bringen nun die Herleitung.

Befindet sich Luft in einem geschlossenen Behälter, so übt sie auf die Wände des Behälters einen nach außen ge-

[1]) Eine sehr schöne experimentelle Demonstration dieser Dispersionsrelation (4.23) wird von *J. M. Fowler*, *J. T. Brooks* und *E. D. Lambe* in „One-dimensional Wave Demonstration", *Am. J. Phys.* **35**, 1065 (1967), angegeben.

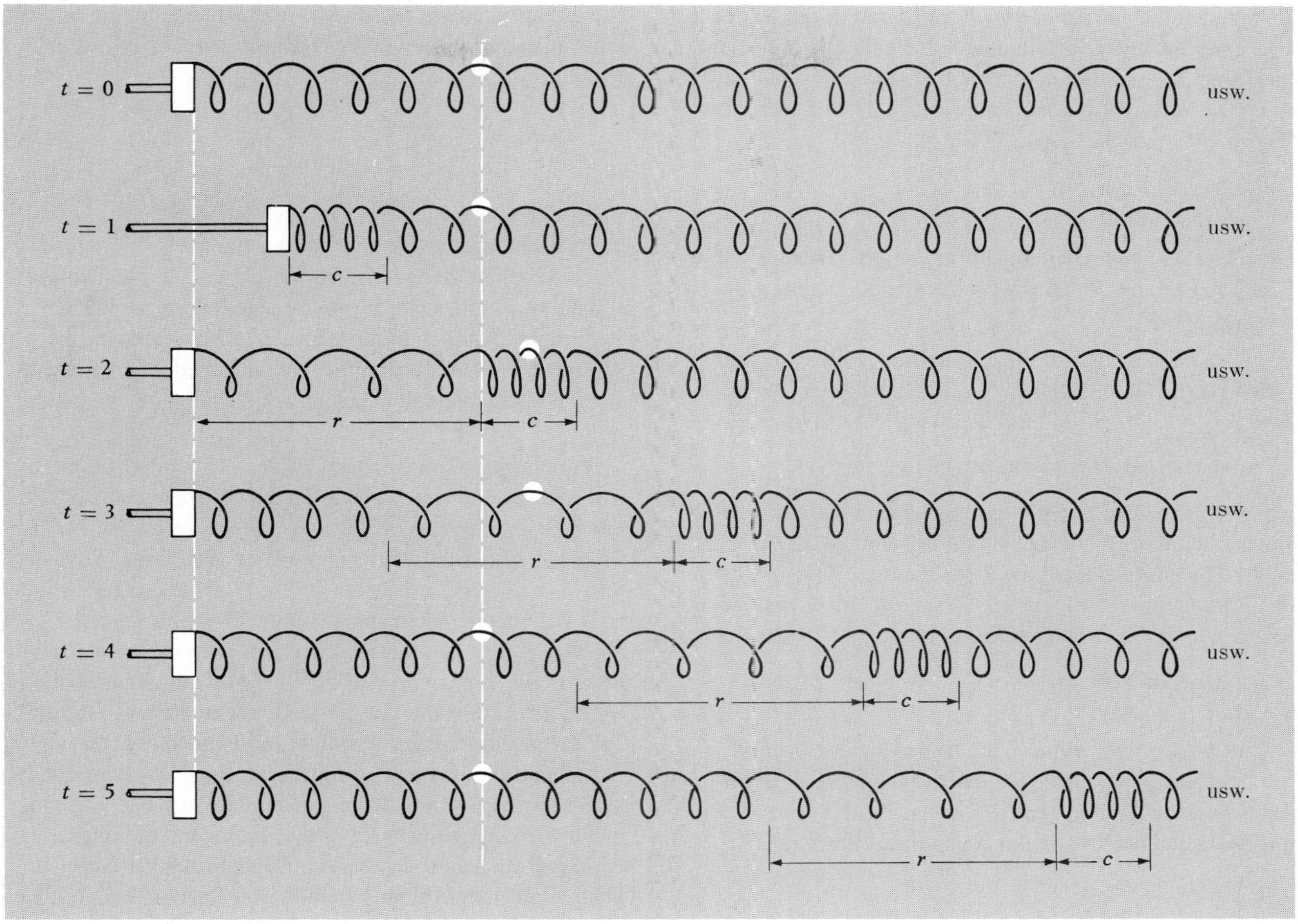

Bild 4.2. Longitudinale laufende Welle, bestehend aus einer einzigen Verdichtung c und einer einzigen Verdünnung r, die sich entlang einer Feder ausbreiten. Die sechste Federwindung trägt eine Markierung, so daß Sie ihre Bewegung verfolgen können.

richteten Druck aus. Die Luft verhält sich also wie eine *zusammengedrückte* Feder, die sich ausdehnen möchte. Nehmen Sie an, der Behälter sei ein langer Zylinder, bei dem ein Ende durch eine Wand, das andere durch einen masselosen beweglichen Kolben verschlossen ist. Dann wirkt die Luft wie eine zusammengedrückte Feder, die sich entlang des Zylinders erstreckt und versucht, den Kolben mit einer Kraft vom Betrage F aus dem Zylinder zu stoßen. Im Gleichgewicht gleicht eine äußere Kraft vom Betrage F, die auf den Kolben wirkt, die Kraft der Luft aus.

Bei einer Feder mit der Federkonstanten K_L, die im entspannten Zustand die Länge L_1 hat und auf die Länge L (mit $L < L_1$) zusammengedrückt ist, beträgt

$$F = K_L(L_1 - L).$$

Wird die Federlänge L verändert, so erhält man die Änderung von F durch Differentiation dieses Ausdrucks als

$$dF = -K_L\,dL. \tag{4.28}$$

Ähnlich übt die Luft auf den Kolben eine Kraft

$$F = pA$$

aus, wobei p der Luftdruck und A die Fläche des Zylinderquerschnittes ist. Wird der Kolben um ein kleines Stück aus seiner Gleichgewichtslage verschoben, so daß sich die Zylinderlänge (Luftsäule) L etwa um dL ändert, dann ändert sich das Volumen um $A\,dL = dV$. Daher ändert sich F um

$$dF = A\,dp = A\left(\frac{dp}{dV}\right)_0 A\,dL, \tag{4.29}$$

wobei der Index Null bedeutet, daß dp/dV beim Gleichgewichtsvolumen genommen wird. Durch Vergleich der Gln. (4.28) und (4.29) sehen wir, daß die „äquivalente Federkonstante" der Luft in der Röhre gleich

$$K_L = -A^2\left(\frac{dp}{dV}\right)_0 \tag{4.30}$$

ist.

Nehmen Sie an, wir hätten eine zusammengedrückte Feder mit der Federkonstanten K_L, die im Gleichgewicht die Länge L_0 und die Linienmassendichte ρ_0 (Linie) aufweise. Dann ist die Phasengeschwindigkeit longitudinaler Wellen gleich (siehe Gl. (4.27))

$$v^2 = \frac{K_L L_0}{\rho_0 \text{ (Linie)}}. \tag{4.31}$$

Um Gl. (4.31) für Schall umzuschreiben, verwenden wir Gl. (4.30) für K_L. Auch gilt für das Gleichgewichtsvolumen $AL_0 = V$

Um Gl. (4.31) für Schall umzuschreiben, verwenden wir Gl. (4.30) für K_L. Auch gilt für das Gleichgewichtsvolu-men $AL_0 = V_0$, und die Linienmassendichte ist gleich

$$\rho_0 \text{ (Linie) } L_0 = \rho_0 \text{ (Volumen) } AL_0, \tag{4.32}$$

wobei ρ_0 (Volumen) die Volumenmassendichte im Gleichgewicht ist. Setzen wir die Gln. (4.30) und (4.32) in Gl. (4.31) ein und lassen die Bezeichnung „Volumen" bei der Volumenmassendichte im Gleichgewicht ρ_0 weg, so erhalten wir für die Schallgeschwindigkeit

$$v^2 = -\frac{V_0 (dp/dV)_0}{\rho_0}. \tag{4.33}$$

Wir müssen noch dp/dV, die Änderung des Druckes mit dem Volumen, ermitteln. Hier verwendete *Newton* das Boylesche Gesetz, demzufolge das Produkt aus Druck und Volumen bei konstanter Temperatur konstant ist:

$$pV = p_0 V_0, \quad p = \frac{p_0 V_0}{V}, \tag{4.34}$$

wobei p_0 den Gleichgewichtsdruck bedeutet. Differenzieren liefert

$$\frac{dp}{dV} = -\frac{p_0 V_0}{V^2},$$

d.h., im Gleichgewicht bekommen wir mit $V = V_0$

$$V_0 \left(\frac{dp}{dV}\right)_0 = -p_0. \tag{4.35}$$

So liefert Gl. (4.33) das *Newtonsche Ergebnis*

$$v_{\text{Newton}} = \sqrt{\frac{p_0}{\rho_0}}. \tag{4.36}$$

Für Luft im Normalzustand gilt

$$p_0 = 1\,\text{atm} = 1{,}01\,\text{bar} = 1{,}01 \cdot 10^5\,\frac{\text{N}}{\text{m}^2}$$

$$\rho_0 = 1{,}29\,\frac{\text{kg}}{\text{m}^3}. \tag{4.37}$$

Newton fand so als Schallgeschwindigkeit

$$v_{\text{Newton}} = \sqrt{\frac{1{,}01 \cdot 10^5}{1{,}29}\,\frac{\text{N/m}^2}{\text{kg/m}^3}}$$

$$= 280\,\frac{\text{m}}{\text{s}}. \tag{4.38}$$

Die *experimentell* festgestellte Geschwindigkeit, die Sie sich einprägen sollten, ist bei Luft im Normalzustand gleich

$$v = 332\,\frac{\text{m}}{\text{s}} = \frac{1\,\text{km}}{3\,\text{s}} \tag{4.39}$$

Vielleicht sind Sie mit der gebräuchlichen Methode vertraut, nach der man die Entfernung zu einem Blitzschlag durch Abzählen der Sekunden zwischen Blitz und Donner abschätzt. Es gilt näherungsweise „ein Kilometer in drei Sekunden". Ähnlich können Sie die Schallgeschwindigkeit mit Hilfe einer Stoppuhr und eines Feuerwerksschwärmers, der von einer Hilfsperson losgelassen wird, messen.

Berichtigung von Newtons Fehler. Nun erhebt sich die interessante Frage: Wie konnte *Newton* so nahe an das richtige Ergebnis herankommen (was zeigt, daß etwas an seiner Ableitung richtig ist) und es doch um 15 % verfehlen (was zeigt, daß etwas an seiner Ableitung falsch ist)? Die Schwierigkeit rührt von der Zugrundelegung des Boyleschen Gesetzes her, das nur bei konstanter Temperatur gilt. Die Temperatur bleibt jedoch in einer Schallwelle *nicht* konstant. An der Luft, die zu einem bestimmten Zeitpunkt in einem Verdichtungsbereich liegt, ist Arbeit verrichtet worden. Ihre Temperatur ist etwas höher als im Gleichgewicht. Die angrenzenden Bereiche, die eine halbe Wellenlänge entfernt liegen, sind Verdünnungsbereiche. Sie haben sich bei der Expansion leicht abgekühlt. Die Energie bleibt erhalten; der Energieüberschuß bei Verdichtung ist gleich dem Energiemangel bei Verdünnung. Wegen des Temperaturanstiegs in einem Verdichtungsbereich ist der Druck dort *größer* als vom Boyleschen Gesetz vorausgesagt, und der Druck in einem Verdünnungsbereich ist *kleiner* als vorausgesagt. Dieser Effekt erzeugt eine größere rücktreibende Kraft als erwartet und folglich eine größere Phasengeschwindigkeit.

Wir müssen also statt des Boyleschen Gesetzes, das bei konstanter Temperatur gilt, das *adiabatische Gasgesetz* verwenden, das die Beziehung zwischen p und V angibt, wenn keine Wärme strömen kann. Die Wärme hat nicht genügend Zeit, von den Verdichtungs- in die Verdünnungsbereiche zu strömen und so die Temperatur auszugleichen. Bevor dies geschehen kann, ist eine halbe Schwingung verstrichen, und ein früherer Verdichtungsbereich ist zu einem Verdünnungsbereich geworden. Das Ergebnis ist also dasselbe, als wären „Wände" vorhanden, die die Wärme am Überströmen von einem Bereich in einen anderen hindern. Man kann zeigen, daß das adiabatische Gasgesetz

$$pV^\gamma = p_0 V_0^\gamma, \quad p = p_0 V_0^\gamma V^{-\gamma}, \tag{4.40}$$

lautet, wobei γ eine Konstante ist, die „das Verhältnis von spezifischer Wärme bei konstantem Druck zu spezifischer Wärme bei konstantem Volumen" heißt und den numerischen Wert

$\gamma = 1{,}40$ für Luft im Normalzustand

besitzt. Differenzieren wir Gl. (4.40) und setzen wir dann $V = V_0$, so erhalten wir

$$\frac{dp}{dV} = -\gamma p_0 V_0^{\gamma} V^{-\gamma-1},$$

$$V_0 \left(\frac{dp}{dV}\right)_0 = -\gamma p_0 .$$

Setzen wir dies in Gl. (4.33) ein, so bekommen wir das richtige Ergebnis für die Schallgeschwindigkeit

$$v_{\text{Schall}} = \sqrt{\frac{\gamma p_0}{\rho_0}} = \sqrt{1{,}40}\, v_{\text{Newton}} = 332 \frac{\text{m}}{\text{s}}. \tag{4.41}$$

Wir wollen untersuchen, weshalb die Wärme nicht Zeit hat, von einem Verdichtungsbereich in einen Verdünnungsbereich zu strömen und so die Temperatur auszugleichen. Damit der Wärmestrom die Temperatur überall konstant halten könnte, müßte die Wärme eine halbe Wellenlänge (von einem Verdichtungs- zu einem Verdünnungsbereich) in einer Zeit durchströmen, die gegenüber einer halben Schwingungsdauer kurz ist – nach einer halben Schwingungsdauer werden die Verdichtungs- und Verdünnungsbereiche ihre Plätze vertauscht haben. Um einen hinreichend raschen Wärmestrom zu erhalten, würde man also benötigen

$$v_{(\text{Wärmestrom})} \gg \frac{\frac{1}{2}\lambda}{\frac{1}{2}T} = v_{\text{Schall}} . \tag{4.42a}$$

Es zeigt sich, daß der Wärmestrom hauptsächlich von der Wärmeleitung herrührt, d.h. von der Übertragung translatorischer kinetischer Energie von einem Luftmolekül auf ein anderes durch Stöße. Bei einem Luftmolekül der Masse m, das sich in Luft mit der absoluten Temperatur T befindet, beträgt die Quadratwurzel aus dem gemittelten Quadrat bei thermischer Geschwindigkeit (die durch die Wärmeenergie bedingte mittlere translatorische Geschwindigkeit) in einer vorgegebenen z-Richtung

$$v_{\text{th}} = \langle v_z^2 \rangle^{1/2} = \sqrt{\frac{kT}{m}}, \tag{4.42b}$$

wobei k die Boltzmannkonstante ist. Die Schallgeschwindigkeit kann auch mit Hilfe von T und m ausgedrückt werden. Sie lautet

$$v_{\text{Schall}} = \sqrt{\frac{\gamma p_0}{\rho_0}} = \sqrt{\frac{\gamma kT}{m}} . \tag{4.42c}$$

Die Schallgeschwindigkeit ist also bis auf die Konstante $\sqrt{\gamma}$ gleich der Wurzel aus dem mittleren thermischen Geschwindigkeitsquadrat der z-Richtung. Daher würden die Moleküle, *wenn* sie Strecken von der Größenordnung $\frac{1}{2}\lambda$ geradlinig durchliefen, bevor sie Stöße erleiden, „gerade noch rechtzeitig ankommen", um Wärme zu übertragen. Im Mittel würden sie Gl. (4.42a) nicht erfüllen, doch einige besonders schnelle würden es. Daher träte während einer halben Schwingungsdauer eine bedeutende Wärmeübertragung auf. Doch statt Strecken von der Größenordnung $\frac{1}{2}\lambda$ geradlinig zu durchlaufen, schlagen die Moleküle eine zick-zack-förmige Bahn mit Zufallscharakter ein und legen (bei Luft im Normalzustand) zwischen den Stößen nur Strecken von der Größenordnung 10^{-7} m zurück. Daher ist, solange die Wellenlänge groß gegenüber 10^{-7} m ist, das adiabatische Gesetz eine sehr gute Näherung. Die kürzeste Wellenlänge bei hörbaren Schallwellen entspricht $\nu \approx 20000$ Hz, hier gilt $\lambda = v/\nu \approx 332/2 \cdot 10^4 = 0{,}016$ m.

● **Beispiele**: *3. Elektromagnetische Welle in der Erdionosphäre und Phasengeschwindigkeiten größer c.* Es zeigt sich, daß die Dispersionsrelation für elektromagnetische Wellen in der Ionosphäre annähernd

$$\omega^2 = \omega_p^2 + c^2 k^2 \tag{4.43}$$

lautet, wobei c die Lichtgeschwindigkeit und $\omega_p = 2\pi\nu_p$ die Kreisfrequenz der Eigenschwingungen der Plasmaelektronen bedeutet. Bei erregenden Frequenzen, die über der Grenzfrequenz ω_p liegen, ist die Ionosphäre ein dispersives Medium, weshalb die elektromagnetischen Wellen sinusförmig sind. Dies trifft für typische Ultrakurzwellen- oder Fernsehfrequenzen um 100 MHz zu. Für die Phasengeschwindigkeit einer laufenden Welle mit der Frequenz ω gilt die Beziehung

$$v_\varphi^2 = \frac{\omega^2}{k^2} = c^2 + \frac{\omega_p^2}{k^2} . \tag{4.44}$$

Doch diese Geschwindigkeit ist größer als c, die Vakuumgeschwindigkeit des Lichts und aller anderen elektromagnetischen Wellen einschließlich der 100-MHz-Fernsehwellen, die wir soeben betrachten.

Die Phasengeschwindigkeit *ist* tatsächlich größer als c, doch bedeutet dies *nicht*, daß sie mit der Relativitätstheorie in Widerspruch stünde. Erinnern Sie sich, daß eine Phasengeschwindigkeit v_φ nur die Phasenbeziehung zwischen der *stationären* harmonischen Schwingung eines bewegten Teiles (eines Elektrons in der Ionosphäre) an der Stelle z_1 und das eines anderen bewegten Teiles an der Stelle z_2 angibt. Bei stationären harmonischen Schwingungen ist keine Rede davon, welche Schwingung an der Stelle z_2 die „Folge" einer bestimmten Schwingung an der Stelle z_1 ist. Keine ist es. Das ganze System befindet sich in einem stationären Zustand, der nach einer langen Zeit, während der der Einschwingvorgang abgeklungen ist, erreicht wurde. Wir werden in Kapitel 6 herausfinden: Wenn Sie die Welle durch Änderung der Amplitude *modulieren* und dadurch Informationen – z.B. eine Fernsehschau – über die elektromagnetischen Wellen senden, so *breiten sich die Modulationen nicht mit der Phasengeschwindigkeit aus.* Sie haben eine andere Geschwindigkeit, die sogenannte Gruppengeschwindigkeit. Diese ist immer kleiner als c, die Lichtgeschwindigkeit im Vakuum.

Versuchen wir zu verstehen, wie wir eine Phasengeschwindigkeit größer als c erhalten können. Beachten Sie, daß die Ursache der „Schwierigkeit" (falls Sie eine solche haben) in der Konstanten ω_p^2 liegt, die in der Dispersionsrelation auftritt. Wäre ω_p^2 gleich Null, so wäre die Phasengeschwindigkeit gleich c und nicht größer als c. Diese Konstante bedeutet die auf ein Elektron wirkende rücktreibende Kraft pro Einheitsauslenkung und pro Einheitsmasse, die zu den freien Schwingungen der Elektronen im Plasma führt:

$$\omega_p^2 = \frac{Ne^2}{\epsilon_0 m}\,. \tag{4.45}$$

Als solche ist sie dem Beitrag der Schwerkraft zur rücktreibenden Kraft gekoppelter Pendel analog. Die gekoppelten Pendel weisen (in der Näherung für große Wellenlängen) die Dispersionsrelation

$$\omega^2 = \frac{g}{l} + \frac{Ka^2}{m}k^2 \tag{4.46}$$

auf, die von derselben allgemeinen Form wie die der Ionosphäre, Gl. (4.43), ist. Nehmen Sie nun an, wir schneiden alle Federn durch, die die in einer Linie angeordneten Pendel miteinander koppeln, d.h., wir setzen $K = 0$. (Wir können uns nicht so leicht vorstellen, wie wir in Gl. (4.43) $c = 0$ setzen sollten. In dieser Hinsicht sind die gekoppelten Pendel bequemer.) Dann liefert die Dispersionsrelation für die Pendelanordnung die Phasengeschwindigkeit

$$v_\varphi^2 = \frac{\omega^2}{k^2} = \frac{g}{lk^2}, \tag{4.47}$$

die größer als die Geschwindigkeit des Lichts im Vakuum gemacht werden kann, wenn man lk^2 hinreichend klein wählt! Physikalisch sehen wir ein, wie das zu verstehen ist. Es ist überhaupt keine Kopplung zwischen den Pendeln vorhanden. Wir stellen einfach eine lange Anordnung von Pendeln so her, daß sie alle mit derselben Amplitude schwingen und die Phasenkonstante von einem Pendel zum nächsten derart anwächst, daß die Wellenlänge – die Entfernung, nach der die Phasenkonstante um 2 zugenommen hat – größer ist als c mal der gemeinsamen Schwingungsdauer der Pendel. Dann ist die Phasengeschwindigkeit größer als c! Das ist kein Scherz; sie *ist* eine Phasengeschwindigkeit und *ist* größer als c.

Wenn wir uns andererseits entschließen, die Bewegungsamplitude eines entfernten Pendels irgendwie zu *verändern*, so werden wir feststellen, daß dies nicht so rasch geschehen kann. Koppeln wir die Pendel aneinander, so daß wir eine Möglichkeit haben, das Verhalten eines entfernteren Pendels durch Änderung der Bewegung eines nähergelegenen zu beeinflussen (ohne zum entfernteren Pendel hinzugehen), dann werden wir finden, daß sich eine Modulation nicht mit der Phasengeschwindigkeit durch die Anordnung schicken läßt. Die Phasengeschwindigkeit hat nämlich mit der Kopplung zwischen den Pendeln nichts zu tun. Vielmehr breitet sich die Modulation mit der Gruppengeschwindigkeit aus, die kleiner ist als c. •

• *4. Fernleitung als Tiefpaßfilter.* Das System ist in Bild 4.3 dargestellt. Die Fernleitung wird am Eingang bei $z = 0$ durch eine harmonische Spannung erregt. Ihr Widerstand wird vernachlässigt. In Abschnitt 2.4 haben wir gefunden, daß dieses System Schwingungsgleichungen derselben Form besitzt wie die longitudinalen Schwingungen eines Systems von Federn und Massen, wenn wir K durch C^{-1}/a und m durch L/a ersetzen. Als Dispersionsrelation im dispersiven Frequenzbereich – dem Durchlässigkeitsbereich – von Null bis $\omega_0 = 2\sqrt{C^{-1}/L}$ ergab sich

$$\omega^2 = \frac{4C^{-1}}{L}\sin^2\frac{1}{2}ka\,.$$

Im Grenzfall kleiner Frequenzen $(k \approx 0)$ oder im kontinuierlichen Grenzfall $(a \approx 0)$ dürfen wir $\sin\frac{1}{2}ka$ durch

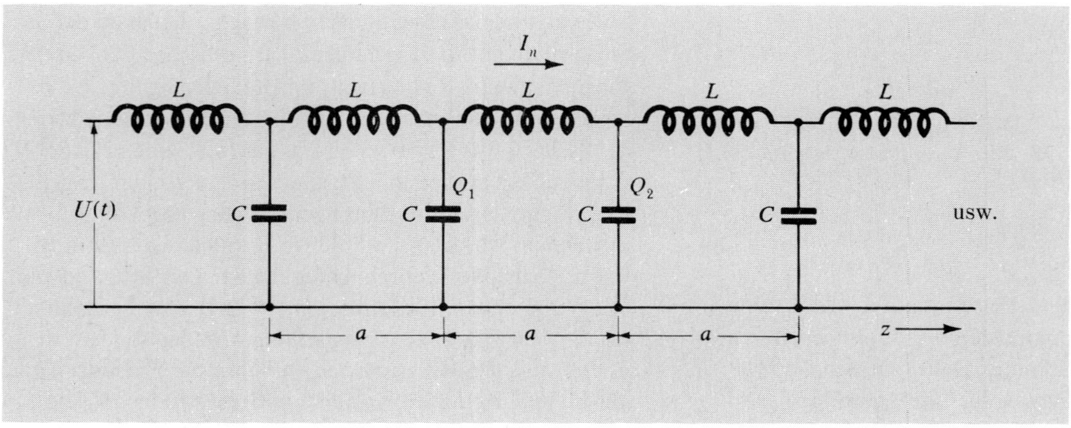

Bild 4.3. Fernleitung, die bei $z = 0$ erregt und sich ins Unendliche erstreckt

$\frac{1}{2}ka$ ersetzen. Dann gilt für die Phasengeschwindigkeit die Beziehung

$$v_\varphi^2 = \frac{\omega^2}{k^2} = \frac{1}{(C/a)(L/a)}, \tag{4.48}$$

wobei C/a die Parallelkapazität pro Längeneinheit, L/a die Serieninduktivität pro Längeneinheit bedeutet. Daher ist die Phasengeschwindigkeit in einer im Vakuum befindlichen Fernleitung, also in irgendeinem Paar paralleler Leiter, gleich dem Kehrwert der Quadratwurzel aus Kapazität pro Längeneinheit mal Induktivität pro Längeneinheit. Sie ist eine von der Frequenz unabhängige Konstante. Daher sind Spannungs- und Stromwellen dispersionsfrei. ●

Kann die Phasengeschwindigkeit dieser als Tiefpaß wirkenden Fernleitung größer als c werden? Von Beispiel 3 (Ionosphäre) wissen wir, daß eine Phasengeschwindigkeit größer als c auftreten kann, ohne daß die Relativitätstheorie verletzt wird. Doch könnten wir aus einem guten Grund zumindest bei jenem Beispiel jede beliebige Phasengeschwindigkeit erhalten: Es trat ja eine untere Grenfrequenz ω_p auf. Wir haben gesehen, daß sich sogar ein System aus gekoppelten Pendeln herstellen ließ, dessen Phasengeschwindigkeit größer als c war. Bei dem vorliegenden Tiefpaßfilter ergibt es jedoch keine derartige Grenzfrequenz. Demgemäß wirkt auf die Ströme in den Induktivitäten keine „rücktreibende Kraft" außer der, die durch die Kopplung mit den angrenzenden Kondensatoren erzeugt wird. Daher ist nicht zu erwarten, daß wir eine Phasengeschwindigkeit größer als c finden können. Betrachten Sie nun Gl. (4.48). Wir wollen versuchen, die Phasengeschwindigkeit so groß wie möglich zu machen. Dazu machen wir die Serieninduktivität pro Längeneinheit und die Parallelkapazität pro Längeneinheit so klein wie möglich. Aus Bild 4.3 ist ersichtlich, daß wir die Induktivität pro Längeneinheit zu einem Minimum machen können, wenn wir jede Einzelinduktivität durch einen geraden Draht ersetzen. Die Parallelkapazität wird zu einem Minimum, wenn wir einfach alle Einzelkapazitäten entfernen. Sie könnten im ersten Augenblick meinen, daß nun sowohl C/a als auch L/a gleich Null seien, so daß Gl. (4.48) für v_φ Unendlich ergeben würde. Das ist falsch. Wir dürfen nicht vergessen, daß die beiden geraden Drähte, von denen einer den Strom hin-, der andere ihn wieder zurückführt, eine nicht verschwindende Selbstinduktivität pro Längeneinheit aufweisen. Auch besitzen sie eine nicht verschwindende Parallelkapazität pro Längeneinheit. Tatsächlich können Sie (vielleicht nach einiger Wiederholung von Band 2) zeigen, daß die Parallelkapazität pro Längeneinheit und die Serieninduktivität pro Längeneinheit zweier *unendlich langer, gerader, paralleler Drähte* folgendermaßen lauten (Übung 8):

$$\frac{C}{a} = \frac{\pi\epsilon_0}{\ln\frac{D+r}{r}} \tag{4.49}$$

$$\frac{L}{a} = \frac{\mu_0}{\pi}\ln\left(\frac{D+r}{r}\right) \tag{4.50}$$

Dabei ist r der Radius jedes Drahtes, D der Abstand der beiden Drähte zwischen den nächstgelegenen Punkten ihrer Oberflächen. Bilden wir das Produkt der Gln. (4.49) und (4.50), so erhalten wir das bemerkenswerte Ergebnis

$$\frac{C}{a}\frac{L}{a} = \epsilon_0\mu_0 = \frac{1}{c^2}. \tag{4.51}$$

Also ist aufgrund der Gl. (4.48) *die Phasengeschwindigkeit laufender Strom- oder Spannungswellen auf einer aus zwei geraden parallelen Drähten im Vakuum bestehenden Fernleitung (einer sogenannten Lecherleitung) gleich der Vakuumlichtgeschwindigkeit c.*

Phasengeschwindigkeit in geraden und parallelen Fernleitungen. Stellen Sie sich nun vor, wir bauen andere Fernleitungen aus „Paaren paralleler Drähte" auf, von denen einer den Strom hin-, der andere ihn wieder zurückführt. Wir werden so etwas als *gerade und parallele Fernleitungen* (Lecherleitungen) bezeichnen. Es sollte Sie nicht überraschen, daß das Produkt aus C/a und L/a wie in Gl. (4.51) immer gleich $1/c^2$ ist, obwohl diese Größen stark von der Geometrie der Anordnung abhängen. Diese Tatsache läßt sich verstehen, wenn man an den Vorgang denkt, der bei plötzlicher Änderung der an der Fernleitung anliegenden Spannung auftritt. Jedes Drähtepaar transportiert einen Spannungsstoß mit der Geschwindigkeit c. Der auf einem Drähtepaar fortschreitende Spannungsstoß kann den Stoß auf irgendeinem anderen Drähtepaar nicht stören, denn die Wellen laufen mit höchstmöglicher Geschwindigkeit dahin, und keine Störung kann sie überholen.

● **Beispiel**: *5. Fernleitung aus parallelen Platten.* Das System besteht aus zwei parallelen leitenden Platten, die in der y-Richtung die Breite w aufweisen, deren Innenflächen den Abstand g in der x-Richtung haben und die Strom in der z-Richtung führen (Bild 4.4). Wir wollen die Kapazität und die Induktivität pro Längeneinheit in der z-Richtung berechnen. Zu diesem Zweck können wir die Potentialdifferenz $U(t)$ zwischen den Platten an der Stelle $z = 0$ als konstant annehmen. Dann fließt ein Gleichstrom. Wir dürfen davon ausgehen, daß die beiden Platten bei $z = \infty$ miteinander verbunden sind, so daß der hinausfließende Strom sicher zurückkehren kann. Wir können auch einfach annehmen, daß sich die beiden Platten bis ins Unendliche erstrecken und niemals berühren – das Ergebnis ist dasselbe.

Die Grundplatte sei positiv und die Deckplatte negativ. Dann liegt das elektrische Feld in der positiven x-Richtung (Bild 4.4). Nehmen Sie an, w sei groß gegenüber g, so daß kein „Randeffekt" auftritt. Q sei die Verschiebung der Ladung auf einer Plattenfläche (in Bild 4.4 angedeutet) der Breite w in der y-Richtung und der Länge a in der z-Richtung. Die Länge a ist beliebig, doch erleichtert es unsere Rechnung, wenn wir sie explizit mit hineinnehmen. C sei

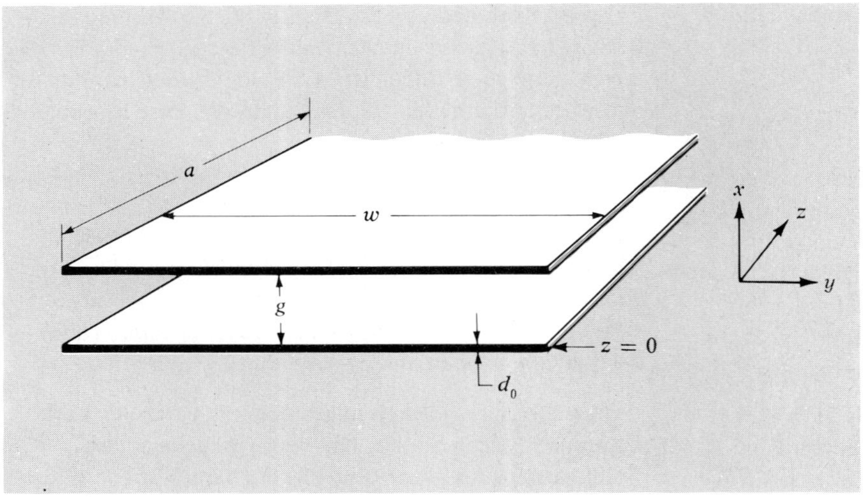

Bild 4.4

Fernleitung aus parallelen Platten. Die (nicht gezeigte) erregende Kraft erzeugt bei $z = 0$ zwischen den Platten eine Potentialdifferenz $U(t)$ und ruft einen Strom $I(t)$ hervor, der in jedem Augenblick auf einer Platte in der positiven z-Richtung hinausfließt und auf der anderen in der negativen z-Richtung wieder zurückkehrt. Die Größe a bedeutet eine beliebige Länge in der z-Richtung, sie wird als klein gegenüber der Wellenlänge der laufenden Wellen angenommen.

die Kapazität dieser Plattenfläche. Dann gelten die Beziehungen (Band 2, Abschnitt 3.5, falls Sie wiederholen möchten)

$$Q = CU, \tag{4.52}$$

$$U = gE_x, \tag{4.53}$$

$$E_x = \frac{Q}{\epsilon_0 wa}. \tag{4.54}$$

Lösen wir diese drei Gleichungen nach C auf, so erhalten wir für die Kapazität pro Längeneinheit

$$\frac{C}{a} = \epsilon_0 \frac{w}{g}. \tag{4.55}$$

Nun wollen wir die Induktivität pro Längeneinheit, L/a, ermitteln. Die Grundplatte ist mit der positiven, die Deckplatte mit der negativen Klemme der Stromquelle verbunden. Daher fließt ein positiver Strom I in der Grundplatte in der positiven, in der Deckplatte in der negativen z-Richtung. Mit Hilfe der rechten Handregel und von Bild 4.4 können Sie sich klarmachen, daß *das magnetische Feld zwischen den Platten in der positiven y-Richtung liegt*. Wie Sie sich leicht überzeugen können, ist das magnetische Feld außerhalb der Platten gleich Null. Die Selbstinduktivität des in Bild 4.4 angedeuteten Teiles der Platten sei L. Der magnetische Fluß Φ durch die Fläche ga beträgt

$$\Phi = B_y ga. \tag{4.56}$$

Für das magnetische Feld gilt die Beziehung

$$wB_y = \mu_0 I \tag{4.57}$$

(Siehe Band 2, Abschnitt 6.6; die dort definierte „Flächenstromdichte" $J = I/w$.) Die Selbstinduktivität L wird durch (siehe Band 2, Abschnitt 7.8, Gln. (7.53) und (7.54))

$$L \frac{dI}{dt} = \frac{d\Phi}{dt}$$

definiert. Für einen Gleichstrom I gilt demnach

$$LI = \Phi. \tag{4.58}$$

Lösen wir die Gln. (4.56), (4.57) und (4.58) nach L auf, so finden wir für die Selbstinduktivität pro Längeneinheit

$$\frac{L}{a} = \mu_0 \frac{g}{w}. \tag{4.59}$$

Vielleicht haben Sie Bedenken, weil wir die Selbstinduktivität mit Hilfe eines Gleichstromes berechnet haben. Lautet doch die Maxwellgleichung, aus der für Gleichstrom Gl. (4.57) folgt, (Band 2, Abschnitt 7.13)

$$\nabla \times \mathbf{B} = \mu_0 \mathbf{J} + \frac{1}{c^2} \frac{\partial \mathbf{E}}{\partial t}. \tag{4.60}$$

Wir haben also den „Verschiebungsstrom" $(1/c^2)\, \partial\mathbf{E}/\partial t$ vernachlässigt. Es zeigt sich (Übung 10), daß diese Vernachlässigung gerechtfertigt ist, wenn die Dicke d_0 jeder Platte die Bedingung

$$d_0 \ll \lambda \tag{4.61}$$

erfüllt. Wir werden die Gültigkeit dieser Beziehung voraussetzen.

Mit Hilfe der Gln. (4.48), (4.55) und (4.59) erhält man als Phasengeschwindigkeit v_φ der laufenden Wellen

$$v_\varphi = \frac{1}{\sqrt{(L/a)(C/a)}} = c. \tag{4.62}$$

So haben wir herausgefunden, daß die Phasengeschwindigkeit bei zwei ganz verschiedenen Beispielen gerader und paralleler Fernleitungen gleich c ist. Es sollte plausibel sein, daß es sich hier um ein allgemeines Ergebnis handelt: *Die Phasengeschwindigkeit ist in jeder beliebigen Fernleitung, die aus zwei isolierten, gleichartigen, geraden, parallelen Leitern im Vakuum besteht, gleich c.* •

4.3. Brechungsindex und Dispersion

Ist der gesamte Raum zwischen den Platten einer Parallelplattenleitung mit einem dielektrischen Material der Dielektrizitätskonstanten ϵ angefüllt, so erhöht sich die Kapazität um den Faktor ϵ (siehe Band 2, Abschnit 9.9). Dies gilt auch für die Lecherleitung, nur müssen wir dann den gesamten umgebenden Raum mit dem Dielektrikum ausfüllen. Bei einem Plattenkondensator verschwindet das elektrische Feld außerhalb des Bereichs zwischen den Platten, und es spielt keine Rolle, ob dielektrisches Material vorhanden ist oder nicht. Analog wächst die Selbstinduktivität um den Faktor μ an, wenn das eingebrachte Material die magnetische Permeabilität μ hat. Wir werden nur Materialien wie Glas, Wasser, Luft u.ä. betrachten, deren magnetische Permeabilität im wesentlichen gleich Eins ist. Sie brauchen daher jetzt die Physik magnetischer Stoffe (Band 2, Abschnitt 10) nicht zu wiederholen. Die Konstante μ werden wir im folgenden mitführen, sie jedoch bei der Betrachtung eines konkreten Beispiels gleich Eins setzen. Die Phasengeschwindigkeit laufender Strom- und Spannungswellen, die sich längs einer Parallelplattenleitung oder einer anderen geraden und parallelen Fernleitung ausbreiten, ist also gleich

$$v_\varphi = \sqrt{\frac{a}{L}\frac{a}{C}} = \frac{1}{\sqrt{\mu\epsilon}}\, v_\varphi \text{ (Vakuum)},$$

wenn der gesamte Raum mit einem Material der Dielektrizitätskonstanten ϵ und der Permeabilität μ erfüllt ist. Somit

$$\boxed{v_\varphi = \frac{c}{\sqrt{\mu\epsilon}}\,.} \tag{4.63}$$

Gl. (4.63), die wir für den Spezialfall laufender Strom- und Spannungswellen auf einer Fernleitung hergeleitet haben, stellt in Wirklichkeit ein sehr allgemeines Ergebnis dar. Sie gilt für jede Art elektromagnetischer Wellen, die sich in Materie ausbreiten. Also gilt Gl. (4.63) z.B. auch für sichtbares Licht, das sich durch ein Stück Glas oder durch ein anderes Dielektrikum hindurch windet.

Wir wollen die allgemeine Gültigkeit der Gl. (4.63) erläutern. Wie wir gesehen haben, gilt diese Gleichung für Strom- und Spannungswellen, die sich längs einer Fernleitung ausbreiten. Nun ist der Raum zwischen den Platten der Leitung von einem elektrischen und einem magnetischen Feld erfüllt. Das elektrische Feld wird durch die Spannung zwischen den Platten, das magnetische Feld durch den Strom in den Platten hervorgerufen. Daher müssen sich die Feldlinienbilder des elektrischen und des magnetischen Feldes mit derselben Geschwindigkeit ausbreiten wie die Strom- und Spannungswellen. Diese Feldmuster stellen natürlich selbst Wellen dar – sie sind räumlich und zeitlich veränderlich, und diese Eigenschaften zeichnen eine Welle aus. Herrscht im Raum ein Vakuum, so ist die Geschwindigkeit gleich c. Wir wissen aber, daß c die Geschwindigkeit *aller* elektromagnetischen Wellen im Vakuum ist, ob sie sich nun zwischen den Platten einer Fernleitung befinden oder nicht. Ist der Raum von einem Material mit den Konstanten ϵ und μ erfüllt, so beträgt die Geschwindigkeit der Wellen des elektrischen und des magnetischen Feldes, die die Spannungs- und Stromwellen begleiten, $c/\sqrt{\epsilon\mu}$. Es erscheint plausibel, daß dieser Ausdruck die Geschwindigkeit aller elektromagnetischen Wellen in einem solchen Material angibt, woher diese auch immer stammen mögen: ob sie nun elektromagnetische Wellen sind, die Spannungs- und Stromwellen auf den Platten einer Fernleitung begleiten, oder etwa Wellen, die von einer entfernten Glühlampe, einer Radioantenne oder einem Stern erzeugt werden. Eine der Tatsachen, die wir uns in den Kapiteln 1 bis 3 einzuprägen versuchten, ist die *Unabhängigkeit der Dispersionsrelation von den Randbedingungen*. Die Dispersionsrelation hängt nur von den inneren Eigenschaften der Wellen und des Mediums ab. Elektromagnetische Wellen lassen sich durch Anlegen von Spannungen am Ende einer Fernleitung oder durch einen Sender (eine Antenne) – ohne Zuhilfenahme einer Fernleitung – erzeugen. Diese Anordnungen stellen nur verschiedene Randbedingungen dar, also verschiedene Möglichkeiten der Erregung des Systems. Das System ist das Medium, das aus einem Material mit den Konstanten ϵ und μ besteht. Die Dispersionsrelation (4.63) ist von den Randbedingungen unabhängig. Wir haben diese Aussage nicht bewiesen, doch hoffen wir, sie plausibel gemacht zu haben. In Kapitel 7 werden wir den Beweis nachholen.

Gl. (4.63) gilt für jede elektromagnetische Strahlung und im besonderen für Licht. Wir werden in Kapitel 7 die elektromagnetische Strahlung mehr ins Detail gehend untersuchen. Der Faktor $\sqrt{\epsilon\mu}$, der sogenannte *Brechungsindex*, wird mit n bezeichnet. Sie sollten alle im folgenden aufgezählten Gleichungen für den Brechungsindex lernen. Sie werden die Dinge leichter behalten, wenn Sie sich an das Beispiel von Glas erinnern, dessen Brechungsindex für sichtbares Licht rund 1,5 beträgt. Sie sollten sich bei den folgenden Ausdrücken eine Vorstellung davon machen, welche Größen für Glas im Vergleich zum Vakuum größer und welche kleiner werden:

$$n = \frac{c}{v_\varphi} = \sqrt{\epsilon\mu}\,, \tag{4.64}$$

$$\lambda = \frac{1}{n}\frac{c}{\nu} = \frac{1}{n}\lambda \text{ (Vakuum)} \tag{4.65}$$

$$k = n\frac{\omega}{c} = nk \text{ (Vakuum)} \tag{4.66}$$

Selbstverständlich wird die Frequenz der erregenden Kraft vom Medium nicht beeinflußt; c bedeutet die Lichtgeschwindigkeit im Vakuum. Wenn Sie daher die Wellenlänge im Vakuum angeben wollen, so können Sie sie einfach c/ν nennen statt z.B. λ (Vakuum). Ähnlich gilt k (Vakuum) $= \omega/c$. In Glas ist die Wellenlänge sichtbaren Lichts nur etwa $\frac{2}{3}$ der im Vakuum. Die Anzahl der Wellen pro Zentimeter, $\sigma = 1/\lambda$, ist in Glas um den Faktor 1,5 größer als im Vakuum.

Tabelle 4.1 gibt Werte des Brechungsindex gebräuchlicher Materialien für gelbes Natriumlicht der Wellenlänge $\lambda = 589{,}3$ nm an. Sie sollten die Näherungswerte $n = \frac{3}{2}$ für Glas und Plastik, $n = \frac{4}{3}$ für Wasser und $n = 1 + 0{,}3 \cdot 10^{-3} = 1 + 0{,}3$ Tausendstel für Luft auswendig lernen.

Tabelle 4.1: *Brechungsindizes gebräuchlicher Materialien*

Material	Index bei 589,3 nm
Luft (Normalzustand)	1,0002926
Wasser (20°C)	1,33
Zinkkronglas	1,52
Schweres Bleiglas	1,90
Lucit	1,50
Durchsichtiges Klebeband	1,50

Änderung des Brechungsindex mit der Farbe – Dispersion. Ein keilförmiges Stück aus Glas oder aus einem anderen durchsichtigen Material nennt man *Prisma*. Dieses lenkt einen einfallenden Lichtstrahl um einen Winkel ab, der von der Farbe (also von der Wellenlänge) des Lichts abhängt. Die verschiedenen Farben in einem Parallelstrahl „weißen" Lichts werden um verschiedene Winkel abgelenkt und daher „dispergiert": Sie treten mit verschiedenen Winkeln aus dem Prisma aus und ergeben ein regenbogenartiges farbiges Muster auf einem hinter dem Prisma aufgestellten Schirm (Bild 4.5).

Das Brechungsgesetz von Snellius. Ein Lichtstrahl wird abgelenkt (gebrochen), wenn er auf eine Grenzfläche trifft, an der die Phasengeschwindigkeit einen neuen Wert annimmt, sich also der Brechungsindex ändert. Die Stärke der Brechung hängt vom Verhältnis n_1/n_2 des Brechungsindex des Mediums 1 (aus dem der Strahl einfällt) zum Brechungsindex des Mediums 2 (in das er eindringt) ab. Sie ändert sich auch mit dem *Einfallswinkel*; dieser ist als der Winkel definiert, den der einfallende Lichtstrahl mit der Normalen auf der Grenzfläche einschließt. Der Winkel, den der gebrochene Strahl mit der Flächennormalen einschließt, heißt *Brechungswinkel*. (Wir werden Einfalls- und Brechungswinkel stets als positive Winkel zwischen 0° und 90° annehmen.) Diese Definitionen sind in Bild 4.6 veranschaulicht.

Wir können die Beziehung zwischen n_1/n_2, θ_1 und θ_2 leicht wie folgt herleiten: Die „Wellenberge" des Lichtstrahls – oder die „Wellenfronten", wie sie bei der vorliegenden dreidimensionalen Welle heißen – stehen senkrecht zur Ausbreitungsrichtung des Lichtstrahls. Erreicht eine bestimmte Wellenfront eine Grenzfläche, an der der Brechungsindex zunimmt (z.B. beim Übergang von Luft

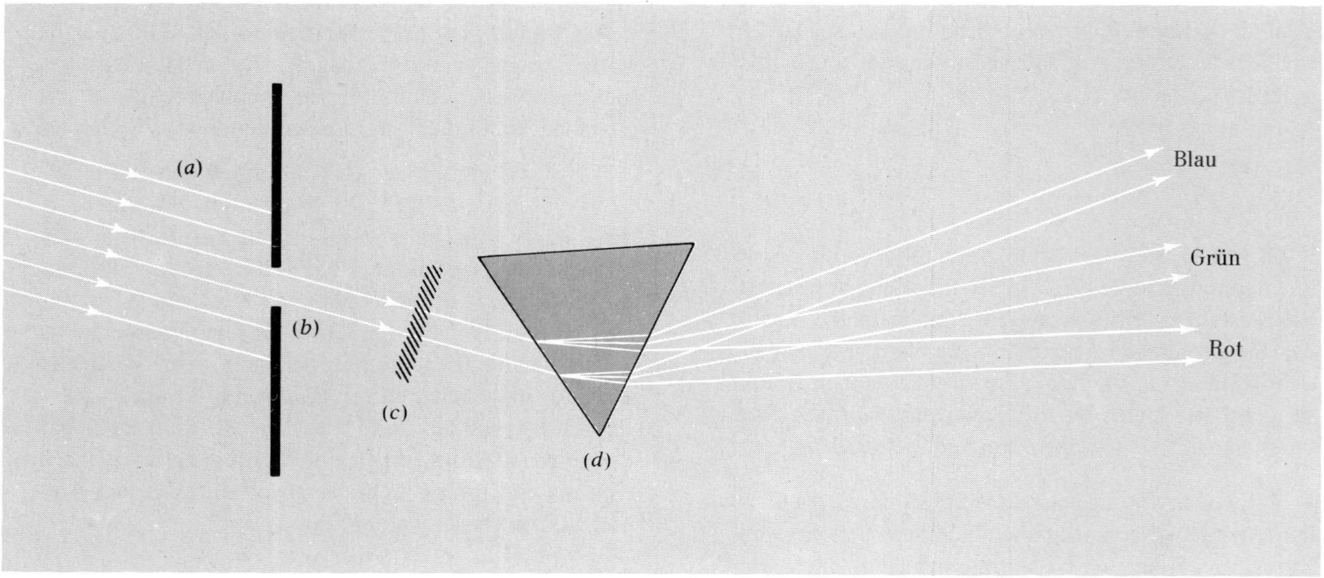

Bild 4.5. Dispersion. Sonnenlicht (a) fällt auf einen undurchlässigen Schirm mit einem Spalt (b), der senkrecht zur Zeichenebene steht. Der durch den Spalt ausgeblendete Strahl weißen Lichts geht zuerst durch ein Filter (c), das nur Licht einer einzigen Farbe durchläßt, und dann durch ein Glasprisma (d), das das Licht je nach der Farbe verschieden stark ablenkt. Blau wird stärker abgelenkt als Rot. Ist kein Filter vorhanden, so treten alle Farben auf; sie sind wie beim Regenbogen angeordnet.

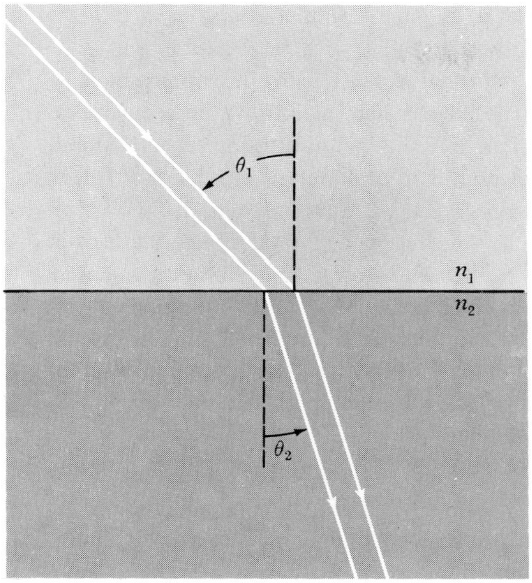

Bild 4.6. Bezeichnungsweise bei der Brechung. Bei einem in der Pfeilrichtung einfallenden Lichtstrahl heißt θ_1 Einfallswinkel, θ_2 Brechungswinkel.

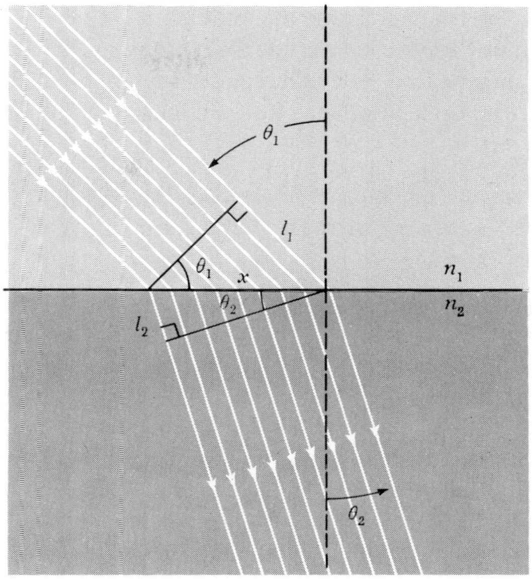

Bild 4.7. Brechung. Ist n_2 größer als n_1, so legt das in der Ausbreitungsrichtung des Strahls seitliche Ende der Wellenfront eine Strecke l_2 zurück. Diese ist kleiner als die Strecke l_1, die vom linken Ende zurückgelegt wird. Daher wird der Strahl wie gezeigt zur Normalen hin abgelenkt.

in Glas), so kommt das eine seitliche Ende der Wellenfront früher an der Grenzfläche an als das andere. An diesem Ende nimmt somit die Phasengeschwindigkeit früher als am anderen Ende einen kleineren Wert an. Daher ändert sich der Winkel zwischen Wellenfront und Grenzfläche – etwa so, wie sich der Winkel einer Reihe Marschierender ändert, wenn ein Ende langsamer wird, das andere hingegen nicht. Die geometrischen Beziehungen sind in Bild 4.7 dargestellt.

Betrachten Sie in Bild 4.7 die beiden rechtwinkligen Dreiecke mit der gemeinsamen Hypotenuse x. Aus dem Bild ersehen wir, daß

$$l_1 = x \sin\theta_1, \quad l_2 = x \sin\theta_2. \tag{4.67}$$

Die Zeit, die die laufende Welle zum Zurücklegen einer Strecke l_1 in Medium 1 oder einer Strecke l_2 in Medium 2 benötigt, sei t. Dann ist

$$l_1 = \frac{ct}{n_1}, \quad l_2 = \frac{ct}{n_2}. \tag{4.68}$$

Also gilt

$$ct = n_1 l_1 = n_2 l_2.$$

Dann erhalten wir mit Hilfe von Gl. (4.67)

$$\boxed{n_1 \sin\theta_1 = n_2 \sin\theta_2.} \tag{4.69}$$

Gl. (4.69) heißt das *Brechungsgesetz von Snellius.*

Dispersion in Glas. Wie wir sehen, rührt die Dispersion im Prisma davon her, daß der *Brechungsindex für blaues Licht größer ist als der für rotes.* Wir geben einige Werte für Zinkkronglas an, die dem *Handbook of Physics and Chemistry* entnommen sind. Die Wellenlängen sind in Nanometer, die Frequenzen ($\nu = c/\lambda$) in 10^{14} Hz angegeben.

Tabelle 4.2: *Dispersion des Brechungsindex von Glas*

Farbbezeichnung	λ (nm)	ν (10^{14} Hz)	n
nahes Ultraviolett	361	8,31	1,539
Dunkelblau	434	6,92	1,528
Blaugrün	486	6,18	1,523
Gelb	589	5,10	1,517
Rot	656	4,57	1,514
sehr dunkles Rot	768	3,91	1,511
Infrarot	1200	2,50	1,505
fernes Infrarot	2000	1,50	1,497

Tabelle 4.2 kann grob so zusammengefaßt werden: Der Brechungsindex von Glas beträgt im gesamten sichtbaren Frequenzbereich etwa 1,5; die *Dispersion*, also die Änderung von n mit λ, ergibt bei einer *Abnahme* der Wellenlänge um 100 nm ein Anwachsen des Brechungsindex n um etwa sechs Tausendstel (0,006).

Sie können die Dispersion in Wasser mit Hilfe eines einfachen, mit Kitt und Klebeband aus zwei Mikroskop-Objektträgern zusammengestellten Prismas und eines Purpur-Farbfilters (das Grün absorbiert, Rot und Blau jedoch durchläßt) untersuchen (siehe Übung 12).

Warum ändert sich der Brechungsindex mit der Frequenz? Betrachten wir wieder unsere Fernleitung. Die Phasengeschwindigkeit lautet

$$v_\varphi = \frac{1}{\sqrt{(C/a)(L/a)}}.$$

Überlegen wir uns das Geschehen qualitativ: Bei größerem C wird die Phasengeschwindigkeit kleiner, weil dann die „rücktreibende Kraft“ – die elektromotorische Kraft $C^{-1}Q$ – bei vorgegebener Ladung Q kleiner wird. Auch bei anwachsendem L finden wir eine kleinere Phasengeschwindigkeit, weil dann die „Trägheit“ anwächst.

Betrachten wir Stoffe, deren magnetische Permeabilität μ gleich 1,0 ist. (Bei Glas unterscheidet sich μ nur etwa in der fünften Dezimale von Eins.) Dann brauchen wir uns nur klarzumachen, wie

$$v_\varphi = \frac{c}{\sqrt{\epsilon}} = \frac{c}{n} \tag{4.70}$$

von der Frequenz abhängt.

Wir haben in Band 2, Abschnitt 9.9, folgendes gelernt: Ein Kondensator mit dem von der Ladung Q der Platten herrührenden Feld $\mathbf{E}_Q(t)$ sei von einem Dielektrikum erfüllt. Dann ist das lokale räumlich gemittelte Feld $\mathbf{E}(t)$ im Dielektrikum gleich der Überlagerung von $\mathbf{E}_Q(t)$ und dem Feld $-\mathbf{P}(t)/\epsilon_0$, das durch die elektrische Polarisation hervorgerufen wird:

$$\mathbf{E}(t) = \mathbf{E}_Q(t) - \mathbf{P}(t)/\epsilon_0. \tag{4.71}$$

Dabei bedeutet $\mathbf{P}(t)$ das induzierte Dipolmoment pro Volumeneinheit:

$$\mathbf{P}(t) = Nqx(t)\,\hat{\mathbf{x}}. \tag{4.72}$$

Hier ist N die *Dichte* der zur Polarisation beitragenden Ladungen (Anzahl pro Volumeneinheit) und q der Wert jeder solchen Ladung; $x(t)$ beschreibt ihre Auslenkung aus der Gleichgewichtslage, und $\hat{\mathbf{x}}$ ist ein Einheitsvektor. Wir wollen $\mathbf{E}_Q$, $\mathbf{P}$ und $\mathbf{E}$ in Richtung von $\hat{\mathbf{x}}$ legen und die Vektorschreibweise unterdrücken. Die Kapazität ist durch $C = Q/U$ definiert, wobei U die Potentialdifferenz zwischen den Platten bedeutet. Die nach Einsetzen des Dielektrikums auftretende Schwächung des elektrischen Feldes, die durch die induzierte Polarisation mit einer dazu proportionalen Abnahme von U verursacht wird, hat also ein größeres C zur Folge. Der Faktor, um den C anwächst, heißt die Dielektrizitätskonstante ϵ. Somit gilt aufgrund der Gln. (4.71) und (4.72)

$$\epsilon = \frac{E_Q}{E} = 1 + \frac{P(t)}{E(t)\,\epsilon_0} = 1 + \frac{Nax(t)}{E(t)\,\epsilon_0}. \tag{4.73}$$

● **Beispiel**: *6. Einfaches Modell des „Glasmoleküls“.* Das Modell, das wir uns jetzt schaffen, ist sehr einfach. Trotzdem weist es im wesentlichen alle erfolgreichen Grundzüge jedes klassischen (nicht quantenmechanischen) Modells zur Beschreibung der mikroskopischen Wechselwirkung zwischen Licht und Materie auf. Diese Erfolge sind keineswegs gering; wir werden sehen, daß die klassische Mechanik viele der beobachteten Eigenschaften der erwähnten Erscheinungen voraussagt. Denn die quantenmechanische Beschreibung macht zwar die klassische überflüssig, steht zu ihr aber nicht notwendigerweise im Widerspruch. Sie enthält die klassische Beschreibung als Grenzfall, der unter Bedingungen eintritt, wie sie bei vielen alltäglichen Erscheinungen erfüllt sind.

Wir nehmen an, ein „Glasmolekül“ bestehe aus einem massiven bewegungslosen Kern, an dem eine Ladung q mit der verhältnismäßig kleinen Masse m mittels einer Feder der Federkonstanten $m\omega_0^2$ befestigt ist. Die Bewegung der Ladung wird mit der Dämpfungskonstanten Γ gedämpft. Daher lautet die Bewegungsgleichung von q:

$$m\ddot{x} = -\,m\omega_0^2 x - m\Gamma\dot{x} + qE(t). \tag{4.74}$$

Nun ändere sich das äußere Feld $E_Q(t)$ harmonisch mit der Kreisfrequenz ω. Daher dürfen wir das Feld am Orte irgendeines „mittleren Moleküls“ als

$$E(t) = E_0 \cos\omega t \tag{4.75}$$

ansetzen. Dann beschreibt aber Gl. (4.74) gerade den in Abschnitt 3.2 besprochenen harmonisch erregten Oszillator, mit $F_0 = qE_0$. Die Lösung $x(t)$ lautet für stationäre Schwingungen

$$x(t) = A_{\text{el}}\cos\omega t + A_{\text{ab}}\sin\omega t, \tag{4.76}$$

wobei A_{el} und A_{ab} die elastische bzw. absorbierende Amplitude bezeichnen. Nun treten bei einem „farblosen“ durchsichtigen Stoff wie Glas oder Wasser im sichtbaren Frequenzbereich keine bedeutsamen Resonanzen der Moleküle auf. Gerade deshalb ist ja der Stoff durchsichtig und „farblos“. Hingegen lassen sich bei Stoffen wie gefärbtem Glas oder den Gelatinefiltern aus Ihrer optischen Ausrüstung im sichtbaren Bereich Resonanzen beobachten. Tatsächlich ist es die bei diesen Resonanzen durch den Term $A_{\text{ab}}\sin\omega t$ verursachte Absorption von Strahlungsenergie, die dem einfallenden weißen Licht einen Teil des Farbspektrums entzieht und die durchgehende beobachtbare Farbe übrig läßt. Sie sollten jetzt eine „weiße“ Lichtquelle, etwa eine weißglühende Lampe, durch Ihr Beugungsgitter und durch Ihre Filter betrachten.
Wir wollen das Verhalten farbiger Filter bei Frequenzen, die nahe an absorbierenden Resonanzen liegen, nicht untersuchen. Daher werden wir in Gl. (4.76) den Term $A_{\text{ab}}\sin\omega t$ vernachlässigen. Gemäß Kapitel 3 stellt dies eine gute Näherung dar, solange wir uns nicht in der Nähe einer Resonanz befinden. Der allgemeine Fall mit Berücksichtigung der Absorption wird in Abschnitt 10.9 diskutiert.

Für den Brechungsindex gilt also die Beziehung

$$n^2 = \epsilon = 1 + \frac{Nq}{\epsilon_0}\frac{x(t)}{E(t)} = 1 + \frac{Nq}{\epsilon_0}\frac{A_{el}}{E_0}. \qquad (4.77)$$

Wenn wir große Entfernung von der Resonanz annehmen und demzufolge in Gl. (4.74) $\Gamma = 0$ setzen, so erhalten wir (siehe Gl. (3.17))

$$A_{el} = \frac{F_0}{m}\frac{1}{\omega_0^2 - \omega^2} = \frac{qE_0}{m}\frac{1}{\omega_0^2 - \omega^2}.$$

Folglich

$$\boxed{\frac{c^2k^2}{\omega^2} = n^2 = \epsilon = 1 + \frac{Nq^2}{\epsilon_0 m}\frac{1}{\omega_0^2 - \omega^2}.} \qquad (4.78)$$

Diesem Ergebnis liegt ein einfaches Modell mit einer einzigen Resonanz zugrunde. Um es auf ein Stück wirkliches Glas anzuwenden, müßten wir die von allen wichtigen Resonanzen herrührenden Beiträge zu $n^2 - 1$ aufsummieren. In diesem Fall kann ω_0^2 in Gl. (4.78) als annähernde „mittlere" Resonanzfrequenz angesehen werden (siehe Übung 20). Für N müßten wir die Anzahl der Glasmoleküle pro Kubikzentimeter mal der mittleren Anzahl der beteiligten Resonanzen pro Molekül einsetzen. Die Anzahl der Elektronen, die wesentliche Beiträge liefern, ist ungefähr gleich der Anzahl der Elektronen auf der „Außenschale" (Anzahl der „Valenzelektronen").

Die wichtigsten Resonanzen treten in Glas für Licht bei „ultravioletten" Frequenzen auf, also bei Wellenlängen $\lambda = c/\nu$ der Größenordnung 100 nm oder darunter. Die Wellenlängen des sichtbaren Lichts sind ungefähr fünfmal so groß. Daher sind die Frequenzen ω des sichtbaren Lichts etwa fünfmal so klein wie die mittlere Resonanzfrequenz ω_0. Dann ist $n^2 - 1$ gemäß Gl. (4.78) positiv. Dies stimmt bei sichtbarem Licht in Glas mit dem Experiment überein. Beachten Sie auch folgendes: Wenn ω anwächst, doch immer kleiner als ω_0 bleibt, so wird der Nenner $\omega_0^2 - \omega^2$ in Gl. (4.78) kleiner und folglich $n^2 - 1$ größer. Daher hat blaues Licht (höhere Frequenz) einen größeren Brechungsindex als rotes. Dies stimmt mit dem experimentellen Ergebnis überein, daß ein Prisma Blau stärker ablenkt als Rot. •

Phasengeschwindigkeiten größer als c. Ist die erregende Frequenz ω der elektromagnetischen Strahlung (des Lichts) kleiner als die Resonanzfrequenz ω_0, so erhalten wir die oben erwähnten Aussagen: Die Phasengeschwindigkeit ist kleiner als c, die Wellenlänge kleiner als die im Vakuum, und eine höhere Frequenz hat einen größeren Brechungsindex. Dieses Verhalten bezeichnet man als „normale" Dispersion. Beim „fernen Ultraviolett"-Licht in Glas ist die erregende Frequenz größer als die Resonanzfrequenz; es wird daher nach Gl. (4.78) $n^2 - 1$ negativ. Somit ist n^2 kleiner als 1. Liegt n^2 zwischen Null und Eins, so beobachten wir wieder die sogenannte normale Dispersion. In diesem Falle jedoch ist die Phasengeschwindigkeit größer als c, die Wellenlänge ist größer als die Wellenlänge im Vakuum, und eine Erhöhung der Frequenz führt wiederum zu einer Erhöhung des Brechungsindex. Wird die Frequenz sehr groß, so wächst n schließlich auf 1 an, und das Licht verhält sich wie im Vakuum. Im Frequenzbereich $\omega_0 - \frac{1}{2}\Gamma < \omega < \omega_0 + \frac{1}{2}\Gamma$ zeigt sich, daß der Brechungsindex mit anwachsendem ω abnimmt. Dies wird als „anomale" Dispersion bezeichnet.

Der physikalische Grund für Phasengeschwindigkeiten größer als c liegt in der entscheidenden Phasenbeziehung zwischen der erregenden Kraft $qE(t)$ und der Schwingung $x(t)$ der erregten Ladung q. Liegt die erregende Frequenz unterhalb der Resonanzfrequenz, so kann bekanntlich $x(t)$ der Kraft $qE(t)$ „folgen". Dann werden die Ladungen in Richtung der Kraft ausgelenkt und bauen ein Feld auf, das das ursprüngliche Feld auszulöschen versucht. Dies gilt sowohl für positive als auch für negative q. Das verminderte Feld liefert eine verminderte rücktreibende Kraft und folglich eine kleinere Phasengeschwindigkeit. Wird andererseits die Ladung oberhalb ihrer Resonanzfrequenz erregt, so „kommt sie nicht mit" und die Auslenkung $x(t)$ ist immer der augenblicklichen Kraft $qE(t)$ entgegengerichtet. Stoßen Sie beispielsweise einen sonst frei beweglichen Ball zwischen Ihren Händen hin und her; Sie wenden dann die größte Kraft nach links auf, wenn der Ball Ihre rechte Hand berührt und sich am weitesten rechts befindet. Die Auslenkung zu einem bestimmten Zeitpunkt rührt hauptsächlich von der Kraft her, die eine halbe Schwingung früher wirksam war. Das von den gegeneinander verschobenen Ladungen erzeugte Feld ist also bestrebt, das ursprüngliche Feld zu verstärken. Daraus folgt eine größere rücktreibende Kraft und folglich eine Phasengeschwindigkeit, die größer als die im Vakuum ist.

Abschließend können wir sagen: Eine Phasengeschwindigkeit größer als c ist um nichts geheimnisvoller als ein Ball, der sich rechts befindet, obwohl er nach links gestoßen wird.

Exponentialwellen – reaktiver Frequenzbereich. Liegt die erregende Frequenz ω oberhalb der Resonanzfrequenz ω_0, so ist n^2 gemäß Gl. (4.78) kleiner als 1. Solange n^2 zwischen Null und Eins liegt, beobachten wir sinusförmige Wellen – k^2 ergibt sich als positive Zahl. Dies wird bei hinreichend großen ω – immer mit $\omega > \omega_0$ – sicherlich der Fall sein, denn für solche ist n^2 nur um weniges kleiner als 1. Doch zwischen $\omega = \omega_0$ plus einigen Γ – ab dort dürfen wir die Näherungsformel für A_{el} benutzen, aus der Gl. (4.78) folgte – und $\omega = \infty$ gibt es einen Bereich, wo Gl. (4.78) ein negatives n^2 liefert. Dies wird der Frequenzbereich sein, in dem

$$\frac{Nq^2}{\epsilon_0 m} > \omega^2 - \omega_0^2. \qquad (4.79)$$

Wir nehmen dabei $\omega^2 - \omega_0^2 \gg \Gamma\omega_0$ an. Dadurch erhalten wir die Gewißheit, daß wir uns in sicherem Abstand oberhalb der Resonanz befinden und den Näherungsausdruck für A_{el} benutzen dürfen. Gilt Gl. (4.79), so liefert Gl. (4.78) ein negatives n^2. Also ist k^2 negativ. Das bedeutet nur, daß die Differentialgleichung des räumlichen Verlaufes der Wellen *nicht* die Form

$$\frac{\partial^2 \psi(z,t)}{\partial z^2} = -k^2 \psi(z,t), \quad k^2 > 0, \tag{4.80a}$$

hat, deren Lösungen sinusförmige Wellen sind. Vielmehr lautet sie

$$\frac{\partial^2 \psi(z,t)}{\partial z^2} = +\kappa^2 \psi(z,t), \quad \kappa^2 > 0, \tag{4.80b}$$

und hat Exponentialwellen als Lösungen. Diesen Fall haben wir schon früher angetroffen, z.B. bei einem System gekoppelter Pendel. Liefert die Dispersionsrelation (k^2 als Funktion von ω^2) ein negatives k^2, so ändern wir nur die Bezeichnung von k^2 in $-\kappa^2$ um und stellen Exponentialwellen statt sinusförmiger Wellen fest.

Wir werden eine qualitative Herleitung der Bedingung (4.79) für Exponentialwellen bringen, wenn wir den Spezialfall mit ω_0 gleich Null betrachtet haben. Dieser Spezialfall liefert das Dispersionsgesetz der Ionosphäre, wie wir nun zeigen werden:

● **Beispiel**: *7. Dispersion in der Ionosphäre.* In Abschnitt 2.4 (Beispiel 6) gaben wir ein einfaches Modell für das Plasma der Erdionosphäre an und leiteten die Frequenz ω_p der freien Schwingungen ab, die man als „schwappende Schwingung" der Ionosphäre bezeichnen könnte. Dabei handelt es sich um die Eigenschwingung mit unendlicher Wellenlänge, ähnlich der schwappenden Schwingung in einer Schüssel voll Wasser, wo die Oberfläche eben bleibt, während das Wasser schwappt. In dem erwähnten Modell vernachlässigen wir die Bewegung der positiven Ionen sowie jegliche Dämpfung der Bewegung der „freien" Elektronen. (In Wirklichkeit tritt wegen der Stöße zwischen Elektronen und Ionen eine Dämpfung auf, in deren Folge Energie von der Schwingung auf die ungeordnete „thermische" Bewegung übertragen wird.) Die Bewegungsgleichung eines einzelnen Elektrons der Ladung q und der Masse m lautet dann

$$m\ddot{x} = qE(t), \tag{4.81}$$

wobei $E(t)$ das elektrische Feld an der Stelle des Elektrons bedeutet. Bei freien Schwingungen rührt $E(t)$ gänzlich von der Polarisierung pro Volumeneinheit her:

$$E(t) = -\frac{P(t)}{\epsilon_0} = -\frac{Nqx(t)}{\epsilon_0}. \tag{4.82}$$

Daher liefern die Gln. (4.81) und (4.82) für freie Schwingungen

$$\ddot{x} = -\frac{Nq^2}{\epsilon_0 m} x \equiv -\omega_p^2 x. \tag{4.83}$$

Wir haben so die frühere Herleitung der Differentialgleichung von Schwingungen mit der Plasmafrequenz ω_p in verkürzter Form wiederholt. Nun werde das Plasma an einem Ende durch einen Radio- oder Fernsehsender erregt. Nehmen Sie wie bei der Parallelplattenleitung eine gerade und parallele geometrische Anordnung an, so daß unser Problem möglichst einfach wird. Dann ist $E(t)$ gleich der Überlagerung (analog zu Gl. (4.71))

$$E(t) = E_{Se} - P(t)/\epsilon_0. \tag{4.84}$$

Dabei bezeichnet E_{Se} – der Index steht für Sender – das Feld, das in Abwesenheit der freien Elektronen vorhanden *wäre*. Die Bewegungsgleichung eines solchen Elektrons ist der des Elektrons im „Glasmolekül" ähnlich, wenn wir dort sowohl die „Federkonstante" $K = m\omega_0^2$ als auch die Dämpfungskonstante Γ gleich Null setzen (siehe Gl. (4.74)). Das freie Elektron hat also die „Resonanzfrequenz Null": $\omega_0 = 0$. Somit erhält man den Brechungsindex (die Dispersionsrelation), indem man lediglich in Gl. (4.78) $\omega_0 = 0$ setzt:

$$\frac{c^2k^2}{\omega^2} = n^2 = \epsilon = 1 - \frac{\omega_p^2}{\omega^2} \tag{4.85}$$

mit

$$\omega_p^2 = \frac{Ne^2}{\epsilon_0 m}.$$

Multiplizieren wir die Gl. (4.85) mit ω^2, so nimmt sie ihre frühere Gestalt an:

$$\omega^2 = \omega_p^2 + c^2k^2, \quad \omega^2 \geqslant \omega_p^2. \tag{4.86}$$

Im reaktiven Frequenzbereich erhalten wir Exponentialwellen:

$$\omega^2 = \omega_p^2 - c^2\kappa^2, \quad \omega^2 \leqslant \omega_p^2. \tag{4.87}$$

Es ist notwendig zu erwähnen, daß unser Modell der Ionosphäre nicht exakt ist. Manche unserer physikalischen Annahmen verlieren bei gewissen Frequenzen aus verschiedenen interessanten Gründen ihre Gültigkeit, und die exakte Dispersionsrelation ist wesentlich komplizierter als die in den Gln. (4.86) und (4.87) angegebene. Z.B. erfährt ein Elektron bei hinreichend niedrigen Frequenzen im Mittel pro Schwingung mehrere Zusammenstöße mit Ionen. Dann überwiegt die Dämpfungskraft, während wir in unserem Modell die Dämpfung vernachlässigt haben. Auch treten – neben der Resonanz bei der Plasmafrequenz – bei gewissen Frequenzen noch weitere Resonanzen auf; z.B. gewinnen die langsameren und schwereren positiven Ionen bei niedrigen Frequenzen an Bedeutung. Ihre Plasmafrequenz beträgt etwa 100 kHz. Ähnlich ist die „Zyklotronfrequenz" ω_c, die Frequenz der Kreisbewegung der Elektronen im Erdmagnetfeld (etwa $5 \cdot 10^{-5}$ T), bedeutsam. Eine interessante Diskussion experimenteller Ergebnisse finden Sie in „Ionosphere Explorer I Satellite: First Observations from the Fixed-Frequency Topside Sounder" von *W. Calvert*, *R. Knecht* und *T. van Zandt*, *Science* **146**, 391 (16. Okt. 1964). ●

Qualitative Erklärung für die untere Grenzfrequenz. Wir wissen, daß für ein beliebiges System, z.B. von gekoppelten Pendeln, folgende Aussage gilt: Die niedrigste mögliche Eigenfrequenz freier Schwingungen ist zugleich die niedrigste mögliche Frequenz sinusförmiger Wellen unter dem Einfluß einer harmonischen erregenden Kraft. Daher stellt die niedrigste Eigenfrequenz eine untere Grenzfrequenz für erzwungene Schwingungen dar. Liegen die erregenden Frequenzen unterhalb dieser Grenzfrequenz, so sind die Wellen nicht sinusförmig, sondern exponentiell.

Genau bei der Grenzfrequenz ist sowohl die Wellenlänge der sinusförmigen Wellen als auch die Schwächungslänge der Exponentialwellen unendlich; gekoppelte Pendel schwingen alle in Phase. Wollen wir also bei irgendeiner Dispersionsrelation eine untere Grenzfrequenz auffinden, so setzen wir einfach $k = 0$. Die Frequenz, die man mit $k = 0$ aus der Dispersionsrelation erhält, ist dann die Grenzfrequenz ω_{Gr}. Bei unserem Beispiel mit dem Brechungsindex gilt (siehe Gl. (4.78))

$$n^2 = \frac{c^2 k^2}{\omega^2} = 1 + \frac{Nq^2}{\epsilon_0 m} \frac{1}{\omega_0^2 - \omega^2}.$$

Setzt man $k = 0$, so erhält man die untere Grenzfrequenz:

$$\omega_{\mathrm{Gr}}^2 = \omega_0^2 + \frac{Nq^2}{\epsilon_0 m}. \tag{4.88}$$

Nun ist ω^2 wie immer gleich der rücktreibenden Kraft pro Einheitsauslenkung und pro Einheitsmasse. Nach dem oben über die Ionosphäre Gesagten beträgt diese rücktreibende Kraft (pro Einheitsauslenkung und pro Einheitsmasse) bei freien Schwingungen der Elektronen in der Ionosphäre $\omega_p^2 = Ne^2/\epsilon_0 m$. Es handelt sich dabei um die niedrigste Eigenschwingung (Grundschwingung) der Elektronen; sie hat unendliche Wellenlänge – alle Elektronen schwingen in Phase. Unterwerfen wir nun jede einzelne schwingende Ladung einer zusätzlichen bindenden Kraft in Form einer Feder mit der Federkonstanten $m\omega_0^2$, so bewirken wir offenbar nichts anderes, als daß jede Ladung eine zusätzliche rücktreibende Kraft (pro Einheitsauslenkung und pro Einheitsmasse) ω_0^2 erfährt. Die Ladungen können weiterhin in Phase schwingen, so daß k Null bleibt, und das System befindet sich noch immer in seiner niedrigsten Eigenschwingung. Wir sehen also, daß die rechte Seite der Gl. (4.88) die rücktreibende Kraft pro Einheitsauslenkung und pro Einheitsmasse in der niedrigsten freien Eigenschwingung angibt. Es handelt sich daher um eine untere Grenzfrequenz. So finden wir Gl. (4.88) und die Ungleichung (4.79), die beide im „reaktiven" Frequenzbereich gelten, wo die Wellen exponentiell sind.

Wir bringen nun noch eine weitere, mehr physikalische Erklärung für das Auftreten der unteren Grenzfrequenz in der Dispersionsrelation des Brechungsindex. Der Einfachheit halber setzen wir $\omega_0 = 0$. Dann beschreibt unser „Modell" die Ionosphäre. Warum tritt eine untere Grenzfrequenz mit

$$\omega_{\mathrm{Gr}}^2 = \frac{Nq^2}{\epsilon_0 m} \tag{4.89}$$

auf? Zunächst betonen wir, daß die Ionosphäre (oder vielmehr unser Modell von ihr) in vieler Hinsicht einem gewöhnlichen metallischen Leiter ähnlich ist. In beiden Fällen gibt es „freie" Elektronen, die beim Auftreten eines elektrischen Feldes in dem Medium als Stromträger wirken. Nun ist im Inneren eines metallischen Leiters, der sich in einem „statischen" elektrischen Feld (alle Ladungen ruhen, alle Felder sind zeitlich konstant) befindet, die elektrische Feldstärke gleich Null. Das Feld verschwindet nicht etwa deshalb, weil das Metall das äußere Feld irgendwie „blockiert" oder verschluckt hätte. Tatsächlich ist dieses noch im Inneren des Metalls vorhanden, es wird jedoch durch Überlagerung eines anderen Feldes „kompensiert". Dieses wird von den Ladungen erzeugt, die an die Metalloberfläche gedrängt wurden. Schaltet man das erregende Feld plötzlich ein, so benötigen die Metallelektronen wegen ihrer Trägheit einige Zeit, sich in Bewegung zu setzen. Deshalb ist das Feld im Inneren zuerst nicht gleich Null, es wird vielmehr vom erregenden äußeren Feld bestimmt. Haben sich die Ladungen verlagert und sind sie ins Gleichgewicht gekommen, so erzeugen sie ein Feld, das zusammen mit dem erregenden Feld Null ergibt. Ist dies nicht der Fall, so befinden sich die Ladungen eben noch nicht im Gleichgewicht. Sie verlagern sich, bis dieses eintritt. Wir wollen die Zeit, die bis zum Erreichen des Gleichgewichts verstreicht, als *mittlere Relaxationszeit* τ bezeichnen. Kehrt das erregende Feld nach einer gegenüber τ kurzen Zeit seine Richtung um, so findet der Ladungsfluß keine Zeit zum Aufbau eines auslöschenden Feldes, er muß sich schon vorher in die entgegengesetzte Richtung bewegen. Deshalb *wird die Grenzfrequenz von der Größenordnung* τ^{-1} *sein*. Fällt also elektromagnetische Strahlung mit einer gegenüber der Grenzfrequenz τ^{-1} hohen Frequenz ein, so haben die Elektronen keine Zeit, mit ihrer Verlagerung die Auslöschung des Feldes zu bewirken. Das Medium wird daher für Frequenzen oberhalb der Grenzfrequenz „durchsichtig" sein. Bei „unendlich hoher" Frequenz finden die Elektronen zu einer Bewegung überhaupt keine Zeit mehr, und die Strahlung geht wie im Vakuum durch. Wird das System hingegen an einem Ende mit Frequenzen unterhalb der Grenzfrequenz τ^{-1} erregt, so verhält es sich wie ein unterhalb der Grenzfrequenz erregtes Hochpaßfilter. In nächster Nähe des erregten Endes wird das Feld im wesentlichen gleich dem erregenden Feld sein. In größerer Entfernung davon reicht jedoch für die Elektronen die Zeit aus, mit ihrer Bewegung das einfallende Feld auszulöschen. So beobachten wir in zunehmender Entfernung immer stärkere Auslöschung, also exponentielle Schwächung.

Wir wollen die Relaxationszeit τ abschätzen. Das Feld E_0 werde zur Zeit Null eingeschaltet. Es ruft eine Beschleunigung Kraft$/m = qE_0/m$ hervor. Bliebe diese Beschleunigung konstant, so würden die Elektronen während einer Zeit t die Strecke $\frac{1}{2}at^2$ zurücklegen (a ist die Beschleunigung). Lassen wir bei unserer groben Abschätzung den Faktor $\frac{1}{2}$ weg, erhalten wir als Auslenkung x während der Zeit t

$$x \approx \frac{qE_0}{m} t^2 . \tag{4.90}$$

Nehmen Sie an, die Bewegung der Ladungen werde durch die „Oberflächen" des Plasmas (der Ionosphäre) oder des Metalls beschränkt. Die Gesamtladung, die an einer Oberfläche angelagert, von der anderen jedoch abgezogen wird, ist

$$Q = NqxA . \tag{4.91}$$

Dabei bedeuten N die Dichte, A die Querschnittsfläche und x die Verschiebung. Die Ladungen, Q an einer Oberfläche, $-Q$ an der anderen, erzeugen ein homogenes Feld E

$$E = \frac{1}{\epsilon_0}\frac{Q}{A} = \frac{1}{\epsilon_0} Nqx \approx \frac{1}{\epsilon_0} Nq \frac{qE_0 t^2}{m}. \tag{4.92}$$

Ist die Zeit t hinreichend lang, so daß das auslöschende Feld E den Wert E_0 des erregenden Feldes annehmen kann, dann haben wir das Gleichgewicht erreicht. Daher erhält man die Relaxationszeit τ, wenn man in Gl. (4.92) $E \approx E_0$ und $t \approx \tau$ setzt:

$$\omega_{\mathrm{Gr}}^2 \approx \tau^{-2} \approx \frac{Nq^2}{\epsilon_0 m},$$

was mit dem exakten Ergebnis der Gl. (4.89) übereinstimmt.

Qualitative Diskussion des Brechungsindex im dispersiven Frequenzbereich. Ein einzelnes im Vakuum schwingendes geladenes Teilchen sendet elektromagnetische Wellen aus, die sich im Vakuum mit Lichtgeschwindigkeit ausbreiten. Wenn daher so ein Teilchen von einer einfallenden Lichtwelle stationär erregt wird, sendet es eine Strahlung aus, die sich im Vakuum mit der Geschwindigkeit c ausbreitet. Die von der schwingenden Ladung ausgesandten Felder überlagern sich mit dem einfallenden Feld zu einem resultierenden Feld. Sind, wie in einem Stück Glas oder in der Ionosphäre, viele Ladungen vorhanden, so wird jede Ladung durch das lokale Feld in ihrer Nachbarschaft erregt. Dieses Feld wiederum ist die Überlagerung des Feldes, das bei Abwesenheit der Ladungen auftreten würde (also des „einfallenden Feldes"), mit den von allen schwingenden Ladungen ausgestrahlten Feldern.

Jede schwingende Ladung (z.B. in einem Stück Glas) strahlt Wellen ab, die sich mit der *Vakuum*lichtgeschwindigkeit c ausbreiten, obwohl doch die Wellen „durch Glas gehen". Wie ist es möglich, daß man bei einer Überlagerung von Wellen derselben Geschwindigkeit c, derselben Frequenz ν und folglich derselben Wellenlänge c/ν eine Resultierende mit einer Wellenlänge λ ungleich c/ν und einer Phasengeschwindigkeit ungleich c erhält? Der Schlüssel liegt im Wort „Phase". Alles hängt von der Phasenbeziehung zwischen dem von einer einzelnen schwingenden Ladung ausgesandten Feld und dem erregenden Feld ab. Wäre das von der erregten Ladung ausgesandte Feld mit der erregenden Strahlung genau in Phase, so würde es das Gesamtfeld an einem entfernten Beobachtungspunkt durch sogenannte „konstruktive Interferenz" vergrößern. Es würde jedoch keinerlei Phasenverschiebung hervorrufen und daher die Phasengeschwindigkeit nicht beeinflussen. Hätte hingegen das ausgestrahlte Feld gegenüber dem erregenden Feld eine Phasenverschiebung von 180°, so wäre die Resultierende durch „destruktive Interferenz" kleiner als das einfallende Feld. Es würde bei ihr jedoch ebenfalls keine Phasenverschiebung auftreten. Um eine Phasenverschiebung bei der Resultierenden hervorzurufen, muß die Strahlung der Ladungen einen gegenüber dem erregenden Feld um +90° oder um −90° phasenverschobenen Anteil aufweisen. Die Phasenkonstante der Resultierenden wird hauptsächlich durch das erregende Feld bestimmt, da diese größer ist als der infinitesimale Beitrag der betrachteten Einzelladung. Sie wird aber durch den Beitrag der schwingenden Ladung leicht verändert.

So sei z.B. das Feld der einfallenden Strahlung in einem hinter der erregten Ladung in der Ausbreitungsrichtung liegenden festen Punkt gleich $E_0 \cos \omega t$. Dieses stellt das elektrische Feld im Beobachtungspunkt dar, wenn kein Glas vorhanden ist; es rührt beispielsweise von den schwingenden Elektronen in einer entfernten Glühlampe her. Wird das Glas zwischen diese entfernte Lichtquelle und den Beobachter gebracht, so ist das von den schwingenden Elektronen der Glühlampe erzeugte Feld *weiterhin* gleich $E_0 \cos \omega t$, und es breitet sich *weiterhin* mit der Geschwindigkeit c durch das Glas und durch alle anderen Stoffe aus. Nun sei das Feld $\mathcal{E} \sin \omega t$ der kleine Beitrag einiger Glasmoleküle; $\mathcal{E}$ sei sehr klein und (beispielsweise) positiv. Auch diese Strahlung breitet sich mit der Geschwindigkeit c durch das übrige Glas aus, doch ist sie nach Voraussetzung gegenüber der erregenden Strahlung um 90° phasenverschoben. Die Überlagerung liefert das resultierende oszillierende Feld im Beobachtungspunkt:

$$E(t) = E_0 \cos \omega t + \mathcal{E} \sin \omega t .$$

Für $\mathcal{E} \ll E_0$ ist dies gleichbedeutend mit

$$E(t) = E_0 \cos(\omega t - \delta), \qquad \delta \equiv \frac{\mathcal{E}}{E_0} \ll 1,$$

wie Sie leicht sehen können, wenn Sie die Beziehungen $\cos\delta \approx 1$ und $\sin\delta \approx \delta$ verwenden. Wir stellen also fest, daß die Resultierende $E(t)$ in einem in der Ausbreitungsrichtung liegenden Punkt bei Anwesenheit des Glases eine Phasenverschiebung δ aufweist. Der in diesem Punkt befindliche Beobachter muß „länger warten", bis die Phase von $E(t)$ einen bestimmten Wert annimmt; er muß warten, bis $\omega t - \delta$ den Wert erreicht, den ωt in Abwesenheit des Glases annehmen würde. Unser Beobachter sagt daher, die Phasengeschwindigkeit sei kleiner als c. Wäre hingegen der Beitrag des Glases proportional $\cos \omega t$, so würde keine Phasenverschiebung auftreten. Dann lautete nämlich die Resultierende

$$E(t) = (E_0 + \mathcal{E}) \cos \omega t,$$

und die Phasengeschwindigkeit hätte weiterhin den Vakuumwert c. Das Experiment zeigt aber, daß die Phasengeschwindigkeit des resultierenden Feldes ungleich c ist, obwohl jeder Beitrag zu der Überlagerung mit der Geschwindigkeit c fortschreitet. Daher muß die zu einem bestimmten Zeitpunkt t eintreffende Strahlung der Glasmoleküle gegenüber der zur selben Zeit eintreffenden Strahlung der Glühlampe um $\pm 90°$ phasenverschoben sein.

Es bleibt nur noch zu zeigen, daß ein infinitesimaler Beitrag der strahlenden Glasmoleküle tatsächlich gegenüber dem erregenden Feld um $\pm 90°$ phasenverschoben ist. Zu diesem Zwecke nehmen wir an, das einfallende Feld sei $E_0 \cos \omega t$. Dann hat die schwingende Ladung die Auslenkung $A_{el} \cos \omega t$, wenn ω nicht in der Nähe einer Resonanz liegt. In Kapitel 7 werden wir lernen, daß die Strahlung einer schwingenden Ladung der „retardierten Beschleunigung" proportional ist. Darunter versteht man folgendes: Im Abstand z in der Ausbreitungsrichtung ist das ausgestrahlte Feld der Beschleunigung der Ladung zum früheren Zeitpunkt $t - (z/c)$ (zu dem das Feld ausgesandt wurde) proportional. Nun ist die Beschleunigung bei harmonischer Bewegung gleich $-\omega^2$ mal der Auslenkung. Wir kommen also zu dem erschreckenden Ergebnis, daß die von jeder schwingenden Ladung ausgesandte Strahlung proportional $\cos \omega t$ ist. Wir haben doch entschieden, daß sie proportional $\sin \omega t$ sein *muß*, wenn wir eine von c verschiedene Phasengeschwindigkeit erhalten sollen! Das ist so zu erklären: Eine Strahlung breite sich als ebene Welle in der z-Richtung aus. Dann müssen wir zu einem bestimmten Zeitpunkt nicht nur den Beitrag der vom Beobachtungspunkt in der negativen Ausbreitungsrichtung gelegenen Moleküle betrachten, sondern vielmehr alle Beiträge von einer dünnen, zur Ausbreitungsrichtung senkrechten Glasschicht berücksichtigen. Wie wir gerade gesehen haben, liefert das dem Aufpunkt nächstgelegene Molekül einen infinitesimalen Beitrag, der (bis auf ein Plus- oder Minuszeichen) mit dem erregenden Feld in Phase ist. Andere Moleküle sind jedoch weiter entfernt. Ihre Beiträge, die sich immer mit der Geschwindigkeit c ausbreiten, brauchen bis zum Eintreffen länger. Bei der Integration über eine unendlich ausgedehnte Schicht zeigt sich, wie wir in Kapitel 7 sehen werden: Die Phase des Nettobeitrages der Schicht bleibt hinter der des nächstgelegenen Moleküls um $90°$ zurück. Das Durchschnittsmolekül der Schicht ist mit anderen Worten vom Aufpunkt effektiv um eine Viertelwellenlänge weiter entfernt als das nächstgelegene Molekül. Wir haben also die Ursache für die Phasenverschiebung von $90°$ gefunden und haben gesehen, wie sich viele Wellen der Phasengeschwindigkeit c zu einer Resultierenden mit einer Phasengeschwindigkeit ungleich c überlagern können. Die Phasengeschwindigkeit kann größer oder kleiner als c sein, je nachdem, ob die erregten Schwingungen mit der erregenden Strahlung in Phase oder ihr gegenüber um $180°$ phasenverschoben sind. Und dies hängt wiederum davon ab, ob die erregende Frequenz unter- oder oberhalb der Resonanzfrequenz liegt. Alle Moleküle befinden sich im stationären Zustand, und deshalb braucht es einen nicht zu kümmern, daß die Phasengeschwindigkeit größer als c sein kann.

Bezeichnungsweise: Was ist der Grund, daß wir immer E betrachten und B vernachlässigen? Wir tun es zwar nicht immer, aber häufig. Ein Grund dafür, daß wir die mit elektromagnetischen Wellen verbundenen Erscheinungen durch $\mathbf{E}$ ausdrücken und $\mathbf{B}$ aus den Gleichungen heraushalten, ist der: Wenn elektromagnetische Wellen mit einem geladenen Teilchen der Ladung q und der Geschwindigkeit v in Wechselwirkung treten, so unterliegt das Teilchen der Lorentz-Kraft (Band 2, Abschnitt 5.2)

$$\mathbf{F} = q\mathbf{E} + q\mathbf{v} \times \mathbf{B}.$$

Es zeigt sich, daß $\mathbf{E}$ und $\mathbf{B}$ in einer laufenden elektromagnetischen Welle im Vakuum gemäß $|\mathbf{E}| = c\,|\mathbf{B}|$ zusammenhängen. Daher ist der Betrag der von $\mathbf{B}$ erzeugten Kraft um einen Faktor der Größenordnung $|v/c|$ kleiner als jener der von $\mathbf{E}$ erzeugten Kraft. Von gebräuchlichen Lichtquellen oder auch von einem starken Laser herrührende Felder $\mathbf{E}$ und $\mathbf{B}$ sind erfahrungsgemäß so schwach, daß die in herkömmlichen Materialien auftretende Maximalgeschwindigkeit $|\mathbf{v}|$ der erregten Elektronen im stationären Zustand sehr klein gegenüber c bleibt. So kann man in vielen physikalischen Situationen die von $\mathbf{B}$ erzeugte Kraft vernachlässigen, weshalb wir unser Hauptaugenmerk auf $\mathbf{E}$ richten.

Manchmal kann jedoch der Effekt von $\mathbf{B}$ überwiegen, so gering er gemäß den obigen Überlegungen auch ist. Auch wenn $\mathbf{E}$ und $\mathbf{B}$ keine Strahlungsfelder (laufende Wellen) sind, sondern z.B. durch äußere Ladungen und Ströme erzeugte statische Felder, können andere Verhältnisse auftreten. In diesem Falle könnten etwa Felder $|\mathbf{E}| = 0$ und $|\mathbf{B}| = 1$ Tesla vorhanden sein.

4.4. Wellenwiderstand und Energietransport

Bei der Untersuchung von Eigenschwingungen und stehenden Wellen haben wir herausgefunden, daß sich ein kontinuierliches Medium durch zwei Parameter charakterisieren läßt: durch eine „rücktreibende Kraft" und eine „Trägheit". Bei der kontinuierlichen Saite wird die rücktreibende Kraft von der Gleichgewichtsspannung T_0, die Trägheit hingegen von der Massendichte ρ_0 geliefert. Im Falle der als Tiefpaß wirkenden Fernleitung sind die entsprechenden Parameter $(C/a)^{-1}$ (der Kehrwert der Parallelkapazität pro Längeneinheit) und L/a (die Induktivität pro Längeneinheit). Für longitudinale Wellen auf einer Feder ist der Parameter der rücktreibenden Kraft Ka, der der Trägheit hingegen $m/a = \rho_0$. Bei Schallwellen ist die „Federkraft" gleich γp_0, die Trägheit gleich der Volumenmassendichte ρ_0. In jedem dieser Fälle verhalten sich die Eigenschwingungen (die stehenden Wellen) ähnlich wie ein einfacher harmonischer Oszillator. (Bei gekoppelten Pendeln oder bei einer als Bandfilter wirkenden Fernleitung benötigen wir jedoch einen weiteren Parameter, die untere Grenzfrequenz.)

Laufende Wellen zeigen ein ganz anderes Verhalten als stehende Wellen: Sie transportieren Energie und Impuls. Ihre Phasenbeziehungen sind von denen der stehenden Wellen verschieden. Ein ausgedehntes System mit laufenden Wellen verhält sich nicht wie „ein einziger großer harmonischer Oszillator", wie es bei stehenden Wellen der Fall ist. Daher sind die Parameter des harmonischen Oszillators, rücktreibende Kraft und Trägheit, nicht die bestgeeigneten Größen zur Beschreibung eines Mediums mit laufenden Wellen. Eine für ein solches Medium charakteristische Größe ist die Phasengeschwindigkeit v_φ. Sie lautet für transversale Wellen auf einer Saite

$$v_\varphi = \sqrt{\frac{T_0}{\rho_0}}. \tag{4.93}$$

Es handelt sich hier einfach um eine bestimmte Kombination aus den Parametern T_0 und ρ_0 der rücktreibenden Kraft und der Trägheit. Eine davon unabhängige Kombination ist

$$Z = \sqrt{\rho_0 T_0}. \tag{4.94}$$

Diese Größe heißt *Wellenwiderstand* für transversale Wellen auf einer kontinuierlichen Saite. Wie wir zeigen werden, bestimmt dieser Wellenwiderstand die von einer vorgegebenen erregenden Kraft auf die Saite hinausgeschickte Leistung. So erweisen sich Phasengeschwindigkeit und Wellenwiderstand als die beiden natürlichen Parameter zur Beschreibung laufender Wellen in einem Medium.

• **Beispiel**: *8. Transversale laufende Wellen auf einer kontinuierlichen Saite.* Eine kontinuierliche Saite erstrecke sich von links nach rechts; ihr linkes Ende bei $z = 0$ werde durch eine harmonische Kraft in transversaler Richtung erregt. Das System ist in Bild 4.8 dargestellt. Wir wollen den „Senderausgang" – die Verbindung, durch die die erregende Kraft auf die Saite wirkt – mit L (für links) bezeichnen. Den mit diesem Ausgang unmittelbar in Berührung stehenden Teil der Saite bezeichnen wir mit R (rechts). Nun wirkt im Gleichgewicht (Gl. (4.8a)) keine transversale Kraftkomponente, und die Kraft in der z-Richtung ist gleich der Gleichgewichtsspannung T_0. In der allgemeinen Stellung von Bild 4.8b beträgt die Saitenspannung T. Die von der Saite auf den Senderausgang ausgeübte transversale Kraftkomponente lautet

$$\begin{aligned} F_x(\text{R auf L}) &= T\sin\theta \\ &= (T\cos\theta)\frac{\sin\theta}{\cos\theta} \\ &= T_0\tan\theta \\ &= T_0\frac{\partial\psi}{\partial z}. \end{aligned} \tag{4.95}$$

Das Ergebnis Gl. (4.95) gilt für eine ideale Spiralfeder mit $T = T_0/\cos\theta$ exakt. Es gilt bei kleinen Winkeln θ auch für beliebige Federn. •

Wellenwiderstand. Nun errege der Sender ein völlig unbegrenztes Medium – die Saite – im stationären Zustand, so daß *er laufende Wellen in die positive z-Richtung emittiert*. Dann lautet $\psi(z, t)$

$$\psi(z, t) = A\cos(\omega t - kz). \tag{4.96}$$

Differenzieren ergibt

$$\frac{\partial\psi}{\partial z} = kA\sin(\omega t - kz), \tag{4.97}$$

$$\frac{\partial\psi}{\partial t} = -\omega A\sin(\omega t - kz). \tag{4.98}$$

Vergleichen wir die Gln. (4.97) und (4.98) und verwenden wir die Beziehung $v_\varphi = \omega/k$, so sehen wir, daß für eine in die positive z-Richtung laufende Welle gilt:

$$\frac{\partial\psi}{\partial z} = -\frac{1}{v_\varphi}\frac{\partial\psi}{\partial t}. \tag{4.99}$$

Durch Einsetzen von Gl. (4.99) in Gl. (4.95) erhalten wir für laufende Wellen

$$F_x(\text{R auf L}) = -\frac{T_0}{v_\varphi}\frac{\partial\psi}{\partial t}. \tag{4.100}$$

Nun ist $\partial\psi/\partial t$ die transversale Geschwindigkeit der Saite an der Stelle der Verbindung mit dem Senderausgang. Die Größe T_0/v_φ ist eine Konstante. Wir haben somit folgende Aussage erhalten: Emittiert der Sender laufende Wellen, so wirkt die vom Medium (der Saite R) auf den Senderausgang L ausgeübte „rückwirkende Kraft" dämpfend. Wenn also der Sender in Richtung von L nach R laufende Wellen emittiert, stellt sich die Saite seiner Bewegung mit einer Kraft entgegen, die der ihr aufgezwungenen

Bild 4.8
Emission transversaler laufender Wellen
a) Gleichgewicht
b) allgemeine Stellung

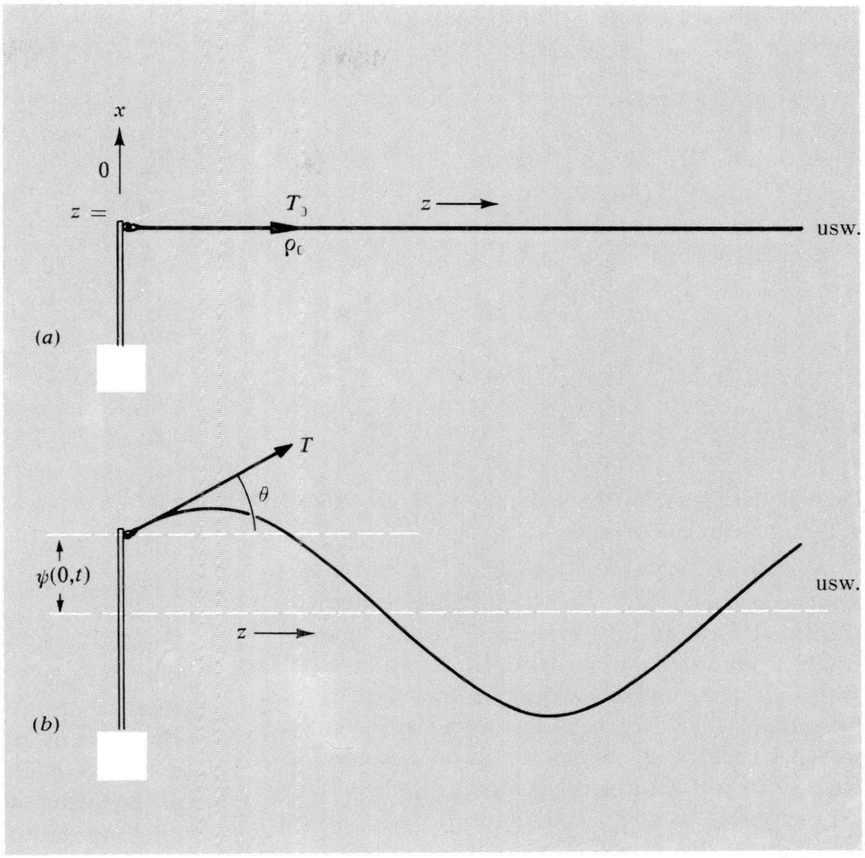

Geschwindigkeit negativ proportional ist. Den Proportionalitätsfaktor bezeichnet man als *Wellenwiderstand Z*:

$$F_x\,(\text{R auf L}) = -Z\,\frac{\partial\psi}{\partial t}, \tag{4.101}$$

wobei

$$Z = \frac{T_0}{v_\varphi}. \tag{4.102}$$

Für transversale laufende Wellen auf einer kontinuierlichen Saite erhält man

$$v_\varphi = \sqrt{\frac{T_0}{\rho_0}} \qquad \text{Einheit: } \frac{\text{m}}{\text{s}}, \tag{4.103}$$

also

$$Z = \frac{T_0}{v_\varphi} = \sqrt{T_0\rho_0} \qquad \text{Einheit: } \frac{\text{N}}{(\text{m/s})}. \tag{4.104}$$

Ausgangsleistung des Senders. Das wichtigste Charakteristikum einer Dämpfungskraft ist, daß sie Energie „dissipiert" („absorbiert"). Bei dem vorliegenden Beispiel drückt man es am besten so aus: Die Saite absorbiert die vom Senderausgang „abgestrahlte" Energie. Diese wird aber nicht in dem Sinne dissipiert, daß sie etwa in „Wärme" überginge. Vielmehr wird sie auf die Saite hinausgeschickt, die sie zu einem entfernten „Empfänger" transportieren kann. Dort läßt sich die Energie wieder vollständig zurückgewinnen, wie wir später lernen werden. Die Ausgangsleistung ist gleich dem Produkt der vom Sender bei $z = 0$ auf die Saite ausgeübten transversalen Kraft und der transversalen Saitengeschwindigkeit an dieser Stelle. Nun folgt aus dem dritten Newtonschen Gesetz, daß F_x (L auf R) gleich $-F_x$ (R auf L) ist. Benutzen wir diese Tatsache und Gl. (4.101), so erhalten wir die augenblickliche Ausgangsleistung $P(t)$ in Watt als

$$P(t) = F_x\,(\text{L auf R})\,\frac{\partial\psi}{\partial t} \qquad \text{(allgemein)}$$

$$P(t) = \left(Z\,\frac{\partial\psi}{\partial t}\right)\frac{\partial\psi}{\partial t} = Z\left(\frac{\partial\psi}{\partial t}\right)^2 \qquad \text{(laufende Welle).} \tag{4.105}$$

Die erste der beiden Gln. (4.105) gilt allgemein, die zweite nur für laufende Wellen.

In den Gln. (4.105) haben wir die Ausgangsleistung mit Hilfe der Wellengröße $\partial\psi/\partial t$ ausgedrückt, die die augenblickliche transversale Geschwindigkeit der Saite bei $z = 0$ angibt. Eine weitere, ebenso interessante und wichtige Wellengröße ist die durch Gl. (4.95) angegebene transversale Kraft F_x (R auf L). Die Ausgangsleistung des Senders läßt sich mit Hilfe der Gln. (4.95) und (4.99) durch diese Größe ausdrücken:

$$P(t) = F_x(\text{L auf R})\,\frac{\partial\psi}{\partial t} \qquad \text{(allgemein)}$$

$$= \left[-T_0\,\frac{\partial\psi}{\partial z}\right]\frac{\partial\psi}{\partial t} \qquad \text{(allgemein)}$$

$$P(t) = \left[-T_0\,\frac{\partial\psi}{\partial z}\right]\left[-v_\varphi\,\frac{\partial\psi}{\partial z}\right] \qquad \text{(laufende Welle)}$$

$$= \frac{v_\varphi}{T_0}\left[-T_0\,\frac{\partial\psi}{\partial z}\right]^2$$

$$= \frac{1}{Z}\left[-T_0\,\frac{\partial\psi}{\partial z}\right]^2. \qquad (4.106)$$

Die ersten beiden Gln. (4.106) gelten allgemein, die dritte gilt nur für laufende Wellen.

Weshalb machen wir uns die Mühe, $P(t)$ in den zwar verschiedenen, doch gleichwertigen Formulierungen der Gln. (4.105) und (4.106) anzugeben? Weil wir immer finden werden, daß zwei physikalisch interessante Wellengrößen auftreten und daß wir bei manchen Systemen lieber die eine, bei manchen lieber die andere benutzen wollen. Beispielsweise werden wir bei Schallwellen feststellen, daß dort der Überdruck dieselbe Rolle spielt wie die transversale rücktreibende Kraft $-T_0\,\partial\psi/\partial z$ bei der Saite, während die longitudinale Geschwindigkeit der Luft in einer Schallwelle der transversalen Saitengeschwindigkeit $\partial\psi/\partial t$ entspricht. Ähnlich spielt bei der elektromagnetischen Strahlung das transversale Magnetfeld B_y dieselbe Rolle wie die transversale Saitengeschwindigkeit $\partial\psi/\partial t$, hingegen entspricht das transversale elektrische Feld E_x der rücktreibenden Kraft $-T_0\,\partial\psi/\partial z$ bei der Saite.

Energietransport durch eine laufende Welle. Die Leistung, die der Sender bei $z = 0$ in Form laufender Wellen abgibt, beträgt $P(t)$. Sie ist gleich der Energie, die in der Zeiteinheit irgendeinen in der Ausbreitungsrichtung liegenden Punkt z in der positiven z-Richtung passiert. Wir vernachlässigen die Dämpfung. Bei der Herleitung unserer Ergebnisse für die beim Senderausgang von L nach R (von links nach rechts) strömende Leistung betrachten wir den Punkt $z = 0$. Stattdessen hätten wir jedoch ebenso gut von einem beliebigen in der Ausbreitungsrichtung liegenden Punkt z sprechen können, denn wir forderten nur, daß das Medium laufende Wellen führe. Wenn Sie die Schritte der Herleitung wiederholen und dabei diese Überlegung berücksichtigen, sehen Sie sofort: Bei laufenden Wellen wird die einen bestimmten Punkt z in der positiven z-Richtung passierende Leistung durch dieselben Ausdrücke beschrieben, die in den Gln. (4.105) und (4.106) auftraten. Nur sind dabei die transversale Geschwindigkeit $\partial\psi/\partial t$ und die rücktreibende Kraft $-T_0\,\partial\psi/\partial z$ nicht an der Stelle $z = 0$, sondern in einem beliebigen Punkt z zu berechnen. Daher erhält man für eine laufende Welle auf einer Saite

$$P(z,t) = Z\left[\frac{\partial\psi(z,t)}{\partial t}\right]^2 \qquad (4.107)$$

oder

$$P(z,t) = \frac{1}{Z}\left[-T_0\,\frac{\partial\psi(z,t)}{\partial z}\right]^2. \qquad (4.108)$$

● **Beispiele**: *9. Longitudinale Wellen auf einer Feder.* Als nächstes betrachten wir die Emission longitudinaler Verdichtungs- und Verdünnungswellen auf einer Feder. Mit Hilfe der einfachen Methode von *Newton*, jedoch nach Korrektur seines berühmten Fehlers, werden wir später in der Lage sein, unsere Ergebnisse auf die Beschreibung von Schallstrahlung anzuwenden. Das System ist in Bild 4.9 dargestellt.

Die Größe Ka geht in die Gleichung der longitudinalen Bewegung einer mit Massenpunkten versehenen Feder genauso ein wie die Gleichgewichtsspannung T_0 in die Bewegungsgleichung der transversalen Schwingungen einer solchen Feder (siehe Gl. (2.77) und die unmittelbar darauffolgenden Überlegungen). Deshalb erhält man die eine Phasengeschwindigkeit aus der anderen, indem man T_0 und Ka vertauscht (siehe Gl. (4.27)). Ähnlich finden wir die Beziehungen für Wellenwiderstand und transportierte Leistung longitudinaler Wellen auf einer kontinuierlichen Feder, indem wir einfach in unseren Ergebnissen für transversale Schwingungen Ka statt T_0 einsetzen. So erhält man aus den Gln. (4.103), (4.104), (4.107) und (4.108) für longitudinale Wellen die Beziehungen

$$v_\varphi = \sqrt{\frac{Ka}{\rho_0}}, \qquad Z = \sqrt{Ka\,\rho_0} \qquad (4.109)$$

sowie die von einer laufenden Welle transportierte Leistung

$$P(z,t) = Z\left[\frac{\partial\psi(z,t)}{\partial t}\right]^2 = \frac{1}{Z}\left[-Ka\,\frac{\partial\psi(z,t)}{\partial z}\right]^2. \qquad (4.110)$$

Die Größe $\psi(z,t)$ gibt an, um wieviel ein Federelement mit der Gleichgewichtslage z aus dieser Gleichgewichtslage ausgelenkt wird; ist sie positiv, wenn die Auslenkung in die positive z-Richtung weist. Die zugehörige Geschwindigkeit lautet $\partial\psi(z,t)/\partial t$. Nun übt der im Gleichgewicht links von z liegende Teil der Feder auf den im Gleichgewicht rechts liegenden in der positiven z-Richtung eine bestimmte Kraft aus. Die Differenz aus dieser Kraft und ihrem Gleichgewichtswert F_0 wird durch die Größe $-Ka\,\partial\psi(z,t)/\partial z$ beschrieben (Übung 29):

$$F_z(\text{L auf R}) = F_0 - Ka\,\frac{\partial\psi(z,t)}{\partial z} \qquad (4.111)$$

Die Kraft F_0 in Gl. (4.111) rührt von der Drehung oder von der Kompression der Federn im Gleichgewichtszustand

Bild 4.9
Emission longitudinaler laufender Wellen
a) Gleichgewicht
b) allgemeine Stellung

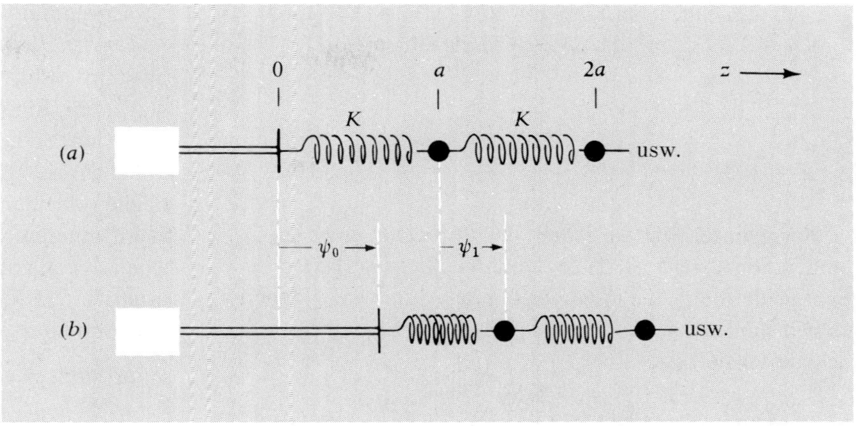

Bild 4.10
Emission longitudinaler Schallwellen
a) Gleichgewicht
b) allgemeine Stellung

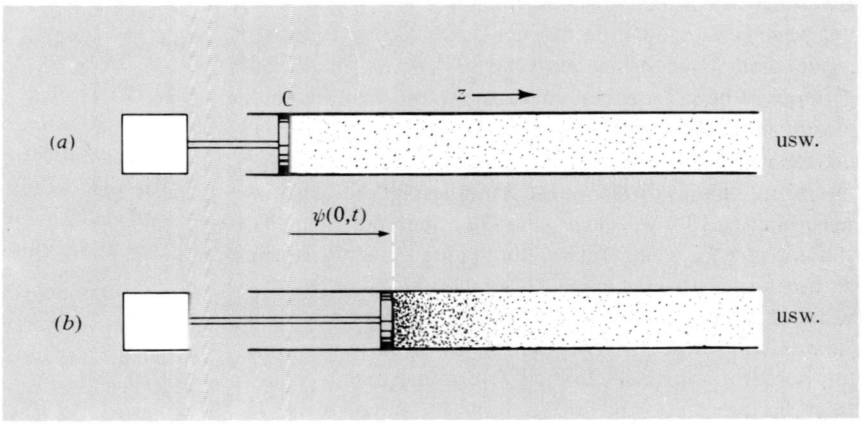

her. Sie liefert keinen Beitrag zu irgendwelchen Wellen. Deswegen erscheint im zweiten Teil der Gl. (4.110) nur die Differenz gegenüber F_0, nämlich $-Ka\,\partial\psi/\partial z$. •

• *10. Schallwellen.* Wir werden das in Abschnitt 4.2 diskutierte Newtonsche Modell für Schallwellen benutzen. Das System ist in Bild 4.10 dargestellt.

In Abschnitt 4.2 haben wir die Phasengeschwindigkeit des Schalls mit Hilfe der Newtonschen Analogie zwischen Schallwellen und longitudinalen Schwingungen auf einer kontinuierlichen Feder gefunden. Wir ersetzten zum Schluß die Linienmassendichte der Saite im Gleichgewicht durch die Volumenmassendichte der Luft im Gleichgewicht. Ferner ersetzten wir die Federgröße Ka durch den Gleichgewichtsluftdruck p_0 mal dem berühmten Faktor γ. Daher lassen sich die Beziehungen für Wellenwiderstand und Energie bei Schallwellen leicht erraten. Wir ersetzen in den Beziehungen für longitudinale Wellen auf einer Feder einfach Ka durch γp_0. So erhalten wir aus den Gln. (4.109) und (4.110) für Schallwellen

$$v_\varphi = \sqrt{\frac{\gamma p_0}{\rho_0}}, \qquad Z = \sqrt{\gamma p_0 \rho_0} \tag{4.112}$$

sowie die Energieflußdichte einer laufenden Schallwelle:

$$I(z,t) = Z\left[\frac{\partial\psi(z,t)}{\partial t}\right]^2 = \frac{1}{Z}\left[-\gamma p_0 \frac{\partial\psi(z,t)}{\partial z}\right]^2. \tag{4.113}$$

Die Größe $\psi(z,t)$ gibt an, um wieviel ein Luftteilchen mit der Gleichgewichtslage z in der positiven z-Richtung ausgelenkt ist; $\partial\psi(z,t)/\partial t$ ist die zugehörige Geschwindigkeit. Die im Gleichgewicht links von z liegende Luft übt auf die im Gleichgewicht rechts von z liegende in der positiven z-Richtung eine bestimmte Kraft pro Flächeneinheit aus. Die Differenz aus dieser Kraft (dem Druck) und ihrem Gleichgewichtswert p_0 wird durch die Größe $-\gamma p_0\,\partial\psi(z,t)/\partial z$ beschrieben:

$$\frac{F_z\,(\text{L auf R})}{A} = p_0 - \gamma p_0 \frac{\partial\psi(z,t)}{\partial z}. \tag{4.114}$$

Dies folgt aus der für longitudinale Wellen auf einer Feder geltenden Gl. (4.111), wenn man F_0 durch p_0 und Ka durch γp_0 ersetzt. Der Gleichgewichtsdruck p_0 liefert zu den Wellen keinerlei Beitrag. Wir werden $-\gamma p_0\,\partial\psi/\partial z$ als *Überdruck* $p_{ü}$ bezeichnen:

$$p_{ü} = -\gamma p_0 \frac{\partial\psi(z,t)}{\partial z}. \tag{4.115}$$

Für Luft im Normalzustand gilt $p_0 = 1\,\text{atm} = 1{,}01 \cdot 10^5\,\text{N/m}^2$ und $\rho_0 = 1{,}29\,\text{kg/m}^3$. Somit liefern die Gln. (4.112)

$$v_\varphi = 332\,\frac{\text{m}}{\text{s}}, \qquad (4.116)$$

$$Z = 428\,\frac{(\text{N/m}^2)}{(\text{m/s})}. \qquad (4.117)\;\bullet$$

Normalintensität für Schall. Die Intensität einer laufenden Schallwelle ist als der zeitliche Mittelwert der Energie definiert, die in der Zeiteinheit durch die Flächeneinheit hindurchgeht. Eine oft gebrauchte Einheit für Schallintensität ist

$$\text{Normalintensität} = I_0 = 1\,\frac{\mu\text{W}}{\text{cm}^2} = 0{,}01\,\frac{\text{W}}{\text{m}^2} \qquad (4.118)$$

Dabei haben wir die Beziehungen $1\,\mu\text{W} = 10^{-6}$ Watt verwendet. Eine Person, die im mittleren Unterhaltungston spricht, sendet eine Schalleistung von etwa 10^{-5} W aus. Die Mundöffnung ist beim Sprechen ungefähr $10\,\text{cm}^2$ groß. Wenn Sie also in ein Ende einer Kartonröhre hineinsprechen, so daß die gesamte Schallenergie in der positiven z-Richtung (in die Röhre hinein) fortschreitet, dann beträgt die Schallintensität etwa $10^{-5}\,\text{W}/10\,\text{cm}^2 = I_0$. So erhalten Sie eine Vorstellung von I_0, wenn jemand durch eine kurze Kartonröhre zu Ihnen spricht. Eine lange Röhre schwächt den Schall durch Reibung an den rauhen Kartonwänden und durch seitliche Abstrahlung von der Röhre. Schreit die betreffende Person mit höchster Lautstärke in die Kartonröhre hinein, so beträgt die Intensität rund $100\,I_0$. Intensitäten von etwa $100 \ldots 1000\,I_0$ verursachen beim Zuhörer Schmerz.

Die Intensität, bei der Schall gerade noch vernehmbar ist, hängt von der Frequenz ab. In der Nähe des Tones a^1 (440 Hz) liegt die Hörschwelle durchschnittlich bei $10^{-10} I_0$. Das menschliche Ohr überstreicht also den riesigen Hörbereich von $100\,I_0$ bis $10^{-10} I_0$; diese Intensitäten unterscheiden sich um den Faktor 10^{12}!

Bezeichnungsweise – Dezibel. Steigt die Schallintensität um den Faktor 10, so sagt man, sie habe um 1 Bel zugenommen. Folglich umfaßt der Hörbereich des Ohres etwa 12 Bel. Steigt die Intensität um den Faktor $10^{0,1}$, so spricht man von einer Zunahme um 0,1 Bel oder 1 Dezibel. Somit

$$1\,\text{db} = 1\,\text{Dezibel} = \frac{\text{Zunahme der Intensität}}{\text{um den Faktor } 10^{0,1}} = 1{,}26.$$

$$1\,\text{Bel} = 10\,\text{db} = \frac{\text{Zunahme der Intensität}}{\text{um den Faktor } 10} \qquad (4.119)$$

Eine Person mit normalem Gehörsinn kann eine Zunahme der Lautstärke um etwa 1 db kaum wahrnehmen.

Die folgenden Anwendungen enthalten Rechnungen mit dem Schallwellenwiderstand (Schallwiderstand) und der Schallintensität.

Anwendungen: *Effektiver Überdruck bei schmerzhafter Schallintensität.* Wie groß ist bei schmerzhafter Schallintensität der effektive Überdruck (in atm)? Wir wollen das Ergebnis in atm erhalten, um zu klären, ob der Schmerz dieselbe Ursache hat wie der, den Sie beim Tauchen in etwa 5 m Tiefe unterhalb der Wasseroberfläche verspüren, wenn Sie nicht durch Schlucken Luft in Ihr Innenohr pumpen. Wir wissen, daß 10 m Wasser einen Druck von 1 atm erzeugen. Daher beträgt der Überdruck in 5 m Tiefe etwa $\frac{1}{2}$ atm. Ist der Druck in einer schmerzhaften Schallwelle ebenso groß?

Lösung: Nehmen Sie als schmerzhafte Intensität $I = 1000\,I_0$ an. Dann haben wir nach Gl. (4.113)

$$\begin{aligned}\langle p_{ü}^2\rangle^{1/2} &= (ZI)^{1/2}\\ &= (1000\,ZI_0)^{1/2}\\ &= [(1000)\,(428)\,(10^{-2})]^{1/2}\,\text{N/m}^2 = 60\,\text{N/m}^2\end{aligned}$$

Dieser Wert ist sehr klein gegenüber $1\,\text{atm} = 1{,}01 \cdot 10^5\,\text{N/m}^2$. Wir erhalten also das interessante Ergebnis, daß der Schmerz nicht etwa deshalb auftritt, weil der zeitliche Mittelwert des Drucks zu hoch wäre. Denn $60\,\text{N/m}^2$ sind gleich $6 \cdot 10^{-4}$ atm, und dieser Druck tritt bei einer Tauchtiefe von bloß $\frac{1}{2}$ cm auf.

Amplitude bei schmerzhaft lautem Schall. Wie groß ist bei schmerzhaft lautem Schall die Amplitude, mit der die Luftmoleküle ausgelenkt werden? Setzen Sie $\psi(z, t) = A\cos(\omega t - kz)$. Dann ist der bei festgehaltenem z über eine Schwingung genommene zeitliche Mittelwert des Quadrats von $\partial\psi/\partial t$ gleich $\frac{1}{2}\omega^2 A^2$. Benutzen wir Gl. (4.113) und nehmen wir als Frequenz 440 Hz, so finden wir

$$\begin{aligned}A &= \frac{(2\,I/Z)^{1/2}}{\omega}\\ &= \frac{(2 \cdot 1000 \cdot 0{,}01/428)^{1/2}}{(6{,}28)\,(440)}\,\text{m}\\ &= 2{,}5 \cdot 10^{-4}\,\text{m} = \tfrac{1}{4}\,\text{mm}.\end{aligned}$$

Amplitude bei kaum hörbarem Schall. Wie groß ist bei kaum hörbarem Schall die Amplitude, mit der die Luftteilchen ausgelenkt werden? Nehmen Sie an, die Intensität sei gleich $10^{-10} I_0$. Die Amplitude ist der Quadratwurzel aus I proportional. Daher erhalten wir als Ergebnis bei der Frequenz 440 Hz (a^1) die Quadratwurzel aus 10^{-13} mal dem Ergebnis der obigen Anwendung, wo wir $I = 1000\,I_0$ wählten. Folglich

$$\begin{aligned}A &= 10^{-6,5}\,(2{,}5 \cdot 10^{-4})\,\text{m}\\ &= \frac{2{,}5 \cdot 10^{-10}}{\sqrt{10}}\,\text{m} \approx 10^{-10}\,\text{m}.\end{aligned}$$

Dieser Wert entspricht etwa dem Durchmesser eines Atoms. Ihr Ohr ist also so hochempfindlich, daß es in der Lage ist, Trommelfellauslenkungen von der Größenordnung eines Atomdurchmessers nachzuweisen!

Bild 4.11
Emission laufender Wellen auf einer Fernleitung

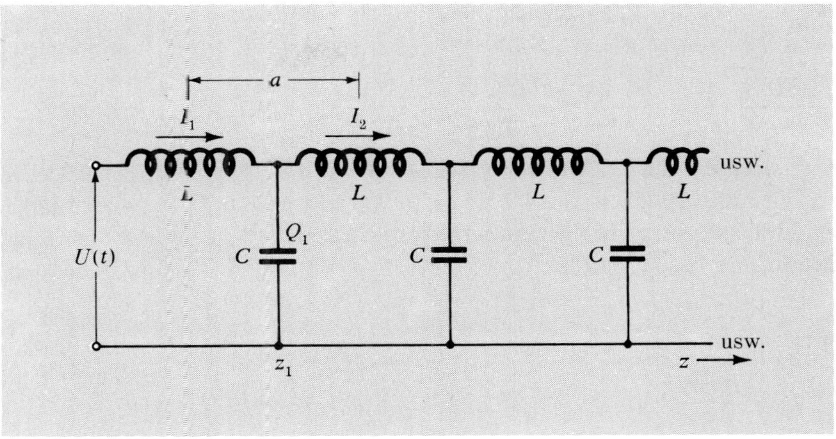

Schalleistung eines typischen Hi-fi-Lautsprechers. Welche Schalleistung (in Watt) würden Sie von einem typischen Hi-fi-Lautsprecher etwa erwarten? Nehmen Sie an, ein durchschnittlicher Hi-fi-Freund wollte ein langes Zimmer mit schmerzhaft lauten Schallwellen der Intensität $100\,I_0$ durchsetzen. Dieses Zimmer habe reflektierende Seitenwände, jedoch eine schallschluckende Hinterwand. Seine Querschnittsfläche betrage etwa $3 \times 3\ \text{m} \approx 10^5\ \text{cm}^2$. An dem Ende, wo der Lautsprecher steht, hat nun unser Hi-fi-Freund zwei Möglichkeiten: Er kann entweder mit Hilfe des Lautsprechers die ganze Wand als „Schallbrett" erregen oder aber den ersten Teil des Zimmers als allmählich sich verjüngenden „Trichter" zur „Anpassung der Wellenwiderstände" von Lautsprecher und Zimmer verwenden. (Die Anpassung von Widerständen werden wir in Kapitel 5 besprechen.) In jedem Falle lautet die Schalleistung

$$P = I \cdot (\text{Fläche}) = 100\,I_0 \cdot 10^5 = 10^7 \mu\text{W} = 10\,\text{Watt}.$$

Somit ist bei Hi-fi-Anlagen eine Schalleistung von 10 Watt gebräuchlich.

Überlagerung zweier fast schmerzhafter Schallwellen. Nehmen Sie an, eine Person könnte bei der Frequenz 440 Hz den durch die Intensität $100\,I_0$ verursachten Schmerz gerade noch aushalten, den bei derselben Frequenz durch die Intensität $200\,I_0$ verursachten Schmerz jedoch nicht mehr. Dies gelte auch für $c^1(512)$ – die Person könne $100\,I_0$ aushalten, $200\,I_0$ jedoch nicht mehr. Was geschieht, wenn beide Töne, jeder mit der Intensität $100\,I_0$, gleichzeitig auftreten? Die gesamte Intensität beträgt nun $200\,I_0$. Kann diese Person das aushalten? Ich weiß es nicht, habe aber eine Vermutung.

Hoffentlich sind Sie davon überzeugt, daß Sie sich nun das Rüstzeug zur Beantwortung einiger interessanter Fragen über Schall erarbeitet haben. Über stehende Schallwellen wurde zwar noch nicht gesprochen, doch verhalten sich diese genauso wie longitudinale stehende Wellen auf einer Spiralfeder. Daher sollten Sie beim Verständnis der Heimversuche über Schall, wenn Sie sich diese nun ansehen, keine Schwierigkeiten haben.

● **Beispiele**: *11. Laufende Wellen in einer als Tiefpaß wirkenden Fernleitung.* Das zu diesem wichtigen Beispiel gehörende System ist in Bild 4.11 dargestellt. Als erregende Kraft wirkt die bei $z = 0$ angelegte Spannung $U(t)$. Wir werden nur den Grenzfall langer Wellenlängen, also den kontinuierlichen Grenzfall, betrachten, wo $U(z, t)$ und $I(z, t)$ stetige Funktionen von z sind. Ist die Fernleitung unendlich lang oder endet sie in einem ideal absorbierenden Material, so liegt ein unbegrenztes System vor, in dem laufende Spannungs- und Stromwellen $U(z, t)$ bzw. $I(z, t)$ auftreten. Hat die erregende Spannung am Eingang die Form

$$U(t) = U_0 \cos \omega t, \tag{4.120}$$

so muß die Spannungswelle $U(z, t)$ bei $z = 0$ den Wert $U_0 \cos \omega t$ annehmen. Sie lautet daher

$$U(z, t) = U_0 \cos(\omega t - kz). \tag{4.121}$$

Wir wollen nun die Beziehung zwischen $U(z, t)$ und $I(z, t)$ ermitteln. Es wird sich zeigen, daß diese Größen im Falle einer laufenden Welle zueinander proportional und nicht z.B. um $\pm 90°$ phasenverschoben sind. Lassen Sie uns dieses Ergebnis vorwegnehmen:

$$I(z, t) = I_0 \cos(\omega t - kz) + J_0 \sin(\omega t - kz), \tag{4.122}$$

wobei sich die Konstante J_0 als Null erweisen wird.

Betrachten Sie nun den ersten Kondensator in Bild 4.11. Er trägt die Ladung $Q_1(t)$, die der Potentialdifferenz $U_1(t)$ entspricht. Hierbei ist

$$Q_1(t) = CU_1(t) = CU(z_1, t). \tag{4.123}$$

Dann ist

$$\begin{aligned} C\,\frac{\partial U(z_1, t)}{\partial t} &= \frac{dQ_1}{dt} \\ &= I_1 - I_2 \\ &= -(I_2 - I_1) \\ &= -a\,\frac{\partial I(z_1, t)}{\partial z}. \end{aligned}$$

Beim letzten Gleichheitszeichen haben wir die kontinuierliche Näherung verwendet. Somit

$$\frac{\partial U(z_1, t)}{\partial t} = -\left(\frac{C}{a}\right)^{-1} \frac{\partial I(z_1, t)}{\partial z}. \quad (4.124)$$

Setzen wir die Gln. (4.121) und (4.122) in Gl. (4.124) ein, so sehen wir, daß die in Gl. (4.122) auftretende Konstante J_0 tatsächlich verschwinden muß. Die restlichen Terme liefern

$$-\omega U_0 \sin(\omega t - kz) = -\left(\frac{C}{a}\right)^{-1} I_0 k \sin(\omega t - kz),$$

d.h.,

$$U_0 = \frac{(C/a)^{-1}}{v_\varphi} I_0. \quad (4.125)$$

Daher

$$U(z, t) = \frac{(C/a)^{-1}}{v_\varphi} I(z, t) \equiv Z I(z, t), \quad (4.126)$$

gemäß der Definition von Z. Folglich lauten Phasengeschwindigkeit (aus Abschnitt 4.2, Gl. (4.48)) und Wellenwiderstand im Grenzfall langer Wellenlängen (kontinuierlicher Grenzfall, Grenzfall der verteilten Parameter)

$$v_\varphi = \sqrt{\frac{(C/a)^{-1}}{(L/a)}}, \quad (4.127)$$

$$Z = \frac{(C/a)^{-1}}{v_\varphi} = \sqrt{\left(\frac{L}{a}\right) \Big/ \left(\frac{C}{a}\right)^{-1}}. \quad (4.128)$$

Die augenblickliche Ausgangsleistung des Senders bei $z = 0$ ist

$$P(t) = U(t)\, I(t) = U(0, t)\, I(0, t) = Z I^2(0, t). \quad (4.129)$$

$P(t)$ läßt sich noch anders ausdrücken:

$$P(t) = U(0, t)\, I(0, t) = \frac{U^2(0, t)}{Z}. \quad (4.130)$$

Wir hätten Z erhalten können, wenn wir einfach in den Ergebnissen für longitudinale Schwingungen von Massen auf Federn K durch C^{-1} und m durch L ersetzt hätten. Wegen der Wichtigkeit des soeben besprochenen Beispiels haben wir jedoch alle Schritte durchgeführt. ●

● *12. Parallelplattenleitung.* Dieses wichtige Beispiel wird uns zu Ergebnissen von großer Allgemeingültigkeit führen. Gemäß den Gln. (4.55) und (4.59) von Abschnitt 4.2 lauten Kapazität pro Längeneinheit und Induktivität pro Längeneinheit bei der Parallelplattenleitung mit Vakuum zwischen den Platten

$$\frac{C}{a} = \epsilon_0 \frac{w}{g}; \qquad \frac{L}{a} = \mu_0 \frac{g}{w}. \quad (4.131)$$

Dabei bedeutet w die Breite, g den Plattenabstand. Somit ist der Wellenwiderstand (siehe Gl. (4.128))

$$Z = \sqrt{\frac{L/a}{C/a}} = \sqrt{\frac{\mu_0}{\epsilon_0}}\, \frac{g}{w} = c\mu_0 \frac{g}{w}. \quad (4.132)$$

Hier ist Z in Ohm angegeben. Die durch die Strahlung transportierte Leistung $P(t)$ lautet dann nach Gl. (4.130)

$$P(t) = \frac{1}{Z} U^2(0, t) = \frac{1}{c\mu_0} \frac{w}{g} U^2(0, t). \quad (4.133)$$

Anstelle der Spannung U zwischen den Platten wollen wir die Feldstärke einführen. Das Feld ist homogen und hat nur die Komponente E_x. Da U das Linienintegral über E quer über den Spalt g ist, gilt

$$U(0, t) = g E_x(0, t), \quad (4.134)$$

und aus Gl. (4.133) wird

$$P(t) = \frac{1}{c\mu_0} (wg)\, E_x^2(0, t). \quad (4.135)$$

Beachten Sie, daß wg die Querschnittsfläche am Ende des Wellenleiters darstellt. Dividieren wir die Leistung durch wg, so erhalten wir die Energieflußdichte der Strahlung (in W/m^2). Wir wollen sie nicht mit I bezeichnen, da dieser Buchstabe im Augenblick für den Strom reserviert ist, sondern die bei elektromagnetischen Wellen gebräuchliche Bezeichnung S verwenden. Aus unserer Erfahrung mit Saiten und Schallwellen wissen wir, daß man die Energieflußdichte der Wellen erhält, wenn man einfach statt $z = 0$ eine beliebige Stelle z hernimmt. Daher lautet die Gleichung für die Energie, die pro Quadratzentimeter und pro Zeiteinheit bei einer in der positiven z-Richtung laufenden Welle in einer Parallelplattenleitung einen Punkt z passiert,

$$\boxed{S(z, t) = \frac{1}{c\mu_0} E_x^2(z, t).} \quad (4.136)$$

Ermitteln wir nun das Verhältnis der einzigen nichtverschwindenden Magnetfeldkomponente $B_y(z, t)$ zu der Komponente $E_x(z, t)$ des elektrischen Feldes. Dieses Verhältnis können wir bestimmen, denn wir haben das Verhältnis von $U(z, t)$ zu $E(z, t)$ als die Konstante Z gefunden und wissen, wie U mit E_x und I mit B_y zusammenhängen. Somit erhalten wir

$$U = ZI,$$

d.h.,

$$\boxed{g E_x = c\mu_0 \frac{g}{w} I.} \quad (4.137)$$

Gemäß Gl. (4.57) haben wir aber

$$w B_y = \mu_0 I. \quad (4.138)$$

Durch Vergleich der Gln. (4.137) und (4.138) erhalten wir für eine ebene laufende elektromagnetische Welle, die sich in einer Parallelplattenleitung in der positiven z-Richtung ausbreitet, folgende Aussage: Das elektrische und das magnetische Feld stehen für alle z und t senkrecht zueinander und zur Ausbreitungsrichtung; sie haben denselben Betrag, und ihre algebraischen Vorzeichen sind so beschaffen, daß das Kreuzprodukt $\mathbf{E} \times \mathbf{B}$ in die Ausbreitungsrichtung weist. Kürzer

$$\boxed{E_x(z, t) = cB_y(z, t).} \tag{4.139}$$ ●

Ebene elektromagnetische Wellen in durchsichtigen Medien. Die Fernleitung sei mit einem Material der Dielektrizitätskonstanten ϵ und der magnetischen Permeabilität μ angefüllt. Das angelegte Potential sei $U(t)$. Dann können wir die transportierte Leistung als

$$P(t) = \frac{U^2}{Z}$$

anschreiben, wobei

$$U = gE_x$$

und

$$Z = \sqrt{\frac{L/a}{C/a}} = \sqrt{\frac{\mu}{\epsilon}}\, Z_{\text{Vakuum}},$$

d.h.,

$$Z = \sqrt{\frac{\mu\mu_0}{\epsilon\epsilon_0}}\,\frac{g}{w}. \tag{4.140}$$

Diese drei Gleichungen liefern die Energieflußdichte $S = P/gw$:

$$\boxed{S(z, t) = \sqrt{\frac{\epsilon\epsilon_0}{\mu\mu_0}}\, E_x^2(z, t).} \tag{4.141}$$

Wir wollen auch das Verhältnis von B_y zu E_x ermitteln. Bei vorgegebenem Strom I ist das Magnetfeld um den Faktor μ größer, als es in Abwesenheit des durchsichtigen Materials wäre. Daher

$$wB_y = \mu\mu_0 I.$$

Aber

$$U = ZI,$$

d.h.,

$$gE_x = \sqrt{\frac{\mu\mu_0}{\epsilon\epsilon_0}}\,\frac{g}{w} I.$$

Der Vergleich dieser Ausdrücke für E_x und B_y liefert

$$\frac{cB_y}{E_x} = \sqrt{\epsilon\mu}.$$

Somit

$$\boxed{cB_y = \sqrt{\epsilon\mu}\, E_x = nE_x.} \tag{4.142}$$

Ebene elektromagnetische Wellen im unbegrenzten Vakuum. Die in den Gln. (4.136) und (4.139) enthaltenen Ergebnisse

$$S(z, t) = \frac{1}{c\mu_0} E_x^2(z, t), \qquad cB_y(z, t) = E_x(z, t), \tag{4.143}$$

gelten für Vakuum. Sie wurden für die elektromagnetischen Wellen (Wellen aus sich verändernden elektrischen und magnetischen Feldern) abgeleitet, die von Strom- und Potentialwellen auf einer geraden und parallelen Fernleitung herrühren. Nun ist eine Parallelplattenleitung nicht nur gerade und parallel; unter der Voraussetzung, daß keine Randeffekte auftreten, ist sie auch homogen. Das elektrische Feld $E_x(z, t)$ und das magnetische Feld $B_y(z, t)$ sind ebenfalls homogen: Solange man zwischen den Platten bleibt und die Breite w so groß ist, daß man Randeffekte vernachlässigen darf, hat E_x für alle x und y (bei festem z und festem t) denselben Wert; B_y ist in demselben Sinn unabhängig von x und y. Solche Wellen heißen *ebene Wellen*. In jeder zur z-Achse (der Ausbreitungsrichtung der Wellen) senkrecht stehenden Ebene ist die Phase und daher $\omega t - kz$ konstant. Diese Ebenen heißen *Wellenfronten*.

Nun gibt es mehrere Möglichkeiten, laufende ebene elektromagnetische Wellen zu erzeugen. Eine davon, die Verwendung einer Parallelplattenleitung, haben wir gerade untersucht. Auch erhält man annähernd ebene laufende Wellen, wenn man sich sehr weit von einer „Punktquelle" elektromagnetischer Strahlung – einer Kerze, einer Straßenlampe oder einem Stern – entfernt. In einem späteren Kapitel werden wir herausfinden, wie klein die Quelle sein muß, damit man sie in hinreichend guter Näherung als „Punkt" bezeichnen kann. In so einem Fall breitet sich die gesamte Strahlung in der Umgebung des Beobachters im wesentlichen in derselben Richtung aus, wenn sich die betreffende Umgebung transversal zur (annähernden) Ausbreitungsrichtung nicht zu weit ausdehnt. Wir werden später auch lernen, wie groß die „Umgebung" sein darf. Sie hängt wie gewöhnlich von dem Versuch ab, um den es sich gerade handelt. Wie Ihnen jetzt plausibel erscheinen sollte und wie wir mit Hilfe der Maxwellschen Gleichungen in einem späteren Kapitel beweisen werden, sind die in Gl. (4.143) auftretenden Ergebnisse „lokale" Eigenschaften ebener elektromagnetischer Wellen und daher von den Randbedingungen unabhängig. Also hängen sie auch nicht von der Verteilung der Ströme und Ladungen ab, die die Wellen ausstrahlten. Natürlich ist die Tatsache, daß E gerade in der Richtung von $\hat{\mathbf{x}}$ liegt, eine Folge der Randbedingungen; diese haben wir durch unsere Anordnung, die Parallelplattenleitung, festgelegt. Wir sollten also die sehr wichtigen und allgemeingültigen Ergebnisse von oben in allgemeinerer Form ausdrücken als in Gl. (4.143):

Eine laufende ebene elektromagnetische Welle, die sich im Vakuum in der positiven z-Richtung ausbreitet, hat folgende Eigenschaften (die nicht alle voneinander unabhängig sind):

1. $\mathbf{E}(z, t)$ und $\mathbf{B}(z, t)$ stehen auf $\hat{\mathbf{z}}$ und aufeinander senkrecht.

2. $\mathbf{E}(z, t)$ hat denselben Betrag wie $c\mathbf{B}(z, t)$.

3. $\mathbf{E}(z,t)$ und $\mathbf{B}(z,t)$ sind so gerichtet, daß $\mathbf{E}(z,t) \times \mathbf{B}(z,t)$ in der Richtung von $+\hat{\mathbf{z}}$ liegt.
4. Aus den ersten drei Eigenschaften folgt $c\mathbf{B}(z,t) = \hat{\mathbf{z}} \times \mathbf{E}(z,t)$, was gleichbedeutend mit den Beziehungen $cB_y(z,t) = E_x(z,t)$ und $cB_x(z,t) = -E_y(z,t)$ ist.
5. Die Phasengeschwindigkeit ist, unabhängig von der Frequenz, gleich c. Elektromagnetische Wellen im Vakuum sind also dispersionsfrei.
6. Die augenblickliche Energieflußdichte (in W/m^2) lautet

$$S(z,t) = \frac{1}{c\mu_0}\mathbf{E}^2(z,t) = \frac{1}{c\mu_0}[E_x^2(z,t) + E_y^2(z,t)]. \tag{4.144}$$

Häufig verwendete Synonyme für diese Größe sind Energiefluß und Energieflußdichte.

Die obigen Beziehungen sind sehr wichtig und, soweit bekannt, völlig allgemein. Sie gelten für alle Frequenzen, etwa von $\nu = 1$ Schwingung pro 100000 Jahre bis $\nu \approx 3 \cdot 10^{25}$ Hz. Diesem Frequenzbereich entsprechen Wellenlängen c/ν von 100000 Lichtjahren (dies ist etwa der Durchmesser unserer Milchstraße) bis 10^{-17} m (die zugehörige „Photonenenergie" $h\nu$ beträgt etwa 100 GeV (Gigaelektronenvolt)). Sie müssen sich übrigens daran gewöhnen, daß man in verschiedenen Frequenzbereichen verschiedene Einheiten verwendet.

Anwendung: *Bestimmung der Solarkonstanten – Heimversuch.* Wir bringen nun zur Erläuterung der Intensität (d.i. der zeitliche Mittelwert der Energieflußdichte) eine Mischung aus Heimversuch und Rechenbeispiel und hoffen, daß Sie den Versuch durchführen werden.

Aufgabe: Bestimmen Sie das effektive elektrische Feld in laufenden Wellen aus gewöhnlichem Sonnenlicht an der Erdoberfläche.

Lösung. Da es sich hier um einen praktischen Versuch handelt, werden wir bei seiner Durchführung verschiedene Näherungen und Annahmen einführen. In der Lösung werden daher eine Menge Voraussetzungen stecken, wie es bei Versuchsergebnissen meistens der Fall ist. Nehmen Sie eine klare (also nicht mattierte) weiße 200- oder 300-W-Glühlampe, deren Glühfaden eine Länge von 2,5 cm oder weniger aufweist. Schalten Sie die Lampe ein, schließen Sie Ihre Augen und halten Sie die Lampe nahe an Ihr Gesicht. Verwenden Sie Ihre Augen als Detektoren, *wobei die geschlossenen Augenlider als Filter fungieren*: Sie weisen durch ihre Wärmeempfindung einen Teil des unsichtbaren Infrarots nach. Die von den als Filter wirkenden Augenlidern bedeckten Augen nehmen eine „Röte" wahr, die von dem durchdringenden Licht herrührt. Schalten Sie nun das Licht ab, gehen Sie ins Freie (es sei hoffentlich gerade ein sonniger Tag) und „schauen" Sie *mit geschlossenen Augen* die Sonne an. Fühlen Sie die Wärme auf Ihren Augenlidern und nehmen Sie die „Röte" wahr, die Sie durch Ihre Augenlider hindurch „sehen". Kehren Sie sodann zum elektrischen Licht zurück und messen Sie die Distanz R zwischen den Augenlidern und dem Glühfaden, bei der nach dem Urteil Ihrer „Detektoren" die Intensität ebenso groß ist wie die der Sonne.

Nach dem Versuch ist der Rest hauptsächlich Rechnen. Bestimmen Sie mit Hilfe der Nennleistung P der Glühlampe und der Distanz R die Intensität an Ihren Augenlidern; nehmen Sie dabei an, der Glühfaden strahle nach allen Richtungen gleich stark. Dann beträgt die Intensität an Ihren Lidern

$$\langle S(z,t)\rangle \equiv S = \frac{P}{4\pi R^2}. \tag{4.145}$$

Dieser Wert ist gleich der Intensität des Sonnenlichtes an Ihren Lidern, zumindest in dem von Ihnen nachweisbaren Farbbereich (einschließlich eines Teiles des von Ihren Lidern nachgewiesenen Infrarots). *Nehmen wir an*, daß sich die „Farbspektren" der Glühlampe und der Sonne nicht allzusehr voneinander unterscheiden, so dürfen wir auch voraussetzen, daß die *gesamte* Intensität des Sonnenlichts (einschließlich des Ultravioletts, das wir mit unserer Methode vermutlich nicht nachweisen) durch Gl. (4.145) beschrieben wird. S heißt „Solarkonstante" und beträgt laut *Handbook of Physics and Chemistry am oberen Rand der Erdatmosphäre*

$$S = 1{,}35\,\frac{\mathrm{kW}}{\mathrm{m}^2}. \tag{4.146}$$

Wie groß ist das effektive elektrische Feld in V/m, wenn man den Wert von Gl. (4.146) zugrunde legt?

$$S = 1350\,\frac{\mathrm{W}}{\mathrm{m}^2} = \frac{1}{c\mu_0}\langle E^2\rangle,$$

$$\langle E^2\rangle = 1350\,\frac{\mathrm{W}}{\mathrm{m}^2}\cdot c\mu_0 = 1350\cdot 3\cdot 10^8\cdot 4\pi\cdot 10^{-7}\,\frac{\mathrm{V}^2}{\mathrm{m}^2}$$

$$= 5{,}1\cdot 10^5\,\frac{\mathrm{V}^2}{\mathrm{m}^2}$$

$$E_{\mathrm{eff}} = \langle E^2\rangle^{1/2} = 714\,\frac{\mathrm{V}}{\mathrm{m}}. \tag{4.147}$$

Messung der Intensität elektromagnetischer Strahlung. In dem soeben behandelten Beispiel wurden Ihre Angaben und Augenlider zur Bestimmung der Solarkonstanten an der Erdoberfläche herangezogen. Ihre Augen und die Wärmepunkte in Ihren Lidern sind insofern für viele Strahlennachweisgeräte typisch, als sie eine quadratische Charakteristik aufweisen: Sie sprechen auf die einfallende Intensität an, sind jedoch für die Phaseninformation unempfindlich. Dies gilt auch für den Nachweis von Schall durch Ihre Ohren. In einem solchen Fall ist nicht der augenblickliche Wert von $S(z, t)$, sondern vielmehr der über eine Schwingung genommene zeitliche Mittelwert dieser Größe, die Intensität

$$S \equiv \langle S(z, t)\rangle = \frac{1}{c\mu_0}\langle \mathbf{E}^2(z, t)\rangle, \tag{4.148}$$

zur Beschreibung der einfallenden Strahlung geeignet. Bei einer ebenen Welle ist dieser zeitliche Mittelwert der Energieflußdichte von z unabhängig.

Ein typisches Nachweisgerät mit quadratischer Charakteristik sieht folgendermaßen aus: Auf ein Bandfilter, das Strahlung der gewünschten Frequenz durchläßt und andere Strahlung („Hintergrundstrahlung") sperrt, folgt ein „lichtempfindliches Element". Dieses absorbiert die gesamte einfallende Intensität ohne Reflexionsverluste und liefert ein Ausgangssignal, das der Intensität proportional ist oder zumindest von ihr abhängt. Eine große Gruppe solcher Nachweisgeräte benutzt als Energie absorbierendes „lichtempfindliches Element" ein empfindliches *Kalorimeter*. Die pro Zeiteinheit absorbierte Energie wird durch Messung der Geschwindigkeit des Temperaturanstiegs in irgendeinem absorbierenden Material bestimmt. Oder man mißt die Erwärmung des lichtempfindlichen Elements gegenüber einer normierten Umgebung, die – wie beispielsweise flüssiges Helium – leicht reproduzierbar und sehr kalt sein soll. Das Gleichgewicht wird dabei durch konstanten Wärmeübergang zwischen dem lichtempfindlichen Element und der Umgebung aufrechterhalten. So ein Nachweisgerät könnte eine in sich geschlossene Eichvorrichtung aufweisen; dabei hält man z.B. die äußere Strahlung zeitweise fern und schaltet dafür einen Strom ein, der durch einen in das lichtempfindliche Element eingebauten Normalwiderstand fließt. Die am Widerstand verbrauchte Leistung läßt sich durch Messung des Stroms und des Spannungsabfalls leicht bestimmen. Sie muß der absorbierten Strahlungsleistung gleich sein, die dieselbe Temperaturerhöhung liefert. Zu dieser Methode gibt es viele geniale Verfeinerungen.

Die *Photonenzähler* sind eine weitere Gruppe von Nachweisgeräten. Ein Photomultiplier (Sekundärelektronenvervielfacher) ist ein solcher Photonenzähler. Jedesmal, wenn die „Photokathode" eines Photomultipliers ein Photon absorbiert, wird ein „Photoelektron" erzeugt. Dieses wird durch eine Potentialdifferenz von etwa 100 V in Richtung einer „Vervielfacherdynode" (Zwischenelektrode) beschleunigt. Dort setzt es drei oder vier Sekundärelektronen frei, die in Richtung einer zweiten Dynode beschleunigt werden, wo jedes von ihnen weitere drei oder vier Elektronen erzeugt, usw. Nach zehn solchen Verstärkerstufen, also nach zehn Dynoden, erhält man schließlich von jedem einfallenden Photon etwa $(3{,}5)^{10}$ Elektronen. Diese werden von einer „Kollektorplatte" oder „Anode" aufgefangen, fließen durch einen Widerstand und liefern dabei einen Spannungsimpuls. Die Impulse lassen sich registrieren und zählen. Jeder von ihnen entspricht der Absorption *genau eines Photons mit der elektromagnetischen Energie* $h\nu$, wobei ν die Schwingungsfrequenz und h die Plancksche Konstante bedeutet. Bei einer bestimmten Frequenz ν läßt sich die *Nachweisempfindlichkeit* $e(\nu)$ des Photomultipliers mit Hilfe einer normierten Strahlungsquelle bestimmen. Die über ein Zeitintervall t_0 genommene *mittlere Zählrate* R (in Impulsen pro Sekunde) ist gleich der beobachteten Impulszahl N, dividiert durch die Zeit t_0:

$$R = \frac{N \pm \sqrt{N}}{t_0}. \tag{4.149}$$

Dabei nimmt man als Normalfehler der Impulszahl deren Quadratwurzel; dies ist eine konventionelle Abschätzung der statistischen Unsicherheit der Messung. Die Meßgröße R benutzt man zur Bestimmung der Intensität nach der Beziehung

$$R = \left(\frac{S}{h\nu}\right) Ae(\nu) = \frac{1}{h\nu}\frac{1}{c\mu_0}\langle \mathbf{E}^2(z, t)Ae(\nu)\rangle. \tag{4.150}$$

Dabei ist A die Fläche der Photokathode in m^2, S der zeitliche Mittelwert der Energieflußdichte, $S/h\nu$ ist der zeitliche Mittelwert des *Photonenflusses* in Photonen/m^2s und $e(\nu)$ die Nachweisempfindlichkeit. Diese gibt die Wahrscheinlichkeit dafür an, daß ein auf die Photokathode auftreffendes Photon absorbiert wird und ein Photoelektron erzeugt. Typische Nachweisempfindlichkeiten von Photomultipliern liegen zwischen 1 % und 20 %.

Ein Nachweisgerät mit *nicht*quadratischer Charakteristik besteht z.B. aus einer Empfangsantenne, einem abgestimmten Resonanzkreis, der von der in der Antenne induzierten Spannung erregt wird, aus einem Verstärker und einem Oszillographen. Dieser zeigt sowohl die augenblickliche Phase der einfallenden Strahlung als auch deren Intensität an; die Auslenkung des Elektronenstrahls ist nicht dem zeitlichen Mittelwert des Quadrates des Feldes proportional, sondern vielmehr dem augenblicklichen elektrischen Feld in der Antenne. Sie können die Phase einer elektromagnetischen Welle nur dann mit beliebiger Genauigkeit bestimmen, wenn so viele Photonen vorhanden sind, daß sich die einzelnen Photonenimpulse nicht unterscheiden lassen. In diesem Falle können Sie das elektrische Feld als Funktion der Zeit durch „Stichproben" bestimmen – während jedes Augenblicks werden viele Photonen absorbiert. Es ist unmöglich, die Phasenkonstante φ eines einzelnen Photons in einer Lichtwelle $E_x = A\cos(\omega t - kz + \varphi)$ zu bestimmen.

Intensitätseinheit für sichtbares Licht. Die Wahl geeigneter Einheiten für die Photometrie ist besonders schwierig, da dabei die Empfindlichkeit des menschlichen Auges mit zuberücksichtigen ist. Als Einheit der Lichtstärke definiert das internationale Einheitensystem das Candela (cd). Es entspricht der Lichtstärke, „mit der $\frac{1}{6} \cdot 10^{-5}\,\mathrm{m}^2$ der Oberfläche eines schwarzen Strahlers bei der Temperatur des beim Druck 101325 Pa erstarrenden Platins senkrecht zu seiner Oberfläche leuchtet." Die sonderbare Wahl des Faktors in der obigen Definition wurde dabei getroffen, um eine annähernde Übereinstimmung der neuen Einheiten mit der früher üblichen Einheit Hefnerkerze zu erzielen. Die von einer Candela nach allen Richtungen in Form sichtbaren Lichts ausgestrahlte Leistung (der gesamte „Lichtstrom") beträgt rund 20 mW (wenn man annimmt, daß die Frequenz beim Sichtbarkeitsmaximum – etwa 556 nm – liegt):

$$1\,\text{Normalkerze} \approx 20\,\text{Milliwatt in Form sichtbaren Lichts.} \tag{4.151}$$

Oberflächenhelligkeit. Jeder Teil der strahlenden Oberfläche einer Kerzenflamme sendet nach allen Richtungen Licht aus. Betrachten Sie eine Kerzenflamme, so erscheint deren gesamte Oberfläche gleichmäßig hell: Sie sieht aus der Nähe ebenso „hell" aus wie aus der Ferne. Dies gilt für den Mond, ein Stück weißes Papier und näherungsweise auch für die Oberfläche einer weißen Mattglaslampe. Die *Oberflächenhelligkeit* (spezifische Leuchtdichte) ist als die in Form sichtbaren Lichts pro Flächeneinheit und pro Zeiteinheit abgestrahlte Energie definiert. Sie kann in Watt sichtbaren Lichts pro Flächeneinheit oder in $\mathrm{cd/m^2}$ angegeben werden. Eine gewöhnliche Kerzenflamme weist eine Gesamtoberfläche von etwa $2\,\mathrm{cm}^2 = 2 \cdot 10^{-4}\,\mathrm{m}^2$ auf und liefert einen gesamten Lichtstrom von rund 20 mW. Daher gilt

$$\begin{aligned}\text{Oberflächenhelligkeit einer Kerze} &\approx \frac{1\,\mathrm{cd}}{2 \cdot 10^{-4}\,\mathrm{m}^2} \\ &= 5 \cdot 10^3\,\frac{\mathrm{cd}}{\mathrm{m}^2}.\end{aligned} \tag{4.152}$$

Eine gewöhnliche weiße Wolfram-Glühlampe für 40 W hat eine absolute Lichtausbeute von etwa 1,8 %. (Vergleichsweise erhält man von einer 100-W-Lampe eine Lichtausbeute von rund 2,5 %.) Das bedeutet, daß etwa 1,8 % der im Glühfaden als „I^2R-Verluste" verbrauchten 40 W in Form sichtbarer Strahlung austreten. Der Großteil der restlichen Leistung wird in unsichtbare Strahlung umgesetzt, und ein kleiner Teil geht durch Wärmeleitung über die Haltedrähte zum Lampensockel verloren. Einen Teil des Infrarots verschluckt der Glasmantel, was sich darin äußert, daß er sehr heiß wird; auch ein klarer Glasmantel, der für sichtbare Strahlung fast vollkommen durchsichtig ist, erhitzt sich.

Wir wollen die Oberflächenhelligkeit einer 40-W-Glühlampe abschätzen. (Unser Ergebnis können wir dann mit dem in der Literatur angegebenen Wert von 25000 $\mathrm{cd/m^2}$ vergleichen.) Der Durchmesser meiner Glühlampe beträgt etwa 6 cm. Wenn ich sie eingeschaltet habe, so fällt mir auf, daß – anders als beim Mond – die von innen beleuchtete Fläche nicht gleichmäßig hell ist. Nahe der Mitte herrscht fast gleichmäßige Helligkeit, doch nimmt diese bei einem bestimmten Radius plötzlich ab; man beobachtet einen „Halbwertsdurchmesser für die Helligkeit" von etwa 2 cm. Die Lampenmitte sieht also wie die gleichmäßig hell beleuchtete Oberfläche einer Kugel von 2 cm Durchmesser aus. Daher werden wir zur näherungsweisen Beschreibung des Lichts eine helle Kugel von 2 cm Durchmesser verwenden. Die spezifische Leuchtdichte dieser „effektiven" Kugel ist gleich der in Form sichtbaren Lichts ausgestrahlten Leistung dividiert durch die Oberfläche $4\pi r^2 = 1{,}3 \cdot 10^{-3}\mathrm{m}^2$. Die in Form sichtbaren Lichts ausgestrahlte Leistung ist aber gleich 40 W mal der Lichtausbeute 0,018. Wenn wir das Ergebnis in $\mathrm{cd/m^2}$ ausdrücken und dabei die Beziehung $1\,\mathrm{cd} \approx 20\,\mathrm{mW}$ berücksichtigen, so finden wir

$$\begin{aligned}\text{Oberflächenhelligkeit einer 40-W-Glühlampe} &= \frac{40 \cdot 0{,}01\,\mathrm{W}}{1{,}3 \cdot 10^{-3}\mathrm{m}^2\, 0{,}02\,\mathrm{W/cd}} \\ &= 2{,}8 \cdot 10^4\,\frac{\mathrm{cd}}{\mathrm{m}^2}.\end{aligned} \tag{4.153}$$

Die Mattierung einer gewöhnlichen Mattglaslampe der oben betrachteten Art rührt von der Aufrauhung der Innenfläche her. Eine andere Art von Glühlampen sind die sogenannten Milchglaslampen mit „weichem" weißem Licht. Im Gegensatz zu einer gewöhnlichen Mattglaslampe ist die Fläche einer solchen Vergrößerungslampe fast gleichmäßig hell beleuchtet; die Lampe sieht aus wie der Mond, nur ist sie heller.

Weshalb der Mond nicht heller aussieht, wenn er näher ist. Wir wollen folgende Frage klären: Weshalb ist die beobachtete Oberflächenhelligkeit einer nach allen Richtungen strahlenden Lichtquelle – etwa eines Stückes weißen Papiers, des Mondes, der Sonne oder des blauen Himmels – unabhängig davon, wie weit man von ihrer Oberfläche entfernt ist? Stellen Sie sich vor, Sie betrachten eine vollständig mit „weichen" weißen Milchglaslampen bedeckte Wand. D sei die Belegungsdichte der Glühlampen, gemessen in Lampen pro Flächeneinheit der Wand. Die Oberflächenhelligkeit der Wand ist aufgrund ihrer Definition dieselbe wie die einer einzelnen Lampe.

Nun wird die Helligkeitsempfindung durch die Lichtenergie bestimmt, die innerhalb eines „Normalkegels" von der Lichtquelle in Ihr Auge gelangt; dieser Kegel, dessen Spitze in Ihrem Auge liegt, weist einen bestimmten Öffnungswinkel auf. So „sehen" Sie zu irgendeinem Zeitpunkt nur einen kleinen Teil der hellen Fläche, und Ihre Helligkeitsempfindung hängt von der Energie ab, die aus dem vom Normalkegel überstrichenen Teil der Fläche in Ihr Auge einfällt. Die Entfernung von Ihrem Auge zur Wand sei r, und die Fläche, die Sie betrachten, betrage ΔA. Der Raumwinkel $\Delta\Omega$, unter dem Ihr Auge die Fläche ΔA sieht, ist durch

$$\Delta\Omega = \frac{\Delta A}{r^2} \tag{4.154}$$

definiert. Dabei bedeutet ΔA die senkrecht zu Ihrer Blickrichtung liegende beleuchtete Fläche; sie wird also so klein angenommen, daß ihre Breitenabmessungen sehr klein gegenüber r sind. Ein bestimmter konstanter Raumwinkel $\Delta\Omega$ entspricht einem Kegel mit bestimmtem Öffnungswinkel. *Die Helligkeitsempfindung ist der Energie proportional, die aus einem kleinen konstanten Raumwinkel (aus einem bestimmten Kegel) in Ihr Auge einfällt.* Unter diesem Raumwinkel sieht Ihr Auge den betreffenden Teil der Fläche. Die Anzahl N der Lampen, die innerhalb des konstanten Kegels mit dem Raumwinkel $\Delta\Omega$ liegen, ist gleich der Belegungsdichte D der Glühlampen mal der Fläche ΔA:

$$N = D\,\Delta A = D\,\Delta\Omega \cdot r^2\,. \tag{4.155}$$

Stellen Sie sich nun vor, Sie entfernen sich von der mit Glühlampen bedeckten Wand. Da D und ΔA konstant sind, steigt die Anzahl N der Glühlampen, die Sie sehen, proportional r^2 an. Die von einer einzelnen Glühlampe zu Ihrer Helligkeitsempfindung beigesteuerte Intensität fällt jedoch mit $1/r^2$ ab, da die Strahlungsleistung jeder Glühlampe (in Watt/s) gleichmäßig über die Fläche $4\pi r^2$ verteilt ist. Diese beiden Effekte „kompensieren" einander, so daß die Anzahl N der beteiligten Glühlampen mal $1/r^2$ konstant ist. Daher ist auch die Lichtintensität S (in Watt/cm^{2}s), die aus einem Kegel mit dem festen Raumwinkel $\Delta\Omega$ Ihr Auge erreicht, konstant:

$$S\,(\text{am Auge}) = \frac{NP}{4\pi r^2} = D\,\frac{\Delta\Omega}{4\pi}\,P. \tag{4.156}$$

Folglich sieht die mit Glühlampen bedeckte Wand – ebenso wie ein Stück Papier – gleich hell aus, ob Sie ihr nun nahe oder fern sind.

Bei der obigen Diskussion haben wir angenommen, daß die Blickrichtung senkrecht zu der mit Glühlampen bedeckten Wand stehe. Nun sei die Wand jedoch unter irgendeinem recht großen Winkel zu Ihrer Blickrichtung geneigt. Sie könnten jetzt argumentieren, die schräg stehende Fläche müßte heller erscheinen, da mehr Glühlampen von dem Kegel mit dem festen Raumwinkel überstrichen werden. Dem ist jedoch nicht so. Die Glühlampen sind Kugeln, also dreidimensionale Gegenstände. Wenn Sie die schräg stehende Wand betrachten, so verdecken sich die Glühlampen gegenseitig zum Teil. Nehmen Sie nun zwei leuchtende Milchglaslampen und verdecken Sie die eine davon teilweise oder ganz mit der anderen. Dann liefert die verdeckte Glühlampe keinen Beitrag. Die Projektion der „Überlappungsfläche" ist nämlich nicht heller als die Projektion der Fläche einer einzelnen Glühlampe.

Wird ein Bogen weißes Papier (eine mit Salz bestreute Fläche, Zucker oder die Mondoberfläche) durch die Zimmerbeleuchtung (bzw. durch die Sonne) angestrahlt, so wird das Material bis in beträchtliche Tiefe erhellt. Vor dem Austritt aus der Oberfläche wird das Licht viele Male gestreut. Als Folge beobachtet man eine Oberfläche, die ähnlich wie eine mit vielen Schichten aus Vergrößerungslampen bedeckte Wand das Licht wieder aussendet. Um zu sehen, daß ein großer Teil des austretenden Lichts aus beträchtlicher Tiefe kommt, können Sie einen Bogen weißes Seidenpapier auf eine dunkle Unterlage legen; fügen Sie einen zweiten, dritten usw. Bogen hinzu: Das Seidenpapier wird immer weißer, je mehr Schichten hinzukommen.

Tabelle 4.3: *Leuchtdichte*

Oberfläche	Leuchtdichte cd/m^2
Kerze	$5 \cdot 10^3$
40-W-Mattglaslampe	$2{,}5 \cdot 10^4$
klarer Himmel	$4 \cdot 10^3$
Mond	$2{,}5 \cdot 10^3$
Sonne	$1{,}6 \cdot 10^9$
klare 40-W-Glühlampe	$2 \cdot 10^6$

Quelle: *Handbook of Chemistry and Physics*, 48. Ausgabe.

Beleuchtungsstärke – Lux. Die gesamte Lichtintensität, die an einer bestimmten Stelle auftrifft, wird als *Beleuchtungsstärke* bezeichnet. Diese ist der Oberflächenhelligkeit der Quelle sowie dem gesamten Raumwinkel, unter dem die Quelle von dieser Stelle aus erscheint, proportional. Hätte z.B. der Mond einen doppelt so großen Durchmesser, so bliebe seine Oberflächenhelligkeit ungeändert, da sie ja von der Beleuchtung durch die Sonne herrührt. Er würde jedoch einen viermal so großen Raumwinkel aufspannen wie vorher, und die Lichtintensität S auf der Erde wäre daher viermal so groß. Die Beleuchtungsstärke, die von einer Candela in einem Meter Entfernung erzeugt wird, heißt 1 Lux. Aus Gl. (4.151) läßt sich leicht zeigen, daß

$$1\,\text{Lux} \approx 0{,}016\,\frac{\text{W}}{\text{m}^2}\ (\text{sichtbares Licht})\,. \tag{4.157}$$

Nach Tabelle 4.3, die einige typische Oberflächenhelligkeiten angibt, ist eine Kerze ungefähr ebenso hell wie der Himmel. Wenn Sie also eine Kerze gegen den Himmel betrachten, sollte die Kerzenflamme schwer zu erkennen sein. Natürlich sind die Farben verschieden: Das Kerzenlicht ist gelb, der Himmel blau.

Anwendungen: *Vergleich einer 40-W-Lampe mit dem Mond.* Hierbei handelt es sich um ein Rechenbeispiel: In welcher Entfernung sollte sich eine 40-W-Mattglaslampe mit dem „effektiven" Durchmesser 2 cm befinden, um dieselbe Beleuchtungsstärke wie der Mond zu liefern? Nach Tabelle 4.3 ist die spezifische Leuchtstärke der Glühlampe etwa zehnmal so groß wie die des Vollmondes. Um dieselbe Beleuchtungsstärke zu liefern, müßte sie daher $\frac{1}{10}$ des Raumwinkels des Mondes aufspannen; ihr Öffnungswinkel sollte also $1/\sqrt{10} = 1/32$ mal so groß sein wie der des Mondes. Dieser Öffnungswinkel entspricht etwa $\frac{1}{2}$ cm gegen 50 cm (eine Armlänge) oder $\frac{1}{100}$ rad. Daher sollte die Glühlampe einen Öffnungswinkel von $\frac{1}{320}$ rad aufweisen. Also $\frac{1}{320} = 2\,\text{cm}/r$; $r = 2 \cdot 320\,\text{cm} = 6{,}4\,\text{m}$. Natürlich muß der dem „Vollmondlicht" entsprechende Abstand für jede 40-W-Glühlampe 6,4 m betragen, ob sie nun aus Mattglas besteht oder nicht. Eine klare Glühlampe wird zwar heller erscheinen, jedoch dieselbe Beleuchtungsstärke liefern.

Weltraumspiegel. Farmer in Kansas und in einem Teil von Nebraska leben in einem kreisförmigen Landwirtschaftsgebiet von 330 km Durchmesser, der gleich der Länge von Kansas in ost-westlicher Richtung ist. Nehmen Sie nun an, diese Farmer möchten ihre Felder *während des ganzen Monats* in der Nacht bei Vollmondlicht pflügen. Das Landwirtschaftsministerium liefert eine Lösung: einen Erdsatelliten, bestehend aus einem aufgeblasenen Plastiksack von der Form einer runden Scheibe und mit einer stark reflektierenden Oberfläche. Wollten die Farmer eine Beleuchtung wie bei vollem Sonnenlicht, so wäre der kleinste dazu geeignete Spiegel ein ebener Weltraumspiegel von der Größe der genannten Farmfläche in Kansas und Nebraska. So etwas ließe sich beim heutigen Stand der Satellitentechnik nicht bewerkstelligen. Die Farmer wollen jedoch nur Vollmondlicht. Nach Tabelle 4.3 ist der Mond 640000 mal weniger hell als die Sonne, spannt aber etwa denselben Raumwinkel auf. Somit wollen die Farmer eine um $64 \cdot 10^4$ geringere Intensität, als sie die Sonne liefert. Daher darf die Fläche des Weltraumspiegels $64 \cdot 10^4$ mal kleiner sein als die Farmfläche, und dennoch wird der Satellit den Farmern genügend Sonnenlicht liefern. Der Spiegel sollte nicht völlig eben, sondern leicht konvex sein, um das Sonnenlicht über die gesamte Farmfläche zu verteilen. Der Durchmesser des Spiegels darf also $8 \cdot 10^2$ mal kleiner sein als der Durchmesser des betreffenden Gebietes. Folglich beträgt der erforderliche Spiegeldurchmesser 330 km/800 = 410 m. Das *läßt* sich technisch durchführen.

4.5. Übungen und Heimversuche

1. *Schwingungen einer harmonisch erregten Saite.* Das bei $z = 0$ liegende Ende einer Saite werde mit der Frequenz 10 Hz und der Amplitude 1 cm harmonisch erregt. Das andere Saitenende sei unendlich weit entfernt, oder die Saite werde so „abgeschlossen", daß keine Reflexionen auftreten. Die Phasengeschwindigkeit betrage 5 m/s. Geben Sie eine genaue Beschreibung der Bewegung eines Saitenpunktes, der sich von dem erregenden Senderausgang 3,25 m in der Ausbreitungsrichtung entfernt befindet. Welche Bewegung führt ein zweiter Punkt aus, der 3,50 m in der Ausbreitungsrichtung liegt?

2. *Phasengeschwindigkeit.* Die Phasengeschwindigkeit v_φ wurde bei der Beschreibung laufender Wellen eingeführt. Sie erfüllt die Beziehung $v_\varphi = \lambda\nu$. Wir wissen auch, was λ und ν bei stehenden Wellen bedeuten. Daher können wir v_φ ermitteln, indem wir statt laufender Wellen stehende Wellen untersuchen.
   a) Gegeben sei eine Klaviersaite von 1 m Länge. Die Frequenz ihrer Grundschwingung betrage 440 Hz, was dem Ton a^1 entspricht. Ermitteln Sie die Phasengeschwindigkeit.
   b) Zeigen Sie, daß die Schwingungsdauer T der *Grundschwingung* einer Violin- oder Klaviersaite gleich der Zeit ist, die ein mit der Phasengeschwindigkeit fortschreitender Impuls benötigt, um von einem Ende der Saite zum anderen und dann wieder zurück zum ersten zu wandern. Wie groß sind die Schwingungsdauern der Oberschwingungen?
   c) Erklären Sie das Ergebnis von Übung b), indem Sie sich einen Anschlag des Klavierhammers nahe einem Ende vorstellen. Durch diesen Anschlag entsteht ein „Wellenpaket" (ein „Impuls"), das mit der Phasengeschwindigkeit hin- und herläuft. Denken Sie an die Fourieranalyse des *zeitlichen Verlaufs* der Bewegung irgendeines festgehaltenen Saitenpunktes. Sie benötigen nur die Art der Fourieranalyse, die wir in Kapitel 2 studiert haben.
   d) Betrachten Sie eine bei $z = 0$ feste und bei $z = l$ freie Saite. Zeigen Sie, daß die Schwingungsdauer der Grundschwingung gleich der Zeit ist, die ein Impuls zum *zweimaligen* Hin- und Hergang mit der Phasengeschwindigkeit benötigt. Können Sie auf einfache Weise erklären, weshalb dieses Ergebnis so verschieden von dem der Übung b) ist? Warum muß der Impuls zweimal hin- und herlaufen?

3. *Spannung einer Saite.* Die in Übung 2a untersuchte Klaviersaite habe einen Durchmesser von 1 mm; sie bestehe aus Stahl mit der Dichte 7900 kg/m³. Ermitteln Sie die Spannung in N/mm².

4. *Phasengeschwindigkeit von Wellen auf einer Schraubenfeder – Heimversuch.*
   a) Messen Sie die Phasengeschwindigkeit nach der in Übung 2 beschriebenen Methode, also mit Hilfe stehender Wellen.
   b) *Rechnung:* Zeigen Sie „theoretisch", daß die Phasengeschwindigkeit auf einer Schraubenfeder, die aus einer festen Anzahl von Windungen und folglich aus einer bestimmten Menge Material besteht, der Länge der Feder proportional ist. Wenn Sie daher die Länge durch Ausdehnen verdoppeln, steigt die Phasengeschwindigkeit um den Faktor 2.
   c) Verifizieren Sie diese Aussage experimentell unter Verwendung von stehenden Wellen wie in Übung a).
   d) Senden Sie einen kurzen „Impuls" (ein „Wellenpaket") in die Spiralfeder und lassen Sie diese gleichzeitig so aus der Ruhe los, daß sie ihre transversale Grundschwingung ausführt. Ist die Zeit für einen Hin- und Hergang des Impulses gleich der Schwingungsdauer der Grundschwingung?

5. *Dämpfung in Gummibändern – Heimversuch.* Binden Sie mehrere aufgeschnittene Gummiringe zu einer 60 ... 100 cm langen „Gummischnur" zusammen. Versuchen Sie nachzuweisen, daß die Phasengeschwindigkeit longitudinaler Wellen größer ist als die transversaler Wellen (wenn sie das ist!). Halten Sie eines der Bänder gegen Ihre befeuchteten Lippen, dehnen Sie es plötzlich aus und warten Sie. Entspannen Sie es dann mit einem Schlag. Sagen Ihnen die Ergebnisse dieses Versuches irgend etwas über die Dämpfung aus? Wenn ja, was? Warum werden die longitudinalen Eigenschwingungen um soviel stärker gedämpft als die transversalen? Anders ausgedrückt, wie bekommen Sie bei dieser starken Dämpfung doch schöne transversale Schwingungen?

6. *Schallgeschwindigkeitsmessungen mit Wellenpaketen – Heimversuch.* Wir geben hier zwei Methoden an:

   a) Eine Hilfsperson lasse in etwa 800 m Entfernung einen Feuerwerksschwärmer los. Setzen Sie eine Stoppuhr in Gang, wenn Sie den Lichtblitz der Explosion sehen, und stoppen Sie beim Eintreffen des Schalls. Schreiten Sie sodann die Distanz ab. Führen Sie den Versuch bei zwei Entfernungen aus, von denen die eine etwa doppelt so groß sein soll wie die andere. Tragen Sie für diese beiden Punkte die gestoppte Zeitdifferenz gegen die Entfernung auf. Geht die Gerade durch diese beiden Punkte auch durch den Ursprung? Wenn nicht, warum nicht? Können Sie, wenn die Gerade nicht durch den Ursprung geht, trotzdem die Geschwindigkeit bestimmen? Wie?

   b) Suchen Sie einen Schulhof oder Spielplatz mit einer weiten ebenen Fläche auf, die auf einer Seite durch ein Gebäude begrenzt sei. Dann entsteht ein klares Echo, wenn Sie in etwa 50 m Entfernung von der Wand in die Hände klatschen. Die Zeit für einen Hin- und Hergang des Schalls ist von der Größenordnung zwei oder drei Zehntelsekunden. Diese Zeiten lassen sich auch mit einer Stoppuhr nur schwer genau messen. Wir geben hier eine Methode an, bei der man bloß eine gewöhnliche Uhr mit Sekundenzeiger benötigt. Beginnen Sie – zuerst langsam – rhythmisch zu klatschen und horchen Sie sowohl auf Ihr Klatschen als auch auf das Echo. Erhöhen Sie die Frequenz, bis die Echos genau während der „Pausen" eintreffen. Die Frequenz, bei der dies eintritt, kann recht bequem sein und etwa zwei Klatschtöne pro Sekunde betragen. Halten Sie diese Frequenz ungefähr 10 s lang aufrecht, beobachten Sie dabei Ihre Uhr und zählen Sie gleichzeitig die Klatschtöne. Vielleicht benötigen Sie einige Minuten Übung. Messen Sie nun die Distanz zu der ebenen Wand, die das Echo zurückwirft, durch Abschreiten aus. Der Rest ist Rechnen.

7. *Koaxiale Fernleitung (Koaxialkabel).* Ein Koaxialkabel bestehe aus einem Innenleiter vom Radius r_1 und einem Außenleiter vom Radius r_2; zwischen diesen beiden zylindrischen Leitern herrsche Vakuum. Zeigen Sie, daß eine solche Leitung die Kapazität pro Längeneinheit C/a

$$\frac{C}{a} = \frac{2\pi\epsilon_0}{2\ln(r_2/r_1)}$$

und die Selbstinduktivität pro Längeneinheit L/a

$$\frac{L}{a} = \frac{\mu_0}{2\pi}\ln\frac{r_2}{r_1}$$

aufweist. Verwenden Sie zur Ermittlung von C/a die Beziehung $Q = CU$ und das Gaußsche Gesetz (Band 2, Abschnitt 3.5). Benutzen Sie zur Herleitung von L/a die Beziehung $L = \Phi/I$, wobei Φ der durch einen Strom I hervorgerufene magnetische Fluß ist (Band 2, Abschnitt 7.8, Gln. (7.53) und 7.54)).

8. *Paralleldrahtleitung.* Lösen Sie zuerst Übung 7, wo Sie von der Symmetrie der Anordnung Gebrauch machen können. Bei der vorliegenden Aufgabe ist diese Symmetrie nicht vorhanden, doch läßt sich die Lösung mit Hilfe des Superpositionsprinzips leicht finden: Berechnen Sie den Beitrag, den das Feld eines einzelnen Drahtes liefert, und multiplizieren Sie ihn mit 2. Zeigen Sie, daß C/a und L/a

$$\frac{C}{a} = \frac{\pi\epsilon_0}{4\ln[(r+D)/r]},$$

$$\frac{L}{a} = \frac{\mu_0}{\pi}\ln\frac{r+D}{r}$$

lauten. Dabei bedeutet r den Radius des Drahtes, und $r+D$ ist der Abstand von der Achse eines Drahtes zur Oberfläche des anderen. Beachten Sie, daß die Rechnung der von Übung 7 sehr ähnlich ist, nur daß der interessante Faktor 2 auftritt. Erklären Sie diesen!

9. *Elektrische und magnetische Felder.* Zeigen Sie, z.B. mit Hilfe von einfachen Symmetrieüberlegungen, daß elektrisches und magnetisches Feld innerhalb des inneren und außerhalb des äußeren Leiters eines Koaxialkabels verschwinden. Zeigen Sie ferner, daß elektrisches und magnetisches Feld auch außerhalb des Bereichs zwischen den Platten einer Parallelplattenleitung verschwinden.

10. *Parallelplattenleitung.* Zeigen Sie, daß die Selbstinduktivität einer Parallelplattenleitung sowohl für Wechselstrom als auch für Gleichstrom durch Gl. (4.59) angegeben wird, solange die Wellenlänge groß gegenüber der Plattendicke d_0 ist. Sehen Sie die Diskussion in Abschnitt 4.2, einschließlich Gl. (4.60). Verwenden Sie Gl. (4.60) als Ausgangspunkt.

11. *Brechungsindex.* Nach Tabelle 9.1, Band 2, Abschnitt 9.1, beträgt die Dielektrizitätskonstante von Luft im Normalzustand 1,00059. Nehmen Sie die magnetische Permeabilität der Luft als Eins an. Dann sollte gemäß Gl. (4.63) der Brechungsindex von Luft im Normalzustand gleich $\sqrt{1{,}00059} = 1{,}00029$ sein. Dies stimmt mit dem in Tabelle 4.1, Abschnitt 4.3, angegebenen experimentellen Wert sehr gut überein. Andererseits hat Wasser die Dielektrizitätskonstante 80, doch beträgt sein Brechungsindex nicht $\sqrt{80} \approx 9$, sondern ungefähr 1,33. Wie kommt es zu dieser starken Diskrepanz?

12. *Wasserprisma – Dispersion im Wasser – Heimversuch.* Stellen Sie auf folgende Weise ein Wasserprisma her: Kleben Sie zwei Mikroskopgläser mit Hilfe von Klebeband zu einem V-förmigen „Trog" zusammen und verschließen Sie dessen Enden mit Kitt, Ton, Klebeband oder sonst etwas. Füllen Sie den Trog mit Wasser an und verschließen Sie jetzt die undichten Stellen. Halten Sie dann das Prisma dicht vors Auge und betrachten Sie so Ihre Umwelt. Dabei werden Sie an weißen Gegenständen farbige Ränder beobachten. Treten diese bei Linsen auf, wo sie unerwünscht sind, so spricht man von „chromatischer Aberration". Betrachten Sie nun eine weiße Punkt- oder Linienquelle. Die für diesen und andere Heimversuche am besten geeignete Punktquelle läßt sich aus einer einfachen Taschenlampe herstellen: Entfernen Sie die Glaslinse und bedecken Sie den Aluminiumreflektor mit einem Stück schwarzen oder zumindest dunklen Stoff. Dieses muß in der Mitte ein Loch haben, durch das Sie die Glühlampe stecken können. Als Linienquelle eignet sich am besten eine einfache 25- oder 40-Watt-„Soffittenlampe" mit *klarem* Glasmantel und einem geraden Glühfaden von etwa 7,5 cm Länge. Eine solche Lampe ist für einige Mark überall dort erhältlich, wo Glühlampen verkauft werden. Bringen Sie nun das ***purpurfarbene Filter*** aus

Ihrer optischen Ausrüstung zwischen Ihr Auge und die Lichtquelle. Lassen Sie es nicht naß werden, denn es besteht aus Gelatine und ist löslich. Durch das Filter sehen Sie nun zwei „virtuelle Lichtquellen", eine rote und eine blaue. Betrachten Sie, um sich die Wirkung des Filters klarzumachen, die weiße Lichtquelle sowohl mit als auch ohne Filter, verwenden Sie dabei jedoch statt des Prismas Ihr Beugungsgitter. Sie können erkennen, daß Rot und Blau durchgehen, während Grün absorbiert wird. Nehmen Sie an, das vom Filter durchgelassene Blau habe eine mittlere Wellenlänge von 450 nm, das durchgelassene Rot hingegen eine solche von 650 nm. (Nach dem Studium von Beugungsgittern werden Sie die Aufgabe haben, diese Wellenlängen genauer zu messen.) Bestimmen Sie nun den Winkel, unter dem die virtuelle rote und die virtuelle blaue Lichtquelle Ihrem Auge erscheinen. Diese Messung läßt sich leicht durchführen, indem man ein Stück Papier mit markierten Lininen neben der Lichtquelle senkrecht anbringt. Gehen Sie sodann auf die Lichtquelle zu. Der Trennungswinkel zwischen den markierten Lininen ändert sich, und Sie können erreichen, daß diese mit den beiden virtuellen Lichtquellen „zusammenfallen". Dann läßt sich bestimmen, wie viele Zentimeter die farbigen virtuellen Lichtquellen auseinander liegen. Der Trennungswinkel ist gleich diesem Abstand, dividiert durch die Entfernung zwischen Ihrem Auge und der Lichtquelle. Neigen Sie hierauf das Prisma, um zu sehen, ob der Trennungswinkel zwischen den beiden virtuellen Lichtquellen merklich vom Einfallswinkel des Lichtstrahls beim ersten Mikroskopglas abhängt. Leiten Sie sodann eine Gleichung für die Ablenkung des Lichtstrahls als Funktion von Prismawinkel und Brechungsindex her. (*Hinweis:* Beim senkrechten Einfall auf das erste Glas ist die Herleitung am einfachsten. Führen Sie den Versuch daher auf diese Weise durch, oder stellen Sie zumindest fest, ob der Einfallswinkel etwas ausmacht.) Messen Sie nun den Prismawinkel. Tragen die parallelflächigen Mikroskopgläser zum Trennungswinkel oder zur Ablenkung etwas bei? Wie können Sie das experimentell herausfinden? Geben Sie schließlich einen Wert für die Änderung des Brechungsindex des Prismas pro hundert Nanometer an. Wie groß ist der Brechungsindex im Vergleich zu dem von Glas (siehe Tabelle 4.2, Abschnitt 4.3)? Es ist möglich, daß Wasser eine stärkere Dispersion aufweisen könnte als Glas, obwohl es einen kleineren Brechungsindex hat. Ist das der Fall? Eine nette Überraschung erleben Sie, wenn Sie den Versuch mit schwerem Mineralöl wiederholen. Versuchen Sie es auch mit anderen klaren Flüssigkeiten.

13. *Unendlich lange Saite.* Eine unendlich lange Saite mit der Linienmassendichte 10^{-2} kg/m und der Spannung 347 N werde bei $z = 0$ harmonisch mit der Amplitude 1 cm und der Frequenz 100 Hz erregt. Wie groß ist der zeitliche Mittelwert der transportierten Leistung in Watt?

Lösung: Etwa 40 W. Ihre Antwort sollte jedoch ein wenig genauer sein. Sind es also 35 W? 44 W?

14. *Torsions-Wellenmaschine.* Eine der besten Vorrichtungen zur Demonstration von Wellen ist eine Torsions-Wellenmaschine. Sie besteht aus einem langen „Rückgrat" in der z-Richtung mit transversalen „Rippen" im Abstand von etwa $a = 1$ cm. Das Rückgrat ist ein Stück Stahldraht von quadratischem Querschnitt, seine transversalen Abmessungen betragen ungefähr 2×2 mm. Jede Rippe stellt einen Eisenstab von etwa 0,5 cm Durchmesser und 30 cm Länge dar, der in der Mitte an dem stählernen Rückgrat angebracht ist. Die „angulare Federkonstante" (das Richtmoment) des Drahtes sei K, so daß das rücktreibende Drehmoment gleich K mal dem Drehwinkel in Radiant ist. Das Trägheitsmoment eines Stabes betrage I.

a) Unter Torsionswellen versteht man die Wellen der Verdrillung des Drahtes. Leiten Sie die Gleichung für Phasengeschwindigkeit und Wellenwiderstand solcher Wellen her, wobei der Wellenwiderstand Z durch die Beziehung „Drehmoment = Z mal Winkelgeschwindigkeit" definiert sei. Nehmen sie an, die Wellenlänge sei groß gegenüber dem Rippenabstand a.

b) Zeigen Sie, daß die exakte Dispersionsrelation $\omega^2 = 4\,\omega_1^2 \sin^2(\frac{1}{2} ka)$ lautet, und ermitteln Sie einen Ausdruck für ω_1.

c) Bisher haben wir jegliche von der Schwerkraft herrührende rücktreibende Kraft vernachlässigt. Wenn alle Stäbe in Phase um die horizontale Gleichgewichtslage schwingen und daher das Rückgrat aus Draht niemals verdrillt wird, betrage die Kreisfrequenz ω_0. Wie lautet die Dispersionsrelation? Die Antwort darauf sowie einige experimentelle Ergebnisse finden Sie bei ***B. A. Burgel, Am. J. Phys.* 35**, 913 (1967).

15. *Whiskyflasche als Resonator (Helmholtz-Resonator) – Heimversuch.* Wenn Sie über eine Krug- oder Flaschenöffnung blasen, so wird die Grundschwingung angeregt, und Sie erhalten einen Ton. Sie könnten meinen, daß sich die Flasche wie eine an einem Ende abgeschlossene Röhe verhält, so daß die Länge vom Boden zur Öffnung gleich $\frac{1}{4}\lambda$ ist. Versuchen Sie jedoch mit dieser Ansicht, die zu erwartende Frequenz abzuschätzen, so werden Sie eine Überraschung erleben: Der Ton ist viel tiefer, als man vermutet. Wir bringen hier die näherungsweise Herleitung nach ***Helmholtz***, die recht gute Ergebnisse liefert: Ich sagte für eine leere Flasche von der in Bild 4.12 angegebenen Form 110 Hz voraus und beobachtete 130 Hz, die ich mit Hilfe meines Klaviers bestimmte. Nun, nehmen Sie an, die in dem großen Volumen V_0 vorhandene Luft verhalte sich wie eine Feder, die mit einer Masse – der Luft im Flaschenhals – verbunden sei. Diese Masse beträgt $\rho_0 al$, wobei l die Länge des Halses, a seine Querschnittsfläche und ρ_0 die Dichte der Luft bedeutet. Die Näherung von ***Helmholtz*** besteht nun in der Annahme, daß die gesamte Bewegung auf den Flaschenhals beschränkt sei, die gesamte rücktreibende Kraft jedoch von den Druckänderungen in V_0 herrühre.

a) Die Auslenkung des Mediums in Richtung des Flaschenhalses nach außen sei x, und die gesamte rücktreibende Kraft F_x rühre von der Druckdifferenz $p - p_0$ her, wobei p den Druck in V_0 und p_0 den Gleichgewichtsdruck darstellt. Zeigen Sie, daß dann

$$F_x = -\frac{\gamma p_0 a^2 x}{V_0},$$

wobei γ das „Verhältnis der spezifischen Wärmen" bedeutet, das für Luft etwa gleich 1,4 ist.

b) Zeigen Sie, daß diese Kraft eine Eigenschwingung liefert, für deren Kreisfrequenz ω die Beziehung

$$\omega^2 = v^2 \frac{a}{V_0 l}$$

gilt, wobei v die Schallgeschwindigkeit bedeutet. Bei der Anwendung dieses Ergebnisses muß man l durch die „effektive" Länge des Flaschenhalses ersetzen, die gleich der wirklichen Länge plus 0,6 mal dem Radius des Flaschenhalses an jedem Ende ist. Ist die wirkliche Länge des Halses gleich Null, so stimmt die Gleichung immer noch recht gut, und die Länge l rührt dann ausschließlich von den „End-

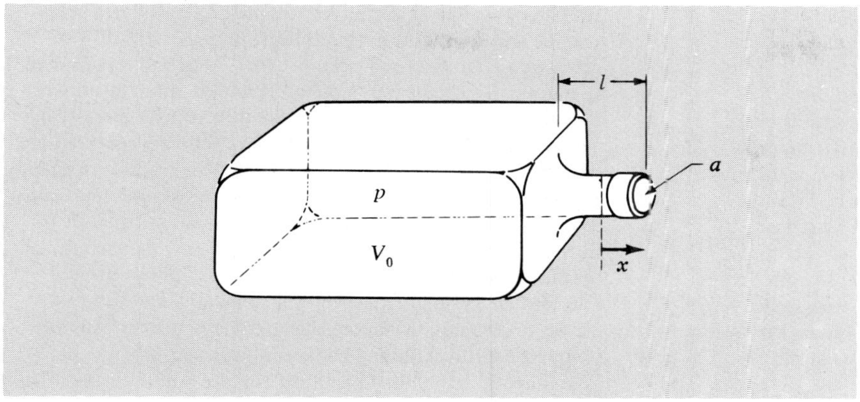

Bild 4.12

korrekturen" her. Dieser Fall tritt etwa bei einem rechteckigen Kanister auf, wie er als Behälter für Farbverdünnungsmittel Verwendung findet.
Blasen Sie die Flaschenöffnung sehr stark an, können Sie auch die Oberschwingungen anregen. Haben Sie diese einmal bei starkem Blasen gehört, so vernehmen Sie sie gewöhnlich auch bei schwachem Blasen, wobei Sie hauptsächlich die Grundschwingung anregen. Die zu erwartenden Oberfrequenzen kann man nicht leicht „eindimensional" berechnen. Sie werden finden, daß zwei Flaschen unterschiedlicher Gestalt bei der ersten, zweiten oder dritten Oberschwingung ganz verschiedene Frequenzverhältnisse aufweisen, obwohl sich die Frequenz der Grundschwingung jeder Flasche recht gut nach der Helmholtzschen Näherung berechnen läßt.

16. *Schallgeschwindigkeit in Luft, Helium und Erdgas – Heimversuch.* Blasen Sie eine gewöhnliche Pfeife und merken Sie sich die Tonhöhe. Verbinden Sie die Pfeife nun mit einer Heliumflasche – erhältlich in jedem Laboratorium oder physikalischen Institut – und lassen Sie das Helium durchströmen. Welche Tonhöhe tritt jetzt auf? Messen Sie experimentell das Verhältnis der Tonhöhen bei Helium und bei Luft. Am einfachsten ist es, die Tonhöhen festzustellen und dann mit Hilfe einer Tabelle die Frequenzen zu ermitteln (siehe Kapitel 2.5, Übung 6). Zeigen Sie, daß das theoretisch zu erwartende Tonhöhenverhältnis etwa 3 zu 1 beträgt. Bei Ihrem Versuch jedoch beträgt es vielleicht nur rund 2,5 zu 1. Wie kommt das? Können Sie den Versuch verbessern? Wie verhalten sich bei Helium und Luft die Schallwellenlängen *in der Pfeife* zueinander? Verwenden Sie sodann Erdgas statt Helium oder Luft. Verbinden Sie hierzu die Pfeife durch einen Schlauch mit dem Gasanschluß. Wie lautet jetzt das Verhältnis der Tonhöhen? Was können Sie über die molekularen Eigenschaften des Gases lernen, wenn Sie das Tonhöhenverhältnis für Gas und Luft messen?

17. *Effektives elektrisches Feld.* Ermitteln Sie das über alle Frequenzen gemittelte effektive elektrische Feld in einem Raumpunkt, der 1 m von einer 40-Watt-Glühlampe entfernt liegt.

18. *Messung der Solarkonstanten an der Erdoberfläche – Heimversuch.* Dieser Versuch wird in Abschnitt 4.4 auf S. 122 beschrieben. Führen Sie ihn aus und geben Sie das Ergebnis in W/m^2 an. Sie könnten versuchen, mit einigen Schichten Glas oder bloß mit einer Fensterscheibe die infrarote „Wärmestrahlung" zu vermindern, die von der Glühlampe herrührt und von Ihrem Auge nachgewiesen wird. Nehmen Sie dabei an, daß schon die Erdatmosphäre diese Filterung beim Sonnenlicht in starkem Maße bewerkstelligt hat. Dann kann man, indem man sich auf das durch die ***geschlossenen*** Augenlider zu beobachtende sichtbare Licht beschränkt, vielleicht nahe an den Wert der Solarkonstanten außerhalb der Erdatmosphäre herankommen. Die Temperatur des Wolframfadens ist geringer als die der Sonne, von ihr hängen also Spektrum und Farbe ab. Suchen Sie in Büchern eine Kurve für die emittierte Energie in Abhängigkeit von der Wellenlänge für die Temperatur der Sonnenoberfläche von etwa 5 000 K und eine ebensolche Kurve für die Wolframtemperatur von etwa 3 000 K. Schätzen Sie in beiden Fällen den Bruchteil der Gesamtintensität ab, der im sichtbaren Bereich liegt. Stellen Sie auch fest, ob Sie die Gesamtintensität der Sonne (einschließlich des sichtbaren Bereichs) unter- oder überschätzen, wenn Sie sie nur bei sichtbaren Frequenzen mit der der Glühlampe vergleichen.

19. *Zählrate des Photomultipliers.* Ein Photomultiplier habe folgende Eigenschaften: Fläche der Photokathode = $1\,cm^2$; Nachweisempfindlichkeit der Photokathode (gemittelt über das sichtbare Spektrum) = 5 %. Nun haben Sie eine Kerze, die etwa 20 mW in Form sichtbaren Lichts aussendet. Wie weit muß diese vom Photomultiplier aufgestellt werden, damit dessen Zählrate nur 10 Impulse pro Sekunde beträgt? Wir wollen eine niedrige Zählrate, um die einzelnen Impulse hören zu können. Nun stehe jedoch die Kerze in 1 m Entfernung. Wie groß muß dann ein Loch in einem lichtdichten Schirm vor dem Photomultiplier sein, damit dasselbe Ergebnis herauskommt? ***Einheiten:*** Ein Photon mit der Energie 1 eV hat eine Wellenlänge von etwa 1234 nm. (Die letzte Stelle ist falsch, doch stellt sie eine bequeme und berühmte Gedächtnishilfe dar.) Folglich ist die Wellenlänge bei 2 eV gleich 617 nm. Setzen Sie alle Photonen als „grün" voraus; ihre Wellenlänge betrage also 550 nm. Es gilt $1\,eV = 1{,}6 \cdot 10^{-17}$.

20. *Kerzenlicht und Romantik.* Eine Kerze sei in solcher Entfernung aufgestellt, daß sie Ihrem Auge unter demselben Raumwinkel erscheint wie der Mond. Wäre nun ihre spezifische Leuchtstärke gleich der des Mondes, so würde sie dieselbe Beleuchtungsstärke erzeugen wie dieser. Nach Tab. 4.3, Abschnitt 4.4, ist aber die spezifische Leuchtstärke einer Kerze doppelt so groß wie die des Mondes. Nun stelle Vollmondlicht die „perfekte romantische Beleuchtung" dar. Messen Sie ungefähr die waagerechte Projektion der Fläche einer Kerzenflamme und rechnen Sie aus, wie weit die Kerze zur Herstellung der oben definierten „perfekten Beleuchtung" entfernt sein sollte.

21. *Mondlicht.* Gemaß der auf Tab. 4.3, Abschnitt 4.4, folgenden Anwendung liefert eine 40-W-Glühlampe mit dem effektiven Durchmesser 2 cm dieselbe Beleuchtungsstärke wie der Mond, wenn sie in einer Entfernung von 6,4 m aufgestellt ist. Die Rechnung ging von der in Tab. 4.3 angegebenen spezifischen Leuchtstärke und dem früher berechneten effektiven Durchmesser aus. Natürlich wird eine klare 40-W-Glühlampe dieselbe Beleuchtungsstärke liefern; zwar ist die spezifische Leuchtstärke des Wolframfadens viel größer als die der Mattglasoberfläche, doch bleibt die gesamte abgegebene Leistung dieselbe. Verwenden Sie diese Tatsachen zur Berechnung der vom Vollmondlicht erzeugten Beleuchtungsstärke in Mikrowatt ***sichtbaren*** Lichts pro Quadratzentimeter der beleuchteten Fläche. Berücksichtigen Sie dabei dieLichtausbeute der Glühlampe.

   Lösung: Zwischen $10^{-3}\,W/m^2$ und $2 \cdot 10^{-3}\,W/m^2$. ***Ihr*** Ergebnis sollte auf zwei Stellen genau sein: z.B. 1,3 oder 1,8 oder was eben herauskommt.

22. *Sonnenlicht.* Die Sonne spannt etwa denselben Raumwinkel auf wie der Mond. Vielleicht wollen Sie diese Behauptung mit einem in Armeslänge hochgehaltenen Lineal überprüfen. Dann müssen Sie sich jedoch vergewissern, daß Sie ein geeignetes Filter verwenden. Fast gekreuzte Polaroidfilter aus Ihrer optischen Ausrüstung sind dazu brauchbar. Ermitteln Sie nun mit Hilfe der Tab. 4.3, Abschnitt 4.4, und der Ergebnisse von Übung 21 die von der Sonne erzeugte Beleuchtungsstärke.

   Lösung: Etwa $900\,W/m^2$ in Form sichtbaren Lichts.

23. *Lichtausbeute der Sonne.* Nehmen Sie an, das gesamte sichtbare Sonnenlicht durchdringe die Erdatmosphäre mit vernachlässigbarer Schwächung. Berechnen Sie die Lichtausbeute der Sonne mit Hilfe der Ergebnisse von Übung 22 und der Solarkonstanten außerhalb der Erdatmosphäre. Wie groß ist die Lichtausbeute der Sonne im Vergleich zu der von Glühlampen?
   Die Lichtausbeute einer Glühlampe für 5000 W und 115 V beträgt 4,7 %.

24. *Messung des Lichtstromes und der Lichtausbeute einer Glühlampe – Heimversuch.* Für diesen Versuch benötigen Sie eine klare oder mattierte Glühlampe, eine Kerze, zwei Platten Paraffinwachs („Haushaltswachs", wie es zum Verschließen von Gelee-, Marmelade- und Konservengläsern verwendet wird) und ein Stück Aluminiumfolie. Die Kerze stellt Ihre „Candela" dar. Wir ***nehmen an***, daß sie einer Candela nahekommt und folglich 1 cd aussendet, also etwa 20 mW in Form sichtbarer Strahlung. Die Glühlampe ist die Unbekannte, ihre Gesamtleistung ist jedoch angegeben und somit bekannt. Messen Sie die in Form sichtbarer Strahlung abgegebene Leistung der Glühlampe durch Vergleich mit der Kerze auf folgende Weise: Legen Sie die Aluminiumfolie wie bei einem Butterbrot zwischen die beiden Paraffinplatten und halten Sie sodann dieses dicht an die Kerze. Beachten Sie dabei, daß die der Kerze zugewandte Paraffinplatte in Kerzennähe hell, in größerer Entfernung jedoch dunkel wird. Bringen Sie das „Sandwich" auch in die Nähe der Glühlampe. Führen Sie den folgenden Versuch bei Nacht aus, wobei keine anderen Lichtquellen als Kerze und Glühlampe vorhanden sein sollen. Halten Sie Ihren „Paraffindetektor" so zwischen Glühlampe und Kerze, daß jeder Lichtquelle eine Platte zugewendet ist. Verändern Sie seine Lage, bis die beiden Platten gleich hell erscheinen, und messen Sie sodann die Entfernungen. Der Rest ist Rechnen; verwenden Sie dabei das $1/r^2$-Gesetz. Geben Sie nun unter der Annahme, Ihre Kerze sei eine Normalkerze, die in Form sichtbarer Strahlung abgegebene Leistung der Glühlampe in Candela und Watt sichtbaren Lichts an. Ermitteln Sie auch die Lichtausbeute der Glühlampe.
   Mit einer etwas verbesserten Anordnung sollte es Ihnen gelingen, die von der Sonne erzeugte Beleuchtungsstärke in Watt sichtbaren Lichts pro m^2 oder in cd/m^2 ($1\,cd/m^2 \approx 0{,}02\,W/m^2$) zu messen. Vielleicht treten Schwierigkeiten mit dem Hintergrundlicht auf, das weder von der Sonne noch von Ihrer „Normalglühlampe" herrührt. Es wird besser, wenn Sie eine stärkere Glühlampe, etwa mit 200 W, verwenden. Möglicherweise benötigen Sie bei diesem Versuch ein aus einer Kartonröhre bestehendes Kollimatorrohr, eine Kartonschachtel mit geeigneten Löchern oder einen dunklen Stoff. Eichen Sie nun nach der oben beschriebenen Methode Ihre Glühlampe in Candela. Ermitteln Sie den Abstand zwischen Glühlampe und Paraffin, bei dem die Beleuchtungsstärke gleich der der Sonne ist. Aus der Geometrie der Anordnung können Sie die Leuchtdichte der Glühlampe in cd/m^2 und somit die von der Sonne erzeugte Beleuchtungsstärke in Lux berechnen.

25. *Mattglaslampen – Heimversuch.* Nehmen Sie eine gewöhnliche Mattglaslampe beliebiger Wattzahl sowie eine Milchglaslampe derselben Wattzahl und desselben Durchmessers, wie sie als Lichtquellen in Vergrößerungsapparaten verwandt werden. Schalten Sie beide Glühlampen ein und stellen Sie die folgenden Beobachtungen an: Beachten Sie den hellen „Kern" der Mattglaslampe. Die Vergrößerungslampe ist viel gleichmäßiger hell, weshalb die Mattglaslampe eine kleinere „effektive Oberfläche" hat als die Vergrößerungslampe. Da beide Glühlampen dieselbe Leistung aufweisen, liefern sie aller Voraussicht nach denselben gesamten Lichtstrom. Folglich muß bei der Mattglaslampe die kleinere Fläche ihres hellen Kernes heller sein. Betrachten Sie nun den mittleren Bereich jeder leuchtenden Glühlampe durch ein Loch zwischen Ihren gekrümmten Fingern und halten Sie dabei Ihre Hand in konstanter Entfernung vom Auge, so daß der Raumwinkel konstant bleibt. Welche Glühlampe ist in der Mitte heller? Messen Sie den Durchmesser des hellen Kerns der Mattglaslampe durch Anlegen eines Lineals. Vielleicht werden Sie zur Verminderung der Helligkeit durch teilweise gekreuzte Polaroidfilter aus Ihrer optischen Ausrüstung blicken müssen. Sagen Sie nun das Verhältnis der Oberflächenhelligkeit der beiden Glühlampen durch Rechnung voraus. Dabei sei das Modell für die Mattglaslampe eine „effektive Kugel" mit dem Durchmesser des hellen Kerns. Messen Sie hierauf das Verhältnis der spezifischen Leuchtstärken auf folgende Weise: Stellen Sie jede der Glühlampen hinter eine Kartonschachtel (oder so etwas Ähnliches), in die zwei gleichgroße Löcher geschnitten sind, die nur den Mittelbereich jeder Glühlampe freilassen. Stellen Sie die Glühlampen so auf, daß sie etwa 1 m voneinander entfernt sind und sich gegenseitig durch die erwähnten Löcher anleuchten. Messen Sie sodann das Verhältnis der Leuchtdichten der Mittelbereiche der beiden Glühlampen nach der in Übung 24 beschriebenen Methode mit dem Paraffin-Sandwich. Wie verhält sich Ihr Versuchsergebnis zu dem Ergebnis Ihrer Rechnung, die das Modell der „effektiven Kugel" zur Grundlage hatte?
   Zerschlagen Sie zum Schluß die Glühlampen, um den Unterschied ihrer Mattierungen festzustellen, wickeln Sie sie aber vorher in ein Handtuch ein! Wenn Ihnen dies als Verschwendung von Glühlampen und Geld erscheint, so glauben Sie uns bitte, daß die von uns zerschlagenen gewöhnlichen Mattglaslampen an der Innenfläche leicht aufgerauht sind. Diese Aufrauhung läßt sich etwa durch Säureätzung oder mit Hilfe eines Sandstrahlgebläses herstellen. Hingegen sind die Vergrößerungslampen innen mit einem weißen Pulver, zweifellos Magnesiumoxid, bedeckt. Dieses geht bei Berührung mit dem Finger ab und läßt einen klaren Glasmantel zurück. Wenn Sie die Glühlampen zerschlagen, so ***heben Sie*** die größten kugelschalen-

förmigen Stücke *auf*. Füllt man diese nämlich teilweise mit Flüssigkeit, so ergeben sie gute „plankonvexe“ Linsen. (Ein großes Stück erhalten Sie, wenn Sie die Glühlampen am *Hals* zerschlagen.) Diese Linsen lassen sich zur Messung der Brechungsindizes von Wasser und Mineralöl verwenden.

26. *Schallwiderstand – Heimversuch.* Singen Sie mit gleichbleibendem Ton in eine Kartonröhre und halten Sie dabei die Röhre fest gegen Ihren Mund, so daß rundherum keine Luft entweichen kann. Ermitteln Sie durch Veränderung der Tonhöhe die Resonanzen. Diese fallen nicht genau mit den freien Eigenschwingungen zusammen, die Sie hören, wenn Sie die Röhre leicht gegen Ihren Kopf schlagen. Ihr Mund und Ihre Kehle ändern nämlich an dem betreffenden Ende die effektive Länge. Singen Sie sodann einen gleichbleibenden Ton, der *nicht* mit einer Resonanz zusammenfällt. Entfernen Sie nun plötzlich die Röhre, singen Sie jedoch weiter; die Änderung des Wellenwiderstandes sollte merklich sein. Singen Sie hierauf mit einem Resonanzton und beachten Sie dabei das merklich verschiedene Gefühl in Ihrer Kehle. Diese erfährt hierbei nämlich *keine* rein resistive Resonanzbelastung, sondern vielmehr eine stark reaktive Belastung. Suchen Sie nun bei einem Krug, einer Vase oder einem Kübel mit Hilfe Ihrer Singstimme eine starke Resonanz auf. (Sehr gut eignen sich eine große Glasvase, ein Krug oder Kübel aus Plastik.) Singen Sie, so laut Sie können, mit dem Resonanzton und koppeln Sie dabei Ihren Mund und Ihre Kehle eng an das in Resonanz befindliche System. Gäbe es keine Strahlungs- oder andere resistive Verluste, so wäre die Belastung Ihres Singorgans rein reaktiv: Im Verlaufe jeder Schwingung würde in Ihrer Kehle gleich viel Energie einwie ausströmen. Deshalb ist in diesem Falle das Gefühl in Ihrer Kehle merklich anders, als wenn Sie in ein unbegrenztes Medium hineinsingen. Sie werden merken, daß Sie Schwierigkeiten haben, die Tonhöhe zu halten. Diese schwankt, weil Sie an resistive Belastung gewöhnt sind, nun aber eine reaktive erfahren.

27. *Elastische Saite.* Zwei laufende Wellen auf einer elastischen Saite mit $T_0 = 1\text{N}$, $\rho_0 = 1$ kg/m und $\omega = 10^3$ rad/s haben die Form

$$\psi_1 = A\cos(\omega t - kz + \pi).$$

$$\psi_2 = A\cos(\omega t - kz + \frac{\pi}{4}).$$

Ermitteln Sie den zeitlichen Mittelwert der bei der Überlagerung von ψ_1 und ψ_2 transportierten Leistung.

28. *Elektromagnetische Wellen.* Drei ebene elektromagnetische Wellen

$$E_{1x} = E_0\cos(kz - \omega t - \delta_1) = B_{1y},$$

$$E_{2x} = E_0\cos(kz - \omega t - \delta_2) = B_{2y}$$

und

$$E_{3x} = E_0\cos(kz - \omega t - \delta_3) = B_{3y}$$

breiten sich in demselben Raum aus. Wie groß sind die maximalen und minimalen Amplituden und die Energieflußdichten, die man durch geeignete Wahl der Konstanten δ_1, δ_2 und δ_3 herstellen kann?

29. *„Überdruck“ longitudinaler Wellen auf einer Feder.* Leiten Sie Gl. (4.111) her, die folgendermaßen lautet

$$F_z(\text{L auf R}) = F_0 - Ka\frac{\partial\psi(z,t)}{\partial z}.$$

Gehen Sie dabei von einer mit diskreten Massenpunkten versehenen Feder aus. Im Gleichgewicht ist jede der Teilfedern zusammengedrückt und erzeugt daher eine Kraft F_0. Die Federkonstante sei K, der Abstand zweier Massenpunkte betrage a. Ermitteln Sie die Kraft, die ein Massenpunkt von der zu seiner Linken liegenden Feder in der positiven z-Richtung erfährt. Gehen Sie sodann zum kontinuierlichen Grenzfall über und leiten Sie auf diese Weise die gewünschte Beziehung her. Beachten Sie, daß das Produkt Ka im kontinuierlichen Grenzfall eine von der Länge a unabhängige charakteristische Größe der Feder darstellt.

30. *Gummischnüre und Spiralfedern.* Bei einer gewöhnlichen Gummischnur oder bei Federn, wie sie zum Türschließen verwendet werden, ist die Länge im entspannten Zustand gegenüber jener bei Ausdehnung nicht vernachlässigbar. Zeigen Sie, daß die Phasengeschwindigkeit transversaler Wellen aus diesem Grunde kleiner ist als die longitudinaler Wellen. Zeigen Sie ferner, daß longitudinale Wellen sich mit doppelt so hoher Geschwindigkeit ausbreiten wie transversale Wellen, wenn die Länge bei Ausdehnung gleich $\frac{4}{3}$ mal der Länge bei Entspannung ist. Unsere dünne Spiralfeder sei bei Entspannung etwa 7,5 cm lang, sie läßt sich auf rund 5 m ausdehnen. Wie lautet das Verhältnis der Geschwindigkeiten in diesem Fall?

31. *Sind Schallwellen vollkommen dispersionsfrei?* Wir haben in Abschnitt 4.2 gefunden, daß die Phasengeschwindigkeit von Schall konstant ist, also nicht von der Frequenz abhängt. Diese Aussage folgt aus der Dispersionsrelation

$$\omega^2 = \frac{\gamma p_0}{\rho_0}k^2.$$

Diese Dispersionsrelation ist der für longitudinale Schwingungen auf einer kontinuierlichen Feder

$$\omega^2 = \frac{K}{m}k^2$$

ähnlich. Für eine Feder mit diskreten Massenpunkten lautet die Dispersionsrelation

$$\omega^2 = \frac{K}{m}\frac{\sin^2\frac{1}{2}ka}{(\frac{1}{2}a)^2},$$

woraus sich eine obere Grenzfrequenz ergibt. Ermitteln Sie nun durch Analogiebildung und mit Hilfe physikalischer Überlegungen einen Wert für die obere Grenzfrequenz von Schall in Luft im Normalzustand. Würden Sie erwarten, daß sich Ultraschallwellen der Frequenz $\nu \approx 100$ MHz mit der gewohnten Schallgeschwindigkeit ausbreiten?

Lösung: Zu erwarten ist eine obere Grenzfrequenz $\nu \approx 10^{10}$ Hz.

5. Reflexion

5.1. Einleitung

In diesem Kapitel werden wir den Begriff des Wellenwiderstandes verwenden und mit seiner Hilfe untersuchen, was beim Auftreffen einer laufenden Welle auf eine Grenzfläche (Unstetigkeitsfläche) im Medium geschieht. In Abschnitt 5.2 betrachten wir eine resistive Dämpfungsvorrichtung, deren Eingangswiderstand dem Wellenwiderstand des Mediums „angepaßt" ist. Diese Untersuchungen führen uns dann zur Herstellung einer „absorbierenden Stoffbespannung", durch die elektromagnetische Wellen einen reflexionsfreien Abschluß erfahren. In Abschnitt 5.3 untersuchen wir durch „fehlangepaßte" Wellenwiderstände hervorgerufene Reflexionen. Aus der Verallgemeinerung der Ergebnisse, die wir bei der Fernleitung erhalten haben, lernen wir sodann, wie Lichtwellen bei einer Unstetigkeit des Brechungsindex reflektiert werden. Schließlich erfahren wir in Abschnitt 5.5 durch die Untersuchung von Vielfachreflexionen, wie man von einer Glasscheibe Aufschluß über die mittlere Abklingzeit von angeregten Neonatomen erhält.

5.2. Ideale Abschließung

Ist ein Sender mit einem unbegrenzten Medium gekoppelt und erregt dieses im dispersiven Frequenzbereich, so emittiert er laufende Wellen. Der Senderausgang erfährt dabei eine rein resistive Dämpfungskraft, die dem Wellenwiderstand proportional ist. Dieser hängt sowohl vom Medium als auch von der geometrischen Schwingungsform der Wellen ab. Z.B. ist der Wellenwiderstand einer Parallelplattenleitung von dem einer Paralleldrahtleitung verschieden.

Für den Sender ist es gleichgültig, ob er tatsächlich Wellen in ein unbegrenztes Medium hinausschickt oder bloß eine Dämpfungsvorrichtung erregt, die den Widerstand erzeugt. Wenn Sie etwa die Antenne Ihres lokalen Radiosenders abtrennen und durch einen äquivalenten Ohmschen Widerstand ersetzen, so würde der Oszillator keinen Unterschied bemerken. Diese Aussage ist jedoch insofern etwas zu stark vereinfacht, als die Radioantenne auch Induktivität und Kapazität aufweist. Um also den erregenden Oszillator vollständig „an der Nase herumzuführen", müßten Sie die Antenne durch einen geeigneten *LRC*-Kreis ersetzen. Dabei entspricht der Ohmsche Widerstand R dem „Strahlungswiderstand", und von diesem sprechen wir ja. Doch wollen wir nicht mit der Radioantenne, sondern mit einem einfacheren Beispiel beginnen.

● **Beispiel**: *1. Kontinuierliche Saite.* Ersetzen Sie die vom Senderausgang in Bewegung versetzte Saite durch einen passenden „Stoßdämpfer", so würde der Sender dieselbe Dämpfungskraft erfahren wie bei der Emission laufender Wellen in eine unendlich lange Saite. Dieser *Stoßdämpfer*, den wir mit R (für rechts) bezeichnen wollen, habe folgende Eigenschaft: Wird seinem Eingang die Geschwindigkeit $u(t)$ aufgezwungen, so reagiert er auf die erregende Kraft L (für links) mit einer entgegengerichteten Kraft, die *der Geschwindigkeit proportional* ist. Wir schreiben daher

$$F(\text{R auf L}) = -Z_R\, u(t), \tag{5.1}$$

wobei Z_R, der sogenannte *Eingangswiderstand* oder die Impedanz des Stoßdämpfers, eine positive Konstante ist. Man bezeichnet den Eingangswiderstand dieser Dämpfungsvorrichtung als „rein resistiv", weil $F(\text{R auf L})$ der Geschwindigkeit proportional ist. Eine Anordnung, die entweder eine träge Masse oder eine Feder enthielte, würde hingegen mit einer der Beschleunigung bzw. der Auslenkung proportionalen Kraft reagieren. In jedem dieser Fälle entstünde dadurch keine resistive, sondern eine „reaktive" Belastung. Nun, wenn der Sender laufende Wellen in ein unbegrenztes System mit dem Wellenwiderstand Z emittiert, so erfährt sein Ausgang eine Dämpfungskraft

$$F(\text{R auf L}) = -Z\left(\frac{\partial\psi}{\partial t}\right)_{z=0} \tag{5.2}$$

Dabei bedeutet $\partial\psi/\partial t$ die Saitengeschwindigkeit bei $z = 0$ und somit auch die Geschwindigkeit des Senderausgangs. Wenn also Z_R gleich Z ist, so erfährt der Sender dieselbe „rein resistive" Dämpfungskraft, ob er nun den Eingang einer Dämpfungsvorrichtung oder eine unendlich lange Saite erregt. Nun weisen laufende Wellen unter anderem folgende charakteristische Eigenschaft auf: Jeder in der Ausbreitungsrichtung liegende Punkt des Mediums „erfährt" dieselbe Bewegung wie der Senderausgang, nur zu einem späteren Zeitpunkt. Daher gilt für jeden solchen Punkt z eines Systems mit laufenden Wellen die Aussage: Für den unmittelbar links von z liegenden Punkt L ist es gleichgültig, ob der unmittelbar rechts von z liegende Punkt R der Beginn einer Fortsetzung der Saite ins Unendliche ist oder bloß der Eingang einer Dämpfungsvorrichtung vom Eingangswiderstand $Z_R = Z$. ●

Widerstandsanpassung. Wir sprechen von idealem Abschluß einer kontinuierlichen Saite, wenn die auf die Abschlußstelle auftreffenden transversalen laufenden Wellen keinerlei Reflexion erfahren. Nach den obigen Überlegungen können wir einen solchen idealen Abschluß erreichen, indem wir eine resistive Belastung in Form eines „idealen Stoßdämpfers" mit dem Eingangswiderstand

$$Z_R = Z = \sqrt{T_0 \rho_0} \tag{5.3}$$

anbringen. Ist Gl. (5.3) erfüllt, so sagen wir, der als „Belastungswiderstand" wirkende Eingangswiderstand sei dem Wellenwiderstand der Saite „angepaßt". Ein Beispiel für idealen Abschluß ist in Bild 5.1 dargestellt.

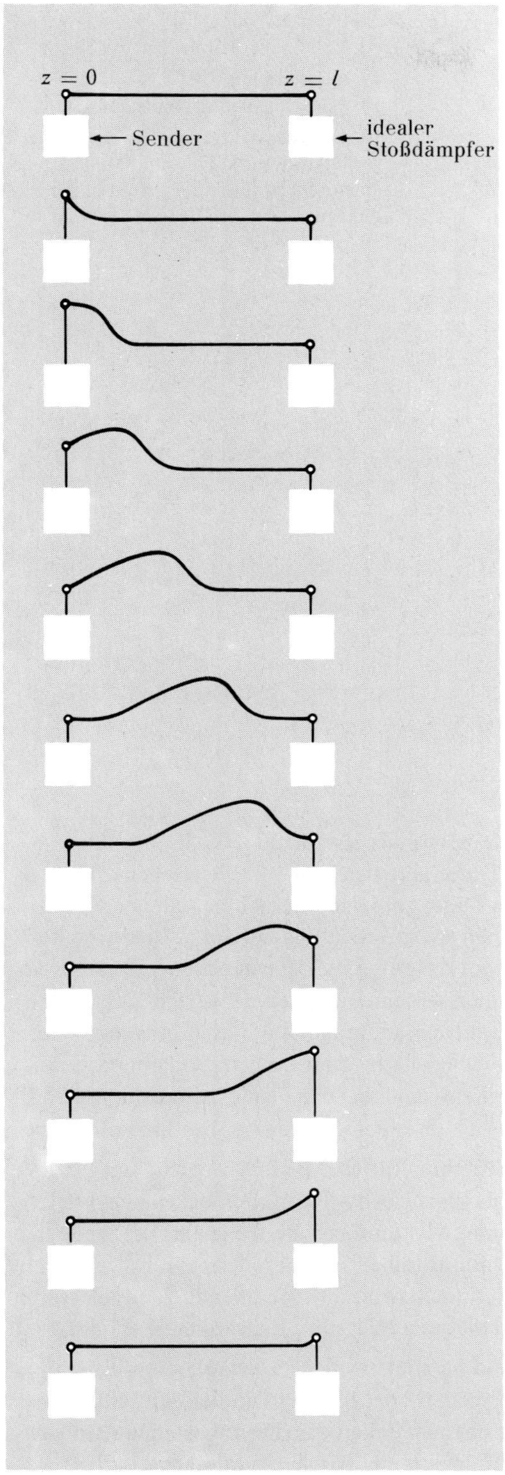

Bild 5.1. Wenn die Saite ideal abgeschlossen ist, läßt sich ihre Länge vom Sender aus nicht feststellen. Für diesen ist es gleichgültig, ob er mit einer unendlich langen Saite oder direkt mit dem Eingang des Stoßdämpfers verbunden ist. Hier zeigen wir, wie der Sender mit einer endlich langen, ideal abgeschlossenen Saite verbunden ist.

Verteilte Belastung. Ein Stoßdämpfer nimmt einen gegenüber der Wellenlänge kleinen Bereich ein und stellt daher eine „konzentrierte" resistive Belastung dar. Man kann aber auch idealen Abschluß erreichen, ohne von der Anordnung die Erfüllung der einschneidenden Widerstandsanpassungsbedingung Gl. (5.3) zu fordern. Dazu ist eine sehr lange „verteilte" Belastung geeignet, die eine kleine Dämpfungskraft liefert und in dem Punkt $z = l$ beginnt, wo die Absorption der Wellenenergie beginnen soll. Diese Dämpfungskraft wirkt dann kontinuierlich und gleichförmig in allen Punkten der Saite, in denen z größer als l ist. Absorbiert die Dämpfungskraft über eine Wellenlänge nur einen kleinen Bruchteil der Wellenenergie, so ruft sie keine wesentliche Reflexion hervor und absorbiert nach und nach die gesamte Wellenenergie.

● **Beispiel**: *2. Parallelplattenleitung.* Dieses Beispiel wird uns zu einem sehr allgemeinen Ergebnis führen. In Bild 5.2 sind das Eingangsende der Fernleitung und eine Platte aus Widerstandsmaterial dargestellt. Mit dieser Platte kann man den Sender belasten und auf diese Weise die Fernleitung ersetzen, doch läßt sich mit ihr auch ein reflexionsfreier Abschluß der Ferneleitung erzielen. Für die eingezeichnete Stromrichtung ist der Widerstand der Platte gleich dem spezifischen Widerstand ρ mal der Länge dividiert durch die Querschnittsfläche (Band 2, Abschnitt 4.7):

$$R = \rho \frac{\text{Länge}}{\text{Fläche}} = \frac{\rho \cdot g}{d \cdot w}. \tag{5.4}$$

Der Wellenwiderstand Z einer Parallelplattenleitung lautet aber (siehe Gl. (4.132))

$$Z = c\mu_0 \frac{g}{w}. \tag{5.5}$$

Soll R einen idealen Abschluß liefern, so muß die Beziehung $R = Z$ gelten. Durch Gleichsetzen der Gln. (5.4) und (5.5) finden wir

$$\frac{\rho}{d} = c\mu_0 = 377\,\Omega. \tag{5.6}$$ ●

Flächenwiderstand. Es erweist sich als nützlich, die Platte auf folgende Weise unabhängig von ihrer Dicke zu charakterisieren. Schneiden Sie aus dem Materialstück der Dicke d ein Quadrat der Seitenlänge l heraus und legen Sie eine Spannung U zwischen zwei gegenüberliegende Seiten des Quadrats. Dann fließt parallel zur Oberfläche ein Strom. Der Widerstand des Quadrats ist gleich dem spezifischen Widerstand mal der Länge l in Richtung des Stroms dividiert durch die Fläche ld senkrecht zum Strom. Daher lautet der Widerstand pro Flächeneinheit

$$R = \frac{\rho l}{ld} = \frac{\rho}{d}. \tag{5.7}$$

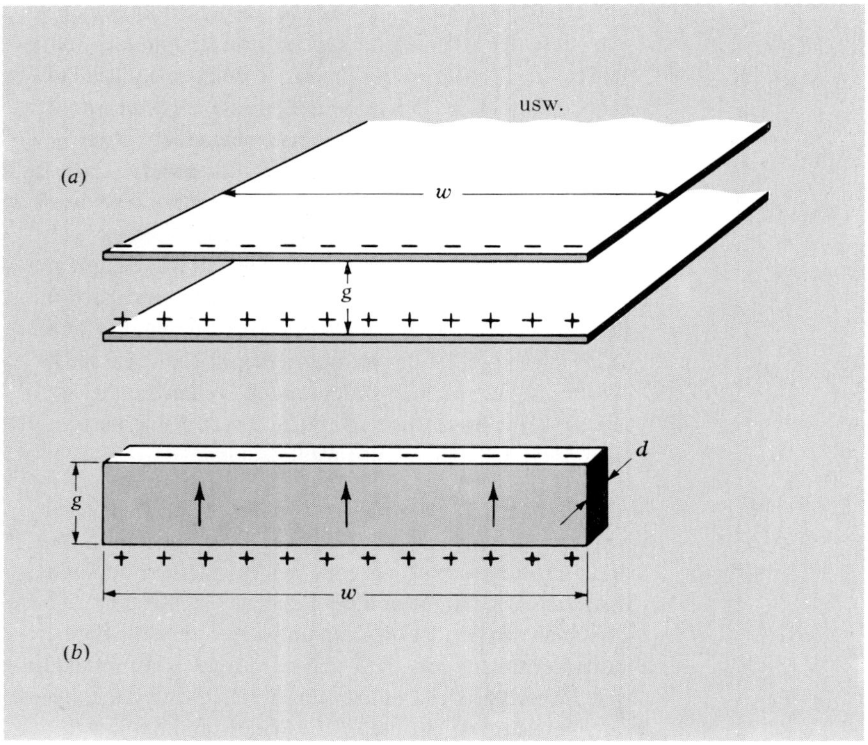

Bild 5.2
Abschluß einer Parallelplattenleitung
a) Fernleitung
b) Platte aus Widerstandsmaterial.
Ist die Potentialdifferenz an der Platte so gerichtet, wie die Plus- und Minuszeichen andeuten, so fließt der Strom in der Pfeilrichtung.

Beachten Sie, daß dieser Wert nicht von der Seitenlänge l des Quadrats abhängt. Folglich läßt sich ρ/d bei einer Platte als deren *Widerstand für ein Quadrat* beliebiger Größe für einen Strom, der von einer Seite des Quadrats zur gegenüberliegenden fließt, deuten. Gl. (5.6) sagt also aus, daß der *Flächenwiderstand* $c\mu_0 = 377\,\Omega$ *betragen muß*, um idealen Abschluß einer Parallelplattenleitung zu gewährleisten.

Der Widerstand einer ideal abschließenden Platte beträgt

$$120\,\pi\Omega = 377\,\Omega \text{ (pro Fläche).} \qquad (5.8)$$

Wir wollen untersuchen, wie man in der Praxis einen idealen Abschluß herstellen könnte. Konstruieren wir also eine Abschließungsplatte für eine Parallelplattenleitung. Die Platte soll den Flächenwiderstand 377 Ω aufweisen ($\rho/d = 377\,\Omega$), weshalb

$$d\,(\text{in m}) = \frac{\rho\,(\text{in }\Omega\,\text{m})}{377\,\Omega}. \qquad (5.9)$$

Versuchen wir es mit einer Kupferplatte: Wie dick sollte diese sein? In Tabellen finden wir bei den spezifischen Widerständen von Metallen $\rho_{Cu} \approx 1{,}7 \cdot 10^{-8}\,\Omega\,\text{m}$. Daher muß nach Gl. (5.9) die Dicke der Platte

$$d_{Cu} \approx 1{,}7 \cdot 10^{-8}\,\Omega\,\text{m}/377\,\Omega \approx 0{,}5 \cdot 10^{-10}\,\text{m}$$

betragen. Diese Dicke ist geringer als der Durchmesser eines einzelnen Kupferatoms!

Wir sind anscheinend in eine gewisse Schwierigkeit geraten. Doch zurück zu den Tabellen! Schließlich entdecken wir Kohlenstoff: Sein spezifischer Widerstand beträgt etwa $3500 \cdot 10^{-8}\,\Omega\,\text{m}$, woraus $d \approx 3500 \cdot 10^{-8}/377 \approx 10^{-7}\text{m}$ folgt. Diese Dicke läßt sich sehr wohl herstellen! Wir können etwa ein Stück Leinwand hernehmen, die einen hinreichend hohen spezifischen Widerstand aufweist, so daß ihr Flächenwiderstand sehr groß gegenüber 377 Ω ist. Hierauf mischen wir einen dünnen „Anstrich" aus Ruß (Kohlenstoffpulver) an, indem wir diesen in Wasser oder sonst einer Flüssigkeit aufschwemmen. Sodann bestreichen wir die Leinwand, bis der Flächenwiderstand 377 Ω beträgt, was sich durch ein Ohmmeter bestimmen läßt.

377-Ω-Schicht. Auf eine 377-Ω-Schicht (im Englischen auch als spacecloth = Raumtuch bezeichnet) falle von links her eine laufende ebene Welle ein. Die Welle in einer Ebene L unmittelbar links von der Schicht kann nicht wissen, ob sich rechts von ihr eine unendlich ausgedehnte Parallelplattenleitung oder ein „Raumtuch" befindet.

Gerade und parallele Wellen. Die laufenden Wellen in einem Koaxialkabel oder in einer Paralleldrahtleitung stellen keine ebenen Wellen dar. Diese bestehen nämlich definitionsgemäß aus elektrischen und magnetischen Feldern, die zu einem gegebenen Zeitpunkt t nicht von x und y, sondern nur von z (in der Ausbreitungsrichtung) abhängen. Vielmehr gehören die oben erwähnten Wellen in die allgemeinere Klasse der *geraden und parallelen Wellen*, zu der allerdings auch die ebenen Wellen zu rechnen sind. Bei geraden und parallelen Wellen dürfen die Felder **E** und **B** von x und y abhängen, doch darf sich ihre x- und y-Abhängigkeit nicht mit z, also in der Ausbreitungsrichtung, ändern. Demzufolge sind die in allgemeinen Lecherleitungen, d.h. in allen Leitungen, die sich aus Paaren gleichartiger, gerader, paralleler Drähte aufbauen lassen, auftretenden Wellen als gerade und parallele Wellen zu bezeichnen.

Mit einer 377-Ω-Schicht läßt sich *jede* Lecherleitung aus folgendem Grund ideal abschließen: Betrachten wir eine beliebige Umgebung eines bestimmten Punktes, deren zur Ausbreitungsrichtung z transversale Abmessungen Δx und Δy hinreichend klein seien. In einer solchen Umgebung ist eine einfallende gerade und parallele laufende Welle von einer ebenen Welle nicht unterscheidbar. Die Felder $\mathbf{E}(x, y, z, t)$ und $\mathbf{B}(x, y, z, t)$ dürfen also in diesem Bereich als unabhängig von x und y angesehen werden. In Abschnitt 4.4 haben wir die Beziehung für ebene Wellen in durchsichtigen Medien angegeben. Nun läßt sich mit Hilfe der Maxwell-Gleichungen allgemein zeigen, daß für gerade und parallele Wellen bei vorgegebenen Werten von x und y ganz analoge Beziehungen gelten. Bei festem x und y stehen also in einer solchen laufenden Welle die Felder $\mathbf{E}$ und $\mathbf{B}$ senkrecht aufeinander und auf $\hat{\mathbf{z}}$. Sie sind so gerichtet, daß $\mathbf{E} \times \mathbf{B}$ in die positive z-Richtung weist: $c\mathbf{B} = \hat{\mathbf{z}} \times \mathbf{E}$. Ferner wird die „lokale" Energieflußdichte in der Umgebung $\Delta x \, \Delta y$ durch einen Ausdruck beschrieben, der dem für ebene Wellen analog ist. Daher gilt für gerade und parallele laufende Wellen im Vakuum

$$S(x, y, z, t) = \frac{1}{c\mu_0} \mathbf{E}^2(x, y, z, t), \qquad (5.10)$$

wobei S die Energieflußdichte in $\mathrm{W/m^2}$ bedeutet. Diese Beziehung zwischen der Energieflußdichte und den Feldern ist lokal gleich der für ebene Wellen. Deshalb heben die „I^2R-Verluste", die von den durch gerade und parallele Wellen in der absorbierenden Stoffbespannung induzierten Strömen herrühren, wie bei ebenen Wellen gerade die einfallende Energieflußdichte auf. Infolgedessen verschluckt das Raumtuch eine einfallende gerade und parallele Welle in jeder vorgegebenen Umgebung ohne Reflexion, solange ihr Widerstand 377 Ω beträgt.

Abschluß einer ebenen Welle im freien Raum. Nach der obigen Diskussion könnten Sie vermuten, daß ein Raumtuch nicht nur für ebene Wellen in einer Parallelplattenleitung einen idealen Abschluß liefert, sondern auch für solche im freien Raum. Diese Vermutung erscheint zwar vernünftig, sie ist jedoch falsch. Trifft eine ebene Welle auf eine 377-Ω-Schicht, so erfährt sie genau die *Hälfte* des für idealen Abschluß notwendigen Widerstandes von 377 Ω.

Diesen Faktor $\frac{1}{2}$ können wir leicht verstehen, wenn wir die Parallelplattenleitung betrachten. Erstreckt sie sich von $z = -\infty$ bis $z = +\infty$, so läßt sich eine von links einfallende Welle abschließen, indem man bei $z = 0$ ein Raumtuch über dem Querschnitt anbringt. *Voraussetzung* dazu ist, daß wir zusätzlich den Rest des Leiters abtrennen, der sich von $z = 0$ bis $z = +\infty$ erstreckt. Unterlassen wir dies, so liegt die Spannung der einfallenden Welle bei $z = 0$ an zwei parallelgeschalteten gleich großen Widerständen an: an der 377-Ω-Schicht und an der unendlichen Fortsetzung des Leiters. Daher erfährt die Welle einen aus zwei gleich großen parallelgeschalteten Einzelwiderständen zusammengesetzten Gesamtwiderstand, der halb so groß ist wie jeder der Einzelwiderstände. Dies ist auch der Fall, wenn eine ebene Welle im leeren Raum auf ein Raumtuch auftrifft: Die in jedem Augenblick am Raumtuch anliegende Spannung liegt ebenso an der rechts davon befindlichen unendlichen Fortsetzung des leeren Raumes an. Daher ist der resultierende Wellenwiderstand gerade halb so groß wie der des Raumtuchs oder des leeren Raums. Die Welle wird nicht vollständig absorbiert, sondern teilweise reflektiert, teilweise absorbiert und teilweise durchgelassen.

Wie kann man den leeren Raum rechts von einem Raumtuch „abtrennen"? Im Falle der Fernleitung ist das einfach: Sie können die Leitung mit einer Säge durchschneiden. Dadurch entsteht ein unendlich großer Wellenwiderstand, so daß der rechts liegende Teil der Fernleitung „abgetrennt" ist. Die einfallende Welle trifft dann eine Parallelschaltung aus Raumtuch und unendlichem Wellenwiderstand an: Der resultierende Wellenwiderstand ist der des Raumtuchs. Nun kann man im leeren Raum keinen „Sägeschnitt" durchführen, um einen unendlichen Wellenwiderstand zu erhalten. Es gibt jedoch einen genialen Trick, mit dem sich der Raum rechts von $z = 0$ für eine harmonische Welle mit einer einzigen festen Wellenlänge „effektiv" abtrennen läßt. Dieser Trick funktioniert sowohl im leeren Raum als auch bei der Fernleitung. Betrachten Sie die Fernleitung: Anstatt mit einem Sägeschnitt bei $z = 0$ „abzutrennen", kann man durch eine ideal leitende Platte (d.h. eine Platte mit verschwindendem spezifischem Widerstand) „kurzschließen". Dieser Kurzschluß soll nicht bei $z = 0$, sondern bei $z = \frac{1}{4}\lambda$ auftreten, weshalb dann die Spannung an dieser Stelle verschwindet. Vor Anbringung des Raumtuchs weisen Spannung und Strom links vom Kurzschluß den Verlauf stehender Wellen auf, und es zeigt sich, daß die Stellen verschwindenden Stroms von jenen verschwindender Spannung eine Viertelwellenlänge entfernt sind. Daher ist der Strom bei $z = 0$ immer gleich Null. Das System verhält sich also so, als träte ein durch einen Sägeschnitt bei $z = 0$ verursachter unendlicher Wellenwiderstand auf, denn gerade bei einem solchen verschwindet ja der Strom. Somit wird der rechte Teil der Fernleitung durch einen Kurzschluß bei $z = \frac{1}{4}\lambda$ an der Stelle $z = 0$ effektiv „abgetrennt".

Derselbe Trick funktioniert auch im leeren Raum: Eine ebene Welle wird durch ein Raumtuch bei $z = 0$ abgeschlossen, wenn auf dieses eine ideal leitende Platte (ein „Spiegel") bei $z = \frac{1}{4}\lambda$ folgt. Dann wird die gesamte Wellenenergie von dem Raumtuch verschluckt.

Bei Wellen auf einer Saite war der Eingang unseres „idealen Stoßdämpfers" mit der Saite verbunden. Der zweite bewegte Teil der Vorrichtung, der sich zur Erzeugung von Reibungsdämpfung relativ zum Eingang bewegt, war hingegen an einer starren Halterung befestigt. Diese Anordnung hat denselben Effekt wie die Verbindung mit einer weiteren Saite unendlicher Massendichte, die sich von $z = 0$ bis $z = +\infty$ erstreckt, denn eine solche würde unendlichen Wellenwiderstand aufweisen. Man erzielt auf diese Weise denselben Effekt wie bei der Fernleitung durch den Sägeschnitt, weshalb die Dämpfungsvorrichtung idealen Abschluß bewirkt. Nun könnte aber der zweite bewegte Teil der Dämpfungsvorrichtung mit einer Saite vom Wellenwiderstand Z_2 verbunden sein, die sich von $z = 0$ bis $z = +\infty$ erstreckt. Dann würde die einfallende Welle bei $z = 0$ einen Wellenwiderstand erfahren, der einer Parallelschaltung des Eingangswiderstandes der Dämpfungsvorrichtung und des Wellenwiderstandes Z_2 der Fortsetzung der Saite äquivalent wäre. Genau wie bei der Fernleitung und im leeren Raum können wir auch für Wellen auf einer Saite idealen Abschluß erreichen. Dazu müssen wir den zweiten bewegten Teil der Dämpfungsvorrichtung entweder mit einer starren Halterung oder mit einem Saitenstück der Länge $\frac{1}{4}\lambda$ verbinden, das an einem reibungsfrei längs eines Stabes gleitenden Ring befestigt ist. Dieses Saitenstück erzeugt am Stab einen verschwindenden, an der Dämpfungsvorrichtung hingegen einen unendlichen Wellenwiderstand und bewirkt so, daß sich der Ausgang der Dämpfungsvorrichtung nicht bewegt (siehe Übung 32).

Andere Möglichkeiten des idealen Abschlusses. Es ist nicht immer leicht, eine gute 377-Ω-Schicht herzustellen. Vielleicht sind Sie mit der reflexionsfreien Wellenabsorption durch eine verteilte Belastung zufrieden, die einen großen Raumbereich einnimmt. Dann brauchen Sie die Bedingung der Widerstandsanpassung, die bei idealem Abschluß durch ein Raumtuch gelten muß, nicht zu erfüllen. Soll z.B. der Strahl einer Taschenlampe mit vernachlässigbarer Reflexion absorbiert werden, so können Sie ihn durch ein Loch in der Wand einer großen, lichtdichten Kartonschachtel schicken. Kleiden Sie die Schachtel mit schwarzem (absorbierendem) Material aus und bauen Sie einige Ablenkplatten ein, so daß das Licht vor dem Austritt nochmals reflektiert wird. Betrachten Sie eine solche Öffnung bei hellem Tageslicht, sieht sie viel schwärzer aus als ein gewöhnlicher schwarzer Gegenstand wie z.B. Kerzenruß. Eine derartige „schwarze Oberfläche" ist von einem idealen Raumtuch nicht zu unterscheiden, weil im wesentlichen keine in die Öffnung eintretende Strahlung diese wieder verläßt. Es ist, als erstreckte sich das durchsichtige Medium – die Luft – bis ins Unendliche.

5.3. Reflexion und Transmission

Kontinuierliche Saite. Eine halbseitig unendliche Saite mit dem Wellenwiderstand Z_1 erstrecke sich von $z = -\infty$ bis $z = 0$. Bei $z = 0$ sei sie mit dem Eingang einer Dämpfungsvorrichtung verbunden, deren Eingangswiderstand Z_2 ungleich Z_1 sei. Bei $z = -\infty$ befinde sich ein Sender, der laufende Wellen in die positive z-Richtung emittiert. Folglich tritt eine einfallende Welle

$$\psi_{\text{ein}}(z, t) = A\cos(\omega t - kz) \tag{5.11}$$

auf. Bei $z = 0$ wird sie durch

$$\psi_{\text{ein}}(0, t) = A\cos\omega t \tag{5.12}$$

beschrieben, wobei in Gl. (5.11) z gleich Null gesetzt wurde.

Wie ein fehlangepaßter Belastungswiderstand Reflexion erzeugt. Bezeichnen wir den letzten Punkt der Saite mit L (für „links"), den Eingang der Dämpfungsvorrichtung mit R (für „rechts"). Betrüge deren Eingangswiderstand Z_1, so wäre er dem Wellenwiderstand der Saite „angepaßt". In diesem Falle würde unsere Dämpfungsvorrichtung die einfallende Welle reflexionsfrei abschließen, und die von ihr auf die Saite ausgeübte „Abschlußkraft" wäre

$$F_{\text{ab}}(\text{R auf L}) = -Z_1 \frac{\partial\psi_{\text{ein}}(0, t)}{\partial t}. \tag{5.13}$$

Die gesamte Kraft $F(\text{R auf L})$ kann man als Überlagerung dieser Abschlußkraft und einer *Überschußkraft* ansehen. Die Überschußkraft $F_{\text{üb}}$ gibt die Differenz der gesamten Kraft gegenüber dem für die Absorption der einfallenden Welle notwendigen Wert an. Sie erzeugt eine in die negative z-Richtung laufende Welle, genauso als wäre R der Ausgangspunkt eines Senders. Diese Welle wird als die reflektierte Welle $\psi_{\text{ref}}(z, t)$ bezeichnet. Wie immer bei der Emission einer laufenden Welle, ist auch für sie an der Stelle $z = 0$ die erregende Kraft gleich dem Wellenwiderstand mal der Geschwindigkeit:

$$Z_1 \frac{\partial\psi_{\text{ref}}(0, t)}{\partial t} = F_{\text{üb}}(\text{R auf L}). \tag{5.14}$$

Hier tritt die Kraft $F_{\text{üb}}(\text{R auf L})$ so auf, als würde sie von einem Sender erzeugt. Die Gesamtkraft $F(\text{R auf L})$ ist gleich der Überlagerung der Abschlußkraft und der Überschußkraft, die beide „unabhängig voneinander" wirken:

$$F(\text{R auf L}) = F_{\text{ab}}(\text{R auf L}) + F_{\text{üb}}(\text{R auf L}). \tag{5.15}$$

Durch Kombination der Gln. (5.13), (5.14) und (5.15) erhalten wir

$$F(\text{R auf L}) = -Z_1 \frac{\partial\psi_{\text{ein}}(0, t)}{\partial t} + Z_1 \frac{\partial\psi_{\text{ref}}(0, t)}{\partial t}. \tag{5.16}$$

Nun rührt die gesamte Kraft $F(\text{R auf L})$ von der Reibungskraft der Dämpfungsvorrichtung her, die gleich $-Z_2$ mal der Geschwindigkeit des Punktes L ist. Diese Geschwindigkeit stellt die Überlagerung der Beiträge der einfallenden und der reflektierten Welle dar:

$$\frac{\partial\psi(0,t)}{\partial t} = \frac{\partial\psi_{\text{ein}}(0,t)}{\partial t} + \frac{\partial\psi_{\text{ref}}(0,t)}{\partial t}. \tag{5.17}$$

Also lautet die von der Dämpfungsvorrichtung ausgeübte Reibungskraft

$$F(\text{R auf L}) = -Z_2\frac{\partial\psi(0,t)}{\partial t}$$
$$= -Z_2\frac{\partial\psi_{\text{ein}}(0,t)}{\partial t} - Z_2\frac{\partial\psi_{\text{ref}}(0,t)}{\partial t}. \tag{5.18}$$

Durch Gleichsetzen der rechten Seiten der Gln. (5.16) und (5.18) erhalten wir bei $z = 0$

$$-Z_1\frac{\partial\psi_{\text{ein}}}{\partial t} + Z_1\frac{\partial\psi_{\text{ref}}}{\partial t} = -Z_2\frac{\partial\psi_{\text{ein}}}{\partial t} - Z_2\frac{\partial\psi_{\text{ref}}}{\partial t},$$

d.h.,

$$\frac{\partial\psi_{\text{ref}}(0,t)}{\partial t} = \left[\frac{Z_1 - Z_2}{Z_1 + Z_2}\right]\frac{\partial\psi_{\text{ein}}(0,t)}{\partial t}. \tag{5.19}$$

Reflexionskoeffizient. Integrieren wir beide Seiten der Gl. (5.19) und setzen die Integrationskonstante Null, so erhalten wir

$$\psi_{\text{ref}}(0,t) = R_{12}\,\psi_{\text{ein}}(0,t) = R_{12}\,A\cos\omega t. \tag{5.20}$$

Hierbei wird die Größe R_{12}, der sogenannte *Reflexionskoeffizient* für die Auslenkung ψ, durch

$$\boxed{R_{12} = \frac{Z_1 - Z_2}{Z_1 + Z_2}} \tag{5.21}$$

angegeben. Nun stellt die reflektierte Welle eine in die negative z-Richtung laufende sinusförmige Welle dar. Deshalb erhält man ihre Form für $z < 0$ aus ihrem Verlauf bei $z = 0$, indem man die Variablen $z = 0$ und t durch z und $t + z/v_\varphi$ ersetzt; v_φ ist der Betrag der Phasengeschwindigkeit. Somit

$$\psi_{\text{ref}}(z,t) = R_{12}A\cos\left[\omega\left(t + \frac{z}{v_\varphi}\right)\right]$$
$$= R_{12}A\cos(\omega t + kz). \tag{5.22}$$

Die gesamte Auslenkung $\psi(z,t)$ ist gleich der Überlagerung

$$\psi(z,t) = \psi_{\text{ein}}(z,t) + \psi_{\text{ref}}(z,t),$$

d.h.,

$$\psi(z,t) = A\cos(\omega t - kz) + R_{12}A\cos(\omega t + kz). \tag{5.23}$$

Rücktreibende Kraft und Auslenkung werden mit verschiedenen Vorzeichen reflektiert. Die physikalisch interessanten Wellengrößen bei transversalen Wellen auf einer Saite sind neben der Auslenkung $\psi(z,t)$ auch die transversale Geschwindigkeit $\partial\psi(z,t)/\partial t$ und der transversale Spannungsanteil $-T_0\,\partial\psi(z,t)/\partial z$. Diese letzte Größe gibt die rücktreibende Kraft an, die von dem links von z liegenden Teil der Saite auf den rechts von z liegenden ausgeübt wird. Aus den Gln. (5.19) und (5.20) ersehen wir, daß die Geschwindigkeitswelle $\partial\psi(z,t)/\partial t$ denselben Reflexionskoeffizienten wie die Auslenkungswelle $\psi(z,t)$ hat. Die Welle der „rücktreibenden Kraft" $-T_0\,\partial\psi(z,t)/\partial z$ hat jedoch seinen Reflexionskoeffizienten, der zwar denselben Betrag wie der für $\partial\psi/\partial t$, jedoch *entgegengesetztes* Vorzeichen aufweist. Somit gilt

$$\left.\begin{aligned}\psi_{\text{ein}} &= A\cos(\omega t - kz),\\ \psi_{\text{ref}} &= R_{12}A\cos(\omega t + kz);\end{aligned}\right\} \tag{5.24}$$

$$\left.\begin{aligned}\frac{\partial\psi_{\text{ein}}}{\partial t} &= -\omega A\sin(\omega t - kz),\\ \frac{\partial\psi_{\text{ref}}}{\partial t} &= R_{12}[-\omega A\sin(\omega t + kz)];\end{aligned}\right\} \tag{5.25}$$

$$\left.\begin{aligned}\frac{\partial\psi_{\text{ein}}}{\partial z} &= kA\sin(\omega t - kz),\\ \frac{\partial\psi_{\text{ref}}}{\partial z} &= -R_{12}[kA\sin(\omega t + kz)].\end{aligned}\right\} \tag{5.26}$$

Gemäß Gl. (5.25) ist der von der reflektierten Welle bei $z = 0$ gelieferte Geschwindigkeitsanteil R_{12} mal dem von der einfallenden Welle gelieferten Anteil. Ferner ist nach den Gln. (5.26) der von der reflektierten Welle bei $z = 0$ gelieferte Anteil der rücktreibenden Kraft $-R_{12}$ mal dem von der einfallenden Welle gelieferten Anteil. Wir können daher die Gln. (5.24), (5.25) und (5.26) zusammenfassen, indem wir *Reflexionskoeffizienten* für ψ, $\partial\psi/\partial t$ und $\partial\psi/\partial z$ definieren:

$$R_\psi = R_{\partial\psi/\partial t} = R_{12} = \frac{Z_1 - Z_2}{Z_1 + Z_2}, \tag{5.27}$$

$$R_{\partial\psi/\partial z} = -R_{12}. \tag{5.28}$$

Beachten Sie, daß R_{12} zwischen -1 und $+1$ liegen muß.

Reflexion an einer Grenzfläche zwischen dispergierenden Medien. Die Saite mit dem Wellenwiderstand Z_1, die sich von $z = -\infty$ bis $z = 0$ erstreckt, sei an der Stelle $z = 0$ mit einer Saite vom Wellenwiderstand Z_2 verbunden. Diese erstrecke sich von $z = 0$ bis $z = +\infty$. Dann ist es für den unmittelbar links von $z = 0$ liegenden Punkt L gleichgültig, ob der unmittelbar rechts von $z = 0$ liegende Punkt R der Beginn einer unendlichen Saite vom Wellenwiderstand Z_2 ist oder bloß der Eingang einer Dämpfungsvorrichtung vom Eingangswiderstand Z_2. Daher liefern uns die in den Gln. (5.27) und (5.28) definierten Reflexionskoeffizienten wieder die reflektierte Welle im Medium 1. Beachten Sie, daß $R_{21} = -R_{12}$. Folglich wird das Vorzeichen des Reflexionskoeffizienten umgekehrt, wenn man die Eigenschaften der beiden Medien untereinander vertauscht. Läuft beispielsweise eine Welle von einer leichten Saite auf eine schwere Saite derselben Spannung, so ist R negativ; geht sie jedoch von einer schweren Saite auf eine leichte über, so ist R positiv.

Durchgang durch die Grenzfläche zwischen dispergierenden Medien. Der Punkt bei $z = 0$ führt unter dem gemeinsamen Einfluß der einfallenden und der reflektierten Welle im Medium 1 harmonische Schwingungen aus. Er wirkt dann als Quelle laufender Wellen, die in der positiven z-Richtung in das Medium 2 hineinlaufen. Wir wollen die durchgehenden Wellen der Auslenkung ψ_2, der transversalen Geschwindigkeit $\partial\psi_2/\partial t$ und der rücktreibenden Kraft $-T_2\,\partial\psi_2/\partial z$ ermitteln (der Index 2 bezieht sich auf die durchgehende Welle im Medium 2). Dazu werden wir die *Randbedingungen* benutzen.

Randbedingungen und Stetigkeit. Diese Randbedingungen sagen aus, daß $\psi(z, t)$ unmittelbar links von der Grenzfläche denselben Wert hat wie rechts davon: *Die Auslenkung* $\psi(z, t)$ *ist stetig.* Folglich *ist auch die Geschwindigkeit* $\partial\psi/\partial t$ *stetig, ebenso die rücktreibende Kraft* $-T_0\,\partial\psi(z, t)/\partial z$. Die Randbedingungen der Stetigkeit von Auslenkung und Geschwindigkeit eines Saitenpunktes sind evident und bedürfen keiner Erklärung. Hingegen ist die Randbedingung für die rücktreibende Kraft nicht so selbstverständlich. Z.B. hätten Sie vermuten können, daß nicht das Produkt aus Spannung und Anstieg, sondern vielmehr der Anstieg $\partial\psi(z, t)/\partial z$ selbst stetig sei. Doch wenn sich die Spannung an der Grenze ändert, weist die Saite dort einen „Knick“ auf. Der Anstieg ist in diesem Falle nicht stetig, wohl aber ist es das Produkt aus Spannung und Anstieg. Die Stetigkeit der rücktreibenden Kraft läßt sich folgendermaßen einsehen: Stellen Sie sich ein bei $z = 0$ liegendes infinitesimales Massenelement vor. Vom links liegenden Teil der Saite erfährt diese Masse die transversale Kraft $-T_1\,\partial\psi_1/\partial z$, vom rechts liegenden hingegen die transversale Kraft $+T_2\,\partial\psi_2/\partial z$. Die Überlagerung dieser beiden Kräfte ist gleich der Masse des infinitesimalen Elements mal seiner Beschleunigung. Die Masse ist aber gleich Null, weshalb auch die Überlagerung den Wert Null hat

$$-T_1\frac{\partial\psi_1}{\partial z} + T_2\frac{\partial\psi_2}{\partial z} = 0 \quad \text{bei } z = 0.$$

Diese Beziehung sagt aus, daß $T_0\,\partial\psi/\partial z$ stetig ist. (*Anmerkung:* Wir verwenden T_0 zur Bezeichnung der Gleichgewichts-Saitenspannung im allgemeinen, T_1 und T_2 hingegen zur Bezeichnung der Gleichgewichts-Saitenspannungen in den Medien 1 bzw. 2.)

Durchlässigkeit. Die Größe $\varphi(z, t)$ bezeichne irgendeine der drei Wellengrößen: Auslenkung, Geschwindigkeit und rücktreibende Kraft. Im Medium 1 ist die Wellenfunktion $\varphi(z, t)$ gleich der Überlagerung

$$\varphi_1(z, t) = \varphi_0\cos(\omega t - k_1 z) + R\varphi_0\cos(\omega t + k_1 z). \quad (5.29)$$

Hier ist gemäß den Gln. (5.27) und (5.28) der Reflexionskoeffizient R gleich $R_{12} = (Z_1 - Z_2)/(Z_1 + Z_2)$, wenn $\varphi(z, t)$ die Auslenkung oder die Geschwindigkeit darstellt, und gleich $-R_{12}$, wenn $\varphi(z, t)$ die rücktreibende Kraft bedeutet. Im Medium 2 beschreibt dieselbe Wellengröße $\varphi(z, t)$ eine nur in die positive z-Richtung laufende Welle. Nach Voraussetzung liegt nämlich die einzige äußere erregende Kraft bei $z = -\infty$, und diese erzeugt die einfallende Welle. Die Unstetigkeit ruft dann eine reflektierte und eine durchgehende Welle hervor. Es ist jedoch nichts vorhanden, was im Medium 2 eine in der negativen z-Richtung laufende Welle erzeugen würde. Wir können also $\varphi(z, t)$ anschreiben und gleichzeitig die Durchlässigkeit für die Amplitude, den *Transmissionskoeffizienten* T, definieren

$$\varphi_2(z, t) = T\varphi_0\cos(\omega t - k_2 z). \quad (5.30)$$

Die Bedingung der Stetigkeit von $\varphi(z, t)$ an der Grenze $z = 0$ liefert

$$\varphi_2(0, t) = \varphi_1(0, t),$$

d.h.,

$$T\varphi_0\cos\omega t = \varphi_0(1 + R)\cos\omega t,$$

somit

$$\boxed{T = 1 + R.} \quad (5.31)$$

Für ψ und $\partial\psi/\partial t$ ist R gleich R_{12}, für die rücktreibende Kraft $-T\,\partial\psi/\partial z$ hingegen gleich $-R_{12}$. (*Anmerkung:* Wir verwenden den Großbuchstaben T sowohl für die Saitenspannung als auch für den Transmissionskoeffizienten. Außer bei der Saite wird dies keinerlei Verwirrung mit sich bringen.)

Beachten Sie, daß T zwischen Null und $+2$ liegen muß, da R zwischen -1 und $+1$ liegt. Daher *ist der Transmissionskoeffizient immer positiv*.

Wir betrachten nun einige interessante Grenzfälle:

Fall 1: *Ideale Widerstandsanpassung.* Wenn $Z_2 = Z_1$, so tritt keine reflektierte Welle auf: R_{12} ist gleich Null. Beachten Sie dabei, daß aus der Bedingung $Z_2 = Z_1$ nicht notwendigerweise die Gleichartigkeit der beiden Medien folgt. Ändern sich Saitendichte *und* Saitenspannung an einer Verbindungsstelle so, daß ihr Produkt konstant bleibt, dann sind die Wellenwiderstände $Z_1 = \sqrt{T_1\rho_1}$ und $Z_2 = \sqrt{T_2\rho_2}$ einander gleich. Die Phasengeschwindigkeiten $v_1 = \sqrt{T_1/\rho_1}$ und $v_2 = \sqrt{T_2/\rho_2}$ werden jedoch in den beiden Medien nicht dieselben sein.

Fall 2: *Unendliche Dämpfung.* Ist Z_2/Z_1 „Unendlich“, so hat R_{12} den Wert -1, und *der Punkt* $z = 0$ bleibt *in Ruhe*. Auslenkung und Geschwindigkeit haben den Reflexionskoeffizienten -1, so daß die Überlagerung der einfallenden und der reflektierten Welle bei $z = 0$ verschwindende Auslenkung und Geschwindigkeit liefert. Ein einfallender Impuls positiver Auslenkung wird durch die Reflexion zu einem Impuls negativer Auslenkung. Der Reflexionskoeffizient für die transversale Kraft beträgt $+1$. Daher weist die bei $z = 0$ auf die Saite ausgeübte Kraft in dieselbe Richtung wie bei idealem Abschluß,

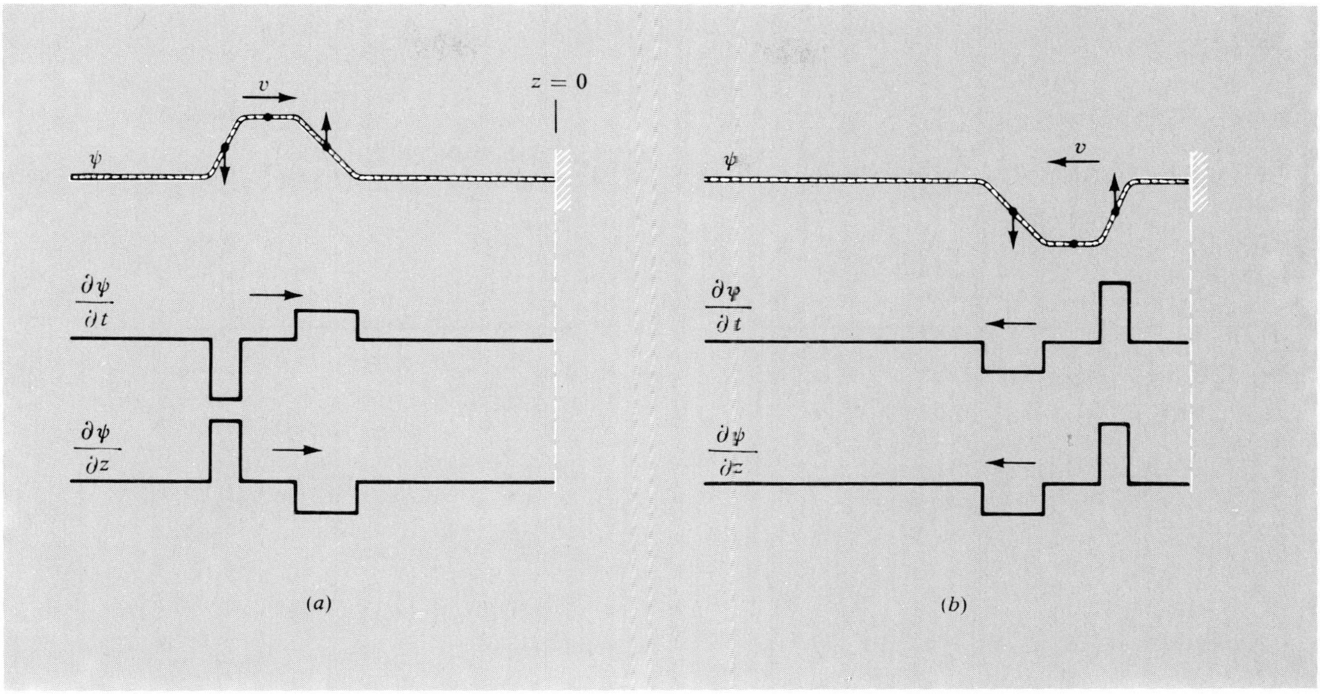

Bild 5.3. Reflexion eines einfallenden Impulses an einem festen Saitenende: a) vor der Reflexion, b) nach der Reflexion. (Die Saite ist bei $z = 0$ mit einer Saite unendlicher Massendichte verbunden.) Die kleinen senkrechten Pfeile zeigen die augenblickliche Saitengeschwindigkeit in den drei eingezeichneten Punkten an. Der mittlere Punkt stellt einen Pfeil der Länge Null dar.

doch hat sie den doppelten Wert der dazu benötigten Kraft. Die Überschußkraft ist deshalb nach unten gerichtet, und sie erzeugt einen reflektierten Impuls negativer Amplitude, dessen Beitrag gleich dem des einfallenden Impulses ist.

Fall 3: *Verschwindende Dämpfung.* Ist Z_2/Z_1 gleich Null, so stellt das Saitenende bei $z = 0$ ein *freies Ende* dar. Dann bleibt der Saitenanstieg an dieser Stelle gleich Null, und der Reflexionskoeffizient für die rücktreibende Kraft ist gleich -1. Ein einfallender Impuls positiver rücktreibender Kraft wird durch die Reflexion zu einem negativen Impuls. Die Reflexionskoeffizienten für Auslenkung und Geschwindigkeit sind gleich $+1$, und die Saite hat bei $z = 0$ eine doppelt so hohe Geschwindigkeit wie bei idealer Widerstandsanpassung. Ein einfallender Impuls positiver Auslenkung ist nach der Reflexion weiterhin positiv.

Die Grenzfälle mit Z_2/Z_1 gleich Null und Unendlich sind in den Bildern 5.3 und 5.4 veranschaulicht.

Allgemeine Form einer sinusförmigen Welle. Treten im Medium 1 eine einfallende und eine reflektierte Welle auf, so gilt

$$\psi(z, t) = A\cos(\omega t - kz) + RA\cos(\omega t + kz), \quad (5.32)$$

wobei R den Reflexionskoeffizienten bedeutet, der zwischen -1 und $+1$ liegt. Ist R gleich Null, so erfährt die Welle einen idealen Abschluß, und $\psi(z, t)$ ist eine „reine" laufende Welle; sie breitet sich nur in der positiven z-Richtung aus. Ist R gleich -1, so stellt $\psi(z, t)$ eine „reine" stehende Welle dar und weist ständige Knoten (Nullstellen) auf. Für R gleich $+1$ ist $\psi(z, t)$ wieder eine reine stehende Welle, jedoch mit einem ständigen Bauch (maximaler Betrag) bei $z = 0$ und folglich mit einem ständigen Knoten in einer Viertelwellenlänge-Entfernung von $z = 0$. Ist R weder gleich Null noch gleich $+1$, so beschreibt $\psi(z, t)$ weder eine reine stehende noch eine reine laufende Welle, sondern eine allgemeinere sinusförmige Welle. Nun kann man die allgemeinste sinusförmige Welle (bei gegebener Frequenz ω) *entweder* als Überlagerung stehender Wellen *oder* als Überlagerung laufender Wellen (oder als Kombination von beiden) anschreiben. Daher läßt sich jede solche Welle $\psi(z, t)$ in der Form

$$\psi(z, t) = A\cos(\omega t + \alpha)\sin kz + B\cos(\omega t + \beta)\cos kz \quad (5.33)$$

ausdrücken. Dies ist eine Überlagerung *zweier stehender Wellen* mit verschiedenen Amplituden und Phasenkonstanten. Ihre Knoten sind *um eine Viertelwellenlänge* versetzt. *Dieselbe* Welle $\psi(z, t)$ läßt sich jedoch noch anders ausdrücken:

$$\psi(z, t) = C\cos(\omega t - kz + \gamma) + D\cos(\omega t + kz + \delta). \quad (5.34)$$

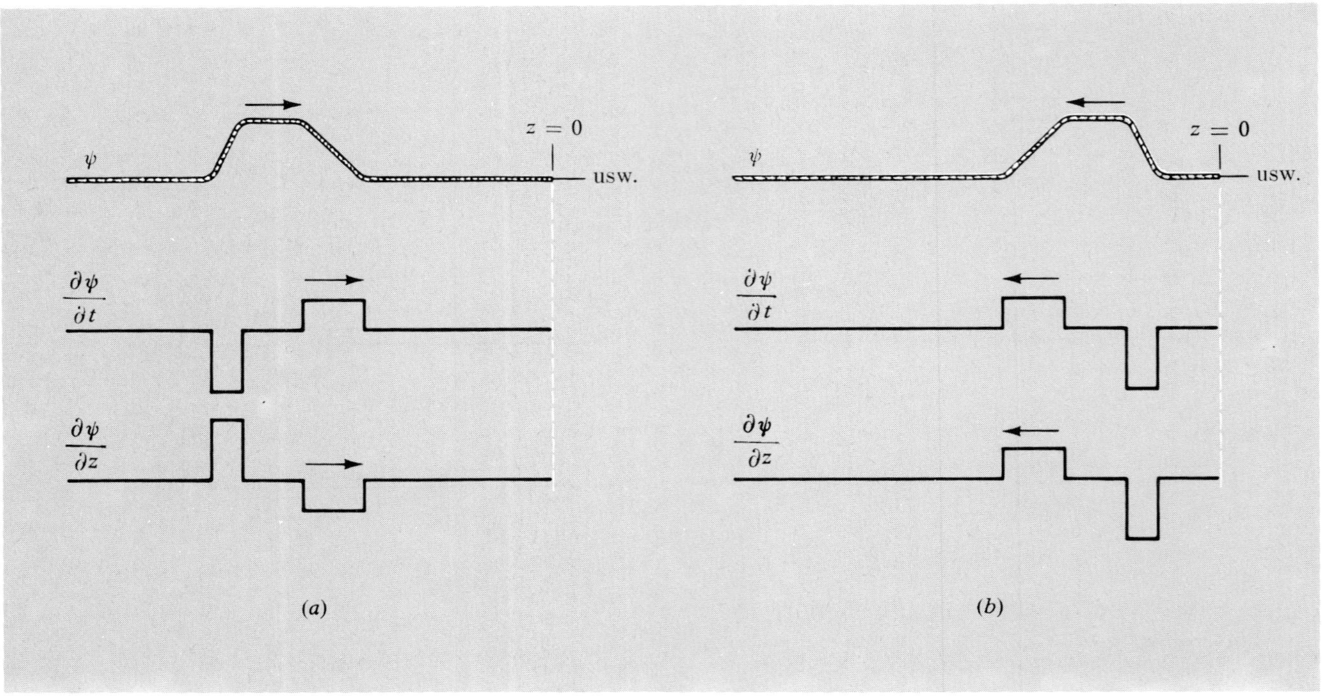

Bild 5.4. Reflexion eines Impulses an einem freien Ende: a) vor der Reflexion, b) nach der Reflexion. (Die Saite ist bei $z = 0$ mit einer Saite vernachlässigbarer Massendichte verbunden.)

Dies ist eine Überlagerung *zweier laufender Wellen, die sich in entgegengesetzten Richtungen ausbreiten* und unterschiedliche Amplituden und Phasenkonstanten aufweisen. Z.B. ist die durch Gl. (5.32) angegebene Welle als Überlagerung laufender Wellen dargestellt, doch läßt sie sich auch als Überlagerung stehender Wellen anschreiben. Dies überlassen wir Ihnen (Übung 20).

Es werden nun einige physikalische Beispiele zur Reflexion beschrieben.

● **Beispiele**: *3. Reflexion von Schallwellen.* Die Gleichungen für Schallwellen sind denen für longitudinale Wellen auf einer Feder ähnlich, und diese wiederum ähneln den Gleichungen für transversale Wellen auf einer kontinuierlichen Saite. Ohne die Arbeit zu wiederholen, können wir daher die bei der Saite erhaltenen Ergebnisse für den Reflexions- und den Transmissionskoeffizienten (die Durchlässigkeit) übernehmen. Die Geschwindigkeit der Luft ist $\partial\psi/\partial t$. Der Überdruck $-\gamma p_0\, \partial\psi/\partial z$ entspricht der rücktreibenden Kraft $-T_0\, \partial\psi/\partial z$ bei der Saite.

Geschlossenes Ende. An einem geschlossenen Röhrenende ist die mittlere Geschwindigkeit der Luftmoleküle in der z-Richtung stets Null. Zu jedem Molekül, das sich in der positiven z-Richtung nach rechts auf die Wand zu bewegt, gibt es ein anderes, das soeben von der Wand abgeprallt ist und sich nach links bewegt. Daher muß die Geschwindigkeitswelle $\partial\psi/\partial t$ an einem geschlossenen Ende den Reflexionskoeffizienten -1 aufweisen, so daß die Überlagerung der einfallenden und der reflektierten Geschwindigkeitswellen den Wert Null ergibt. Die zweite physikalisch interessante Welle ist diejenige der durch den Überdruck erzeugten „rücktreibenden Kraft“ $-\gamma p_0\, \partial\psi/\partial z$. Gemäß den für die Saite durchgeführten mathematischen Schritten muß der Reflexionskoeffizient des Überdrucks zwar denselben Betrag wie der der Geschwindigkeitswelle, jedoch entgegengesetztes Vorzeichen haben. Also muß der Überdruck an einem geschlossenen Ende mit dem Reflexionskoeffizienten $+1$ reflektiert werden. Er hat somit an einem geschlossenen Ende dasselbe Vorzeichen wie bei einer ideal abgeschlossenen Schallwelle, jedoch den doppelten Betrag. Durch „mikroskopische“ Betrachtungsweise können wir uns klarmachen, weshalb der Druck an einem geschlossenen Ende doppelt so hoch ist, als ob die Röhre hier fortgesetzt würde: Druck ist gleich Kraft pro Flächeneinheit, Kraft gleich Impulsübertrag pro Zeiteinheit. Ein Molekül, das elastisch an einer Wand abprallt, erhält eine entgegengesetzte Impulskomponente in der z-Richtung. Ist die Wand rauh, so gilt diese Aussage zwar nicht für jeden Molekülstoß, sie gilt jedoch im Mittel; das ist alles, was wir fordern. So überträgt ein Molekül doppelt so viele Impulse, als wenn es ohne Abprallen absorbiert würde oder einfach seine Bahn längs der Röhre fortsetzte.

Offenes Ende. An einem offenen Röhrenende tritt eine experimentelle Schwierigkeit auf: Die Luft soll nicht ins Vakuum entweichen. Doch was geschieht, wenn wir die Röhre wie bei Ihren Heimversuchen mit Kartonröhren in einen großen luftgefüllten Raum münden lassen, wo derselbe Druck p_0 herrscht wie in der Röhre? Am offenen Röhrenende kann die Luft ungehindert ein- und austreten, weshalb die Geschwindigkeitswelle nicht wie beim geschlossenen Ende verschwinden muß. An Stellen im Raum, die vom offenen Röhrenende hinreichend weit entfernt sind, hat der Druck p fortwährend seinen Gleichgewichtswert p_0. Genau am Röhrenende beträgt er jedoch nicht exakt p_0, weil sich die aus der Röhre austretenden Druckwellen dort noch bemerkbar machen. Im Röhreninneren bewegt sich die Schallwelle ausschließlich in der z-Richtung fort. Sobald jedoch z.B. eine Verdichtung das offene Röhrenende erreicht, kann die Luft nach der Seite ausweichen. Folglich wird die Verdichtung mit zunehmender Entfernung vom Röhrenende rasch „abgeschwächt", bis der Druck in einer bestimmten Entfernung (von der Größenordnung eines Röhrenradius) vom Röhrenende im wesentlichen gleich p_0 ist. Mündet also eine Röhre in einen großen Raum, so ist der Überdruck ab einer bestimmten Stelle nahe dem offenen Röhrenende zu allen Zeiten annähernd gleich Null. Wir wollen diese näherungsweise definierte Stelle als „effektives" offenes Ende der Röhre bezeichnen. Da der Überdruck dort andauernd verschwindet, muß sein Reflexionskoeffizient an einem offenen Ende gleich -1 sein. Folglich beträgt der Reflexionskoeffizient für die Geschwindigkeit $+1$. Der Wellenwiderstand Z_2 des Raumes ist effektiv gleich Null, weil die Luft ungehindert nach der Seite strömen kann. Unsere Wellenwiderstandsformel $Z = \sqrt{\gamma p_0 \rho_0}$ darf für den Wellenwiderstand des Raumes nicht verwendet werden, da sie unter der Annahme rein longitudinaler Bewegung hergeleitet wurde.

Wir bringen nun ein „mikroskopisches" Bild der Vorgänge, die sich an einem effektiven offenen Ende abspielen. Was geschieht, wenn eine Verdichtung ein offenes Ende erreicht? Während sie auf das offene Ende zuläuft, schiebt sie die vor ihr befindliche Luft an und verleiht ihr longitudinalen Impuls. Gleichzeitig wird sie von der hinter ihr befindlichen Luft angestoßen und erhält von dieser Impuls. Erreicht nun die Verdichtung plötzlich das offene Ende, so tritt vor ihr kein Wellenwiderstand mehr auf. Die Luft strömt ohne Impulsübertragung in den Raum hinaus. Dieses „übermäßige" Ausströmen von Luft ruft am offenen Ende einen Unterdruck (eine Verdünnung) hervor. Die hinter dieser Verdünnung liegende Luft erfährt nun weniger Widerstand als „gewöhnlich" und drängt nach, um sie aufzufüllen. Dadurch bewegt sich die Verdünnung weiter in die Röhre hinein, weiter innen liegende Moleküle drängen nach usw. Wir stellen also fest, daß eine in der positiven z-Richtung fortschreitende *Verdichtung* eine in der negativen z-Richtung fortschreitende *Verdünnung* hervorruft: Ein Impuls mit positiver z-Komponente der Geschwindigkeit breitet sich in der positiven z-Richtung aus und erzeugt einen anderen Impuls, in dem die z-Komponente der Geschwindigkeit ebenfalls positiv ist. Die Moleküle strömen nämlich immer in der positiven z-Richtung nach, um die Verdünnung aufzufüllen. Der neue Impuls schreitet jedoch in der negativen z-Richtung fort. An einem offenen Ende ist also der Reflexionskoeffizient für die Geschwindigkeitswelle positiv, der für die Druckwelle hingegen negativ.

Effektive Länge einer Röhre mit offenen Enden. Die effektive Entfernung von einem offenen Röhrenende, in der der Überdruck verschwindet, läßt sich experimentell auf folgende Weise bestimmen. Betrachten Sie eine an beiden Enden offene Kartonröhe. In ihrer freien Grundschwingung ist die effektive Röhrenlänge gleich einer halben Wellenlänge. Strömt die Luft zu einem bestimmten Zeitpunkt am rechten Röhrenende nach rechts, so strömt sie gleichzeitig am linken Ende nach links. In der Mitte der Röhre ist die Geschwindigkeit der Luft andauernd gleich Null, so daß an dieser Stelle ein Knoten der stehenden Geschwindigkeitswelle liegt. Gleichzeitig befindet sich an dieser Stelle ein Bauch der stehenden Druckwelle. Schlagen Sie nun, um die effektive Länge zu ermitteln, die Röhre leicht gegen irgendeinen Gegenstand, so daß Sie ihren Ton vernehmen. Dabei werden Sie die Grundschwingung hören, die sich am leichtesten anregen läßt. Bestimmen Sie nun auf irgendeine Weise die Tonhöhe und berechnen Sie sodann die halbe Wellenlänge des Schalls bei dieser Tonhöhe (Frequenz). Sie wird etwas größer als die Röhrenlänge sein und kann als effektive Länge der Röhre betrachtet werden. Sie läßt sich leichter bestimmen, wenn man die Röhre durch eine Normalfrequenz erregt, etwa durch Verwendung einer Stimmgabel. Verändern Sie hierauf die Röhrenlänge: Schneiden Sie verschiedene Stücke ab, wenn die Röhre zu lang ist, oder schieben Sie eine „teleskopartige" Verlängerung hin und her. Stellen Sie damit Resonanz her; suchen Sie also die maximale Lautstärke der Schallstrahlung auf, die aus der durch die Stimmgabel erregten Röhre austritt. Im Resonanzzustand ist die Tonhöhe der freien Schwingungen, die durch Anschlagen der Röhre angeregt werden, dieselbe wie die der erregenden Stimmgabel. Bei Längen hingegen, die keiner Resonanz entsprechen, ist die Eigenfrequenz von der Stimmgabelfrequenz verschieden. Welche Frequenz hören Sie, wenn Sie die nicht im Resonanzzustand befindliche Röhre mit der Stimmgabel erregen: die Eigenfrequenz oder die Stimmgabelfrequenz? Siehe die Heimversuche. •

• *4. Reflexion in Fernleitungen.* Ein Sender, der sich am linken Ende L einer unendlich langen Fernleitung vom Wellenwiderstand Z_1 befinde, liefere eine erregende Spannung $U(t)$. Diese erzeugt in der kontinuierlichen

Näherung eine laufende Stromwelle $I(z, t)$, für die beim Sender an der Stelle $z = 0$

$$U_0 \cos \omega t = U(t) = Z_1 I(0, t). \tag{5.35}$$

Die laufenden Strom- und Spannungswellen lauten

$$U(z, t) = U_0 \cos(\omega t - k_1 z),$$
$$I = I_0 \cos(\omega t - k_1 z),$$
$$U_0 = Z_1 I_0. \tag{5.36}$$

An einer Grenzfläche, an der der Wellenwiderstand plötzlich von Z_1 in Z_2 übergeht, entstehen eine reflektierte und eine durchgehende Welle. Es ist nicht nötig, die bei der Saite durchgeführten Schritte zu wiederholen, denn Reflexions- und Transmissionskoeffizient weisen eine Form auf, die der bei Wellen auf einer Saite und bei Schallwellen analog ist. Doch vor dem Anschreiben dieser Gleichungen wollen wir die physikalischen Vorgänge auch für die Grenzfälle betrachten, in denen der Wellenwiderstand Z_2 am Ende der Leitung gleich Null (Beispiel 5) und Unendlich (Beispiel 6) ist. •

• *5. Kurzgeschlossenes Ende – Verschwindender Wellenwiderstand.* Wird das rechte Ende der Fernleitung durch einen vernachlässigbaren Widerstand kurzgeschlossen, so ist die an diesem Ende auftretende Spannung andauernd Null. Der Reflexionskoeffizient für die Spannung ist daher an einem kurzgeschlossenen Ende immer gleich -1. Hingegen hat der Strom den Reflexionskoeffizienten $+1$ und am Leitungsende einen doppelt so hohen Betrag wie bei idealem Abschluß der Fernleitung. Eine in der positiven z-Richtung fortschreitende Wellenfront positiver Spannung wird als Wellenfront negativer Spannung, ein Impuls positiven Stroms als Impuls positiven Stroms reflektiert. •

• *6. Offenes Ende – Unendlicher Wellenwiderstand.* Liegt am rechten Ende ein unendlicher Widerstand oder bleibt das Ende überhaupt „offen", so kann kein Strom von einem Leiter zum anderen übertreten. Daher ist der Strom an einem offenen Ende andauernd Null, und sein Reflexionskoeffizient muß gleich -1 sein. Der Reflexionskoeffizient für die Spannung ist dann gleich $+1$.

Aus den obigen physikalischen Überlegungen können wir die Reflexionskoeffizienten für die Spannung U und den Strom I herleiten:

$$R_U = \frac{Z_2 - Z_1}{Z_2 + Z_1} \equiv -R_{12}, \quad R_1 = -R_U. \tag{5.37}$$

Zur Probe stellen wir fest, daß Gl. (5.37) für $Z_2 = 0$ (kurzgeschlossenes Ende) $R_U = -1$ liefert, wie es sein muß; für $Z_2 = \infty$ (offenes Ende) liefert sie $R_1 = -1$. •

Parallelplattenleitung. Ihr Wellenwiderstand lautet (Gl. (4.140))

$$Z = \sqrt{\frac{\mu\mu_0}{\epsilon\epsilon_0}}\,\frac{g}{w}. \tag{5.38}$$

Wird also z.B. der Abstand g zwischen Leiter 1 und 2 verdoppelt, so verdoppelt sich auch der Wellenwiderstand.

Reflexionskoeffizienten für die Felder. Statt das Potential und den Strom zu betrachten, können wir unser Augenmerk auf das elektrische Feld E_x und das magnetische Feld B_y richten. In einer Fernleitung ist das elektrische Feld proportional U, das magnetische proportional I. Daher haben wir

$$gE_x = U,$$
$$wB_y = \mu\mu_0 I. \tag{5.39}$$

Einfallende und reflektierte Welle liegen beide auf der linken Seite der Fernleitung und finden daher denselben Abstand g, dieselbe Breite w und dieselbe Permeabilität μ vor. Daraus ersehen wir, daß der Reflexionskoeffizient für E_x gleich dem für U und der für B_y gleich dem für I ist. Zwischen der reflektierten Stromwelle und der reflektierten Magnetfeldwelle tritt kein „zusätzliches" Minuszeichen auf. Überzeugen Sie sich davon mit Hilfe einer Skizze und der Rechte-Hand-Regel. Andererseits sehen wir, daß der *Transmissionskoeffizient* für gE_x derselbe ist wie der für U. Ähnlich ist der Transmissionskoeffizient für wB_y/μ gleich dem von I. Wir werden jedoch nur die Reflexionskoeffizienten betrachten. Es gilt

$$\text{Elektrisches Feld:} \quad R_E = \frac{Z_2 - Z_1}{Z_2 + Z_1}. \tag{5.40}$$

Der Reflexionskoeffizient des magnetischen Feldes B_y hat denselben Betrag wie der des elektrischen Feldes E_x, jedoch entgegengesetztes Vorzeichen.

In Beispiel 7 untersuchen wir einen wichtigen Spezialfall.

• **Beispiele**: *7. Reflexion in einer Fernleitung mit einer Unstetigkeit in* ϵ. Wir nehmen an, die Geometrie des Querschnitts (Breite w, Abstand g) und die magnetische Permeabilität μ bleiben an der Grenzfläche ungeändert; für viele wichtige Medien wie Glas, Wasser, Luft gilt sehr genau $\mu = 1$. Dann ist aufgrund unserer Annahme nach Gl. (5.38) die Dielektrizitätskonstante die einzige Größe im Wellenwiderstand Z, die sich an der Grenzfläche ändert. Somit ist Z proportional $1/\sqrt{\epsilon}$ oder $1/n$, da $n = \sqrt{\epsilon}$ im Falle $\mu = 1$ den Brechungsindex darstellt. Setzen wir in Gl. (5.40) $Z_1 = 1/n_1$ und $Z_2 = 1/n_2$ und multiplizieren wir die Gleichung mit $n_1 n_2$, um die Brüche zu beseitigen, so erhalten wir

$$\boxed{R_E = \frac{n_1 - n_2}{n_1 + n_2}.} \tag{5.41}$$

Nun werden wir den Anwendungsbereich dieses Ergebnisses erweitern. Lassen Sie die Abstände der Platten gegen Unendlich gehen und die Breiten proportional dazu anwachsen. Die Reflexionskoeffizienten der lokalen Felder können nicht von den Randbedingungen abhängen.

Daher müßte Gl. (5.41) auch dann gelten, wenn die einfallende Welle von einer entfernten Straßenlampe oder Fernsehantenne ausgesandt wird. *Die durch Gl. (5.41) gegebenen Koeffizienten gelten für beliebige gerade und parallele elektromagnetische Wellen, die senkrecht auf eine Fläche auftreffen, wo sich die Dielektrizitätskonstante plötzlich (innerhalb von weniger als einer Wellenlänge) ändert.* •

Wir können dieses Ergebnis unmittelbar auf den interessanten Fall von sichtbarem Licht anwenden:

• *8. Reflexion sichtbaren Lichts.* Der durch Gl. (5.41) angegebene Reflexionskoeffizient gilt für jede ebene elektromagnetische Welle, die nach senkrechtem Einfall auf eine Grenzfläche zwischen zwei durchsichtigen Medien mit $\mu = 1$ reflektiert wird. Wenn wir also die Brechungsindizes von Luft und Glas für sichtbares Licht mit 1,00 bzw. 1,50 annehmen, so gilt beim Übergang *von Luft in Glas*

$$R_E = \frac{1-n}{1+n} = \frac{1-1{,}5}{1+1{,}5} = -\frac{1}{5}. \qquad (5.42)$$

Das elektrische Feld ändert also sein Vorzeichen, und sein Betrag wird um den Faktor 5 vermindert. Beim Übergang von Glas in Luft hat der Reflexionskoeffizient hingegen das entgegengesetzte Vorzeichen und beträgt daher $+\frac{1}{5}$. Die reflektierte Intensität ist dem Quadrat des elektrischen Feldes proportional. Daher beträgt der Bruchteil der an einer einzigen Luft-Glas-Grenzfläche reflektierten Lichtintensität $\frac{1}{25}$; 4 % der einfallenden Lichtintensität werden also bei senkrechtem Einfall reflektiert (siehe Übung 1). •

5.4. Widerstandsanpassung zwischen zwei durchsichtigen Medien

Nehmen Sie an, wir wollten laufende Wellen von einem Medium in ein anderes schicken, ohne eine reflektierte Welle zu erzeugen. Beispielsweise soll Schallenergie aus der Luft innerhalb eines Lautsprechers reflexionsfrei in die Luft des Zimmers gesendet werden. Reflexionen sind unerwünscht, weil sie den effektiven Belastungswiderstand, den der erregende Mechanismus erfährt, teilweise reaktiv machen. Ein derartiger Widerstand ändert sich mit der Frequenz, weshalb bei manchen Frequenzen unerwünschte Resonanzen auftreten können. In einem anderen Fall sollen z. B. laufende Wellen sichtbaren Lichts reflexionsfrei aus Luft in eine Glaslinse oder -platte übergehen. Dabei mag die Reflexion wegen des Verlustes an Lichtintensität unerwünscht sein; auch soll kein reflektiertes Licht in irgendeinen anderen Teil des Gerätes eindringen. In einem weiteren Fall wollen wir beispielsweise eine Methode finden, nach der zwei mit Unterwasser-Atemgerät ausgerüstete Taucher unter Wasser miteinander sprechen können. Jeder Taucher kann laut in eine Taucherbrille, die sowohl den Mund als auch die Augen und die Nase bedeckt, hineinsprechen. Es geht jedoch sehr wenig von der Schallwelle durch das Glas der Taucherbrille ins Wasser über, weil der Transmissionskoeffizient T_{12} sehr klein ist. Der Schallwiderstand des Wassers ist nämlich von dem der Luft stark verschieden.

Die Lösung des Problems, laufende Wellen reflexionsfrei von einem Medium in ein anderes hinüberzusenden, heißt *Widerstandsanpassung*. Wir werden zwei Methoden diskutieren. die der „reflexionsfreien Schicht" und die des „veränderlichen Brechungsindex". Es zeigt sich, daß keine dieser Methoden das Kommunikationsproblem der Taucher löst. Die Lösung fand man, indem man die Hörfrequenzen der Stimme in Ultraschallfrequenzen umwandelte, bevor man sie ins Wasser schickte. Bei diesen Frequenzen können nämlich leichter die Widerstände angepaßt werden. Jeder Taucher ist mit einem Ultraschallsender und -empfänger sowie mit einem Frequenzwandler ausgerüstet.

Reflexionsfreie Schicht. Medium 1 erstrecke sich von $z = -\infty$ bis $z = 0$, eine Vorrichtung zur Widerstandsanpassung (Medium 2) hingegen von $z = 0$ bis $z = l$, Medium 3 schließlich von $z = l$ bis $z = +\infty$. Wir wollen die Widerstände der Medien 1 und 3 für Wellen der Kreisfrequenz ω einander anpassen. Es soll also keine reflektierte Welle auftreten, wenn eine aus Medium 1 kommende Welle in die positive z-Richtung läuft. Nun kann man keine bei einer Unstetigkeit des Wellenwiderstandes auftretende Reflexion „ausschalten". Der geniale Trick der Widerstandsanpassung besteht in der Ausnutzung der Tatsache, daß wir *zwei* reflektierte Wellen herstellen können: je eine durch eine Unstetigkeit bei $z = 0$ und durch eine solche bei $z = l$. Durch geschicktes Vorgehen erreicht man die *Überlagerung* dieser beiden Wellen im Medium 1 zu einer resultierenden reflektierten Welle mit verschwindender Amplitude.

Wir füllen nun den Breich von $z = 0$ bis $z = l$ mit einem dispergierenden Medium vom Wellenwiderstand Z_2 an. Es erscheint vernünftig, daß Z_2 bei der Lösung des Widerstandsanpassungsproblems zwischen Z_1 und Z_3 liegen wird. Nehmen wir an, dies sei der Fall. Gemäß unserer Gleichung für die Reflexionskoeffizienten gilt

$$R_{12} = \frac{Z_1 - Z_2}{Z_1 + Z_2} = \frac{1-(Z_2/Z_1)}{1+(Z_2/Z_1)},$$
$$R_{23} = \frac{Z_2 - Z_3}{Z_2 + Z_3} = \frac{1-(Z_3/Z_2)}{1+(Z_3/Z_2)}. \qquad (5.43)$$

Daher haben die beiden Reflexionskoeffizienten R_{12} und R_{23} unter der Annahme $Z_1 < Z_2 < Z_3$ dasselbe Vorzeichen. Auf den ersten Blick erscheint dies entmutigend, denn die reflektierten Wellen sollen einander auslöschen. Wir haben aber bis jetzt noch nicht berücksichtigt, daß die beiden reflektierten Wellen an zwei verschiedenen

Stellen erzeugt werden, nämlich bei $z = 0$ und $z = l$. Folgen wir nun einem einfallenden Wellenberg: Bei $z = 0$ wird die einfallende Welle mit dem Reflexionskoeffizienten R_{12} teilweise reflektiert, teilweise geht sie hindurch, wobei der Transmissionskoeffizient T_{12} immer positiv ist. Die hindurchgehende Welle breitet sich nach $z = l$ aus, wo sie mit dem Reflexionskoeffizienten R_{23} teilweise reflektiert wird und teilweise hindurchgeht. Die jetzt reflektierte Welle läuft nach $z = 0$ zurück, wo sie mit dem Transmissionskoeffizienten T_{21} teilweise hindurchgeht. So tritt sie bei $z = 0$ in der negativen z-Richtung ins Medium 1 über. Ihre Amplitude ist gleich der Amplitude der einfallenden Welle mal $T_{12} R_{23} T_{21}$; ihre Phasenkonstante unterscheidet sich von der der an der ersten Grenzfläche reflektierten Welle wegen der zeitlichen Verzögerung, die durch einen Hin- und Hergang mit der Gesamtstrecke $2l$ im Medium 2 verursacht wird. Somit haben wir im Medium 1

$$\psi_{\text{ein}} = A \cos(\omega t - k_1 z), \tag{5.44}$$

$$\psi_{(\text{ref bei } z = 0)} = R_{12} A \cos(\omega t + k_1 z), \tag{5.45}$$

$$\psi_{(\text{ref bei } z = l)} = T_{12} R_{23} T_{21} A \cos(\omega t + k_1 z - 2k_2 l), \tag{5.46}$$

wobei $-2k_2 l$ den Phasenunterschied (in Radiant) bedeutet, der einem Hin- und Hergang der Gesamtstrecke $2l$ mit der Wellenzahl k_2 entspricht. Das Minuszeichen kommt daher, daß ein *Phasenrückstand* (eine Verzögerung) vorliegt. Die einfallende Welle sowie die beiden durch die Gln. (5.45) und (5.46) angegebenen reflektierten Wellen sind in Bild 5.5 angedeutet.

Näherung für schwache Reflexion. Außer den beiden beschriebenen treten noch unendlich viele weitere reflektierte Wellen auf, die durch den Strahl mit der Bezeichnung „usw." in Bild 5.5 angedeutet sind. Nun unterscheiden sich Z_1, Z_2 und Z_3 bei allen unseren Anwendungen

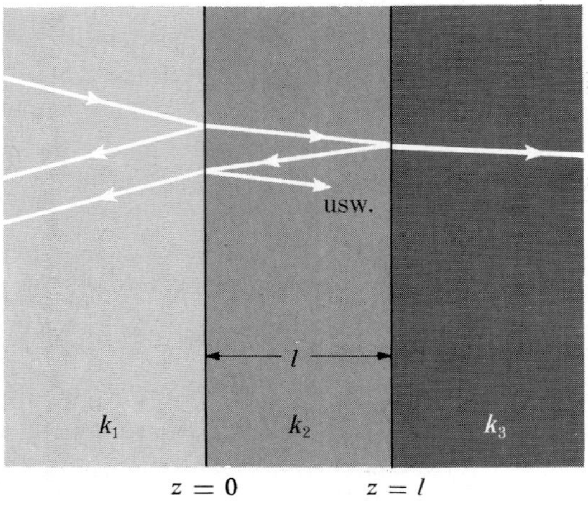

Bild 5.5. Die einfallende Welle und die beiden ersten reflektierten Wellen. Zur Vermeidung von Überschneidungen in der Skizze sind die Strahlen als schräg einfallend dargestellt.

nicht sehr stark voneinander, weshalb die Reflexionskoeffizienten klein gegenüber Eins sind. In diesem Falle zeigt sich, daß die ersten beiden reflektierten Wellen, nämlich die dargestellten, vorherrschen. Daher dürfen wir in guter Näherung die zusätzlichen Beiträge, die von innerer Vielfachreflexion herrühren, vernachlässigen. Beispielsweise hat der nächste reflektierte Strahl, der berücksichtigt werden müßte, eine um den Faktor $R_{21} R_{23}$ kleinere Amplitude als der zweite reflektierte Strahl. Wir können diesen Faktor gegenüber Eins vernachlässigen, wenn z.B. R_{21} und R_{23} von der Größenordnung 0,1 sind. In derselben Näherung dürfen wir in Gl. (5.46) $T_{12} T_{21}$ durch Eins ersetzen:

$$T_{12} T_{21} = (1 + R_{12})(1 - R_{12}) = 1 - R_{12}^2 \approx 1. \tag{5.47}$$

Somit ist die gesamte reflektierte Welle in dieser *Näherung für schwache Reflexion* gleich der Summe jener beiden Beiträge von $z = 0$ und $z = l$, die mit Hilfe der Gln. (5.47) und (5.46) lauten

$$\psi_{\text{ref}} \approx R_{12} A \cos(\omega t + k_1 z) + R_{23} A \cos(\omega t + k_1 z - 2k_2 l). \tag{5.48}$$

Hierbei gibt die Größe $2k_2 l$ die durch einen Hin- und Hergang verursachte Phasenverschiebung an.

Widerstandsanpassung mittels einer reflexionsfreien Schicht. Die Lösung des Widerstandsanpassungsproblems liegt nun auf der Hand: Wählen Sie als erstes Z_2 so, daß $R_{12} = R_{23}$ und folglich nach Gl. (5.43)

$$\frac{Z_1}{Z_2} = \frac{Z_2}{Z_3}, \qquad Z_2 = \sqrt{Z_1 Z_3}. \tag{5.49}$$

Dann wird aus Gl. (5.48)

$$\psi_{\text{ref}} \approx R_{12} A [\cos(\omega t + k_1 z) + \cos(\omega t + k_1 z - 2k_2 l)]. \tag{5.50}$$

Wählen Sie nun die Länge l so, daß die beiden Beiträge zu dieser Überlagerung einander durch „vollkommen destruktive Interferenz" auslöschen. Dies wird dann der Fall sein, wenn $2k_2 l$ gleich π und somit die Strecke $2l$ eines Hin- und Hergangs gleich einer Wellenlänge im Medium 2 ist. *Die resultierende reflektierte Welle verschwindet, wenn Z_2 das geometrische Mittel aus Z_1 und Z_3 und die Dicke l der reflexionsfreien Schicht gleich einer Viertelwellenlänge in der Schicht ist.*

• **Beispiel**: *9. Optische Widerstandsanpassung.* Durchläuft ein Strahl sichtbaren Lichts eine Glasplatte, so geht er durch zwei Grenzflächen. An jeder erleidet die *Intensität* eine Reflexion. Diese wird durch das Quadrat des Amplitudenreflexionskoeffizienten beschrieben, da ja die Intensität dem zeitlichen Mittelwert des Quadrats des elektrischen Feldes proportional ist. Daher tritt nach Gl. (5.42) an jeder Grenzfläche ein Intensitätsverlust von $(\frac{1}{5})^2 = \frac{1}{25} = 4\,\%$ auf. Beim Durchgang durch die zwei Oberflächen einer Glasplatte entsteht also ein Verlust von $8\,\%$. Dabei vernachlässigen wir die „Interferenz", die von der Überlagerung an den beiden Grenzflächen reflektierten Wellen herrührt. Bei gewöhnlichem „weißem" Licht ergeben diese Interferenzeffekte Null, wenn wir über ein breites Farbband mitteln. Siehe hierzu trotzdem Übung 10. Der erwähnte Intensitätsverlust ist in optischen Geräten mit vielen Glas-Luft-Grenzflächen untragbar, weshalb es allgemein üblich ist, Linsen durch eine reflexionsfreie Schicht zu „vergüten". Nach unserem Ergebnis von Gl. (5.49) soll der Wellenwiderstand der Vergütungsschicht gleich dem geometrischen Mittel der Wellenwiderstände von Luft und Glas sein. Daher muß der Brechungsindex der Vergütungsschicht gleich der Quadratwurzel aus n sein und folglich für Glas $\sqrt{1{,}50} \approx 1{,}22$ betragen. Die Schicht muß $\frac{1}{4}\lambda$ dick sein, wobei λ die Wellenlänge des Lichts in der Schicht bedeutet. Für Licht der Vakuumwellenlänge 550 nm beträgt die Wellenlänge in der Schicht $550\,\text{nm}/1{,}22 \approx 450\,\text{nm}$, weshalb die Vergütungsschicht $450\,\text{nm}/4 \approx 112\,\text{nm} = 1{,}12 \cdot 10^{-7}$ m dick sein muß.

Diese Dicke läßt sich wie folgt herstellen: Man bringt das zu vergütende Glasstück, etwa eine Linse, in eine Vakuumkammer. Diese enthält ein kleines Verdampfungsgefäß, in dem das Vergütungsmaterial bis zum Verdampfen erhitzt wird. Die Moleküle des verdampften Materials fliegen geradlinig nach allen Richtungen und erzeugen auf der dem Verdampfungsgefäß zugekehrten Seite der Linse einen glatten Überzug.

Eine interessante Frage ist die folgende: Eine Glaslinse sei mit einer reflexionsfreien Vergütungsschicht überzogen, deren Dicke für grünes Licht der Vakuumwellenlänge 550 nm gleich $\frac{1}{4}\lambda$ betrage. Dann ist die Reflexion für grünes Licht Null. Wie groß ist aber die reflektierte Intensität *anderer* Farben (siehe Übung 21)? •

Veränderlicher Brechungsindex. Die reflexionsfreie Schicht von einer Viertelwellenlänge Dicke hat eine unter Umständen unangenehme Eigenschaft: Man erzielt mit ihr nur bei bestimmten Frequenzen gute Ergebnisse. Steht uns hingegen genügend Raum zur Verfügung, so können wir das Problem viel besser lösen. Nehmen Sie an, der Widerstand verändere sich allmählich längs einer Strecke l. Diese sei groß gegenüber allen Wellenlängen, die wir reflexionsfrei hindurchschicken wollen. Stellen wir uns nun der Einfachheit halber vor, der Wellenwiderstand wachse in einer Reihe winziger diskreter Stufen an, die in der z-Richtung im Abstand $\frac{1}{4}\lambda$ aufeinanderfolgen. Dabei stellt λ irgendeine der verwendeten Wellenlängen dar. Offenbar werden dann alle reflektierten Wellen verschwinden, wenn die von einer winzigen Stufe bei z reflektierte Amplitude durch die von der nächsten Stufe, die um $\frac{1}{4}\lambda$ weiter in der Ausbreitungsrichtung liegt, ausgelöscht wird. Dabei vernachlässigen wir Vielfachreflexionen. Nun wird aber die Reflexion an einer infinitesimalen Stufe, wo der Wellenwiderstand von Z_1 auf $Z_2 = Z_1 + \Delta Z$ anwächst, durch den infinitesimalen Reflexionskoeffizienten ΔR beschrieben:

$$\Delta R = \frac{Z_1 - Z_2}{Z_1 + Z_2} \approx \frac{-\Delta Z}{2Z} \approx \frac{-1}{2Z}\left[\frac{dZ(z)}{dz}\right]\left(\frac{1}{4}\lambda\right). \qquad (5.51)$$

Die an einer infinitesimalen Stufe entstehende reflektierte Welle soll durch die von der nächsten Stufe, die eine Viertelwellenlänge weiter in der Ausbreitungsrichtung liegt, ausgelöscht werden. Dann muß aber ΔR eine von z unabhängige Konstante sein, die wir mit α bezeichnen wollen. Somit folgt, wenn man in Gl. (5.51) $\Delta R = \alpha$ setzt,

$$\frac{dZ}{Z} = -\frac{8\alpha}{\lambda}dz. \qquad (5.52)$$

• **Beispiele**: *10. Exponentieller Trichter.* Nehmen wir an, λ sei eine von z unabhängige Konstante, wie beispielsweise bei Schallwellen in der Luft einer Röhre, deren Wellenwiderstand sich wegen des veränderlichen Durchmessers ändert. Wie Sie leicht zeigen können, liefert die Integration der Gl. (5.52) in diesem Falle einen exponentiellen Verlauf des Wellenwiderstandes Z mit der Entfernung.

Bei High-fidelity-Lautsprechern wird allgemein ein exponentieller Schalltrichter verwendet, so daß die schwingende Membran mit der Oberfläche A_1 die Schallenergie reflexionsfrei an den Raum übertragen kann. Dadurch läßt sich der Wellenwiderstand, der dem A_1 erregenden Mechanismus entgegenwirkt, den Eigenschaften dieses Mechanismus anpassen. Nehmen Sie jedoch an, A_1 sei die Fläche einer zylindrischen Röhre, die an einem Ende erregt wird und übergangslos im Raum endet. Eine solche Röhre würde bei jeder Wellenlänge in Resonanz geraten, bei der das offene und das erregte Ende Geschwindigkeitsknoten aufweisen. Dies würde die Musik verzerren. •

• *11. Veränderlicher Brechungsindex.* Ähnlich läßt sich mit der Methode des *veränderlichen Brechungsindex* optische Widerstandsanpassung erreichen. Dazu überzieht man das betreffende optische Element mit aufeinanderfolgenden dünnen Schichten aus verschiedenen Materialien, deren Brechungsindizes zwischen n_1 und n_2 variieren. So erreicht man, daß sich der Brechungsindex stufenweise von n_1 bis n_2 ändert. Diese Methode ist zwar besser als eine einzige reflexionsfreie Vergütungsschicht, sie ist jedoch technisch anspruchsvoller. Außerdem ist in diesem Falle die erforderliche z-Abhängigkeit nicht exponentiell. Wie sieht sie aus? (Übung 22) •

5.5. Reflexion in dünnen Schichten

Interferenzlinien. In jeder Schachtel mit einem Dutzend Mikroskopgläsern wird man öfter beobachten, wie zwei Gläser dicht aneinanderkleben und schön gefärbte „Interferenzlinien" zeigen. Breitet sich ein auf heißes Wasser aufgebrachter Tropfen Maschinenöl zu einer hinreichend dünnen Schicht aus, so zeigt er dieselbe Art farbiger Interferenzlinien. Diese entstehen durch die Interferenz des an der vorderen Grenzfläche reflektierten Lichts mit dem an der hinteren Grenzfläche der dünnen Schicht reflektierten. Nehmen Sie an, zwischen zwei Mikroskopgläsern liege eine dünne Luftschicht. Wo sich die Gläser berühren, ist die Dicke der Schicht gleich Null. Dort tritt natürlich keine Interferenz auf. Denn die an der ersten Grenzfläche reflektierte Welle hat wegen $R_{21} = -R_{12}$ das entgegengesetzte Vorzeichen zu dem der Welle, die an der zweiten Grenzfläche reflektiert wird. Außerdem tritt wegen der verschwindenden Strecke eines Hin- und Hergangs keine Phasenverschiebung auf, so daß die beiden Beiträge einander auslöschen. Andernfalls hätte man ein Paradoxon, und die gesamte optische Theorie würde zusammenbrechen! Wächst nun der Abstand von Null auf $\frac{1}{2}\lambda$, so beträgt die Strecke für einen Hin- und Hergang λ. Die Phasendifferenz der beiden Beiträge nimmt somit um 2π zu, und es herrscht wieder Reflexionsfreiheit. In der Mitte zwischen diesen aufeinanderfolgenden Reflexionsminima liegt ein Maximum. Für eine bestimmte Farbe treten also Reflexionsminima auf, wenn die Dicke die Werte $\frac{1}{4}\lambda$, $\frac{3}{4}\lambda$, $\frac{5}{4}\lambda$ usw. annimmt.

● **Beispiel**: *12. Weshalb die erste Interferenzlinie weiß ist – Heimversuch.* Sie können zwei saubere Mikroskopgläser in engen Kontakt miteinander bringen, indem Sie sie aneinanderdrücken und gleichzeitig gegeneinander verschieben. Drücken Sie aber nicht zu fest, denn Glas ist zerbrechlich! Halten Sie nun die beiden Gläser so, daß Sie das Spiegelbild einer flächenhaften Lichtquelle, etwa des Himmels oder einer weißen Mattglaslampe, sehen können. Breiten Sie dabei einen dunklen Stoff oder etwas Ähnliches hinter den Gläsern aus, um das Hintergrundlicht zu vermindern. Jetzt sollten Sie konzentrische „Ringe" sehen, die farbige „Ränder" haben. Die Mitte dieses Musters ist „schwarz": Hier handelt es sich um den Bereich zwischen verschwindender Dicke und dem ersten Reflexionsmaximum. Der erste „Ring", also das erste Reflexionsmaximum, ist im wesentlichen weiß gefärbt, wofür wir nun den Grund feststellen wollen. Grün liegt in der Mitte des sichtbaren Spektrums und hat eine Wellenlänge $\lambda \approx 550\,\mathrm{nm} = 5{,}5 \cdot 10^{-7}\,\mathrm{m}$. Die Dicke der Luftschicht zwischen den Gläsern beträgt daher in der Mitte der ersten grünen Linie etwa $\frac{1}{4} \cdot 5{,}5 \cdot 10^{-7} \approx 1{,}37 \cdot 10^{-7}\,\mathrm{m}$. Blau hat $\lambda \approx 4{,}5 \cdot 10^{-7}\,\mathrm{m}$, weshalb dieselbe Dicke bei Blau einem Bruchteil $(1{,}37/4{,}5) \approx 0{,}30$ der Wellenlänge λ entspricht. Ähnlich ist diese Dicke bei Rot ($\lambda \approx 6{,}5 \cdot 10^{-7}\,\mathrm{m}$) gleich $(1{,}37/6{,}5)\,\lambda \approx 0{,}21\,\lambda$. Daher erreichen Blau und Rot in der ersten grünen Interferenzlinie *ebenfalls* annähernd ihr Reflexionsmaximum mit $\frac{1}{4}\lambda$, so daß die erste Linie weiß ist. ●

Die hübscheste Interferenzlinie. Die darauffolgenden Linien weisen immer mehr Farbe auf. Die am stärksten farbige Linie ist die, bei der die Dicke irgendeine ungerade Anzahl N von Viertelwellenlängen grünen Lichts $(\frac{3}{4}, \frac{5}{4}, \ldots, \frac{N}{4})$, etwa $N+1$ Viertelwellenlängen blauen Lichts und etwa $N-1$ Viertelwellenlängen roten Lichts beträgt. Dann liegen für Rot und Blau Reflexionsminima vor, und die Linie nimmt den stärkstmöglichen Grünwert an. Die bei der hübschesten Linie auftretende Zahl N ist also eine Naturkonstante, die wir vielleicht wissen sollten (siehe Übung 23).

Ausdruck für die Intensität der Interferenzlinien. Wir wollen einen Ausdruck für die Intensität einer bestimmten Farbe ermitteln, die an einer dünnen Luftschicht zwischen zwei Glasplatten oder an einem dünnen Stück Glas in Luft reflektiert wird. Zu diesem Zwecke können wir unsere früheren Ergebnisse für die Reflexion an zwei Unstetigkeitsstellen zwischen den Medien 1, 2 und 3 geeignet anwenden. Beim vorliegenden Beispiel sind Medium 1 und Medium 3 identisch, weshalb $R_{23} = R_{21} = -R_{12}$. Sie können zeigen, daß der zeitliche Mittelwert der relativen reflektierten Intensität in diesem Fall

$$\frac{I_{\mathrm{ref}}}{I_0} = 4R_{12}^2 \sin^2 k_2 l \tag{5.53}$$

lautet (Übung 24). Beim Übergang von Glas in Luft oder von Luft in Glas haben wir $R_{12}^2 = 0{,}04$, weshalb

$$\frac{I_{\mathrm{ref}}}{I_0} \approx 0{,}16 \sin^2 k_2 l. \tag{5.54}$$

Dieser Ausdruck verschwindet bei $l = 0$ und $l = \frac{1}{2}\lambda_2$, erreicht hingegen bei $l = \frac{1}{4}\lambda_2$ sein erstes Maximum. Beachten Sie, daß die maximale von der Luftschicht reflektierte relative Intensität 0,16 beträgt, also viermal so groß ist, wie die an einer einzelnen Luft-Glas-Grenzfläche reflektierte relative Intensität.

Eins plus Eins gleich Vier? Wie ist es möglich, daß wir die Intensität einer Lichtquelle zu der gleich großen Intensität einer anderen hinzuzählen und als Summe die vierfache Intensität erhalten? Aus demselben Grund, weshalb wir sie addieren und dabei Null erhalten können: $(1+1)^2 = 4$; $(1-1)^2 = 0$. *Zuerst* überlagern wir die Wellen, *dann* quadrieren wir und bilden den zeitlichen Mittelwert, um die Intensität zu erhalten.

Beachten Sie, wenn Sie an der Luftschicht zwischen zwei Mikroskopgläsern nach Interferenzlinien suchen, daß die farbigen Maxima die relative Intensität 0,16 aufweisen. Hingegen beträgt die relative Intensität des Hintergrundlichts von der Oberseite des oberen Gläschens 0,04, die von der Unterseite ebenfalls 0,04. Die Interferenz der Lichtanteile von der oberen und der unteren Grenzfläche macht sich nicht bemerkbar, denn sie ist von so hoher Ordnung (die Interferenz findet bei einer Schichtdicke von so vielen Viertelwellenlängen statt), daß sich die Farben vollkommen überlappen. Daher weisen die farbigen Linien eine doppelt so hohe Intensität auf wie das Hintergrundlicht und sind leicht zu sehen, besonders, wenn Sie dunklen Stoff unter das Glas breiten, so daß kein zusätzliches Hintergrundlicht auftritt.

● **Beispiel**. *13. Fabry-Pérotsche Interferenzlinien an Mikroskopgläsern.* Bei Verwendung einer hinreichend monochromatischen Lichtquelle können Sie leicht die Interferenzlinien sehen, die von der Überlagerung des an den beiden Grenzflächen eines gewöhnlichen Mikroskopglases oder einer Fensterscheibe reflektierten Lichts herrühren. Die vollständige Beschreibung dieser Linien erfordert die Berechnung des Reflexionskoeffizienten sowohl für schrägen als auch für senkrechten Einfall. Diese ist leicht möglich, doch werden wir nicht hier darauf eingehen. Wir wollen jetzt nur die Mitte – die senkrechtem Einfall entspricht – betrachten und uns die Frage stellen: „Wie monochromatisch muß die Lichtquelle sein?" Die Antwort darauf erhält man aus Gl. (5.53). Nehmen Sie $l = 1$ mm an. Tritt nur eine einzige Wellenzahl k_2 auf, so ist diese Mitte ein Maximum oder ein Minimum, je nachdem, ob $\sin^2 k_2 l$ den Wert 1,0 oder 0,0 ergibt. Ist ein hinreichend breites Wellenzahlband Δk_2 vorhanden, so entsprechen manche Wellenzahlen einem Maximum, andere hingegen einem Minimum, und die Mitte wird „verwaschen" sein. Wie schmal muß nun das Band sein, damit man eine gut sichtbare Mitte erhält? Wir dürfen annehmen, daß auch die Linien bei schrägem Lichteinfall gut sichtbar sind, wenn dies bei der Mitte der Fall ist. Aufeinanderfolgende Maxima der Gl. (5.54) sind durch einen Zuwachs von $k_2 l$ um π getrennt. Ganz grob können wir also sagen, daß wir dann gute Linien erhalten sollten, wenn $(\Delta k_2) l$ kleiner als π ist. Dann können Sie vielleicht zeigen, daß die erforderliche Bandbreite (Übung 25)

$$\Delta(\lambda^{-1}) \approx 3{,}3\ \text{cm}^{-1} \tag{5.55}$$

lautet, d.h.

$$\Delta\nu = c\,\Delta(\lambda^{-1}) \approx 10^{11}\ \text{Hz}.$$

Nehmen wir $\lambda \approx 5{,}5 \cdot 10^{-7}$ m (grünes Licht) an, so ergibt sich

$$\Delta\lambda \approx 0{,}1\ \text{nm}.$$

Die Bandbreite des Lichts muß also weniger als $3{,}3\ \text{cm}^{-1}$ betragen; cm^{-1} ist die in der Spektroskopie allgemein übliche Einheit. Wie wir in Kapitel 6 sehen werden, ist die Bandbreite $\Delta\nu \approx 10^9$ Hz annähernd gleich der „natürlichen Linienbreite" eines frei in den Grundzustand zurückkehrenden Atoms. Außer mit einem Laser ist es schwierig, bessere Verhältnisse herzustellen. Deshalb können wir zur Beobachtung von Interferenzlinien an einer Fensterscheibe als gute Lichtquelle eine solche aus frei in den Grundzustand zurückkehrenden Atomen verwenden. Sehr gut eignet sich eine Neonlampe (siehe Übung 10) oder ein brennender Bausch Toilettenpapier (siehe Abschnitt 9.8, Übung 27). ●

5.6. Übungen und Heimversuche

1. *Reflexion an Glas – Heimversuch.* Eine ebene Glasplatte reflektiert bei senkrechtem Einfall etwa 8 % des einfallenden Lichts, wobei an jeder Oberfläche 4 % der Intensität reflektiert werden. Hingegen reflektiert ein gewöhnlicher Silberspiegel mehr als 90 % des sichtbaren Lichts. Nehmen Sie einen Spiegel und ein sauberes Stück Glas, beispielsweise ein Mikroskopglas, und vergleichen Sie die Reflexion des Spiegels mit der des Glases, indem Sie beide nahe aneinander halten, so daß Sie beide Reflexionen auf einmal sehen können. Betrachten Sie die Spiegelbilder einer flächenhaften Lichtquelle, z.B. einer weißen Glühlampe, eines Stücks weißen Papiers oder eines Stücks Himmels. Vergleichen Sie das Reflexionsvermögen des Glases mit dem des Spiegels zuerst bei annähernd senkrechtem Einfall, *sodann bei annähernd streifendem Einfall* Bei diesem erhalten Sie annähernd hundertprozentige Reflexion, so daß die Lichtquelle und ihre von Spiegel und Glas erzeugten Spiegelbilder fast nicht unterscheidbar sind. Hingegen ist bei annähernd senkrechtem Einfall das Glas merklich dunkler als der Spiegel.

   Legen Sie als nächstes vier saubere Mikroskopgläser „stufenförmig" aufeinander: Das erste Glas ist ein „Fußboden", das zweite ergibt die erste „Stufe", und die restlichen zwei liefern eine „Stufe" doppelter Höhe. So können Sie gleichzeitig Reflexionen bei annähernd senkrechtem Einfall an einem Plättchen sowie an zwei und vier Plättchen miteinander vergleichen. Betrachten Sie nun das Spiegelbild einer großen Lichtquelle (des Himmels) bei annähernd senkrechtem Einfall. Bei Vernachlässigung der durch innere Reflexionen hervorgerufenen Schwierigkeiten geht durch jedes Glas etwa 0,92 der Intensität ***hindurch***, weshalb vier Gläser $0{,}92^4 = 0{,}72$ der Intensität durchlassen und den Bruchteil $1 - 0{,}92^4 \approx 0{,}28$ reflektieren.

   Stellen Sie nun einen ***Stapel*** aus etwa einem Dutzend sauberer Gläser her, der den Bruchteil $1 - 0{,}92^{12} \approx 0{,}63$ reflektieren sollte, und vergleichen Sie das Ergebnis mit der Reflexion im Spiegel. Nehmen Sie an, die Gleichung gelte auch hier und die Gläser seien sauber. Wie viele Gläser sind einem guten Spiegel gleichwertig, wenn dieser 93 % der Intensität reflektiert? Probieren Sie es aus – vergleichen Sie den Gläserstapel bei annähernd senkrechtem Einfall mit dem Spiegel. Betrachten Sie die Quelle auch direkt durch den Stapel, um das hindurchgehende Licht zu sehen. (Gemäß der Gleichung benötigt man etwa 32 Stück, die selbstverständlich frei von Fingerabdrücken sein sollen.) Mikroskopgläser kosten etwa 1 DM pro Dutzend. Drei Dutzend von ihnen sind eine für Heimversuche vorteilhafte Anschaffung.

2. *Interferenz in dünnen Schichten* (siehe Abschnitt 5.5) – *Heimversuch.* Füllen Sie eine Schüssel mit heißem Wasser, bringen Sie einen Tropfen leichtflüssigen Öls auf das Wasser und beobachten Sie, wie er sich verteilt. Verwenden Sie ein leichtes Öl; Salatöl z.B. ist zu schwer und verteilt sich nicht. Betrachten Sie, während sich die Ölschicht ausbreitet, das von ihr reflektierte Spiegelbild des Himmels oder einer anderen flächenhaften Lichtquelle. Schwarzer Stoff oder schwarzes Papier am Boden der Schüssel sind dabei von Vorteil, da sie einen dunklen Hintergrund liefern und unerwünschte Reflexionen am Boden der Schüssel verhindern. Beachten Sie, daß keine farbigen Interferenzlinien auftreten, bevor sich der Ölfleck nicht auf etwa 10 × 10 cm ausgebreitet hat. Was ist der Grund dafür? Beobachten Sie sodann die farbigen Linien, die bei weiterer Ausbreitung der Schicht zu sehen sind. Wird diese hinreichend dünn, so verschwinden die Linien. An der dünnsten Stelle wird

die Ölschicht „schwarz“. Das ist der Bereich, wo sie weniger als eine halbe Wellenlänge dick ist. *Verwenden Sie diese Tatsache für eine grobe Abschätzung der Wellenlänge sichtbaren Lichts.* Nehmen Sie – für eine grobe Schätzung – an, der „schwarze“ Bereich sei etwa eine Achtelwellenlänge dick. Schätzen Sie die Fläche der Schicht und benutzen Sie diese sowie die ursprüngliche Größe des Tropfens zur Ermittlung der Schichtdicke, die dann die Wellenlänge liefert.

3. *Kurzzeitige stehende Wellen auf einer Spiralfeder – Heimversuch.* Befestigen Sie ein Ende einer Spiralfeder an einem Telegraphenmast oder etwas Ähnlichem. Halten Sie das andere Ende, dehnen Sie die Spiralfeder auf etwa 10 m aus und schütteln Sie ihr Ende drei- oder viermal, so rasch Sie können. Auf diese Weise wird ein „Wellenpaket“ die Spiralfeder entlanggeschickt. Probieren Sie, nachdem Sie sich mit den hin- und herlaufenden Wellenpaketen zur Genüge beschäftigt haben, etwas Neues: Richten Sie diesmal Ihre Aufmerksamkeit auf einen bestimmten Bereich in der Nähe des festen Endes der Feder. Wenn das Paket ankommt, reflektiert wird und umkehrt, sollten Sie während des Zeitintervalls, in dem sich das einfallende und das reflektierte Wellenpaket überlappen, *vorübergehend stehende Wellen* sehen. Vielleicht geht es leichter, wenn *beide* Enden der Spiralfeder fixiert werden, so daß Sie den Vorgang an Ihrem Ende der Feder aus der Nähe betrachten können. Dieser Versuch sollte Ihnen zu der Überzeugung verhelfen, daß eine stehende Welle immer als Überlagerung zweier in entgegengesetzter Richtung laufender Wellen angesehen werden kann.

4. *Vielfachreflexion im Inneren eines Mikroskopglases – Heimversuch.* Fertigen Sie eine Skizze von einem Strahl an, der von links unter einem Winkel auf eine Glasplatte fällt. Zeichnen Sie den ersten durchgehenden Strahl, den zweiten (den, der nach zwei inneren Reflexionen austritt), den dritten usw. Betrachten Sie nun eine punkt- oder linienförmige Lichtquelle durch ein Mikroskopglas, das Sie nahe an Ihr Auge halten. Beginnen Sie bei senkrechtem Einfall und neigen Sie das Glas allmählich. Suchen Sie nach den „virtuellen Lichtquellen“, die von der Vielfachreflexion herrühren; der Effekt ist bei annähernd streifendem Einfall größer. Betrachten Sie auch das Licht, das nicht durch eine Oberfläche des Glases, sondern durch eine Randfläche austritt. Dabei handelt es sich um das im Glase reflektierte Licht, das annähernd senkrecht auf eine Randfläche trifft und durch diese nach außen gelangt. Es tritt also nicht durch eine Oberfläche aus, da es auf diese unter annähernd streifendem Einfall auftrifft.

5. *Reflexion in Fernleitungen.* Ein Koaxialkabel vom Wellenwiderstand 50 Ω sei mit einem solchen vom Wellenwiderstand 100 Ω in Serie geschaltet.
   a) Ein Spannungsimpuls mit dem Maximalwert 10 V trete aus der 50-Ω-Leitung in die 100-Ω-Leitung ein. Wie groß ist die „Höhe“ des reflektierten Impulses in Volt, und wie lautet sein Vorzeichen? Wie verhält es sich mit dem durchgehenden Impuls?
   b) Ein 10-V-Impuls trete aus der 100-Ω-Leitung in die 50-Ω-Leitung ein. Wie hoch sind der reflektierte und der durchgehende Impuls?

6. *Nichtumkehrbare Widerstandsanpassung.* Betrachten Sie die Fernleitung von Übung 5.
   a) Wie können Sie einen gewöhnlichen Ohmschen Widerstand so anbringen, daß der von der 50-Ω-Leitung in die 100-Ω-Leitung eintretende Impuls reflexionsfrei hindurchgeht? Wieviel Ohm hat dieser Widerstand? Zeichnen Sie schematisch den inneren und den äußeren Leiter von jedem der beiden Koaxialkabel sowie des eingefügten Widerstandes an der Anschlußstelle. Machen Sie sich wegen einer „Verteilung“ dieses Widerstandes keine Gedanken. Sind nämlich die Wellenlängen gegenüber dem Durchmesser des Koaxialkabels groß, so besteht keine Notwendigkeit zur Verteilung des Ohmschen Widerstandes.
   b) Wie groß ist der durchgehende Impuls, wenn Sie einen einfallenden Impuls von +10 V annehmen?
   c) Nehmen Sie nun an, ein +10-V-Impuls werde längs der Fernleitung in die „falsche“ Richtung – von der 100-Ω-Leitung in die 50-Ω-Leitung – geschickt. Was geschieht? Ermitteln Sie die Höhen des reflektierten und des durchgehenden Impulses.
   d) Betrachten Sie als nächstes das Problem, einen Impuls reflexionsfrei aus der 100-Ω-Leitung in die 50-Ω-Leitung zu schicken. Wie groß müßte dazu der Ohmsche Widerstand sein, und wie sollte er an der Verbindungsstelle der beiden Leitungen angebracht werden? Wie hoch ist der durchgehende Impuls, wenn die Höhe des einfallenden +10 V beträgt? Was geschieht, wenn ein +10-V-Impuls aus der 50-Ω-Leitung in die 100-Ω-Leitung eintritt, also in die falsche Richtung läuft?

7. *Durchgang von Licht durch Plastikscheiben.* Licht der Wellenlänge $\lambda = 500$ nm falle senkrecht auf zwei aufeinanderfolgende Plastikscheiben ein, deren Abstand groß gegenüber der Wellenlänge sei. Welcher Bruchteil des Lichts geht durch, wenn der Brechungsindex der Scheiben $n = 1{,}5$ beträgt? Vernachlässigen Sie Absorption, innere Vielfachreflexion und Interferenzeffekte.

   Lösung: $I_t/I_0 = 0{,}85$.

8. *Reflexionskoeffizient.* Licht treffe senkrecht auf eine glatte Wasseroberfläche auf; der Brechungsindex von Wasser beträgt $n = 1{,}33$. Vergleichen Sie die Reflexionskoeffizienten für Amplitude und Intensität im Falle der Übergänge Luft – Wasser und Wasser – Luft.

9. *Reflexionen in einer dünnen Luftschicht.* Zwei optisch ebene Glasplatten berühren sich an einem Ende und werden am anderen Ende durch ein Blatt Papier voneinander getrennt, das sich vom Berührungsende im Abstand l befinde. Das Papier habe die Dicke einer Seite dieses Buches. (Wie können Sie sie ohne Mikrometer messen?) Wie groß muß die Länge l des „Luftkeils“ sein, wenn aufeinanderfolgende grüne Linien 1 mm weit auseinander liegen sollen, so daß Sie sie leicht sehen können?

10. *Fabry-Pérotsche Interferenzlinien an einer Fensterscheibe – Heimversuch.* Für diesen Versuch benötigen Sie eine fast monochromatische flächenhafte Lichtquelle. Hierfür geeignet ist eine Neonlampe mit möglichst großer leuchtender Fläche, die an 220 V angeschlossen werden kann. Brauchbar sind auch die sogenannten Spannungsprüfer, die es in Elektrogeschäften gibt. Schalten Sie die Lampe nun ein und betrachten Sie sie durch das Beugungsgitter, das Sie nahe an Ihr Auge halten. Im Spektrum erster Ordnung, das gegenüber dem mittleren orangefarbenen Licht um etwa 15...20° seitlich verschoben ist, können Sie mindestens drei scharf definierte virtuelle Lichtquellen erkennen. Die drei hellsten sind gelb, orange und rot, doch treten darin in Wirklichkeit etwa ein Dutzend helle „Linien“ auf. Diese virtuellen Lichtquellen sind scharf definiert und nicht etwa über einen gewissen Winkel verteilt. Somit stellt jede einzelne Farbe im Rahmen ihres Auflösungsvermögens eine monochromatische Lichtquelle dar, die einem eigenen atomaren Übergang in den angeregten Neonatomen entspricht. Und nun zum Versuch: Beschaffen Sie sich ein

gewöhnliches Stück Glas; ein Mikroskopglas, ein Stück Fensterglas oder die Fensterscheibe Ihres Zimmers sind dazu geeignet. Halten Sie die Neonlampe nahe an Ihre Nase und betrachten Sie über die Lampe hinweg deren Spiegelbild in dem Glasstück. Sehen Sie *zwei* Spiegelbilder, so verwenden Sie ein anderes Stück Glas. Fensterscheiben werden nämlich nach Jahren wegen des langsamen viskosen Glasflusses zu Keilen. Suchen Sie nun nach „Interferenzlinien", also nach abwechselnden hellen und dunklen Bereichen im Spiegelbild der Lampe. Nach etwa einer Minute Suchen sind sie zu erkennen. Einmal gefunden, sind sie jedoch leicht zu sehen. (Das Glas sollte etwa 60 cm von Ihnen entfernt sein.) Die Linien rühren von den Interferenzen der an der vorderen und hinteren Oberfläche des Glases reflektierten Lichtanteile her. Kleben Sie zum Beweis ein Stück durchsichtiges Klebeband auf eine der Oberflächen und halten Sie das Glas so, daß Ihnen die betreffende Oberfläche einmal zu-, einmal abgewandt ist. Suchen Sie im Spiegelbild nach Interferenzlinien, wenn sich das Klebeband in dessen Bereich befindet. Die klebrige Seite des Bandes ist „optisch rauh": Sie weist Unebenheiten auf, die kleiner als eine Wellenlänge des Lichts sind und in transversaler Richtung enger liegen als die Interferenzlinien. In manchen mikroskopischen Bereichen geht das Licht reflexionsfrei vom Glas in das Band über, dessen Brechungsindex annähernd gleich groß ist wie der von Glas, und wird erst an der glatten Außenfläche des Bandes reflektiert. In anderen mikroskopischen Bereichen berührt die Klebefläche das Glas nicht, weshalb die Reflexion an der Grenzfläche zwischen Glas und der Luft stattfindet, die zwischen dem Glas und der klebrigen Seite des Bandes liegt. Sie können nun die Beobachtung der Interferenzlinien benutzen, um herauszufinden, ob eine Schicht aus Glas, Plastik oder Zellophan in transversaler Richtung im Vergleich zur Interferenzlinienbreite „optisch glatt" ist. Übliches Tixoklebeband ist es nicht, Glas ist es. Untersuchen Sie sodann die Polaroidfilter sowie das $\lambda/4$- und das $\lambda/2$-Plättchen aus Ihrer optischen Ausrüstung. Sind diese in einem Bereich von weniger als einer Wellenlänge glatt? Versuchen Sie es mit Ihrem roten Gelatinefilter. Ist dieses optisch glatt? Vielleicht wird es schwierig sein, eine geeignete ebene Stelle zu finden, die Ihnen ein leidliches Spiegelbild liefert.

Eine gewöhnliche Fluoreszenzlampe funktioniert auch, wenn auch nicht so gut wie eine Neonlampe, und ist vielleicht leichter verfügbar. Bei ihr ist die berühmte „grüne Quecksilberlinie" das fast monochromatische Licht, das die Interferenzlinien liefert.

Hier ist ein Versuch, der mit einer Neonlampe funktioniert – mit einer Fluoreszenzlampe habe ich ihn nicht zustande gebracht. Betrachten Sie die Neon-Interferenzlinien an einem Stück Polaroidfilter und halten Sie dabei ein Stück Polaroidfilter (oder Polaroidbrillen) vor Ihre Augen. Probieren Sie es mit beiden Orientierungen des betrachteten Polaroidfilters. *Drehen Sie dieses hierauf um und wiederholen Sie das Experiment.* Es treten also vier Orientierungen auf: parallele und aufeinander senkrechte Polaroidachsen sowie dasselbe bei umgedrehtem Polaroidfilter. Beachten Sie die Abmessungen der Linien: Breitere Linien bedeuten eine dünnere Schicht. Das Polaroidfilter ist ein „Sandwich" aus drei Schichten, zwei klaren Außenschichten (dem „Brot") und der mittleren Schicht aus absorbierendem „Schinken". Es erhebt sich die Frage: *Ist der „Schinken" auf beiden Seiten optisch glatt?*

Hier beschreiben wir einen weiteren interessanten Versuch bzw. eine Demonstration mit den Fabry-Pérotschen Interferenzlinien bei Neonlicht. Beleuchten Sie bei Nacht unter Ausschluß jeder anderen Beleuchtung Ihr Gesicht mit der Neonlampe. Betrachten Sie Ihr Spiegelbild in einem Stück Glas, das in etwa einem halben Meter Entfernung gehalten wird. Ihr Gesicht ist jetzt eine „große Quelle monochromatischen Lichts". Betrachten Sie die konzentrischen Interferenzkreise, die um das Spiegelbild eines jeden Auges herum auftreten. Die Interferenzlinien sind nur dann Kreise, wenn das Glas hinreichend flach ist. Der Effekt ist unheimlich.

11. *Neon-Stroboskop – Heimversuch.* Wenn Sie eine der im Heimversuch 10 beschriebenen Neonlampen besitzen, können Sie mit ihr noch andere interessante Versuche anstellen. Halten Sie die Lampe in 30 cm Entfernung von Ihrem Auge und blicken Sie in eine solche Richtung, daß Ihre Blicklinie mit der Verbindungslinie von Ihrem Auge zur Glühlampe einen Winkel von etwa 45° einschließt. Beachten Sie das Flimmern! Blicken Sie nun direkt die Glühlampe an: Das Flimmern verschwindet! Offenbar ist unser peripherer Gesichtspunkt so entwickelt, daß er auf sehr rasche Schwankungen der Lichtintensität anspricht. Dies erscheint vernünftig. Sie können es auch mit einem Fernsehgerät ausprobieren, indem Sie einen Vergleich zwischen direkter und peripherer Betrachtung anstellen. Beide Platten der Neonlampe werden mit 50 Hz betrieben, doch ist ihr Licht um 180° phasenverschoben. Ist die eine Platte hell, so ist die andere dunkel. Daher können Sie diese Glühlampe als Stroboskop mit 50 Hz oder 100 Hz verwenden, je nachdem, wie Sie einen Gegenstand mit ihr beleuchten. Sie können beweisen, daß zwischen den beiden Platten eine Phasenverschiebung auftritt. Schrauben Sie dazu die Lampe in einen Ständer, der nicht zu schwer sein soll, so daß Sie ihn leicht schütteln können. Drehen Sie ihn so, daß die beiden Platten von der Seite zu sehen sind. Schütteln Sie ihn nun in seitlicher Richtung mit etwa 4 Hz (oder noch schneller, wenn Sie können) und möglichst großer Amplitude (etwa 10...20 cm). Blicken Sie auf die durch die Platten erzeugten orangefarbenen Striche. Treten sie zugleich oder abwechselnd auf? Sie können diese Schütteltechnik unter Verwendung einer gewöhnlichen Uhr zur Abschätzung der Frequenz benutzen. Messen Sie unter der Annahme sinusförmiger Bewegung die Amplitude und die Frequenz, die notwendig sind, um den beiden roten Strichen das Aussehen einer „alternierenden Rechteckwelle" zu geben. Da Sie wissen, daß die Lichtfrequenz irgendein ganzzahliges Vielfaches von 50 Hz sein muß, können Sie mit dieser groben Messung leicht die stroboskopische Frequenz bestimmen.

Anmerkung: Statt den Lampenständer zu schütteln, ist es leichter, die Lampe in einem Spiegel zu betrachten und diesen zu schütteln. Auf solche Weise können Sie mit Ihrer Neonlampe leicht eine hübsche „alternierende Rechteckwelle" erhalten. Dieselbe Technik läßt sich auch dazu verwenden, die Struktur der Beleuchtung eines Fernsehschirmes zu untersuchen. Decken Sie dazu den Fernseher so ab, daß nur ein senkrechter Streifen zu sehen ist, und schwenken Sie den Spiegel um eine senkrechte Achse. Der zu beobachtende „Sägezahn" zeigt Ihnen, daß *irgendein* Teil der Fernsehröhre in jedem Augenblick Licht abstrahlt. Um ein gutes Stroboskop zu erhalten, sollten Sie daher einen waagerechten Spalt verwenden.

12. *Stetigkeit einer Welle an einer Grenzfläche.* Licht oder eine andere elektromagnetische Strahlung falle vom Medium 1 ins Medium 2 ein. Die magnetische Permeabilität des Mediums sei gleich Eins oder ändere sich an der Grenzfläche nicht. Auch die „Geometrie" bleibe ungeändert, wie z. B. bei einer Parallelplattenleitung mit gleichbleibender Querschnittsform. Für diesen Fall fanden wir die Reflexions- und Transmissions-

koeffizienten des elektrischen Feldes E_x und des magnetischen Feldes B_y als

$$R_E = \frac{k_1 - k_2}{k_1 + k_2}, \qquad T_E = 1 + R_E = \frac{2k_1}{k_1 + k_2},$$

$$R_B = \frac{k_2 - k_1}{k_2 + k_1}, \qquad T_B = 1 + R_B = \frac{2k_2}{k_2 + k_1}.$$

Dabei gilt $k = n\,\omega/c$; n ist der Brechungsindex. Zeigen Sie daß aus dem Reflexions- und dem Transmissionskoeffizienten für E_x die Stetigkeit von E_x und $\partial E_x/\partial z$ an der Grenzfläche folgt Diese Größen haben beiderseits der Grenzfläche denselben augenblicklichen Wert. Unter dem Feld zur Linken verstehen wir selbstverständlich die *Überlagerung* der einfallenden und der reflektierten Welle. Zeigen Sie auf ähnliche Weise, daß aus dem Reflexions- und dem Transmissionskoeffizienten für das magnetische Feld B_y die Stetigkeit von B_y, jedoch die Unstetigkeit von $\partial B_y/\partial z$ an der Grenzfläche folgt. Zeigen Sie, daß $\partial B_y/\partial z$ beim Übergang vom Medium 1 ins Medium 2 um den Faktor $(k_2/k_1)^2 = (n_2/n_1)^2$ anwächst. Es ist wichtig zu beachten, daß wir das gesamte Feld betrachten und nicht bloß den Anteil, der in eine bestimmte Richtung wandert.

13. *Randbedingungen.* Zeigen Sie folgendes: Die Randbedingung, daß die magnetische Permeabilität beim Durchgang von Licht durch eine Grenzfläche konstant bleibe, hat ihr Analogon bei der Saite in der Konstanz der Massendichte. Das Anwachsen der Dielektrizitätskonstanten beim Durchgang von Licht durch die Grenzfläche ist der Abnahme der Saitenspannung analog. Die transversale Saitengeschwindigkeit verhält sich insofern wie das magnetische Feld in einer Lichtwelle, als sie beim Übergang vom Medium 1 ins Medium 2 stetig ist, ihre Ableitung nach z jedoch um den Faktor $(k_2/k_1)^2$ anwächst. Schließlich verhält sich die transversale Spannung $-T_0\,\partial y/\partial z$ insofern wie ein elektrisches Feld, da sowohl sie als auch ihre Ableitung nach z an der Grenzfläche stetig ist. In jedem dieser Fälle sprechen wir vom Gesamtfeld und nicht von einer Komponente, die in einer bestimmten Richtung fortschreitet.

14. *Mit einem Raumtuch abgeschlossenes Koaxialkabel.* Ein Koaxialkabel mit Vakuum zwischen den Leitern weise einen Wellenwiderstand von 50 Ω auf. Nun werde gegen ein Kabelende eine 370-Ω-Schicht gedrückt. Der innere und der äußere Leiter des Kabels sind daher durch das Raumtuch miteinander verbunden. Messen Sie nun am anderen Ende des Kabels mittels eines gewöhnlichen Ohmmeters den Gleichstromwiderstand zwischen dem inneren und dem äußeren Leiter. Vernachlässigen Sie dabei den Ohmschen Widerstand des Leiters selbst – das Kabelstück sei beliebig kurz. Dann rührt der Ohmsche Widerstand ausschließlich von dem Raumtuch her. Was zeigt das Ohmmeter an?
    a) Raten Sie.
    b) Beweisen Sie es.

15. *Röhre mit offenen Enden – effektive Länge für stehende Wellen – Heimversuch.* Beschaffen Sie sich eine Kartonröhre von der Art, wie sie etwa zum Transport großer Zeichnungen verwendet wird. Benutzen Sie ferner zum Erzeugen eines Normaltones eine Stimmgabel mit 523,3 Hz (c^1). Schlagen Sie nun die Röhre mit offenen Enden leicht gegen Ihren Kopf und horchen Sie. Schneiden Sie, wenn nötig, einen Teil der Röhre ab, so daß der Ton etwas überhöht klingt, also höher liegt als 523,3 Hz. Schieben Sie sodann eine etwas kleinere Röhre, die als „Teleskop" zur Abstimmung dienen soll, in ein Ende ein. (Z.B. läßt sich eine Kartonröhre enger machen, indem man sie der Länge nach aufschneidet, entlang dieses Schnittes einen schmalen Streifen abschneidet und sodann den Schnitt mit Klebeband abdichtet, so daß seitlich keine Luft entweichen kann. Die Eigenschwingung, die Sie hören, ist die Grundschwingung einer Röhre mit offenen Enden: Die Röhre enthält eine halbe Wellenlänge der Schwingung. Die Schallgeschwindigkeit beträgt aber 332 m/s. Daher „erwarten" Sie als Länge der Röhre

$$l = \frac{1}{2}\frac{v}{\nu} = \frac{1}{2}\,\frac{332}{523{,}3}\,\text{m} = 0{,}317\,\text{m}$$

Statt dessen werden Sie finden, daß die tatsächliche Länge l_0 um etwa 0,6 Röhrendurchmesser kleiner ist als 0,317 m. Dies läßt sich als „Endeffekt" von 0,6 Röhrenradien an jedem Ende deuten. Probieren Sie es mit dicken und dünnen Röhren aus und überprüfen Sie, daß es sich hier um einen Endeffekt handelt und nicht bloß um einen falschen Wert der Schallgeschwindigkeit.

16. *Resonanz in Kartonröhren – Heimversuch.* Halten Sie die schwingende Stimmgabel nahe an eines der Enden der Kartonröhren von Übung 15. Ist der „Teleskop"-Fortsatz der Röhre auf 523,3 Hz eingestellt, so hören Sie einen recht lauten Ton. Verändern Sie andernfalls die Länge und stellen Sie auf Resonanz ein. *Frage:* Die Eigenfrequenz der Röhre weiche von der der Stimmgabel ab. Welchen Ton hören Sie, wenn Sie die Röhre mit der Stimmgabel erregen? Antworten Sie zuerst aufgrund Ihrer Kenntnisse vom erregten Oszillator her und führen Sie sodann den Versuch aus.

    Hier zeigen wir eine Möglichkeit, eine recht scharfe Resonanz herzustellen. Halten Sie die Röhre senkrecht, tauchen Sie das untere Ende leicht in einen hinreichend tiefen Wasserbehälter ein und halten Sie die schwingende Stimmgabel über das offene Ende. Heben und senken Sie die Röhre, um Resonanz herzustellen. Die Länge der Röhre plus einer Endkorrektur sollte gleich $\lambda/4$ sein.

    Eine schöne Resonanz erhalten Sie auch auf folgende Weise: Füllen Sie eine Limonadenflasche zu etwa zwei Dritteln mit Wasser, so daß Sie beim Darüberblasen einen etwas höheren Ton als 523,3 Hz vernehmen. Stecken Sie sodann einen Strohhalm in die Flasche und halten Sie die schwingende Stimmgabel über die Öffnung. Stellen Sie nun Resonanz her, indem Sie mit dem Strohhalm Wasser aus der Flasche heraussaugen. Sie können in Kartonröhren, Krügen, Räumen und Tunnels Resonanzen aufsuchen, indem Sie einen langsam ansteigenden „Sirenenton" singen. Dann werden Sie die starken Resonanzen sowohl hören als auch „fühlen"; die Änderung des Schallwiderstandes kann sogar bewirken, daß Sie „abschalten" müssen oder Sie in einen benachbarten Ton zwingen.

17. *Ist Ihr Gehörapparat (Trommelfell, Nerven, Gehirn) phasenempfindlich? – Heimversuch.* Wir wollen es herausbekommen! Nach Aussage mancher Leute bestimmt man die Richtung hochfrequenten Schalls durch Feststellung des Zeitunterschieds zwischen einem Wellenberg am einen Ohr und einem solchen am anderen. Angeblich weisen Sie also eine Phasenverschiebung zwischen der Schwingung am einen Trommelfell und der am anderen nach. Die Frage nach der Richtigkeit dieser Behauptung läuft auf folgendes hinaus: Stellen Sie sich zwei verschiedene Schwingungen der Trommelfelle vor. Im ersten Fall sind beide Trommelfelle gleichzeitig „ein" und beide gleichzeitig „aus", im anderen hingegen ist das erste Trommelfell „aus", wenn das zweite „ein" ist, und umgekehrt. Können Sie diesen Unterschied feststellen?

    Betrachten wir zuerst eine Kartonröhre mit offenen Enden, die zur Herstellung eines lauten Tones auf die Frequenz 523 Hz abgestimmt ist. Ihre effektive Länge beträgt dann $\lambda/2$, so daß die Luft am linken Ende nach links strömt, wenn die am rechten Ende nach rechts strömt. Also sind die Geschwindigkeiten an den beiden Enden gegeneinander um 180° phasenverschoben, wenn sich die Röhre in Resonanz befindet; die Luft strömt an beiden Enden zugleich *aus* und an beiden Enden zugleich *ein*. Schlagen Sie nun zwei Stimmgabeln in gleicher Entfernung von den Zinkenenden aneinander und halten Sie an jedes Röhrenende je eine von ihnen, so daß Sie Schwebungen erhalten. Bei maximaler Intensität unterstützt jede der Gabeln die Luft in ihrer Resonanzbewegung: Jedesmal, wenn die Gabel am einen Ende Luft in die Röhre schiebt, tut die am anderen Ende dasselbe. Nach Verstreichen einer halben raschen Schwingung (mit 523 Hz) saugt jede der Stimmgabeln Luft aus ihrem Röhrenende. Eine halbe Schwebungsdauer später weist jedoch der aus der Röhre austretende Schall ein Intensitätsminimum auf. Dieses ist gleich Null, wenn Sie die Gabeln in gleicher Entfernung von ihren Enden angeschlagen haben. Das Minimum kommt so zustande, daß die Gabel am einen Ende Luft hineinschiebt, während die am anderen Ende Luft heraussaugt. Dieser Vorgang ist genau entgegengesetzt dem, der zur Aufrechterhaltung der Resonanz erforderlich wäre; er zerstört also die Resonanz. Mit anderen Worten, die von den beiden Gabeln induzierte Bewegung besteht aus zwei Resonanzschwingungen, die sich mit einer Phasenverschiebung von 180° überlagern und so Null ergeben.

Das Wesentliche an alledem ist: Für die Röhre ist es *nicht* gleichgültig, ob die Stimmgabeln bei ihrer Schwingung gleichzeitig „drinnen" oder gleichzeitig „draußen" sind oder ob die eine „drinnen" ist, wenn die andere „draußen" ist. Im ersten Fall liegt nämlich ein Schwebungsmaximum, im zweiten ein Schwebungsminimum vor. Nun läßt sich die Frage bezüglich Ihres Gehörapparates folgendermaßen formulieren: Hören Sie Schwebungen, wenn Sie eine Stimmgabel an das eine Ohr und eine andere an das andere Ohr halten? Oder nehmen Sie irgend etwas anderes wahr, das die mathematische Struktur der Schwebungen aufweist? Dann wird Ihnen Ihr Gehörsinn vielleicht mitteilen: „Es kommt von der linken Seite des Raumes; es kommt von der rechten Seite des Raumes, usw.", wenn Sie die den Schwebungsmaxima und -minima entsprechenden Erscheinungen wahrnehmen. Wenn also die Leute recht haben, nach denen die Schallrichtung aufgrund von Phasenunterschieden bestimmt wird, dann könnte das Gehirn sagen: Ist ein Trommelfell dem anderen mit seiner Phase beispielsweise um 90° voraus, so kommt der Schall aus der Richtung eben dieses Trommelfells. Die betreffende Richtung würde sich jedoch mit der Schwebungsfrequenz umkehren. Führen Sie zur Beantwortung der Frage den Versuch aus.

Man kann die Frage, mit der Kartonröhre als Beispiel, noch anders formulieren: Haben Sie ein Loch in Ihrem Kopf?

18. *Messung der Phasenbeziehungen an den beiden offenen Enden eines Schlauchs – Heimversuch.* Ein langer Schlauch sei in einer Schachtel zusammengerollt. Das eine seiner offenen Enden stehe auf einer Seite der Schachtel heraus, das andere auf der anderen. Es sei Ihnen nicht gestattet zu sehen, wieviel von dem Schlauch im Inneren der Schachtel aufgerollt ist. Sie bringen nun an einem der hervorstehenden Enden ein Abstimmteleskop an und stellen damit bei den 523,3 Hz Ihrer Stimmgabel auf Resonanz ein. Die Gesamtlänge beträgt nun also entweder $\frac{1}{2}\lambda$ oder λ oder $\frac{3}{2}\lambda$ oder ... Wie können Sie feststellen, ob die Schlauchlänge gleich einem ungeraden oder geraden Vielfachen der halben Wellenlänge ist? Halten Sie dazu zwei schwingende Stimmgabeln an ein Ende des Schlauchs und hören Sie sich die Schwebungen an. Prägen Sie sich den Rhythmus ein. Dann können Sie, wenn Sie eine der Gabeln einen Augenblick lang entfernen und dann (ohne die weitergehenden Schwingungen beider Gabeln zu stören) wieder an ihre Stelle bringen, feststellen, daß das Schwebungsmaximum „im Takt" an der richtigen Stelle eintritt. Üben Sie dies mehrere Male, so daß Sie eine Schwebung auslassen, die Schwebungen im Kopf abzählen und wieder im richtigen Augenblick mit der Gabel zurückkehren können. Die durch ein Gummiband an einer Stimmgabel gebildete Belastung läßt sich so einrichten, daß Sie eine gut abzählbare Schwebungsfrequenz erhalten. Erscheint Ihnen dies alles zu schwierig, so können Sie ein Metronom verwenden. Nun bringen Sie die einen Augenblick lang entfernte Gabel nicht mehr an dasselbe Röhrenende zurück, sondern an das andere Ende. Horchen Sie wiederum nach Schwebungen – beide Gabeln haben inzwischen weitergeschwungen. Kommen die Schwebungen „im Takt" oder „im Gegentakt" wieder? Aufgrund des Versuchsergebnisses sollten Sie entscheiden können, ob die Röhrenlänge eine ungerade oder gerade Anzahl halber Wellenlängen beträgt. Sagen Sie das Ergebnis voraus und führen Sie dann den Versuch mit Ihrer Röhre von einer halben Wellenlänge aus. Stellen Sie eine andere Röhre, die eine Wellenlänge lang ist, her, um das Ergebnis zu erhalten.

19. *Obertöne der Stimmgabel – Heimversuch.* Sendet Ihre 523,3-Hz-Stimmgabel nur einen Ton mit 523 Hz aus? Schlagen Sie die Gabel an einem harten Gegenstand an. Sie sollten neben dem starken 523-Hz-Ton einen zusätzlichen schwachen Ton hören, der nach zwei oder drei Sekunden abklingt. Es handelt sich dabei um eine Oberschwingung der Gabel, die wegen der mit ihr verbundenen größeren Verbiegung der Zinken stark gedämpft ist. Wie verhält es sich mit dem um eine Oktave höheren Ton von 1046 Hz (c^2)? Dieser ist wegen des Grundtones von 523 Hz nur schwer zu hören. Suchen Sie ihn mittels einer auf Resonanz abgestimmten Röhre auf: Sie können eine Röhre auf 1046 Hz abstimmen, indem Sie sie leicht gegen Ihren Kopf schlagen und nach der Oktave von 523 Hz horchen. Oder schneiden Sie die Röhre einfach nach der „Theorie" zu: Die Länge erhält man, indem man von $\lambda/2$ für jedes Ende 0,6 mal dem Radius R abzieht. Halten Sie sodann die 523-Hz-Gabel an ein Ende der 1046-Hz-Röhre und horchen Sie. Verwenden Sie zur Kontrolle eine auf 523 Hz abgestimmte Röhre; bewegen Sie die Gabel zwischen den beiden Röhren hin und her.

20. *Allgemeine sinusförmige Welle.* Schreiben Sie die laufende Welle $\psi(z, t) = A\cos(\omega t - kz)$ als Überlagerung zweier stehender Wellen an. Drücken Sie ebenso die stehende Welle $\psi(z, t) = A\cos\omega t\cos kz$ als Überlagerung zweier in entgegengesetzte Richtung laufender Wellen aus. Betrachten Sie sodann die folgenden Überlagerungen laufender Wellen:
$\psi(z, t) = A\cos(\omega t - kz) + RA\cos(\omega t + kz)$.
Zeigen Sie, daß sich diese sinusförmige Welle als Überlagerung stehender Wellen der Form
$\psi(z, t) = A(1 + R)\cos\omega t\cos kz + A(1 - R)\sin\omega t\sin kz$
schreiben läßt. Man kann sich also ein und dieselbe Welle entweder als Überlagerung stehender Wellen oder als Überlagerung laufender Wellen vorstellen.

21. *Reflexionsfreie Vergütungsschicht.* Eine Glaslinse werde mit einer reflexionsfreien $\lambda/4$-Vergütungsschicht überzogen. Der Brechungsindex der Schicht beträgt $\sqrt{n}$, der von Glas n. Nehmen Sie den Brechungsindex im sichtbaren Frequenzspektrum als frequenzunabhängig an. Bei senkrechtem Einfall von Licht bezeichne I_{ref} den zeitlichen Mittelwert der reflektierten Intensität, I_0 jenen der einfallenden Intensität. Zeigen Sie, daß die relative reflektierte Intensität von der Wellenlänge des einfallenden Lichts auf folgende Weise abhängt:

$$\frac{I_{ref}}{I_0} = 4\left[\frac{1-\sqrt{n}}{1+\sqrt{n}}\right]^2 \sin^2\frac{1}{2}\pi\left(\frac{\lambda_0}{\lambda} - 1\right),$$

wobei λ die Vakuumwellenlänge des einfallenden Lichts bezeichnet. Nehmen Sie für Glas $n = 1{,}5$ an. Es sei $\lambda_0 = 550$ nm (grünes Licht). Dann ist I_{ref} für Grün gleich Null. Welchen Wert hat I_{ref}/I_0 für blaues Licht der Vakuumwellenlänge 450 nm und rotes Licht der Vakuumwellenlänge 650 nm?

Lösung: Die relative reflektierte Intensität von Rot beträgt etwa $2 \cdot 10^{-3}$, die von Blau ist etwa doppelt so hoch. (Ihre Ergebnisse sollten jedoch auf zwei Stellen genau sein.)

22. *Widerstandsanpassung durch veränderlichen Brechungsindex.* Die optischen Widerstände eines Bereichs mit dem Brechungsindex n_1 und eines solchen mit n_2 sind einander anzupassen. Dabei soll der zur Widerstandsanpassung dienende Übergangsbereich die Gesamtlänge l aufweisen. Wie sieht der optimale Verlauf des Brechungsindex n in Abhängigkeit von z zwischen den beiden Bereichen aus? Ist er exponentiell? Warum nicht?

   Lösung: Die Wellenlänge $\lambda = (c/\nu)/n$ sollte linear von z abhängen. Wenn sich also der Übergangsbereich von $z = 0$ bis $z = l$ erstreckt, so muß gelten $\lambda(z) = \lambda_1 + (z/l)(\lambda_2 - \lambda_1)$.

23. *Die hübscheste Interferenzlinie bei weißem Licht.* Sehen Sie sich die von zwei aneinandergepreßten Mikroskopgläsern erzeugten Interferenzlinien an. Die Mitte des Musters ist schwarz, sie zeigt also kein Spiegelbild des Himmels. Die erste Linie hingegen ist weiß, dann werden die Linien jedoch farbig. Nach einem Dutzend Linien vermischen und überlappen sie sich und werden wieder weiß. Welche Linie sieht etwa am stärksten monochromatisch aus? Genauer: Definieren Sie als die „hübscheste" Linie jene, die weder „rot noch blau" ist. Rot hat die Wellenlänge 650 nm. Blau hingegen die Wellenlänge 450 nm; unter „weder rot noch blau" verstehen wir, daß – wie im Falle der hübschesten Linie – jede dieser Farben durch destruktive Interferenz verschwindet. Geben Sie die ganze Zahl an, die der zur hübschesten Linie gehörenden Zahl N am nächsten liegt. Nennen Sie ferner die Wellenlänge, bei der die Interferenz in dieser Linie vollkommen destruktiv ist, sowie in etwa die zugehörige Farbe.

24. *Interferenz in dünnen Schichten.* Monochromatisches Licht falle senkrecht auf eine Luftschicht der Dicke l zwischen zwei Mikroskopgläsern ein. Zeigen Sie, daß für die reflektierte Intensität in der Näherung für schwache Reflexionen der Beziehung

$$\frac{I_{ref}}{I_0} \approx 4 R_{12}^2 \sin^2 k_2 l$$

   gilt. Vernachlässigen Sie dabei die Interferenzeffekte, die von den beiden Außenflächen der beiden Gläser herrühren. Die dadurch entstehenden Linien werden nämlich – außer bei sehr monochromatischem Licht – auch bei einem schmalen Farbbereich verwaschen (vgl. Übung 10, „Fabry-Pérotsche Linien an einer Fensterscheibe").

25. *Fabry-Pérotsche Linien an einem Glasplättchen von* 1 mm *Dicke.* Begründen Sie folgende Aussage: Beim Auftreten von Fabry-Pérotschen Interferenzlinien an einem Glasplättchen von 1 mm Dicke muß die „Linienbreite" (Bandbreite) des Lichts weniger als 3 cm^{-1} betragen, damit die Linien nicht verwaschen werden.

26. *Vielfachreflexion.* Bei den folgenden Rechnungen sollen Sie komplexe Zahlen verwenden. Der Realteil von $A\,e^{i(\omega t - kz)}$ – wobei A reell ist – sei ψ_{ein}. Daher $\psi_{ein} = A\cos(\omega t - kz)$. Bei $z = 0$ erfährt der Wellenwiderstand eine plötzliche Änderung von Z_1 auf Z_2. Bei $z = l$ ändert er sich wieder, diesmal von Z_2 auf Z_3. Es sei $R_{12} = (Z_1 - Z_2)/(Z_1 + Z_2) = -R_{21}$, $R_{23} = (Z_2 - Z_3)/(Z_2 + Z_3)$. Im Medium 1 trete eine reflektierte Welle auf, die gleich dem Realteil von $R\,A e^{i(\omega t + kz)}$ sei. Dabei lasse sich R, eine komplexe Größe, in der Form $R = |R| e^{-i\delta}$ schreiben.

   a) Zeigen Sie, daß wir bei Vernachlässigung aller Beiträge außer der Reflexion bei $z = 0$ und der ersten Reflexion bei $z = l$

$$R = R_{12} + T_{12} R_{23} T_{21}\, e^{-2ik_2 l}$$

   erhalten, wobei $T_{12} = 1 + R_{12}$ und $T_{21} = 1 + R_{21} = 1 - R_{12}$.

   b) Zeigen Sie durch explizites Aufsummieren der unendlichen Reihe, das unendlich vielen Reflexionen entspricht, daß die exakte Lösung für R

$$R = R_{12} + \frac{(1 - R_{12}^2) R_{23}\, e^{-2ik_2 l}}{1 - R_{23} R_{21}\, e^{-2ik_2 l}}$$

   lautet. Dabei rührt der erste Term, R_{12}, von der Reflexion an der ersten Unstetigkeit bei $z = 0$ her, der Rest hingegen von Reflexionen bei $z = l$. Zeigen Sie, daß sich dieses Ergebnis in der Näherung für schwache Reflexionen auf jenes von Teil a) reduziert. Erarbeiten Sie ferner, daß sich das exakte Ergebnis in der Form

$$R = \frac{R_{12} + R_{23}\, e^{-2ik_2 l}}{1 + R_{12} R_{23}\, e^{-2ik_2 l}}$$

   schreiben läßt. Zeigen Sie schließlich, daß dieser exakte Ausdruck für R bei denselben Kombinationen von R_{23}/R_{12} und $k_2 l$ verschwindet wie der Näherungsausdruck für R, den wir in der in Abschnitt 5.5 verwendeten „Näherung für schwache Reflexionen" erhalten haben. Der Näherungsausdruck gibt also die Nullstellen richtig an, er ist jedoch bezüglich der Intensitätsmaxima ungenau.

27. *Methode der Randbedingungen für Reflexions- und Transmissionskoeffizienten.* Die physikalische Situation ist genau dieselbe wie die in Übung 26, die Lösungsmethode wird jedoch völlig unterschiedlich sein. Anstatt eine unendliche Reihe vielfachreflektierter Strahlen aufzusummieren, gehen wir folgendermaßen an das Problem heran: Jeder „Strahl" in der Überlagerung von vielfachreflektierten Strahlen ist stetig. Daher ist die Überlagerung selbst auch stetig, worauf sich die Methode gründet. Wir schlagen uns also nicht mit dem Aufsummieren von Vielfachreflexionen herum. Vielmehr schreiben wir $\psi(z, t)$ in den drei Bereichen 1 $(z < 0)$, 2 $(z = 0$ bis $l)$ und 3 $(z > l)$ als Realteil von

$$\psi_1(z, t) = e^{i(\omega t - k_1 z)} + R\, e^{i(\omega t + k_1 z)},$$

$$\psi_2(z, t) = F e^{i(\omega t - k_2 z)} + B e^{i(\omega t + k_2 z)}$$

   und

$$\psi_3(z, t) = T e^{i[\omega t - k_3(z - l)]},$$

   wobei R (reflektiert), F (vorwärts), B (rückwärts) und T (durchgelassen) zu bestimmende komplexe Zahlen darstellen. (Der Einfachheit halber haben wir die Amplitude der einfallenden Welle als Eins angenommen.) Beachten Sie, daß der Term mit der komplexen Amplitude F die Überlagerung aller zwischen $z = 0$ und $z = l$ vielfachreflektierten Strahlen darstellt, die zur Zeit t nach vorwärts wandern. Analog ist der Term mit der komplexen Amplitude B gleich der Überlagerung aller nach rückwärts laufenden Strahlen. Sie sollen die Randbedingungen für Stetigkeit an den beiden Grenzflächen $z = 0$ und $z = l$ anwenden. Nehmen Sie an, $\psi(z, t)$ und $\partial\psi(z, t)/\partial z$ seien stetig. (Dies bedeutet im Falle einer Saite konstante Saitenspannung; bei Schallwellen bedeutet es, daß der Gleichgewichtsausdruck p_0 mal dem Faktor γ konstant ist; oder bei elektromagnetischen Wellen, daß die magnetische Permeabilität μ konstant ist.) Diese beiden Randbedingungen an jeder der beiden Grenzflächen liefern vier lineare Gleichungen in den vier komplexen Größen T, F, B und R, die zur eindeutigen

Bestimmung von T, F, B und R ausreichen. Begründen Sie diese Behauptung und ermitteln Sie T, F, B und R. Zeigen Sie, daß Ihr Ergebnis mit jenem identisch ist, das wir in Übung 15 mit der Methode der Vielfachreflexion erhalten haben.

28. *Durchgangsresonanz.*

a) Licht werde an zwei Grenzflächen reflektiert (Übungen 26 und 27). Zeigen Sie, daß der zeitliche Mittelwert der *nicht* reflektierten und daher nach dem Satz von der Erhaltung der Energie durchgehenden relativen Intensität folgendermaßen lautet

$$1 - |R|^2 = \frac{1 - R_{12}^2 - R_{23}^2 + R_{12}^2 R_{23}^2}{1 + 2 R_{12} R_{23} \cos 2k_2 l + R_{12}^2 R_{23}^2} .$$

b) Zeigen Sie, daß dieser Ausdruck in

$$1 - |R|^2 = \frac{(1 - R_{12}^2)^2}{1 - 2R_{12}^2 \cos 2k_2 l + R_{12}^4}$$

übergeht, wenn die Medien 1 und 3 denselben Wellenwiderstand haben.

c) Zeigen Sie, daß der zeitliche Mittelwert der nicht reflektierten relativen Intensität bei bestimmten Punkten von $k_2 l$ gleich Eins ist, so daß bei diesen Werten die gesamte Energie durchgelassen wird und keinerlei Reflexion auftritt. Bezeichnen Sie nun irgendeinen dieser „Resonanzwerte" von k_2 mit k_0 und zeigen Sie, daß für die Resonanzwerte die Beziehungen $k_0 l = \pi, 2\pi, 3\pi$ usw. gelten.

d) Zeigen Sie, daß der zeitliche Mittelwert der Intensität

$$1 - |R|^2 \approx \frac{(1 - R_{12}^2)^2}{(1 - R_{12}^2)^2 + R_{12}^2 [2l(k_2 - k_0)]^2}$$

lautet, wenn k_2 hinreichend nahe einem Resonanzwert k liegt. Begründen Sie ferner die Behauptung, daß hier eine Breit-Wigner-Resonanzkurve nach Abschnitt 3.2 vorliegt und daß die Halbwertsbreite Δk_2 für die durchgehende Intensität die Beziehung

$$(\Delta k_2) l \approx \frac{(1 - R_{12}^2)}{|R_{12}|}$$

gilt. Dabei setzen Sie voraus, daß $|R_{12}|$ nicht sehr viel kleiner als Eins ist. Zeigen Sie, daß die Breit-Wigner-Näherung für $|R_{12}| \ll 1$ nutzlos ist, da sie dann nur in unmittelbarer Nähe von k_0 gilt. Sie kann nicht einmal bis zu den „Halbwertspunkten" der durchgehenden Intensität benutzt werden, weshalb man in diesem Falle das exakte Ergebnis benutzen muß. Zeigen Sie, daß für $|R_{12}| \approx 1$, wenn die Breit-Wigner-Gleichung noch viele Halbwertsbreiten von k_0 entfernt gilt, die Halbwertsbreite gegeben ist durch $(\Delta k_2) l \approx 2(1 - |R_{12}|)$.

29. *Randbedingung bei halbseitig unendlicher Saite.* Eine halbseitig unendliche Saite sei nicht direkt, sondern in der in Bild 5.6 dargestellten Weise mit dem Ausgang des erregenden Mechanismus verbunden. Die Saitenspannung sei T, die Linienmassendichte der Saite ρ, die Federkonstante K. Die Feder sei gerade so lang, daß $\psi(0, t)$ gleich Null ist, wenn die Auslenkung $D(t)$ des erregenden Stabes verschwindet und die Feder entspannt ist. Die Bewegung des Stabes werde durch $D(t) = A \cos \omega t$ beschrieben. Es wird eine laufende Welle der Form $B \cos(\omega t - kz + \varphi)$ auftreten. Das Problem besteht darin, die „Randbedingung" bei $z = 0$ zu ermitteln und zur Bestimmung von B/A und φ zu verwenden. (*Hinweis:* Die Rechnung wird leichter, wenn Sie komplexe Zahlen verwenden.)

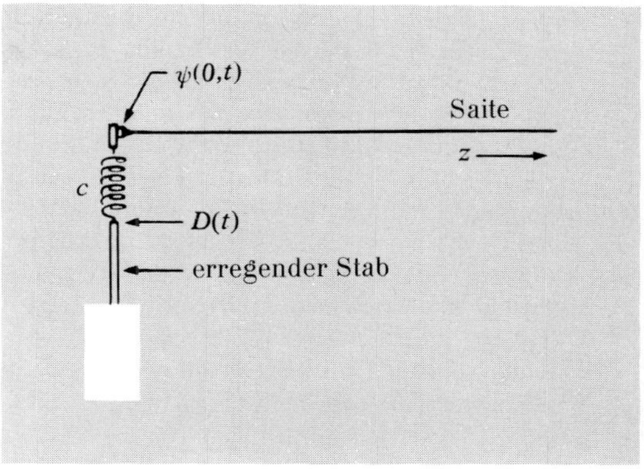

Bild 5.6

Lösung: $\tan \varphi = -\omega (T\rho)^{1/2}/K$, $B/A = [1 + (\omega^2 T\rho/K^2)]^{-1/2} = \cos \varphi$. Beachten Sie, daß wir für große K erwartungsgemäß $\psi(0, t) = D(t)$ erhalten. Warum?

30. *Harmonisch schwingende Saite.* Ein auf einer Saite bei $z_a = 10$ cm liegender Punkt schwingt harmonisch mit der Frequenz 10 Hz und der Amplitude 1 cm. Die Phase sei so beschaffen, daß der Punkt zur Zeit $t = 0$ mit nach oben gerichteter Geschwindigkeit durch die Gleichgewichtslage geht. Eine nach oben gerichtete Auslenkung definieren wir als positiv.

a) Welchen Betrag und welche Richtung weist die Geschwindigkeit des Punktes a zur Zeit $t = 0{,}05$ s auf?
Nun seien die Saitenparameter (Masse pro Längeneinheit und Spannung) so beschaffen, daß die Phasengeschwindigkeit 1 m/s beträgt:

b) Wie groß ist die Wellenlänge einer laufenden Welle, die einer stehenden Welle?

c) Ein anderer Punkt bei $z_b = 15$ cm schwinge mit derselben Amplitude wie jener bei $z_a = 10$ cm, jedoch mit einer Phasenverschiebung von 180° gegenüber der Schwingung bei z_a. Können Sie sagen, ob es sich um eine reine laufende, um eine reine stehende Welle oder um eine Kombination aus beiden handelt?

d) Ein dritter Punkt c bei 12,5 cm schwinge mit derselben Amplitude wie Punkt a bei z_a, jedoch mit einer um 180° verschiedenen Phase. Punkt b schwinge wie oben. Teilen Sie uns nun mit, ob es sich um eine stehende oder um eine laufende Welle handelt (oder um eine Kombination).

31. *Resonanzen in Spielzeugballons – Heimversuch.* Beschaffen Sie sich einen mit Helium gefüllten Ballon. Halten Sie ihn nahe an Ihr Ohr und schlagen Sie leicht darauf. Singen Sie ihn sodann von einer Seite an und suchen Sie nach Resonanzen. Blasen Sie nun einen anderen Ballon mit Luft so auf, daß sein Durchmesser gleich dem des Heliumballons wird, und schlagen Sie leicht darauf. Schätzen Sie das Verhältnis der beim Anschlagen zu hörenden Grundfrequenzen des Helium- und des Luftballons ab. Welches Frequenzverhältnis würden Sie voraussagen: Vergleichen Sie die Stärke (Lautstärke) der Resonanzen, die Sie erhalten, wenn Sie den Heliumballon ansingen, mit denen, die Sie beim Luftballon erhalten. Warum tritt solch ein Unterschied auf?

32. *Abschluß von Wellen auf einer Saite.*

a) Nehmen Sie an, Sie hätten einen masselosen Stoßdämpfer mit zwei bewegten Teilen 1 und 2, die sich in der x-Richtung gegeneinander bewegen können. Diese liege transversal zur Richtung der Saite, der z-Richtung. Die Reibung werde durch eine Flüssigkeit erzeugt, die die Relativbewegung der beiden bewegten Teile hemmt. Sie sei so beschaffen, daß die zur Aufrechterhaltung der Relativgeschwindigkeit $\dot{x}_1 - \dot{x}_2$ der beiden bewegten Teile erforderliche Kraft gleich $Z_d(\dot{x}_1 - \dot{x}_2)$ ist. Dabei stellt Z_d den Eingangswiderstand des Stoßdämpfers dar. Der Eingang (Teil 1) sei mit dem Ende einer Saite vom Wellenwiderstand Z_1 verbunden, die sich von $z = -\infty$ bis $z = 0$ erstrecke. Hingegen sei der Ausgang (Teil 2) mit einer Saite vom Wellenwiderstand Z_2 verbunden, die sich bis $z = +\infty$ erstrecke. Zeigen Sie nun: Eine von links einfallende Welle erfährt bei $z = 0$ denselben Wellenwiderstand, als wäre sie mit einer „Belastung" in Form einer Saite vom Wellenwiderstand Z_l

$$Z_l = \frac{Z_d Z_2}{Z_d + Z_2}, \quad \text{d.h.} \quad \frac{1}{Z_l} = \frac{1}{Z_d} + \frac{1}{Z_2}$$

verbunden, die sich von $z = 0$ bis $z = +\infty$ erstreckt. Stoßdämpfer und Saite 2 verhalten sich also so, als wären sie „parallelgeschaltete" Widerstände, die von der einfallenden Welle erregt werden.

b) Nun falle eine harmonische Welle mit einer einzigen Frequenz ein. Ihre Wellenlänge im Medium 2 betrage λ_2. Begründen Sie folgende Behauptung: Die Welle erfährt bei $z = 0$ einen idealen Abschluß, wenn sich die Saite mit Z_2 nur bis $z = \frac{1}{4}\lambda_2$ erstreckt und dort durch einen reibungsfreien Stoßdämpfer (Eingangswiderstand Null) begrenzt wird. Zeigen Sie, daß der Ausgang des Stoßdämpfers bei $z = 0$ nicht sagen kann, ob er mit einer Saite von unendlichem Wellenwiderstand verbunden ist oder mit einer Saite der Länge $\frac{1}{4}\lambda_2$, die bei $z = \frac{1}{4}\lambda_2$ durch eine reibungsfreie Dämpfungsvorrichtung „kurzgeschlossen" wird. In jedem Falle bleibt der Ausgang in Ruhe.

33. *Akustische Eigenschaften von Räumen.* Die akustischen Eigenschaften eines Raumes hängen hauptsächlich von der „Nachhallzeit" als Funktion der Frequenz ab. Nehmen Sie an, der Raum werde mit einer bestimmten Frequenz im stationären Zustand erregt. Sodann werde die erregende Kraft – etwa eine elektrisch betriebene Orgelpfeife – plötzlich abgeschaltet. Die gespeicherte Energie wird nun annähernd exponentiell mit einer mittleren Abklingzeit τ abklingen, wobei

$$\frac{1}{\tau} = \frac{1}{E_{\text{gespeichert}}} \frac{dE_{\text{Verlust}}}{dt}.$$

Zumindest würde sich so ein eindimensionaler harmonischer Oszillator verhalten. Wir dürfen dies für den Raum annehmen. Die Schallenergiedichte sei ρ_E, das Volumen des Raumes V. Wie groß ist die gespeicherte Energie? Bei einer ebenen laufenden Welle ist die Intensität gleich dem zeitlichen Mittelwert der Energiedichte mal der Schallgeschwindigkeit $v = 332$ m/s. Die Schallwellen in dem Raum sind zwar keine laufenden Wellen, sie dürfen jedoch als Überlagerung laufender Wellen angesehen werden, die sich nach allen Richtungen ausbreiten. Mann kann sich vorstellen, daß in jeder der sechs Richtungen – entlang den positiven und negativen x-, y- und z-Achsen – je ein Sechstel der Energie strömt.

Intensität, die in der positiven Richtung fortschreitet und ein offenes Fenster antrifft, tritt durch dieses hinaus und geht verloren. Man sagt, ein offenes Fenster habe den Absorptionskoeffizienten $a = 1{,}0$. Die Wände, die Decke und der Boden weisen eine Gesamtfläche A auf, die als Summe der Flächen A_1, A_2 usw. mit den Absorptionskoeffizienten a_1, a_2 usw. angesehen werden kann. Leiten Sie den folgenden Näherungsausdruck für die mittlere Abklingzeit τ her:

$$\tau \sum (A_i a_i) \approx \frac{6V}{v},$$

wobei die Summe alle Flächen des Raumes umfaßt. Betrachten Sie die begleitende Tabelle von Absorptionskoeffizienten (Tabelle 5.1).

Tabelle 5.1: *Absorptionskoeffizienten a_i für* $\nu = 512$ Hz

Offenes Fenster	1,00
Teppich	0,20
Linoleum	0,12
Haarfilz, 2,5 cm dick	0,78
Publikum (für jede Person wird eine effektive Fläche von 1 m² angenommen)	0,44
Holz	0,061
Verputz	0,033
Glas	0,027

nach *Wallace C. Sabine, Collected Papers on Acoustics* („Gesammelte Arbeiten über Akustik"), S. 223 f. (Dover Publications, New York, 1964).

Im Jahre 1895 wurde *Wallace Sabine* gebeten, irgend etwas gegen die fürchterlichen akustischen Eigenschaften des Vorlesungsraumes im neuen Fogg Art Museum von Harvard zu unternehmen, das gerade fertiggestellt worden war. Wir bitten Sie nun, aufgrund der folgenden Angaben (aus *W. C. Sabine, Collected Papers on Acoustics*, S. 30, Dover, 1964) abzuschätzen, wie schlimm es um die Dauer des Nachhalls bestellt war: $V = 2740\ \text{m}^3$; Gestalt annähernd würfelförmig; Wände und Decke verputzt, Holzboden. Nehmen Sie ferner die „Hörbarkeitsdauer" als etwa 4τ an. *Sabine* verwendete bei seinen Versuchen Zuhörer zum Nachweis des Schalls. Sein experimentelles Ergebnis für die Hörbarkeitsdauer lautete 5,61 s. Diese Zeit verminderte er durch den Einbau verschiedener absorbierender Materialien auf 0,75 s.

6. Modulationen, Impulse und Wellenpakete

6.1. Einleitung

Bisher haben wir hauptsächlich Schwingungen und Wellen mit dem harmonischen zeitlichen Verlauf $\cos(\omega t + \varphi)$ und einer einzigen Frequenz untersucht. Eine Ausnahme bildete unsere Betrachtung von Schwebungen in Abschnitt 1.5. Dort lernten wir, daß die Überlagerung zweier Schwingungen mit annähernd, jedoch nicht völlig gleichen Frequenzen zu der hochinteressanten Erscheinung der Schwebungen führt. Kapitel 6 stellt eine Erweiterung unserer Untersuchungen von Schwebungen dar: Im folgenden werden wir Schwebungen sowohl im Raum als auch in der Zeit sowie Schwebungen, die sich aus der Überlagerung von zwei oder von vielen Partialwellen ergeben, untersuchen. Wir werden klären, wie sich diese Schwebungen (*allgemeine Modulationen*, für mehr als zwei Frequenzen) wie laufende Wellen ausbreiten. Dabei werden wir finden, daß gewisse Modulationen, die man *Wellengruppen* oder *Wellenpakete* nennt, beim Fortschreiten Energie transportieren und sich mit der *Gruppengeschwindigkeit* ausbreiten.

Eigene Erfahrungen mit Wellenpaketen gewinnen Sie am besten, wenn Sie Steine in einen Teich werfen und die sich kreisförmig ausbreitenden Wellenpakete beobachten. (Eine andere günstige Methode besteht darin, Wassertropfen in eine Schüssel fallen zu lassen.) Die sich dabei kreisförmig ausbreitenden Wellenpakete transportieren offensichtlich Energie, denn sie können einen entfernten Korken bei ihrem Eintreffen in Bewegung versetzen. Bei genauer Beobachtung werden Sie sehen, daß die einzelnen Wellenberge und -täler innerhalb des Pakets keine konstante Lage haben. Haben diese Einzelwellen Wellenlängen von mehr als einigen Zentimetern, so bewegen sie sich etwa doppelt so schnell fort wie das Wellenpaket selbst. Sie entstehen an seiner Rückseite, wandern zur Vorderseite und verschwinden; sie laufen mit der Phasengeschwindigkeit, das Wellenpaket als Ganzes schreitet hingegen mit der Gruppengeschwindigkeit fort.

Wir empfehlen dem Leser, eine Schüssel oder einen Kübel mit Wasser zu füllen und einige Wellenpakete zu erzeugen. Am Anfang werden Sie vielleicht die Relativbewegung zwischen den Einzelwellen und dem Wellenpaket nicht sehen. Diese läßt sich am leichtesten beobachten, wenn man Steine oder Wassertropfen in einen großen Teich fallen läßt und das Fortschreiten der Wellenpakete einige Sekunden lang verfolgt. Dazu ist jedoch in einer kleinen Schüssel die Zeit zu kurz.

6.2. Gruppengeschwindigkeit

Die Phasengeschwindigkeit einer sinusförmigen laufenden Welle ist nicht notwendigerweise die Geschwindigkeit, mit der Energie oder Information transportiert werden. In Kapitel 4 haben wir mehrere Beispiele für diese Tatsache angetroffen. So fanden wir, daß die Phasengeschwindigkeit des Lichts in der Ionosphäre größer als c ist. Könnte man Signale mit einer größeren Geschwindigkeit als c übermitteln, so wäre die Relativitätstheorie falsch.

Modulierte Wellen übertragen Signale. Durch eine harmonische laufende Welle einer einzigen Frequenz kann man kein Signal übertragen. Der Grund dafür liegt darin, daß eine solche Welle für alle Zeiten weiterläuft und jede Schwingung mit der vorhergehenden gleich ist. Die Welle überträgt sozusagen keine andere Information als die, daß sie vorhanden ist. Wollen Sie jedoch eine Botschaft übermitteln, so müssen Sie die Welle *modulieren*: Sie müssen irgend etwas an ihr so verändern, daß diese Änderung von einem entfernten „Empfänger" wieder entschlüsselt werden kann. Sie können beispielsweise die Amplitude verändern; dann spricht man von *Amplitudenmodulation*. So läßt sich die Amplitude so verändern, daß eine Reihe von Punkten und Strichen im Morsecode übermittelt wird. Dabei stellt jede Kombination von Punkten und Strichen einen Buchstaben des Alphabets dar. Eine andere Möglichkeit besteht darin, die Frequenz oder die Phasenkonstante irgendwie so zu verändern, daß eine Entschlüsselung möglich ist; diese Verfahren bezeichnet man als *Frequenz-* bzw. *Phasenmodulation*. In keinem der erwähnten Fälle kann jedoch die Welle durch eine einfache harmonische Kraft erregt werden.

Wir wollen nun wissen, wie sich Signale ausbreiten. Dazu müssen wir aber laufende Wellen untersuchen, die von einem bei $z = 0$ liegenden Sender in ein unbegrenztes Medium hinausgeschickt werden. Dabei habe der Senderausgang jedoch nicht die einfache harmonische Bewegung $D(t) = A \cos \omega t$, sondern einen komplizierteren Verlauf $D(t) = f(t)$. Man findet, daß sich eine große Klasse von Funktionen $f(t)$ als lineare Überlagerungen – also Summen – harmonischer Funktionen der Form $A(\omega) \cos[\omega t + \varphi(\omega)]$ ausdrücken läßt. Dabei sind die Amplitude $A(\omega)$ und die Phasenkonstante $\varphi(\omega)$ für jede auftretende Kreisfrequenz verschieden und durch die als Überlagerung auszudrückende Funktion $f(t)$ festgelegt. Später werden wir untersuchen, wie man die Amplituden $A(\omega)$ und die Phasenkonstanten $\varphi(\omega)$ mit der Methode der Fourieranalyse bestimmt. Im Augenblick wollen wir jedoch eine Überlagerung aus nur zwei Termen betrachten, was schon zu einigen hochinteressanten Ergebnissen führt. Aufgrund dieser Ergebnisse werden wir dann die Ausbreitung eines Wellenpakets in einem dispergierenden Medium verstehen; in einem solchen hängt bekanntlich die Phasengeschwindigkeit von der Wellenlänge ab.

Überlagerung zweier harmonischer Schwingungen zu einer amplitudenmodulierten Schwingung. Nehmen wir an, ein bei $z = 0$ liegender Sender errege eine Saite, die sich von $z = 0$ bis $z = +\infty$ erstrecke. Die Schwingung des Senders sei eine Überlagerung zweier harmonischer Schwingungen mit den Kreisfrequenzen ω_1 und ω_2. Es wird uns kein interessantes Ergebnis verlorengehen, wenn wir die Amplituden und Phasenkonstanten der beiden Partialschwingungen als gleich annehmen. Für die Auslenkung des Senders gelte also

$$D(t) = A\cos\omega_1 t + A\cos\omega_2 t. \tag{6.1}$$

Von unseren früheren Untersuchungen von Schwebungen (siehe Gln. (1.80) bis (1.85)) wissen wir, daß sich die Überlagerung (6.1) in die Form einer amplitudenmodulierten Schwingung bringen läßt:

$$D(t) = A_{\text{mod}}(t)\cos\omega_{\text{mit}}(t), \tag{6.2}$$

wobei

$$A_{\text{mod}}(t) = 2A\cos\omega_{\text{mod}} t \tag{6.3}$$

mit

$$\omega_{\text{mod}} = \tfrac{1}{2}(\omega_1 - \omega_2),\quad \omega_{\text{mit}} = \tfrac{1}{2}(\omega_1 + \omega_2). \tag{6.4}$$

Sind ω_1 und ω_2 von vergleichbarer Größe, so ist die Modulationsfrequenz ω_{mod} klein gegenüber der mittleren Kreisfrequenz ω_{mit}. Dann kann man sich die durch Gl. (6.2) angegebene Bewegung als *fast harmonische Schwingung* mit der Kreisfrequenz ω_{mit} und einer nur langsam veränderlichen, also fast konstanten Amplitude vorstellen. Diese Schwingung ist mit der verhältnismäßig niedrigen Modulationsfrequenz ω_{mod} harmonisch *amplitudenmoduliert*.

Die in den Gln. (6.2) und (6.3) beschriebene Bewegung stellt insofern die einfachste mögliche amplitudenmodulierte Schwingung dar, als sie nur eine einzige Modulationsfrequenz ω_{mod} enthält. Eine allgemeinere amplitudenmodulierte Schwingung hätte zwar ebenfalls die Form der Gl. (6.2), doch wäre $A_{\text{mod}}(t)$ eine Überlagerung vieler verschiedener Terme von ähnlicher Form wie Gl. (6.3). Jeder von diesen hätte seine eigene Modulationsfrequenz, Amplitude und Phasenkonstante. Bei den amplitudenmodulierten (AM) Radiomittelwellen z.B. wäre ν_{mit} die „Trägerfrequenz" von etwa 1000 kHz, die Modulationsfrequenzen hingegen wären die Hörfrequenzen im Bereich von 20 Hz bis 20 kHz.

Überlagerung zweier sinusförmiger laufender Wellen zu einer amplitudenmodulierten laufenden Welle. Wir wollen nun die laufenden Wellen untersuchen, die von einem Sender emittiert werden, dessen Ausgang sich gemäß Gl. (6.1) oder Gl. (6.2) bewegt. Das Medium sei mit dem Sender derart gekoppelt, daß $\psi(z, t)$ bei $z = 0$

$$\psi(0, t) = D(t) = A\cos\omega_1 t + A\cos\omega_2 t \tag{6.5}$$

laute. Da für die Wellen das Superpositionsprinzip gilt, liefern die beiden Beiträge der Überlagerung in Gl. (6.5) zu der Senderauslenkung zwei „unabhängige" laufende Wellen. Daher ist die laufende Welle $\psi(z, t)$ gleich der Überlagerung der beiden sinusförmigen laufenden Wellen $\psi_1(z, t)$ und $\psi_2(z, t)$. Diese würden einzeln auftreten, wenn die eine oder die andere der Senderschwingungen $A_1\cos\omega_1 t$ oder $A_2\cos\omega_2 t$ allein vorhanden wäre. Nun wissen wir, daß man $\psi_1(z, t)$ aus $\psi_1(0, t)$ erhält, indem man $\omega_1 t$ durch $\omega_1 t - k_1 z$ ersetzt. Diese Substitution ist nur ein Ausdruck der Tatsache, daß die Phasengeschwindigkeit ω_1/k_1 beträgt. Ähnlich ergibt sich $\psi_2(z, t)$, wenn man $\omega_2 t$ durch $\omega_2 t - k_2 z$ ersetzt. Daher folgt für die laufende Welle $\psi(z, t)$, wenn man in Gl. (6.5) diese beiden Substitutionen ausführt:

$$\psi(z, t) = A\cos(\omega_1 t - k_1 z) + A\cos(\omega_2 t - k_2 z). \tag{6.6}$$

Selbstverständlich können wir in den Gln. (6.2), (6.3) und (6.4) $\omega_1 t$ durch $\omega_1 t - k_1 z$ und $\omega_2 t$ durch $\omega_2 t - k_2 z$ ersetzen, um die Form der laufenden Wellen zu finden, die der amplitudenmodulierten fast harmonischen Schwingung der Gln. (6.2), (6.3) und (6.4) analog ist. Dann erhalten wir für die *amplitudenmodulierte fast sinusförmige laufende Welle* den Ausdruck

$$\psi(z, t) = A_{\text{mod}}(z, t)\cos(\omega_{\text{mit}} t - k_{\text{mit}} z), \tag{6.7}$$

wobei, wie Sie leicht zeigen können,

$$A_{\text{mod}}(z, t) = 2A\cos(\omega_{\text{mod}} t - k_{\text{mod}} z), \tag{6.8}$$

mit

$$\omega_{\text{mod}} = \tfrac{1}{2}(\omega_1 - \omega_2),\quad k_{\text{mod}} = \tfrac{1}{2}(k_1 - k_2), \tag{6.9}$$

$$\omega_{\text{mit}} = \tfrac{1}{2}(\omega_1 + \omega_2),\quad k_{\text{mit}} = \tfrac{1}{2}(k_1 + k_2) \tag{6.10}$$

gilt. Beachten Sie, daß wir $\omega_{\text{mit}} t - k_{\text{mit}} z$ statt $\omega_{\text{mit}} t$ erhalten haben, indem wir $\omega_1 t$ durch $\omega_1 t - k_1 z$ und $\omega_2 t$ durch $\omega_2 t - k_2 z$ ersetzten. Ähnlich erhielten wir durch dieselben Substitutionen $\omega_{\text{mod}} t - k_{\text{mod}} z$ anstelle von $\omega_{\text{mod}} t$.

Modulationsgeschwindigkeit. Nun stellen wir uns die hochinteressante Frage: Mit welcher Geschwindigkeit breiten sich die Modulationen aus? Nehmen Sie an, ω_{mod} sei klein gegenüber ω_{mit}. Dann hat die Bewegung des Senderausgangs die Form amplitudenmodulierter Schwingungen (vgl. Bild 1.13). Mit welcher Geschwindigkeit bewegt sich nun ein bestimmter Wellenberg der Modulation, also eine Stelle mit $A_{\text{mod}}(z, t) = +1$, fort? Gl. (6.8) liefert uns die Antwort: Um einen bestimmten konstanten Wert der Modulationsamplitude $A_{\text{mod}}(z, t)$ – etwa einen Wellenberg – verfolgen zu können, müssen wir deren Argument $\omega_{\text{mod}} t - k_{\text{mod}} z$ konstant halten. Bei einer Zunahme von t um dt muß also z um ein solches dz anwachsen, daß die Änderung von $\omega_{\text{mod}} t - k_{\text{mod}} z$, nämlich $\omega_{\text{mod}} dt - k_{\text{mod}} dz$, verschwindet:

$$\omega_{\text{mod}} dt - k_{\text{mod}} dz = 0. \tag{6.11}$$

Die Erfüllung dieser Bedingung erfordert das Fortschreiten mit der *Modulationsgeschwindigkeit*:

$$\frac{dz}{dt} = v_{\text{mod}} = \frac{\omega_{\text{mod}}}{k_{\text{mod}}} = \frac{\omega_1 - \omega_2}{k_1 - k_2}. \tag{6.12}$$

Nun sind ω und k durch eine Dispersionsrelation miteinander verknüpft:

$$\omega = \omega(k). \tag{6.13}$$

Sind k_1 und k_2 festgelegt, so liefert die Dispersionsrelation ω_1 bzw. ω_2:

$$\omega_1 = \omega(k_1), \qquad \omega_2 = \omega(k_2). \tag{6.14}$$

Daher läßt sich die in Gl. (6.12) angegebene Modulationsgeschwindigkeit durch eine Taylorreihenentwicklung von $\omega(k)$ an der Stelle $k = k_{\text{mit}}$ ausdrücken. Sie hat dann die Form

$$v_{\text{mod}} = \frac{\omega(k_1) - \omega(k_2)}{k_1 - k_2} = \frac{d\omega}{dk} + \ldots, \tag{6.15}$$

wobei die Ableitungen der Funktion $\omega(k)$ bei der mittleren Wellenzahl k_{mit} zu berechnen sind.

Gruppengeschwindigkeit. Bei den meisten interessanten Anwendungen der Gl. (6.12) unterscheiden sich ω_1 und ω_2 nur um einen kleinen Bruchteil ihres Mittelwertes. Dann können wir in Gl. (6.15) alle Terme bis auf den ersten vernachlässigen. Die Größe $d\omega/dk$, bei einem geeigneten Mittelwert von k berechnet, heißt *Gruppengeschwindigkeit*:

$$\text{Gruppengeschwindigkeit} \equiv v_g = \frac{d\omega}{dk}. \tag{6.16}$$

Somit breitet sich ein aus einem Wellenberg der Modulationsamplitude bestehendes „Signal“ nicht mit der mittleren Phasengeschwindigkeit $v_{\text{mit}} = \omega_{\text{mit}}/k_{\text{mit}}$, sondern mit der Gruppengeschwindigkeit $v_g = d\omega/dk$ aus.

Bild 6.1 zeigt die Ausbreitung der durch Gl. (6.7) oder Gl. (6.6) angegebenen Welle $\psi(z, t)$ für ein Beispiel: Die mittlere Frequenz ist achtmal so groß wie die Modulationsfrequenz, die Gruppengeschwindigkeit $d\omega/dk$, berechnet bei der mittleren Frequenz, halb so groß wie die Phasengeschwindigkeit $\omega_{\text{mit}}/k_{\text{mit}}$.

Wir zeigen nun eine kürzere Herleitung der Modulationsgeschwindigkeit. Der Phasenunterschied zwischen den Partialwellen 1 und 2 der Überlagerung, Gl. (6.6), lautet

$$\begin{aligned}\varphi_1(z, t) - \varphi_2(z, t) &= (\omega_1 t - k_1 z + \varphi_1) \\ &\quad - (\omega_2 t - k_2 z + \varphi_2) \\ &= (\omega_1 - \omega_2)t - (k_1 - k_2)z \\ &\quad + (\varphi_1 - \varphi_2).\end{aligned}$$

Bei bestimmten Werten des Phasenunterschiedes $\varphi_1(z, t) - \varphi_2(z, t)$ sind die beiden Partialwellen in Phase, so daß sie konstruktiv interferieren und ein Maximum der Modulationsamplitude erzeugen. Bei anderen Werten des Phasenunterschiedes sind sie jedoch gegeneinander phasenverschoben, sie interferieren dann destruktiv und erzeugen Nullstellen der Modulationsamplitude. Schreitet man aber mit der Modulationsgeschwindigkeit fort, so muß der Phasenunterschied $\varphi_1(z, t) - \varphi_2(z, t)$ konstant bleiben. Wir bilden also das totale Differential des obigen Ausdrucks und setzen es gleich Null:

$$(\omega_1 - \omega_2)\,dt - (k_1 - k_2)\,dz = 0.$$

Die Modulationsgeschwindigkeit ist aber gleich dz/dt, woraus Gl. (6.12) folgt.

● **Beispiel**: *1. Amplitudenmodulierte Radiowellen (Mittelwellen).* Unser einfaches Beispiel bezog sich auf eine laufende Welle, die sich auf zwei Arten deuten läßt: *Einerseits* kann sie als fast harmonische amplitudenmodulierte laufende Welle angesehen werden, bei der die raschen harmonischen Schwingungen mit der Kreisfrequenz ω_{mit} eine langsam sich ändernde Amplitude aufweisen. *Andererseits* läßt sie sich als Überlagerung zweier exakt harmonischer laufender Wellen mit zwei etwas verschiedenen „raschen“ Kreisfrequenzen ω_1 und ω_2 deuten. Von einer „fast konstanten“ Modulationsamplitude $A_{\text{mod}}(z, t)$ kann man natürlich nur während solcher Zeitspannen sprechen, die mit einer Schwingungsdauer der raschen Schwingungen der Kreisfrequenz ω_{mit} vergleichbar sind. In Wirklichkeit ändert sich $A_{\text{mod}}(z, t)$ ja bei festem z sinusförmig mit der Zeit (mit der Modulationsfrequenz ω_{mod}), bei festem t sinusförmig im Raum (mit der Modulationswellenzahl k_{mod}). Bei unserem Beispiel gingen wir von einer Überlagerung zweier exakt harmonischer laufender Wellen aus. Dabei stellte es sich heraus, daß diese Überlagerung einer amplitudenmodulierten laufenden Welle mit einer einzigen Modulationsfrequenz ω_{mod} äquivalent ist. Wir hätten ebenso gut von der durch Gl. (6.2) gegebenen amplitudenmodulierten Schwingung ausgehen können und hätten dann entdeckt, daß diese eine Überlagerung zweier exakt harmonischer Partialschwingungen darstellt. Bei der Beschreibung der von einem Mittelwellensender ausgestrahlten amplitudenmodulierten Wellen müssen wir jedoch nicht nur eine Modulationsfrequenz, sondern einen ganzen Bereich davon berücksichtigen. Der Antennenstrom wird durch eine fast harmonische Spannung mit der mittleren Kreisfrequenz ω_{mit}, der sogenannten *Trägerfrequenz*, erzeugt. Im kommerziellen Mittelwellen-Rundfunkwesen bekommt jede Station eine einzige Trägerfrequenz irgendwo im Bereich zwischen etwa 500 kHz und 1600 kHz zugeteilt. Die an der Sendeantenne anliegende Spannung hat keine konstante, sondern eine modulierte Amplitude. Diese läßt sich als Fourierreihe

$$A_{\text{mod}}(t) = A_0 + \sum_{\omega_{\text{mod}}} A(\omega_{\text{mod}}) \cos\left[\omega_{\text{mod}} t + \varphi(\omega_{\text{mod}})\right] \tag{6.17}$$

ausdrücken. Dabei ist $A_{\text{mod}}(t) - A_0$ dem Überdruck in einer vorgegebenen Schallwelle proportional. Dieser stellt nämlich die zu übermittelnde Information dar: Ein Mikrophon wandelt den augenblicklichen Überdruck der Luft in elektrische Spannung um. Die in der Amplitude

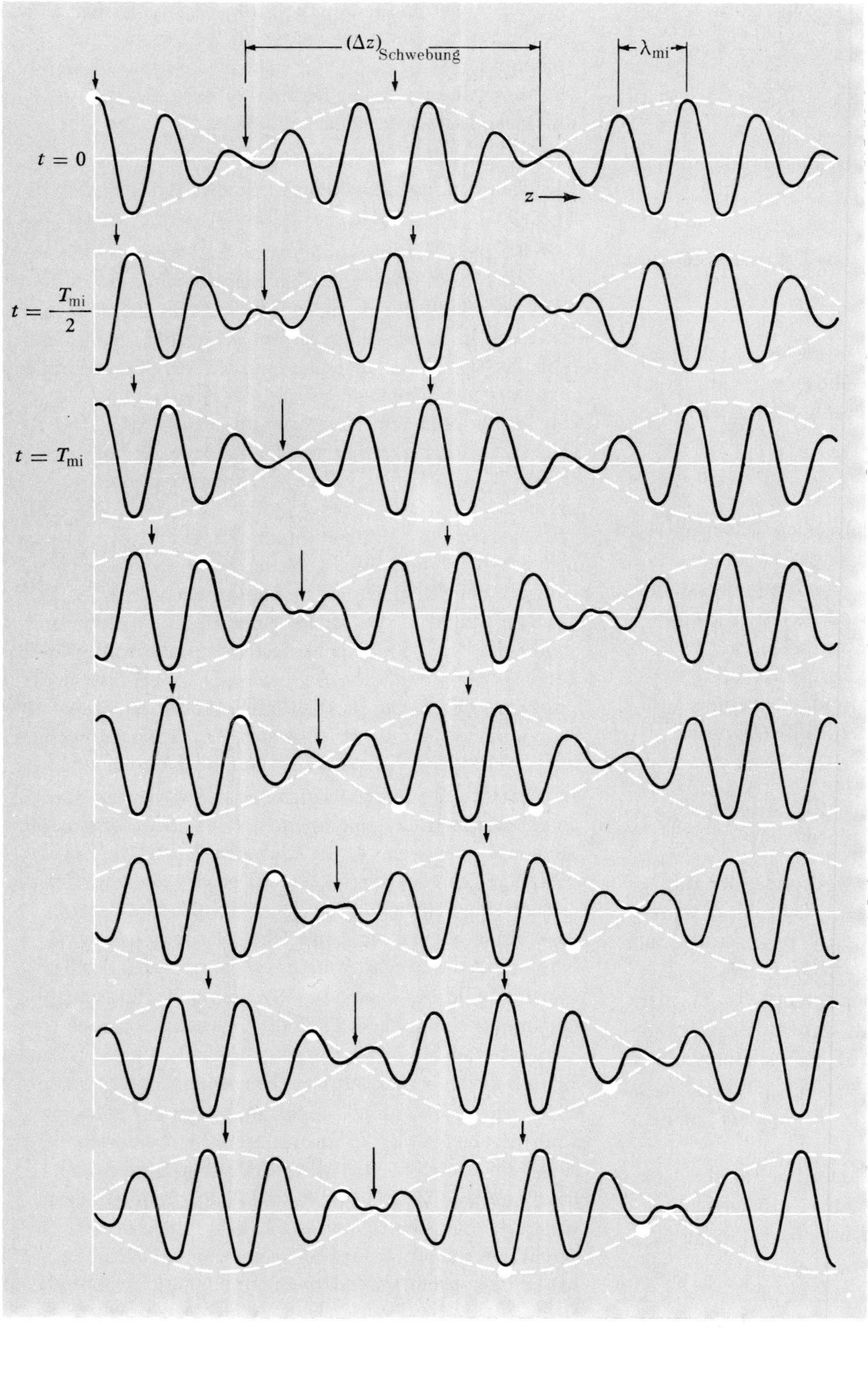

Bild 6.1
Gruppengeschwindigkeit. Die Pfeile folgen den Schwebungen, die mit der Gruppengeschwindigkeit v_g fortschreiten. Die weißen Kreise folgen den einzelnen Wellenbergen, die sich mit der Phasengeschwindigkeit v_{mit} ausbreiten.

der erregenden Spannung auftretende Konstante A_0 liefert einen Beitrag, der immer vorhanden ist, ob nun das Mikrophon durch Sprache oder Gesang erregt wird oder nicht. Hingegen rühren die restlichen Terme von den Schallwellen her, die das Mikrophon auffängt. Daher sind die Modulationsfrequenzen in Gl. (6.17) mit den Frequenzen der Schallwellen identisch. Sie liegen im hörbaren Bereich – von 20...20000 Hz – und werden deshalb als „Hörfrequenzen“ bezeichnet; sie sind gegenüber der Trägerfrequenz klein. Die erregende Spannung $U(t)$ hat die Form einer fast harmonischen Schwingung mit der Kreisfrequenz ω_{mit}:

$$U(t) = A_{\text{mod}}(t) \cos \omega_{\text{mit}} t$$
$$= A_0 \cos \omega_{\text{mit}} t + \sum_{\omega_{\text{mod}}} A(\omega_{\text{mod}})$$
$$\cos[\omega_{\text{mod}} t + \varphi(\omega_{\text{mod}})] \cos \omega_{\text{mit}} t. \tag{6.18}$$

Dieser Ausdruck läßt sich als *Überlagerung exakt harmonischer Schwingungen schreiben*:

$$U(t) = A_0 \cos \omega_{\text{mit}} t + \Sigma \tfrac{1}{2} A(\omega_{\text{mod}}) \cos[(\omega_{\text{mit}} + \omega_{\text{mod}}) t + \varphi(\omega_{\text{mod}})] + \Sigma \tfrac{1}{2} A(\omega_{\text{mod}}) \cos[(\omega_{\text{mit}} - \omega_{\text{mod}}) t - \varphi(\omega_{\text{mod}})]. \tag{6.19}$$ ●

Seitenbänder. Die amplitudenmodulierte Spannung $U(t)$ ist also eine Überlagerung harmonischer Schwingungen: Der Einzelterm mit der Kreisfrequenz ω_{mit} stellt die sogenannte *Trägerschwingung* dar. Daneben treten zwei Summen aus vielen Schwingungen auf. Die Kreisfrequenzen $\omega_{\text{mit}} + \omega_{\text{mod}}$ der ersten Summe bilden das sogenannte *obere Seitenband*, die Kreisfrequenzen $\omega_{\text{mit}} - \omega_{\text{mod}}$ der zweiten hingegen das *untere Seitenband*. Nun sollen die ausgestrahlten laufenden Wellen alle Schallinformationen im Hörfrequenzbereich von Null bis 20 kHz enthalten. Dazu muß die Spannung $U(t)$ eine Überlagerung harmonischer Partialschwingungen darstellen, deren Kreisfrequenzen von der niedrigsten Kreisfrequenz im unteren Seitenband bis zur höchsten im oberen Seitenband reichen. Die ausgestrahlten Kreisfrequenzen nehmen also das Band

$$\omega_{\text{mit}} - \omega_{\text{mod}}(\max) \leqslant \omega \leqslant \omega_{\text{mit}} + \omega_{\text{mod}}(\max) \tag{6.20}$$

ein, d.h.,

$$\nu_{\text{mit}} - \nu_{\text{mod}}(\max) \leqslant \nu \leqslant \nu_{\text{mit}} + \nu_{\text{mod}}(\max). \tag{6.21}$$

Bandbreite. Die Differenz zwischen höchster und niedrigster Frequenz heißt *Bandbreite*:

$$\text{Bandbreite} \equiv \Delta\nu = \nu(\max) - \nu(\min) = 2\,\nu_{\text{mod}}(\max). \tag{6.22}$$

Daher ist zur Übertragung der Trägerfrequenz und der beiden Seitenbänder, die durch Amplitudenmodulation im gesamten Hörfrequenzbereich erzeugt werden, eine Bandbreite von $2 \cdot 20\,\text{kHz} = 40\,\text{kHz}$ erforderlich. Die kommerziellen MW-Sender dürfen jedoch nur eine Bandbreite von 10 kHz aussenden, weshalb sie hörbare Informationen bloß im Bereich bis 5 kHz übertragen können. Dies ist für gewöhnliche Sprache völlig, für Musik einigermaßen ausreichend: Die Frequenz des höchsten Klaviertones beträgt etwa 4,2 kHz.

Die „Musik" breitet sich mit der Gruppengeschwindigkeit aus. Die durch Gl. (6.18) oder Gl. (6.19) dargestellte erregende Spannung $U(t)$ bewirkt die Emission elektromagnetischer laufender Wellen. Diese können als Überlagerung harmonischer Partialwellen aufgefaßt werden, die ein bestimmtes Band $\Delta\omega$ einnehmen, in dessen Mitte ω_{mit} liegt. Oder man kann sie als eine einzelne, fast harmonische Welle ansehen; dann ist die Frequenz der „raschen" Schwingungen die Trägerfrequenz, und die langsam sich ändernde „fast konstante" Amplitude $A_{\text{mod}}(z, t)$ stellt eine Überlagerung von Termen dar, die die Form der Gl. (6.8) aufweisen. (Bei dem Beispiel mit nur zwei harmonischen Partialwellen besteht das obere Seitenband aus der einzigen Kreisfrequenz $\omega_1 = \omega_{\text{mit}} + \omega_{\text{mod}}$, das untere aus der einzigen Kreisfrequenz $\omega_2 = \omega_{\text{mit}} - \omega_{\text{mod}}$.) Die Modulationen breiten sich mit der Geschwindigkeit $\Delta\omega/\Delta k$ durch das Medium – die Luft, die Ionosphäre usw. – aus. Im Falle eines MW-Radiosenders mit einer Trägerfrequenz von z.B. 1000 kHz und einer Bandbreite von 10 kHz erstreckt sich das Frequenzband von 995 kHz bis 1005 kHz. Da die Bandbreite klein gegenüber der Trägerfrequenz ist, erwarten wir, daß die vernachlässigten höheren Terme in der Taylorreihenentwicklung Gl. (6.15) tatsächlich vernachlässigbar sind und die durch Gl. (6.16) angegebene Gruppengeschwindigkeit völlig ausreicht, die Ausbreitung der Modulationen zu beschreiben.

Frequenzmodulation, Phasenmodulation und damit verbundene Themen werden in den Übungen 27 bis 32 diskutiert. Es gibt noch eine weitere wichtige Modulationstechnik, die sogenannte *Impulsmodulation*.

Nun betrachten wir einige physikalische Beispiele für Gruppengeschwindigkeiten. Im Falle elektromagnetischer laufender Wellen werden wir uns nicht bloß auf MW-Radiofrequenzen ($\nu \sim 10^3$ Hz) beschränken, sondern vielmehr auch die Frequenzen des sichtbaren Lichts ($\nu \sim 10^{15}$ Hz), Mikrowellenfrequenzen ($\nu \sim 10^{10}$ Hz) und andere Frequenzen mit einbeziehen.

● **Beispiele**: *2. Elektromagnetische Strahlung im Vakuum.* Die Dispersionsrelation lautet

$$\omega = ck. \tag{6.23}$$

Für Phasen- und Gruppengeschwindigkeit gelten die Beziehungen

$$v_\varphi = \frac{\omega}{k} = c, \qquad v_g = \frac{d\omega}{dk} = c. \tag{6.24}$$

Daher ist im Vakuum sowohl die Phasen- als auch die Gruppengeschwindigkeit des Lichts oder anderer elektromagnetischer Strahlung gleich c. Modulationen breiten sich also mit der Geschwindigkeit c aus. ●

● *3. Andere dispersionsfreie Wellen.* Lichtwellen im Vakuum sind dispersionsfrei, ihre Phasengeschwindigkeit hängt also nicht von der Frequenz bzw. Wellenzahl ab. In diesem Falle ist die Gruppengeschwindigkeit gleich der Phasengeschwindigkeit, denn es gilt allgemein

$$\omega = v_\varphi k, \tag{6.25}$$

$$v_g = \frac{d\omega}{dk} = v_\varphi + k\,\frac{dv_\varphi}{dk}. \tag{6.26}$$

Demzufolge sind Gruppen- und Phasengeschwindigkeit einander gleich, wenn dv_φ/dk verschwindet. Andere Beispiele für dispersionsfreie Wellen sind hörbare *Schallwellen*, für die

$$\omega = \sqrt{\frac{\gamma p_0}{\rho_0}}\, k \tag{6.27}$$

gilt, sowie *transversale Wellen auf einer kontinuierlichen Saite*, für die die Beziehung

$$\omega = \sqrt{\frac{T_0}{\rho_0}}\, k \tag{6.28}$$

gilt. ●

● *4. Elektromagnetische Wellen in der Ionosphäre.* Die Dispersionsrelation für sinusförmige Wellen lautet bei Frequenzen oberhalb der Grenzfrequenz $\nu_p \approx 20\,\mathrm{MHz}$ nach Gl. (4.86)

$$\omega^2 = \omega_p^2 + c^2 k^2 . \tag{6.29}$$

Differentiation der Gl. (6.29) nach k liefert

$$2\omega \frac{d\omega}{dk} = 2c^2 k , \tag{6.30}$$

d.h.,

$$\left(\frac{\omega}{k}\right)\left(\frac{d\omega}{dk}\right) = v_\varphi v_g = c^2 . \tag{6.31}$$

Daher lauten Phasen- und Gruppengeschwindigkeit

$$v_\varphi = \sqrt{c^2 + \frac{\omega_p^2}{k^2}} \geqslant c ,$$

$$v_g = c\left(\frac{c}{v_\varphi}\right) \leqslant c . \tag{6.32}$$

Wir sehen, daß die Gruppengeschwindigkeit immer kleiner als c, die Phasengeschwindigkeit immer größer als c ist. Daher kann ein *Signal* nicht mit einer höheren Geschwindigkeit als c übertragen werden. ●

● *5. Oberflächenwellen im Wasser.* Im Gleichgewicht ist eine Wasseroberfläche eben und waagerecht. Im Falle einer Welle wirken zwei Arten rücktreibender Kräfte auf die Wiederherstellung des Gleichgewichts hin: die Schwerkraft und die Oberflächenspannung. Bei Wellenlängen von mehr als einigen Zentimetern überwiegt die Schwerkraft, bei solchen im Millimeterbereich hingegen die Oberflächenspannung.

Wegen der großen Inkompressibilität des Wassers muß das überschüssige Wasser eines Wellenberges aus den benachbarten Wellentälern einströmen. Einzelne Wasserteilchen führen daher in einer Wasserwelle eine Mischung aus longitudinaler (hin und her) und transversaler (auf und ab) Bewegung aus. Ist die Wellenlänge klein gegenüber der Gleichgewichtstiefe des Wassers, so spricht man von Tiefwasserwellen. In diesem Falle bewegen sich die einzelnen Teilchen in einer laufenden Welle auf Kreisbahnen. Eine schwimmende Ente oder ein Teilchen an der Oberfläche beschreiben eine gleichförmige Kreisbewegung, deren Radius gleich der Amplitude der harmonischen Welle und deren Periode gleich der der Welle ist. Auf einem Berg der laufenden Welle hat die Ente ihre größte Vorwärtsgeschwindigkeit, in einem Tal die größte Rückwärtsgeschwindigkeit. Wasserteilchen unter der Oberfläche bewegen sich in immer kleineren Kreisen. Es zeigt sich, daß der Kreisradius exponentiell mit der Tiefe abnimmt. In einer Entfernung von einigen Wellenlängen unter der Oberfläche ist dann die Bewegung vernachlässigbar klein.

Die Dispersionsrelation für Tiefwasserwellen lautet näherungsweise

$$\omega^2 = gk + \frac{T}{\rho} k^3 , \tag{6.33}$$

wobei für Wasser $\rho \approx 1000\,\mathrm{kg/m^3}$ und $T \approx 0{,}072\,\mathrm{N/m^2}$ (Oberflächenspannung), $g = 9{,}8\,\mathrm{m/s^2}$ ist.

Wir überlassen es Ihnen, die Gültigkeit folgender Behauptung zu zeigen: Phasen- und Gruppengeschwindigkeit sind einander gleich, wenn g und $(T/\rho)\,k^2$ denselben Wert haben und daher Schwerkraft und Oberflächenspannung gleiche Beiträge zur rücktreibenden Kraft ω^2 pro Einheitsauslenkung und pro Einheitsmasse liefern. Sie können zeigen, daß dieser Fall bei der Wellenlänge $\lambda = 1{,}70\,\mathrm{cm}$ eintritt. Phasen- und Gruppengeschwindigkeit betragen dann beide $0{,}23\,\mathrm{m/s}$. Sind jedoch die Wellenlängen wesentlich kleiner als 1,70 cm, so überwiegt die Oberflächenspannung, und die Gruppengeschwindigkeit ist gleich 1,5 mal der Phasengeschwindigkeit. Sind hingegen die Wellenlängen wesentlich größer als 1,70 cm, so überwiegt die Schwerkraft, und die Gruppengeschwindigkeit ist halb so groß wie die Phasengeschwindigkeit (siehe Übung 19).

In Tabelle 6.1 sind Phasen- und Gruppengeschwindigkeit für Wellenlängen von 1 mm (wie sie durch eine Stimmgabel in einer mit Wasser gefüllten Styroporschale erzeugt werden können) bis 64 m (sehr lange Ozeanwellen) angegeben. ●

Tabelle 6.1. Tiefwasserwellen

λ m	ν Hz	v_φ m/s	v_g m/s	v_g/v_φ
0,0010	675	0,675	1,014	1,50
0,0025	172	0,430	0,637	1,48
0,0050	62,5	0,312	0,444	1,42
0,010	24,7	0,247	0,307	1,24
0,017	13,6	0,231	0,231	1,00
0,02	11,6	0,232	0,214	0,92
0,04	6,80	0,272	0,178	0,65
0,08	4,52	0,362	0,196	0,54
0,16	3,14	0,503	0,258	0,51
0,32	2,22	0,71	0,358	0,50
1	1,25	1,25	0,625	0,50
2	0,884	1,77	0,885	0,50
4	0,625	2,50	1,25	0,50
8	0,442	3,54	1,77	0,50
16	0,313	5,00	2,50	0,50
32	0,221	7,08	3,54	0,50
64	0,156	10,00	5,00	0,50

Anwendung. Wir bringen nun ein Beispiel, bei dem wir von der Tabelle 6.1 Gebrauch machen. Nehmen Sie an, bei einem Picknick am Strand frage irgend jemand nach den Wellenlängen von Ozeanwellen, die 40 km oder 50 km von der Küste entfernt sind. Sie sagen dem Betreffenden, er solle eine Minute warten, und Sie würden ihm die Wellenlänge mitteilen. Sodann nehmen Sie Ihre Uhr und bestimmen die Frequenz der Wellen, die sich am Strand brechen. Sie finden einen Mittelwert von 12 Wellen pro Minute, also eine Welle pro fünf Sekunden: $\nu = 0{,}2$ Hz. Das Wetter war einige Tage lang gleichbleibend, weshalb Sie annehmen dürfen, daß sich die Wellen im stationären Zustand befinden; lokale Winde spielen dabei keine Rolle, da sie die große Ozeandünung nicht beeinflussen. Die Frequenz der Wellen beträgt daher sowohl auf See als auch an Ihrem Strand 0,2 Hz. Natürlich sind die Wellenlängen verschieden, weil die Wellen, die sich an Ihrem Strand brechen, keine Tiefwasserwellen darstellen; *ihre Wellenlänge hängt von der Wassertiefe an dem betreffenden Strand ab, ihre Frequenz im stationären Zustand ist jedoch gleich der erregenden Frequenz und daher von der Tiefe unabhängig.* Gemäß der Tabelle beträgt die Wellenlänge auf dem offenen Ozean etwa 40 m.

Wie weit sind die Wellenberge, die sich gegenwärtig an Ihrem Strand brechen, in der letzten Stunde gewandert? Befanden sie sich die meiste Zeit über im Tiefwasser, so betrug die Phasengeschwindigkeit nach Tabelle 6.1 etwa 8 m/s, das sind etwa 29 000 m/h. Also haben die Wellen in der letzten Stunde rund 30 km zurückgelegt. Da nun das Wetter viele Stunden lang gleichgeblieben ist, sollten Sie in die Güte Ihrer Abschätzung der Wellenlänge auf offenem Ozean Vertrauen haben.

Wenn Sie sich nicht am Strand, sondern bei einem Seismographen 20 km oder 30 km im Landinneren befinden, können Sie die obige Frage ebenfalls beantworten.

6.3. Impulse

Ein bei $z = 0$ liegender Sender beschreibe eine Bewegung, die eine Überlagerung vieler harmonischer Schwingungen mit gleichen Amplituden darstelle. Die Kreisfrequenzen dieser Schwingungen sollen in einem schmalen Band zwischen der niedrigsten Kreisfrequenz ω_1 und der höchsten Kreisfrequenz ω_2 liegen und sich folglich nur wenig voneinander unterscheiden. Den Fall mit nur zwei Frequenzen haben wir bereits betrachtet; dabei erhielten wir mit der Gruppengeschwindigkeit fortschreitende Modulationen.

Zeigerdiagramm. Bevor wir uns dem komplizierteren Fall der Überlagerung vieler harmonischer Komponenten mit wenig unterschiedlichen Frequenzen zuwenden, wollen wir zur Vorbereitung nochmals den Fall mit nur zwei Frequenzen untersuchen, diesmal jedoch unter Verwendung des *Zeigerdiagramms*. Die harmonische Schwingung

$$\psi(t) = A \cos \omega t \tag{6.34}$$

ist der Realteil der komplexen harmonischen Schwingung

$$\psi_c(t) = A e^{i\omega t} \tag{6.35}$$

wobei c für komplex steht. Graphisch läßt sich $\psi_c(t)$ durch einen Vektor der Länge A in der komplexen Ebene darstellen, der mit der Kreisfrequenz ω im Gegenuhrzeigersinn rotiert. Seine Projektion auf die waagerechte Achse – die reelle Achse – liefert die harmonische Bewegung von Gl. (6.34). Statt diesen „rotierenden Vektor" während einer ganzen Schwingung im Auge zu behalten, stellen wir uns „stroboskopische Momentaufnahmen" von ihm vor. Hat das Stroboskop dieselbe Frequenz wie unser rotierender Vektor, so steht dieser scheinbar still, denn jede Momentaufnahme trifft ihn in derselben Stellung an (Bild 6.2 a). Ist die Kreisfrequenz ω des rotierenden Vektors etwas größer als die Kreisfrequenz ω_s des Stroboskops, so scheint der Vektor langsam im Gegenuhrzeigersinn zu rotieren. Die Kreisfrequenz dieser Vorwärtsrotation ist gleich der *Differenz* $\omega - \omega_s$ der Kreisfrequenz (Bild 6.2 b). Ist hingegen $\omega - \omega_s$ negativ, so rotiert der Vektor scheinbar langsam nach rückwärts, also im Uhrzeigersinn (Bild 6.2 c). Der Index s steht für Stroboskop.

Betrachten wir nun eine Überlagerung zweier harmonischer Wellen mit gleichen Amplituden, doch etwas unterschiedlichen Kreisfrequenzen

$$\psi(t) = A \cos \omega_1 t + A \cos \omega_2 t. \tag{6.36}$$

Wir machen von den rotierenden Vektoren $A e^{i\omega_1 t}$ und $A e^{i\omega_2 t}$ mit der Frequenz

$$\omega_s = \omega_{\text{mit}} = \tfrac{1}{2}(\omega_1 + \omega_2) \tag{6.37}$$

stroboskopische Momentaufnahmen. Somit ist $\omega_2 - \omega_{\text{mit}}$ positiv und $\omega_1 - \omega_{\text{mit}}$ negativ, wenn wir $\omega_2 - \omega_1$ als positiv annehmen. Erinnern Sie sich, daß $\psi(t)$ wie in Gl. (6.2) als Produkt aus einer langsam sich ändernden Amplitude $A(t)$ und einer raschen Schwingung mit der Kreisfrequenz ω_{mit} geschrieben werden kann. Da unsere Stroboskopfrequenz gleich ω_{mit} ist, stehen die raschen Schwingungen „still", und nur $A(t)$ ändert sich zwischen den einzelnen Momentaufnahmen. So erhalten wir die in Bild 6.3 gezeigten Momentaufnahmen.

Aufbau eines Impulses. Nun sei $\psi(t)$ eine Überlagerung sehr vieler Schwingungen derselben Amplitude A und der Phasenkonstanten Null. Die Kreisfrequenzen dieser Schwingungen seien im Frequenzbereich $\omega_2 - \omega_1$ gleichmäßig verteilt, so daß sie die Bandbreite $\Delta\omega = \omega_2 - \omega_1$ einnehmen. Das zugehörige stroboskopische Zeigerdiagramm ist in Bild 6.4 dargestellt.

Zur Zeit $t = 0$ ist die resultierende Amplitude der Überlagerung gleich NA. Zu einem Zeitpunkt t kurz vor $2\pi/\Delta\omega$, der Dauer einer Schwebung zwischen den Randfrequenzen

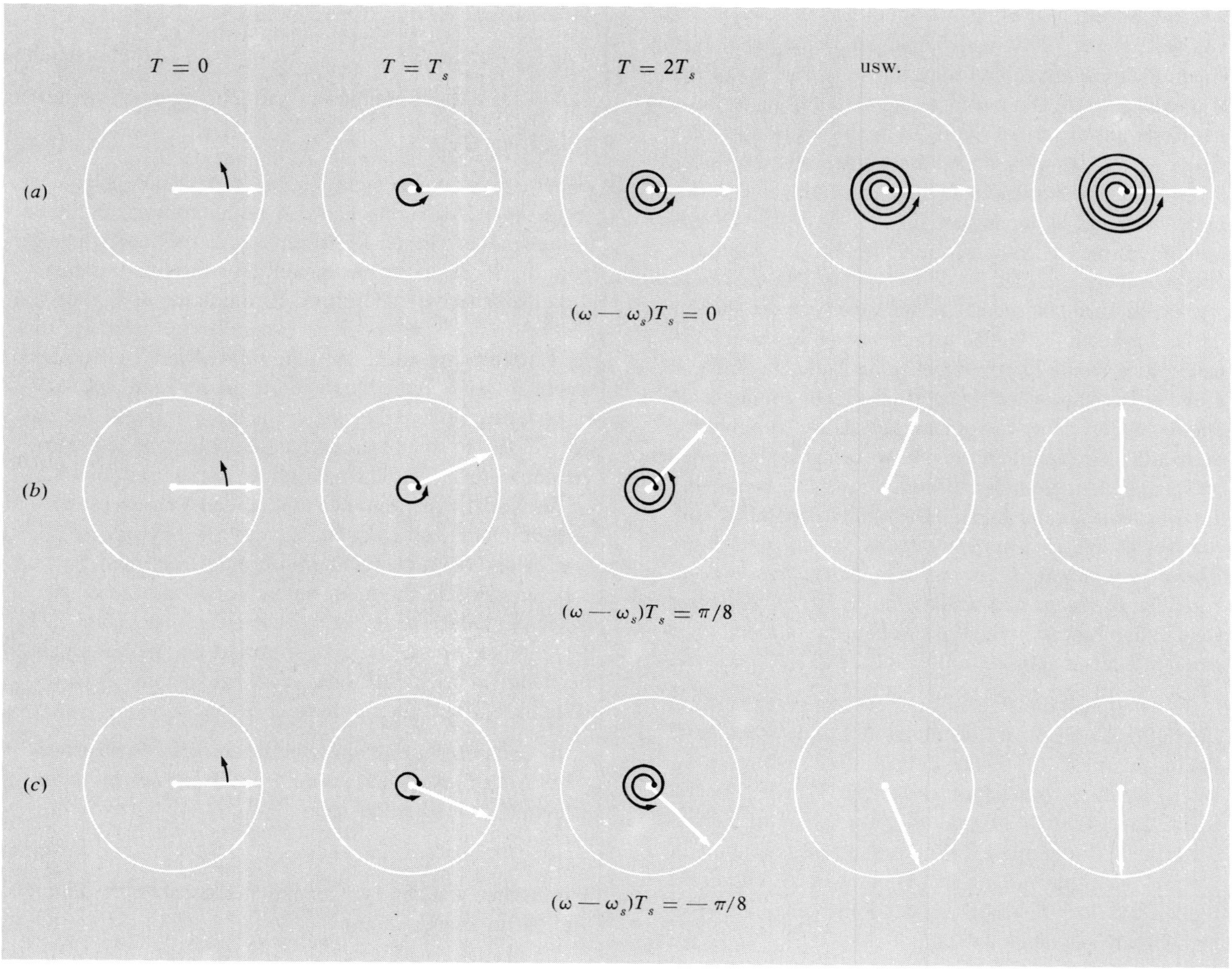

Bild 6.3. Stroboskopische Momentaufnahmen des rotierenden komplexen Vektors $e^{i\omega t}$. Die Spiralen sollen Ihnen helfen, die Anzahl der Umdrehungen des Vektors zu verfolgen. Der zeitliche Abstand der einzelnen Momentaufnahmen beträgt $T_s = 2\pi/\omega_s$.

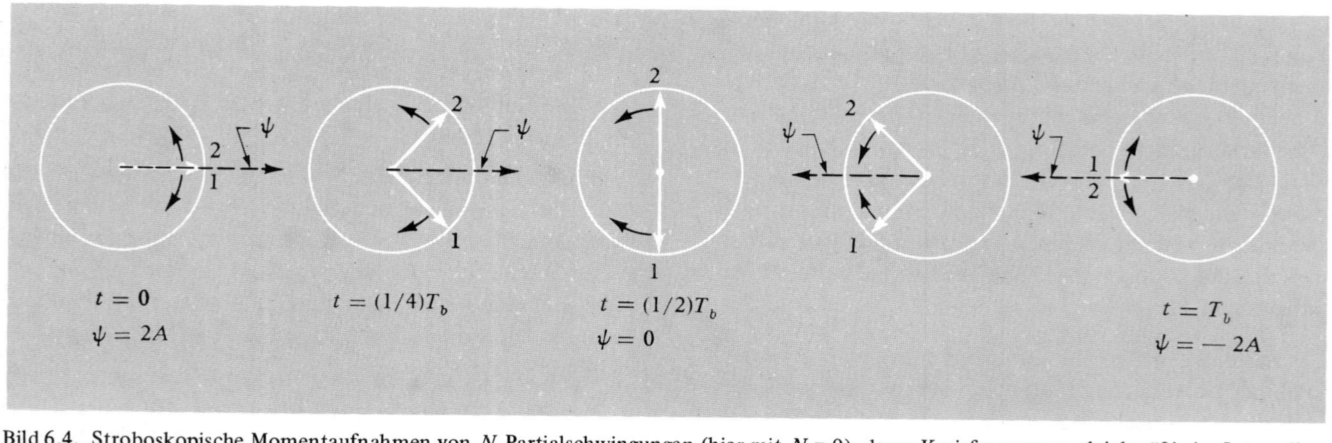

Bild 6.4. Stroboskopische Momentaufnahmen von N Partialschwingungen (hier mit $N = 9$), deren Kreisfrequenzen gleichmäßig im Intervall $\Delta\omega = \omega_2 - \omega_1$ verteilt sind. Die Stroboskopfrequenz beträgt ω_{mit}. Die Schwingung mit $\omega = \omega_{mit}$ scheint „stillzustehen".

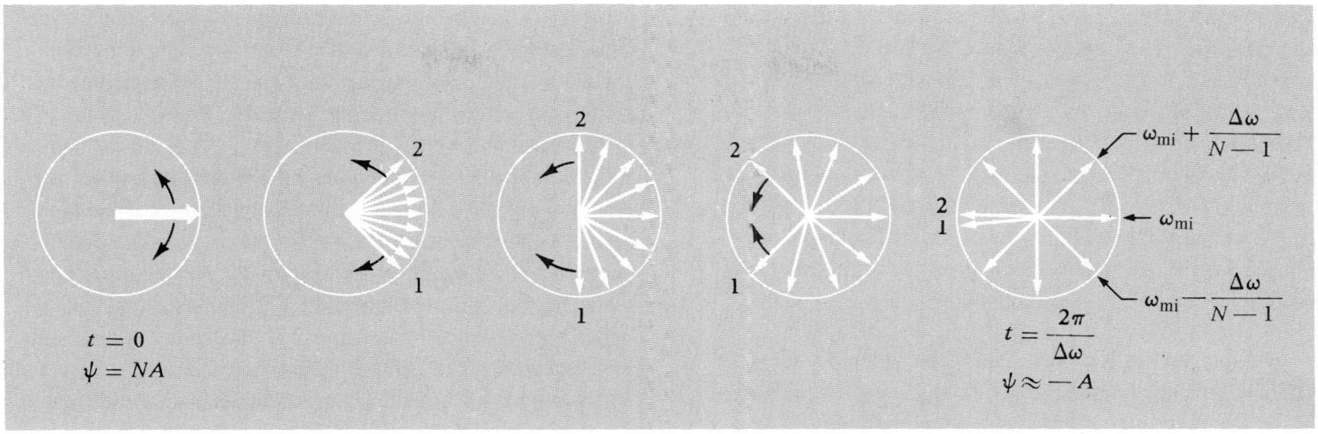

Bild 6.4. Schwebungen bei der Überlagerung $\psi(t) = A e^{i\omega_1 t} + A e^{i\omega_2 t}$. Die stroboskopischen Momentaufnahmen sind mit der Kreisfrequenz $\omega_s = \omega_{mit}$ aufgenommen. Die gezeigte Serie beschreibt genau eine Schwebung der Periode T_b. In diesem Beispiel ist die Schwebungsfrequenz gleich $\frac{1}{4}$ mal der mittleren Frequenz: $\omega_2 - \omega_1 = \frac{1}{4}\,\omega_{mit}$.

ω_2 und ω_1, verschwindet die resultierende Amplitude $A(t)$, da die Phasen der Partialschwingungen gleichmäßig verteilt sind; für $N \to \infty$ liegt diese erste Nullstelle genau bei $t = 2\pi/\Delta\omega$. Lange nach $t = 2\pi/\Delta\omega$ sind die Phasen der beitragenden Vektoren noch immer über einen weiten Bereich verteilt, wenn auch nicht völlig gleichmäßig. Daher bleibt die resultierende Amplitude $A(t)$ während einer langen Zeit klein. Die Vektoren erreichen alle erst dann wieder dieselbe Phase, und $A(t)$ kehrt erst dann wieder zu seinem ursprünglichen Wert NA zurück, wenn die Schwebungen zwischen Partialschwingungen und den benachbarten Kreisfrequenzen wieder ihre Maxima annehmen. Die Partialschwingungen mit benachbarten Kreisfrequenzen unterscheiden sich aber um $\Delta\omega/(N-1)$. Daher ist die Dauer der Schwebungen zwischen solchen Partialschwingungen gleich $(N-1)$ mal jener Schwebungsdauer, die bei einem Kreisfrequenzunterschied $\Delta\omega$ auftritt. Geht also $N \to \infty$, so bleibt die resultierende Amplitude $A(t)$ „immer" klein und erreicht nie wieder ihren ursprünglichen Wert. Dann sprechen wir von einem *Impuls*; darunter versteht man eine Funktion der Zeit, die nur in einem beschränkten Zeitintervall merklich verschieden von Null ist.

Zeitliche Dauer eines Impulses. Unter der *Dauer* des Impulses versteht man jenes Zeitintervall, in dem $\psi(t)$ „wesentlich" ist. Wir wollen die Dauer mit dem Symbol Δt bezeichnen. Dieses Zeitintervall reicht etwa von $t = 0$, wo alle Partialschwingungen mit den Kreisfrequenzen zwischen ω_1 und ω_2 in Phase sind, bis zu jenem Zeitpunkt t_1, in dem die Phasen aller Partialschwingungen über das gesamte Intervall von 2π Radiant verteilt sind:

$$\Delta t \approx t_1, \tag{6.38}$$

wobei

$$(\omega_2 - \omega_1)\, t_1 = 2\pi. \tag{6.39}$$

Daher erfüllen die Bandbreite $\Delta\omega = \omega_2 - \omega_1$ und die zeitliche Dauer Δt die Beziehung

$$\Delta\omega\,\Delta t \approx 2\pi, \tag{6.40}$$

d.h.

$$\boxed{\Delta\nu\,\Delta t \approx 1.} \tag{6.41}$$

Gl. (6.41) ist ein spezielles Beispiel für einen sehr allgemeinen und wichtigen mathematischen Zusammenhang zwischen der zeitlichen Dauer Δt eines Impulses $\psi(t)$ und der Bandbreite $\Delta\nu$ des Frequenzspektrums der harmonischen Partialschwingungen, aus denen sich der Impuls zusammensetzt. Diese Beziehung läßt sich in der gesamten Physik immer dann anwenden, wenn Erscheinungen von der Form eines Impulses in der Zeit oder in irgendeiner anderen Variablen auftreten. Der allgemeine Zusammenhang ist von der besonderen Gestalt von $\psi(t)$ unabhängig, solange $\psi(t)$ die charakteristische Eigenschaft eines Impulses aufweist: Nur während eines einzigen beschränkten Zeitintervalls darf Δt wesentlich verschieden von Null sein.

Produkt aus Bandbreite und zeitlicher Dauer. Zwischen der Bandbreite $\Delta\nu$ des Frequenzbandes und der zeitlichen Dauer Δt des zugehörigen Impulses besteht der *allgemeine* Zusammenhang

$$\boxed{\Delta\nu\,\Delta t \geqslant 1.} \tag{6.42}$$

Das Größerzeichen in Gl. (6.42) rührt von folgender Tatsache her Bei der Überlagerung einer Anzahl harmonischer Schwingungen mit einem Frequenzband $\Delta\nu$ erhalten wir nur dann einen Impuls von keiner größeren Dauer als $\Delta t \approx 1/\Delta\nu$, wenn wir die Phasenkonstanten geeignet wählen. Im Beispiel des Bildes 6.4 weisen alle Partialschwingungen dieselbe Phasenkonstante auf. Wären nicht alle

Phasenkonstanten gleich, so wären zu keinem Zeitpunkt alle Partialschwingungen in Phase. (In unserem Beispiel sind sie bei $t = 0$ in Phase.) Die Überlagerung $\psi(t)$ würde also zu keinem Zeitpunkt ihren größtmöglichen Wert annehmen. Dann müßte man die zeitliche Dauer – während der $\psi(t)$ wesentlich verschieden von Null, also nicht sehr viel kleiner als der Maximalwert ist – viel breiter wählen. Im Grenzfall völlig willkürlich gewählter Phasenkonstanten wird die Dauer Δt beliebig groß, weshalb dann kein merklicher Impuls erkennbar ist.

Anschlagen des Klaviers. Nehmen Sie an, Sie könnten alle Tasten eines Klaviers zugleich anschlagen. Die Bandbreite des resultierenden Klanges ist gleich dem Frequenzumfang des Klaviers und beträgt somit etwa 4000 Hz. Würden also alle Saiten zur Zeit $t = 0$ genau in Phase angeschlagen, so wäre der resultierende Klang während einer Zeit $\Delta t \approx \frac{1}{4000}$ s $\approx 0{,}2$ ms sehr laut, danach jedoch sehr leise. Nun können Sie aber zum gleichzeitigen Anschlagen aller Tasten nur Ihre Arme oder ein langes Brett oder so etwas Ähnliches verwenden. Dann ist es Ihnen unmöglich, jede Saite bis auf einen kleinen Bruchteil ihrer Schwingungsdauer (Größenordnung 10^{-3} s) genau im selben Augenblick anzuschlagen. Eher werden die Phasenkonstanten im wesentlichen willkürlich verteilt sein. Der Klang trägt dann nicht den Charakter eines Impulses, vielmehr erweckt er nur den Eindruck eines anhaltenden Geräusches.

Harmonische Schwingung von beschränkter Dauer. Wir wollen nun die Gl. (6.41) noch auf eine andere Art illustrieren. Ein Oszillator werde eingeschaltet und nehme rasch (innerhalb weniger Schwingungen) eine konstante Amplitude A an. Dann werde er abgeschaltet, und seine Bewegung klinge innerhalb weniger Schwingungen ab (Bild 6.5). *Da die Schwingung nicht für alle Zeiten weitergeht, stellt sie keine harmonische Schwingung der Kreisfrequenz ω_0 dar.* Sicherlich überwiegt die Kreisfrequenz $\omega = \omega_0$, doch nach dem eben Gesagten kann sie nicht die einzige auftretende Frequenz sein. Vielmehr muß ein Band von Kreisfrequenzen vorhanden sein, dessen Mitte bei $\omega \approx \omega_0$ liegt. Nun zeigen wir eine sehr einfache Möglichkeit, die Bandbreite $\Delta\omega$ grob abzuschätzen. Die Frequenz ist als Anzahl der Schwingungen pro Sekunde definiert. Also bestimmen wir einfach die Gesamtanzahl der Schwingungen in dem Zeitintervall Δt, in dem der Oszillator eingeschaltet ist, und dividieren sie durch Δt. So finden wir, wenn n die Anzahl der gezählten Schwingungen ist,

$$\nu_{(\text{vorherrschend})} = \frac{n}{\Delta t}\,. \tag{6.43}$$

Dieser Wert muß nach Bild 6.5 ungefähr gleich $\nu_0 = T_0^{-1}$ sein; aus demselben Bild ersehen wir jedoch, daß sich n nicht *genau* bestimmen läßt. An jedem Ende des Impulses tritt eine Unsicherheit von der Größenordnung $\pm\frac{1}{2}$ Schwingungen auf, bei der wir uns entscheiden müssen, ob noch eine Schwingung mitzuzählen ist oder ob hier Schluß ist. Sie werden vielleicht einwenden, daß dies doch keine bedeutende Rolle spielt, besonders bei großem n, der Fehler ist ja klein gegenüber n! Aber genau um *diesen* Fehler geht es. Weist die Schwingungsanzahl n eine *Unsicherheitsbandbreite* Δn der Größenordnung 1 auf, so führt diese gemäß Gl. (6.43) zu einer *relativen Frequenzbandbreite* $\Delta\nu/\nu$ gemäß

$$\frac{\Delta\nu}{\nu} = \frac{\Delta n}{n} \approx \frac{1}{n}\,. \tag{6.44}$$

Das Produkt aus den Gln. (6.43) und (6.44) liefert $\Delta\nu \approx 1/\Delta t$.

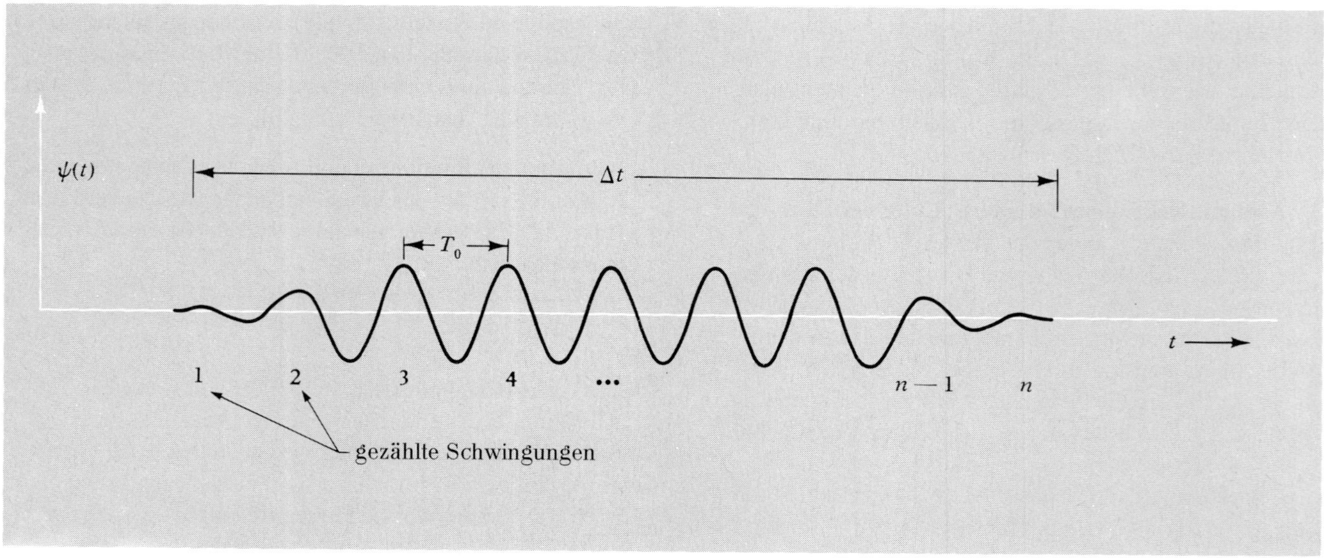

Bild 6.5. Harmonische Schwingung von beschränkter Dauer

● **Beispiele**: *6. Bandbreite beim Fernsehen.* Das Bild auf dem Fernsehschirm besteht aus einem rechteckigen gitterförmigen Muster aus schwarzen und weißen Punkten. Ein bestimmter Punkt ist „weiß", wenn der phosphoreszierende Fernsehschirm an dieser Stelle vor weniger als etwa $\frac{1}{50}$ s getroffen wurde. Der Abstand der Punkte beträgt rund 1mm. Somit hat ein typischer amerikanischer Schirm vom Format 50 × 50 cm 500 Zeilen mit je 500 Punkten, also $25 \cdot 10^4$ Punkte, von denen jeder alle $\frac{1}{30}$ s neu durchlaufen wird. (Beim einmaligen Überstreichen des Schirms läßt der Elektronenstrahl jede zweite Zeile aus. Die ausgelassenen Zeilen werden beim nächsten Überstreichen durchlaufen.) Daher weist ein bestimmter Bereich des Schirms, der viele waagerechte Zeilen enthält, eine Flimmerfrequenz von 60 Hz auf: Das ist die „Stroboskopfrequenz" des Fernsehapparats. Folglich müssen die Anweisungen „ein, aus, ..." dem Elektronenstrahl mit einer Frequenz von rund $30 \cdot 25 \cdot 10^4 \approx 8 \cdot 10^6$ Hz übermittelt werden, weshalb auch die gesendete und die empfangene Antennenspannung ungefähr 10^7 kleine Ein-Aus-Spannungsstöße pro Sekunde aufweisen müssen. Kein Spannungsstoß darf länger als $\Delta t \approx 10^{-7}$ s dauern, um Überlappungen zu vermeiden. Die erforderliche Bandbreite beträgt also $\Delta\nu \approx 1/\Delta t \approx 10^7$ Hz = 10 MHz. Nun liegen die beim Fernsehen verwendeten Trägerfrequenzen etwa zwischen 55 MHz und 210 MHz. Aufgrund unserer Diskussion der Rundfunk-Amplitudenmodulation könnten Sie annehmen, daß die 10 MHz über ein oberes und ein unteres Seitenband von „Modulationsfrequenzen" verteilt seien. In Wirklichkeit werden jedoch die Trägerfrequenz und eines der Seitenbänder durch eine geniale Technik „unterdrückt": Sie werden herausgefiltert und erreichen niemals die Sendeantenne. Im Empfänger werden sie aufgrund der in dem einzigen ausgestrahlten Seitenband enthaltenen Informationen wieder hergestellt. Diese Technik, die sogenannte Einseitenbandübertragung, drückt die erforderliche Bandbreite auf die Hälfte – etwa 5 MHz – herunter. Somit ist zwischen 55 MHz und 210 MHz „Frequenzraum" für rund 30 Fernsehsender vorhanden, deren jeder eine Bandbreite von ungefähr 5 MHz benutzt. Gäbe es viel mehr Sender, so wäre es unmöglich, einen einzigen Sender einzustellen. ●

● *7. Sichtbares Licht als Trägerwelle.* Ein *Laser* ist eine Vorrichtung, von der man sich eine ebenso weitgehende Beherrschung der sichtbaren elektromagnetischen Strahlung verspricht, wie man sie heute bei Radio- und Mikrowellenfrequenzen erreicht hat. Derzeit beschäftigen sich viele Wissenschaftler intensiv mit der Entwicklung von Techniken zur Modulation des Lichts. Diese soll ähnlich möglich sein, wie ein Radio- oder Fernsehsender seine Trägerwelle moduliert. Nehmen Sie an, man entwickle im größten Teil des sichtbaren Frequenzbereichs geeignete Modulationstechniken, dann können wir untersuchen, wie viele Fernsehkanäle sich in diesem „Frequenzraum" unterbringen lassen. Als Trägerwelle soll das Licht verwendet werden, und die erforderliche Bandbreite beträgt 10 MHz pro Kanal. Nun hat sichtbares Licht Wellenlängen von etwa 650 nm (Rot) bis 450 nm (Blau), also Frequenzen von

$$\nu = c/\lambda = (3 \cdot 10^{10}/6{,}5 \cdot 10^{-5})\ \text{Hz} \approx 4{,}6 \cdot 10^{14}\ \text{Hz}$$
$$= 4{,}6 \cdot 10^8\ \text{MHz}$$

bis

$$\nu = (3 \cdot 10^{10}/4{,}5 \cdot 10^{-5})\ \text{Hz} \approx 6{,}6 \cdot 10^{14}\ \text{Hz}$$
$$= 6{,}6 \cdot 10^8\ \text{MHz}.$$

Daher würde sich das gesamte zur Verfügung stehende Frequenzband von $4{,}6 \cdot 10^8$ MHz bis $6{,}6 \cdot 10^8$ MHz erstrecken und somit eine Bandbreite von $2 \cdot 10^8$ MHz aufweisen. Folglich wären $2 \cdot 10^7$ einander nicht überschneidende Fernsehkanäle von je 10 MHz Bandbreite verfügbar. Wir könnten dann vielleicht fordern, daß man wenigstens einen von einer Million dieser Kanäle dem Bildungsfernsehen zuweisen sollte. ●

Exakte Lösung für einen Impuls $\psi(t)$, der durch ein „rechteckiges" Frequenzspektrum erzeugt wird. Wir betrachten die Überlagerung von N verschiedenen harmonischen Schwingungen mit derselben Amplitude A, derselben Phasenkonstanten Null und mit Kreisfrequenzen, die gleichmäßig zwischen der niedrigsten Kreisfrequenz ω_1 und der höchsten Kreisfrequenz ω_2 verteilt sind. Nun wollen wir einen expliziten Ausdruck für den aus dieser Überlagerung entstehenden Impuls $\psi(t)$ ermitteln. Es handelt sich dabei um die Überlagerung, die in den „stroboskopischen Momentaufnahmen" von Bild 6.4 illustriert ist:

$$\psi(t) = A\cos\omega_1 t + A\cos(\omega_1 + \delta\omega)t + A\cos(\omega_1 + 2\delta\omega)t + \ldots + A\cos\omega_2 t, \tag{6.45}$$

wobei $\delta\omega$ den Kreisfrequenzunterschied zwischen zwei benachbarten Partialschwingungen darstellt, d.h.,

$$\delta\omega \equiv \frac{\omega_2 - \omega_1}{N-1} = \frac{\Delta\omega}{N-1}. \tag{6.46}$$

Gl. (6.45) drückt $\psi(t)$ als *lineare Überlagerung vieler exakt harmonischer Partialschwingungen* aus. Wir wollen nun einen anderen Ausdruck für $\psi(t)$ ermitteln, der die Form einer *fast harmonischen Schwingung mit einer einzigen „raschen" Kreisfrequenz* ω_{mit}

$$\omega_{mit} = \tfrac{1}{2}(\omega_1 + \omega_2) \tag{6.47}$$

und einer bezüglich der raschen Schwingungen „fast konstanten" Amplitude $A(t)$ haben soll. Aufgrund unserer Erfahrung mit einer Überlagerung von nur zwei harmonischen Schwingungen (Abschnitt 5.2) ist nämlich zu erwarten, daß sich ein Ausdruck der Form

$$\psi(t) = A(t)\cos\omega_{mit} t \tag{6.48}$$

finden läßt; dies wird uns auch tatsächlich gelingen. Es wird sich zeigen, daß sich $A(t)$ im Vergleich zu den raschen Schwingungen langsam ändert, wenn die Bandbreite $\Delta\omega$ klein gegenüber ω_{mit} ist. (Unser Ergebnis wird jedoch exakt gelten, ob diese Bedingung nun erfüllt ist oder nicht. In diesem Fall werden wir $\psi(t)$ als amplitudenmodulierte fast harmonische Schwingung anschreiben. $\psi(t)$ wird die Form eines Impulses aufweisen, wie wir bereits in der auf Bild 6.4 folgenden Diskussion qualitativ gezeigt haben. Mit Hilfe des exakten Ausdrucks wird uns klar werden, was die Aussage bedeutet, daß das Produkt aus Bandbreite und zeitlicher Dauer ungefähr gleich Eins ist.

Zur Vereinfachung der Rechnung verwenden wir komplexe Zahlen. Die Überlagerung (6.45) ist gleich der Konstanten A mal dem Realteil der komplexen Funktion $f(t)$, wobei

$$f(t) = e^{i\omega_1 t} + e^{i(\omega_1+\delta\omega)t} + e^{i(\omega_1+2\delta\omega)t} + \ldots + e^{i(\omega_1+\Delta\omega)t} \equiv e^{i\omega_1 t} S. \tag{6.49}$$

Hier ist die Summe S gleich der geometrischen Reihe

$$S = 1 + a + a^2 + \ldots + a^{N-1},$$

wobei $a = e^{i\delta\omega t}$ und $\Delta\omega = (N-1)\,\delta\omega$.

Dann ist

$$aS = a + a^2 + \ldots + a^{N-1} + a^N,$$

$$(a-1)\,S = a^N - 1,$$

$$S = \frac{a^N-1}{a-1} = \frac{e^{iN\delta\omega t}-1}{e^{i\delta\omega t}-1}$$

$$= \frac{e^{(1/2)(iN\delta\omega t)}}{e^{(1/2)(i\delta\omega t)}} \cdot \left[\frac{e^{(1/2)(iN\delta\omega t)} - e^{-(1/2)(iN\delta\omega t)}}{e^{(1/2)(i\delta\omega t)} - e^{-(1/2)(i\delta\omega t)}}\right]$$

$$= e^{(1/2)i(N-1)\delta\omega t}\,\frac{\sin\frac{1}{2}N\delta\omega t}{\sin\frac{1}{2}\delta\omega t}$$

$$= e^{(1/2)(i\Delta\omega t)}\,\frac{\sin\frac{1}{2}N\delta\omega t}{\sin\frac{1}{2}\delta\omega t}.$$

Somit

$$f(t) = e^{i\omega_1 t} S = e^{i[\omega_1+(1/2)\Delta\omega]t}\,\frac{\sin\frac{1}{2}N\delta\omega t}{\sin\frac{1}{2}\delta\omega t}$$

$$= e^{i\omega_{\text{mit}} t}\,\frac{\sin\frac{1}{2}N\delta\omega t}{\sin\frac{1}{2}\delta\omega t}.$$

Schließlich ist $\psi(t)$ gleich der Konstanten A mal dem Realteil von $f(t)$

$$\psi(t) = A\cos\omega_{\text{mit}} t\,\frac{\sin\frac{1}{2}N\delta\omega t}{\sin\frac{1}{2}\delta\omega t},$$

d.h.,

$$\psi(t) = A(t)\cos\omega_{\text{mit}} t, \tag{6.50}$$

wobei

$$A(t) = A\,\frac{\sin\frac{1}{2}N\delta\omega t}{\sin\frac{1}{2}\delta\omega t}. \tag{6.51}$$

Gl. (6.51) gilt exakt. Prüfen wir nach, ob sie in die gewohnte Form für Schwebungen übergeht, wenn nur zwei Terme auftreten: Setzt man in Gl. (6.51) $N = 2$ und benutzt man die Identität $\sin 2x = 2\sin x\cos x$ mit $x = \frac{1}{2}\delta\omega t$, so folgt

$$N = 2: \quad \psi(t) = [2A\cos\tfrac{1}{2}\delta\omega t]\cos\omega_{\text{mit}} t = 2A\cos\tfrac{1}{2}(\omega_1+\omega_2)\,t\cos\omega_{\text{mit}} t.$$

Dies ist derselbe Ausdruck, den wir in Abschnitt 1.5 für Schwebungen gefunden haben.

Eine bequemere Form der Gl. (6.51) erhält man, wenn man die Konstante A eliminiert und dafür $A(0)$, den Wert von $A(t)$ zur Zeit $t = 0$, einführt. Aus Gl. (6.51) ersehen wir, daß bei der Berechnung von $A(t)$ zum Zeitpunkt $t = 0$ Vorsicht geboten ist, weil dort sowohl der Zähler als auch der Nenner von Gl. (6.51) verschwinden. Dieses Problem läßt sich jedoch leicht lösen, indem man Zähler und Nenner bei $t = 0$ in eine Taylorreihe entwickelt. Mit $\theta \equiv \frac{1}{2}\delta\omega t$ gilt

$$\frac{\sin N\theta}{\sin\theta} = \frac{N\theta - \frac{1}{6}(N\theta)^3 + \ldots}{\theta - \frac{1}{6}\theta^3 + \ldots}. \tag{6.52}$$

Für hinreichend kleine θ dürfen wir im Zähler alle Terme außer dem ersten, im Nenner hingegen nur den ersten Term vernachlässigen. So erhalten wir

$$\lim_{\theta\to 0}\left\{\frac{\sin N\theta}{\sin\theta}\right\} = N. \tag{6.53}$$

Dann liefert Gl. (6.51)

$$A(0) = NA, \qquad A = \frac{A(0)}{N}, \tag{6.54}$$

d.h.,

$$A(t) = A(0)\,\frac{\sin\frac{1}{2}N\delta\omega t}{N\sin\frac{1}{2}\delta\omega t}. \tag{6.55}$$

Betrachten wir nun den interessanten Grenzfall großer N. Bei hinreichend großen N wird der Kreisfrequenzunterschied $\delta\omega$ zwischen benachbarten harmonischen Partialschwingungen so klein, daß er sich mit keiner erdenklichen experimentellen Anordnung mehr auflösen läßt. Wir haben es hier mit Physik zu tun, nicht mit Mathematik: Letzten Endes müssen wir uns *immer* irgendeine Anordnung vorstellen.) Dann dürfen wir die Frequenzen der Partialschwingungen als im wesentlichen kontinuierlich verteilt ansehen. Ein solches hinreichend großes N heißt „Unendlich"; dann dürfen wir aber die Differenz zwischen N und $N-1$ vernachlässigen, weshalb

$$N = \text{sehr groß:} \quad N\delta\omega \approx (N-1)\,\delta\omega = \Delta\omega. \tag{6.56}$$

Wir lassen also N gegen „Unendlich" und $\delta\omega$ gegen „Null" gehen. Das Produkt dieser beiden Größen ist immer gleich der Bandbreite $\Delta\omega$. Nun nehmen wir an, daß im Nennerterm $\sin\frac{1}{2}\delta\omega t$ von Gl. (6.55) $\delta\omega$ gegen Null, t jedoch nicht gegen Unendlich geht, denn irgendwann muß ja das Experiment enden. Dann dürfen wir aber in der Taylorreihe von $\sin\frac{1}{2}\delta\omega t$ alle Terme außer dem ersten vernachlässigen und erhalten so

$$A(t) = A(0)\,\frac{\sin\frac{1}{2}N\delta\omega t}{N\sin\frac{1}{2}\delta\omega t} = A(0)\,\frac{\sin\frac{1}{2}\Delta\omega t}{N\cdot\frac{1}{2}\delta\omega t}, = A(0)\,\frac{\sin\frac{1}{2}\Delta\omega t}{\frac{1}{2}\Delta\omega t} \tag{6.57}$$

und

$$\psi(t) = A(t)\cos\omega_{\text{mit}}t. \tag{6.58}$$

Kehren wir nun zu Gl. (6.45) zurück, in der $\psi(t)$ als Überlagerung dargestellt ist, und ermitteln wir einen geeigneten Ausdruck für $\psi(t)$, der dem Grenzübergang $\delta\omega \to 0$ Rechnung trägt. Mit Hilfe der Gln. (6.54) und (6.56) können wir schreiben

$$A = \frac{A(0)}{N} = \frac{A(0)}{\Delta\omega}\,\delta\omega. \tag{6.59}$$

Damit läßt sich die Überlagerung Gl. (6.45) als

$$\psi(t) = \frac{A(0)}{\Delta\omega}[\delta\omega\cos\omega_1 t + \delta\omega\cos(\omega_1 + \delta\omega)t + \ldots + \delta\omega\cos\omega_2 t] \tag{6.60}$$

ausdrücken. Im Grenzfall $\delta\omega \to 0$ stellt aber der Ausdruck in eckigen Klammern gerade das Integral von $\cos\omega t \cdot d\omega$ – wir ersetzen den Buchstaben δ durch d – dar. Somit wird Gl. (6.60) zu

$$\psi(t) = \frac{A(0)}{\Delta\omega}\int_{\omega_1}^{\omega_2}\cos\omega t\,d\omega. \tag{6.61}$$

Fourierintegral. Gl. (6.61) ist ein Beispiel für eine *stetige harmonische Überlagerung*, ein sogenanntes *Fourierintegral*. Es zeigt sich, daß jede (vernünftige) aperiodische Funktion $\psi(t)$ als Fourierintegral der Form

$$\psi(t) = \int_0^\infty A(\omega)\sin\omega t\,d\omega + \int_0^\infty B(\omega)\cos\omega t\,d\omega \tag{6.62}$$

ausgedrückt werden kann. Die stetigen Funktionen $A(\omega)$ und $B(\omega)$ heißen in Analogie zu den Konstanten einer Fourierreihe, die ja diskrete Frequenzen aufweist, *Fourierkoeffizienten*.

Durch Vergleich der Gln. (6.61) und (6.62) sehen wir, daß die Fourierkoeffizienten der durch die Gln. (6.57) und (6.58) angegebenen Funktion $\psi(t)$ folgendermaßen lauten:

$A(\omega) = 0$ für alle ω,

$B(\omega) = 0,$ wenn ω nicht zwischen ω_1 und ω_2 liegt,

$B(\omega) = \dfrac{A(0)}{\Delta\omega}$, wenn ω zwischen ω_1 und ω_2 liegt. (6.63)

Frequenzspektrum des Fourierintegrals. Als *Frequenzspektrum* des Fourierintegrals bezeichnet man ein Diagramm, in dem die Fourierkoeffizienten gegen ω aufgetragen sind. Das einfachste mögliche Spektrum wird durch Gl. (6.63) beschrieben: Es ist über ein bestimmtes beschränktes Band der Breite $\Delta\omega$ „eben" und verschwindet sonst überall. Ein Spektrum dieser Art wird manchmal als „Rechtecksspektrum" bezeichnet. Im allgemeinen müssen wir zwei Kurven angeben, eine für $A(\omega)$ und eine für $B(\omega)$.

In Bild 6.6 sind der Impuls $\psi(t)$ und sein Fourierkoeffizient $B(\omega)$ dargestellt. Beachten Sie, daß die erste Nullstelle von $A(t)$ für positive t zur Zeit $t_1 = 2\pi/\Delta\omega$ auftritt. So lange dauert es, bis sich die Phasen aller Partialschwingungen über ein Intervall von 2π rad gleichmäßig verteilen; dies haben wir schon bei den „stroboskopischen Momentaufnahmen" von Bild 6.4 festgestellt. Als Dauer Δt des Impulses, während der die Amplitude $A(t)$ von $\psi(t)$ verhältnismäßig groß ist, könnten wir das Intervall zwischen den beiden Nullstellen von $A(t)$ bei $t = +t_1$ und $t = -t_1$ nehmen. Dieses ist jedoch zu breit. Es ist sinnvoller, für Δt das Intervall zu wählen, außerhalb dessen die Amplitude von $\psi(t)$ hinreichend klein bleibt. Eine bequeme Definition der Dauer Δt ergibt sich in diesem speziellen Fall, wenn man von der Hälfte des Zeitintervalls zwischen den beiden Nullstellen $t = \pm t_1$ ausgeht. So können wir die Dauer dieses Impulses als

$$\Delta t = t_1 = \frac{2\pi}{\Delta\omega},$$

$$\Delta\nu\,\Delta t = 1 \tag{6.64}$$

definieren.

In Gl. (6.64) tritt deshalb ein Gleichheitszeichen und kein „annähernd-gleich"-Zeichen auf, weil wir genau definiert haben, was unter der Dauer Δt dieses Impulses zu verstehen ist. Nach unserer Definition lautet $A(t)$ in den Endpunkten des Intervalls Δt

$$A\left(\frac{t_1}{2}\right) = A(0)\,\frac{\sin(\pi/2)}{\pi/2} = \frac{2}{\pi}A(0). \tag{6.65}$$

Am Anfang und am Ende des Intervalls Δt ist also die Amplitude $A(t)$ um den Faktor $2/\pi$ von ihrem Maximalwert abgesunken.

Ein „fast harmonischer Oszillator" mit der Auslenkung $\psi(t) = A(t)\cos\omega_{\text{mit}}t$ hat eine zu $A^2(t)$ proportionale gespeicherte Energie. Diese erreicht so in der Mitte des Impulses – bei $t = 0$ – ihren Höchstwert, sinkt jedoch am Beginn und am Ende des Intervalls Δt auf den Bruchteil $(2/\pi)^2 = 0{,}406$ ab. Daher legt unsere Definition der Impulsdauer Δt das Intervall fest, in dem die Energie des Oszillators 40 % oder mehr Prozent ihres Maximalwerts beträgt.

In Abschnitt 6.4 werden wir weitere Beispiele für Impulse und ihre zugehörigen Fourierintegrale studieren.

Laufendes Wellenpaket. Ein bei $z = 0$ liegender Sender beschreibe eine Bewegung von der Form eines Impulses, der dem von Bild 6.6 ähnlich sei. Der Sender emittiert also während einer beschränkten Zeit Wellen in das Medium, die sich vom Sender wegbewegen und so einen „Wellenimpuls" von beschränkter räumlicher Ausdehnung bilden. Ein solcher Impuls wird als *Wellenpaket* oder *Wellengruppe*

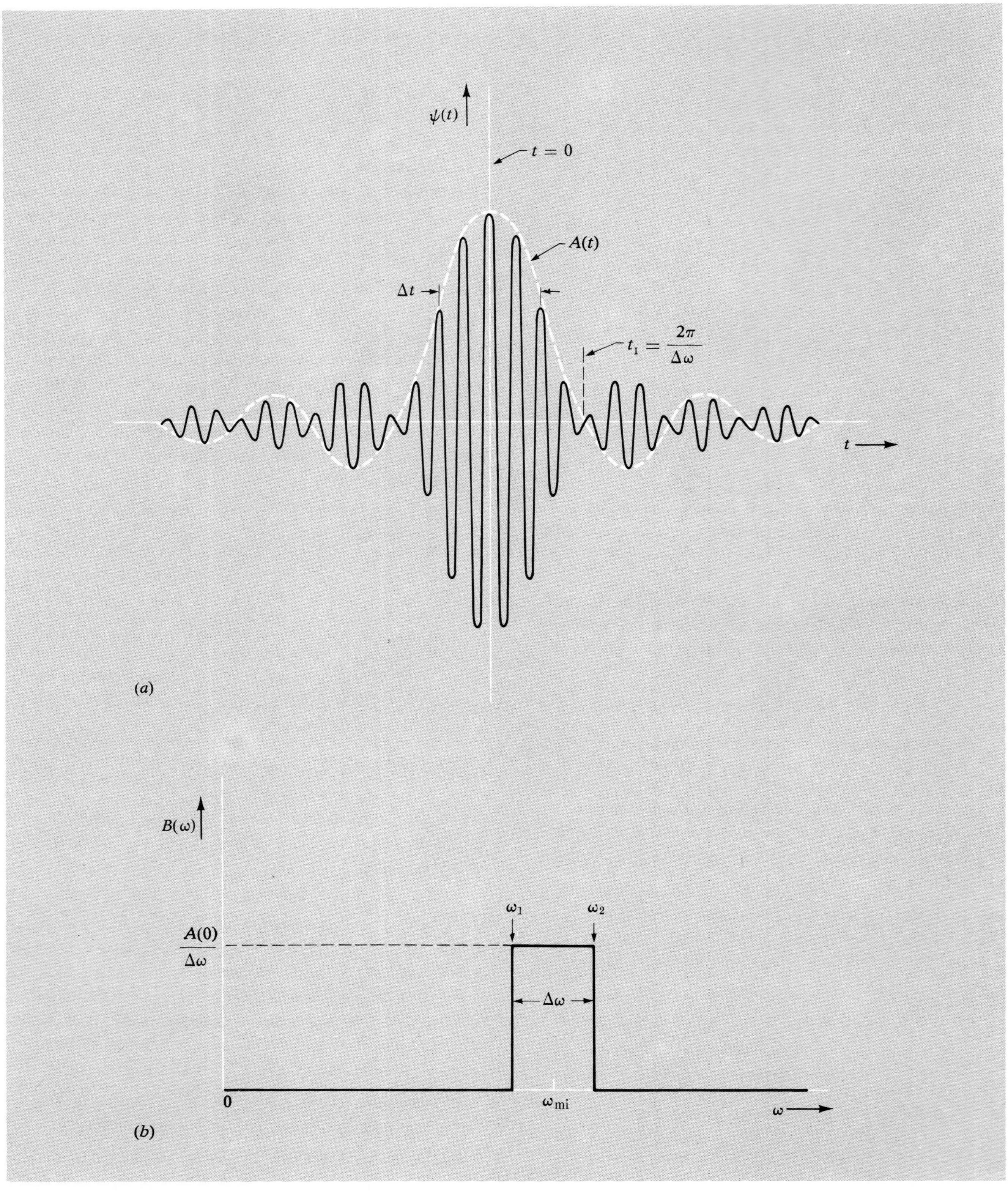

Bild 6.6. Fourieranalyse einer aperiodischen Funktion

a) Impuls $\psi(t)$ von der durch die Gln. (6.57) und (6.58) angegebenen Form. b) Das kontinuierliche Frequenzspektrum der durch Gl. (6.63) gegebenen Fourierkoeffizienten.

Da $\psi(t)$ eine gerade Funktion von t ist, verschwindet der Fourierkoeffizient $A(\omega)$ für alle ω; er ist nicht dargestellt.

bezeichnet; er breitet sich mit der Gruppengeschwindigkeit aus. Da k und ω durch die Dispersionsrelation $k(\omega)$ miteinander verknüpft sind, bedingt das vom Sender emittierte Band $\Delta\omega$ von Kreisfrequenzen ein entsprechendes Band Δk von Wellenzahlen (und zugehörigen Wellenlängen), die im Wellenpaket auftreten. Zur vorherrschenden Kreisfrequenz ω_0 gehört eine vorherrschende Wellenzahl $k_0 = k(\omega_0)$. Diese erhält man, indem man in der Funktion $k(\omega)$ den Wert $\omega = \omega_0$ einsetzt. Die Bandbreite des Wellenzahlbandes, in dessen Mitte k_0 liegt, errechnet man, indem man die Dispersionsrelation differenziert und $\omega = \omega_0$ setzt:

$$\Delta k = \left(\frac{dk}{d\omega}\right)_0 \Delta\omega = \frac{\Delta\omega}{v_g}. \tag{6.66}$$

Dabei haben wir $v_g = (d\omega/dk)_0$ verwendet; der Index Null bedeutet, daß wir den Wert der Ableitung in der Bandmitte nehmen. Ferner vernachlässigen wir höhere Terme in der Taylorreihenentwicklung, als deren erster Term der in Gl. (6.66) anzusehen ist.

Produkt aus Länge und Bandbreite Δk. Ein mit der Gruppengeschwindigkeit v_g fortschreitendes Wellenpaket der Länge Δz passiert einen festen Punkt z in einem Zeitintervall Δt, wobei

$$\Delta z \approx v_g \Delta t. \tag{6.67}$$

Bilden wir das Produkt aus den Gln. (6.66) und (6.67), so erhalten wir

$$\boxed{\Delta k\, \Delta z \approx \Delta\omega\, \Delta t.} \tag{6.68}$$

Daher gilt wegen $\Delta\omega\,\Delta t \geqslant 2\pi$ die Beziehung $\Delta k\,\Delta z \geqslant 2\pi$, weshalb mit $\sigma \equiv k/2\pi = \lambda^{-1}$

$$\boxed{\Delta\sigma\, \Delta z \gtrapprox 1} \tag{6.69}$$

ist. Diese Beziehung ist dem allgemeinen Zusammenhang $\Delta\nu\,\Delta t \gtrapprox 1$ vollkommen analog, doch gilt sie nicht für einen zeitlichen, sondern für einen räumlichen Impuls.

Gl. (6.69) läßt sich noch auf andere Art einfach herleiten. Dazu betrachtet man die „Unsicherheitsbandbreite", die bei der Anzahl der in Δz enthaltenen Schwingungen auftritt. Dann lautet σ (in Schwingungen pro Längeneinheit)

$$\sigma \approx \frac{\text{Schwingungen} \pm \frac{1}{2}}{\Delta z}, \tag{6.70}$$

so daß die Wellenzahlbandbreite $\Delta\sigma$ ungefähr $1/\Delta z$ beträgt. In der Folge von Gl. (6.44) leiteten wir die Beziehung $\Delta\nu\,\Delta t \approx 1$ her. Die hier angestellten Überlegungen sind das räumliche Analogon dazu.

Zerfließen eines Wellenpakets mit der Zeit. Schließlich sollten wir hervorheben, daß die Länge Δz eines Wellenpakets beim Fortschreiten in einem dispergierenden Medium nicht konstant bleibt. Der Grund liegt darin, daß die Gruppengeschwindigkeit $v_g = d\omega/dk$ von k bzw. ω abhängt. Daher bedingt das Band Δk von Wellenzahlen ein Band von Gruppengeschwindigkeiten, das annähernd die Breite

$$\Delta v_g = \left(\frac{dv_g}{dk}\right)_0 \Delta k = \left(\frac{d^2\omega}{dk^2}\right)_0 \Delta k \tag{6.71}$$

aufweist. Ein Wellenpaket, das zur Zeit $t = 0$ mit der Breite $(\Delta z)_0$ ausläuft, hat zur Zeit t eine Breite $(\Delta z)_t$

$$(\Delta z)_t \approx (\Delta z)_0 + (\Delta v_g)\, t. \tag{6.72}$$

Die Zeit Δt, die das Paket zum Passieren eines festen Punktes z benötigt, wird dementsprechend länger. Gl. (6.68) gilt zu allen Zeiten, und $\Delta\omega$ sowie Δk sind natürlich konstant.

Wegen dieses Zerfließens des Wellenpakets können die Beziehungen $\Delta\sigma\,\Delta z \approx 1$ und $\Delta\nu\,\Delta t \approx 1$ nur zur Zeit $t = 0$ gelten. Um vom Sender einen Impuls zu erhalten, der $\Delta\nu\,\Delta t \approx 1$ erfüllt, müssen wir annehmen, daß die harmonischen Partialschwingungen zur Zeit $t = 0$ die *richtige* Phase aufweisen. Wenn wir jedoch das Wellenpaket eine hinreichende Strecke im Medium zurücklegen lassen, so kann in einem in der Ausbreitungsrichtung liegenden Punkt *nicht* das gesamte Band Δk in Phase sein; wegen der verschiedenen Gruppengeschwindigkeiten treffen nämlich einige Teile des Wellenpakets früher, andere später ein. Daher sind, anders als zum Zeitpunkt $t = 0$, die Phasen der Partialwellen mit verschiedenen Frequenzen in einem in der Ausbreitungsrichtung liegenden Punkt voneinander verschieden. Dann erhalten wir $\Delta\sigma\,\Delta z \approx \Delta\nu\,\Delta t > 1$.

Ist das Medium „dispersionsfrei", zerfließt das Wellenpaket natürlich *nicht*, und die Beziehung $\Delta\sigma\,\Delta z \approx \Delta\nu\,\Delta t \approx 1$ bleibt erhalten.

Wellenpakete im Wasser. Sie können ein schönes, sich ausbreitendes Wasserwellenpaket herstellen, indem Sie einen Stein in einen Teich werfen. Nach einiger Übung gelingt es Ihnen, ein solches Wellenpaket mit Ihren Augen zu verfolgen und zu beobachten, wie die kleinen Einzelwellen an der Rückseite anwachsen, das Wellenpaket durchlaufen und an seiner Vorderseite „verschwinden". Bei Wellenlängen von mehr als 1,7 cm, wie sie meist von einem großen Stein im Wasser erzeugt werden, ist die Phasengeschwindigkeit größer als die Gruppengeschwindigkeit. In Bild 6.7 ist ein Wellenpaket dargestellt, dessen Phasengeschwindigkeit doppelt so groß wie die Gruppengeschwindigkeit ist. Wellenpakete sollten unbedingt in einem Waschbecken, in einer Badewanne und in einem Teich studiert werden. Da sie sich ziemlich schnell bewegen (siehe Tabelle 5.1, Abschnitt 5.2), benötigt man einige Übung, doch macht sich die Mühe weitgehend bezahlt (siehe auch die Heimversuche).

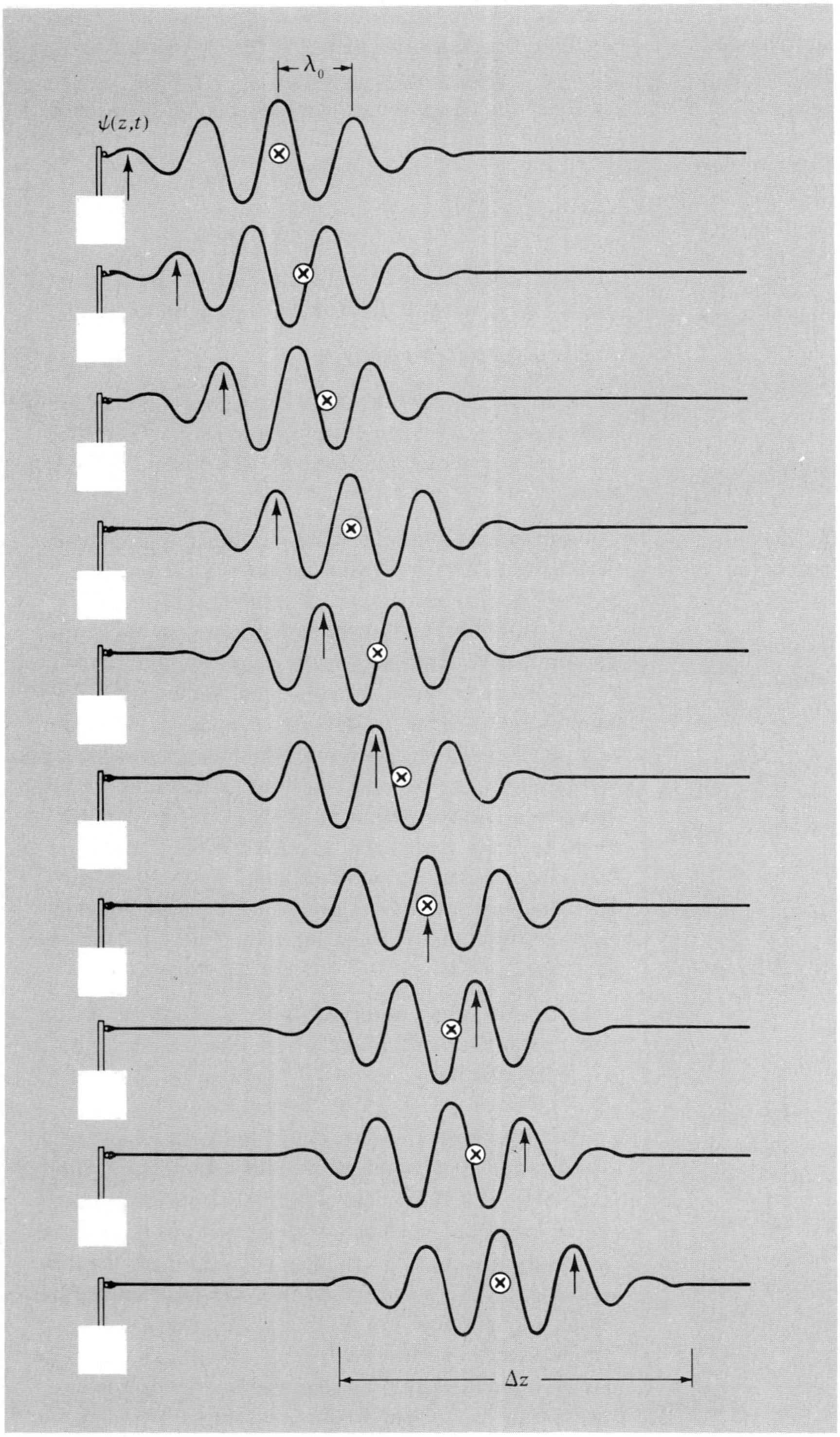

Bild 6.7

Wellenpaket, dessen Phasengeschwindigkeit doppelt so groß wie die Gruppengeschwindigkeit ist. Der Pfeil folgt einem Punkt konstanter Phase der Welle mit der vorherrschenden Wellenlänge. Er schreitet mit der Phasengeschwindigkeit fort. Das Kreuz breitet sich wie das Wellenpaket als Ganzes mit der Gruppengeschwindigkeit aus.

6.4. Fourieranalyse von Impulsen

In Abschnitt 6.3 begegneten wir unserem ersten Beispiel für eine in ein Fourierintegral entwickelte Funktion $\psi(t)$ der Zeit. Nun soll gezeigt werden, wie man das stetige Frequenzspektrum eines beliebigen (vernünftigen) Impulses auffindet. Ferner werden wir einige Beispiele angeben, die in vielen Zweigen der Physik von allgemeinem Interesse sind.

Impulse von beschränkter Dauer. Nehmen Sie an, $\psi(t)$ habe die Form eines Impulses von beschränkter Dauer (Bild 6.8). Die Funktion $\psi(t)$ sei zu einem hinreichend frühen Zeitpunkt t_0 sowie zu allen früheren Zeiten gleich Null. Ebenso verschwinde $\psi(t)$ zu einem hinreichend späteren Zeitpunkt t_0+T_1 und zu allen späteren Zeiten. Wir nehmen also ein endliches Zeitintervall T_1 an, innerhalb dessen die Schwingungen von $\psi(t)$ auftreten (Bild 6.8). Das Zeitintervall T_1 ist beliebig lang, nur muß $\psi(t)$ zu allen Zeiten außerhalb dieses Intervalls verschwinden. Schließlich werden wir T_1 sehr groß, doch nicht Unendlich werden lassen und $1/T_1 \equiv \nu_1$ als „Frequenzeinheit" wählen, die beliebig klein werden kann.

In Abschnitt 2.3 lernten wir die Fourieranalyse einer periodischen Funktion $F(t)$ kennen, die für alle t definiert ist und die Periode T_1 aufweist, so daß $F(t+T_1)=F(t)$. Ebenso wurden wir mit der Fourieranalyse einer nur in einem beschränkten Intervall von t definierten Funktion bekannt. Dazu konstruierten wir eine für alle t definierte periodische Funktion, die mit der zu untersuchenden Funktion in deren Definitionsintervall zusammenfiel. Dann konnten wir die für periodische Funktionen hergeleiteten Gleichungen verwenden. Dieses Verfahren benutzen wir auch jetzt: Wir konstruieren also eine mit der Periode T_1 periodische Funktion $F(t)$ – wobei T_1 das in Bild 6.8 dargestellte Zeitintervall ist –, indem wir für $F(t)$ einfach eine „Wiederholung" des Impulses $\psi(t)$ in jedem ähnlichen Zeitintervall der Dauer T_1 annehmen. Die so entstehende Funktion ist in Bild 6.9 dargestellt.

Die Fourierreihe der periodischen Funktion $F(t)$ ist in den Gln. (2.49) bis (2.52) angegeben. Wir schreiben hier nochmals die Ergebnisse an, die wir benötigen:

$$F(t) = B_0 + \sum_{n=1}^{\infty} A_n \sin n\omega_1 t + \sum_{n=1}^{\infty} B_n \cos n\omega_1 t \qquad (6.73)$$

mit

$$\omega_1 = 2\pi\nu_1 = \frac{2\pi}{T_1}. \qquad (6.74)$$

Dann ist

$$B_0 = \frac{1}{T_1}\int_{t_0}^{t_0+T_1} F(t)\,dt, \qquad (6.75)$$

$$B_n = \frac{2}{T_1}\int_{t_0}^{t_0+T_1} F(t)\cos n\omega_1 t\,dt, \qquad (6.76)$$

$$A_n = \frac{2}{T_1}\int_{t_0}^{t_0+T_1} F(t)\sin n\omega_1 t\,dt, \qquad (6.77)$$

wobei

$n = 1, 2, 3, \ldots$.

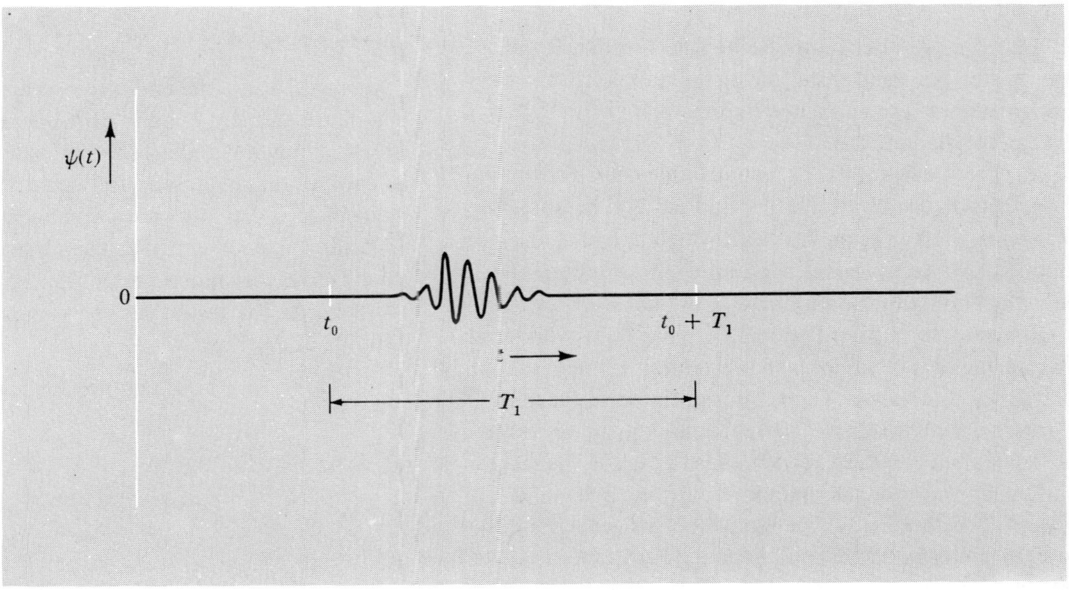

Bild 6.8. Ein Impuls $\psi(t)$. Für frühere Zeiten als t_0 oder spätere Zeiten als t_0+T_1 verschwindet die Funktion $\psi(t)$.

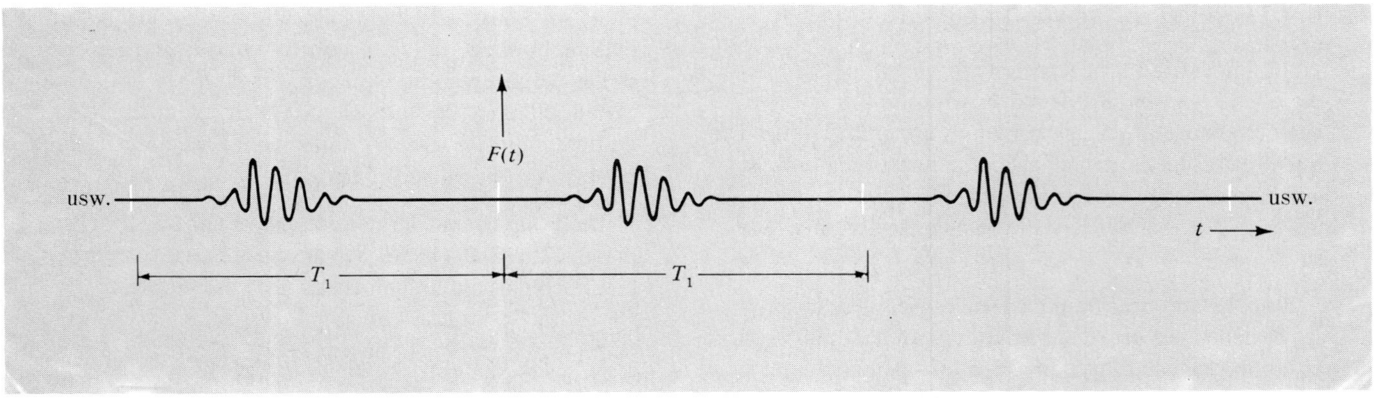

Bild 6.9. Periodische Funktion $F(t)$ mit der Periode T_1. Diese Funktion wird konstruiert, indem man den Impuls $\psi(t)$ in aufeinanderfolgenden Zeitintervallen der Dauer T_1 „wiederholt".

Nun wollen wir die Gln. (6.73) bis (6.77) unserem gegenwärtigen Problem anpassen, das darin besteht, den Impuls $\psi(t)$ als Überlagerung harmonischer Schwingungen auszudrücken.

Zuerst stellen wir fest, daß der in Gl. (6.73) auftretende konstante Term B_0 verschwinden muß. Wir haben ja angenommen, daß $\psi(t)$ für hinreichend frühe und hinreichend späte Zeiten verschwinde. Also tritt in unserem $\psi(t)$ keine „konstante Auslenkung", „Gleichspannung" oder so etwas Ähnliches auf. Dies bedeutet aber keineswegs, daß wir nicht z.B. die an den Vertikalablenkplatten eines Oszillographen anliegende Gleichspannung einschließen könnten, wenn Sie sich dafür interessierten; es bedeutet nur, daß *wir* uns nicht dafür interessieren. Die große Stärke des Superpositionsprinzips liegt ja darin, daß wir „uninteressante" Anteile irgendeiner Überlagerung mit der Begründung: „Wir verstehen das schon und können es später jederzeit hinzufügen" weglassen dürfen.

Übergang von der Fourierreihe zum Fourierintegral. Betrachten Sie als nächstes die ersten paar Terme in der übrigbleibenden unendlichen Summe von Gl. (6.73): Sie liefern die Beiträge $A_1 \sin \omega_1 t + B_1 \cos \omega_1 t$, $A_2 \sin 2\omega_1 t + B_2 \cos 2\omega_1 t$, usw. *Diese ersten Terme sind vernachlässigbar klein*, was aus Bild 6.8 klar hervorgeht. Wir sehen, daß es keine Partialschwingung von $\psi(t)$ gibt, die sich so langsam – mit der Periode T_1 – ändert. Die künstlich konstruierte Funktion $F(t)$ hat zwar eine Partialschwingung mit der Periode T_1, da aber T_1 willkürlich ist, können wir es verdoppeln, also durch ein neues, doppelt so großes T_1 ersetzen. Dann verdoppeln wir diese neue Periode usw. Wir sehen, daß die Kreisfrequenz $\omega_1 = 2\pi/T_1$ beliebig klein gemacht werden kann, da wir T_1 beliebig groß wählen dürfen. Deshalb sind die künstlich eingeführen Konstanten A_1 und B_1 zwar nicht genau Null, doch wie B_0 völlig uninteressant. Auch die Konstanten A_2 und B_2 sind, wenn T_1 hinreichend groß wird, im wesentlichen gleich Null. Tatsächlich können wir T_1 als so groß annehmen, daß die ersten paar Konstanten A_n und B_n alle vernachlässigbar sind. Dabei sind unter den „ersten paar" Konstanten z.B. die ersten zehntausend zu verstehen. Nehmen wir nun ein n, das so groß ist, daß A_n und B_n nicht völlig vernachlässigbar sind, und betrachten wir zwei aufeinanderfolgende Terme in Gl. (6.73) mit den Indizes n und $n+1$:

$$F(t) = \ldots + A_n \sin n\omega_1 t + A_{n+1} \sin(n\omega_1 + \omega_1)\, t + \ldots \tag{6.78}$$

Bei hinreichend großem T_1 können wir die ersten paar n überspringen – ihre Koeffizienten sind vernachlässigbar klein – und annehmen, daß sich A_{n+1} von A_n nur um einen infinitesimalen Betrag unterscheidet. Dann dürfen wir $n\omega_1$ als kontinuierliche Variable und A_n als stetige Funktion von ω ansehen:

$$\omega = n\omega_1. \tag{6.79}$$

Der Zuwachs von ω sei $\delta\omega$, wenn n von n auf $n + \delta n$ anwächst:

$$\delta\omega = \omega_1 \delta n, \qquad \delta n = \frac{\delta\omega}{\omega_1}. \tag{6.80}$$

Nun sei δn hinreichend klein, so daß alle Koeffizienten A_n in dem Band von n bis $n + \delta n$ im wesentlichen gleich sind. Dann können wir alle Terme in Gl. (6.78), die im Band δn liegen, zusammenfassen und ihnen allen dieselbe Kreisfrequenz ω – den Mittelwert von ω im Band $\delta\omega$ – zuordnen. Da alle Terme in einem solchen Band gleich groß sind und δn Terme vorhanden sind, dürfen wir die unendliche Reihe von Gl. (6.78) unter Verwendung der Gln. (6.79) und (6.80) in der Form

$$\begin{aligned} F(t) &= \ldots + \delta n\, A_n \sin n\omega_1 t + \ldots \\ &= \ldots + \delta\omega \frac{A_n}{\omega_1} \sin \omega t + \ldots \\ &\equiv \ldots + \delta\omega\, A(\omega) \sin \omega t + \ldots \\ &= \int_0^\infty A(\omega) \sin \omega t \, d\omega + \ldots \end{aligned} \tag{6.81}$$

schreiben. Bei der letzten Gleichung haben wir berücksichtigt, daß sich die Summe über aufeinanderfolgende Bänder der Breite $\delta\omega$ als Integral ausdrücken läßt, wobei $\delta\omega$ durch das gebräuchlichere Symbol $d\omega$ ersetzt wurde. Die Punkte (...) stehen für die restlichen Terme in Gl. (6.73), die von der Summe $\Sigma B_n \cos n\omega_1 t$ stammen. Auch diese Summe wird zu einem Integral, womit wir folgenden vollständigen Ausdruck erhalten:

$$F(t) = \int_0^\infty A(\omega) \sin \omega t d\omega + \int_0^\infty B(\omega) \cos \omega t d\omega, \quad (6.82)$$

$$A(\omega) = A(n\omega_1) = \frac{A_n}{\omega_1},$$
$$B(\omega) = B(n\omega_1) = \frac{B_n}{\omega_1}. \quad (6.83)$$

Beachten Sie, daß wir die kontinuierliche Variable ω bei Null beginnen lassen. Wir dürfen dies tun, da wir wissen, daß A_n und B_n in der Nähe von $n = 0$ verschwinden. Also müssen auch $A(\omega)$ und $B(\omega)$ nahe $\omega = 0$ verschwinden.

Gemäß den Gln. (6.83) und (6.77) lautet $A(\omega)$

$$A(\omega) = \frac{2}{\omega_1 T_1} \int_{t_0}^{t_0+T_1} F(t) \sin \omega t dt,$$

d.h., da $\omega_1 T_1 = 2\pi$,

$$A(\omega) = \frac{1}{\pi} \int_{-\infty}^{\infty} \psi(t) \sin \omega t dt.$$

Dabei haben wir die Tatsache berücksichtigt, daß das Integral der künstlich konstruierten periodischen Funktion $F(t)$ über eine ihrer Perioden gleich dem Integral des aperiodischen Impulses $\psi(t)$ über alle Zeiten ist.

Fourierintegral. Schließlich lassen wir die in Gl. (6.82) angegebene periodische Funktion $F(t)$ weg und schreiben das *Fourierintegral* in der Form

$$\psi(t) = \int_0^\infty A(\omega) \sin \omega t d\omega + \int_0^\infty B(\omega) \cos \omega t d\omega; \quad (6.84)$$

$$A(\omega) = \frac{1}{\pi} \int_{-\infty}^{\infty} \psi(t) \sin \omega t dt, \quad (6.85)$$

$$B(\omega) = \frac{1}{\pi} \int_{-\infty}^{\infty} \psi(t) \cos \omega t dt. \quad (6.86)$$

Diese Formeln können wir nun auf interessante Beispiele anwenden.

Anwendungen: *Rechteckiges Frequenzspektrum.* $A(\omega)$ sei für alle ω gleich Null, $B(\omega)$ hingegen sei für Werte ω aus dem Intervall von ω_1 bis ω_2 konstant, für alle anderen ω jedoch gleich Null. Wir wählen den konstanten Wert von B in dem erwähnten Intervall so, daß die „Fläche" der Kurve $B(\omega)$, gegen ω aufgetragen, gleich Eins ist:

$$B(\omega) = \frac{1}{\Delta\omega} \qquad \text{für } \omega_1 \leqslant \omega \leqslant \omega_2 = \omega_1 + \Delta\omega;$$

$$B(\omega) = 0 \text{ sonst.} \quad (6.87)$$

Beachten Sie, daß $\psi(t)$ als dimensionslose Größe herauskommen muß, da die Dimension von $B(\omega)$ als die einer reziproken Frequenz gewählt wurde. Der Ausdruck für $\psi(t)$ lautet

$$\psi(t) = \int_0^\infty A(\omega) \sin \omega t d\omega + \int_0^\infty B(\omega) \cos \omega t d\omega$$

$$= 0 + \int_{\omega_1}^{\omega_2} \frac{1}{\Delta\omega} \cos \omega t d\omega = \frac{1}{\Delta\omega} \cdot \frac{\sin \omega t}{t} \Bigg|_{\omega=\omega_1}^{\omega=\omega_2}$$

$$\psi(t) = \frac{\sin \omega_2 t - \sin \omega_1 t}{\Delta\omega t} = \frac{\sin \omega_2 t - \sin \omega_1 t}{(\omega_2 - \omega_1) t}. \quad (6.88)$$

Der Zähler in Gl. (6.88) ist eine Überlagerung, wie wir sie schon früher angetroffen haben; sie liefert Modulationen mit der Modulationsfrequenz $\frac{1}{2}(\omega_2 - \omega_1)$. Der Nenner enthält den Faktor t, der $\psi(t)$ bei $t = 0$ zu einem Maximum macht.

Wir wollen nun Gl. (6.88) als fast harmonische Schwingung mit der mittleren Kreisfrequenz ω_0 und einer langsam sich ändernden Amplitude anschreiben:

$$\omega_0 = \tfrac{1}{2}(\omega_2 + \omega_1), \quad \tfrac{1}{2}\Delta\omega = \tfrac{1}{2}(\omega_2 - \omega_1);$$
$$\omega_2 = \omega_0 + \tfrac{1}{2}\Delta\omega, \qquad \omega_1 = \omega_0 - \tfrac{1}{2}\Delta\omega. \quad (6.89)$$

$$\psi(t) = \frac{\sin(\omega_0 + \frac{1}{2}\Delta\omega) t - \sin(\omega_0 - \frac{1}{2}\Delta\omega) t}{\Delta\omega t}$$

$$= \left[\frac{\sin \frac{1}{2}\Delta\omega t}{\frac{1}{2}\Delta\omega t}\right] \cos \omega_0 t. \quad (6.90)$$

$\psi(t)$ ist also eine rasche Schwingung mit langsam sich ändernder Amplitude $A(t)$

$$\psi(t) = A(t) \cos \omega_0 t,$$

$$A(t) = \frac{\sin \frac{1}{2}\Delta\omega t}{\frac{1}{2}\Delta\omega t}. \quad (6.91)$$

Dieses Ergebnis ist mit dem identisch, das wir in Abschnitt 6.3 erhalten haben. Dort untersuchten wir eine Überlagerung von N harmonischen Schwingungen mit N verschiedenen Kreisfrequenzen, die gleichmäßig zwischen ω_1 und ω_2 verteilt waren. Im Grenzfall $N \to \infty$ erhielten wir Gl. (6.91) (siehe Gln. (6.57) und (6.58)). Der Impuls $\psi(t)$ und sein Fourierkoeffizient $B(\omega)$ sind in Bild 6.6 dargestellt.

Rechteckimpuls in der Zeit. Die Funktion $\psi(t)$ verschwinde für alle Zeiten außerhalb eines Intervalls der Dauer Δt, das seinen Mittelpunkt in t_0 habe und sich von t_1 bis t_2 erstrecke. In diesem Intervall sei $\psi(t)$ konstant; wir bestimmen die Konstante so, daß das Integral von $\psi(t)$ über das Intervall Δt gleich Eins ist:

$$\psi(t) = \frac{1}{\Delta t}, \qquad t_1 \leqslant t \leqslant t_2 = t_1 + \Delta t. \tag{6.92}$$

Nun wollen wir die Fourierkoeffizienten $A(\omega)$ und $B(\omega)$ ermitteln.

Beachten Sie, daß $\psi(t)$ eine gerade Funktion von t ist, wenn t_0 verschwindet. Daher muß $A(\omega)$ verschwinden, denn $\sin \omega t$ stellt eine ungerade Funktion dar. Bei beliebigem t_0 benötigen wir $A(\omega)$ und $B(\omega)$, es tritt also sowohl die ungerade Funktion $\sin \omega t$ als auch die gerade Funktion $\cos \omega t$ auf. Nun können wir uns durch einen Trick die Hälfte der Arbeit ersparen: Wir ersetzen in unseren allgemeinen Ergebnissen einfach t durch $t - t_0$. Dann gilt, da $\psi(t)$ eine gerade Funktion von $t - t_0$ ist,

$$\psi(t) = \int_0^\infty B(\omega) \cos \omega (t - t_0)\, d\omega \tag{6.93}$$

mit

$$B(\omega) = \frac{1}{\pi} \int_{-\infty}^{\infty} \psi(t) \cos \omega (t - t_0)\, dt. \tag{6.94}$$

Die einfache Integration liefert das Ergebnis

$$B(\omega) = \frac{1}{\pi} \frac{\sin \frac{1}{2} \Delta t\, \omega}{\frac{1}{2} \Delta t\, \omega} \tag{6.95}$$

(Übung 20). Der Rechteckimpuls von Gl. (6.92) und sein Fourierkoeffizient $B(\omega)$ sind in Bild 6.10 dargestellt. Wenn wir $\Delta\omega$ als das Intervall von der niedrigsten Frequenz (Null) bis zur ersten Nullstelle des Fourierkoeffizienten $B(\omega)$ definieren, so erhalten wir

$$\Delta\omega\, \Delta t = 2\pi, \qquad \Delta\nu\, \Delta t = 1. \tag{6.96}$$

Verwendung eines Klaviers zur Fourieranalyse des Händeklatschens. Wir bringen nun eine Anwendung des in Bild 6.10 dargestellten Fourierspektrums: Wie lange dauert ungefähr das laute Geräusch, das Sie beim Händeklatschen vernehmen? Mikrophon, Verstärker und Oszillograph stehen nicht zur Verfügung, wohl aber ein Klavier. Drücken Sie sein Dämpfungspedal nach unten, so daß alle Saiten schwingen können, halten Sie Ihre Hände nahe an den Resonanzkasten und klatschen Sie. Das Klavier führt nun die Fourieranalyse des Klatschtones durch und hält sie durch schwingende Saiten fest. Können Sie den höchsten Ton abschätzen, bei dem die von den Saiten gelieferte Intensität noch groß ist? Seine Frequenz muß ungefähr $\nu \approx 1/\Delta t$ betragen. Dieses physikalische Beispiel vermittelt uns weitere Einsicht in die Bedeutung der Fourieranalyse.

Alle Saiten werden in etwa durch einen Luftdruckimpuls von der Dauer Δt in der gleichen Richtung angestoßen. In dem beginnenden Einschwingvorgang fangen sie mit ihren Eigenfrequenzen an zu schwingen. Die Saiten, deren Eigenfrequenzen klein gegenüber $1/\Delta t$ sind, können keinen merklichen Bruchteil einer vollen Eigenschwingung ausführen, bevor der Impuls endet. Solche Saiten werden daher während des gesamten Intervalls Δt beschleunigt. Die Saite, deren Schwingungsdauer genau Δt beträgt, wird während der ersten Halbschwingung von der Dauer $\frac{1}{2}\Delta t$ durch den Druckimpuls beschleunigt, während der zweiten jedoch gebremst. Am Schluß hat sie gleich viel Beschleunigung wie Verzögerung erfahren und schwingt daher nach dem Aufhören des Impulses überhaupt nicht. Die Saiten, deren Eigenfrequenzen von Null bis etwas unterhalb $1/\Delta t$ reichen, erhalten also durch die Anregung eine positive Amplitude. Die Saite mit der Eigenfrequenz $1/\Delta t$ hat die Amplitude Null: Diese Frequenz entspricht somit der ersten Nullstelle des in Gl. (6.95) angegebenen Fourierkoeffizienten $B(\omega)$. Saiten mit Eigenfrequenzen zwischen $1/\Delta t$ und $2/\Delta t$ führen während Δt zwischen einer und zwei vollen Schwingungen aus. Die erste Schwingung ist „unergiebig“ in dem Sinn, daß vom Druckimpuls keine Nettobewegung induziert wird. Die Saite mit der Eigenfrequenz $2/\Delta t$ durchläuft zwei volle Schwingungen und nimmt somit keine Nettobewegung an. Daher liegt die zweite Nullstelle von $B(\omega)$ bei der Frequenz $2/\Delta t$. Die Saite mit der Eigenfrequenz $1{,}5/\Delta t$ kommt einigermaßen gut davon: Ihre erste Schwingung ist unergiebig, doch drückt die Kraft während der ersten Hälfte der zweiten Schwingung immer in dieselbe Richtung und hört dann auf. Diese Saite bekommt „ein Drittel“ des auftreffenden Impulses mit, sie vollführt also drei Halbschwingungen mit ihrer Eigenfrequenz, von denen sich die Beiträge zweier Halbschwingungen aufheben. Im Gegensatz dazu vollführt eine Saite mit der Eigenfrequenz $\frac{1}{2}(1/\Delta t)$ während Δt eine einzige Halbschwingung, weshalb sie am Ende eine dreimal so große Schwingungsamplitude aufweisen sollte wie die Saite mit $\nu = (\frac{3}{2})(1/\Delta t)$. Tatsächlich ersieht man aus Gl. (6.95), daß der Beitrag von $B(\omega)$ für $\omega \Delta t = \pi$ dreimal so groß ist wie für $\omega \Delta t = 3\pi$.

Dieses Beispiel zeigt, wie sich ein Klavier oder eine ähnliche Vorrichtung zur Fourieranalyse benutzen läßt. Wir haben dabei die Tatsache vernachlässigt, daß die Kopplung zwischen der Luft und den Saiten nicht bei jeder Saite gleich gut sein könnte. Ferner wäre es sehr schwierig, aus dem zur Fourieranalyse benutzten Klavier die

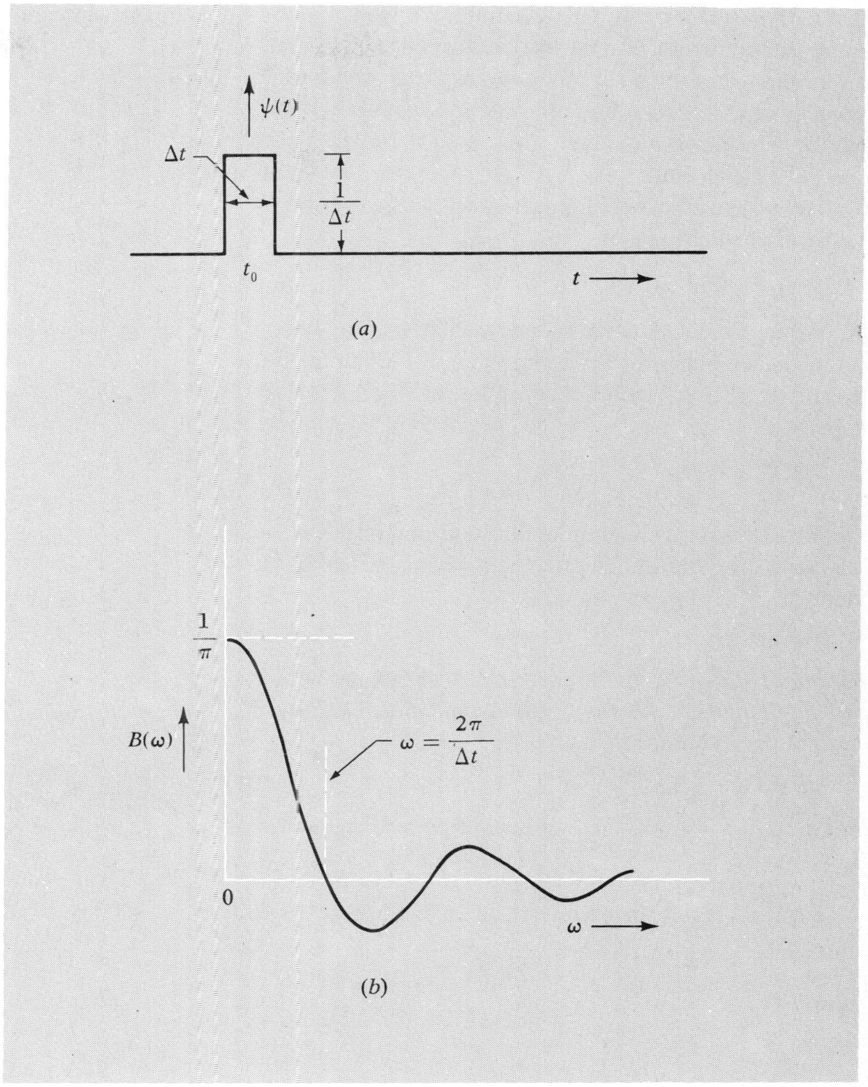

Bild 6.10
Rechteckimpuls $\psi(t)$ und sein Fourierkoeffizient $B(\omega)$

Phaseninformation zu entnehmen, doch interessiert sich Ihr Ohr nicht für die Phase. Dies ist öfters der Fall. Häufig sind wir nicht daran interessiert, $A(\omega)$ und $B(\omega)$ einzeln zu bestimmen. Es genügt dann, die *Fourierintensität* $I(\omega)$ zu kennen, die sich als

$$I(\omega) = A^2(\omega) + B^2(\omega) \tag{6.97}$$

definieren läßt.

Deltafunktion der Zeit. Nun sei die Dauer Δt des Rechteckimpulses viel kürzer als die Periode der Schwingung mit der höchsten Frequenz, die wir nachweisen können, also wesentlich kürzer als die kleinste Periode unseres Nachweisgerätes. In diesem Fall ist der Fourierkoeffizient $B(\omega)$ im gesamten nachgewiesenen Frequenzspektrum konstant, was aus Bild 6.10 evident hervorgeht. Lassen wir Δt gegen Null gehen, so verlagert sich die erste Nullstelle von $B(\omega)$ gegen $+\infty$, und für jede endliche Frequenz gilt $B(\omega) = 1/\pi$. Ist Δt hinreichend klein, heißt der in Gl. (6.92) definierte Impuls Deltafunktion der Zeit. Z.B. sollte, da der höchste Ton des Klaviers bei $\nu \approx 5000$ Hz liegt, jeder Schallimpuls von kürzerer Dauer als etwa eine Millisekunde alle Saiten ungefähr gleich gut anregen. Das als Fourieranalysator wirkende Klavier würde zwischen einem solchen Schallimpuls und einem anderen mit zehnmal größerer Amplitude, doch zehnmal kürzerer Dauer nicht unterscheiden. Die Saiten hätten in jedem Falle am Ende dieselbe Bewegung.

Anwendung. *Gedämpfter harmonischer Oszillator – natürliche Linienbreite.* Wir wollen die „Linienform" (das Frequenzspektrum) des sichtbaren Lichts herausfinden, das von einem Atom mit der mittleren „Abregungszeit" $\tau \approx 10^{-8}$ s emittiert wird. Interessieren wir uns nur für die Bandbreite, so sind wir bereits am Ziel: Die Bandbreite muß von der Größenordnung 10^8 Hz sein, da die Impulsdauer etwa 10^{-8} s beträgt. Wir wollen es jedoch genauer wissen und die exakte Form des Spektrums ermitteln – dies *unter der Annahme, daß der Abklingvorgang den zeitlichen Verlauf eines gedämpften harmonischen Oszillators aufweise*. Also sei $\psi(t)$ für alle Zeiten vor $t = 0$ gleich Null, weise zur Zeit $t = 0$ eine plötzliche Auslenkung auf und beschreibe hernach die gedämpfte harmonische Schwingung

$$\psi(t) = e^{-(1/2)\Gamma t} \cos \omega_1 t. \tag{6.98}$$

Wir nehmen die Anfangsamplitude als Eins an, um uns im folgenden Schreibarbeit zu ersparen. Die Dämpfungskonstante ist gleich dem Kehrwert der mittleren Abklingzeit:

$$\Gamma = \frac{1}{\tau}. \tag{6.99}$$

Die Federkonstante ist mit der Masse m und mit der Eigenfrequenz ω_0 der ungedämpften Schwingung durch die Beziehung

$$K = m\omega_0^2 \tag{6.100}$$

verknüpft. Zwischen der Frequenz ω_1 der fast harmonischen gedämpften Schwingung und den Größen ω_0 und Γ besteht der Zusammenhang

$$\omega_1^2 = \omega_0^2 - \tfrac{1}{4}\Gamma^2. \tag{6.101}$$

Entwickeln wir nun Gl. (6.98) in ein Fourierintegral:

$$\psi(t) = \int_0^\infty A(\omega) \sin \omega t\, d\omega + \int_0^\infty B(\omega) \cos \omega t\, d\omega. \tag{6.102}$$

Dann ist

$$2\pi A(\omega) = 2 \int_{-\infty}^{\infty} \psi(t) \sin \omega t\, dt$$
$$= \int_0^\infty e^{-(1/2)\Gamma t}\, 2 \cos \omega_1 t \sin \omega t\, dt$$
$$= \int_0^\infty e^{-(1/2)\Gamma t} [\sin(\omega + \omega_1)t + \sin(\omega - \omega_1)t]\, dt, \tag{6.103}$$

$$2\pi B(\omega) = 2 \int_{-\infty}^{\infty} \psi(t) \cos \omega t\, dt$$
$$= \int_0^\infty e^{-(1/2)\Gamma t}\, 2 \cos \omega_1 t \cos \omega t\, dt$$
$$= \int_0^\infty e^{-(1/2)\Gamma t} [\cos(\omega + \omega_1)t + \cos(\omega - \omega_1)t]\, dt. \tag{6.104}$$

In jeder Integraltafel findet man

$$\int_0^\infty e^{-ax} \sin bx\, dx = \frac{b}{b^2 + a^2},$$
$$\int_0^\infty e^{-ax} \cos bx\, dx = \frac{a}{b^2 + a^2}. \tag{6.105}$$

Somit liefern die Gln. (6.103) und (6.104)

$$2\pi A(\omega) = \frac{(\omega + \omega_1)}{(\omega + \omega_1)^2 + (\frac{1}{2}\Gamma)^2} + \frac{(\omega - \omega_1)}{(\omega - \omega_1)^2 + (\frac{1}{2}\Gamma)^2}, \tag{6.106}$$

$$2\pi B(\omega) = \frac{\frac{1}{2}\Gamma}{(\omega + \omega_1)^2 + (\frac{1}{2}\Gamma)^2} + \frac{\frac{1}{2}\Gamma}{(\omega - \omega_1)^2 + (\frac{1}{2}\Gamma)^2}. \tag{6.107}$$

Mit Hilfe der Gl. (6.101) können wir ω_1^2 eliminieren und ω_0^2 einführen. Nach einiger Rechnung erhält man

$$2\pi A(\omega) = \frac{2\omega(\omega^2 - \omega_0^2) + \omega\Gamma^2}{(\omega_0^2 - \omega^2)^2 + \Gamma^2\omega^2}, \tag{6.108}$$

$$2\pi B(\omega) = \frac{\Gamma(\omega^2 + \omega_0^2)}{(\omega_0^2 - \omega^2)^2 + \Gamma^2\omega^2}, \tag{6.109}$$

$$I(\omega) \equiv [2\pi A(\omega)]^2 + [2\pi B(\omega)]^2$$
$$= \frac{4\omega^2 + \Gamma^2}{(\omega_0^2 - \omega^2)^2 + \Gamma^2\omega^2}. \tag{6.110}$$

Vergleich des freien Abklingvorgangs mit erzwungenen Schwingungen. Soeben haben wir die Partialschwingungen für den freien Abklingvorgang eines gedämpften harmonischen Oszillators hergeleitet. Es ist nun interessant, diese mit den Fourierkoeffizienten und -intensitäten zu vergleichen, die dann auftreten, wenn dasselbe System stationäre erzwungene Schwingungen der Frequenz ω ausführt. Zu diesem Zweck schreiben wir hier nochmals die in den Gln. (3.17) und (3.32) bis (3.35) enthaltenen Ergebnisse an:

$$A_{el}(\omega) = \frac{F_0}{m} \frac{(\omega_0^2 - \omega^2)}{(\omega_0^2 - \omega^2)^2 + \Gamma^2\omega^2}, \tag{6.111}$$

$$A_{ab}(\omega) = \frac{F_0}{m} \frac{\Gamma\omega}{(\omega_0^2 - \omega^2)^2 + \Gamma^2\omega^2}, \tag{6.112}$$

$$|A|^2 \equiv [A_{el}(\omega)]^2 + [A_{ab}(\omega)]^2$$
$$= \frac{F_0^2}{m^2} \frac{1}{(\omega_0^2 - \omega^2)^2 + \Gamma^2\omega^2}, \qquad (6.113)$$

$$P(\omega) = \frac{1}{2}\frac{F_0^2}{m} \frac{\Gamma\omega^2}{(\omega_0^2 - \omega^2)^2 + \Gamma^2\omega^2}, \qquad (6.114)$$

$$W(\omega) = \frac{1}{2}\frac{F_0^2}{m} \frac{\frac{1}{2}(\omega^2 + \omega_0^2)}{(\omega_0^2 - \omega^2)^2 + \Gamma^2\omega^2}. \qquad (6.115)$$

Wir sehen also, daß der zum freien Abklingvorgang gehörende Fourierkoeffizient $B(\omega)$ der gespeicherten Energie $W(\omega)$ bei erzwungenen Schwingungen proportional ist. Ferner hat der beim freien Abklingvorgang auftretende Fourierkoeffizient $A(\omega)$ zwei Anteile: Der eine ist der bei erzwungenen Schwingungen vorkommenden Größe $\omega A_{el}(\omega)$, der andere hingegen der Größe $A_{ab}(\omega)$ proportional. Ist die Dämpfung hinreichend schwach, so darf der zu A_{ab} proportionale Beitrag vernachlässigt werden, außer wenn ω sehr nahe der Eigenfrequenz ω_0 liegt. Daher ist $A(\omega)$ im wesentlichen zu $\omega A_{el}(\omega)$ proportional. Die Fourierintensität $I(\omega)$ weist ebenfalls zwei Anteile auf: Der eine ist der bei erzwungenen Schwingungen verbrauchten Leistung $P(\omega)$ proportional, der andere darf bei hinreichend schwacher Dämpfung – $\Gamma^2 \ll \omega^2$ – vernachlässigt werden. Folglich ist die beim freien Abklingvorgang auftretende Fourierintensität $I(\omega)$ im wesentlichen der bei erzwungenen Schwingungen verbrauchten Leistung $P(\omega)$ proportional.

Lorentzsche Linienform und ihre Beziehung zur Resonanzkurve. Ist die Dämpfung schwach und liegt ω nicht zu weit von ω_0 entfernt, so ist sowohl der Fourierkoeffizient $B(\omega)$ als auch die Fourierintensität $I(\omega)$ der „Lorentzschen Kurve" $L(\omega)$ proportional; diese lautet

$$L(\omega) = \frac{(\frac{1}{2}\Gamma)^2}{(\omega_0 - \omega)^2 + (\frac{1}{2}\Gamma)^2}. \qquad (6.116)$$

Die Dämpfungskonstante Γ ist der Halbwertsbreite der Lorentzschen Kurve proportional. Sie wird als *Linienbreite* $\Delta\omega$ des Frequenzspektrums des Fourierintegrals bezeichnet, das den freien Abklingvorgang beschreibt:

$$(\Delta\omega)_{\text{f.A.}} = \Gamma. \qquad (6.117)$$

Die in Gl. (6.116) angegebene Lorentzsche Kurve hat genau dieselbe Gestalt wie die Breit-Wignersche Resonanzkurve für erzwungene Schwingungen. Aus dieser erhält man bei schwacher Dämpfung die Frequenzabhängigkeit von $A_{ab}(\omega)$, $|A|^2$, $E(\omega)$ und $P(\omega)$ im Falle erzwungener Schwingungen (Gl. (3.36)):

$$R(\omega) = \frac{(\frac{1}{2}\Gamma)^2}{(\omega_0 - \omega)^2 + (\frac{1}{2}\Gamma)^2}. \qquad (6.118)$$

Die Halbwertsbreite dieser Kurve ist durch

$$(\Delta\omega)_{\text{halb}} = \Gamma. \qquad (6.119)$$

gegeben. Wir erhalten also für einen schwach gedämpften harmonischen Oszillator das folgende bemerkenswerte Ergebnis: *Das Fourierspektrum des freien Abklingvorgangs hat dieselbe Frequenzabhängigkeit wie die Resonanzkurve erzwungener Schwingungen.* Dies läßt sich in folgender Gleichung zusammenfassen:

$$\boxed{(\Delta\omega)_{\text{f.A.}} = (\Delta\omega)_{\text{halb}} = \frac{1}{\tau_{\text{f.A.}}}.} \qquad (6.120)$$

Messung der Eigenfrequenz und der Frequenzbandbreite. Der enge Zusammenhang zwischen den Partialschwingungen beim freien Abklingvorgang und der Resonanzkurve stationärer erzwungener Schwingungen hat wichtige Folgen für das Experiment. Nehmen Sie an, wir wollen a) die Grundschwingung einer Klaviersaite und b) den ersten angeregten Zustand eines Atoms untersuchen. Dazu können wir folgende drei Methoden verwenden:

1. *Zeitlicher Verlauf der freien Schwingungen.* Zur Zeit $t = 0$ werde das System mit einem Hammer bzw. durch einen Zusammenstoß mit einem anderen Atom plötzlich erregt. Dann halte man die Bewegung des abklingenden gedämpften Oszillators in aufeinanderfolgenden Momentaufnahmen fest und trage die Auslenkung gegen die Zeit auf. Dies läßt sich zwar bei der Klaviersaite durchführen, nicht jedoch beim Atom; dort ist es prinzipiell unmöglich, wie Sie in Band 4 (*Quantenphysik*) lernen werden.

2. *Resonanzkurve der erzwungenen Schwingungen.* Das System werde durch eine harmonische Kraft $F_0 \cos\omega t$ erregt und befinde sich im stationären Zustand. Verändern Sie nun die erregende Frequenz und messen Sie die absorbierte Leistung $P(\omega)$ als Funktion der Kreisfrequenz. Dies läßt sich sowohl bei der Saite als auch bei manchen angeregten Atomzuständen durchführen. Dazu erregt man die Atome durch stationäre elektromagnetische Strahlung und ermittelt die absorbierte Leistung P als Funktion von ω, woraus man dann ω_0 und Γ erhält.

3. *Fourieranalyse des Emissionsspektrums.* Das System werde plötzlich angeregt und die von ihm ausgesandte Strahlung einer Fourieranalyse unterzogen. Dies läßt sich sowohl bei der Klaviersaite als auch bei manchen angeregten Atomzuständen durchführen. Dazu untersucht man das Frequenzspektrum des emittierten Lichts. Am leichtesten läßt sich die Intensität der emittierten Strahlung als Funktion der Frequenz messen; sie ist der Fourierintensität $I(\omega)$ proportional. Hat man $I(\omega)$ bestimmt, so erhält man die Eigenfrequenz ω_0 und die Halbwertsbreite Γ.

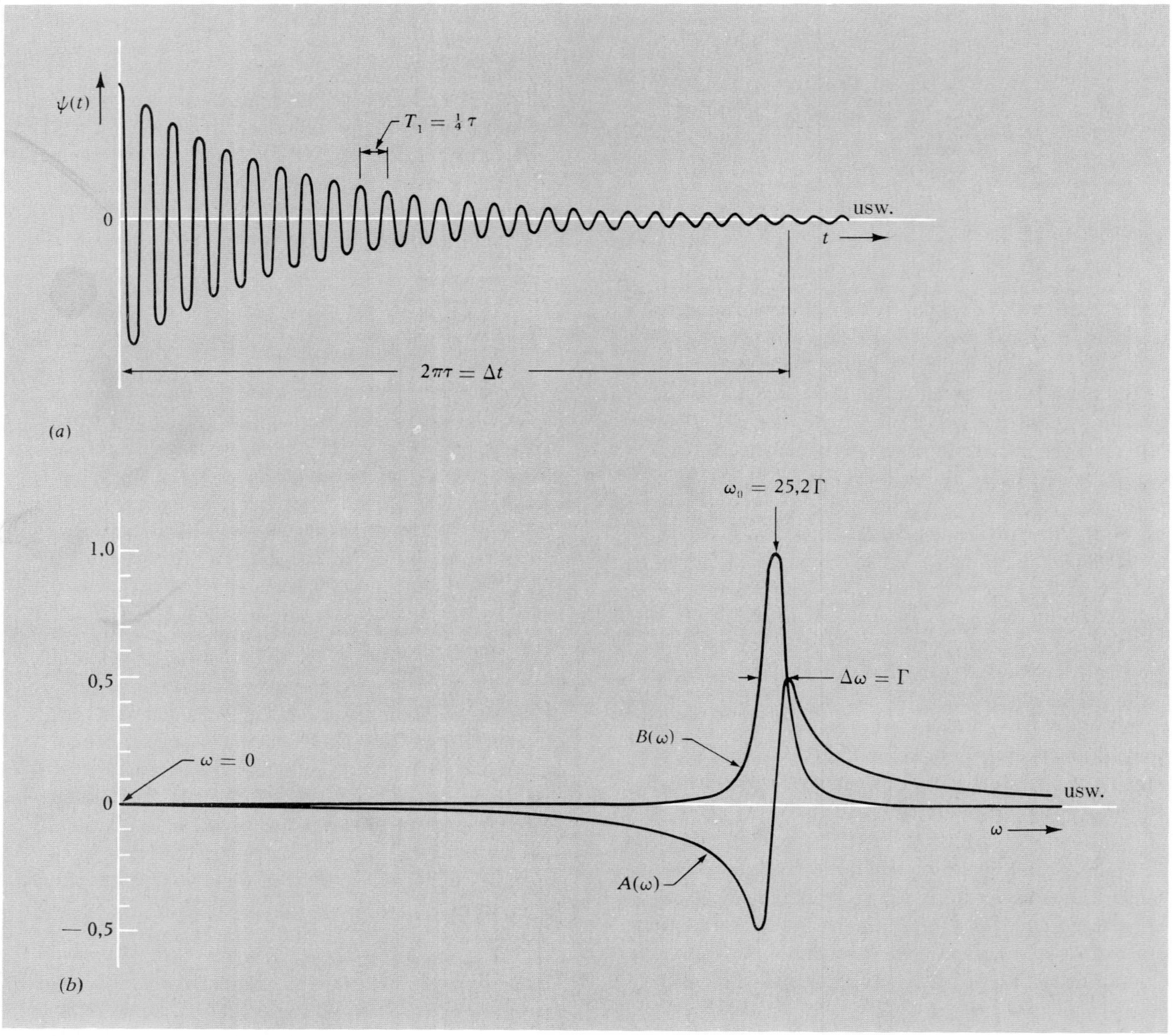

Bild 6.11. Gedämpfte harmonische Schwingung

a) Impuls $\psi(t) = e^{-(1/2)t/\tau} \cos \omega_1 t$. Dabei wurde $\omega_1 = 8\pi\Gamma$ gewählt, d.h., $\tau = 4\,T_1$.

b) Fourierkoeffizienten des Fourierintegrals $\int_0^\infty [A(\omega) \sin \omega t + B(\omega) \cos \omega t]\, d\omega$, das aus der Überlagerung harmonischer Partialschwingungen entsteht.

Bild 6.11 zeigt eine gedämpfte harmonische Schwingung sowie die Fourierkoeffizienten $A(\omega)$ und $B(\omega)$. Um zu erreichen, daß für das Produkt aus Bandbreite und zeitlicher Dauer exakt die Gleichung $\Delta\omega\,\Delta t = 2\pi$ gilt, müssen wir die zeitliche Dauer Δt als 2π mal der mittleren Abklingzeit τ definieren. Dann folgt aus Gl. (6.120) die Beziehung $\Delta\omega\,\Delta t = 2\pi$.

6.5. Fourieranalyse eines laufenden Wellenpakets

Ein bei $z = 0$ liegender Sender errege ein kontinuierliches, homogenes, eindimensionales, unbegrenztes System. Dabei werde der zeitliche Verlauf der $\psi(z, t)$ der laufenden Wellen an der Stelle $z = 0$ durch eine bekannte Funktion $f(t)$ der Zeit beschrieben:

$$\psi(0, t) = f(t). \tag{6.121}$$

Jede vernünftige Funktion $f(t)$ läßt sich als Überlagerung harmonischer Schwingungen ausdrücken. Ist $f(t)$ keine periodische Funktion der Zeit, so ist die Überlagerung bezüglich der Frequenz stetig und hat die Form des Fourierintegrals

$$f(t) = \int_0^\infty [A(\omega)\sin\omega t + B(\omega)\cos\omega t]\,d\omega. \tag{6.122}$$

Laufende Wellen in einem homogenen dispergierenden Medium. Jede harmonische Partialschwingung des in Gl. (6.122) angegebenen Fourierintegrals erzeugt ihre eigene laufende Welle, deren Wellenzahl k durch die Dispersionsrelation bestimmt wird:

$$k = k(\omega). \tag{6.123}$$

Jede Partialwelle, die ja eine harmonische laufende Welle mit eigener Frequenz darstellt, breitet sich mit ihrer eigenen Phasengeschwindigkeit

$$v_\varphi = \frac{\omega}{k(\omega)} \tag{6.124}$$

aus. Die resultierende laufende Welle $\psi(z, t)$ stellt nichts anderes als die Überlagerung all dieser harmonischen laufenden Partialwellen dar. Demzufolge erhalten wir $\psi(z, t)$ aus $\psi(0, t)$, indem wir in jeder harmonischen Partialschwingung des Fourierintegrals von Gl. (6.122) ωt durch $\omega t - kz = \omega t - k(\omega)z$ ersetzen:

$$\psi(0, t) = \int_{\omega=0}^\infty [A(\omega)\sin\omega t + B(\omega)\cos\omega t]\,d\omega, \tag{6.125}$$

$$\psi(z, t) = \int_{\omega=0}^\infty \{A(\omega)\sin[\omega t - k(\omega)z] + B(\omega)\cos[\omega t - k(\omega)z]\}\,d\omega. \tag{6.126}$$

In dem allgemeinen Fall dispersionsbehafteter Wellen hängt die Phasengeschwindigkeit v_φ von der Kreisfrequenz ω ab. Daher bleibt die Gestalt von $\psi(z, t)$ mit der Zeit nicht konstant.

Dispersionsfreie Wellen (Spezialfall). In dem Spezialfall einer von der Frequenz unabhängigen Phasengeschwindigkeit v_φ hat die Wellenfunktion $\psi(z, t)$ zu jedem festgehaltenen Zeitpunkt t dieselbe Gestalt. Diese Aussage können wir aus dem allgemeinen Ausdruck von Gl. (6.126) auf folgende Weise herleiten: v sei die allen harmonischen Wellen gemeinsame Phasengeschwindigkeit:

$$v = \frac{\omega}{k(\omega)}; \qquad \text{d.h.} \qquad k(\omega) = \frac{\omega}{v}. \tag{6.127}$$

Dann wird aus Gl. (6.126)

$$\psi(z, t) = \int_0^\infty [A(\omega)\sin\omega(t - \tfrac{z}{v}) + B(\omega)\cos\omega(t - \tfrac{z}{v})]\,d\omega. \tag{6.128}$$

Nun ist aber v nach Voraussetzung konstant, also frequenzunabhängig. Man erhält daher jede Partialwelle des Fourierintegrals Gl. (6.128) aus dem Fourierintegral Gl. (6.125), das $\psi(0, t)$ darstellt. Dazu muß man einfach das t in $\psi(0, t)$ durch $t - (z/v)$ ersetzen. Dann ergibt sich für dispersionsfreie Wellen

$$\psi(z, t) = \psi(0, t'), \qquad t' \equiv t - \frac{z}{v}. \tag{6.129}$$

Beachten Sie, daß wir für dispersionsfreie Wellen nie ein Fourierintegral hätten schreiben müssen, wenn wir dies nicht gewollt hätten. Da uns $\psi(0, t)$ bekannt ist, könnten wir $\psi(z, t)$ unmittelbar aus Gl. (6.129) erhalten und müßten nicht notwendigerweise die dazwischenliegenden Schritte der Fourieranalyse durchführen. Gl. (6.129) sagt nämlich aus, daß sich laufende Wellen in einem dispersionsfreien Medium ohne Gestaltsänderung ausbreiten. Mit anderen Worten, die Auslenkung (oder das elektrische Feld oder was immer es auch sei) hat zur Zeit t in dem in der Ausbreitungsrichtung liegenden Punkt z denselben Wert wie die Auslenkung zum früheren Zeitpunkt $t - (z/v)$ bei $z = 0$.

Wir bringen nun ein Beispiel mit einer dispersionsfreien Welle, in dem weder eine Fourieranalyse noch eine harmonische Funktion vorkommt. Nehmen Sie an, es handelt sich um dispersionsfreie Wellen – etwa um hörbare Schallwellen oder um Lichtwellen im Vakuum. Bei $z = 0$ gelte für die Wellenfunktion die Beziehung

$$\psi(0, t) = A e^{-(1/2)t^2/\tau^2}. \tag{6.130}$$

Diese Gleichung stellt einen *Impuls von der Form einer Gaußschen Kurve* dar. Dieser erreicht sein Maximum bei $t = 0$ und wird für Zeiten, die – mit τ als Einheit – sehr weit vor oder nach $t = 0$ liegen, sehr klein. Wir könnten selbstverständlich die Fourieranalyse des in Gl. (6.130) beschriebenen Impulses durchführen, doch benötigen wir sie nicht, da ja das Medium nach Voraussetzung dispersionsfrei ist. Vielmehr können wir die Form der laufenden Welle sofort anschreiben:

$$\psi(z, t) = \psi(0, t') = A e^{-(1/2)(t')^2/\tau^2} = A e^{-(1/2\tau^2)[t - (z/v)]^2}. \tag{6.131}$$

Dispersionsfreie Wellen und klassische Wellengleichung. Für jede harmonische laufende Welle der Form

$$\psi(z, t) = A\cos[\omega t - k(\omega)z] \tag{6.132}$$

gilt, wie Sie leicht zeigen können, die Differentialgleichung

$$\frac{\partial^2\psi(z, t)}{\partial t^2} = \frac{\omega^2}{k^2}\frac{\partial^2\psi(z, t)}{\partial z^2} = v_\varphi^2(\omega)\frac{\partial^2\psi(z, t)}{\partial z^2}. \tag{6.133}$$

Im Spezialfall dispersionsfreier Wellen gilt $v_\varphi = v$, die Phasengeschwindigkeit ist also eine frequenzunabhängige Konstante. In diesem Fall gilt für jede Partialwelle einer Überlagerung harmonischer Wellen von der Form der Gl. (6.128) die gleiche Differentialgleichung

$$\boxed{\frac{\partial^2 \psi(z,t)}{\partial t^2} = v^2 \frac{\partial^2 \psi(z,t)}{\partial z^2}.} \qquad (6.134)$$

Dabei stellt $\psi(z, t)$ irgendeine der harmonischen laufenden Partialwellen der Überlagerung dar. Da nun Gl. (6.134) von jeder Partialwelle erfüllt wird, wird sie auch durch die gesamte Überlagerung erfüllt. Mit anderen Worten: Für die resultierende Wellenfunktion $\psi(z, t)$ gilt die Gl. (6.134). Diese partielle Differentialgleichung bezeichnet man als *klassische Wellengleichung für dispersionsfreie Wellen* oder einfach als klassische Wellengleichung.

Für Wellen, die ihre Gestalt beibehalten, gilt die klassische Wellengleichung. Als wir Gl. (6.134) herleiteten, verwendeten wir die harmonischen laufenden Wellen von Gl. (6.132). Dies wäre jedoch nicht nötig gewesen, denn jede laufende Welle, die beim Fortschreiten ihre Gestalt beibehält, muß Gl. (6.134) erfüllen. Nehmen Sie also an, die Funktion $\psi(0, t) = f(t)$ sei vorgegeben, und es sei bekannt, daß sich die Welle ohne Gestaltsänderung ausbreitet:

$$\psi(z, t) = f(t'), \qquad t' \equiv t - \frac{z}{v}. \qquad (6.135)$$

Es ist leicht zu sehen, daß die durch Gl. (6.135) angegebene Funktion die klassische Wellengleichung erfüllt (Übung 26). Ähnlich gilt auch für jede dispersionsfreie laufende Welle, die sich in der negativen z-Richtung ausbreite, diese Gleichung. Das sieht man, wenn man bei der Herleitung v durch $-v$ ersetzt. Ferner erfüllt auch jede Überlagerung laufender Wellen, die sich in beiden Richtungen ausbreiten, die klassische Wellengleichung, da diese von allen Partialwellen der Überlagerung erfüllt wird.

Wie Sie leicht zeigen können, erfüllt eine harmonische stehende Welle der Form

$$\psi(z, t) = A \cos k(z - z_0) \cos \omega(t - t_0)$$

die Gl. (6.133). Ist das Medium dispersionsfrei, so gilt für alle harmonischen stehenden Wellen die klassische Wellengleichung (6.134). Diese Aussage folgt aus Gl. (6.135), wobei für alle Frequenzen die Beziehung $v_\varphi = v$ gilt. (Bei einer stehenden Welle stellt v_φ die Größe ω/k dar, doch geht der Begriff der Phasengeschwindigkeit nicht von Natur aus in die Beschreibung solcher Wellen ein.) Auch folgt die obige Aussage aus der Tatsache, daß man eine stehende Welle als Überlagerung laufender Wellen betrachten kann, die sich in entgegengesetzten Richtungen ausbreiten. Tatsächlich haben wir die klassische Wellengleichung erstmals angetroffen, als wir in Abschnitt 2.2 stehende Wellen auf einer kontinuierlichen Saite untersuchten.

6.6. Übungen und Heimversuche

1. *Überlagerung zweier harmonischer laufender Wellen.* Zwei harmonische laufende Wellen $A_1 \cos(\omega t - kz + \varphi_1)$ und $A_2 \cos(\omega t - kz + \varphi_2)$ *derselben* Kreisfrequenz ω breiten sich in der positiven z-Richtung aus. Zeigen Sie, daß ihre Überlagerung ebenfalls eine laufende Welle mit denselben Eigenschaften ist. Mit anderen Worten, die Überlagerung läßt sich in der Form $A \cos(\omega t - kz + \varphi)$ schreiben. Ermitteln Sie den Zusammenhang zwischen A und φ einerseits und A_1, A_2, φ_1 und φ_2 andererseits.
   Hinweis: Durch Verwendung komplexer Zahlen oder eines Zeigerdiagramms wird die Lösung ungemein erleichtert.

2. *Ausbreitungsgeschwindigkeit von Signalen.* Betrachten Sie elektromagnetische Strahlung in einem Medium der relativen Dielektrizitätskonstanten $\epsilon(\omega)$. Die magnetische Permeabilität μ sei Eins. Dann gilt $n(\omega) = [\epsilon(\omega)]^{1/2}$. Gemäß der Relativitätstheorie kann sich kein Signal schneller ausbreiten als mit $c = 3{,}0 \cdot 10^8$ m/s. Welche Grenzen sind dadurch der möglichen Änderung von $\epsilon(\omega)$ mit ω gesetzt? Nehmen Sie an, $\epsilon(\omega)$ sei für alle ω positiv.
   Lösung $\omega(dn/d\omega) + (n-1) \geqslant 0$.

3. *Bandbreite von Mittelwellensendern – Heimversuch.* Messen Sie die ungefähre Bandbreite, die ein Mittelwellensender emittiert und die von Ihrem Radioapparat empfangen wird. Bestimmen Sie dazu durch Verdrehen des Abstimmknopfes die Grenzen, innerhalb derer ein bestimmter Sender empfangen werden kann. Wie verhält sich Ihr Ergebnis zu der Bandbreite $\Delta\nu \approx 40$ kHz, die man zur Übertragung beider Seitenbänder zwecks höchstqualitativer Schallwiedergabe benötigt?

4. *Kann man mit Blasinstrumenten beliebig schnell spielen?* Mit einer Baßtuba erreicht man sehr tiefe Töne, z. B. das C mit 32,7 Hz – das tiefste C auf dem Klavier. Flöten hingegen erzeugen sehr hohe Töne; ihr höchster Ton ist gewöhnlich das c^4 mit 2093 Hz, das eine Oktave unter dem höchsten Klavierton liegt. Jeder Ton der wohltemperierten Tonleiter unterscheidet sich von seinem Nachbarton etwa um den Faktor 1,06. Mit Flöten läßt sich sehr schnell spielen, mit Baßtuben hingegen nicht so schnell. Ist der Baßtubabläser daran schuld? Oder vielleicht die Baßtuba? Könnte man die Baßtuba so umbauen, daß ihr Bläser ebenso schnell spielen könnte wie ein Flötenspieler? Was wäre nach Ihren Berechnungen die vernünftige „Höchstgeschwindigkeit", mit der ein Baßtubabläser im Bereich des Tons C 32,7 spielen sollte? Welcher Wert gilt für einen Flötenspieler in der Nähe des Tons c^4 2093? Zuerst müssen Sie sich über ein vernünftiges musikalisches Kriterium klarwerden, erst dann sollten Sie Physik treiben.
   Lösung: 2 Töne/s für die Baßtuba; 120 Töne/s für die Flöte (ganz schön!).

5. *Abstimmung eines Mittelwellensenders.* Ein Mann bringt seinen MW-Radioapparat in eine Radiowerkstätte und beklagt sich darüber, daß die Abstimmung nicht fein genug sei. Er wünscht, ein bestimmter Sender solle auf der Skala ganz scharf definiert sein. Der Apparat wird nach seinen Wünschen gerichtet, doch kommt der Mann damit ein zweites Mal in die Werkstätte. Was hat er diesmal auszusetzen?

6. *Ausbreitungsgeschwindigkeit von Wellen.*
   a) Die Schallgeschwindigkeit läßt sich etwa nach folgenden zwei Methoden bestimmen: Sie können in die Hände klatschen und die zeitliche Verzögerung zwischen dem Klatschen und dem von einem bekannten Reflektor herrührenden Echo messen. Oder Sie stellen in einer Kartonröhre bei bekannter Frequenz Resonanz her und messen unter Kor-

rektur der Endeffekte die Röhrenlänge. Bestimmt man mit diesen Methoden die Phasen- oder die Gruppengeschwindigkeit?

b) Nun zwei Methoden zur Bestimmung der Lichtgeschwindigkeit: Man sende einen abgeschnittenen Lichtstrahl vom Mt. Wilson zum Mt. Palomar, reflektiere ihn dort mittels eines Spiegels und bestimme die Zeitdauer des Hin- und Hergangs. Oder man bestimme die Länge einer Resonanzhöhlung, in der eine bekannte Eigenschwingung mit bekannter Frequenz auftritt. Liefern diese Methoden die Phasen- oder die Gruppengeschwindigkeit?

7. Zeigen Sie, daß für Licht vom Brechungsindex $n(\lambda)$ die Beziehung

$$\frac{1}{v_g} = \frac{1}{v_\varphi} - \frac{1}{c}\lambda\frac{dn(\lambda)}{d}$$

gilt, wobei λ die Vakuumwellenlänge des Lichts darstellt.

8. *Lichtgeschwindigkeit.* Für die Vakuumlichtgeschwindigkeit findet man in Tabellen den Wert $c = 2{,}997925 \cdot 10^8$ m/s, sie ist also recht gut bekannt. Nehmen Sie nun an, Sie hätten einen abgeschnittenen Lichtstrahl zwischen dem Mt. Wilson und dem Mt. Palomar hin- und hergeschickt und durch Bestimmung des Hin- und Hergangs die Lichtgeschwindigkeit gemessen. Vernachlässigen Sie zuerst die Tatsache, daß sich der Lichtstrahl nicht im Vakuum, sondern in der Luft ausgebreitet hat. Schätzen Sie sodann die Korrektur ab, die zu Ihrem Meßergebnis addiert oder von ihm subtrahiert werden muß, damit Sie die Vakuumlichtgeschwindigkeit erhalten; nehmen Sie dabei an, das Licht breite sich mit der Phasengeschwindigkeit in Luft aus. Schätzen Sie hierauf unter der Annahme, daß sich das Licht mit der Gruppengeschwindigkeit in Luft ausbreite, die Korrektur neu ab; verwenden Sie dabei für den Brechungsindex den Ausdruck $n = 1 + 0{,}3 \cdot 10^{-3}$, ferner das Ergebnis der Übung 7 sowie die Annahme, daß ein Luftmolekül ebenso aufgebaut sei wie ein Glasmolekül. Sie könnten also $dn/d\lambda$ direkt aus Tabelle 4.2 ablesen, *wenn* bei Luft im Normalzustand gleich viele Luftmoleküle pro Volumeneinheit vorhanden wären wie Glasmoleküle im Glas. Dies ist jedoch nicht der Fall: Luft hat $N \approx 2{,}7 \cdot 10^{25}$ Moleküle/m^3, Glas $N \approx 2{,}6 \cdot 10^{28}$ Moleküle/m^3. Ermitteln Sie für Licht in der Mitte des Sichtbarkeitsbereichs mit Hilfe von Tabelle 4.2 und einer geeigneten Dichtekorrektur die Größe $dn/d\lambda$ in Luft. Spielt es, wenn Sie die oben angegebene Genauigkeit erreichen wollen, eine Rolle, welche Korrektur Sie verwenden? Welche *sollten* Sie verwenden?

9. *Abklingzeit eines gedämpften harmonischen Oszillators.* Zeigen Sie, daß für die Abklingzeit τ eines gedämpften harmonischen Oszillators die Beziehung

$$\frac{1}{\tau} = \frac{1}{E_{\text{gespeichert}}}\frac{dE_{\text{Verlust}}}{dt}$$

gilt.

10. *Abklingzeit einer schwingenden Luftsäule.* Wenn Sie eine Kartonröhre leicht gegen Ihren Kopf schlagen, vernehmen Sie für kurze Zeit den Ton der Grundschwingung. Nehmen Sie an, es handle sich dabei um eine gedämpfte harmonische Schwingung, so daß eine bestimmte Abklingzeit τ auftritt. Wenn Sie nun die Länge der Röhre verdoppeln, sinkt die Grundfrequenz auf die Hälfte des ursprünglichen Wertes. Die Luft in der Röhre werde jedoch auf irgendeine Art so erregt, daß sie mit der ursprünglichen Frequenz schwingt; es trete also die zweite Eigenschwingung – die erste Oberschwingung – der verlängerten Röhre auf. Nach der (plötzlichen) Erregung vollführe die Luft freie gedämpfte Schwingungen.

a) Vergleichen Sie unter der Annahme, daß der gesamte Energieverlust durch die Abstrahlung von den Röhrenenden herrühre, die neue Abklingzeit mit der alten.

b) Nehmen Sie nun den Röhrendurchmesser als so klein an, daß der Energieverlust an den Röhrenenden klein ist gegenüber dem, der durch Reibung an den Röhrenwänden und durch seitliche Abstrahlung von der Röhre entsteht. Vergleichen Sie wieder die neue Abklingzeit mit der alten.

c) Nehmen Sie an, Sie messen die Halbwertsbreiten der alten und der neuen Röhre. Dazu erregen Sie die Luft in beiden Röhren mit derselben Stimmgabel – die mit der Grundfrequenz der ursprünglichen kurzen Röhre schwinge – und verändern die Röhrenlänge mit einem Papier-„Teleskop“. Vergleichen Sie die „Halbwertsbreite“ Δl der Länge in den beiden oben erwähnten Fällen. Seien Sie vorsichtig – setzen Sie Δl mit der Halbwertsbreite der Frequenz in Beziehung. Verwenden Sie dazu die Ergebnisse von Übung 9.

11. *Wellenpakete im Wasser – Heimversuch.* Am leichtesten versteht man den Unterschied zwischen Phasen- und Gruppengeschwindigkeit mit Hilfe von Wellenpaketen im Wasser. Wirft man einen großen Stein in einen Teich oder in eine Pfütze, so breiten sich kreisförmige Wellenpakete mit einer vorherrschenden Wellenlänge von 3 cm, 4 cm oder mehr aus. Gerade Wellen – das zweidimensionale Analogon zu den dreidimensionalen ebenen Wellen – mit Wellenlängen von mehreren Zentimetern erhält man auf folgende Weise: Lassen Sie einen Stab parallel zu einer Endwand einer Badewanne oder einer großen Wasserschüssel schwimmen und versetzen Sie ihm mit Ihrer Hand etwa zwei senkrechte Stöße. Nach einiger Übung sollten Sie erkennen, daß die Phasengeschwindigkeit bei solchen Wellenpaketen größer als die Gruppengeschwindigkeit ist (siehe Tabelle 6.1, Abschnitt 6.2). Sie werden sehen, wie kleine Einzelwellen am Ende des Wellenpakets entstehen, dieses durchlaufen und an seiner Vorderseite verschwinden. Es braucht dazu jedoch Übung, denn die Wellen laufen ziemlich rasch. Eine weitere Möglichkeit zur Erzeugung gerader Wellen ist die Verwendung eines Brettes, das man am Ende der Badewanne ins Wasser bringt und anstößt.

Kapillarwellen, deren Wellenlängen im Millimeterbereich liegen, kann man mit Hilfe eines wassergefüllten Tropfenzählers erzeugen: Drücken Sie einen Tropfen heraus und lassen Sie ihn in Ihre Schüssel oder Badewanne fallen, zuerst aus nur wenigen Millimetern Höhe. Dann betragen die vorherrschenden Wellenlängen ebenfalls nur wenige Millimeter. Wenn Sie etwas Seife ins Wasser geben und den Versuch wiederholen, werden Sie sehen, daß diese Wellen tatsächlich von der Oberflächenspannung (Kapillarität) herrühren. Nach Hinzufügen der Seife sollte sich nämlich eine Abnahme der Gruppengeschwindigkeit feststellen lassen. Wenn Sie denselben Versuch mit Wellen von längeren Wellenlängen durchführen, werden Sie sehen, daß diese *nicht* von der Oberflächenspannung herrühren. Die vorherrschende Wellenlänge des Wellenpakets wird länger, wenn der Wassertropfen aus größerer Höhe fällt.

Wir geben nun eine Methode an, mit der man ohne schwierige Messung sehen kann, daß Millimeterwellen eine größere Gruppengeschwindigkeit aufweisen als Wellen mit Wellenlängen von etwa 1 cm. Lassen Sie einen Wassertropfen aus etwa 30 cm Höhe in eine runde, bis zum Rand gefüllte Schüssel fallen (auch eine Kaffeedose eignet sich sehr gut). Dann entsteht ein Wellenpaket, das sowohl Millimeter- als auch Zentimeterwellen enthält. Lassen Sie den Tropfen in der Nähe des Mittelpunkts der runden Schüssel auftreffen und beachten Sie, daß das dadurch erzeugte Wellenpaket nach seiner Reflexion am Schüsselrand in dem zum Auftreffpunkt des Tropfens konjugierten

Punkt zusammenläuft. (Wir bezeichnen zwei Punkte als konjugiert, wenn sie zu beiden Seiten des Kreismittelpunkts mit diesem in einer Linie liegen und von ihm gleiche Abstände haben.) In dem Augenblick, in dem das Wellenpaket durch den konjugierten „Brennpunkt" geht, tritt dort eine vorübergehende stehende Welle auf (ähnlich der, die man beobachtet, wenn man auf einer an einer Wand befestigten Spiralfeder durch Schütteln ein Wellenpaket erzeugt). Dieser Vorgang ermöglicht es Ihnen, die mittlere Eintreffzeit des Wellenpakets abzuschätzen. Versuchen Sie festzustellen, ob die kurzwelligen und die langwelligen Anteile des Wellenpakets verschiedene Eintreffzeiten haben. Eine Messung ist schwierig, doch können Sie den Effekt leicht *sehen*.

Einen von mir noch nicht durchgeführten Versuch könnte man mit einer ruhig dahinfließenden Strömung anstellen, deren Geschwindigkeit ungefähr gleich der bei vernünftigen Wellenlängen auftretenden Gruppengeschwindigkeit ist. Es sollte gelingen, Wellenpakete zu erzeugen, die etwa mit der Strömungsgeschwindigkeit stromaufwärts laufen und daher in Ihrem Bezugssystem annähernd in Ruhe bleiben – natürlich unter der Annahme, daß Sie im Wasser stehen und nicht von der Strömung mitgenommen werden. Dies wäre sicherlich eine höchst unterhaltsame Art des Studiums von Wellenpaketen.

12. *Wellenpakete im Seichtwasser – Flutwellen – Heimversuch.* In Übung 31 des Kapitels 2 leiteten Sie die Dispersionsrelation für sägezahnförmige stehende Seichtwasserwellen her; das Ergebnis lautete $v_\varphi \approx 1{,}1\sqrt{gh}$. Der exakte Wert für sinusförmige Seichtwasserwellen ist $v_\varphi = \sqrt{gh}$. Auf alle Fälle sind diese Wellen also weitgehend dispersionsfrei: Die Phasengeschwindigkeit hängt nicht von der Wellenlänge ab. Nun betrachten wir statt stehender Wellen Wellenpakete aus laufenden Seichtwasserwellen. Wegen ihrer weitgehenden Dispersionsfreiheit wird sich eine „Einzelwelle" oder „Flutwelle" ohne wesentliche Gestaltsänderung ausbreiten. Solche Wellen, auch als *Tsunamiwellen* bezeichnet, können durch Erdbeben auf dem Ozeangrund hervorgerufen werden. Im tiefen Ozean beträgt die Wassertiefe etwa 5 km, d.h., $h = 5 \cdot 10^3$ m. Flutwellen, deren waagerechte Länge größer als 5 km ist, sind daher als „Seichtwasserwellen" anzusehen. Sie breiten sich im tiefen Ozean mit der Geschwindigkeit

$$v = \sqrt{gh} = \sqrt{9{,}80\,\text{m/s}^2 \cdot 5 \cdot 10^5\,\text{m}} = 220\,\text{m/s} = 792\,\text{km/h}$$

aus, also etwa langsamer als ein Düsenflugzeug. Wie lange benötigt eine solche Flutwelle, um von Alaska nach Hawaii zu wandern?

Im Jahre 1883 ereignete sich mit dem Ausbruch des Vulkans Krakatau die größte Explosion der Welt. (Der Krakatau befindet sich in der zwischen Sumatra und Java gelegenen Sundastraße. Der Hergang der Explosion ist in jeder Enzyklopädie beschrieben.) Dieser Ausbruch rief riesige Flutwellen und starke Luftwellen hervor. Vor kurzer Zeit entdeckte man, daß es laufende Luftwellen mit einer Geschwindigkeit von etwa 220 m/s gibt. (Erinnern Sie sich, daß die gewöhnliche Schallgeschwindigkeit bei 0°C 332 m/s beträgt. Im Mittel ist jedoch die Luft kälter und daher die Phasengeschwindigkeit kleiner.) Die Existenz dieser Luftwellen erklärt wahrscheinlich, wieso die vom Vulkan Krakatau erzeugten Flutwellen auch auf der von Landmassen abgewandten Seite auftraten, die diese Wasserwellen eigentlich hätten stoppen müssen. Anscheinend „übersprangen" die Flutwellen die Landmassen aufgrund ihrer Kopplung mit den Luftwellen, die ja dieselbe Geschwindigkeit und dieselbe Anregungszeit hatten. [Siehe hierzu den Artikel „Air-Sea Waves from the Explosion of Krakatoa" („Luft- und Ozeanwellen beim Ausbruch des Vulkans Krakatau") von *F. Press* und *D. Harkrider* in *Science* **154**, 1325 (9. Dezember 1966).]

Im Versuch lassen sich Seichtwasser-„Flutwellen" auf folgende Weise herstellen: Füllen Sie eine rechteckige Schüssel von etwa 30...60 cm Länge ungefähr 0,5...1 cm hoch mit Wasser. Versetzen Sie ihr sodann einen leichten, aber raschen Stoß oder heben Sie ein Ende an und lassen Sie es plötzlich fallen. Dadurch entsteht an jedem Ende der Schüssel je ein Wellenpaket. Diese bewegen sich in entgegengesetzten Richtungen. Beobachten Sie das größere der beiden Wellenpakete und messen Sie seine Geschwindigkeit, indem Sie seine Laufzeit (am besten mit einer Stoppuhr) während möglichst vieler Schüssellängen bestimmen – wahrscheinlich werden es vier sein. Eine andere Möglichkeit ist die folgende: Zählen Sie laut mit, wenn das Wellenpaket auf die Wand trifft, merken Sie sich die Frequenz und bestimmen Sie diese schließlich mit einer gewöhnlichen Uhr. Wie gut stimmt Ihr Ergebnis mit der Beziehung $v = \sqrt{gh}$ überein? Mit zunehmender Wassertiefe gelangt man schließlich an den Punkt, an dem es sich nicht mehr um Seichtwasserwellen handelt. Dann geht die Dispersionsrelation allmählich in die durch die Schwerkraft erzeugten Tiefwasserwellen über. Sie lautet dann $\omega^2 = gk$, d.h., $v_\varphi = \lambda\nu = \sqrt{g\lambda/2\pi}$.

Gemäß dieser Beziehung, die wir in Kapitel 7 herleiten werden, zerfließt das Wellenpaket und ändert seine Gestalt. Diese bleibt jedoch bei hinreichend seichtem Wasser – von weniger als 1 cm Tiefe – über eine Strecke von 1...2 m recht gut erhalten. Erzeugen Sie zum Schluß in Ihrer Badewanne eine „Flutwelle", indem Sie das gesamte Wasser an einem Ende mit einem Brett anschieben. Bestimmen Sie die Geschwindigkeit durch Messung der für einen Hin- und Hergang benötigten Zeit. Beträgt diese Geschwindigkeit $\sqrt{gh}$? Beachten Sie die Brecher!

13. *Triller und Bandbreite – Heimversuch.* Für diesen Versuch benötigt man ein Klavier. Erzeugen Sie durch abwechselndes Anschlagen zweier benachbarter Tasten – deren Tonhöhen sich um einen Halbton unterscheiden – Triller. Beginnen Sie mit zwei Tasten am oberen Ende der Tastatur und erzeugen Sie zuerst einen langsamen, dann aber einen möglichst raschen Triller. Schätzen Sie die Trillerfrequenz ab. Sind die beiden Trillertöne noch immer leicht unterscheidbar? Erzeugen Sie nun mittels zweier in der Nähe des unteren Endes der Tastatur liegender Tasten einen Triller, zuerst langsam, dann allmählich rascher. Gibt es eine Frequenz, bei der die beiden Töne zu einem ungeordneten, ununterscheidbaren Gemisch werden? Schätzen Sie die Frequenz ab, bei der sich die Töne zu vermischen beginnen. Stellen Sie sodann mit Hilfe einer Rechnung fest, wie gut Ihr Ohr und Ihr Gehirn zwei getrennte Maxima des Fourierspektrums auflösen können, auch wenn die Halbwertsbreiten dieser Maxima nicht klein gegenüber ihrem Frequenzunterschied ist.

14. *Gruppengeschwindigkeit bei den Grenzfrequenzen.* Zeigen Sie, daß die Gruppengeschwindigkeit in einem System gekoppelter Pendel sowohl bei der unteren als auch bei der oberen Grenzfrequenz verschwindet. Bei diesen Grenzfrequenzen handelt es sich bekanntlich um die kleinste bzw. größte mögliche Frequenz, die sinusförmige Wellen annehmen können. Wie groß ist die Phasengeschwindigkeit bei diesen beiden Frequenzen? Skizzieren Sie die Dispersionsrelation durch Auftragen von ω und k und zeigen Sie, wie man aus einem solchen Diagramm die Gruppen- und die Phasengeschwindigkeit mit einem Blick ablesen kann.

15. *Fourieranalyse einer Exponentialfunktion.* Eine Funktion $f(t)$ sei für negative t gleich Null und für $t \geqslant 0$ gleich $\exp(-t/2\tau)$.

Ermitteln Sie ihre Fourierkoeffizienten $A(\omega)$ und $B(\omega)$ in dem Fourierintegral

$$f(t) = \int_0^\infty [A(\omega) \sin \omega t + B(\omega) \cos \omega t]\, d\omega.$$

16. *Abgeschnittene sinusförmige Welle mit einer einzigen Schwingung.* Die Funktion $f(t)$ verschwinde an allen Stellen außerhalb des Intervalls von $t = t_1$ bis $t = t_2$, dessen Dauer $\Delta t = t_2 - t_1$ beträgt und dessen Mittelpunkt $t_0 = \frac{1}{2}(t_1 + t_2)$ ist. In diesem Intervall vollführe $f(t)$ genau eine Sinusschwingung mit der Kreisfrequenz ω_0 und nehme am Beginn t_1 und am Ende t_2 des Intervalls den Wert Null an. Dann gilt $\Delta t = T_0 = 2\pi/\omega_0$. Ermitteln Sie die Fourierkoeffizienten $A(\omega)$ und $B(\omega)$ in dem Fourierintegral

$$f(t) = \int_0^\infty [A(\omega) \sin \omega (t - t_0) + B(\omega) \cos \omega (t - t_0)]\, d\omega.$$

Stellen Sie den ungefähren Verlauf der Fourierkoeffizienten in Abhängigkeit von ω dar und zeichnen Sie eine Skizze von $f(t)$.

17. *Perlenkette.* Leiten Sie einen Ausdruck für die Gruppengeschwindigkeit laufender Wellen auf einer Perlenkette her. Zeichnen Sie ein näherungsweises Diagramm der Dispersionsrelation der Perlenkette von $k = 0$ bis zum Maximalwert. Zeichnen Sie ferner den ungefähren Verlauf der Phasen- und der Gruppengeschwindigkeit in Abhängigkeit von k, wobei k alle Werte von $k = 0 \ldots k_{max}$ annehme.

18. *Phasen- und Gruppengeschwindigkeit des Lichts in Glas.* Nehmen Sie an, die Dispersionsrelation weise eine einzige Resonanz auf, und vernachlässigen Sie die Dämpfung:

$$c^2 k^2 = \omega^2 \left(1 + \frac{\omega_p^2}{\omega_0^2 - \omega^2}\right), \quad \omega_p^2 = \frac{Ne^2}{\epsilon_0 m},$$

wobei N die Anzahl der Elektronen pro Volumeneinheit ist, die zur Resonanz beitragen.

a) Tragen Sie das Quadrat n^2 des Brechungsindex im Bereich $0 \leqslant \omega < \infty$ gegen ω auf. Die wichtigsten Merkmale dieser Funktion sind ihr Wert und ihr Anstieg bei $\omega = 0$, bei solchen ω, die etwas kleiner oder größer als ω_0 sind, ferner bei $\omega = \sqrt{\omega_0^2 + \omega_p^2}$ und im Unendlichen. Wie deuten Sie den Bereich, in dem n^2 negativ ist? Wie deuten Sie die Umgebung von ω_0?

b) Leiten Sie für das Quadrat der Gruppengeschwindigkeit folgende Gleichung her:

$$\left(\frac{v_g}{c}\right)^2 = \frac{1 + \omega_p^2/\omega_0^2 - \omega^2}{\left[1 + \frac{\omega_p^2 \omega_0^2}{(\omega_0^2 - \omega^2)^2}\right]^2}.$$

Tragen Sie $(v_g/c)^2$ gegen ω auf. Zeigen Sie, daß $(v_g/c)^2$ immer kleiner als Eins ist, wie es die Relativitätstheorie fordert. Zeigen Sie ferner, daß v_g in demselben Frequenzbereich negativ ist, in dem auch n^2 negative Werte annimmt. Bei welcher Frequenz ist die Gruppengeschwindigkeit am größten? Wie groß ist die Gruppengeschwindigkeit bei dieser Frequenz?

19. *Phasen- und Gruppengeschwindigkeit von Tiefwasserwellen.* Die Dispersionsrelation lautet

$$\omega^2 = gk + \frac{Tk^3}{\rho}$$

mit $g = 9{,}8\,\mathrm{m/s^2}$, $T = 0{,}072\,\mathrm{N/m}$ und $\rho = 1000\,\mathrm{kg/m^3}$. Leiten Sie Gleichungen für die Gruppen- und Phasengeschwindigkeit her. Zeigen Sie die Richtigkeit folgender Behauptungen: Gruppen- und Phasengeschwindigkeit sind gleich groß, wenn gk gleich Tk^3/ρ ist; dieser Fall tritt ein, wenn die Wellenlänge 1,7 cm und die Geschwindigkeit 0,23 m/s beträgt. Bei *Kapillarwellen* – deren Wellenlängen wesentlich kleiner als 1,7 cm sind – ist die Gruppengeschwindigkeit gleich 1,5 mal der Phasengeschwindigkeit. Bei *Schwerewellen* – deren Wellenlängen groß gegenüber 1,7 cm sind – ist die Gruppengeschwindigkeit halb so groß wie die Phasengeschwindigkeit. Erweitern Sie Tabelle 6.1, im Abschnitt 6.2, auf die Wellenlängen 128 m und 256 m. Geben Sie die Wellengeschwindigkeiten sowohl in km/h als auch in m/s an. (Frequenzen von nur vier oder fünf Wellen pro Minute können Sie an einem Tag ohne starken Landwind in einer geschützten Meeresbucht beobachten. Unter diesen Verhältnissen treten nur solche Wellen auf, die von hoher See hereinkommen.)

20. *Fourieranalyse eines einzelnen Rechteckimpulses in der Zeit.* Betrachten Sie einen Rechteckimpuls $\psi(t)$, der für alle t außerhalb des Intervalls zwischen t_1 und t_2 verschwinde. Innerhalb dieses Intervalls habe $\psi(t)$ den konstanten Wert $1/\Delta t$, wobei $\Delta t = t_2 - t_1$. Der Mittelpunkt des Intervalls sei t_0. Zeigen Sie, daß $\psi(t)$ ein Fourierintegral der Form

$$\psi(t) = \int_0^\infty A(\omega) \sin \omega (t - t_0)\, d\omega + \int_0^\infty B(\omega) \cos \omega (t - t_0)\, d\omega,$$

mit den Fourierkoeffizienten

$$A(\omega) = 0, \quad B(\omega) = \frac{1}{\pi} \frac{\sin \frac{1}{2}\Delta t\, \omega}{\frac{1}{2}\Delta t\, \omega}$$

besitzt. Tragen Sie $B(\omega)$ gegen ω auf. Im Grenzfall Δt gegen Null wird $\psi(t)$ als „Deltafunktion der Zeit" bezeichnet und in der Form $\delta(t - t_0)$ angeschrieben. Wie sieht $B(\omega)$ für diese Deltafunktion der Zeit aus?

21. *Fourieranalyse einer abgeschnittenen harmonischen Schwingung.* Die Funktion $\psi(t)$ verschwinde außerhalb des Intervalls zwischen t_1 und t_2, dessen Dauer $t_2 - t_1 = \Delta t$ und dessen Mittelpunkt gleich $\frac{1}{2}(t_1 + t_2) = t_0$ sei. Innerhalb dieses Intervalls sei $\psi(t)$ gleich $\cos \omega_0 (t - t_0)$.

a) Zeigen Sie, daß $\psi(t)$ folgendes Fourierintegral besitzt:

$$\psi(t) = \int_0^\infty B(\omega) \cos \omega (t - t_0),$$

$$\pi B(\omega) = \frac{\sin[(\omega_0 + \omega)\frac{1}{2}\Delta t]}{\omega_0 + \omega} + \frac{\sin[(\omega_0 - \omega)\frac{1}{2}\Delta t]}{\omega_0 - \omega}.$$

b) Das Intervall Δt sei viel kürzer als die Periode jeder Schwingung, die wir messen können bzw. für die wir uns interessieren. Zeigen Sie, daß $\pi B(\omega)$ in diesem Falle den konstanten Wert Δt hat.

c) Das Intervall Δt enthalte viele Schwingungen, es gelte also $\omega_0 \Delta t \gg 1$. Zeigen Sie, daß $B(\omega)$ in diesem Falle im wesentlichen aus dem zweiten Term besteht, wenn ω hinreichend nahe bei ω_0 liegt:

$$\pi B(\omega) \approx \frac{\sin[(\omega_0 - \omega)\frac{1}{2}\Delta t]}{\omega_0 - \omega}, \quad |\omega_0 - \omega| \ll |\omega_0 + \omega|.$$

d) Skizzieren Sie den Verlauf von $\psi(t)$ und $B(\omega)$ im Falle c).

Diese Aufgabe kann uns beim Verständnis der *Stoßverbreiterung* der Spektrallinien von Hilfe sein. Sendet ein ungestörtes Atom fast monochromatisches sichtbares Licht aus, so beträgt seine Abklingzeit etwa 10^{-8} s. Folglich weist das Fourierspektrum des ausgestrahlten Lichts eine Bandbreite von rund 10^8 Hz auf. Verwendet man jedoch als Lichtquelle eine Gasentladungsröhre, so senden die in dieser befindlichen Atome ein Licht aus, dessen Bandbreite (in der Optik als „Linienbreite" bezeichnet) 10^9 Hz und nicht 10^8 Hz beträgt. Diese „Linienverbreiterung" rührt zum Teil von der Tatsache her, daß die Atome beim Ausstrahlen ihres Lichts nicht frei und ungestört sind. Vielmehr *stoßen sie zusammen.* Ein Zusammenstoß bewirkt aber eine plötzliche Änderung der Amplitude, der Phasenkonstanten oder beider Größen zugleich. Wir haben es hier mit einer ähnlichen Situation zu tun wie beim „abgeschnittenen" harmonischen Oszillator: Ein bestimmtes Atom befinde sich die meiste Zeit über im „nichtangeregten" Zustand und werde gelegentlich angeregt, so daß seine „optischen Elektronen" (Valenzelektronen) schwingen. (Wir betrachten die Vorgänge vom klassischen Standpunkt aus; eine genauere Beschreibung erfordert die Quantenmechanik.) Im Atom beginnt also eine gedämpfte harmonische Schwingung, deren Abklingzeit von der Größenordnung 10^{-8} s ist. Innerhalb eines Zeitintervalls Δt von etwa 10^{-9} s erfährt jedoch das Atom in einer üblichen Gesamtladung einen Zusammenstoß. Dieser schneidet die Schwingung irgendwie willkürlich ab. Überlagert man das Licht vieler solcher Lichtquellen, so findet man als Bandbreite $\Delta\nu \approx (1/\Delta t) \approx 10^9$ Hz.

22. *Fourieranalyse eines fast periodisch wiederkehrenden Rechteckimpulses.* Ein einzelner Rechteckimpuls der zeitlichen Dauer Δt hat ein kontinuierliches Frequenzspektrum, dessen wichtigste Beiträge zwischen Null und $\nu_{max} = \Delta\nu$ liegen, wobei $\Delta\nu \approx 1/\Delta t$ (siehe Übung 20). Hingegen hat ein mit der Periode T_1 wiederkehrender Rechteckimpuls der Dauer Δt (mit $T_1 > \Delta t$) ein *diskretes* Frequenzspektrum. Dieses besteht aus *harmonischen Oberfrequenzen*, also ganzzahligen Vielfachen von $\nu_1 = 1/T_1$, und seine wichtigsten Beiträge liegen zwischen Null und $\nu_{max} = \Delta\nu$, wobei $\Delta\nu \approx 1/\Delta t$ (siehe Übung 30 im Kapitel 2). Betrachten Sie nun aber einen Rechteckimpuls der Dauer Δt, der während einer Gesamtzeit T_{lang} mit der Periode T_1 „fast periodisch" wiederkehrt; dabei sei die Zeit T_{lang} groß gegenüber der Periode T_1. Wäre T_{lang} unendlich, so hätten wir einen exakt periodisch wiederkehrenden Rechteckimpuls von der oben beschriebenen Art. In diesem Falle würden die diskreten harmonischen Oberfrequenzen „unendlich dicht" liegen.

a) Zeigen Sie die Richtigkeit folgender Behauptung: Ist T_{lang} endlich, so liefert die Fourieranalyse des so entstehenden fast periodisch wiederkehrenden Rechteckimpulses eine Überlagerung *fast diskreter harmonischer Oberfrequenzen* der Grundfrequenz $\nu_1 = 1/T_1$. Jede von diesen stellt in Wirklichkeit eine Menge von Frequenzen dar, die über ein schmales Frequenzband der Bandbreite $\delta\nu \approx 1/T_{lang}$ kontinuierlich verteilt sind. Die wichtigsten harmonischen Oberfrequenzen liegen zwischen Null und $\nu_{max} \approx 1/\Delta t$. Sie brauchen keinerlei Integrationen auszuführen, begründen Sie die Behauptung vielmehr qualitativ.

b) Zeichnen Sie eine qualitative Skizze des von Ihnen erwarteten Verlaufs der Funktion $\psi(t)$ sowie der Fourierkoeffizienten $A(\omega)$ und $B(\omega)$. Machen Sie sich dabei keine Gedanken über den Unterschied zwischen $A(\omega)$ und $B(\omega)$.

23. *Erzeugung kurzer Impulse sichtbaren Lichts durch einen Laser mit Phasenkopplung der Eigenschwingungen.* (Arbeiten Sie zuerst Übung 22 durch.) Ein Laser ist, grob gesprochen, ein Raumbereich der Länge l, an dessen Enden sich Spiegel zur Hin- und Herreflexion des Lichts befinden. Ist dieser Raumbereich mit geeigneten angeregten Atomen angefüllt, so regt die Strahlung eines Atoms weitere von ihnen zur Strahlung an (induzierte Emission). Hierbei sind Phase und Richtung des induzierten Lichts gleich der des induzierenden Lichts. Es kommt zu einer konstruktiven Interferenz zwischen den Lichtwellen. Dies führt zu einer stehenden Welle bzw. zu *Eigenschwingungen* zwischen den Spiegeln, bei der die Atome und das ganze Strahlungsfeld in Phase schwingen. Die Frequenzen der möglichen freien Eigenschwingungen sind harmonische Oberfrequenzen einer Grundfrequenz ν_1. Die Periode $T_1 = 1/\nu_1$ ist nicht anderes als die Zeit, die das Licht für einen Hin- und Hergang zwischen den Spiegeln benötigt. Folglich gilt $T_1 = 2l/(c/n)$, wobei n den Brechungsindex bedeutet. Außerdem gilt $\nu_1 = 1/T_1$, und die Eigenfrequenzen der möglichen Eigenschwingungen lauten $\nu = m\nu_1$ mit $m = 1, 2, 3$, usw. Beim Helium-Neon-Laser handelt es sich um das rote Neonlicht der Wellenlänge 632,8 nm. Die Abregungszeit τ eines einzelnen freien Atoms beträgt hier etwa 10^{-9} s, was einer Bandbreite $\Delta\nu$ von rund 10^9 Hz entspräche. Liegt hingegen eine Eigenschwingung des aus Atomen und Licht bestehenden Gesamtsystems vor, so ist deren Abklingzeit wesentlich länger als die Abklingzeit τ eines frei in den Grundzustand zurückkehrenden Einzelatoms. Die Dämpfung der Eigenschwingung wird durch Lichtverluste durch die Endspiegel, durch seitliches Entweichen nicht völlig parallelen Lichts und andere Effekte verursacht. Die Abklingzeit T_{lang} kann mehrere hundert- oder tausendmal so lang sein wie die Abklingzeit eines freien Atoms. Dies bedeutet, daß jede solche Eigenschwingung eine Bandbreite $\delta\nu \approx 1/T_{lang}$ aufweist, die mehrere hundert- oder tausendmal kleiner als die natürliche Linienbreite $\Delta\nu$ ist. Diese spielt aber dennoch eine wichtige Rolle: Zur Anregung einer Eigenschwingung des Gesamtsystems müssen anfänglich frei in den Grundzustand zurückkehrende Atome vorhanden sein; deshalb werden nur solche Eigenschwingungen merklich angeregt, deren Eigenfrequenzen $m\nu_1$ irgendwo im Frequenzband $\Delta\nu$ dieser Atome liegen. Liegt das Licht im sichtbaren Bereich und ist die Länge l von der Größenordnung 1 m, so sieht man leicht, daß die Zahl m der harmonischen Oberfrequenz eine sehr große ganze Zahl ist.

a) Von welcher Größenordnung ist die zur Eigenschwingung gehörende Zahl m?

b) Skizzieren Sie das Frequenzspektrum der wichtigen Eigenschwingungen eines Lasers. Mit anderen Worten: Drücken Sie das bisher Gesagte graphisch aus. Bezeichnen Sie den Unterschied ν_1 „benachbarter" Eigenfrequenzen, die Bandbreite $\delta\nu$ jeder Eigenschwingung sowie die Bandbreite $\Delta\nu$ der am leichtesten anzuregenden Eigenschwingungen.

Wird irgendein kompliziertes System erregt und dann sich selbst überlassen, so stellt seine Bewegung eine mehr oder weniger komplizierte Überlagerung seiner Eigenschwingungen dar. Erfolgt die Erregung des Systems auf recht „brutale" Weise, so können viele Eigenschwingungen mit ziemlich komplizierten Phasenbeziehungen auftreten. Eine solche Überlagerung von Eigenschwingungen wollen wir als „inkohärent" bezeichnen. Wenn man einen Laser so erregt, daß mehrere seiner Eigenschwingungen angeregt werden, erhält man gewöhnlich eine Überlagerung dieser Art. Z.B. läßt sich ein Laser leicht derart erregen, daß alle Eigenschwingungen im Frequenzband $\Delta\nu$ angeregt werden. Die Phasenbeziehungen zwischen verschiedenen Eigenschwingungen sind in folgendem Sinne „zufällig": Stellen Sie die Phasenbeziehungen zwischen den Eigenschwingungen zu einem bestimmten Zeitpunkt fest und betrachten dann das System zu einem Zeitpunkt, der wesentlich später als die Abklingzeit T_{lang} liegt, so finden Sie eine Verschiedenheit der Phasenbeziehungen vor, die sich nicht voraussagen läßt. Während einer Zeit von der Größenordnung T_{lang} verliert nämlich eine Eigenschwingung ihre gesamte Energie, die jedoch durch neu angeregte Atome wieder ersetzt wird. Die Eigenschwingung wird also etwa in jedem Zeitintervall der Dauer T_{lang} einmal „wieder eingeschaltet". Der „Einschaltzeitpunkt" ist jedoch zufällig, weshalb sich die Änderung der Phasenbeziehungen während einer Zeit von der Größenordnung T_{lang} nicht vorhersagen läßt. Nun haben Sie im Absatz b) das Frequenzspektrum der wichtigen Eigenschwingungen skizziert, dieses ist dem ziemlich ähnlich, das bei der Fourieranalyse eines fast periodisch wiederkehrenden Rechteckimpulses in Übung 22 auftrat. Zwischen den beiden Frequenzspektren gibt es jedoch einen äußerst wichtigen Unterschied: Bei der Fourieranalyse des fast periodisch wiederkehrenden Rechteckimpulses herrscht zwischen den Partialwellen, die sich zum Fourierintegral überlagern, eine ganz bestimmte und vollkommen festgelegte Phasenbeziehung. Dies ist bei der inkohärenten Überlagerung von Eigenschwingungen eines Lasers nicht der Fall.

c) Gegeben sei eine inkohärente Überlagerung von Eigenschwingungen eines Lasers, deren jede eine Bandbreite $\delta\nu \approx 1/T_{\text{lang}}$ aufweise. Die gesamte eingenommene Bandbreite betrage $\Delta\nu$. Zeigen Sie, daß diese Überlagerung $\psi(t)$ eine fast periodische Funktion von t mit der Periode T_1 darstellt. Zeigen Sie ferner, daß diese fast periodische Funktion nur während solcher aufeinanderfolgender Perioden T_1 in ähnlicher Gestalt wiederkehrt, die in Zeitintervallen der Größenordnung T_{lang} enthalten sind. Zeigen Sie, daß die fast periodische Funktion $\psi(t)$ während eines vorgegebenen Zeitintervalls T_{lang} zwar zufällig wie ein periodisch wiederkehrender Rechteckimpuls der Dauer $\Delta t \approx 1/\Delta\nu$ aussehen könnte, daß dies jedoch ein ganz seltener Zufall wäre.

Normalerweise würden wir erwarten, daß $\psi(t)$ während der gesamten Periode T_1 merklich verschieden von Null ist. Daher würde gelten $\Delta t \gg 1/\Delta\nu$. Wir sind jetzt in der Lage, die Auswirkung der schönen Erfindung der *Phasenkopplung der Eigenschwingungen (mode-locking)* zu verstehen. Nehmen Sie an, wir könnten alle wichtigen Eigenschwingungen des Lasers miteinander in eine feste Phase bringen, zunächst gleichgültig, auf welche Weise. Dann ist zu erwarten, daß diese *kohärente* Überlagerung von Eigenschwingungen mit gleichen Phasenkonstanten eine fast periodische Funktion $\psi(t)$ ergibt. Diese besteht aus Impulsen der Dauer $\Delta t \approx 1/\Delta\nu$, die mit der Periode T_1 wiederkehren und deren Gestalt während Zeiten von der Größenordnung T_{lang} annähernd konstant bleibt. Diese Vorstellung wurde experimentell realisiert. Der bei der „Phasenkopplung der Eigenschwingungen“ verwendete Trick ist der folgende: Schalten Sie den Laser ein. Gewöhnlich wird zuerst irgendeine Eigenschwingung nahe der Mitte des Bandes $\Delta\nu$ angeregt. Bezeichnen Sie die Frequenz dieser Eigenschwingung mit ν_0. Verändern (*modulieren*) Sie nun z.B. die Durchlässigkeit des Mediums, der Spiegel oder irgendeines Gegenstandes, durch den das Licht gehen muß. Diese Modulation erfolge sinusförmig um irgendeinen Mittelwert, und die Modulationsfrequenz werde gleich der Grundfrequenz $\nu_1 = 1/T_1$ gewählt, die mit der Zeit T_1 eines Hin- und Herganges verknüpft ist. Dann hat die erste angeregte Eigenschwingung keine konstante, sondern eine mit der Modulationsfrequenz ν_1 modulierte Amplitude

$$\psi_{1.\text{Eigenschwingung}} = [A_0 + A_{\text{mod}} \cos\omega_1 t]\cos\omega_0 t,$$

wobei die modulierte Amplitude $A_0 + A_{\text{mod}}\cos\omega_1 t$ beträgt. Diese „fast harmonische“ Schwingung läßt sich als Überlagerung exakt harmonischer Schwingungen mit den Kreisfrequenzen ω_0, $\omega_0 + \omega_1$ und $\omega_0 - \omega_1$ anschreiben:

$$\psi_{1.\text{Eigenschwingung}} = A_0 \cos\omega_0 t + \tfrac{1}{2}A_{\text{mod}}\cos(\omega_0 + \omega_1)t + \tfrac{1}{2}A_{\text{mod}}\cos(\omega_0 - \omega_1)t.$$

Die Terme mit $\cos(\omega_0 + \omega_1)t$ und $\cos(\omega_0 - \omega_1)t$ wirken hier wie erregende Kräfte und bewirken die Anregung der Eigenschwingungen mit $\omega_0 + \omega_1$ und $\omega_0 - \omega_1$. Diese werden aber nicht beliebig angeregt, vielmehr führen sie *erzwungene* Schwingungen aus. Folglich stehen sie zu der zentralen Eigenschwingung mit ω_0 in der oben angegebenen festen Phasenbeziehung. Sind die Eigenschwingungen mit $\omega_0 + \omega_1$ und $\omega_0 - \omega_1$ einmal angeregt, so werden ihre Amplituden durch denselben physikalischen Effekt moduliert, der die Modulation der Eigenschwingung mit ω_0 bewirkte, und ihre Phasen nehmen denselben Wert wie bei dieser an. Daher enthalten die neuen Eigenschwingungen wieder Partialschwingungen, die wie erregende Kräfte wirken und die benachbarten Eigenschwingungen anregen (von denen eine bereits angeregt ist). Auf diese Weise werden die Eigenschwingungen mit $\omega_0 + 2\omega_1$ und $\omega_0 - 2\omega_1$ angeregt. Alle Eigenschwingungen, deren Kreisfrequenzen weiter und weiter von ω_0 entfernt liegen, haben nach ihrer Anregung feste Phasenbeziehungen.

Bei einem Gaslaser ist die natürliche Abklingzeit τ eines Einzelatoms von der Größenordnung 10^{-9} s, die natürliche Linienbreite $\Delta\nu$ also von der Größenordnung 10^9 Hz. Daher kann man mit einem solchen Laser mit Hilfe der Phasenkopplung der Eigenschwingungen Impulse der Dauer $\Delta t \approx 10^{-9}$ s erzeugen. Bei einem Festkörperlaser – z.B. aus geschliffenem Rubin – ist die natürliche Abklingzeit der Einzelatome von der Größenordnung 10^{-11} s oder 10^{-12} s, denn die Schwingungen der Atome werden durch die Zusammenstöße mit benachbarten Atomen des Festkörpers rasch gedämpft. Daher beträgt die Bandbreite des roten Rubinlichts etwa $10^{12}\,\text{s}^{-1}$; dies ist auch die Bandbreite der leicht anregbaren Eigenschwingungen des Lasers. Folglich kann man mit Hilfe eines Festkörperlasers extrem kurze Lichtimpulse der Dauer $\Delta t \approx 1/\Delta\nu \approx 10^{-11}$ s oder 10^{-12} s erzeugen. Natürlich handelt es sich dabei nur um die nach der klassischen Mechanik berechnete zeitliche Dauer eines Lichtimpulses, der von einem einzelnen frei in den Grundzustand zurückkehrenden Festkörperatoms emittiert wird. Warum sollten wir also wegen dieses Ergebnisses so begeistert sein? Einmal deshalb, weil ein einzelnes Atom nicht viel Licht liefert, während wir beim Laser eine große Anzahl von Atomen zur Verfügung haben, die alle gleichzeitig Licht aussenden, was einen äußerst *starken* Lichtimpuls von kurzer Dauer ergibt. Noch bedeutsamer ist jedoch die Tatsache, daß laut Quantentheorie (und Experiment) ein einzelnes Atom keinen kontinuierlichen Lichtstrom emittiert, im Gegensatz zu unserer klassischen Beschreibung. Vielmehr wird das „Photon“ in Form eines diskreten „Quants“ emittiert. Bei einem einzelnen Atom läßt sich auf keine Weise genau voraussagen, wann dieses Energiequant emittiert wird. Man kennt nur die Wahrscheinlichkeit in Abhängigkeit von der Zeit. Daher kann man von einem einzelnen Atom in Wirklichkeit keine synchronisierten kurzen Lichtimpulse erhalten.

Die erwähnten extrem kurzen Lichtimpulse lassen sich für viele interessante Versuche verwenden. Siehe *A. de Maria, D. Stetser* und *W. Glenn, Jr.*, „Ultrashort Light Pulses“, *Science* **156**, 1557 (23. Juni 1967).

24. *Deltafunktion der Kreisfrequenz.* In Abschnitt 6.4 betrachteten wir das Fourierintegral

$$\psi(t) = \int_0^\infty B(\omega)\cos\omega t\, d\omega,$$

das aus einem „rechteckigen“ Frequenzspektrum entsteht. Dieses Spektrum erhält man, indem man $B(\omega)$ im Intervall zwischen ω_1 und $\omega_2 = \omega_1 + \Delta\omega$ gleich $1/\Delta\omega$ und sonst überall gleich Null setzt. Wir fanden für das obige Integral den Ausdruck

$$\psi(t) = \left[\frac{\sin\frac{1}{2}\Delta\omega t}{\frac{1}{2}\Delta\omega t}\right]\cos\omega_0 t,$$

wobei die Kreisfrequenz ω_0 in der Mitte des Bandes $\Delta\omega$ liegt. Die Zeit t_{max} sei länger als die Dauer irgendeines geplanten Versuchs. Nun sei $\Delta\omega$ hinreichend klein, so daß $\Delta\omega\, t_{max} \ll 1$.

Zeigen Sie, daß Sie in diesem Falle durch Ihren Versuch der Dauer von höchstens t_{max} nur feststellen können, daß $\psi(t)$ eine harmonische Schwingung konstanter Amplitude und Phasenkonstanten ist. Der Fourierkoeffizient $B(\omega)$ wird dann als „Deltafunktion der Kreisfrequenz" bezeichnet. Eine solche Deltafunktion der Kreisfrequenz ist außer in einem sehr kleinen Bereich $\Delta\omega$ gleich Null, und ihr Integral über alle ω ergibt Eins. Zeigen Sie, daß das oben angegebene $B(\omega)$ im Grenzfall $\Delta\omega \ll 1/t_{max}$ diese Eigenschaften hat und folglich eine Deltafunktion der Kreisfrequenz darstellt.

25. *Resonanz bei Flutwellen.* Nehmen Sie an, der Ozean habe eine gleichmäßige Tiefe von 5 km (die durchschnittliche Tiefe ist ungefähr so groß). Zeigen Sie, daß sich eine Flutwelle, die etwa durch ein Erdbeben erzeugt wurde, mit 220 m/s ausbreitet. Nehmen Sie an, es gäbe keine Kontinente und das Wasser wäre auf „Kanäle" beschränkt, die längs Linien konstanter geographischer Breite verlaufen. Dann könnte sich das Wasser weder nach Norden noch nach Süden, sondern ausschließlich nach Osten und Westen bewegen. Bei welcher geographischen Breite würde eine durch ein Erdbeben erzeugte laufende Flutwelle zur Umkreisung der Erde 25 Stunden benötigen?

Bezeichnen Sie diese geographische Breite mit θ_0. (Am Äquator ist sie Null, an den Polen 90°.)

Die Gezeiten werden durch die von Sonne und Mond herrührenden Schwerkräfte erzeugt. Betrachten Sie z.B. den Mond – seine erregende Kraft ist doppelt so groß wie die der Sonne. Ein „Mondtag" – die Zeit zwischen zwei aufeinanderfolgenden Monddurchläufen – dauert etwa 25 Stunden. Würde sich die Erde nicht um ihre Achse drehen, so befänden sich die zur Flut gehörenden Ausbuchtungen des Wassers genau unterhalb des Mondes sowie an dem diametral gegenüberliegenden Punkt. Bei Neu- und Vollmond wirken Sonne und Mond zusammen und erzeugen so besonders starke Gezeiten. Zu diesen Zeiten wäre daher nach dem „statischen Modell" mit nicht rotierender Erde zu erwarten, daß die Flut genau zu Mittag und um Mitternacht, die Ebbe hingegen bei Sonnenaufgang und bei Sonnenuntergang eintritt. Dies wäre zumindest auf einer im Ozean liegenden Insel zu erwarten; in einem Hafen hingegen muß man warten, bis das Wasser herein- bzw. hinausgeströmt ist. Betrachten Sie nun das „Kanalmodell" und berücksichtigen Sie die Rotation der Erde. Wann würde Ihrer Meinung nach bei Neu- und Vollmond in dem am Äquator liegenden Kanal die Flut eintreten? Wann würde sie Ihrer Meinung nach in einem Kanal mit größerer geographischer Breite als θ_0 eintreten? (*Hinweis:* Betrachten Sie einen erregten Oszillator.)

Weitere Einzelheiten über Flutwellen, Seichen im Genfer See, über die mögliche Entstehung des Erde-Mond-Systems und andere hochinteressante Themen finden Sie in dem bekannten klassischen Werk *The Tides (Die Gezeiten)* von *George H. Darwin* (*Charles Darwins* Sohn). Dieses wurde 1898 geschrieben.

Zu der Zeit, als dieses Werk entstand, begann man gerade, die Fourieranalyse zu verwenden. *Darwin* beschreibt unter anderem einige einfache, aber geniale Maschinen für die Fourieranalyse.

26. *Dispersionsfreie Wellen.* Zeigen Sie, daß jede differenzierbare Funktion $f(t')$ mit $t' = t - (z/v)$ die klassische Wellengleichung erfüllt:

$$\frac{\partial^2 f(t')}{\partial t^2} = v^2 \frac{\partial^2 f(t')}{\partial z^2}.$$

Zeigen Sie ferner, daß jede differenzierbare Funktion $g(t'')$ mit $t'' = t + (z/v)$ ebenfalls die klassische Wellengleichung erfüllt. Erfinden Sie ein Beispiel für eine Funktion $f(t')$ und zeigen Sie explizit, daß Ihre Funktion die klassische Wellengleichung erfüllt.

27. *Amplitudenmodulation und Nichtlinearität.*

a) Eine Möglichkeit der Erzeugung einer amplitudenmodulierten Trägerschwingung ist die folgende: Man schickt einen Strom $I = I_0 \cos\omega_0 t$, der sich mit der Trägerfrequenz ω_0 harmonisch ändert, durch einen Ohmschen Widerstand R, der nicht konstant ist, sondern sich mit der Modulationsfrequenz ändert: $R = R_0\,(1 + a_m \cos\omega_{mod}\, t)$. (In einem „Kohlekörnermikrophon" z.B. erfolgt die Modulation des Ohmschen Widerstandes durch die Bewegung einer Membran, die die Kohlekörner – die ja den Ohmschen Widerstand liefern – zusammenpreßt.) Dann stellt die an dem Ohmschen Widerstand anliegende Spannung $U = IR$ eine amplitudenmodulierte Trägerschwingung dar. Drücken Sie U als *Überlagerung* der Trägerschwingung (Kreisfrequenz ω_0), des oberen Seitenbandes (Kreisfrequenz $\omega_0 + \omega_{mod}$) und des unteren Seitenbandes (Kreisfrequenz $\omega_0 - \omega_{mod}$) aus.

b) Nun verwenden wir eine andere Methode: Nehmen Sie an, wir gehen von zwei Spannungen aus, von denen sich die eine mit der Trägerfrequenz, die andere mit der Modulationsfrequenz harmonisch ändere. Das Problem lautet wie folgt: Wie kann man diese beiden Spannungen $U_0 = A_0 \cos\omega_0 t$ und $U_m = A_m \cos\omega_{mod} t$ mittels einer physikalischen Methode so kombinieren, daß man eine amplitudenmodulierte Trägerschwingung erhält? Nehmen Sie zuerst an, Sie stellen nur eine Überlagerung der beiden Spannungen her, legen also beide gleichzeitig an die Sendeantenne an. Funktioniert es so?

c) Nehmen Sie nun an, die Überlagerung der Spannungen von Absatz b) werde an den Eingang eines Spannungsverstärkers gelegt (z.B. könnte man sie zwischen das Steuergitter und die Kathode einer Radioröhre legen). Dieser Verstärker weise eine *lineare Charakteristik* auf, d.h., seine Ausgangsspannung (z.B. die Anodenspannung der Röhre) sei der Eingangsspannung proportional. Funktioniert es jetzt?

d) Schließlich enthalte die Ausgangsspannung des Verstärkers sowohl einen linearen als auch einen quadratischen Anteil: $U_{aus} = A_1 U_{ein} + A_2 (U_{ein})^2$.
Es gelte $U_{ein} = U_0 + U_m$, wobei U_0 und U_m in Absatz b) definiert wurden. Zeigen Sie, daß die Ausgangsspannung des Verstärkers wegen des nichtlinearen – nämlich quadratischen – Terms $A_2 (U_{ein})^2$ unter anderem eine amplitudenmodulierte Trägerschwingung enthält, deren Modulationsamplitude proportional A_m ist.

e) Die amplitudenmodulierte Trägerschwingung von d) enthält Partialschwingungen mit den Kreisfrequenzen ω_0, $\omega_0 + \omega_{mod}$ und $\omega_0 - \omega_{mod}$. Welche *weiteren* Kreisfrequenzen treten in U_{aus} auf? Zeichnen Sie das vollständige Frequenzspektrum der Ausgangsspannung des Verstärkers. Wie könnten Sie die (unerwünschten) zusätzlichen Anteile mit Hilfe von Bandfiltern loswerden? Nehmen Sie dabei an, ω_{mod} sei klein gegenüber ω_0. Welchen Durchlaßbereich müssen die Filter aufweisen?

28. *Amplitudenmodulation und Nichtlinearität.* Ihre Empfangsantenne fange eine amplitudenmodulierte Trägerwelle auf, deren Spannung

$U = U_0\,(\cos\omega_0 t)\,(1 + a_m \cos\omega_{mod}\, t)$

laute. Wie können Sie die Modulationsspannung $a_m \cos \omega_{mod} t$ wieder herstellen? Nehmen Sie an, es stehe Ihnen jedes gewünschte Bandfilter sowie ein nichtlinearer Verstärker der in Übung 27 beschriebenen Art mit

$$U_{aus} = A_1 U_{ein} + A_2 U_{ein}^2$$

zur Verfügung.

Hinweis: Drücken Sie die amplitudenmodulierte Trägerschwingung als Überlagerung aus, schicken Sie sie durch den nichtlinearen Verstärker und filtern Sie sie dann.

29. *Frequenzmodulation (FM).* Eine frequenzmodulierte Spannung läßt sich beispielsweise in der Form

$$U = U_0 \cos[\omega_0 (1 + a_m \cos \omega_{mod} t) t] = U_0 \cos \omega t$$

mit

$$\omega = \omega_0 + \omega_0 a_m \cos \omega_{mod} t$$

anschreiben. Eine Möglichkeit der Erzeugung einer frequenzmodulierten Trägerspannung zur Musikübertragung ist die Verwendung eines „kapazitiven Mikrophons". Dabei erregen die Schallwellen eine Membran, die ihrerseits eine Kondensatorplatte bewegt. Dann lautet die Kapazität dieses Kondensators z.B.

$$C = C_0 (1 + c_m \cos \omega_{mod} t).$$

Nun gehöre diese Kapazität zu einem LC-Kreis mit der Eigenfrequenz $\omega = \sqrt{1/LC}$. Die am Kondensator anliegende Spannung sei z.B. $U = U_0 \cos \omega t$. Zeigen Sie, daß man eine frequenzmodulierte Spannung mit einer zu c_m proportionalen Amplitude a_m erhält, wenn der Betrag von c_m klein gegenüber Eins ist. Ermitteln Sie den Proportionalitätsfaktor zwischen c_m und a_m.

30. *Phasenmodulation (PM).* Eine phasenmodulierte Spannung kann z.B. die Form

$$U = U_0 \cos(\omega_0 t + a_m \sin \omega_{mod} t) = U_0 \cos(\omega_0 t + \varphi)$$

mit

$$\varphi = a_m \sin \omega_{mod} t$$

aufweisen. Die „augenblickliche Kreisfrequenz" erhält man, indem man den Klammerausdruck nach der Zeit differenziert:

$$\omega = \omega_0 + d\varphi/dt = \omega_0 + a_m \omega_{mod} \cos \omega_{mod} t.$$

Durch Vergleich mit Übung 29 sehen wir, daß Phasen- und Frequenzmodulation eng verwandt sind. Bei lässiger Sprechweise werden manchmal beide Techniken als FM bezeichnet.

a) Zeigen Sie, daß sich die phasenmodulierte Spannung als Überlagerung harmonischer Schwingungen mit den Kreisfrequenzen ω_0, $\omega_0 \pm \omega_{mod}$, $\omega_0 \pm 2\,\omega_{mod}$, $\omega_0 \pm 3\,\omega_{mod}$, usw. anschreiben läßt.

Hinweis: Formen Sie zuerst $\cos(\omega_0 t + \varphi)$ um und entwickeln Sie sodann $\sin \varphi$ und $\cos \varphi$ in die zugehörigen unendlichen Taylorreihen. Verwenden Sie hierauf die in Übung 13 des Kapitels 1 hergeleiteten trigonometrischen Beziehungen.

b) Zeigen Sie, daß wir alle Terme der Überlagerung außer jenen mit den Kreisfrequenzen ω_0 und $\omega_0 \pm \omega_{mod}$ vernachlässigen dürfen, wenn die Modulationsamplitude a_m klein gegenüber Eins ist. Daraus ersieht man, daß bei kleiner Amplitude der Phasenmodulation außer der Trägerfrequenz im wesentlichen nur ein oberes und ein unteres Seitenband auftreten. Folglich benötigt man bei kleinem a_m dieselbe Bandbreite wie bei der Signalübertragung durch AM (Amplitudenmodulation). Bei größerem a_m hingegen ist die erforderliche Bandbreite wegen der zusätzlichen Seitenbandfrequenzen $\omega_0 \pm 2\,\omega_{mod}$ usw. größer.

c) Vergleichen Sie die Phasenbeziehungen zwischen der Trägerschwingung und den beiden benachbarten Seitenbandschwingungen im Falle der PM (Phasenmodulation) mit den entsprechenden Phasenbeziehungen bei AM, die wir in Übung 27 ermittelt haben. Sie werden finden, daß die Phasenbeziehungen in den beiden Fällen verschieden sind. Dadurch hat man eine Möglichkeit, die PM und auch die FM von der AM zu unterscheiden.

d) Eine AM-Spannung soll in eine PM-Spannung umgewandelt werden. Dabei stehe jedes gewünschte Bandfilter sowie eine Schaltung zur Herstellung beliebiger Phasenverschiebungen zur Verfügung. Versuchen Sie zuerst selbst, eine geeignete Methode zu finden, und wenden Sie sich sodann der Übung 58 in Kapitel 9 zu, wo Sie zur Lösung hingeführt werden. Diese Übung wird deshalb in Kapitel 9 behandelt, weil sie eine sehr schöne Analogie mit den Verhältnissen beim Phasenkontrastmikroskop zeigt.

31. *Einseitenbandübertragung.* Nimmt die zu übertragende Information ein Band von Modulationsfrequenzen ein, das sich von ω_{mod} (min) bis ω_{mod} (max) erstreckt, so reicht das bei AM oder FM ausgesandte Frequenzband von $\omega_0 - \omega_{mod}$ (max) bis $\omega_0 + \omega_{mod}$ (max), wobei ω_0 die Trägerfrequenz bedeutet. Die Bandbreite beträgt also $2\,\omega_{mod}$ (max). Bandbreite ist aber kostbar, denn in einer bestimmten Gegend muß jeder Sender ein anderes Band benutzen, um gegenseitige Überlappung und Interferenz der Signale zu vermeiden.

a) Nehmen Sie an, Sie verwenden bei der Emission von (amplitudenmodulierten) Radiomittelwellen ein Bandfilter, das das untere Seitenband herausfiltert und die Trägerfrequenz sowie das obere Seitenband durchläßt. Es werden also nur die Trägerfrequenz und das obere Seitenband emittiert. Erfinden Sie nun eine Methode, nach der man das untere Seitenband *im Empfänger* wieder herstellen kann: Zu diesem Zweck soll das empfangene Signal, das aus Trägerschwingung und oberem Seitenband besteht, durch einen nichtlinearen Verstärker von der in den Übungen 27 und 28 beschriebenen Art geschickt werden. Überlegen Sie sich, welche Amplituden- und Phasenbeziehungen notwendig sind, damit ein dem ursprünglichen AM-Signal proportionales Signal herauskommt.

b) Sie können die emittierte Bandbreite noch weiter verringern, wenn Sie nicht nur das untere Seitenband, sondern auch die Trägerfrequenz unterdrücken. Nehmen Sie an, es werde nur das obere Seitenband ausgesandt. Der Empfänger habe seinen eigenen „Überlagerungssender" mit einem Ausgangssignal $U = A \cos \omega_0' t$, wobei ω_0' möglichst nahe bei ω_0 liege. (Wegen der durch verschiedene Faktoren verursachten Schwankungen wird ω_0' den Wert von ω_0 niemals genau erreichen.) Erfinden Sie eine Methode, nach der sich das untere Seitenband durch Kombination des Signals des Überlagerungssenders mit dem vom Sender herrührenden empfangenen Signal (dem oberen Seitenband) wieder herstellen läßt. Verwenden Sie dazu nichtlineare Verstärker, Filter, Phasenschieber – kurz alles, was Sie brauchen.

c) Die Trägerfrequenz betrage $\omega_0 = 100$ MHz ($1\,\text{MHz} = 10^6$ Hz). Zur Einseitenbandübertragung – bei der auch die Trägerfrequenz unterdrückt wird – werde ein Überlagerungssender verwendet, dessen Frequenz z.B. um 30 Hz größer als ω_0 sei – dieser Fehler beträgt nur Eins durch drei Millionen. Die Musik komme von einer Flöte, die mit dem Ton 440 Hz gespielt werde. Welcher Ton kommt aus Ihrem Lautsprecher, nachdem Sie die Seitenbänder wiederhergestellt und die Schwingungen demoduliert haben? Das

Ergebnis wird Ihnen Auskunft darüber geben, weshalb man im kommerziellen Fernsehen bei der Einseitenbandübertragung neben dem einen Seitenband auch die Trägerfrequenz mit einschließt. Bei der Sprechkommunikation kann man die Trägerfrequenz weglassen, da es niemanden stört, wenn die Stimmhöhe nicht genau wiedergegeben wird.

32. *Mehrfach- oder Multiplex-Übertragung.* Oft will man mit ein und derselben Trägerfrequenz ω_0 auf zwei oder mehr völlig verschiedenen „Kanälen" Informationen übertragen. Diese Kanäle 1, 2, usw. können Informationen etwa in Form von Modulationsfrequenzbändern $\omega_{mod}(1)$, $\omega_{mod}(2)$, usw. übermitteln. Überschneiden sich die Modulationsfrequenzbänder nicht, so kann man die Trägerschwingung einfach mit allen Kanälen gleichzeitig modulieren. Z. B. ließen sich die Trägerspannung und die Modulationsspannungen aller Kanäle am Eingang eines nichtlinearen Verstärkers überlagern, genauso wie Sie es in Übung 27 mit einer einzigen Modulationsspannung (einem einzigen Kanal) getan haben. Dann bestünde die Ausgangsspannung des Verstärkers u. a. aus einer amplitudenmodulierten Trägerspannung, die einer Überlagerung mit den Kreisfrequenzen ω_0, $\omega_0 \pm \omega_{mod}(1)$, $\omega_0 \pm \omega_{mod}(2)$, usw. äquivalent ist.

a) Begründen Sie die vorangehende Behauptung.

Zur Wiederherstellung der Modulationsfrequenzbänder $\omega_{mod}(1)$, $\omega_{mod}(2)$, usw. würde man im Empfänger eine Demodulation vornehmen, z. B. wie in Übung 28. Diese Bänder könnte man unter der Voraussetzung, daß sie sich nicht überlappen, durch Bandfilter voneinander trennen. Dann erhielte man schließlich die in den Kanälen 1, 2, usw. enthaltenen Informationen getrennt, ohne daß ein „Übersprechen" (eine „Überlappung" oder „Überschneidung") aufträte: Der Ausgang von Kanal 1 würde also keine von den Kanälen 2 usw. übertretenden Fehlsignale liefern.

Da sich jedoch in den meisten interessanten Fällen die Modulationsfrequenzbänder der verschiedenen Kanäle überlappen, ist die oben beschriebene Methode nicht anwendbar. Z. B. benutzt man bei der (frequenzmodulierten) UKW-Stereoübertragung zwei Kanäle. Jeder von ihnen bewirkt, daß sein zugehöriger Lautsprecher das wiedergibt, was sein zugehöriges Eingangsmikrophon aufgefangen hat. Das eine dieser Mikrophone befindet sich in der Nähe „der Streicher", das andere in der Nähe „der Bläser". Die Modulationsfrequenzen der beiden Kanäle sind die Musikfrequenzen, die sich überlappen.

Weitere Beispiele sind die Übertragung von Telephongesprächen über weite Entfernungen mittels eines einzigen Drahtes sowie die Verwendung einer einzigen Trägerfrequenz im Funksprechverkehr. Dabei übertragen die verschiedenen Kanäle verschiedene Gespräche, die Modulationsfrequenzen sind also die Frequenzen der menschlichen Stimme. Ähnlich hat bei der „Fernmessung", bei der die Anzeige des Instrumentes eines Erdsatelliten zur Bodenstation übertragen wird, jedes Instrument einen eigenen Kanal. Dabei hängen die Modulationsfrequenzen von der Konstruktion der Instrumente ab: Z. B. kann ein Kondensator, dessen Kapazität sich mit der Temperatur ändert, als Thermometer fungieren. Dieser Kondensator bestimmt dann vielleicht in einem LC-Schwingkreis die Frequenz ω_{mod}. Derartige Modulationsfrequenzen können sich in weiten Bereichen überlappen.

In solchen Fällen benötigt man ein Mittel zur „Markierung" jedes einzelnen Kanals, damit die Kanäle auseinandergehalten werden können. Eine Möglichkeit bestünde darin, für jeden Kanal eine eigene Trägerfrequenz zu verwenden. Diese Methode benutzt man bei den verschiedenen Radio- oder Fernsehsendern. Es gibt jedoch eine bequemere Methode, die sogenannte *Multiplexschaltung*. Bei dieser wird jeder Kanal mit Hilfe einer eigenen „Gruppenträgerfrequenz" auf folgende Weise „markiert": Die Gruppenträgerfrequenzen der Kanäle 1, 2, usw. seien mit ω_1 bzw. ω_2 usw. bezeichnet. Sie sind groß gegenüber den Modulationsfrequenzen, aber klein gegenüber der „Hauptträgerfrequenz" ω_0. Der „Gruppenträgerschwingung" mit ω_1 wird durch Kanal 1 eine Amplituden- oder Frequenzmodulation mit der Modulationsfrequenz $\omega_{mod}(1)$ aufgeprägt. So liefert Kanal 1 eine amplitudenmodulierte Ausgangsspannung, die eine Überlagerung mit den Kreisfrequenzen ω_1, $\omega_1 + \omega_{mod}(1)$ und $\omega_1 - \omega_{mod}(1)$ darstellt. Ähnlich weist die Ausgangsspannung von Kanal 2 die Kreisfrequenzen ω_2, $\omega_2 + \omega_{mod}(2)$ und $\omega_2 - \omega_{mod}(2)$ auf. Der Unterschied zwischen den beiden Gruppenträgerfrequenzen ω_1 und ω_2 wird hinreichend groß gewählt, so daß sich die sie umgebenden Bänder nicht überlappen. Ist also ω_1 kleiner als ω_2, so ist die höchste Kreisfrequenz des oberen Seitenbandes $\omega_1 + \omega_{mod}(1)$ kleiner als die niedrigste Kreisfrequenz des unteren Seitenbandes $\omega_2 - \omega_{mod}(2)$. Z. B. treten bei der (frequenzmodulierten) UKW-Stereoübertragung typische Gruppenträgerfrequenzen $\nu_1 = 20\,\text{kHz}$, $\nu_2 = 40\,\text{kHz}$ auf. Liegen Modulationsfrequenzen – die Frequenzen der Musik – zwischen Null und 10 kHz, so besetzt Kanal 1 das Band von 10...30 kHz, Kanal 2 das von 30...50 kHz. Nach dem bisher Gesagten scheint es, als träten (bei zwei Kanälen) zwei Trägerfrequenzen auf. Wir sind jedoch noch nicht bei der Sendeantenne! Nun überlagern wir die Ausgangsspannungen aller Kanäle und betrachten diese Überlagerung, die die Frequenzbänder vieler Kanäle umfaßt, als Schwingung mit einem einzigen breiten Band von Modulationsfrequenzen. Dieses erstreckt sich vom unteren Ende des unteren Seitenbandes von Kanal 1 bis zum oberen Ende des oberen Seitenbandes des höchsten Kanals. Wir modulieren die Hauptträgerschwingung der Kreisfrequenz ω_0 mit diesem Vielkanalband, indem wir es ihr überlagern und die resultierende Spannung wie in Übung 27 an den Eingang eines nichtlinearen Verstärkers legen.

b) Aus welchen Anteilen wird die Ausgangsspannung bestehen, wenn Sie den nichtlinearen Verstärker von Übung 27 verwenden? Benutzen Sie keine Formeln, sondern zeichnen Sie eine qualitative Skizze vom Verlauf der Fourierintensität in Abhängigkeit von der Kreisfrequenz. Zeigen Sie die nahe der Hauptträgerfrequenz ω_0 liegenden Seitenbänder, die zur Sendeantenne gelangen werden. Zeigen Sie auch die anderen aus dem Verstärker austretenden Kreisfrequenzen, die Sie herausfiltern und somit unterdrücken werden.

c) Im Empfänger kann man die ursprünglichen Modulationsfrequenzen auf folgende Weise wieder zurückschalten: Legen Sie das Signal, das die Hauptträgerfrequenz ω_0 und die verschiedenen oberen und unteren Seitenbänder enthält, an den Eingang eines nichtlinearen Verstärkers von der in Übung 26 beschriebenen Art. Die Ausgangsspannung wird u. a. die Gruppenträgerfrequenz ω_1 und ihre Seitenbänder sowie die entsprechenden Frequenzen der anderen Kanäle aufweisen. Begründen Sie diese Behauptung! Die verschiedenen Gruppenträgerfrequenzen und ihre Seitenbänder überlappen sich nicht und können nun durch Bandfilter voneinander getrennt werden. Jeder Kanal liefert dann seine eigene Ausgangsspannung, ohne daß ein „Übersprechen" auftritt.

33. *Interferometrische Multiplex Fourier Spektroskopie (MIFS).* Im Jahre 1967 erfuhr die Infrarotastronomie durch die Ein-

führung einer neuen Technik, der sogenannten interferometrischen Multiplex Fourier Spektroskopie (Multiplex Interferometric Fourier Spectroscopy MIFS) eine Umwälzung. Diese neue Technik liefert ein hundertmal besseres Auflösungsvermögen als herkömmliche Methoden. Sie verkürzt die Zeit, die man bei der Bestimmung eines Frequenzspektrums zur Belichtung benötigt, um den Faktor 60000. Die MIFS ist eine sinnreiche Anwendung der in Übung 32 beschriebenen Mehrfachübertragung.

Das Frequenzspektrum eines Sterns, der *sichtbares* Licht aussendet, kann man mit Hilfe eines Beugungsgitters bestimmen, hinter dem sich in geeigneter Entfernung eine photographische Schicht befindet. Dabei erhält man das gesamte Spektrum auf einmal, denn Lichtanteile mit verschiedenen Wellenlängen werden in verschiedene Richtungen abgebeugt und treffen so verschiedene Teile der Schicht. Die Schwärzung, die die Schicht bei einem bestimmten Beugungswinkel aufweist, gibt die Intensität des Anteils mit der betreffenden Wellenlänge an.

Für infrarotes Licht – dessen Wellenlängen von der Größenordnung 10^{-6} m sind – gibt es keine geeignete photographische Schicht, doch ist das Beugungsgitter weiterhin mit Erfolg anwendbar. Statt der photographischen Schicht kann man eine Photomultiplierröhre mit einem Spalt veränderlicher Lage benutzen. Die Lage des Spalts gibt den Beugungswinkel und folglich die Wellenlänge, der Photomultiplierstrom die Intensität an. Soll die Auflösung bezüglich der Frequenz bzw. der Wellenlänge sehr gut sein, so müssen Sie einen engen Spalt verwenden, damit die Winkelauflösung gut wird. Wollen Sie ein vollständiges Frequenzspektrum ermitteln, so müssen Sie den Spalt in eine bestimmte Stellung bringen und die zu der betreffenden Wellenlänge gehörige Intensität durch Zählen über eine genügend lange Zeit bestimmen. Hierauf müssen Sie den Spalt um eine Spaltbreite verschieben und an der neuen Stelle wiederum während einer hinreichend langen Zeit eine Messung durchführen usw. Will man ein vollständiges Frequenzspektrum im Frequenzbereich von ν_1 bis ν_2 erhalten und mißt man jeden Teil dieses Bereichs in Intervallen der Bandbreite $\Delta\nu$ aus, so sind $(\nu_2 - \nu_1)/\Delta\nu$ verschiedene Intensitätsmessungen erforderlich. Wenn die Wellenlängen im Bereich von $1 \ldots 3\,\mu$m liegen, so erstrecken sich die zugehörigen Wellenzahlen von $10^6\,\text{m}^{-1}$ bis $\frac{1}{3}\cdot 10^6\,\text{m}^{-1}$ (reziproke Meter), d.h., $\lambda_1^{-1} - \lambda_2^{-1} = \frac{2}{3}\cdot 10^6\,\text{m}^{-1}$. Nun beträgt ein typisches gutes Auflösungsvermögen $\Delta(\lambda^{-1}) = \Delta(\nu/c) \approx 10\,\text{m}^{-1}$. Um das gesamte Spektrum mit diesem Auflösungsvermögen zu bestimmen, hätten wir etwa $\frac{2}{3}\cdot 10^5 \approx 60000$ Einzelmessungen auszuführen. Da aber eine solche Messung vielleicht eine Nacht dauert, würden wir insgesamt mehrere hundert Jahre benötigen!

Hätten Sie 60000 Photomultiplier gleichzeitig, so könnten Sie selbstverständlich das gesamte Spektrum auf einmal ausmessen. Diese Methode ist aber offensichtlich unpraktisch. Würde hingegen das gesamte vom Beugungsgitter erzeugte Beugungsmuster von einem einzigen Photomultiplier überstrichen, so würde die Intensität aller Wellenlängen zusammen gemessen. In diesem Falle wäre jedoch die Ausgangsspannung des Photomultipliers der über das gesamte Spektrum gemittelten Gesamtintensität proportional, und Sie könnten niemals feststellen, welcher Anteil von welcher Wellenlänge herrührte. Es wäre so ähnlich, als kämen alle Telephongespräche von Hamburg über eine Leitung nach München, ohne getrennt zu werden. Nun, man hat das Problem, verschiedene Telephongespräche mittels einer einzigen Leitung zu übertragen, gelöst: Man „markiert" jedes Gespräch mit Hilfe einer „Gruppenträgerfrequenz" und überträgt alle diese Gruppenträgerfrequenzen gleichzeitig, wie es in Übung 32 beschrieben wurde. Hätte man doch bloß eine Möglichkeit, jede einzelne Wellenlänge im Infrarotbereich mittels einer „Gruppenträgerfrequenz" so zu *markieren*, daß sie sich identifizieren ließe! Dann könnte man einem Photomultiplier das gesamte infrarote Licht auf einmal zuführen. Durch eine Fourieranalyse ließe sich das Frequenzspektrum der Ausgangsspannung des Photomultipliers in getrennte Bänder zerlegen, die zu den einzelnen Gruppenträgerfrequenz gehörige Fourierintensität würde dann die zur entsprechenden infraroten Wellenlänge gehörige Strahlungsintensität liefern.

a) Erfinden Sie eine Methode, nach der sich jede Wellenlänge mit Hilfe eines mechanischen „Zerhackers" durch eine Gruppenträgerfrequenz markieren läßt. Dieser Zerhacker bestehe aus einem rotierenden Rad mit Löchern oder Spalten. Fällt das Licht auf eine solche Öffnung, so wird es durchgelassen, andernfalls wird es jedoch am Durchgang gehindert. Ihre Hauptaufgabe ist es zu erreichen, daß die Zerhackerfrequenz von der Wellenlänge des Infrarotlichts abhängt.

In der MIFS verwendet man folgende elegante Methode. Man benutzt weder ein Beugungsgitter noch einen mechanischen Zerhacker, sondern ein *Michelsonsches Interferometer* mit einem beweglichen Spiegel. Ein Interferometer dieser Art, wie es im Versuch von *Michelson* und *Morley* Verwendung fand, ist in Bild 6.12 dargestellt. Das vom Stern herrührende Licht falle z.B. in der x-Richtung auf einen halbversilberten Spiegel *AS*, der zur Aufspaltung des einfallenden Strahls dient und gegenüber diesem um 45° geneigt ist. Der „Aufspaltungsspiegel" reflektiert die Hälfte des Lichts in die y-Richtung und läßt die andere Hälfte in der x-Richtung durch. Diese beiden Strahlen werden von anderen Spiegeln S_1 und S_2 wieder zum Aufspaltungsspiegel *AS* zurückgeworfen, der die Hälfte des jetzt wiedervereinigten Lichts in die negative y-Richtung zu einem Photomultiplier *PM* leitet. Die andere Hälfte wird in der negativen x-Richtung durchgelassen und geht in Richtung des Sterns verloren. Bei einer vorgegebenen Wellenlänge ist der Photomultiplierstrom ein Maximum oder ein Minimum, je nachdem, ob die beiden wiedervereinigten Strahlen in Phase oder um 180° phasenverschoben sind. Dies hängt wiederum davon ab, ob sich die beiden Weglängen – vom Aufspaltungsspiegel zu dem jeweiligen Endspiegel, von diesem zurück zum Aufspaltungsspiegel und dann zum Photomultiplier – um eine gerade oder ungerade Anzahl halber Wellenlängen unterscheiden. Im ersten Falle beträgt der Phasenunterschied Null, im zweiten 180°.

b) Nun bewege sich einer der beiden Spiegel mit einer ganz genau bekannten gleichförmigen Geschwindigkeit v. Infrarotes Licht der Frequenz ν ruft einen bestimmten Photomultiplierstrom hervor. Zeigen Sie, daß dieser einen zu $\cos\omega_{\text{mod}}t$ proportionalen harmonischen Anteil mit der Modulationsfrequenz $\nu_{\text{mod}} = 2\,(v/c)\,\nu$ enthält. Sodann ändere sich die Lage x des Spiegels beliebig mit der Zeit, und der Photomultiplierstrom werde als Funktion von x gemessen. Zeigen Sie, daß der Photomultiplierstrom in diesem Falle einen zu $\cos k_{\text{mod}}x$ proportionalen Anteil mit der Modulationswellenzahl $k_{\text{mod}} = 4\,\pi/\lambda$ enthält. Sind viele Wellenlängen vorhanden, so setzt sich der Photomultiplierstrom aus einer Konstanten – dem über das gesamte Spektrum genommenen Mittelwert – sowie aus je einem Anteil mit den verschiedenen Modulationswellenzahlen k_{mod} zusammen. Führen wir also die Fourieranalyse des Photomultiplierstroms durch, so liefert uns die zu einer Modula-

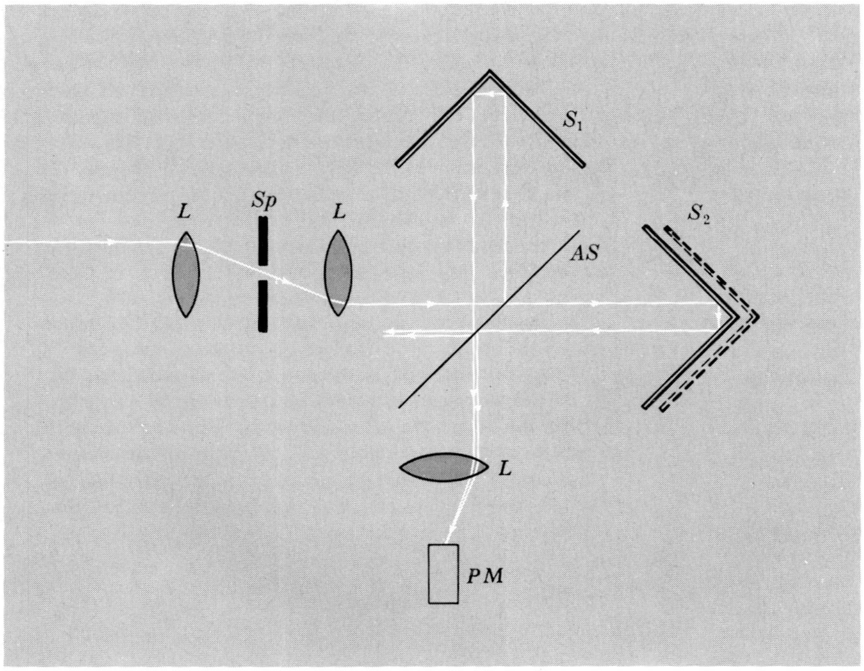

Bild 6.12
Michelsonsches Interferometer mit einem beweglichen Spiegel

tionswellenzahl k_{mod} gehörige Fourierintensität die entsprechende Strahlungsintentisät bei der Infrarotwellenlänge λ. Das Wichtige daran ist, daß mit der Aufnahme der Meßkurve – Photomultiplierstrom in Abhängigkeit von x – das Infrarotlicht bei allen Wellenlängen gleichzeitig ausgemessen wird. Jede Wellenlänge wird durch die Modulationswellenzahl, die sie im Photomultiplierstrom hervorruft, „markiert". Daher verhält sich die Modulationswellenzahl insofern wie eine „Gruppenträgerfrequenz", als sie die Trennung der verschiedenen gleichzeitig ausgemessenen Wellenlängen bei der Fourieranalyse des Photomultiplierstroms gestattet.

Diese Technik ist vielleicht am besten dazu geeignet, Leben auf dem Mars nachzuweisen, ohne daß man sich dorthin begibt. Aus einer Analyse des Infrarotspektrums der Marsatmosphäre könnte man deren Zusammensetzung erfahren und nach Bestandteilen suchen, die durch Lebensvorgänge entstehen. Das MIFS-Verfahren ist so empfindlich, daß man mit den heute geplanten Teleskopen neben den Hauptbestandteilen auch Gasspuren nachweisen könnte, deren Anteil vielleicht nur $1:10^9$ beträgt. Diesen Ausblick sowie eine eingehendere Beschreibung des MIFS-Verfahrens finden Sie in fünf zusammenhängenden Artikeln in der britischen Zeitschrift *Science Journal* vom April 1967: „Detecting Planetary Life from Earth" von *J. Lovelock*, *D. Hitchcock*, *P. Fellgett*, *J.* und *P. Connes*, *L. Kaplan* und *J. Ring*, S. 56.

7. Zwei- und dreidimensionale Wellen

7.1. Einleitung

Alle Wellen, die wir bisher betrachtet haben, waren praktisch „eindimensional“. Sie breiteten sich längs einer Geraden aus, die wir gewöhnlich als z-Achse bezeichneten. In Abschnitt 7.2 werden wir nun dreidimensionale Wellen einführen. Dazu drehen wir das Koordinatensystem, das zur Beschreibung einer eindimensionalen ebenen laufenden Welle verwendet wird. Auf diese Weise erhalten wir die dreidimensionale Form ebener harmonischer laufender Wellen.

Wir werden aber sehen, daß in der Verwendung zusätzlicher Dimensionen mehr steckt als bloß eine Koordinatentransformation. Vielmehr treten neue Eigenschaften auf, weil die zusätzlichen Dimensionen zusätzliche Freiheitsgrade mit sich bringen. Z.B. kann man im Vakuum eine dreidimensionale elektromagnetische Welle beobachten, die in einer Richtung eine reine laufende Welle, in einer zweiten eine reine stehende Welle und in einer dritten Richtung eine reine Exponentialwelle darstellt! Hingegen kann es im eindimensionalen Fall im Vakuum unmöglich eindimensionale exponentielle elektromagnetische Wellen geben, da die Dispersionsrelation $\omega^2 = c^2 k^2$ in keinem Frequenzbereich die Form $\omega^2 = -c^2 \kappa^2$ annimmt. Eindimensionale exponentiale Wellen treten nur bei Vorhandensein einer Grenzfrequenz auf. Die Dispersionsrelation muß also von ähnlicher Form sein wie die der Ionosphäre: Die Dispersionsrelation der Ionosphäre lautet $\omega^2 = \omega_0^2 + c^2 k^2$ und kann bei hinreichend niedrigen Frequenzen in $\omega^2 = \omega_0^2 - c^2 \kappa^2$ übergehen. Im dreidimensionalen Fall werden wir finden, daß k der Betrag eines Vektors, des sogenannten Wellenvektors, ist. Daher wird die Dispersionsrelation elektromagnetischer Wellen im Vakuum $\omega^2 = c^2(k_x^2 + k_y^2 + k_z^2)$. Unter Umständen kann man eine oder zwei der Komponenten k_x^2 usw. durch $-\kappa_x^2$ usw. ersetzen und dennoch eine positive rücktreibende Kraft pro Einheitsauslenkung und pro Einheits-„Masse“ erhalten, wie es sein muß. Als Beispiele werden wir elektromagnetische Wellen in Wellenleitern sowie die Totalreflexion des Lichts untersuchen. Im Abschnitt 7.3 untersuchen wir dann Wasserwellen in idealem Wasser und ermitteln ihren räumlichen Verlauf sowie ihre Dispersionsrelation. Es sind mehrere Heimversuche angegeben, mit deren Hilfe Sie die Dispersionsrelation der Wasserwellen leicht verifizieren können. Im Abschnitt 7.4 werden mit Hilfe der Maxwell-Gleichungen die Tatsachen untermauert, die wir in Kapitel 4 beim Studium von Wellen in Parallelplattenleitungen kennengelernt haben. Im Abschnitt 7.5 leiten wir dann einen Ausdruck für die von einer schwingenden Punktladung emittierte Strahlung her. Mit Hilfe dieses Ausdrucks ermitteln wir schließlich die „natürliche Linienbreite“ des Lichts sowie den Grund, weshalb der Himmel blau ist.

7.2. Harmonische ebene Wellen — Wellenvektor

Eine harmonische laufende ebene Welle breitet sich in einem homogenen dispergierenden Medium in der positiven z'-Richtung (längs des Einheitsvektors $\hat{\mathbf{z}}'$) aus. In der Ebene $z' = 0$ erfolge die zeitliche Änderung der Wellenfunktion gemäß

$$\psi(0, t) = A \cos \omega t. \tag{7.1}$$

Dann lautet die Wellenfunktion in einer $z' = \text{const}$ festgelegten Ebene

$$\psi(z', t) = A \cos(\omega t - kz'). \tag{7.2}$$

In dieser Wellenfunktion wollen wir nun statt der in der Ausbreitungsrichtung gemessenen Koordinate z' allgemeine kartesische Koordinaten x, y, z einführen. Der Ursprung des x,y,z-Koordinatensystems liege in der Ebene $z' = 0$. Der vom Ursprung des x,y,z-Systems aus gemessene Ortsvektor eines Raumpunkts sei $\mathbf{r} = x\hat{\mathbf{x}} + y\hat{\mathbf{y}} + z\hat{\mathbf{z}}$. Im x,y,z-System wird die Ebene $z' = \text{const}$ durch die Gleichung $z' = \mathbf{r} \cdot \hat{\mathbf{z}}' = \text{const}$ beschrieben. Folglich erhält man für die in Gl. (7.2) auftretende Größe kz'

$$kz' = k(\hat{\mathbf{z}}' \cdot \mathbf{r}) = (k\hat{\mathbf{z}}') \cdot \mathbf{r} \equiv \mathbf{k} \cdot \mathbf{r}. \tag{7.3}$$

Wellenvektor. Die Größe $k\hat{\mathbf{z}}'$ wird als *Wellenvektor* $\mathbf{k}$ bezeichnet:

$$\mathbf{k} \equiv k\hat{\mathbf{z}}'. \tag{7.4}$$

Der Wellenvektor $\mathbf{k}$ hat den Betrag k und die Richtung von $\hat{\mathbf{z}}'$, er weist also in die Ausbreitungsrichtung. Gl. (7.3) wird zu

$$kz' = \mathbf{k} \cdot \mathbf{r} = k_x x + k_y y + k_z z. \tag{7.5}$$

Physikalisch bedeutet die Wellenzahl k die Anzahl der Phasenradiant pro Längeneinheit in der Ausbreitungsrichtung $\hat{\mathbf{z}}'$, so daß kz' die längs der Strecke z' „angehäufte“ Phase ist. (Wir verwenden vorübergehend nicht unsere gewohnte, sondern die ihr entgegengesetzte Vorzeichenvereinbarung für die Phase; gewöhnlich stellen wir uns ja vor, daß der Phasenzuwachs positiv ist, wenn ωt bei festem z' anwächst.) Die Größe k_x bedeutet die Anzahl der *Phasenradiant pro Längeneinheit in der positiven* x-Richtung, also in der Richtung von $\hat{\mathbf{x}}$; die Bedeutung von k_y und k_z ist analog. Nehmen Sie z.B. an, $\hat{\mathbf{x}}$ schließe mit $\hat{\mathbf{z}}'$ den Winkel θ ein. Die Wellenlänge sei λ. Wenn man nun zu einem festen Zeitpunkt in der Richtung von $\hat{\mathbf{z}}'$ um die Strecke λ fortschreitet, so nimmt die Phase um 2π zu. Schreitet man hingegen in der Richtung von $\hat{\mathbf{x}}$ fort, so muß man die Strecke $\lambda/\cos\theta$ zurücklegen, bis z' um eine Wellenlänge anwächst. Die Phase ändert sich also um 2π, wenn man längs $\hat{\mathbf{x}}$ um eine solche Strecke fortschreitet, die um den Faktor $(\cos\theta)^{-1}$ länger als λ ist. Mit anderen Worten, der Phasenzuwachs pro Längeneinheit längs $\hat{\mathbf{x}}$ ist um den Faktor $\cos\theta$ kleiner als k. Gerade dieses Verhalten verlangt man ja von einem Vektor: Projiziert man ihn auf irgendeine Richtung $\hat{\mathbf{x}}$, so erhält man als Projektion $\mathbf{k} \cdot \hat{\mathbf{x}} = k_x$, eine Zahl, die um den Kosinus des eingeschlossenen Winkels kleiner als der Betrag des Vektors ist. Diese Bedingung hat zur Folge, daß die Summe der Quadrate der Komponenten gleich dem Quadrat des Betrages ist. Wir sehen also, daß k_x mit k gerade in der Beziehung steht, die man von der x-Komponente eines Vektors $\mathbf{k}$ vom Betrage k voraussetzt.

Warum kein Wellenlängenvektor? Die letzte Bemerkung klingt so trivial, als bedürfe sie überhaupt keiner Erwähnung. Nun zeigen wir aber an einem Gegenbeispiel, daß man sehr wohl nachprüfen kann, ob eine solche triviale Bedingung tatsächlich erfüllt ist. Betrachten Sie folgende zwar plausible, doch falsche Schlußfolgerung: Die Phasengeschwindigkeit einer laufenden Welle lautet $v_\varphi = \lambda\nu$. Wollen wir eine längs $\hat{\mathbf{z}}'$ fortschreitende Welle beschreiben, so tun wir vermutlich gut daran, auf folgende Weise einen „Wellenlängsvektor" λ zu definieren:

$$\mathbf{v}_\varphi = \lambda\nu\hat{\mathbf{z}}' = (\lambda\hat{\mathbf{z}}')\nu = \boldsymbol{\lambda}\nu.$$

Die Wellenlänge λ ist als der längs z' auftretende Abstand zwischen zwei Wellenbergen definiert, weshalb sie von Natur aus den Betrag des „Vektors" $\boldsymbol{\lambda}$ darstellt. Analog ist λ_x der längs x auftretende Abstand zwischen zwei Wellenbergen. Doch beachten Sie folgende unangenehme Eigenschaft der Größe λ_x: Sie ist größer als λ selbst! Steht $\hat{\mathbf{x}}$ senkrecht auf $\hat{\mathbf{z}}'$, so ist λ_x Unendlich. Wäre λ_x hingegen die x-Komponente eines gewöhnlichen Vektors in Richtung von $\hat{\mathbf{z}}'$, so würde sie verschwinden. Daraus muß man folgern, daß *es keinen solchen Vektor* $\boldsymbol{\lambda}$ *gibt*, der irgendwie einsichtig definiert werden könnte. Denn etwas, dessen Komponenten größer sind als der Betrag des „Vektors" selbst, sollte man nicht als Vektor bezeichnen!

Ebene konstanter Phase. Die durch Gl. (7.2) angegebene Welle kann nun in folgenden äquivalenten Formen angeschrieben werden:

$$\begin{aligned}\psi(x,y,z,t) &= A\cos(\omega t - kz') \\ &= A\cos(\omega t - k_x x - k_y y - k_z z) \\ &= A\cos(\omega t - \mathbf{k}\cdot\mathbf{r}).\end{aligned} \tag{7.6}$$

Das Argument der sinusförmigen Wellenfunktion wird als die *Phase* $\varphi(x,y,z,t)$ bezeichnet:

$$\begin{aligned}\varphi(x,y,z,t) &= \omega t - kz' \\ &= \omega t - k_x x - k_y y - k_z z \\ &= \omega t - \mathbf{k}\cdot\mathbf{r}.\end{aligned} \tag{7.7}$$

Zu einem festen Zeitpunkt t definieren alle Punkte mit gleichem φ eine als *Wellenfront* bezeichnete Ebene:

$$\begin{aligned}d\varphi &= \omega\,dt - \mathbf{k}\cdot d\mathbf{r} \\ &= 0 - \mathbf{k}\cdot d\mathbf{r} \\ &= 0\end{aligned} \tag{7.8}$$

zu einem bestimmten Zeitpunkt, nur wenn $d\mathbf{r}$ senkrecht zu $\mathbf{k}$ ist. Demzufolge hat die Phase zu einem festen Zeitpunkt t in bestimmten Punkten denselben Wert. Alle diese Punkte erreicht man durch Aufsummieren von Vektoren $d\mathbf{r}$, die auf $\hat{\mathbf{k}}$ und somit auf der Ausbreitungsrichtung senkrecht stehen. Schreitet man von einem solchen Punkt zu einem anderen fort, so gilt $d\varphi = 0$, man bewegt sich also in einer Ebene. Deshalb wird eine solche Welle als ebene Welle bezeichnet.

Phasengeschwindigkeit. Die Phasengeschwindigkeit ist gleich der bei festgehaltenem φ gebildeten Ableitung dz'/dt:

$$d\varphi = \omega\,dt - k\,dz' = 0,$$

$$v_\varphi = \frac{dz'}{dt} = \frac{\omega}{k}. \tag{7.9}$$

Dispersionsrelationen im dreidimensionalen Fall. Wir geben nun die Formen von einigen der Ihnen vertrauten Dispersionsrelationen für den dreidimensionalen Fall an:

Fall 1: Elektromagnetische Wellen im Vakuum

$$\omega^2 = c^2k^2 = c^2(k_x^2 + k_y^2 + k_z^2). \tag{7.10}$$

Fall 2: Elektromagnetische Wellen in einem dispergierenden Medium

$$\omega^2 = \frac{c^2}{n^2}k^2 = \frac{c^2}{n^2}(k_x^2 + k_y^2 + k_z^2). \tag{7.11}$$

Fall 3: Elektromagnetische Wellen in der Ionosphäre

$$\omega^2 = \omega_p^2 + c^2k^2 = \omega_p^2 + c^2(k_x^2 + k_y^2 + k_z^2). \tag{7.12}$$

Die Dispersionsrelationen sind immer von den Randbedingungen unabhängig, diese entscheiden aber darüber, ob z.B. stehende Wellen, laufende Wellen oder, wie wir sehen werden, Mischtypen auftreten.

Stehende Wellen. Zwei laufende ebene Wellen, die mit gleicher Amplitude und Frequenz in entgegengesetzten Richtungen fortschreiten, lassen sich zu einer stehenden ebenen Welle der Form

$$\psi(x,y,z,t) = A\cos(\omega t + \varphi)\cos(\mathbf{k}\cdot\mathbf{r} + \alpha) \tag{7.13}$$

überlagern. Verwenden wir explizit $\mathbf{k}\cdot\mathbf{r} = k_x x + k_y y + k_z z$ und benutzen wir entsprechende trigonometrische Identitäten, so können wir diese stehende Welle als Überlagerung von Termen ausdrücken, deren jede die allgemeine Form

$$\begin{aligned}\psi(x,y,z,t) = A\cos(\omega t + \varphi)\cos(k_x x + \alpha_1) \\ \cos(k_y y + \alpha_2)\cos(k_z z + \alpha_3)\end{aligned} \tag{7.14}$$

aufweist. Drücken wir eine harmonische Welle durch stehende Wellen von der Form der Gl. (7.14) aus, so können wir k_x, k_y und k_z als positive Größen definieren. Der physikalische Grund liegt darin, daß stehende Wellen im Gegensatz zu laufenden Wellen nicht in einer bestimmten Richtung fortschreiten, sondern „in alle Richtungen gleichzeitig". Algebraische Überlegungen zeigen uns folgendes: Ist in Gl. (7.14) z.B. k_x negativ, dürfen wir es durch $-k_x$ und α_1 durch $-\alpha_1$ ersetzen, ohne daß sich $\psi(x, y, z, t)$ ändert. So können wir alle drei Komponenten k_x, k_y und k_z positiv machen und dafür erforderlichenfalls die Phasenkonstanten α_1, α_2 und α_3 ändern.

Mischtyp aus laufender und stehender Welle. Im eindimensionalen Fall – der z.B. durch die Koordinate z' beschrieben wird – kann eine reine laufende Welle auftreten, die sich als Überlagerung zweier stehender Wellen schreiben läßt. Ebenso ist eine reine stehende Welle möglich, die sich als Überlagerung laufender Wellen ausdrükken läßt. Ferner kann eine Überlagerung allgemeinerer Art auftreten, die weder eine reine laufende noch eine reine stehende Welle darstellt. Dasselbe gilt für den dreidimensionalen Fall, doch treten hier noch zusätzliche Freiheitsgrade auf, da jede der drei Dimensionen in folgendem Sinn „unabhängig" ist: Z.B. kann man eine Welle herstellen, die in der x-Richtung eine Konstante, in der y-Richtung eine reine stehende Welle und in der z-Richtung eine reine laufende Welle darstellt:

$$\psi(x, y, z, t) = \psi(y, z, t) = A \sin(k_y y) \cos(k_z z - \omega t). \tag{7.15}$$

Später werden wir mehrere Beispiele für Mischtypen finden, die von ähnlicher Gestalt wie Gl. (7.15) sind.

Dreidimensionale Wellengleichungen und klassische Wellengleichung. Für jede dreidimensionale sinusförmige harmonische Welle – ob stehend, laufend oder von einem Mischtyp – gelten, wie Sie leicht zeigen können, die folgenden Beziehungen:

$$\frac{\partial^2 \psi(x,y,z,t)}{\partial t^2} = -\omega^2 \psi(x, y, z, t),$$
$$\frac{\partial^2 \psi}{\partial x^2} = -k_x^2 \psi, \qquad \frac{\partial^2 \psi}{\partial y^2} = -k_y^2 \psi,$$
$$\frac{\partial^2 \psi}{\partial z^2} = -k_z^2 \psi. \tag{7.16}$$

Mit Hilfe dieser Gleichungen finden wir die folgenden Wellengleichungen, die den in den Gln. (7.10), (7.11) bzw. (7.12) angegebenen Dispersionsrelationen entsprechen:

Fall 1: Elektromagnetische Wellen im Vakuum

Mit Hilfe der Gln. (7.16) und (7.10) ergibt sich, daß die Wellenfunktion einer einzigen harmonischen Welle der Kreisfrequenz ω und der Wellenzahl k der Differentialgleichung

$$\frac{\partial^2 \psi}{\partial t^2} = c^2 \left\{ \frac{\partial^2 \psi}{\partial x^2} + \frac{\partial^2 \psi}{\partial y^2} + \frac{\partial^2 \psi}{\partial z^2} \right\} \tag{7.17}$$

genügt. Da c nicht von der Frequenz abhängt, wird die Wellengleichung (7.17) durch jede harmonische Partialwelle und folglich auch durch jede beliebige Überlagerung stehender und laufender elektromagnetischer Wellen im Vakuum erfüllt. Gl. (7.17) stellt also die dreidimensionale Form der *klassischen Wellengleichung für dispersionsfreie Wellen* dar. Für alle anderen dispersionsfreien Wellen – z.B. für gewöhnliche Schallwellen in der Luft – gelten analoge Gleichungen. In Vektorschreibweise ausgedrückt, ist die rechte Seite von Gl. (7.18) gleich c^2 mal der Divergenz des Gradienten von ψ. Diese schreibt man als div grad ψ oder $\nabla \cdot \nabla \psi$, manchmal auch als $\nabla^2 \psi$ („Nabla Quadrat Psi") an:

$$\frac{\partial^2 \psi}{\partial t^2} = c^2 \nabla^2 \psi. \tag{7.18}$$

Fall 2: Elektromagnetische Wellen in einem homogenen dispergierenden Medium

Die Dispersionsrelation Gl. (7.11) liefert für eine harmonische Welle der Kreisfrequenz ω die Wellengleichung

$$\frac{\partial^2 \psi}{\partial t^2} = \frac{c^2}{n^2(\omega)} \nabla^2 \psi. \tag{7.19}$$

Da n von der Kreisfrequenz ω abhängt, gewinnt man mit dem Anschreiben dieser Wellengleichung nicht viel. Zu ihrer Lösung müssen wir auf Fourierüberlagerungen übergehen und jede Kreisfrequenz einzeln betrachten, weshalb wir ebenso gut die Dispersionsrelation verwenden könnten. In dieser Hinsicht ist die klassische Wellengleichung (7.18) verschieden: Wenn sie gilt, kann man Impulse oder andere nicht-harmonische Wellen ohne jede Fourieranalyse behandeln.

Fall 3: Elektromagnetische Wellen in der Ionosphäre

Mit Hilfe der Dispersionsrelation Gl. (7.12) und der Gl. (7.16) finden wir die dreidimensionale Klein-Gordon-Wellengleichung

$$\frac{\partial^2 \psi}{\partial t^2} = -\omega_p^2 \psi + c^2 \nabla^2 \psi. \tag{7.20}$$

Es folgen einige Beispiele für zweidimensionale sinusförmige harmonische Wellen:

● **Beispiel**: *1. Elektromagnetische Wellen in einem Wellenleiter von rechteckigem Querschnitt.* Einen Wellenleiter oder Hohlleiter von rechteckigem Querschnitt erhält man, indem eine Parallelplattenleitung mit leitenden Seitenplatten versehen wird (Bild 7.1). Im Inneren des Wellenleiters herrscht Vakuum. Wir werden nur solche Wellentypen betrachten, bei denen sowohl das elektrische als auch das magnetische Feld im Innern des Wellenleiters bei festem y und z unabhängig von x ist. Die zugehörige Wellengleichung ist die zweidimensionale Version der klassischen Wellengleichung (7.17). Steht ψ für die Komponente E_x des elektrischen Feldes, so gilt

$$\frac{\partial^2 \psi}{\partial t^2} = c^2 \frac{\partial^2 \psi}{\partial y^2} + c^2 \frac{\partial^2 \psi}{\partial z^2}. \tag{7.21}$$

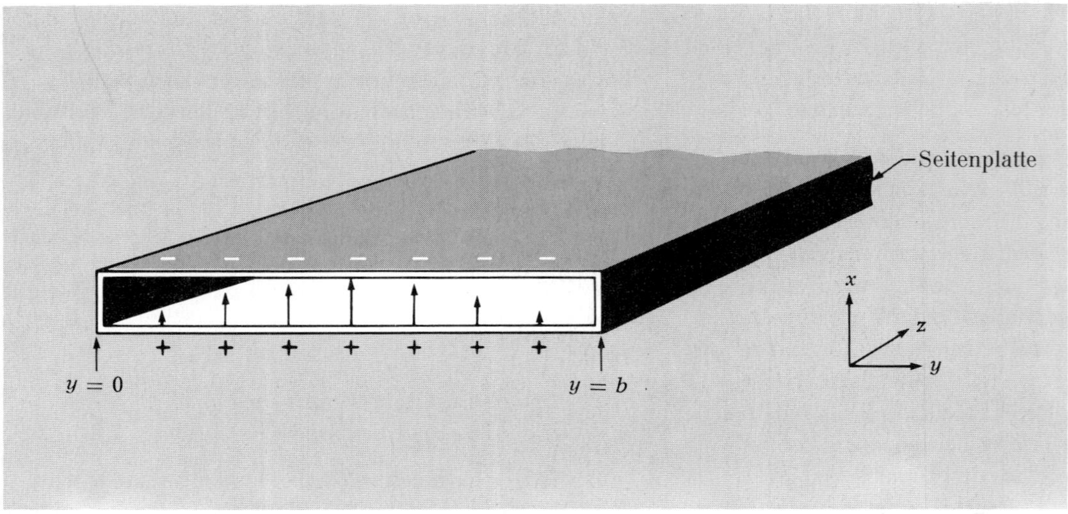

Bild 7.1. Wellenleiter von rechteckigem Querschnitt: Eine Parallelplattenleitung wird durch das Einsetzen leitender Seitenplatten bei $y = 0$ und $y = b$ kurzgeschlossen. Die Pfeile bezeichnen das augenblickliche elektrische Feld am Eingangsende des Wellenleiters.

Wir wählen eine feste Kreisfrequenz ω, so daß Gl. (7.21) die Form

$$-\omega^2 \psi = c^2 \frac{\partial^2 \psi}{\partial y^2} + c^2 \frac{\partial^2 \psi}{\partial z^2} \tag{7.22}$$

annimmt. Die leitenden Seitenplatten erzwingen das Verschwinden der Komponente E_x bei $y = 0$ und $y = b$. Folglich muß $\psi(y, z, t)$ in der y-Richtung eine stehende Welle mit ständigen Knoten bei $y = 0$ und $y = b$ sein. Nun nehmen wir an, bei $z = 0$ trete eine erregende Spannung auf. Dann breiten sich die elektromagnetischen Wellen im Wellenleiter in der positiven z-Richtung aus. Folglich müssen sie bezüglich der z-Richtung laufende Wellen darstellen. Gl. (7.22) wird durch den Mischtyp

$$\psi(y, z, t) = A \sin k_y y \cos(k_z z - \omega t) \tag{7.23}$$

aus stehender und laufender Welle erfüllt, wenn die Dispersionsrelation

$$\omega^2 = c^2 k_y^2 + c^2 k_z^2 \tag{7.24}$$

gilt. Durch unsere Wahl von $\sin k_y y$ haben wir bei $y = 0$ die Bedingung $E_x = 0$ erfüllt, doch muß die Funktion $\sin k_y y$ auch bei $y = b$ verschwinden:

$$k_y b = \pi, 2\pi, \ldots, m\pi, \ldots . \tag{7.25}$$

Diese Wellen bezeichnet man als TE-Wellen (Wellen mit transversalem elektrischen Feld). Das magnetische Feld brauchen wir nicht für sich zu untersuchen, da es durch das elektrische Feld bestimmt wird. •

Untere Grenzfrequenz. Betrachten wir den niedrigsten Wellentyp, d.h. den Fall $m = 1$ in Gl. (7.25). Er ist in Bild 7.1 dargestellt, denn dort liegt zwischen $y = 0$ und $y = b$ gerade eine halbe Wellenlänge. Setzen wir Gl. (7.25) mit $m = 1$ in Gl. (7.24) ein, so erhalten wir

$$\omega^2 = \frac{c^2 \pi^2}{b^2} + c^2 k_z^2 . \tag{7.26}$$

Diese Dispersionsrelation zwischen ω und k_z (hier für die Welle mit $k_y b = \pi$) ist von ähnlicher Gestalt wie die Dispersionsrelation für ebene Wellen, die in der Ionosphäre längs der z-Richtung fortschreiten:

$$\omega^2 = \omega_p^2 + c^2 k^2 . \tag{7.27}$$

Sie ähnelt auch der Dispersionsrelation für gekoppelte Pendel im Grenzfall langer Wellenlängen:

$$\omega^2 = \frac{g}{l} + \frac{Ka^2}{M} k^2 . \tag{7.28}$$

Daher vermuten wir, daß die Größe $c^2 \pi^2 / b^2$ das Quadrat einer unteren Grenzfrequenz darstellt. Liegt also die erregende Kreisfrequenz ω unterhalb dieser Grenzfrequenz, so geht die Dispersionsrelation Gl. (7.26) in

$$\omega^2 = \frac{c^2 \pi^2}{b^2} - c^2 \kappa_z^2 \tag{7.29}$$

über. Diese Vermutung erweist sich als richtig. Für $\omega < \pi c/b$ hat die Wellengleichung (7.21) die Lösung

$$\psi(y, z, t) = A \sin k_y y \cos \omega t e^{-\kappa_z z} , \tag{7.30}$$

wenn ω, k_y und κ_z der Beziehung

$$\omega^2 = c^2 k_y^2 - c^2 \kappa_z^2 \tag{7.31}$$

genügen, wenn Gl. (7.25) erfüllt ist und wenn ω^2 (für $m = 1$) kleiner als $c^2 \pi^2 / b^2$ ist, so daß Gl. (7.29) mit positivem κ_z^2 erfüllt ist. Beachten Sie, daß wir in Gl. (7.30) einen Term mit $\exp(+\kappa_z z)$ hätten hinzufügen können. Die Randbedingung, daß sich der Wellenleiter bis $z = +\infty$ erstreckt, fordert jedoch, daß der Koeffizient eines solchen Terms verschwindet.

Der physikalische Grund für die Grenzfrequenz des Wellenleiters. Stellen wir uns eine feste Frequenz und eine veränderliche Breite b vor. Gemäß Gl. (7.26) geht die Dispersionsrelation bei unendlichem b in die für elektromagnetische ebene Wellen im Vakuum über, die sich längs der z-Richtung ausbreiten. Für die Wellen ist es so, als befänden sie sich in einer Parallelplattenleitung. Bei endlichem b verschwindet k_y, das ja gleich π/b ist, nicht. Nun können wir uns die Welle als Überlagerung ebener laufender Wellen vorstellen, was wir immer – selbst bei einer reinen stehenden Welle – tun dürfen. Dann sehen wir, daß der Übergang von unendlichem zu endlichem b die Welle verändert: Aus einer reinen laufenden Welle, die längs $\hat{\mathbf{z}}$ fortschreitet, wird eine Überlagerung mit einer nicht verschwindenden y-Komponente des Wellenvektors. Zur Erzeugung einer stehenden Welle längs $\hat{\mathbf{y}}$ müssen tatsächlich laufende Wellen vorhanden sein, die gleichzeitig in der positiven und in der negativen y-Richtung fortschreiten. Die positiven und negativen y-Komponenten von $\mathbf{k}$ sind zur Erfüllung der Randbedingungen notwendig, die sich durch das Einsetzen der leitenden Seitenplatten ergeben. Der *Betrag* von $\mathbf{k}$ wird immer durch die Dispersionsrelation für Vakuum bestimmt:

$$k^2 = \frac{\omega^2}{c^2} = k_z^2 + k_y^2. \qquad (7.32)$$

Läßt man also die y-Komponente von $\mathbf{k}$ von Null auf einen endlichen Wert anwachsen, so wird die z-Komponente notwendigerweise kleiner. Nimmt b ab, so wächst die y-Komponente an und die z-Komponente wird kleiner. Bei festem b kann man sich die Welle als Überlagerung laufender Wellen vorstellen, die im Wellenleiter zickzackförmig fortschreiten und sich so überlagern, daß die Randbedingungen an den Seitenplatten erfüllt sind.

Physikalisch können wir dies so ausdrücken: Die Ströme, die von einer einfallenden ebenen „zick"-Welle in der betreffenden Seitenplatte hervorgerufen werden, erzeugen eine spiegelförmig reflektierte „zack"-Welle, die in der entgegengesetzten Richtung fortschreitet. Mit Hilfe dieser Vorstellung sehen wir, daß die z-Komponente von $\mathbf{k}$ bei hinreichend kleinem b verschwindet. Dann wird die Welle zwischen den Seitenplatten hin- und hergeworfen und breitet sich nicht längs des Wellenleiters aus. Demzufolge muß die „Grenzperiode" T_{Gr} die Zeit sein, die eine ebene Welle benötigt, um mit der Vakuumlichtgeschwindigkeit c von einer Seite des Wellenleiters zur anderen und wieder zurück zu laufen:

$$T_{\mathrm{Gr}} = \frac{2b}{c}.$$

Dann gilt

$$\omega_{\mathrm{Gr}} = 2\pi\nu_{\mathrm{Gr}} = \frac{2\pi}{T_{\mathrm{Gr}}} = \frac{2\pi}{2b/c} = \frac{c\pi}{b}. \qquad (7.33)$$

Durch Vergleich der Gln. (7.33) und (7.26) sehen wir, daß Gl. (7.33) tatsächlich die Grenzfrequenz liefert.

Liegt die Frequenz unterhalb der Grenzfrequenz, so nimmt die Wellenamplitude mit zunehmendem z exponentiell ab, obwohl sich die Wellen im Vakuum befinden. Der physikalische Grund für die Abnahme des elektrischen Feldes ist der: Sind die leitenden Seitenplatten eingesetzt, so können sich die auf Deck- und Grundplatte befindlichen Ladungen durch sie verlagern und ausgleichen. Bei $z = 0$ liefert die erregende Spannungsquelle neue Ladungen nach und hält so das elektrische Feld aufrecht. Weiter in der Ausbreitungsrichtung ist der Einfluß der erregenden Spannung geringer; ist die Frequenz zu niedrig, finden die Ladungen Zeit, sich auszugleichen.

Zickzackförmige laufende Wellen. Der in Gl. (7.23) angegebene Mischtyp aus stehender und laufender Welle ist einer Überlagerung laufender ebener Wellen äquivalent, die im Wellenleiter zickzackförmig fortschreiten. Rechnerisch sehen Sie das, wenn Sie (Übung 1) die Identität

$$\begin{aligned}\psi &= A \sin k_y y \cos(k_z z - \omega t)\\ &= \tfrac{1}{2} A \sin(\mathbf{k}_1 \cdot \mathbf{r} - \omega t) - \tfrac{1}{2} A \sin(\mathbf{k}_2 \cdot \mathbf{r} - \omega t)\end{aligned} \qquad (7.34)$$

nachweisen, wobei

$$\mathbf{k}_1 = \hat{\mathbf{z}} k_z + \hat{\mathbf{y}} k_y, \qquad \mathbf{k}_2 = \hat{\mathbf{z}} k_z - \hat{\mathbf{y}} k_y.$$

Die Zickzackform kommt daher, daß $\mathbf{k}_1$ und $\mathbf{k}_2$ gegenüber den y-Komponenten entgegengesetzte Vorzeichen haben.

Phasengeschwindigkeit, Gruppengeschwindigkeit und *c*. Mit Hilfe der Vorstellung von den zickzackförmigen laufenden Wellen kann man die Beziehung zwischen Phasen- und Gruppengeschwindigkeit sehr leicht einsehen. Betrachten Sie etwa eine der beiden laufenden Wellen, die sich gemäß Gl. (7.34) überlagern (Bild 7.2). Greifen Sie einen kleinen Ausschnitt einer Wellenfront (einen „Strahl", wie er abstrahierend in der Optik genannt wird) heraus. Dieser Strahl schreitet im Wellenleiter diagonal fort und legt in der Zeit t die Strecke ct zurück, wie es am Beispiel des „$\mathbf{k}_1$-Strahls" in Bild 7.2 gezeigt ist. Wir interessieren uns für die Phasengeschwindigkeit und für die Gruppengeschwindigkeit *in der z-Richtung*. Wir wissen, daß nur in dieser Richtung eine laufende Welle auftritt. Die laufende Welle mit $\mathbf{k}_2$ hebt zwar die y-Komponente der gezeigten laufenden Welle mit $\mathbf{k}_1$ auf, sie hat jedoch dieselbe z-Komponente. Während der Strahl eine Strecke ct zurücklegt, schreitet der Schnittpunkt zwischen der Wellenfront und irgendeiner Geraden mit konstantem y (z.B. $y = b$) um jene Strecke fort, die im Bild mit $v_\varphi t$ bezeichnet ist. Diese liefert uns die Phasengeschwindigkeit in der z-Richtung, also die Geschwindigkeit, mit der

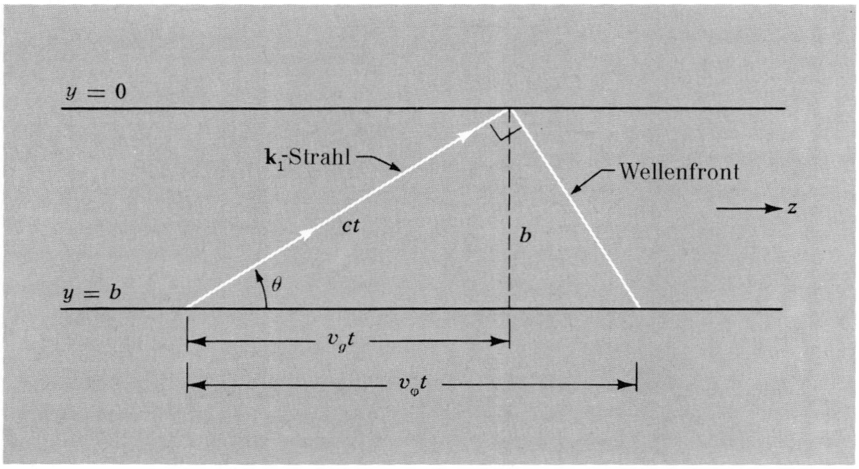

Bild 7.2
Eine der zick-zack-förmigen Wellen in einem Wellenleiter

sich ein Wellenberg in der z-Richtung fortbewegt. Beachten Sie, daß die Phasengeschwindigkeit Unendlich wird, wenn der in Bild 7.2 auftretende Winkel θ zu einem rechten Winkel wird. Aus dem Bild ersehen wir, daß allgemein die Beziehung

$$v_\varphi = \frac{c}{\cos\theta} \tag{7.35}$$

gilt.

Die Gruppengeschwindigkeit ist die Geschwindigkeit, mit der die Energie in der z-Richtung fortschreitet. Wenn wir die Welle „abschneiden", so breitet sich ein Wellenpaket mit der Gruppengeschwindigkeit aus. Der Strahl mit $\mathbf{k}_1$ trägt ein Wellenpaket mit der Geschwindigkeit c durch den Wellenleiter. Das Wellenpaket mit $\mathbf{k}_2$ löscht die y-Komponente des Wellenpakets mit $\mathbf{k}_1$ aus. Sowohl das Wellenpaket mit $\mathbf{k}_1$ als auch das mit $\mathbf{k}_2$ legt während der Zeit t in der z-Richtung die Strecke $v_g t$ zurück (Bild 7.2). Wir sehen, daß die Beziehung

$$v_g = c\cos\theta \tag{7.36}$$

gilt. Nun könnten wir mit Hilfe der Dispersionsrelation überprüfen, ob die durch die Gln. (7.35) und (7.36) angegebenen Formeln für v_φ bzw. v_g richtig sind. Wir wollen jedoch das Problem umgekehrt anfassen und mit Hilfe der vorgegebenen Gln. (7.35) und (7.36) die Dispersionsrelation herleiten:

$$v_\varphi = \frac{\omega}{k_z} = \frac{c}{\cos\theta},$$

$$v_g = \frac{d\omega}{dk_z} = c\cos\theta.$$

Dann ist

$$v_\varphi v_g = \frac{\omega}{k_z}\frac{d\omega}{dk_z} = c^2, \tag{7.37}$$

d.h.,

$$\frac{d(\omega^2)}{d(k_z^2)} = c^2,$$

also

$$d(\omega^2) = c^2 d(k_z^2).$$

Die Integration liefert

$$\omega^2 = c^2k_z^2 + \text{const.} \tag{7.38}$$

Die Konstante läßt sich folgendermaßen bestimmen: Man setzt $k_z = 0$, so daß $\omega = \omega_{\mathrm{Gr}}$, und fordert, daß die Zeit T_{Gr} für einen Hin- und Hergang gleich $2b/c$ sei. Auf diese Weise ergibt sich die Dispersionsrelation Gl. (7.26). Die höheren Wellen erhält man, indem man als Grenzfrequenz ein ganzzahliges Vielfaches der niedrigsten möglichen Grenzfrequenz nimmt. Dies liefert den allgemeineren Fall (Gln. (7.24) und (7.25))

$$\omega^2 = c^2k_z^2 + \frac{c^2\pi^2m^2}{b^2}. \tag{7.39}$$

● **Beispiel**: *2. Reflexion und Durchgang des Lichts beim Übergang von Glas in Luft.* Wir bringen nun ein weiteres Beispiel für eine zweidimensionale Welle. Der Halbraum von $z = -\infty$ bis zur Ebene $z = 0$ sei mit Glas angefüllt, im Halbraum von $z = 0$ bis $z = +\infty$ herrsche hingegen Vakuum. Sie werden vielleicht denken, daß sich das Vakuum wie im Falle ebener Wellen immer als dispersionsfreies Medium verhält. Erinnern Sie sich jedoch an den „rechteckigen" Wellenleiter. Dort sahen wir: Handelt es sich um ebene Wellen, wenn sich also E_x sowohl in der y-Richtung als auch in der Ausbreitungsrichtung z ändert, so wird der Wellenleiter unter gewissen Bedingungen reaktiv – nämlich bei zu geringer Breite oder, anders ausgedrückt, bei zu niedriger Frequenz. Und im Wellenleiter herrscht doch nur Vakuum! Ähnliche Verhältnisse treten beim

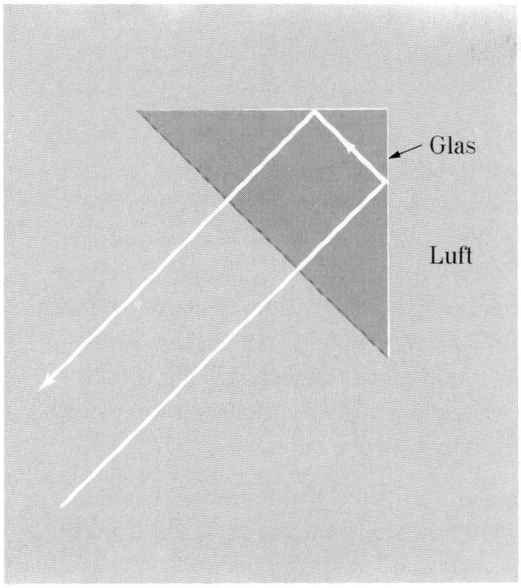

Bild 7.3. Umkehrprisma zur Ablenkung des Lichts um 180° ohne Verlust an Intensität

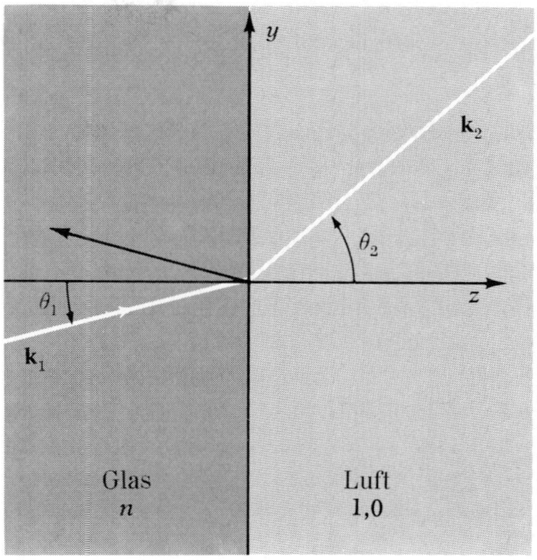

Bild 7.4. Reflexion und Durchgang des aus dem Glas ins Vakuum einfallenden Strahls

Übergang des Lichts von Glas in Luft auf, wenn der Einfallswinkel zu groß wird, wenn also das Licht dem streifenden Einfall zu nahe kommt. Diese Tatsache ist bei der Konstruktion vieler optischer Instrumente von großer praktischer Bedeutung: Bei solchen Instrumenten erreicht man mit Hilfe dieser inneren Totalreflexion eine hundertprozentige Reflexion des Lichts. Ein Beispiel dafür zeigt Bild 7.3.

Für Lichtwellen gilt in jedem der beiden Medien – Glas und Vakuum – die Wellengleichung. (Wir betrachten nur eine einzige Kreisfrequenz ω). Die Grenzfläche zwischen Glas und Vakuum liege bei $z = 0$. Die z-Komponente des Wellenvektors $\mathbf{k}_1$ der einfallenden Welle sei $\mathbf{k}_{1z}$, die y-Komponente $\mathbf{k}_{1y}$, und die zugehörigen Einheitsvektoren seien $\hat{\mathbf{z}}$ bzw. $\hat{\mathbf{y}}$. Das Problem ist also zweidimensional, ähnlich wie bei der TE-Eigenwelle im Wellenleiter. Die geometrischen Verhältnisse finden Sie in Bild 7.4 dargestellt.

Im Glas ist der Betrag k_1 des Wellenvektors $\mathbf{k}_1$ gleich dem Produkt aus dem Brechungsindex n und dem Betrag ω/c des Wellenvektors im Vakuum. Der Betrag k_2 von $\mathbf{k}_2$ ist gleich ω/c:

$$k_2 = \frac{\omega}{c}, \qquad k_1 = n\frac{\omega}{c}. \tag{7.40}$$

Somit lautet die Dispersionsrelation im Medium 2, dem rechts von $z = 0$ liegenden Vakuum,

$$\frac{\omega^2}{c^2} = k_2^2 = k_{2y}^2 + k_{2z}^2. \tag{7.41}$$

Als nächstes fordern wir, daß k_{2y} gleich k_{1y} sei. Die Größe k_{1y} ist nämlich gleich 2π mal der Anzahl der Wellenberge pro Längeneinheit längs $\hat{\mathbf{y}}$ im Medium 1. Analog ist k_{2y} gleich 2π mal der Anzahl der Wellenberge pro Längeneinheit längs $\hat{\mathbf{y}}$ im Medium 2. Wenn Sie nun bei $z = 0$ in der y-Richtung fortschreiten, so muß die Anzahl der Wellenberge, die Sie passieren, zu beiden Seiten der Grenzfläche dieselbe sein. Sie können also beim Übergang vom Glas ins Vakuum keine Wellenberge pro Längeneinheit längs $\hat{\mathbf{y}}$ „verlieren“. Also gilt

$$\begin{aligned} k_{2y} &= k_{1y} \\ &= k_1 \sin\theta_1 \\ &= n\frac{\omega}{c}\sin\theta_1. \end{aligned} \tag{7.42}$$

Der zweite Teil dieser Gleichung ist aufgrund von Bild 7.4 evident, und beim dritten haben wir Gl. (7.40) verwendet. Setzt man Gl. (7.42) in Gl. (7.41) ein, so erhält man

$$\frac{\omega^2}{c^2} = \frac{n^2\omega^2}{c^2}\sin^2\theta_1 + k_{2z}^2. \tag{7.43}$$

Es folgt also die Dispersionsrelation

$$k_{2z}^2 = \frac{\omega^2}{c^2}(1 - n^2\sin^2\theta_1). \tag{7.44}$$ ●

Grenzwinkel der inneren Totalreflexion. Mit zunehmendem Einfallswinkel θ_1 wird die z-Komponente des Wellenvektors $\mathbf{k}_2$ immer kleiner. Schließlich erreichen wir einen Einfallswinkel, bei dem k_{2z} verschwindet. (Dabei nehmen wir n größer als Eins an, wie es bei sichtbarem Licht in Glas oder Wasser der Fall ist.) Dann sprechen wir vom *Grenzwinkel der inneren Totalreflexion*, vom *Grenzwinkel der Totalreflexion* oder einfach vom *Grenzwinkel*, den wir mit θ_{Gr} bezeichnen. Gemäß Gl. (7.44) gilt für den Grenzwinkel die Beziehung

$$\boxed{n\sin\theta_{Gr} = 1.} \tag{7.45}$$

Für Glas vom Brechungsindex $n = 1{,}25$ liefert diese Gleichung $\theta_{Gr} = 41{,}2°$. Fällt das Licht unter diesem Winkel ein, so verläuft der ins Vakuum austretende Strahl parallel zur Grenzfläche.

Das Snelliussche Brechungsgesetz. Liegt der Winkel θ_1 zwischen Null und θ_{Gr}, so wird der Lichtstrahl teilweise reflektiert und teilweise ins Vakuum gebrochen. Dann gibt es einen solchen Winkel, wie er in Bild 7.4 dargestellt ist, und die Beziehung $k_{2y} = k_{1y}$ ist dem *Snelliusschen Brechungsgesetz*, das in Abschnitt 4.3 auf anderem Wege hergeleitet wurde, äquivalent:

$$k_{2y} = k_2 \sin\theta_2 = n_2 \frac{\omega}{c} \sin\theta_2 ,$$

$$k_{1y} = k_1 \sin\theta_1 = n_1 \frac{\omega}{c} \sin\theta_1 .$$

Folglich liefert die Beziehung $k_{2y} = k_{1y}$

$$\boxed{n_1 \sin\theta_1 = n_2 \sin\theta_2 .} \tag{7.46}$$

Innere Totalreflexion. Ist der Einfallswinkel größer als der Grenzwinkel, so erhält man die Dispersionsrelation aus Gl. (7.44), indem man k_{2z}^2 durch $-\kappa_{2z}^2 \equiv -\kappa^2$ ersetzt:

$$\kappa^2 = \frac{\omega^2}{c^2} [n^2 \sin^2\theta_1 - 1], \tag{7.47}$$

wobei

$$n \sin\theta_1 > 1 .$$

Dann beschreibt die Wellenfunktion, die für das elektrische oder für das magnetische Feld stehen kann, im Medium 2, dem Vakuum, in der y-Richtung eine laufende, in der z-Richtung jedoch eine exponentielle Welle:

$$\psi(y, z, t) = A \cos(\omega t - k_y y)\, e^{-\kappa z}. \tag{7.48}$$

Dabei wird κ durch Gl. (7.47) angegeben, und k_y ist gleich $k_1 \sin\theta_1 = n(\omega/c) \sin\theta_1$. Der zeitliche Mittelwert der Energiedichte ist dem zeitlichen Mittelwert von $\psi(y, z, t)$ proportional:

$$\text{Energiedichte} \sim e^{-2\kappa z}. \tag{7.49}$$

Betrachten Sie als Anwendung der Gl. (7.47) das in Bild 7.3 gezeigte Umkehrprisma. Das Licht trifft von innen unter dem Einfallswinkel $\theta_1 = 45°$ auf die Glas-Luft-Grenzfläche auf. Dieser Winkel ist größer als der Grenzwinkel θ_{Gr}, der bei Glas vom Brechungsindex $n = 1{,}52$ den Wert $41{,}2°$ hat. Folglich wird der Lichtstrahl totalreflektiert. Die Schwächungslänge, die bei der exponentiellen Schwächung der ins Vakuum eindringenden Strahlung auftritt, beträgt für $\theta_1 = 45°$

$$\delta = \kappa^{-1} = \frac{c}{\omega} [n^2 \sin^2\theta_1 - 1]^{-1/2}$$

$$= \frac{\lambda}{2\pi} \left[\frac{(1{,}52)^2}{2} - 1\right]^{-1/2} = 0{,}4\,\lambda .$$

Somit sind die Felder in einer Tiefe von einigen Wellenlängen innerhalb des „verbotenen“ Bereichs, des Vakuums, vernachlässigbar.

Sie können die Totalreflexion gut beobachten, wenn Sie mit einer Taucherbrille schwimmen, so daß Sie auch unter Wasser ohne Schwierigkeiten sehen. Bringen Sie Ihre Augen einige Zentimeter unter die Wasseroberfläche und blicken Sie nach vorn auf deren „Unterseite“. Diese erscheint „glänzend“, ähnlich flüssigem Quecksilber. Der Grund liegt darin, daß der Winkel Ihrer Blickrichtung größer als der Grenzwinkel ist. In diesem Falle verhält sich die Wasseroberfläche für das Licht, das in Ihre Augen einfällt, wie ein idealer Spiegel.

Man kann die Totalreflexion bequemer beobachten, indem man die Unterseite der Wasseroberfläche durch eine senkrechte Seitenwand eines durchsichtigen Glas- oder Plastikbehälters betrachtet.

Durchtritt von Licht durch eine „verbotene Zone“. Erstreckt sich das Vakuum nicht bis ins Unendliche, sondern wird es durch eine zweite Glasschicht begrenzt, so müssen wir in Gl. (7.48) einen weiteren Term mit einer Exponentialfunktion $\exp(+\kappa z)$ positiven Arguments hinzufügen. Dann liegt ein typisches Problem der Durchdringung einer „verbotenen Zone“ vor.

Ein schönes und geniales Experiment, mit dem sich die exponentielle Schwächung der Energiedichte verifizieren läßt, wurde von *D. D. Coon* ausgeführt.[1]) Obwohl dieses Experiment quantentheoretischer Natur ist, läßt sich mit ihm die oben erwähnte Aussage der klassischen Optik verifizieren. Dabei handelt es sich um eine der vielen Aussagen der klassischen Optik, die in der Quantentheorie gültig bleiben. (Klassische Optik haben wir immer dann getrieben, wenn wir uns mit solchen Wellenlängen befaßten, bei denen von „Licht“ und nicht z.B. von „Mikrowellen“ die Rede war.)

Coon stellte zwei Prismen mit variablem Luftzwischenraum auf und schickte Licht der grünen Quecksilberlinie durch eines der Prismen in den Zwischenraum, wobei der Einfallswinkel größer als der Grenzwinkel war. Die Lichtenergie, die durch den Zwischenraum in das zweite Prisma hineingelassen wird, ist der Energiedichte an der Oberfläche des zweiten Prismas proportional. Nun lehrt uns die Quantentheorie, daß Licht der Kreisfrequenz ω nur in unteilbaren Quanten, sogenannten „Photonen“, auftritt, von denen jedes genau die Energie $\hbar\omega$ besitzt. Daher ist die Energiedichte bei vorgegebenem ω der Photonenzahl proportional. *Coon* maß die Energiedichte, indem er die Anzahl der durchgelassenen Photonen als Funktion des Prismenabstandes bestimmte. Dabei verifizierte er die durch Gl. (7.49) vorausgesagte exponentielle Abhängigkeit.

[1]) *D. D. Coon, Am. J. Phys.* **34**, 240 (1966).

Sein Experiment war das erste, mit dem man diese Tatsache für Wellenlängen unter 1 cm nachwies, und das erste, mit dem man sie für irgendeine Wellenlänge durch Nachweis einzelner Photonen verifizierte.

Die Durchdringung einer verbotenen Zone sowie die Feldschwächung, die mit zunehmender Entfernung vom Glas in dem „verbotenen“ Vakuum- oder Luftbereich auftritt, lassen sich mit Hilfe eines Glasprismas oder -würfels leicht qualitativ demonstrieren. Blicken Sie auf eine Stelle der Oberfläche, wo in Ihrer Blickrichtung Totalreflexion zu beobachten ist, und berühren Sie diese Stelle von der anderen Seite der Oberfläche *leicht* mit Ihrem Finger. Dieser ist unsichtbar, denn er liegt in dem „verbotenen Bereich“. Drücken Sie nun den Finger *fest* gegen die Oberfläche, so werden Sie Ihren „Fingerabdruck“ sehen. Die erhabenen Rücken der wirbelförmigen Fingerlinien kommen mit der vorher totalreflektierenden Glasoberfläche in engen Kontakt und unterbinden so die Totalreflexion. Die zugehörigen Rillen kommen mit dem Glas nicht ganz in Berührung und behindern die Totalreflexion nicht. Sie sehen aus wie silbrige wirbelförmige Linien, die die Rücken voneinander trennen. Die Tiefe der Rillen muß einige Wellenlängen und somit ein Mehrfaches der Eindringtiefe $\delta = k^{-1}$ betragen. Wäre sie geringer als δ, so würden die Felder den „Potentialwall“ zwischen Glas und Haut weitgehend durchdringen und mit der Haut in Wechselwirkung treten und damit die Totalreflexion stören.

Zur Demonstration der Durchdringung des Potentialwalles kann man statt des Glasprismas oder -würfels einen rechteckigen durchsichtigen Behälter verwenden, der mit Wasser gefüllt ist.

7.3. Wasserwellen

Wasserwellen lassen sich leicht beobachten. Von Kindheit an haben Sie sie in der Badewanne, in Seen und im Meer gesehen. Zweifellos bedeutete es für Sie einen großen ästhetischen Genuß, die Wellen in all ihrer Schönheit und Vielfalt zu beobachten. Jetzt wollen wir auch den intellektuellen Genuß auskosten, sie zu verstehen. Dieses Verständnis erfordert aber Einfachheit, weshalb wir einige Eigenschaften des realen Wassers vernachlässigen, z.B. die Viskosität oder innere Reibung. (Professor *Richard P. Feynman* bezeichnete ein solches idealisiertes Wasser treffend als „trockenes Wasser“.) Ferner beschränken wir uns auf „zahme“ Wellen kleiner Amplitude – Brecher interessieren uns nicht!

Trotz unserer Vereinfachungen werden wir die geometrische Struktur und die Dispersionsrelation $\omega(k)$ solcher „zahmer“ Wellen herausfinden. Sie können alle Ergebnisse in einfachen Heimversuchen nachprüfen, bei denen eine Schuhschachtel oder ein Aquariumbehälter Verwendung findet (siehe Übung 11).

Im Gleichgewicht gibt es keine Wellen; die Oberfläche einer Wassermasse ist eben und waagerecht. Bei einer Welle wirken zwei rücktreibende Kräfte auf die Ebnung der Wellenberge hin: die *Schwerkraft* und die *Oberflächenspannung*.

Da Wasser stark inkompressibel ist, muß das in einem Wellenberg befindliche überschüssige Wasser aus den benachbarten Wellentälern einströmen. Daher führen einzelne Wasserteilchen in einer Wasserwelle eine Mischung aus longitudinaler und transversaler Bewegung aus. Die longitudinale Bewegung erfolgt in der Ausbreitungsrichtung der Welle, bei der transversalen Bewegung gehen die Teilchen auf und ab.

Ist bei Gleichgewicht die Tiefe des Wassers klein gegenüber der Wellenlänge – wir sprechen von harmonischen Wellen –, so werden die Wellen als *Seichtwasserwellen* bzw. *Flutwellen* bezeichnet. Es zeigt sich, daß die Ausbreitungsgeschwindigkeit dieser Wellen nicht von der Wellenlänge, sondern nur von der *Tiefe* abhängt.

Ist die Wellenlänge klein gegenüber der Gleichgewichtstiefe des Wassers, so spricht man von *Tiefwasserwellen*. In einer laufenden harmonischen Tiefwasserwelle bewegen sich die einzelnen Wasserteilchen *im Mittel* nicht fort: Sie beschreiben Kreisbahnen. Z.B. führt ein schwimmender Korken oder ein an der Oberfläche liegendes Wasserteilchen eine Kreisbewegung aus, bei der der Radius gleich der Amplitude der harmonischen Wellen und die Periode gleich der der Welle ist. In einem Wellental hat der Korken seine maximale Rückwärtsgeschwindigkeit, auf einem Wellenberg hingegen eine ebenso große Vorwärtsgeschwindigkeit (bezogen auf die Ausbreitungsrichtung der Welle). Wasserteilchen unter der Oberfläche bewegen sich in kleineren Kreisen. Die zugehörigen Radien nehmen mit zunehmender Tiefe exponentiell ab und sind einige Wellenlängen unterhalb der Oberfläche vernachlässigbar klein.

Gerade Wellen. Wir wollen Wasserwellen einer einzigen Wellenlänge betrachten, wobei die Wellenberge und Wellentäler lang, gerade und parallel seien. Solche Wellen bezeichnet man als *gerade Wellen*. Sie stellen das zweidimensionale Analogon zu den dreidimensionalen ebenen Wellen dar.

Nehmen Sie an, wir hätten einen unendlich großen See der Gleichgewichtstiefe h. Sind keine Wellen vorhanden, so bildet die Wasseroberfläche eine Ebene, die wir als die Ebene $y = 0$ bezeichnen. Die positive y-Richtung weise senkrecht nach oben. Wir nehmen den Wellenvektor in der waagerechten Richtung $\hat{\mathbf{x}}$ an. Folglich verlaufen die Wellenberge und Wellentäler längs Linien, die senkrecht auf $\hat{\mathbf{x}}$ stehen.

Die *Gleichgewichtslage* eines bestimmten Wasserteilchens werde durch x und y bezeichnet. Wo immer sich das Teilchen im Verlaufe einer Wellenbewegung auch befinden mag, seine Gleichgewichtskoordinaten sind ein für allemal x, y. Die Gleichgewichtskoordinaten markieren also ein bestimmtes Teilchen, sagen aber nichts darüber aus, wo sich dieses beim Vorhandensein einer Welle gerade befindet. Die Variable x durchläuft alle Werte von $x = -\infty$ bis $+\infty$, die Variable y alle Werte von $y = -h$ (am Seegrund) bis $y = 0$ (an der Seeoberfläche).

Bei einer Welle vollführt ein bestimmtes Teilchen eine Kombination aus auf- und abgehender Bewegung in der y-Richtung sowie vor- und zurückgehender Bewegung in der x-Richtung. Der augenblickliche Verschiebungsvektor, um den das Wasserteilchen aus seiner Gleichgewichtslage x, y ausgelenkt ist, sei $\boldsymbol{\psi}(x, y, t)$. In einer geraden Wasserwelle hat dieser Verschiebungsvektor nur eine x- und eine y-Komponente:

$$\boldsymbol{\psi}(x,y,t) = \hat{\mathbf{x}}\,\psi_x(x,y,t) + \hat{\mathbf{y}}\,\psi_y(x,y,t). \tag{7.50}$$

Die augenblickliche Geschwindigkeit $\mathbf{v}$ des Wasserteilchens mit den Gleichgewichtskoordinaten x, y ist gleich der partiellen Ableitung von ψ nach t:

$$\mathbf{v}(x,y,t) = \frac{\partial \boldsymbol{\psi}(x,y,t)}{\partial t} = \hat{\mathbf{x}}\,\frac{\partial \psi_x}{\partial t} + \hat{\mathbf{y}}\,\frac{\partial \psi_y}{\partial t}. \tag{7.51}$$

Eigenschaften des idealen Wassers. In den folgenden Absätzen untersuchen wir einige Eigenschaften des idealen Wassers.

1. Erhaltung der Masse. Beim Studium elektrischer Ströme (Band 2, Abschnitt 4.2) erfahren Sie, daß die *Erhaltung der elektrischen Ladung* durch die *Kontinuitätsgleichung* ausgedrückt wird:

$$\nabla\cdot(\rho\mathbf{v}) = -\frac{\partial \rho}{\partial t}. \tag{7.52}$$

Gl. (7.52) sagt nichts anderes aus als das: Die Ladungsdichte ρ in einem infinitesimalen Volumenelement ändert sich deshalb, weil durch die Oberfläche dieses Volumenelements ein Strom $\rho\mathbf{v}$ austritt. Im jetzigen Zusammenhang soll ρ jedoch die Massendichte des Wassers bedeuten. Dann beschreibt Gl. (7.52) die Erhaltung der Masse. Nun *ist Wasser* in guter Näherung *inkompressibel*. Daher ist die Massendichte ρ eine Konstante, also unabhängig von Zeit und Ort; folglich verschwindet die rechte Seite von Gl. (7.52). Auch dürfen wir dann auf der linken Seite von Gl. (7.52) ρ herausheben und weglassen. Um $\mathbf{v}$ auszudrücken, verwenden wir Gl. (7.51):

$$0 = -\frac{\partial \rho}{\partial t} = \nabla\cdot(\rho\mathbf{v}) = \rho\nabla\cdot\mathbf{v},$$

d.h.,

$$0 = \nabla\cdot\mathbf{v} = \nabla\cdot\left(\frac{\partial \boldsymbol{\psi}}{\partial t}\right) = \frac{\partial}{\partial t}(\nabla\cdot\boldsymbol{\psi}),$$

somit

$$\nabla\cdot\boldsymbol{\psi} = \text{const.} \tag{7.53}$$

2. Blasenfreiheit. Die in Gl. (7.53) auftretende Konstante muß verschwinden. Sonst wäre nämlich nach dem Gaußschen Satz das über die Oberfläche einer kleinen Kugel genommene Oberflächenintegral von $\boldsymbol{\psi}$ ungleich Null, was nur bedeuten könnte, daß Blasen auftreten. Wir wollen jedoch annehmen, dies sei nicht der Fall. Für Wasser, in dem die Masse erhalten bleibt, das inkompressibel ist und in dem keine Blasen auftreten, haben wir somit folgende Beziehung gefunden:

$$\nabla\cdot\boldsymbol{\psi} = \frac{\partial \psi_x(x,y,t)}{\partial x} + \frac{\partial \psi_y(x,y,t)}{\partial y} = 0. \tag{7.54}$$

3. Wirbelfreiheit. In einem Wirbel ist das Linienintegral der Geschwindigkeit längs eines kreisförmigen Integrationsweges, der den Wirbel umschließt, ungleich Null. Wären in infinitesimalen Bereichen kleine Wirbel vorhanden, so würde die Rotation von $\mathbf{v}$ aufgrund des Stokesschen Satzes nicht verschwinden. (Eine zusammenfassende Darstellung über die Bedeutung der Rotation eines Vektors finden Sie in Band 2, Abschnitte 2.15 bis 2.18.) Wir nehmen Wirbelfreiheit an, also

$$0 = \nabla\times\mathbf{v} = \nabla\times\frac{\partial \boldsymbol{\psi}}{\partial t}$$

$$= \frac{\partial}{\partial t}(\nabla\times\boldsymbol{\psi}),$$

d.h.,

$$\nabla\times\boldsymbol{\psi} = \hat{\mathbf{z}}\left(\frac{\partial}{\partial x}\psi_y - \frac{\partial}{\partial y}\psi_x\right) = 0. \tag{7.55}$$

Stehende Wasserwellen. Wir wollen möglichst einfach die Form der Wasserwellen ermitteln, ohne viel rechnen zu müssen. Sie sollten sich einen rechteckigen Aquariumbehälter oder irgendeinen anderen rechteckigen Behälter beschaffen. Eine gewöhnliche Kartonschachtel eignet sich recht gut, wenn man sie mit einem entsprechend großen Plastiksack auskleidet. Sonst läßt sich eine Kartonschachtel nur etwa zehn Minuten lang verwenden, bevor sie sich auflöst. Ist sie innen mit einem wasserunlöslichen Lack angestrichen, so hält sie beliebig lange. Füllen Sie nun einen solchen Behälter etwa 15...20 cm hoch mit Wasser, bewegen Sie ihn in der x-Richtung leicht hin und her und versuchen Sie, sinusförmig aussehende Eigenschwingungen zu finden. Sie werden feststellen, daß die niedrigste Eigenschwingung (die Grundschwingung) etwa wie in Bild 7.5 aussieht.

Wenn Sie etwas Kaffeesatz ins Wasser mischen, so können Sie die Wasserbewegung beobachten. Sie werden bemerken, daß sich der gesamte Kaffeesatz immer zum selben Zeitpunkt in Ruhe befindet und daß seine x- und seine y-Auslenkung immer zum selben Zeitpunkt ver-

Bild 7.5
Niedrigste sinusförmige Eigenschwingung in einem rechteckigen Aquariumbehälter

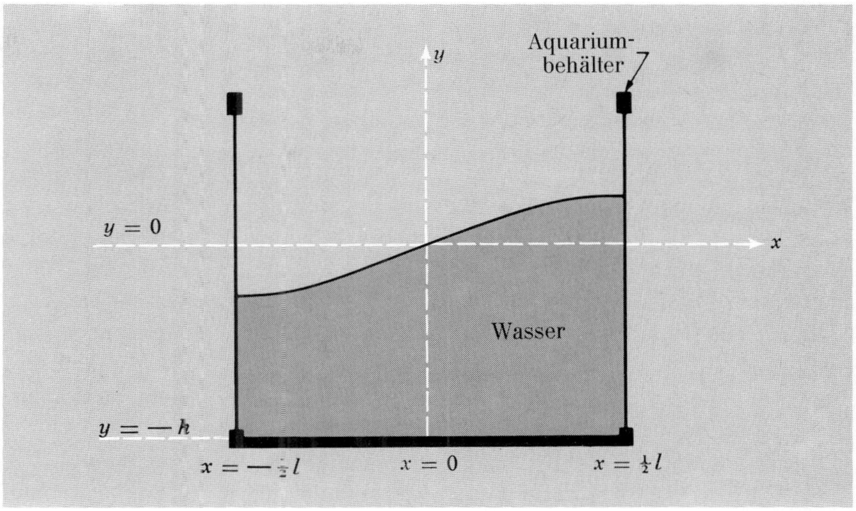

schwinden. Gerade dies erwarten wir ja von einer Eigenschwingung, d.h. von einer stehenden Welle: Alle beweglichen Teile („Freiheitsgrade") schwingen in Phase. Daher dürfen wir annehmen, daß sowohl ψ_x als auch ψ_y bei hinreichend kleinen Amplituden harmonische Schwingungen mit einer gemeinsamen Phasenkonstanten ausführen, daß also der zeitliche Verlauf durch den gemeinsamen Faktor $\cos \omega t$ beschrieben wird.

Wir nehmen ferner an, daß die senkrechte Auslenkung ψ_y bezüglich der x-Richtung eine sinusförmige Welle darstellt. Hat die Eigenschwingung die in Bild 7.5 dargestellte Form, so weist ψ_y bei $x = 0$ einen Knoten auf. Daher tritt der Faktor $\sin kx$, nicht $\cos kx$, auf. Wir können also schreiben

$$\psi_y(x, y, t) = \cos \omega t \sin kx\, f(y), \tag{7.56}$$

wobei $f(y)$ eine noch unbekannte Funktion von y ist.

Randbedingungen an den Wänden. Wie hängt ψ_x von x ab? An den Enden eines Behälters kann sich ein Wasserteilchen nur auf und ab bewegen und die Wand nicht verlassen. Daher treten an den Wänden gleichzeitig die Maxima von ψ_y und die Knoten von ψ_x auf. Folglich benötigen wir für ψ_x den Faktor $\cos kx$, wo wir für ψ_y $\sin kx$ hatten:

$$\psi_x(x, y, t) = \cos \omega t \cos kx\, g(y). \tag{7.57}$$

Dabei ist $g(y)$ eine noch unbekannte Funktion von y.

Zusammenhang zwischen der waagerechten und der senkrechten Bewegung. Nun wollen wir die Tatsache verwenden, daß sowohl die Divergenz als auch die Rotation von ψ verschwindet. Es läßt sich leicht zeigen, daß die Gln. (7.56) und (7.57) in diesem Fall die Beziehungen

$$\nabla\cdot\boldsymbol{\psi} = 0: \qquad -k\,g(y) + \frac{d f(y)}{dy} = 0; \tag{7.58}$$

$$\nabla\times\boldsymbol{\psi} = 0: \qquad \frac{d g(y)}{dy} - k f(y) = 0 \tag{7.59}$$

liefern Wir können $g(y)$ aus den Gln. (7.58) und (7.59) eliminieren, indem wir Gl. (7.58) nach y differenzieren und dann zur Elimination von dg/dy die Gl. (7.59) verwenden. Es folgt

$$\frac{d^2 f}{dy^2} = k^2 f. \tag{7.60}$$

Die allgemeine Lösung dieser Gleichung lautet

$$f(y) = A\mathrm{e}^{ky} + B\mathrm{e}^{-ky}. \tag{7.61}$$

Somit ergibt sich für $g(y)$ in Gl. (7.58)

$$g(y) = A\mathrm{e}^{ky} - B\mathrm{e}^{-ky}. \tag{7.62}$$

Randbedingung am Grund. Schließlich führen wir noch die Randbedingungen ein, daß die Wasserteilchen den Grund des „Sees" nicht verlassen können und daher dort keine senkrechte Bewegung ausführen. Die Randbedingung $\psi_y = 0$ bei $y = -h$ ist die Beziehung $f(y) = 0$ bei $y = -h$ äquivalent. Somit liefert Gl. (7.61) $B = -A\mathrm{e}^{-2kh}$.

Unser Endergebnis für eine stehende sinusförmige Wasserwelle in einem See der Gleichgewichtstiefe h lautet also

$$\psi_y = A \cos \omega t \sin kx\,(\mathrm{e}^{ky} - \mathrm{e}^{-2kh}\,\mathrm{e}^{-ky}), \tag{7.63}$$

$$\psi_x = A \cos \omega t \cos kx\,(\mathrm{e}^{ky} + \mathrm{e}^{-2kh}\,\mathrm{e}^{-ky}). \tag{7.64}$$

Die Gln. (7.63) und (7.64) beschreiben die augenblickliche Auslenkung eines Wasserteilchens mit den *Gleichgewichtskoordinaten* x, y. Mit Hilfe dieser Gleichungen können Sie leicht zeigen, daß ein bestimmtes Wasser- oder Kaffeesatzteilchen in einer stehenden Wasserwelle eine harmonische Schwingung längs einer Geraden in der xy-Ebene ausführt. Diese Bewegung können Sie auch am Kaffeesatz in Ihrem Behälter beobachten.

Tiefwasserwellen. Ist die Tiefe h gegenüber der Wellenlänge sehr groß, so ist der Faktor e^{-2kh} praktisch gleich

Null, und wir können den jeweils zweiten Term in den von y abhängigen Funktionen $f(y)$ und $g(y)$ vernachlässigen. In diesem Falle werden die Gln. (7.63) und (7.64) zu

$$\psi_y = A\cos\omega t \sin kx \; e^{ky}, \quad (7.65)$$

$$\psi_x = A\cos\omega t \cos kx \; e^{ky}. \quad (7.66)$$

Wir sehen, daß die Wellen in der x-Richtung sinusförmig, in der y-Richtung hingegen exponentiell sind. Die Schwächungslänge δ für die Amplitude ist gleich $1/k = \lambda/2\pi$. Die Größe $\lambda/2\pi$, die *reduzierte Wellenlänge*, hat das Symbol $\lambda\!\!\!^-$ („Lambda quer"). Somit gilt für Tiefwasserwellen

$$f(y) = e^{ky} = e^{-k|y|} = e^{-|y|/\lambda\!\!\!^-}. \quad (7.67)$$

Bei Tiefwasserwellen ist die Schwächungslänge der Amplitude gleich der reduzierten Wellenlänge. Daher ist die Schwingungsamplitude eines Wasserteilchens, das sich im Gleichgewicht eine Wellenlänge unter der Oberfläche befindet, um den Faktor $e^{-2\pi} \approx 1/500$ kleiner als die eines Wasserteilchens an der Oberfläche. Die Wassertiefe muß also nur etwa eine Wellenlänge betragen, und schon ist die Wellenbewegung am Grund im wesentlichen vernachlässigbar und die Näherung für „Tiefwasserwellen" ausgezeichnet erfüllt.

Seichtwasserwellen. Von Seichtwasserwellen spricht man dann, wenn die Gleichgewichtstiefe h klein gegenüber der „Schwächungstiefe" $\lambda\!\!\!^-$ ist. In diesem Fall erhalten wir den näherungsweisen Verlauf von ψ_x und ψ_y in Abhängigkeit von y, indem wir in der Taylorreihenentwicklung für $f(y)$ und $g(y)$ jeweils nur den ersten Term beibehalten. So läßt sich zeigen, daß die Gln. (7.63) und (7.64) für $h \ll \lambda\!\!\!^-$ folgende Form annehmen:

$$\psi_y = 2A\cos\omega t \sin kx\,[k(y+h)], \quad (7.68)$$

$$\psi_x = 2A\cos\omega t \cos kx. \quad (7.69)$$

Wir sehen, daß die waagerechte Auslenkung ψ_x in einer Seichtwasserwelle nicht von der senkrechten Lagekoordinate y des betreffenden Wasserteilchens abhängt. Hingegen ändert sich die senkrechte Auslenkung ψ_y linear mit der Tiefe: Sie verschwindet am Grund und erreicht ihren Maximalwert an der Oberfläche. An dieser ist der Maximalwert der senkrechten Auslenkung um den Faktor $h/\lambda\!\!\!^- \ll 1$ kleiner als der der waagerechten Auslenkung.

In unserem Modell des „idealen Wassers" haben wir die Reibung des Wassers gegen den rauhen Boden vernachlässigt. Bei Tiefwasserwellen spielt diese Vernachlässigung keine Rolle, bei Seichtwasserwellen ist sie jedoch von Bedeutung. Dies können Sie leicht sehen, wenn Sie in einer rechteckigen Schüssel stehende Seichtwasserwellen erzeugen (wie in Übung 11). Sie werden dabei bemerken, daß der Kaffeesatz aus den Bereichen maximaler waagerechter Geschwindigkeit weggeschwemmt wird und sich in den Bereichen sammelt, wo die waagerechte Geschwindigkeit immer verschwindet, wo also die senkrechte Geschwindigkeit ihre Maxima aufweist. Eine weitere Näherung bestand in der Vernachlässigung der „inneren" Reibung oder Viskosität. Wollen Sie deren Wirkung beobachten, so führen Sie irgendeinen der Heimversuche mit Mineralöl statt mit Wasser durch.

Dispersionsrelation für Schwerewellen im Wasser. Wir haben zwar die geometrische Struktur von Wellen in (idealem) Wasser kennengelernt, wissen aber noch nichts über die Beziehung zwischen der „Gestalt", die durch Wellenlänge und Wassertiefe bestimmt wird, und der Frequenz. Der Grund liegt darin, daß wir noch nichts über die rücktreibenden Kräfte ausgesagt haben, die auf das Wasser in den Wellen einwirken. Erinnern Sie sich, daß die rücktreibende Kraft pro Einheitsauslenkung und pro Einheitsmasse gleich ω^2 ist. Das ist eine sehr allgemeine Aussage, die sowohl für harmonische Wasserwellen als auch für beliebige andere harmonische Wellen gilt.

In Kapitel 1 haben wir beim Studium der Eigenschwingungen folgendes gelernt: In einer Eigenschwingung haben alle bewegten Teile denselben Wert von ω^2; daher können wir bei bekannter Gestalt der Eigenschwingung die Beziehung zwischen Eigenfrequenz und Gestalt ermitteln, indem wir die Bewegung eines einzigen Freiheitsgrades eines bewegten Teiles untersuchen. Bei unserem gegenwärtigen Problem wird die Gestalt der Eigenschwingung durch die Gln. (7 63) und (7.64) beschrieben. Daher brauchen wir nur ein einziges Wasserteilchen zu betrachten und zu untersuchen, wie es sich in der x- oder in der y-Richtung bewegt. Wir wollen speziell die Bewegung studieren, die ein sehr nahe der Oberfläche liegendes infinitesimales Wasservolumen in der x-Richtung ausführt.

Ein kleines Volumenelement habe längs der Ausbreitungsrichtung x die kleine Abmessung Δx, längs der „uninteressanten" z-Richtung die Abmessung l und längs der senkrechten y-Richtung die kleine Abmessung Δy. Sowohl Δx als auch Δy seien klein gegenüber der Wellenlänge. Die auf dieses Volumenelement in der x-Richtung ausgeübte rücktreibende Kraft ist gleich der Seitenfläche $l\,\Delta y$ mal der Druckdifferenz zwischen den beiden Seitenflächen, die im Gleichgewicht bei x bzw. $x + \Delta x$ liegen. Diese Druckdifferenz ist gleich dem Produkt ρg aus Massendichte und Schwerebeschleunigung mal der Differenz der Wasserhöhen ψ_y an den beiden Seitenflächen (Bild 7.6). Die Differenz von ψ_y ist ihrerseits gleich der Ableitung ψ_y nach x mal dem Gleichgewichtsabstand Δx zwischen den beiden Seitenflächen. Somit erhalten wir

$$\begin{aligned} F_x &= -\,l\,\Delta y\,[p(x+\Delta x) - p(x)] \\ &= -\,l\,\Delta y\,\rho g\,[\psi_y(x+\Delta x) - \psi_y(x)] \\ &= -\,l\,\Delta y\,\Delta x\,\rho g\,\frac{\partial \psi_y}{\partial x} \\ &= -\,(\Delta m)\,g\left[\frac{\partial \psi_y}{\partial x}\right]_{y=0}, \end{aligned} \quad (7.70)$$

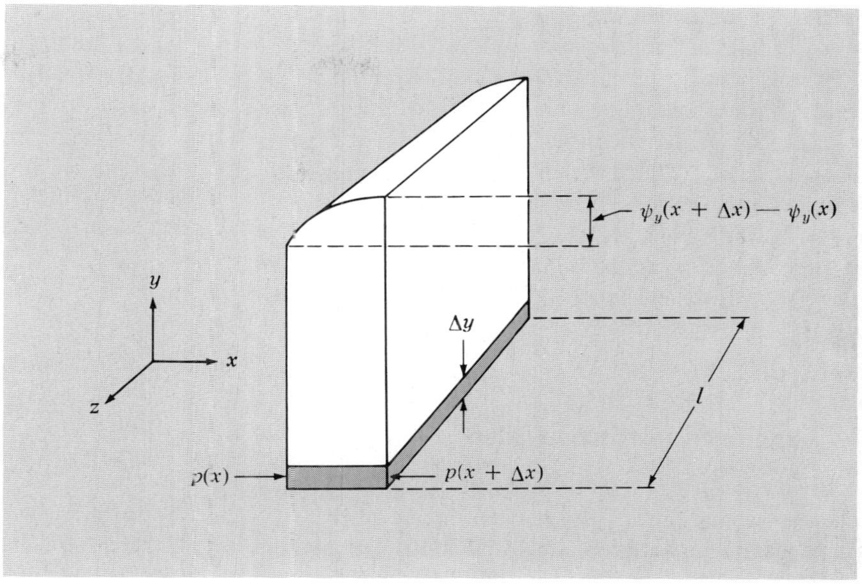

Bild 7.6
Die von der Schwerkraft erzeugte rücktreibende Kraft, die in der x-Richtung auf ein aus Wasser bestehendes Volumenelement wirkt. Das schattierte Volumenelement erfährt eine Kraft, die der Druckdifferenz $p(x + \Delta x) - p(x)$ proportional ist. Diese Druckdifferenz ist ihrerseits der Differenz $\psi_y(x + \Delta x) - \psi_y(x)$ der Wasserhöhen proportional.

wobei $\Delta m \equiv \rho l \Delta y \Delta x$ die Masse des in dem Volumenelement befindlichen Wassers ist. Die durch Gl. (7.70) beschriebene Kraft erzeugt in der x-Richtung die Beschleunigung $\partial^2 \psi_x / \partial t^2$, die gleich $-\omega^2 \psi_x$ ist, da es sich um eine harmonische Bewegung handelt. Das zweite Newtonsche Gesetz liefert für die Beschleunigung der Masse Δm die Beziehung

$$F_x = (\Delta m) \frac{\partial^2 \psi_x}{\partial t^2}.$$

Daraus folgt, wenn man F_x durch Gl. (7.70) ausdrückt,

$$(\Delta m)\, g \left[\frac{\partial \psi_y}{\partial x}\right]_{y=0} = (\Delta m)\, \omega^2 [\psi_x]_{y=0}. \qquad (7.71)$$

Verwendet man nun die durch die Gln. (7.63) und (7.64) angegebenen Ausdrücke für ψ_y und ψ_x, so liefert Gl. (7.71)

$$\boxed{\omega^2 = gk \frac{(1 - e^{-2kh})}{(1 + e^{-2kh})}.} \qquad (7.72)$$

Das ist die gewünschte Dispersionsrelation. In den interessanten Grenzfällen der Tief- und Seichtwasser-Schwerewellen erhält man die Dispersionsrelation und die entsprechenden Phasengeschwindigkeiten leicht aus Gl. (7.72). Sie lauten

$$\text{Tiefwasser:} \quad \omega^2 = gk, \qquad v_\varphi = \sqrt{g\lambda\!\!\!^-}, \qquad (7.73)$$

$$\text{Seichtwasser:} \quad \omega^2 = gk\,(h/\lambda\!\!\!^-), \quad v_\varphi = \sqrt{gh}. \qquad (7.74)$$

Seichtwasser-Schwerewellen sind dispersionsfrei, Tiefwasser-Schwerewellen hingegen dispersionsbehaftet: Vierfache Wellenlänge bedingt doppelte Phasengeschwindigkeit.

Kapillarwellen. Bei der Herleitung der Dispersionsrelation Gl. (7.72) vernachlässigten wir den von der Oberflächenspannung herrührenden Betrag zur rücktreibenden Kraft. Für ein bestimmtes Volumenelement mit Wasser, das aus der Gleichgewichtslage ausgelenkt wurde, ist der Beitrag der Oberflächenspannung zur rücktreibenden Kraft gleich der Oberflächenspannungskonstanten T mal der Oberflächenkrümmung. Diese ist proportional k^2, womit der Beitrag der Oberflächenspannung proportional Tk^2 ist. Der von der Schwerkraft herrührende Beitrag ist dem Gewicht mg und folglich dem Produkt ρg proportoinal Daher vermuten wir, daß das Verhältnis der Beiträge zu ω^2, die von der Oberflächenspannung und von der Schwerkraft beigesteuert werden, dem dimensionslosen Quotienten $Tk^2/\rho g$ proportional ist. Diese Vermutung ist richtig (siehe Übung 33).

Laufende Wasserwellen. Wir überlassen es Ihnen zu zeigen (Übung 31), daß laufende Wasserwellen die Form

$$\psi_y = A \cos(\omega t - kx)\,(e^{ky} - e^{-2kh} e^{-ky}), \qquad (7.75)$$

$$\psi_x = A \sin(\omega t - kx)\,(e^{ky} + e^{-2kh} e^{-ky}) \qquad (7.76)$$

haben. Mit Hilfe dieser beiden Gleichungen können Sie leicht zeigen, daß ein bestimmtes Wasserteilchen in einer laufenden Tiefwasserwelle einen Kreis in der xy-Ebene beschreibt. Auf einem Wellenberg bewegt es sich nach vorwärts, in einem Wellental nach rückwärts. Bei beliebiger Wassertiefe h beschreibt das Wasserteilchen eine Ellipse. Diese elliptische Bewegung ist der Kreisbewegung in einer laufenden Tiefwasserwelle ähnlich, nur wird der Kreis zwischen der Oberfläche und dem Boden des Behälters (bzw. des Sees oder Ozeans) „plattgedrückt“. Dies trifft zumindest bei vernachlässigbarer Bodenreibung zu. Andernfalls kann sich das Wasser zwar auf den Wellenbergen verhältnismäßig leicht nach vorn bewegen, doch erfährt es in einem Wellental beim Zurückströmen Bodenreibung.

Folglich strömt in den Wellenbergen mehr Wasser nach vorwärts als in den Wellentälern nach rückwärts, so daß ein Netto-Wasserstrom auftritt. In einem solchen Fall neigen die Wellen dazu, sich zu brechen. Strandbrecher transportieren also Wasser; beim Rückströmen kommt es zur „Unterströmung". Ein Taucher mag sich in sicherer Entfernung von einem Felsenufer wähnen, auf das er nicht geworfen werden möchte. Doch kann er in Schwierigkeiten kommen – zumindest habe ich das erlebt –, wenn eine Welle mit besonders großer Wellenlänge auf das Ufer zuläuft.

7.4. Elektromagnetische Wellen

In diesem Abschnitt werden wir mit Hilfe der Maxwellschen Gleichung einige Tatsachen beweisen, die wir schon aus unserer Untersuchung von Parallelplattenleitungen kennen. Auf diese Weise werden wir nicht nur „unsere Grundlagen festigen", sondern auch die Vorarbeit für ein besseres Verständnis der elektromagnetischen Wellen im dreidimensionalen Raum leisten.

Die Maxwellschen Gleichungen im Vakuum. Sie lauten (Band 2, Kapitel 7)

$$\frac{\partial \mathbf{E}}{\partial t} = c^2 \nabla \times \mathbf{B} \tag{7.77a}$$

$$\frac{\partial \mathbf{B}}{\partial t} = -\nabla \times \mathbf{E} \tag{7.77b}$$

$$\nabla \cdot \mathbf{E} = 0 \tag{7.77c}$$

$$\nabla \cdot \mathbf{B} = 0. \tag{7.77d}$$

Klassische Wellengleichung für elektromagnetische Wellen im Vakuum. Wir werden eine partielle Differentialgleichung für $\mathbf{E}$ finden, indem wir $\mathbf{B}$ aus den Gln. (7.77a) bis (7.77d) eliminieren. Zuerst differenzieren wir Gl. (7.77a) nach t und benutzen dann Gl. (7.77b):

$$\frac{\partial \mathbf{E}}{\partial t} = c^2 \nabla \times \mathbf{B},$$

$$\begin{aligned}\frac{\partial^2 \mathbf{E}}{\partial t^2} &= c^2 \frac{\partial}{\partial t}(\nabla \times \mathbf{B}) \\ &= c^2 \nabla \times \frac{\partial \mathbf{B}}{\partial t} \\ &= c^2 \nabla \times (-\nabla \times \mathbf{E}) \\ &= -c^2 \nabla \times (\nabla \times \mathbf{E}).\end{aligned} \tag{7.77e}$$

Es läßt sich zeigen [Anhang, Gl. (A.39)], daß für jeden Vektor $\mathbf{C}$ die Beziehung

$$\nabla \times (\nabla \times \mathbf{C}) = \nabla(\nabla \cdot \mathbf{C}) - (\nabla \cdot \nabla)\mathbf{C} \tag{7.78}$$

gilt. Ersetzen wir in Gl. (7.78) $\mathbf{C}$ durch $\mathbf{E}$ und verwenden wir die Beziehung $\nabla \cdot \mathbf{E} = 0$ (Gl. (7.77c)), so erhalten wir aus Gl. (7.77e)

$$\frac{\partial^2 \mathbf{E}(x, y, z, t)}{\partial t^2} = c^2 \nabla^2 \mathbf{E}(x, y, z, t). \tag{7.79a}$$

Diese Vektorgleichung enthält drei getrennte partielle Differentialgleichungen:

$$\frac{\partial^2 E_x}{\partial t^2} = c^2 \nabla^2 E_x,$$

$$\frac{\partial^2 E_y}{\partial t^2} = c^2 \nabla^2 E_y,$$

$$\frac{\partial^2 E_z}{\partial t^2} = c^2 \nabla^2 E_z. \tag{7.79b}$$

Also erfüllt jede der drei Komponenten E_x, E_y und E_z die klassische Wellengleichung für dispersionsfreie Wellen (siehe Gl. (7.18)). Auf ähnliche Weise kann man $\mathbf{E}$ aus den Maxwellschen Gleichungen eliminieren und die klassische Wellengleichung für die drei Komponenten von $\mathbf{B}$ herleiten (Übung 12).

Elektromagnetische ebene Wellen im Vakuum. Eine elektromagnetische *ebene Welle* besteht aus raum- und zeitabhängigen elektrischen und magnetischen Feldern $\mathbf{E}(x, y, z, t)$ bzw. $\mathbf{B}(x, y, z, t)$, die die folgenden Eigenschaften haben:

1. Es gibt eine einzige Ausbreitungsrichtung, die wir längs $\hat{\mathbf{z}}$ annehmen. (Die Wellen können eine beliebige Kombination aus laufenden und stehenden Wellen darstellen.)
2. Alle Komponenten von $\mathbf{E}$ und $\mathbf{B}$ sind von den transversalen Koordinaten x und y unabhängig.

   Somit gilt

$$\mathbf{E} = \hat{\mathbf{x}} E_x(z, t) + \hat{\mathbf{y}} E_y(z, t) + \hat{\mathbf{z}} E_z(z, t) \tag{7.80}$$

$$\mathbf{B} = \hat{\mathbf{x}} B_x(z, t) + \hat{\mathbf{y}} B_y(z, t) + \hat{\mathbf{z}} B_z(z, t). \tag{7.81}$$

Natürlich hängt das *Auftreten* solcher ebener Wellen davon ab, woher die Wellen kommen, wie sie erzeugt wurden usw. Wir interessieren uns jedoch im Augenblick nicht für die Quellen, sondern nehmen nur an, daß die Wellen von irgendwoher kommen und die Form der Gln. (7.80) und (7.81) haben.

Elektromagnetische ebene Wellen sind transversal. Nun wollen wir die Maxwellschen Gleichungen auf die Gln. (7.80) und (7.81) anwenden. Zuerst benutzen wir das Gaußsche Gesetz div $\mathbf{E} = \rho/\epsilon_0$. Im Vakuum verschwindet ρ. Ebenso verschwinden die partiellen Ableitungen nach x und y, da keine der Komponenten von x oder y abhängt. Somit gilt

$$\nabla \cdot \mathbf{E} = \frac{\partial E_z(z, t)}{\partial z} = 0. \tag{7.82}$$

E_z ist also unabhängig von z. Daß es auch von t nicht abhängt, sieht man mit Hilfe der Maxwellschen Gleichung

$$\frac{\partial \mathbf{E}}{\partial t} = c^2 \nabla \times \mathbf{B} \tag{7.83}$$

für den „Verschiebungsstrom". Betrachten Sie die z-Komponente der Gl. (7.83). Rechts stehen die Größen $\partial B_y/\partial x$ und $\partial B_x/\partial y$, die beide verschwinden. Daher verschwindet auch $\partial E_z/\partial t$, woraus wir schließen, daß E_z eine Konstante ist. Der Einfachheit halber setzen wir diese Konstante gleich Null, was die Allgemeingültigkeit unserer Überlagerungen nicht beeinträchtigt. Wir verwenden ja nur das Superpositionsprinzip, aufgrund dessen wir ein beliebiges konstantes Feld, das wir schon verstehen, „abschalten" können.

Ähnlich folgt aus der Gleichung $\nabla \cdot \mathbf{B} = 0$, daß $B_z(z, t)$ nicht von z abhängt. Daß es auch von t unabhängig ist, sieht man aus der z-Komponente der Induktionsgleichung

$$\frac{\partial \mathbf{B}}{\partial t} = -\nabla \times \mathbf{E}, \tag{7.84}$$

aus der das Verschwinden von $\partial B_z/\partial t$ folgt. Es können also statische Magnetfelder vorhanden sein, die durch irgendwelche starken stationären Ströme erzeugt werden, doch sind diese Felder räumlich und zeitlich konstant und für uns daher im Augenblick nicht von Interesse. So setzen wir B_z gleich Null, wobei wir uns wieder auf das Superpositionsprinzip berufen. Bisher haben wir festgestellt, daß *elektromagnetische ebene Wellen transversal sind*. Dabei sehen wir von konstanten Feldern, die ja keine Wellen darstellen, ab. Das bedeutet, daß sowohl das elektrische als auch das magnetische Feld senkrecht zur Ausbreitungsrichtung $\hat{\mathbf{z}}$ stehen.

Kopplung zwischen E_x und B_y. Es müssen noch E_x, E_y, B_x, B_y und die bisher noch nicht verwendeten x- und y-Komponenten der Gln. (7.83) und (7.84) ermittelt werden. Die x-Komponente der Gl. (7.83) und die y-Komponente der Gl. (7.84) liefern

$$\frac{1}{c^2}\frac{\partial E_x}{\partial t} = -\frac{\partial B_y}{\partial z}, \qquad \frac{\partial B_y}{\partial t} = -\frac{\partial E_x}{\partial z}. \tag{7.85}$$

Ähnlich folgt aus der y-Komponente von Gl. (7.83) und aus der x-Komponente von Gl. (7.84)

$$\frac{1}{c^2}\frac{\partial E_y}{\partial t} = \frac{\partial B_x}{\partial z}, \qquad \frac{\partial B_x}{\partial t} = \frac{\partial E_y}{\partial z}. \tag{7.86}$$

Gemäß den Gln. (7.85) sind E_x und B_y nicht unabhängig voneinander, sondern durch zwei lineare partielle Differentialgleichungen erster Ordnung miteinander gekoppelt, nämlich durch die Gln. (7.85). Ist z.B. E_x sowohl räumlich als auch zeitlich konstant, so ist es auch B_y. Ist andererseits E_x als Funktion von z und t vollständig bekannt, so ist, wie wir zeigen werden, auch B_y bis auf uninteressante konstante Felder vollständig bekannt. Ähnlich sind gemäß den Gln. (7.86) E_y und B_x miteinander gekoppelt. Kennt man E_y, so ist B_x bestimmt: Verschwindet z.B. E_y, so ist auch B_x gleich Null (oder konstant).

Lineare und elliptische Polarisation. Bei ebenen Wellen, die wir ja im Augenblick betrachten, sind die Komponenten E_x und E_y nicht durch die Maxwellschen Gleichungen gekoppelt, sondern vielmehr „unabhängig" voneinander. Folglich kann man mittels einer geeigneten Strahlungsquelle elektromagnetische ebene Wellen erzeugen, in denen E_x verschieden von Null ist, E_y jedoch für alle z und t verschwindet. In diesem Falle sagt man, die Wellen seien *in der Richtung von* $\hat{\mathbf{x}}$ *linear polarisiert*. Die Komponente E_x des elektrischen Feldes und die Komponente B_y des magnetischen Feldes sind dann die einzigen nicht verschwindenden (oder vielmehr: nicht konstanten) Feldkomponenten. Ähnlich kann man ebene elektromagnetische Wellen erzeugen, die in der Richtung von $\hat{\mathbf{y}}$ linear polarisiert sind; dann sind E_y und B_x die einzigen nicht verschwindenden Feldkomponenten. Ferner läßt sich eine beliebige Kombination von E_x und E_y herstellen, wobei zwischen diesen Komponenten im Falle einer einzigen Frequenz eine beliebige Phasenbeziehung herrschen kann. Dann liegt ein allgemeiner Polarisationszustand vor, die sogenannte *elliptische Polarisation*. Wir werden die Polarisation in Kapitel 8 untersuchen.

Vielleicht ist Ihnen aufgefallen, daß die Gln. (7.86) die Größen E_y und B_x in derselben Weise verknüpfen wie die Gln. (7.85) die Größen E_x und B_y. Das Minuszeichen mag im ersten Augenblick verwirren. Nehmen Sie jedoch an, Sie hätten linear polarisierte Wellen, in denen zu einem bestimmten Zeitpunkt sowohl E_x als auch B_y positiv seien, und Sie drehten die Koordinatenachsen um 90°, so daß die neue y-Achse in der Richtung des magnetischen Feldes liege. Sie können leicht zeigen, daß dann die neue x-Achse in die *negative* Magnetfeldrichtung weisen würde (Übung 34). Daher sind die Gln. (7.86) den Gln. (7.85) physikalisch äquivalent. Es wird uns also kein Ergebnis verlorengehen, wenn wir uns darauf beschränken, die Konsequenzen der Gln. (7.85) zu untersuchen.

Von nun an gehen wir davon aus, daß nur der lineare Polarisationszustand auftrete, bei dem E_x und B_y ungleich Null sind; diese Verhältnisse werden durch die Gln. (7.85) beschrieben. Am einfachsten betrachten wir zuerst eine reine harmonische laufende Welle, die sich in der positiven z-Richtung ausbreitet. Dann sehen wir sofort, wie wir das entsprechende Ergebnis für eine reine harmonisch laufende Welle erhalten, die sich in der negativen z-Richtung ausbreitet. Schließlich finden wir die allgemeine Lösung bei vorgegebener Frequenz als Überlagerung dieser beiden Wellen mit beliebigen Amplituden und Phasenkonstanten. Darin sind reine stehende Wellen als Spezialfälle enthalten.

Laufende harmonische Welle. Die Komponente E_x laute

$$E_x = A\cos(\omega t - kz). \tag{7.87}$$

Dann liefern die Gln. (7.85) sowie die Beziehung $\omega = ck$

$$\frac{\partial B_y}{\partial z} = -\frac{1}{c^2}\frac{\partial E_x}{\partial t} = \frac{\omega}{c^2}A\sin(\omega t - kz) = \frac{1}{c}\frac{\partial E_x}{\partial z}, \tag{7.88}$$

$$\frac{\partial B_y}{\partial t} = -\frac{\partial E_x}{\partial z} = -kA\sin(\omega t - kz) = \frac{1}{c}\frac{\partial E_x}{\partial t}. \tag{7.89}$$

Gemäß den Gln. (7.88) und (7.89) ändert sich B_y mit z und t in derselben Weise wie E_x. Also ist B_y in einer laufenden harmonischen Welle, die sich in der positiven z-Richtung ausbreitet, bis auf eine uninteressante additive Konstante gleich E_x. Die Konstante können wir wie oben gleich Null setzen.

Betrachten wir eine harmonische laufende Welle, die sich in der negativen z-Richtung ausbreitet, so finden wir, daß B_y negativ gleich E_x ist. Dies sehen Sie leicht, wenn Sie in den obigen Gleichungen k durch $-k$ ersetzen. Beide Ausbreitungsrichtungen lassen sich durch folgende zusammenfassende Formulierung beschreiben:

$$\text{Laufende Welle} \quad \begin{cases} |\mathbf{E}(z,t)| = c|\mathbf{B}(z,t)|, \\ \mathbf{E}\cdot\mathbf{B} = 0, \\ \hat{\mathbf{E}}\times\hat{\mathbf{B}} = \hat{\mathbf{v}}. \end{cases} \tag{7.90}$$

Stehende harmonische Welle. Die Komponente E_x laute

$$E_x(z,t) = A\cos\omega t\cos kz. \tag{7.91}$$

Damit gilt folgende Beziehung, deren Beweis wir Ihnen überlassen (Übung 36):

$$cB_y(z,t) = A\sin\omega t\sin kz = E_x(z - \tfrac{1}{4}\lambda, t - \tfrac{1}{4}T). \tag{7.92}$$

Die Gln. (7.91) und (7.92) zeigen folgendes: **E** und **B** stehen in einer stehenden ebenen Welle senkrecht aufeinander und auf $\hat{\mathbf{z}}$, sie haben dieselbe Amplitude und sind sowohl räumlich als auch zeitlich gegeneinander um 90° phasenverschoben. Die Felder verhalten sich also ähnlich wie der Druck und die Geschwindigkeit in einer stehenden Schallwelle oder wie die transversale Spannung und die Geschwindigkeit in einer stehenden Welle auf einer Saite.

Energieflußdichte in einer ebenen Welle. Die Energiedichte des elektromagnetischen Feldes im Vakuum lautet

$$\text{Energiedichte} = \frac{\epsilon_0}{2}(\mathbf{E}^2 + c^2\mathbf{B}^2). \tag{7.93}$$

(Beachten Sie: $\epsilon_0\mu_0 = 1/c^2$!)

Dieser Ausdruck wird in Band 2 für statische Felder angegeben, doch läßt sich zeigen, daß er allgemein gilt. Wir interessieren uns für die Energie einer beliebigen Kombination aus laufenden und stehenden ebenen Wellen. Im besonderen interessieren wir uns für die Energieströmung. Daher wollen wir einen Ausdruck für die Energie in einem infinitesimalen Volumenelement herleiten, das senkrecht zur z-Achse die Fläche A und in Richtung der z-Achse die infinitesimale Dicke Δz aufweise; sodann werden wir die zeitliche Änderung dieser Energie untersuchen. Die Energie $W(z,t)$[1]) in dem Volumenelement ist gleich der Energiedichte mal dem Volumen $A\Delta z$:

$$W(z,t) = \frac{\epsilon_0}{2}A\Delta z\,(E_x^2 + c^2B_y^2). \tag{7.94}$$

Differentiation der Energie $W(z,t)$ nach t liefert

$$\frac{\partial W(z,t)}{\partial t} = \epsilon_0 A\Delta z\left(E_x\frac{\partial E_x}{\partial t} + c^2B_y\frac{\partial B_y}{\partial t}\right). \tag{7.95}$$

Nun eliminieren wir $\partial E_x/\partial t$ und $\partial B_y/\partial t$ mit Hilfe der Maxwellschen Gleichungen (7.85):

$$\begin{aligned}\frac{\partial W(z,t)}{\partial t} &= -\epsilon_0 Ac^2\Delta z\left(E_x\frac{\partial B_y}{\partial z} + B_y\frac{\partial E_x}{\partial z}\right)\\ &= -\epsilon_0 Ac^2\Delta z\,\frac{\partial(E_xB_y)}{\partial z}\\ &= -\frac{A\Delta z}{\mu_0}\left[\frac{(E_xB_y)_{z+\Delta z} - (E_xB_y)_z}{\Delta z}\right].\end{aligned} \tag{7.96}$$

Die letzte Umformung entspricht im Grenzfall eines infinitesimalen Δz der Definition der partiellen Ableitung von E_xB_y nach z bei festem t: Wir berechnen die Größe E_xB_y bei z und bei $z + \Delta z$, subtrahieren den ersten Wert vom zweiten, dividieren die Differenz durch Δz und bilden den Grenzwert, indem wir z gegen Null gehen lassen. Somit erhalten wir die zeitliche Änderung der im Volumen $A\Delta z$ enthaltenen Energie

$$\begin{aligned}\frac{1}{A}\frac{\partial W(z,t)}{\partial t} &= \frac{1}{\mu_0}E_x(z,t)B_y(z,t)\\ &\quad - \frac{1}{\mu_0}E_x(z+\Delta z,t)B_y(z+\Delta z,t)\\ &= S_z(z,t) - S_z(z+\Delta z,t),\end{aligned} \tag{7.97}$$

wobei

$$\begin{aligned}S_z(z,t) &\equiv \frac{1}{\mu_0}E_x(z,t)B_y(z,t)\\ &= \frac{1}{\mu_0}(\mathbf{E}\times\mathbf{B})_z.\end{aligned} \tag{7.98}$$

Die zeitliche Änderung der im Volumenelement $A\Delta z$ enthaltenen Energie erhält man also, indem man die Größe $AS_z(z,t)$ zuerst am linken Intervallende z, dann am rechten Intervallende $z + \Delta z$ berechnet und den zweiten Wert vom ersten subtrahiert. Daher muß $S_z(z,t)$ gleich der Energie sein, die an der Stelle z pro Sekunde in der positiven z-Richtung durch die Flächeneinheit strömt. Der Energiezuwachs in dem Volumenelement – wenn ein solcher überhaupt auftritt – resultiert aus der Differenz der von links einströmenden und der nach rechts ausströmenden Energie. Die z-Komponente des *Poynting-Vektors* **S** *der Energieflußdichte* ist als die Energie definiert, die an der Stelle z und zum Zeitpunkt t pro Sekunde

[1]) Hier wird für die Energie der Buchstabe W benutzt, um Verwechslungen mit dem elektrischen Feld zu vermeiden.

in der positiven z-Richtung durch die Flächeneinheit strömt; sie wird in W/m^2 gemessen. Natürlich strömt die Energie bei unserem Problem nur in der z-Richtung, da wir $\hat{\mathbf{z}}$ in der Ausbreitungsrichtung gewählt haben.

Poynting-Vektor. Die Poynting-Vektor hat im allgemeinen Fall die Form

$$\boxed{\mathbf{S} = \frac{1}{\mu_0}\mathbf{E}\times\mathbf{B},} \tag{7.99}$$

die von der Koordinatenwahl unabhängig ist. Dieser Vektor wird auch als *Strahlungsvektor* bezeichnet.

Energiedichte und Energieflußdichte in einer laufenden Welle. Im Falle einer linear polarisierten Welle, die sich in der positiven z-Richtung ausbreitet, dürfen wir $\mathbf{E} = \hat{\mathbf{x}} E_x$ und $\mathbf{B} = \hat{\mathbf{y}} B_y$ setzen, wobei für alle z und t die Beziehung $B_y = E_x$ gilt. Somit folgt

$$E_x = E_0 \cos(\omega t - kz), \tag{7.100}$$

$$cB_y = E_0 \cos(\omega t - kz),$$

$$\text{Energiedichte} = \frac{\epsilon_0}{2}(E_x^2 + c^2B_y^2) = \epsilon_0 E_0^2 \cos^2(\omega t - kz), \tag{7.101}$$

$$\text{Energieflußdichte} = S_z = \frac{1}{\mu_0} E_x B_y = \epsilon_0 c^2 E_x B_y = c\,\epsilon_0 E_0^2 \cos^2(\omega t - kz). \tag{7.102}$$

Beachten Sie, daß die Energieflußdichte S_z in einer laufenden Welle gleich der Energiedichte mal der Lichtgeschwindigkeit ist.

Der bei festem z gebildete zeitliche Mittelwert der Energieflußdichte ist gleich ihrem bei festem t gebildeten räumlichen Mittelwert. Beide Mittelwerte sind von z und t unabhängig und folgen aus Gl. (7.102), wenn man in dieser den Ausdruck $\cos^2(\omega t - kz)$ durch seinen Mittelwert $\frac{1}{2}$ ersetzt.

Energiedichte und Energieflußdichte in einer stehenden Welle. Im Falle einer stehenden Welle gilt

$$E_x = E_0 \cos\omega t \cos kz,$$

$$B_y = E_0 \sin\omega t \sin kz. \tag{7.103}$$

Die Maxima der elektrischen und der magnetischen Energiedichte sind zeitlich um $\frac{1}{4}$ Periode und räumlich um $\frac{1}{4}$ Wellenlänge getrennt. In Übung 36 können Sie selbst zeigen, daß die Gesamtenergie in jedem Bereich der Länge $\frac{1}{4}\lambda$ konstant ist. Die Energie des elektrischen Feldes oszilliert mit der Kreisfrequenz 2ω harmonisch um ihren Mittelwert, ihre Grenzen sind Null und das Doppelte des Mittelwertes. Ebenso verhält sich die Energie des magnetischen Feldes. Die Gesamtenergie pendelt also hin und her: Einmal ist sie rein elektrisch, und die maximale Energiedichte tritt an einer bestimmten Stelle auf; dann wieder ist sie rein magnetisch, und die maximale Energiedichte tritt an einer um $\frac{1}{4}\lambda$ versetzten Stelle auf. Dieses Verhalten ist dem eines harmonischen Oszillators sehr ähnlich: Die Gesamtenergie des Oszillators bleibt konstant, doch pendelt sie hin und her. Einmal ist sie rein potentiell, und die Masse befindet sich an einer bestimmten Stelle; dann wieder ist sie rein kinetisch, und die Masse befindet sich an einer anderen Stelle. Beide Anteile – die potentielle und die kinetische Energie – oszillieren mit der Kreisfrequenz 2ω harmonisch um ihren jeweiligen Mittelwert. Der Faktor 2 rührt daher, daß die potentielle ebenso wie die kinetische Energie während jeder vollen Schwingung zweimal groß und positiv ist. In gewissem Sinne ist das elektrische Feld E_x in einer stehenden Welle der Auslenkung der Masse eines harmonischen Oszillators aus der Gleichgewichtslage, das magnetische Feld B_y hingegen der Geschwindigkeit der Masse analog.

Impuls in einer laufenden ebenen Welle – Strahlungsdruck. Wird elektromagnetische Strahlung reflexionsfrei absorbiert – z.B. durch idealen Abschluß –, so überträgt sie dem absorbierenden Material nicht nur die Energie W, sondern, wie wir zeigen werden, auch einen Impuls in Ausbreitungsrichtung. Der Betrag dieses Impulses erweist sich als W/c. Wird die Strahlung durch einen Spiegel ohne jede Absorption um 180° reflektiert, so überträgt sie dem Spiegel einen doppelt so großen Impuls. Reflektiert also der Spiegel die Energie W absorptionsfrei, so erhält er in der Ausbreitungsrichtung einen Impuls vom Betrage $2\,W/c$. Folglich übt die Strahlung auf Gegenstände, die sie absorbieren oder reflektieren, einen Druck aus, den sogenannten *Strahlungsdruck*. In einer *laufenden* elektromagnetischen ebenen Welle ist mit jeder Energiemenge W ein gewisser Impuls $\mathbf{p}$ verbunden:

$$\boxed{\mathbf{p} = \frac{W}{c}\hat{\mathbf{z}},} \tag{7.104}$$

wobei $\hat{\mathbf{z}}$ in die Ausbreitungsrichtung weist.

Gl. (7.104) läßt sich leicht mit Hilfe der Vorstellung herleiten, daß das Licht in einer laufenden Welle in Pakete, sogenannte *Photonen*, gepackt ist. Ein solches Photon verhält sich wie ein „Teilchen" der Ruhmasse Null. Die Energie eines relativistischen Teilchens mit der Ruhmasse m und dem Impuls p lautet

$$W = [(cp)^2 + (mc^2)^2]^{1/2}. \tag{7.105}$$

Verschwindet m, so erhalten wir Gl. (7.104).

Diese Herleitung ist kurz und vielleicht irreführend. Wohl ist elektromagnetische Strahlung „gequantelt" in dem Sinne, daß sie Energie nur in „Quanten" der Größe $\hbar\omega$ abgeben kann, doch hat diese Tatsache in Wirklichkeit nichts mit dem Strahlungsdruck von Gl. (7.104) zu tun.

Gl. (7.104) müßte sich daher durch rein klassische Überlegungen, also ohne Verwendung des Photonen-(„Teilchen"-)Begriffs, herleiten lassen. Dies wollen wir nun tun. (Vom Standpunkt der Quantentheorie werden Sie das Licht in Band 4 studieren.)

Betrachten Sie ein Teilchen der Ladung Q, das unter dem Einfluß einer ebenen Welle stehe. Die Ladung Q sei positiv, und das Teilchen werde zur Zeit $t = 0$ losgelassen. Es erfährt die Lorentzkraft

$$\mathbf{F} = Q\mathbf{E} + Q\mathbf{v} \times \mathbf{B}. \tag{7.106}$$

Anfänglich, etwa während der ersten paar Schwingungen, ist der Betrag der Geschwindigkeit $\mathbf{v}$ klein. Deshalb wird die Bewegung der Ladung hauptsächlich durch $\mathbf{E}$ hervorgerufen. Die Geschwindigkeit ist also parallel zu $\mathbf{E}$ und ändert ihre Richtung mit derselben Frequenz wie $\mathbf{E}$. Doch jedesmal, wenn $\mathbf{E}$ sich umkehrt, ändert auch $\mathbf{B}$ seine Richtung. Daher hat $\mathbf{v} \times \mathbf{B}$ immer dasselbe Vorzeichen. Die Kraft, die von $\mathbf{B}$ auf Q ausgeübt wird, wirkt also immer in der Ausbreitungsrichtung, der Richtung von $\mathbf{E} \times \mathbf{B}$. Folglich ist die Bewegung der Ladung Q die Überlagerung einer transversalen Bewegung mit der Feldfrequenz und einer langsam anwachsenden Geschwindigkeit in der Ausbreitungsrichtung. Wir wollen nun zeigen: Der zeitliche Mittelwert des Impulses, den die Ladung pro Sekunde in der z-Richtung erhält, ist gleich $1/c$ mal dem zeitlichen Mittelwert der Energie, die sie aus der laufenden Welle aufnimmt. Die Ladung behält die aufgenommene Energie nicht: Befindet sie sich in einem Stück ideal abschließenden Raumtuches, so erfährt sie andauernd eine Reibungskraft und gibt durch diese die Energie an das Material weiter. Befindet sie sich hingegen im freien Raum, so strahlt sie andauernd Energie nach allen Richtungen ab. Die in Richtung der einfallenden laufenden Welle abgestrahlte Energie ist vernachlässigbar. Es geht also nur ein vernachlässigbarer Teil der aufgenommenen Energie an die laufende Welle zurück.

Und nun zur Herleitung. Bei unserer „Standardform" der laufenden Welle gilt $\mathbf{E} = \hat{\mathbf{x}} E_x$, $\mathbf{B} = \hat{\mathbf{y}} B_y$ und $c B_y = E_x$. Die Geschwindigkeit $\mathbf{v}$ des geladenen Teilchens lautet $\mathbf{v} = \hat{\mathbf{x}}\dot{x} + \hat{\mathbf{y}}\dot{y} + \hat{\mathbf{z}}\dot{z}$. Setzen wir diese Ausdrücke in Gl. (7.106) ein und verwenden wir die Beziehungen $\hat{\mathbf{x}} \times \hat{\mathbf{y}} = \hat{\mathbf{z}}$, $\hat{\mathbf{y}} \times \hat{\mathbf{y}} = 0$ und $\hat{\mathbf{z}} \times \hat{\mathbf{y}} = -\hat{\mathbf{x}}$, so erhalten wir

$$\mathbf{F} = \hat{\mathbf{x}} Q E_x + Q \dot{x} B_y \hat{\mathbf{z}} - Q \dot{z} B_y \hat{\mathbf{x}}. \tag{7.107}$$

Nun bilden wir den zeitlichen Mittelwert der Gl. (7.107) über eine Schwingung. Der Mittelwert des ersten Terms $\hat{\mathbf{x}}\, Q E_x$ verschwindet, ebenso der des letzten Terms mit $\dot{z} B_y$. Wir dürfen nämlich den Zuwachs, den die z-Komponente der Geschwindigkeit während einer Schwingung erfährt, vernachlässigen, können also die langsam anwachsende Geschwindigkeit $\dot{z}$ während einer Schwingung als konstant ansehen. Dann verschwindet der über eine Schwingung gebildete zeitliche Mittelwert der Feldkomponente B_y. Der zeitliche Mittelwert des übrigbleibenden Terms $Q\dot{x}B_y\hat{\mathbf{z}}$ verschwindet nicht, weil sich die transversale Geschwindigkeit $\dot{x}$ mit derselben Frequenz ändert wie B_y. Da die Kraft gleich der zeitlichen Änderung des Impulses ist, erhalten wir somit für den zeitlichen Mittelwert, den wir durch spitze Klammern $\langle\,\rangle$ bezeichnen, das Ergebnis

$$\langle \mathbf{F} \rangle = \left\langle \frac{d\mathbf{p}}{dt} \right\rangle = \hat{\mathbf{z}} Q \langle \dot{x} B_y \rangle. \tag{7.108}$$

Nun wollen wir untersuchen, welche Arbeit von der laufenden Welle in der Zeiteinheit an der Ladung verrichtet wird. Die augenblickliche von Q aufgenommene Leistung hat den Wert

$$\begin{aligned} \frac{dW}{dt} &= \mathbf{v} \cdot \mathbf{F} = \mathbf{v} \cdot (Q\mathbf{E} + Q\mathbf{v} \times \mathbf{B}) \\ &= Q\mathbf{v} \cdot \mathbf{E} + 0 \\ &= Q\dot{x} E_x. \end{aligned}$$

Mitteln wir über eine Schwingung, so folgt

$$\left\langle \frac{dW}{dt} \right\rangle = Q \langle \dot{x} E_x \rangle. \tag{7.109}$$

Durch Vergleich der Gln. (7.108) und (7.109) und mit Hilfe der Beziehung $cB_y = E_x$, die für eine laufende Welle gilt, erhalten wir

$$\left\langle \frac{d\mathbf{p}}{dt} \right\rangle = \hat{\mathbf{z}} \frac{1}{c} \left\langle \frac{dW}{dt} \right\rangle. \tag{7.110}$$

Entzieht also das Elektron der laufenden Welle die Energie W, so entzieht es ihr gleichzeitig auch den Impuls $\hat{\mathbf{z}}(W/c)$. Man kann der laufenden Welle unmöglich die Energie W entziehen, ohne ihr nicht gleichzeitig auch den Impuls $\hat{\mathbf{z}}(W/c)$ zu entziehen. Anders ausgedrückt, die Strahlung besitzt den durch Gl. (7.104) angegebenen Impuls. Der von der Sonne erzeugte Strahlungsdruck wird in den Übungen 13, 14 und 15 diskutiert.

Drehimpuls in einer laufenden ebenen Welle. Wir wollen zeigen, daß eine laufende Welle der Ladung Q nicht nur Energie und Impuls, sondern auch Drehimpuls vermitteln kann. Dazu muß die Welle die Ladung in eine Kreisbewegung zwingen. Dies ist in dem „linear polarisierten" Feld, das wir betrachtet haben, offensichtlich nicht möglich, wohl aber in „zirkular polarisierten" Feldern. Betrachten wir eine laufende Welle, die sich in der positiven z-Richtung (längs $\hat{\mathbf{z}}$) ausbreitet. Ihr elektrisches Feld $\mathbf{E}$ habe einen konstanten Betrag und rotiere bei festem z mit der Winkelgeschwindigkeit ω um die z-Achse. Dabei sei der Drehsinn gemäß der Rechte-Hand-Regel so beschaffen, daß der Winkelgeschwindigkeitsvektor in die positive z-Richtung weise. Dann sind E_x und E_y bei festem z harmonische Funktionen der Zeit, und E_x ist E_y mit seiner Phase um 90° voraus. Das magnetische Feld $\mathbf{B}$ lautet, wie immer in einer laufenden Welle,

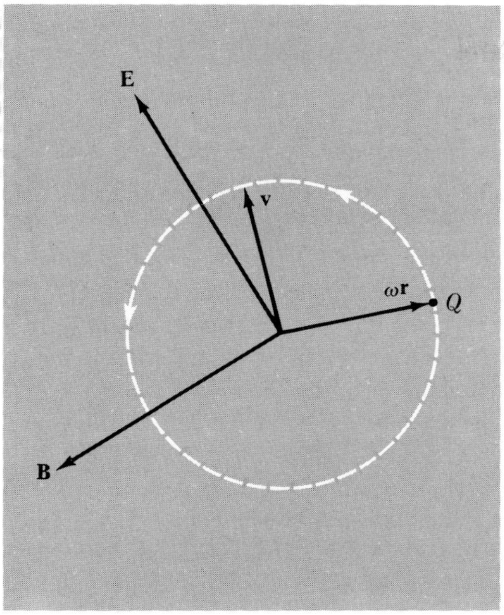

Bild 7.7. Zirkular polarisiertes Licht zwingt die Ladung Q in eine Kreisbahn. Der Einheitsvektor $\hat{\mathbf{z}}$ weist aus der Zeichenebene heraus.

$c\mathbf{B} = \hat{\mathbf{z}} \times \mathbf{E}$. Da das elektrische Feld die Ladung Q beschleunigt und das magnetische Feld ihre Bahnrichtung ändert, dürfen wir annehmen, daß sich Q im stationären Zustand mit der Winkelgeschwindigkeit ω auf einem Kreis bewegt, wobei der Drehsinn gleich dem der Felder ist. (Außerdem wird die Ladung Q langsam in der positiven z-Richtung abgetrieben, da der Strahlungsdruck der laufenden Welle auf sie wirkt. Diese Bewegung können wir jedoch vernachlässigen.) Dann liegen die Felder, der Ortsvektor $\mathbf{r}$ und der Geschwindigkeitsvektor $\mathbf{v}$ der Ladung so, wie in Bild 7.7 dargestellt. Beachten Sie, daß $\omega\mathbf{r}$ denselben Betrag wie $\mathbf{v}$ und bezüglich $\mathbf{v}$ die eingezeichnete Richtung hat.

Das Drehmoment M, das auf die Ladung Q wirkt, ist gleich $\mathbf{r} \times \mathbf{F}$. Multiplizieren wir es mit ω, so folgt

$$\begin{aligned} \omega M &= \omega\mathbf{r} \times \mathbf{F} \\ &= \omega\mathbf{r} \times Q\mathbf{E} + \omega\mathbf{r} \times Q\,(\mathbf{v} \times \mathbf{B}). \end{aligned} \tag{7.111}$$

Wir mitteln dieses Drehmoment über eine Schwingung. Aus Bild 7.7 ersehen wir, daß $\mathbf{v} \times \mathbf{B}$ in die Richtung von $\hat{\mathbf{z}}$ und daher $\mathbf{r} \times (\mathbf{v} \times \mathbf{B})$ in die Richtung von $-\mathbf{v}$ weist. Da die zeitlichen Mittelwerte aller Komponenten über eine Schwingung verschwinden, liefert das magnetische Feld keinen Nettobeitrag zum zeitlichen Mittelwert des Drehmoments. Aus Bild 7.7 geht ferner hervor, daß $\omega\mathbf{r} \times \mathbf{E}$ dieselbe Richtung wie $\hat{\mathbf{z}}$ sowie denselben Betrag und dasselbe Vorzeichen wie $\mathbf{v} \cdot \mathbf{E}$ hat. Es lautet daher

$$\omega\mathbf{r} \times \mathbf{E} = \hat{\mathbf{z}}\mathbf{v} \cdot \mathbf{E}. \tag{7.112}$$

Somit folgt für den zeitlichen Mittelwert des auf Q wirkenden Drehmoments, das durch Gl. (7.111) angegeben wird,

$$\langle M \rangle = \left\langle \frac{d\mathbf{L}}{dt} \right\rangle = \frac{\hat{\mathbf{z}}}{\omega} \langle Q\mathbf{v} \cdot \mathbf{E} \rangle = \frac{\hat{\mathbf{z}}}{\omega} \left\langle \frac{dW}{dt} \right\rangle. \tag{7.113}$$

Dabei haben wir berücksichtigt, daß das Drehmoment gleich der zeitlichen Änderung des Drehimpulses $\mathbf{L}$ und $Q\mathbf{v} \cdot \mathbf{E}$ die in der Zeiteinheit an Q verrichtete Arbeit ist. Entzieht die Ladung Q einer zirkular polarisierten laufenden ebenen Welle, deren Winkelgeschwindigkeitsvektor in die positive z-Richtung weist, die Energie W, so entzieht sie ihr gemäß Gl. (7.113) auch den Drehimpuls

$$\mathbf{L} = \hat{\mathbf{z}}\,\frac{W}{\omega}.$$

Dieses Ergebnis läßt sich besser formulieren, wenn man zur Angabe des Drehsinns den Einheitsvektor $\hat{\boldsymbol{\omega}}$ verwendet, der sowohl in die positive als auch in die negative z-Richtung weisen kann. Eine zirkular polarisierte ebene laufende Welle führt also den Drehimpuls

$$\boxed{\mathbf{L} = \hat{\omega}\,\frac{W}{\omega}} \tag{7.114}$$

mit sich. Dabei kann $\hat{\omega}$ entweder parallel oder antiparallel zur Ausbreitungsrichtung sein.

Wie wir in Kapitel 8 lernen werden, kann man eine linear polarisierte laufende ebene Welle der Amplitude A als Überlagerung zweier zirkular polarisierter laufender ebener Wellen ansehen, die dieselbe Amplitude $\frac{1}{2}A$, aber entgegengesetzten Drehsinn aufweisen. Die Überlagerung führt daher keinen Drehimpuls mit sich.

In Band 4 werden Sie lernen, daß elektromagnetische ebene laufende Welle die Energie nur in „Quanten“ mit $\Delta W = \hbar\,\omega$ abgeben. Wird eine solche Welle absorbiert oder emittiert, so muß sie gemäß Gl. (7.114) ein entsprechendes „Drehimpulsquant“ $\Delta\mathbf{L} = \hbar\omega$ abgeben bzw. aufnehmen. Es ist wichtig, sich vor Augen zu halten, daß Gl. (7.114) nur für ebene laufende Wellen gilt. Daher ist sie auch in hinreichender Entfernung von einer strahlenden „Punktquelle“ erfüllt.

Man findet, daß der Polarisationssinn beim Durchgang einer „rechtszirkular“ polarisierten Welle durch ein durchsichtiges „$\lambda/2$-Plättchen“ umgekehrt wird. Dadurch erfährt das Plättchen ein Rückstoßdrehmoment, denn es muß der Welle das *Doppelte* des durch Gl. (7.114) angegebenen Drehimpulses vermitteln. Dieses Problem wird in Übung 19 diskutiert.

Elektromagnetische Wellen in einem homogenen Medium. Wir haben beim Studium elektromagnetischer ebener Wellen im Vakuum die Maxwellschen Gleichungen verwendet. In Abschnitt 10.9 untersuchen wir mit deren Hilfe elektromagnetische Wellen in einem homogenen Medium, das kein Vakuum ist. Dort finden wir folgendes Ergebnis:

$$k^2 = \frac{\omega^2}{c^2} \epsilon\mu. \tag{7.115}$$

Dabei ist ϵ die Dielektrizitätskonstante und μ die magnetische Permeabilität. Dieses Ergebnis ist mit dem identisch, das wir in Abschnitt 4.3 bei der Betrachtung elektromagnetischer Wellen in einer Parallelplattenleitung fanden (Gl. (4.66)).

7.5. Feld einer Punktladung

In diesem Abschnitt werden wir die elektrischen und magnetischen Felder ermitteln, die in den von einer schwingenden Punktladung emittierten und *kugelförmig sich ausbreitenden laufenden Wellen* auftreten. Mit Hilfe unseres Ergebnisses werden wir die Eigenschaften der elektromagnetischen Wellen verstehen lernen, die von Atomen, Radiosendern und Sternen emittiert werden. Wir werden ferner herausfinden, weshalb der Himmel blau ist.

Maxwellsche Gleichungen mit Quelltermen. Wir benötigen die vollständigen Maxwellschen Gleichungen einschließlich der „Quellterme", die die Beiträge der Ladungen und Ströme beschreiben:

$$\nabla \cdot \mathbf{E} = \rho/\epsilon_0 \tag{7.116}$$

$$\nabla \times \mathbf{E} = -\frac{\partial \mathbf{B}}{\partial t} \tag{7.117}$$

$$\nabla \cdot \mathbf{B} = 0 \tag{7.118}$$

$$\nabla \times \mathbf{B} = \frac{1}{c^2}\frac{\partial \mathbf{E}}{\partial t} + \mu_0 \mathbf{J}. \tag{7.119}$$

Im Falle des Vakuums, wo ρ und $\mathbf{J}$ verschwinden, haben wir bereits alle vier Gleichungen verwendet. Mit ihrer Hilfe fanden wir in Abschnitt 7.4, daß $\mathbf{E}$ und $\mathbf{B}$ die klassische Wellengleichung für dispersionsfreie Wellen der Ausbreitungsgeschwindigkeit c erfüllen. Ferner haben wir bereits die Beziehungen zwischen $\mathbf{E}$ und $\mathbf{B}$ in großen Entfernungen von der Quelle ermittelt. Wir dürfen nämlich annehmen, daß sich die Wellen in solchen Bereichen, die von der Quelle hinreichend weit entfernt sind, von ebenen Wellen nicht unterscheiden lassen – außer wir versuchen, die Felder an zwei voneinander zu weit entfernten Stellen miteinander zu vergleichen. Nun müssen wir nur noch die Quellterme in den Maxwellschen Gleichungen untersuchen, um die Abhängigkeit der emittierten Wellen von den Quellen zu ermitteln. Nun, in den Maxwellschen Gleichungen treten zwei Arten von „Quellen" auf, nämlich die Ladungsdichte ρ und die Stromdichte $\mathbf{J}$. Diese sind nicht unabhängig voneinander, sondern sie werden durch die Kontinuitätsgleichung miteinander verknüpft, die die *Erhaltung der Ladung* ausdrückt:

$$\frac{\partial \rho}{\partial t} + \nabla \cdot \mathbf{J} = 0 \tag{7.120}$$

Diese Gleichung können Sie mit Hilfe der Gln. (7.116) und (7.119) sowie der Beziehung $\nabla \cdot \nabla \times \nabla = 0$ leicht verifizieren. Wir brauchen also $\mathbf{J}$ nicht explizit mitzunehmen, denn wenn wir die Bewegung der Punktladung Q verfolgen, so ist die Bedingung der Ladungserhaltung automatisch erfüllt. Daher wird die Stromdichte zwar implizit vorhanden sein, doch brauchen wir uns über sie keine Gedanken zu machen. Vielmehr können wir uns auf die Konsequenzen beschränken, die sich gemäß Gl. (7.116) aus der Ladungsdichte ergeben.

Das Gaußsche Gesetz und die Erhaltung des elektrischen Kraftflusses. Gl. (7.116) ist dem Gaußschen Gesetz äquivalent. (Siehe Band 2, Abschnitte 1.10 und 2.10.) Im Falle einer ruhenden Punktladung liefert das Gaußsche Gesetz bzw. Gl. (7.116) das bekannte Feld (Band 2, Abschnitt 1.11):

$$\mathbf{E} = \frac{Q}{4\pi\epsilon_0}\frac{\hat{\mathbf{r}}}{r^2}, \tag{7.121}$$

das mit dem Quadrat des Abstandes abnimmt. Dabei ist $\mathbf{r} = r\hat{\mathbf{r}}$ der vom Orte der Ladung Q aus gemessene Ortsvektor eines bestimmten Beobachtungspunktes. Im Falle einer bewegten Ladung können wir den Begriff der Feldlinien und den Satz von der *Erhaltung des elektrischen Kraftflusses*, der dem Satz von der Erhaltung der Ladung äquivalent ist, verwenden (siehe Band 2, Abschnitte 5.3 und 5.4).

Bewegte Ladung. Wir wollen nun mit Hilfe des Gaußschen Gesetzes das Feld ermitteln, das von einer bewegten Punktladung emittiert wird. Die positive Ladung Q ruhe von $t = -\infty$ bis $t = 0$ im Ursprung eines Inertialsystems. Zum Zeitpunkt $t = 0$ erfahre sie während eines kurzen Zeitintervalls Δt eine konstante Beschleunigung a in der positiven x-Richtung. Danach bewege sie sich mit der konstanten Geschwindigkeit $v = a\,\Delta t$. Vor dem Zeitpunkt $t = 0$ hat das elektrische Feld überall in dem Intertialsystem die Form von Gl. (7.121), und das magnetische Feld verschwindet. Während all dieser Zeit sind die elektrischen Feldlinien von Q weg gerichtet. Die plötzliche Beschleunigung zum Zeitpunkt $t = 0$ „knickt" die elektrischen Feldlinien und erzeugt magnetische Feldlinien. Diese breiten sich von der Quelle mit der Geschwindigkeit c aus. (In dieser Aussage stecken alle Maxwellschen Gleichungen!) Da wir nur die Felder in großer Entfernung ermitteln wollen, brauchen wir lediglich $\mathbf{E}$ zu berechnen. Das Feld $\mathbf{B}$ erhalten wir dann aus unseren Ergebnissen für ebene Wellen.

Betrachten Sie eine Zeit t, die groß gegenüber Δt sei. An solchen Stellen, deren Entfernung r vom Ursprung mehr als ct beträgt, ist die „Nachricht" von der Beschleunigung noch nicht eingetroffen, der Knick ist also noch nicht angekommen. Solche Stellen hingegen, wo r kleiner als $c(t-\Delta t)$ ist, hat der Knick schon passiert, und das elektrische Feld ist das einer Ladung, die sich mit konstanter Geschwindigkeit v bewegt. Dieses Feld ist immer von der „gegenwärtigen Lage" der Ladung Q weg gerichtet. Bewegt sich die Ladung Q mit gleichförmiger Geschwindigkeit v, so erzeugt sie in einem festen Beobachtungspunkt, der von ihrem augenblicklichen Ort um die Strecke r' entfernt ist, ein bestimmtes elektrisches Feld, das im Band 2, Abschnitt 5.6, hergeleitet wird. Im Beobachtungspunkt ist seine Richtung die der Verbindungslinie zwischen dem augenblicklichen Ort der Ladung und diesem Punkt. Der Betrag dieses elektrischen Feldes lautet

$$E = \frac{1}{4\pi\epsilon_0}\frac{Q}{r'^2}\frac{1-\beta^2}{(1-\beta^2\sin^2\theta)^{3/2}}. \qquad (7.122)$$

Dabei gilt $\beta = v/c$; θ ist der Winkel, den die Geschwindigkeit v mit der Verbindungslinie zwischen dem augenblicklichen Ort von Q und dem festen Aufpunkt einschließt. Wir werden uns nur mit solchen Fällen befassen, in denen v sehr klein gegenüber c ist, wie etwa bei der Emission sichtbaren Lichts durch Atome, wo v/c von der Größenordnung $\frac{1}{137}$ ist. Dann erhalten wir eine gute Näherung, wenn wir in Gl. (7.122) $\beta = 0$ setzen.[1])

Somit erhalten wir im Falle einer Ladung, die sich mit konstanter Geschwindigkeit $v \ll c$ bewegt, das elektrische Feld in einem entfernten Aufpunkt einfach als

$$\mathbf{E}' = \frac{1}{4\pi\epsilon_0}\frac{Q\hat{\mathbf{r}}'}{\mathbf{r}'^2}. \qquad (7.123)$$

Dabei ist $\mathbf{r}' = r'\hat{\mathbf{r}}'$ der Ortsvektor vom augenblicklichen Ort der Ladung Q zu dem festen Aufpunkt.

Nun interessieren wir uns für das elektrische Feld in dem Knick, der sich mit Lichtgeschwindigkeit ausbreitet. Dieses Feld erhalten wir mit Hilfe des Gaußschen Gesetzes: Das unmittelbar vor dem Knick befindliche Feld (Gl. (7.121)) muß an das unmittelbar dahinterliegende Feld (Gl. (7.123)) so „anschließen", daß der elektrische Kraftfluß (das Oberflächenintegral von $\mathbf{E}$) erhalten bleibt (siehe Band 2, Abschnitt 5.7).

Betrachten wir nun eine Zeit t, die lang gegenüber Δt sei. Dann können wir die Strecke $\frac{1}{2}a(\Delta t)^2$, die die Ladung in der Zeit Δt zurücklegte, gegenüber der viel längeren Strecke vt vernachlässigen, die sich mit konstanter Geschwindigkeit durchmessen hat. Wir betrachten ferner einen Aufpunkt, dessen vom Ursprung aus gemessener Ortsvektor $\mathbf{r}$ mit dem Geschwindigkeitsvektor $\mathbf{v}$ einen Winkel θ einschließe. Die Zeit t sei so gewählt, daß der Knick den Aufpunkt gerade zum Zeitpunkt t zu passieren beginne. Folglich gilt $r = ct$. Betrachten Sie nun r' am Ende des Knicks. Wegen $v \ll c$ ist die von der Ladung zurückgelegte Entfernung vt sehr klein gegenüber $r = ct$. Daher ist $\hat{\mathbf{r}}'$ im wesentlichen parallel zu $\hat{\mathbf{r}}$, die Strecke r' ist also im wesentlichen gleich

$$r' = r - vt\cos\theta = r\left(1 - \frac{v}{c}\cos\theta\right) \approx r \qquad (7.124)$$

wegen $v/c \ll 1$. Die geometrischen Verhältnisse sind in Bild 7.8 dargestellt.

Das Feld in dem vom Knick eingenommenen Raumbereich sei $\mathbf{E}$. Wir zerlegen es in eine transversale und in eine longitudinale Komponente, von denen die erste senkrecht, die zweite parallel zur Ausbreitungsrichtung, der Richtung von $\hat{\mathbf{r}}$, steht. Ihre Beträge seien $E_\perp$ bzw. $E_\parallel$. Aus dem Satz von der Erhaltung des elektrischen Kraftflusses folgt die Stetigkeit der Feldlinien. Daher kann man das Verhältnis der transversalen Komponente $E_\perp$ zur longitudinalen Komponente $E_\parallel$ einfach aus Bild 7.8 ablesen. Das rechtwinklige Dreieck, dessen Hypothenuse das elektrische Feld $\mathbf{E}$ im Knick ist und dessen Kathetenlängen $E_\perp$ und $E_\parallel$ betragen, ist dem rechtwinkligen Dreieck mit den Kathetenlängen $v_\perp t$ und $c\Delta t$ ähnlich. Aus Bild 7.8 folgt also die Beziehung

$$\frac{E_\perp}{E_\parallel} = \frac{v_\perp t}{c\Delta t} \qquad (7.125)$$

oder, da $v_\perp$ gleich $a_\perp \Delta t$ und t gleich r/c ist,

$$\frac{E_\perp}{E_\parallel} = \frac{(a_\perp\Delta t)(r/c)}{c\Delta t} = a_\perp\frac{r}{c^2}. \qquad (7.126)$$

Dabei bedeutet $a_\perp$ den Betrag der transversalen Komponente der Beschleunigung a.

Es fehlt uns noch die longitudinale Komponente $E_\parallel$ von $\mathbf{E}$ im Inneren des Knicks. Diese finden wir, indem wir das Gaußsche Gesetz auf das kleine „pillenschachtelförmige" Volumen in Bild 7.9 anwenden. Im Inneren der „Pillenschachtel" befindet sich keine Ladung, so daß der eintretende elektrische Kraftfluß gleich dem austretenden sein muß. Wir wählen sie so, daß der eintretende Kraftfluß gleich $E_\parallel$ mal der Eintrittsfläche ist. Dann ist der austretende Kraftfluß gleich einer ebenso großen Fläche mal dem radialen Feld E_r unmittelbar vor dem Knick. Aufgrund von Bild 9.7 schließen wir, daß $E_\parallel$ und E_r gleich groß sind. Da aber E_r gemäß Gl. (7.121) proportional $1/r^2$ ist, gilt

$$E_\parallel = E_r = \frac{1}{4\pi\epsilon_0}\frac{Q}{r^2}. \qquad (7.127)$$

Wendet man am Ende des Knicks die Methode der „Pillenschachtel" ebenfalls an, so findet man, daß $E_\parallel$ gleich dem durch Gl. (7.123) angegebenen E_r' sein muß. Doch da r'

---

[1]) Der allgemeine Fall mit beliebigem $v(v \leq c)$ wird von *J. R. Tessman* und *J. T. Finnell, Jr. in Am. J. Phys.* **35**, 523 (1967) behandelt.

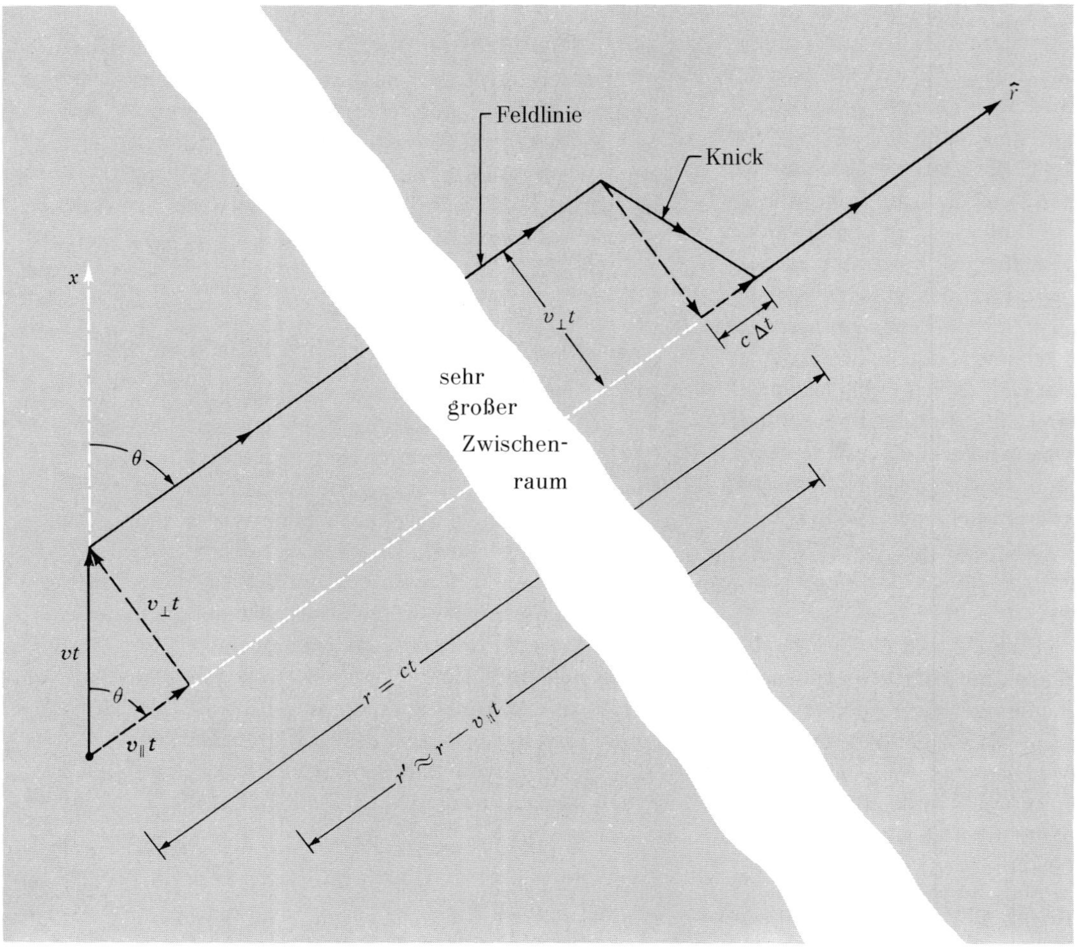

Bild 7.8. Feld einer beschleunigten Punktladung. Der Knick der elektrischen Feldlinie breitet sich mit der Geschwindigkeit c aus. Im Bild sind die Verhältnisse für den Fall $t \gg \Delta t$ und $v (= a\Delta t) \ll c$ dargestellt. Der Einheitsvektor $\hat{\mathbf{r}}$ hat die Richtung der Verbindungslinie zwischen Q und dem Aufpunkt. Die zu $\hat{\mathbf{r}}$ senkrechte Komponente von $\mathbf{v}$ ist mit $\mathbf{v}_\perp$, die parallele mit $\mathbf{v}_\parallel$ bezeichnet.

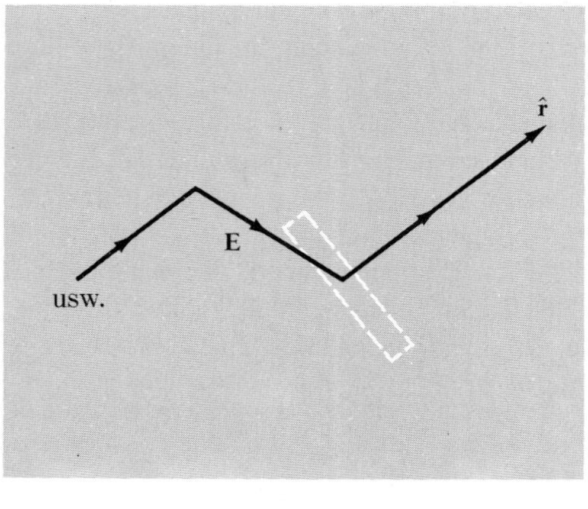

Bild 7.9. Elektrisches Feld $\mathbf{E}$ im Knick. Die gestrichelte weiße Linie deutet eine gedachte Integrationsfläche an, die zur Anwendung des Gaußschen Gesetzes dient.

und r gemäß Gl. (7.124) im wesentlichen gleich sind, ist $E_\mathbf{r}'$ gleich $E_\mathbf{r}$. Folglich erhalten wir wieder Gl. (7.127). Gl. (7.125) läßt sich ebenfalls mit der Methode der Pillenschachtel herleiten. Unsere einfachere Methode, das bloße „Ablesen" der Richtung von $\mathbf{E}$ im Knick, ist der Methode der Pillenschachtel äquivalent, wie Sie leicht zeigen können (Übung 16).

Fernfeld. Durch Kombination der Gln. (7.126) und (7.127) finden wir für den Betrag des transversalen Feldes im Knick den Ausdruck

$$E_\perp = a_\perp \frac{r}{c^2} \quad E_\parallel = a_\perp \frac{r}{c^2} \frac{1}{4\pi\epsilon_0} \frac{Q}{r^2} = \frac{1}{4\pi\epsilon_0} \frac{Qa_\perp}{rc^2}. \tag{7.128}$$

Nun wollen wir auch die Richtung von $\mathbf{E}_\perp$ berücksichtigen. Dazu bemerken wir mit Hilfe von Bild 7.8, daß $\mathbf{E}_\perp$ im

Punkte **r** zur Zeit t in die negative Richtung von $\mathbf{a}_\perp$ zum früheren Zeitpunkt t' weist, wobei $t' = t - (r/c)$. Wir bezeichnen $\mathbf{E}_\perp$ mit einem eigenen Namen als *Fernfeld* $\mathbf{E}_{\text{fern}}$.

$$\mathbf{E}_{\text{fern}}(\mathbf{r}, t) = -\frac{1}{4\pi\epsilon_0}\,\frac{Q\mathbf{a}_\perp(t')}{rc^2},$$
$$t' = t - \frac{r}{c}. \qquad (7.129)$$

Beachten Sie, daß die longitudinale (radiale) Komponente von **E** im Knick dieselbe ist wie vor und hinter dem Knick, weshalb sie keine „Nachricht" übermittelt. Sie stellt also keine „Strahlung" dar und gehört zu keiner laufenden Welle. Wir bezeichnen nur das transversale Feld im Knick als „Fernfeld", denn ein Nachweisgerät, das nur auf das radiale elektrische Feld anspricht, würde den Knick überhaupt nicht feststellen. Dieses Ergebnis war aufgrund unserer Aussagen über ebene Wellen in Abschnitt 7.4 zu erwarten. Dort lernten wir, daß die longitudinalen Komponenten von **E** und **B** in einer ebenen Welle räumlich und zeitlich konstant und daher nicht als Teile der Welle zu betrachten sind. Bei unserem gegenwärtigen Beispiel behandeln wir zwar die von einer Punktladung emittierte Strahlung, doch erwarten wir, daß sich die Felder an einer entfernten Stelle **r** innerhalb eines Raumbereichs, der transversal zu $\hat{\mathbf{r}}$ beschränkt ist, wie die Felder in einer ebenen Welle verhalten. Wir machen die kühne Annahme, daß wir noch andere Ergebnisse für ebene laufende Wellen übernehmen dürfen, nämlich daß **B** und **E** aufeinander und auf der Ausbreitungsrichtung $\hat{\mathbf{r}}$ senkrecht stehen und daß die Beträge von **B** und **E** zu jedem Zeitpunkt und an jedem Ort gleich groß sind.

Verallgemeinerung für eine beliebige (nichtrelativistische) Punktladung. Nehmen Sie an, wir hätten eine Punktladung Q, die irgendeine komplizierte dreidimensionale Bewegung ausführe. Diese Bewegung wollen wir als „beliebig" bezeichnen, doch muß sie immer unsere Annahme $v \ll c$ erfüllen. Der Einfachheit halber nehmen wir ferner an, daß sich Q stets in der Umgebung des Koordinatenursprungs aufhalte. So könnte Q etwa ein Elektron in einer entfernten Radioantenne oder in einem entfernten Atom sein.
Wann sagen wir, daß sich die Ladung Q in der „Umgebung" des Ursprungs aufhält und der Aufpunkt „entfernt" ist? Wenn der Ortsvektor $\mathbf{r}'$ vom augenblicklichen Ort von Q zu dem festen Aufpunkt bezüglich seiner Richtung und Länge als nahezu konstant angesehen werden darf. Folglich kann ein „entferntes" Atom vom Aufpunkt etwa 10^{-7} m entfernt sein, denn der Radius der von einem Atom eingenommenen „Umgebung" beträgt etwa 10^{-10} m. Eine Radioantenne von 10 m Länge müßte, um ebenso weit „entfernt" zu sein, in ungefähr 10000 m Entfernung aufgestellt werden.

Wie sieht das Fernfeld unserer „beliebig" bewegten Ladung in einem entfernten Aufpunkt aus? Gl. (7.129) wurde für eine besonders einfache Bewegung hergeleitet, bei der die Ladung während einer kurzen Zeit Δt beschleunigt wird und sich dann mit konstanter Geschwindigkeit weiterbewegt. Wir haben entdeckt, daß das Fernfeld, das dadurch im Aufpunkt zum Zeitpunkt t erzeugt wird, ausschließlich von der transversalen Beschleunigungskomponente $\mathbf{a}_\perp(t')$ zum „retardierten Zeitpunkt" $t' = t - (r/c)$ herrührt. Ist nun die Bewegung mit einer fortwährend (aber stetig) sich verändernden Beschleunigung verbunden, so können wir den Betrag und die Richtung von $\mathbf{a}(t')$ während eines hinreichend kurzen Zeitintervalls $\Delta t'$ als konstant ansehen. Daher erzeugt die Beschleunigung $\mathbf{a}(t')$ während $\Delta t'$ in einem entfernten Aufpunkt ein Fernfeld gemäß Gl. (7.129), das den Aufpunkt während eines Zeitintervalls Δt passiert. Doch nun stoßen wir auf eine Schwierigkeit. Für den „retardierten Zeitpunkt" t', zu dem die Beschleunigung auftritt, gilt

$$t' = t - \frac{r'}{c}. \qquad (7.130)$$

Die Strahlung, die von Q während des Zeitintervalls $\Delta t'$ emittiert wurde, passiert den Aufpunkt während eines Zeitintervalls Δt:

$$\Delta t = \Delta\left(t' + \frac{r'}{c}\right) = \Delta t' + \frac{\Delta r'}{c}. \qquad (7.131)$$

Dabei ist $\Delta r'$ die Änderung des Abstands zwischen der Ladung Q und dem Aufpunkt, die während des Zeitintervalls $\Delta t'$ eintritt. Wir sehen, daß Δt im allgemeinen ungleich $\Delta t'$ ist. Zu einem bestimmten Zeitpunkt t „überlappen" sich daher im Aufpunkt solche Anteile des Fernfeldes, die zu verschiedenen retardierten Zeitpunkten ausgesandt wurden.

Vermeidung der „Überlappung". Diesen allgemeinen Fall wollen wir nicht untersuchen. Nun stellen wir fest, daß $\Delta r'$ gleich der longitudinalen Komponente der Geschwindigkeit mal $\Delta t'$ ist. Daher können wir in Gl. (7.131) für $v \ll c$ in guter Näherung $\Delta r'$ vernachlässigen:

$$\begin{aligned}\Delta t &= \Delta t' + \frac{(\Delta r')}{c}\\ &= \Delta t' + \frac{(v_\parallel \Delta t')}{c}\\ &\approx \Delta t' \qquad \text{für} \quad \frac{v_\parallel}{c} \ll 1.\end{aligned} \qquad (7.132)$$

Für $v \ll c$ ist also die Überlappung zwischen Δt und $\Delta t'$ vernachlässigbar. Dann hängt die zum Zeitpunkt t festgestellte Strahlung mit der zu einem einzigen *retardierten Zeitpunkt* t' auftretenden transversalen Beschleunigung eineindeutig zusammen. In diesem Falle wird das Fernfeld $\mathbf{E}_{\text{fern}}(\mathbf{r}, t)$ für alle t durch Gl. (7.129) beschrieben.

Ist E bekannt, so kennt man auch B. Ab jetzt nehmen wir an, daß in einem entfernten Aufpunkt Gl. (7.129) gelte, wobei **r** im wesentlichen konstant sei. Ferner werde $\mathbf{B}_{\text{fern}}$ durch den Zusammenhang bestimmt, der bei einer ebenen Welle gilt. Somit erhalten wir, wenn wir bei den Fernfeldern den Index „fern“ weglassen, die Beziehung

$$c\,\mathbf{B}(\mathbf{r}, t) = \hat{\mathbf{r}} \times \mathbf{E}(\mathbf{r}, t). \tag{7.133}$$

Die von einer Punktladung emittierte Energie. In einem entfernten Aufpunkt hat der Poynting-Vektor (der Vektor der Energieflußdichte) die Form (beachten Sie wieder $\epsilon_0 \mu_0 = c^{-2}$)

$$\begin{aligned} \mathbf{S}(\mathbf{r}, t) &= \frac{1}{\mu_0} \mathbf{E} \times \mathbf{B} \\ &= \frac{1}{\mu_0 c} [\mathbf{E}(\mathbf{r}, t)]^2 \hat{\mathbf{r}} \\ &= \frac{1}{\mu_0 c} \left[\frac{1}{4\pi\epsilon_0} \frac{-Q\mathbf{a}_\perp(t')}{rc^2} \right]^2 \hat{\mathbf{r}} \\ &= \frac{1}{4\pi\epsilon_0} \frac{Q^2}{c^3} [\mathbf{a}_\perp(t')]^2 \frac{\hat{\mathbf{r}}}{4\pi r^2} \end{aligned} \tag{7.134}$$

und die Dimension W/m^2. Betrachten Sie nun eine infinitesimale Fläche dA, die sich im Aufpunkt $\mathbf{r}$ befinde und senkrecht zu $\mathbf{r}$ orientiert sei. Die durch diese Fläche hindurchtretende Leistung dP ist gleich dem Betrage des Poynting-Vektors $\mathbf{S}$ mal der Fläche dA. Der Buchstabe d deutet darauf hin, daß wir die *infinitesimale* Leistung betrachten, die durch das Flächenelement dA hindurchtritt:

$$\begin{aligned} dP(\mathbf{r}, t) &= |\mathbf{S}(r, t)|\, dA \\ &= \frac{1}{4\pi\epsilon_0} \frac{Q^2}{c^3} \mathbf{a}_\perp^2(t') \frac{dA}{4\pi r^2}. \end{aligned} \tag{7.135}$$

Der Winkel zwischen $\mathbf{a}(t')$ und $\mathbf{r}$ sei $\theta(t')$. Dabei ist $\mathbf{a}(t')$ die augenblickliche retardierte Beschleunigung und $\mathbf{r}$ der Ortsvektor konstanter Richtung, der aus der Umgebung von Q zum Aufpunkt weist. Gemäß Bild 7.8 erhalten wir dann

$$\mathbf{a}_\perp^2(t') = \mathbf{a}^2(t') \sin^2\theta(t'). \tag{7.136}$$

Somit kann Gl. (7.135) in der Form

$$dP(\mathbf{r}, t) = \frac{1}{4\pi\epsilon_0} \frac{Q^2}{c^3} \mathbf{a}^2(t') \sin^2\theta(t') \frac{dA}{4\pi r^2} \tag{7.137}$$

geschrieben werden.

Die nach allen Richtungen emittierte momentane Gesamtleistung. Halten wir nun t' fest und integrieren wir dP über alle Richtungen $\hat{\mathbf{r}}$, also über die Oberfläche einer Kugel vom Radius r. Träte der Faktor $\sin^2\theta(t')$ nicht auf, so könnten wir die Integration auf triviale Weise ausführen, indem wir einfach die infinitesimale Fläche dA durch die Gesamtfläche $4\pi r^2$ der Kugel ersetzen. Der erwähnte Faktor ist jedoch da, weshalb wir seine Änderung berücksichtigen müssen. Wir integrieren ja über verschiedene infinitesimale Flächen dA in verschiedenen Aufpunkten, die über die Kugel verteilt sind. Also gilt

$$P(t) = \frac{1}{4\pi\epsilon_0} \frac{Q^2}{c^3} \mathbf{a}^2(t') \overline{\sin^2\theta(t')}, \qquad t' = t - \frac{r}{c}, \tag{7.138}$$

wobei

$$\overline{\sin^2\theta(t')} \equiv \int \sin^2\theta(t') \frac{dA}{4\pi r^2}. \tag{7.139}$$

Zur Berechnung dieses Integrals kann man die in Bild 7.10 erläuterten *Kugelkoordinaten* benutzen. Das Differential dA ist die Fläche eines infinitesimalen Rechtecks mit den Seitenlängen $r d\theta$ und $r \sin\theta\, d\varphi$. Somit folgt

$$\frac{dA}{r^2} = \frac{(r\,d\theta)(r\sin\theta\,d\varphi)}{r^2} = d\theta \sin\theta\, d\varphi. \tag{7.140}$$

Sie können leicht zeigen (Übung 40), daß

$$\overline{\sin^2\theta(t')} = \tfrac{2}{3} \tag{7.141}$$

gilt.

Wir leiten nun Gl. (7.141) kurz her. Der Vektor $\mathbf{r}$ hat längs der „Polarachse“, die wir als z-Achse bezeichnen wollen, die Komponente $r\cos\theta$. Daher gilt $z = r\cos\theta$. Mitteln wir z^2 über alle Richtungen θ und bleiben wir auf einer Kugel (halten wir also r fest), so muß dasselbe Ergebnis herauskommen wie für den Mittelwert von x^2

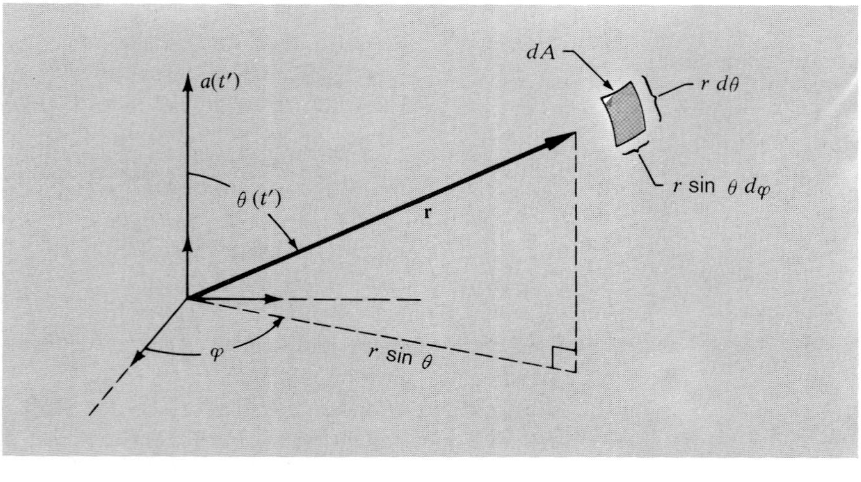

Bild 7.10
Kugelkoordinaten. Die infinitesimale Fläche, die am Ende des Radiusvektors $\mathbf{r}$ liegt und senkrecht zu diesem orientiert ist, hat den Betrag $r^2 d\varphi \sin\theta\, d\theta$.

oder y^2. In jedem Punkt gilt aber $x^2 + y^2 + z^2 = r^2$, weshalb

$$\overline{r^2} = r^2 = \overline{x^2 + y^2 + z^2} = \overline{x^2} + \overline{y^2} + \overline{z^2}$$
$$= 3\,\overline{z^2} = 3\,r^2\,\overline{\cos^2\theta}.$$

Daher

$$\overline{\cos^2\theta} = \frac{r^2}{3\,r^2} = \tfrac{1}{3};$$
$$\overline{\sin^2\theta} = \overline{1 - \cos^2\theta} = 1 - \tfrac{1}{3} = \tfrac{2}{3}. \qquad (7.142)$$

Eine berühmte Gleichung für die emittierte Leistung. Setzen wir den soeben gebildeten Mittelwert von $\sin^2\theta(t')$ in Gl. (7.138) ein, so erhalten wir

$$\boxed{P(t) = \frac{1}{4\pi\epsilon_0}\,\frac{2}{3}\,\frac{Q^2}{c^3}\,\mathbf{a}^2(t'), \qquad t' = t - \frac{r}{c}.} \qquad (7.143)$$

Durch eine Kugel vom Radius r_1 tritt zum Zeitpunkt t_1 eine bestimmte Leistung nach außen. Diese ist gemäß Gl. (7.143) gleich der Leistung, die durch irgendeine andere Kugel vom Radius r_2 zu einem Zeitpunkt t_2 austritt, der zu demselben retardierten Zeitpunkt t' gehört. Dies bedeutet nichts anderes, als daß die Energie erhalten bleibt und mit Lichtgeschwindigkeit nach außen wandert. Beachten Sie, daß dieses Ergebnis deshalb herauskommt, weil das Fernfeld sich mit r^{-1} ändert. Dann nimmt nämlich die austretende Energieflußdichte $|\mathbf{S}|$ mit r^{-2} ab; die Energie ist aber über eine Kugel verteilt, deren Oberfläche bekanntlich proportional r^2 ist. Bei der Multiplikation heben sich die beiden Faktoren r^{-2} und r^2 auf. Daher ist die gesamte hinausgehende Leistung auf einer Kugel, deren Radius mit Lichtgeschwindigkeit anwächst, konstant.

Fernfelder und „Nahfelder“. Eine bewegte Ladung erzeugt zeitlich veränderliche elektrische und magnetische Felder. Die exakte Lösung zeigt, daß unter diesen nicht nur die mit r^{-1} abnehmenden „Fernfelder“, sondern auch weitere Felder auftreten, die zu r^{-2} und r^{-3} proportional sind. In hinreichend geringen Entfernungen überwiegen diese zeitlich veränderlichen r^{-2}- und r^{-3}-Felder, die auch als „Nahfelder“ bezeichnet werden. In der „Nahzone“ einer Radioantenne oder eines Atoms sind diese Felder von Wichtigkeit, in hinreichend großen Entfernungen r kann man sie jedoch gegenüber dem zu r^{-1} proportionalen Fernfeld vernachlässigen. Z.B. liefern sie in größeren Entfernungen keinerlei Nettobeitrag zu der hinausgehenden Leistung, wohl aber erzeugen sie in der Nahzone einen Beitrag zum Poynting-Vektor $\mathbf{S}(r, t)$. Sie bewirken einen Energiestrom, der zeitweise nach innen, zeitweise nach außen gerichtet ist, ähnlich wie in einer stehenden Welle. Eine schwingende Punktladung erzeugt also keine „reine“ auslaufende Kugelwelle, sondern einen Mischtyp aus laufenden und stehenden Wellen. Dabei überwiegen die stehenden Wellen in kleinen, die laufenden Wellen hingegen in großen Entfernungen. Ein entferntes Nachweisgerät wird nur durch die laufenden, ein in der Nähe befindliches sowohl durch die stehenden als auch durch die laufenden Wellen beeinflußt.

Definition des Raumwinkels. Eine infinitesimale Fläche dA befinde sich im Aufpunkt $\mathbf{r}$ und sei senkrecht zu $\mathbf{r}$ orientiert. Der *infinitesimale Raumwinkel* $d\Omega$, der von dA bezüglich des Ursprungs aufgespannt wird, ist als

$$d\Omega = \frac{dA}{r^2} \qquad (7.144)$$

definiert. Er wird in dimensionslosen Einheiten, Steradiant oder kurz sr, gemessen. Betrachten Sie nun eine Kugel vom Radius r, deren Mittelpunkt im Ursprung liege. Ihre Oberfläche setzt sich aus vielen infinitesimalen Flächenelementen zusammen. Jedes von diesen ist senkrecht zum Radiusvektor orientiert, der es mit dem Ursprung verbindet. Daher kann man jedem infinitesimalen Flächenelement einen infinitesimalen Raumwinkel zuordnen. Den vollen von der Kugel aufgespannten Raumwinkel erhält man durch Aufsummieren aller infinitesimalen Raumwinkel, er ist also gleich der Gesamtoberfläche der Kugel dividiert durch r^2:

$$\Omega = \int d\Omega = \int \frac{dA}{r^2} = \frac{4\pi r^2}{r^2} = 4\pi\,\mathrm{sr}. \qquad (7.145)$$

Wir bringen noch eine andere Herleitung der Gl. (7.145). Gemäß Gl. (7.140) lautet der infinitesimale Raumwinkel $d\Omega$ in Kugelkoordinaten

$$d\Omega = d\varphi \sin\theta\, d\theta \qquad (7.146)$$

mit positivem $d\varphi$ und $d\theta$ oder

$$d\Omega = d\varphi\, d(\cos\theta), \qquad (7.147)$$

wobei $d\varphi$ und $d(\cos\theta)$ positiv sind. Die Variable φ läuft von Null weg bis 2π, die Variable θ von Null bis π und die Variable $\cos\theta$ von -1 bis $+1$. Der volle Raumwinkel, der von einer den Ursprung umschließenden Fläche aufgespannt wird, lautet

$$\Omega = \int d\Omega = \int_0^{2\pi} d\varphi \int_{-1}^{+1} d(\cos\theta) = (2\pi)\cdot 2 = 4\pi\,\mathrm{sr}. \qquad (7.148)$$

Die Leistung, die in den infinitesimalen Raumwinkel $d\Omega$ hinausgestrahlt wird. Mit Hilfe der Definition des Raumwinkels können wir Gl. (7.137) in der einfacheren Form

$$dP(\mathbf{r}, t) = \frac{1}{4\pi\epsilon_0}\,\frac{Q^2}{c^3}\,\mathbf{a}^2(t')\sin^2\theta(t')\,\frac{d\Omega}{4\pi} \qquad (7.149)$$

schreiben.

Elektrische Dipolstrahlung. Führt Q längs einer festen Richtung $\hat{\mathbf{x}}$ eine harmonische Bewegung aus, so wird die emittierte Strahlung als elektrische Dipolstrahlung bezeichnet. In diesem Falle gilt

$$x(t') = x_0 \cos \omega t'$$
$$\mathbf{a}(t') = \hat{\mathbf{x}}\ddot{x}(t') = -\omega^2 \hat{\mathbf{x}} x(t'). \qquad (7.150)$$

Der über eine Schwingung gebildete Mittelwert der Leistung, die in dem Raumwinkel $d\Omega$ emittiert wird, lautet

$$dP(\mathbf{r}) = \frac{1}{4\pi\epsilon_0} \frac{Q^2}{c^3} \langle \mathbf{a}^2(t') \rangle \sin^2\theta \frac{d\Omega}{4\pi}$$
$$= \frac{1}{4\pi\epsilon_0} \frac{Q^2}{c^3} \omega^4 \langle x^2(t') \rangle \sin^2\theta \frac{d\Omega}{4\pi}. \qquad (7.151)$$

Den zeitlichen Mittelwert der gesamten, in alle Richtungen emittierten Leistung erhalten wir durch Integration über den vollen Raumwinkel. Dazu ersetzen wir in Gl. (7.151) einfach $d\Omega$ durch $\Omega = 4\pi$ und $\sin^2\theta$ durch seinen Mittelwert $\frac{2}{3}$:

$$P = \frac{1}{4\pi\epsilon_0} \frac{2}{3} \frac{Q^2}{c^3} \omega^4 \langle x^2(t') \rangle. \qquad (7.152)$$

Natürliche Linienbreite des von einem Atom emittierten Lichts. Mit Hilfe von Gl. (7.152) erhalten wir eine einfache klassische Abschätzung der Abklingzeit eines Atoms, das bei freier Rückkehr in den Grundzustand elektrische Dipolstrahlung emittiert. Es ist äußerst bemerkenswert, daß das Ergebnis mit den experimentell beobachteten Werten übereinstimmt, obwohl wir bei seiner Herleitung niemals explizit die Quantentheorie verwenden werden.

Wir betrachten ein einfaches klassisches Atommodell. Danach besteht das Atom aus einem „Elektron" der Ladung $Q = -e$ und der Masse m, das mittels einer Feder der Federkonstanten $m\omega_0^2$ an einen schweren „Kern" gebunden ist. Erteilt man dem Atom zur Zeit Null die Anregungsenergie E_0, so führt es eine schwach gedämpfte harmonische Bewegung mit der Kreisfrequenz ω_0 aus. (Dabei vernachlässigen wir die geringe Frequenzänderung, die durch die Dämpfung verursacht wird. Wir machen uns also nicht die Mühe, $\omega_1^2 = \omega_0^2 - \frac{1}{4}\Gamma^2$ statt ω_0^2 zu verwenden.) Die Energie des Atoms lautet

$$E(t) = E_0 e^{-t/\tau}. \qquad (7.153)$$

Der Kehrwert $1/\tau$ der Abklingzeit ist gleich der relativen Energieabnahme pro Zeiteinheit:

$$\frac{1}{E}\left[-\frac{dE}{dt}\right] = \frac{1}{\tau}. \qquad (7.154)$$

Die Energie $E(t)$ lautet

$$E(t) = \tfrac{1}{2} m\omega_0^2 x^2(t) + \tfrac{1}{2} m\dot{x}^2(t). \qquad (7.155)$$

Wir dürfen die während einer Schwingung auftretende Änderung von $E(t)$ vernachlässigen und die augenblicklichen Größen auf der rechten Seite von Gl. (7.155) durch ihre zeitlichen Mittelwerte ersetzen:

$$E(t) = \tfrac{1}{2} m\omega_0^2 \langle x^2(t) \rangle + \tfrac{1}{2} m \langle \dot{x}^2(t) \rangle$$
$$= \tfrac{1}{2} m\omega_0^2 \langle x^2 \rangle + \tfrac{1}{2} m\omega_0^2 \langle x^2 \rangle,$$

d.h.,

$$E(t) = m\omega_0^2 \langle x^2 \rangle. \qquad (7.156)$$

Nun nehmen wir an, daß die Dämpfung ausschließlich von dem Energieverlust herrühre, der durch die Emission elektromagnetischer Strahlung verursacht wird. Dabei handelt es sich um elektrische Dipolstrahlung, deren Leistung durch Gl. (7.152) angegeben wird:

$$-\frac{dE}{dt} = P = \frac{1}{4\pi\epsilon_0} \frac{2}{3} \frac{e^2}{c^3} \omega_0^4 \langle x^2 \rangle. \qquad (7.157)$$

Durch Kombination der Gln. (7.154), (7.156) und (7.157) erhalten wir die *natürliche Linienbreite* des von einem Atom emittierten Lichts:

$$\Delta\omega = \frac{1}{\tau} = \frac{P}{E} = \frac{1}{4\pi\epsilon_0} \frac{2}{3} \frac{e^2}{c^3} \frac{\omega_0^2}{m}. \qquad (7.158)$$

Dabei haben wir berücksichtigt, daß die Halbwertsbreite, die im Fourierspektrum der Strahlung eines gedämpften Oszillators auftritt, gleich dem Kehrwert der Abklingzeit ist. Gl. (7.158) gilt für die Strahlung jedes gedämpften elektrischen Dipols, dessen Dämpfung ausschließlich durch Strahlungsverluste verursacht wird. Bei einem Atom, das sichtbares Licht emittiert, können wir folgende Werte annehmen: $\lambda_0 = 500\,\text{nm} = 5 \cdot 10^{-7}\,\text{m}$, $\nu_0 = c/\lambda_0 = (3 \cdot 10^8)/(5 \cdot 10^{-7}) = 6 \cdot 10^{14}\,\text{Hz}$. Für e und m setzen wir die Elementarladung $e = 1{,}6 \cdot 10^{-19}\,\text{C}$ bzw. die Elektronenmasse $m = 0{,}91 \cdot 10^{-30}\,\text{kg}$ ein.

Somit erhalten wir

$$\tau = 4\pi\epsilon_0 \frac{3}{2} \frac{c^3}{e^2} \frac{m}{\omega_0^2}$$
$$= \frac{1}{9 \cdot 10^9} \cdot \frac{3}{2} \frac{(3 \cdot 10^8)^3}{(1{,}6 \cdot 10^{-19})^2} \frac{0{,}91 \cdot 10^{-30}}{(2\pi)^2 (6 \cdot 10^{14})^2}\,\text{s}$$
$$\approx 4{,}5 \cdot 10^{-8}\,\text{s}. \qquad (7.159)$$

Wir sollten uns merken, daß die Abklingzeit frei in den Grundzustand zurückkehrender Atome, die sichtbares Licht emittieren, $\tau \sim 10^{-8}$ s beträgt.

Wir werfen nun eine Frage auf, zu deren Beantwortung wir unsere Ergebnisse für die Dipolstrahlung heranziehen können:

Warum ist der Himmel blau? Wir wollen nun untersuchen, wie ein einzelnes Luftatom in Abhängigkeit von der Frequenz das Sonnenlicht in Ihre Augen streut. Es wird sich herausstellen, daß Blau stärker als Rot gestreut wird. Dies ist der Grund für das Blau des Himmels. (Sonnenuntergänge sind deshalb rot, weil das Blau weitgehend ausgeschieden wird und das Rot übrigbleibt.) Sie können diesen Farbeffekt auf folgende Weise leicht selbst demonstrieren: Nehmen Sie eine Glasschale oder einen Glaskrug voll Wasser, geben Sie einige Milchtropfen hinein und rühren Sie um. Wenn Sie nun das Wasser mit einer Taschenlampe geeignet anleuchten, so läßt sich der durch das Wasser gehende Strahl auf zwei Arten beobachten: Entweder können Sie ihn aufgrund der Streuung an den suspendierten Milchmolekülen von der Seite betrachten, oder aber Sie blicken durch das Wasser hindurch geradewegs auf die Taschenlampe. Beachten Sie die Blautönung des gestreuten Lichts – sie entspricht dem Blau des Himmels. Beim durchgehenden Licht werden Sie hingegen eine rote Färbung feststellen – diese entspricht dem Sonnenuntergang. Den Effekt allmählich dichter werdenden Nebels können Sie simulieren, indem Sie weitere Milch beigeben, aber immer nur wenige Tropfen auf einmal.

Betrachten Sie ein Elektron in einem „klassischen Milchmolekül". Es werde durch das elektrische Feld der laufenden elektromagnetischen Welle, die von der Taschenlampe erzeugt wird, erregt und befinde sich im stationären Zustand. Verläuft der Strahl der Taschenlampe in der Richtung von $\hat{\mathbf{z}}$, so hat das elektrische Feld in der laufenden Welle nur eine x- und eine y-Komponente. Wir wollen uns darauf beschränken, die x-Komponente des elektrischen Feldes im Strahl der Taschenlampe zu betrachten; für die y-Komponente erhält man analoge Ergebnisse. Betrachten wir ferner nur eine einzige Farbe, also eine einzige Partialwelle des „weißen" Lichts. (Dieses enthält sowohl Frequenzen im sichtbaren Bereich als auch solche, die wir mit unseren Augen nicht unmittelbar feststellen können.) Dann lautet das elektrische Feld $E_x(t)$ am Orte der Milchmoleküle

$$E_x = E_0 \cos \omega t. \tag{7.160}$$

Nehmen Sie an, ein „Elektron" des Milchmoleküls sei mittels einer Feder der Federkonstanten $m\omega_0^2$ an den „Milchkern" gebunden. Wir wollen die Dämpfung vernachlässigen, nehmen also an, daß die erregende Frequenz ω nicht in der Nähe der Eigenfrequenz ω_0 liege. Dann lautet die Bewegungsgleichung des Elektrons

$$m\ddot{x} = -m\omega_0^2 + QE_x. \tag{7.161}$$

Im stationären Zustand beschreibt $x(t)$ eine harmonische Schwingung mit der Kreisfrequenz ω. Daher gilt $\ddot{x}(t) = -\omega^2 x(t)$, und Gl. (7.161) liefert

$$-m\omega^2 x(t) = -m\omega_0^2 x(t) + QE_x$$

$$x(t) = \frac{QE_x(t)}{m(\omega_0^2 - \omega^2)}. \tag{7.162}$$

Aufgrund der harmonischen Schwingung $x(t)$ wird eine Dipolstrahlung emittiert. Die gesamte emittierte Leistung lautet nach Gl. (7.152)

$$P = \frac{1}{4\pi\epsilon_0}\frac{2}{3}\frac{e^2}{c^3}\omega^4 \langle x^2 \rangle$$

$$= \frac{1}{4\pi\epsilon_0}\frac{2}{3}\frac{e^2}{c^3}\omega^4 \left[\frac{-e}{m(\omega_0^2 - \omega^2)}\right]^2 \langle E_x^2(t)\rangle. \tag{7.163}$$

Nun haben wir beim Studium des Brechungsindex klassischer Glasmoleküle in Abschnitt 4.3 gefunden, daß die effektive Kreisfrequenz ω_0 groß gegenüber den Kreisfrequenzen ω des sichtbaren Lichts ist. Daher können wir in Gl. (7.163) $\omega_0 \gg \omega$ annehmen. Wir sehen also, daß die gestreute Leistung der vierten Potenz der erregenden Kreisfrequenz ω und folglich dem Kehrwert der vierten Potenz der erregenden Wellenlänge proportional ist:

$$P \sim \omega^4 \sim \frac{1}{\lambda^4}. \tag{7.164}$$

Gesetz des blauen Himmels. Gl. (7.164) wird als „Rayleighsches Gesetz des blauen Himmels" bezeichnet. Die Wellenlänge des roten Lichts beträgt 650 nm, die des blauen Lichts 450 nm. Das Verhältnis der beiden Wellenlängen ist gleich $\frac{65}{45} = 1{,}44$, seine vierte Potenz gleich 4,3. Folglich wird blaues Licht gemäß Gl. (7.164) ungefähr viermal so stark gestreut wie rotes Licht. Deshalb ist der Himmel blau. Warum ist er aber so hell? Siehe hierzu Abschnitt 10.9.

Totaler Streuquerschnitt. Stellen Sie sich vor, eine Billardkugel vom Radius R sitze inmitten eines breiten, gleichmäßigen Strahls aus stählernen Kugellagerkugeln, die mit der Geschwindigkeit v in Richtung von $\hat{\mathbf{z}}$ fliegen. Die Stahlkugeln, die mit der Billardkugel elastisch zusammenstoßen, werden aus dem Strahl hinausgestreut. Die in ihnen steckende Energie wird dem Strahl entzogen und auf andere Richtungen verteilt. Die Gesamtzahl der pro Sekunde gestreuten Kugeln ist gleich dem Produkt aus der *Flußdichte* der einfallenden Kugeln, gemessen in Kugeln pro Quadratzentimeter und pro Sekunde, mal dem *totalen Streuquerschnitt* $\sigma = \pi R^2$ unserer Kugel:

$$\begin{matrix}\text{pro Sekunde}\\ \text{gestreute Kugeln}\end{matrix} = \sigma \cdot \begin{matrix}\text{Flußdichte der}\\ \text{einfallenden Kugeln.}\end{matrix} \tag{7.165}$$

Da wir bei allen Kugeln elastische Streuung annehmen, hat jede gestreute Kugel dieselbe Energie wie eine einfallende Kugel. Multiplizieren wir beide Seiten der Gl. (7.165) mit der Energie einer einfallenden Kugel, so liefert Gl. (7.165)

$$\begin{matrix}\text{pro Sekunde}\\ \text{gestreute Energie}\end{matrix} = \sigma \cdot \begin{matrix}\text{einfallende}\\ \text{Energieflußdichte.}\end{matrix} \tag{7.166}$$

Durch geeignete Deutung der Gl. (7.166) können wir nun den totalen Wirkungsquerschnitt für die elastische Streuung von Licht durch ein klassisches Milchmolekül *definieren*: Die pro Sekunde „gestreute" Energie sei als die emittierte Leistung P des erregten Elektrons *definiert*, wobei die einfallende Energieflußdichte gleich der elektromagnetischen Energieflußdichte S_z ist. Also definieren wir σ_{Streu} in Analogie mit Gl. (7.166) als (siehe Gl. (7.102))

$$P = \sigma_{\text{Streu}} \cdot c\,\epsilon_0 \langle E_x^2(t)\rangle. \tag{7.167}$$

Durch Vergleich der Gln. (7.167) und (7.163) erhalten wir

$$\sigma_{\text{Streu}} = \frac{1}{c\,\epsilon_0}\frac{P}{\langle E_x^2\rangle} = \frac{8\pi}{3}\left(\frac{1}{4\pi\epsilon_0}\frac{e^2}{mc^2}\right)^2 \frac{\omega^4}{(\omega_0^2 - \omega^2)^2}. \tag{7.168}$$

Gl. (7.164) sagte aus, daß die gestreute Intensität für $\omega_0 \gg \omega$ proportional ω^4 ist. Jetzt haben wir eine genauere Formulierung dieses Sachverhalts gefunden, denn Gl. (7.168) liefert uns die Frequenzabhängigkeit des totalen Streuquerschnitts für die elastische *Streuung von Licht an einem Atom*, wobei unser klassisches Modell zugrunde liegt. Die Größe $(1/4\,\pi\,\epsilon_0)\,(e^2/mc^2)$ hat die Dimension einer Länge, wie es sein muß, da σ die Dimension einer Länge zum Quadrat aufweist und der frequenzabhängige Faktor in σ ein dimensionsloses Verhältnis darstellt. Man bezeichnet $(1/4\,\pi\,\epsilon_0)\,(e^2/mc^2)$ aus historischen Gründen als *klassischen Elektronenradius* r_0 oder als *Lorentzschen Elektronenradius*:

$$r_0 \equiv \frac{1}{4\pi\epsilon_0}\,\frac{e^2}{mc^2} = 9\cdot 10^9\,\frac{(1{,}6\cdot 10^{-19})^2}{0{,}91\cdot 10^{-30}\cdot(3\cdot 10^8)^2}\,\mathrm{m} = 2{,}82\cdot 10^{-15}\,\mathrm{m}. \qquad (7.169)$$

Klassischer Streuquerschnitt nach Thomson. Hat die „Feder", mit der das Elektron an den Kern gebunden ist, die Federkonstante Null, so besteht überhaupt keine Bindung, das Elektron ist also frei. Dann verschwindet auch ω_0. Daher erhält man den Streuquerschnitt für elastische Streuung von Licht an einem freien Elektron, der auch als *klassischer Streuquerschnitt nach Thomson* bezeichnet wird, indem man in Gl. (7.168) $\omega_0 = 0$ setzt:

$$\sigma_{\text{Thomson}} = \tfrac{8}{3}\,\pi r_0^2 = \tfrac{8}{3}\cdot 3{,}14\cdot(2{,}82\cdot 10^{-15})^2\,\mathrm{m}^2 = 0{,}67\cdot 10^{-28}\,\mathrm{m}^2. \qquad (7.170)$$

Nun mag Ihnen ein Streuquerschnitt von $10^{-28}\,\mathrm{m}^2$ vielleicht nicht als groß erscheinen. Doch in einem besonderen Zweig der Physik, nämlich in der Kernphysik, erschien er an einem bestimmten Punkt der historischen Entwicklung so groß wie eine Scheunenwand. Daher bezeichnet man diese Einheit als barn (engl. „barn" = Scheune):

$$1\ \text{Barn} = 1\,\mathrm{b} = 10^{-28}\,\mathrm{m}^2. \qquad (7.171)$$

Streuquerschnitte von Atomkernen werden gewöhnlich in Millibarn, abgekürzt mb, angegeben. Der durch Gl. (7.170) angegebene Thomsonsche Streuquerschnitt läßt sich leicht merken: Er ist sehr groß, nämlich $\frac{2}{3}$ barn.

7.6. Übungen und Heimversuche

1. *Zickzackförmige laufende Wellen.* Zeigen Sie, daß die in Gl. (7.34) angegebene Identität gilt. Diese ist die Grundlage dafür, daß man Wellen in einem Wellenleiter durch „zickzackförmige laufende Wellen" beschreiben kann. Sie liefert ferner ein Beispiel für die Tatsache, daß dreidimensionale laufende harmonische Wellen ein „vollständiges Funktionensystem" zur Beschreibung allgemeiner dreidimensionaler Wellen bilden. Selbstverständlich bilden dreidimensionale stehende Wellen ebenfalls ein vollständiges Funktionensystem.

2. *Grenzwinkel der inneren Totalreflexion.*
   a) Zeigen Sie, daß der Grenzwinkel der inneren Totalreflexion bei Glas vom Brechungsindex 1,52 ungefähr 41,2° beträgt.
   b) Wie groß ist der Grenzwinkel für Wasser vom Brechungsindex 1,33? Bewirkt ein Wasserprisma, dessen Grundfläche ein gleichschenklig rechtwinkliges Dreieck darstellt (vgl. Bild 7.3), die Umkehrung von Licht ohne alle Verluste (die durch Brechung des Lichts in die Luft entstehen könnten)? Nehmen Sie zuerst an, das Wasser grenze unmittelbar an die Luft, und berücksichtigen Sie sodann die Mikroskopgläser, die die Wände Ihres Wasserprismas bilden.

3. *Umkehrprisma aus Wasser – Heimversuch.* Stellen Sie mit Hilfe zweier Mikroskopgläser und etwas Kitt oder Klebeband ein Wasserprisma her. Leuchten Sie mit einer Taschenlampe von oben auf die Wasseroberfläche und überprüfen Sie die Ergebnisse von Übung 2b.

4. *Umkehrprisma.* Das in Bild 7.3 dargestellte Umkehrprisma aus Glas kehrt bei bestimmten Einfallswinkeln das Licht um, so daß dessen Austrittsrichtung zur Einfallsrichtung entgegengesetzt ist. Zeigen Sie, daß dies nicht bei dem dargestellten senkrechten Einfall, sondern bei anderen Einfallswinkeln der Fall ist.

5. *Umkehrprisma.* Berechnen Sie die Eindringtiefe (die Schwächungslänge $\kappa^{-1} = \delta$ der Amplitude) für sichtbares Licht der Wellenlänge 550 nm, das durch das Glasprisma von Bild 7.3 umgekehrt wird. Wir meinen dabei die Eindringtiefe senkrecht zu einer der beiden hinteren Glas-Luft-Grenzflächen. Nehmen Sie bei der Berechnung an, der Strahl falle wie im Bild senkrecht ein. Der Brechungsindex sei 1,52.

   Lösung: $\delta = 2{,}2\cdot 10^{-7}\,\mathrm{m}$.

6. *Licht im Vakuum.* Für Licht oder Mikrowellen in einem Wellenleiter haben wir folgendes gefunden: Liegt die Frequenz unterhalb der Grenzfrequenz, so ist die z-Richtung (die Richtung des Wellenleiters) „reaktiv", die beiden anderen Richtungen sind es hingegen nicht. Ist es nun prinzipiell möglich, einen „verallgemeinerten" Wellenleiter zu konstruieren, in dem alle drei Richtungen x, y und z reaktiv sind?

7. *Faseroptik.* Man kann Licht in Wellenleitern aus Glasfasern „weiterleiten": Das Licht bleibt im Glas, denn sein Einfallswinkel ist größer als der Grenzwinkel der Totalreflexion, so daß es an der Glas-Luft-Grenzfläche „abprallt". Bei zu geringem Durchmesser wird die Faser jedoch zu einem Wellenleiter, in dem die Frequenz des Lichts unterhalb der Grenzfrequenz liegt. Nehmen Sie an, der Querschnitt der Fasern sei rechteckig. Schätzen Sie die kleinste Seitenlänge ab, bei der die Faser noch dispergierend ist, bei der sie also noch sichtbare laufende Lichtwellen leitet.

   Lösung: Seitenlänge $> 1{,}7\cdot 10^{-7}\,\mathrm{m}$ für $\lambda = 500\,\mathrm{nm}$.

8. *Grenzwinkel bei Reflexion an der Ionosphäre.* Ersetzen Sie in Bild 7.4 das Glas links von $z = 0$ durch Vakuum und die Luft rechts von $z = 0$ durch das (idealisierte) Plasma der Ionosphäre, wobei die Grenzfläche scharf definiert und das Plasma homogen beschaffen sei. Zeigen Sie, daß es zu jedem Einfallswinkel θ_1 eine Grenzfrequenz ω_{Gr} gibt, die von diesem Einfallswinkel abhängt und bei senkrechtem Einfall gleich der Plasmafrequenz ω_{Pl} ist. Zeigen Sie ferner, daß zu jeder Kreisfrequenz ω ein Grenzwinkel der Totalreflexion existiert, so daß die Welle in der Ionosphäre exponentiell wird, wenn ihr Einfallswinkel diesen Grenzwinkel überschreitet. Nehmen Sie als Beispiel für die Plasmafrequenz $\nu_{\mathrm{Pl}} = 25\,\mathrm{MHz}$ an und ermitteln Sie den Grenzwinkel für Mikrowellen der Frequenz $\nu = 100\,\mathrm{MHz}$.

   Lösung: Bei festem θ_1 gilt $\omega_{\mathrm{Gr}} = \omega_{\mathrm{Pl}}/\cos\theta_1$. Für eine feste Kreisfrequenz $\omega > \omega_{\mathrm{Pl}}$ gilt $\cos\theta_{\mathrm{Gr}} = \omega_{\mathrm{Pl}}/\omega$.

9. *Wie ein Fisch die oberhalb des Wassers liegende Welt sieht – Heimversuch.* Zur Durchführung dieses Versuchs benötigen Sie einen stillen Teich, einen Swimmingpool oder ein Schwimmbad. Die Wasseroberfläche sollte natürlich „glatt" sein. Setzen Sie sich eine Taucherbrille auf, tauchen Sie unter, wenden Sie sich auf den Rücken und blicken Sie hinauf. Sagen sie (jetzt) voraus, was Sie sehen werden.

10. *Phasengeschwindigkeit von Wasserwellen in Abhängigkeit von der Wassertiefe.* Ein Aquariumbehälter mit rechteckiger Grundfläche (oder eine an der Innenseite angestrichene Kartonschachtel oder etwas Ähnliches) habe in der x-Richtung die Länge 25 cm. Der Behälter werde bis zu einer bestimmten Gleichgewichtstiefe angefüllt, sodann werde die niedrigste sinusförmige Eigenschwingung (die Grundschwingung) angeregt (vgl. Bild 7.5).

   a) Wie groß ist die Phasengeschwindigkeit von Tiefwasserwellen? Erinnern Sie sich, daß Sie die Phasengeschwindigkeit auch anhand von stehenden Wellen definieren können?

   b) Tragen Sie für diese Eigenschwingung und diesen Behälter die Phasengeschwindigkeit gegen die Wassertiefe h auf. Verwenden Sie dabei die exakte Dispersionsrelation Gl. (7.72) für Wellen kleiner Amplitude. Zeigen Sie anhand Ihres Diagramms den „Grenzfall tiefen Wassers". Zeichnen Sie ferner in dasselbe Diagramm eine analoge Kurve ein, wobei Sie aber die Gleichung für die Phasengeschwindigkeit von Seichtwasserwellen verwenden sollen, als gälte sie unabhängig von der Wellenlänge für alle h.

11. *Dispersionsrelation für Wasserwellen – Heimversuch.* Ein rechteckiger Behälter habe in der x-Richtung eine Länge von 30 cm, doch eignen sich alle Gefäße mit Längen zwischen 15 cm und 60 cm. Die Tiefe des Behälters sollte mindestens $\frac{2}{3}$ mal so groß sein wie seine Länge, so daß Sie den Grenzfall tiefen Wassers herstellen können. Am besten eignet sich hierfür ein Aquariumbehälter. Am billigsten kommt natürlich eine Kartonschachtel, auf deren Innenseite wasserabstoßende Farbe aufgesprüht ist; sie hält länger, und Sie werden nicht naß. Die Dämpfung, die durch das Durchbiegen des Kartons verursacht wird, reduziert die Abklingzeiten der Eigenschwingungen, weshalb sich eine Kartonschachtel weniger gut eignet als ein Behälter aus Glas oder steifem Plastik. Auch ist es netter, durch die Wände ins Innere des Behälters blicken zu können. Trotzdem, es geht auch mit einer Kartonschachtel.

   a) *Grundschwingung.* Führen Sie für die Grundschwingung, dargestellt in Bild 7.5, und für Ihren speziellen Behälter die folgenden Angaben aus. Berechnen Sie λ sowie δ und tragen Sie den theoretisch berechneten Ausdruck für die Phasengeschwindigkeit $v_\varphi = \lambda\nu$ als Funktion der Wassertiefe h auf, wie es in Übung 10 diskutiert wurde. (Verwenden Sie dabei die „exakte" Dispersionsrelation Gl. (7.72).) Füllen Sie sodann den Behälter bis zu einer beliebigen Höhe h an und mengen Sie etwas Kaffeesatz bei, so daß Sie die Bewegung überall im Wasser verfolgen können. Regen Sie die Grundschwingung durch sachtes Vor- und Zurückbewegen des Behälters an und lassen Sie diesen los, wenn sie zu beobachten ist. Messen Sie ihre Frequenz, wozu sich eine gewöhnliche Uhr eignet. Berechnen Sie Ihren experimentellen Wert für v_φ und zeichnen Sie den zugehörigen Meßpunkt in das Diagramm ein, in dem der theoretische Ausdruck für die Phasengeschwindigkeit aufgetragen ist. Wiederholen Sie den Versuch für verschiedene Werte von h. Dabei sollte mindestens je ein Punkt im „Tiefwasserbereich", im „Seichtwasserbereich" und im Übergangsbereich $h \approx \delta$ liegen.

   b) *Nächsthöhere Eigenschwingung.* Bei Verwendung eines Kartonbehälters können Sie die Eigenschwingung anregen, bei der ψ_y in der Mitte (bei $x = 0$) einen Bauch hat und die Länge des Behälters gleich einer Wellenlänge ist. Wie läßt sich diese Eigenschwingung anregen? Warum kann man sie nicht anregen, wenn der Behälter starr ist? Dann ist die nächsthöhere leicht anregbare Eigenschwingung die, bei der l gleich drei halben Wellenlängen ist und ψ_y bei $x = 0$ einen Bauch hat (Bild 7.5). Berechnen Sie für diese Eigenschwingung und für diesen Behälter δ und die zu erwartende Frequenz. Bewegen Sie sodann den Behälter mit dieser Frequenz, um die Eigenschwingung zu erregen. Messen Sie schließlich die Frequenz dieser freien Eigenschwingung, sobald Sie herausgefunden haben, wie man sie erregt.

   c) *Vorübergehende Schwebungen.* Für diesen Versuch benötigen Sie ein Metronom, das Sie sich ausborgen oder selbst anfertigen können. Dazu eignet sich eine Suppendose oder ein anderer Gegenstand, den man an eine Schnur veränderlicher Länge hängt und als Pendelkörper gegen ein Stück Papier schlagen läßt, so daß ein Geräusch entsteht. Lassen Sie nun das Metronom ticken und bewegen Sie den Behälter sachte und gleichmäßig mit der Metronomfrequenz.

   Verändern Sie die Schnurlänge bzw. die Metronomfrequenz in kleinen Schritten, so daß die zu der in Teil b) beschriebenen zweiten Eigenschwingung gehörende Eigenfrequenz durchlaufen wird. Dabei sollten Sie vorübergehende Schwebungen hören, wobei die Schwebungsfrequenz durch die erregende Frequenz und die Eigenfrequenz bestimmt wird. Die Schwebungen treten ganz deutlich auf, wenn Sie in die Nähe der Eigenfrequenz kommen. Bei diesen Versuchen werden Sie übrigens viele Erscheinungen bemerken, die durch die Theorie der „kleinen Schwingungen" nicht erfaßt werden! Vielleicht gelingt es Ihnen, die Halbwertsbreite $\Delta\omega$ der Resonanzkurve abzuschätzen – ich habe es nicht versucht. *Berechnen* Sie aber diese Halbwertsbreite, indem Sie die Abklingzeit der Eigenschwingung grob messen und dann die berühmte Beziehung $\Delta\nu\,\Delta t \approx 1$ verwenden, die zwischen der Bandbreite und der Abklingzeit einer gedämpften Eigenschwingung besteht.

12. *Klassische Wellengleichung.* Leiten Sie die klassische Wellengleichung für $\mathbf{B}$ auf dem Wege her, der in der Folge von Gl. (7.79b) angedeutet wurde.

13. *Strahlungsdruck des Sonnenlichts.* Die Solarkonstante außerhalb der Erdatmosphäre sei vorgegeben und betrage 1350 W/m^2. Berechnen Sie unter den unten angeführten Bedingungen a) und b) den Strahlungsdruck, der bei senkrechtem Lichteinfall an der Erdoberfläche auftritt, und vergleichen Sie das Ergebnis mit dem Luftdruck in Seehöhe.

   a) Die Erde sei „schwarz", absorbiere also das gesamte Licht.

   b) Die Erde sei ein perfekter Spiegel, reflektiere also das gesamte Licht.

   Lösung: a) Etwa $5 \cdot 10^{-11}$ bar ($5 \cdot 10^{-6}$ N/m^2)

14. *Strahlungsdruck.* (Arbeiten Sie zuerst Übung 13 durch.) Der Strahlungsdruck des Sonnenlichts bewirkt eine effektive abstoßende Kraft zwischen Sonne und Erde.

   a) Zeigen Sie, daß diese effektive abstoßende Kraft proportional r^{-2} ist. Wäre also die Erde doppelt so weit von der Sonne entfernt, so wäre die auf sie wirkende Nettokraft *genau wie die Schwerkraft* viermal geringer.

b) Wiederholen Sie das Keplersche Gesetz. Zeigen Sie, daß es sich für Kreisbahnen in der Form $\omega^2 R^3 = m\gamma$ schreiben läßt. Dabei ist ω die Winkelgeschwindigkeit eines die Sonne umkreisenden Planeten, R der Abstand zwischen der Sonne und dem Planeten, m die Masse der Sonne und γ die Gravitationskonstante.

c) Nun beschreibe eine „schwarze" Kugel mit der Massendichte ρ und dem Radius r eine Gleichgewichtskreisbahn um die Sonne. Zeigen Sie, daß das Keplersche Gesetz „korrigiert" und in die Form $\omega^2 R^3 = m\gamma - (P/4\pi c)\,(3/4\,\rho r)$ gebracht werden muß, wobei P die gesamte von der Sonne emittierte elektromagnetische Leistung ist.

d) Die Solarkonstante sei wie in Übung 13 gegeben, und die Sonne befinde sich $149 \cdot 10^6$ km von der Erde entfernt. Berechnen Sie P.

e) Ein „Staubteilchen" beschreibe eine Kreisbahn um die Sonne. Seine Massendichte sei die des Wassers, also $1000\,\text{kg/m}^3$. Bei welchem Teilchenradius r wird die durch den Strahlungsdruck erzeugte abstoßende Kraft durch die anziehende Gravitationskraft aufgehoben? Wie verhält sich ein solches oder kleineres Staubteilchen?

f) Ein „Komet" bestehe aus kleinen Staub-, Eis- oder sonstigen Teilchen, die alle dieselbe Massendichte und denselben Radius haben mögen. Ändert ein solcher „Komet" seine „Gestalt", wenn er an der Sonne vorbeizieht? Wir sprechen nun zwar nicht mehr von kreisförmigen, sondern von elliptischen Bahnen, doch sollten Sie die Antwort trotzdem erraten können.

g) Der lange Schweif eines Kometen, der sich in die von der Sonne abgewandte Richtung erstreckt, rührt angeblich vom Strahlungsdruck her. Ein Komet (eine Wolke aus Staubteilchen) beschreibe eine kreisförmige Gleichgewichtsbahn. Alle Teilchen dieses Kometen mögen dieselbe Winkelgeschwindigkeit haben. Dann können sie nicht alle denselben Gleichgewichtsabstand von der Sonne haben, denn der Komet erstrecke sich von R_1 bis R_2, wobei R_1 den geringsten, R_2 den größten Abstand zur Sonne darstelle. Nehmen Sie an, man könnte R_1 und R_2 einfach dadurch bestimmen, daß man den ausgedehnten Kometen durch ein Fernrohr betrachtet. Zeigen Sie, wie man mit Hilfe dieser und anderer leicht erhältlicher Informationen herausfinden kann, wie (oder in welchen Grenzen) die Radien r der Teilchen verteilt sind. Nehmen Sie dabei an, alle Teilchen seien „schwarz" und hätten dieselbe Dichte wie Wasser. Natürlich beweisen alle diese Überlegungen nicht, daß etwa der Strahlungsdruck bei der Bestimmung der auf Staubteilchen und Kometenschweife wirkenden abstoßenden Kraft wichtiger wäre als z.B. der „Sonnenwind" aus Protonen, die von der Sonne emittiert werden.

15. *Segeln mit Hilfe von Sonnenlicht.* Ein „Sonnensegel" soll so konstruiert werden, daß die von der Sonne herrührende Schwerkraft die durch den Strahlungsdruck erzeugte abstoßende Kraft genau aufhebt, so daß das Segel im Raum „schweben" kann. Dieses Segel bestehe aus aluminiumüberzogenem Plastik und habe eine Massendichte von $2000\,\text{kg/m}^3$. (Die Massendichte von Aluminium beträgt $2700\,\text{kg/m}^3$, die von Plastik etwa $1000\,\text{kg/m}^3$.) Das Segel trage keine „Nutzlast", so daß es nur sein eigenes Gewicht „schleppen" muß. Das Sonnenlicht werde vollständig reflektiert. Zeigen Sie, daß für die Dicke d des Segels die Beziehung

$$\rho d = \frac{2P/4\pi c}{m\gamma}$$

gelten muß, wenn das Segel im Inertialsystem in Ruhe bleiben soll. Die in dieser Gleichung auftretenden Symbole wurden in Übung 14 definiert. Zeigen Sie mit Hilfe von Übung 13, daß $P = 3{,}8 \cdot 10^{26}$ W. Zeigen Sie ferner mit Hilfe des Keplerschen Gesetzes, daß für die Erde $m\gamma = 1{,}3 \cdot 10^{20}\,\text{m}^3/\text{s}^2$, wobei $R = 149 \cdot 10^6$ km und $\nu = 1$ Umlauf pro Jahr. Weisen Sie nach, daß die Dicke d für $\rho = 2000\,\text{kg/m}^2$ rund 10^{-6} m betragen muß, wenn ich mich nicht verrechnet habe. Sie wäre also gleich $1\,\mu$m und somit zehn- oder hundertmal kleiner, als uns lieb ist. Auch würden wir gern eine Nutzlast befördern lassen. Es sieht so aus, als wäre die Bewegung auf einer Umlaufbahn notwendig, um das Segel vor dem Abstürzen auf die Sonne zu bewahren. Zeigen Sie, daß das Ergebnis dieser Aufgabe die Abmessungen eines „glänzenden würfelförmigen Staubteilchens" liefert, das über der Sonne schwebt, wenn eine seiner Seitenflächen dieser zugekehrt ist.

16. *Feld einer Punktladung.* Leiten Sie mit Hilfe einer „Pillenschachtel-Integration" Gl. (7.125) her: $E_\perp/E_\parallel = v_\perp t/c\Delta t$. Vergleichen Sie hierzu die auf Gl. (7.127) folgenden Überlegungen.

17. *Elektrische Dipolstrahlung einer Dipolantenne.* Betrachten Sie die schematische Skizze mit dem Radiosender und der Antenne in Bild 7.11. Wir nehmen an, die Strömstärke I sei über die gesamte Antennenlänge l konstant. Die Drähte seien sehr nahe beisammen oder verdrillt. Daher ist die *Nettostromstärke* der beiden Drähte, deren Ströme in entgegengesetzte Richtungen fließen, effektiv gleich Null, so daß die Drähte im Vergleich zur Antenne keine merkliche Strahlung emittieren. Die kleinen Kugeln an den Antennenenden sind Kondensatoren, die die durch den Strom angehäufte Ladung aufnehmen. Diese Kugeln sind nicht unbedingt notwendig, denn die Ladung neigt dazu, sich an den Leiterenden anzusammeln. Dadurch wird die räumliche Konstanz des Stromes etwas gestört, doch können wir diesen Effekt vernachlässigen. *Die Antennenlänge l sei sehr klein gegenüber der Wellenlänge* λ *der elektromagnetischen Strahlung.*

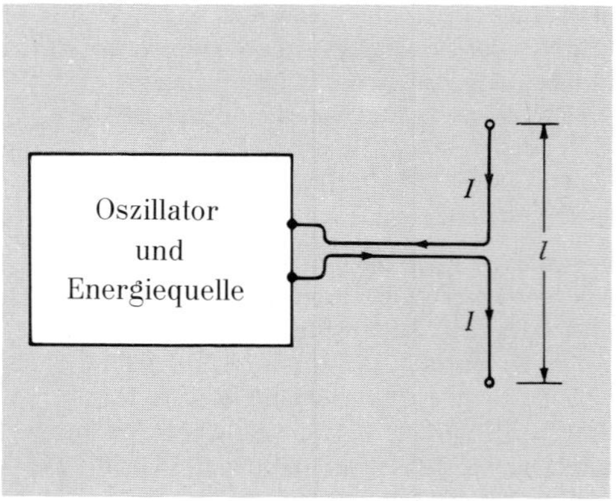

Bild 7.11

a) Zeigen Sie, daß das Fernfeld E_{fern} in einem entfernten Aufpunkt $\mathbf{r}$ der Beziehung

$$\mathbf{E}_{\text{fern}}(\mathbf{r}, t) = -\frac{1}{4\pi\epsilon_0}\,\frac{l\dot{\mathbf{I}}_\perp(t')}{rc^2}, \qquad t' = t - \frac{r}{c}$$

gehorcht. Dabei hat der Vektor $\mathbf{I}$ dieselbe Richtung und denselben Betrag wie der Antennenstrom: $\mathbf{I}_\perp$ ist die zu $\hat{\mathbf{r}}$ senkrechte Projektion von $\mathbf{I}$, wobei $\hat{\mathbf{r}}$ in Richtung der Verbindungslinie zwischen der Antenne und dem entfernten Aufpunkt liegt.

Hinweis: Sie können diese Gleichung leicht herleiten, wenn Sie eine „äquivalente Punktladung Q" annehmen, die sich mit einer „äquivalenten Geschwindigkeit $v(t')$" so bewegt, daß dieselben Ergebnisse wie beim Strom **I** herauskommen.

b) Der Sender erfährt einen Wellenwiderstand Z, und von seinem Standpunkt aus scheint es, als wäre er an eine rein resistive Belastung „angehängt". Zeigen Sie, daß Z bei einer Wellenzahl k

$$Z = (kl)^2 \cdot 20\,\Omega$$

lautet.

18. *Streuung von Licht an Milchmolekülen – Heimversuch.* Füllen Sie einen Glaskrug mit Wasser und leuchten Sie mit einer Taschenlampe von der Seite hinein. Beobachten Sie das Licht, das unter einem Winkel von etwa 90° gestreut wird, betrachten Sie aber auch die Taschenlampe direkt durch das Wasser. Geben Sie einige Milchtropfen hinzu und rühren Sie um. Beobachten Sie weiter, und mengen Sie weitere Milchtropfen ins Wasser. Beachten Sie, daß das gestreute Licht bläulich, das restliche (durchgehende) Licht hingegen rötlich oder gelblich gefärbt ist. Erklären Sie diese Erscheinung. Beachten Sie auch, daß das gestreute Licht nicht mehr bläulich aussieht, wenn die ins Wasser gemischte Milch eine bestimmte Menge überschreitet. In diesem Falle erscheint es weißlich, wie mehr oder weniger dichter Nebel. Der „Sonnenuntergang" wird jedoch immer röter. Erklären Sie das. Schließlich macht die Milch das Wasser so undurchsichtig, daß Sie die Taschenlampe überhaupt nicht mehr sehen können und das gestreute Licht weiß ist. Auch können Sie dann den „Strahl" der Taschenlampe in der Flüssigkeit nicht „sehen": Die „Luft" ist zu einer „weißen Wolke" geworden. Erklären Sie den Grund dafür. Betrachten Sie schließlich das gestreute Licht mit Ihrem Polaroidfilter. (*Dies* werden wir in Kapitel 8 erläutern.)

19. *Feld einer dünnen Ladungsschicht.* Die xy-Ebene bei $z = 0$ sei mit einer hauchdünnen Schicht positiver Ladung der konstanten Flächenladungsdichte σ überzogen. Alle Ladungen schwingen mit derselben Amplitude und derselben Frequenz in der x-Richtung.

a) Zeigen Sie mit Hilfe des Gaußschen Gesetzes, daß für positive z die Beziehung $E_z(z, t) = \sigma/2\epsilon_0$ gilt, ob nun alle Ladungen schwingen oder sich in Ruhe befinden. Dieses Verhalten erinnert an eine ausgedehnte Feder in der Spiralfedernäherung, bei der die z-Komponente der Spannung konstant, also unabhängig von der Bewegung ist.

b) Zeigen Sie anhand einer schematischen Skizze von der elektrischen Feldlinie, daß für das Fernfeld die Beziehung

$$\frac{E_x(z, t)}{E_z(z, t)} = -\frac{\dot{x}(t')}{c}$$

gilt, wobei $\dot{x}(t')$ die *Geschwindigkeit* irgendeiner Ladung zum retardierten Zeitpunkt $t' = t - (z/c)$ bedeutet. Daher lautet das Fernfeld für positive z

$$E_x(z, t) = -\frac{1}{2\epsilon_0}\sigma\frac{\dot{x}(t')}{c}.$$

(Vielleicht ziehen Sie die Herleitung mittels einer Gaußschen „Pillenschachtel" der Skizze vor.) Beachten Sie den besonderen Unterschied gegenüber dem Feld einer einzelnen Punktladung: Bei einer solchen ist das Fernfeld der retardierten *Beschleunigung*, hier jedoch der retardierten *Geschwindigkeit* proportional. Können Sie qualitativ erklären, „was geschehen ist"?

Hinweis: Betrachten Sie die Beiträge verschiedener Punktladungen, die über die Ebene verteilt sind.

20. *Feld einer dünnen Ladungsschicht.* Leiten Sie die Lösung von Übung 19 her, indem Sie die Beiträge aller Punktladungen in der Ebene aufsummieren, also integrieren. Sie erreichen die Konvergenz dieses Integrals, wenn Sie für die Dicke der Schicht nicht Null, sondern den Wert d annehmen, der sehr klein gegenüber der Wellenlänge λ sei. Nehmen Sie ferner an, daß die Schicht Strahlung absorbiert oder streut, wie es ja sein muß, und bezeichnen Sie die Schwächungskonstante für die Amplitude mit κ. Zeigen Sie, daß unter diesen Verhältnissen ein exponentieller Schwächungsfaktor (ESF)

$$\mathrm{ESF} = e^{-\alpha r}, \quad \alpha \equiv \frac{\kappa d}{z}$$

auftritt. Dabei ist k die Wellenzahl und r der Abstand von einer bestimmten Punktladung zum Aufpunkt ($x = y = 0$, $z = z$). Der Normalabstand dieses Aufpunktes von der Schicht beträgt also z. Definieren Sie $\varphi = kr - kz$. Dann gilt für die dem Aufpunkt nächstgelegene Ladung, deren Koordinaten $x = y = z = 0$ sind, die Beziehung $\varphi = 0$. Nun sei $x(t')$ gleich dem Realteil von

$$x(t') = x_0 e^{i\omega t'}.$$

Ein in der Ebene liegender Kreisring vom Radius ρ und der radialen Dicke $d\rho$ liefert zu E_x einen Beitrag dE_x. Zeigen Sie, daß sich dE_x in die Form

$$dE_x = 2\pi k x_0 e^{i(\omega t - kz)}\, e^{-i\varphi}\, e^{-\beta\varphi}\, d\varphi$$

mit

$$\beta \equiv \frac{\alpha}{k} = \frac{\kappa d}{kz}$$

bringen läßt. Dabei haben wir die Tatsache vernachlässigt, daß eigentlich die zur Verbindungslinie senkrechte Projektion der Beschleunigung verwendet werden muß. Diese Vernachlässigung ergibt sich aus folgender Annahme: Da der Projektionsfaktor für kleine φ gleich Eins ist, dürfen wir voraussetzen, daß er mit anwachsendem φ langsam abnimmt und in unseren „experimentellen" Schwächungsfaktor $e^{-\beta\varphi}$ hineingesteckt werden darf. All dies beruht auf der erstaunlichen Tatsache, daß wir nach Durchführung der Rechnung $\beta = 0$ setzen können und dann ein von β unabhängiges Ergebnis erhalten. Der Faktor $e^{-\beta\varphi}$ wird als *Konvergenzfaktor* bezeichnet. Man benötigt ihn zwar zur Herleitung eines Ergebnisses, doch ist es gleichgültig, welchen Wert man für β wählt, wenn nur sein Betrag klein gegenüber Eins ist.

Zeigen Sie als nächstes, daß E_x der Realteil des Integrals von dE_x in den Grenzen von $\varphi = 0$ bis $\varphi = \infty$ ist und daß

$$\int_0^\infty e^{-i\varphi}\, e^{-\beta\varphi}\, d\varphi = \frac{1}{i+\beta} \approx -i \qquad \text{für} \quad \beta \ll 1.$$

Nehmen Sie schließlich den Realteil und zeigen Sie, daß dieselben Ergebnisse wie in Übung 19 herauskommen. So können Sie jetzt den ***physikalischen Grund für die „effektive Phasenverschiebung von*** 90°" angeben. Durch diese hinkt die Phase des Gesamtfeldes um 90° hinter der Phase des Beitrages her, der von der nächstgelegenen Ladung (bei $x = y = z = 0$) erzeugt wird. Die *„mittlere" Ladung ist effektiv eine Viertelwellenlänge weiter entfernt als die nächstgelegene Ladung.*

21. *Näherungsausdruck für den Brechungsindex.* Betrachten Sie eine ebene Welle, die auf eine dünne Ladungsschicht auftrifft. Die Ladung sitze in der xy-Ebene, also $z = 0$, die Dicke der Schicht betrage Δz, die Dichte der Ladungen (in Teilchen pro cm^3) N. Jede der Ladungen habe denselben Wert Q, dieselbe Masse m und sei mittels einer Feder der Federkonstanten $m\omega_0^2$ befestigt. Nehmen Sie an, jede Ladung erfahre Kräfte, die einerseits von der zugehörigen Feder, andererseits von der

einfallenden erregenden ebenen laufenden Welle herrühren. Vernachlässigen Sie dabei den Beitrag der anderen Ladungen, also den Anteil des Feldes, der von der Polarisation herrührt. Nehmen Sie als einfallendes elektrisches Feld bei $z = 0$ den Realteil von $E_0 e^{i\omega t}$, ermitteln Sie das Fernfeld in der Ausbreitungsrichtung und überlagern Sie es dem einfallenden Feld. Zeigen Sie, daß das Gesamtfeld bei $z = 0$ mit diesen Näherungen gleich dem Realteil von

$$E_{ges} = E_0 e^{i\omega t} \left\{ 1 - \frac{1}{4\pi\epsilon_0} \frac{i\omega 2\pi N Q^2 \Delta z}{mc(\omega_0^2 - \omega^2)} \right\}$$

ist. Zeigen Sie nun folgendes: Wenn man annimmt, daß die Ladung in einer Schicht von der Dicke Δz und vom Brechungsindex n sitzt, so bewirkt das Einsetzen dieser Schicht eine Phasenverschiebung, die einer zeitlichen Verzögerung t_0 entspricht. Tritt das Feld bei $z = 0$ aus der Schicht aus, so lautet es nicht $E_0 e^{i\omega t}$, sondern $E_0 e^{i\omega(t-t_0)}$, wobei

$$\omega t_0 = \frac{\Delta z}{\lambda} 2\pi (n-1) = k \Delta z (n-1).$$

Zeigen Sie, daß man daraus für $\omega t_0 \ll 1$ die Beziehung

$$n - 1 = \frac{1}{4\pi\epsilon_0} \frac{2\pi N Q^2}{m(\omega_0^2 - \omega^2)}$$

erhält. Zeigen Sie, daß dieses Ergebnis näherungsweise auch aus dem exakteren Ausdruck von Abschnitt 4.3 folgt, wenn n in der Nähe von Eins liegt.

22. *Drehimpuls in einer zirkular polarisierten laufenden Welle.* Leiten Sie die berühmte Beziehung $L = W/\omega$ auf folgendem Wege her: Nehmen Sie an, die ebene Welle werde durch eine dünne Ladungsschicht erzeugt, in der alle Ladungen ähnliche Kreise beschreiben. Jede Ladung werde durch eine reibungsfreie Röhre gezwungen, sich auf einem Kreis vom festen Radius r zu bewegen. Nun verlieren die Ladungen Energie und werden langsamer. Daher nehmen auch ihre Winkelgeschwindigkeit und ihr Drehimpuls ab, alles aufgrund der Strahlungsverluste. Dabei gilt immer $v \ll c$. Zeigen Sie, daß der Drehimpuls, den die auf Kreisbahnen umlaufenden Ladungen verlieren, gleich ω^{-1} mal der verlorengehenden Energie ist. q.e.d.

23. Wie groß sind die zeitlichen Mittelwerte von Energieflußdichte, Energiedichte und Impuls pro Volumeneinheit in einem homogenen monochromatischen Lichtstrahl der Intensität $10^7\,\mathrm{W/m^2}$?

24. Ein Elektron schwinge harmonisch mit der Amplitude 10^{-10} m und der Frequenz 10^{14} Hz. Wie groß ist der zeitliche Mittelwert der gesamten emittierten Leistung?

Lösung: $\approx \frac{1}{3} \cdot 10^{-17}$ W.

25. Wie kann ein Gegenstand Lichtenergie absorbieren, ohne gleichzeitig Impuls aufzunehmen? Wie kann er bei vernachlässigbarer Energieabsorption Impuls aufnehmen? Wie kann er bei vernachlässigbarer Energieabsorption Drehimpuls aufnehmen?

26. *Abklingzeit in einer supraleitenden Antenne.* Ein supraleitender Oszillator emittiere über eine ebensolche Antenne Mikrowellen der Wellenlänge 1 m. Zum Zeitpunkt $t = 0$ entfernen Sie die Energiequelle, die die durch Strahlung verlorengehende Energie ersetzt hat. Im gesamten Kreis trete keinerlei Ohmscher Widerstand auf. Ermitteln Sie die Abklingzeit der gedämpften harmonischen Schwingungen, die die Elektronen in der Antenne ausführen. Verwenden Sie dabei die Ergebnisse von Übung 17.

Lösung: L sei die Induktivität in dem LC-Schwingkreis, der die Senderfrequenz bestimmt, l sei die Antennenlänge ($l \ll \lambda$). Dann gilt

$$\frac{1}{\tau} = \frac{2}{3} \frac{l^2}{L} \frac{\omega}{c^3}.$$

Dieses Ergebnis kann man mit dem Ausdruck vergleichen, der den Kehrwert der Abklingzeit einer einzelnen Ladung e der Masse m darstellt:

$$\frac{1}{\tau} = \frac{1}{4\pi\epsilon_0} \frac{2}{3} \frac{e^2}{m} \frac{\omega^2}{c^3}.$$

27. Ein 15 km entfernter 50-W-Radiosender emittiere senkrecht polarisierte Radiowellen. Wie groß ist der Maximalwert der augenblicklichen Spannung, die die Elektronen in Ihrer Empfangsantenne erregt? Die Antenne sei 20 cm lang und senkrecht aufgestellt. Vernachlässigen Sie alle Reflexionen am Boden, an Gebäuden usw.

28. *Lichtquelle nach Smith-Purcell.* Ein schmaler Strahl aus Elektronen der kinetischen Energie 300 keV falle streifend ein und verlaufe parallel zur Oberfläche eines metallischen Beugungsgitters, dessen Spalte im Abstand von $d = 1{,}67\,\mu$m liegen. Der Strahl verlaufe senkrecht zu den Spalten. Jedes Elektron wird von einer „spiegelbildlichen" induzierten Ladung begleitet. Diese erfährt jedesmal, wenn sie auf einen Spalt trifft, eine plötzliche Ablenkung, denn sie muß der Oberfläche folgen. Auf diese Weise sendet jeder Spalt einen „Strahlungsknick" aus, wenn er vom Elektron passiert wird. Ein Beobachter schließe mit dem Elektronenstrahl einen Winkel θ ein, wobei $\theta = 0$ die Strahlrichtung bezeichne.

a) Zeigen Sie, daß der Beobachter Strahlungsimpulse feststellt, die mit der Periode $T = (d/v) - (d \cos\theta)/c$ eintreffen. Zeigen Sie ferner, daß die zugehörige Wellenlänge gleich $d(\beta^{-1} - \cos\theta)$ ist.

b) Würden Sie erwarten, daß dies die einzige Wellenlänge ist, die man bei einem bestimmten θ beobachtet? Denken Sie an die Fourieranalyse des zeitlichen Verlaufs von Strahlungsimpulsen, die mit der Periode T eintreffen.

c) Setzen Sie die Zahlenwerte für 300-keV-Elektronen ein, die unter dem Winkel $\theta = 15°$ beobachtet werden. Welche Farben würden Sie Ihrer Meinung nach sehen?

d) Würden Sie erwarten, daß das Licht polarisiert ist?

Lesen Sie nun den Artikel über den schönen Versuch von *S. J. Smith* und *E. M. Purcell*, dem Autor von Band 2, in *Phys. Rev.* **92**, 1069 (1953).

29. *Die Form stehender Wasserwellen.* Im Text haben wir in einfacher Weise gezeigt, daß die waagerechte Auslenkung in einer stehenden Welle proportional $\cos kx$ sein muß, wenn die senkrechte Auslenkung gemäß $\sin kx$ von x abhängt.

a) Ermitteln Sie dasselbe Ergebnis mit Hilfe einer Rechnung. Machen Sie den Ansatz

$\psi_y = \cos\omega t \sin kx\, f(y)$,

$\psi_z = \cos\omega t\, [\cos kx\, g(y) + \sin kx\, h(y)]$;

weisen Sie nach, daß $h(y)$ verschwinden muß.

b) Zeigen Sie, daß die Ergebnisse, die Sie für die Bewegung eines Wasserteilchens in einer stehenden Welle gefunden haben, eine harmonische Schwingung längs einer Geraden beschreiben.

30. *Tiefwasserwellen.* Nehmen Sie an, die Oberfläche des Ozeans führe laufende Wellen der Amplitude 3 m und der Wellenlänge 9 m. Wie weit müßten Sie als Taucher unter die Oberfläche absinken, wenn die Amplitude Ihrer Bewegung 15 cm betragen soll?

Lösung: $\approx 4{,}5$ m.

31. *Die Form laufender Wasserwellen.* Nehmen Sie an, ψ_y habe die Form

$$\psi_y = A\cos(\omega t - kx)f(y),$$

wobei $f(y)$ eine unbekannte Funktion von y sei. Für das Wasser gelte der Satz von der Erhaltung der Masse, es sei inkompressibel und enthalte keine Blasen. Zeigen Sie, daß ψ_y und ψ_x unter diesen Voraussetzungen durch die Gln. (7.75) und (7.76) angegeben werden.

32. *Dispersionsrelation für laufende Wellen.* Die Dispersionsrelation Gl. (7.72) wurde bei der Untersuchung stehender Wellen hergeleitet. Wie lautet die Dispersionsrelation für laufende Wellen?

33. *Dispersionsrelation für Kapillarwellen.* Die Wasseroberfläche verhält sich wie eine gespannte Membran. Im Gleichgewicht ist die längs x wirkende Kraft gleich der Oberflächenspannungskonstanten $T = 0{,}072$ N/m mal der Länge l in der „uninteressanten" z-Richtung. Ist die Oberfläche konvex gekrümmt, so übt die Oberflächenspannung einen Druck nach unten aus. Zeigen Sie, daß dieser nach unten gerichtete Druck im Falle einer sinusförmigen Welle

$$p = Tk^2\psi_y$$

lautet. Zeigen Sie, daß das Gewicht des Wassers einen Druck erzeugt, der gleich einer Konstanten – dem Gleichgewichtswert – plus einem Anteil

$$p = \rho g \psi_y$$

ist. Zeigen Sie ferner, daß man den Anteil der rücktreibenden Kraft ω^2 pro Einheitsauslenkung und pro Einheitsmasse, der von der Oberflächenspannung herrührt, aus dem Ergebnis für die von der Schwerkraft erzeugte rücktreibende Kraft erhält, indem man ρg durch Tk^2 ersetzt. Zeigen Sie auf diese Weise, daß die vollständige Dispersionsrelation

$$\omega^2 = \left(gk + \frac{T}{\rho}k^3\right)\left[\frac{1-e^{-2kh}}{1+e^{-2kh}}\right]$$

lautet.

34. *Ebene elektromagnetische Welle.* Zeigen Sie folgendes: Bei ebenen elektromagnetischen Wellen im Vakuum sind diejenigen Maxwellschen Gleichungen, die E_y und B_x mit einander verknüpfen, jenen „äquivalent", die die Beziehung zwischen E_x und B_y herstellen. Dies ist so zu verstehen: Man kann das eine Gleichungssystem aus dem anderen erhalten, indem man einfach das Koordinatensystem 90° um die z-Achse dreht, die ja in der Ausbreitungsrichtung liegt. Machen Sie eine Skizze, in der die Richtungen von **E** und **B** sowie die x- und die y-Achse dargestellt sind.

35. *Stehende elektromagnetische Wellen im Vakuum.* Zeigen Sie: Wenn $E_x(z,t)$ die stehende Welle $E_x = A\cos\omega t\cos kz$ darstellt, so ist $B_y(z,t)$ gleich der stehenden Welle $A\sin\omega t\sin kz$.

36. *Energieverhältnisse in elektromagnetischen stehenden Wellen.* Nehmen Sie eine stehende Welle von der in Übung 35 angegebenen Form an. Ermitteln Sie die elektrische und die magnetische Energiedichte sowie den Poynting-Vektor als Funktion des Ortes und der Zeit. Betrachten Sie einen Bereich der Länge $\frac{1}{4}\lambda$, der sich von einem Knoten von E_x bis zu einem Bauch von E_x erstrecke. Tragen Sie E_x und B_y in diesem Bereich für die Zeitpunkte $t = 0$, $T/8$ und $T/4$ gegen z auf. Skizzieren Sie den Verlauf der elektrischen, der magnetischen und der gesamten Energiedichte in demselben Bereich und für dieselben Zeitpunkte. Geben Sie für dieselben Zeitpunkte Richtung und Betrag der Komponente S_z des Poynting-Vektors an.

37. *Gekoppelte lineare Differentialgleichungen erster Ordnung für Wellen auf einer Saite.* Betrachten Sie eine kontinuierliche homogene Saite der Linienmassendichte ρ_0 und der Gleichgewichtsspannung T_0. Wie Sie wissen, kann eine solche Saite dispersionsfreie Wellen mit der Geschwindigkeit $v = \sqrt{T_0/\rho_0}$ führen. Definieren Sie die Wellengrößen $F_1(z,t)$ und $F_2(z,t)$ wie folgt:

$$F_1(z\ t) \equiv -\frac{T_0}{v}\frac{\partial\psi_x}{\partial z}, \qquad F_2(z,t) \equiv \rho_0\frac{\partial\psi_x}{\partial t}.$$

Also ist F_1 gleich $1/v$ mal der transversalen rücktreibenden Kraft, die von dem links von z liegenden Teil der Saite auf den rechts von z liegenden Teil ausgeübt wird. F_2 ist der transversale Impuls pro Längeneinheit. Zeigen Sie, daß für F_1 und F_2 die folgenden gekoppelten Differentialgleichungen erster Ordnung gelten:

$$\frac{1}{v}\frac{\partial F_1}{\partial t} = -\frac{\partial F_2}{\partial z}, \qquad \frac{1}{v}\frac{\partial F_2}{\partial t} = -\frac{\partial F_1}{\partial z}.$$

Zeigen Sie, daß eine dieser Gleichungen „trivial" ist, also im wesentlichen eine Identität darstellt, und daß die zweite Gleichung dem zweiten Newtonschen Gesetz äquivalent ist. Beachten Sie, daß diese Gleichungen von ähnlicher Form sind wie die beiden Maxwellschen Gleichungen, die E_x und B_y miteinander verknüpfen, wobei E_x der Größe F_1, B_y der Größe F_2 analog ist. Ähnlich kann man eine der beiden Maxwellschen Gleichungen als „triviale Identität" ansehen, wenn man die spezielle Relativitätstheorie kennt.

38. *Maxwellsche Gleichungen.* Ermitteln Sie für longitudinale Wellen auf einer Perlenkette geeignete Wellengrößen $F_1(z,t)$ und $F_2(z,t)$, die gekoppelte Differentialgleichungen von derselben Form wie die von Übung 37 erfüllen. Führen Sie dieselbe Aufgabe für Schallwellen und für elektromagnetische Wellen in einer Fernleitung durch. In diesem letzten Fall sind die gekoppelten Gleichungen nicht nur „von ähnlicher Form" wie die Maxwellschen Gleichungen, sondern sie *sind* die Maxwellschen Gleichungen – jedoch nicht für die Feldkomponenten E_x und B_y, sondern für Stromstärke und Spannung.

39. Zeigen Sie durch direkte Integration, daß der Mittelwert von $\sin^2\theta$ über alle Richtungen gleich $\frac{2}{3}$ ist. Dabei ist θ der Winkel zwischen einer bestimmten Richtung und einer festen Achse, der sogenannten „Polarachse". Bei der Mittelung gehört zu jedem infinitesimalen Raumwinkel ein „Gewicht", das diesem Raumwinkel proportional ist. Verwenden Sie bei der Integration Kugelkoordinaten.

40. *Luftspiegelung auf Straßen.* Wenn Sie an einem heißen Sommertag Auto fahren, so scheint es Ihnen oft, als sähen Sie weit vor sich Wasserpfützen, die den Himmel oder die Lichter eines entgegenkommenden Autos reflektieren. Beim Näherkommen verschwinden diese Reflexionen plötzlich, sobald nämlich der Reflexionswinkel (von der Straßendecke aus gemessen) einen bestimmten kritischen Wert überschreitet. Diese Reflexionen oder „Luftspiegelungen" rühren von der inneren *Totalreflexion* des Lichts her, das von der kühleren Luft, dem dichteren Medium, in die heißere Luft nahe der heißen Straßendecke, dem dünneren Medium, einfällt. Die heißere Luft ist weniger dicht und hat einen kleineren Brechungsindex. Erinnern Sie sich, daß $n^2 - 1$ der Luftdichte proportional ist. Nahe der Straßendecke sei die Luft um ΔT heißer als einige Zentimeter darüber. Nehmen Sie als Näherung an, daß sich die Temperatur sprungförmig ändere. Die kühlere Luft habe die Temperatur $T = 300$ K (Kelvin), und der Temperaturzuwachs ΔT nahe der Straßendecke betrage 10 K. Der

Brechungsindex n der Luft ist etwa gleich 1,0003. Fällt ein Strahl unter dem Grenzwinkel der Totalreflexion ein, so sei sein von der Straßendecke aus gemessener Einfallswinkel φ. Dieser Winkel ist also gleich 90° minus dem von der Normalen zur Straßendecke hin gemessenen Grenzwinkel. Leiten Sie unter den Annahmen $n - 1 \ll 1$ und $\varphi \ll 1$ die Gleichung $\varphi \approx [2(n-1)\,\Delta T/T]^{1/2}$ her. In welcher Entfernung sehen Sie den Ihnen näher liegenden Rand der scheinbaren „Wasserpfütze", wenn sich Ihre Augen 1,20 m über dem Boden befinden?

Lösung: $\approx$ 300 m.

41. *Wellenleiter.* Ein Wellenleiter habe einen rechteckigen Querschnitt mit den Abmessungen 5 x 10 cm.

a) Wie groß ist die untere Grenzfrequenz, also die niedrigste Frequenz (in MHz), die eine elektromagnetische Welle haben darf, um ohne Schwächung durch den Wellenleiter zu gehen?

b) Skizzieren Sie die Richtung und die räumliche Änderung des elektrischen Feldes im Falle dieser Welle mit der Grenzfrequenz.

c) Ermitteln Sie die Phasen- und die Gruppengeschwindigkeit als Vielfache von c im Falle einer Welle, deren Frequenz gleich $\frac{5}{4}$ mal der Grenzfrequenz ist.

d) Ermitteln Sie die Schwächungslänge für eine Welle, deren Frequenz gleich $\frac{4}{5}$ mal der Grenzfrequenz ist.

42. *Reflexionskoeffizient für das elektrische Feld.* Gegeben sei folgende Analogie: Die in einer Fernleitung auftretende Induktivität pro Längeneinheit entspricht der Masse pro Längeneinheit bei einer gespannten Saite, der Kehrwert der Kapazität pro Längeneinheit hingegen der Saitenspannung. Gegeben seien die Beziehungen $C = \epsilon C_{\text{Vak}}$ und $L = \mu L_{\text{Vak}}$, und die Phasengeschwindigkeit im Vakuum sei gleich c.

a) Zeigen Sie aufgrund der Analogie mit der Saite folgendes: Der Brechungsindex n ist gleich $(\epsilon\mu)^{1/2}$, der Wellenwiderstand Z gleich $(\mu/\epsilon)^{1/2}$ mal dem Vakuum-Wellenwiderstand der Fernleitung. Beim Übergang vom Vakuum in das Medium lautet der Reflexionskoeffizient für das elektrische Feld $R = [1 - (n/\mu)]/[1 + (n/\mu)]$. Dieser ist gleich dem Reflexionskoeffizienten für das elektrische Feld, der beim senkrechten Einfall ebener Wellen auf eine Grenzfläche zwischen Vakuum und Medium auftritt.

b) Nun wollen wir den Reflexionskoeffizienten unter Verwendung der Maxwellschen Gleichungen auf exaktere Weise herleiten – oder vielmehr bitten wir Sie, dies zu tun. Zeigen Sie mit Hilfe der Maxwellschen Gleichungen und einer geeigneten Linienintegration, daß das tangentiale elektrische Feld an der Grenzfläche stetig ist, wenn $\partial\mathbf{B}/\partial t$ in dieser nicht Unendlich wird. (Es bleibt endlich.) Nehmen Sie sodann an, die einfallende elektromagnetische Welle sei linear polarisiert und ihr elektrisches Feld liege in der x-Richtung. Zeigen Sie nun, daß die Beziehung $E_{x(\text{ein})} + E_{x(\text{ref})} = E_{x(\text{durch})}$ gilt.

c) Verwenden Sie die Maxwellschen Gleichungen für ein Medium von der in Abschnitt 10.9 beschriebenen Art. Betrachten Sie das Feld $\mathbf{B} - \mu_0\mathbf{M}$. Aufgrund der Definition von μ ist dieses Feld, auch als $\mu_0\mathbf{H}$ bezeichnet, gleich $\mathbf{B}/\mu$. Zeigen Sie, daß die tangentiale Komponente von $\mathbf{H}$ stetig ist, wenn die partielle Ableitung von $\mathbf{E} + P/\epsilon_0$ nach der Zeit nicht Unendlich wird. (Sie bleibt endlich.) Zeigen Sie sodann, daß für eine Welle, die aus dem Vakuum einfällt, die Beziehung $B_{y(\text{ein})} + B_{y(\text{ref})} = (1/\mu)\,B_{y(\text{durch})}$ gilt. Verwenden Sie nun die Tatsache, daß B_y im Medium gleich n mal E_x ist, sowie die Beziehung, die zwischen B_y und E_x in der einfallenden und in der reflektierten Welle gilt, und ermitteln Sie damit den Reflexionskoeffizienten $R = E_{x(\text{ref})}/E_{x(\text{ein})}$. Zeigen Sie schließlich, daß $R = [1 - (n/\mu)]/[1 + (n/\mu)]$.

8. Polarisation

8.1. Einleitung

Wir haben in Kapitel 7 gelernt, daß die elektrischen und magnetischen Felder in elektromagnetischen ebenen Wellen senkrecht zur Ausbreitungsrichtung $\hat{\mathbf{z}}$ stehen. Die beiden zugehörigen transversalen Richtungen werden durch $\hat{\mathbf{x}}$ und $\hat{\mathbf{y}}$ festgelegt. Felder, deren Orientierungen in der xy-Ebene sich um 90° unterscheiden, sind voneinander unabhängig. Daher können die Amplituden und die Phasen der Felder in den beiden transversalen Richtungen verschieden sein. Stehen sie jedoch in einem bestimmten Zusammenhang miteinander, so spricht man von einem *Polarisationszustand.*

Fallen elektromagnetische Wellen in Materie ein, so treten verschiedene Polarisationszustände dieser Wellen mit der Materie oft auf unterschiedliche Weise in Wechselwirkung. Z.B. gibt es Materialien, in denen sich geladene Teilchen zwar längs $\hat{\mathbf{x}}$, nicht jedoch längs $\hat{\mathbf{y}}$ verlagern können. In diesem Falle kann E_x an den geladenen Teilchen Arbeit verrichten, E_y jedoch nicht. Daher wird die mit E_x verbundene Energie der elektromagnetischen Welle möglicherweise vermindert, geht in kinetische Energie der geladenen Teilchen und in der Folge durch die Zusammenstöße zwischen diesen in Wärmeenergie über, während sich die Amplitude von E_y nicht ändert. Es kann sich aber auch nur die Phasenbeziehung zwischen E_x und E_y ändern, ohne daß die Amplitude von E_x und folglich die mit E_x verbundene Energie abnimmt. In allen solchen Fällen *asymmetrischer Wechselwirkung* wird der Polarisationszustand der elektromagnetischen Wellen durch die Wechselwirkung geändert, woraus sich viele wichtige Konsequenzen ergeben. Man kann den Polarisationszustand einer polarisierten Welle bestimmen, indem man diese auf ein gut bekanntes Material auftreffen läßt und ihre Wirkung auf dieses untersucht. Umgekehrt kann man etwas über ein bestimmtes Material erfahren, indem man die von ihm hervorgerufene Änderung eines bekannten Polarisationszustandes mißt. Z.B. wird zur Zeit die Richtung des magnetischen Feldes im Spiralarm unserer Milchstraße „kartographiert". Dazu bestimmt man die Polarisationsrichtung von Radiowellen extragalaktischer Quellen als Funktion der Richtung zur Quelle und der Wellenlänge. [*G. L. Berge* und *G. A. Seielstad*, *Scientific American* S. 46 (Juni 1965).]

Es ist zu beachten, daß der Begriff der Polarisation nur bei solchen Wellen anwendbar ist, die mindestens zwei unabhängige „Polarisationsrichtungen" aufweisen. Betrachten Sie z.B. eine längs $\hat{\mathbf{z}}$ fortschreitende Schallwelle. Kennt man die Frequenz, die Amplitude und die Phasenkonstante, so ist die Welle völlig bestimmt. Wir wissen, daß die Luft in Schallwellen längs der Ausbreitungsrichtung ausgelenkt wird, denn es handelt sich um longitudinale Wellen. Gewöhnlich sagen wir jedoch nicht, diese Wellen seien „longitudinal polarisiert" – dies wäre eine schlechte Bezeichnungsweise. Vielmehr reservieren wir den Ausdruck *Polarisationszustand* für die Beschreibung von Wellen, die wenigstens zwei verschiedene Polarisationsrichtungen aufweisen. Bei Schallwellen in einem Festkörper oder bei Wellen auf einer Spiralfeder gibt es drei mögliche Polarisationszustände, da eine longitudinale und zwei transversale Polarisationsrichtungen zur Verfügung stehen. In einem solchen Fall können longitudinal polarisierte Wellen, zwei Arten von transversal polarisierten Wellen oder eine allgemeine Überlagerung aller drei Polarisationszustände auftreten.

8.2. Beschreibung von Polarisationszuständen

Alle zu untersuchenden Wellen stellen irgendeine physikalische Größe dar, deren Auslenkung aus der Gleichgewichtslage sich räumlich und zeitlich ändert. Diese Auslenkung kann mittels eines Verschiebungsvektors $\psi(x, y, z, t)$ beschrieben werden. Gewöhnlich studieren wir ebene Wellen, für die ψ die Form $\psi(z, t)$ aufweist, wobei z in der Ausbreitungsrichtung gemessen wird. (Wir schließen hier sowohl stehende als auch laufende Wellen in unsere Überlegungen ein.) Oft haben die Größen $\partial\psi(z,t)/\partial t$ und $\partial\psi(z,t)/\partial z$ die interessantesten physikalischen Eigenschaften. Dies sahen wir bei Wellen auf einer Saite und bei Schallwellen, wo $\psi(z, t)$ in beiden Fällen die Auslenkung der Teilchen des Mediums aus ihrer Gleichgewichtslage bezeichnete.

Für ebene Wellen, die sich längs $\hat{\mathbf{z}}$ ausbreiten, können wir den Verschiebungsvektor in der Form

$$\psi(z, t) = \hat{\mathbf{x}}\psi_x(z, t) + \hat{\mathbf{y}}\psi_y(z, t) + \hat{\mathbf{z}}\psi_z(z, t) \tag{8.1}$$

anschreiben. Bei transversalen Wellen auf einer Saite hat ψ nur eine x- und eine y-Komponente. Solche Wellen bezeichnet man als transversal polarisiert. In Wirklichkeit können auf einer Saite jedoch auch longitudinale Wellen auftreten, die sich in Änderungen der Spannung und der longitudinalen Geschwindigkeit der Saitenelemente äußern. Bei Schallwellen in Luft hat der Verschiebungsvektor ψ die Richtung von $\hat{\mathbf{z}}$, liegt also in der Ausbreitungsrichtung. Diese Wellen werden gewöhnlich als longitudinal, nicht jedoch als longitudinal polarisiert bezeichnet. Tatsächlich können in einer Röhre auch transversale Schallwellen auftreten. Diese lassen sich als longitudinale Wellen ansehen, die nicht längs der Röhre fortschreiten, sondern von einer Röhrenwand zur anderen hin- und herlaufen. Die resultierende Ausbreitungsrichtung ist die Richtung der Röhre, doch haben die Luftschwingungen sowohl eine transversale als auch eine longitudinale Komponente. Im Falle elektromagnetischer ebener Wellen steht der „Verschiebungsvektor" ψ senkrecht auf $\hat{\mathbf{z}}$, wie wir in Abschnitt 7.5 gesehen haben. Dort fanden wir, daß $\mathbf{E}$ und $\mathbf{B}$ in ebenen Wellen im Vakuum immer senkrecht auf $\hat{\mathbf{z}}$ stehen. $\mathbf{E}$ und $\mathbf{B}$ können z.B. dann longitudinale

Komponenten haben, wenn die Wellen in einem Wellenleiter oder in einer Höhlung eingeschlossen sind.

Polarisation transversaler Wellen. Von nun an betrachten wir ausschließlich transversale Wellen der Form

$$\psi(z,t) = \hat{\mathbf{x}}\psi_x(z,t) + \hat{\mathbf{y}}\psi_y(z,t). \tag{8.2}$$

Bei den folgenden Überlegungen denken wir an zwei physikalische Beispiele, nämlich an transversale Wellen auf einer ausgedehnten Saite oder Spiralfeder und an elektromagnetische ebene Wellen im Vakuum. Bei Wellen auf einer Saite beschreibt $\psi(z,t)$ die augenblickliche transversale Auslenkung der Saite aus ihrer Gleichgewichtslage. Die anderen physikalisch interessanten Größen sind die transversale Geschwindigkeit $\partial\psi/\partial t$ und die transversale Kraft $-T_0\,\partial\psi/\partial z$, die von dem links von z liegenden Teil der Saite auf den rechts von z liegenden Teil ausgeübt wird. Kennt man $\psi(z,t)$, so sind diese Größen auch bekannt. Im Falle elektromagnetischer ebener Wellen wollen wir mit $\psi(z,t)$ das transversale elektrische Feld $\mathbf{E}(z,t)$ bezeichnen. Die zweite physikalisch interessante Größe ist das transversale magnetische Feld $\mathbf{B}(z,t)$, das bekannt ist, wenn man $\mathbf{E}(z,t)$ kennt. Z.B. können wir ein allgemeines $\mathbf{E}(z,t)$ immer als Überlagerung laufender Wellen auffassen, die sowohl in die positive als auch in die negative z-Richtung fortschreiten. $\mathbf{E}^+$ sei der Anteil von $\mathbf{E}$, der von den in die positive z-Richtung laufenden Wellen herrührt, $\mathbf{E}^-$ sei der Beitrag der in die negative z-Richtung laufenden Wellen. Es gilt also

$$\mathbf{E}(z,t) = \mathbf{E}^+(z,t) + \mathbf{E}^-(z,t). \tag{8.3}$$

Aus unserer Untersuchung laufender Wellen in Abschnitt 7.4 wissen wir, daß das zu $\mathbf{E}^+$ gehörige magnetische Feld $\mathbf{B}^+$ gleich $\hat{\mathbf{z}}\times\mathbf{E}^+/c$, das zu $\mathbf{E}^-$ gehörige magnetische Feld $\mathbf{B}^-$ gleich $-\hat{\mathbf{z}}\times\mathbf{E}^-/c$ ist. Somit lautet das zu der Überlagerung Gl. (8.3) gehörige magnetische Feld

$$\mathbf{B}(z,t) = \hat{\mathbf{z}}\times[\mathbf{E}^+(z,t) - \mathbf{E}^-(z,t)]/c. \tag{8.4}$$

Wir werden Gl. (8.4) nicht explizit verwenden, denn wir wollten Ihnen nur folgendes zeigen bzw. in Erinnerung rufen: Kennt man bei einer ebenen Welle im Vakuum $\mathbf{E}$, so ist $\mathbf{B}$ „automatisch" bekannt, in dem Sinne nämlich, daß die Maxwellschen Gleichungen „automatisch" sind.

Effektive Punktladung. Eine weitere physikalische Vorstellung erweist sich im Falle elektromagnetischer ebener Wellen als sehr nützlich: Denken wir uns die ebenen Wellen von einer im Koordinatenursprung schwingenden Punktladung emittiert, die genügend weit entfernt sei, so daß ihr Fernfeld in hinreichend guter Näherung als ebene Welle betrachtet werden darf. Bezeichnen wir den augenblicklichen transversalen Verschiebungsvektor der Ladung Q mit $\psi(t)$:

$$\begin{aligned}\psi(t) &= \hat{\mathbf{x}}x(t) + \hat{\mathbf{y}}y(t)\\ &= \hat{\mathbf{x}}x_0\cos(\omega t+\varphi_1) + \hat{\mathbf{y}}y_0\cos(\omega t+\varphi_2).\end{aligned} \tag{8.5}$$

Dann lautet das elektrische Feld $\mathbf{E}(z,t)$, wie wir aus unserer Diskussion des Feldes einer Punktladung (Abschnitt 7.5) wissen,

$$\mathbf{E}(z,t) = -\frac{1}{4\pi\epsilon_0}\,\frac{Q\mathbf{a}_\perp(t')}{rc^2} = -\frac{1}{4\pi\epsilon_0}\,\frac{Q\ddot{\psi}(t')}{zc^2}.$$

Somit gilt wegen $\ddot{\psi} = -\omega^2\psi$ die Beziehung

$$\begin{aligned}\mathbf{E}(z,t) &= \frac{1}{4\pi\epsilon_0}\,\frac{Q\omega^2\psi(t')}{zc^2}\\ &= \frac{1}{4\pi\epsilon_0}\,\frac{Q\omega^2\psi(t-\frac{z}{c})}{zc^2}.\end{aligned} \tag{8.6}$$

Wir können also $\psi(z,t)$ bei der Betrachtung laufender ebener elektromagnetischer Wellen auf zwei Arten deuten: entweder als das elektrische Feld $\mathbf{E}(z,t)$ oder – bis auf den bekannten Proportionalitätsfaktor $Q\omega^2/zc^2$ – als den Verschiebungsvektor einer positiven Ladung Q zum retardierten Zeitpunkt $t' = t - z/c$. Selbst wenn $\mathbf{E}(z,t)$ nicht durch eine einzige Ladung Q hervorgerufen wird, können wir eine solche „erfinden" bzw. durch Gl. (8.6) definieren. Kennen wir die Strahlungsquelle nicht, so können wir nicht behaupten, daß die Strahlung nicht von der effektiven Punktladung Q erzeugt worden sei.

Lineare Polarisation. Beschreibt im Falle transversaler ebener Wellen, also elektromagnetischer ebener Wellen oder transversaler Wellen auf einer Saite, der Verschiebungsvektor längs einer festen, auf $\hat{\mathbf{z}}$ senkrecht stehenden Geraden eine hin- und hergehende Schwingung, so bezeichnet man die Wellen als *linear polarisiert*. Es gibt zwei unabhängige transversale Richtungen, die man längs $\hat{\mathbf{x}}$ und $\hat{\mathbf{y}}$ wählen kann. Betrachten wir nun einen festen Wert von z, dann brauchen wir nicht festzulegen, ob es sich um stehende Wellen, laufende Wellen oder um beides zugleich handelt. Es ist also nicht erforderlich, die Phasenbeziehung zwischen Schwingungen bei verschiedenen Werten von z zu bestimmen, da wir ja nur einen einzigen Wert von z betrachten. Dann können die zu einer linear polarisierten ebenen Welle gehörigen Schwingungen eine der folgenden Formen annehmen:

$$\psi(t) = \hat{\mathbf{x}}A_1\cos\omega t, \tag{8.7}$$

$$\psi(t) = \hat{\mathbf{y}}A_2\cos\omega t. \tag{8.8}$$

Dabei haben wir z weggelassen und die Phasenkonstante gleich Null gesetzt. In einem allgemeineren Fall kann eine Schwingung linear polarisiert sein in einer Richtung, die weder mit $\hat{\mathbf{x}}$ noch mit $\hat{\mathbf{y}}$ zusammenfällt. Eine derartige Schwingung läßt sich immer als Überlagerung zweier unabhängiger linear polarisierter Schwingungen von der Form der Gln. (8.7) und (8.8) anschreiben. Dabei sind die *Phasenkonstanten* der x- und der y-Konstanten der Überlagerung entweder *gleich* oder sie unterscheiden sich um π:

$$\psi(t) = \hat{\mathbf{x}}A_1\cos\omega t + \hat{\mathbf{y}}A_2\cos\omega t, \tag{8.9}$$

d.h.

$$\psi(t) = (\hat{\mathbf{x}}A_1 + \hat{\mathbf{y}}A_2)\cos\omega t. \tag{8.10}$$

Betrag und Richtung des Vektors $\hat{\mathbf{x}}A_1 + \hat{\mathbf{y}}A_2$ hängen nicht von der Zeit ab. Daher beschreibt das durch Gl. (8.10) angegebene $\psi(t)$ eine Schwingung längs einer festen Geraden. Die Amplitude ist

$$A = \sqrt{A_1^2 + A_2^2}. \tag{8.11}$$

Bei linearer Polarisation ist $\psi(t)$ entweder parallel oder (eine halbe Schwingung später) antiparallel zu $\hat{\mathbf{e}}$, wobei

$$\hat{\mathbf{e}} = \frac{A_1}{A}\hat{\mathbf{x}} + \frac{A_2}{A}\hat{\mathbf{y}}. \tag{8.12}$$

Wir sehen, daß $\hat{\mathbf{e}}$ ein Einheitsvektor ist:

$$\begin{aligned}\hat{\mathbf{e}}\cdot\hat{\mathbf{e}} &= \frac{(A_1\hat{\mathbf{x}} + A_2\hat{\mathbf{y}})^2}{A^2}\\ &= \frac{A_1^2\hat{\mathbf{x}}\cdot\hat{\mathbf{x}} + A_2^2\hat{\mathbf{y}}\cdot\hat{\mathbf{y}} + 2A_1A_2\hat{\mathbf{x}}\cdot\hat{\mathbf{y}}}{A^2}\\ &= \frac{A_1^2 + A_2^2}{A^2} = 1.\end{aligned} \tag{8.13}$$

Der Verschiebungsvektor $\psi(t)$ ist für eine linear polarisierte Welle und für festes z in Bild 8.1 dargestellt.

Linear polarisierte stehende Wellen. Wir wollen eine linear polarisierte „reine" stehende Welle beschreiben, in der ψ z.B. bei $z = 0$ einen Knoten aufweise. Dazu multiplizieren wir einfach den durch Gl. (8.10) angegebenen linear polarisierten Verschiebungsvektor für festes z mit $\sin kz$:

$$\psi(z, t) = (\hat{\mathbf{x}}A_1 + \hat{\mathbf{y}}A_2)\sin kz\cos\omega t. \tag{8.14}$$

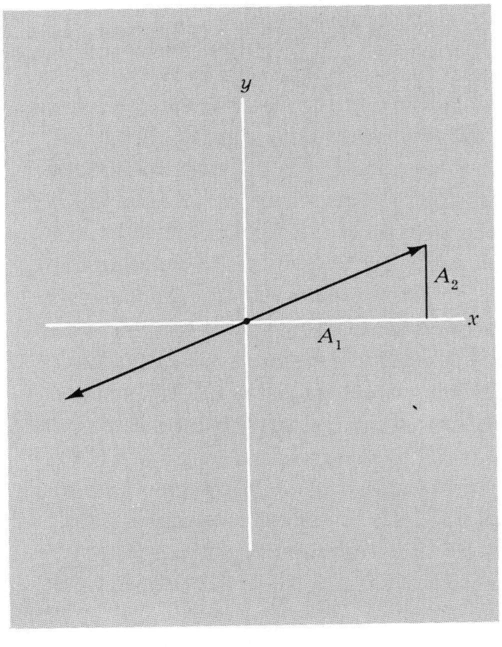

Bild 8.1. Lineare Polarisation. Der durch die Gln. (8.9) und (8.10) angegebene Verschiebungsvektor $\psi(t)$ für festes z beschreibt längs der Linie mit den beiden Pfeilen eine harmonische Schwingung.

Linear polarisierte laufende Welle. Zur Beschreibung einer laufenden Welle, die beispielsweise in der positiven z-Richtung fortschreitet, ersetzen wir in dem linear polarisierten Verschiebungsvektor für festes z einfach ωt durch $\omega t - kz$:

$$\psi(z, t) = (\hat{\mathbf{x}}A_1 + \hat{\mathbf{y}}A_2)\cos(\omega t - kz). \tag{8.15}$$

Zirkulare Polarisation. Beschreibt der Verschiebungsvektor in einer transversalen Welle einen Kreis, so bezeichnet man die Welle als zirkular polarisiert. Betrachten wir zuerst einen festen Wert von z. Wir lassen im Augenblick noch offen, ob die Welle in der positiven oder in der negativen z-Richtung fortschreitet oder ob es sich überhaupt um eine laufende Welle handelt. Weist der Daumen Ihrer rechten Hand in die positive z-Richtung und krümmen sich Ihre Finger im Drehsinn, so sagt man, die Schwingung sei in der positiven z-Richtung zirkular polarisiert. Analog wird mit Hilfe der Rechte-Hand-Regel die zirkulare Polarisation in der negativen z-Richtung definiert. Eine in der positiven z-Richtung zirkular polarisierte Schwingung läßt sich als Überlagerung einer längs $\hat{\mathbf{x}}$ und einer längs $\hat{\mathbf{y}}$ linear polarisierten Schwingung gleicher Amplitude ausdrücken. Die x-, die y- und die z-Achse sollen wie üblich ein Rechtssystem bilden, so daß $\hat{\mathbf{x}} \times \hat{\mathbf{y}} = \hat{\mathbf{z}}$. Dann sehen wir, daß die x-Schwingung bei zirkularer Polarisation in der positiven z-Richtung der y-Schwingung um 90° *voraus* ist:

$$\begin{aligned}\psi(t) &= \hat{\mathbf{x}}A\cos\omega t + \hat{\mathbf{y}}A\cos\left(\omega t - \frac{\pi}{2}\right)\\ &= \hat{\mathbf{x}}A\cos\omega t + \hat{\mathbf{y}}A\sin\omega t.\end{aligned} \tag{8.16}$$

Analog hinkt die x-Schwingung bei zirkularer Polarisation in der negativen z-Richtung *hinter* der y-Schwingung um 90° nach:

$$\begin{aligned}\psi(t) &= \hat{\mathbf{x}}A\cos\omega t + \hat{\mathbf{y}}A\cos\left(\omega t + \frac{\pi}{2}\right)\\ &= \hat{\mathbf{x}}A\cos\omega t - \hat{\mathbf{y}}A\sin\omega t.\end{aligned} \tag{8.17}$$

Nach unseren in Abschnitt 7.4 angestellten Überlegungen bezüglich elektromagnetischer ebener Wellen führen zirkular polarisierte ebene Wellen den Drehimpuls $\mathbf{L} = \pm(W/\omega)\,\hat{\mathbf{z}}$ mit sich, wobei W die Energie und ω die Winkelgeschwindigkeit ist. Der Drehimpuls hat dasselbe Vorzeichen wie der Winkelgeschwindigkeitsvektor der Felder. Daher weist er bei zirkularer Polarisation in der positiven z-Richtung in die positive z-Richtung, bei zirkularer Polarisation in der negativen z-Richtung in die negative z-Richtung. In unseren bisherigen Überlegungen stellte $\hat{\mathbf{z}}$ eine raumfeste Richtung dar. Diese Überlegungen gelten für laufende Wellen beider Ausbreitungsrichtungen sowie für stehende Wellen. Selbstverständlich können zirkular polarisierte Wellen auf einer Saite oder einer Spiralfeder ebenfalls Drehimpuls mit sich führen.

Der Verschiebungsvektor $\psi(t)$ für eine zirkular polarisierte Schwingung bei festem z ist in Bild 8.2 dargestellt.

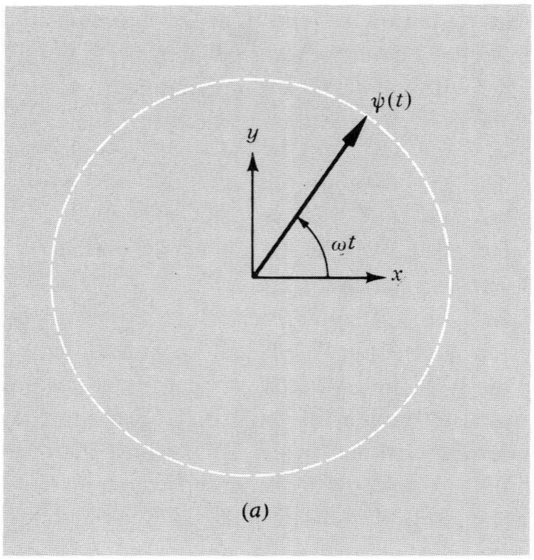

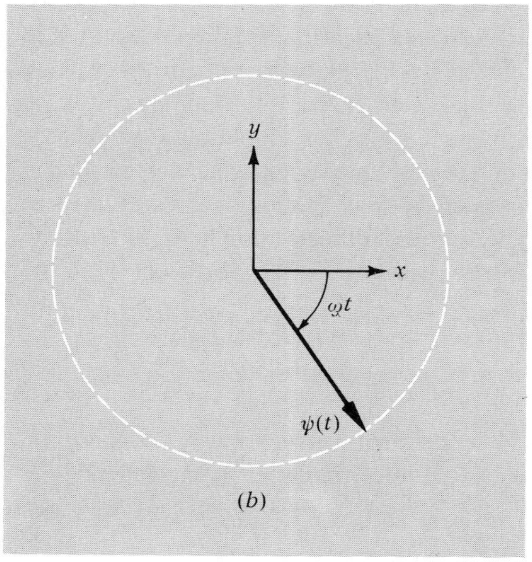

Bild 8.2. Zirkulare Polarisation

a) zirkulare Polarisation und Drehimpuls in der positiven z-Richtung; dabei ist $\hat{\mathbf{z}}$ raumfest und unabhängig von der Ausbreitungsrichtung;
b) zirkulare Polarisation und Drehimpuls in der negativen z-Richtung

Zirkular polarisierte stehende Welle. Eine in der positiven z-Richtung zirkular polarisierte stehende Welle, deren Drehimpulsvektor ebenfalls in die positive z-Richtung weist, erhält man durch Multiplikation des entsprechenden Verschiebungsvektors (Gl. (8.16)) für festes z mit einer sinusförmigen Funktion von z. Daher gilt für eine stehende Welle, die z.B. in der positiven z-Richtung zirkular polarisiert ist und bei $z = 0$ einen Knoten aufweist,

$$\psi(z, t) = \left[\hat{\mathbf{x}} \cos \omega t + \hat{\mathbf{y}} \cos\left(\omega t - \frac{\pi}{2}\right)\right] A \sin kz. \quad (8.18)$$

Zirkular polarisierte laufende Welle. Eine in der positiven z-Richtung zirkular polarisierte laufende Welle, deren Drehimpulsvektor ebenfalls in die positive z-Richtung weist, erhält man höchst einfach: Soll die Welle in der positiven z-Richtung fortschreiten, so ersetzt man in der durch Gl. (8.16) angegebenen zirkular polarisierten Schwingung ωt durch $\omega t - kz$:

$$\psi(z, t) = A\left\{\hat{\mathbf{x}} \cos[\omega t - kz] + \hat{\mathbf{y}} \cos\left[\left(\omega t - \frac{\pi}{2}\right) - kz\right]\right\} \quad (8.19)$$

Soll die Welle hingegen in der negativen z-Richtung fortschreiten, so ersetzen wir analog ωt durch $\omega t + kz$. Wollen wir eine Welle, deren Drehimpulsvektor in die negative z-Richtung weist, so gehen wir von der durch Gl. (8.17) angegebenen zirkular polarisierten Schwingung aus und ersetzen ωt durch $\omega t - kz$ bzw. $\omega t + kz$.

Vereinbarungen für den Polarisationssinn zirkular polarisierter laufender Wellen. Eine zirkular polarisierte laufende Welle breite sich in der positiven z-Richtung aus. Ihr Drehimpulsvektor weise ebenfalls in diese Richtung. Dann weist auch der Winkelgeschwindigkeitsvektor der Felder (im Falle elektromagnetischer Wellen) bzw. des Verschiebungsvektors (bei Wellen auf einer Spiralfeder) gemäß der Rechte-Hand-Regel in die positive z-Richtung. Es liegt nahe, eine solche Polarisation als „rechtszirkular" zu bezeichnen. Diese Vereinbarung nennen wir die *Drehimpulsvereinbarung*. Nach ihr ist eine laufende Welle rechtszirkular polarisiert, wenn ihr Drehimpuls in die Ausbreitungsrichtung weist, und linkszirkular polarisiert, wenn ihr Drehimpulsvektor in die negative Ausbreitungsrichtung weist. Diese Vereinbarung ist jedoch der entgegengesetzt, die gewöhnlich in der Optik verwendet wird. Z.B. unterscheidet sie sich von der Vereinbarung, nach der der Zirkularpolarisator in Ihrer optischen Ausrüstung als linksdrehend klassifiziert ist. *Die optische Vereinbarung* kann man als *Schraubenvereinbarung* bezeichnen. Ihre Berechtigung wird klar, wenn man auf einer Spiralfeder durch Schütteln eine zirkular polarisierte laufende Welle erzeugt. Nehmen Sie etwa an, Sie erteilen einem Ende der Spiralfeder eine rasche Kreisbewegung, die von Ihrem Standpunkt aus im Uhrzeigersinn verläuft. Dann bewegt sich ein zirkular polarisiertes Wellenpaket von Ihnen weg die Spiralfeder entlang. Sein Drehsinn ist der des Uhrzeigers, sein Drehimpulsvektor weist in die Ausbreitungsrichtung. Gemäß der Drehimpulsvereinbarung ist dieses Wellenpaket also rechtszirkular polarisiert. Stellen Sie sich nun eine Momentaufnahme vor und betrachten Sie die Form der Spiralfeder, die sie in diesem Augenblick hat. Beschreibt sie eine Links- oder eine Rechtsschraube? Bei der optischen Vereinbarung soll ja der Drehsinn der Schraube zur Bezeichnung des Polarisationssinnes verwendet werden. Leider handelt es sich um eine Linksschraube! Stellen Sie sich, um dies einzusehen, die Bewegung Ihrer Hand und der Spiralfeder bei der Emission der Welle vor.

Veranschaulichen Sie sich die augenblickliche Form der Spiralfeder in der Nähe Ihrer Hand. Der augenblickliche Winkel, unter dem die Spiralfeder in geringer Entfernung von Ihrer Hand ausgelenkt ist, ist gleich dem Winkel, den Ihre Hand zu einem etwas früheren Zeitpunkt beschrieben hat. In der Ausbreitungsrichtung hinkt also der Winkel der Spiralfeder hinter dem augenblicklichen Winkel Ihrer Hand her. Weiter in der Ausbreitungsrichtung ist der Winkel der Spiralfeder noch stärker zurück, da der betreffende Teil der Welle noch früher ausgesandt wurde. Schreitet man also zu einem festen Zeitpunkt in der Ausbreitungsrichtung fort, so beschreibt man eine Linksschraube. Daher wird der Polarisationssinn durch die optische Vereinbarung entgegengesetzt benannt wie durch die Drehimpulsvereinbarung. Diese merkt man sich leichter; an die optische Vereinbarung erinnert man sich am einfachsten, indem man an diese Schraube denkt.

Es ist lehrreich, sich mit einer Spiralfeder zu beschäftigen und so konkrete Erfahrungen mit verschiedenen transversalen Polarisationszuständen zu sammeln. Stehende Wellen erhalten Sie, indem Sie ein Ende der Spiralfeder an einem Telephonmast befestigen und das andere schütteln. Ein „freies" Ende können Sie simulieren, indem Sie ein Ende der Spiralfeder mit einer etwa 10 m langen Schnur verbinden und deren anderes Ende an einem Telephonmast befestigen. Linear oder zirkular polarisierte stehende Wellen lassen sich leicht erzeugen. Hingegen erhält man zirkular polarisierte laufende harmonische Wellen nur mit Schwierigkeiten, da es nicht leicht ist, eine Spiralfeder mit einer ihrem Wellenwiderstand angepaßten resistiven Belastung zu versehen. Ich vermute, daß sich dies erreichen läßt, indem man eine lange Schnur (zur Herstellung eines „freien" Endes) mit geeigneten „masselosen" Kolben oder Paddeln aus Styropor kombiniert, die in wassergefüllte Eimer eintauchen. Jedenfalls kann man leicht Wellenpakete auf die Spiralfeder schicken und ihre Reflexion an festen oder freien Enden beobachten.

Eigenschaften der transversalen Polarisationszustände. Die folgenden Eigenschaften transversaler Polarisationszustände können Sie entweder mittels einer Spiralfeder oder durch nähere Betrachtung der obigen Gleichungen verifizieren. Sie treten aber auch bei elektromagnetischen ebenen Wellen auf:

1. In einer linear polarisierten Welle geht der Verschiebungsvektor für festes z zweimal pro Schwingung durch den Nullpunkt.

   In einer stehenden Welle gehen die Verschiebungsvektoren in allen Punkten gleichzeitig durch den Nullpunkt.

   In einer laufenden Welle vollführen die Verschiebungsvektoren in allen Punkten dieselbe Bewegung, nur tritt eine Phasenverschiebung auf. Diese entspricht der Zeit, die die Welle zum Durchlaufen der zwischen den betreffenden Punkten liegenden Entfernung benötigt.

2. In einer zirkular polarisierten stehenden oder laufenden Welle ist der Betrag des Verschiebungsvektors bei festem z konstant.

   Tritt auf einer Spiralfeder eine zirkular polarisierte laufende Welle auf, so würde eine zum festen Zeitpunkt t gemachte Momentaufnahme zeigen, daß die Spiralfeder die Form eines Korkenziehers hat.

   Tritt hingegen eine zirkular polarisierte stehende Welle auf, so liegt die Spiralfeder immer vollständig in einer Ebene. Aufgrund einer einzigen Momentaufnahme ließe sich diese Form weder von der einer linear polarisierten stehenden Welle noch von der einer linear polarisierten laufenden Welle unterscheiden. Eine etwas später gemachte Momentaufnahme würde uns jedoch in Verbindung mit der ersten Aufschluß darüber geben, welche der drei Möglichkeiten zutrifft.

3. Wird ein laufendes Wellenpaket auf einer Spiralfeder, das in der raumfesten positiven z-Richtung zirkular polarisiert ist, an einer Abschlußstelle reflektiert, so ist das reflektierte Wellenpaket in derselben Richtung polarisiert. Dies gilt auch für feste und freie Enden sowie für jede Art von Belastung. Daher bleibt der Drehsinn bezüglich der festen Richtung $\hat{\mathbf{z}}$ bei Reflexion erhalten. Natürlich wird der Polarisationssinn umgekehrt, weil sich die Ausbreitungsrichtung bei Reflexion umdreht. Elektromagnetische Wellen verhalten sich in folgendem Sinne wie eine Spiralfeder: Werden Licht, Mikrowellen oder irgendwelche anderen elektromagnetischen Wellen mit zirkularer Polarisation um 180° reflektiert, so ändert sich ihr Drehsinn bezüglich einer festen Richtung $\hat{\mathbf{z}}$ nicht, doch wird ihr Polarisationssinn, also der Drehsinn bezüglich der Ausbreitungsrichtung, umgekehrt. Diese Tatsache ist Ihnen nicht neu, denn Sie wissen, daß Ihre rechte Hand in einem Spiegel wie eine linke aussieht. Obwohl nicht unmittelbar einsichtig, hängt dies mit der Tatsache zusammen, daß der Drehsinn zirkular polarisierten Lichts bezüglich einer festen Richtung $\hat{\mathbf{z}}$ bei Reflexion an einem Spiegel erhalten bleibt. Beide Erscheinungen kann man als Folge davon ansehen, daß der bezüglich $\hat{\mathbf{z}}$ transversale Impuls bei der Wechselwirkung der Welle mit dem reflektierenden Medium erhalten bleibt. Dieses besteht im Falle der Spiralfeder aus der Wand, im Falle der elektromagnetischen Wellen aus den Elektronen des Spiegels (siehe jedoch Übung 27).

Allgemeine transversale Polarisation – elliptische Polarisation. Bei festem z hat eine allgemeine transversal polarisierte Schwingung die Form

$$\boldsymbol{\psi}(t) = \hat{\mathbf{x}} A_1 \cos(\omega t + \varphi_1) + \hat{\mathbf{y}} A_2 \cos(\omega t + \varphi_2). \qquad (8.20)$$

Ist φ_2 gleich φ_1 oder $\varphi_1 \pm \pi$, so liegt lineare Polarisation vor. Ist φ_2 gleich $\varphi_1 - \frac{1}{2}\pi$ und A_2 gleich A_1, so sprechen wir von zirkularer Polarisation in der positiven z-Richtung. Im allgemeinen Fall, wenn A_2 ungleich A_1 ist und φ_1 sowie φ_2 beliebig sind, beschreibt der Verschiebungsvektor $\boldsymbol{\psi}$ eine elliptische Bahn. Dies sieht man folgendermaßen:

Bezeichnen Sie ψ_x und ψ_y als x bzw. y, so daß

$$x = A_1 \cos(\omega t + \varphi_1) \quad \text{und} \quad y = A_2 \cos(\omega t + \varphi_2).$$

Zerlegen Sie sodann die beiden Kosinuswerte, so daß für x eine bestimmte Linearkombination und für y eine andere Linearkombination von $\cos \omega t$ und $\sin \omega t$ folgt. Lösen Sie nun diese beiden linearen Gleichungen nach $\sin \omega t$ und $\cos \omega t$ auf. Sie werden finden, daß jede dieser Größen eine (verschiedene) Linearkombination von x und y ist. Addieren Sie schließlich die Quadrate von $\sin \omega t$ und $\cos \omega t$. Das Ergebnis, das gleich Eins ist, stellt einen quadratischen Ausdruck in x^2, y^2 und xy dar. Ein solcher Ausdruck wird

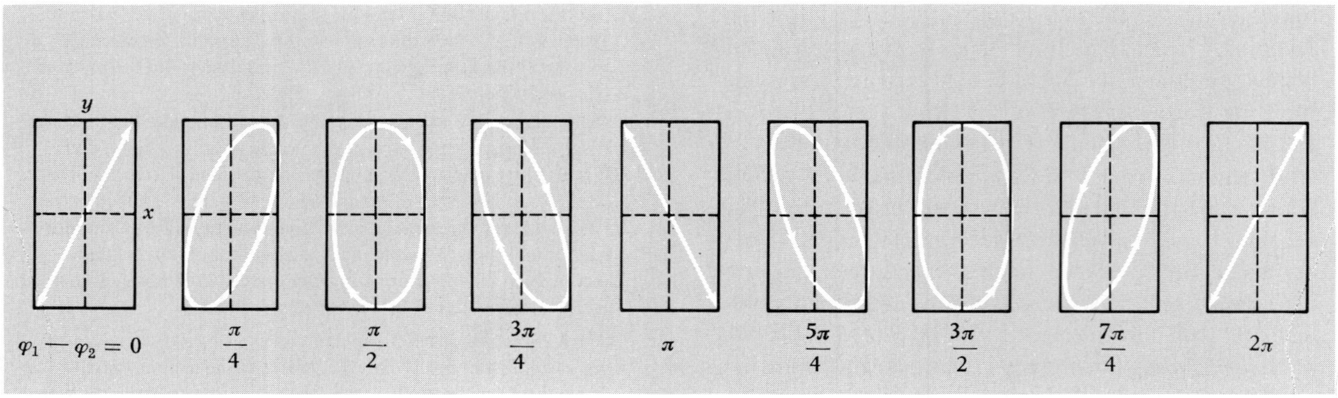

Bild 8.3. Schwingungsform bei Änderung des Phasenunterschieds $\varphi_1 - \varphi_2$ in Gl. (8.20)

als Kegelschnitt bezeichnet. Ist der Betrag der möglichen Werte von x und y wie in unserem Falle beschränkt, so stellt der Kegelschnitt eine Ellipse dar (siehe Übung 1). In Bild 8.3 ist die Folgerung gezeigt, die die Änderung des Phasenunterschiedes $\varphi_1 - \varphi_2$ in Gl. (8.20) nach sich zieht. Sie können die Auswirkungen des Phasenunterschiedes auf die Polarisation mit Hilfe von klarem Cellophanband demonstrieren (siehe Übung 16).

Komplexe Schreibweise. Treten bei einer Überlagerung von Wellen mehrere Phasenkonstanten auf, so ist manchmal die Verwendung komplexer Zahlen bequem. Dies wollen wir anhand einer laufenden harmonischen elektromagnetischen Welle zeigen, die in der positiven z-Richtung fortschreitet:

$$\begin{aligned}\mathbf{E}(z,t) &= \hat{\mathbf{x}} E_x(z,t) + \hat{\mathbf{y}} E_y(z,t)\\ &= \hat{\mathbf{x}} E_1 \cos(kz - \omega t - \varphi_1)\\ &\quad + \hat{\mathbf{y}} E_2 \cos(kz - \omega t - \varphi_2).\end{aligned} \tag{8.21}$$

Man sieht leicht, daß das durch Gl. (8.21) angegebene elektrische Feld der Realteil der folgenden *komplexen Wellenfunktion* ist:

$$\mathbf{E}_c(z,t) = e^{i(kz-\omega t)}\,(\hat{\mathbf{x}} E_1 e^{-i\varphi_1} + \hat{\mathbf{y}} E_2 e^{-i\varphi_2}). \tag{8.22}$$

Die Funktion $\exp i(kz - \omega t)$ kann man aus dem gesamten Ausdruck für $\mathbf{E}_c$ herausheben. Dies bedeutet oft eine Hilfe, wenn man mit Ausdrücken rechnet, die Überlagerungen mehrerer verschiedener Wellen darstellen. Wir sollten jedoch immer auf die reellen elektrischen Felder $\mathbf{E}$ übergehen, bevor wir irgendwelche Ergebnisse auf eine physikalische Situation anwenden. Denn in den Maxwellschen Gleichungen kommt niemals $\sqrt{-1}$ vor; es existiert kein elektrisches Feld, bei dem die Feldstärke etwa $\sqrt{-1}$ V/cm betrüge.

Komplexe Wellenfunktionen und Amplituden. Die komplexe Größe $\mathbf{E}_c$, deren Realteil das elektrische Feld $\mathbf{E}$ darstellt, kann man als Überlagerung auffassen:

$$\mathbf{E}_c(z,t) = A_1 \psi_1(z,t) + A_2 \psi_2(z,t), \tag{8.23}$$

wobei

$$\begin{aligned}\psi_1(z,t) &= \hat{\mathbf{x}} e^{i(kz-\omega t)},\\ \psi_2(z,t) &= \hat{\mathbf{y}} e^{i(kz-\omega t)},\end{aligned} \tag{8.24}$$

$$A_1 = E_1 e^{-i\varphi_1}, \quad A_2 = E_2 e^{-i\varphi_2}. \tag{8.25}$$

Orthonormale Wellenfunktionen. Die Wellenfunktionen ψ_1 und ψ_2 bilden ein *vollständiges System orthonormaler Wellenfunktionen*. Unter „vollständig" verstehen wir, daß man jede harmonische laufende Welle als Linearkombinationen von ψ_1 und ψ_2 mit geeigneten komplexen konstanten Koeffizienten A_1 und A_2 ausdrücken kann. Von „orthonormal" sprechen wir dann, wenn folgende Beziehungen erfüllt sind:

$$\begin{aligned}\psi_1^* \cdot \psi_1 &= \psi_2^* \cdot \psi_2 = 1,\\ \psi_1^* \cdot \psi_2 &= \psi_2^* \cdot \psi_1 = 0.\end{aligned} \tag{8.26}$$

Dabei bezeichnet der Stern die komplexe Konjugation, also die Ersetzung von i durch −i. Somit gilt

$$\psi_1^* \cdot \psi_1 = [\hat{\mathbf{x}} e^{-i(kz-\omega t)}]\cdot[\hat{\mathbf{x}} e^{i(kz-\omega t)}] = \hat{\mathbf{x}}\cdot\hat{\mathbf{x}} = 1,$$

$$\psi_1^* \cdot \psi_2 = [\hat{\mathbf{x}} e^{-i(kz-\omega t)}]\cdot[\hat{\mathbf{y}} e^{i(kz-\omega t)}] = \hat{\mathbf{x}}\cdot\hat{\mathbf{y}} = 0.$$

Wegen der Orthonormalitätsbedingungen in den Gln. (8.26) folgt für das Quadrat des absoluten Betrages des komplexen Vektors $\mathbf{E}_c$ ein sehr einfacher Ausdruck:

$$\begin{aligned}|\mathbf{E}_c|^2 &\equiv (\mathbf{E}_c^*)\cdot(\mathbf{E}_c)\\ &= (A_1^* \psi_1^* + A_2^* \psi_2^*)\cdot(A_1 \psi_1 + A_2 \psi_2)\\ &= |A_1|^2 + |A_2|^2\\ &= E_1^2 + E_2^2.\end{aligned} \tag{8.27}$$

Zeitlicher Mittelwert der Energieflußdichte. Die Zählrate eines Photomultipliers in einem Strahl aus laufenden elektromagnetischen Wellen ist dem zeitlichen Mittelwert der Energieflußdichte des Strahls proportional. Genauer ausgedrückt, ein Photomultiplier der Fläche A, dessen Photokathode eine Nachweisempfindlichkeit ϵ hat, liefert eine Zählrate R (in Impulsen pro Sekunde):

$$R = \frac{\langle S \rangle}{\hbar\omega} \cdot A \cdot \epsilon . \tag{8.28}$$

Dabei lautet der zeitliche Mittelwert der Energieflußdichte

$$\langle S \rangle = \frac{c}{4\pi} \langle \mathbf{E}^2 \rangle \tag{8.29}$$

mit

$$\begin{aligned} \langle \mathbf{E}^2 \rangle &= \langle (\hat{\mathbf{x}} E_x + \hat{\mathbf{y}} E_y)^2 \rangle \\ &= \langle E_x^2 \rangle + \langle E_y^2 \rangle \\ &= \tfrac{1}{2} E_1^2 + \tfrac{1}{2} E_2^2 . \end{aligned} \tag{8.30}$$

Die Faktoren $\frac{1}{2}$ in der letzten Zeile von Gl. (8.30) rühren von der Bildung des zeitlichen Mittelwerts über die durch Gl. (8.21) gegebene harmonische Schwingung her.

Ein Vergleich der Gln. (8.27) und (8.30) zeigt uns: Auch wenn wir mit der komplexen Größe $\mathbf{E}_c$ arbeiten, deren Realteil das elektrische Feld $\mathbf{E}$ darstellt, können wir den richtigen Ausdruck für den zeitlichen Mittelwert der Energieflußdichte erhalten. Dazu müssen wir an Stelle des zeitlichen Mittelwerts des Quadrates von $\mathbf{E}$ die Hälfte des Quadrates des absoluten Betrages von $\mathbf{E}_c$ einsetzen:

$$\mathbf{E} = \mathrm{Re}\, \mathbf{E}_c \equiv \text{Realteil von } \mathbf{E}_c , \tag{8.31}$$

$$\langle \mathbf{E}^2 \rangle = \tfrac{1}{2} |\mathbf{E}_c|^2 , \tag{8.32}$$

wobei

$$\begin{aligned} \langle \mathbf{E}^2 \rangle &= \langle E_x^2 \rangle + \langle E_y^2 \rangle, \\ |\mathbf{E}_c|^2 &= |E_{xc}|^2 + |E_{yc}|^2 . \end{aligned} \tag{8.33}$$

Andere vollständige Darstellungen für polarisiertes Licht. Der allgemeinste Polarisationszustand kann als Überlagerung von Wellen dargestellt werden, die längs $\hat{\mathbf{x}}$ und längs $\hat{\mathbf{y}}$ linear polarisiert sind. Natürlich könnten wir für $\hat{\mathbf{x}}$ unendlich viele Richtungen, die im Inertialsystem fixiert sind, wählen. Also gibt es unendlich viele Möglichkeiten der Darstellung mittels linear polarisierter Zustände. Für die komplexe Schreibweise bedeutet dies, daß es unendlich viele vollständige Systeme orthonormaler Wellenfunktionen ψ_1 und ψ_2 gibt, die als Basis einer Überlagerung mit komplexen Koeffizienten zur Darstellung von $\mathbf{E}_c$ dienen können. Nehmen Sie z.B. an, daß man die Einheitsvektoren $\hat{\mathbf{e}}_1$ und $\hat{\mathbf{e}}_2$ aus den ursprünglichen Einheitsvektoren $\hat{\mathbf{x}}$ und $\hat{\mathbf{y}}$ erhält, indem man diese in Richtung von $\hat{\mathbf{x}}$ nach $\hat{\mathbf{y}}$ um einen Winkel φ dreht. Dann können Sie leicht zeigen, daß

$$\begin{aligned} \hat{\mathbf{e}}_1 &= \hat{\mathbf{x}} \cos\varphi + \hat{\mathbf{y}} \sin\varphi , \\ \hat{\mathbf{e}}_2 &= -\hat{\mathbf{x}} \sin\varphi + \hat{\mathbf{y}} \cos\varphi . \end{aligned} \tag{8.34}$$

Zu dieser Darstellung mittels Wellen, die längs $\hat{\mathbf{e}}_1$ und $\hat{\mathbf{e}}_2$ linear polarisiert sind, gehört folgendes vollständige System orthonormaler Wellenfunktionen:

$$\psi_1 = \hat{\mathbf{e}}_1 e^{i(kz-\omega t)}, \quad \psi_2 = \hat{\mathbf{e}}_2 e^{i(kz-\omega t)}. \tag{8.35}$$

Sie können leicht überprüfen, daß ψ_1 und ψ_2 die Orthonormalitätsbedingungen der Gln. (8.26) erfüllen.

Darstellung durch zirkular polarisierte Wellen. Ein allgemeiner Polarisationszustand einer harmonischen laufenden Welle läßt sich als Überlagerung rechts- und linkszirkular polarisierter Komponenten mit geeigneten Amplituden und Phasenkonstanten darstellen. Z.B. kann man eine längs $\hat{\mathbf{x}}$ linear polarisierte Welle in einer der beiden folgenden äquivalenten Formen schreiben:

$$\mathbf{E} = \hat{\mathbf{x}} A \cos(kz - \omega t) \tag{8.36}$$

oder

$$\begin{aligned} \mathbf{E} = \frac{A}{2} &\left\{ \hat{\mathbf{x}} \cos[\omega t - kz] + \hat{\mathbf{y}} \cos\left[\left(\omega t - \frac{\pi}{2}\right) - kz \right] \right\} \\ + \frac{A}{2} &\left\{ \hat{\mathbf{x}} \cos[\omega t - kz] + \hat{\mathbf{y}} \cos\left[\left(\omega t + \frac{\pi}{2}\right) - kz \right] \right\}. \end{aligned} \tag{8.37}$$

Die Terme in $\hat{\mathbf{y}}$ haben gleiche Amplituden und um 180° verschiedene Phasen, weshalb ihre Summe Null ergibt. Gl. (8.36) beschreibt die Darstellung von $\mathbf{E}$ mittels einer linear polarisierten Welle der Amplitude A. In Gl. (8.37) ist $\mathbf{E}$ als Überlagerung zirkular polarisierter Komponenten dargestellt, deren Drehimpulsvektoren in die positive bzw. negative z-Richtung weisen und deren Amplituden gleich $\frac{1}{2}A$ sind. Die den Gln. (8.36) und (8.37) entsprechenden komplexen Ausdrücke sind

$$\mathbf{E}_c = A \hat{\mathbf{x}} e^{i(kz-\omega t)} \tag{8.38}$$

und

$$\begin{aligned} \mathbf{E}_c = &\tfrac{1}{2} A [\hat{\mathbf{x}} e^{i(kz-\omega t)} + \hat{\mathbf{y}} e^{i(kz-[\omega t-(\pi/2)])}] \\ &+ \tfrac{1}{2} A [\hat{\mathbf{x}} e^{i(kz-\omega t)} + \hat{\mathbf{y}} e^{i(kz-[\omega t+(\pi/2)])}]. \end{aligned} \tag{8.39}$$

Mit Hilfe der Beziehungen

$$\begin{aligned} e^{i(\pi/2)} &= \cos\frac{\pi}{2} + i \sin\frac{\pi}{2} = i, \\ e^{-i(\pi/2)} &= \cos\frac{\pi}{2} - i \sin\frac{\pi}{2} = -i \end{aligned} \tag{8.40}$$

läßt sich Gl. (8.39) in kürzerer Form schreiben:

$$\mathbf{E}_c = \tfrac{1}{2} A [(\hat{\mathbf{x}} + i\hat{\mathbf{y}})\, e^{i(kz-\omega t)}] + \tfrac{1}{2} A [(\hat{\mathbf{x}} - i\hat{\mathbf{y}})\, e^{i(kz-\omega t)}]. \tag{8.41}$$

Nun können wir ein vollständiges System orthonormaler zirkular polarisierter Wellenfunktionen definieren:

$$\begin{aligned} \psi_+ &= \left(\frac{\hat{\mathbf{x}} + i\hat{\mathbf{y}}}{\sqrt{2}} \right) e^{i(kz-\omega t)}, \\ \psi_- &= \left(\frac{\hat{\mathbf{x}} - i\hat{\mathbf{y}}}{\sqrt{2}} \right) e^{i(kz-\omega t)}. \end{aligned} \tag{8.42}$$

Sie können leicht überprüfen, daß ψ_+ und ψ_- orthonormal sind, daß also

$$\psi_+^* \cdot \psi_+ = \psi_-^* \cdot \psi_- = 1\,; \quad \psi_+^* \cdot \psi_- = \psi_-^* \cdot \psi_+ = 0\,. \quad (8.43)$$

Somit läßt sich der allgemeinste Polarisationszustand einer harmonischen laufenden Welle in der Form

$$\mathbf{E}_c(z,t) = A_+\psi_+ + A_-\psi_- \quad (8.44)$$

ausdrücken, wobei A_+ und A_- komplexe Konstanten sind. Im Spezialfall linearer Polarisation gemäß Gl. (8.38) sehen wir, daß A_+ und A_- die Form

$$A_+ = A_- = \frac{1}{\sqrt{2}}A \quad (8.45)$$

annehmen.

Der zeitliche Mittelwert der Zählrate R eines Photomultipliers, der sich in einem Strahl aus harmonischen laufenden Wellen befindet, läßt sich mittels der komplexen Koeffizienten irgendeines vollständigen Systems von Wellenfunktionen ausdrücken. Wir können also statt der Darstellung mittels Wellen, die längs $\hat{\mathbf{x}}$ und $\hat{\mathbf{y}}$ linear polarisiert sind (siehe Gln. (8.28) bis (8.33)) die „Drehimpulsdarstellung" mittels Wellen verwenden, die in der positiven bzw. in der negativen z-Richtung zirkular polarisiert sind:

$$R = \frac{\langle S\rangle}{\hbar\omega} A\cdot\epsilon\,. \quad (8.46)$$

Dabei bedeutet A die Fläche (nicht die Amplitude!), ϵ die Nachweisempfindlichkeit und

$$\langle S\rangle = \frac{c}{4\pi}\langle \mathbf{E}^2\rangle, \quad (8.47)$$

$$\langle \mathbf{E}^2\rangle = \tfrac{1}{2}\,|\mathbf{E}_c|^2, \quad (8.48)$$

$$|\mathbf{E}_c|^2 = |A_+\psi_+ + A_-\psi_-|^2 = |A_+|^2 + |A_-|^2\,.$$

Komplexe Wellenfunktionen werden wir selten verwenden. Wir haben sie hier hauptsächlich deshalb eingeführt, um Ihnen die geistige Umstellung zu erleichtern, die beim Studium der Quantenphysik in Band 4 erforderlich ist. Die in der Quantenphysik verwendeten Wellenfunktionen sind nämlich fast immer komplex. In den Wellengleichungen der Quantenmechanik tritt die Quadratwurzel aus -1 explizit auf.

8.3. Herstellung polarisierter transversaler Wellen

In diesem Abschnitt untersuchen wir einige Methoden, wie man einen gewünschten Polarisationszustand herstellt. Am leichtesten beherrscht man die Polarisation, wenn man den Emissionsvorgang unter Kontrolle hat, wie etwa beim Schütteln einer Spiralfeder oder bei der Emission elektromagnetischer Wellen durch eine wunschgerecht konstruierte Antenne. Es kommt aber vor, daß man auf den Emissionsvorgang keinen Einfluß hat, wie etwa beim Licht einer elektrischen Glühlampe oder beim Sonnenlicht. In diesem Falle steht man vor dem Problem, einen gewünschten Polarisationszustand aus der vorgegebenen komplizierten Überlagerung verschiedener Zustände auszusondern. Dies gelingt beispielsweise dadurch, daß man die Komponenten mit unerwünschter Polarisation durch ein Polaroidfilter absorbiert. Oder man reflektiert das Licht so, daß die Reflexion der Komponenten mit unerwünschter Polarisation vernachlässigbar ist, und betrachtet dann nur das reflektierte Licht. Diese Art der selektiven Reflexion bewirkt, daß das Licht des blauen Himmels ebenso wie das durch Wasser, Glas, Beton oder durch ein Knie reflektierte Licht polarisiert ist.

Polarisation durch selektive Emission. Beim Schütteln einer Spiralfeder bestimmen Sie den Polarisationszustand der Wellen durch Kontrolle der Schüttelbewegung. Ähnlich haben die durch eine Antenne emittierten Radio- oder Mikrowellen eine Polarisation, die von der Bewegung der Elektronen in der Antenne abhängt. Besteht die Antenne aus einem geraden Draht, der senkrecht auf $\hat{\mathbf{z}}$ steht, so „schütteln" die längs des Drahts schwingenden Elektronen die elektrischen Feldlinien in derselben Richtung. Daher sind die in Richtung von $\hat{\mathbf{z}}$ emittierten elektromagnetischen Wellen linear polarisiert: Das elektrische Feld liegt parallel zur Antenne. Die in andere Richtungen emittierten Wellen sind in der Richtung linear polarisiert, in der die zur betreffenden Ausbreitungsrichtung senkrechte Projektion der Antenne liegt. Hat eine gerade Antenne die Richtung von $\hat{\mathbf{x}}$ und eine zweite die Richtung von $\hat{\mathbf{y}}$ und werden beide von gleich starken Strömen gleicher Phase durchflossen, so ist die in der positiven und die in der negativen z-Richtung emittierte Strahlung längs der Winkelhalbierenden zwischen $\hat{\mathbf{x}}$ und $\hat{\mathbf{y}}$ polarisiert. Hat der in x-Richtung fließende Strom dieselbe Amplitude wie der in y-Richtung fließende, doch eine um 90° größere Phase, so ist die in die negative und die in die positive z-Richtung emittierte Strahlung zirkular polarisiert, wobei ihr Drehimpulsvektor in die positive z-Richtung weist. Die in die positive z-Richtung emittierte Strahlung ist nach der Drehimpulsvereinbarung rechtszirkular, die in die negative z-Richtung emittierte hingegen linkszirkular polarisiert. In hinreichend großer Entfernung ist die Strahlung von der nicht mehr unterscheidbar, die durch eine einzelne „äquivalente Punktladung" bei der Kreisbewegung

$$\psi = A[\hat{\mathbf{x}}\cos\omega t + \hat{\mathbf{y}}\sin\omega t] \quad (8.49)$$

emittiert würde. Die Amplitude A und die Phasenkonstante dieser Kreisbewegung von Q ist mit dem zirkular polarisierten elektrischen Fernfeld durch Gl. (8.6) verknüpft. Die Polarisation der Strahlung, die in irgendeiner Richtung von diesem aus zwei Antennen bestehenden System emittiert wird, ist dieselbe, die man aufgrund der durch Gl. (8.49) beschriebenen Bewegung der äquivalenten Punktladung erhalten würde. Von einem beliebigen

Aufpunkt aus erscheint die Projektion der Kreisbewegung der äquivalenten Ladung als elliptische Bewegung; sie hat auch denselben Effekt wie eine solche. In einer beliebigen Emissionsrichtung ist die Polarisation also elliptisch. In einer zu $\hat{\mathbf{z}}$ senkrechten Richtung beispielsweise ist die Polarisation linear – der Spezialfall einer „entarteten" Ellipse. Alle diese Ergebnisse folgen direkt aus unserer Diskussion der strahlenden Punktladung (Abschnitt 7.5), wobei nur zwei Bedingungen erfüllt sein müssen: Wir müssen uns hinreichend weit von der Antenne entfernt befinden, so daß wir die „Nahfelder" vernachlässigen dürfen, und die Antennenlänge muß klein gegenüber einer Wellenlänge sein, so daß man nur eine einzige äquivalente Ladung benötigt, um die Bewegung aller Elektronen in der Antenne darzustellen. Beträgt nämlich die Antennenlänge einige Wellenlängen, so haben die Beiträge von Elektronen, die in verschiedenen Teilen der Antenne liegen, unterschiedliche Phasen. Dann benötigen wir mehr als nur eine äquivalente Ladung und erhalten die sogenannte „Multipolstrahlung" im Gegensatz zur „Dipolstrahlung", die von einer einzigen harmonisch schwingenden Ladung herrührt.

Polarisation durch selektive Absorption. Liegt ein allgemeiner Polarisationszustand vor, so kann man einen gewünschten Polarisationszustand dadurch herstellen, daß man die unerwünschten Komponenten unterdrückt. Dazu läßt man diese an irgendwelchen „bewegten Teilen" Arbeit verrichten, die erwünschten Komponenten jedoch nicht. Betrachten Sie als Beispiel stehende Wellen auf einer Spiralfeder. Nehmen Sie an, $\hat{\mathbf{z}}$ sei waagerecht und liege in Richtung der Spiralfeder, $\hat{\mathbf{y}}$ sei senkrecht und $\hat{\mathbf{x}}$ wieder waagerecht. Ein senkrechter massenloser Stab (etwa aus Styropor) sei an einem massenlosen Kolben befestigt, der in das Wasser in einem Eimer eintauche. Dieser Kolben wird durch die y-Komponente der Schwingungen erregt. Erzeugen wir eine stehende Welle, in der die Schwingungen längs $\hat{\mathbf{x}}$ und $\hat{\mathbf{y}}$ gleichberechtigt auftreten, so werden die Schwingungen längs $\hat{\mathbf{y}}$ bald gedämpft. Ihre Energie wird nämlich in dem Wassereimer in Wärme verwandelt.

Drahtgitter. Im Falle von Mikrowellen können wir selektive Absorption mittels einer Schar paralleler leitender Drähte erreichen, die in der y-Richtung aufgespannt sind (Bild 8.4). Nehmen Sie an, das elektrische Feld der einfallenden Mikrowellenstrahlung habe sowohl eine x- als auch eine y-Komponente. Wir können die Wirkung, die die Drähte auf diese beiden Komponenten haben, getrennt untersuchen. Betrachten Sie zuerst die y-Komponente, also die Komponente in Richtung der Drähte. Besteht der Draht aus Kupfer, Silber oder einem anderen guten metallischen Leiter, so verhält er sich wie eine resistive Belastung. Die Leitungselektronen erreichen ihre Endgeschwindigkeit in einer Zeit, die kurz gegenüber der Periode der Mikrowellen ist. (Für die Frequenz dieser Wellen können wir z.B. 1000 MHz annehmen.) Das elektrische Feld verrichtet an den Elektronen Arbeit. Die

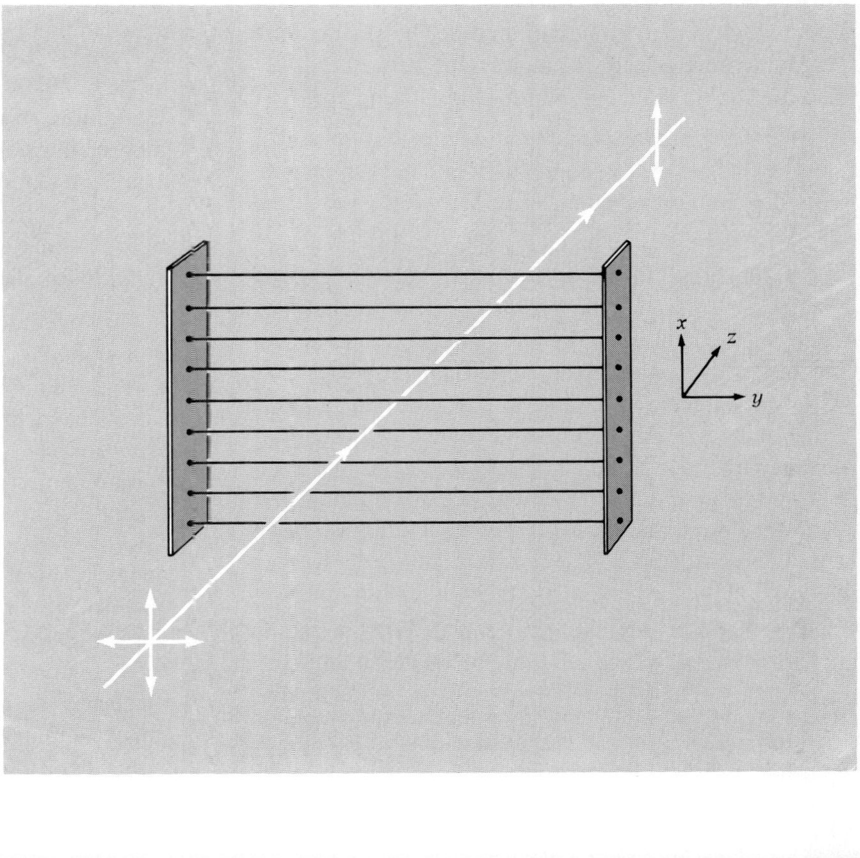

Bild 8.4
Ein Drahtgitter absorbiert solche Mikrowellen, deren **E** in der Richtung von $\hat{\mathbf{y}}$ liegt.

Elektronen übertragen einen Teil ihrer Energie durch Zusammenstöße an das Kupfergitter, einen anderen Teil strahlen sie ab. Es zeigt sich, daß ihre in der Ausbreitungsrichtung emittierte Strahlung mit der einfallenden Strahlung destruktiv interferiert und diese im wesentlichen aufhebt. In der entgegengesetzten Richtung liefert die von der erzwungenen y-Bewegung herrührende Strahlung eine reflektierte Welle. Tatsächlich wird nur ein kleiner Teil der Strahlungskomponente, deren **E** die Richtung von $\hat{y}$ hat, in den Drähten in Wärme verwandelt. Der größte Teil wird in die negative z-Richtung reflektiert. Auf diese Weise unterdrücken die Drähte die y-Komponente.

Betrachten Sie nun die Vorgänge in der x-Richtung. In dieser können sich die Elektronen nicht bewegen, da sie an die Drähte gebunden sind. Sie erreichen daher ihre konstante Endgeschwindigkeit nicht, sondern bilden bald an den in der positiven bzw. negativen x-Richtung liegenden Oberflächenpartien Flächenladungen. Ist deren Feld so stark, daß es das einfallende Feld im Inneren des Drahtes aufhebt, so hören die Elektronen auf, sich zu bewegen. Dieser Vorgang läuft während einer Zeit ab, die kurz gegenüber der Mikrowellenperiode ist. Daher befinden sich die Elektronen immer in einer Art annähernd statischen Gleichgewichts. Sie werden nicht beschleunigt, absorbieren keine Energie und strahlen nicht. Folglich wird die x-Komponente der Strahlung nicht beeinflußt.

Es kommt manchmal vor, daß sich auch an den in der y-Richtung liegenden *Drahtenden* Flächenladungen bilden. Das von diesen Endladungen herrührende Feld ist bestrebt, die y-Komponente des einfallenden Feldes aufzuheben. Es kann jedoch in dem interessanten Bereich nahe der Mitte des Drahtgitters beliebig klein gemacht werden, indem man die Drähte in der y-Richtung hinreichend lang wählt.

Im Falle sichtbaren Lichts mit $\lambda \approx 5 \cdot 10^{-7}$ m ist es nicht leicht, parallele leitende „Drähte" mit geringerem Zwischenraum als λ herzustellen. Trotzdem ist es gelungen![1])

Polaroidfilter. Im Jahre 1938 erfand *Edwin H. Land* das Polaroidfilter, das ähnlich wie eine Drähteschar wirkt. Zu seiner Herstellung wird eine Plastikfolie, die aus langen Kohlenwasserstoffketten besteht, in einer Richtung sehr stark ausgezogen. Dadurch richten sich die Moleküle aus. Sodann wird die Folie in eine jodhaltige Lösung getaucht. Das Jod setzt sich an den langen Kohlenwasserstoffketten an und liefert Leitungselektronen, die sich längs der Ketten, jedoch nicht senkrecht zu diesen bewegen können. Auf diese Weise entstehen längs der Kohlenwasserstoffketten effektive „Drähte". Die zu diesen parallele Feldkomponente wird absorbiert, die dazu senkrechte geht mit nur sehr geringer Schwächung durch.

Manchmal benutzt man eine einfache Analogie zu einer Schnur und einem Lattenzaun, um sich die Wirkung einer Drähteschar auf einfallende elektromagnetische Wellen leichter zu merken: Die Schnur geht zwischen den Latten des Zaunes durch; Wellen werden absorbiert, wenn die transversale *Geschwindigkeit* der Schnur auf den Latten senkrecht steht. Die transversale Geschwindigkeit von Wellen auf einer Schnur ist dem *magnetischen* Feld in einer elektromagnetischen Welle analog. Als Gedächtnishilfe merkt man sich also, daß das zu den Drähten parallele elektrische Feld absorbiert wird. Allerdings ist diese Gedächtnishilfe nicht besonders wirksam, da man sich zweierlei merken muß. Erstens ist es nicht die transversale Spannung, sondern die transversale Geschwindigkeit, die die Schnur an die Latten schlagen läßt, und zweitens ist das Analogon zur Geschwindigkeit der Schnur das magnetische Feld, nicht das elektrische – dieses ist nämlich der transversalen Spannung analog. Man muß sich also bei dieser Gedächtnishilfe mehr merken als bei der einfachen richtigen Erklärung.

Eine Polaroidfolie hat also eine Achse, die in der Folienebene liegt und als *bevorzugte Durchlaßrichtung* bezeichnet wird. Ist **E** zu dieser Achse parallel, so wird das Licht mit nur sehr geringer Absorption durchgelassen. Steht **E** hingegen senkrecht auf ihr, so wird das Licht fast vollständig absorbiert. Die bevorzugte Durchlaßrichtung steht senkrecht auf der Richtung, in der das Plastik gedehnt wurde, sie steht also senkrecht auf den „Drähten".

Betrachten Sie ein weißes Stück Papier durch ein Polaroidfilter, so erscheint es grau. Das Polaroidfilter absorbiert nämlich die Hälfte des vom Papier herkommenden Lichts, so daß das Papier natürlich dunkler aussieht als ohne Filter. Hingegen läßt eine Folie aus klarem Cellophan oder aus einem anderen klaren Plastikstoff fast das gesamte einfallende Licht durch.

Die dem Buch beigefügte optische Ausrüstung enthält fünf graue Plastikstücke. Nehmen Sie diese heraus und betrachten Sie sie. Eines von ihnen ist ein Zirkularpolarisator, der später noch besprochen werden soll. Die anderen vier sind die jetzt zu besprechenden HN-32-Polaroid-Linearpolarisatoren, die wir sonst einfach als Polaroidfilter bezeichnen. Den Zirkularpolarisator können Sie auf folgende Weise erkennen: Legen Sie eine Münze oder ein anderes glänzendes Metallstück auf den Tisch, legen Sie eine der grauen Plastikfolien darauf und betrachten Sie durch diese die Münze. Wenden Sie sodann die Plastikfolie um und betrachten Sie die Münze nochmals. Wenn sie ebenso aussieht wie vorher, so handelt es sich nicht um den Zirkularpolarisator. (Die hochinteressante Asymmetrie des Zirkularpolarisators besprechen wir später.)

---

[1]) *G. R. Bird* und *M. Parrish, Jr.* [*J. Opt. Soc. Am.* **50**, 886 (1960)] dampften Gold unter streifendem Einfall auf ein Beugungsgitter aus Plastik auf, das 20000 parallele Spalten pro Zentimeter aufwies. Das Gold lagerte sich auf den in der Stromrichtung liegenden Seiten der Spalten an und bildete auf diese Weise parallele leitende „Drähte".

Betrachten Sie sodann eine Glühlampe durch zwei Polaroidfilter, die Sie übereinanderlegen und dicht vor Ihr Auge halten. Verdrehen Sie die Filter gegeneinander. Verschwindet das Licht vollkommen, so sagt man, die Polaroidfilter sind „gekreuzt". In diesem Falle stehen ihre Durchlaßrichtungen senkrecht aufeinander.

Sind die Durchlaßrichtungen parallel, so wird der größte Teil des Lichts, das durch das erste Filter geht, auch vom zweiten durchgelassen. Im Idealfall würden folgende Verhältnisse eintreten: Das Licht der Glühlampe ist „unpolarisiert". Zerlegt man also das Feld in zwei aufeinander senkrechte transversale Komponenten (nämlich längs $\hat{\mathbf{x}}$ und $\hat{\mathbf{y}}$), so hat jede dieser Komponenten dieselbe Intensität. Dabei ist $\hat{\mathbf{x}}$ eine beliebige transversale Richtung, denn jedes Paar orthogonaler Einheitsvektoren $\hat{\mathbf{x}}$ und $\hat{\mathbf{y}}$ bildet ein vollständiges System zur Beschreibung polarisierten Lichts. Hätte das erste Polaroidfilter an beiden Oberflächen eine reflexionsfreie Schicht zur Widerstandsanpassung, wären alle seine Kohlenwasserstoffketten exakt parallel, und wäre seine Dicke hinreichend groß, die Komponente mit unerwünschter Polarisation zu absorbieren, so würden 50 % des Glühlampenlichts durchgehen. Polaroidfilter tragen jedoch keine reflexionsfreien Schichten, weshalb an jeder Oberfläche etwa 4 % der Intensität verlorengehen. Der Brechungsindex von Plastik ist etwa gleich dem von Glas, beträgt also rund 1,5. Daher ist die an jeder Oberfläche reflektierte Intensität gleich $[(n-1)/(n+1)]^2 \approx 0{,}04$. Wir können die Interferenzeffekte zwischen den beiden Oberflächen vernachlässigen, wenn wir über ein geeignetes Frequenzband mitteln. Der Gesamtverlust beträgt also 8 %. Wären die Kohlenwasserstoffketten exakt parallel, so würde kein weiterer Verlust auftreten. Ein solches Polaroidfilter würde man als HN-46 bezeichnen, um anzudeuten, daß 46 % des einfallenden unpolarisierten Lichts durchgelassen werden. Ihre Polaroidfilter tragen aber die Bezeichnung HN-32, es werden also durch das erste Filter von den ursprünglichen 100 % der Intensität rund 32 % durchgelassen, also etwa 64 % der gewünschten Komponente des unpolarisierten einfallenden Lichts. (Von der Intensität der anderen Komponente gehen im größten Teil des Farbspektrums weniger als 10^{-4} % durch.) Liegt das zweite Polaroidfilter parallel zum ersten, so läßt es etwa 64 % des einfallenden Lichts durch, da dieses ja schon die für den Durchgang erforderliche Polarisationsrichtung aufweist. Daher beträgt die Intensität, die von zwei parallelen HN-32-Linearpolarisatoren durchgelassen wird, etwa

$$I_{\text{durch}} = I_{\text{ein}} \cdot 0{,}32 \cdot 0{,}64 = 0{,}21\, I_{\text{ein}}. \tag{8.50}$$

Dabei bezeichnet I_{ein} die Intensität des einfallenden unpolarisierten Lichts.

Idealer Polarisator – Gesetz von Malus. Unter einem idealen Polarisator wollen wir ein „HN-50-Polaroidfilter" verstehen. Ein solches ist zwar nicht realisierbar, doch läßt es sich leichter behandeln als ein reales Polaroidfilter. Wir vernachlässigen alle Intensitätsverluste, die durch Reflexionen an Oberflächen entstehen. Ferner nehmen wir an, die unerwünschte Komponente werde vollständig absorbiert, hingegen werde die gewünschte Komponente, deren $\mathbf{E}$ parallel zur bevorzugten Durchlaßrichtung und somit senkrecht zu den Kohlenwasserstoffketten liegt, durchgelassen. Nun falle linear polarisiertes Licht längs $\hat{\mathbf{z}}$ senkrecht ein. Die Amplitude seines transversalen elektrischen Feldes sei $\mathbf{E}$. Stellt $\hat{\mathbf{e}}$ die Durchlaßrichtung des idealen Polarisators dar, so wird nur die Komponente $(\mathbf{E}\cdot\hat{\mathbf{e}})\hat{\mathbf{e}}$ der Amplitude durchgelassen. Die durchgelassene Intensität I_{durch} ist um den Faktor $(\mathbf{E}\cdot\hat{\mathbf{e}})^2/(\mathbf{E}^2)$ kleiner als die einfallende Intensität I_{ein}:

$$I_{\text{durch}} = I_{\text{ein}} \cos^2\theta \equiv I_{\text{ein}}(\hat{\mathbf{E}}\cdot\hat{\mathbf{e}})^2 . \tag{8.51}$$

Dabei ist $\hat{\mathbf{E}} \equiv \mathbf{E}/|\mathbf{E}|$ ein Einheitsvektor in der Richtung von $\mathbf{E}$. Gl. (8.51) wird oft als *Gesetz von Malus* bezeichnet (Bild 8.5).

Zwei aufeinanderfolgende Polaroidfilter 1 und 2, deren Durchlaßrichtungen $\hat{\mathbf{e}}_1$ bzw. $\hat{\mathbf{e}}_2$ senkrecht aufeinander stehen, werden als „gekreuzt" bezeichnet. Das erste Filter läßt die zu $\hat{\mathbf{e}}_1$ parallele Komponente durch, das zweite absorbiert diese vollständig. Hinter dem zweiten Polaroidfilter tritt kein Licht mehr auf. Fügt man jedoch zwischen die gekreuzten Polaroidfilter ein drittes ein, so verschwindet das durchgehende Feld nicht, wenn $\hat{\mathbf{e}}_3$ weder zu $\hat{\mathbf{e}}_1$ noch zu $\hat{\mathbf{e}}_2$ parallel ist (siehe Übung 3). Sie können diese Aussage mit den Polaroidfiltern aus Ihrer optischen Ausrüstung beweisen.

Polarisation durch Einfachstreuung. Betrachten Sie an einem sonnigen Tag den blauen Himmel durch ein Polaroidfilter, das Sie dicht an Ihre Augen halten, so daß Sie ein großes Stück Himmel sehen können. Suchen Sie durch Drehen des Filters ein Minimum auf, das sich so bemerkbar macht, als wäre der Himmel von dunklen Schwaden überzogen. Das Licht aus dem betreffenden Teil des Himmels ist stark polarisiert. Messen Sie ungefähr den Winkel, den die Verbindungslinie zwischen Ihrem Kopf und der Sonne mit der Linie einschließt, die Ihren Kopf mit dem Bereich stärkster Polarisation des blauen Himmelslichts verbindet. Dieser Winkel wird etwa 90° betragen. Messen Sie sodann die Polarisationsrichtung. Sie können die bevorzugte Durchlaßrichtung eines Polaroidfilters ermitteln, indem Sie eine Quelle von Strahlung bekannter Polarisationsrichtung betrachten. Untersuchen Sie z.B. das Licht, das von einem Fenster, einem Holz- oder einem Plastikboden reflektiert wird. Wie wir in diesem Abschnitt weiter unten zeigen werden, ist das reflektierte Licht parallel zu der ebenen Fläche – etwa des Bodens – polarisiert.

Die Polarisation des blauen Himmelslichts erklärt sich wie folgt: Der Einheitsvektor $\hat{\mathbf{z}}$ liege in der Ausbreitungsrichtung des Lichts, das sich von der Sonne zu einem bestimmten Luftmolekül bewegt (Bild 8.6). Das elektrische

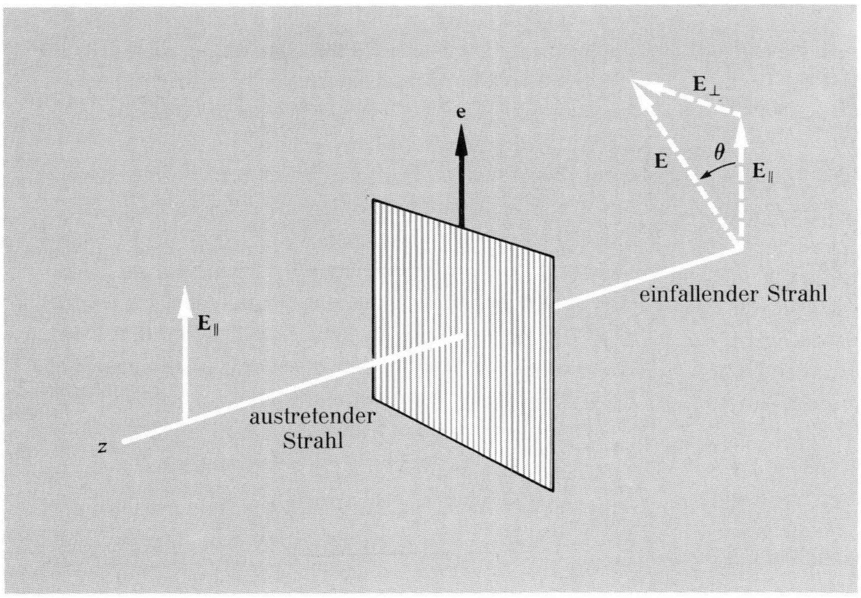

Bild 8.5

Idealer Polarisator. Die bevorzugte Durchlaßrichtung für **E** wird durch $\hat{\mathbf{e}}$ angegeben. Die zu $\hat{\mathbf{e}}$ parallele Komponente $\mathbf{E}_{\parallel}$ von **E** wird durchgelassen. Die zweite Komponente $\mathbf{E}_{\perp}$ wird absorbiert.

Feld im Sonnenlicht ist unpolarisiert, was Sie folgendermaßen verifizieren können: Schneiden Sie ein kleines Loch in ein Stück Karton und halten Sie diesen so, daß das durch das Loch gehende Sonnenlicht einen hellen Fleck am Boden erzeugt. Bedecken Sie nun das Loch mit einem Polaroidfilter, drehen Sie dieses und untersuchen Sie, ob der helle Fleck am Boden seine Intensität ändert. Blicken Sie jedoch *nicht* die Sonne an! Die Elektronen in einem Luftmolekül verhalten sich ähnlich wie Oszillatoren, die durch das einfallende Licht erregt werden. Daher stellt ihre Bewegung eine Überlagerung von Schwingungen längs der transversalen Richtungen $\hat{\mathbf{x}}$ und $\hat{\mathbf{y}}$ dar.

Die schwingenden Elektronen strahlen zwar nach allen Richtungen, doch nicht in jede Richtung gleich stark. Aus unseren Überlegungen in Abschnitt 7.5 wissen wir: Emittiert eine einzelne schwingende Punktladung Strahlung, so sind Amplitude und Polarisationsrichtung des elektrischen Feldes der „Projektion" der Bewegungsamplitude der schwingenden Ladung proportional, die ein in Richtung der Ladung blickender Beobachter sieht. Unter der Projektion der Bewegungsamplitude verstehen wir die Amplitude der vektoriellen Komponente der Elektronenbewegung, die senkrecht auf der Ausbreitungsrichtung $\hat{\mathbf{r}}$ – von der schwingenden Ladung zum Beobachter – steht. Hat $\hat{\mathbf{r}}$ die Richtung von $\hat{\mathbf{y}}$, so sieht der Beobachter nur die x-Komponente der Elektronenbewegung. Er stellt daher eine zu 100 % längs $\hat{\mathbf{x}}$ linear polarisierte Strahlung fest. Die Intensität ist nur halb so groß wie die, die der Beobachter feststellen würde, wenn er in Richtung der z-Achse auf die Strahlungsquelle blickte und sowohl die x- als auch die y-Komponente der Elektronenbewegung sehen könnte. Bei unserem Beispiel ist es schwierig, direkt in der Richtung von $\hat{\mathbf{z}}$ auf die Quelle zu blicken, da wir durch die Sonne geblendet würden. Sie können den Himmel aber unter verschiedenen Winkeln betrachten und werden sehen, daß das Himmelslicht unpolarisiert erscheint, wenn Sie in die Umgebung der Sonne blicken. Dies ist auch bei solchem Licht der Fall, das vor dem Erreichen Ihrer Augen um große Winkel gestreut wurde. Diese Streuwinkel sollen so nahe an 180° herankommen, wie Sie es einrichten können. Der Polarisationsprozeß bei Einfachstreuung ist in Bild 8.6 illustriert.

Bienen brauchen, um die Polarisation des blauen Himmelslichts festzustellen, keine Polaroidfilter; sie verwenden diese Polarisation zur „Navigation".[1]) Manche Leute (ich nicht!) können die Polarisation ebenfalls ohne Polaroidfilter feststellen; sie sehen die Haidinger Büschel.[2])

Depolarisation durch Vielfachstreuung. Einen Scheinwerferstrahl, der gewöhnliche (d.h. dunstige) Luft durchdringt, sehen wir „von der Seite" durch das bläuliche Streulicht, dessen Polarisation durch denselben Mechanismus hervorgerufen wird wie die Polarisation des blauen Himmelslichts. Ist die Luft neblig, so erscheint der Scheinwerferstrahl nicht bläulich, sondern weiß, und das Licht ist in diesem Falle unpolarisiert. Ebenso ist Sonnenlicht unpolarisiert, wenn es von weißen Wolken, von Zucker oder von weißem Papier reflektiert wird. Obwohl eine Einfachstreuung im richtigen Winkel stark polarisiertes

---

[1]) *Karl von Frisch, Tanzsprache und Orientierung der Bienen.* Springer 1965.

[2]) *M. Minnaert, Light and Colour.* Dover Publications, Inc. New York, 1954. Ein phantastisches Buch mit einer Menge von „Heimversuchen im Freien".

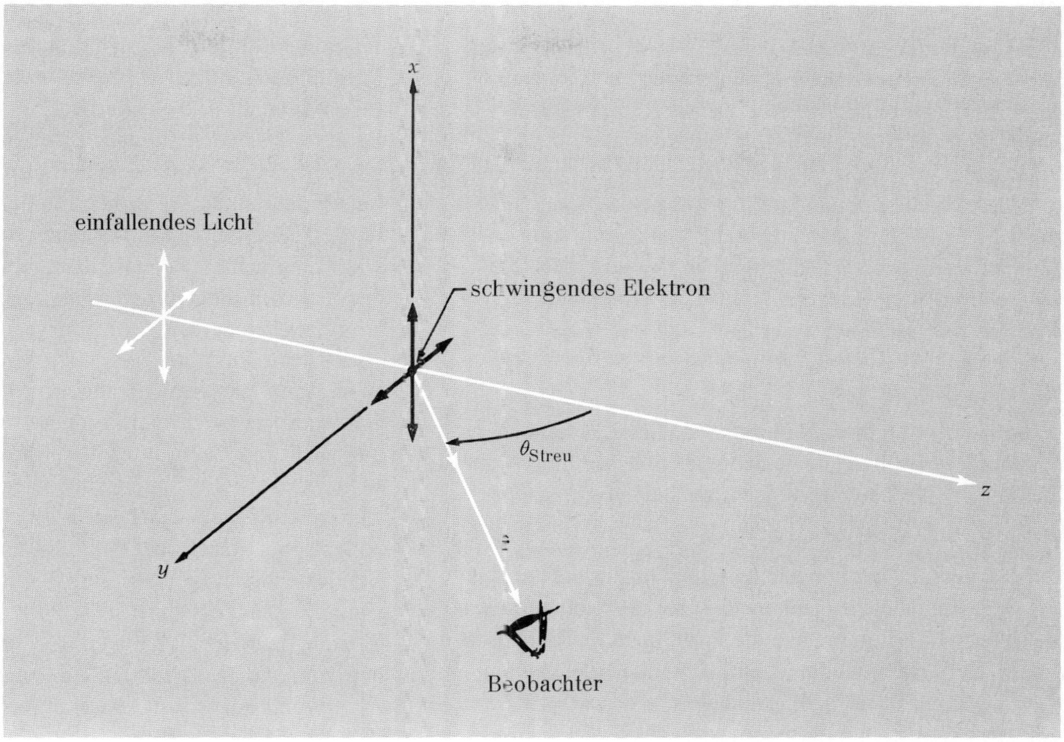

Bild 8.6. Polarisation durch Einfachstreuung. Die y-Achse wird in der von $\hat{\mathbf{z}}$ und $\hat{\mathbf{r}}$ aufgespannten Ebene gewählt. Der Beobachter sieht die volle x-Komponente der Elektronenbewegung. Von der Bewegung längs $\hat{\mathbf{y}}$ sieht er jedoch nur einen Bruchteil, dessen Amplitude um den Faktor $\cos\theta_{Streu}$ kleiner ist als die der vollen Bewegung längs $\hat{\mathbf{y}}$. Bei $\theta_{Streu} = 90°$ ist die gestreute Strahlung zu 100 % längs $\hat{\mathbf{x}}$ polarisiert.

Streulicht liefern kann, heißt dies nicht, daß sich der Effekt bei Vielfachstreuung noch verstärkt! Wird Licht von einem Stück Glas unter dem richtigen Winkel reflektiert, so ist das reflektierte Licht zu 100 % linear polarisiert. Diese Erscheinung besprechen wir im nächsten Absatz. Wenn Sie das Glas jedoch zu Staub zerreiben, so erleidet das Licht, bevor es von einem bestimmten Teil der Oberfläche zu Ihren Augen gelangt, viele Reflexionen und dringt bis zu einer beträchtlichen Tiefe in den Glasstaub ein. Als Folge schwingen die Elektronen, von Ihnen aus gesehen, in allen Richtungen. Sie werden ja nicht nur von der ursprünglichen Strahlung der Lichtquelle, sondern auch von anderer Strahlung aus vielen Richtungen erregt. So stehen Sie unter der Einwirkung von Licht, das ein kleines Stück eindringt, einige Male reflektiert wird und dann wieder austritt. Den Depolarisationseffekt können Sie sehr nett demonstrieren, indem Sie ein Stück gewöhnliches durchscheinendes Pergamentpapier zwischen zwei gekreuzte Polaroidfilter legen. Dieses Papier depolarisiert das vom ersten Polaroidfilter polarisierte Licht fast vollständig. Man kann die Tatsache, daß das Licht im Pergamentpapier Vielfachstreuung erfährt, durch einen einfachen Versuch demonstrieren. Dazu legt man das Pergamentpapier auf eine bedruckte Seite. Liegt es direkt über dem Druck, so können Sie die schwarzen Buchstaben leicht erkennen. Hebt man es zweieinhalb Zentimeter über die Seite, so werden die Buchstaben so verschwommen, daß sie sich nicht mehr unterscheiden lassen. Stellen Sie sich zum Verständnis dieser Erscheinung das „schwarze Licht", das von einem Buchstaben auf dem Blatt zu Ihren Augen gelangt, als dünnen Taschenlampenstrahl vor. Dieser wird durch das Pergamentpapier diffus gestreut. Einen weiteren netten Versuch kann man anstellen, indem man den Strahl einer Taschenlampe durch das Pergamentpapier auf irgendeinen Gegenstand richtet. Beobachten Sie die Größe des durchgelassenen Lichtflecks, während Sie die Taschenlampe immer weiter von der Rückseite des Papiers entfernen. In einem durchsichtigen Stück Glas oder Plastik erfährt das einfallende Licht hingegen keine Vielfachstreuung. Sie können durch das Material hindurch lesen, ob es nun dem Druck nahe oder fern ist. Daher wird das Licht auch nicht depolarisiert.

Polarisation durch spiegelnde Reflexion – Brewsterscher Winkel. Betrachten Sie das Spiegelbild irgendeines Gegenstandes in einem gewöhnlichen Stück Fensterscheibe oder an einer glatten Wasseroberfläche. Überprüfen Sie mittels eines Polaroidfilters die Polarisation des reflektierten

Lichts. Sie werden finden, daß dieses bei einem bestimmten Winkel zu 100% parallel zur Oberfläche linear polarisiert ist. Bei Glas (Brechungsindex $n = 1{,}5$) beträgt dieser sogenannte Brewstersche Winkel, gemessen vom einfallenden Strahl in Richtung zur Normalen, etwa 56°, bei Wasser ($n \approx 1{,}33$) rund 53°. Durch Drehen des Polaroidfilters in die richtige Stellung können Sie das reflektierte Licht vollkommen auslöschen, falls dieses unter dem Brewsterschen Winkel reflektiert wird. Halten Sie das Polaroidfilter unter dem richtigen Winkel nahe an ein Auge, so daß Sie einen weiten Bereich überblicken, werden Sie ein „Auslöschungsband" bemerken, in dessen Mitte der Brewstersche Winkel liegt.

Für jeden Einfallswinkel sind die Winkel θ_1 und θ_2 des einfallenden bzw. des gebrochenen Strahls durch das Snelliussche Brechungsgesetz miteinander verknüpft:

$$n_1 \sin\theta_1 = n_2 \sin\theta_2 . \qquad (8.52)$$

Der einfallende und der reflektierte Strahl schließen mit der Normalen gleiche Winkel ein – dies bezeichnet man als Gesetz der spiegelnden Reflexion, kurz als Reflexionsgesetz. Bei dem besonderen Einfallswinkel θ_1, bei dem $\theta_1 + \theta_2$ gleich 90° ist, schließt daher der reflektierte Strahl mit dem gebrochenen immer einen rechten Winkel ein (Bild 8.7). Die Schwingungsrichtung der Elektronen im Glas steht ebenso wie die Richtung ihrer erregenden Kraft senkrecht auf der Richtung des gebrochenen Strahls. Betrachten Sie Bild 8.7, dessen Zeichenebene die Einfallsebene darstellt. Ein Beobachter blickt in das reflektierte Licht, das von den erregten Elektronen im Glas emittiert wird. Bei jedem beliebigen Einfallswinkel ist die zur Einfallsebene senkrechte Projektion der Elektronenbewegung für den Beobachter ganz sichtbar, denn diese Komponente steht senkrecht auf der Richtung des reflektierten Strahls, der sich vom Elektron zum Beobachter ausbreitet. Die Komponente der Elektronenbewegung, die in der Einfallsebene liegt, steht hingegen nicht senkrecht auf der Richtung des reflektierten Strahls. Nur ihre zum reflektierten Strahl senkrechte Projektion liefert zu diesem einen Beitrag. Fällt das Licht unter dem Brewsterschen Winkel ein, so weist die in der Einfallsebene liegende Komponente der Elektronenbewegung direkt in die Richtung vom Elektron zum Beobachter. Daher liefert sie keinen Beitrag zum reflektierten Strahl, und dieser ist vollständig senkrecht zur Einfallsebene polarisiert. Aus Bild 8.7 folgt, daß diese Bedingung dann erfüllt ist, wenn $\theta_1 + \theta_2$ gleich 90° ist. Daher liefert Gl. (8.4) mit Hilfe der Beziehungen $n_1 = 1$, $n_2 = n$ und $\sin\theta_2 = \sin(90° - \theta_1) = \cos\theta_1$ die Beziehung

$$\tan\theta_1 = n, \qquad \theta_1 = \text{Brewsterscher Winkel}. \qquad (8.53)$$

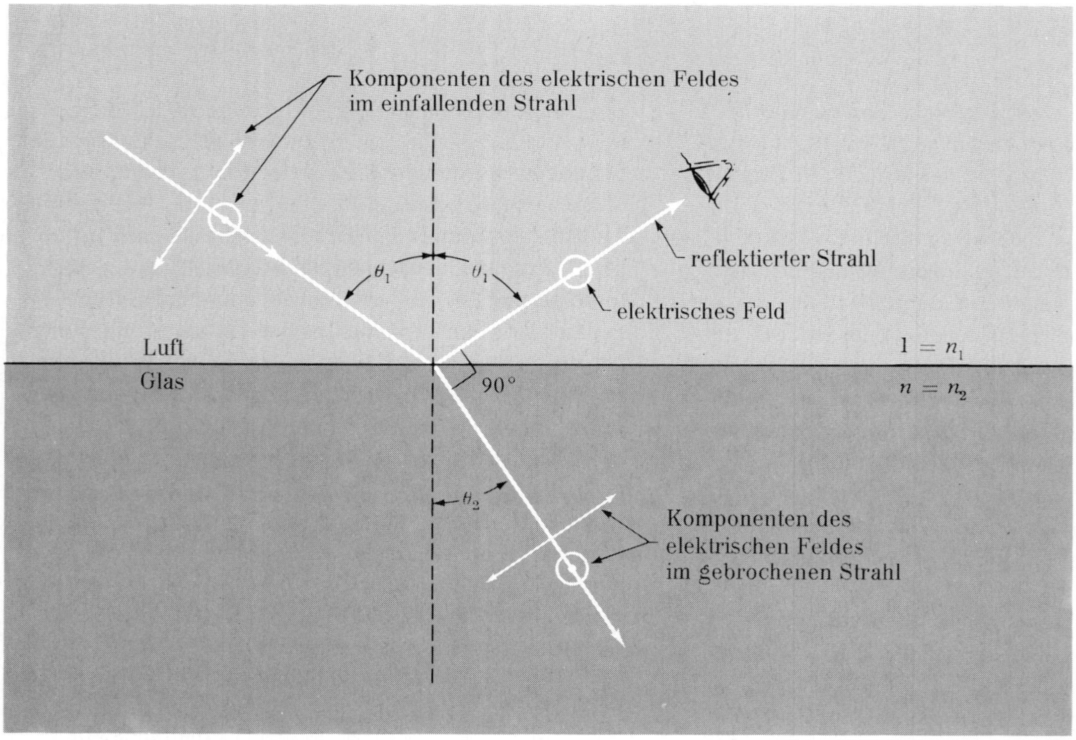

Bild 8.7. Brewsterscher Winkel. Die Winkel sind genau für Glas mit dem Brechungsindex von 1,5 gezeichnet. Das reflektierte Licht ist 100%ig senkrecht zur Einfallsebene polarisiert, das ist die vom Einfallsstrahl und von der Normalen aufgespannte Ebene. Die eingekreisten Punkte kennzeichnen, daß die elektrischen Felder senkrecht zur Papierebene polarisiert sind.

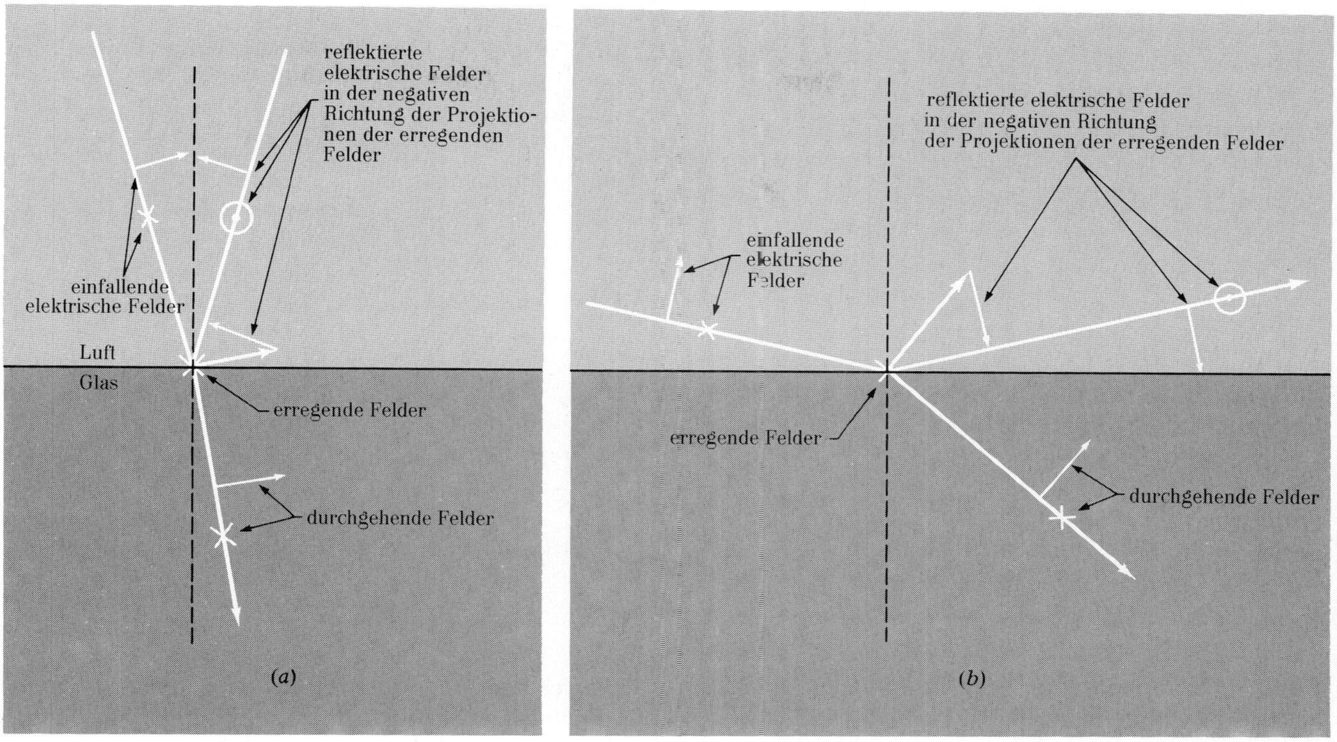

Bild 8.8. Phasenbeziehungen in dem von Glas reflektierten Licht. (a) θ_1 kleiner als derBrewstersche Winkel. (b) θ_1 größer als der Brewstersche Winkel. Ein Punkt bedeutet, daß **E** aus der Papierebene herausweist, ein Kreuz, daß **E** in die Papierebene hineinweist, und ein Pfeil in der Papierebene, daß **E** in die Pfeilrichtung weist.

Phasenbeziehungen bei der Spiegelreflexion von Licht. Die Phasenbeziehungen zwischen dem einfallenden, dem gebrochenen und dem reflektierten Strahl sind interessant. Sie sind in Bild 8.8 dargestellt und lassen sich wie folgt verstehen: Der gebrochene Strahl hat immer dieselbe Phase wie der einfallende. Dies können wir mit Hilfe der Analogie zu der reflektierten und der durchgehenden Welle auf einer Saite verstehen. Die einfallende Welle bewirkt eine erregende Kraft und erzeugt durch diese eine durchgehende Welle mit positivem Transmissionskoeffizienten. Denn die durch die einfallende Welle erzeugte erregende Kraft ist der erregenden Kraft ähnlich, die ursprünglich die einfallende Welle erzeugte. (Eine quantitative Untersuchung von Reflexion und Durchgang bei senkrechtem Einfall finden Sie in Abschnitt 5.3). Der gebrochene Strahl besteht in erster Linie aus der einfallenden Lichtwelle, nur ein Teil von ihm rührt von der Strahlung der in Bewegung gesetzten Elektronen im Glas her. Demgegenüber stammt der reflektierte Strahl ganz von den schwingenden Elektronen. Wir wissen, daß der Reflexionskoeffizient des elektrischen Feldes beim senkrechten Einfall aus Luft und Glas negativ ist (siehe Abschnitt 5.3). Ebenso wissen wir, daß das reflektierte elektrische Feld eine Überlagerung von Beiträgen sein muß, die der Komponente der Elektronenbewegung parallel sind, die ein in das reflektierte Licht blickender Beobachter feststellt. Die Bewegungsamplitude der Elektronen ist dem gebrochenen elektrischen Feld proportional. Daher werden alle Phasenbeziehungen bei senkrechtem Einfall des Lichts aus Luft in Glas durch folgende Aussage richtig wiedergegeben: *Blickt der Beobachter in den reflektierten Strahl, so ist die von ihm festgestellte Amplitude negativ gleich der zu seiner Blicklinie senkrechten Komponente der Amplitude des gebrochenen Feldes.* Diese Aussage gilt jedoch nicht nur für senkrechten Einfall, sondern für alle Einfallswinkel. Sie liefert den richtigen Wert für den Brewsterschen Winkel sowie die Phasenbeziehungen für alle anderen Einfallswinkel. Die Intensität erhält man aus ihr nur näherungsweise. Die Phasenbeziehungen von Bild 8.8 können Sie leicht mit Hilfe zweier Polaroidfilter und eines Mikroskopglases verifizieren (siehe Übung 26).

Intensitätsverhältnisse bei der Spiegelreflexion des Lichts. Die entsprechenden Beziehungen sollen nicht hergeleitet werden. Mit Hilfe von Polaroidfiltern und Mikroskopgläsern können Sie leicht folgenden Sachverhalt feststellen: Wächst der Einfallswinkel von 0° (senkrechter Einfall) auf 90° (streifender Einfall) an, so wird die zur Einfallsebene senkrecht polarisierte Komponente mit steigender relativer Intensität reflektiert. Bei senkrechtem

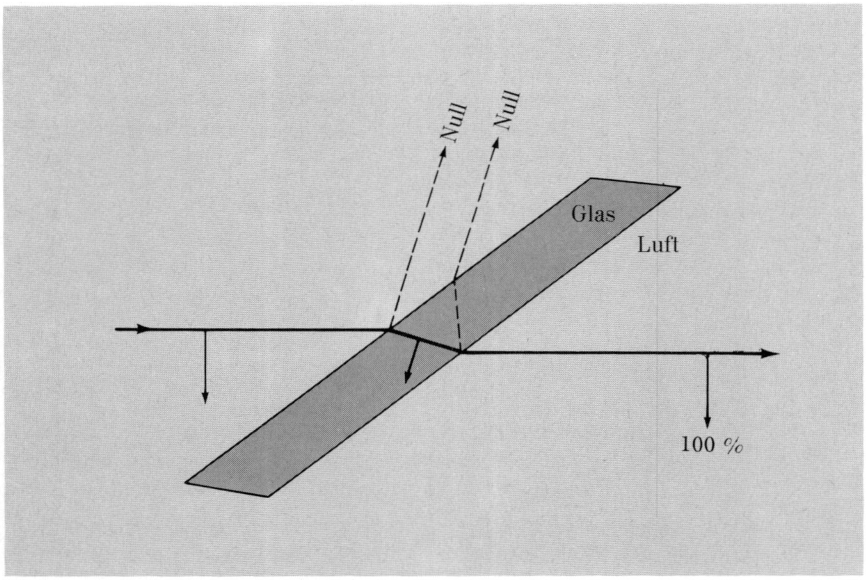

Bild 8.9
Brewstersches Fenster. Das Bild ist für $n = 1{,}5$ gezeichnet.

Einfall reflektiert eine Oberfläche etwa 4% der Intensität; ein Mikroskopglas mit seinen beiden Oberflächen reflektiert etwa das Doppelte. Bei streifendem Einfall wird das Licht im wesentlichen zu 100% reflektiert. Die Intensität der in der Einfallsebene polarisierten Komponente verhält sich bei Reflexion an den beiden Oberflächen des Mikroskopglases wie folgt: Sie sinkt von 8% (bei senkrechtem Einfall) auf Null (beim Brewsterschen Winkel von 56°) und steigt dann allmählich auf 100% (bei streifendem Einfall) an (siehe Übung 26).

Brewstersches Fenster bei Lasern. Eine interessante Anwendung des Brewsterschen Winkels ist die Konstruktion eines sogenannten *Brewsterschen Fensters*, eines Glasfensters mit hundertprozentiger Durchlässigkeit. Nehmen Sie an, bei irgendeinem Gerät sei es notwendig oder vorteilhaft, einen Strahl durch ein Glasfenster zu schicken. Bei senkrechtem Einfall werden nur etwa 92% der einfallenden Intensität von einem solchen Glasfenster durchgelassen, denn an jeder Oberfläche gehen rund 4% verloren. Dieser Verlust ist vielleicht in manchen Fällen tragbar, nicht jedoch bei einem Gaslaser, dessen Spiegel außerhalb der Fenster liegen. Soll nämlich der Laserstrahl das Fenster beispielsweise hundertmal durchlaufen, so ist die relative Intensität gleich $0{,}92^{100}$, also etwa gleich 0,0003. Das Problem wird auf geniale Weise gelöst, indem man das Fenster so neigt, daß der Lichtstrahl unter dem Brewsterschen Winkel einfällt. Die zur Einfallsebene senkrechte Komponente wird teilweise reflektiert und teilweise durchgelassen. Nach oftmaligem Durchgang durch das Fenster ist sie dem Strahl fast völlig entzogen. Andererseits wird die Komponente, die parallel zur Einfallsebene polarisiert ist, vollständig durchgelassen, denn ihr Reflexionskoeffizient verschwindet beim Brewsterschen Winkel. Daher hat sie auch bei oftmaligem Durchgang durchs Fenster nur einen vernachlässigbaren Intensitätsverlust. Im Endeffekt wird die Hälfte des vom Laser emittierten Lichts fast völlig unterdrückt, die andere Hälfte zu 100% linear polarisiert. Die billigen Gaslaser, die in jedem physikalischen Institut zu finden sind, haben gewöhnlich Brewstersche Fenster. Überprüfen Sie an so einem Laser die Polarisation des austretenden Lichts mit Hilfe eines Polaroidfilters. Schalten Sie den Laser ab und entfernen Sie sein Deckglas, um die Brewsterschen Fenster zu sehen. Manche Laser verwenden diese jedoch nicht, weshalb das von ihnen gelieferte Licht nicht linear polarisiert ist. Die Wirkungsweise eines Brewsterschen Fensters ist in Bild 8.9 dargestellt.

Polarisation des Regenbogenlichts. Noch viel auffälliger als die Polarisation des blauen Himmelslichts ist die des Regenbogenlichts. Interessant ist der Versuch einer Voraussage, ob das Licht bezüglich des Bogens radial oder tangential polarisiert ist. Wenn Sie Ihre Voraussage überprüfen wollen und es Ihnen bis zum nächsten Regen zu lange dauert, führen Sie den Versuch mit einem Rasensprenger durch, auf dessen Wasserstrahl die Sonne oder nachts das Licht eines Scheinwerfers fällt. Eine Erklärung des Regenbogens finden Sie in Light and Colour (Licht und Farbe) von *M. Minnaert*, Dover Publications, Inc., New York, 1954.

8.4. Doppelbrechung

In Abschnitt 8.3 haben wir gelernt, wie man den Polarisationszustand eines Strahls elektromagnetischer Wellen mittels selektiver Absorption oder Reflexion ändern kann.

Selektiv bedeutet hierbei, daß eine der polarisierten Komponenten stärker absorbiert bzw. reflektiert wird als die andere. Nun werden wir untersuchen, wie man mit Hilfe der Phasenbeziehung zwischen den beiden Komponenten den Polarisationszustand verändern kann.

Cellophan. Nehmen Sie zwei Polaroidfilter und kreuzen Sie diese, so daß kein Licht hindurchgeht. Schieben Sie nun ein gewöhnliches Stück Cellophanpapier zwischen die gekreuzten Filter. Zu diesem Zweck eignet sich auch gewöhnliches Butterbrotpapier und fast jede Art durchsichtigen Plastikmaterials. Jetzt geht Licht durch die Polaroidfilter hindurch! Da Cellophanpapier völlig durchsichtig ist und niemals, wie die Polaroidfilter, „dunkel“ aussieht, wissen wir, daß es kein Licht absorbiert. Es kann den Polarisationszustand des Lichts nur so beeinflussen, daß es die Phasenbeziehung zwischen den verschiedenen polarisierten Komponenten ändert. Dann geht keine Intensität verloren, wie Sie leicht zeigen können.

Halten Sie nun die Polaroidfilter gekreuzt und drehen Sie das dazwischenliegende Cellophanpapier. Sie sollten bei einer Drehung um 180° zwei um 90° voneinander verschiedene Winkel finden, bei denen das Cellophanpapier seine stärkste Wirkung zeigt, sowie zwei ebenfalls um 90° verschiedene Winkel, bei denen die Wirkung des Cellophanpapiers verschwindet. Cellophanpapier hat also zwei ausgezeichnete Richtungen, die in der Papierebene liegen und aufeinander senkrecht stehen. Diese Richtungen hängen mit der Eigenschaft zusammen, die Phasenbeziehungen zwischen Komponenten unterschiedlicher Polarisation zu ändern.

Sie können aber nachweisen, daß nicht alle durchsichtigen Plastikmaterialien diese spezielle Eigenschaft aufweisen. Nehmen Sie etwa ein Stück Haushalts-Plastikfolie oder ein Stück dehnbares Polyäthylen, wie es von den chemischen Reinigungsanstalten zum Schutz der Kleidungsstücke verwendet wird. Legen Sie dieses Material zwischen die gekreuzten Polaroidfilter, so werden Sie nur einen geringen Effekt feststellen: Es kommt nicht viel Licht durch. Zwar ist eine Wirkung festzustellen, doch ist sie klein gegenüber der von Cellophanpapier. Da (oder: falls) Sie nun ein Stück Plastikmaterial gefunden haben, das keine „optischen Achsen“ aufweist, in dessen Ebene also keine ausgezeichneten Richtungen auftreten, können Sie versuchen, eine ausgezeichnete Richtung herzustellen. Nehmen Sie ein Stück dehnbarer Plastikfolie, dehnen Sie dieses aus und legen Sie es sodann zwischen die gekreuzten Polaroidfilter. Beträgt der Winkel zwischen der Dehnungsrichtung und den Achsen der gekreuzten Filter 45°, sollten Sie einen starken Effekt feststellen.

Das Verhalten der gedehnten Plastikfolie erklärt sich wie folgt: Vor der Dehnung sind die langen organischen Plastikmoleküle wie Spaghetti völlig ungeordnet ineinander verwickelt. Bei der Dehnung neigen sie jedoch dazu, sich gerade und parallel auszurichten. In einem einzelnen langen, kettenähnlichen organischen Molekül haben die Elektronen verschiedene „effektive Federkonstanten“ bezüglich der Schwingungen parallel zur Kohlenwasserstoffkette und in den beiden Richtungen senkrecht dazu. Daher ist die Polarisierbarkeit der Moleküle für Auslenkungen parallel zur Kohlenwasserstoffkette und für solche senkrecht dazu verschieden. Nach der Dehnung liegt die Längsrichtung der Moleküle bevorzugt parallel zur Dehnungsrichtung. Die eine der dazu senkrechten Richtungen können wir in die Ebene der Plastikfolie legen, die andere steht auf dieser Ebene senkrecht und hat für uns keine Bedeutung. Unter der elektrischen Suszeptibilität versteht man die Polarisation, die in der Volumeneinheit durch ein einfallendes elektrisches Einheitsfeld induziert wird. Sie ist in unserem Falle also für elektrische Felder, die zur Dehnungsrichtung parallel sind, und für solche, die auf ihr senkrecht stehen, verschieden. In diesen beiden Richtungen treten daher verschiedene Dielektrizitätskonstanten und folglich *verschiedene Brechungsindizes* auf.

Langsame und schnelle Achse eines Phasenverschiebungsplättchens. Die Dehnungsrichtung sowie die zu ihr senkrechte und in der Folienebene liegende Richtung werden als *optische Achsen* bezeichnet. Die optische Achse, die für ein zu ihr paralleles elektrisches Feld den größeren der beiden Brechungsindizes liefert, bezeichnen wir als *langsame Achse*, da ein größerer Brechungsindex eine geringere Phasengeschwindigkeit bedingt. Die andere optische Achse nennen wir *schnelle Achse*. Den beiden zugehörigen Brechungsindizes geben wir die Bezeichnungen n_s und n_l, wobei $n_l > n_s$; s steht für schnell, l für langsam. Eine Folie aus Cellophan, Plastik oder einem anderen Material mit diesen Eigenschaften wird als *Phasenverschiebungsplättchen* bezeichnet.

Nun wollen wir die Auswirkungen eines Phasenverschiebungsplättchens auf eine einfallende laufende elektromagnetische ebene Welle untersuchen. Wir spalten zuerst das einfallende elektrische Feld in zwei zueinander senkrechte Komponenten auf, eine längs der langsamen Achse $\hat{\mathbf{e}}_l \equiv \hat{\mathbf{x}}$, die andere längs der schnellen Achse $\hat{\mathbf{e}}_s \equiv \hat{\mathbf{y}}$. Im Halbraum $z < 0$ herrsche Vakuum. Das Phasenverschiebungsplättchen beginne bei $z = 0$ und ende bei $z = \Delta z$, dahinter herrsche wieder Vakuum. Die Schwingungen des elektrischen Feldes der einfallenden Welle mögen bei $z = 0$ durch den Realteil der komplexen Größe

$$\mathbf{E}_c(0, t) = e^{i\omega t}[\hat{\mathbf{x}} A_l e^{i\varphi_l} + \hat{\mathbf{y}} A_s e^{i\varphi_s}] \tag{8.54}$$

beschrieben werden. Die Amplituden A_l und A_s sowie die Phasenkonstanten φ_l und φ_s erhalten wir, indem wir das einfallende elektrische Feld in linear polarisierte Komponenten längs $\hat{\mathbf{x}}$ und $\hat{\mathbf{y}}$ zerlegen. Da diese Amplituden und Phasenkonstanten beliebig sind, stellt Gl. (8.54) einen allgemeinen Polarisationszustand dar. Betrachten Sie nun die durchgehende Welle im Inneren des Plättchens, also zwischen $z = 0$ und Δz. Wir vernachlässigen alle Verluste, die durch Reflexion an der ersten Oberfläche entstehen, und ersetzen in Gl. (8.54) einfach ωt durch $\omega t - kz$. Wir müssen aber berücksichtigen, daß k für die beiden längs $\hat{\mathbf{e}}_l$ bzw. $\hat{\mathbf{e}}_s$ gerichteten Komponenten von $\mathbf{E}$ verschiedene Werte hat. Erinnern wir uns daran, daß k dem Brechungsindex proportional und gleich $n\omega/c$ ist, so erhalten wir im Inneren des Phasenverschiebungsplättchens

$$\mathbf{E}_c(z, t) = e^{i\omega t}\,[\hat{\mathbf{x}}\,A_l e^{i\varphi_l}\,e^{-in_l\omega z/c} + \hat{\mathbf{y}}\,A_s e^{i\varphi_s}\,e^{-in_s\omega z/c}]. \tag{8.55}$$

Änderung des Phasenunterschieds. Beim Eintreffen der Welle an der Endfläche des Phasenverschiebungsplättchens hat die Phase jeder Komponente einen kleineren Wert, als wenn statt des Plättchens Vakuum vorhanden wäre.

$$\begin{array}{l}\text{Rückstand der Phase von } E_l\\ \text{gegenüber ihrem Vakuumwert}\end{array} = (n_l - 1)\,\frac{\omega\Delta z}{c}. \tag{8.56}$$

Analog gilt

$$\begin{array}{l}\text{Rückstand der Phase von } E_s\\ \text{gegenüber ihrem Vakuumwert}\end{array} = (n_s - 1)\,\frac{\omega\Delta z}{c}. \tag{8.57}$$

Subtrahieren wir Gl. (8.57) von Gl. (8.56), so erhalten wir den Phasenrückstand von E_l gegenüber E_s:

$$\begin{array}{l}\text{Phasenrückstand von } E_l\\ \text{gegenüber } E_s\end{array} = (n_l - n_s)\,\frac{\omega\Delta z}{c}$$

$$= (n_l - n_s)\,2\pi\,\frac{\Delta z}{\lambda_{\text{Vak}}}. \tag{8.58}$$

Dabei ist λ_{Vak} die Wellenlänge im Vakuum.

λ/4-Plättchen. Das folgende Beispiel soll Ihnen helfen, die Vorzeichen richtig anzuwenden. Der Vektor $\mathbf{E}$ des linear polarisierten einfallenden Lichts liege in der Winkelhalbierenden zwischen $\hat{\mathbf{e}}_l$ und $\hat{\mathbf{e}}_s$. Dann ist A_l gleich A_s und φ_l gleich φ_s. Das Plättchen sei gerade so dick, daß die langsame Komponente um $\frac{1}{4}$ Schwingung verzögert werde, daß also ihr Phasenrückstand gegenüber der schnellen Komponente $\pi/2$ betrage. Ein Phasenverschiebungsplättchen dieser Art heißt *λ/4-Plättchen*. Bei der an der Hinterseite des Plättchens auftretenden Welle hat die schnelle Komponente dieselbe Amplitude wie die langsame, doch ist sie dieser mit ihrer Phase um 90° voraus. Demzufolge ist das Licht zirkular polarisiert, und die Drehung erfolgt in der Richtung von $\hat{\mathbf{e}}_s$ nach $\hat{\mathbf{e}}_l$. Diese Ergebnisse folgen aus Gl. (8.55); sie sind in Bild 8.10 dargestellt.

Klarheit über die Vorzeichen ist für das Verständnis der Phasenverschiebungsplättchen wesentlich. Wir bringen noch eine andere Formulierung des Sachverhalts, die Ihnen zu der Überzeugung verhelfen soll, daß der Drehsinn im Falle eines λ/4-Plättchens tatsächlich der in Bild 8.10 gezeigte ist. Stellen Sie sich vor, die beiden verschieden polarisierten Komponenten breiten sich im Vakuum aus.

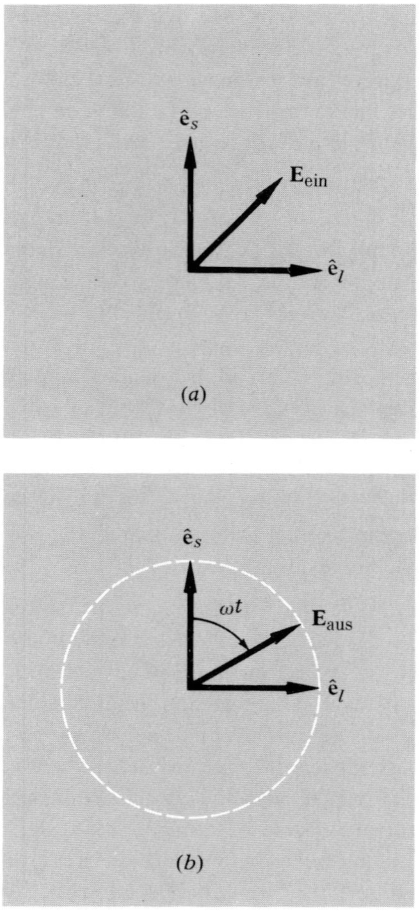

Bild 8.10. $\frac{\lambda}{4}$-Plättchen. Das elektrische Feld $\mathbf{E}$ des einfallenden Lichtes schließt mit jeder der optischen Achsen einen Winkel von 45° ein. (a) Einfallendes Feld. (b) Austretendes Feld. Der dargestellte Fall tritt ein, wenn die Ausbreitungsrichtung in die Papierebene hinein- oder aus ihr herausweist.

Dann entsprechen beide Schwingungen – längs $\hat{\mathbf{x}}$ und längs $\hat{\mathbf{y}}$ – an einer bestimmten Stelle z und zu einem bestimmten Zeitpunkt t demselben retardierten Zeitpunkt, zu dem die Welle von der Lichtquelle emittiert wurde. Nun werden diese beiden Komponenten durch ein Plättchen geschickt, in dem n_l größer als n_s ist. An der Hinterseite des Plättchens muß der augenblickliche Wert von E_l zu einem früheren Zeitpunkt emittiert worden sein als der gleichzeitig auftretende augenblickliche Wert von E_s an derselben Stelle. Die laufende Welle mit E_l hat nämlich dieselbe Entfernung zurückgelegt wie die mit E_s, doch mit einer geringeren Phasengeschwindigkeit. Sie muß also früher gestartet sein. E_s wurde daher vor kürzerer Zeit emittiert als E_l und hat folglich gegenüber E_l einen *Phasenvorsprung*. Diese Phasenbeziehungen sind in Bild 8.11 dargestellt.

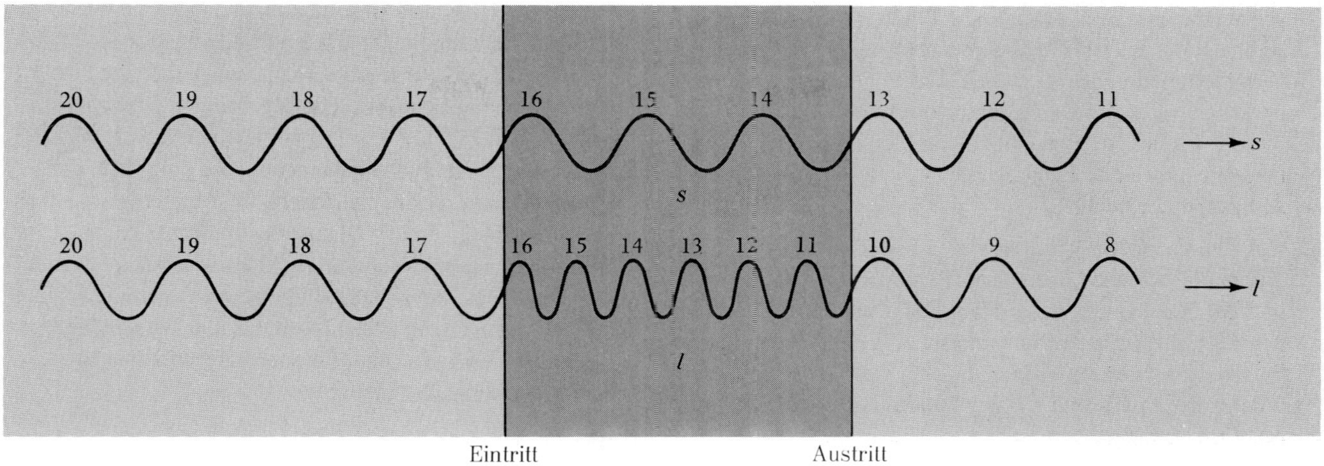

Bild 8.11. Phasenrückstand der langsamen gegenüber der schnellen Komponente. Die ganzen Zahlen bezeichnen die Zeit, zu der die Wellen von der Lichtquelle emittiert wurden. Es ist gezeigt, daß die beiden Komponenten verschiedener Polarisation beim Eintritt in das Phasenverschiebungsplättchen dieselbe Emissionszeit aufweisen. Beim Austritt hingegen ist der Teil der langsamen Komponente, der bei der 10. Schwingung emittiert wurde, zur gleichen Zeit anwesend wie der Teil der schnellen Komponente, der bei der 13. Schwingung emittiert wurde. Die schnelle Komponente ist der langsamen also um drei volle Schwingungen voraus.

Eigenschaften der Phasenverschiebungsplättchen. Überzeugen Sie sich von der Richtigkeit der folgenden Behauptungen und „Regeln". (Sie sollten sie sich aber nicht auswendig merken. Sie müssen sie nur so gut verstehen, daß Sie zwar die Antworten vergessen, aber später wieder selbst rekonstruieren können.)

a) Ein $\lambda/2$-Plättchen (das doppelt so dick wie ein $\lambda/4$-Plättchen ist) verwandelt linear polarisiertes Licht wieder in linear polarisiertes Licht; man erhält die Polarisationsrichtung des austretenden Lichts aus der des einfallenden Lichts durch Reflexion an einer der optischen Achsen. (Wir werden uns fast nie darum kümmern, um welche Achse es sich handelt, d.h., die absolute Phase ist uns gleichgültig. Ein Minuszeichen bei der Amplitudenrichtung stört uns nicht.) Ein $\lambda/2$-Plättchen dreht also das relative Vorzeichen der linear polarisierten Komponenten der einfallenden Lichtamplitude um.

b) Ein $\lambda/2$-Plättchen verwandelt rechtszirkular polarisiertes Licht in linkszirkular polarisiertes Licht und umgekehrt.

c) Ein $\lambda/4$-Plättchen verwandelt linear polarisiertes Licht, dessen Polarisationsrichtung irgendwie zwischen $\hat{\mathbf{e}}_s$ und $\hat{\mathbf{e}}_l$ liegt, in elliptisch polarisiertes Licht mit dem Drehsinn von $\hat{\mathbf{e}}_s$ nach $\hat{\mathbf{e}}_l$. Ist die Polarisationsrichtung des einfallenden Lichts um $45°$ gegen $\hat{\mathbf{e}}_s$ und $\hat{\mathbf{e}}_l$ geneigt, so ist das Licht beim Austritt zirkular polarisiert. (*Anmerkung:* Das bedeutet, wenn wir die linear polarisierte Komponente $\mathbf{E}_{\text{ein}}$ im Bild 8.10 um $90°$ drehen, so rotiert das austretende Licht mit der Frequenz ω genau entgegen der im Bild 8.10 gezeigten Richtung. Um das anhand der „Regel" einzusehen, brauchen Sie nur im Bild 8.10 das vereinbarte Vorzeichen von $\hat{\mathbf{e}}_l$ oder $\hat{\mathbf{e}}_s$ umzudrehen, so daß $\mathbf{E}_{\text{ein}}$ wieder zwischen den Einheitsvektoren $\hat{\mathbf{e}}_s$ und $\hat{\mathbf{e}}_l$ liegt. Die Regel sagt dann aus, daß das austretende Licht von $\hat{\mathbf{e}}_s$ nach $\hat{\mathbf{e}}_l$ rotiert.)

d) Ein $\lambda/4$-Plättchen verwandelt zirkular polarisiertes Licht in linear polarisiertes Licht. Um zu einer einfachen Regel zu gelangen, kennzeichnen Sie die Vorzeichen der langsamen und der schnellen Achse so, daß sich das einfallende, zirkular polarisierte Licht von der schnellen Achse zur langsamen Achse dreht. Das $\lambda/4$-Plättchen verwandelt dann das zirkular polarisierte Licht in linear polarisiertes Licht, dessen Polarisationsrichtung senkrecht auf der Winkelhalbierenden des Winkels zwischen $\hat{\mathbf{e}}_s$ und $\hat{\mathbf{e}}_l$ steht. (Die s-Schwingung war bereits vorher um eine Viertelperiode voraus; nach dem Durchgang durch das $\lambda/4$-Plättchen ist sie um eine halbe Periode voraus.)

e) Ein Phasenverschiebungsplättchen hat auf die Polarisation von linear polarisiertem Licht keinen Einfluß, wenn der $\mathbf{E}$-Vektor des einfallenden Lichts in der Richtung von $\hat{\mathbf{e}}_s$ oder $\hat{\mathbf{e}}_l$ liegt.

f) Ein Phasenverschiebungsplättchen kann „unpolarisiertes" Licht (wie es von einer Glühlampe oder von der Sonne abgestrahlt wird) nicht in polarisiertes Licht verwandeln. Wir werden uns im Abschnitt 8.5 mit unpolarisiertem Licht beschäftigen. Vorläufig sagen wir nur, daß zwischen der x- und y-Komponente von unpolarisiertem Licht bei Mittelung über die Beobachtungszeit eine „zufällige", statistische Phasenbeziehung besteht. Die durch das Plättchen erzeugte relative Phasenverschiebung berührt diese statistische Phasenbeziehung zwischen der x- und y-Komponente nicht; das heißt, wenn zwischen φ_x und φ_y eine statistische Beziehung besteht, so besteht auch zwischen φ_x und $\varphi_y + \Delta\varphi$ eine statistische Beziehung.

g) Ein Zirkularpolarisator läßt sich aus einem Polaroidfilter und einem $\lambda/4$-Plättchen herstellen; man klebt das Filter und das Plättchen so zusammen, daß die optische Achse des Plättchens mit der bevorzugten Durchlaßrichtung des Polaroidfilters einen Winkel von 45° einschließt. Das unpolarisierte Licht muß auf der Polaroidseite dieser Kombination einfallen.

h) Ein Zirkularpolarisator, der rechtszirkular polarisiertes Licht erzeugt, läßt rechtszirkular polarisiertes Licht, das auf der Seite des $\lambda/4$-Plättchens auftrifft, vollständig durch (wenn man von den durch Reflexion verursachten kleinen Verlusten absieht). Er absorbiert jedoch linkszirkular polarisiertes Licht, das auf der Seite des $\lambda/4$-Plättchens auftrifft, vollständig. (Man kann sich das anhand eines Gewindeschneiders und einer Schraube anschaulich vorstellen. Ein Gewindeschneider, der aus einem zylindrischen „unpolarisierten" Stab eine rechtsgängige Schraube herstellt, läßt rechtsgängige Schrauben auch in der umgekehrten Richtung durch; er ruiniert aber eine in der umgekehrten Richtung durchgedrehte linksgängige Schraube vollkommen.) Diese Erscheinung hat interessante Folgen, siehe Übung 18).

Wir haben uns bereits mit Phasenverschiebungsplättchen beschäftigt, die man durch Dehnen von Plastikfolien in einer Richtung herstellen kann. Sie haben (so hoffen wir wenigstens) so einen Versuch mit einem Stück Folie gemacht. Auf diese Weise werden auch die $\lambda/4$- und $\lambda/2$-Plättchen hergestellt. Auch Cellophan erhält so seine Eigenschaften (es wird zwischen Walzen ausgepreßt, und damit werden seine Moleküle ausgerichtet). Gewöhnliches Fensterglas ist isotrop und zeigt keinerlei Doppelbrechung (d.h., es hat keine optische Achse). Wenn Sie aber ein Stück gespanntes Tafelglas durch gekreuzte Polaroidfilter hindurch betrachten, so sehen Sie, daß das Licht an einigen Stellen durchgelassen wird. In Sicherheitsgläsern bestehen große mechanische Spannungen; solche Glassorten zeigen daher interessante Doppelbrechungsmuster. Auch Zeichendreiecke und Schüsseln aus Kunststoff zeigen zwischen gekreuzten Polaroidfiltern schön gefärbte Spannungsmuster. Die Farbeffekte rühren nur zum Teil von der Änderung des Brechungsindex mit der Farbe (d.h. mit der Wellenlänge) her; sie sind größtenteils der von der Wellenlänge abhängigen Phasenverschiebung zuzuschreiben.

Die meisten kristallinen Stoffe zeigen Doppelbrechung. Sie werden als *einachsig* bezeichnet, wenn (wie bei gedehntem Kunststoff) nur in einer Richtung Anisotropie herrscht. Die Richtung längs der Anisotropieachse heißt „außerordentliche" Richtung. Die beiden anderen, senkrecht auf der Anisotropieachse stehenden Richtungen sind die „ordentlichen" Richtungen. Die zugehörigen Brechungsindizes werden mit n_{ao} bzw. n_o bezeichnet (ao als Abkürzung für außerordentlich, o für ordentlich); sie sind die Brechungsindizes für das elektrische Feld in der ao- bzw. in der o-Richtung. Je nach der Kristallstruktur kann die Anisotropieachse entweder eine schnelle oder eine langsame Achse sein. Die Tabelle 8.1 zeigt die Brechungsindizes verschiedener Stoffe für Licht mit einer Wellenlänge von 5890 Å = 589 nm (das von angeregten Natriumatomen ausgesandte gelbe Licht).

Tabelle 8.1. Einige einachsige Kristalle

Material	n_{ao}	n_o	e-Achse
Quarz	1,553	1,554	langsam
Calcit	1,486	1,658	schnell
Eis	1,307	1,306	langsam

Optische Aktivität – Heimversuch. Stellen Sie eine Lösung von gewöhnlichem Zucker in Wasser mit einer Konzentration von etwa 1 : 1 her. Füllen Sie sie in ein Wasserglas oder dergleichen mit gut durchsichtigem Boden etwa 5 cm hoch, stellen Sie eine Lichtquelle unter das Glas und bringen Sie über und unter dem Glas je ein Polaroidfilter an. Sehen Sie nun durch den Sirup. Sie werden schöne Farbeffekte feststellen. Stellen Sie nun eine quantitative Untersuchung an: Nehmen Sie das rote oder grüne Gelatinefilter aus Ihrer optischen Ausrüstung, so daß Sie mit einem vernünftig schmalen Band von Wellenlängen arbeiten können. (Sie können eine Glühlampe durch das Beugungsgitter aus Ihrer optischen Ausrüstung einmal mit und einmal ohne Farbfilter betrachten, damit Sie sehen, welches Farbband Sie verwenden.) Variieren Sie die Dicke der Zuckerlösung. Sie werden feststellen, daß das linear polarisierte Licht linear polarisiert bleibt, daß aber seine Polarisationsebene um ca. 10° je cm Zuckerlösung nach rechts verdreht wird (wenn Sie in der Richtung zum Licht hin blicken). Diese Erscheinung wird als *optische Aktivität* bezeichnet.

Die Erklärung ist folgende: Das vom ersten Polaroidfilter erzeugte linear polarisierte Licht ist eine Überlagerung von rechts- und linkszirkular polarisiertem Licht gleicher Amplitude (Bild 8.12):

$$\mathbf{E}_c = E_0 \hat{\mathbf{x}} e^{i\omega t} = \frac{E_0}{2} [\hat{\mathbf{x}} e^{i\omega t} + \hat{\mathbf{y}} e^{i[\omega t - (1/2)\pi]}] + \frac{E_0}{2} [\hat{\mathbf{x}} e^{i\omega t} + \hat{\mathbf{y}} e^{i[\omega t + (1/2)\pi]}]. \qquad (8.59)$$

Die Zuckermoleküle besitzen eine schraubenartige Struktur. Alle aus Mais gewonnenen Zuckermoleküle haben denselben Drehsinn. Eine Schraube hat immer denselben Drehsinn, ganz gleich, von welcher Seite man sie betrachtet.

Bild 8.12

Eine linear polarisierte Schwingung der Amplitude E_0 entsteht durch Überlagerung einer rechts- und einer linkszirkular polarisierten Schwingung, deren jede die Amplitude $\frac{1}{2} E_0$ hat. Die Richtung der linear polarisierten Überlagerung hängt von der Phasenbeziehung zwischen den zirkular polarisierten Komponenten ab.

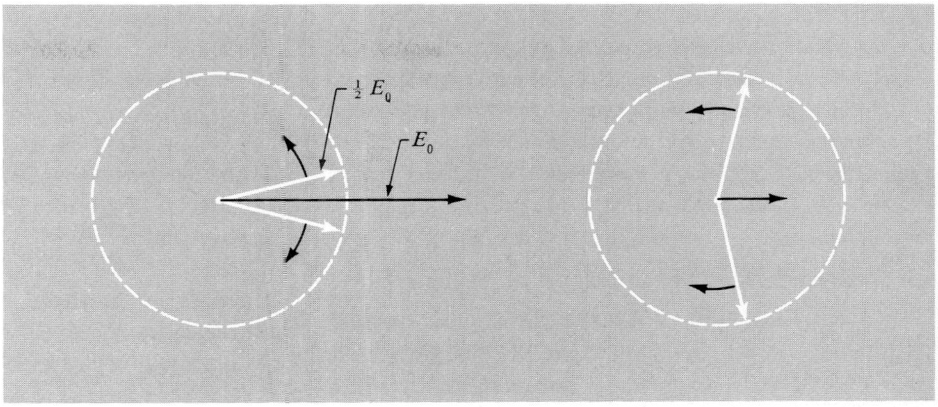

Eine Lösung von statistisch orientierten Zuckermolekülen weist daher insgesamt denselben Drehsinn wie die einzelnen Moleküle auf. Wegen der Schraubenstruktur der Moleküle hat die Zuckerlösung für rechts- und für linkszirkular polarisierte laufende Wellen verschiedene Brechungsindizes. Beim Durchgang durch die Zuckerlösung eilt die eine zirkular polarisierte Komponente der anderen um einen von Ort zu Ort verschiedenen Phasenwinkel voraus. Mit einiger Überlegung und anhand einer Skizze werden Sie sich sicher davon überzeugen, daß die Drehrichtung der Polarisationsebene des linear polarisierten Lichts mit der Drehrichtung der schnellen zirkular polarisierten Komponente übereinstimmt (die schnelle Komponente ist diejenige mit dem kleineren Brechungsindex). Nun noch etwas zum Nachdenken: Was geschieht, wenn man Licht durch eine Zuckerlösung schickt, an einem Spiegel reflektiert und wieder zurück durch die Lösung fallen läßt? Wird die Drehung der Polarisationsebene doppelt so groß? Oder wird sie wieder Null?

Pasteurs erste große Entdeckung. *Louis Pasteur* stellte fest, daß Racemsäure – eine optisch inaktive Form der Weinsteinsäure – eine Mischung von gleichen Teilen von Rechts- und Linksweinsteinsäure ist. Er konnte die rechts- und linksdrehenden Kristalle des racemischen Gemischs unter dem Mikroskop unterscheiden und trennte die Kristalle mit Hilfe einer feinen Pinzette in zwei Häufchen. Nach Auflösung in Wasser drehten die Kristalle vom einen Häufchen die Polarisationsebene des polarisierten Lichts in derselben Richtung wie die aus Weintrauben gewonnene natürliche Weinsteinsäure. Die Kristalle vom anderen Häufchen drehten die Polarisationsebene um den gleichen Betrag in die entgegengeseetzte Richtung. Diese Art von Weinsteinsäure war vorher noch nie beobachtet worden![1])

Der beobachtete einseitige Drehsinn der organischen Schraubenmoleküle, die von den heute lebenden Organismen erzeugt werden, ist ohne Zweifel ein ganz grundlegender Ansatzpunkt für die Klärung der Fragen über die Entwicklung des Lebens auf unserem Planeten. Alle rezenten DNS-Moleküle (die Grundbausteine des Lebens) sind Rechtsschrauben! Warum? Sind sie von Anfang an zufällig so entstanden? Enthielten die Meere früher gleichviel rechts- und linksdrehende primitive DNS? Hat die rechtsdrehende DNS gelernt, ihr linksdrehendes Gegenstück aufzufressen? Vorläufig weiß man darüber noch nichts.[2])

Reflexion an Metallen. Nachdem man beobachtet hat, daß bei der Reflexion an Dielektrikas, wie Glas oder Wasser, starke Polarisation auftritt (die beim Brewsterschen Winkel 100 % erreicht), wird man erstaunt sein, wenn man bei der Reflexion an gewöhnlichen versilberten Spiegeln (oder an anderen silbrig aussehenden Materialien, wie an Chromteilen an Autos oder an einem Tischmesser) praktisch überhaupt keine Polarisation feststellt. Der Grund dafür ist der, daß ein silbrig aussehendes Metall beide Polarisationsrichtungen fast vollständig reflektiert. Aus diesem Grund sieht es auch silbrig aus; es würde dunkel aussehen, wenn es das Licht polarisieren und dabei in einer Polarisationsrichtung weniger Licht reflektieren würde als in der anderen. (Wenn Sie es nicht glauben, so legen Sie einen versilberten Spiegel neben ein Stück Glas und betrachten Sie beide ungefähr unter dem Brewsterschen Winkel für Glas. Legen Sie etwas Dunkles unter das Glas.)

Aus der Tatsache, daß glänzendes Metall unpolarisiertes Licht nicht polarisiert, sollen wir aber nicht voreilig schließen, daß Metall keinen Einfluß auf polarisiertes Licht hat. Schließlich verwandelt ja auch Cellophan unpolarisiertes

[1]) Eine Beschreibung dieses sowie anderer großartiger Experimente von *Pasteur* finden Sie in *Rene Dubos, Pasteur and Modern Science*, Anchor Books, Doubleday & Company, Inc., Garden City, N.Y., 1960.

[2]) Die Rolle, die der Drehsinn in lebenden Organismen sowie bei schwachen Zerfallswechselwirkungen spielt, wird von *Martin Gardner* in *The Ambidextrous Universe*, Basic Books, Inc., Publishers, New York, 1964, sehr schön beschrieben.

Licht nicht in polarisiertes Licht, es kann aber trotzdem den Polarisationszustand von einfallenden polarisiertem Licht ändern. Genau dasselbe tut auch ein Stück glänzendes Metall. Sie können sich davon durch einen einfachen Heimversuch überzeugen, indem Sie linear polarisiertes Licht durch Reflexion an einem Metall in zirkular polarisiertes Licht umwandeln (siehe Übung 28).

8.5. Bandbreite, Kohärenzzeit und Polarisation

In diesem Abschnitt beschäftigen wir uns mit der Polarisation des von Atomen ausgesandten Lichts. Wir werden das klassische Bild benutzen, bei dem ein Elektron an einen schweren Kern gebunden ist. Dieses Elektron schwingt und emittiert klassische elektromagnetische Wellen, so als sei das Atom eine kleine Radioantenne. Dieses klassische Bild beinhaltet die diskrete Natur der Lichtemission nicht, d.h., es wird nicht berücksichtigt, daß das Licht in Form von kleinen „Paketen", den sogenannten Photonen, emittiert und absorbiert wird. Abgesehen davon, liefert das klassische Bild jedoch vielfach dieselben Ergebnisse wie die hochentwickelte Quantentheorie. Der Hauptunterschied besteht darin, daß wir uns in der klassischen Theorie die elektromagnetischen Wellen so vorstellen, als beförderten sie einen kontinuierlichen Energiestrom, während uns die Quantentheorie lehrt, daß der Energiestrom eben nicht kontinuierlich ist. Immerhin kommt man mit den Maxwellschen Gleichungen (den Gleichungen der klassischen Theorie des Elektromagnetismus) zu den richtigen Aussagen für den *mittleren* Energiestrom. Klassisch stellen wir uns das elektrische Feld und das Magnetfeld der elektromagnetischen Strahlung als ziemlich „greifbar" vor; ihre Quadrate ergeben die tatsächliche Energiedichte in der Welle. Die Quantentheorie deutet die klassische Energiedichte als mittlere Anzahl der Photonen mal der Energie eines einzelnen Photons. (Ist die mittlere Anzahl der Photonen in einem gegebenen Volumen kleiner als Eins, so wird sie als Wahrscheinlichkeit für das Antreffen eines Photons bezeichnet.) Sie werden die Quantentheorie im Band 4 genauer kennenlernen. Wir haben diese Bemerkungen hier nur gemacht, um Ihnen zu versichern, daß die Ergebnisse, die wir mit der klassischen Beschreibungsweise erhalten werden, nach einer geeigneten Umdeutung des Energiestroms als Wahrscheinlichkeitsstrom mal Photonenenergie auch in der Quantentheorie gelten.

Emission polarisierter Strahlung durch ein klassisches Atom. Betrachten wir ein alleinstehendes klassisches Atom am Ort $x = y = z = 0$. Die Schwingung des Elektrons kann als Überlagerung von Bewegungen längs $\hat{\mathbf{x}}$, $\hat{\mathbf{y}}$ und $\hat{\mathbf{z}}$ betrachtet werden. Der Beobachter des emittierten Lichts befinde sich irgendwo weit draußen auf der positiven z-Achse. Nur die x- und die y-Komponente der Bewegung des Elektrons tragen zu den beobachteten elektromagnetischen Wellen (zum Licht) etwas bei.

Zur Zeit $t = 0$ werde das Elektron, sagen wir durch einen Stoß, zu Schwingungen angeregt. Nach der Zeit $t = 0$ schwinge das Elektron frei mit seiner Eigenfrequenz ω_0. Der Polarisationszustand der emittierten Strahlung hängt von den Amplituden der x- und der y-Komponenten der Bewegung sowie vom Phasenunterschied der Bewegungen in der x- und y-Richtung ab. Das Elektron schwingt nicht ewig weiter. Es verliert seine Energie durch Strahlung in der mittleren Zerfallszeit τ (der Zeit, in der die Energie auf $1/e$ abfällt; sie wird auch als mittlere Lebensdauer bezeichnet). Nach der Dauer von einigen mittleren Zerfallszeiten hat das Elektron den Großteil seiner Energie abgegeben, und seine Strahlung wird vernachlässigbar. Während der Emissionszeit (von der Größenordnung τ) bleibt der Phasenunterschied zwischen den x- und y-Bewegungen konstant. (Die Bewegung erfolgt in beiden Richtungen mit derselben Frequenz, und wir nehmen an, das Atom werde während dieser Zeitspanne nicht gestört.) Daher ist die Polarisation der emittierten Strahlung während dieser Zeitspanne konstant.

Zu einem späteren Zeitpunkt kann das Atom einen weiteren Stoß erhalten, der das Elektron zu einer Bewegung anregt, die als Überlagerung von Schwingungen in der $\hat{\mathbf{x}}$-, $\hat{\mathbf{y}}$- und $\hat{\mathbf{z}}$-Richtung mit derselben Eigenfrequenz ω_0 angesehen werden kann; dabei hängen die Amplituden und die Phasenkonstanten von den Umständen ab, unter denen der Stoß erfolgt. Befindet sich das Atom in einem Gas und wird von allen Seiten gleich stark „bombardiert", so können wir annehmen, daß zwischen den x- und y-Amplituden und -Phasen zweier aufeinanderfolgender Anregungen praktisch keine Beziehung besteht. Der Polarisationszustand der Strahlung, die während des auf die zweite Anregung folgenden Zeitintervalls (von der Größenordnung τ) emittiert wird, steht daher in keinem Zusammenhang mit dem Polarisationszustand der Strahlung, die während des auf die erste Anregung folgenden Zeitintervalls emittiert wurde.

Dauer des Polarisationszustandes. Angenommen, wir haben anstelle eines einzigen Atoms viele Atome, die zu einem bestimmten Zeitpunkt angeregt werden. Sie befinden sich alle in einem kleinen Gebiet in der Nähe des Punktes mit den Koordinaten $x = y = z = 0$, und der Beobachter weit draußen auf der z-Achse sieht eine elektromagnetische Welle, die eine Überlagerung der von den einzelnen Atomen emittierten Wellen ist. Wir bezeichnen ein Zeitintervall, das wohl kurz gegen die mittlere Zerfallszeit τ ist, aber dennoch viele Schwingungen der Frequenz ω_0 beinhaltet, als „Augenblick". Wir nehmen an, der Beobachter beschreibt die Strahlung durch die Amplituden für E_x und E_y sowie durch den Phasenunterschied zwischen E_x und E_y. In jedem „Augenblick" ist E_x das Ergebnis einer Überlagerung von Beiträgen aller zu diesem Zeitpunkt strahlenden Atome. Dasselbe gilt auch für E_y. Alle Atome schwingen mit derselben Grundfrequenz ω_0, aber mit unterschiedlichen Amplituden und Phasenkonstanten. Die Überlagerung E_x hat daher die Grundfrequenz ω_0; ihre Amplitude und Phase hängen aber von den Amplituden und Phasen aller Atome ab, die einen Beitrag liefern. (Dasselbe gilt auch für E_y.) Während eines beliebigen Zeitintervalls, das klein gegen τ ist, verlieren alle schwingenden Atome nur einen kleinen Bruchteil ihrer Energie und ändern ihre Phasenkonstanten nicht. Die Amplitude sowie die Phase der Überlagerung, die E_x (bzw. E_y) ergibt, ändert sich während einer Zeitspanne, die kurz gegen τ ist, nicht wesentlich. *Der Polarisationszustand der resultierenden elektromagnetischen Welle bleibt während Zeiten, die kurz gegen τ sind, konstant.* Insbesondere bleibt auch der Phasenunterschied zwischen E_x und E_y der gleiche. Angenommen, wir warten nun eine Zeitspanne, die mehrere mittlere Lebensdauern (τ) lang ist, und untersuchen dann den Polarisationszustand der resultierenden Welle. Nach einem langen Zeitintervall von vielen mittleren Lebensdauern ist die Strahlung der vorher (zu Beginn des Zeitintervalls) strahlenden Atome auf Null abgeklungen; sie wurde durch die Strahlung neuer Atome ersetzt. (Dabei ist es gleichgültig, wie viele von den „neuen“ Atomen eigentlich alte, wieder angeregte Atome sind.) Die Bewegung der neuen Atome steht in keiner Beziehung zu der der alten, außer daß wir einfachheitshalber annehmen können, die mittlere Anregungsenergie sei für die alten und neuen Atome ungefähr gleich groß. Wir erhalten die x-Komponente E_x der resultierenden Welle, indem wir die x-Komponenten der Strahlung aller Atome summieren. Dieses E_x muß ungefähr dieselbe Amplitude wie das E_x der alten Gruppe von Atomen haben. Aus der Phase des alten E_x läßt sich jedoch überhaupt nichts über die Phase des neuen E_x vorhersagen. Dasselbe gilt auch für E_y. Da außerdem der Phasenunterschied zwischen den Bewegungen der neuen Atome in der x- und in der y-Richtung überhaupt keine Beziehung zum Phasenunterschied zwischen den x- und y-Bewegungen der alten Atome hat, sehen wir, daß *der Phasenunterschied zwischen E_x und E_y während Zeiten, die lang gegen τ sind, vollständig unvorhersagbar und „zufällig“ variiert.*

Wir hatten angenommen, daß das Elektron im Atom während der Zerfallszeit τ frei schwingt. Weiter sind wir davon ausgegangen, das Atom sei in Ruhe. Das Fourierspektrum der von einem einzelnen Atom ausgesandten Strahlung hat demnach eine Bandbreite $\Delta\omega$, die ungefähr gleich τ^{-1} ist. (Atome, die sichtbares Licht emittieren, haben eine mittlere Zerfallszeit von ca. 10^{-8} s; daraus folgt eine Bandbreite von ca. 10^8 rad/s.) Die Atome in einer Gasentladungsröhre sind nicht in Ruhe, sondern bewegen sich mit Geschwindigkeiten von der Größenordnung 10^3 m/s. Diese Geschwindigkeit führt zu einer Dopplerverschiebung; das Vorzeichen dieser Verschiebung hängt davon ab, ob sich das jeweilige Atom vom Beobachter weg oder zum Beobachter hin bewegt. Die „Dopplerverbreiterung“ ergibt eine Bandbreite, die um einen Faktor von der Größenordnung 100 größer als die „natürliche“ Linienbreite τ^{-1} ist. Außerdem unterbrechen Zusammenstöße häufig den Strahlungsprozeß, noch bevor das Atom Gelegenheit hat zu zerfallen. Dann wird die Bandbreite durch die sogenannte „Stoßverbreiterung“ noch größer.

Kohärenzzeit. Werden alle für die „Frequenzverbreiterung“ verantwortlichen Faktoren berücksichtigt, so erhält man schließlich eine Bandbreite $\Delta\omega$, die um vieles größer als τ^{-1} sein kann. In so einem Fall ist die Zeit, während der der Polarisationszustand als ungefähr konstant angesehen werden kann, nicht die natürliche Zerfallszeit τ, sondern die sogenannte Kohärenzzeit t_{koh}, die durch

$$\boxed{t_{\text{koh}} \approx \frac{1}{\Delta\nu}} \tag{8.60}$$

gegeben ist. Die Gl. (8.60) läßt sich folgendermaßen verstehen: Der Polarisationszustand bleibt solange im wesentlichen unverändert, wie sich der Phasenunterschied zwischen E_x und E_y nur um einen Betrag ändert, der klein im Vergleich zu 2π ist. Die Kohärenzzeit t_{koh} ist daher annähernd durch diejenige Zeitspanne gegeben, innerhalb der der Phasenunterschied zwischen der größten und der kleinsten Frequenz des Bandes auf 2π anwächst:

$$\Delta\omega\, t_{\text{koh}} \approx 2\pi, \tag{8.61}$$

dies ist dasselbe wie Gl. (8.60).

Die Existenz einer endlichen Bandbreite $\Delta\omega$ bedeutet nicht unbedingt, daß sich die Polarisation nach einem Zeitintervall von der Größenordnung $(\Delta\nu)^{-1}$ ändert. Zwischen den strahlenden Atomen und dem Beobachter kann sich beispielsweise ein Stück Polaroid befinden. Dann behalten die x- und y-Komponenten der vom Beobachter gesehenen Strahlung eine konstante Phasenbeziehung bei, obwohl die Bandbreite immer noch $\Delta\nu$ ist. Der Grund dafür ist der, daß die x- und die y-Komponente nicht mehr voneinander „unabhängig“ sind. Das Polaroidfilter „untersucht“ sozusagen die x- und y-Komponenten der einfallenden Strahlung und läßt in jedem Augenblick nur die Teile der einfallenden x- und y-Komponenten durch, die sich einander mit der richtigen Phasenbeziehung überlagern und die Elektronen im Polaroid in der „leichten“ Richtung (quer zu den „Drähten“) anstoßen. Diejenigen Teile der einfallenden x- und y-Strahlung, deren Phasenbeziehung so ist, daß sie die Elektronen „entlang den Drähten“ anstoßen würden, werden absorbiert.

Ein weiteres Beispiel ist folgendes: Angenommen, wir haben zwei gleichartige Gasentladungsröhren, die beide Licht ein- und derselben Grundfrequenz ω_0, Bandbreite und mittleren Intensität liefern. Mit Hilfe einer passenden Glasplatte oder eines „halbversilberten“ Spiegels läßt sich eine Anordnung herstellen, mit der der Beobachter die beiden Lichtquellen übereinander sieht (d.h., ihre Bilder sind überlagert). Von beiden Quellen geht das Licht schließlich in der $+z$-Richtung zum Beobachter. Nun stellen wir vor jede der beiden Quellen ein Polaroidfilter, so daß das Licht der einen längs $\hat{\mathbf{x}}$, das der anderen längs $\hat{\mathbf{y}}$ linear polarisiert ist (nachdem beide Lichtbündel schließlich in der $+z$-Richtung laufen). Mißt der Beobachter die Polarisation während eines Zeitintervalls, das kurz im Vergleich zur Kohärenzzeit $(\Delta\nu)^{-1}$ ist, so wird er einen ganz bestimmten Polarisationszustand vorfinden. Wartet er jedoch eine Zeit, die lang gegen $(\Delta\nu)^{-1}$ ist, und führt dann noch eine Polarisationsmessung aus, so ergibt sich ein Polarisationszustand, der mit dem aus der vorangegangenen Messung gar nichts zu tun hat. Der Beobachter wird vielmehr feststellen, daß es prinzipiell unmöglich ist, diese Strahlung von der Strahlung zu unterscheiden, die man erhält, wenn man eine der beiden Lichtquellen entfernt und gleichzeitig auch das Polaroidfilter vor der anderen Quelle wegnimmt.

Definition der unpolarisierten Strahlung. Wir haben nun die Voraussetzungen beisammen, so daß wir endlich sagen können, was wir unter „unpolarisiertem" Licht verstehen. Unpolarisiertes Licht ist Licht, dessen zwei Polarisationskomponenten (x und y bzw. rechts- und linksgängig) „unabhängig" voneinander (d.h. ohne feste Phasenbeziehung wie bei einem Stück Polaroid) emittiert werden und bei dem die Amplituden sowie der Phasenunterschied der beiden Polarisationskomponenten mit einem Verfahren gemessen werden, bei dem über ein Zeitintervall gemittelt wird, das lang gegen die Kohärenzzeit $(\Delta\nu)^{-1}$ ist. Es gibt kein „an sich" unpolarisiertes Licht. Um „unpolarisiertes" Licht in „vollständig polarisiertes" Licht zu verwandeln, braucht man bloß ein Verfahren zu ersinnen, mit dem man die Polarisation messen kann, bevor die Phasen Gelegenheit haben, sich „zufällig" zu ändern.

Messung der Polarisation. Der „Betrag der Polarisation", d.h., wie stark die Beziehung zwischen Phasen und Amplituden während der Zeit der Messung ist, läßt sich auf folgende Weise quantitativ beschreiben: Wir stellen den momentanen Polarisationszustand durch E_1, E_2, φ_1 und φ_2 in der Form von linear polarisierten Komponenten dar; dabei ist $\mathbf{E}$ der Realteil der Größe

$$\mathbf{E}_c = e^{i(\omega_0 t - k_0 z)}\,(\hat{\mathbf{x}}\,E_1\,e^{i\varphi_1} + \hat{\mathbf{y}}\,E_2\,e^{i\varphi_2}). \tag{8.62}$$

Wir könnten dies als kontinuierliche Fourier-Überlagerung von exakt harmonischen Wellen, die ein schmales Frequenzband belegen, beschreiben; wir können uns aber ebenso gut vorstellen, Gl. (8.62) beschreibe eine fast harmonische Welle mit der Grundfrequenz ω_0, deren Amplituden E_1 und E_2 und Phasenkonstanten φ_1 und φ_2 zeitlich nicht ganz konstant sind, sondern sich langsam (und in nicht voraussagbarer Weise) ändern.

Wir wollen nun sehen, wie wir E_1, E_2, φ_1 und φ_2 nur durch Intensitätsmessungen bestimmen können. (Wir benutzen das Wort *Intensität* gleichbedeutend mit Energiestromdichte.) Die Intensität läßt sich nämlich am leichtesten messen. Wir stellen uns vor, wir haben Polaroidfilter und $\lambda/4$-Plättchen sowie einen Photomultiplier, mit dem wir die Photonenstromdichte (Anzahl der Photonen pro Flächeneinheit pro Zeiteinheit) messen können, für eine beliebige Versuchsanordnung zur Verfügung. Das Zeitmittel über die Photonenstromdichte ist der mittleren klassischen Energiestromdichte proportional. Die mittlere klassische Energiestromdichte wiederum ist dem über eine Periode gemittelten Quadrat der elektrischen Feldstärke proportional. Wir nehmen an, die Kathodenfläche und der Wirkungsgrad unseres Photonenmultipliers seien bekannt, so daß wir das Zeitmittel über das Quadrat der elektrischen Feldstärke, die in dem auf die Photokathode auftreffenden Lichtstrahlenbündel herrscht, bestimmen können.

Meßzeit. Wir bezeichnen die Gesamtzeit aller im folgenden beschriebenen Messungen mit T und nennen sie die *Meßzeit*. Das ist die Zeit, innerhalb der wir *alle* uns interessierenden Konstanten E_1, E_2, φ_1 und φ_2 bestimmen werden. Wir wollen unsere Messung zu Ende führen, noch bevor der Polarisationszustand Gelegenheit hat, sich zu ändern. Daher nehmen wir an, daß die Meßzeit T klein im Vergleich zur Kohärenzzeit $(\Delta\nu)^{-1}$ ist. Unsere Beschreibung gibt den Anschein, als handle es sich dabei um ein ziemlich gemütliches Experiment, das „den ganzen Tag" dauert; das ist aber nicht unbedingt der Fall. Mit etwas Übung und Geschick sollten wir imstande sein, die Dinge so anzuordnen, daß wir alles gleichzeitig messen. Dann ist die Meßzeit T praktisch durch die Zeitauflösung der Geräte begrenzt. Ist das Gerät im wesentlichen ein Photomultiplier, so ist die Zeitauflösung ungefähr 10^{-9} s. Daher müßte es möglich sein, die „momentane" Polarisation einer Strahlung zu messen, deren Kohärenzzeit länger als 10^{-9} s, z.B. also 10^{-8} s, ist.

Messungen von vier Konstanten. Wir müssen auch dem Experimentator etwas Arbeit überlassen. Wir werden daher nicht genau angeben, wie er die (im folgenden beschriebenen) Messungen innerhalb einer Zeit T von der Größenordnung 10^{-8} s ausführen soll. Wir bringen hier ein (gemütliches) Verfahren zur Bestimmung der vier Konstanten, die das Lichtstrahlenbündel beschreiben; die Frequenz des Lichts und die Richtung des Bündels seien bereits bekannt. Wir nehmen an, wir haben außer einem geeichten Photomultiplier noch ein ideales (oder geeichtes) Polaroidfilter und ein $\lambda/4$-Plättchen. Verfahren Sie dann folgendermaßen:

1. Stellen Sie das Polaroidfilter vor den Photomultiplier. Wählen Sie die transversalen Koordinatenachsen $\hat{\mathbf{x}}$ und $\hat{\mathbf{y}}$ beliebig. Drehen Sie die bevorzugte Durchlaßrichtung in die $\hat{\mathbf{x}}$-Richtung. Messen Sie das Zeitmittel der Photonen-Zählrate. Aus dem Ergebnis folgt

$$\langle E_x^2\rangle = \tfrac{1}{2}E_1^2. \tag{8.63}$$

2. Drehen Sie das Polaroidfilter in die $\hat{\mathbf{y}}$-Richtung und messen Sie die Zählrate. Sie erhalten

$$\langle E_y^2 \rangle = \tfrac{1}{2} E_2^2 . \tag{8.64}$$

3. Drehen Sie das Polaroidfilter auf $45°$ zwischen $\hat{\mathbf{x}}$ und $\hat{\mathbf{y}}$. Diese Richtung bezeichnen Sie mit $\hat{\mathbf{e}}$. Der Einheitsvektor $\hat{\mathbf{e}}$ ist dann durch

$$\hat{\mathbf{e}} = \frac{\hat{\mathbf{x}} + \hat{\mathbf{y}}}{\sqrt{2}} \tag{8.65}$$

gegeben. Die vom Polaroidfilter durchgelassene Komponente des elektrischen Feldes ist das Skalarprodukt aus $\hat{\mathbf{e}}$ und dem einfallenden Feld $\mathbf{E}$. Unter Benutzung der komplexen Größe $\mathbf{E}_c$ erhält man aus den Gln. (8.65) und (8.62) die Beziehung

$$\hat{\mathbf{e}} \cdot \mathbf{E}_c(z,t) = e^{i(\omega_0 t - k_0 z)} \left(\frac{E_1}{\sqrt{2}} e^{i\varphi_1} + \frac{E_2}{\sqrt{2}} e^{i\varphi_2} \right) . \tag{8.66}$$

Der durchgelassene Photonenstrom ist nun ein Maß für die Größe

$$\langle (\hat{\mathbf{e}} \cdot \mathbf{E})^2 \rangle = \tfrac{1}{2} \left[\tfrac{1}{2} E_1^2 + \tfrac{1}{2} E_2^2 + E_1 E_2 \cos(\varphi_1 - \varphi_2) \right] . \tag{8.67}$$

Wir sehen also, daß uns Gl. (8.67) die Größe $\cos(\varphi_1 - \varphi_2)$ liefert, da wir E_1^2 und E_2^2 bereits aus den Gln. (8.63) und (8.64) bestimmt haben (E_1 und E_2 sind positive reelle Zahlen).

Nun brauchen wir noch $\sin(\varphi_1 - \varphi_2)$, um den Phasenunterschied festzulegen. (Die absolute Phase interessiert uns im allgemeinen nicht.) Zu diesem Zweck verwenden wir das $\lambda/4$-Plättchen:

4. Das Polaroidfilter bleibt in der $\hat{\mathbf{e}}$-Richtung, also unter $45°$ zur $\hat{\mathbf{x}}$- und $\hat{\mathbf{y}}$-Richtung. Das durchgelassene Feld folgt dann aus Gl. (8.66). Nun bringen Sie das $\lambda/4$-Plättchen noch *vor* dem Polaroidfilter in den Strahlengang, und zwar so, daß seine langsame Achse in der $\hat{\mathbf{x}}$- oder $\hat{\mathbf{y}}$-Richtung liegt. Um ein konkretes Beispiel zu betrachten, nehmen wir an, die langsame Achse liegt in der $\hat{\mathbf{y}}$-Richtung. Dann ist die Phasenkonstante φ_2 in dem durch Gl. (8.62) gegebenen Ausdruck für $\mathbf{E}_c$ durch $\varphi_2 - \frac{1}{2}\pi$ zu ersetzen. (Außerdem ist noch zu φ_1 und φ_2 je eine uninteressante Konstante hinzugekommen, die wir aber nicht berücksichtigen werden.) Folglich steht auch in dem durch Gl. (8.66) gegebenen Ausdruck für $\hat{\mathbf{e}} \cdot \mathbf{E}_c$ der Wert $\varphi_2 - \frac{1}{2}\pi$ anstelle von φ_2. Messen Sie nun den Photonenstrom hinter dem aus $\lambda/4$-Plättchen und Polaroidfilter bestehenden System; dieser Photonenstrom ist durch einen zu Gl. (8.67) analogen Ausdruck gegeben, wobei jedoch φ_2 durch $\varphi_2 - \frac{1}{2}\pi$ ersetzt ist. Wir bestimmen somit

$$\langle (\hat{\mathbf{e}} \cdot \mathbf{E})^2 \rangle = \tfrac{1}{2} \left[\tfrac{1}{2} E_1^2 + \tfrac{1}{2} E_2^2 - E_1 E_2 \sin(\varphi_1 - \varphi_2) \right] . \tag{8.68}$$

Wir haben also E_1, E_2 und $\varphi_1 - \varphi_2$ durch die von den Gln. (8.63), (8.64), (8.67) und (8.68) beschriebenen Messungen vollständig bestimmt. Man erhält diese Ergebnisse, wenn die Meßzeit T kurz im Vergleich zur Kohärenzzeit ist.

Wie bereits erwähnt, ist die Kohärenzzeit bei der Polarisation größer als $(\Delta\nu)^{-1}$, wenn das Licht vor dem Nachweisinstrument durch einen Polarisator, z.B. durch ein Polaroidfilter oder einen Zirkularpolarisator, geht. Die Kohärenzzeit der Polarisation ist dann vielmehr Unendlich (wenigstens, solange niemand das Polaroidfilter entfernt). Dann können Sie auch die oben beschriebenen Messungen in aller Ruhe ausführen; Sie können anstelle eines Photomultipliers auch Ihre Augen benutzen. Üben Sie mit Ihrer optischen Ausrüstung die Bestimmung des Polarisationszustands einer Lichtquelle unbekannter Polarisation. Ist die Lichtquelle linear, zirkular oder elliptisch polarisiert und ist die Kohärenzzeit länger als die wenigen Minuten, die Sie zur Messung benötigen, dann können Sie den Polarisationszustand mit Ihren Augen, einem Polaroidfilter und einem $\lambda/4$-Plättchen bestimmen. (Sie können auch den Zirkularpolarisator und das $\lambda/2$-Plättchen benutzen.)

Unsere Beschreibung einer Polarisationsmessung war allgemeiner, als dies für die meisten praktisch vorkommenden Fälle nötig ist. Stellt sich z.B. heraus, daß das Licht linear polarisiert ist, dann ist es unsinnig, allgemein mit den kartesischen Koordinatenrichtungen $\hat{\mathbf{x}}$ und $\hat{\mathbf{y}}$ zu arbeiten. Sobald Sie feststellen, daß das Licht linear polarisiert ist, werden Sie natürlich in Gedanken die $\hat{\mathbf{x}}$-Richtung in die Polarisationsrichtung legen. In diesem Fall ist der Phasenunterschied $\varphi_1 - \varphi_2$ bedeutungslos, da die Amplitude in der $\hat{\mathbf{y}}$-Richtung verschwindet. Ebenso ist es sinnlos, das Licht (wie oben bei der allgemeinen Beschreibung) durch linear polarisierte Komponenten darzustellen, wenn sich herausstellt, daß das Licht z.B. rechtszirkular polarisiert ist.

Der Zirkularpolarisator. Der Zirkularpolarisator in Ihrer optischen Ausrüstung ist aus einem Stück Linearpolarisator (Polaroid) und einem $\lambda/4$-Plättchen zusammengeklebt. Die bevorzugte Durchlaßrichtung des Polaroids liegt im Winkel von $45°$ zu den optischen Achsen des $\lambda/4$-Plättchens. Die „Vorderseite" der Kombination ist die Seite mit dem Linearpolarisator. Die Rückseite ist die Seite mit dem $\lambda/4$-Plättchen. Wenn Sie die Vorderseite mit dem unpolarisierten Licht einer Glühlampe beleuchten, so erhalten Sie an der Rückseite *linkszirkular polarisiertes* Licht (nach der in der Optik üblichen Vereinbarung). Der Polarisator absorbiert also das ganze Licht mit Ausnahme des Anteils, der einer bestimmten Kreisbewegung der Elektronen entspricht; könnten Sie diese Kreisbewegung sehen, so würde sie Ihnen beim Betrachten einer Glühlampe im Gegenuhrzeigersinn erscheinen. Sie können dieses linkszirkular polarisierte (schraubenförmige) Licht in rechtszirkular polarisiertes Licht verwandeln, indem Sie Ihr $\lambda/2$-Plättchen hinter die Rückseite des Zirkularpolarisators halten. Das Licht ist ebenfalls rechtszirkular polarisiert, wenn Sie das linkszirkular polarisierte Licht bei fast senkrechtem Einfall an einem Spiegel reflektieren.

Sie können Ihren Zirkularpolarisator auch „verkehrt herum" als Analysator verwenden. Er läßt dann nämlich nur solches Licht durch, das denselben Polarisationssinn hat, wie das von ihm (bei normalem Gebrauch) erzeugte; Licht von entgegengesetztem Polarisationssinn wird absorbiert. Das läßt sich folgendermaßen verstehen: Die Phasenverschiebung der langsamen linear polarisierten Komponente gegenüber der schnellen linearen Komponente ist von der Durchgangsrichtung durch das λ/4-Plättchen unabhängig. Wenn der Zirkularpolarisator normal (also mit der Vorderseite nach vorne) verwendet wird, dann erzeugen der Linearpolarisator und das darauffolgende λ/4-Plättchen linear polarisiertes Licht, dessen **E**-Vektor sich von $\hat{s}$ nach $\hat{l}$ dreht. Wird dieses Licht an einem Spiegel reflektiert, so dreht es sich in bezug auf eine raumfeste Achse (wegen der Erhaltung des Drehimpulses) in derselben Richtung weiter. Beim Zurückgehen durch das λ/4-Plättchen erfährt das Licht wieder genau wie vorher eine Phasenverschiebung, so daß die Phase zusätzlich um 90° verzögert wird, bis das Licht den Linearpolarisator in umgekehrter Richtung wieder erreicht hat. Das bedeutet aber, daß das Licht wohl linear polarisiert ist, daß seine Polarisationsrichtung jedoch um 90° gegen die ursprüngliche, in der bevorzugten Durchlaßrichtung des Linearpolarisators gelegene Richtung verdreht ist, da die eine linear polarisierte Komponente gegenüber der anderen eine Vorzeichenumkehr erfahren hat. Das Licht wird daher absorbiert. Aus diesem Grund sieht ein Spiegel oder ein glänzendes Metallstück „schwarz" (d.h. eigentlich dunkelblau) aus, wenn Sie Ihren Zirkularpolarisator mit seiner Vorderseite nach oben darauflegen. Der Spiegel kehrt den Polarisationssinn um. Ebenso wird *jegliches* rechtszirkular polarisierte Licht von Ihrem Polarisator (der linkszirkular polarisiertes Licht erzeugt) absorbiert, wenn es auf seiner Rückseite auftrifft. Wenn andererseits linkszirkular polarisiertes Licht auf der Rückseite Ihres linksdrehenden Zirkularpolarisators auftrifft, dann eilt die längs der $\hat{l}$-Achse des λ/4-Plättchens linear polarisierte Komponente der $\hat{s}$-Komponente *voraus*. Das λ/4-Plättchen reduziert dieses Vorauseilen von 90° auf Null. Erreicht das Licht also den Linearpolarisator, dann sind die linear polarisierten Komponenten in der $\hat{s}$- und $\hat{l}$-Richtung gerade phasengleich; das Licht geht vollständig durch den Linearpolarisator hindurch und tritt linear polarisiert mit seiner vollen Intensität aus (wenn wir von den Verlusten absehen, die üblicherweise vernachlässigt werden).

Betrachten wir folgendes Beispiel: Sie sehen eine Lichtquelle durch ein Polaroidfilter hindurch an; die Intensität ändert sich nicht, wenn Sie das Filter um die Sehlinie drehen. Nehmen Sie weiter an, Sie betrachten die Lichtquelle durch Ihren linksdrehenden Zirkularpolarisator (den Sie verkehrt, also mit der Rückseite nach vorn, halten); die Intensität bleibt unverändert. (Was können Sie bereits jetzt daraus schließen?) Dann bringen Sie Ihr λ/2-Plättchen zwischen die Lichtquelle und den linksdrehenden Zirkularpolarisator und wiederholen die letzte Messung; das Licht wird vollständig absorbiert. *Schluß*: Das Licht ist linkszirkular polarisiert.

λ/4- und λ/2-Plättchen. Nehmen Sie eines der beiden farblosen Plastikplättchen aus Ihrer optischen Ausrüstung. Halten Sie es flach auf ein Polaroidplättchen, so daß seine Kanten mit den Kanten des Polaroidplättchens einen Winkel von 45° bilden. Betrachten Sie eine Glühlampe oder den Himmel durch die beiden Plättchen hindurch, wobei Sie das Polaroidfilter nach vorne gegen die Quelle hin halten. Bringen Sie ein zweites Polaroidplättchen auf der anderen Seite des farblosen Plastikplättchens an. Verdrehen Sie das zweite Polaroidplättchen. Nun wiederholen Sie den Versuch mit dem anderen Plastikplättchen. Welches von den beiden Plastikplättchen ist nun das λ/4- und welches ist das λ/2-Plättchen? Machen Sie den Versuch noch einmal, diesmal mit den Kanten des farblosen Plastikplättchens parallel zu den Kanten der Polaroidplättchen.

Die Beschriftung auf der Platte aus λ/4-Material, von der Ihr Plättchen heruntergeschnitten wurde, lautet nicht „Verzögerung λ/4", sondern „Verzögerungswert 140 ± 20 nm". Für eine Wellenlänge von 4 · 140 nm = 560 nm (grünes Licht) ist diese Verzögerung genau eine Viertelwellenlänge. Ist die Wellenlänge von 560 nm verschieden, so ist der Verzögerungswert natürlich ein anderer Bruchteil der Wellenlänge. Wir wollen versuchen, den Sinn der Beschriftung zu verstehen. Der Phasenunterschied $\Delta\varphi$ zwischen der l- und der s-Komponente nach dem Durchgang durch das Phasenverschiebungsplättchen der Dicke Δz mit den Brechungsindizes n_l und n_s ist

$$\Delta\varphi = 2\pi(n_l - n_s)\,\frac{\Delta z}{\lambda}. \tag{8.69}$$

Bei einem λ/4-Plättchen ist die Phasenverschiebung eine Viertelphase, d.h. $\frac{1}{2}\pi$ Radiant. Für ein λ/4-Plättchen muß daher gelten

$$(n_l - n_s)\,\Delta z = \tfrac{1}{4}\,\lambda. \tag{8.70}$$

Die Beschriftung bedeutet, daß $(n_l - n_s)\,\Delta z$ gleich $\frac{1}{4}\lambda_0$ ist, wobei $\lambda_0 = 560\,\text{nm}$. Dies ist die (im Großteil des sichtbaren Bereichs) von λ *unabhängige* „räumliche Verzögerung". Das bedeutet aber gerade, daß $n_l - n_s$ in guter Näherung von der Wellenlänge unabhängig ist. Für eine beliebige (sichtbare) Wellenlänge ist also

$$\Delta\varphi = \frac{\pi}{2}\,\frac{560\,\text{nm}}{\lambda}. \tag{8.71}$$

Analog hat Ihr λ/2-Plättchen den Verzögerungswert 280 ± 20 nm.

Unpolarisiertes Licht. Wenn Sie die Polarisation des Lichts einer Glühlampe mit Hilfe Ihrer optischen Ausrüstung bestimmen wollen, so werden Sie feststellen, daß der Linearpolarisator keine Intensitätsänderung hervorruft, gleich um welchen Winkel er um die Sehlinie gedreht wird. Auch wenn das $\lambda/4$-Plättchen zwischen die Lichtquelle und den Polarisator gebracht wird, bleibt die Intensität unverändert. Bei der in den Gln. (8.63), (8.64), (8.67) und (8.68) verwendeten Darstellung durch linear polarisierte Komponenten in x- und y-Richtung bedeutet dies (wir schreiben einen Querstrich über die gemessenen Größen, um festzuhalten, daß die Messungen während der „Meßzeit" T vorgenommen werden)

$$\begin{aligned}\tfrac{1}{2}\overline{E_1^2} &= \tfrac{1}{2}\overline{E_2^2}\\ &= \tfrac{1}{2}\left[\tfrac{1}{2}\overline{E_1^2} + \tfrac{1}{2}\overline{E_2^2} + \overline{E_1 E_2 \cos(\varphi_1 - \varphi_2)}\right]\\ &= \tfrac{1}{2}\left[\tfrac{1}{2}\overline{E_1^2} + \tfrac{1}{2}\overline{E_2^2} - \overline{E_1 E_2 \sin(\varphi_1 - \varphi_2)}\right].\end{aligned} \tag{8.72}$$

Mit anderen Worten: Für *jede beliebige* Lage der Achsen x und y ist der zeitliche Mittelwert von E_x^2 gleich dem zeitlichen Mittelwert von E_y^2, und die zeitlichen Mittelwerte von $\cos(\varphi_1 - \varphi_2)$ und $\sin(\varphi_1 - \varphi_2)$ sind Null. Natürlich gibt es keinen Winkel $\varphi_1 - \varphi_2$ mit der Eigenschaft, daß sowohl sein Sinus als auch sein Kosinus gleich Null ist! Das Wesentliche an Gl. (8.72) ist der Querstrich, der ja die zeitliche Mittelung über den Zeitraum T angibt. Der Grund, warum die Zeitmittel von Kosinus und Sinus des Phasenunterschieds verschwinden, ist der, daß sich der Phasenunterschied während der langen Zeit T, während der wir die Messung ausgeführt haben, dauernd statistisch geändert hat. Er hat dabei alle Werte zwischen $-\pi$ und $+\pi$ angenommen. (Der Phasenunterschied, d.h. die relative Phase, ist nur im Intervall von Null bis 2π definiert.) Sowohl der Kosinus als auch der Sinus waren ebenso oft positiv wie negativ und haben sich daher herausgemittelt.

Könnten wir die Messung in weniger als 10^{-10} s (für eine typische Gasentladung mit Doppler-Verbreiterung) ausführen, so würde unser Ergebnis wesentlich anders aussehen. Wir würden feststellen, daß das Licht in jedem „Augenblick" vollständig polarisiert ist; dabei dauert ein Augenblick viele Schwingungsperioden lang, ist jedoch kurz im Vergleich zum reziproken Wert der Bandbreite (also zur Kohärenzzeit).

Man kann unpolarisiertes Licht mit einer langen Spiralfeder simulieren. Schütteln Sie die Feder eine Zeit lang in einer, dann eine Zeit lang in einer anderen Richtung. Machen Sie eine photographische Aufnahme während einer Zeit T. Ist T kurz gegen die Zeit, während der die Feder unverändert geschüttelt wurde, so wird die Photographie vollständige Polarisation zeigen. Ist T lang, so wird der Betrachter des Bildes feststellen, die Feder sei unpolarisiert – das heißt aber nur, daß T zu lange war.

Teilweise Polarisation. Die Strahlung wird als *teilweise polarisiert* bezeichnet, wenn T weder kurz noch lang gegen die Kohärenzzeit ist. Dann besteht ein deutlicher Unterschied zwischen den Ergebnissen der vier Intensitätsmessungen, die $\overline{E_x^2}$, $\overline{E_y^2}$, $\overline{\cos(\varphi_1 - \varphi_2)}$ und $\overline{\sin(\varphi_1 - \varphi_2)}$ liefern. Die Tatsache, daß die Polarisation über die Meßzeit T „verwaschen" ist, kann auf viele unterschiedliche Arten ausgedrückt werden. Man kann z.B. eine „teilweise Polarisation P" durch

$$P^2 \equiv [\overline{\sin(\varphi_1 - \varphi_2)}]^2 + [\overline{\cos(\varphi_1 - \varphi_2)}]^2 \tag{8.73}$$

definieren; dabei sind $\overline{\sin(\varphi_1 - \varphi_2)}$ und $\overline{\cos(\varphi_1 - \varphi_2)}$ durch die Intensitätsmessungen, die die Ergebnisse der Gln. (8.63), (8.64), (8.67) und (8.68) liefern, definiert. Wenn T klein gegen die Kohärenzzeit ist, dann ist P gleich Eins. Ist T groß gegen die Kohärenzzeit, so ist P gleich Null. Für mittlere T liegt P zwischen Null und Eins. Natürlich genügt P allein noch nicht für eine vollständige Beschreibung; dazu braucht man alle vier Messungen.

8.6. Übungen und Heimversuche

1. *Verschiebungsvektor* $\psi(t)$. Führen Sie die im Anschluß an Gl. (8.20) angegebenen Schritte explizit aus und zeigen Sie, daß Gl. (8.20) einen Verschiebungsvektor $\psi(t)$ darstellt, der eine elliptische Bahn beschreibt.

2. *Polarisation von Licht.* Unpolarisiertes Licht von einer Quecksilberdampf-Entladungsröhre trete durch Ihr grünes Gelatinefilter, das die grüne Linie isoliert. Ein in der $+z$-Richtung laufendes Parallelstrahlenbündel werde mit Hilfe von Spalten und Linsen erzeugt. Bei $z = 0$ ist das Strahlenbündel wohl definiert. An der Stelle $z = 100$ befinde sich ein Photomultiplier, der die Photonen im Strahlenbündel zählt. Die durchschnittliche Zählrate betrage 64 Impulse pro Minute: $R = 64$.

   a) Wir bringen ein $\lambda/4$-Plättchen, dessen schnelle Achse in der $\hat{x}$-Richtung liegt, an die Stelle $z = 10$. Wie groß ist dort R? (Vernachlässigen Sie kleine Verluste, die durch Reflexionen usw. entstehen.)

   b) Wir bringen einen Linearpolarisator mit seiner bevorzugten Durchlaßrichtung in der Richtung $(\hat{x} + \hat{y})/\sqrt{2}$ an die Stelle $z = 20$. Wie groß ist R nun?
   Anmerkung: Während wir bei dieser Aufgabe die verschiedenen Dinge einbauen, lassen wir alle alten Sachen an ihrem Platz. Die z-Angaben sollen nur dazu dienen, die Reihenfolge einzuhalten.

   c) Wir bringen ein $\lambda/2$-Plättchen, dessen schnelle Achse in der $\hat{x}$-Richtung liegt, an die Stelle $z = 30$. Wie groß ist R?

   d) Nun bringen wir einen Linearpolarisator, dessen bevorzugte Durchlaßrichtung in der $\hat{x}$-Richtung liegt, an die Stelle $z = 40$. Wie groß ist R?

   e) Ein linksdrehender Zirkularpolarisator wird an die Stelle $z = 50$ gebracht. Wie groß ist die größtmögliche Zählrate (wenn der Polarisator richtig, d.h. mit der Vorderseite nach vorne, eingesetzt wird)? Wie groß ist die kleinstmögliche Zählrate?

   f) Wir stellen den linksdrehenden Zirkularpolarisator von e) auf die kleinstmögliche Zählrate ein und bringen ein $\lambda/2$-Plättchen mit seiner schnellen Achse in der $(\hat{x} + \hat{y})/\sqrt{2}$-Richtung an die Stelle $z = 60$ und einen Linearpolarisator mit der bevorzugten Durchlaßrichtung in der $\hat{y}$-Richtung an die Stelle $z = 70$. Wie groß ist R?

3. *Zirkularpolarisiertes Licht* der Intensität I_0 (Intensität bedeutet: zeitlicher Mittelwert des Energiestroms pro Flächeneinheit pro Zeiteinheit; sie ist für Licht einer gegebenen Frequenz dem Ausgangsstrom eines Photomultipliers proportional) treffe auf ein einzelnes Polaroidfilter auf. Zeigen Sie, daß die durchgelassene Intensität (die Intensität des an der Rückseite des Polaroidfilters austretenden Lichts) gleich $\frac{1}{2} I_0$ ist.

4. *Linear polarisiertes Licht*, dessen Polarisationsrichtung mit der $\hat{x}$-Achse den Winkel θ einschließt, treffe auf ein Polaroidfilter auf; die bevorzugte Durchlaßrichtung des Filters liege in der $\hat{x}$-Richtung. Hinter dem ersten Polaroidfilter befinde sich ein zweites, dessen bevorzugte Durchlaßrichtung in der Polarisationsrichtung des ursprünglich einfallenden Lichts liegt. Zeigen Sie, daß die durchgelassene Intensität gleich $I_0 \cos^4\theta$ ist; dabei ist I_0 die Intensität des einfallenden Lichts.

5. *Zirkularpolarisiertes Licht* der Intensität I_0 falle auf drei aufeinandergelegte Polaroidfilter. Das erste und das dritte Filter befinden sich zueinander in gekreuzter Stellung, d.h., ihre bevorzugten Durchlaßrichtungen stehen aufeinander senkrecht. Das mittlere Polaroidfilter schließt mit der Achse des ersten den Winkel θ ein. Zeigen Sie, daß die durchgelassene Intensität gleich $\frac{1}{2} I_0 \cos^2\theta \sin^2\theta$ ist.

6. *Drehung der Polarisationsebene.* Eine sehr große Anzahl $n+1$ von Polaroidfiltern sei übereinandergelegt. Die bevorzugten Durchlaßrichtungen zweier unmittelbar aufeinanderfolgender Polaroide schließen jeweils den positiven Winkel miteinander ein. Das letzte Polaroidfilter ist also um den Winkel $\theta = n\alpha$ gegen das erste verdreht. Berechnen Sie die durchgelassene Intensität; vernachlässigen Sie dabei die durch die Reflexion an den zahlreichen Oberflächen entstehenden Verluste und nehmen Sie an, daß das auf dem ersten Polaroid auftreffende Licht die Intensität I_0 habe und in der Richtung der bevorzugten Durchlaßrichtung des ersten Polaroidfilters linear polarisiert sei. Nehmen Sie an, n sei sehr groß, und berücksichtigen Sie nur die ersten interessanten Glieder bei einer geeigneten Reihenentwicklung (Taylor-Reihe).

   Lösung: $I = I_0(1 - \theta^2/n$ + Glieder höherer Ordnung).

   Das bedeutet, daß – bei einer genügend großen Anzahl von Polaroidfiltern – die durchgelassene Intensität gleich der einfallenden Intensität ist, auch wenn θ gleich 90° ist, so daß sich das erste und das letzte Polaroidfilter in gekreuzter Stellung befinden. Wir können so die Polarisationsebene „allmählich" drehen und verlieren dabei nichts! Wenn wir also eine große Anzahl von Polaroidfiltern zusammenkleben (und zwar mit einem durchsichtigen Klebestoff vom selben Brechungsindex wie dem der Polaroidfilter, damit die Reflexion möglichst unterdrückt wird), so haben wir so etwas wie ein gigantisches Zuckermolekül, das die Polarisationsebene dreht, ohne etwas von der Energie zu absorbieren.

   Eine andere Methode, um „makroskopische optische Aktivität" zu erhalten, ist folgende: Drehen Sie Stanniolstreifen korkenzieherartig zusammen (alle mit derselben Drehrichtung), betten Sie sie in Styropor (eine gute Näherung für ein massenloses, starres, elektronenfreies Stützmedium) ein und schicken Sie linear polarisierte Mikrowellen durch. Die Polarisationsebene der Mikrowellen wird gedreht.

7. *Drehung der Polarisationsebene.* Angenommen, Sie haben linear polarisiertes Licht mit der Polarisationsrichtung längs $\hat{x}$. Sie wollen linear polarisiertes Licht erhalten, dessen Polarisationsrichtung mit der $\hat{x}$-Richtung einen Winkel von 30° einschließt, das also längs

   $\hat{e} = \hat{x}\cos 30^\circ + \hat{y}\sin 30^\circ$

   polarisiert ist. Wie können Sie so ein Feld a) auf Kosten eines Intensitätsverlustes, b) ohne Intensitätsverlust und ohne Polaroidfilter erzeugen?

8. Wie groß ist die durchgelassene Intensität, wenn unpolarisiertes Licht der Intensität I_0 auf gekreuzte Polaroidfilter trifft, zwischen denen sich ein $\lambda/2$-Plättchen befindet, und wenn die optische Achse (z.B. die langsame Achse) des Phasenverschiebungsplättchens a) parallel zur bevorzugten Durchlaßrichtung eines der beiden Polaroidfilter oder b) im Winkel von 45° zu einer der bevorzugten Durchlaßrichtungen liegt?

9. Beantworten Sie dieselben Fragen wie unter Übung 8, diesmal aber für ein $\lambda/4$-Plättchen.

10. *Doppelbrechung – Heimversuch.* Untersuchen Sie verschiedene Plastikplatten (Zeichengeräte, Cellophan, Cellophanband usw.) auf Doppelbrechung, indem Sie sie zwischen gekreuzten Polaroidfiltern drehen. Wie können Sie feststellen, ob sich eine $\lambda/4$- oder eine $\lambda/2$-Platte darunter befindet? Versuchen Sie, ein Stück Plastikfolie zu dehnen und dadurch doppelbrechend zu machen.

11. *$\lambda/4$-Platten aus Plastikfolie – Heimversuch.* Besorgen Sie sich eine durchsichtige, dehnbare Plastikfolie, wie sie zum Einpakken von Lebensmitteln verwandt wird. Ungefähr sechs oder sieben parallele Schichten ergeben eine sehr gute $\lambda/4$-Platte. Sie kann durch Wegnehmen oder Hinzufügen einer Schicht auf verschiedene Farben „abgestimmt" werden. Wenn z.B. sieben Schichten genau eine $\lambda/4$-Platte für 560 nm (Grün) sind, dann sind acht Schichten genau eine $\lambda/4$-Platte für $\frac{8}{7} \cdot 560\,\text{nm} = 640\,\text{nm}$ (Rot). Um Falten zu vermeiden, können Sie das ganze mit einem Klebeband auf ein Stück Karton mit einem Loch darin aufkleben.

12. *Farbabhängigkeit der Phasenverschiebungsplättchen – Heimversuch.* Ein „$\lambda/2$-Plättchen" ist nur für eine bestimmte Wellenlänge wirklich ein $\lambda/2$-Plättchen. Das $\lambda/2$-Plättchen in Ihrer optischen Ausrüstung ist für eine Wellenlänge von 560 nm bemessen. Besorgen Sie sich eine helle weiße Linienquelle (irgendeine klare Glühlampe, z.B. eine 150-W-Lampe mit einem geraden, einfach gewendelten Glühfaden von etwa 2,5 cm Länge und 1 mm Durchmesser). Betrachten Sie die weiße Lichtquelle durch Ihr Beugungsgitter. (Spalten Sie die Farben senkrecht zur Linienquelle auf, damit Sie die bestmögliche Auflösung bekommen.) Nehmen Sie nun zwei Polaroidfilter in *Parallelstellung*. Bringen Sie das $\lambda/2$-Plättchen im Winkel von 45° zwischen die Filter. Die Phase derjenigen Farbe, für die das $\lambda/2$-Plättchen ein echtes $\lambda/2$-Plättchen ist, wird dann um 90° verschoben; die betreffende Farbe wird also absorbiert. Blikken Sie mit Ihrem Beugungsgitter durch die Anordnung. (Halten Sie alles zusammen knapp vor ein Auge.) Sehen Sie das dunkle Band im Grün? *Das* ist die Farbe mit der Wellenlänge 560 nm!

    (*Anmerkung:* Drehen Sie das letzte Polaroidfilter ein wenig, um größte Dunkelheit im Absorptionsband einzustellen.)

13. *Eine $\lambda/2$-Platte aus Plastikfolie – Heimversuch.* Stellen Sie sich nach dem in Übung 11 beschriebenen Verfahren eine $\lambda/2$-Platte her. Sie werden ungefähr 12…15 Schichten brauchen. Vielleicht können Sie die Platte nach der Methode von Übung 12 „abstimmen", indem Sie weitere Schichten hinzufügen, bis sich das Absorptionsband bei 560 nm befindet (diesen Wert bestimmen Sie durch Vergleich mit dem $\lambda/2$-Plättchen aus Ihrer optischen Ausrüstung). Sie erhalten so den Wert der Größe $(n_l - n_s)\Delta z$ für eine Schicht mit ziemlicher Genauigkeit.

14. *Polarisation einer Feder – Heimversuch.* Suchen Sie sich eine lange, weiche Spiralfeder (ein slinky, S. 69) und einen Partner. Halten Sie und Ihr Partner je ein Ende der Feder.

a) Schütteln Sie beide die Feder, indem Sie und Ihr Partner die Hand mit der Feder im Uhrzeigersinn (jeder von sich aus gesehen) drehen. Wenn Sie dieser Versuch nicht davon überzeugt, daß Linearpolarisation eine Überlagerung von zwei entgegengesetzten Zirkularpolarisationen ist, so sind Sie durch nichts davon zu überzeugen.

b) Beide Partner benutzen eine Kante eines Buchs als gerade Führung für die Hand; ein Partner schüttelt die Feder im Winkel von 45° zur Horizontalen geradlinig hin und her (lineare Polarisation!), der andere tut dasselbe im Winkel von 90° zur Bewegung des ersten. (Der Winkel von 45° soll verhindern, daß die Schwerkraft eine zu große Asymmetrie hereinbringt.) Ein Partner zählt laut „1, 2, 3, 4, 1, 2, 3, 4, ...", vier Takte pro Zyklus (oder eventuell vier Takte pro Halbzyklus), wobei „Eins" auf eine genau feststellbare Phase der Bewegung der Hand kommen soll. Der andere Partner schüttelt die Feder phasengleich, mit einer Phasenverschiebung von 180° oder mit einer Phasenverschiebung von 90°. Man muß sich einigermaßen konzentrieren, um von dem, was man sieht, nicht abgelenkt zu werden.

c) Befestigen Sie ein Ende der Feder (Sie kommen nun ohne Partner aus), und schütteln Sie am anderen Ende ein zirkular polarisiertes Wellenpaket von ein bis zwei Umdrehungen. Überzeugen Sie sich, daß das Wellenpaket bei der Reflexion seinen Drehimpuls beibehält. Überzeugen Sie sich auch davon, daß die Feder die Form einer Linksschraube hat, wenn der Drehimpuls in der Ausbreitungsrichtung des Wellenpakets liegt, und daß der Drehsinn der Schraube bei der Reflexion umgekehrt wird.

15. *Ein $\lambda/2$-Plättchen aus durchsichtigem Cellophan – Heimversuch.* Kleben Sie eine Schicht klares Cellophan auf einen Mikroskop-Objektträger (der Objektträger dient nur als Unterlage). Untersuchen Sie nach der Methode von Übung 12, ob die Schicht eine $\lambda/2$-Platte ist. Schätzen Sie die Größe von $(n_l - n_s)\,\Delta z$ ab.

16. *Allgemeine Polarisation mit durchsichtigem Cellophan – Heimversuch.* Kleben Sie 16 Lagen durchsichtiges Klebeband auf einen Mikroskop-Objektträger. Da die Gefahr besteht, daß Blasen entstehen, so daß es schwierig sein wird hindurchzusehen, gehen Sie besser folgendermaßen vor: Legen Sie einen reinen Objektträger auf einen Tisch. Auf die Mitte des Trägers geben Sie einen kleinen Tropfen Öl (Maschinenöl, Mineralöl oder sonst irgendein Öl). Nehmen Sie ein Stück Cellophanband so, daß es auf beiden Seiten des Objektträgers noch ca. 5...6 cm vorsteht. Kleben Sie das Band auf den Objektträger und sorgen Sie für guten optischen Kontakt, indem Sie das Öl ausbreiten. Kleben Sie dabei das Band am Tisch fest. Geben Sie einen Tropfen Öl in die Mitte des Bandes. Nun breiten Sie eine zweite Lage Cellophanband darüber aus. (An den Enden, wo kein Öl ist, klebt das Band von selbst an der unteren Lage.) Es folgen also Öl, Band, Öl, Band, ...Auf die 16. Lage Cellophan geben Sie noch einen Tropfen Öl und darüber einen Objektträger als Abschluß. Kleben Sie auch diesen Träger mit etwas Band fest, doch verdecken Sie dabei nicht den durchsichtigen empfindlichen Bereich. Nun haben Sie einen Stapel von 16 Lagen Band, der von ebenen Glasflächen abgeschlossen wird. Er müßte eigentlich ziemlich klar und durchsichtig sein.

Und nun zum Versuch: Kleben Sie ein Polaroidfilter mit etwas Band so über eine Seite des Stapels, daß die Achse des Filters mit der Achse der Cellophanbandschichten einen Winkel von 45° bildet. Kleben Sie auch das Beugungsgitter darüber. Halten Sie dieses Paket so, daß Sie Ihre helle, weiße Linienquelle durch das Paket hindurch sehen. Mit Ihrer anderen Hand halten Sie einen Linearpolarisator (ein Polaroidfilter) an die Austrittsseite des Pakets, und zwar parallel zum ersten Polaroidfilter.

a) Beachten Sie die schwarzen Streifen bzw. Bänder! Diese Bänder sind so linear polarisiert, daß ihr Licht vom Linearpolarisator absorbiert wird. Ihr Phasenunterschied (bzw. der der längs der schnellen und langsamen Achsen des Klebebands linear polarisierten Komponenten) beträgt jeweils 2π. Im „hellen" Bereich, zwischen zwei aufeinanderfolgenden dunklen Bändern, variiert der Phasenunterschied von Null bis 2π; in diesem Bereich treten daher alle im Bild 8.3 (Abschnitt 8.2) gezeigten Polarisationsvarianten auf.

b) Drehen Sie das hintere Polaroidfilter (den „Analysator") um 90°. Die dunklen Bereiche werden hell und die hellen werden dunkel! Warum?

c) Ersetzen Sie das Polaroidfilter durch Ihren Zirkularpolarisator, den Sie verkehrt herum als Analysator, also mit seiner Rückseite zur Lichtquelle hin, halten. (Wenn Sie den Zirkularpolarisator auf ein 50-Pfennigstück legen und die Münze dunkelblau aussieht, dann ist die Vorderseite des Polarisators oben.)

d) Bringen Sie den Linear- und den Zirkularpolarisator so an Ort und Stelle, daß beide einen Teil des Gesichtsfeldes einnehmen. Beide müssen parallel zum ersten Polarisator (und 45° gegen den Objektträger verdreht) sein. Verschieben Sie das Paket so, daß Sie zuerst durch den Zirkularanalysator und dann durch den Linearanalysator sehen. Die Bänder verschieben sich um ein Viertel des Abstands zwischen den schwarzen Bändern (d.h. bezüglich der Phase um $\pi/2$ Radiant). Drehen Sie nun den Linearpolarisator und wiederholen Sie den Vorgang. Die Richtung, in der sich die Bänder beim Übergang vom Zirkular- zum Linearpolarisator verschieben, muß jetzt umgekehrt sein. Mit Hilfe solcher Methoden müßten Sie sich davon überzeugen können, daß sich die Polarisation beim Durchlaufen von 2π von (z.B.) rechts oben linear über rechtszirkular, links oben linear und linkszirkular wieder in rechts oben linear ändert. Tragen Sie die Polarisation als Funktion der Farbe (Wellenlänge) auf; bezeichnen Sie dabei lineare Polarisationen mit einem „gekrümmten Pfeil".

17. *Lyot-Filter aus Cellophan und Polaroid – Heimversuch.* Bei diesem Versuch benötigen Sie vier Polaroidfilter. Stellen Sie, wie in Übung 16, ein Phasenverschiebungsplättchen aus 16 Lagen Klebeband her. Fertigen Sie auf dieselbe Art ein Plättchen aus acht und eines aus vier Lagen Band. Wir bezeichnen diese „Pakete" mit 16 Lp (für 16-Lagen-Paket), 8 Lp und 4 Lp. Mit P bezeichnen wir den Linearpolarisator aus Polaroid, und P(45°) bedeutet, daß die bevorzugte Durchlaßrichtung von P mit der Achse des Bandpakets einen Winkel von 45° einschließt. Das Beugungsgitter wird mit BG abgekürzt. Führen Sie nun die folgenden Versuche aus:

a) Machen Sie einen Stapel aus BG : P(45°) : 16 Lp : P(45°). Betrachten Sie Ihre weiße Linienquelle. Bis jetzt ist das genau die Übung 16. Machen Sie den Versuch noch einmal, nehmen Sie aber jetzt das 8 Lp anstelle des 16 Lp.

b) Geben Sie das 8 Lp und noch ein P zum Austrittsende des 16 Lp, so daß Sie nun das Paket BG : P(45°) : 16 Lp : P(45°) : 8 Lp : P(45°) haben. Betrachten Sie die Linienquelle.

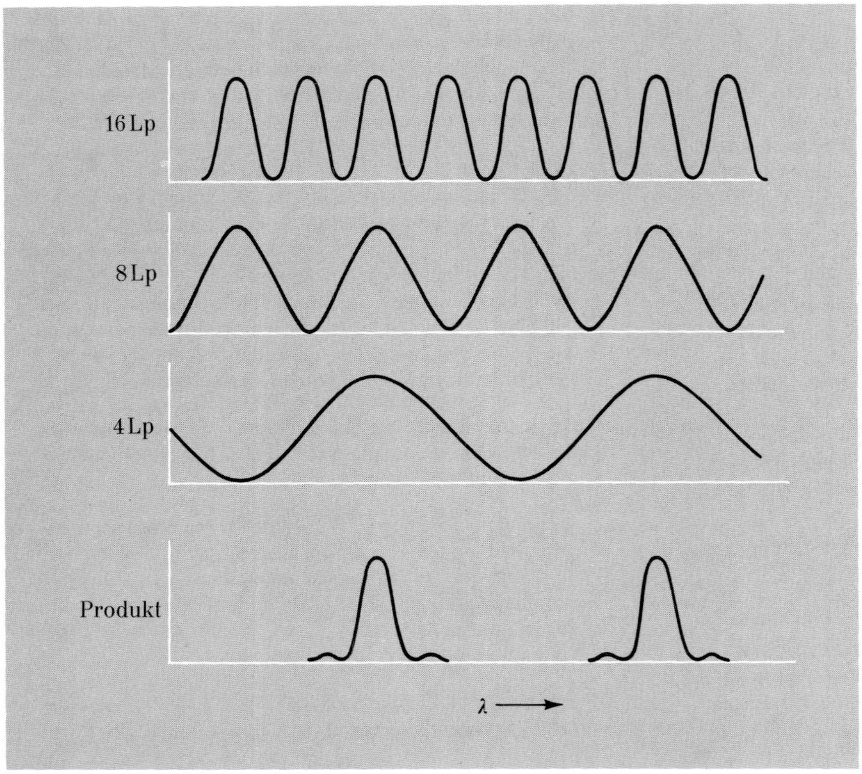

Bild 8.13

Lyot-Filter. Die Kurve 16 Lp liefert die Intensität, die von eiem aus dem Paket P(45°) : 16 Lp : P(45°) bestehenden Filter durchgelassen wird. Die Kurven 8 Lp und 4 Lp liefern dasselbe, doch für Filter mit 8 Lp bzw. 4 Lp statt 16 Lp. Verwendet man das gesamte Paket, so stellt die Durchlaßkurve, wie im Bild gezeigt, das Produkt der drei einzelnen Kurven dar.

c) Bringen Sie nun 4 Lp : P(45°) an den Ausgang des Pakets von b) und sehen Sie wieder hindurch. Beachten Sie, wie Sie mit den aufeinanderfolgenden Filtern die „Seitenbänder" auslöschen! Als Endergebnis haben Sie ein Bandpaßfilter. (Wenn Sie wollen, können Sie die Dinge mit dem Gelatinefilter klären.) Die Bandbreite wird durch das 16 Lp bestimmt. Sie brauchen ein 32 Lp, wenn Sie die Bandbreite auf die Hälfte reduzieren wollen. (Mein Paket wird aber dann schon ein wenig undurchsichtig, trotz Mineralöls und größter Vorsicht.) Diese Art von Filter wurde von *B. F. Lyot* im Jahre 1932 erfunden. Die Astronomen verwenden Lyot-Filter, bei denen die Phasenverschiebungsplättchen nicht aus Klebeband, sondern aus Quarz sind. Man erzielt eine Bandbreite von ca. 0,1 nm (z.B. um die Hα-Linie der Balmerserie des Wasserstoffspektrums, die einer Wellenlänge von 656,3 nm entspricht) und verwendet sie beim Photographieren der Sonne. Die gesamte durchgelassene Intensität ist das ***Produkt*** der Intensitätskurven der einzelnen Filter (16 Lp, 8 Lp und 4 Lp). (Die Reihenfolge ist belanglos. Man kann das Filter vorwärts oder rückwärts verwenden.) Dies ist auf dem Bild 8.13 dargestellt.

Frage: Sagen Sie uns, warum man die gesamte durchgelassene Intensität aus den Intensitätskurven der einzelnen Filter durch Produktbildung erhält. Warum zählt man nicht z.B. einfach die drei Amplituden für die drei Filter (wenn nur eins vorhanden ist) zusammen, quadriert und bildet dann das Zeitmittel?

18. *Zirkularpolarisator – Heimversuch*

a) Legen Sie Ihren Zirkularpolarisator auf ein Stück Aluminiumfolie (wie Sie sie in jedem Lebensmittelgeschäft bekommen), auf einen gewöhnlichen Spiegel oder auf ein blankes Messer. Drehen Sie den Polarisator so, daß die Folie „schwarz" (bzw. dunkelblau) aussieht. Drehen Sie ihn um und beobachten Sie wieder. (Tun Sie dasselbe mit einem Stück Polaroid.) Dann drehen Sie ihn wieder auf „schwarz" zurück. Nun heben Sie den Polarisator ein wenig vom Metall ab, so daß Licht auf das Metall gelangen kann, ohne durch den Polarisator treten zu müssen. Betrachten Sie den „Schatten" bzw. das „Bild" des Polarisators, während Sie diesen langsam aufheben und wieder auf das Metall zurücklegen. Erklären Sie, was Sie sehen.

b) Machen Sie eine V-förmige Furche in die Aluminiumfolie. Verwenden Sie eine Beleuchtungsquelle, bei der das meiste Licht aus einer bestimmten Richtung kommt (z.B. eine Lampe oder ein Fenster). Legen Sie den Zirkularpolarisator so auf die Folie, daß er zum Teil auf der Furche und zum Teil auf der glatten Folie aufliegt. Sie werden bemerken, daß die Furche hell aussieht, während die Folie sonst noch immer dunkel ist. Erklären Sie das!
Anleitung: Wenn Sie Ihre rechte Hand in einem Spiegel betrachten, so sieht sie wie eine linke Hand aus. Wie sieht sie aber in einem „Doppelspiegel" aus, der von zwei im rechten Winkel zueinander stehenden Spiegeln gebildet wird?

c) Zerknittern Sie die Folie nun vollständig, so daß eine „rauhe" Oberfläche entsteht. Darauf legen Sie dann den Zirkularpolarisator. Sehen Sie genau hin. Erklären Sie die Behauptung: „Das Licht ist im Großen depolarisiert, im Kleinen jedoch vollständig polarisiert." Geben Sie eine Erklärung für die Behauptung: „Das ist in gewisser Hinsicht ein Analogon zur Depolarisation des Lichts in Bezug auf eine große *Zeit*skala und zur vollständigen Polarisation des Lichts in Bezug auf eine genügend kleine Zeitskala."

d) Legen Sie den Polarisator auf ein Stück gewöhnliches weißes Papier. Können Sie den Zirkularpolarisator so von einem Stück Polaroid unterscheiden? Geben Sie eine Erklärung dazu.

e) Legen Sie den Zirkularpolarisator wieder auf eine glatte Metallfläche. Bringen Sie Ihr $\lambda/2$-Plättchen zwischen Polarisator und Metall. Sagen Sie zunächst voraus, was Sie sehen werden, und führen Sie dann den Versuch aus. Machen Sie dasselbe mit Ihrem $\lambda/4$-Plättchen.

Anmerkung: Wie Sie bereits wissen, wird die Phase jeder Farbe um einen unterschiedlichen Betrag verschoben. Die Effekte kommen noch etwas besser zur Geltung, wenn Sie Ihr Grünfilter verwenden. Das ist aber nicht unbedingt nötig, solange Sie nicht vergessen, daß „Schwarz" nur eine Näherung ist.

19. *Der Drehimpuls des Lichts.* Angenommen, rechtszirkular polarisiertes Licht (rechtszirkular nach der für den Drehimpuls geltenden Vereinbarung) fällt auf eine absorbierende Platte. Diese Platte hängt an einem senkrechten Faden. Das Licht ist nach oben gerichtet und trifft auf der Unterseite der Platte auf.

a) Welches Drehmoment erfährt die Platte, wenn der Lichtstrahl (mittlere Wellenlänge 550 nm) eine Leistung von 1 W hat und in der Platte vollständig absorbiert wird? (Geben Sie das Resultat in Nm an.) Denken Sie dabei daran, daß das Drehmoment gleich der zeitlichen Änderung des Drehimpulses ist und daß die Platte natürlich den Drehimpuls der Strahlung absorbiert.

b) Nehmen Sie an, Sie verwenden anstelle einer absorbierenden Platte eine gewöhnliche versilberte Spiegelfläche, so daß das Licht um 180° zurück in seine Einfallsrichtung geworfen wird. Wie groß ist das Drehmoment nun?

c) Die Platte sei diesmal ein durchsichtiges $\lambda/2$-Plättchen. Das Licht trete nur durch das Plättchen und treffe sonst nirgends auf. Wie groß ist das Drehmoment? (Vernachlässigen Sie die Reflexion an den Oberflächen der Platte.)

d) Die Platte sei wieder ein durchsichtiges $\lambda/2$-Plättchen, doch sei die Oberseite versilbert, so daß das Licht durch das Plättchen tritt, an der Spiegelfläche reflektiert wird und wieder durch das Plättchen zurück geht. Wie groß ist das Drehmoment?

e) Die Platte sei ein durchsichtiges $\lambda/2$-Plättchen. Oberhalb der Platte befinde sich ein fest angebrachtes (d.h. nicht an der Platte befestigtes) $\lambda/4$-Plättchen, das an der Oberseite versilbert ist, so daß es das Licht wieder durch die Platte (d.h. durch das $\lambda/2$-Plättchen) zurückreflektiert. Welches Drehmoment erfährt die Platte?

f) Wie erhalten Sie das größte Drehmoment?

g) Angenommen, der Faden und die daran aufgehängte Platte haben bei einer gemeinsamen Torsionsschwingung eine Schwingungsdauer von 10 min. Wie würden Sie die Wirkung des Drehmoments in einem Experiment „vergrößern", um eine vernünftige Messung zu bekommen? (Wir wollen nur die Idee, keine technischen Einzelheiten.) Lesen Sie nach, wie der Versuch von *R. A. Beth* (*Physical Review*, **50**, 115 (1936)) tatsächlich ausgeführt wurde.

20. *Polarisation durch Streuung – Heimversuch*

a) Geben Sie ein paar Tropfen Milch in ein wassergefülltes Glas und leuchten Sie mit einer Taschenlampe durch die Flüssigkeit. Beachten Sie dabei das von den „Milchmolekülen" gestreute bläuliche Licht. Untersuchen Sie die Polarisation mit Ihrem Linearpolarisator, und zwar für einen Streuwinkel von 90° (Ablenkung des Lichts um 90°) sowie für kleine und große Streuwinkel (um 0° bzw. um 180°).

Anmerkung: Markieren Sie die bevorzugte Durchlaßrichtung Ihres Linearpolarisators mit einem Stück Klebeband oder ähnlichem. Sie finden diese Richtung, indem Sie die Spiegelung von Licht betrachten, das unter ungefähr 45° auf Glas, einen Holz- oder Plastikboden oder auf irgendeine lackierte Fläche auftrifft; dieser Winkel stimmt nämlich ziemlich gut mit dem Brewsterschen Einfallswinkel überein.

b) Verwandeln Sie einen Taschenlampenstrahl (den Sie zuvor mit einem Stück Pappe abgeblendet haben, so daß er kleiner als das Polaroidfilter ist) in linear polarisiertes Licht und betrachten Sie in einer senkrecht auf dem Strahl stehenden Ebene das unter verschiedenen Richtungen gestreute Licht (oder drehen Sie das Polaroidfilter bei der Taschenlampe).

c) Studieren Sie Bild 8.6 und den Bildtext dazu. Wir definieren den Polarisationsgrad P durch die Beziehung

$$P = \frac{I(\hat{x}) - I(\hat{y})}{I(\hat{x}) + I(\hat{y})},$$

dabei ist $I(\hat{x})$ die Intensität des in der $\hat{x}$-Richtung gestreuten Lichts und $I(\hat{y})$ die Intensität des Lichts, das längs der vom Beobachter gesehenen Projektion von $\hat{\mathbf{y}}$ polarisiert ist. Zeigen Sie, daß P mit dem Streuwinkel θ_{Streu} in Bild 8.6 durch folgende Beziehung verknüpft ist:

$$P = \frac{1 - \cos^2\theta_{\text{Streu}}}{1 + \cos^2\theta_{\text{Streu}}}.$$

Beachten Sie, daß P bei einem Streuwinkel von 0° oder 180° Null ist, während diese Größe bei einem Winkel von 90° den Wert Eins hat.

d) Gießen Sie noch etwas Milch hinein; der Strahl wird weißlich. Sehen Sie nach der Polarisation unter 90°; dort ist sie ja am größten. Geben Sie noch mehr Milch dazu. Erklären Sie was geschieht. Glauben Sie, daß das von einer weißen Wolke gestreute Sonnenlicht polarisiert ist? Stellen Sie das durch einen Versuch fest.

21. *Polarisation des Regenbogens – Heimversuch.* Ist das Licht eines Regenbogens polarisiert? Als Ersatz für Regen können Sie auch den Sprühregen aus einem Gartensprenger verwenden.

22. *Mondlicht und Erdlicht – Heimversuch.* Bei Halbmond streut die beleuchtete Hälfte des Mondes das Sonnenlicht um 90° in Ihr Auge. Man weiß, daß das Blau des Himmels für Streuung um 90° fast vollkommen linear polarisiert ist. Würden Sie sagen, daß das Licht des Halbmondes polarisiert ist? Machen Sie den Versuch. Denken Sie nun nach, wie die Erde vom Mond aus bei „Halberde" aussieht. Ist das Erdlicht polarisiert? Sie können 24 Stunden lang hinsehen, während sich die Erde dreht.

Lösung: Manchmal; es kommt auf die Zeit und das Wetter an. Warum?

23. Ein Strahl aus linear polarisiertem Licht treffe auf ein $\lambda/2$-Plättchen, das mit der Winkelgeschwindigkeit ω_0 um die Achse des Strahls rotiert. Beweisen Sie, daß das austretende Licht linear polarisiert ist und daß sich die Polarisationsrichtung mit $2\omega_0$ dreht.

24. *Licht einer Glühlampe – Heimversuch.* Betrachten Sie eine Glühlampe durch ein Polaroidfilter. Ist das Licht polarisiert? Bringen Sie ein Stück Cellophan (oder Ihr $\lambda/2$- oder $\lambda/4$-Plättchen) zwischen Glühlampe und Polaroidfilter. Ist das Licht jetzt polarisiert? Spiegeln Sie das Licht an einem silbrig glänzenden Metall, z.B. an einem Tischmesser. Ist das reflektierte Licht polarisiert?

25. *Messung des Brechungsindex mit Hilfe des Brewsterschen Winkels – Heimversuch.* Sie brauchen eine Glühlampe (die

Sie vielleicht mit einem Stück Pappe mit einem Loch darin abdecken, um eine vernünftig kleine Lichtquelle zu erhalten), ein Stück Glas, einen Tisch, eine Pappschachtel oder sonst etwas, womit Sie die Stellung Ihres Auges kontrollieren, und ein Polaroidfilter. Legen Sie das Glasstück flach auf den Tisch und betrachten Sie das Spiegelbild der Glühlampe. (Sie werden zwei Spiegelbilder sehen; eins stammt von der Vorder- und das andere von der Rückseite des Glasstücks. Wenn Sie wollen, können Sie das von der Rückseite herrührende Spiegelbild unterdrücken, indem Sie die Rückseite schwarz anstreichen.) Verändern Sie die Winkel solange, bis das Polaroidfilter zeigt, daß das reflektierte Licht vollständig polarisiert ist. Messen Sie die Entfernungen und berechnen Sie den Brechungsindex aus dem Brewsterschen Gesetz $\tan \theta_B = n$. Mit dieser groben Anordnung können Sie nur bis auf einige Grad genau messen, so daß Sie den Brewsterschen Winkel für Glas wahrscheinlich kaum von dem für eine glatte Wasserfläche unterscheiden können.

26. *Phasenbeziehungen bei der Spiegelung an Glas – Heimversuch.* Wir versuchen nun, die im Bild 8.8 gezeigten Beziehungen zu verifizieren. Die Versuchsanordnung ist dieselbe wie bei Übung 25, nur bringen wir zwischen das am Tisch liegende Glasstück und die Lichtquelle ein Polaroidfilter mit seiner bevorzugten Durchlaßrichtung im Winkel von 45° zur Horizontalen.

Vorschlag: Drücken Sie etwas Fensterkitt auf einen Objektträger und stecken Sie das Polaroidfilter mit einer Ecke in den Kitt. Der Objektträger kann als Glasfläche für die Reflexion des Lichts dienen.

Nehmen Sie an, die bevorzugte Durchlaßrichtung des Polaroidfilters liege, vom Objektträger aus durch das erste Filter in Richtung der Glühlampe gesehen, in der Richtung von „rechts oben nach links unten". Untersuchen Sie die Polarisation des reflektierten Lichts, während Sie den Einfallswinkel durch Verändern der Lage des Objektträgers oder der Lampe variieren. Sie werden feststellen, daß die Polarisationsrichtung des reflektierten Lichts bei fast senkrechtem Einfall von „links oben nach rechts unten" verläuft. Wenn Sie den Objektträger drehen und sich dabei dem Brewsterschen Winkel nähern, so bleibt das Licht linear polarisiert, die Polarisationsebene dreht sich jedoch zur Horizontalen hin. Sie wird beim Brewsterschen Winkel genau waagerecht und dreht sich dann beim Übergang vom Brewsterschen Winkel zu streifendem Einfall in derselben Richtung weiter, d.h., sie strebt gegen „links unten nach rechts oben". Beim Übergang von senkrechtem zu streifendem Einfall dreht sich die Polarisationsebene also, wie im Bild 8.8 vorhergesagt, um 90°. (Bei senkrechtem Einfall werden beide Komponenten gleich gut reflektiert; das ist leicht einzusehen, da die Komponenten ja sozusagen nicht wissen, welche von beiden welche ist. Daher ist der Polarisationswinkel 45°. Bei streifendem Einfall werden beide Komponenten fast vollständig und daher gleich gut reflektiert. Daher ist der Polarisationswinkel 45°.) Es ist interessant, daß das Licht während des ganzen Versuchs linear polarisiert bleibt. D.h., daß zwischen den in der Einfallsebene und den senkrecht darauf stehenden Komponenten nur Phasenverschiebungen von 0° oder 180° vorkommen. Die einfallenden Wellen erfahren also bei der Reflexion immer einen reinen Wirkwiderstand. Genau das aber erwarten wir bei der Reflexion an einem durchsichtigen Medium.

27. *Erhaltung des Drehimpulses – Heimversuch.* Reflexion bei senkrechtem Einfall verwandelt rechtszirkular polarisiertes Licht in linkszirkular polarisiertes Licht. (Wenn Sie Ihre rechte Hand in einem Spiegel ansehen, so sieht sie wie eine linke Hand aus.) Was geschieht bei streifendem Einfall? Wird der Polarisationssinn bei der Reflexion umgekehrt oder bleibt er erhalten? Finden Sie die Antwort anhand von Bild 8.8.

a) Führen Sie nun den Versuch aus. (Stellen Sie sich einen Zirkularpolarisator her, indem Sie ein $\lambda/4$-Plättchen mit etwas Klebeband an einem Polarisator festkleben. Verwenden Sie Ihren Zirkularpolarisator verkehrt herum als Analysator. Stellen Sie fest, in welchem Sinn der von Ihnen hergestellte Zirkularpolarisator das Licht im Vergleich zum fertigen Zirkularpolarisator aus der optischen Ausrüstung polarisiert.) Wie sieht Ihre Hand bei streifendem Einfall aus? Was bedeutet die folgende „philosophische" Feststellung: „Bei Intensitätsmessungen müssen Sie Aussagen über Vorzeichen, d.h. über Phasen, mit Vorsicht genießen!" Was hat diese Feststellung damit zu tun, wie Ihre Hand in einem Spiegel aussieht?

b) Machen Sie denselben Versuch mit Linearpolarisation. Stellen Sie mit einem Polaroidfilter nach „rechts oben" linear polarisiertes Licht her. Betrachten Sie die Reflexion bei streifendem Einfall. Ist das reflektierte Licht nach „rechts oben" oder „rechts unten" polarisiert? Bringen Sie einen Bleistift in die Stellung „rechts oben"; ist sein Spiegelbild nach „rechts oben" oder nach „rechts unten" gerichtet? Was hat die oben gemachte „philosophische" Feststellung damit zu tun?

28. *Phasenänderungen bei Reflexion an Metallen – Heimversuch.* Die Versuchsanordnung ist die gleiche wie bei Übung 26. Nehmen Sie aber nun anstelle des Glasstücks ein flaches, glänzendes Metallstück, z.B. die Klinge eines rostfreien Tisch- oder Küchenmessers oder sonst irgendeinen verchromten oder versilberten Gegenstand. (Verwenden Sie *keinen* gewöhnlichen Spiegel, d.h. kein an der Rückseite verspiegeltes Stück Glas; damit funktioniert es nicht.) Sie brauchen zwei Polaroidfilter und ein $\lambda/4$-Plättchen. ÜberzeugenSie sich zunächst davon, daß parallel bzw. senkrecht (in Bezug auf die Einfallsebene) linear polarisiertes Licht seine Polarisation bei Reflexion beibehält. (Das entspricht der Wirkung eines Phasenverschiebungsplättchens auf linear polarisiertes Licht, das parallel bzw. senkrecht zur optischen Achse polarisiert ist; die Polarisation bleibt unverändert.) Als nächstes polarisieren Sie das einfallende Licht linear im Winkel von 45° zur Einfallsebene. Stellen Sie den Einfallswinkel so ein, daß sich die Glühlampe 30 cm über dem Tisch befindet und das Messer ungefähr 1 m von der Lampe entfernt ist. Untersuchen Sie nun das reflektierte Licht mit Ihrem Polaroidfilter und dem $\lambda/4$-Plättchen (oder indem Sie Ihren Zirkularpolarisator verkehrt herum als Analysator, mit oder ohne $\lambda/2$-Plättchen, verwenden). Sie werden feststellen, daß das Licht elliptisch polarisiert ist. Durch Verändern des Einfallswinkels finden Sie eine Stelle, an der das reflektierte Licht fast vollständig zirkular polarisiert ist. Wenn Sie nun das als Polarisator verwendete Polaroidfilter um fünf bis zehn Grad vom 45°-Winkel wegkippen, indem Sie die bevorzugte Durchlaßrichtung zur Vertikalen hin neigen und so die Parallelkomponente etwas vergrößern, so können Sie vollkommen zirkular polarisiertes Licht erhalten. (Das leichte Neigen ist als Ausgleich notwendig, weil die Parallelkomponente nicht so vollkommen reflektiert wird wie die Senkrechtkomponente.)

Dreht man das Polaroidfilter mit seiner bevorzugten Durchlaßrichtung von „rechts oben" nach „links oben", so wird der Polarisationssinn des reflektierten Lichts umgekehrt.

Für diese Erscheinung gibt es folgende qualitative Erklärung: Das Metall ist ein reaktives Medium. Die beiden Polarisationskomponenten des einfallenden Lichts werden fast vollständig reflektiert. Die dabei auftretende Phasenverschiebung entspricht derjenigen Zeit, die die Felder benötigen, um (im Durchschnitt) ungefähr eine Eindringtiefe weit in das reaktive Medium einzudringen, umzudrehen und wieder herauszukommen. Aus folgendem Grund haben die Parallel- und die Senkrechtkomponente nicht beide dieselbe Phasenverschiebung: Die Senkrechtkomponente liegt parallel zur Oberfläche; die Elektronen können sich parallel zur Oberfläche frei bewegen; sie bewegen sich damit so, daß sie die einfallende Strahlung auslöschen. Die zeitliche Verzögerung sowie die Phasenverschiebung werden durch die Trägheit der Elektronen hervorgerufen. Daher erfährt die Senkrechtkomponente wegen dieser Verzögerung eine bestimmte Phasenverschiebung. Und nun zur Parallelkomponente. Bei annähernd senkrechtem Einfall ist sie fast parallel zur Oberfläche und verhält sich daher so wie die Senkrechtkomponente. Sie erfährt daher auch dieselbe Phasenverschiebung. Bei Reflexion erhalten beide Komponenten zusätzlich zu der beim Eindringen erfahrenen Phasenverschiebung ein negatives Vorzeichen. Daher dreht sich eine beim Einfall (bei Betrachtung in Richtung vom reflektierenden Metall zur Glühlampe) nach „rechts oben" weisende Polarisationsrichtung bei der Reflexion nach „links oben". Nehmen wir jedoch nun an, es liege kein fast senkrechter Einfall vor. Dann ist die Parallelkomponente des elektrischen Feldes auch nicht parallel zur Oberfläche. Wir können sie daher wieder in je eine Komponente parallel und senkrecht zur Oberfläche zerlegen. Die zur Oberfläche parallele Komponente verhält sich weiter normal und erfährt, wie oben beschrieben, eine Phasenverschiebung. Die senkrecht auf der Oberfläche stehende Komponente verhält sich jedoch ganz anders; die Ladungen können sich senkrecht zur Oberfläche nicht frei bewegen. In der Oberfläche sammelt sich eine Flächenladung an, und die Ladungsträger kommen sehr rasch zum Stillstand. Die durch die sich parallel zur Oberfläche bewegenden Elektronen hervorgerufene Verzögerung wirkt sich nicht aus, da die Bewegung der Elektronen zu geringfügig ist. Daher wird dieser Anteil der Parallelkomponente mit vernachlässigbarer Verzögerung reflektiert.

Um die Erklärung jedoch zu vervollständigen, müssen wir die Phasenverschiebung jeder Komponente berechnen und ihre Abhängigkeit vom Einfallswinkel kennen. Das ist schwierig.

29. *Optische Aktivität.* Angenommen. Sie schicken linear polarisiertes Licht durch eine l cm dicke Schicht von Zuckerlösung 1 : 1 und stellen fest, daß rotes Licht für $l = 5$ cm um 45° gedreht wird. Lassen Sie das Licht nach dem Durchgang durch die Lösung an einem Spiegel reflektieren, so daß es wieder zurück durch die Lösung geht; die gesamte Länge ist dann 10 cm. (Machen Sie bei der Ausführung des Versuchs den Reflexionswinkel nicht ganz genau gleich 180°; betrachten Sie das „Bild der Lampe" sowohl durch die Lösung als auch durch „das Bild der Lösung". Als Kontrolle können Sie durch das „Bild der Lösung" allein blicken, indem Sie Ihren Kopf zur Seite neigen.)

   Frage: Ist der Winkel zwischen der Polarisationsrichtung nach den beiden Durchgängen und der ursprünglichen Polarisationsrichtung 0° oder 90°?

30. *Auffinden der schnellen Achse Ihres λ/4-Plättchens – Heimversuch.* Angenommen, Sie wissen, daß Ihr Zirkularpolarisator linkszirkular polarisiertes Licht (nach der in der Optik üblichen Vereinbarung, bzw. rechtszirkular polarisiertes Licht nach der für den Drehimpuls üblichen Vereinbarung) erzeugt. Stellen Sie fest, in welcher Richtung die schnelle Achse Ihres λ/4-Plättchens liegt. (Markieren Sie diese Achse dann durch eine Kerbe, mit etwas Klebeband oder sonst irgendwie.)

31. *Die effektive Federkonstante für Plastikfolien-Moleküle – Heimversuch.* Dehnen Sie ein Stück durchsichtige Plastikfolie und legen Sie es unter ein Polaroidfilter im Winkel von 45° zu dessen bevorzugter Durchlaßrichtung. Dehnen Sie die Folie aber nicht zu stark – die relative Phasenverschiebung soll nicht größer als $\pi/2$ werden. Bestimmen Sie nun den Polarisationssinn des elliptisch polarisierten Lichts. Zu diesem Zweck können Sie Ihren Zirkularpolarisator und das λ/2-Plättchen benutzen. Wenn Sie den Polarisationssinn kennen, so wissen Sie auch, ob die Dehnungsrichtung die langsame oder die schnelle Achse ist. Nehmen Sie nun an, die Moleküle wurden durch die Dehnung der Folie längs der Dehnungsrichtung ausgerichtet. Sie können sich nun überlegen, ob der Brechungsindex in der Längsrichtung der Moleküle größer oder kleiner ist. Großer Brechungsindex bedeutet große Dielektrizitätskonstante und somit große molekulare Polarisierbarkeit, was wiederum kleine effektive Federkonstante bedeutet, solange die Frequenz des Lichts kleiner als die effektive Eigenfrequenz der Elektronen im Molekül ist. Für sichtbares Licht und Glas trifft das zu. (Wir können annehmen, daß es auch in unserem Fall gilt.) Wenn also die Dehnungsachse (z. B.) die langsame Achse ist, so bedeutet das, daß die effektive Federkonstante für Schwingungen in der Längsrichtung des Moleküls kleiner als für Schwingungen in der Querrichtung ist. Was liefert das Experiment?

32. *Kalkspat (Calcitkristall) – Heimversuch.* Besorgen Sie sich einen schönen großen Kalkspatkristall (ungefähr 2,5 cm dick). (Sie bekommen ihn in jeder Mineralienhandlung.) Machen Sie mit Bleistift einen schwarzen Punkt auf ein Stück Papier, legen Sie den Kristall darauf und betrachten Sie den Punkt durch den Kristall; Sie werden zwei Punkte sehen. Betrachten Sie nun diese beiden Punkte durch einen Linearpolarisator: sie sind beide vollkommen linear polarisiert! Drehen Sie den Kristall um eine senkrechte Achse und betrachten Sie dabei die Punkte. Einer rotiert, der andere nicht! Der E-Vektor des vom außerordentlichen Punkt kommenden Lichts liegt in der Richtung der optischen Achse. Diese bewegt sich, somit auch der Punkt. Benutzen Sie nun beide Augen und Ihr räumliches Sehvermögen und versuchen Sie festzustellen, welcher der beiden Punkte näher bei Ihnen ist. Überzeugen Sie sich mit Hilfe einer Glasplatte oder mit einer Skizze (oder mit einer Schicht Wasser, z. B. einem Aquarium) davon, daß Gegenstände näher zu sein scheinen, wenn sie durch ein Material mit $n > 1$ betrachtet werden. Ist der ordentliche oder der außerordentliche Punkt näher, für welchen Strahl herrscht also der größere Brechungsindex? Stimmt Ihr Versuchsergebnis mit den in Tabelle 8.1 (Abschnitt 8.4) angegebenen Werten der Brechungsindizes überein? Benutzen Sie einen Bleistift als räumliche Markierung und blicken Sie bei senkrechtem Einfall darauf hinunter; überzeugen Sie sich davon, daß der ordentliche Punkt seitlich nicht verschoben ist. Der ordentliche Strahl ist also derjenige, der senkrecht zur Oberfläche eintritt, im Kristall ebenfalls senkrecht zur Oberfläche verläuft und wieder senkrecht zur Oberfläche austritt. Der außerordentliche Strahl verläuft nicht senkrecht zur Oberfläche! Zeigen Sie mit Hilfe der Zeitumkehr, daß ein außerordentlicher Strahl, der vom reellen Punkt ausgeht und senkrecht auf der Oberfläche auftrifft, den Kristall senkrecht zur Oberfläche verlassen muß, auch wenn er im Kristall selbst schräg verläuft. (Ober-und Unterseite des Kristalls sind bei jeder Lage des Kristalls auf dem Stück Papier zueinander parallel.) Neigt sich der außerordentliche Strahl so, daß er sich der Parallelen zur optischen Achse nähert, oder nimmt er stärker eine dazu senkrechte Richtung an? (Denken Sie an die Brechungsindizes.) Physikalisch läßt sich die Ablenkung des außerordentlichen Strahls folgendermaßen erklären: Zerlegen Sie den E-Vektor des einfallenden außerordentlichen

Strahls in eine Komponente in Richtung der optischen Achse und in eine Komponente senkrecht dazu. Die Brechungsindizes für **E** sind in diesen beiden Richtungen verschieden, somit ist auch die Polarisation unterschiedlich. Auch die Schwingungsamplitude der angestoßenen Elektronen ist verschieden, so daß sie nicht gleich stark strahlen (bzw. die durch die beiden Komponenten der Bewegung hervorgerufenen Strahlungsanteile sind nicht gleich stark). Wenn Sie die durch die beiden Komponenten der Elektronenbewegung erzeugten Strahlungsfelder miteinander überlagern, so erhalten Sie eine „schräg" laufende Welle. Sie brauchen sich jetzt bloß noch klarzumachen, wohin der Strahl schräg verläuft. Stimmt das Ergebnis mit Ihrer Beobachtung überein?

33. *Seefahrt bei den Wikingern.* In hohen Breiten (oberhalb des Polarkreises) ist der Magnetkompaß unverläßlich. Auch die Sonne kann für die Orientierung häufig nicht herangezogen werden; sie ist vielleicht gerade hinter dem Horizont, und das sogar zu Mittag! Die Piloten benutzen dann oft den sogenannten „Zwielichtkompaß"; damit kann man nämlich die Position der Sonne auch unterhalb des Horizonts aus der Änderung der Polarisation des Blau des Himmels in Abhängigkeit von der Beobachtungsrichtung bestimmen. Der Kompaß enthält ein Stück Polaroid. Einige natürlich vorkommende Kristalle besitzen ähnliche Eigenschaften wie Polaroid; Beispiele dafür sind Turmalin oder Cordierit. Betrachtet man linear polarisiertes Licht durch einen Cordieritkristall, so erscheint der Kristall durchsichtig und farblos (mit einem Stich ins Gelbliche), sofern die Polarisationsrichtung mit der bevorzugten Durchlaßrichtung des Kristalls zusammenfällt; steht die Polarisationsrichtung senkrecht auf dieser Richtung, so erscheint der Kristall dunkelblau. Man bezeichnet solche Stoffe als „dichroitisch".

Als die Wikinger im neunten Jahrhundert ihre Seefahrten unternahmen, hatten sie weder Magnetkompaß noch Polaroid als Navigationshilfe. Bei Nacht richteten sie sich nach den Sternen, bei Tag nach der Sonne, wenn diese nicht gerade durch Wolken verdeckt war. Die alten Nordischen Sagen berichten, daß sich die zur See fahrenden Wikinger mit Hilfe von magischen „Sonnensteinen" auch dann nach der Sonne orientieren konnten, wenn die Sonne hinter Wolken verborgen war. Was jedoch diese „Sonnensteine" wirklich waren, war lange Zeit ein Rätsel. Dieses Rätsel wurde wahrscheinlich von einem dänischen Archäologen, der über die Wikinger Bescheid wußte, und von einem zehnjährigen Knaben, der den Zwielichtkompaß kannte, gelöst (der Vater des Knaben war Chefpilot bei Scandinavian Airlines System). Der Archäologe *Thorkild Ramskou* hatte in einer archäologischen Zeitschrift folgendes geschrieben: „...es scheint jedoch möglich, daß es sich dabei um ein Instrument handelte, das auch bei Bewölkung den Stand der Sonne anzeigen konnte." Der Knabe las das; ihm kam vor, als könnte es sich dabei um einen Zwielichtkompaß gehandelt haben. Der Vater des Knaben, *Jörgen Jensen*, teilte diese Beobachtung *Ramskou* mit. *Ramskou* und der Juwelier des Dänischen Königshofes sammelten und untersuchten verschiedene in Skandinavien gefundene dichroitische Kristalle. Cordierit erwies sich dabei als der beste „Sonnenstein". *Ramskou* konnte damit die Position der Sonne auf $\pm 2\frac{1}{2}°$ genau bestimmen und bis 7° hinter den Horizont verfolgen.

Unsere Frage ist nun folgende: Einem im Magazin *Time* vom 14. Juli 1967 auf S. 58 erschienenen Artikel zufolge berichten die alten Nordischen Sagen, daß die Sonne mit Hilfe der magischen „Sonnensteine" immer und *bei jedem Wetter* geortet werden konnte. Glauben Sie das? Geben Sie eine Erklärung.

34. *Ein „Projektionsoperator" für Polarisation.* Bringt man ein Stück linear polarisierendes Polaroid, dessen bevorzugte Durchlaßrichtung in der $\hat{x}$-Richtung liegt, in einen Lichtstrahl, der sich aus einer Mischung von allen möglichen Polarisationsrichtungen zusammensetzt, so absorbiert das Polaroidfilter alles Licht, das nicht längs $\hat{x}$ linear polarisiert ist. An der Rückseite dieses Polarisators tritt Licht aus, das in der $\hat{x}$-Richtung linear polarisiert ist. Wir nennen dieses Polaroidfilter einen „Projektionsoperator". Er „projiziert" das in $\hat{x}$-Richtung polarisierte Licht ohne Verlust (wenn man von kleinen Reflexionen absieht) und gibt es an seiner Rückseite ab. Es ist zu beachten, daß man diesen „x-Projektionsoperator" auch verkehrt herum verwenden kann, d.h., es ist gleichgültig, welche Seite des Polaroidfilters man als Vorderseite (bzw. Eintrittsende) nimmt. Betrachten wir nun einen Zirkularpolarisator; dieser besteht aus einem Linearpolarisator (Vorderseite) und einem darangeklebten $\lambda/4$-Plättchen, dessen optische Achse mit der bevorzugten Durchlaßrichtung des Polaroidfilters einen Winkel von 45° einschließt. Dieser Polarisator erzeugt (z.B.) rechtszirkular polarisiertes Licht, absorbiert aber die Hälfte von auftreffendem rechtszirkular polarisiertem Licht. Verwendet man ihn verkehrt herum, so läßt er einfallendes rechtszirkular polarisiertes Licht durch und absorbiert linkszirkular polarisiertes Licht. Wenn er aber rechtszirkular polarisiertes Licht durchläßt, das auf der Seite des $\lambda/4$-Plättchens einfällt, so gibt er es auf der Seite des Polaroids als linear polarisiertes Licht ab. Er ist also *nicht* das, was wir als Projektionsoperator für Polarisation bezeichnen. Ihre Aufgabe besteht nun in folgendem: Ersinnen Sie Projektionsoperatoren für Zirkularpolarisation, und zwar einen für rechts- und einen für linkszirkular polarisiertes Licht. Der Projektionsoperator für rechtszirkulare Polarisation muß einfallendes rechtszirkular polarisiertes Licht ohne Verlust (abgesehen von geringfügigen Reflexionen) durchlassen und wieder als rechtszirkular polarisiertes Licht abgeben. Er muß linkszirkular polarisiertes Licht absorbieren.

Frage: Ist Ihr Projektionsoperator für Zirkularpolarisation reversibel? Ist es gleichgültig, welche Seite Sie als Vorderseite benutzen?

35. *Unterdrückung der Blendwirkung – Heimversuch.* Angenommen, Sie wollen etwas mit einer Taschenlampe durch ein Glasfenster hindurch beleuchten. Wie können Sie das lästige Blenden, das durch die Reflexion des Lichts am Glas auftritt, unterdrücken? Nehmen Sie ferner an, Sie wollen bei Nacht durch Regen hindurch einen Gegenstand sehen und richten dazu den Strahl Ihrer Taschenlampe darauf. Können Sie mit demselben Trick, mit dem Sie das Blenden am Fensterglas unterdrückt haben, auch das von den Regentropfen reflektierte Licht unterdrücken? Angenommen, Sie verwenden anstelle von Licht 10-cm-Mikrowellen, die von ein und demselben Antennensystem abgestrahlt und wieder aufgefangen werden, also Radar. Wie müssen Sie die Phasenbeziehungen in den beiden längs x und y gerichteten Antennen wählen, um die Blendwirkung der Regentropfen zu unterdrücken?

36. *Farben in farblosem Kunststoff – Heimversuch.* Nehmen Sie ein Stück durchsichtigen Kunststoff mit glatten Flächen – z.B. eine Plastikschüssel für den Kühlschrank oder sonst irgendein Gefäß. Betrachten Sie das Spiegelbild des Himmels bei einem Einfallswinkel von ca. 45°. Sehen Sie Farben? (Legen Sie ein dunkles Tuch oder Papier unter, um den Hintergrund zu schwächen.) Verstärken Sie den Effekt noch, indem Sie sich ein Polaroidfilter vor Ihr Auge halten. Erklären Sie, woher die Farben kommen.

9. Interferenz und Beugung

9.1. Einleitung

Bis jetzt waren unsere Untersuchungen im wesentlichen auf eindimensionale Probleme beschränkt, d.h., eine von irgendeinem Punkt ausgehende Welle konnte nur auf einem einzigen Weg an einen anderen Ort gelangen. Nun werden wir uns aber mit Situationen beschäftigen, bei denen die Welle verschiedene Wege von ihrem Ausgangspunkt zum Detektor nehmen kann. Solche Situationen führen zu den sogenannten *Interferenz-* oder *Beugungserscheinungen* – das Ergebnis einer Verstärkung bzw. Auslöschung durch Überlagerung von Wellen verschiedener Phase in Abhängigkeit vom Ausbreitungsweg.

Im Abschnitt 9.2 behandeln wir die am Ort des Beobachters (Detektors) festgestellte Überlagerung von Wellen, die von zwei punktförmigen Quellen gleicher Frequenz und konstanter Phasenbeziehung ausgesandt werden. Beispiele dafür sind Wasserwellen, die von zwei leicht bewegten Schraubenköpfen an der Oberfläche einer wassergefüllten Schüssel ausgehen, oder Licht, das von den elektrischen Strömen in den Kanten zweier von einem leuchtenden Punkt oder einer leuchtenden Linie angestrahlten Spalte ausgesandt wird (Übung 18), oder Schallwellen von zwei Lautsprechern, die von ein und demselben Hörfrequenzgenerator gespeist werden.

Im Abschnitt 9.3 behandeln wir die Interferenz zwischen zwei „unabhängigen" Quellen, d.h. zwischen zwei Quellen, deren Phasen in keiner festen Beziehung zueinander stehen. Wir werden finden, daß das Interferenzmuster nur während Zeiten der Größenordnung $(\Delta\nu)^{-1}$ konstant ist; $\Delta\nu$ ist dabei die Bandbreite der Quellen. Durch genügend schnelle Messung läßt sich jedoch das Interferenzmuster bestimmen.

Im Abschnitt 9.4 wird beschrieben, wie groß eine aus unabhängig strahlenden Teilen bestehende Quelle sein darf, damit sie sich noch wie eine punktförmige Quelle verhält, wenn der Detektor über lange Zeiten (d.h. lang gegen $(\Delta\nu)^{-1}$) mittelt. Das Ergebnis läßt sich in einem einfachen Heimversuch verifizieren (Übung 20). Ein weiterer Heimversuch (Übung 21) zeigt die Kohärenz an einem Lloydschen Spiegel.

Im Abschnitt 9.5 bringen wir eine grobe Ableitung des Ergebnisses, daß ein Strahl der Breite D um seine vorwiegende Ausbreitungsrichtung um einen Winkel (die „Breite") der Größenordnung $\Delta\theta \approx \lambda/D$ divergiert. Mathematisch (durch die Theorie der Fourier-Analyse) ist diese Tatsache auch damit verwandt, daß ein Impuls der Länge Δt ein Frequenzspektrum der Größenordnung $(\Delta t)^{-1}$ hat.

Im Abschnitt 9.6 benutzen wir eine von *Huygens* ersonnene Anordnung, um das Interferenzmuster eines Einzelspalts bzw. mehrerer Spalte zu erhalten. Dabei werden wir besonders auf optische und elektromagnetische Erscheinungen eingehen. Es sind auch einige Heimversuche mit Beugungsgittern und verschiedenen Beugungsmustern angegeben. Wir empfehlen hier dem Studierenden dringend, sich für diese Versuche eine klare Glühlampe mit einem einzigen, geraden, ca. 7,5 cm langen Glühfaden zu beschaffen. In den meisten Versuchen wird eine solche Lampe als „leuchtende Linie" gebraucht.

Im Abschnitt 9.7 beschäftigen wir uns mit der sogenannten „geometrischen" Optik. Zuerst leiten wir das Reflexionsgesetz und das Snelliussche Brechungsgesetz aus den Welleneigenschaften des Lichts ab. Danach behandeln wir verschiedene Spiegel, Prismen und dünne Linsen.

9.2. Interferenz zwischen zwei kohärenten, punktförmigen Quellen

Kohärente Quellen. Am einfachsten sind die Interferenzverhältnisse bei zwei gleichartigen Quellen, die sich an zwei verschiedenen Punkten befinden und die beide harmonische, laufende Wellen der gleichen Frequenz in ein unbegrenztes, homogenes Medium hinaussenden. Haben beide Quellen eine genau definierte Frequenz (und nicht eine vorherrschende Frequenz und eine endliche Bandbreite), so ändert sich der Phasenunterschied zwischen den beiden Quellen (d.h. die Differenz zwischen ihren Phasenkonstanten) mit der Zeit nicht, und die beiden Quellen heißen *relativ kohärent* oder einfach *kohärent*. (Sie sind auch dann noch „kohärent", wenn beide unterschiedliche Frequenzen aussenden, sofern nur jede monochromatisch ist, da ihre relative Phase dann zu jeder Zeit genau bestimmt ist.) Sind die Quellen „unabhängig" und haben beide dieselbe vorherrschende Frequenz und die endliche Bandbreite $\Delta\nu$, so bleibt ihr Phasenunterschied nur während Zeiten der Größenordnung $(\Delta\nu)^{-1}$ konstant. Andererseits können zwei Quellen miteinander „starr" in Phase sein, weil beide von derselben Kraft erregt werden. Obwohl sich dabei die Phasenkonstante jeder Quelle während der Zeit $(\Delta\nu)^{-1}$ ($\Delta\nu$ ist die Bandbreite der gemeinsamen erregenden Kraft) unkontrollierbar um einen Winkel der Größenordnung 2π verschiebt, bleibt der relative Phasenunterschied der beiden Quellen konstant. Man sagt dann, die Quellen seien kohärent, obwohl sie nicht monochromatisch sind.

Zwei kohärente Quellen für Wellen sind beispielsweise zwei Stäbe, die die Oberfläche eines Gewässers berühren. Werden beide Stäbe in gleicher Weise zu Vertikalschwingungen angeregt, so erzeugen sie an der Wasseroberfläche Kapillarwellen. Der Phasenunterschied der Stäbe ist konstant, da beide von einer gemeinsamen Quelle erregt werden. Ein weiteres Beispiel für zwei kohärente Quellen sind zwei gleichartige Antennen, die von ein und demselben Schwingungsgenerator mit konstantem Phasenunterschied

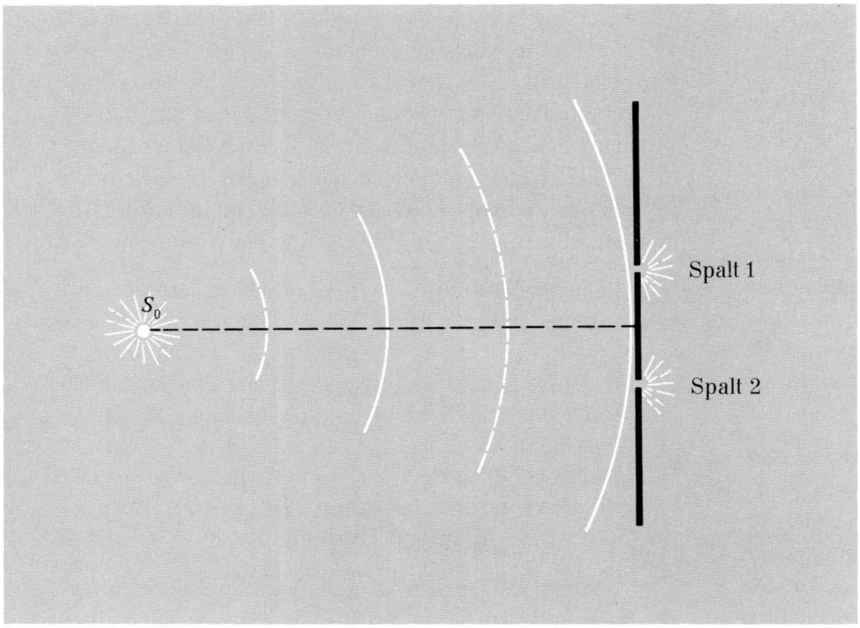

Bild 9.1. Zwei kohärente Lichtquellen. Die Ströme in den Kanten der Spalte 1 und 2 werden von den von der punktförmigen Quelle S_0 kommenden Wellen erregt. Die Phasenkonstante von S_0 kann sich plötzlich ändern, der Phasenunterschied der Ströme an den Spalten bleibt jedoch gleich.

erregt werden. Dieser Phasenunterschied der beiden Antennenströme bleibt konstant, auch wenn der Generator nicht vollkommen monochromatische Schwingungen erzeugt. Ein Beispiel für zwei kohärente Quellen sichtbaren Lichts sind zwei kleine Löcher oder parallele Spalte in einem dunklen, undurchsichtigen Schirm, der einseitig von einer entfernten punktförmigen Lichtquelle beleuchtet wird. Das elektrische Feld der von der punktförmigen Quelle ausgehenden elektromagnetischen Strahlung (Licht) induziert in den Kanten der Spalte Ströme. Die beiden Spalte werden dann als kohärente Lichtquellen bezeichnet (Bild 9.1).

Verstärkung und Auslöschung durch Interferenz. An einigen Punkten des Detektors treffen Wellenberge (bzw. -täler) von beiden Quellen stets gleichzeitig ein. Man nennt den Bereich um einen solchen Punkt einen Bereich der *Verstärkung durch Interferenz* oder ein *Interferenzmaximum*. An anderen Punkten wiederum trifft ein Wellenberg von der einen Quelle stets auf ein Wellental von der anderen Quelle; dort liegt dann *Auslöschung durch Interferenz* oder ein *Interferenzminimum* vor. Da die beiden Quellen (laut Annahme) in konstanter Phasenbeziehung stehen, bleibt ein Bereich, in dem zu einem bestimmten Zeitpunkt Verstärkung herrscht, immer ein Verstärkungsbereich. Ebenso bleibt ein Auslöschungsbereich stets ein Auslöschungsbereich.

Interferenzmuster. Das von den verschiedenen Interferenzmaxima und -minima gebildete Muster heißt *Interferenzmuster*. Im Sinn der obigen Aussagen ist dieses Interferenzmuster stationär, obwohl es von laufenden Wellen erzeugt wird. Beachten Sie, daß der Phasenunterschied zwischen den Antennenströmen auch dann konstant bleibt, wenn der die beiden Antennen speisende Generator zuerst abgeschaltet und dann mit einer neuen Phasenkonstanten wieder eingeschaltet wird. Ebenso bleibt der Phasenwinkel zwischen den Strömen an den beiden Spalten konstant, auch wenn die punktförmige Quelle, die diese Spalte anstrahlt, ab- und angeschaltet wird. Das Interferenzmuster bleibt stets unverändert. Bewegt sich jedoch die punktförmige Quelle so, daß sich ihre Abstände von den beiden Spalten um verschiedene Beträge ändern, so ändert sich der relative Phasenwinkel zwischen den induzierten Strömen; damit ändert sich auch die Lage der Interferenzmaxima und -minima, d.h., das ganze Interferenzmuster ändert sich. Ebenso ändert sich das Interferenzmuster, wenn wir zwischen dem Schwingungsgenerator und einer der Antennen ein „Verzögerungskabel" einschalten, so daß sich der relative Phasenwinkel zwischen den Antennenströmen ändert.

Nahfeld und Fernfeld. In den meisten von uns betrachteten Fällen ist der Abstand des Detektors von den beiden Quellen groß im Vergleich zum Abstand der beiden Quellen voneinander. Man sagt dann: Der Detektor befindet sich im *Fernfeld* der Quellen. Gewöhnlich betrachten wir das Fernfeld, da wir dann einfache geometrische Näherungsannahmen machen können. Bezüglich der Abhängigkeit der Wellenamplitude von der Entfernung können wir dann sagen, daß die beiden Quellen im wesentlichen gleich weit vom Detektor entfernt sind. Dazu tragen laufende Wellen von beiden Quellen mit im wesentlichen gleich großen Amplituden bei (vorausgesetzt, daß es sich um gleichartige Quellen handelt).

Die Zeitabhängigkeit der Gesamt-Wellenfunktion an einem gegebenen Beobachtungspunkt (auch Feldpunkt oder Aufpunkt P genannt) ist daher durch die Überlagerung zweier harmonischer Schwingungen gleicher Frequenz und gleicher Amplitude, aber (im allgemeinen) unterschiedlicher Phase, gegeben. Die beiden Phasenkonstanten (in einem gegebenen Aufpunkt) hängen von den Phasenkonstanten der beiden Schwingungsquellen und von der jeweiligen Anzahl der Wellenlängen zwischen dem Aufpunkt und den Quellen ab. Sind die Abstände der beiden Quellen vom Aufpunkt P gleich groß oder unterscheiden sie sich um ein ganzzahliges Vielfaches einer Wellenlänge und schwingen die Quellen außerdem noch phasengleich, so befindet sich in P ein Interferenzmaximum. Die Amplitude der harmonischen Schwingung an diesem Punkt ist dann doppelt so groß, als wenn nur eine der beiden Quellen allein vorhanden wäre. (Schwingen sie mit einer Phasenverschiebung von 180°, so befindet sich in P ein Interferenzminimum mit der Amplitude Null.) Ist die eine Quelle um $\frac{1}{2}\lambda$ (plus einer beliebigen Anzahl ganzer Wellenlängen) weiter von P entfernt als die andere und schwingen beide Quellen phasengleich, so befindet sich bei P ein Interferenzminimum mit der Amplitude Null. Die Näherung besteht darin, daß die Amplituden der einzelnen Beiträge von den beiden Quellen genau gleich gesetzt werden, obwohl die Abstände der beiden Quellen vom Aufpunkt im allgemeinen leicht verschieden sind und die Amplituden mit der Entfernung abnehmen. Die Amplitude in einem Interferenzminimum ist daher im allgemeinen nicht *exakt* Null.

Eine zweite, wichtige Vereinfachung, die sich auf das Fernfeld anwenden läßt, ist die Annahme, daß die Richtung von der Quelle 1 zum Aufpunkt P parallel zur Richtung von der Quelle 2 nach P ist. Diese Näherung werden wir bei der Berechnung des Interferenzmusters zweier punktförmiger Quellen benutzen. Wir bringen nun ein näherungsweise gültiges Kriterium, das angibt, wann die Fernfeld-Näherung berechtigt ist. Dazu betrachten wir einen Aufpunkt P, dessen von der Quelle 1 aus gezogener Radiusvektor senkrecht auf der Verbindungslinie der Quellen 1 und 2 steht (Bild 9.2). Die Fernfeldnäherung ist gerechtfertigt, wenn wir den von der Quelle 2 nach P gezogenen Radiusvektor als parallel zu dem von der Quelle 1 nach P gezogenen Radiusvektor betrachten können. Dann kann man nämlich annehmen, daß der relative Phasenwinkel zwischen den beiden Beiträgen zur Welle in P im wesentlichen gleich dem relativen Phasenwinkel zwischen den beiden Quellen ist (bei einer Anordnung wie in Bild 9.2). Diese Näherung verliert jedoch ihre Gültigkeit, wenn die Entfernung L_{2P} um eine halbe Wellenlänge (oder mehr) größer als die Distanz L_{1P} ist, da sich dann die beiden Wellenanteile in P um einen Phasenwinkel von 180° (oder mehr) unterscheiden (vorausgesetzt, die beiden Quellen sind in Phase).

„Grenze" zwischen Nah- und Fernfeld. Wir definieren grob eine Art „Grenzabstand" L_0 zwischen den Quellen und dem Aufpunkt derart, daß die Fernfeldnäherung gut ist, wenn L_{1P} und L_{2P} sehr groß gegen L_0 sind. Dann ist L_0 also eine grobe Grenze zwischen dem Nah- und Fernfeld. Die natürliche Wahl für den Grenzabstand L_0 ist eine Entfernung L_{1P}, in der L_{2P} um genau eine halbe Wellenlänge größer als L_{1P} ist. Einen Näherungsausdruck für diese ungefähre Grenze erhalten wir wie folgt: Nach Bild 9.2 ist (exakt)

$$L_{2P}^2 = L_{1P}^2 + d^2,$$

d.h.

$$L_{2P}^2 - L_{1P}^2 = (L_{2P} - L_{1P})(L_{2P} + L_{1P}) = d^2.$$

Im hier interessierenden Fall sind aber L_{2P} und L_{1P} nahezu gleich groß und im wesentlichen gleich L_0, da L_{2P} um $\frac{1}{2}\lambda$ größer ist als L_{1P}:

$$d^2 = (L_{2P} - L_{1P})(L_{2P} + L_{1P}) \approx (\tfrac{1}{2}\lambda)(L_0 + L_0).$$

Grob können wir also sagen, daß die Fernfeldnäherung dann gerechtfertigt ist, wenn der Abstand des Aufpunkts von den Quellen viel größer als L_0 ist. Dabei genügt L_0 der Beziehung

$$\boxed{L_0 \lambda \approx d^2.} \tag{9.1}$$

Verwendung einer Sammellinse zur Erzeugung eines Fernfeld-Interferenzmusters. Sie werden Gelegenheit haben, das Interferenzmuster zweier Spalte mit sichtbarem

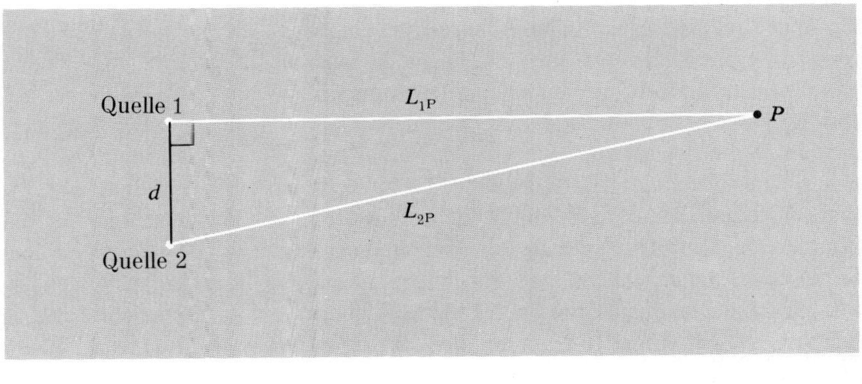

Bild 9.2. Das Fernfeld. Der Detektor im Punkt P befindet sich im Fernfeld der beiden Quellen, wenn sich die Strecke L_{2P} bei der gezeigten Anordnung um viel weniger als eine Wellenlänge von L_{1P} unterscheidet.

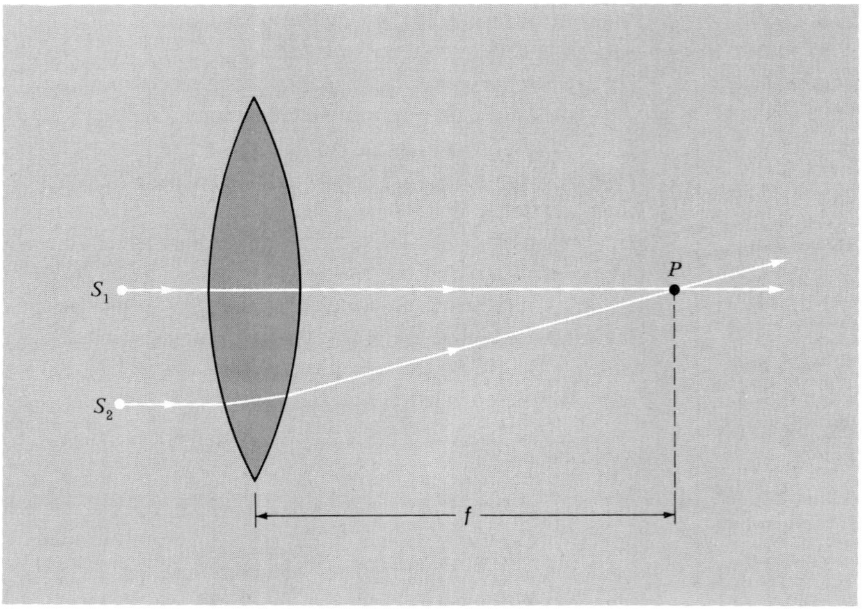

Bild 9.3. Sammellinse.
Von den Quellen S_1 und S_2 ausgehende Parallelstrahlen werden im Punkt P vereinigt, wenn beide Quellen mit derselben Phasenkonstanten schwingen. Bei einer Linse, deren Dicke klein gegen f ist, heißt der Abstand f von der Linsenmitte zum Brennpunkt P die Brennweite der Linse.

Licht selbst zu untersuchen (Übung 18). Die beiden kohärenten Quellen werden wie in Bild 9.1 hergestellt. Ein typischer Abstand zwischen den beiden Spalten ist $\frac{1}{2}$ mm. Wir wollen nun ausrechnen, wie weit der Aufpunkt „stromabwärts" von den Spalten entfernt sein muß, damit er sich im Fernfeld des Doppelspalts befindet. Mit $\lambda = 500$ nm und $d = \frac{1}{2}$ mm erhalten wir aus Gl. (9.1)

$$L_0 \approx \frac{d^2}{\lambda} = \frac{(5 \cdot 10^{-4}\,\mathrm{m})^2}{5 \cdot 10^{-7}\,\mathrm{m}} = 0{,}5\ \mathrm{m}.$$

Um im Fernfeld zu sein, müßte man also ca. $10\,L_0 \approx 5$ m vom Spalt entfernt sein. Das ist aber unpraktisch und nicht notwendig. Sie können ein Fernfeld-Interferenzmuster auch dann erhalten, wenn Sie den Doppelspalt direkt vor Ihren Detektor halten, und zwar auf folgende Weise: Der Detektor ist Ihr Auge, das im wesentlichen aus einer lichtempfindlichen Schicht (der Netzhaut) und einer Linse besteht. (Wir werden Linsen im Abschnitt 9.7 behandeln.) Die Linse besitzt eine verstellbare Brennweite, die sich durch Änderung der Spannung der Akkomodationsmuskeln des Auges variieren läßt. Bei einem normalen Auge sind diese Muskeln beim Betrachten eines entfernten Gegenstandes entspannt; die Form der Linse ist dann so, daß Strahlen, die von einer entfernten punktförmigen Quelle kommen und an verschiedenen Punkten der Linsenoberfläche auftreffen, auf der Netzhaut in einem Punkt vereinigt, fokussiert werden. (Ist die Brechkraft der Linse zu stark oder zu schwach, so werden die Strahlen nicht auf der Netzhaut fokussiert und der entfernte Gegenstand erscheint verschwommen.) Diese Strahlen sind beinahe parallel, da die Quelle weit entfernt ist. Dieselbe Linse (d.h., wenn die Akkomodationsmuskeln entspannt sind) wird aber *alle* parallelen Strahlen auf der Netzhaut fokussieren, ganz gleich, ob sie von einer „weit entfernten punktförmigen Quelle" kommen oder nicht. Bild 9.3 zeigt die Sammelwirkung der Linse. Obwohl die Entfernung zwischen Quelle 1 und Punkt P geringer als die Entfernung zwischen Quelle 2 und Punkt P ist, stellt sich heraus (wie wir im Abschnitt 9.7 zeigen werden), *daß die Anzahl der Wellenlängen gleich ist*. Das ist deswegen möglich, weil der von S_1 nach P gehende Strahl innerhalb der Linse, wo ja die Wellenlänge kürzer als in Luft ist, einen längeren „optischen Weg" zurücklegt. Der Punkt P ist „effektiv" im Unendlichen; damit ist gemeint, daß die von den Quellen 1 und 2 ausgehenden parallelen Strahlen bis zum Punkt P dieselbe Anzahl von Wellenlängen durchlaufen. Der Punkt P liegt also an einem Interferenzmaximum (unter der Annahme, daß beide Quellen phasengleich schwingen) genauso, als wenn das gesamte Gebiet konstanten Brechungsindex hätte und P sich rechts im Unendlichen befände.

Im folgenden werden wir annehmen, daß sich P im Fernfeld der Quellen 1 und 2 befindet, und zwar entweder, weil P tatsächlich sehr weit von den Quellen entfernt ist oder weil wir eine Linse verwenden und P „effektiv" sehr weit von den Quellen entfernt ist.

Fernfeld-Interferenzmuster. Bild 9.4 zeigt zwei punktförmige Quellen elektromagnetischer Wellen, die an einem weit entfernten Aufpunkt P aufgefangen werden. Wir betrachten nur das Interferenzmuster in der von den beiden Quellen und dem Aufpunkt P aufgespannten Ebene. Die daraus folgenden Ergebnisse gelten auch für zwei „Linienquellen" (zwei Spalte im Fall von sichtbarem Licht), zwei Radioantennen oder Oberflächenwellen in Wasser.

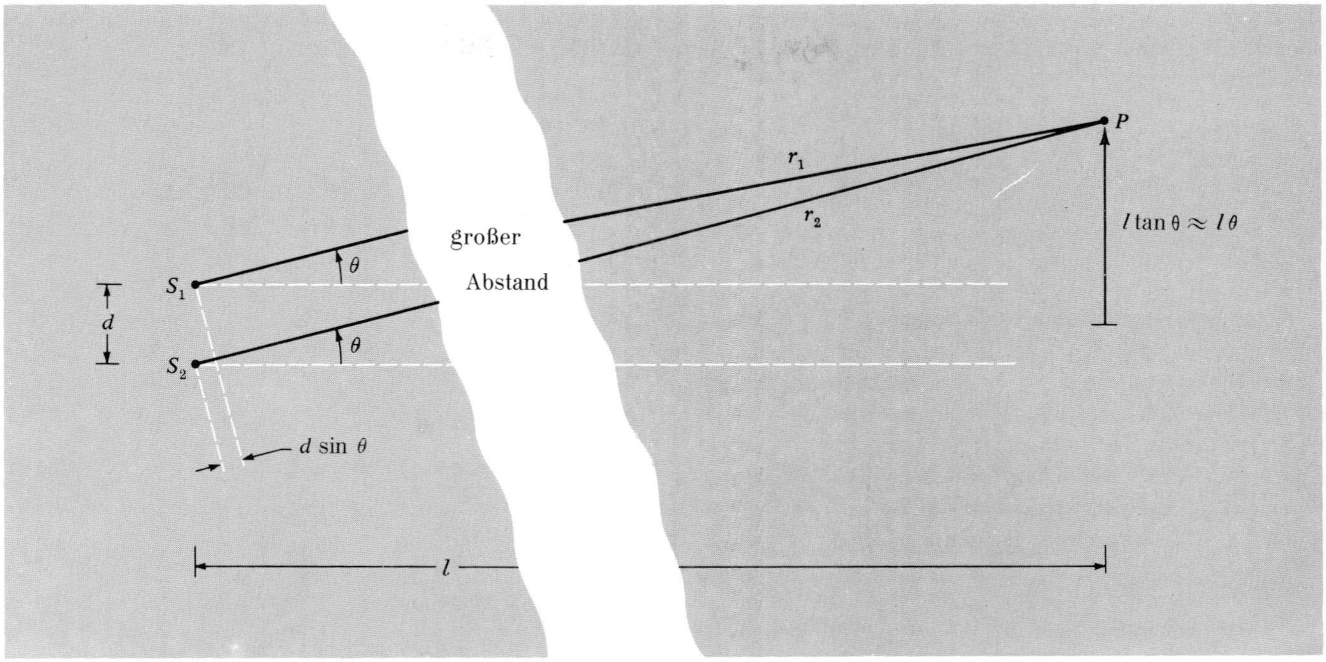

Bild 9.4. Emission von Wellen durch zwei punktförmige Quellen und Nachweis in einem weit entfernten Aufpunkt P.

Hauptmaximum. Sind die Abstände r_1 und r_2 der Quellen 1 und 2 vom Aufpunkt P groß im Vergleich zur Strecke d, so sind die beiden von den Quellen nach P gehenden Strahlen beinahe parallel; beide schließen praktisch denselben Winkel θ mit der z-Achse ein (Bild 9.4). Der Wegunterschied (Gangunterschied) $r_2 - r_1$ ist dann im wesentlichen gleich $d \sin\theta$. Schwingen die beiden Quellen in Phase, so liegt P in einem Gebiet der Verstärkung durch Interferenz, wenn $d \sin\theta = 0, \pm\lambda, \pm 2\lambda$, usw. ist. Das Interferenzmaximum bei $\theta = 0$ heißt *Hauptmaximum* oder *Maximum nullter Ordnung*. Das erste Maximum links oder rechts davon, für das $d \sin\theta$ gleich $\pm\lambda$ ist, heißt *Maximum erster Ordnung*, usw. Die Stellen, an denen Auslöschung durch Interferenz herrscht und die Gesamtwelle immer Null ist, heißen *Minima*. Sie liegen bei Winkeln, für die der Wegunterschied $d \sin\theta = \pm\frac{1}{2}\lambda, \pm\frac{3}{2}\lambda$, usw. ist.

Unter der Annahme, daß beide Quellen dieselbe harmonische „Bewegung" ausführen, jedoch verschiedene Phasenkonstanten haben können, werden wir nun einen Ausdruck für das gesamte elektrische Feld in P ableiten. Unter den Quellen wollen wir uns zwei schwingende Punktladungen vorstellen. Wir betrachten nur eine einzige Polarisationsrichtung; diese soll eine der beiden unabhängigen Richtungen sein, die transversal in bezug auf die Verbindungsgerade Quelle – Aufpunkt sind. Wir brauchen keine bestimmte Polarisationsrichtung herauszugreifen, da die Ergebnisse unabhängig für beide (und ebenso für alle anderen) Polarisationen gelten (z.B. auch für links- oder rechtszirkulare Polarisation). Der Anschaulichkeit halber wählen wir jedoch konkret eine linear polarisierte Schwingung in der $\hat{\mathbf{y}}$-Richtung, wobei $\hat{\mathbf{y}}$ senkrecht auf der Zeichenebene von Bild 9.4 stehen soll. Die Bewegung der Punktladungen 1 und 2 hat dann nur eine y-Komponente:

$$y_1(t) = y_0 \cos(\omega t + \varphi_1),$$

$$y_2(t) = y_0 \cos(\omega t + \varphi_2). \tag{9.2}$$

Der Aufpunkt P liegt unter dem Winkel θ (Bild 9.4) in der Entfernung r, die das Mittel aus r_1 und r_2 sein soll (d.h., wir legen den Koordinatenursprung in die Mitte zwischen die beiden Quellen). Das durch die vorangegangene verzögerte Bewegung $y_1(t_1')$ erzeugte Strahlungsfeld $E_1(t)$ ist am Aufpunkt P durch

$$E_1(t) = -\frac{q\ddot{y}_1(t_1')}{4\pi\epsilon_0 r_1 c^2} = \frac{\omega^2 q y_0 \cos(\omega t_1' + \varphi_1)}{4\pi\epsilon_0 r_1 c^2} \tag{9.3}$$

gegeben. Das durch $y_2(t_2')$ erzeugte Strahlungsfeld $E_2(t)$ lautet analog. In der Fernfeldnäherung nehmen wir an, daß sowohl r_1 als auch r_2 im großen und ganzen gleich dem mittleren Abstand r ist:

$$r \equiv \tfrac{1}{2}(r_1 + r_2), \tag{9.4}$$

$$E_1(t) = A(r)\cos(\omega t_1' + \varphi_1), \tag{9.5}$$

$$E_2(t) = A(r)\cos(\omega t_2' + \varphi_2),$$

$$A(r) \equiv \frac{\omega^2 q y_0}{4\pi\epsilon_0 r c^2}. \tag{9.6}$$

Die Zeitpunkte t_1' und t_2', zu denen die im späteren Zeitpunkt t aufgefangene Strahlung emittiert wurde, sind durch

$$\omega t_1' = \omega\left(t - \frac{r_1}{c}\right) = \omega t - kr_1$$

$$\omega t_2' = \omega\left(t - \frac{r_2}{c}\right) = \omega t - kr_2 \tag{9.7}$$

gegeben.

Phasenunterschied durch Wegunterschied. Der Phasenunterschied der beiden Wellen in P hängt von θ ab, da auch der Wegunterschied $r_2 - r_1$ vom Winkel θ abhängt. Gerade diese Abhängigkeit des Phasenunterschiedes vom Winkel ist für das Auftreten eines Interferenzmusters verantwortlich. Dieser durch den *Wegunterschied (Gangunterschied) erzeugte Phasenunterschied* ist wichtig; wir geben ihm daher eine eigene Benennung, $\Delta\varphi$:

$$\begin{aligned}\Delta\varphi &= \omega t_1' - \omega t_2' \\ &= k(r_2 - r_1) \\ &= k(d \sin\theta) \\ &= 2\pi \frac{d \sin\theta}{\lambda},\end{aligned} \tag{9.8}$$

dabei ist $d \sin\theta$ der in Bild 9.4 angegebene Wegunterschied. Die einzelnen Zeilen in Gl. (9.8) sind untereinander alle mathematisch gleichwertig, sie sind aber vorstellungsmäßig verschieden zu interpretieren und daher unabhängig voneinander zu merken. So denken wir bei der ersten Zeile an verschiedene Emissionspunkte; bei der letzten Zeile denken wir daran, daß der Phasenunterschied gleich 2π mal der auf den Wegunterschied kommenden Anzahl von Wellenlängen ist; in der zweiten und dritten Zeile denken wir an den Phasenwinkel in Radiant pro Längeneinheit (die Wellenzahl k), multipliziert mit dem Wegunterschied. Zusätzlich zu dem durch Gl. (9.8) gegebenen $\Delta\varphi$ existiert natürlich noch der Phasenunterschied zwischen den Schwingungen der beiden Quellen, $\varphi_1 - \varphi_2$.

Das Gesamtfeld E in P ist gleich der Überlagerung von E_1 und E_2:

$$\begin{aligned}E(r, \theta, t) &= E_1 + E_2 \\ &= A(r)\cos(\omega t_1' + \varphi_1) + A(r)\cos(\omega t_2' + \varphi_2) \\ &= A(r)\cos(\omega t + \varphi_1 - kr_1) \\ &\quad + A(r)\cos(\omega t + \varphi_2 - kr_2).\end{aligned} \tag{9.9}$$

„Gemittelte" laufende Welle. Anstatt E als Überlagerung von zwei auslaufenden Kugelwellen der Quellen 1 und 2 darzustellen, können wir es auch als eine einzige „gemittelte" auslaufende Kugelwelle darstellen; die Amplitude dieser gemittelten Welle ist dann als Funktion der Ausbreitungsrichtung θ moduliert, ihre Phasenkonstante ist das Mittel aus den Phasenkonstanten φ_1 und φ_2 der beiden Quellen. Um dies zu beweisen, benutzen wir die trigonometrischen Identitäten

$$\begin{aligned}\cos a \cos b &= \cos\left[\tfrac{1}{2}(a+b) + \tfrac{1}{2}(a-b)\right] \\ &\quad + \cos\left[\tfrac{1}{2}(a+b) - \tfrac{1}{2}(a-b)\right] \\ &= 2\cos\tfrac{1}{2}(a+b)\cos\tfrac{1}{2}(a-b),\end{aligned}$$

mit

$$a = \omega t + \varphi_1 - kr_1,$$

$$b = \omega t + \varphi_2 - kr_2.$$

Damit ist

$$\begin{aligned}\tfrac{1}{2}(a+b) &= \omega t + \tfrac{1}{2}(\varphi_1 + \varphi_2) - k \cdot \tfrac{1}{2}(r_1 + r_2) \\ &= \omega t + \varphi_{\text{mit}} - kr,\end{aligned} \tag{9.10}$$

$$\begin{aligned}\tfrac{1}{2}(a-b) &= \tfrac{1}{2}(\varphi_1 - \varphi_2) - \tfrac{1}{2}k(r_1 - r_2) \\ &= \tfrac{1}{2}(\varphi_1 - \varphi_2) + \tfrac{1}{2}\Delta\varphi.\end{aligned} \tag{9.11}$$

Aus Gl. (9.9) wird dann

$$\begin{aligned}E(r, \theta, t) &= \{2A(r)\cos[\tfrac{1}{2}(\varphi_1 - \varphi_2) + \tfrac{1}{2}\Delta\varphi]\} \\ &\quad \cos(\omega t + \varphi_{\text{mit}} - kr) \\ &= A(r, \theta)\cos(\omega t + \varphi_{\text{mit}} - kr),\end{aligned} \tag{9.12}$$

wobei die Amplitude $A(r, \theta)$ durch

$$A(r, \theta) = 2A(r)\cos[\tfrac{1}{2}(\varphi_1 - \varphi_2) + \tfrac{1}{2}\Delta\varphi],$$

$$\Delta\varphi = k(r_2 - r_1) = 2\pi\frac{d\sin\theta}{\lambda} \tag{9.13}$$

gegeben ist.

Photonenstrom. Der Photonenstrom im Aufpunkt P ist dem zeitlichen Mittel $\langle S\rangle$ über den Energiestrom proportional. Haben wir nur die eine von uns betrachtete Polarisationskomponene in $\hat{\mathbf{y}}$-Richtung, so ist die Energiestromdichte gleich

$$\langle S\rangle = \frac{c}{4\pi}\langle \mathbf{E}^2\rangle, \tag{9.14}$$

wobei

$$\mathbf{E} = \hat{\mathbf{y}}\,E(r, \theta, t). \tag{9.15}$$

Dann ist

$$\begin{aligned}\langle \mathbf{E}^2\rangle &= \langle [A(r,\theta)\cos(\omega t + \varphi_{\text{mit}} - kr)]^2\rangle \\ &= \tfrac{1}{2}A^2(r, \theta),\end{aligned} \tag{9.16}$$

wobei

$$A^2(r, \theta) = \{2A(r)\cos[\tfrac{1}{2}(\varphi_1 - \varphi_2) + \tfrac{1}{2}\Delta\varphi]\}^2. \tag{9.17}$$

Interferenzmuster des Doppelspalts. Wir halten r fest und betrachten die Änderung des Photonenstroms mit dem Winkel θ. Nach den Gln. (9.14) bis (9.17) haben wir (wir bezeichnen den Photonenstrom mit $I(\theta)$)

$$I(\theta) = I_{\max}\cos^2[\tfrac{1}{2}(\varphi_1 - \varphi_2) + \tfrac{1}{2}\Delta\varphi]. \tag{9.18}$$

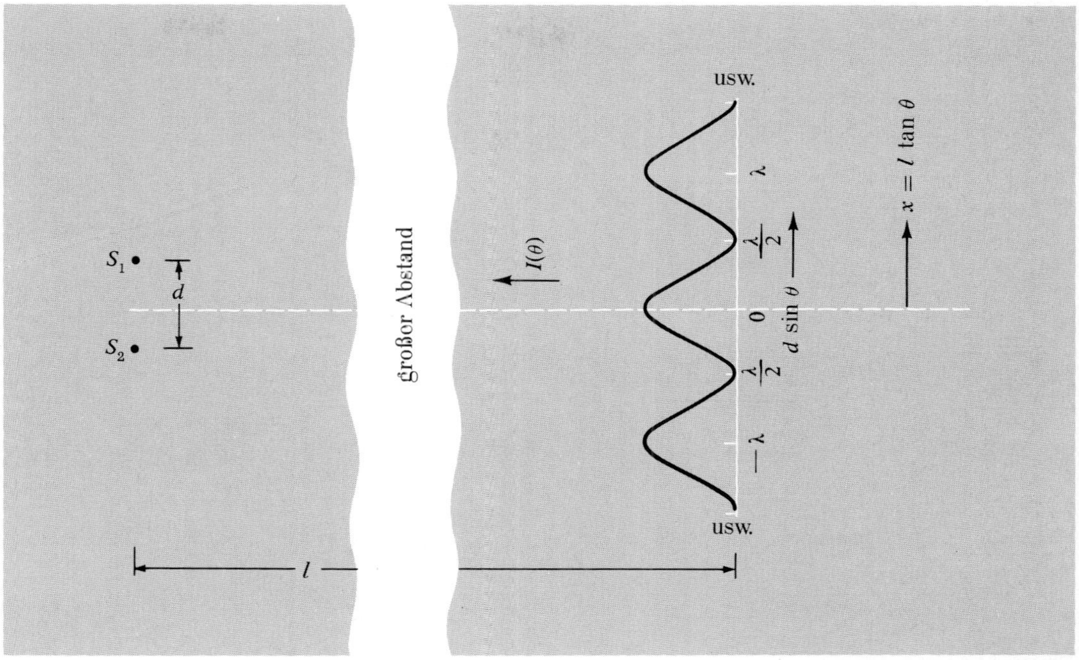

Bild 9.5. Intensität bei der Überlagerung von Wellen aus zwei phasengleichen Quellen. Der Abstand d ist groß gegen λ.

Laut Gl. (9.18) *ändert sich die Intensität mit dem Quadrat des Kosinus des halben Phasenunterschieds*; dabei ist dieser Phasenunterschied zum Teil gleich der Phasendifferenz zwischen den Schwingungen der Quellen, zum Teil ist er die durch die Winkelabhängigkeit des Wegunterschieds hervorgerufene Phasendifferenz.

Phasengleiche Schwingungsquellen. Ist φ_1 gleich φ_2, so ist die Winkelabhängigkeit des Interferenzmusters eines Doppelspalts (bzw. zweier punktförmiger Lichtquellen) gleich

$$I(\theta) = I_{max} \cos^2 \tfrac{1}{2} \Delta\varphi = I_{max} \cos^2 \left[\pi \frac{d \sin\theta}{\lambda}\right]. \tag{9.19}$$

Bild 9.5 zeigt diese Winkelabhängigkeit im Bereich um $\theta = 0$ unter der Annahme, daß die Quellen viele Wellenlängen voneinander entfernt sind ($d \gg \lambda$), so daß $I(\theta)$ viele Maxima und Minima durchläuft, während θ noch klein ist. Dadurch ist es möglich, mehrere Maxima und Minima in ein und demselben kleinen Bereich (um $\theta = 0$) zu zeichnen.

Nicht phasengleiche Schwingungsquellen. Unterscheiden sich φ_1 und φ_2 um einen Phasenwinkel von $\pm\pi$, so ist der halbe Phasenunterschied $\pm\frac{1}{2}\pi$; damit folgt aus Gl. (9.18)

$$I(\theta) = I_{max} \sin^2 \tfrac{1}{2} \Delta\varphi = I_{max} \sin^2 \frac{\pi d \sin\theta}{\lambda}. \tag{9.20}$$

Bild 9.6 zeigt Gl. (9.20) im Bereich um $\theta = 0$, wobei d viele Wellenlängen beträgt, so daß im Bereich um $\theta = 0$ mehrere Maxima von $I(\theta)$ liegen.

Interferenzmuster in der Umgebung von $\theta = 0°$. Beim Betrachten einer Lichtlinie durch einen Doppelspalt läßt sich gewöhnlich nicht genau sagen, wo $\theta = 0$ liegt. Die Bilder 9.5 und 9.6 enthalten also mehr Information, als gewöhnlich zu bekommen ist (wenigstens aus den Heimversuchen). Die wichtigste Information ist jedoch der Winkelabstand zwischen zwei aufeinanderfolgenden Maxima bzw. der entsprechende räumliche Abstand auf einem Nachweisschirm (z. B. auf Ihrer Netzhaut). Zwei aufeinanderfolgende Maxima in den Bildern 9.5 und 9.6 entsprechen einem Anwachsen des Gangunterschieds um eine Wellenlänge, d.h. einem Anwachsen von $d \sin\theta$ um den Betrag λ. Für Winkel θ um 0° können wir die Näherung $\sin\theta \approx \theta$ (kleine Winkel) verwenden. Damit ist *der Winkelabstand zwischen zwei aufeinanderfolgenden Maxima* gleich λ/d Radiant. Wir bezeichnen diesen Winkelabstand mit θ_0:

$$\theta_0 \approx \frac{\lambda}{d}. \tag{9.21}$$

Den entsprechenden räumlichen Abstand zwischen zwei aufeinanderfolgenden Maxima nennen wir x_0. Wie aus Bild 9.5 oder Bild 9.6 zu entnehmen ist, ist der Abstand x_0 für sehr kleine Winkel θ gleich $l \cdot \theta_0$:

$$x_0 \approx l\theta_0 \approx \frac{l\lambda}{d}. \tag{9.22}$$

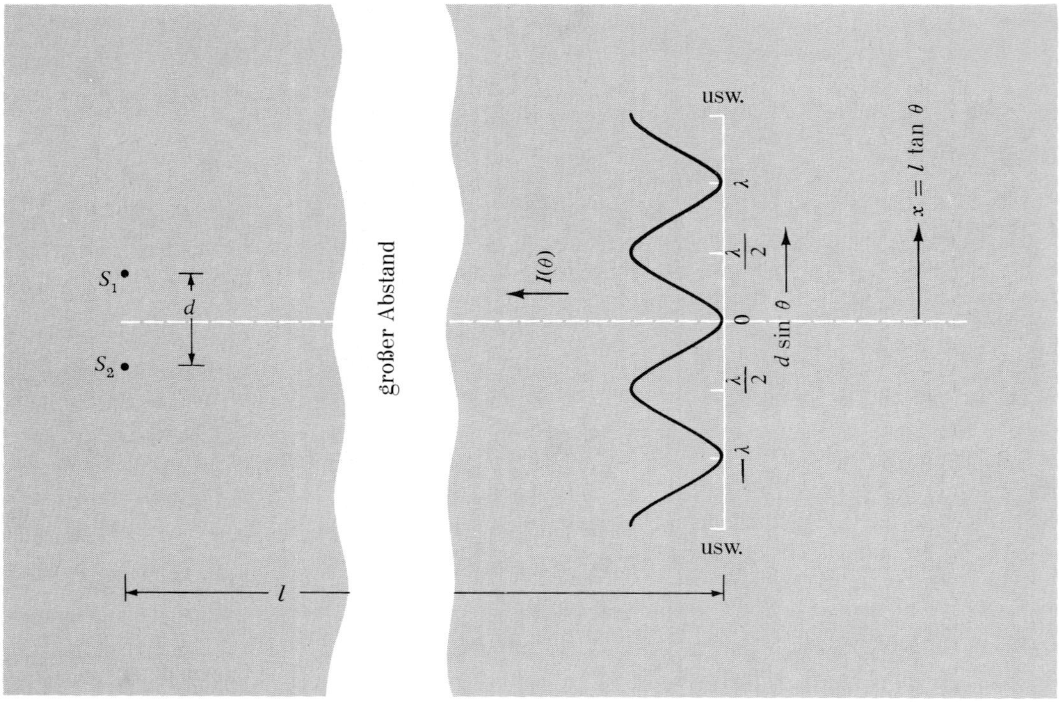

Bild 9.6. Intensität bei der Überlagerung von Wellen aus zwei Quellen mit einer Phasenverschiebung von 180°.

Erhaltung der Energie. Wird die Quelle 2 abgedreht, so ist das elektrische Feld in P nur durch die Quelle 1 bestimmt:

$$E = E_1 = A(r) \cos(\omega t + \varphi_1 - kr_1). \tag{9.23}$$

Der Photonenstrom ist dann proportional zu

$$\begin{aligned} \langle E_1^2 \rangle &= A^2(r) \langle \cos^2(\omega t + \varphi_1 - kr_1) \rangle \\ &= \tfrac{1}{2} A^2(r), \end{aligned} \tag{9.24}$$

also unabhängig von θ. Ebenso ist der Photonenstrom proportional zu

$$\langle E_2^2 \rangle = \tfrac{1}{2} A^2(r), \tag{9.25}$$

wenn nur die Quelle 2 eingeschaltet bleibt. Sind beide Quellen eingeschaltet, so ist der Photonenstrom proportional zu

$$\begin{aligned} \langle E^2 \rangle &= \langle (E_1 + E_2)^2 \rangle \\ &= \tfrac{1}{2} A^2(r, \theta) \\ &= \tfrac{1}{2} \cdot \{2 A(r) \cos[\tfrac{1}{2}(\varphi_1 - \varphi_2) + \tfrac{1}{2}\Delta\varphi]\}^2 \\ &= A^2(r) \cdot 2\cos^2[\tfrac{1}{2}(\varphi_1 - \varphi_2) + \tfrac{1}{2}\Delta\varphi] \end{aligned}$$

(dabei ist die Proportionalitätskonstante dieselbe wie vorher). Mit den Gln. (9.24) und (9.25) bringen wir diese Beziehung in die Form

$$\langle E^2 \rangle = [\langle E_1^2 \rangle + \langle E_2^2 \rangle]\, 2\cos^2[\tfrac{1}{2}(\varphi_1 - \varphi_2) + \tfrac{1}{2}\Delta\varphi], \tag{9.26}$$

wobei

$$\Delta\varphi = 2\pi\, d \sin\theta/\lambda. \tag{9.27}$$

Somit ist der Energiestrom aus beiden, gleichzeitig leuchtenden Lichtquellen gleich dem Produkt aus dem winkelabhängigen Modulationsfaktor $2\cos^2[\frac{1}{2}(\varphi_1 - \varphi_2) + \frac{1}{2}\Delta\varphi]$ und der Summe der Energieströme, die jede Quelle allein erzeugen würde. Liegen zwischen $\theta = 0°$ und $\theta = 360°$ viele Maxima und Minima, so nimmt der Modulationsfaktor die Werte Null und 2,0 gleich oft an, sein Mittelwert ist also gleich Eins. Um jedoch viele Maxima und Minima zu erzeugen, müssen die beiden Quellen viele Wellenlängen voneinander entfernt sein. Wir sehen also, daß die gesamte (in der Zeichenebene der beiden gezeigten Bilder) emittierte Energie gerade gleich der Summe der Energien ist, die jede Quelle allein abgeben würde, vorausgesetzt, daß die beiden Quellen viele Wellenlängen voneinander entfernt sind. Das erscheint vernünftig.

Eins plus Eins macht Vier. Betrachten wir jedoch den Fall, daß die beiden Quellen sehr nahe beieinander liegen. Ihr gegenseitiger Abstand d sei viel kleiner als eine Wellenlänge. Sind die Quellen in Phase, so folgt aus den Gln. (9.26) und (9.27)

$$\langle E^2 \rangle \approx 2[\langle E_1^2 \rangle + \langle E_2^2 \rangle]. \tag{9.28}$$

Anstatt also die Summe der von den beiden Quellen einzeln ausgestrahlten Energie zu erhalten, bekommen wir das Doppelte. Das erscheint etwas seltsam. Ist das nicht eine Verletzung des Satzes von der Erhaltung der Energie? Die Antwort ist: Nein! Wenn nämlich die beiden Quellen „aufeinander sitzen“ (und phasengleich schwingen), so emittieren sie doppelt so viel Energie, als wenn jede für sich allein schwingen würde. Wie kommt es aber dazu? Durch Gl. (9.2) haben wir jeder Quelle, unabhängig von ihrem gegenseitigen Abstand d, ihre Bewegung vorgeschrieben. Die abgestrahlte Energie verdoppelt sich *nicht*, weil sich die Bewegung der Quellen ändert, sondern weil sich der *Widerstand*, den die beiden Quellen erfahren, verdoppelt hat! Warum? Die „Reibungskraft", die auf die Elektronen in einer Antenne (wir betrachten zwei Rundfunkantennen als Beispiel) infolge des Energieverlustes durch das abgestrahlte Feld wirkt, wird nicht nur durch das von der betrachteten Antenne abgestrahlte Feld erzeugt. Sie ist vielmehr gleich dieser Kraft *plus* der vom Feld der anderen Antenne erzeugten „Reibungskraft". Da die Ströme (laut Annahme) in Phase sind und da die beiden Antennen sehr nahe beisammen liegen, ist der auf die Elektronen in einer Antenne wirkende resultierende Widerstand (die „Reibungskraft") doppelt so groß, als wenn die andere Antenne nicht vorhanden wäre. Daher muß die Energiequelle doppelt so viel Leistung abgeben, um die vorgeschriebene Bewegung aufrechtzuerhalten, wir bekommen also auch das Doppelte heraus. Das gilt für jede der beiden Antennen. Wir haben somit eine Begründung für das Anwachsen der Gesamtenergie auf den doppelten Betrag gefunden.

Eins plus Eins macht Null. Schwingen die beiden Quellen mit einer Phasenverschiebung von 180° und werden sie dann beinahe „aufeinandergesetzt", so wird die resultierende Wellenamplitude beinahe Null. Laut Gl. (9.20) ist das Ergebnis dann genau gleich Null, wenn die beiden Antennen tatsächlich aufeinander sitzen. Die Kraftquelle verrichtet keine Arbeit, es wird keine Energie abgestrahlt. Das von der einen Antenne ausgehende Feld stößt die Elektronen in der anderen Antenne so an, daß es dem Oszillator „hilft". Im Grenzfall, wenn der Abstand der beiden Antennen gleich Null ist, treiben sich die Elektronen in den beiden Antennen gegenseitig an, ohne Hilfe vom Oszillator. Wir haben dann ein „geschlossenes" System, bei dem die Energie aus einer Antenne in die andere und wieder zurück fließt. Die Antennen sind dann nur ein Teil des Oszillator-Schwingkreises, und die Energiequelle muß nur die durch den Ohmschen Widerstand der Antennen entstehenden Verluste ausgleichen. Der Strahlungswiderstand – die charakteristische Impedanz – ist Null geworden.

9.3. Interferenz zwischen zwei unabhängigen Quellen

Unabhängige Quellen und Kohärenzzeit. Nehmen Sie an, jede von zwei Quellen habe die Grundfrequenz ω_0 und die Bandbreite $\Delta\omega$. Nehmen Sie weiterhin an, die Quellen seien voneinander unabhängig. Das heißt, beide werden nicht von derselben Kraft erregt. Dann gibt es also nichts, was sie genau in Phase halten würde. Bei zwei Radioantennen würde das bedeuten, daß jede von ihnen von einem eigenen Oszillator und einer eigenen Energiequelle gespeist wird. Bei Licht bedeutet das, daß wir zwei unabhängige Quellen haben, zu denen verschiedene Atome beitragen. Wir können z.B. eine Quecksilberdampflampe (Gasentladung in einer Glasröhre) mit einem undurchsichtigen Mantel umgeben, der zwei feine Löcher (oder Spalte) besitzt. Jedes Loch wird dann von verschiedenen Gasatomen beleuchtet. Ebensogut könnten wir ein Stück undurchsichtigen Materials, das zwei feine Löcher oder Spalte hat, vor eine gewöhnliche Glühlampe halten und die Lampe betrachten. (Wir könnten auch ein rotes Gelatinefilter über die Spalte dekken, um ein vernünftig schmales Frequenzband zu erhalten.)

Wir nehmen an, daß die Breite $\Delta\nu$ des Frequenzbandes klein gegen die Grundfrequenz ν_0 ist. Dann finden während eines Zeitraums $(\Delta\nu)^{-1}$ viele Schwingungen der Frequenz ν_0 statt. Der Zeitraum $(\Delta\nu)^{-1}$ heißt *Kohärenzzeit*, t_{koh}. Das ist derjenige Zeitraum, innerhalb dessen die beiden Randfrequenzen des Frequenzbandes eine Phasenverschiebung von ca. 2π erfahren. Ist also t_{koh} durch

$$\Delta\omega\, t_{\mathrm{koh}} \approx 2\pi \tag{9.29}$$

definiert, so sehen wir, daß t_{koh} gleich $2\pi/\Delta\omega$, also gleich $(\Delta\nu)^{-1}$ ist. Für Zeiten kleiner als $(\Delta\nu)^{-1}$ können wir den Phasenunterschied zwischen den beiden Quellen im wesentlichen als konstant ansehen. (Während eines solchen Zeitraums können viele Schwingungen stattfinden, da wir ja annehmen, daß $\nu_0(\Delta\nu)^{-1}$ groß ist.)

Interferenz „inkohärenter" Quellen. Wir wollen nur den Fall betrachten, bei dem der Abstand d zwischen den beiden Quellen groß gegen die Wellenlänge λ ist. Zu einem Zeitpunkt, an dem der Phasenunterschied zwischen den beiden Quellen zufällig gerade Null ist, sieht dann das Interferenzmuster so wie in Bild 9.5 aus. Ist der Phasenunterschied 180°, so ergibt sich das Muster wie in Bild 9.6. Liegt der Phasenunterschied zwischen 0 und 180°, so liegt das Interferenzmuster zwischen den in den Bildern 9.5 und 9.6 gezeigten Mustern.

Benötigt der Detektor lange Zeit, um die Intensität an einem gegebenen Ort nachzuweisen (wie z.B. das Auge, das eine Zeitauflösung von etwa $\frac{1}{20}$ s hat), so ist das Zeitmittel der Intensität unabhängig von θ, da das Interferenzmuster während einer Zeit, die lang gegen $(\Delta\nu)^{-1}$ ist, alle Formen zwischen den in den Bildern 9.5 und 9.6 gezeigten Grenzfällen annimmt und jeder Wert von $d \sin\theta$ dieselbe mittlere Intensität empfängt. Man sagt dann, die beiden punktförmigen Quellen seien „inkohärent". Das Zeitmittel über den Energiestrom (den Photonenstrom) ist dann gleich der Summe der Energieströme, die man von jeder Quelle einzeln erhalten würde. Das Interferenzmuster ist wegen der Mittelung während des Meßvorgangs über eine lange Zeit „verwaschen". Algebraisch läßt sich das dadurch ausdrücken, daß Gl. (9.26) den von θ unabhängigen Ausdruck $\langle E^2\rangle \approx \langle E_1^2\rangle + \langle E_2^2\rangle$ ergibt, wenn der Phasenunterschied $\varphi_1 - \varphi_2$ alle möglichen Werte annimmt. Dabei soll jeder Wert des Phasenunterschieds zwischen Null und 2π ungefähr gleich lang vorkommen. Das folgt aus

$$\langle \cos^2 [\tfrac{1}{2}(\varphi_1 - \varphi_2) + \tfrac{1}{2}\Delta\varphi]\rangle = \tfrac{1}{2}, \tag{9.30}$$

für festgehaltenes $\Delta\varphi$, wenn $\varphi_1 - \varphi_2$ im Intervall zwischen Null und 2π gleichmäßig verteilt ist.

Natürlich gibt es keine „an sich" inkohärenten Quellen. „Inkohärenz" ist lediglich das Ergebnis eines Meßvorganges, bei dem Information verlorengeht, die sonst aus dem Interferenzmuster zu bekommen ist, wenn man die Möglichkeit hat, während Zeiträumen zu beobachten, die vergleichbar mit $(\Delta\nu)^{-1}$ oder noch kürzer sind. Die Kohärenzzeit für sichtbares Licht ist von der Größenordnung $10^{-9} \ldots 10^{-8}$ s (bei einer Quelle, die aus unabhängig strahlenden Atomen besteht, wie z.B. bei einer Gasentladungsröhre); man braucht dazu also schon etwas experimentelle Findigkeit, um das Interferenzmuster zu messen, bevor es sich wieder ändert. *R. Brown* und *R. Twiss*[1]) haben das in einem sehr schönen Versuch zuwege gebracht.

Der Versuch von Brown und Twiss. *Brown* und *Twiss* „lasen" das Interferenzmuster auf folgende Weise in weniger als 10^{-8} s ab: Sie stellten zwei Photomultiplier an verschiedenen Stellen x (nach der Definition in den Bildern 9.5 und 9.6) mit variablem Abstand $x_1 - x_2$ auf. Der Strom I_1 am Ausgang des einen Photomultipliers wird mit dem Strom I_2 am Ausgang des anderen Multipliers multipliziert. Dieser andere Multiplier befindet sich in einem „schnellen" Stromkreis, der den Stromschwankungen innerhalb von etwa 10^{-8} s folgen kann. (Der schnelle Kreis hat eine Bandbreite von 100 MHz.) Das Produkt $I_1 I_2$ wird „momentan", d.h. innerhalb eines Zeitintervalls von der Größenordnung 10^{-8} s, bestimmt; der Mittelwert $\langle I_1 I_2\rangle$ dieses Produkts wird jedoch über einen langen Zeitraum (mehrere Minuten) gemessen. Man variiert nun den Abstand $x_1 - x_2$ der beiden Photomultiplier und bestimmt den zeitlichen Mittelwert über das Produkt aus den Strömen bei jedem Wert dieses Abstandes. Schließlich trägt man das Zeitmittel über das Produkt aus den Strömen als Funktion von $x_1 - x_2$ in einem Diagramm auf. Der Momentanwert des Stroms in den beiden Photomultipliern ist dem Energiestrom des Lichts, also der Größe $I(\theta)$ an dem betreffenden Photomultiplier, proportional. Wir betrachten zunächst den Fall $x_1 - x_2 = 0$, d.h., beide Photomultiplier empfangen denselben momentanen Lichtstrom. Wir wollen nun den Mittelwert über das Produkt aus den Strömen überschlagsmäßig bestimmen. Wir stellen uns vor, daß $I(\theta)$ nur die vier in Bild 9.7 mit a, b, c und d bezeichneten Werte annimmt. Wir nennen die entsprechenden Ströme a, b, c und d und geben sie in solchen Einheiten an, daß $a = 0$, $b = \frac{1}{2}$, $c = 1$ und $d = \frac{1}{2}$. Während eines Viertels der Zeitintervalle (die ungefähr 10^{-8} s dauern) herrscht im Photomultiplier 1 (PM 1) ein Strom I_1 von ungefähr der Stärke a. Im selben Augenblick ist I_2 ebenfalls gleich a, da sich PM 2 am selben Ort wie PM 1 befindet. Während eines Viertels des Zeitintervalls herrscht in beiden Photomultipliern der Strom b, in einem weiteren Viertel der Strom c und in einem weiteren Viertel der Strom d, gerade so, wie sich das Interferenzmuster verlagert. Somit ist (in unserer groben Näherung) das Zeitmittel des Produkts aus den beiden Strömen für $x_1 = x_2$ gleich

$$(I_1 I_2)_{\text{mit}} = \tfrac{1}{4}(aa + bb + cc + dd)$$
$$= \tfrac{1}{4}(0 \cdot 0 + \tfrac{1}{2} \cdot \tfrac{1}{2} + 1 \cdot 1 + \tfrac{1}{2} \cdot \tfrac{1}{2}) = \tfrac{3}{8}. \tag{9.31}$$

[1]) *R. Hanbury Brown* und *R. O. Twiss*, „The Question of Correlation between Photons in Coherent Light Rays" („Die Frage der Korrelation zwischen Photonen in kohärenten Lichtstrahlen"), *Nature*, **178**, 1447 (1956). Über einen neueren Versuch mit Lasern siehe: *R. Pfleegor* und *L. Mandel*, „Interference of Independent Photon Beams" („Interferenz unabhängiger Photonenbündel"), *Phys. Rev.*, **159**, 1084 (1967).

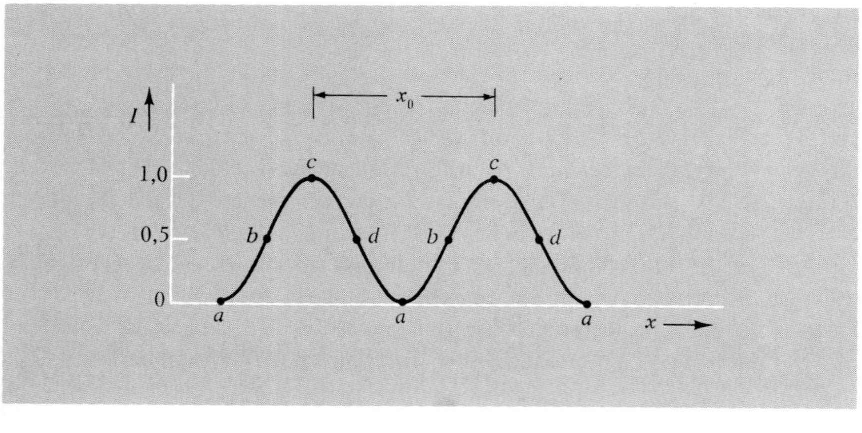

Bild 9.7
Intensität als Funktion von x zu einem gegebenen „Zeitpunkt" von weniger als $(\Delta\nu)^{-1}$ Dauer.

Nun bestimmen wir den Mittelwert von $I_1 I_2$, wenn der Abstand $x_1 - x_2$ gleich dem Abstand zwischen einem augenblicklichen Interferenzmaximum und dem benachbarten Minimum ist. Das heißt, wenn dieser Abstand gleich der Hälfte von x_0 ist; dabei ist x_0 (nach Bild 9.7) der Abstand zwischen zwei aufeinanderfolgenden Maxima des augenblicklichen Doppelspalt-Interferenzmusters. (Er ist durch Gl. (9.22) gegeben.) Wenn $x_2 - x_1 = \frac{1}{2} x_0$, so fließt im PM 2 der Strom c, während (nach Bild 9.7) im PM 1 im selben Augenblick der Strom a fließt. Fließt im PM 1 der Strom b, so fließt im PM 2 der Strom d, usw. Das Zeitmittel über die vier herausgegriffenen Ströme a, b, c, d im PM 1 wird also

$$(I_1 I_2)_{\text{mit}} = \tfrac{1}{4}(ac + bd + ca + db) = \tfrac{1}{4}(0 \cdot 1 + \tfrac{1}{2} \cdot \tfrac{1}{2} + 1 \cdot 0 + \tfrac{1}{2} \cdot \tfrac{1}{2}). \tag{9.32}$$

Wie man sieht, ist $(I_1 I_2)_{\text{mit}}$ für $x_2 - x_1 = 0$ dreimal so groß, als wenn der Abstand $x_2 - x_1$ gleich dem halben Abstand zwischen zwei aufeinanderfolgenden Maxima des augenblicklichen Interferenzmusters ist. Wir sehen also, daß sich der Phasenunterschied $\Delta\varphi = 2\pi d \sin\theta / \lambda$ bestimmen läßt, wenn man $(I_1 I_2)_{\text{mit}}$ als Funktion von $x_2 - x_1$ aufträgt.

Der springende Punkt beim Verfahren von *Brown* und *Twiss* ist, daß beide Ströme im Produkt $I_1 I_2$ nur über Zeiten der Größenordnung 10^{-8} s gemittelt werden und daß die Ströme während dieser Zeit praktisch konstant sind. Der über einen Zeitraum von einigen Minuten genommene Mittelwert $\langle I_1 I_2 \rangle$ gibt das gleiche Ergebnis wie bei einer Mittelung über ein paar Dutzend Kohärenzzeiten, sagen wir über 10^{-6} s. (*Brown* und *Twiss* mitteln über weit längere Zeiten, um den Rauschhintergrund des Photomultipliers herauszumitteln und aus anderen experimentellen Gründen.) Andererseits ist das Produkt $\langle I_1 \rangle \langle I_2 \rangle$ unabhängig von $x_1 - x_2$, weil beide Photomultiplier während der Zeit der Mittelung Gelegenheit haben, das gesamte Interferenzmuster auszumessen. Wesentlich ist herauszufinden, bei welchen Werten des Abstands $x_1 - x_2$ die Werte I_1 und I_2 groß bzw. klein sind (z.B. wenn $x_1 - x_2$ gleich Null ist) und bei welchen Abständen I_1 klein und I_2 groß ist bzw. umgekehrt.

Im Photonenbild ist für $x_1 = x_2$ die Wahrscheinlichkeit dafür, ein Photon in PM 2 nachzuweisen, größer als im Durchschnitt, wenn „soeben" (innerhalb von 10^{-8} s) ein Photon in PM 1 nachgewiesen wurde. Die Wahrscheinlichkeit ist kleiner als im Durchschnitt, wenn $x_1 - x_2 = \frac{1}{2} x_0$. Interferiert z.B., grob und „halbklassisch" gesprochen, eine Welle, deren Intensität ungefähr 100 Photonen entspricht, mit einer anderen Welle von ebenfalls 100 Photonen, so kann die Überlagerung der beiden Wellen eine Gesamtintensität von 400 Photonen (volle Verstärkung) oder aber auch Null (vollständige Auslöschung) ergeben, je nachdem, wie sich die Wellenzüge eben überlappen. Das läßt sich (mit dem Verfahren von *Brown* und *Twiss*) experimentell von dem Fall unterscheiden, bei dem sich die Wellenzüge nie überdecken, bei dem man also immer ungefähr $100 + 100 \approx 200$ Photonen beobachtet. Bei dieser Betrachtungsweise sieht man ein, daß eine starke Lichtquelle dem Experiment nur zuträglich sein kann (da dann die Wahrscheinlichkeit einer Überdeckung der Wellenzüge zweier Photonen größer ist), ebenso wie Photonen mit einer geringen Bandbreite (da die Länge eines Wellenzuges im wesentlichen gleich c mal der mittleren Zerfallzeit τ (also $c/\Delta\nu$) ist und ein langer Wellenzug größere Wahrscheinlichkeit für Überdeckung bedeutet).

9.4. Wie groß kann eine „punktförmige" Lichtquelle sein?

Im Bild 9.1 haben wir gezeigt, wie man zwei kohärente Lichtquellen, also Lichtquellen mit konstantem Phasenunterschied, erhält, indem man zwei Spalte in einem undurchsichtigen Schirm mit einer „punktförmigen" Lichtquelle anstrahlt. Ist jedoch die Lichtquelle so breit, daß der eine Spalt vorwiegend durch *eine* Gruppe von Atomen, der andere Spalt von einer *anderen* unabhängigen Gruppe von Atomen bestrahlt wird, so sind die beiden Spalte vollkommen inkohärent, d.h., ihre Phasen stehen miteinander nicht in Beziehung (bei Meßzeiten, die lang gegen $(\Delta\nu)^{-1}$ sind). Diese beiden Grenzfälle sind in Bild 9.8 abgebildet.

Die klassische Punktquelle. Ein einzelnes Atom kommt einer punktförmigen Quelle am nächsten. Nach der klassischen Vorstellung sendet dieses Atom nach allen Richtungen elektromagnetische Wellen aus und regt in den Spalten (Bild 9.8 a) elektrische Ströme in gleicher Phase an. (Im Endeffekt folgt aus der Quantentheorie dasselbe Ergebnis.) Eine wirkliche Lichtquelle besteht aus einer ungeheuer großen Anzahl von strahlenden Atomen. Würden sie alle an genau ein und demselben Punkt sitzen, so hätten wir eine punktförmige Lichtquelle. (Eine solche Quelle wäre sogar noch eher eine klassische Punktquelle als ein einzelnes Atom.) Bei jeder wirklichen Lichtquelle befinden sich die Atome aber in einem endlichen Bereich. Wie groß darf nun eine Lichtquelle sein, damit sie noch als punktförmig gelten kann (d.h., damit die von der Punktquelle angeregten Ströme am Doppelspalt einen konstanten Phasenunterschied haben)?

Eine einfache ausgedehnte Quelle. Wir betrachten eine sehr einfache, nicht punktförmige Quelle. Sie bestehe aus drei unabhängigen punktförmigen Quellen S_a, S_b und S_c, die wie in Bild 9.9 angeordnet sind; alle drei Quellen sollen dieselbe Grundfrequenz, Bandbreite und mittlere Intensität haben. Angenommen, zunächst sei nur die Punktquelle S_a eingeschaltet. Die beiden Spalte 1 und 2 werden dann mit konstantem Phasenunterschied (bei uns im Bild gleich Null) angeregt und sind über beliebige Zeiten kohärent.

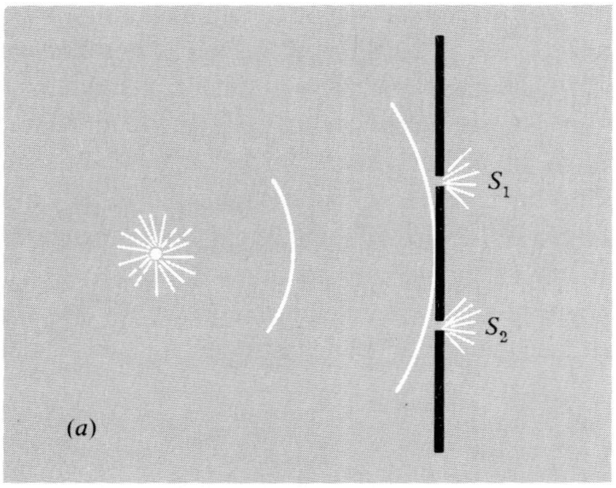

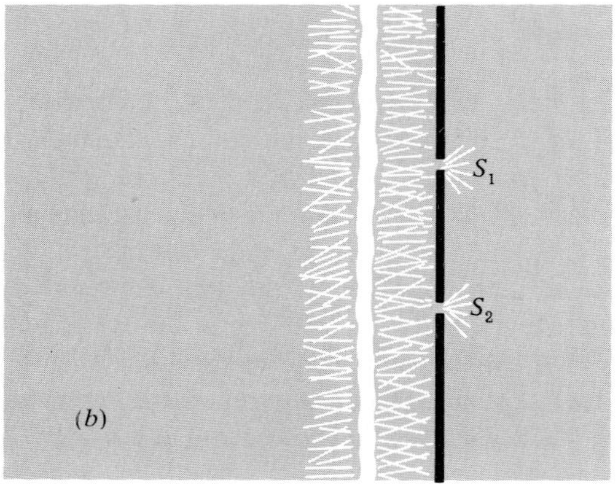

Bild 9.8

a) Die Quellen 1 und 2 werden von einer einzelnen punktförmigen Quelle angeregt; ihr Phasenunterschied ist konstant. Sie sind kohärent.

b) Die Quellen 1 und 2 werden von verschiedenen Gruppen unabhängig strahlender Atome angeregt. Sie sind für Meßzeiten, die lang gegenüber $(\Delta\nu)^{-1}$ sind, inkohärent.

Als nächstes werden die beiden Quellen S_a und S_c eingeschaltet. Die Quelle S_c hat dieselbe Frequenz und die gleiche Bandbreite wie die Quelle S_a, sie steht aber mit S_a in keiner Phasenbeziehung. Daher besteht auch zwischen S_c und S_a während Zeiten, die lang gegen $(\Delta\nu)^{-1}$ sind, kein konstanter Phasenunterschied. Trotzdem bleibt der Phasenunterschied zwischen den Spalten 1 und 2 immer Null, weil sowohl Quelle S_c als auch Quelle S_a die Ströme an den Spalten mit dem Phasenunterschied Null anregen. Die Ströme in den Spalten sind die Überlagerung der von den beiden Quellen induzierten Ströme. Wenn also jeder Beitrag der beiden Quellen die Ströme an den Spalten mit der Phase Null anregt, so gilt das auch für die Überlagerung dieser Beiträge. Daraus schließen wir, daß sich die punktförmige Quelle längs der Verbindungslinie zwischen S_a und S_c erstrecken kann, ohne die Kohärenz der Spalte 1 und 2 zu stören.

Betrachten wir nun den Fall, daß die beiden Quellen S_a und S_b eingeschaltet sind (während S_c ausgeschaltet ist). Die Quellen S_a und S_b sind zwei unabhängige Quellen derselben Frequenz, Bandbreite und mittleren Intensität. Für Zeiten, die kurz im Vergleich zu $(\Delta\nu)^{-1}$ sind, sind die Amplitude und die Phase jeder der beiden Quellen konstant. Wir nehmen an, die Amplitude von S_b ist in einem gegebenen Augenblick zufällig sehr klein gegen die Amplitude von S_a. Unter einem Augenblick verstehen wir hier eine Zeitspanne, die kurz gegen die Kohärenzzeit $(\Delta\nu)^{-1}$, aber immer noch lang genug ist, um wenigstens eine vollständige Schwingung zu enthalten, so daß wir die Amplitude und Phase bestimmen können. Die beiden Spalte werden dann in guter Näherung nur von S_a angestrahlt, so daß der Phasenunterschied zwischen den Strömen an den Spalten Null ist. Nun warten wir eine Zeit, die lang gegen die Kohärenzzeit der beiden Quellen S_a und S_b ist, und sehen dann wieder hin. Die Schwingungsamplituden von S_a und S_b sollen

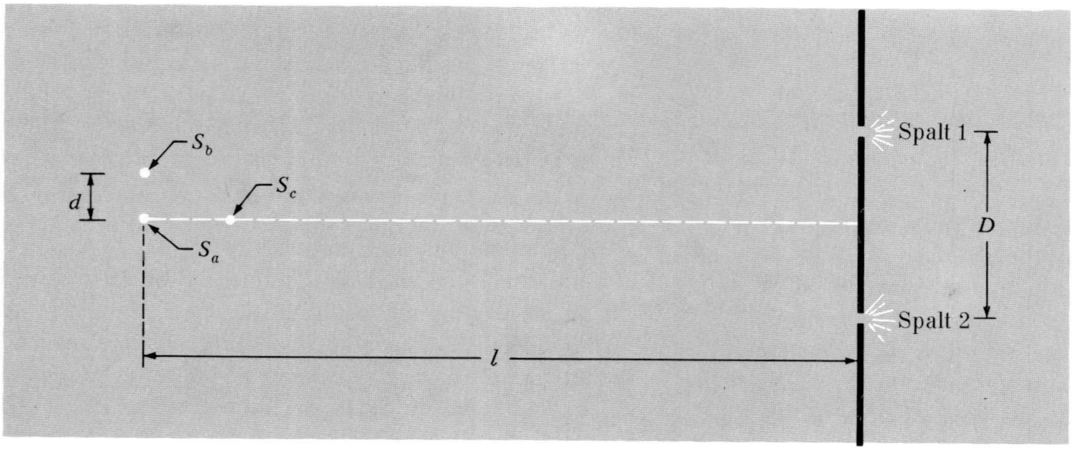

Bild 9.9. Kohärenz. Die Spalte 1 und 2 werden von den drei unabhängigen Quellen S_a, S_b und S_c angeregt. Müssen die drei Quellen in einem Punkt vereinigt werden, damit die Spalte 1 und 2 kohärent sind?

jetzt zufällig praktisch gleich sein. Dann wird der Schirm mit den Spalten von dem Doppelspalt-Interferenzmuster, das wir auf den Bildern 9.5, 9.6 und 9.7 gesehen haben, bestrahlt. Die Lage der Maxima und Minima hängt vom Phasenunterschied der beiden Quellen S_a und S_b ab. Was uns hier interessiert, ist, ob die beiden Spalte 1 und 2 auch jetzt noch mit dem Phasenunterschied Null angeregt werden. Wir wissen, daß die Amplitude des Interferenzmusters ihr Vorzeichen wechselt, wenn wir von einem Interferenzmaximum zum nächsten übergehen. (Laut Gl. (9.13) ist die Amplitude $A(r, \theta)$ dem Kosinus der Größe $\frac{1}{2}(\varphi_1 - \varphi_2) + \pi\, d \sin\theta/\lambda$ proportional. Sie wechselt also ihr Vorzeichen, wenn $d \sin\theta$ um den Betrag λ anwächst, und zwischen zwei aufeinanderfolgenden Maxima.) Wir sehen, daß die beiden Spalte nur dann die meiste Zeit mit dem Phasenunterschied Null angeregt werden, wenn ihr gegenseitiger Abstand viel geringer als der Abstand x_0 zwischen zwei aufeinanderfolgenden Maxima des Doppelspalt-Interferenzmusters ist. (Auch wenn die Spalte sehr nahe aneinanderliegen, kann es passieren, daß eine Nullstelle des Doppelspaltmusters, von dem sie beleuchtet werden, zwischen die beiden Spalte fällt; in diesem Fall werden die Spalte mit einem Phasenunterschied von 180° angeregt. Das geschieht aber in immer kürzeren Zeitbruchteilen, je näher die Spalte aneinanderrücken.)

Es muß also gelten

$$D \ll x_0, \tag{9.33}$$

wobei x_0 der Abstand zwischen zwei aufeinanderfolgenden Maxima ist; laut Gl. (9.22) ist er gleich

$$x_0 = l\,\frac{\lambda}{d}. \tag{9.34}$$

Kohärenzbedingung. Die aus den Punkten S_a, S_b und S_c bestehende „ausgedehnte Quelle" verhält sich also wie eine effektiv punktförmige Quelle, wenn sie die *Kohärenzbedingung*

$$D \ll \frac{l\lambda}{d}, \tag{9.35}$$

oder

$$d \ll \frac{l\lambda}{D}, \tag{9.36}$$

oder

$$l \gg \frac{dD}{\lambda} \tag{9.37}$$

erfüllt; dabei ist die eine oder die andere Form dieser Bedingung am günstigsten, je nachdem, welche Parameter im Experiment variabel sind. (Sie können Gl. (9.37) in einem einfachen Heimversuch (Übung 20) nachprüfen. Bei diesem Versuch ist l die Variable.) Am leichtesten merkt man sich die Kohärenzbedingung in der Form

$$\boxed{dD \ll l\lambda,} \tag{9.38}$$

die aussagt, daß das Produkt der beiden quer gemessenen Breiten d und D klein gegen das Produkt der beiden längs gemessenen Längen l und λ sein muß.

Besteht die Quelle aus einer großen Anzahl von Punkten zwischen S_a und S_b, so daß sie die Breite d besitzt, so gilt Gl. (9.38) für die gesamte Quelle, wenn sie für die beiden äußeren Punkte S_a und S_b gilt (d.h. punktförmige Quellen, deren gegenseitiger Abstand geringer als d ist, sind kohärent, wenn Quellen mit dem Abstand d kohärent sind). Wenn wir (siehe weiter unten) mehrere oder viele Spalte in einem Schirm behandeln, so werden wir die Kohärenzbedingung (9.58) auf die ganze Anordnung der Spalte anwenden können; D ist dann der Abstand der beiden äußeren Spalte voneinander.

9.5. Divergenz eines „Bündels" laufender Wellen

Ein „Bündel" laufender Wellen ist ein endlich breites Muster von Wellen, die sich in einer bestimmten Richtung bewegen. Der Strahl sichtbaren Lichts aus einer Taschenlampe oder ein (aus Mikrowellen bestehender) Radarstrahl wird dadurch erzeugt, daß man eine kleine Quelle elektromagnetischer Strahlung in den Brennpunkt eines parabolischen Reflektors bringt. Die kleine Quelle stößt die Elektronen in der Metalloberfläche des Reflektors mit genau der richtigen Phasenbeziehung an, so daß sich die von allen Punkten der Oberfläche reflektierte Strahlung entlang der Strahlrichtung durch Interferenz verstärkt. Anders läßt sich ein Lichtbündel dadurch erzeugen, daß man Licht von einer kleinen oder weit entfernten Quelle (z.B. der Sonne) an einem kleinen ebenen Spiegel reflektiert. Anstelle eines Spiegels können wir auch ein Loch in einem undurchsichtigen Schirm verwenden. Ist die Quelle genügend weit entfernt und genügend klein, so kann die am Spiegel (oder Loch) einfallende Strahlung näherungsweise als ebene Welle betrachtet werden, d.h. als Welle, die überall in ein und derselben Richtung läuft. Der Spiegel reflektiert dann „einen Teil der ebenen Welle". Ebenso verhält sich das Strahlungsbündel bei einer kleinen Quelle im Brennpunkt eines Parabolspiegels (wenn die Quelle genügend klein und der Spiegel ein vollkommenes Paraboloid ist) näherungsweise wie ein „Segment einer ebenen Welle", in der sich die gesamte Strahlung in der gleichen Richtung ausbreitet. Alle diese Überlegungen gelten genauso für Schall- und Wasserwellen.

Die Beugung beschränkt die Divergenz eines Bündels. Nun kommen wir zu einer interessanten und überaus wichtigen Frage: Kann man durch äußerst vorsichtiges Vorgehen ein Wellenbündel erzeugen, das sich genau wie ein „Querschnitts-Segment" einer ebenen Welle verhält, d.h., in dem alle Wellen in genau derselben Richtung laufen, so daß ein vollkommen paralleles Bündel vorliegt, das seine Breite ein für allemal beibehält? *Nein.* Die

Strahlen im Bündel sind nie vollkommen parallel, wie klein auch die punktförmige Quelle im Brennpunkt einer idealen Parabel sein mag. Ist die z-Richtung die „vorwiegende" Richtung und hat das Bündel (an einem gegebenen Punkt z, z.B. am Reflektor) die Breite D, so divergieren die Ausbreitungsrichtungen um einen Betrag, dessen „volle Breite bei der Hälfte des Intensitätsmaximums" ungefähr λ/D ist. (Wir werden das weiter unten beweisen.) Trifft eine vollkommen ebene Welle von einer weit entfernten punktförmigen Quelle auf ein Loch der Breite D (oder einen Spiegel der Breite D), so ist die Divergenz des durchgehenden Bündels ebenfalls ungefähr λ/D. Nur wenn D Unendlich (oder λ Null) ist, kann die Divergenz Null sein. Man sagt: Die *Beugung beschränkt* die Divergenz des Strahlenbündels. Bild 9.10 zeigt einige Beispiele für Strahlenbündel. Ist die ursprüngliche Breite des Bündels gleich D und versucht man, die Strahlen so gut wie möglich parallel zu machen, so ist die Breite W des Bündels

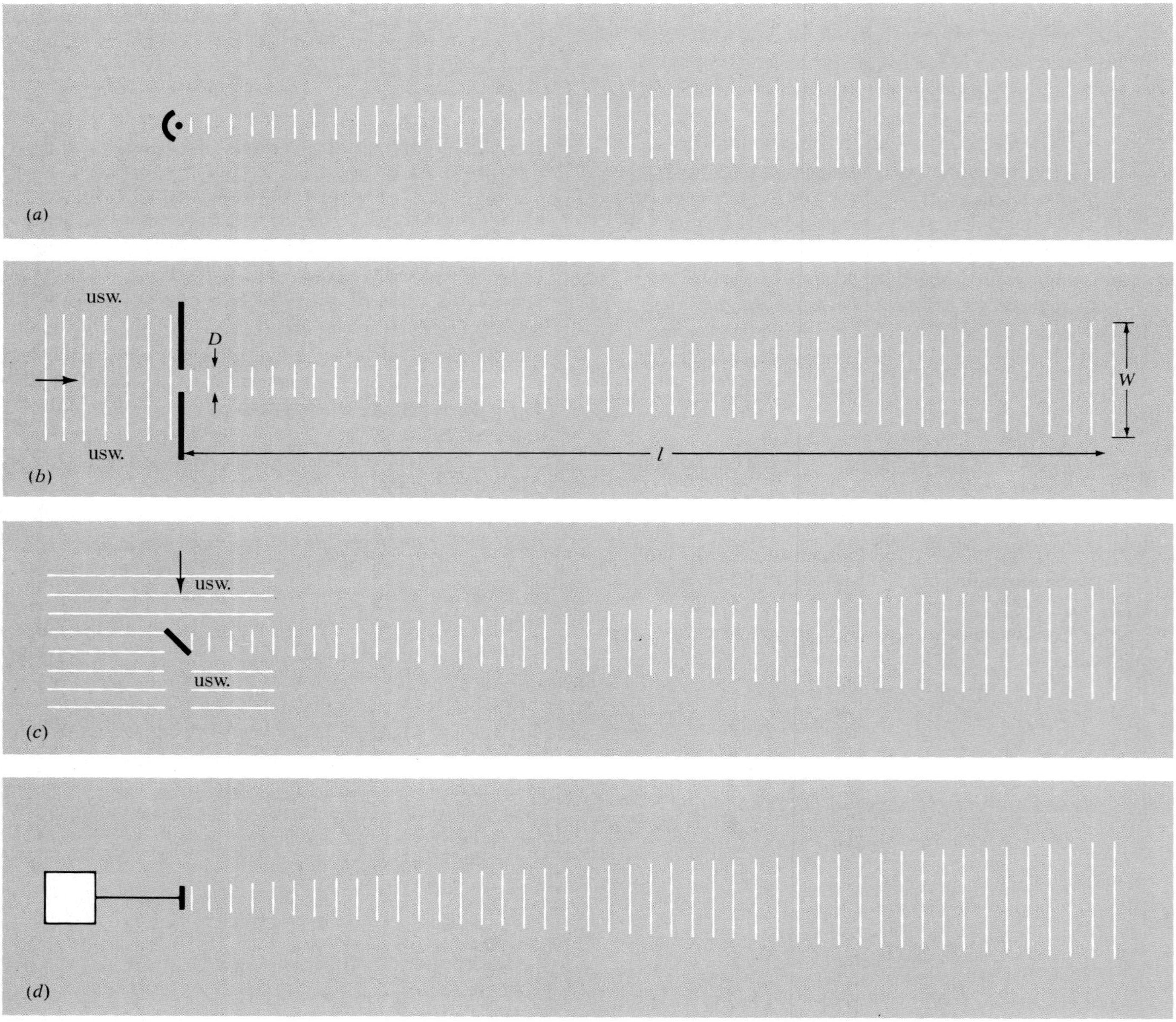

Bild 9.10

a) Erzeugung eines Bündels durch Punktquelle und Parabolspiegel.

b) Erzeugung eines Bündels durch Einfall einer ebenen Welle auf ein Loch in einem undurchsichtigen Schirm.

c) Erzeugung eines Bündels durch Einfall einer ebenen Welle auf einen ebenen Spiegel.

d) Emission eines Bündels von einem ebenen Strahler, dessen einzelne Teile alle phasengleich schwingen.

nach Durchlaufen einer größeren Distanz l ungefähr gleich der ursprünglichen Breite D plus l mal der Divergenz λ/D des Bündels. Für genügend große l können wir die ursprüngliche Breite D vernachlässigen. Wir haben also

Divergenz: $$\boxed{\Delta\theta \approx \frac{\lambda}{D},} \quad (9.39)$$

Breite des Strahlenbündels: $$W \approx l\,\frac{\lambda}{D}. \quad (9.40)$$

Jede der vier Skizzen in Bild 9.10 kann als Darstellung von Wasserwellen, Schallwellen oder elektromagnetischen Wellen (z.B. sichtbarem Licht der Wellenlänge $5 \cdot 10^{-7}$ m, oder Mikrowellen der Wellenlänge 10 cm) angesehen werden.

Ein Strahlenbündel ist ein Interferenzmaximum. Wir bringen nun eine grobe Ableitung der Gl. (9.39). (Eine exakte Ableitung werden wir im Abschnitt 9.6 geben.) Das Ergebnis ist von der Art der Wellen und von der Art ihrer Erzeugung unabhängig. Wir können also gleich die einfachste Quelle – vermutlich den in Bild 9.10d gezeigten ebenen Strahler – verwenden. Bei Schallwellen kann das z.B. ein *im Freien* schwingender Kolben sein. Bei elektromagnetischen Wellen kann es sich um eine endlich große schwingende Ladungsschicht, z.B. um eine ebene Antennenanordnung (z.B. Rahmenantenne), handeln. Auf jeden Fall ist *der gesamte Strahler* kohärent. Das bedeutet, daß sich alle „beweglichen Teile" phasengleich bewegen. (Ist das nicht der Fall, so ist die Winkelstreuung größer als der in Gl. (9.39) angegebene Wert. Ist der Strahler im Grenzfall inkohärent, dann gibt es überhaupt kein Strahlenbündel.) Ein Aufpunkt, der sich in der Hauptrichtung des Bündels in genügend großem Abstand vom Strahler befindet, ist von allen Punkten des Strahlers ungefähr gleich weit entfernt. Daher addieren sich die Wellen von allen Teilen des Strahlers mit demselben Phasenunterschied, und wir haben ein Interferenzmaximum. *Das ist die Definition für die Hauptrichtung des Strahlenbündels.* (Variiert man den Phasenunterschied über die Oberfläche des Strahlers, so kann man das Bündel in eine Richtung „steuern", die nicht senkrecht auf der Strahleroberfläche steht. Genau das geschieht in Bild 9.10c, wo die verschiedenen Teilstücke des um 45° gegen die einfallende Planwelle geneigten Spiegels von der einfallenden Welle in unterschiedlicher Phase angeregt werden, so daß der Bereich des Interferenzmaximums – die Richtung des reflektierten Strahls – nicht senkrecht auf dem Spiegel steht, sondern dem „Reflexionsgesetz" entspricht.)

Divergenz des Strahlenbündels. In einem weit entfernten Aufpunkt, der sich nicht ganz in der Mitte des Bündels befindet, herrscht keine vollständige Verstärkung. Wir teilen den Strahler in zwei Hälften, eine obere und eine untere, und bestimmen die erste Nullstelle des Interferenzmusters. Zu diesem Zweck nehmen wir an, der Strahler bestehe näherungsweise aus zwei kohärenten Punkt- oder Linienquellen, von denen sich eine in der Mitte der oberen Hälfte, die andere in der Mitte der unteren Hälfte des Strahlers befindet. Diese beiden Quellen sind um die Strecke $\frac{1}{2}D$ voneinander entfernt. Das erste Interferenzminimum (d.h. das erste Minimum beiderseits des Hauptmaximums entlang der Strahlrichtung) tritt bei einem Gangunterschied von einer halben Wellenlänge auf, d.h. wenn $(\frac{1}{2}D)\sin\theta$ gleich $\frac{1}{2}\lambda$ ist. Für kleine Winkel setzen wir $\sin\theta = \theta$ und erhalten

$$\boxed{\text{Halbe Divergenz bis zum ersten Minimum} = \frac{\lambda}{D}.} \quad (9.41)$$

Bild 9.11 zeigt den Sachverhalt.

Wo liegt das nächste Maximum? Wären die Punkte S_1 und S_2 in Bild 9.11 tatsächlich punktförmige (oder lineare) Quellen, so würde das nächste Maximum dort liegen, wo die Wegstrecke von der Quelle S_1 zum Aufpunkt um eine Wellenlänge größer ist als der Weg von der Quelle S_1 zum Aufpunkt. Die obere Hälfte ist dann wohl mit der unteren Hälfte in Phase, doch liefern beide keinen Beitrag! Wenn man nämlich sowohl die obere als auch die untere Hälfte wieder halbiert, so daß der ganze Strahl in vier

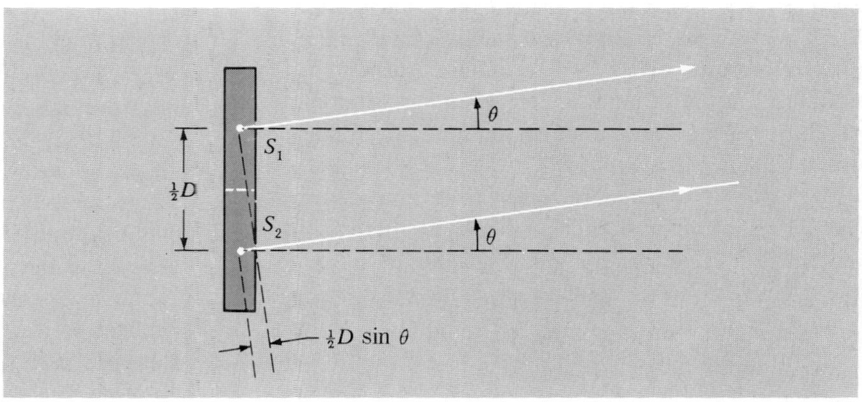

Bild 9.11

Ebener Strahler. Quelle S_1 stellt die Beiträge der oberen Hälfte, Quelle S_2 die Beiträge der unteren Hälfte dar.

Viertel geteilt ist, so ist der Beitrag vom ersten Viertel gegen den vom zweiten Viertel um 180° phasenverschoben und löscht diesen aus; ebenso ist der Beitrag vom dritten Viertel gegen den Beitrag vom vierten Viertel um 180° phasenverschoben und löscht ihn aus. Das erste Nebenmaximum tritt also nicht auf, wenn wir zwei Hälften haben, deren Beiträge einen Phasenunterschied von 2π aufweisen (da wir ja dann auch vier Viertel haben, deren Phasenunterschied jeweils π ist), sondern wenn wir den Strahler in *drei* Drittel teilen, wobei sich nebeneinanderliegende Drittel jeweils um den Phasenwinkel π unterscheiden. *Zwei* der Drittel löschen sich gegenseitig aus, doch das *dritte* Drittel bleibt übrig. Die Amplitude des ersten Nebenmaximums ist also wenigstens um den Faktor $\frac{1}{3}$ kleiner als die Amplitude des Hauptmaximums (in Wirklichkeit ist sie wegen der Phasenunterschiede innerhalb des übriggebliebenen Drittelbeitrages noch kleiner). Wir sehen, daß die Nebenmaxima im Vergleich zum zentralen Maximum, das die „Strahlrichtung" ergibt, kleine Amplituden besitzen. Eine exakte Untersuchung ergibt, daß die halbe Divergenz bis zur ersten Nullstelle gleich der gesamten Divergenz bei *ungefähr* der Hälfte der Maximalintensität ist; so haben wir aber die Divergenz des Strahlenbündels in Gl. (9.39) definiert. Wir haben somit Gl. (9.39) grob abgeleitet. (Bild 9.14 in Abschnitt 9.6 zeigt das exakte Ergebnis.)

Anwendungsbeispiel: *Laserstrahl gegen Taschenlampenstrahl.* Nehmen Sie an, Sie hätten einen durch Beugung beschränkten Laserstrahl vom Durchmesser $D = 2$ mm und von der Wellenlänge 600 nm. Um wieviel verbreitert sich der Strahl auf eine Entfernung von 15 m? Die Winkelverbreiterung des Strahls ist gleich

$$\Delta\theta \approx \frac{\lambda}{D} \approx \frac{6 \cdot 10^{-7}\,\mathrm{m}}{2 \cdot 10^{-3}\,\mathrm{m}} \approx 3 \cdot 10^{-4}\,\mathrm{rad}.$$

Die Winkelverbreiterung, multipliziert mit der Entfernung $l = 15$ m, gibt eine Verbreiterung von $W \approx 15 \cdot 3 \cdot 10^{-4}\,\mathrm{m} \approx 0{,}005$ m. (Mit einem Laser läßt sich das im Hörsaal gut demonstrieren.) Angenommen, Sie haben eine Kleinsttaschenlampe (Stiftlampe), deren Strahl von einem „punktförmigen" Glühfaden im Brennpunkt einer Linse erzeugt wird und beim Austritt aus der Linse einen Durchmesser von 2 mm hat. Wie klein müßte der Glühfaden sein, damit der Strahl der Lampe durch Beugung beschränkt ist? Ist der Glühfaden kein Punkt, dann liefern seine einzelnen Teile „unabhängige" Strahlen. Die durch die endliche Größe des Glühfadens erzeugte Winkelverbreiterung ist ungefähr gleich der Breite des Glühfadens, dividiert durch die Brennweite f:

$$\Delta\theta \approx \frac{\Delta x}{f}.$$

Wollen wir einen Strahl erzeugen, der mit einer Breite von 2 mm beginnt und durch die Beugung (anstatt durch die Größe des Glühfadens) beschränkt ist, so muß das vom Glühfaden herrührende $\Delta\theta$ kleiner als die „Beugungsdivergenz" (die nach unserer obigen Berechnung ungefähr $3 \cdot 10^{-4}$ rad beträgt) sein. Der Glühfaden einer gewöhnlichen Stiftlampe befindet sich ungefähr 0,5 cm hinter der Linse, d.h., $f \approx 0{,}5$ cm. Die Querabmessung Δx des Glühfadens müßte also durch

$$\Delta x < f\,\Delta\theta \approx 0{,}5 \cdot 3 \cdot 10^{-4} \approx 1{,}5 \cdot 10^{-4}\,\mathrm{cm}$$

gegeben sein. So ein kleiner Glühfaden ist schwer herzustellen.

9.6. Beugung und das Huygenssche Prinzip

Der Unterschied zwischen Interferenz und Beugung. Im Abschnitt 9.5 behandelten wir die Divergenz eines durch Beugung beschränkten Strahlenbündels. Wir brachten eine grobe Ableitung für das Beugungsmuster, das man erhält, wenn eine unendlich ausgedehnte Planwelle auf eine Öffnung in einem undurchsichtigen Schirm (Bild 9.10b) oder auf einen Spiegel (Bild 9.10c) trifft oder von einem ebenen Strahler emittiert wird (Bild 9.10d). In den vorangegangenen Abschnitten behandelten wir das von zwei punktförmigen oder linearen Quellen herrührende Interferenzmuster. Welcher Unterschied besteht zwischen einem Interferenzmuster und einem Beugungsmuster? Eigentlich gar keiner. Aus historischen Gründen nennt man gewöhnlich das Amplituden- oder Intensitätsmuster, das durch Überlagerung der Beiträge einer endlichen Anzahl diskreter kohärenter Quellen entsteht, ein *Interferenzmuster*. Das durch Überlagerung der Beiträge einer „kontinuierlichen" Verteilung kohärenter Quellen erzeugte Amplituden- oder Intensitätsmuster wird gewöhnlich *Beugungsmuster* genannt. So spricht man vom Interferenzmuster zweier schmaler Spalte, vom Beugungsmuster eines breiten Spalts oder vom kombinierten Interferenz- und Beugungsmuster zweier breiter Spalte.

Im Abschnitt 9.5 hatten wir angenommen, daß durch Beugung beschränkte Strahlenbündel, die durch den Einfall einer ebenen Welle auf eine Öffnung in einem Schirm (Bild 9.10b) oder von einem ebenen Strahler (der die Größe der Öffnung hat und der überall phasengleich und mit derselben Amplitude schwingt) erzeugt werden (Bild 9.10d), gleichwertig sind. Wir werden versuchen, diese Annahme von der Äquivalenz im vorliegenden Abschnitt zu rechtfertigen. Dabei werden wir finden, daß diese Äquivalenz nicht exakt gilt. Sie ist jedoch eine nützliche Näherung und vereinfacht die Berechnung von Beugungsmustern wesentlich. Sie kann nur dann verwendet werden, wenn die Öffnung groß im Vergleich zur Wellenlänge ist. Trifft das zu, so ist die Näherung für die Berechnung der Strahlung, die unter nicht zu großen Winkeln (gerechnet von der Strahlrichtung) emittiert wird, und somit auch für die Berechnung von Intensität undAmplitude in einer genügend großen Entfernung von der Öffnung bzw. vom äquivalenten Strahler recht brauchbar. Sie ist jedoch vollkommen unbrauchbar, wenn man etwas über die Felder in der Öffnung selbst wissen möchte. Die Methode, bei der diese hypothetische Äquivalenz verwendet wird, heißt *Huygenssche Konstruktion*. Wir werden sie bei der Berechnung des Beugungsmusters, das beim Auftreffen einer ebenen Welle (die z.B. von einer weit entfernten punktförmigen Quelle erzeugt wurde) auf ein Loch in einem undurchsichtigen Schirm entsteht, benutzen.

Die Wirkungsweise eines undurchsichtigen Schirms. Jede elektromagnetische Strahlung geht letztlich auf die Schwingung geladener Teilchen zurück. Das gesamte elektrische (und magnetische) Feld in irgendeinem Punkt ist eine Überlagerung der Wellen, die von allen Quellen, d.h. von allen schwingenden Ladungen, erzeugt werden. Beim hier betrachteten Problem ist die weit entfernte punktförmige Quelle, die die am Schirm auftreffende ebene Welle erzeugt, eine dieser Quellen. Wir nennen sie die Quelle S. Hinter dem undurchsichtigen Schirm ist die gesamte Wellenamplitude gleich Null (laut Annahme, denn das verstehen wir unter einem undurchsichtigen Schirm). Diese gesamte Welle ist eine Überlagerung der Welle von S und den Wellen, die von schwingenden Elektronen im Schirmmaterial emittiert werden. Der Schirm verschluckt also die von S einfallende Welle nicht einfach. Seine Elektronen werden von der einfallenden Strahlung (und von der Strahlung, die die anderen Elektronen im Schirm aussenden) angeregt, und erst die Überlagerung aller Wellen, also derjenigen von S und von allen Elektronen, ergibt hinter dem Schirm Null. Falls Ihnen dies merkwürdig erscheint, so versuchen Sie, sich zu erinnern, wieso ein elektrostatisches Feld in einem guten metallischen Leiter zusammenbricht. Der Leiter frißt das äußere Feld nicht auf. Dieses Feld existiert im Leiter, doch die Ladungen im Leiter bewegen sich (bis das statische Gleichgewicht erreicht ist) und kommen an der Oberfläche erst dann zum Stillstand, wenn die *Überlagerung* der Felder der Oberflächenladungen und des äußeren Feldes im Leiter das Gesamtfeld Null ergibt. Alle elektromagnetischen Felder rühren von geladenen Teilchen her, und auch ein „Nullfeld", wie das hinter einem undurchsichtigen Schirm, ist das Ergebnis einer Überlagerung.

Wenn Sie sich die elektrischen Kraftlinien eines geladenen Teilchens wie einen kleinen Strom von Projektilen, die von der Punktladung mit Lichtgeschwindigkeit ausgesandt werden, vorstellen, so werden Sie auf Schwierigkeiten stoßen. Für kleine Projektile gilt nicht das Superpositionsprinzip. Sie können sich nicht ungestört durchdringen. Zwei Projektile können sich nicht gegenseitig auslöschen. Mit einer solchen irreführenden Vorstellung werden Sie sich wahrscheinlich auch die Wirkung eines metallischen Leiters auf ein elektrostatisches Feld so vorstellen, daß dieser Leiter „die Projektile wie eine Art Schutzpanzer aufhält". Ebenso könnten Sie sich dann auch fälschlicherweise einen für sichtbares Licht undurchlässigen Schirm wie einen Schutzpanzer vorstellen, der das Licht aufhält, verschluckt und es dabei in Wärme umwandelt (wenn der Schirm schwarz ist) bzw. die Projektile abprallen läßt (wenn der Schirm eine glänzende Metallfolie ist). Diese Vorstellung ist schlecht. Sollten Sie sie haben, so sind Sie nicht der erste – sie ist jedoch falsch. Sehen Sie zu, daß Sie sie loswerden.

Der glänzende und der schwarze undurchsichtige Schirm. Unter den verschiedenen undurchsichtigen Schirmen gibt es zwei Extremfälle. Einer davon ist der glänzende undurchsichtige Schirm (z.B. ein Stück undurchsichtige Aluminiumfolie). Die Elektronen in Metall werden vom örtlichen elektrischen Feld angeregt, folglich emittieren sie elektromagnetische Wellen. Die Überlagerung der einfallenden Welle mit den Wellen von den Elektronen ergibt in der Vorwärtsrichtung (d.h. der Richtung der einfallenden Strahlung) Null. In der Rückwärtsrichtung ergibt sich eine reflektierende Welle. Weit weg von irgendeiner Resonanzfrequenz wird die Bewegung eines herausgegriffenen Elektrons nur durch die Amplitude der elastischen Schwingung bestimmt, die Geschwindigkeit ist also gegen das gesamte elektrische Feld am Ort des Elektrons um 90° phasenverschoben. Daher wird während eines vollständigen Zyklus am Elektron keine Arbeit verrichtet. (Das Elektron leitet die Strahlungsenergie sozusagen um, ohne etwas von der Energie für sich zu behalten.)

Der andere Extremfall ist der schwarze undurchsichtige Schirm (z.B. schwarzer Karton oder ein Mikroskop-Objektträger mit einer Rußschicht). Auch hier werden die Elektronen von der einfallenden Strahlung angeregt. Sie erfahren ebenfalls den Widerstand des Mediums und befinden sich stets auf ihrer Endgeschwindigkeit. Ihre Strahlung in der Vorwärtsrichtung weist gegenüber der einfallenden Strahlung eine Phasenverschiebung von 180° auf, die Überlagerung der beiden Strahlungen ergibt daher Null (wenn der Schirm dick genug ist). Die Geschwindigkeit eines herausgegriffenen Elektrons ist mit der gesamten elektrischen Kraft am Ort des Elektrons immer in Phase; daher wird am Elektron Arbeit verrichtet. Diese Arbeit überträgt sich auf das Medium und erwärmt es. Es gibt keine resultierende reflektierte Welle – die Beiträge aus den verschiedenen Schichten des Schirms überlagern sich und ergeben in der Rückwärtsrichtung Null.

Die Wirkung eines Lochs in einem undurchsichtigen Schirm. Wir schneiden jetzt ein kleines Loch (oder einen Spalt) in unseren undurchsichtigen Schirm. Zuerst markieren wir das Material, das entfernt werden soll. Wir

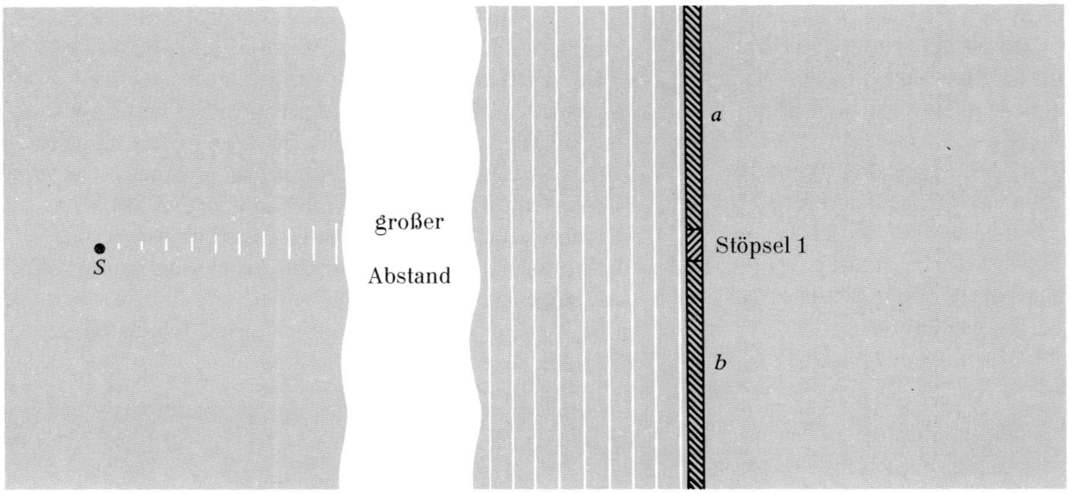

Bild 9.12. Einfall ebener Wellen von einer weit entfernten punktförmigen Quelle S auf einen undurchsichtigen Schirm. Die Überlagerung der Felder von den Ladungen in S, a, b und Stöpsel 1 gibt hinter dem Schirm Null.

werden dieses Loch „Spalt 1" nennen, also markieren wir das zu entfernende Material mit „Stöpsel 1". Das Material oberhalb und unterhalb von Stöpsel 1 bezeichnen wir mit a (oberhalb) und b (unterhalb). Das Gesamtfeld hinter dem Schirm, das ja gleich Null ist, ist die Überlagerung der von der Quelle S, dem Material a und b und vom Stöpsel 1 emittierten Felder. *Bevor wir also das Material für den Spalt 1 entfernen*, haben wir

$$E = 0 = E_S + E_a + E_b + E_1 . \tag{9.42}$$

Bild 9.12 zeigt diese Situation.

Nun entfernen wir das Material aus Spalt 1 (den Stöpsel 1). *Wir nehmen an*, daß die Bewegung der Elektronen in den Gebieten a und b durch das Herausnehmen des Stöpsels nicht verändert wird. (Das ist nur eine Näherung, da die Elektronen in den Gebieten a und b vom Gesamtfeld am jeweiligen Ort angeregt werden, und dieses Gesamtfeld enthält auch das Feld der Elektronen, die im Stöpsel waren. Diejenigen Elektronen in a und b, die nur wenige Wellenlängen weit von den Kanten des Spalts entfernt sind, werden durch das Herausnehmen des Stöpsels am meisten beeinflußt, da die von einem bestimmten Elektron ausgehende Strahlung mit wachsender Entfernung schwächer wird, so daß die nächsten Nachbarn am wichtigsten sind.) Unter dieser Annahme ist das Gesamtfeld hinter dem Schirm nicht mehr die durch Gl. (9.42) gegebene Überlagerung, die ja Null ergibt. Das Gesamtfeld ist vielmehr gleich dieser Überlagerung minus dem Beitrag vom Stöpsel 1:

$$\begin{aligned} E &= E_S + E_a + E_b \\ &= (E_S + E_a + E_b + E_1) - E_1 \\ &\approx 0 - E_1 \\ &\approx - E_1 . \end{aligned} \tag{9.43}$$

Wir sehen, daß das resultierende Feld – also die Überlagerung der Beiträge der Quelle S und des übriggebliebenen Materials des Schirms (a und b) – bis auf das Vorzeichen gleich dem Feld ist, das der Stöpsel emittierte, als er noch an seinem Platz *war*. Wir finden also das Feld hinter dem Schirm dadurch, daß wir uns vorstellen, wir ersetzen die Quelle und den Schirm mit dem Spalt durch ein einfacheres System, nämlich durch den Stöpsel selbst, ohne Quelle S und ohne den Rest des Schirms; dabei sollen alle Elektronen im Stöpsel mit derselben Phase und Amplitude schwingen, mit der sie wirklich schwingen, wenn sich der Stöpsel an seinem Platz befindet. Damit haben wir eine einfache Methode zur Berechnung von Interferenzmustern, die von Spalten in undurchsichtigen Schirmen erzeugt werden. Die Methode ist deshalb so einfach, weil wir die Amplituden- und Phasenänderungen der schwingenden Elektronen im Stöpsel als Funktion des Orts entlang der Strahlrichtung gar nicht erst kennen wollen. (Der Schirm hat natürlich eine endliche Dicke.) Würden wir sie kennen, so könnten wir etwas über die „Rückwärtsstrahlung" des Stöpsels aussagen, d.h., wir könnten zwischen einem glänzenden und einem schwarzen undurchsichtigen Schirm unterscheiden. Wir nehmen aber statt dessen bloß an, daß das vom Stöpsel erzeugte Feld E_1 durch eine unendlich dünne Schicht von Ladungen, die alle mit gleicher Phase und Amplitude schwingen, erzeugt wird.

Das Huygenssche Prinzip. Dieses oben beschriebene Verfahren heißt *Huygenssches Prinzip*. Es läßt sich für eine beliebige Anzahl von Spalten ebenso wie für einen einzelnen breiten Spalt anwenden. Die Grundlage dafür steckt in den Gln. (9.42) und (9.43). Beachten Sie, daß der in Gedanken als Ersatz verwendete dünne „strahlende

Stöpsel" nur hinter dem Schirm das richtige Interferenzmuster liefert. Ein *reeller* „strahlender Stöpsel", also eine „Flachantenne", strahlt in alle Richtungen. Ein *reeller* undurchsichtiger Schirm mit einem Loch erzeugt viel oder wenig Rückwärtsstrahlung (reflektierte Strahlung), je nachdem, ob er glänzend oder schwarz ist. Zur Berechnung des Feldes links vom Schirm (wenn die einfallende Strahlung, wie im Bild, von links kommt) läßt sich der „Huygenssche Stöpsel" nicht benutzen, da wir die Phasen- und Amplitudenänderung zwischen der Vorder- und Hinterfläche des Stöpsels vernachlässigt haben. Diese Änderung hängt davon ab, ob der Schirm glänzend oder schwarz ist.

Außerdem ist noch zu beachten, daß wir beim Aufstellen der Gl. (9.43) angenommen hatten, E_a und E_b seien mit und ohne Stöpsel gleich. Wie bereits erwähnt, stimmt das nur näherungsweise. Hat man z.B. einen einzelnen breiten Spalt und berechnet die Felder rechts des Schirms sowie im Spalt selbst mit dem Huygensschen Verfahren, so findet man: Das Huygenssche Verfahren liefert für genügend große Entfernungen rechts vom Schirm eine sehr gute Näherung, wenn man sich nahe genug an der Vorwärtsrichtung befindet und wenn der Schirm viele Wellenlängen breit ist. In der Nähe des Schirms selbst ist die Näherung jedoch sehr schlecht. Vom Spalt aus gesehen sind die schwingenden Ladungen in der Nähe der Kante des Spalts (im Schirmmaterial) am wichtigsten, weil sie am nächsten sind. Aber gerade diese Ladungen werden durch das Herausnehmen des Stöpsels am meisten beeinflußt. Das Feldmuster kann im Spalt und besonders in der Nähe seiner Kanten, wo die nächsten schwingenden Ladungen vorherrschen, sehr kompliziert sein. Sie werden vielleicht fragen: „Warum löst man das Problem nicht einfach exakt?" Das ist aber sehr schwierig. Man muß die Maxwellschen Gleichungen im gesamten Vakuumbereich und im Material lösen, die Materialeigenschaften genau angeben und an den Rändern alles aneinander anfügen. Es gibt keine allgemeine Lösungsmethode, und nur sehr wenige dieser Probleme sind bis jetzt exakt gelöst.

Berechnung des Beugungsmusters eines Einzelspalts mit dem Huygensschen Verfahren. Wir wollen nun das Beugungsmuster berechnen, das entsteht, wenn eine (beispielsweise von einer weit entfernten punktförmigen Quelle emittierte) ebene Welle auf einen Spalt trifft. Nach dem Huygensschen Verfahren denken wir uns die einfallende ebene Welle (bzw. die weit entfernte punktförmige Quelle) und das Material des Schirms durch eine Platte aus strahlendem Material – den „Huygensschen Stöpsel" – ersetzt. Wir müßten eigentlich über die Beiträge infinitesimaler Elemente der Platte integrieren (die Beiträge überlagern), da die schwingenden Ladungen kontinuierlich über die Platte verteilt sind. Anstatt über eine kontinuierliche Verteilung zu integrieren, können wir (und werden wir auch) die Summe über die diskreten Beiträge von n gleichartigen, regelmäßig angeordneten „Antennen" betrachten. Geht n gegen Unendlich, dann haben wir eine kontinuierliche Verteilung von Strahlungsquellen. (Der Vorteil der Verwendung von n diskreten Quellen anstelle einer kontinuierlichen Verteilung liegt darin, daß wir zugleich auch das Strahlungsmuster erhalten, das von n Antennen oder n schmalen Spalten – beliebiges n von $n=2$ bis Unendlich – erzeugt wird.)

Die Gesamtbreite des breiten Einzelspalts sei D. Dann ist D die Breite des Bereichs, der unsere lineare Anordnung von n „Huygensschen Antennen" enthält. Der Abstand zwischen zwei benachbarten Antennen sei d. Dann haben wir $D = (n-1)\,d$. Die ebene Welle falle in der positiven z-Richtung ein, und die n Spalte seien entlang der x-Richtung angeordnet (Bild 9.13).

In einem entfernten Aufpunkt P liefert jede Antenne einen Beitrag derselben Amplitude $A(r)$ (weil P weit genug entfernt ist, so daß wir für die Entfernungsabhängigkeit der Amplitude annehmen können, daß alle Antennen ungefähr gleich weit von P entfernt sind). Nach unserer Annahme schwingen alle Antennen phasengleich. Das elektrische Feld E im Punkt P ist daher gleich der Überlagerung

$$E = A(r)\cos(kr_1 - \omega t) + A(r)\cos(kr_2 - \omega t) + \ldots + A(r)\cos(kr_n - \omega t). \qquad (9.44)$$

Wir wollen nun diese Überlagerung von n laufenden Wellen in der Form einer einzigen laufenden Welle ausdrücken; diese Welle soll sich von der Mitte der Antennenanordnung aus ausbreiten, und ihre Amplitude soll als Funktion des Emissionswinkels moduliert sein. (Dasselbe haben wir im Abschnitt 9.2 bei der Behandlung des Interferenzmusters zweier punktförmiger Quellen getan. Für $n = 2$ sollten sich hier die alten Resultate ergeben.) Die Rechnung läßt sich mit Hilfe von komplexen Zahlen vereinfachen. Der Realteil der komplexen Größe E_c stellt das Feld E dar. Es ist

$$E_c = A(r)\,\mathrm{e}^{-\mathrm{i}\omega t}(\mathrm{e}^{\mathrm{i}kr_1} + \mathrm{e}^{\mathrm{i}kr_2} + \ldots + \mathrm{e}^{\mathrm{i}kr_n}). \qquad (9.45)$$

Nach Bild 9.13 ist aber

$$\begin{aligned} r_2 &= r_1 + d\sin\theta, \\ r_3 &= r_1 + 2d\sin\theta, \\ &\ldots\ldots\ldots\ldots \\ r_n &= r_1 + (n-1)\,d\sin\theta. \end{aligned} \qquad (9.46)$$

Somit wird aus Gl. (9.45)

$$\begin{aligned} E_c &= A(r)\,\mathrm{e}^{-\mathrm{i}\omega t}\,\mathrm{e}^{\mathrm{i}kr_1}\,(1 + \mathrm{e}^{\mathrm{i}k(r_2-r_1)} + \ldots) \\ &= A(r)\,\mathrm{e}^{-\mathrm{i}\omega t}\,\mathrm{e}^{\mathrm{i}kr_1}\,S, \end{aligned} \qquad (9.47)$$

wobei

$$\begin{aligned} S &\equiv 1 + \mathrm{e}^{\mathrm{i}k(r_2-r_1)} + \mathrm{e}^{\mathrm{i}k(r_3-r_1)} + \ldots \\ &= 1 + a + a^2 + \ldots + a^{n-1}, \end{aligned} \qquad (9.48)$$

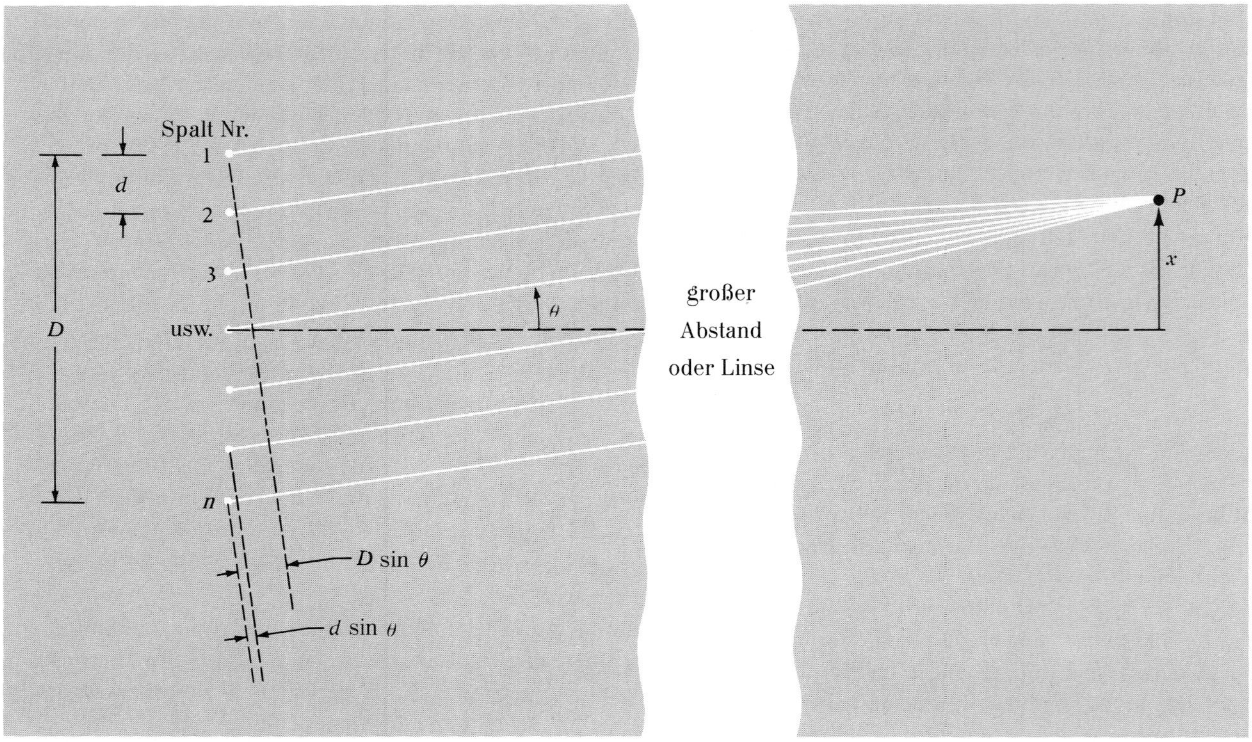

Bild 9.13. n Antennen bzw. n schmale Spalte, deren Ladungen alle phasengleich schwingen.

mit

$$a \equiv e^{ik(r_2-r_1)} = e^{ik(d\sin\theta)} = e^{i\Delta\varphi}, \tag{9.49}$$

hier ist

$$\Delta\varphi = kd\sin\theta = \frac{2\pi}{\lambda} d\sin\theta \tag{9.50}$$

der Phasenunterschied zwischen den Wellen (in P), die von benachbarten Antennen stammen. Die geometrische Reihe (9.48) genügt der Beziehung

$$aS - S = a^n - 1,$$

$$\begin{aligned} S &= \frac{a^n-1}{a-1} \\ &= \frac{e^{in\Delta\varphi}-1}{e^{i\Delta\varphi}-1} \\ &= \frac{e^{i(1/2)n\Delta\varphi}}{e^{i(1/2)\Delta\varphi}} \frac{[e^{i(1/2)n\Delta\varphi} - e^{-i(1/2)n\Delta\varphi}]}{[e^{i(1/2)\Delta\varphi} - e^{-i(1/2)\Delta\varphi}]} \\ &= e^{i(1/2)(n-1)\Delta\varphi} \frac{\sin\frac{1}{2}n\Delta\varphi}{\sin\frac{1}{2}\Delta\varphi}. \end{aligned} \tag{9.51}$$

Dann wird aus Gl. (9.47)

$$\begin{aligned} E_c &= A(r)\, e^{-i\omega t} e^{ik[r_1+(1/2)(n-1)d\sin\theta]} \frac{\sin\frac{1}{2}n\Delta\varphi}{\sin\frac{1}{2}\Delta\varphi} \\ &= A(r)\, e^{-i\omega t} e^{ikr} \frac{\sin\frac{1}{2}n\Delta\varphi}{\sin\frac{1}{2}\Delta\varphi}. \end{aligned} \tag{9.52}$$

wobei die Größe

$$\begin{aligned} r &\equiv r_1 + \tfrac{1}{2}(n-1)\,d\sin\theta \\ &= r_1 + \tfrac{1}{2}D\sin\theta \end{aligned} \tag{9.53}$$

den Abstand von P zur Mitte der Antennenanordnung darstellt. Nehmen wir nun den Realteil der Gl. (9.52), so erhalten wir das Feld im Punkt P:

$$\begin{aligned} E(r,\theta,t) &= \left[\frac{A(r)\sin\frac{1}{2}n\Delta\varphi}{\sin\frac{1}{2}\Delta\varphi}\right]\cos(kr-\omega t) \\ &\equiv A(r,\theta)\cos(kr-\omega t). \end{aligned} \tag{9.54}$$

Wir wollen uns noch überzeugen, daß Gl. (9.54) für $n = 2$ unser bereits von früher bekanntes Resultat, nämlich Gln. (9.12) und (9.13), liefert. Dazu benutzen wir die Identität $\sin 2x = 2\sin x\cos x$ mit $x = \frac{1}{2}\Delta\varphi$:

$$\begin{aligned} E(r,\theta,t) &= A(r)\frac{2\sin\frac{1}{2}\Delta\varphi\cos\frac{1}{2}\Delta\varphi}{\sin\frac{1}{2}\Delta\varphi}\cos(kr-\omega t) \\ &= [2A\cos\tfrac{1}{2}\Delta\varphi]\cos(kr-\omega t). \end{aligned}$$

Das stimmt mit den früheren Ergebnissen überein.

Beugungsmuster des Einzelspalts. Wir lassen n gegen Unendlich gehen und halten D konstant. Der Abstand d geht gegen Null. Auch die relative Phasenverschiebung $\Delta\varphi$ zwischen den Wellen, die von benachbarten Antennen stammen, geht gegen Null. Die gesamte Phasenverschiebung Φ zwischen dem Beitrag der ersten und dem der n-ten Antenne in P ist genau gleich $(n-1)\,\Delta\varphi$. Für sehr große n ist das ungefähr gleich $n\,\Delta\varphi$:

$$\Phi = (n-1)\,\Delta\varphi = kD\sin\theta \tag{9.55}$$

$$\Phi \approx n\,\Delta\varphi, \quad n \gg 1. \tag{9.56}$$

Die modulierte Amplitude in Gl. (9.54) ist also

$$A(r,\theta) = A(r)\,\frac{\sin\frac{1}{2}n\,\Delta\varphi}{\sin\frac{1}{2}\Delta\varphi} \approx A(r)\,\frac{\sin\frac{1}{2}\Phi}{\sin\left[\frac{1}{2}(\Phi/n)\right]}. \tag{9.57}$$

Für genügend große n lassen sich in Gl. (9.57) alle Glieder der Taylorreihe für $\sin\left[\frac{1}{2}(\Phi/n)\right]$, mit Ausnahme des ersten, vernachlässigen:

$$\sin\frac{1}{2}\frac{\Phi}{n} \approx \frac{1}{2}\frac{\Phi}{n}, \tag{9.58}$$

$$A(r,\theta) = nA(r)\,\frac{\sin\frac{1}{2}\Phi}{\frac{1}{2}\Phi}. \tag{9.59}$$

Wir können noch eine Vereinfachung vornehmen. Während n gegen Unendlich geht, müssen wir $A(r)$ so gegen Null gehen lassen, daß $A(r)$ konstant ist, da wir von jedem infinitesimalen Element dx der kontinuierlichen Anordnung denselben Beitrag wollen, gleichgültig, wie viele Antennen das gerade herausgegriffene Element enthält. (Erinnern Sie sich: Wir verwenden die Antennen in einer Huygensschen Konstruktion.) Wir können n und $A(r)$ aus Gl. (9.59) eliminieren, wenn wir beachten, daß Φ gegen Null und das Verhältnis $\sin\frac{1}{2}\Phi/\frac{1}{2}\Phi$ gegen Eins geht, wenn θ gegen Null geht:

$$\frac{\sin x}{x} = \frac{x - \frac{1}{6}x^3 + \ldots}{x} = 1 - \frac{1}{6}x^2 + \ldots = 1 \quad \text{für} \quad x = 0.$$

Nach Gl. (9.59) ist also $A(r,0)$ gleich $nA(r)$ mal Eins. Schließlich haben wir

$$E(r,\theta,t) = A(r,0)\left[\frac{\sin\frac{1}{2}\Phi}{\frac{1}{2}\Phi}\right]\cos(kr-\omega t), \tag{9.60}$$

mit

$$\Phi = 2\pi\,\frac{D\sin\theta}{\lambda}. \tag{9.61}$$

Wie aus Gl. (9.60) zu entnehmen ist, weist der zeitliche Mittelwert der Energiestromdichte (bei festgehaltenem r) folgende Winkelabhängigkeit auf:

$$I(r,\theta) = I_{max}\,\frac{\sin^2\frac{1}{2}\Phi}{(\frac{1}{2}\Phi)^2}. \tag{9.62}$$

Die durch die Gln. (9.60) und (9.62) beschriebenen Amplituden- und Intensitätsverhältnisse sind im Bild 9.14 dargestellt.

Die Divergenz eines durch Beugung beschränkten Strahlenbündels. Wir haben nun das im Abschnitt 9.5 gebrachte Ergebnis – die volle Divergenz $\Delta\theta$ eines „Bündels" der Breite D sei annähernd gleich λ/D – gerechtfertigt. Bild 9.14 zeigt den genauen Verlauf der Amplitude und der Intensität als Funktionen von θ. Das Hauptmerkmal der Intensitätskurve ist, daß die Intensität nur im Winkelbereich zwischen ungefähr $\theta = -\frac{1}{2}\lambda/D$ und $\theta = +\frac{1}{2}\lambda/D$ groß ist:

$$\Delta\theta = \frac{\lambda}{D}. \tag{9.63}$$

Das Beugungsmuster eines Einzelspalts läßt sich am einfachsten auf folgende Weise herstellen: Schneiden Sie sich zwei Papierstückchen so zurecht, daß jedes eine gerade Kante besitzt. Dann nehmen Sie eines in die linke, das andere in die rechte Hand und halten Sie sie so, daß die geraden Kanten der Papierstückchen parallel sind und einen Spalt veränderlicher Breite bilden. Durch diesen Spalt betrachten Sie nun eine punktförmige Lichtquelle oder eine leuchtende Linie (wobei der Spalt parallel zur Linienquelle sein muß). Halten Sie den Spalt knapp vor ein Auge und stützen Sie dabei eine Hand mit der anderen, um nicht zu wackeln. Variieren Sie die Spaltbreite von „Null" bis „Unendlich", wobei „Null" tatsächlich Null und „Unendlich" ungefähr 1 mm ist. Einen besseren Einzelspalt erhält man, indem man zwischen den Zinken einer gewöhnlichen Speisegabel hindurchblickt. Halten Sie einmal eine Gabel knapp vor eines Ihrer Augen. Der Abstand zwischen den Zinken ist noch zu groß; Sie müssen die Gabel also drehen, bis die *Projektion* der Spaltbreite genügend klein ist. Diese läßt sich dann variieren; dabei können Sie beobachten, wie sich das Beugungsmuster verändert. Durch eine rasch ausgeführte (und grobe) Messung können Sie Gl. (9.63) überschlagsmäßig verifizieren (Übung 17).

Das Auflösungsvermögen des menschlichen Auges. Betrachten Sie eine Millimeterskala oder markieren Sie Millimeterabstände auf einem Blatt Papier (oder betrachten Sie die Seite einer Zeitung) und stellen Sie fest, in welcher Entfernung die Linien miteinander zu verschmelzen beginnen, also nicht mehr aufgelöst werden (bzw. in welcher Entfernung Sie die Zeitung nicht mehr lesen können). Sie werden höchstwahrscheinlich finden, daß 1 mm auf 2 m gerade noch, auf 4 m jedoch überhaupt nicht mehr aufgelöst wird. Somit ergibt sich für das Winkelauflösungsvermögen des menschlichen Auges in der Mitte des Gesichtsfeldes (d.h., wenn man die Linien direkt ansieht) der Wert $\Delta\theta \approx 1\,\text{mm}/2\,\text{m} = 1/2000$. Sehen Sie nun in den Spiegel und messen Sie den Durchmesser D Ihrer Pupille, indem Sie ein Lineal nahe an Ihr Auge halten. Ein typischer Wert ist $D \approx 2$ mm. Das Winkelauflösungsvermögen Ihres Auges wird durch die Beugung begrenzt; es ist durch die Winkelgröße des Bildes, das von einer aus einer weit entfernten Punktquelle stammenden Planwelle

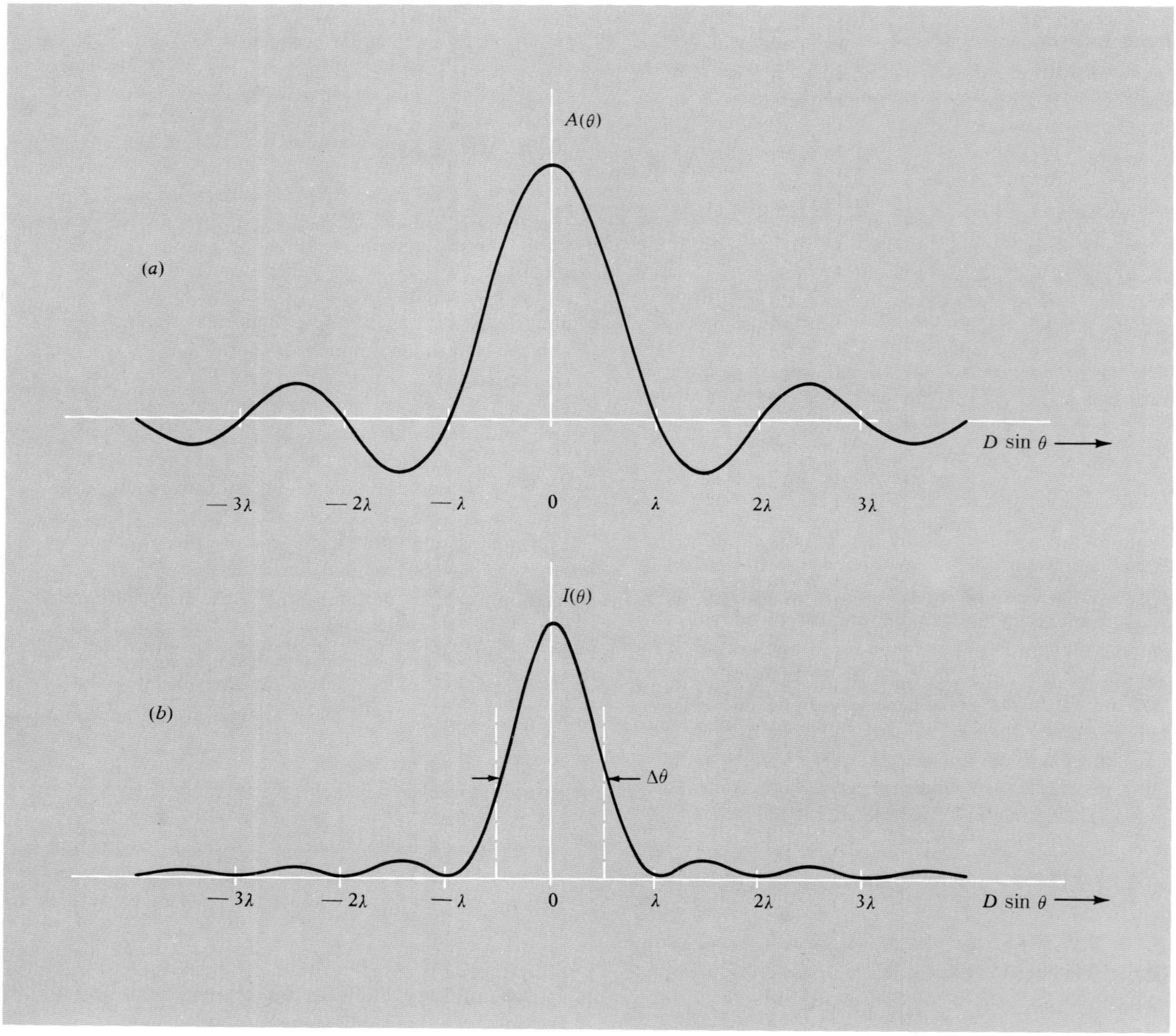

Bild 9.14. Beugungsbild des Einzelspalts.
a) Amplitude.
b) Intensität. Das Band $\Delta\theta$ zwischen $-\frac{1}{2}\lambda/D$ und $+\frac{1}{2}\lambda/D$ entspricht näherungsweise (für kleine Winkel) der „vollen Breite bei halber Intensität". Anstatt um die Hälfte ist die Intensität um den Faktor $(2/\pi)^2 = 0{,}41$ kleiner.

auf Ihrer Netzhaut erzeugt wird, gegeben. Die volle Winkelbreite $\Delta\vartheta$ des Bildes eines weit entfernten Punktes ist also:

$$\Delta\theta \text{ (Beugungsgrenze)} \approx \frac{\lambda}{D} \approx \frac{5{,}5 \cdot 10^{-7}\,\text{m}}{2 \cdot 10^{-3}\,\text{m}} \approx \frac{1}{4000}.$$

Das Gehirn (oder wenigstens meines) möchte also, daß zwei Punkte um einen Winkelabstand von ungefähr der doppelten Beugungsbreite („Beugungsdivergenz") voneinander entfernt sind, wenn sie getrennt wahrgenommen werden sollen.

Um sich zu überzeugen, daß die (grobe) Übereinstimmung zwischen dem Auflösungsvermögen des Auges und der Beugungsbreite nicht rein zufällig ist, wiederholen Sie bitte das oben angegebene Experiment und sehen Sie durch ein feines Loch in einem Stück Papier (oder in einem undurchsichtigen Band, in einer Metallfolie o.ä.). Das Loch soll einen Durchmesser von ca. 1 mm haben (wenn wir annehmen, daß Ihre Pupille ungefähr 2 mm weit ist). Wird Ihr Auflösungsvermögen schlechter? Um den Faktor 2?

Das Rayleighsche Kriterium. Beträgt der Winkelabstand zweier Punkte voneinander genau eine Beugungsbreite λ/D, so fällt das Intensitätsmaximum des einen Punktes auf das erste Intensitätsminimum im Beugungsmuster des anderen Punktes (Bild 9.14b). Man sagt dann: Die beiden Punkte werden *nach dem Rayleighschen Kriterium gerade noch aufgelöst*.

Die tatsächliche Breite des Bildes eines weit entfernten Punktes auf der Netzhaut ist ungefähr gleich der Brennweite der Augenlinse, multipliziert mit der Winkelbreite des Bildes. Die Brennweite f ist gleich dem Innendurchmesser des Auges, also ungefähr 3 cm (bei Betrachtung eines weit entfernten Gegenstandes). Die Breite des Bildes eines weit entfernten Punktes ist also annähernd $f(\lambda/D) = (0{,}03 \cdot 5 \cdot 10^{-7}/2 \cdot 10^{-3})\,\text{m} \approx 8\,\mu\text{m}$. Die Tatsache, daß Ihr Auge ungefähr bis zur Beugungsgrenze auflöst, bedeutet implizit, daß die Lichtrezeptoren im Zentrum der Netzhaut (die sogenannten Zäpfchen) nicht weiter als $8\,\mu\text{m}$ voneinander entfernt sind.

Ein in einer Höhe von ca. 250 km kreisender Astronaut sagte einmal, er könne die einzelnen Häuser in den unter ihm vorüberstreichenden Dörfern ausmachen. Glauben Sie ihm das?

Bezeichnungsweise: Fraunhofersche und Fresnelsche Beugungserscheinungen. Bei der Behandlung des Beugungsmusters des Einzelspalts (oder einer einzelnen Öffnung) nahmen wir an, die von einer weit entfernten Punktquelle S her einfallende Welle sei eine ebene Welle. Weiterhin nahmen wir an, daß wir die vom Spalt unter einem gegegebenen *Winkel* ausgesandte Strahlung nachweisen. Das bedeutet aber, daß wir im Beobachtungspunkt P eine Überlagerung von parallel laufenden Wellen betrachteten und daß entweder P sehr weit vom Spalt entfernt war oder daß wir eine Linse (z.B. die Linse des Auges) verwendeten, um die Wellen in P (z.B. auf der Netzhaut) zu vereinigen. Beugungserscheinungen, die unter diesen beiden Bedingungen – Einfall einer ebenen Welle und Emission der gebeugten Welle in einer gegebenen Richtung – zu beobachten sind, werden als *Fraunhofersche Beugungserscheinungen* bezeichnet. Benutzt man keine Linse, so müssen sich sowohl die Punktquelle S als auch der Detektor P im „Fernfeld" des Spalts befinden. Um festzustellen, ob dies z.B. für S zutrifft, legen wir eine gedachte Ebene in den Spalt, und zwar so, daß sie senkrecht auf der von S zum Zentrum des Spalts gezogenen Verbindungslinie steht. Betrachten Sie nun die Gesamtheit aller von S zu allen Punkten des Spalts gezogenen Geraden. Wenn alle diese Geraden unsere gedachte Ebene in „praktisch demselben" Abstand von S schneiden, so befindet sich S im Fernfeld des Spalts. „Praktisch derselbe" Abstand bedeutet hier, daß die Unterschiede zwischen den Abständen viel kleiner als eine halbe Wellenlänge sind. Dann läßt sich auch die Strahlung von S praktisch nicht von einer ebenen Welle unterscheiden. Das analoge Kriterium gilt auch für den Beobachtungspunkt P.

Man kann leicht zeigen, daß sich ein Punkt im Abstand l von einem Spalt der Breite D im Fernfeld befindet, wenn

$$l\lambda \gg (\tfrac{1}{2} D \cos\theta)^2\,,$$

dabei ist $\frac{1}{2} D \cos\theta$ die Projektion der halben Spaltbreite senkrecht auf die gerade Verbindungslinie (Sehlinie) zwischen dem Spalt und dem Punkt. Ist eine dieser beiden Bedingungen nicht erfüllt, d.h., ist entweder die Punktquelle S oder der Beobachtungspunkt P nicht im Fernfeld des Spalts, dann haben wir es mit sogenannten *Fresnelschen Beugungserscheinungen* (auf die wir aber nicht näher eingehen werden) zu tun.

Fourier-Analyse der transversalen Ortsabhängigkeit einer kohärenten Quelle. Das Ergebnis Gl. (9.63) läßt sich in eine andere, interessante Form bringen. Stellen wir uns eine einzelne Frequenzkomponente unserer laufenden Welle vor. Wir können diese Komponente als exakt monochromatisch betrachten. Dann ist die Bandbreite $\Delta\omega$ gleich Null. Was geschieht mit dem Wellenvektor? Das Quadrat des Wellenvektors (k^2) ist gleich ω^2/c^2 (für Licht im Vakuum). Daher muß k^2 einen genau definierten Wert haben, sofern das auch für ω^2 gilt. Das heißt aber nicht, daß jede Komponente von k einen genau definierten Wert haben muß! Die Größe k^2 ist ja die Summe der Quadrate der Komponenten von k:

$$k^2 = k_x^2 + k_y^2 + k_z^2\,, \tag{9.64}$$

dabei ist k_x der in Radiant gemessene Phasenwinkel pro Längeneinheit in der $\hat{\mathbf{x}}$-Richtung, k_y ist der in Radiant gemessene Phasenwinkel pro Längeneinheit in der $\hat{\mathbf{y}}$-Richtung und k_z ist der in Radiant gemessene Phasenwinkel pro Längeneinheit in der $\hat{\mathbf{z}}$-Richtung. Wäre das Strahlenbündel eine echte in der positiven z-Richtung laufende Planwelle und nicht ein durch Beugung beschränktes Bündel, so wären k_x und k_y gleich Null. Für eine Fourier-Komponente eines durch Beugung beschränkten Bündels, dessen Wellenvektor in der xz-Ebene liegt und mit der z-Achse einen kleinen Winkel θ einschließt, gilt $k_y = 0$, $k_x = k \sin\theta$ und $k_z = k\cos\theta$. Für kleine Winkel θ ist $\sin\theta$ annähernd gleich θ und $\cos\theta$ annähernd gleich 1. Dann gilt für die x-Komponente

$$k_x \approx k\theta\,. \tag{9.65}$$

Wir haben jedoch schon gesehen, daß das Bündel in der vorherrschenden Richtung (die z-Richtung) um den Betrag

$$\Delta\theta \approx \frac{\lambda}{D} \tag{9.66}$$

divergiert. Somit folgt aus den Gln. (9.65) und (9.66) für die Verbreiterung von k_x die Beziehung

$$\Delta k_x \approx k\,\Delta\theta \approx k\,\frac{\lambda}{D} = \frac{2\pi}{D}\,,$$

bezeichnen wir die volle Breite D des Bündels in der x-Richtung mit Δx, so haben wir

$$\boxed{\Delta k_x \, \Delta x \geqslant 2\pi.} \tag{9.67}$$

(Die Ungleichung bringt uns auch in Erinnerung, daß sich die Beugungsgrenze nur dann erreichen läßt, wenn alle Quellen kohärent sind und phasengleich schwingen.)

Wir können aber noch weiter ins Detail gehen. Nach unserer Huygensschen Konstruktion haben wir eine strahlende Platte aus Quellen, die in der x-Richtung zwischen, sagen wir, $x = -\frac{1}{2}D$ und $x = +\frac{1}{2}D$ gleichmäßig verteilt sind. Alle Quellen sind gleich stark und haben dieselbe Phasenkonstante. Trägt man die Quellstärke $f(x)$ im Bereich von $x = -\infty$ bis $+\infty$ als Funktion von x auf, so ergibt sich überall Null, außer in einem Bereich der Breite D um den Ursprung. Wir haben also eine „Rechteckwelle" in x vor uns, die wir nach den Ortsfunktionen $\sin k_x x$ und $\cos k_x x$ in eine Fourier-Reihe zerlegen können; genauso haben wir ja auch einen Rechteckimpuls als Funktion der Zeit in eine Fourier-Reihe nach $\sin \omega t$ und $\cos \omega t$ zerlegt. In Gl. (6.95) hatten wir gefunden, daß die Fourier-Transformierte eines Rechteckimpulses $f(t)$ (als Funktion der Zeit) der Höhe $1/\Delta t$ und Breite Δt durch

$$B(\omega) = \frac{1}{\pi} \frac{\sin \frac{1}{2} \omega \Delta t}{\frac{1}{2} \omega \Delta t} \tag{9.68}$$

gegeben ist. Analog sollte ein Rechteckimpuls $f(x)$ in x mit der Breite D und mit der Höhe $1/D$ die Fourier-Transformierte

$$B(k_x) = \frac{1}{\pi} \frac{\sin \frac{1}{2} k_x D}{\frac{1}{2} k_x D} \tag{9.69}$$

haben. Es gilt aber noch

$$k_x D = kD \sin\theta = \Phi. \tag{9.70}$$

Daher haben wir

$$B(k_x) = \frac{1}{\pi} \frac{\sin \frac{1}{2} \Phi}{\frac{1}{2} \Phi}. \tag{9.71}$$

Der Vergleich der Gln. (9.71) und (9.60) zeigt, daß die unter dem Winkel θ (der durch k_x gegeben ist) beobachtete Feldamplitude bis auf eine Proportionalitätskonstante gleich der Fourier-Transformierten der Quellstärke im Spalt (also der Rechteckwelle) ist. Im Spalt ist die Schwingungsamplitude gleich $f(x) \cos \omega t$; dabei ist $f(x)$ die über die Spaltöffnung konstante Quellstärke. Im Abstand r und in der Richtung θ erhält man die laufende Welle, indem man $\cos \omega t$ durch $\cos(\omega t - kr)$ und die Größe $f(x)$ durch ihre Fourier-Transformierte $B(k_x)$ ersetzt. Für die y-Richtung – die zweite Richtung quer zum Bündel – gilt eine zu Gl. (9.67) analoge Beziehung, nur ist dabei x durch y zu ersetzen.

Wichtige Ergebnisse der Fourier-Analyse. Rufen wir uns die Ergebnisse der Fourier-Analyse nach der Längskomponente k_z des Wellenvektors und nach der Frequenz in Erinnerung; wir können diese Ergebnisse folgendermaßen zusammenfassen:

$$\begin{aligned} \Delta k_x \, \Delta x &\geqslant 2\pi \\ \Delta k_y \, \Delta y &\geqslant 2\pi \\ \Delta k_z \, \Delta z &\geqslant 2\pi \\ \Delta\omega \, \Delta t &\geqslant 2\pi. \end{aligned} \tag{9.72}$$

Die Fourier-Analyse ist ein überaus vorteilhaftes Verfahren zur Berechnung von Beugungsmustern. Wir werden jedoch dieses Thema hier nicht weiter behandeln (siehe Übung 59).

Das Beugungsmuster zweier breiter Spalte. Stellen Sie einen Doppelspalt her. (Streichen Sie einfach ein Stück Silberpapier glatt und befestigen Sie es mit etwas Klebeband auf einem Mikroskop-Objektträger. Legen Sie eine Rasierklinge zur Führung an die gerade Kante eines anderen Objektträgers an und schneiden Sie einen Schlitz in das Silberpapier. Ritzen Sie den zweiten Schlitz so knapp wie möglich neben dem ersten ein, ohne jedoch diesen zu beschädigen – ein Abstand von weniger als $\frac{1}{2}$ mm läßt sich leicht erreichen.) Betrachten Sie Ihre leuchtende Linie mit und ohne Rotfilter, wobei Sie den Spalt vor ein Auge halten. Die eng beisammen liegenden „Interferenzstreifen" entsprechen dem Interferenzmuster des Doppelspalts; sie sind also um einen Winkel von λ/d rad voneinander getrennt (dabei wurde die für kleine Winkel gültige Näherung $\sin\theta \approx \theta$ benutzt). Schneiden Sie am selben Objektträger noch einen Einzelspalt derselben Breite ein (verwenden Sie also dieselbe Rasierklinge und ritzen Sie genauso wie vorher, oder machen Sie einfach von Anfang an einen der beiden Spalte des Doppelspalts etwas länger). Vergleichen Sie nun die Beugungsmuster von Einzel- und Doppelspalt. Sie werden bemerken, daß das *Beugungsmuster des Doppelspalts mit dem Beugungsmuster des Einzelspalts moduliert ist* (Bild 9.15). Gewöhnlich ist es ziemlich schwierig, überhaupt etwas vom Beugungsmuster des Doppelspalts zu sehen, außer im Zentralmaximum der Einzelspalt-Modulation. (Vielleicht haben Sie Erfolg, wenn Sie das Rotfilter verwenden und einen guten Doppelspalt haben.)

Die Erklärung für das Auftreten des Beugungsmusters ist folgende: Jeder Spalt liefert am Detektor (beispielsweise Ihrer Netzhaut) ein elektrisches Feld mit bestimmter Amplitude und bestimmtem Phasenwinkel. Der Phasenwinkel des Beitrages aus dem gesamten Spalt ist gleich dem Phasenwinkel des Teilbetrages (der „Antenne") in der Mitte des Spalts. Dies ergibt sich daraus, daß die Welle mit dem Faktor $\cos(kr - \omega t)$ behaftet ist, wobei r der Abstand zwischen Spaltmitte und dem Detektor ist (siehe Gln. (9.60) und (9.53)). Die Amplitude ist der Größe

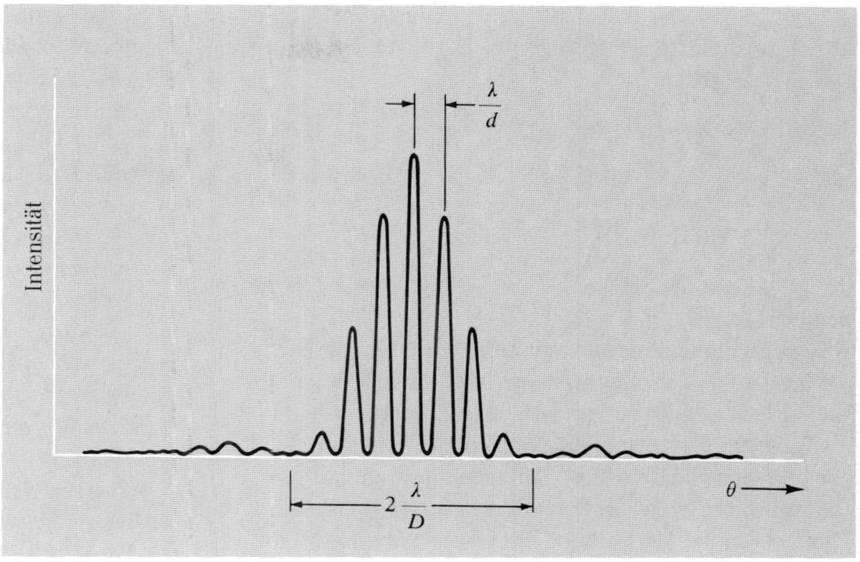

Bild 9.15
Beugungsbild des Doppelspalts. Der Spaltabstand d ist viermal so groß wie die Breite D jedes der Spalte. Bei den Ausdrücken für den Winkelabstand λ/d und die volle „Winkelbreite" $2\lambda/D$ zwischen zwei Modulationsnullstellen wurde die für kleine Winkel gültige Näherung $\sin\theta = \theta$ benutzt.

$\sin\frac{1}{2}\Phi/\frac{1}{2}\Phi$ proportional; dabei ist Φ der Phasenunterschied der Beiträge aus den gegenüberliegenden Kanten des Spalts. Sind zwei solcher Spalte um den Abstand d voneinander entfernt, so liefert jeder Spalt einen Beitrag, der dieselbe Phase hat wie der Beitrag, den man von einem in der Mitte des tatsächlichen Spalts gedachten engen Spalt erhalten würde. Bezüglich der Amplitude aber haben wir den Faktor $\sin\frac{1}{2}\Phi/\frac{1}{2}\Phi$. Das Muster ist also gerade das des Doppelspalts, nur ist die von den beiden Spalten gelieferte konstante Amplitude $A(r)$ nun durch eine mit $\sin\frac{1}{2}\Phi/\frac{1}{2}\Phi$ multiplizierte Konstante ersetzt. Mit anderen Worten: Das Doppelspalt-Muster, das man von zwei unendlich engen Spalten erhalten würde, ist durch Multiplikation mit dem Faktor $\sin\frac{1}{2}\Phi/\frac{1}{2}\Phi$ *moduliert*. Verbinden wir unsere früher erhaltenen Resultate für das Beugungsmuster des Doppelspalts (Gl. (9.13)) mit dem Modulationsfaktor und werden beide Spalte mit derselben Phase erregt, so finden wir für das Strahlungsmuster den folgenden Ausdruck:

$$E(\theta, t) = A(\theta)\cos(kr - \omega t), \tag{9.73}$$

$$A(\theta) = A(0)\cdot\left[\frac{\sin\frac{1}{2}\Phi}{\frac{1}{2}\Phi}\right]\cos\tfrac{1}{2}\Delta\varphi, \tag{9.74}$$

$$\Phi = kD\sin\theta = 2\pi\frac{D\sin\theta}{\lambda}, \tag{9.75}$$

$$\Delta\varphi = kd\sin\theta = 2\pi\frac{d\sin\theta}{\lambda}, \tag{9.76}$$

dabei ist D die Breite eines Spalts, d ist der gegenseitige Abstand der beiden Spalte (gemessen von Mitte zu Mitte) und r ist die Entfernung des Beobachtungspunktes P von einem Punkt in der Mitte zwischen den Mittelpunkten der beiden Spalte. Geht D gegen Null, so bedeckt das Zentralmaximum „das gesamte Gesichtsfeld", und wir erhalten das im Abschnitt 9.2 für zwei enge Spalte gefundene Ergebnis.

Das Intensitätsmuster $I(\theta)$ ist dem Zeitmittel über das Quadrat der elektrischen Feldstärke proportional; aus den Gln. (9.73) und (9.74) folgt also

$$I(\vartheta) = I(0)\left[\frac{\sin\frac{1}{2}\Phi}{\frac{1}{2}\Phi}\right]^2\left(\cos^2\frac{1}{2}\Delta\varphi\right). \tag{9.77}$$

Der Faktor $\cos^2\frac{1}{2}\Delta\varphi$ liefert die schnelle, für das Beugungsmuster des Doppelspalts charakteristische Änderung mit dem Winkel, bei der der Winkelabstand der Maxima voneinander jeweils λ/d beträgt. Der Faktor $(\sin\frac{1}{2}\Phi/\frac{1}{2}\Phi)^2$ ergibt die Einzelspalt-Modulation mit einer vollen Winkelbreite von λ/D bei ungefähr halber Intensität bzw. mit der vollen Winkelbreite von $2\lambda/D$ zwischen den Nullstellen zu beiden Seiten des Zentralmaximums. Sie können das Verhältnis d/D für Ihren Doppelspalt abschätzen, indem Sie die Anzahl der „Doppelspalt"-Streifen im Zentralmaximum der „Einzelspalt-Modulation" abzählen. Das von Gl. (9.77) beschriebene Intensitätsmuster ist im Bild 9.15 aufgetragen.

Das Beugungsmuster für viele gleichartige parallele breite Spalte. Aus unserer Besprechung der beiden breiten Spalte sollte hervorgehen, daß man das Beugungsmuster für viele gleichartige breite Spalte leicht findet, indem man zunächst schmale Spalte annimmt und dann das Ergebnis mit dem Amplitudenmodulationsfaktor $\sin\frac{1}{2}\Phi/\frac{1}{2}\Phi$ des Einzelspalts multipliziert.

Das Mehrspalt-Interferenzmuster. Überlegen wir uns nun, wie das Interferenzmuster für n Antennen (Bild 9.13) von n abhängt. (Es läuft auf dasselbe hinaus, ob wir n

schmale Spalte oder n Antennen betrachten.) Die Amplitude für n schmale Spalte folgt aus Gl. (9.54), die wir hier einfach abschreiben:

$$E(r,\theta,t) = A(r,\theta)\cos(kr-\omega t), \tag{9.78}$$

$$A(r,\theta) = A(r)\,\frac{\sin\frac{1}{2}\,n\,\Delta\varphi}{\sin\frac{1}{2}\,\Delta\varphi}, \tag{9.79}$$

$$\Delta\varphi = 2\pi\,\frac{d\sin\theta}{\lambda}. \tag{9.80}$$

Hauptmaxima, Zentralmaximum, weiße Lichtquelle. Die Winkel, bei denen der Nenner (und Zähler) der Gl. (9.79) verschwindet, sind durch $\frac{1}{2}\Delta\varphi = 0, \pm\pi, \pm 2\pi$ usw. gegeben. Bei diesen Winkeln ist der Gangunterschied $d\sin\theta$ gleich Null, $\pm\lambda$, usw., bei ihnen herrscht also Verstärkung durch Interferenz zwischen allen n Antennen. Diese Stellen der Verstärkung nennt man *Hauptmaxima*:

$$d\sin\theta = 0, \pm\lambda, \pm 2\lambda, \ldots, m\lambda, \quad m = 0, \pm 1, \pm 2, \ldots \tag{9.81}$$

Das Maximum bei $\theta = 0$ heißt *Zentralmaximum* oder *Maximum nullter Ordnung*. Die Maxima mit $m = \pm 1$ heißen Maxima erster Ordnung, usw. In einem wichtigen Punkt unterscheidet sich das Zentralmaximum von allen übrigen Hauptmaxima: Alle Spalte liefern phasengleiche Beiträge, *unabhängig von der Wellenlänge. Für eine weiße Lichtquelle ist daher das Zentralmaximum weiß*. Bei allen anderen Hauptmaxima (mit Ausnahme des Zentralmaximums) hängt der Winkel des Maximums von der Wellenlänge, d.h. von der Farbe, ab.

Die Gesamtamplitude in einem Hauptmaximum ist gerade das n-fache der von jedem der Spalte stammenden Amplitude. Das ist physikalisch einzusehen. Es folgt auch aus Gl. (9.79): Für das Zentralmaximum gilt $\Delta\varphi = 0$. Weiterhin benutzen wir (mit $\frac{1}{2}\Delta\varphi = x$) die Beziehung

$$\frac{\sin nx}{\sin x} = \frac{nx - \frac{1}{6}(nx)^3 + \ldots}{x - \frac{1}{6}x^3 + \ldots} = n\,\frac{[1-\frac{1}{6}(nx)^2 + \ldots]}{[1-\frac{1}{6}x^2+\ldots]} = n \quad \text{für } x \to 0. \tag{9.82}$$

Ähnlich läßt sich für das Maximum erster Ordnung mit $m = +1$ zeigen, daß der Grenzwert von $\sin nx/\sin x$ für x gegen π gleich $\pm n$ ist. Man braucht nur nach dem kleinen Winkel, um den sich x von π unterscheidet, zu entwickeln:

$$x = \pi - \epsilon$$

$$\frac{\sin nx}{\sin x} = \frac{\sin(n\pi - n\epsilon)}{\sin(\pi-\epsilon)} = (-1)^{n+1}\,\frac{\sin n\epsilon}{\sin\epsilon}. \tag{9.83}$$

Geht ϵ gegen Null, so findet man $(-1)^{n+1}n = \pm n$ als Grenzwert des Bruchs.

Winkelbreite eines Hauptmaximums. Die Breite der Hauptmaxima nimmt mit zunehmendem n ab. Der halbe Winkelabstand von einem Hauptmaximum bis zur ersten Nullstelle links oder rechts des Maximums folgt aus Gl. (9.79). Für ein Hauptmaximum sind Zähler und Nenner Null. Der Zähler von Gl. (9.79) wird wieder Null, wenn das Argument $\frac{1}{2}n\,\Delta\varphi$ der Sinusfunktion um π angewachsen ist. (Der Nenner verschwindet dann aber nicht.) Somit *wächst der Phasenunterschied $\Delta\varphi$ beim Übergang von einem Hauptmaximum zur benachbarten Nullstelle der Amplitude um $2\pi/n$ an.* Das bedeutet, daß *der Gangunterschied $d\sin\theta$ beim Übergang von einem Hauptmaximum zu einer benachbarten Nullstelle der Amplitude um λ/n anwächst.* Nun ist aber der Gangunterschied zwischen zwei aufeinanderfolgenden Hauptmaxima gleich λ. Wir sehen also: *Während sich $\sin\theta$ zwischen zwei aufeinanderfolgenden Hauptmaxima um λ/d ändert, fällt die Amplitude in einem n mal schmäleren Bereich der Funktion $\sin\theta$ von ihrem Maximum auf Null ab.*

Bei großem n oder bei geradzahligem n (gleichgültig, ob groß oder klein) sieht man leicht ein, warum die erste Nullstelle (neben einem Hauptmaximum) bei einem Gangunterschied $d\sin\theta$ von λ/n auftritt. Angenommen, wir haben sechs Antennen. Die erste Nullstelle tritt dann auf, wenn sich die ersten drei Antennen mit den letzten drei Antennen paarweise „auslöschen", wenn sich also 1 und 4, 2 und 5 sowie 3 und 6 gegenseitig auslöschen. Das geschieht dann, wenn zwischen den Antennen 1 und 4 ein Gangunterschied von $\frac{1}{2}\lambda$ besteht (ebenso auch bei den anderen Paaren). Dann besteht zwischen 1 und 2 der Gangunterschied $\lambda/6$, also λ/n. Ist n ungeradzahlig, so läßt sich diese Erklärung nicht verwenden, weil ja dann die Antennen einander nicht paarweise zugeordnet werden können. Das Einfachste in diesem Fall ist, das Ergebnis „optisch" (anstatt algebraisch) zu ermitteln und ein Vektordiagramm der beteiligten Amplituden in der komplexen Ebene zu zeichnen. Man sieht dann leicht, daß sich die n komplexen Amplituden zu einem Polygon schließen, also die Gesamtamplitude Null ergeben, wenn $\Delta\varphi$ gleich $2\pi/n$ ist (Übung 52). Bild 9.16 zeigt, wie das Interferenzmuster bei festgehaltenem Spaltabstand d von n abhängt.

Auf folgende Weise können Sie sich vor Augen führen, wie die Hauptmaxima schmäler werden, wenn n von 2 auf 3 anwächst: Heften Sie ein Stück Aluminiumfolie auf einen Objektträger und ritzen Sie mit einer Rasierklinge einen dreifachen Spalt ein. Machen Sie zwei der Spalte länger als den dritten, so daß Sie nur den Objektträger vor Ihrem Auge etwas zu verschieben brauchen, um vom Doppelspalt zum Dreifachspalt überzugehen. Nach einem halben Dutzend von Versuchen wird es Ihnen vielleicht gelingen (mir ist es geglückt!), drei vernünftige Spalte herzustellen, die ungefähr gleich weit und weniger als $\frac{1}{2}$ mm voneinander entfernt sind. (Halten Sie die

Bild 9.16

Mehrspalt-Interferenzmuster. Zwei Hauptmaxima sind abgebildet. Die Winkel sind als klein vorausgesetzt, so daß $\sin\theta = \theta$. Für große n hat jedes Hauptmaximum die Form des in Bild 9.14b gezeigten Einzelspalt-Interferenzmusters.

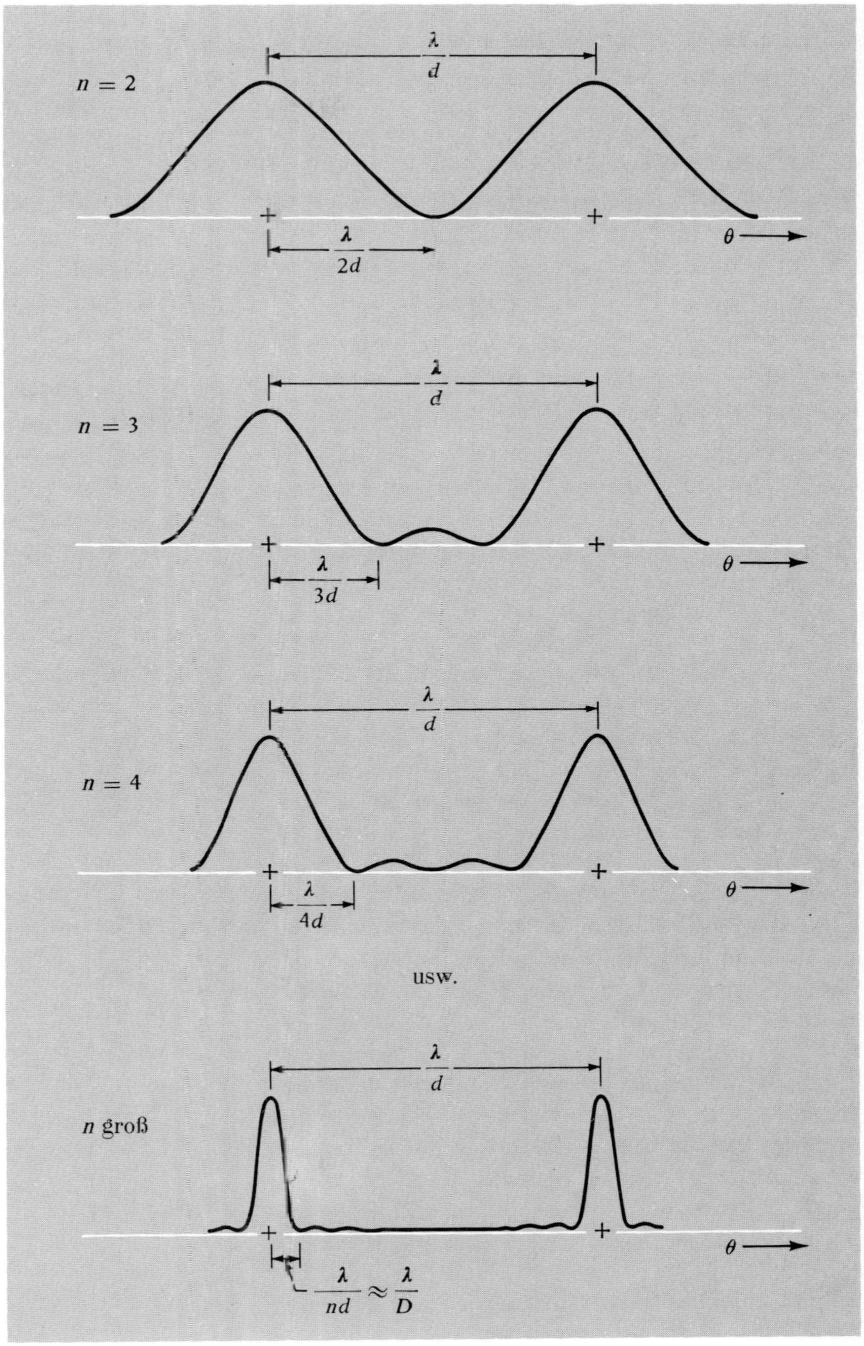

Anordnung nach jedem Versuch zur Überprüfung gegen das Licht. Ein einfaches Vergrößerungsglas mit zwei- bis dreifacher Vergrößerung ist dabei recht nützlich.) Betrachten Sie Ihre Linienquelle durch einen Doppelspalt, so sehen die hellen Streifen etwas breiter als die dazwischenliegenden „schwarzen" Bereiche aus. Gehen Sie aber auf den Dreifachspalt über, dann sehen die hellen Stellen schmaler als die Dunkelstellen aus. Natürlich erhalten Sie die hier besprochenen Muster nur dann, wenn Ihre Spalte halbwegs einheitlich und gleich weit voneinander entfernt sind; sind sie das nicht, dann sehen die Beugungsmuster anders aus.

Beugungsgitter für Durchlicht. Anstelle von n Antennen oder n Spalten in einem undurchsichtigen Schirm könnten wir es auch mit n parallelen Strichen zu tun haben, die auf einem glatten Stück Glas oder Kunststoff der Breite D eingeritzt sind. Wären keine Striche vorhanden, so würde das Licht das einem einzelnen breiten Spalt der Breite D entsprechende Beugungsmuster liefern. Die

Striche wirken wie „Antennen". Sie liefern ein „n-Strich"-Interferenzmuster; es ist dasselbe Muster, das wir für n Spalte gefunden haben, mit einer Ausnahme: Zum Zentralmaximum (bei 0°) liefern nicht nur die Striche, sondern auch das zwischen den Strichen liegende durchsichtige Material einen Beitrag. Wir erwarten daher, daß das Zentralmaximum bedeutend heller als die übrigen Hauptmaxima ist.

Betrachtet man eine leuchtende Linie, die monochromatisches Licht aussendet, durch ein Beugungsgitter, so sieht man, daß jedes Hauptmaximum dasselbe Intensitätsprofil (Intensität als Funktion des Winkels) wie das Beugungsmuster des Einzelspalts (Bild 9.14b) hat.

Das Beugungsgitter Ihrer Optik-Versuchsausrüstung hat 13400 Striche pro inch $\approx$ 5276 Striche pro cm; daraus folgt $d = 1{,}90 \cdot 10^{-6}$ m, also 1,9 μm. Wie viele Hauptmaxima glauben Sie mit grünem Licht der Wellenlänge von ca. 550 nm (d.h. 0,55 μm) wahrnehmen zu können? Laut Gl. (9.81) liegen die Hauptmaxima bei $\sin\theta = 0$, λ/d, usw.; $\sin\theta$ kann natürlich nicht größer als 1 sein. Mit $\lambda = 0{,}55\ \mu$m ergibt sich für unser Gitter $d \approx 3{,}5\ \lambda$. Wenn also $\sin\theta = m\lambda/d$, so kann m die Werte 0, ± 1, ± 2 und ± 3, nicht aber die Werte ± 4 annehmen. Betrachten Sie nun eine Glühlampe durch Ihr Beugungsgitter. Die Lampe, die Sie „direkt" sehen, ist das Zentralmaximum. Bei $\theta = 0$ überdecken sich alle Farben. Die seitlichen Farbränder sind die verschiedenfarbigen Bilder der Glühlampe unter den verschiedenen Winkeln, die in erster Ordnung einem Gangunterschied $d \sin\theta$ von λ, in zweiter Ordnung einem solchen von 2λ usw. entsprechen. Sehen Sie alle drei Ordnungen? (Wenn Sie vier sehen, dann stimmt etwas nicht.) Wollen Sie die Farben einer Glühlampe so sehen, wie sie wirklich sind, so sollten Sie keine große Lampe verwenden, da gerade die Größe für die Überschneidung der verschiedenen farbigen Glühlampenbilder verantwortlich ist. Halten Sie entweder einen schmalen, senkrechten Spalt vor Ihre Glühlampe (und halten Sie das Gitter so, daß es die Farben waagerecht aufspaltet) oder, noch besser, besorgen Sie sich eine „Schaufensterlampe". (So eine Lampe hat einen klaren Glaskörper und einen geraden, ca. 7,5 cm langen Glühfaden.

Sie können die Größe d Ihres Beugungsgitters leicht messen, wenn Sie wissen, daß (z.B.) grünes Licht eine Wellenlänge von 550 nm hat. Sie brauchen nur eine Glühlampe zu betrachten und den Winkel (oder seinen Sinus oder Tangens) zwischen Zentralmaximum und „Grün" im Bogenmaß zu messen. Sie strecken dazu am besten einen Arm aus und messen mit der Hand, oder Sie halten ein Lineal mit gestrecktem Arm und bringen mit der anderen Hand das Gitter knapp vor ein Auge. Dann wenden Sie Gl. (9.81) an. Erhalten Sie $d \approx 3{,}5\ \lambda$? Die Heimversuche geben Ihnen weitere Möglichkeiten, die Eigenschaften Ihres Beugungsgitters zu untersuchen.

Beugung an einem undurchsichtigen Hindernis. Auf Bild 9.12 zeigten wir eine Punktquelle S und einen aus den Teilen a, b und 1 bestehenden undurchsichtigen Schirm. Wir betrachteten das „Nullfeld" hinter dem Schirm als die Überlagerung $E_S + E_a + E_b + E_1 = 0$. Wir nahmen an, daß das Feld $E_S + E_a + E_b$ nach dem Herausnehmen des Stöpsels 1 gleich dem Feld vor der Herausnahme des Stöpsels, also gleich $-E_1$ (bevor der Stöpsel herausgenommen wurde) sei. Daraus ergab sich das Huygenssche Prinzip zum Auffinden des Beugungsmusters des Schirms ohne den Stöpsel 1, d.h. eines Schirms mit einer Öffnung von der Form eines Stöpsels. Nun wollen wir feststellen, was geschieht, wenn wir *den Stöpsel an seinem Platz belassen und den Rest des Schirms entfernen*. Wir erhalten das Beugungsmuster eines undurchsichtigen Hindernisses.

Bevor irgend etwas entfernt wird, gilt $E_S + E_a + E_b + E_1 = 0$. Nun entfernen wir a und b und nehmen an, daß sich die Bewegung der Elektronen im Stöpsel 1 (dem undurchsichtigen Hindernis) dadurch nicht ändert. (Das ist nur näherungsweise richtig, da diese Elektronen sowohl durch die Strahlung der Elektronen in a und b als auch durch die Strahlung von S angeregt werden.) Das Feld hinter dem Stöpsel ist dann gleich $E_S + E_1$. Im Bereich knapp hinter dem Stöpsel (wir werden dieses „knapp" gleich definieren) wird das Feld im wesentlichen wie bei Vorhandensein des ganzen Schirms sein, denn die Gebiete a und b waren auch bei Vorhandensein des ganzen Schirms verhältnismäßig weit entfernt (im Vergleich zu Stöpsel 1) und lieferten Beiträge, die klein gegen $E_S + E_1$ waren. Daher sollte das elektrische Feld im Gebiet knapp hinter dem Stöpsel im wesentlichen gleich Null sein. Das ist der „Schatten" des Stöpsels. Er wird dadurch erzeugt, daß das Feld in einem Punkt knapp hinter dem Schirm (wo es ja gleich Null ist) im wesentlichen nur von S und den *benachbarten* Ladungen, die in diesem Fall die Ladungen um Stöpsel 1 sind, stammt. Knapp hinter dem Schirm löschen sich also das Feld E_1 und das Feld E_S gegenseitig aus. Folglich sendet der Stöpsel 1 einen „Teil einer ebenen Welle" in die Richtung der von der weit entfernten Punktquelle S her einfallenden ebenen Welle; dieser „Teil einer ebenen Welle" hat dieselbe Amplitude wie die ebene Welle aus S, ist jedoch dagegen um 180° phasenverschoben, so daß die Überlagerung $E_S + E_1$ Null gibt. *Auf diese Art kommt der Schatten zustande.* Das undurchsichtige Hindernis „verschluckt" das einfallende Licht nicht; es emittiert vielmehr ein Lichtbündel mit „negativer Amplitude" (d.h. negativ in bezug auf das einfallende Licht) nach vorne, das sich mit der einfallenden Welle überlagert und knapp hinter dem Hindernis Null ergibt.

Wie weit reicht ein Schatten? Der Stöpsel emittiert nun keine echte Planwelle „negativer Amplitude", da er ja eine endliche Breite (bzw. einen endlichen Durchmesser)

D besitzt, sondern ein „Bündel" in der Richtung der ebenen Welle E_S mit der Divergenz $\Delta\theta \approx \lambda/D$. Während sich das Bündel um die Strecke l vom Schirm (vom Stöpsel) her ausbreitet, verbreitert es sich um den Betrag W, der annähernd durch $W \approx l\,\Delta\theta \approx l\,(\lambda/D)$ gegeben ist; dabei nimmt seine Amplitude natürlich ab. (Jede Punktladung im Stöpsel liefert einen Beitrag, der proportional dem Reziprokwert der Entfernung sinkt. Oder nehmen Sie an, der Stöpsel strahle selbst; würde dann die abgestrahlte Energie über eine größere Fläche verteilt, so würde auch ihre Amplitude in jedem Punkt abnehmen.) Nur wenn die Amplitude seines elektrischen Feldes denselben Betrag (und entgegengesetztes Vorzeichen) wie die ebene Welle E_S hat, kann es sich mit E_S auslöschen. Der Schatten verschwindet also langsam in genügend großem Abstand „stromabwärts". Grob gesprochen können wir sagen, daß das vom angeregten Stöpsel ausgesandte Licht „negativer Amplitude" bedeutend geschwächt ist, sobald das Bündel wegen der durch Beugung hervorgerufenen Divergenz auf die doppelte Breite angewachsen ist. Daraus folgt ein grober „Grenzabstand" l_0, bei dem $D \approx W_0$. Da aber $W_0 \approx l_0\,(\lambda/D)$, erhalten wir

$$\boxed{l_0\lambda \approx D^2.} \tag{9.84}$$

Wir erwarten also für $l \ll l_0$ einen schönen schwarzen Schatten hinter dem Hindernis (außer in der Nähe des Randes, wo die Annahme, E_1 bleibe auch nach dem Entfernen von a und b unverändert, bei weitem nicht mehr gilt). Für $l \gg l_0$ erwarten wir, daß es schwierig sein wird, überhaupt einen Einfluß des Hindernisses festzustellen, da dann der vom Hindernis gelieferte Beitrag zum elektrischen Feld klein im Vergleich zu dem der ebenen Welle E_S ist. Um jedoch diesen Einfluß leicht nachzuweisen, können Sie sich der „gerichteten" Information bedienen; Sie können eine Linse benutzen. Die ebene Welle E_S wird dann in einem kleinen Fleck in der Brennebene vereinigt; die Größe dieses Flecks ist $f\lambda/D_{\text{Linse}}$, wobei D_{Linse} der Durchmesser und f die Brennweite der Linse ist. Das vom Hindernis ausgesandte Licht negativer Amplitude gibt ein Bild der Breite $f\lambda/D$. Ist D_{Linse} viel größer als das Hindernis (D), so verdunkelt der von der ebenen Welle herrührende helle Fleck nur ein kleines Gebiet in der Mitte des Bildes.

Sie können die Beugungsmuster von Hindernissen untersuchen, indem Sie eine Taschenlampe (ohne Linse und mit abgedecktem Reflektor) als Punktquelle und Stecknadeln und Haare als Hindernisse verwenden. Ein erstaunliches Ergebnis ist der „helle Fleck" in der Mitte des Schattens bei Abständen $l \gg l_0$ (siehe Übung 34).

Gl. (9.84) läßt sich auch mit anderen Wellen nachprüfen; Sie können z.B. einem Bündel laufender Wasserwellen in einem flachen Gefäß oder in einer Badewanne ein Hindernis in den Weg stellen. Für $l \ll l_0$ ist der „Schatten" gut ausgeprägt, für $l \gg l_0$ ist er verschwunden (siehe Übung 29).

9.7. Geometrische Optik

Der Ausdruck „geometrische Optik" bezieht sich auf die Untersuchung des Verhaltens von Lichtbündeln in optischen Instrumenten (die aus verschiedenen reflektierenden und brechenden Flächen bestehen). Dabei beschränkt man sich auf die Näherung, daß man nur die Hauptrichtungen der Strahlenbündel berücksichtigt und sich um die Verbreiterung der Bündel durch Beugung nicht kümmert. (Als „physikalische Optik" bezeichnet man oft Untersuchungen, die die Wellennatur des Lichts berücksichtigen und daher auch Interferenz und Beugung mit einbeziehen.) Die Grundgesetze der geometrischen Optik sind: das *Reflexionsgesetz* und das *Snelliussche Brechungsgesetz*. Natürlich gehen auch diese beiden Gesetze auf die Wellennatur des Lichts zurück; beide sind das Ergebnis einer besonderen Art von Verstärkung durch Interferenz.

Spiegelung ist das Ergebnis einer Verstärkung durch Interferenz. Die Elektronen im Material werden von der einfallenden Welle angeregt. Sie reemittieren die auftreffende Strahlung. Bei der Spiegelung ist der reflektierte Strahl die Richtung eines Interferenzmaximums.

Das läßt sich am einfachsten bei der Betrachtung unserer bereits vertrauten linearen Antennenanordnung verstehen. Wir nehmen an, die Antennenströme werden vom elektrischen Feld einer nicht senkrecht einfallenden ebenen Welle (Bild 9.17) angeregt.

Spiegelung. *Spiegelung* tritt auf, wenn eine ebene Welle auf eine glatte, flache Oberfläche irgendeines Materials trifft. Das heißt:

a) Es existiert ein reflektierter Strahl, der in der Einfallsebene (der Ebene, die den einfallenden Strahl und das Einfallslot (die Oberflächennormale im Einfallspunkt) enthält) liegt.

b) Der Reflexionswinkel ist gleich dem Einfallswinkel (beide Winkel werden von der Normalen aus gemessen).

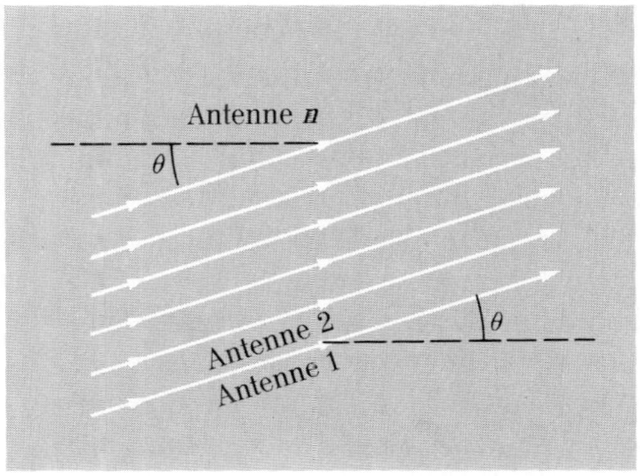

Bild 9.17. Die Antennenanordnung wird von einer nicht senkrecht einfallenden Planwelle erregt. Die gestrichelte Linie ist das Lot auf die Ebene der Antennen. Die Pfeile geben die Ausbreitungsrichtung an. Der Einfallswinkel ist θ.

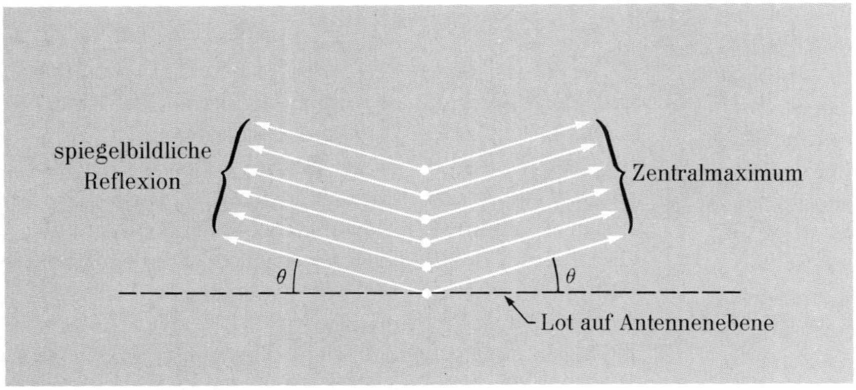

Bild 9.18
Richtungen der Interferenzmaxima für Antennen, die in der im Bild 9.17 gezeigten Phasenbeziehung erregt werden.

Wir untersuchen nun die von den Antennenströmen allein herrührende Strahlung im Fernfeld. Zunächst betrachten wir das zentrale Interferenzmaximum. Man sieht leicht ein, daß dieses Maximum in der Ausbreitungsrichtung des einfallenden Strahlenbündels auftritt; Antenne 1 wird (der Phase nach) vor Antenne 2 angeregt und strahlt daher auch um denselben Betrag vor Antenne 2 ab. Die Strahlung der Antennen 1 bis n wird an einem weit entfernten Punkt P genau phasengleich sein, wenn die Ausbreitungsrichtung der Antennenstrahlung mit der Ausbreitungsrichtung der einfallenden Welle zusammenfällt; ein von der Antenne 1 ausgehender Wellenberg legt einen weiteren Weg zurück als ein Wellenberg von der Antenne n, er ist aber gerade um den richtigen Betrag früher abgegangen.

Wegen der Symmetrie der Antennenanordnung ist es ohne weiteres einzusehen, daß Antennen, die so wie im Bild 9.17 angeregt werden, nicht nur „rechts" (im Bild), sondern auch „links" ein zentrales Interferenzmaximum bilden. Dieses „Bild" des Maximums (d.h. das Maximum links) ist die gespiegelte Strahlung. Bild 9.18 zeigt, daß der Reflexionswinkel gleich dem Einfallswinkel ist.

Spiegelung an einer glatten, ebenen Fläche ist das Ergebnis einer Verstärkung durch Interferenz, wie sie auch bei eng beisammen liegenden Antennen auftritt.

Reflexion an einer regelmäßigen Anordnung. Das Zentralmaximum und sein Spiegelbild sind nicht die einzigen Interferenzmaxima, die von der in den Bildern 9.17 und 9.18 gezeigten Antennenanordnung erzeugt werden. Zusätzlich zu diesen Durchlicht- und Reflexionsmaxima „nullter" Ordnung existieren auch noch Maxima für diejenigen Richtungen, für die der Gangunterschied von benachbarten Antennen bis zum Beobachter um ein ganzzahliges Vielfaches einer Wellenlänge größer (oder kleiner) als der Unterschied für ein Maximum nullter Ordnung ist. Das Interferenzmuster der durchgehenden (im Bild 9.18 nach rechts laufenden) Wellen ist einfach gleich dem Interferenzmuster eines n-spaltigen Beugungsgitters für Durchlicht, wenn das Licht nicht senkrecht einfällt.

Das Interferenzmuster der reflektierten Welle ist natürlich dem der durchgehenden Welle ähnlich, nur ist die Reflexion nullter Ordnung (das Spiegelbild) wahrscheinlich nicht so hell wie das durchgehende Licht nullter Ordnung (Zentralmaximum). Sie können die Existenz eines Interferenzmusters für das von einer regelmäßigen Anordnung reflektierte Licht überprüfen, indem Sie das Durchlicht-Beugungsgitter aus Ihrer Optik-Versuchsausrüstung als *Reflexionsgitter* verwenden, das heißt, indem Sie das Gitter nahe vor ein Auge halten und so das Spiegelbild einer Punktquelle betrachten. Die Reflexion nullter Ordnung (also das eigentliche Spiegelbild) ist leicht zu erkennen, da sie „weiß" ist. Die Reflexionsmaxima der anderen Ordnungen ähneln den Durchlicht-Beugungsmaxima unter demselben (nicht senkrechten) Einfallswinkel.

Ist der Zwischenraum zwischen den Antennen geringer als eine Wellenlänge, so tritt nur in der Richtung der Maxima nullter Ordnung, also im Zentralmaximum und in seinem Spiegelbild, vollständige Verstärkung durch Interferenz auf. Wenn wir geometrische Optik treiben und optische Instrumente untersuchen, so haben wir es gewöhnlich mit dem Einfall von sichtbarem Licht auf Glas- oder Metallflächen zu tun. Die Atome in der Oberfläche sind dabei die „angeregten Antennen"; sie sind ca. 10^{-7} m voneinander entfernt. Mit sichtbarem Licht, das eine Wellenlänge von ungefähr $5 \cdot 10^{-7}$ m hat, erhalten wir also bloß die Maxima nullter Ordnung. (Mit Röntgenstrahlen, die eine Wellenlänge von weniger als 10^{-7} m haben, erhält man bei Reflexion an der Oberfläche von Einkristallen auch Maxima höherer Ordnung.) Wir werden aber von nun an nur die spiegelbildliche Reflexion berücksichtigen, da wir ja optische Geräte behandeln wollen, es also mit sichtbarem Licht zu tun haben werden.

Das Spiegelbild einer Punktquelle – virtuelle und reelle Quelle. Die Flächen konstanter Phase für die Strahlung einer Punktquelle sind Kugelflächen. Ein genügend kleiner Bereich auf einer dieser Kugelflächen kann durch eine Ebene angenähert werden; wir nennen die (angenäherte) ebene Welle, die durch diesen kleinen Bereich

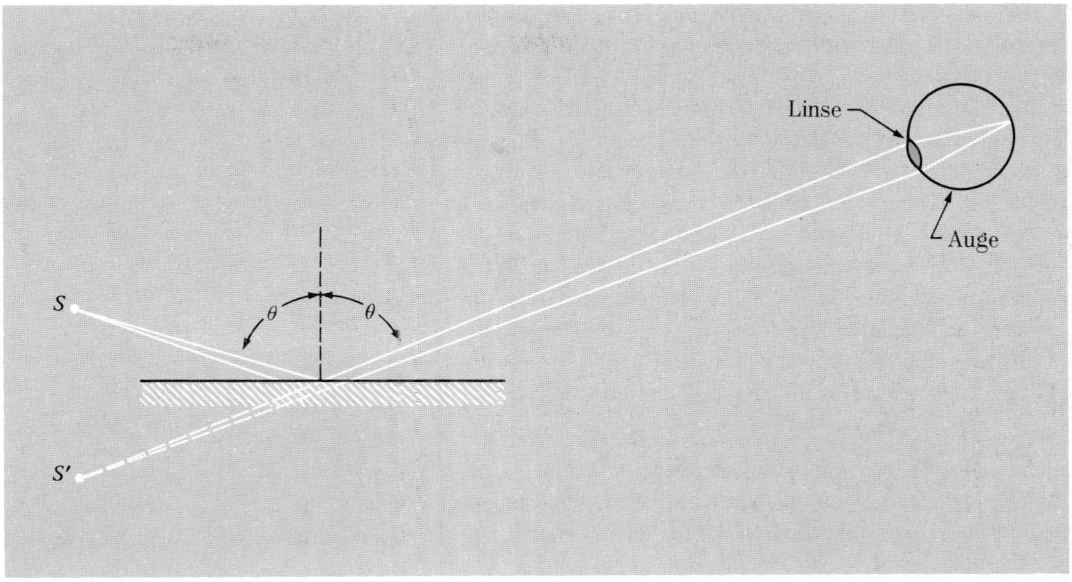

Bild 9.19. Virtueller Bildpunkt S' einer reellen Punktquelle S in einem ebenen Spiegel.

tritt, einen *Strahl*. Bild 9.19 zeigt, wie man eine Punktquelle in einem Spiegel sieht. Man kann sich die Strahlung, die in die Linsenöffnung (Pupille) des Auges tritt, als „Strahlenbündel" vorstellen. Zwei der Strahlen sind im Bild 9.19 gezeichnet. Jeder der beiden Strahlen wird am Spiegel reflektiert. Das ins Auge eintretende Licht scheint von einer Punktquelle S' hinter dem Spiegel zu kommen; diese Quelle S' bezeichnet man als *virtuelle Quelle*, da sich ja in S' keine wirkliche Strahlungsquelle befindet. (Die Quelle S bezeichnet man als *reelle Quelle*.)

Brechung – Brechungsgesetz – Fermatsches Prinzip. Wir haben das Snelliussche Brechungsgesetz bereits zweimal abgeleitet. Beim ersten Mal benutzten wir eine einfache geometrische Konstruktion (Abschnitt 4.3). Beim zweiten Mal gingen wir von der Tatsache aus, daß die Anzahl der Wellenberge pro Längeneinheit längs der Grenze zu beiden Seiten der Grenze gleich groß ist (Abschnitt 7.2). Bei allen beiden Ableitungen verwendeten wir ebene Wellen. Da man aber in der geometrischen Optik immer mit Strahlen, d.h. mit dünnen Lichtbündeln anstatt mit ebenen Wellen, arbeitet, werden wir hier eine dritte Ableitung bringen; dabei werden wir anstelle einer ebenen Welle ein durch Beugung beschränktes Strahlenbündel verwenden. Die Verbreiterung des Bündels durch Beugung wird uns aber nicht weiter interessieren, wir werden also auch nicht darauf eingehen.

Betrachten wir zunächst ein Strahlenbündel, das sich in einem homogenen Stück Glas mit dem Brechungsindex n ausbreitet. Bild 9.20 zeigt diese Situation schematisch. Wir betrachten das Atom a in der Mitte des Strahlenbündels. Es wird von diesem Bündel angeregt und strahlt in alle Richtungen. Seine Strahlung wirkt bei der Anregung der Atome b, c und d mit. Deren Strahlung überlagert sich und hilft wieder bei der Anregung des Atoms e (das sich auch in der Mitte des Strahlenbündels befindet). Nun ist

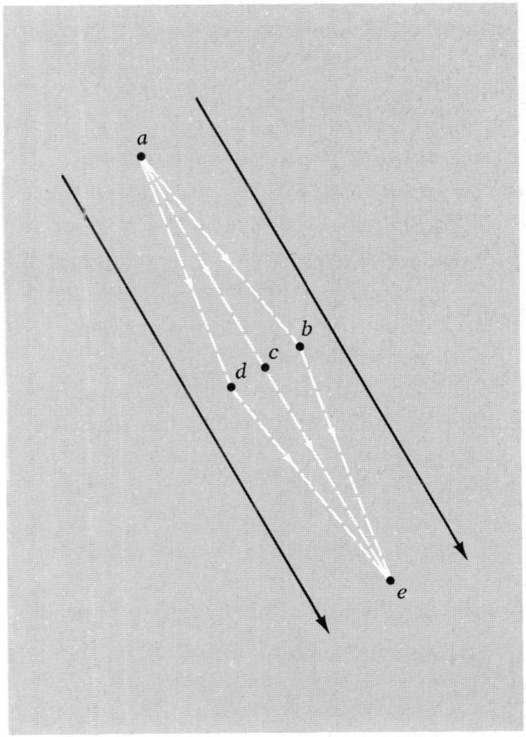

Bild 9.20. Lichtstrahl in Glas. Die Pfeile zeigen in die Ausbreitungsrichtung und geben die Breite des Strahlenbündels an. Die Punkte a, b, c, d und e stellen Atome im Glas dar.

das Strahlenbündel das Ergebnis einer Verstärkung durch Interferenz. Das bedeutet aber: Liegen b und d beiderseits nahe genug bei c, so liefern alle drei Atome b, c und d in e einen Beitrag derselben Phase, da sie ja alle von a angeregt wurden. In anderen Worten: Die mit der Phasengeschwindigkeit c/n laufenden Wellen müssen die Wegsrecke von a über b nach e, von a über c nach e und von a über d nach e in fast derselben Zeit durchlaufen, wenn a, c und e genau am Weg des Strahls und b und d genügend nahe bei c liegen. Wäre das nicht der Fall, so würde sich die Strahlung von den verschiedenen angeregten Atomen nicht so überlagern, daß sie durch Interferenz (Verstärkung) einen Strahl aufrechterhalten würde.

Aus Bild 9.20 ist ersichtlich, daß die Wegstrecken $\overline{abe}$ und $\overline{ade}$ etwas länger als $\overline{ace}$ sind, wenn a, c und e auf dem Strahl liegen. Wenn wir sagen, daß diese Wegstrecken fast gleich $\overline{ace}$ sind, so meinen wir folgendes: Ist z.B. b um das kleine Stück x von c entfernt, so ist der Weg $\overline{abe}$ nicht um eine der ersten Potenz, sondern um eine dem Quadrat der kleinen Größe x proportionale Größe länger als $\overline{ace}$. In einer Taylor-Entwicklung der Weglänge nach dem Parameter x verschwindet also die erste Ableitung (da dieses Glied in der Reihenentwicklung einen in x linearen Beitrag gibt).

Eigentlich spielt aber nur die Laufzeit und nicht die Länge des Weges eine Rolle. Es gilt also folgendes Prinzip: Ein Lichtstrahl breitet sich längs einer Wegstrecke so aus, daß die Ableitung der Laufzeit nach x verschwindet; dabei ist x ein Parameter, der auf dem Weg des Strahls (wie z.B. auf der Strecke $\overline{ace}$) gleich Null, auf einem benachbarten Weg (wie z.B. $\overline{abe}$ oder $\overline{ade}$) jedoch ungleich Null ist. Diese Bedingung besagt, daß *die Laufzeit* (das ist die Ausbreitungszeit) *längs des Strahls einen Extremwert besitzt*. Das ist das von *Fermat* stammende *Prinzip der kürzesten Laufzeit* oder kurz das *Fermatsche Prinzip*.

Wir werden nun das Fermatsche Prinzip zur Ableitung des Brechungsgesetzes benutzen. Bild 9.21 zeigt ein Atom a in einem Medium 1 und ein Atom e in einem Medium 2 (diese Atome sind die Analoga der Atome a und e im Bild 9.20). Der mit P bezeichnete Schnittpunkt des Strahls mit der Trennfläche ist variabel. Die Wege $\overline{aP}$ und $\overline{Pe}$, für die das Licht die Laufzeiten $t_1 = l_1 n_1/c$ bzw. $t_2 = l_2 n_2/c$ benötigt. Die Strecken ct_1 und ct_2 werden als die optischen Wege (oder Lichtwege) $n_1 l_1$ und $n_2 l_2$ bezeichnet. Der gesamte optische Weg (kurz o.W.) ist ein Minimum, wenn die gesamte verstrichene Zeit ein Minimum ist. Wir wollen also den Punkt P finden, für welchen

$$\text{o.W.} \equiv n_1 l + n_2 l_2 = \text{minimum}. \qquad (9.85)$$

Aus Bild 9.21 folgt

$$\text{o.W.} = n_1 (y_1^2 + x_1^2)^{1/2} + n_2 (y_2^2 + x_2^2)^{1/2}. \qquad (9.86)$$

Nun verrücken wir P um ein infinitesimales Stück aus seiner (noch unbekannten) Lage, die den o.W. zu einem

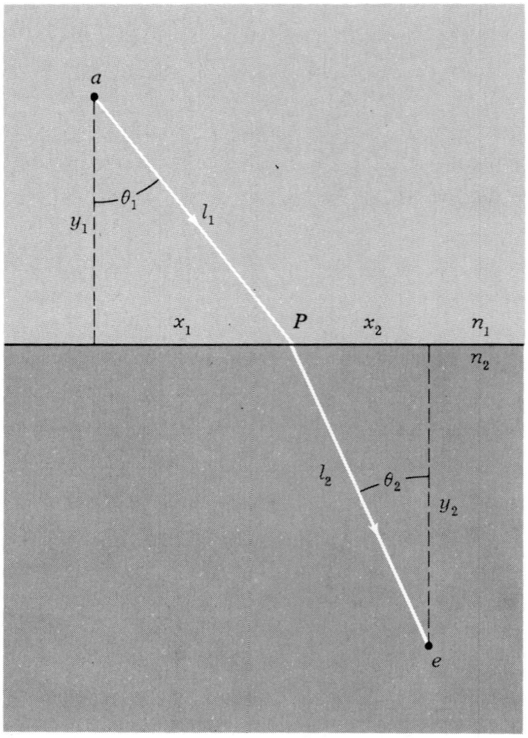

Bild 9.21
Brechung. Der optische Weg $n_1 l_1 + n_2 l_2$ variiert in Abhängigkeit vom Ort des Punktes P. Der Weg, den ein Lichtstrahl tatsächlich von a nach e nimmt, läßt sich durch Variation der Lage von P finden; dabei muß nach dem Fermatschen Prinzip der optische Weg zu einem Minimum werden. Dann liegt der Weg $\overline{aPe}$ auf einem Interferenzmaximum und entspricht dem Weg $\overline{ace}$ im Bild 9.20.

Minimum macht. Mit d(o.W.) bezeichnen wir die Änderung des o.W., die durch die Verrückung verursacht wird; um dieses d(o.W.) zu finden, differenzieren wir Gl. (9.86). Die einzigen Veränderlichen sind x_1 und x_2, da ja P auf der Trennfläche bleibt. Die Summe aus x_1 und x_2 ist natürlich konstant (da die Atome a und e festgehalten sind), so daß der Zuwachs dx_2 gleich dem negativen Wert des Zuwachses dx_1 bei der Verschiebung von P ist. Wir haben also

$$\begin{aligned} d(\text{o.W.}) &= n_1 dl_1 + n_2 dl_2 \\ &= n_1 d(y_1^2 + x_1^2)^{1/2} + n_2 d(y_2^2 + x_2^2)^{1/2} \\ &= \frac{n_1 x_1 dx_1}{(y_1^2 + x_1^2)^{1/2}} + \frac{n_2 x_2 dx_2}{(y_2^2 + x_2^2)^{1/2}} \\ &= \frac{n_1 x_1}{l_1} dx_1 + \frac{n_2 x_2}{l_2}(-dx_1). \end{aligned} \qquad (9.87)$$

In Gl. (9.87) wurden die Glieder höherer Ordnung mit dx_1^2, dx_1^3 usw. vernachlässigt. Nun nehmen wir P so an, daß $\overline{aPe}$ auf dem Strahl liegt; dann verschwindet nach dem Fermat-

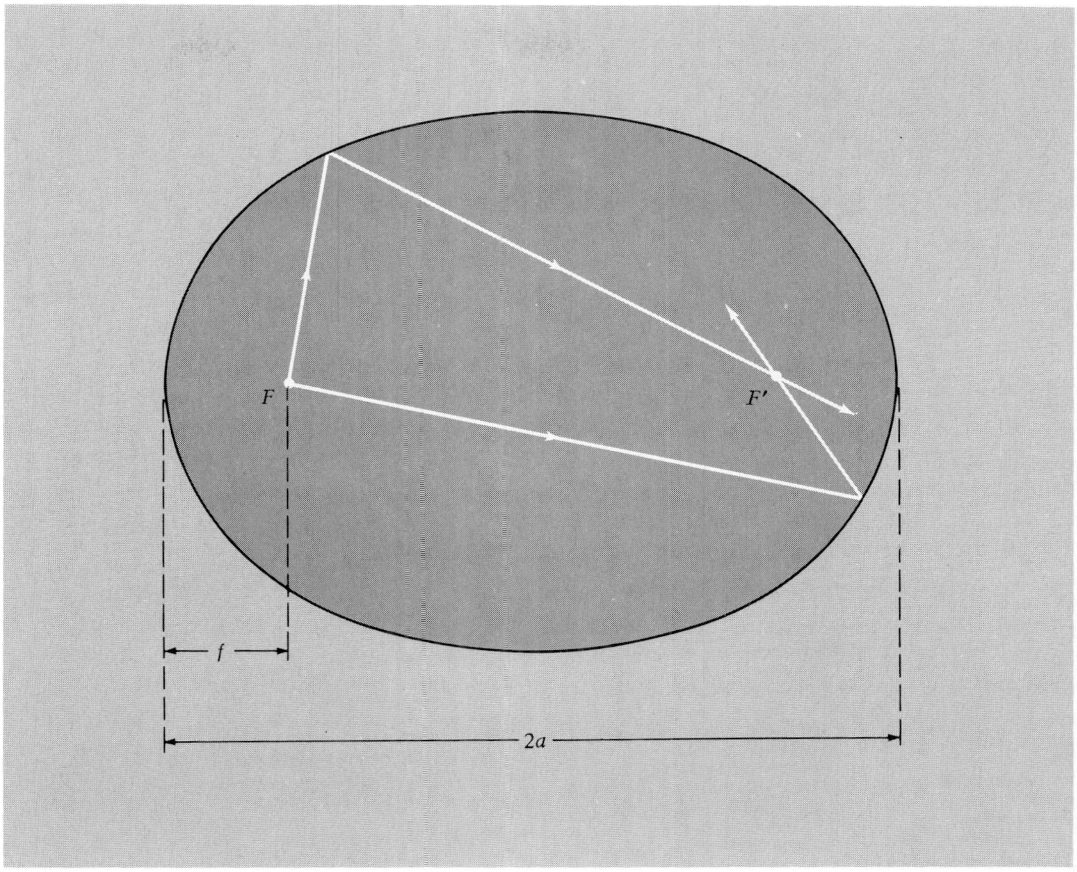

Bild 9.22. Ellipsoidspiegel

schen Prinzip die Variation erster Ordnung des o.W. mit x_1. Gl. (9.87) ergibt dann

$$d\,(\text{o.W.}) = 0 = \left[\frac{n_1 x_1}{l_1} - \frac{n_2 x_2}{l_2}\right] dx_1,$$

d.h.

$$n_1 \frac{x_1}{l_1} = n_2 \frac{x_2}{l_2},$$

also

$$n_1 \sin\theta_1 = n_2 \sin\theta_2, \qquad (9.88)$$

was nichts anderes als das Brechungsgesetz ist.

Wir werden nun im folgenden einige der wichtigsten Bauteile optischer Geräte behandeln.

Der Ellipsoidspiegel. Bild 9.22 zeigt schematisch ein hohles Rotationsellipsoid mit reflektierender Innenfläche und mit einer *punktförmigen* Lichtquelle in F, einem der beiden Hauptbrennpunkte. Nach der Definition der Ellipse ist der Abstand von F zum anderen Brennpunkt F' für jeden Weg gleich (*ausgenommen* der direkte Weg ohne Reflexion). Daher ist der Brennpunkt F' ein Gebiet vollständiger Verstärkung für die von den Elektronen in der Oberfläche ausgesandte Strahlung, die durch die von F ausgehende Strahlung angeregt wird. Wir sagen, die Quelle in F wird im Punkt F' *abgebildet.*

Das Bild in F' ist *kein* Punkt, die Phase des resultierenden Feldes in einem Punkt in der Nähe von F' ist bis auf einen kleinen Unterschied von höchstens $\pm\,\pi$ gleich der Phase in F', vorausgesetzt, daß dieser Punkt innerhalb einer Kugel mit dem Radius $\lambda/4$ um F' liegt. Daher ist dies ungefähr die Größe des Bildes in F'.

Der konkave Parabolspiegel. Stellen Sie sich vor, der Brennpunkt F und die Brennweite f des im Bild 9.22 dargestellten Ellipsoids seien festgehalten und der Brennpunkt F' wandere nach rechts; die Ellipse werde also „gedehnt". Wandert F' nach rechts bis ins Unendliche, dann entartet das Ellipsoid zu einem Paraboloid. Strahlen, die von F ausgehen, bilden dann ein paralleles Bündel (da sie nach wie vor in F' vereinigt werden, doch F' ist nun im Unendlichen). Bild 9.23 zeigt diesen Sachverhalt.

Hat der Parabolspiegel den Durchmesser D, so erzeugt eine in F befindliche Punktquelle kein vollständig paralleles Strahlenbündel. Die Divergenz des Interferenzmaximums ist $\Delta\theta \approx \lambda/D$. Ist D „unendlich", dann erhalten wir von dieser Punktquelle eine vollkommen ebene Welle.

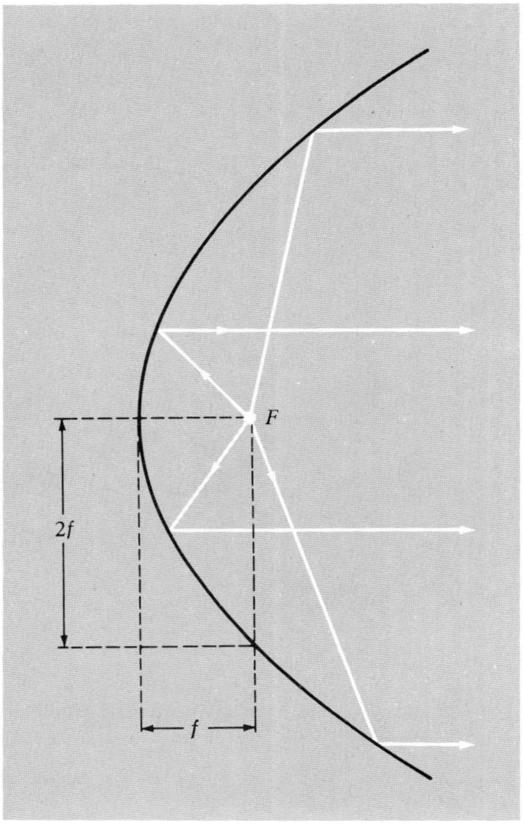

Bild 9.23. Parabolischer Hohlspiegel

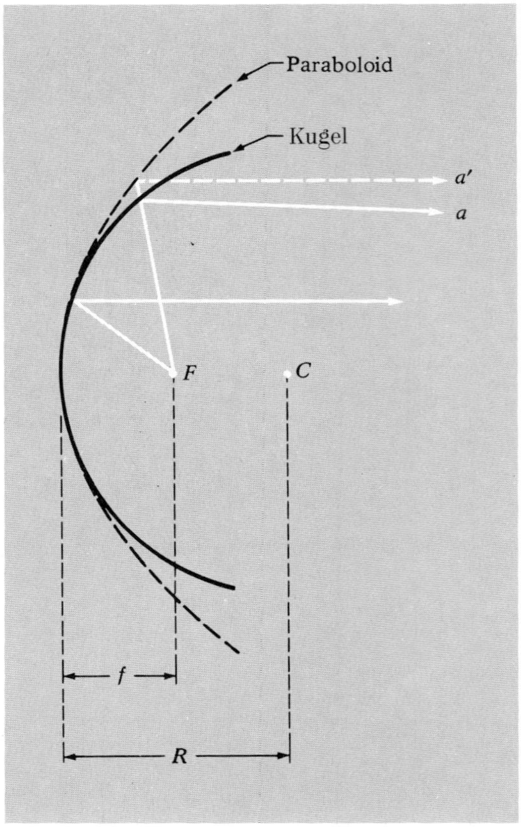

Bild 9.24. Sphärischer Hohlspiegel (der sich an einen gedachten Parabolspiegel anschmiegt). Der Mittelpunkt der Kugel liegt in C; ihr Radius ist $2f$. Der von der Kugel reflektierte Strahl a ist nicht parallel zur Achse; der vom Paraboloid reflektierte Strahl a' jedoch ist parallel zur Achse. Das veranschaulicht die sphärische Aberration.

Umgekehrt wird eine einfallende Welle (deren Einfallswinkel genau definiert ist) nur dann in F zu einem punktförmigen Bild vereinigt, wenn D unendlich ist. Sonst hat das Bild die Breite $\Delta x \approx f \Delta\theta \approx f\lambda/D$.

Der sphärische Hohlspiegel. Eine Kugel „schmiegt" sich an den Scheitel eines Paraboloids an, wenn sie das Paraboloid in diesem Punkt berührt und denselben Krümmungsradius wie das Paraboloid im Scheitel hat. Es läßt sich leicht zeigen, daß der Radius einer solchen Kugel gleich $2f$ ist (Bild 9.24).

Sphärische Aberration. Bei kleinem Öffnungsdurchmesser $D \ll 2f$ ist ein Kugelspiegel im wesentlichen mit dem gedachten sich anschmiegenden Parabolspiegel „in Berührung". Eine Punktquelle in F erzeugt dann ein fast paralleles Strahlenbündel. Bei großem Öffnungsdurchmesser (d.h. bei großer „Blende" bzw. „Blendenöffnung") gibt die Abweichung der Kugelfläche von der Fläche eines Paraboloids Anlaß zur sogenannten „sphärischen Aberration" (Bild 9.24).

Eine Behandlung der Bildentstehung an Hohlspiegeln finden Sie in PSSC, Physik[1]), Kapitel 12. Mit einem einfachen Rasierspiegel können Sie z.B. das Bild einer Kerzenflamme oder Ihres Gesichts herstellen und so etwas Erfahrung über Hohlspiegel sammeln. (Die Hohlseite eines glänzenden neuen Löffels funktioniert fast genauso gut.) Um Erfahrung mit Konvexspiegeln zu gewinnen, spielen Sie einmal mit einer Christbaumkugel! (Oder drehen Sie den Löffel um.)

Ablenkung eines Lichtstrahls bei fast senkrechtem Einfall auf ein dünnes Glasprisma. Ein Prisma wird als „dünn" bezeichnet, wenn sein Scheitelwinkel α so klein ist, daß die für kleine Winkel gültige Näherung $\sin\alpha \approx \alpha$ und $\cos\alpha \approx 1$ angewandt werden kann. Bei fast senkrechtem Einfall können wir diese Näherung auch für den Einfallswinkel verwenden. Eine monochromatische ebene Welle wird also bei fast senkrechtem Einfall um einen Winkel δ zur Basis des Prismas hin abgelenkt; dieser Winkel ist durch

$$\delta = (n-1)\,\alpha \tag{9.89}$$

gegeben. Die Ablenkung δ ist eine *vom Einfallswinkel unabhängige* Konstante, solange wir es mit beinahe senkrechtem Einfall zu tun haben. Gl. (9.89) läßt sich auf folgende

[1]) Deutsche Ausgabe Friedr. Vieweg & Sohn, Verlagsgesellschaft mbH, Braunschweig 1974

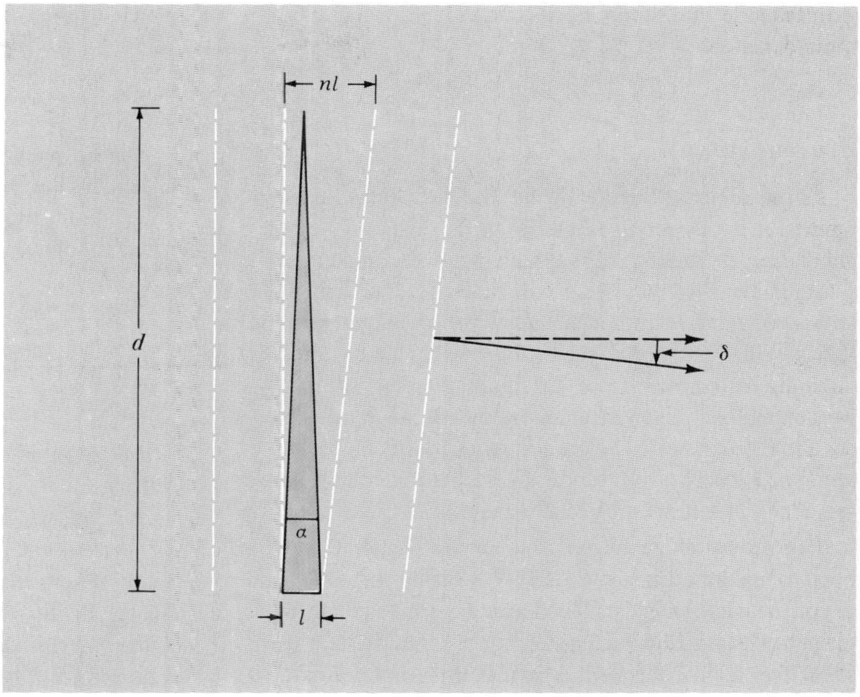

Bild 9.25
Ablenkung durch ein dünnes Prisma

Weise einfach ableiten (Bild 9.25): Die Wellenfront durchläuft die Entfernung l an der Basis des Prismas mit der Geschwindigkeit c/n. Am Scheitel des Prismas ist die Geschwindigkeit n mal so groß (da die Dicke des Prismas dort Null ist), folglich durchläuft dort dieselbe Wellenfront in derselben Zeit die Strecke nl. Daher ist die Wellenfront an der Spitze des Prismas um die Strecke $(n-1)l$ voraus. Diese Strecke, dividiert durch die Breite d des Prismas, gibt (für kleine Winkel) den Ablenkungswinkel $\delta = (n-1)(l/d) = (n-1)\alpha$, also Gl. (9.89).

Farbdispersion eines Prismas. Als Beispiel für ein dünnes Prisma wählen wir $\alpha = 30°$ (bei diesem Wert ist die Näherung für kleine Winkel für unsere Zwecke noch nicht allzu schlecht) und $n = 1{,}50$. Nach Gl. (9.89) ist die Ablenkung dann gleich 15°. Das ist eigentlich nur die mittlere Ablenkung, denn typisches Glas mit einem mittleren Brechungsindex von 1,5 hat für blaues Licht mit einer Wellenlänge von 0,45 μm einen um 0,01 größeren Brechungsindex als für rotes Licht mit der Wellenlänge 0,65 μm. Daher wird blaues Licht um ungefähr 0,01 α weiter abgelenkt als rotes Licht. Für $\alpha = 30°$ wird Blau um ungefähr 0,3° weiter als Rot abgelenkt. Im Bogenmaß ist das ungefähr $\frac{1}{200}$ rad, da 30° ungefähr gleich einem halben rad ist (1 rad = 57,3°). Auf einem Schirm einen Meter hinter dem 30°-Prisma werden also Rot und Blau ungefähr $\frac{1}{2}$ cm weit voneinander entfernt sein. Diese Dispersionswirkung von Glasprismen macht man sich im Prismenspektrometer zur Spektralanalyse zunutze. In optischen Geräten mit Linsen führt die Dispersion zur sogenannten chromatischen Aberration, das heißt, Strahlen verschiedener Farben werden nicht am selben Ort vereinigt. In einem Teleskop läßt sich die chromatische Aberration dadurch beseitigen, daß man anstelle einer brechenden Linse einen Parabolspiegel verwendet, um das Licht in einem Brenn-„punkt" zu sammeln. (Das Reflexionsgesetz gilt für alle Farben.) Man kann die chromatische Aberration auch durch Verwendung zweier verschiedener Glassorten mit unterschiedlicher Dispersion ausschalten (siehe Übung 53).

Fokussierung achsennaher Lichtstrahlen durch eine dünne Linse. Angenommen, eine Glaslinse mit zwei nach außen gekrümmten (konvexen) Kugelflächen stehe senkrecht auf einer gemeinsamen Symmetrieachse, die wir mit $\hat{\mathbf{z}}$ bezeichnen; das umgebende Medium sei Luft. Ein Lichtstrahl falle von links parallel zur Symmetrieachse der Linse in einem Abstand $y = h$ von der Achse ein. Wir bezeichnen eine Linse dann als „dünn", wenn wir die vom Strahl beim Durchtritt durch die Linse erfahrene Änderung von y vernachlässigen können; außerdem vernachlässigen wir auch die Dicke der Linse im Vergleich zu ihrer Brennweite. Wenn wir sagen, wir betrachten nur achsennahe Strahlen, so meinen wir damit, daß wir h im Vergleich zu den Krümmungsradien der beiden Flächen klein halten, so daß wir für alle in Frage kommenden Winkel die Näherung für kleine Winkel anwenden können.

Wir suchen nun den Brennpunkt F, in dem ein parallel zur Symmetrieachse einfallender Strahl diese nach Ablenkung durch die Linse schneidet (Bild 9.26). Geht der einfallende Strahl durch F, so muß er eine Ablenkung um den kleinen Winkel

$$\delta = \frac{h}{f} \tag{9.90}$$

erfahren haben.

Notwendige Bedingung für die Existenz eines Brennpunkts. Die notwendige Bedingung für die Existenz eines *gemeinsamen* Brennpunkts für alle parallel einfallenden achsennahen Strahlen ist also die, daß *die Ablenkung dem Achsenabstand* h *des Strahls direkt proportional* sein muß. Ist also Gl. (9.90) für alle h erfüllt (wobei aber immer noch die Annahme kleiner Ablenkungswinkel gilt), so werden alle parallelen Strahlen im selben Abstand f hinter der Linse fokussiert. *Diese Bedingung gilt auch für jedes ähnliche Problem*, z.B. für die Fokussierung eines Bündels geladener Teilchen durch eine magnetische Linse.

Es bleibt noch zu zeigen, ob eine von Kugelflächen begrenzte dünne Linse die Gl. (9.90) erfüllt und ob dabei f von h unabhängig ist. Man kann das auf folgende Weise zeigen: Der im Bild 9.26 gezeichnete Strahl hätte ebensogut durch ein äquivalentes dünnes Prisma abgelenkt werden können. Die erste Fläche schließt mit der Normalen (an den Punkt, auf dem der Strahl auftrifft) den Winkel h/R_1 ein. Die zweite Fläche bildet mit der in entgegengesetzter Richtung weisenden Normalen den Winkel h/R_2. Der Winkel α des äquivalenten Prismas ist daher gleich $hR_1^{-1} + hR_2^{-1}$. Die Ablenkung δ durch das äquivalente dünne Prisma ist gleich $(n-1)\alpha$, so daß

$$\delta = (n-1)\,h\,(R_1^{-1} + R_2^{-1}). \tag{9.91}$$

Die Linsengleichung des Optikers. Wir sehen, daß Gl. (9.91) die Bedingung für einen Brennpunkt – nämlich, daß δ proportional zu h ist – erfüllt; die Brennweite f ist durch den Ausdruck (siehe Gl. (9.90))

$$\frac{1}{f} = (n-1)\left(\frac{1}{R_1} + \frac{1}{R_2}\right) \tag{9.92}$$

gegeben. Man nennt Gl. (9.92) auch die *Linsengleichung des Optikers*.

Die Brennebene. Wir betrachten nun ein Bündel paralleler Strahlen, die jedoch nicht parallel zur Symmetrieachse sind, sondern mit ihr einen Winkel θ einschließen. Die Ablenkung durch ein dünnes Prisma ist (für kleine Winkel) vom Einfallswinkel unabhängig. Daher wird *ein Strahl, der im Abstand* h *von der Linsenmitte auf die Linse auftrifft, unabhängig von seinem Einfallswinkel um den Winkel* $\delta = h/f$ abgelenkt. Das heißt, daß jedes Parallelstrahlenbündel in einer in der Entfernung f hinter der Linse liegenden Ebene – der *Brennebene* – zu einem Punkt vereinigt wird; der Abstand dieses Punktes in der Ebene von der Achse ist gleich $f\theta$, wie aus Bild 9.27 ersichtlich ist.

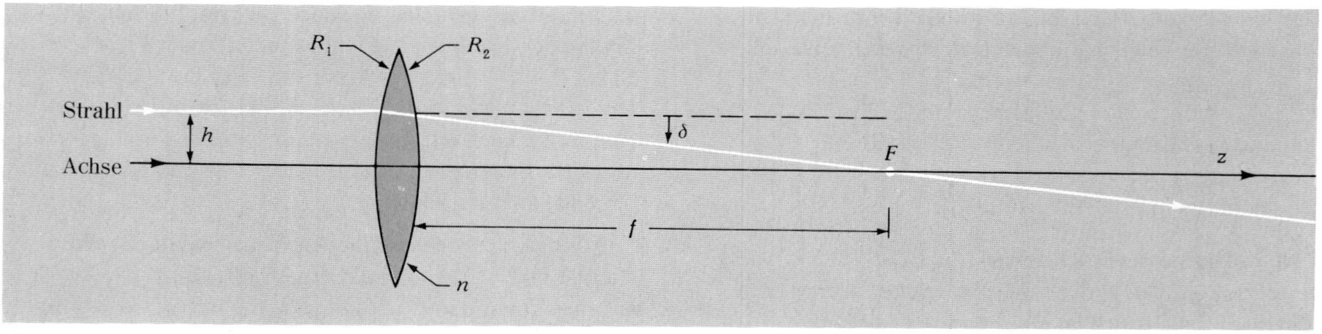

Bild 9.26. Dünne Linse. Der einfallende Strahl verläuft parallel zur Achse.

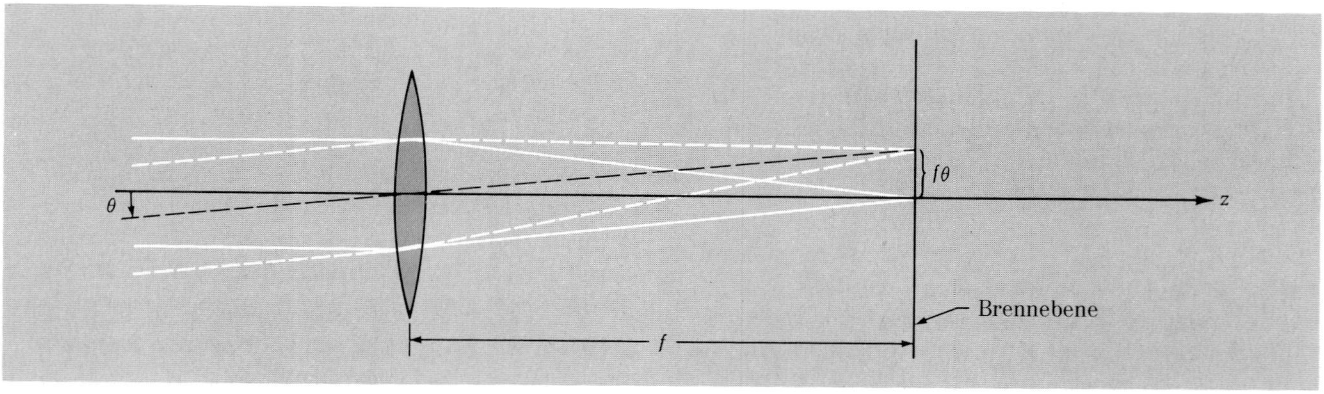

Bild 9.27. Brennebene

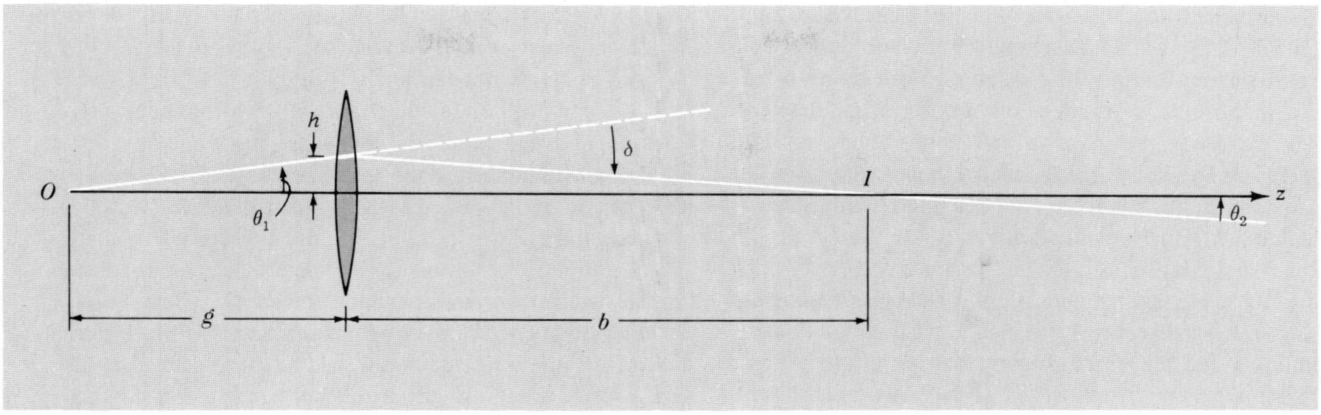

Bild 9.28. Reeller Bildpunkt eines punktförmigen Gegenstandes.

Der reelle Bildpunkt eines punktförmigen Gegenstandes. Wir haben bereits den Bildpunkt eines Parallelstrahlenbündels, d.h. eines Strahlenbündels, das von einem links im Unendlichen liegenden punktförmigen Gegenstand (von einer Punktquelle) ausgeht, gefunden. Betrachten wir nun einen punktförmigen Gegenstand O, der im Abstand g links von unserer Sammellinse liegt; wir suchen sein Bild I im Abstand b rechts von der Linse. Wir nehmen an, O liege auf der Symmetrieachse; dann wird auch I auf der Symmetrieachse liegen. Sehen wir uns nun Bild 9.28 an. Beginnen wir mit einem Vektor, der von O aus in die $+\hat{\mathbf{z}}$-Richtung weist, und führen wir die Drehungen $+\theta_1$, $-\delta$ und $+\theta_2$ aus, dann kommen wir offensichtlich wieder zur $+\hat{\mathbf{z}}$-Achse zurück:

$$\theta_1 - \delta + \theta_2 = 0. \tag{9.93}$$

Die Linsengleichung für dünne Linsen. Es gilt jedoch

$$\theta_1 = \frac{h}{g}, \quad \theta_2 = \frac{h}{b} \quad \text{und} \quad \delta = \frac{h}{f}.$$

(Die Ablenkung ist immer gleich h/f, unabhängig vom Einfallswinkel.) Daher folgt aus Gl. (9.93)

$$\frac{h}{f} = \frac{h}{g} + \frac{h}{b},$$

also

$$\boxed{\frac{1}{g} + \frac{1}{b} = \frac{1}{f}.} \tag{9.94}$$

Dies ist die elementare Linsengleichung für dünne Linsen.

Seitenvergrößerung. Der Winkel, um den ein Strahl durch eine dünne Linse abgelenkt wird, bleibt unverändert, wenn die Linse ein wenig um eine durch ihre Mitte gehende und senkrecht auf der Zeichenebene von Bild 9.28 stehende Achse gedreht wird. Der vom Gegenstandspunkt durch den Linsenmittelpunkt gehende Strahl bleibt also weiterhin unabgelenkt, und ein Strahl, der im Abstand h von der Linsenmitte auf die Linse auftrifft, wird um den Winkel h/f abgelenkt. Daher bleiben Gegenstands- und Bildpunkt im Bild 9.28 unverändert, wenn die Linse etwas um ihren Mittelpunkt gedreht wird. (Wird jedoch die Linse senkrecht zu ihrer Achse um ein Stück verschoben, so verschiebt sich auch der Bildpunkt. Sein neuer Ort ergibt sich aus der Bedingung, daß der durch die Mitte der Linse verlaufende Strahl nicht abgelenkt wird.) Anstatt jedoch die Linse um ihren Mittelpunkt zu drehen, halten wir sie fest und verschieben den Gegenstandspunkt ein wenig senkrecht zur Achse der Linse nach oben. Dann kann die Zeichnung des Strahlengangs um die Linsenmitte gedreht werden (weil die Ablenkung bei fast senkrechtem Einfall unabhängig vom Einfallswinkel ist). Wir sehen also: Wird der Gegenstandspunkt um die Strecke y *nach oben* verschoben, so verschiebt sich der Bildpunkt *nach unten*, und zwar um eine Strecke, die um das Verhältnis der „Hebelarme" g und b größer als y ist. Man drückt das so aus, daß man sagt, die Seitenvergrößerung sei $-b/g$:

$$\text{Seitenvergrößerung} = -\frac{b}{g}. \tag{9.95}$$

Das negative Vorzeichen sagt uns, daß sich der Bildpunkt nach unten verschiebt, wenn der Gegenstand nach oben verschoben wird. Ist der Gegenstand kein einzelner Punkt, sondern ein realer Gegenstand – z.B. ein kleiner Pfeil mit Spitze und Federn –, so stellt sich heraus, daß das Bild *auf dem Kopf steht*.

Die Sammellinse. Die im Bild 9.28 gezeichnete Linse ist eine *Sammellinse*. Befindet sich ein Gegenstand vor einer Sammellinse in einer Entfernung, die größer als die Brennweite f ist, so ist sein *Bild reell und seitenverkehrt*. „Reell" bedeutet hier, daß am Ort des Bildes tatsächlich Licht vorhanden ist. Im Gegensatz dazu ist das Bild in einem gewöhnlichen Planspiegel „virtuell" – hinter der Spiegeloberfläche ist kein Licht.

Virtuelle Bilder. Befindet sich der Gegenstandspunkt im Bild 9.28 in der Entfernung f links von der gezeichneten dünnen Sammellinse, so ist die Ablenkung h/f, die die im Abstand h von der Linsenmitte verlaufenden Strahlen erfahren, gerade so groß, daß diese Strahlen die Linse rechts als Parallelstrahlenbündel verlassen. Liegt der Gegenstandspunkt näher als f an der Linse, dann ist die Ablenkung h/f nicht mehr stark genug, um den Strahl wieder zur Achse hin zurückzulenken. Daher schneidet der Strahl die Achse nie mehr wieder. Es gibt also auch kein reelles Bild. Der Strahl scheint von einem „virtuellen" Punkt links von der Linse zu kommen. Man spricht in so einem Fall von einem *virtuellen Bild* (Bild 9.29). Es läßt sich leicht zeigen (Sie können das selbst tun), daß sich das virtuelle Bild trotzdem noch an dem durch die Linsengleichung (9.94) gegebenen Ort befindet, wenn man den negativen Wert von b als den links von der Linse gemessenen Abstand ansieht.

Die Zerstreuungslinse. Eine *Zerstreuungslinse* ist in der Mitte dünner als am Rand (vorausgesetzt, es handelt sich um eine Glaslinse in Luft). Stellen wir uns (wie vorhin bei der Sammellinse) vor, die Linse sei aus lauter dünnen Prismen zusammengesetzt; dann liegt der Scheitel jeder dieser Prismen näher bei der Achse als seine Basis. Die Strahlen werden von der Linsenachse weg gebrochen (während sie bei der Sammellinse zur Achse hin gebrochen werden). Ein von links einfallendes Parallelstrahlenbündel wird zu einem divergenten Strahlenbündel, das von einem *virtuellen Brennpunkt* links der Linse aus zu divergieren scheint (Bild 9.30). Es läßt sich leicht zeigen (wir überlassen das Ihnen), daß alle für dünne Sammellinsen abgeleiteten Gleichungen auch für dünne Zerstreuungslinsen verwendet werden können, wenn man die Bedeutung negativer Größen passend interpretiert. Wenn wir also sagen, eine Zerstreuungslinse habe die negative Brennweite $f = -|f|$, so gilt die elementare Linsengleichung als Beziehung zwischen Gegenstands- und Bildweite. Z.B. sind im Bild 9.30 die Größen der Gleichung

$$g^{-1} + b^{-1} = f^{-1}$$

durch $g = +\infty$, $b = -|f|$ und $f = -|f|$ realisiert.

Brechkraft in Dioptrien. Der reziproke Wert der Brennweite einer Linse wird gewöhnlich in *Dioptrien*, d.h. in m^{-1}, gemessen und dann als *Brechkraft der Linse* bezeichnet. Eine Sammellinse mit einer Brennweite von 0,5 m

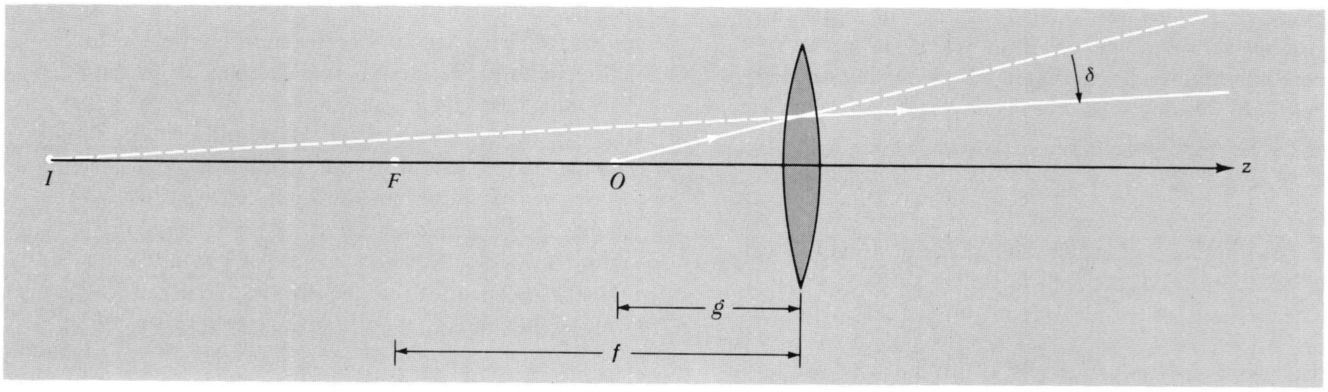

Bild 9.29. Virtueller Bildpunkt eines Punktgegenstands. Die Gegenstandsweite g ist kleiner als die Brennweite f.

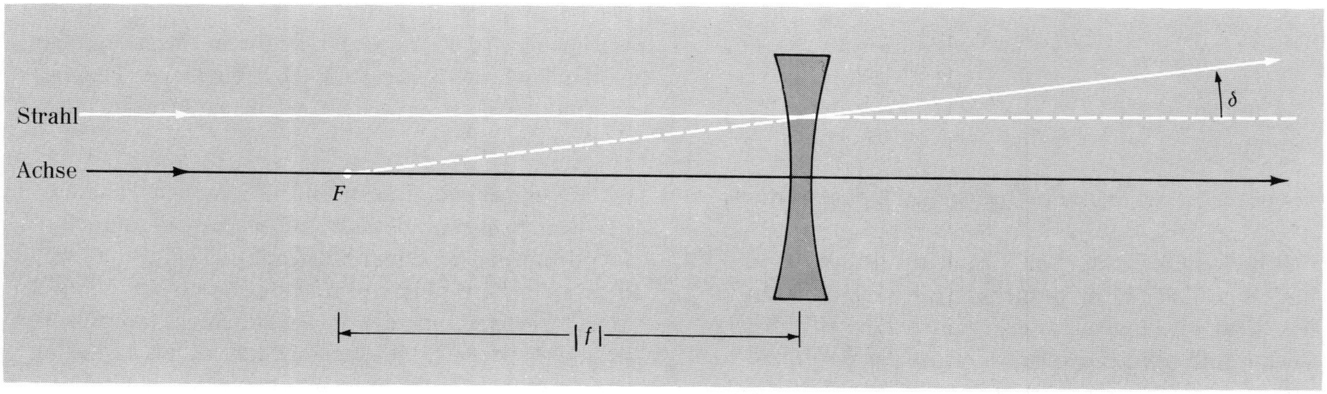

Bild 9.30. Zerstreuungslinse

hat also eine Brechkraft von $+2$ dpt (Dioptrien). Eine Zerstreuungslinse mit einer Brennweite von $-0{,}5$ m hat eine Brechkraft von -2 dpt. Der reziproke Wert der Brennweite (die Brechkraft) hat die angenehme Eigenschaft, im folgenden Sinn *linear* zu sein: Folgt auf eine dünne Linse direkt eine zweite, *so ist die gesamte Brechkraft der beiden sich berührenden dünnen Linsen gleich der Summe der beiden Einzelbrechkräfte*. Das läßt sich auf folgende Weise leicht einsehen: Die erste Linse lenkt einen Strahl um den Winkel h/f_1 zur Achse hin ab; dabei ist f_1 für eine Sammellinse positiv und für eine Zerstreuungslinse negativ. Befindet sich die zweite Linse am Austrittsende der ersten Linse, dann hat der Strahl keine Möglichkeit, seinen Querabstand h von der gemeinsamen Achse der beiden Linsen zu ändern. Er trifft daher auf beide Linsen im selben Achsenabstand h auf. Daher erfährt er aber durch die zweite Linse die Ablenkung h/f_2. Die gesamte, von beiden Linsen bewirkte Ablenkung ist gleich $h/f_1 + h/f_2$. Genau dieselbe Ablenkung würde der Strahl aber auch beim Durchtritt durch eine einzige, äquivalente Linse der Brennweite f erfahren, wenn $1/f = 1/f_1 + 1/f_2$. Die gesamte Brechkraft, oder der Reziprokwert der äquivalenten Gesamtbrennweite, ist also gleich der Summe der einzelnen Brechkräfte. Sind die beide Linsen im selben Achsenabstand h auf. Deshalb erfährt er aber durch die zweite Linse die Ablenkung h/f_2. nicht mehr im selben Achsenabstand h wie die erste Linse. Die Brechkräfte aufeinanderfolgender Linsen addieren sich also nur dann linear, wenn der Zwischenraum zwischen den Linsen vernachlässigt werden kann.

Wenn Sie Brillenträger sind, dann können Sie die Brechkraft jeder der beiden Linsen Ihrer Brille sowohl in einer waagerechten als auch in einer senkrechten Ebene (grob) messen. Benutzen Sie eine weit entfernte punktförmige Lichtquelle (oder die Sonne). Ist die Linse positiv, so können Sie ein Bild der Lichtquelle auf eine Wand oder ein Stück Papier werfen. Hat jede der beiden Linsen in beiden Ebenen dieselbe Brennweite? (Wenn nicht, dann ist Ihre Linse eine sogenannte „astigmatische" Linse und Ihr Auge weist einen von der Norm abweichenden sogenannten Astigmatismus auf.)

Der Abstand b der Linse des Auges von der Netzhaut ist ungefähr 3 cm. In Dioptrien (m^{-1}) gibt das $b^{-1} = (0{,}03\,\mathrm{m})^{-1} \approx 33\,\mathrm{m}^{-1}$; b^{-1} ist also ungefähr gleich 33 dpt. Ein auf einen sehr weit entfernten Gegenstand im Abstand $g = \infty$ gerichtetes Auge hat die Brechkraft $f^{-1} = g^{-1} + b^{-1} = 0 + 33\,\mathrm{m}^{-1} = 33$ dpt. Wollen Sie einen Gegenstand im Abstand $g = 0{,}25$ m vor Ihrem Auge scharf sehen, so müssen die Ciliarmuskeln Ihres Auges die Brechkraft der Linse um $g^{-1} = (0{,}25\,\mathrm{m})^{-1} = 4\,\mathrm{m}^{-1} = 4$ dpt vergrößern, so daß Sie insgesamt 37 dpt haben. Wenn die Akkomodationsfähigkeit Ihrer Augen genügend groß ist, dann können Sie ihre Brechkraft auch um ca. 10 dpt vergrößern und Gegenstände im Abstand von $g = (10\,\mathrm{dpt})^{-1} = 0{,}1$ m betrachten. Ein Gegenstand in dieser Entfernung sieht größer aus, Sie können seine Einzelheiten besser ausmachen. Könnten Sie ihn bis auf 1 cm an Ihr Auge heranbringen und ihn trotzdem noch scharf auf der Netzhaut abbilden, so würde er 25 mal so groß aussehen wie im Abstand von 0,25 m; Sie könnten dann dementsprechend 25 mal kleinere Einzelheiten auflösen. So ein starkes Akkomodationsvermögen hat aber niemand.

Die einfache Lupe. Sie können einen kleinen Gegenstand im Abstand von 0,25 m mit freiem Auge betrachten, ohne dabei zu ermüden, falls Ihr Sehvermögen normal ist. Ist der Gegenstand h m hoch, so sieht ihn Ihr Auge unter einem Winkel von $h/0{,}25$ rad; dieser Winkel bestimmt die Größe des Bildes auf der Netzhaut. Bringen Sie den Gegenstand näher heran, so wird sein Bild auf der Netzhaut größer. Die Ciliarmuskeln müssen für Akkomodation sorgen, indem sie die Brechkraft der Augenlinsen erhöhen. Das Bild bleibt scharf. Diese Akkomodation ist aber anstrengend und ermüdet auf die Dauer. Nehmen Sie nun eine Linse mit der Brennweite f und halten sie vor Ihr Auge, dann rücken Sie den Gegenstand näher. Sobald sich dieser im Brennpunkt der Linse befindet, geht von jedem Punkt seiner Oberfläche hinter der Linse ein Parallelstrahlenbündel aus, das in Ihr Auge eintritt. Sie können den Gegenstand so mit entspanntem Auge scharf sehen. Wir überlassen es Ihnen zu beweisen, daß der Sehwinkel (d.h. die Winkelgröße) des Gegenstands um den Faktor $0{,}25/f$ größer wird (kleine Winkel vorausgesetzt, so daß man die Näherung für kleine Winkel verwenden kann) (Bild 9.31). Sie können sich selbst eine billige Lupe herstellen, indem Sie eine Linse mit einer Brennweite von 2 cm oder 3 cm auf einen Mikroskop-Objektträger aufkleben. (Eine einfache fertige Lupe ist aber auch nicht teuer.)

Das Nadelloch als Lupe. Stechen Sie in ein Stück Aluminiumfolie mit einer Nadel ein kleines Loch mit einem Durchmesser von ca. $\frac{1}{2}$ mm oder weniger hinein. Halten Sie das Loch knapp vor Ihr Auge und betrachten Sie eine Lichtquelle. Die „umherschwimmenden" Punkte, die Sie sehen, sind Beugungsbilder von Ketten von Zellen in Ihrem Auge. (Diese liegen nicht an der Oberfläche; Sie können das feststellen, indem Sie versuchen, die Punkte durch Blinzeln wegzuwischen.) Betrachten Sie nun durch das Nadelloch eine gut beleuchtete Druckseite. (Wenn Sie eine Brille tragen, dann nehmen Sie sie ab. Sie brauchen sie nicht, und sie nützt Ihnen auch nichts.) Bringen Sie die Druckseite immer näher an Ihr Auge heran. Sie werden bemerken, daß das von Ihnen betrachtete Wort scharf bleibt und um so stärker vergrößert wird, je näher Sie es heranbringen! (Schließlich verschwimmt es aber doch, weil das Nadelloch nicht klein genug ist.) Die Vergrößerung läßt sich anhand einer Skizze, ähnlich wie Bild 9.31, wobei die Linse durch ein Nadelloch zu ersetzen ist, leicht berechnen.

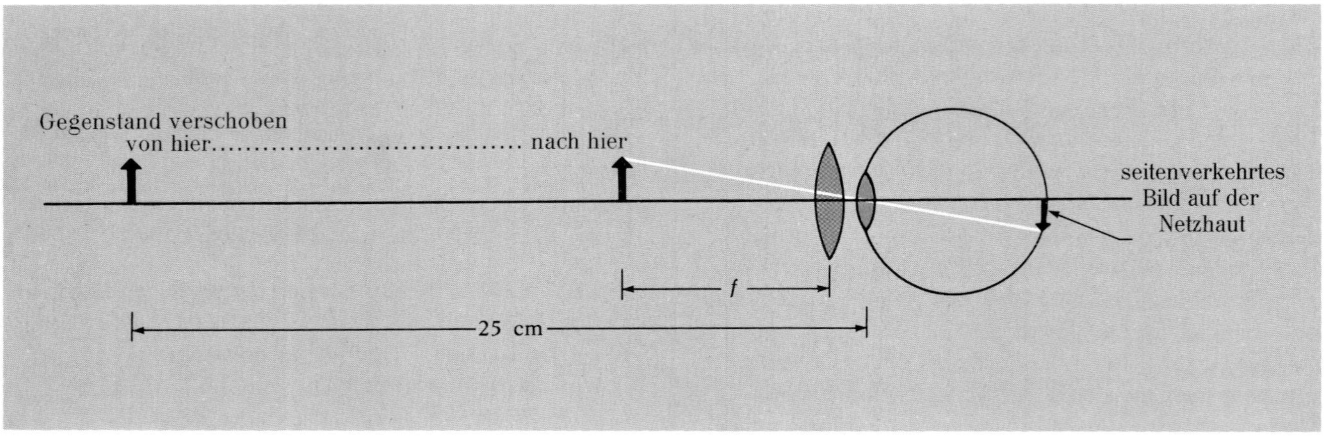

Bild 9.31. Einfache Lupe. Die Brechkraft der Linse des Auges wird um die Brechkraft der Lupe vermehrt. Der Gegenstand kann näher an das Auge herangebracht werden und gibt folglich ein größeres Bild.

Sehen Sie die Dinge wirklich seitenverkehrt? Sie können sich auf folgende Weise davon überzeugen, daß das Bild auf Ihrer Netzhaut auf dem Kopf steht: Betrachten Sie eine breite Lichtquelle durch Ihr Nadelloch. Halten Sie eine Bleistiftspitze vor das Nadelloch und betrachten Sie ihren Schatten auf der Netzhaut. Alles verläuft wie erwartet. *Drehen Sie nun die Reihenfolge um* und halten Sie die Bleistiftspitze zwischen das Nadelloch und Ihr Auge. Bewegen Sie den Bleistift und verfolgen Sie die Bewegungsrichtung des Schattens! Zeichnen Sie eine Skizze und erklären Sie, was geschieht.

Pupillenübungen. Wenn Sie eine große Lichtquelle (z.B. den Himmel) durch Ihr Nadelloch betrachten, so sehen Sie einen hellen Kreis. Dieser Kreis ist die Projektion Ihrer Pupille auf Ihrer Netzhaut. Sie können die Adaptation (d.h. die Erweiterung und Verengung) Ihrer Pupille beobachten, wenn Sie Ihr *anderes* Auge – dasjenige, das *nicht* durch das Nadelloch sieht – schließen und öffnen. Die Pupille zieht sich zusammen, sobald Sie das andere Auge öffnen, so daß Licht eintritt. *Zugleich verengt sich aber auch die Pupille des Auges, das durch das Nadelloch sieht*! Diese „sympathischen" Kontraktionen der Pupillen sind leicht wahrzunehmen. Beachten Sie dabei, daß die Pupille ungefähr eine halbe Sekunde braucht, bis sie sich nach einem plötzlichen Wechsel der Lichtintensität verengt oder weitet.

Das Teleskop. Ein Teleskop besteht aus zwei Linsen. Die eine ist das *Objektiv*; sie erzeugt von einem entfernten Gegenstand ein reelles Bild, das in guter Näherung in ihrer Brennebene liegt. Sieht man den weit entfernten Gegenstand unter dem Winkel θ_0 und hat das Objektiv die Brennweite f_1, so ist die Höhe h_1 des vom Objektiv erzeugten Bildes durch $h_1 = f_1\,\theta_0$ gegeben. Die zweite Linse eines Teleskops heißt *Okular*. Sie ist nichts anderes als eine einfache Lupe, mit der man das von dem Objektiv erzeugte reelle Bild betrachtet. Wird das Okular so eingestellt, daß das vom Objektiv erzeugte Bild in der Brennebene des Okulars liegt, dann liefert jeder Punkt des Bildes ein Parallelstrahlenbündel in das Auge. Das Auge ist dann entspannt, gerade so, wie wenn man den weit entfernten Gegenstand ohne Teleskop betrachten würde. Der Winkel, den das Bild der Höhe h_1 zum Okular hin aufspannt, ist gleich h_1/f_2; dabei ist f_2 die Brennweite des Okulars. Dieser Winkel ist um das Verhältnis $(h_1/f_2)/\theta_0 = (f_1\,\theta_0/f_2)/\theta_0 = f_1/f_2$ größer als der Sehwinkel θ_0. Somit ist die Winkelvergrößerung gleich f_1/f_2 (Bild 9.32).

Das Mikroskop. Wie ein Teleskop hat auch ein Mikroskop ein Objektiv, das ein reelles Bild des betrachteten Gegenstands erzeugt, und ein Okular, womit man dieses Bild betrachtet. Der Gegenstand, z.B. eine Milbe, der untersucht werden soll, befindet sich beinahe (aber nicht genau) in der Brennebene des Objektivs. Das Bild entsteht weit weg vom Objektiv – sagen wir in der Entfernung $l \approx 0{,}20$ m. Diese Entfernung ist im wesentlichen gleich der Länge des Mikroskoptubus. Ein Gegenstand der Länge x, der sich ungefähr im Abstand f_1 vor dem Objektiv befindet, gibt ein reelles Bild der Größe $h_1 = (l/f_1)\,x$. Dieses Bild befindet sich im Abstand f_2 vom Okular und spannt am Okular den Winkel h_1/f_2 auf. Würde man den Gegenstand mit unbewaffnetem Auge im Abstand von 0,25 m betrachten, so würde er den Winkel $x/0{,}25$ m aufspannen. Die Vergrößerung ist demnach durch $(h_1/f_2)/(x/0{,}25) = 0{,}25\,l/f_1\,f_2$ gegeben (Bild 9.33).

Die dicke Kugel- oder Zylinderlinse. Ein kleines Glas Babynahrung ist eine gute Zylinderlinse. (Wir empfehlen Schokoladepudding. Essen Sie den Pudding, kratzen Sie das Etikett ab und füllen Sie das gereinigte Glas mit Wasser oder einer anderen klaren Flüssigkeit.) Auf Bild 9.34

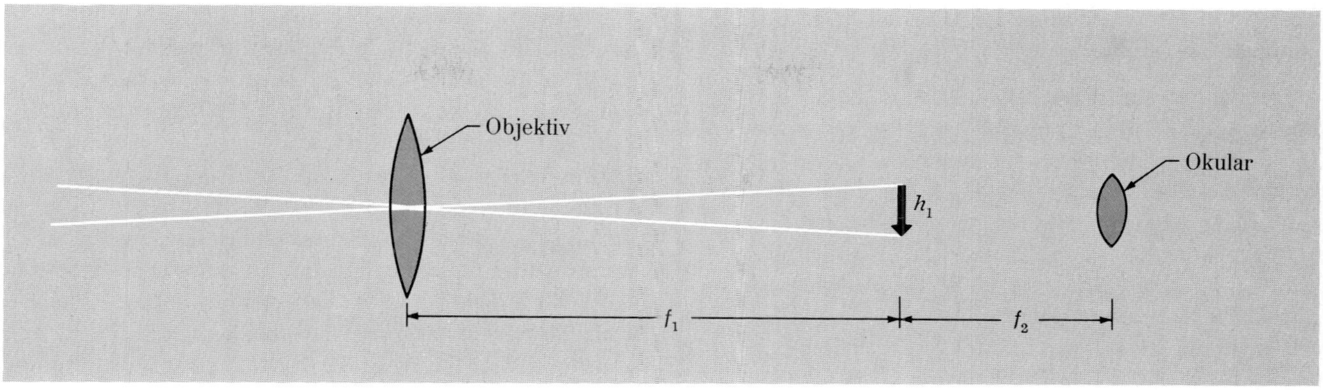

Bild 9.32. Teleskop

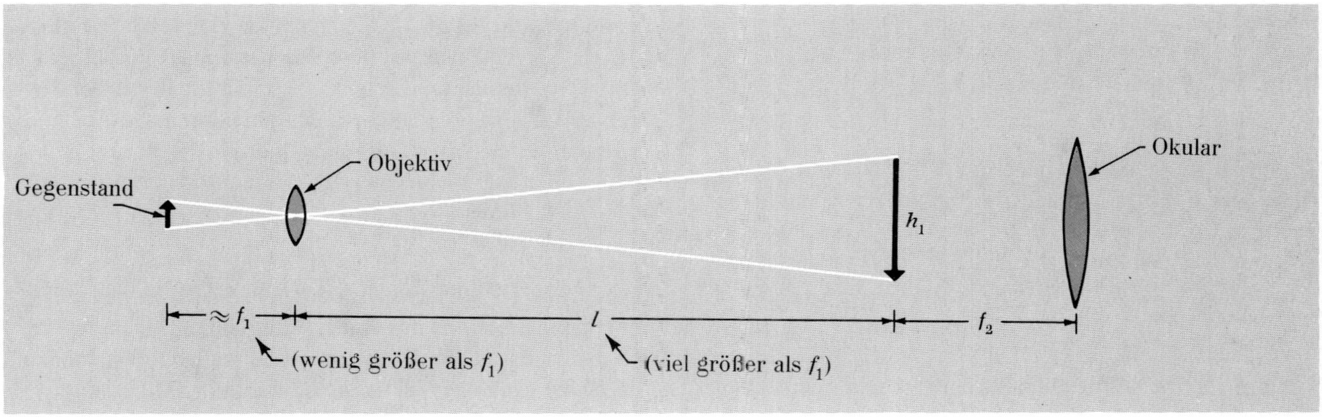

Bild 9.33. Mikroskop

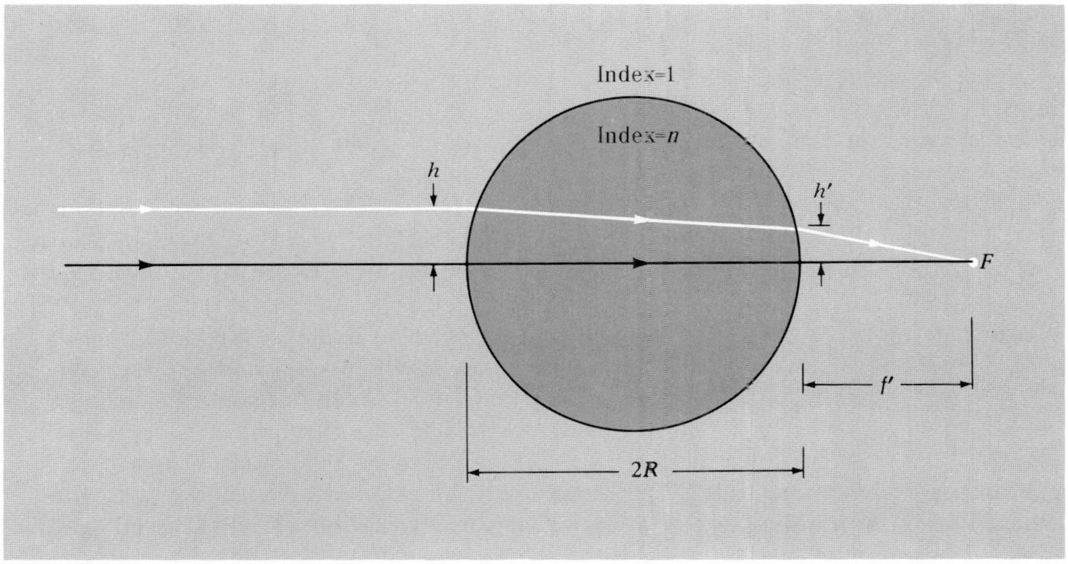

Bild 9.34. Beispiel einer „dicken" Linse. Der Brennpunkt F liegt im Abstand f' hinter der letzten brechenden Fläche. Brechungsindizes: Luft = 1, Linse = n.

zeigen wir die Entstehung des Bildes eines Parallelstrahlenbündels, das durch eine solche Linse tritt.

Brechung an einer Kugelfläche. Wir verfolgen die einfallenden Parallelstrahlen durch diese Linse. Der Strahl durch den Kugel- bzw. Kreismittelpunkt wird nicht abgelenkt. Ein Strahl, der im Abstand h von der durch den Mittelpunkt gehenden Geraden hereinkommt, hat auf der brechenden Fläche den Einfallswinkel θ_e, der für $h/R \ll 1$ durch $\theta_e = h/R$ gegeben ist. Die Ablenkung δ dieses Strahls an der brechenden Fläche (wir betrachten hier die erste Fläche unserer Linse) ist gleich dem Einfallswinkel θ_e minus dem Brechungswinkel θ_b. Für kleine Winkel lautet das Brechungsgesetz $n_1 \theta_1 = n_2 \theta_2$. Die *Brechung zum Lot* an einer einzigen brechenden Fläche ist also gleich der Ablenkung

$$\begin{aligned} \delta &= \theta_1 - \theta_2 \\ &= \theta_1 (1 - \theta_2/\theta_1) \\ &= \theta_1 (1 - n_1/n_2). \end{aligned} \tag{9.96}$$

Gl. (9.96) gilt allgemein (für kleine Winkel); sie ist für die Verfolgung des Strahlengangs in komplizierten Linsensystemen von Nutzen. Beim vorliegenden Beispiel finden wir für die Ablenkung an der ersten Fläche den Ausdruck

$$\delta = \frac{h}{R}\left(1 - \frac{1}{n}\right). \tag{9.97}$$

Verfolgen Sie nun den Strahl bis zur hinteren brechenden Fläche. Er nähert sich der Achse um den Betrag $2R$ mal der Ablenkung δ; er erreicht die hintere brechende Fläche also im Achsenabstand h', der durch

$$h' = h - 2R\delta = h - 2h\left(1 - \frac{1}{n}\right) = h\left(\frac{2}{n} - 1\right) \tag{9.98}$$

gegeben ist. An der hinteren Fläche wird der Strahl noch einmal zur Achse hin gebrochen. Da ein Kreisbogen um seine Sehne symmetrisch ist, ist die Ablenkung beim Austritt dieselbe wie beim Eintritt. Der Strahl tritt also im Winkel 2δ zur Achse und von dieser im Abstand h' aus der Linse aus. Er schneidet die Achse in der Entfernung f' hinter der letzten brechenden Fläche; dabei gilt

$$2\delta = \frac{h'}{f'}. \tag{9.99}$$

Aus den Gln. (9.97), (9.98) und (9.99) folgt

$$f' = \frac{h'}{2\delta} = \frac{h(\frac{2}{n} - 1)}{\frac{2h}{R}(1 - \frac{1}{n})} = \frac{R}{2}\,\frac{(2-n)}{(n-1)}. \tag{9.100}$$

Mit Gl. (9.100) und einem Einweck- (oder Babykost-)glas können Sie den Brechungsindex von Wasser, von Mineralöl oder einer anderen Flüssigkeit bestimmen. (Gl. (9.100) gilt sowohl für einen Zylinder als auch für eine Kugel.) (Siehe Übung 42.)

Das Leeuwenhoeksche Mikroskop. Das erste Mikroskop der Welt war nichts anderes als eine winzige Glaskugel. Sie können sich so ein Mikroskop selbst herstellen. (Sie bekommen kleine durchsichtige Glaskügelchen pfundweise beim Chemikalienhändler. Überzeugen Sie sich aber, daß die Kugeln durchsichtig und klar und nicht nur durchscheinend sind.) Es funktioniert folgendermaßen: Halten Sie die Kugel direkt vor Ihr Auge und bringen Sie den zu betrachtenden Gegenstand in den Brennpunkt F (Bild 9.34). Von einem Punkt des Gegenstands fällt ein Parallelstrahlenbündel in das Auge. Und eben weil es ein Parallelstrahlenbündel ist, können Sie Ihr Auge entspannen – das Bündel wird auf Ihrer Netzhaut in einem Punkt vereinigt. Ein anderer Punkt des Gegenstands wird in einem anderen Punkt der Netzhaut abgebildet. Wir wollen die Vergrößerung dieser Linse berechnen und nehmen an, der Gegenstand habe die Länge x_g. Strahlen, die von den beiden Enden des Gegenstands aus- und durch die Mitte der Kugel gehen, werden nicht abgelenkt. Das heißt, daß der Sehwinkel des Gegenstands gleich x_g dividiert durch den Abstand zwischen F und dem Kugelmittelpunkt ist:

$$\theta_g = \frac{x_g}{R + f'}. \tag{9.101}$$

Diesen Winkel schließen die beiden Parallelstralenbündel miteinander ein, die den Bildern der beiden Enden des Gegenstands auf Ihrer Netzhaut entsprechen; er ist daher der Sehwinkel, unter dem Sie ihn durch das Mikroskop „sehen". Wollen Sie den Gegenstand ohne Mikroskop betrachten, dann müssen Sie ihn ca. 0,25 m weit weg halten, um ihn bequem fixieren zu können. Die „Größe", d.h. der Sehwinkel, ist dann gleich $x_g/0{,}25$ m. Die Winkelvergrößerung M ist daher

$$M = \frac{0{,}25\,\text{m}}{R + f'} = \frac{0{,}25\,\text{m}}{R\left[1 + \frac{1}{2}\left(\frac{2-n}{n-1}\right)\right]} = \frac{0{,}50\,\text{m}}{R}\left(1 - \frac{1}{n}\right). \tag{9.102}$$

Ist also z.B. $R = 1$ mm und $n = \frac{3}{2}$ (Glas), so erhalten wir $M = 167$.

Scotchlite Rückstrahler. Aus Gl. (9.98) folgt, daß ein achsennaher Strahl, der im Achsenabstand h in eine Kugel mit $n = 2$ eintritt, die Hinterfläche dieser Kugel (Bild 9.32) im Achsenabstand $h' = 0$ erreicht. Ein Parallelstrahlenbündel wird also genau auf der Hinterfläche fokussiert, wo es dann teilweise reflektiert und teilweise durchgelassen wird. Wie aus Bild 9.35 hervorgeht, wird der reflektierte Anteil schließlich um 180° abgelenkt, also in die ursprüngliche Richtung zurückgeworfen. Das an der Hinterfläche der Kugel durchgelassene Licht kann größtenteils wieder ins Glas zurückreflektiert werden, wenn die Hinterfläche der Kugel mit einem silbrigen Reflektor belegt ist.

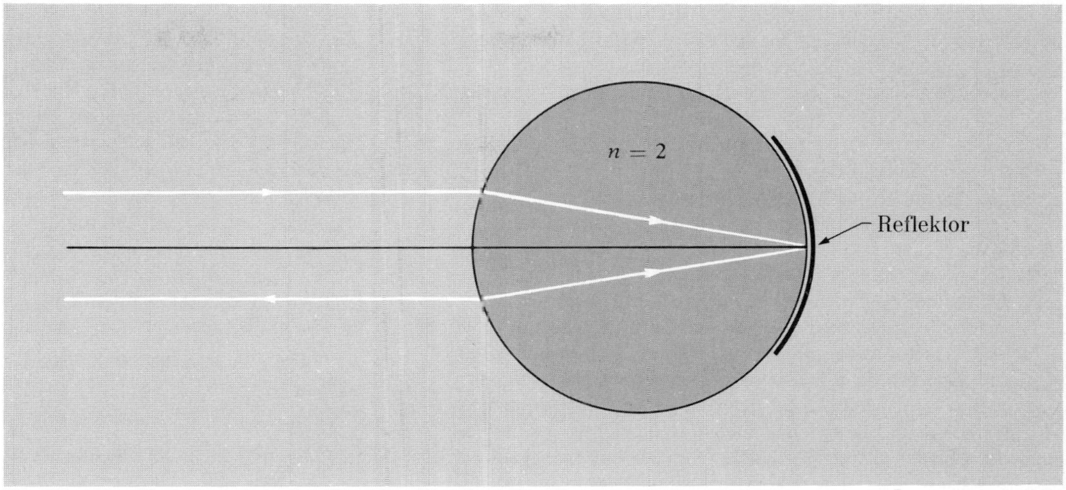

Bild 9.35. Rückstrahlung von Licht durch einen idealen Scotchlite Reflektor mit dem Brechungsindex $n = 2$.

Ein rückstrahlendes Material, das auf diesem Prinzip beruht, ist in jeder Farbenhandlung zu bekommen, es ist z.B. unter dem Namen Scotchlite bekannt. Es wird u.a. auch für rückstrahlende Verkehrszeichen benutzt. Untersuchen Sie es einmal mit der Lupe. Sie werden sehen, daß es aus vielen winzigen Glaskugeln besteht, die in einer klebenden silbrigen Schicht eingebettet und mit klarem Schellack lackiert sind. Dieser Schellack ist eingefärbt, wenn bestimmte Farbeffekte erzielt werden sollen. Der größte Brechungsindex, der sich bei Glas noch verhältnismäßig leicht erreichen läßt, ist 1,9. Dieser Wert liegt nahe genug bei 2, so daß die Sache ziemlich gut funktioniert.

Bei der „nächsten Generation" der größten Blasenkammern der Welt, die mit flüssigem Wasserstoff arbeiten, wird, wenigstens bei einigen der Kammern, der Kammerboden mit Scotchlite belegt werden, so daß Lichtstrahlen zu ihrem Ausgangspunkt zurückgeworfen werden. Sie können die Rückstrahleigenschaften von Scotchlite leicht messen (siehe Übung 35).

9.8. Übungen und Heimversuche

1. *Nahfeld und Fernfeld.* Ein Doppelspalt mit dem Spaltabstand von 0,1 mm wird mit sichtbarem Licht angestrahlt. In welcher Entfernung von diesem Doppelspalt können Sie die Fernfeldnäherung anwenden, *ohne* eine Linse zu benutzen? Wie weit müssen Sie von zwei Mikrowellenantennen (Abstand 10 cm, abgestrahlte Wellenlänge 3 cm) entfernt sein, damit Sie die Fernfeldnäherung anwenden können?

2. *Interferenzstreifen hinter einem Doppelspalt.* Ein Doppelspalt mit einem Spaltabstand von 0,5 mm wird mit einem monochromatischen Parallelstrahlenbündel der Wellenlänge 632,8 nm aus einem Helium-Neon-Laser bestrahlt. 5 m hinter den Spalten befindet sich ein Schirm. Welchen Abstand haben die Interferenzstreifen auf dem Schirm voneinander?

3. *Mittlere Länge eines Wellenzugs.* Welche „mittlere Länge" hat ein klassischer Wellenzug (ein Wellenpaket), der dem von einem Atom mit der mittleren Zerfallszeit von 10^{-8} s emittierten Licht entspricht? In einer gewöhnlichen Gasentladung zerfallen die Atome nicht frei, sondern haben eine durch Doppler- und Stoßverbreiterung bedingte effektive Kohärenzzeit von ca. 10^{-9} s. Wie lang ist der entsprechende klassische Wellenzug?

4. *Kohärenz am Doppelspalt.* Eine leuchtende „Linie", die sichtbares Licht emittiere, sei 1 mm breit; in welcher Entfernung davon muß sich ein von ihr bestrahlter Doppelspalt befinden, damit seine beiden Spalte vernünftig kohärent sind? Der Spaltabstand sei $\frac{1}{2}$ mm.

5. *Das Auflösungsvermögen des Auges.* In welcher Entfernung löst Ihr Auge die beiden Scheinwerfer eines Automobils gerade noch auf?

6. *Wahre Größe der Venus.* Die Venus hat einen Durchmesser von ungefähr 13000 km. Wenn sie als Morgen- oder Abendstern sichtbar ist, dann ist sie ungefähr gleich weit von uns entfernt wie die Sonne, also ca. $150 \cdot 10^6$ km. Dem unbewaffneten Auge erscheint sie „größer als ein Punkt". Sieht man die wahre Größe der Venus?

7. *Das Auflösungsvermögen des Auges – Heimversuch.* Nehmen Sie zwei Glühlampen derselben Leistung (z.B. 150 W); eine soll klar sein und einen möglichst kleinen Glühfaden (ca. 2,5 cm x 0,3 cm) haben, die andere soll matt sein und einen Durchmesser von etwa 7,5 cm haben. Stellen Sie durch Probieren fest, wie weit Sie weggehen müssen, bis die beiden Lampen dieselbe scheinbare Größe haben. (Sie werden finden, daß Sie ungefähr ein bis zwei Häuserblocks weit gehen müssen.) Vergleichen Sie auf dieselbe große Entfernung die scheinbare Größe zweier matter Glühlampen, die in Wirklichkeit gleich groß sind, von denen jedoch die eine eine zwei- bis dreimal so große Leistung wie die andere hat. Wie erklären Sie sich das Ergebnis? Warum sieht die Venus größer als ein Punkt aus (siehe Übung 6)?

8. *Wellenmuster von Beugungsgittern – Heimversuch.* Sie brauchen eine weiße leuchtende Linie und zwei gleiche Beugungsgitter. (Als leuchtende Linie nehmen Sie am besten eine „Schaufensterlampe“, die Sie auch für viele weitere Versuche benötigen. Ihre Optik-Versuchsausrüstung enthält nur ein Beugungsgitter. Weitere Beugungsgitter bekommen Sie beim Lehrmittelhandel. Bringen Sie Ihre leuchtende Linie vertikal an und sehen Sie durch ein Beugungsgitter (halten Sie es knapp vor Ihr Auge), drehen es so, daß die Farben horizontal aufgefächert sind. Legen Sie nun das zweite Gitter über das erste. Drehen Sie es vorsichtig so, daß die Beugungsbilder erster Ordnung von den beiden Gittern genau überlagert sind. Mit etwas Vorsicht wird es Ihnen (nach etwa einer Minute) gelingen, „schwarze Streifen“ quer über das farbige Bild erster Ordnung zu erhalten. Teilweise läßt sich das folgendermaßen erklären: Der Abstand der Striche am Gitter (die sogenannte Gitterkonstante) ist gleich d. Der Abstand zwischen den Ebenen der beiden Gitter sei s. Stellen Sie sich vor, die beiden Gitter seien zwei in einem kleinen Abstand voneinander parallel laufende Lattenzäune oder zwei parallele gleichartige Schirme. Bei bestimmten Winkeln werden die Striche der Gitter in einer Linie hintereinander liegen. Bei anderen Winkeln wieder liegen die Striche des einen Gitters zwischen den Strichen des anderen Gitters. Bei diesen Winkeln ist die effektive Anzahl der Striche pro Längeneinheit (d.h. d^{-1}) doppelt so groß. Nun kommt das physikalische Problem: Warum erhalten Sie schwarze Streifen? Entsprechen sie den Winkeln, bei denen die effektive Anzahl der Striche „einfach“ oder „doppelt“ ist? Wie können Sie den Abstand s bestimmen, wenn Sie die Anzahl der Striche pro Zentimeter, d^{-1}, von beiden Gittern kennen? Wie können Sie d bestimmen, wenn Sie s kennen?

9. *Das Beugungsmuster eines Seidenstrumpfes – Heimversuch.* Sie benötigen nur einen Seiden- oder Nylonstrumpf und eine punktförmige weiße Lichtquelle. Eine halbwegs weit entfernte Straßenlaterne läßt sich vielleicht als Punktquelle verwenden. Die beste Punktquelle für diesen und für andere Versuche läßt sich jedoch aus einer 6-V-Handlampe, z.B. aus einer „Zeltlampe“ mit einer Glühlampe, mit einem ca. 5 mm langen Glühfaden, herstellen. Sie erhalten eine brauchbare Punktquelle, wenn Sie die Glaslinse abnehmen und den parabolischen Reflektor mit etwas dunklem Stoff oder Papier (mit einem Loch für die Glühlampe) abdecken. Oder schauen Sie einfach die Glühlampe von der Seite, außerhalb des Strahlenbereichs des Reflektors, an.

   Beachte: Eine Glühlampe mit eingeschmolzenem Reflektor – eine sogenannte „sealed beam“-Lampe – ist nicht geeignet.

   Betrachten Sie die Punktquelle durch den Strumpf. Aus dem Beugungsmuster könnten Sie den durchschnittlichen Fadenabstand und die Anzahl der Fadengruppen bei verschiedenen Winkeln bestimmen. Falten Sie viele Lagen übereinander und betrachten Sie so die Quelle. Das aus konzentrischen Kreisen bestehende Beugungsmuster ähnelt einem Debye-Scherrer-Diagramm, das man bei der Beugung von Röntgenstrahlen an Kristallpulver erhält.

10. *Beugungsmuster einer Langspielplatte – Heimversuch.* Betrachten Sie die Reflexion einer punktförmigen weißen Lichtquelle an einer Langspielplatte (33 Umdrehungen pro Minute) bei fast streifendem Lichteinfall. Die Rillen der Platte geben ein gutes Reflexionsgitter ab. Messen Sie grob mit Hilfe der Platte die Wellenlänge von rotem und grünem Licht. Beschreiben Sie Ihr Vorgehen. Wie können Sie die Lage des Reflexionsmaximums nullter Ordnung (d.h. des Spiegelbilds) einfach bestimmen?

11. *Auf welcher Seite sind die Striche eingeritzt? – Heimversuch.* Die eine Seite Ihres Plastik-Beugungsgitters ist glatt; auf der anderen Seite sind die Striche eingeritzt. Sie können herausfinden, auf welcher Seite sich die Striche befinden, indem Sie eine Seite des Gitters mit etwas Öl einreiben und so eine weiße Lichtquelle betrachten; dann reinigen Sie das Gitter und versuchen dasselbe mit der anderen Seite. Erklären Sie, was passiert!

12. *Parabol- und Kugelspiegel.* Betrachten Sie einen Parabolspiegel, an den sich ein Kugelspiegel anschmiegt (siehe Bild 9.24). Die $+\hat{z}$-Richtung zeige nach rechts (längs der Symmetrieachse, x sei senkrecht zu z; im Scheitel der Spiegel gelte $x = z = 0$.

   a) Zeigen Sie, daß die parabolische Fläche durch
   $$z = x^2/4f$$
   gegeben ist.

   b) Zeigen Sie, daß die Kugelfläche (für $x \ll f$) durch
   $$z = x^2/4f + x^4/64f^3 + \ldots$$
   bestimmt ist.

   c) Vergleichen Sie einen Kugelspiegel mit dem Öffnungsdurchmesser D und der Brennweite f mit einem Parabolspiegel mit denselben Werten von D und f. Betrachten Sie beim Kugelspiegel den durch sphärische Aberration erzeugten Ablenkungswinkel $\delta\theta$ der „schlechtesten“ Strahlen (am Blendenrand). ($\delta\theta$ ist die Abweichung von der $\hat{z}$-Richtung für Strahlen aus einer Punktquelle.) Zeigen Sie, daß $\delta\theta$ kleiner als die Beugungsdivergenz $\Delta\theta \approx \lambda/D$ ist, wenn
   $$D < 4f(\lambda/4f)^{1/4}.$$
   So ist z.B. bei einem Spiegeldurchmesser D von weniger als ca. 8 cm bei sichtbarem Licht und einer Brennweite f von ca. 1,3 m ein Kugelspiegel ungefähr ebenso gut wie ein Parabolspiegel.

13. *Planparallele Platte.* Eine planparallele Glasplatte der Dicke t und vom Brechungsindex n wird zwischen den Beobachter und eine Punktquelle gebracht. Zeigen Sie, daß die Punktquelle um ungefähr die Strecke $[(n-1)/n]t$ zum Beobachter hin verschoben erscheint. Benutzen Sie die Näherung für kleine Winkel.

14. *Eckenspiegel.* Ein „Eckenspiegel“ besteht aus drei miteinander verbundenen Planspiegeln; er sieht aus wie die innere Ecke einer rechteckigen Schachtel. Zeigen Sie, daß ein auf einen Eckenspiegel auftreffendes Strahlenbündel um 180° gegen seine ursprüngliche Richtung abgelenkt wird, und zwar unabhängig vom Einfallswinkel, sofern es auf alle drei Flächen auftrifft.

15. *Prisma.* Zeigen Sie, daß eine auf ein keilförmiges Prisma vom Scheitelwinkel A *senkrecht* auftreffende ebene Welle um den Winkel θ_{Abl} abgelenkt wird; dabei ist
   $$n \sin A = \sin(A + \theta_{\mathrm{Abl}}).$$

16. *Streubreite eines Laserstrahls.* Ein durch Beugung beschränkter Laserstrahl von 1 cm Durchmesser wird auf den Mond gerichtet. Welchen Durchmesser hat die auf dem Mond bestrahlte Fläche? (Der Mond ist 384 000 km weit entfernt.) Die Wellenlänge des Lichts sei 632,8 nm. Vernachlässigen Sie die Streuung in der Erdatmosphäre.

17. *Das Beugungsmuster des Einzelspalts – Heimversuch.* Kleben Sie ein Stück Aluminiumfolie mit den Ecken an einen Mikroskop-Objektträger (am besten mit einem durchsichtigen „Tesa“-Band). Schneiden Sie mit einer Rasierklinge oder mit einem scharfen Messer einen einzelnen Spalt in die Folie. Dann halten Sie den Spalt knapp vor eines Ihrer Augen und betrachten durch ihn eine weiße leuchtende Linie. Schätzen Sie die

volle Winkelbreite des Zentralmaximums dadurch ab, daß Sie (z.B.) auf einem Stück Papier hinter der leuchtenden Linie einen Maßstab auftragen. Schätzen Sie das Verhältnis der Wellenlängen von rotem und grünem Licht ab; dabei seien diese Farben durch Ihre Gelatinefilter definiert. Schätzen Sie mit Hilfe des Rotfilters die Breite des mit der Klinge eingeritzten Schnitts ab, d.h. die Breite Ihres Spalts, indem Sie die vorher gemessene Winkelbreite des Beugungsmusters verwenden und $\lambda \sim 650\,\text{nm}$ annehmen. Sie können dann den Spalt auf eine Millimeterskala legen und seine Breite mit einem Vergrößerungsglas direkt abschätzen. Wie gut stimmen die beiden Ergebnisse für die Breite überein?

18. *Beugungs- und Interferenzmuster des Doppelspalts – Heimversuch.* Stellen Sie nach dem in Übung 17 angegebenen Verfahren zwei parallele Spalte mit einem Abstand von 0,5 mm oder weniger her. Der eine Spalt soll ca. 5 mm länger als der andere sein, so daß Sie durch eine kleine Verschiebung der Spalte sofort vom Doppelspalt- zum Einzelspaltmuster übergehen können. So können Sie sehen, welcher Teil des Doppelspaltmusters die „Einzelspalt-Modulation" ist, die wegen der endlichen Breite des Einzelspalts auftritt. Ritzen Sie schließlich einen Spalt in einem kleinen Winkel schräg zum anderen ein, so daß sich die beiden Spalte V-förmig kreuzen; dann können Sie den Einfluß einer variablen Spaltbreite d gut sehen. Ritzen Sie viele Spalte (um ein Spaltpaar herzustellen, brauchen Sie 10 s – nachdem Sie es zehnmal probiert haben); manche werden besser sein, manche schlechter. (Halten Sie die schlechten Spalte ebenfalls gegen das Licht, um zu sehen, warum sie schlecht sind.)

19. *Dreispalt-Interferenzmuster – Heimversuch.* Führen Sie diesen Heimversuch erst durch, nachdem Sie mit dem Verfahren der Übungen 17 und 18 eine Anzahl guter Doppelspalte hergestellt haben. Ritzen Sie einen dritten Spalt parallel zu den ersten beiden; er sollte aber nicht so lang sein wie die beiden ersten Spalte; dann können Sie rasch von zwei auf drei Spalte wechseln. Wichtig ist, daß man dabei sieht, wie die Intensitätsmaxima schmäler werden, sobald der dritte Spalt dazukommt.

20. *Kohärenz – Größe einer „Punkt"- bzw. Linienquelle – Heimversuch.* Verwenden Sie für diesen Versuch einen Einzelspalt bekannter (abgeschätzter) Breite. Stellen Sie das Rotfilter vor die Lichtquelle und entfernen Sie sich weit genug von ihr, so daß Sie ein scharfes Beugungsmuster des Einzelspalts bekommen. Nun nähern Sie sich der Quelle. Bestimmen Sie die Entfernung l, bei der das Einzelspaltmuster „verschwimmt". (Es verschwimmt in der Entfernung, in der die einzelnen Teile des Glühfadens Ihrer Punktquelle zu unabhängigen Lichtquellen werden und daher für die Auflösungszeit des Auges inkohärent sind; siehe Abschnitt 9.4.) Benutzen Sie Ihre Schätzungen bezüglich der Größe der Quelle und des Spalts sowie Ihren Meßwert für die Entfernung l, bei der das Beugungsmuster verschwimmt, und schätzen Sie die Wellenlänge des Lichts mit Hilfe der im Abschnitt 9.4 abgeleiteten Beziehung $d\,(\text{Quelle})\; D\,(\text{Spalt}) \approx l\lambda$ ab.

21. *Kohärenz – der Lloydsche Spiegel, ein „garantiert kohärenter Doppelspalt – Heimversuch.* Wenn Sie eine breite Lichtquelle wie den Himmel oder eine matte Glühlampe durch einen gewöhnlichen Doppelspalt betrachten, so werden Sie kein Interferenzmuster sehen. Warum eigentlich? Wir werden jetzt einen Doppelspalt konstruieren, der ein Doppelspalt-Interferenzmuster liefert, auch wenn man eine matte Glühlampe damit betrachtet. Stellen Sie zunächst nach dem in Übung 17 angegebenen Verfahren einen Einzelspalt her. Mit Hilfe von Plastilin, Fensterkitt oder Modellierlehm kleben Sie jetzt einen zweiten klaren Objektträger mit seiner Kante längs des Spalts so auf den ersten, daß der Spalt und sein Spiegelbild im zweiten Objektträger parallel zueinander erscheinen. Durch Justieren des Spiegels machen Sie dann den Abstand von Spalt und Spaltbild möglichst klein (etwa 0,5 mm). Hierbei ist das Gerät so vor einen hellen Hintergrund zu halten, daß Spalt und Spaltbild scharf erscheinen. Ist Ihr Doppelspalt gut gelungen, dann halten Sie die Anordnung knapp vor ein Auge und fokussieren dieses auf eine weit entfernte Lichtquelle. Halten Sie Ausschau nach drei oder vier parallel zum „kohärenten Doppelspalt" verlaufenden „schwarzen Streifen". Diese Streifen sind die Stellen, an denen sich die vom wirklichen Spalt und von seinem Spiegelbild kommenden Lichtwellen gegenseitig auslöschen. Das Bild des Spalts ist natürlich mit dem wirklichen Spalt immer vollkommen kohärent. (Warum?) Wegen des Phasensprungs bei der Reflexion sind die Ströme am Spalt gegenüber den „Strömen am Spiegelbild des Spalts" um 180° phasenverschoben. Daher ist der Interferenzstreifen in der Spiegelebene „schwarz" – er ist eine Stelle der Auslöschung durch Interferenz. Beantworten Sie folgende Frage sowohl durch einen Versuch als auch mit Hilfe der „Theorie": Sind die „hellen" Streifen zwischen den „schwarzen" Streifen genauso hell wie der helle Hintergrund, den man mit einem Einzelspalt sieht? Oder sind sie heller? Oder dunkler?

22. *Ein Lloydscher Spiegel aus einer Büroklammer – Heimversuch.* (Siehe Übung 21.) Eine von einer Glühlampe beleuchtete Büroklammer stellt eine schmale glänzende Linienquelle dar. Halten Sie die Klammer parallel zur Kante an einen Mikroskop-Objektträger; dieser ist Ihr Spiegel. Haben Sie einen vernünftig aussehenden „kohärenten Doppelspalt" mit einem Spaltabstand von weniger als 0,5 mm hergestellt, dann halten Sie ihn knapp vor ein Auge und versuchen Sie, die in Übung 21 besprochenen dunklen Interferenzbänder zu sehen. Sie brauchen hier etwas mehr Übung als bei Übung 21. Das Licht muß fast streifend auf den Spiegel treffen, und die Beleuchtung muß so aufgestellt sein, daß die Lichtquelle Sie nicht blendet.

23. *Zweidimensionale Beugungsmuster – Heimversuch.*
    a) Betrachten Sie eine weit entfernte Straßenlaterne durch ein einfaches Fliegengitter. Schwenken Sie das Gitter, so daß Sie die Projektion des Abstands der Drähte beliebig klein sehen. *Problem*: In welcher Entfernung von Ihnen muß sich eine Straßenlaterne von 0,2 m Durchmesser (Mattglaslampe) befinden, um über zwei benachbarte Drähte des Gitters hinweg kohärente Beleuchtung zu ergeben?
    b) Betrachten Sie eine Straßenlaterne oder Ihre „punktförmige" Glühlampe durch verschiedene Arten von Stoff – ein Seidentaschentuch, einen Nylonstrumpf, einen Regenschirm usw.
    c) Betrachten Sie eine Punktquelle durch zwei Beugungsgitter aus Ihrer Versuchsausrüstung. Drehen Sie ein Gitter so, daß die Striche der beiden Gitter aufeinander senkrecht stehen. Beachten Sie die (zwar etwas schwach sichtbaren) hellen Stellen, die unter 45° gegen die aufeinander senkrecht stehenden Striche zu sehen sind. Diese Hellstellen sind etwas Neues und nicht das Ergebnis einer Überlagerung der *Intensitäten* der beiden Gitter. Natürlich *müssen* sie durch Überlagerung der Amplituden von den beiden Strichanordnungen entstanden sein. Machen Sie eine Skizze und erklären Sie die Ursache dieser „zusätzlichen Hellstellen". Das Beugungsmuster zweier gekreuzter Gitter ähnelt dem Beugungsmuster eines Einkristalls. Vielleicht haben Sie den von *L. Germer* für Education Development Center (EDC, früher ESI) gedrehten Film gesehen; man sieht darin die Beugung eines mono-energetischen

Elektronenstrahls bei seiner Reflexion an der Oberfläche eines Einkristalls. (Bei einem Einkristall ist das Verfahren mit reflektierten Wellen einfacher als mit durchgehenden Wellen. Reflexionsgitter sind ebenfalls bei Edmund Scientific Co. erhältlich; sie sehen wie Ihr Durchlichtgitter aus, doch ist die Oberfläche leicht versilbert, um die Reflexion zu erhöhen.)

24. ***Bestimmung der Durchlaßbereiche von Gelatinefiltern mit dem Beugungsgitter – Heimversuch.*** Messen Sie die Wellenlänge des von Ihren Filtern durchgelassenen roten und grünen Lichts auf folgende Weise mit Hilfe eines Beugungsgitters: Stellen Sie eine Punkt- oder Linienquelle nahe an eine Wand oder Tür; dann machen Sie ca. 0,3 m neben der Lichtquelle einen Strich an die Wand. Betrachten Sie die Lichtquelle durch das Beugungsgitter und halten Sie dabei das Filter vor Ihr Gitter (oder stellen Sie das Filter vor die Quelle; geben Sie aber acht, damit es nicht schmilzt!) Jetzt bewegen Sie sich von der Quelle weg oder zu ihr hin, bis die durchgelassene Farbe mit dem Strich an der Wand zusammenzufallen scheint. Messen Sie die Entfernungen und berechnen Sie λ. Eichen Sie so Ihr rotes, grünes und purpurnes Filter auf die durchgelassenen Wellenlängen. Merken Sie sich die Ergebnisse. (Dann können Sie nämlich Ihre Filter und das Beugungsgitter zur Bestimmung der Wellenlängen anderer Farben verwenden, ohne die bei diesem Versuch gemachten Längenmessungen noch einmal durchführen zu müssen.)

25. *Spektrallinien – Heimversuch.* Geben Sie ein wenig Salz auf ein nasses Messer oder auf einen Löffel (um den es Ihnen nicht leid ist, denn er wird bei dem Versuch kaum schöner werden). Dann halten Sie den Löffel (bzw. das Messer) in eine Gasflamme (z.B. über eine Flamme des Gasherds). Betrachten Sie die gelbe Flamme durch Ihr Beugungsgitter (am besten abends in einem verdunkelten Zimmer). Sie werden bemerken, daß die Bilder erster und höherer Ordnung der gelben Natriumflamme genauso scharf und klar sind wie das „direkte" Bild nullter Ordnung. Der Grund liegt darin, daß das gelbe Licht eine „Spektrallinie" geringer Bandbreite ist. (Eigentlich ist das gelbe Natriumlicht ein „Dublett", das aus zwei Linien mit den Wellenlängen 589 nm und 589,6 nm besteht.) Nun betrachten Sie eine Kerze. In nullter Ordnung sieht sie nicht viel anders als die Natriumflamme aus; beide Flammen sind gelb. Im Beugungsbild erster Ordnung jedoch zeigt die Kerzenflamme einen sehr breiten Farbbereich, während die Natriumflamme scharf bleibt. Das „Gelb" der Kerze, das durch heiße Kohlenstoffteilchen verursacht wird, hat ein Wellenlängenspektrum, das sich über den gesamten sichtbaren Bereich (und darüber hinaus) erstreckt.

Wir nennen noch einige andere praktische Lichtquellen, die scharf begrenzte Spektrallinien aussenden; betrachten Sie sie durch Ihr Beugungsgitter:

Quecksilberdampf: Leuchtstoffröhren, Quecksilberdampf-Straßenlampen, Höhensonnen. (Die Höhensonne ist deshalb praktisch, weil man die Lampe meist direkt in einen gewöhnlichen 220-V-Lampensockel einschrauben kann. Sie ist vermutlich die billigste Quelle für Quecksilberdampf-Spektrallinien.)

Neon: Zahlreiche Leuchtschriften. Neon hat eine Vielzahl von Linien; Sie sehen „viele Zeichen". Eine einfache Quelle ist ein „Phasenprüfer", der in jede Wandsteckdose paßt. Gut geeignet ist auch ein Neon-„Nachtlicht".

Strontium: Strontiumchlorid (beim Drogisten erhältlich); lösen Sie etwas von diesem Salz in ein paar Tropfen Wasser auf und halten Sie es mit Ihrem bereits ruinierten Löffel in eine Gasflamme. Die Wellenlänge der roten Linie ist ein wichtiges Standard-Längenmaß.

Kupfer: Kupfersulfat; ebenfalls beim Drogisten erhältlich; das Verfahren ist das gleiche wie bei Strontiumchlorid. Die ausgestrahlte Farbe ist ein wunderschönes Grün.

Kohlenwasserstoff: Betrachten Sie das Spektrum erster Ordnung Ihrer Gasflamme. Sie sehen ein scharfes, klares blaues sowie ein scharfes, klares grünes Bild. Die „blaue" Farbe der Flamme stammt also von einer oder mehreren fast monochromatischen Spektrallinien.

26. *Monochromatisches Toilettenpapier – Heimversuch.* Verbrennen Sie ein Stück Toilettenpapier und sehen Sie durch Ihr Beugungsgitter (das Sie wie immer knapp vor eines Ihrer Augen halten). Beachten Sie die wunderbar klare „Flamme erster Ordnung". Sie zeigt, daß das weiche gelbe Licht fast monochromatisch ist; der Anteil des vom „weißen Licht" heißer Kohlenstoffteilchen stammenden Farbspektrums ist sehr gering. Das beobachtete Gelb ist das (wie wir hoffen) bereits bekannte Natriumdublett mit den Wellenlängen 589 nm und 589,6 nm.

Nun, da Sie das „Natriumgelb" erkennen können, zünden Sie ein gewöhnliches Wachszündholz an und betrachten Sie es durch Ihr Beugungsgitter. Das meiste Licht ist „kohlenstoffgelb", also kein echtes Gelb, sondern ein vollständiges „weißes" Farbspektrum. Nun sehen Sie aber etwas genauer hin! Sehen Sie eine klare und deutliche, kleine monochromatische Zündholzflamme im gelben Teil des Kohlenstoffspektrums, ganz unten am Zündholz, wo die Flamme „blau" aussieht? Wenn nicht, dann wiederholen Sie den Versuch! Verbrennen Sie andere Dinge und überprüfen Sie das Spektrum. Sie werden feststellen, daß alle verbrannten Stoffe Salz enthalten.

27. *Fabry-Perot-Natriumstreifen – Heimversuch.* Die billigste breite, fast monochromatische Lichtquelle der Welt ist ein brennender Bausch Toilettenpapier. Sie können diese Quelle benutzen, um Fabry-Perot-Interferenzstreifen zu beobachten. Verbrennen Sie das Papier, verdunkeln Sie dazu den Raum und stellen Sie sicherheitshalber gleich auch etwas Löschwasser bereit! Betrachten Sie durch die Flamme hindurch das Bild der Flamme in einem Stück Glas (Mikroskop-Objektträger oder Glas aus einem Bilderrahmen) bei fast senkrechtem Einfall. Sie werden Interferenzstreifen sehen, die Fingerabdrücken ähneln. Ist das Glas optisch eben, dann sind die Streifen Kreise mit Ihrem Auge als Zentrum; auf jeden Fall sind sie leicht zu sehen. Benutzen Sie einen Gasherd oder einen Bunsenbrenner, so erhalten Sie eine hellere monochromatische Quelle für Natriumlicht, wenn Sie etwas Salz auf ein nasses Messer streuen und dieses dann in die Flamme halten. Sie können die Fabry-Perot-Streifen dann sogar bei Tag sehen. Eine Neonröhre ist eine gute, ruhige und breite monochromatische Lichtquelle, mit der Sie die Streifen ebenfalls gut sehen können.

28. *Pappröhrenspektrometer – Fraunhofersche Linien – Heimversuch.* Besorgen Sie sich eine ca. 0,5 m lange Pappröhre, wie man sie zum Aufbewahren bzw. zum Versand von Zeichenblättern usw. verwendet. Befestigen Sie Ihr Beugungsgitter an dem einen und einen Einzelspalt an dem anderen Ende. Am besten stellen Sie den Spalt aus zwei Rasierklingen her. Kleben Sie eine Klinge fest an die Röhre und befestigen Sie die andere Klinge mit Fensterkitt o.ä., so daß Sie sie leicht einstellen können (schmalerer Spalt liefert ein besseres Auflösungsvermögen, breiterer Spalt eine größere Lichtstärke). Betrachten Sie die in Übung 25 angegebenen Spektren.

Frage: Können Sie das Natriumdublett mit diesem Spektrometer auflösen?

Antwort: Nein. Der von diesem Beugungsgitter erzeugte Linienabstand ist ungefähr gleich der durch die Beugung verursachten Bildbreite in Ihrer Pupille.

Optische Spektren

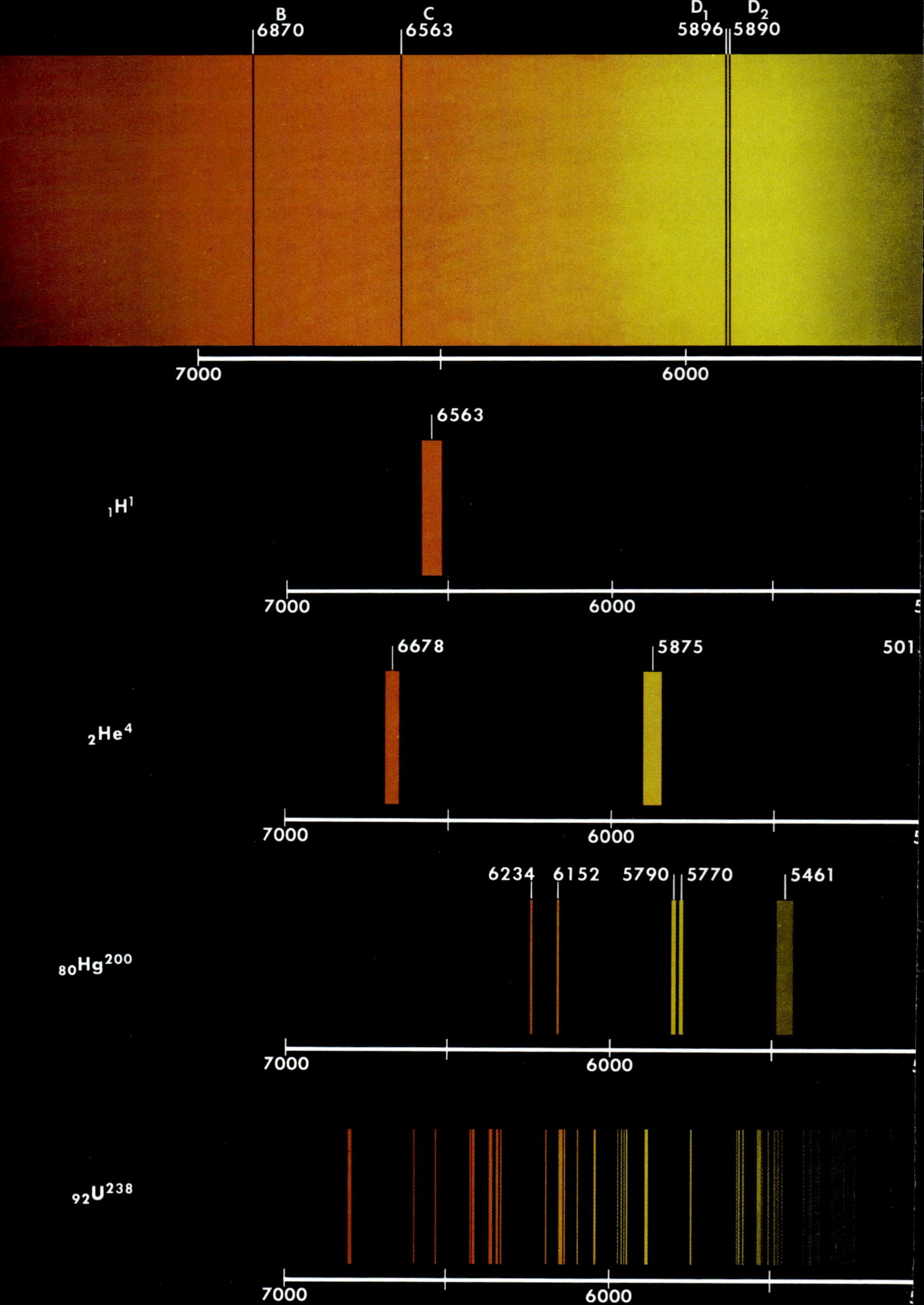

B
6870
C
6563
D1
5896
D2
5890
7000
6000
6563
1H1
7000
6000
6678
5875
2He4
7000
6000
6234
6152
5790
5770
5461
80Hg200
7000
6000
92U238
7000
6000

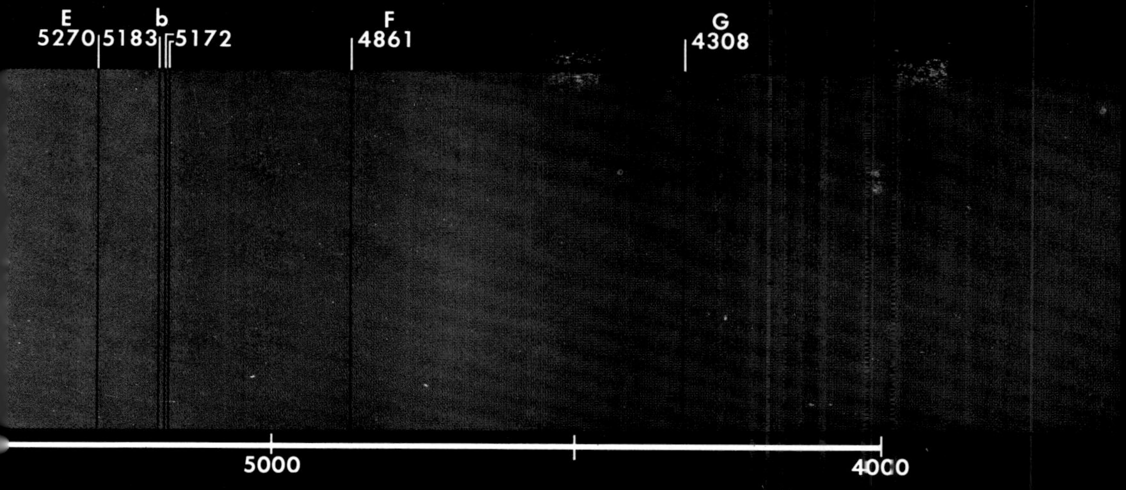

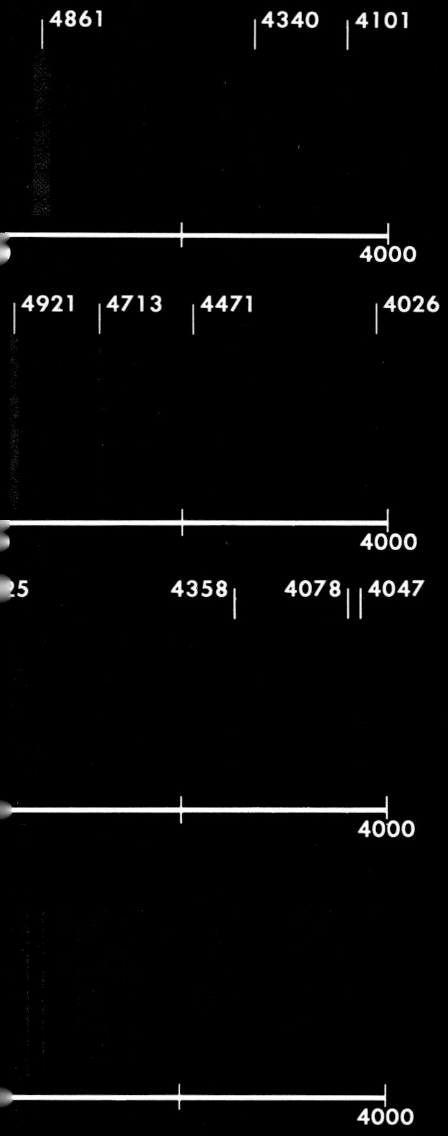

Die Untersuchung des von glühenden Substanzen ausgesandten Lichts lieferte verschiedenartigste und fundamentale Erkenntnisse über die Natur der Materie, wie etwa über die Zusammensetzung weit entfernter Sterne oder über den Bau der Atome und Moleküle.

Im ***Spektroskop*** geht solches Licht durch einen Spalt und ein Prisma und wird in seine einzelnen Wellenlängen aufgespalten; diese werden als farbige Linien, oder als Licht verschiedener Energien, die für die Unterschiede zwischen den einzelnen Energieniveaus der Elektronen in den Atomen charakteristisch sind, beobachtet. Dieses ***Emissionsspektrum*** ist ***kontinuierlich***, wenn sich die Bilder der Wellenlängen ununterbrochen überdecken; es ist ein ***Linienspektrum***, wenn nur ganz bestimmte Wellenlängen emittiert werden, wie das hier für die Elemente Wasserstoff, Helium, Quecksilber und Uran gezeigt ist.

Im ganz oben auf dieser Tafel gezeigten ***Sonnenspektrum*** tritt eine Reihe von dunklen Linien – die sogenannten ***Fraunhoferschen Linien*** – auf und bildet ein ***Absorptionsspektrum***: Ein Bruchteil des aus dem sehr heißen Sonneninneren kommenden Lichts wird von den kühleren Gasen in den äußeren Sonnenschichten absorbiert, indem die Lichtenergie die Atome in diesen Schichten auf höhere Energiezustände bringt; die dunklen Linien treten daher dort auf, wo solche Energieänderungen vorkommen.

Die Spektra sind in Angström ($1\ \text{Å} = 10^{-10}$ m) angegeben; die Buchstaben sind willkürliche Bezeichnungen, die von ***Fraunhofer*** für Linien, die wichtig für die Spektroskopie sind, eingeführt wurden.

Frage: Können Sie das Dublett mit einer längeren Röhre auflösen?

Antwort: Nein. Es gibt zwei Wege, um das Auflösungsvermögen zu vergrößern. Entweder verwendet man ein Gitter mit einer kleineren Gitterkonstante d oder man vergrößert die Anzahl der verwendeten Striche, d.h., man vergrößert die Breite D des verwendeten Gitters. Bei der obigen Konstruktion ist D die Breite Ihrer Pupille, also ≈ 2 mm. Schalten Sie ein Fernrohr mit einem Objektivdurchmesser von 2 cm hinter die Papprröhre. Treten alle in das Objektiv gelangenden Strahlen auch durch Ihre Pupille, dann wird das Winkelauflösungsvermögen λ/D zehnmal so groß (das Beugungsgitter befindet sich dabei am Objektiv).

Mit diesem einfachen Spektrometer können Sie die Fraunhoferschen Linien im Sonnenspektrum sehen. Gehen Sie an einem sonnigen Tag ins Freie. Legen Sie ein halbes Dutzend weißer Papierblätter auf den Boden (auf jeden Fall mehr als eines, damit sie „so weiß wie möglich" aussehen). Betrachten Sie das von der Sonne bestrahlte Papier durch Ihr Spektrometer. Halten Sie einen Mantel oder eine Decke über Ihren Kopf, um das Streulicht abzuschirmen (andernfalls wird es Ihnen schwerfallen, das Spektrum erster Ordnung zu sehen). Dekken Sie das blendende Licht nullter Ordnung mit der Kante der Röhre ab. Stellen Sie die Spaltbreite auf $\approx 0{,}5$ mm ein. Versuchen Sie, drei, vier oder fünf dunkle Linien festzustellen, die quer über das kontinuierliche Spektrum der Sonne gehen. Sollten Sie nichts sehen, so versuchen Sie es noch einmal – stellen Sie dabei die Spaltbreite auf die richtige Intensität ein. Man kann auch den Spalt mit mehreren Lagen Wachspapier abdecken; verwenden Sie einen sehr schmalen Spalt und betrachten Sie den Himmel in der Nähe der Sonne, während Sie die Intensität dadurch variieren, daß Sie das Spektrometer weiter von der Sonne weg oder näher zur Sonne hin richten.

Die dunklen Fraunhoferschen Linien sind Absorptionslinien. Die Atome in der verhältnismäßig kühlen äußeren Gashülle der Sonne werden durch das von der heißen Sonne emittierte kontinuierliche Spektrum angestoßen und von den Frequenzen angeregt, die den Eigenfrequenzen der Atome entsprechen. Dieser Vorgang entzieht bei der Resonanzfrequenz dem kontinuierlichen Spektrum Energie. Das Gas der äußeren Sonnenhülle ist für diese Frequenzen sozusagen undurchsichtig, so daß das Spektrum bei den Farben, die vollkommen absorbiert werden, die entsprechenden „schwarzen Linien" aufweist. Am besten erkennt man einige nahe beisammenliegende Linien im grüngelben Bereich, die durch Eisen, Calcium und Magnesium erzeugt werden, weiter die durch Wasserstoff verursachte H-Linie im Blaugrün sowie einige eng beisammenliegende, von Kohlenwasserstoffen herrührende Linien im Bereich des Blaus – ähnlich den Emissionslinien, die man bei einer Gasflamme beobachtet. Auch die Natrium-D-Linie ist vorhanden, sie ist aber schwer zu sehen (wenigstens für mich). Werfen Sie etwas Salz in eine Gasflamme und sehen Sie sich die Natriumlinie an, damit Sie wissen, wo Sie die D-Linie in der Absorption zu suchen haben. Dieselbe Farbe „fehlt" nämlich im Fraunhofer-Spektrum.

29. *Beugung von Wasserwellen – Heimversuch.* Beleuchten Sie eine wassergefüllte Badewanne von oben mit einer klaren Glühlampe, die einen möglichst kleinen Glühfaden hat, so daß sich scharfe Schatten ergeben. Erzeugen Sie „gerade" laufende Wellen – das zweidimensionale Analogon zu ebenen Wellen –, indem Sie einen quer am Ende der Wanne schwimmenden Stab (oder ein Brett) hin- und herbewegen. Lassen Sie eine Kaffeetasse als „undurchsichtiges Hindernis" in der Wanne schwimmen. Schätzen Sie die Entfernung („stromab"), nach der der „Schatten" der Tasse wieder verschwindet. Angenommen, Sie kennen den Durchmesser der Tasse nicht, so können Sie ihn (näherungsweise) experimentell bestimmen, indem Sie die l_0 des hinter der Tasse ruhenden Wassers mit der Wellenlänge λ der Wasserwellen multiplizieren und dann die Quadratwurzel daraus ziehen. (Wir nehmen an, Sie wissen, woher diese Gleichung kommt; siehe Abschnitt 9.6.) Stimmt Ihre Querschnittsmessung des Tassendurchmessers mit dem direkt gemessenen Wert überein? Auf ähnliche Weise kann man auch den Atomkerndurchmesser bestimmen – man mißt den „Beugungsquerschnitt" der Kerne.

Anmerkung: Es ist ziemlich schwierig, die Wellenlänge der Wasserwellen nach dem von uns vorgeschlagenen groben Verfahren zu messen. Es ist leichter, den Stab in einem reproduzierbaren Takt (so schnell sie können) zu schütteln und dann die Frequenz zu messen. Man bekommt dann die Wellenlänge aus der Dispersionsrelation für Wasserwellen; sie ist im Abschnitt 4.2 tabelliert.

30. *Wie breit ist eine von einer weit entfernten Punktquelle kommende „ebene Welle"?* Wir haben schon oft gesagt, daß sich eine von einer weit entfernten Punktquelle kommende laufende Welle in einem „begrenzten Bereich" quer zur Sehlinie, von der Punktquelle zum Aufpunkt, „wie" eine ebene Welle verhält. Wie begrenzt ist dieser Bereich? Angenommen, die Quelle befindet sich in der Entfernung l und wir möchten einen ebenen kreisrunden Bereich vom Radius r quer zu der auf die Quelle gerichteten Sehlinie betrachten. Wie groß kann r sein, damit sich die Phase in der Mitte des Kreises um weniger als $\Delta\varphi$ rad von der Phase am Kreisrand unterscheidet?

Antwort: Die Phase in der Mitte des Kreises eilt der Phase am Rand um den Betrag $\Delta\varphi = \pi r^2/l\lambda$ voraus (die Mitte ist näher bei der Quelle.) Die Phase ist also auf der ebenen Kreisfläche überall „gleich", wenn der Flächeninhalt des Kreises klein gegen $l\lambda$ ist.

31. *Auflösungsvermögen einer Parabolantenne.* Die zur Zeit größte Parabolantenne der Welt steht beim Staatlichen Observatorium für Radioastronomie in Green Bank, West Virginia; sie ist eine paraboloidförmige Schüssel mit einem Durchmesser von ≈ 100 m. Wie groß ist das Auflösungsvermögen in Radiant und in Bogenminuten (diese Einheit wird in der Astronomie verwendet) für die berühmte 21-cm-Strahlung des Wasserstoffs?

Antwort: In einem Abstand von ≈ 100 m sieht eine Punktquelle wie ein Fußball aus.

32. *„Austrittspupille" eines Fernrohrs.* Angenommen, Sie haben ein einfaches Fernrohr, das aus einem Objektiv und einem Okular besteht. Seine Winkelvergrößerung beträgt f_1/f_2, wobei f_1 und f_2 die Brennweiten von Objektiv und Okular sind. Zeigen Sie, daß nicht alle Strahlen, die von einem weit entfernten Gegenstand ausgehen und auf ein Objektiv von sehr großem Durchmesser auftreffen, in Ihr Auge gelangen, sondern daß der „nützliche Durchmesser" ungefähr gleich f_1/f_2 mal dem Durchmesser Ihrer Augenpupille ist. Das Objektiv eines Fernrohrs mit achtfacher Vergrößerung, bei dem der aus dem Okular austretende Strahl 4 mm breit ist (doppelt so breit wie die Pupille Ihrer Augen, damit Ihr Auge nicht ganz genau ausgerichtet sein muß und damit auch Punkte, die wohl im Gesichtsfeld, nicht aber auf der Sehachse liegen, ihr gesamtes Licht beitragen), sollte demnach einen Durchmesser von 32 mm haben. Ein größerer Durchmesser ist überflüssig.

33. *Pupillengröße und Gehirntätigkeit – Heimversuch.* Wenn Ihnen jemand ein Bild eines gutaussehenden Individuums vom anderen Geschlecht zeigt, dann kann sich, nach *Eckhard H. Hess* (*Scientific American*, S. 46 (April 1965)), der Durchmesser Ihrer Augenpupillen bis zu 30% weiten. Sie können diese beträchtliche Veränderung bei Ihren eigenen Pupillen nachweisen, wenn Sie ein Auge mit einem Stück Aluminiumfolie, in dem sich ein Nadelloch befindet, abdecken und durch das Nadelloch eine helle Lichtquelle ansehen (wie im Abschnitt 9.7 besprochen). Vielleicht können Sie die Größe Ihrer Pupillen einfach durch Denken variieren (das hängt davon ab, woran Sie denken). Lassen Sie sich etwas vorlesen. (Konzentrieren Sie sich aufs Zuhören, nicht auf die Pupillengröße.)

34. *Beugung an einem undurchsichtigen Hindernis – Heimversuch.* Zu diesem Versuch benötigt man eine Glühlampe mit möglichst kleinem Glühfaden. 6-V-Handscheinwerferlampen sind geeignet, wenn man die Linse entfernt und den Spiegel abdeckt. Die Lichtquelle sollte wenigstens 3 m vom Hindernis entfernt sein, so daß Sie eine vernünftige „kohärente Planwelle" über ein Hindernis, von der Größe einer Stecknadel, bekommen. Als Nachweisschirm nehmen Sie einen Mikroskop-Objektträger und kleben darauf ein Stück durchscheinendes farbloses Klebeband (z.B. Tesafilm). Lassen Sie den Schatten des Gegenstands auf den Schirm fallen und halten Sie diesen ca. 30 cm (oder in welchem Abstand Sie immer den Schirm bequem betrachten können) von sich. Ihr Auge soll sich mit der Lichtquelle und dem Bild auf dem Schirm fast auf einer Geraden befinden, damit Sie die hohe Intensität, die vom durchscheinenden Schirm bei kleinen Winkeln (um die Vorwärtsrichtung) gestreut wird, ausnützen können. Abgesehen davon, daß Sie schöne Interferenzstreifen beobachten können, hat der Versuch auch den Zweck, daß Sie den Begriff der „Länge des Schattens" l_0, die durch $l_0\lambda \approx D^2$ (D ist dabei die Breite des Hindernisses) gegeben ist, grob untersuchen können. Betrachten Sie unter anderem eine Stecknadel ($l_0 \approx 0{,}5$ m für sichtbares Licht, wenn die Nadel 0,5 mm breit ist) und ein Menschenhaar. (Meines ist ungefähr $\frac{1}{20}$ mm dick. Das gibt $l_0 \approx \frac{1}{2}$ cm.) Betrachten Sie zuerst die Stecknadel. Stellen Sie den Schirm 5...6 m hinter der Stecknadel auf. Dann wird nämlich das Beugungsbild groß genug, so daß Sie kein Vergrößerungsglas brauchen. Vielleicht hilft es auch, wenn Sie den Schirm ein wenig hin- und herbewegen, damit der Einfluß der Unebenheiten des Klebebandes ausgeglichen wird bzw. verschwimmt. Beachten Sie den berühmten Leuchtfleck in der Mitte des „Schattens" des Nadelkopfes und die helle Linie in der Mitte des Nadelkörpers. Ist der helle Fleck oder die helle Linie heller oder dunkler als der beleuchtete Schirm selbst (in einem Punkt, der sicher außerhalb des Bildes liegt)? Betrachten Sie als nächstes das Bild der Stecknadel, wenn sich der Schirm nur 5 cm hinter der Nadel befindet. Sie brauchen ein Vergrößerungsglas, wenn Sie nicht außerordentlich gute Augen haben. Beachten Sie, daß der Schatten durch und durch schwarz ist – ohne Leuchtfleck in der Mitte. Der Grund dafür ist, daß Sie jetzt viel näher als l_0 am Gegenstand sind. Am Rand sind Streifen zu sehen, wie es nach unserer Diskussion im Abschnitt 9.6 zu erwarten war.

Als nächstes betrachten Sie das menschliche Haar. Stellen Sie den Schirm unmittelbar hinter das Haar (d.h. ungefähr 1 mm „stromabwärts"). Betrachten Sie den Schatten mit einem Vergrößerungsglas. Er wird deutlich schwarz sein, da l klein gegen l_0 ist. Entfernen Sie sich nun um einige Zentimeter, so werden Sie schöne Streifen sehen. Dann gehen Sie 5...6 m weit weg. Diese Entfernung ist einige hundertmal größer als l_0. Nach unserer Diskussion sollte hier der Schatten praktisch verschwunden und das Bild des Haares sehr schwer gegen den leuchtenden Hintergrund auszumachen sein. Ihre Augen sind ein sehr empfindlicher Detektor für Kontrast, und Sie werden etwas wahrnehmen. Betrachten Sie andere Dinge, wie Messerschneiden, Löcher in Aluminiumfolie, usw.

35. *Scotchlite – Heimversuch.* Besorgen Sie sich ein Stück Scotchlite reflektierendes Klebeband oder ähnliches Material beim Farbenhändler. Dieses Material benutzt man für Dekorationen, Rückstrahler, Blasenkammern usw. Betrachten Sie es durch ein Vergrößerungsglas. Kleben Sie ein Stück an die Wand und richten Sie den Strahl einer Taschenlampe darauf; halten Sie dabei die Taschenlampe direkt vor Ihre Nase, damit Sie das um 180° reflektierte Licht sehen. Bewegen Sie nun die Taschenlampe langsam zur Seite, halten Sie dabei aber den Strahl immer auf das Scotchlite-Band gerichtet. Sie können so die Winkelbreite (bzw. die Divergenz) des zurückgeworfenen Strahls abschätzen. Warum erwarten Sie eine gewisse Divergenz des zurückgeworfenen Strahlenbündels, d.h., warum wird der Strahl nicht exakt reflektiert?

36. *Kohärenz und Polarisation.* Eine unpolarisierte Punktquelle strahlt Licht aus, das zunächst durch einen Linearpolarisator tritt, dessen Durchlaßrichtung um 45° gegen die x-Achse und gegen die z-Achse geneigt ist. Dann trifft das Licht auf einen Doppelspalt, dessen beide Spalte je mit einem Linearpolarisator abgedeckt sind. Dabei liegt beim einen Spalt die Polarisationsachse in der $\hat{\mathbf{x}}$-, beim anderen in der $\hat{\mathbf{y}}$-Richtung.

a) Angenommen, Sie betrachten das Interferenzmuster mit unbewaffnetem Auge – erwarten Sie dann das übliche Doppelspalt-Interferenzmuster, oder was erwarten Sie?

b) Nehmen Sie nun an, Sie betrachten das Interferenzmuster und halten sich dabei einen Linearpolarisator (aus Polaroid) vor ein Auge. Was, glauben Sie, werden Sie jetzt sehen? Was geschieht, wenn Sie den Polarisator vor Ihrem Auge drehen?

c) Nun nehmen Sie an, Sie blicken auf das Interferenzmuster durch einen Zirkularpolarisator, der umgedreht ist, damit er als Analysator wirkt. Was für ein Muster erwarten Sie?

Zu diesem Problem können Sie viele hübsche Variationen finden:

1. Bringen Sie einen rechts-zirkularen Polarisator vor den einen und einen links-zirkularen Polarisator vor den anderen Spalt und wiederholen Sie die oben gemachten Betrachtungen.
2. Bringen Sie zusätzlich ein $\lambda/4$- oder ein $\lambda/2$-Plättchen unmittelbar hinter den Spalten an, usw.

37. *Doppelspalt-Interferometer.* Bedecken Sie einen von zwei Spalten mit einem Mikroskop-Objektträger. Das Glas sei 1 mm dick. Zeigen Sie, daß monochromatisches Licht der Wellenlänge 500 nm in dem einen Spalt gegenüber dem anderen eine Verzögerung von ungefähr 1000 Wellenlängen erfährt. Das Licht muß ziemlich monochromatisch sein, damit das Interferenzmuster des Doppelspalts nicht verwaschen erscheint. Wie schmal muß ein Band von Wellenlängen sein, damit die Phasenverschiebung zwischen den beiden Spalten von einer Kante des Wellenlängenbands bis zur anderen um weniger als 180° variiert? Wie könnten Sie das zur Messung der Bandbreite einer Spektrallinie benutzen? (Was würden Sie messen und gegen welche Größe graphisch auftragen, und wie würden Sie die Bandbreite aus dem Diagramm bestimmen?)

38. *Nadelloch als Lupe – Heimversuch.* Leiten Sie eine Gleichung für die Vergrößerung einer Nadellochlupe her. Überprüfen Sie die Gleichung auf folgende Weise: Machen Sie auf einem Stück

Papier in einem Abstand von 2 cm zwei Striche; zeichnen Sie auf einem anderen Stück Papier zwei Striche, diesmal mit einem Abstand von 2 mm. Halten Sie das Nadelloch vor ein Auge und lassen Sie das andere Auge frei. Beide Papierstücke sollten von hinten beleuchtet werden (so sieht man am besten). Machen Sie beide Augen auf und sehen Sie mit dem einen Auge durch das Nadelloch auf die 2-mm-Striche und mit dem anderen (freien) Auge auf die 2-cm-Striche. Bringen Sie die 2-mm-Striche näher an Ihr Auge, bis Sie die beiden Strichpaare überlagert sehen. Messen Sie die Entfernungen.

39. *Schwimmende Punkte im Auge – Heimversuch.* Studieren Sie die schwimmenden Punkte in Ihrem Auge mit Hilfe eines durch eine breite Lichtquelle beleuchteten Nadellochs in einem Stück Aluminiumfolie. Versuchen Sie, einen solchen Punkt durch Blinzeln wegzuwischen. Gelingt Ihnen das? „Rollen" Sie Ihre Augen ein- bis zweimal und sehen Sie, wie sich die Punkte dann bewegen! Versuchen Sie nun herauszufinden, ob diese Punkte näher bei der Pupille oder näher an der Netzhaut sind: Verändern Sie den Abstand des Nadellochs von Ihrem Auge. Die Größe des lichterfüllten Kreises ändert sich. (Erklären Sie dies anhand einer Skizze.) Jeder Gegenstand, der sich am selben Ort wie die Pupille befindet, würde seine scheinbare Größe im selben Verhältnis ändern wie die Projektion der Pupille (warum?). Jeder Gegenstand auf (oder nahe) der Netzhaut würde seine scheinbare Größe *nicht* ändern (warum?): Wie verhalten sich die schwimmenden Punkte? Sind sie näher an der Netzhaut oder näher bei der Pupille? Versuchen Sie nun, ihre Länge und ihren Durchmesser abzuschätzen. Dazu vergleichen Sie die Punkte am besten mit einem Menschenhaar, das Sie vor Ihre Pupille, zwischen Nadelloch und Pupille, halten. Sie brauchen zu diesem Zweck ein sehr kleines Nadelloch – eines, das sich nicht mehr leicht mit einer Nadel herstellen läßt. Zerknittern Sie ein Stück Aluminiumfolie und glätten Sie die Folie wieder. Dann suchen Sie darin ein zufällig entstandenes kleines Loch. Es läßt sich leicht feststellen, ob das Loch klein ist – es geht nämlich weniger Licht durch als bei einem Nadelloch. Nun betrachten Sie ein Haar. Sie müßten seinen Schatten sowie schöne Beugungsränder sehen können. Vergleichen Sie seine Größe mit der eines schwimmenden Punktes. Sind diese Punkte feiner als ein Haar?

<u>A</u>*nmerkung*: Ein Menschenhaar hat einen Durchmesser von ca. $\frac{1}{20}$ mm, d.h. 50 μm. Ein rotes Blutkörperchen hat einen Durchmesser von 5 ... 6 μm.

40. *Murmeln – Heimversuch.* Besorgen Sie sich in einem Spielwarengeschäft einige klare Glasmurmeln. Sie können eine davon als Leeuwenhoeksches Vergrößerungsglas verwenden. Stellen Sie eine punktförmige Lichtquelle etwa 1 m weit weg auf und fokussieren Sie sie mit einer Murmel zu einem „Punkt". Wie weit liegt der Brennpunkt hinter der Murmel? Wie groß ist der Brechungsindex des Glases? (Oder anders gefragt: Stimmt die Lage des Brennpunkts mit dem im Abschnitt 9.7 abgeleiteten Ergebnis überein, wenn Sie $n = 1{,}5$ setzen?) Betrachten Sie etwas Kleines. Messen Sie die Vergrößerung mit dem in Übung 38 angegebenen Verfahren.

41. *Die Plankonvexlinse.* Eine Plankonvexlinse ist auf einer Seite flach und auf der anderen Seite kugelförmig (oder zylindrisch) gewölbt. Leiten Sie eine Gleichung für die Lage des Brennpunkts ab, wenn das Licht auf der flachen Seite der Linse einfällt.

42. *Messung des Brechungsindex von Flüssigkeiten – Heimversuch.* Nehmen Sie ein leeres Marmelade- oder Babynahrungsglas. (Sie können auch die Glashülle einer klaren Glühlampe verwenden.) Das Glas wird mit einer klaren Flüssigkeit gefüllt, aufrecht gestellt und von der Seite beleuchtet. Man hat so eine dicke Zylinderlinse, wie sie im Abschnitt 9.7 besprochen wurde. Halbvoll und auf der Seite liegend, ist das Glas eine Plankonvexlinse, deren flache Seite die Flüssigkeitsoberfläche ist. Beleuchten Sie diese von oben mit einer Punkt- oder Linienquelle. Messen Sie die Lage des Brennpunkts und verwenden Sie die geeignete Gleichung, um den Brechungsindex zu berechnen. Versuchen Sie das gleiche mit Wasser, Alkohol, Mineralöl.

43. *Satellitenkameras.* Laut Zeitungsberichten hat jetzt ein Satellit eine Kamera an Bord, die Gegenstände von nur 30 cm Durchmesser noch auflöst. Wie groß muß der Linsendurchmesser sein, wenn sich der Satellit in einer Höhe von ≈ 250 km befindet?

44. *Die verkehrte Linse – Heimversuch.* Ein luftgefülltes Marmeladen- oder Babynahrungsglas unter Wasser ist eine Zerstreuungslinse. Für den Versuch ist ein gläsernes Aquarium oder auch ein gewöhnlicher Topf geeignet. Mit einem Spiegel kann der senkrecht nach unten gehende Taschenlampenstrahl in die Waagerechte abgelenkt werden. Geben Sie etwas Milch ins Wasser, damit Sie den Strahl sehen können. Man erhält einen guten, bleistiftdicken Strahl, indem man eine Taschenlampe mit einem Stück undurchsichtigen Kartons mit einem außerhalb der Mitte liegenden Loch zudeckt. (Die Spitze der Glühlampe ist gewöhnlich unregelmäßig. Auch wollen Sie ja nicht das direkte Licht von der Lampe, das mit dem Quadrat des reziproken Abstands schwächer wird, sondern das vom parabolischen Reflektor kommende Parallelstrahlenbündel.) In einer Suspension von Milch in Wasser können Sie den Strahlengang verfolgen; Sie können darin Linsen aus Luft, Mineralöl oder Glas untersuchen.

45. *Mischung von Farben – Heimversuch.* Ihr Auge und Ihr Gehirn zerlegen das Licht nicht nach Fourierkomponenten (Ihr Ohr tut das mit dem Schall). Mit etwas Übung kann man den Unterschied zwischen einer aus monochromatischem Licht und einer aus einer Mischung von Wellenlängen bestehenden Farbe feststellen. Psychologisch ist „Weiß" eine „Farbe". Ihr Beugungsgitter sagt Ihnen aber, daß diese Farbe aus dem gesamten sichtbaren Wellenlängenspektrum besteht.

a) Betrachten Sie verschiedene Dinge durch Ihr purpurfarbenes Filter, das Rot und Blau durchläßt, Grün jedoch absorbiert.

b) Betrachten Sie zwei getrennte weiße Lichtquellen – leuchtende Linien oder Glühlampen – durch Ihr Beugungsgitter. Variieren Sie Ihren Abstand von den beiden Lichtquellen, bis sich das linke Spektrum erster Ordnung der rechten Lampe dem rechten Spektrum erster Ordnung der linken Lampe überlagert. Dann können Sie nämlich zwei beliebige Wellenlängen einander überlagern und sehen, welche „psychologische" Farbe sich daraus ergibt. Am besten verwenden Sie zwei leuchtende Linien (d.h. zwei Schaufensterlampen), damit Sie zwei „reine" Wellenlängen überlagern können. Man erhält wunderschöne Farben. Versuchen Sie es einmal! (Dieser Versuch wurde von *Joseph Doyle* vorgeschlagen.)

46. *Sammellinse.* Ein punktförmiger Gegenstand ist 2 m von einer Sammellinse mit einer Brechkraft von 1 dpt entfernt. Wo befindet sich das Bild? (Der Gegenstand befindet sich auf der Linsenachse.)

47. *Lupe.* Eine dünne Linse mit 5-facher Vergrößerung wird als Vergrößerungsglas verwendet. Eine zweite dünne Linse habe 7-fache Vergrößerung. Wie stark ist die Vergrößerung einer

Lupe, bei der beide Linsen verwendet werden (die beiden Linsen liegen direkt aneinander an)? 35-fach? 12-fach? 2-fach?

48. *Tiefenvergrößerung.* Beweisen Sie folgendes: Wenn sich ein punktförmiger Gegenstand um die Strecke dg längs der Achse einer dünnen Linse bewegt, dann bewegt sich das Bild um die Strecke db in derselben Richtung; dabei ist der Betrag von db gleich $dg \cdot b^2/g^2$.

49. *Schärfentiefe.* Ein punktförmiger Gegenstand im Abstand g werde auf einem photographischen Film im Abstand b hinter einer dünnen Linse vom Durchmesser D als Punkt abgebildet. Ein weiterer punktförmiger Gegenstand, der sich in einer Entfernung $g + \Delta g$ befindet, wird nicht auf dem Film fokussiert. Er würde vielmehr vor oder hinter dem Film fokussiert werden und ergibt auf dem Film einen „Unschärfekreis".

a) Zeigen Sie, daß der Durchmesser d des Unschärfekreises eines nicht auf dem Film fokussierten Punkts durch $d \approx D\,(b/g^2)\,\Delta g$ gegeben ist. Für einen „erlaubten" Unschärfekreis, d.h. für einen gegebenen Wert von d sowie für gegebenes b und g ist die „Schärfentiefe" Δg des Brennpunkts dem Linsendurchmesser D umgekehrt proportional. Bei kleinem D ist die Schärfentiefe also groß. Die Brennweite, dividiert durch den Durchmesser, wird als „f-Zahl" bezeichnet. Eine große f-Zahl bedeutet also einen kleinen Durchmesser der Aperturblende der Linse und ergibt eine große Schärfentiefe. Für D gleich Null haben wir eine „Lochkamera" vor uns; die Gleichung sagt dann aus, daß die Schärfentiefe unendlich groß ist. In gewissem Maße verifizieren Sie das, wenn Sie durch Ihre Nadellochlupe sehen und finden, daß alles von $g \approx 1$ cm bis Unendlich scharf bleibt, ohne daß Sie dazu Ihre Akkomodationsmuskeln anstrengen müssen.

b) Wird D zu klein, so können wir die Beugung nicht vernachlässigen. Zeigen Sie, daß die Beugung einen Unschärfekreis vom Durchmesser $d \approx b\lambda/D$ erzeugt. Nehmen Sie an, Sie seien weder durch die „Korngröße" des photographischen Films noch durch sonst irgendeine Eigenschaft des Films eingeschränkt. Nehmen Sie weiter an, Sie seien auch durch die Intensität (die eventuell ein großes D erfordern würde) nicht behindert. Definieren Sie d_m^2 als die Summe der Quadrate der beiden Beiträge zu d, von denen einer von der Schärfentiefe, der andere von der Beugung kommt. Machen Sie d_m^2 als Funktion des Linsendurchmessers D zu einem Minimum; halten Sie dabei alles andere konstant. Zeigen Sie, daß man bei gegebenem λ, g und Δg das am wenigsten verschwommene Bild mit demjenigen D erhält, für das $D^2 = \lambda g^2/\Delta g$ ist.

c) Vergessen Sie die Beugung! Nehmen Sie an, Sie photographieren zwei Menschen zugleich; der eine steht in einer Entfernung von 4,50 m, der andere in einer Entfernung von 7,50 m. Die Brennweite der Linse sei 10 cm. Sie wollen, daß der Unschärfekreis *beider* Personen im „Gegenstandsraum" weniger als 1 mm Durchmesser habe, d.h. 1 mm „auf einem Menschen". Bestimmen Sie die erforderliche f-Zahl. (Führen Sie die Rechnung nur überschlagsmäßig durch; nehmen Sie z.B. $g \approx 6$ m als durchschnittlichen Wert.)

d) Macht die Beugung das Bild in der in c) angegebenen Geometrie merklich schlechter?

Antwort: f-Zahl ≈ 50. Beugung und Schärfentiefe tragen zur Verschwommenheit ungefähr gleich viel bei.

50. *Strahlungsmuster einer Stimmgabel – Quadrupolstrahlung – Heimversuch.* Halten Sie eine Stimmgabel an Ihr Ohr. Drehen

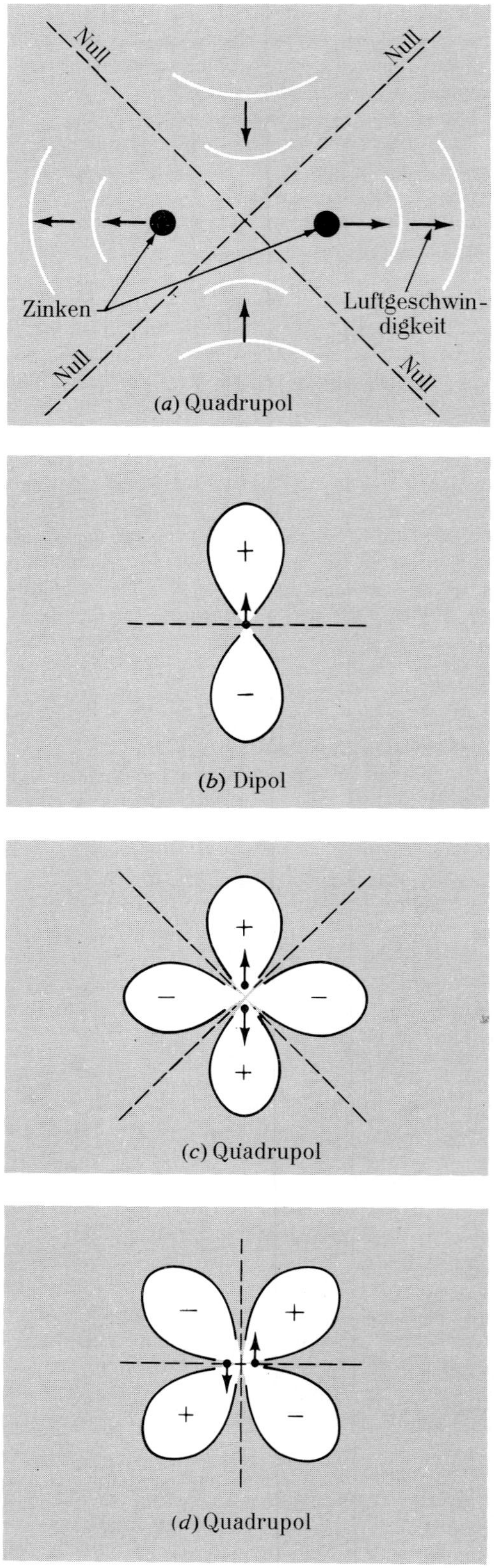

Bild 9.36. Strahlungsmuster der Stimmgabel.
a) Quadrupol, b) Dipol, c) Quadrupol, d) Quadrupol.

Sie sie um ihre lange Achse (die Griffachse) und hören Sie auf die Intensitätsmaxima und -minima. Halten Sie die Stimmgabel vor das eine Ende einer Röhre, die mit der Gabel auf Resonanz abgestimmt ist. Dann drehen Sie die Gabel langsam um ihre lange Achse. Während einer vollen Umdrehung um 360° werden Sie bei vier Winkeln die Intensität Null und bei vier Winkeln maximale Intensität feststellen (Bild 9.36).

Halten Sie die Gabel so, daß sich eine Nullstelle der Intensität ergibt. Bringen Sie nun, ohne die gegenseitige Lage von Stimmgabel und Röhre zu verändern, ein Stück Karton zwischen beide, so daß die Hälfte des Röhrenendes zugedeckt ist und nur eine Zinke der Gabel vor der offenen Röhre schwingt, während die andere Zinke abgeschirmt ist. Was geschieht? Und warum? Schlagen Sie zwei Stimmgabeln aneinander und halten Sie jede vor ein Ende der Röhre, achten Sie auf Schwebungen. Sobald Sie den Rhythmus herausgefunden haben, drehen Sie eine Gabel um 90° um ihre lange Achse, so daß Sie von einem Winkel maximaler Intensität zum nächsten kommen. Die Schwebungen gehen nicht „im Takt" weiter.

Gleich nach der Drehung treten zwei Schwebungen anstelle einer einzigen auf; anschließend liegen die Schwebungsmaxima dort, wo vorher die Minima lagen. Wenn Sie kein sehr gutes Rhythmusgefühl haben, werden Sie wahrscheinlich Schwierigkeiten haben herauszufinden, daß die neuen Schwebungen zwischen die Takte der alten Schwebungen fallen; es sollte Ihnen aber nicht schwerfallen, die beim Drehen der Stimmgabel entstehende „zusätzliche" Schwebung zu hören. (Es hilft, wenn Sie „1 und 2 und 3 und ..." usw. zählen, wobei Sie die Zahlen auf die Schwebungsmaxima und die „und" auf die Minima aussprechen. Lassen Sie sich durch das, was Sie beim Drehen der Gabel hören, nicht im Zählen stören.)

Welche Erklärung gibt es dafür? Stellen Sie sich vor, wie die Gabeln auf die umgebende Luft wirken. Wenn die Zinken auseinandergehen, drücken sie die Luft an der Außenseite der Zinken weg und geben ihr eine nach außen gerichtete Geschwindigkeit. In der Zwischenzeit entsteht im Bereich zwischen den Zinken ein kleiner Luftmangel, da die Zinken beim Auseinandergehen ihren Zwischenraum vergrößern. Die Luft strömt von der Seite nach, um den Mangel auszugleichen. Die in der Ebene der beiden Zinken liegende Luft erfährt also eine nach außen gerichtete Geschwindigkeit; die Luft in der zwischen den beiden Zinken verlaufenden Ebene erfährt eine nach innen gerichtete Geschwindigkeit. Während der nächsten Halbperiode gehen die Zinken wieder zusammen; die Luft in der Ebene der Zinken wird nach innen gesaugt, während die Luft in der Ebene zwischen den Zinken nach außen gedrückt wird. Irgendwo zwischen diesen Richtungen muß es eine Richtung geben, wo die erzeugte Geschwindigkeit Null ist, d.h., wo das Geschwindigkeitsmuster einen *Knoten* hat. Dies ist die Erklärung für die beim Drehen der Gabel auftretenden vier Maxima und vier Minima. Bild 9.36a zeigt das Strahlungsmuster in einem Zeitpunkt, in dem sich die Zinken nach außen bewegen. Ein solches Strahlungsmuster wird als *Quadrupolstrahlung* bezeichnet. Eine einzige, alleinstehende Zinke würde das Strahlungsmuster (Maxima, Minima und die entsprechenden Phasen) eines *Dipols* erzeugen. Wenn Sie die Strahlung eines schwingenden Dipols (in unserem Fall eines Dipols für Schallwellen, doch das Prinzip gilt genauso für Radiowellen oder irgendeine andere Art von Wellen) mit der eines gleichartigen und knapp daneben befindlichen Dipols, der jedoch um 180° verschieden schwingt, überlagern, so erhalten Sie Quadrupolstrahlung. Sie erhalten eine Vielzahl von verschiedenen Quadrupol-Strahlungsmustern, je nachdem, wie die Schwingungsrichtungen der beiden Dipole zueinander stehen. Alle diese Quadrupolmuster haben die folgenden Eigenschaften gemein: Vier „Lappen" starker Intensität, wo sich die Beiträge der beiden Dipole durch Interferenz verstärken. Die Phasen benachbarter Lappen unterscheiden sich um 180°. Zwischen den Lappen befinden sich Schwingungsknoten. (Das Dipolmuster hat nur zwei Lappen und zwei Knoten.) Bild 9.36b zeigt ein Polardiagramm der Wellenfunktion für Dipolstrahlung zu einem gegebenen Zeitpunkt. Das Muster 9.36c erhält man bei der Überlagerung zweier Dipole, die in der Richtung der Dipollappen etwas gegeneinander verschoben sind und mit einer Phasenverschiebung von 180° schwingen. So ein Muster erzeugt die Stimmgabel. Das Muster 9.36d erhält man durch Überlagerung zweier Dipole, die in der Richtung der Dipolknoten ein wenig gegeneinander verschoben sind und mit einer Phasenverschiebung von 180° schwingen.

51. *Leistung einer ebenen Sendeantenne.* Angenommen, Sie erzeugen mit einer ebenen Sendeantenne der Fläche A_S einen Strahl von Radiowellen. Dieser Strahl wird weit weg, sagen wir in der Entfernung d, von einer Empfangsantenne der Fläche A_E, aufgefangen. Zeigen Sie, daß die abgestrahlte Leistung P_S und die empfangene Leistung P_E näherungsweise durch die Beziehung

$$P_E/P_S = A_E A_S/\lambda^2 d^2$$

miteinander verknüpft sind. Sowohl die Sende- als auch die Empfangsantenne sei ein „Mikrowellenhorn" mit einer quadratischen Eintrittsöffnung von 3 m Seitenlänge. Die Frequenz der Mikrowellen sei 1000 MHz, und die Entfernung zwischen Sender und Empfänger betrage 15 km. Wie groß ist das Verhältnis von empfangener Leistung zu gesendeter Leistung?

52. *Das Interferenzmuster N gleicher Spalte.* Die Amplitude ist durch Gl. (9.54) gegeben. Stellen Sie die Summe der entsprechenden komplexen Amplituden für einen „beliebigen" Wert von $\Delta\varphi$ (Phasenunterschied zwischen den Beiträgen zweier benachbarter Spalte) graphisch dar. Entwickeln Sie die graphische Darstellung für die erste Nullstelle nach einem Hauptmaximum; leiten Sie auf diese Weise graphisch ab, daß für diese Nullstelle $\Delta\varphi = 2\pi/N$ gilt. Zeigen Sie anhand der graphischen Darstellung, daß die Phasenkonstante der Überlagerung gleich dem Mittel aus den Phasenkonstanten des ersten und des letzten Beitrags ist.

53. *Korrektur der chromatischen Aberration.* Die chromatische Aberration kann durch Verwendung zweier verschiedener Glassorten in einer Linsenkombination teilweise beseitigt werden. Betrachten Sie anstelle einer Linse ein dünnes Prisma. Konstruieren Sie aus einfachen Keilen mit den Winkeln α_1 und α_2 ein dünnes Verbundprisma, das bei der Wellenlänge $\lambda_0 = 550$ nm eine gewünschte Ablenkung θ_0 erzeugt und für die die Änderung der Ablenkung mit der Wellenlänge gleich Null ist; die Brechungsindizes $n_1(\lambda)$ und $n_2(\lambda)$ der beiden Glassorten seien bekannte Funktionen.

Antwort: $\alpha_1 \dfrac{dn_1}{d\lambda} = \alpha_2 \dfrac{dn_2}{d\lambda}$.

Entwickeln Sie nun die Ablenkung θ des Prismas bei der Wellenlänge λ in eine Taylor-Reihe nach der Größe $\lambda - \lambda_0$. Brechen Sie die Reihe nach dem Glied mit $(\lambda - \lambda_0)^2$ ab. Wie könnten Sie die chromatische Aberration noch weiter unterdrücken (wenn alles, was Sie brauchen, gegeben ist)?

54. *Sehen unter Wasser – Heimversuch.* Setzen Sie sich eine Taucherbrille auf und sehen Sie sich unter Wasser um. Begründen Sie die Tatsache, daß Dinge unter Wasser nur ungefähr drei Viertel so weit entfernt aussehen wie sie wirklich sind. Besonders gut sieht man das, wenn man im Schwimmbad jemanden betrachtet, dessen Kopf über Wasser und dessen Körper

unter der Wasseroberfläche ist. Tauchen Sie die untere Hälfte Ihrer Taucherbrille ins Wasser, so daß der Wasserspiegel in Ihrer Augenhöhe ist. Dann sehen Sie den Kopf des Schwimmers, indem Sie über Wasser durch die Luft sehen, und seinen Körper, indem Sie durch das Wasser sehen; Sie brauchen dazu die Augen nur etwas nach unten zu richten.

55. *Unterwasserbrillen – Heimversuch.* Wenn Sie Ihr Gesicht ins Wasser stecken und versuchen, ohne Taucherbrille etwas zu sehen, so wird Ihnen alles verschwommen erscheinen, da sich der Brechungsindex beim Übergang vom Wasser ins Auge nicht stark ändert. Nehmen Sie der Einfachheit halber an, der Brechungsindex ändere sich überhaupt nicht und auch Ihre Augenlinse habe sehr wenig Einfluß; die ganze Sammelwirkung werde also durch die erste Trennfläche zwischen Luft und Auge erzielt. (Das ist eine grobe Näherung. In Wirklichkeit können Sie in einem gewissen Ausmaß auch unter Wasser sehen.) Die Brennweite dieser ersten Trennfläche sei 3 cm, und ein Parallelstrahlenbündel aus der Luft werde auf der Netzhaut fokussiert. Unter Wasser verlieren Ihre Augen diese Sammelwirkung. Konstruieren Sie Brillen, mit denen man unter Wasser deutlich sieht. Nehmen Sie Glas mit dem Brechungsindex 1,5. Beweisen Sie: Wenn die Brennweite unter Wasser 3 cm ist, so ist sie in Luft ungefähr 1 cm. Wie groß ist die Vergrößerung einer solchen Brille, wenn man sie als gewöhnliche Lupe verwendet? Angenommen, Sie nehmen als Linse eine gewöhnliche Glasmurmel. Sie möchten das Bild (eines Parallelstrahlenbündels im Wasser) 3 cm hinter der hinteren brechenden Fläche der Murmel erhalten. Wie groß muß der Durchmesser der Murmel sein?

Antwort: Ungefähr 1,7 cm. Besorgen Sie sich eine klare Glasmurmel und führen Sie den Versuch durch. (Halten Sie die Murmel knapp vor ein Auge.)

56. *Interferenz im gestreuten Licht – Heimversuch.* Schöne Interferenzstreifen lassen sich auf folgende einfache Weise erzeugen: Verreiben Sie etwas gewöhnlichen Körperpuder auf einem gewöhnlichen Spiegel. Sie können auch Mehl oder Staub verwenden oder einfach den Spiegel anhauchen, um kondensierten Wasserdampf zu erhalten. Treten Sie ein paar Meter zurück und leuchten Sie den Spiegel mit einer kleinen Stablampe („Stiftlampe") an; betrachten Sie das Spiegelbild der Glühlampe. (Oder nehmen Sie irgendeine Taschenlampe und decken Sie den Großteil des Reflektors mit der Hand zu, so daß die Lichtquelle kleiner als 1 cm ist; oder verwenden Sie abends eine Kerze.) Beachten Sie die entstehenden Streifen! Probieren Sie verschiedene Stellungen der Lichtquelle aus; stellen Sie die Lichtquelle so auf, daß sie einmal näher beim Spiegel und einmal weiter vom Spiegel entfernt ist als Ihre Augen. Die Streifen kommen durch Interferenz der folgenden zwei Arten von Strahlen zustande: Die Strahlen der ersten Art gehen durch ein Puderkorn, werden darin gestreut, dann vom Spiegel in Ihr Auge zurückreflektiert; sie werden am Rückweg durch den Puder nicht mehr gestreut. Die Strahlen der zweiten Art gehen durch den Puder, ohne gestreut zu werden, werden dann am Spiegel reflektiert und schließlich vom *selben* Puderkorn zu Ihrem Auge hin gestreut. Die Puderkörner sind durchsichtig. (Sie sehen aus demselben Grund weiß aus, aus dem auch Glaspulver weiß aussieht.) Beide Strahlen werden beinahe ganz nach vorn gestreut. Jeder der beiden interferierenden Strahlen tritt also in einem gegebenen Korn durch eine gleich dicke Schicht von durchsichtigem Material. Geben Sie eine theoretische Ableitung des beobachteten Ergebnisses, daß der zentrale Interferenzstreifen – d.h. der Streifen, der scheinbar durch das Bild der Punktquelle hindurch geht – stets ein Interferenzmaximum ist. Für weißes Licht ist dieser Streifen weiß. Erst nach einigen Streifen beiderseits dieses Zentralstreifens werden die Interferenzstreifen farbig. Das geometrische Aussehen der Streifen läßt sich nicht leicht berechnen. (Siehe *A. J. de Witte*, „Interference in Scattered Light", *Am. Jour. Phys.*, **35**, 301 (April 1967)).

57. *Sterninterferometer*

a) Mit einem Doppelspalt, einer Linse und einem photographischen Film dahinter kann man die Winkelauflösung $\delta\theta \approx \lambda/d$ erreichen; dabei ist λ die Wellenlänge des Lichts und d der Spaltabstand. Man kann damit die Struktur leuchtender astronomischer Objekte aufdecken, sofern sie einen Winkel aufspannen, der gleich λ/d oder größer ist. Rechtfertigen Sie diese Behauptung.

b) Wenn $d \approx 0{,}3$ m ist, so genügen die turbulenten „Luftschlieren" in der Erdatmosphäre, die einen von der umgebenden Luft verschiedenen Brechungsindex haben, um für zwei Luftwege, zwischem dem astronomischen Objekt und den beiden Spalten, einen Phasenunterschied von der Größenordnung π zu erzeugen. (Die Luftwege sind dann durch die ganze Atmosphäre hindurch ca. 0,3 m voneinander entfernt.) Zeigen Sie, daß daraus für das Auflösungsvermögen, mit sichtbarem Licht an der Erdoberfläche, ein Grenzwert von ungefähr 2 μrad folgt.

c) Wir ersetzen nun die beiden optischen Spalte durch zwei Radioantennen, die Wellen der Wellenlänge 0,3 m nachweisen. Anstelle der Linse, die wir benutzt hatten, um die Lichtwellen von den beiden Spalten an einem Ort zu sammeln und dort zur Interferenz zu bringen, verwenden wir nun Koaxialkabel, oder wir strahlen die Signale von den beiden Antennen wieder ab, so daß sie durch die Luft zu einer Empfangszentrale gelangen. Diese Zentrale ersetzt die photographische Emulsion. Zeigen Sie, daß die beiden Radioantennen ca. 180 km voneinander entfernt sein müssen, um dasselbe Auflösungsvermögen wie ein Doppelspalt, mit einem Spaltabstand von 0,3 m, für sichtbares Licht zu liefern.

d) Die turbulenten Luftschlieren messen einige Meter im Durchmesser. Sobald einmal die Luftwege viele Meter weit voneinander entfernt sind, sind die auf den beiden Wegen beim Durchgang durch die Atmosphäre zustandekommenden zufälligen Phasenverschiebungen vom gegenseitigen Abstand der Wege ziemlich unabhängig. Sie würden also zunächst annehmen, daß die Atmosphäre die beiden 180 km voneinander entfernten Radioantennen ungefähr in gleichem Maße beeinflußt wie die beiden einige Meter voneinander entfernten Spalte für sichtbares Licht. Man könnte also annehmen, daß die atmosphärischen Schwankungen des Brechungsindex die Winkelauflösung der beiden Radioantennen verwaschen würden. Die Brechungsindizes der Luft für Radiowellen und Licht unterscheiden sich tatsächlich nicht stark voneinander. Die relative *Phasenverschiebung* ist jedoch bei 0,3-m-Wellen viele tausend Male geringer als für Lichtwellen. Warum?

e) Das Radiointerferometer unterliegt keinen atmosphärischen Schwankungen des Brechungsindex; wir können die Entfernung zwischen den Antennen auf *viel mehr* als 180 km vergrößern und so ein besseres Auflösungsvermögen als mit einem Interferometer für sichtbares Licht bekommen. (Natürlich muß das astronomische Objekt 0,3-m-Wellen *und* sichtbares Licht aussenden, wenn wir es mit beiden Methoden nachweisen wollen.) Wir können uns daher ein Radiointerferometer denken, bei dem die eine Antenne in New York und die andere Antenne in Kalifornien steht; wir hätten dann eine Basislinie (Abstand der beiden

Antennen) von ca. 3000 km und somit ein Auflösungsvermögen von 10^{-7} rad. Leider tritt dabei aber ein neues Problem auf: die variable Phasenverschiebung der Radiowellen bei ihrer Übertragung durch ein Kabel (Temperaturschwankungen!) oder bei ihrer drahtlosen Übertragung von den beiden Antennen zur Empfangszentrale, wo die Signale zur Interferenz gebracht werden. Die Luftmenge über uns entspricht einer gleichmäßigen, ca. 8 km dicken Luftschicht von der am Meeresspiegel herrschenden Dichte. Die Luftmenge zwischen New York oder Kalifornien und einer im Mittelwesten liegenden Empfangszentrale ist einige hundert Male größer; die Sache wird also nicht funktionieren. Was sollen wir tun? Eine raffinierte Lösung wurde von *N. Broten* und anderen gefunden (*N. Broten* et al., „Long-Base-line Interferometry Using Atomic Clocks and Tape Recorders", *Science*, **156**, 1592 (23. Juni 1967)): Bei jeder Station befindet sich eine Atomuhr, z. B. ein Wasserstoff-Maser, der mit einer Frequenz von 1000 MHz (also mit 10^9 Hz) schwingt. So eine Uhr kann bis auf 1 zu 10^{14} stabil gehalten werden; das bedeutet, daß die zufällige Phasenabweichung nur eine Schwingungsperiode pro 10^{14} Schwingungsperioden beträgt. Zeigen Sie, daß eine solche Uhr während einer Zeitspanne von der Größenordnung eines Tages stabil ist (um weniger als eine Schwingungsperiode abweicht).

f) Angenommen, wir wollen die von einem Stern bei einer mittleren Frequenz $\nu_0 = 1000$ MHz (das entspricht 0,3-m-Wellen) mit der Bandbreite $\Delta\nu = 1$ MHz ausgesandten Radiowellen messen. Dann wird der Oszillator jeder Station mit $\nu_0 = 1000$ MHz betrieben. Diesen Oszillatoren wird jeweils das Antennensignal überlagert. Liefert der Oszillator den Strom $\cos \omega_0 t$ und liefert die Antenne den Strom $A \cos(\omega t + \varphi)$, dann gibt der über eine schnelle Schwingungsperiode (bei 1000 MHz) genommene Mittelwert des *Quadrats* der Überlagerung der beiden Ströme die Leistung $P = I^2 R$ mit der Zeitabhängigkeit

$$P = 1 + A^2 + 2A \cos[(\omega_0 - \omega)\, t - \varphi]$$

mal einer Konstanten. Begründen Sie diese Gleichung.

g) Ist $\nu_0 t$ für $t = 1$ Tag genauer als bis auf 1 Periode bekannt, dann ist auch P bei der niedrigeren „Schwebungsfrequenz" $\nu_0 - \nu$ für $t = 1$ Tag genauer als bis auf 1 Periode bekannt. Die Frequenz ν_0 des Oszillators wird auf die Mitte des gewünschten Bandes eingestellt. Dann ist der Mittelwert der Größe $\nu_0 - \nu$ im gesamten Frequenzband der aufgefangenen Signale gleich Null. Die Bandbreite $\Delta\nu$ ist ungefähr 1 MHz. Das Signal P mit seinen von Null bis hinauf zu ca. 1 MHz reichenden Frequenzen wird in jeder Station auf Magnetband aufgezeichnet. (Die beim Fernsehen verwendeten Video-Bandgeräte haben eine für diesen Zweck genügend große Bandbreite.) Nachdem beide Stationen eine Zeitlang (weniger als einen Tag) Aufnahmen gemacht haben, können die beiden Bandgeräte, z. B. per Flugzeug, von den beiden Antennen zum Arbeitsort des Physikers *befördert* werden. Die beiden Bandgeräte werden dann synchronisiert und zusammen abgespielt, so daß sich die Signale überlagern. Damit, bezüglich der Phase, keine Information verlorengeht, darf auf keinem Band auch nur eine Schwingungsperiode ausgelassen werden, und keines der beiden Geräte darf auch nur um eine Periode außer Tritt geraten (eine Periode bei der Schwingungsfrequenz des Signals P auf jedem der beiden Bandgeräte). Dieses Signal besteht aus Frequenzkomponenten von Null bis etwa 1 MHz, da dies die ursprüngliche Bandbreite ist. Daher müssen die beiden Magnetbänder genauer als bis auf 1 μs miteinander synchronisiert werden. Die Anfertigung der Bandaufzeichnungen bei den beiden Antennen erfordert auch Zeitmarken, so daß der Physiker weiß, zu welchem Zeitpunkt die aufgefangenen Signale gleichzeitig ankamen. Die Zeitmarken auf dem Magnetband müssen bis auf weniger als 1 μs genau sein. Die Synchronisierung und das Aufbringen von Zeitmarken, mit einer Genauigkeit bis auf weniger als 1 μs, ist aber bei gewöhnlichen Video-Bandgeräten ein *einfaches Standardverfahren*! Daher ist ein Sterninterferometer denkbar, das aus einer in New York stehenden Radioantenne, einem Wasserstoff-Maser-Signal und einem Magnetbandgerät sowie einer analogen Station in Kalifornien besteht. Mit der Erddrehung bestreicht das Interferometer den Himmel. Die „Phasenkonstante" φ bei den Antennenströmen ist gleich kr, wobei r im wesentlichen die Entfernung zwischen Antenne und Stern ist. In der Antenne 1 in New York fließt also der Strom $A_1 \cos(\omega t + kr_1)$, der von dem gegebenen Stern ausgesandt wird; derselbe Stern erzeugt in der Antenne 2, in Kalifornien, für dieselbe Frequenzkomponente ω des Signals den Strom $A_2 \cos(\omega t + kr_2)$. Nehmen Sie der Einfachheit halber an, die beiden Antennen seien gleich gebaut und die empfangenen Amplituden seien gleich groß: $A_1 = A_2 = A$. Zeigen Sie, daß die bei der Überlagerung der Leistungen P_1 und P_2 der Bandgeräte entstehende resultierende Leistung $P_1 + P_2$ dem Ausdruck

$$1 + A^2 + 2A \cos\tfrac{1}{2}(\omega_0 - \omega)\, t \cos\tfrac{1}{2} k (r_1 - r_2)$$

proportional ist. Quadrieren Sie nun diesen Wert und mitteln Sie ihn dann über eine Periode der Frequenz $\nu_0 - \nu$. Zeigen Sie, daß das daraus resultierende Zeitmittel der Leistung der Größe

$$(1 + A^2)^2 + A^2 [1 + \cos k (r_1 - r_2)]$$

proportional ist. Jedesmal, wenn sich Kalifornien einem punktförmigen Stern um 15 cm nähert, während gleichzeitig New York von diesem Stern um 15 cm weiter wegrückt, durchläuft die Größe $\cos k (r_1 - r_2)$ eine Periode (wenn λ gleich 0,3 m ist). Existiert an dem „Punkt" ein zweiter Stern, so wird er aufgelöst, wenn sein Wert der Größe $k (r_1 - r_2)$ von dem des ersten Sterns, z. B. um π, verschieden ist, d. h., vorausgesetzt, sein Winkelabstand vom ersten Stern ist von der Größenordnung λ/d.

h) Es gibt noch andere technische Probleme, die wir nicht erwähnt haben. Z. B. gibt es viele Radiosterne; wir wollen aber beide Teleskope nur auf ein und denselben kleinen Bereich des Himmels richten, so daß wir uns nur um einen Stern zu kümmern brauchen. Wie erreichen wir das? (Nehmen Sie an, jedes der beiden Teleskope habe einen Durchmesser von 50 m).

i) Ein anderes Problem: Wir möchten gerne den „zentralen" Interferenzstreifen erkennen können, um die genaue Richtung des Sterns zu bestimmen. Warum? (*Anleitung*: Der zentrale Interferenzstreifen ist nicht leicht auszumachen, wenn man eine Punktquelle, die z. B. grünes Licht aussendet, durch einen Doppelspalt betrachtet. Dasselbe gilt natürlich auch für rotes Licht. Wenn Sie aber weißes Licht nehmen, das sowohl Rot als auch Grün enthält, dann ist der zentrale Interferenzstreifen leicht zu unterscheiden.) Zeigen Sie, wie Sie bei jeder der beiden Antennen zwei Frequenzbänder verwenden (das ist dasselbe wie die Verwendung von rotem und grünem Licht), sie beide mit dem Signal des zur Antenne gehörigen Oszillators mischen, dann die entsprechenden Magnetbänder für jedes Frequenzband separat „zusammenspielen" und schließlich die resultierenden Ausgangssignale von den Magnetbändern für die beiden Frequenzbänder mischen könnten. Diese Art von Sterninterferometer für Radiosterne wird vielleicht einmal für sehr genaue Messungen der Schwankungen der Erdumdrehungsdauer verwendet werden. (Siehe *T. Gold*,

Science, **157**, 302 (21. Juli 1967) und *G. J. F. MacDonald*, *Science*, **157**, 304 (21. Juli 1967)).

58. *Umwandlung der Amplitudenmodulation in eine Phasenmodulation bei FM-Radiosendern.* (Diese Aufgabe ist mit Übung 59 eng verknüpft.)

a) Eine amplitudenmodulierte Spannung hat die Form

$$U(t) = U_0[1 + a(t)] \cos \omega_0 t,$$

dabei ist ω_0 die Trägerfrequenz und $a(t)$ der modulierte Anteil der Amplitude. Eine phasenmodulierte Spannung hat die Form

$$U(t) = U_0 \cos [\omega_0 t + \varphi(t)],$$

dabei ist $\varphi(t)$ die modulierte (d.h. zeitabhängige) „Phasenkonstante". Zeigen Sie, daß die momentane Kreisfrequenz dieser phasenmodulierten Welle durch

$$\omega(t) = \omega_0 + d\varphi(t)/dt$$

gegeben ist. Man könnte eine solche Spannung also eher als frequenzmoduliert (FM) denn als phasenmoduliert bezeichnen.

b) Der modulierte Anteil $a(t)$ der Amplitude bzw. die modulierte Phase $\varphi(t)$ enthält die Information, die übertragen werden soll, z.B. Musik. Wir zerlegen die Musik in Fourier-Komponenten und betrachten eine einzelne Komponente der Frequenz ω_m, wobei der Index m die Modulation andeuten soll. Dann ersetzen wir $a(t)$ durch $a_m \cos \omega_m t$. (Eigentlich sollten wir auch noch ein Glied mit $\sin \omega_m t$ berücksichtigen, tun es aber nicht.) Die amplitudenmodulierte Spannung wird also

$$U(t) = U_0[1 + a_m \cos \omega_m t] \cos \omega_0 t$$
$$= U_0 \cos \omega_0 t + U_0 a_m \cos \omega_m t \cos \omega_0 t.$$

Diese amplitudenmodulierte Spannung entspricht einer Überlagerung von rein harmonischen Schwingungen der Trägerfrequenz ω_0 und der beiden Seitenbandfrequenzen $\omega_0 + \omega_m$ und $\omega_0 - \omega_m$. Beweisen Sie diese Behauptung, indem Sie $U(t)$ explizit als solche Überlagerung schreiben.

Beim AM-Funk (üblicherweise Lang-, Mittel- und Kurzwelle) werden diese Frequenzen gesendet und von Ihrer Radioantenne empfangen. Blitz und elektrische Rasierapparate senden in demselben Frequenzbereich und tragen zur Amplitudenmodulation bei, indem sie die Amplitude bei einer bestimmten Frequenz plötzlich vergrößern oder verkleinern. Die Folge sind dann „atmosphärische Störungen" und andere Störgeräusche, die die Musikqualität beeinträchtigen. Die Störungen lassen sich weitgehend unterdrücken, wenn wir die amplitudenmodulierte Spannung in eine phasenmodulierte Spannung umwandeln, weil der Blitz den „Fehler" macht, die Amplitude zu ändern und der FM-Empfänger „weiß", daß das nicht zur Musik gehören kann, da die Musik ja mit konstanter Amplitude gesendet wurde. Der FM-Empfänger kann daher die plötzlichen Amplitudenänderungen, d.h. die Störungen, ausfiltern.

Die AM-Spannung kann auf folgende Weise in eine FM-Spannung umgewandelt werden: Die AM-Spannung wird an den Empfang eines Randpaßfilters angelegt, das nur ein schmales Frequenzband durchläßt; dieses Frequenzband enthält die Trägerfrequenz ω_0, nicht aber die beiden Seitenbänder $\omega_0 + \omega_m$. Wurde die Trägerfrequenz solchermaßen von den beiden Seitenbändern getrennt, so wird sie zeitlich um eine Viertelperiode nach vor oder zurück verschoben, d.h., sie erhält eine Phasenverschiebung von 90°. Dann wird die Trägerfrequenz wieder mit den immer noch unveränderten Seitenbändern überlagert. (Wenn wir wollen, können wir auch die Amplitude der Trägerfrequenz verstärken oder verringern, werden das jedoch nicht tun.) Wir können also z.B. in einer Trägerspannung $U_0 \cos \omega_0 t$ den Kosinus durch den Sinus ersetzen. Nach Phasenverschiebung und Wiedervereinigung erhalten wir

$$U'(t) = U_0 \sin \omega_0 t + U_0 a_m \cos \omega_m t \cos \omega_0 t.$$

Wir geben nun der Größe $a_m \cos \omega_m t$ den Namen $\varphi(t)$; diese Größe ist ja unser $a(t)$ von früher für eine gegebene Modulationsfrequenz. Der Einfachheit halber nehmen wir an, der Betrag von $a(t)$, also von $\varphi(t)$, sei klein gegen Eins. Dann gilt $\cos \varphi(t) \approx 1$ und $\sin \varphi(t) \approx \varphi(t)$.

c) Zeigen Sie, daß man die obige Spannung in der Form

$$U'(t) = U_0 \sin [\omega_0 t + \varphi(t)], \qquad \varphi(t) = a_m \cos \omega_m t$$

schreiben kann. Wir haben also jetzt den Trick heraus, AM in FM (oder umgekehrt) umzuwandeln: Phasenverschiebung der Trägerwelle um ±90° gegenüber den beiden Seitenbändern. Diese hübsche, von *E. H. Armstrong* im Jahre 1936 gemachte Erfindung ermöglichte den FM-Funk (üblicherweise auf UKW).

d) Zeigen Sie, daß man AM in FM (oder umgekehrt) auch umwandeln kann, indem man eines der beiden Seitenbänder um 180° phasenverschiebt und die Trägerfrequenz sowie das andere Seitenband unverändert läßt.

59. *Umwandlung von phasenmoduliertem Licht in amplitudenmoduliertes Licht im Phasenkontrastmikroskop.*

a) Wir betrachten zunächst ein gewöhnliches Mikroskop, wobei wir in erster Linie nicht an der Vergrößerung interessiert sind; die Vergrößerung sei daher gleich Eins. Dies wird auf folgende Weise erreicht: Wir bringen einen gläsernen Objektträger an die Stelle $z = 0$, so daß er in der xy-Ebene liegt. Dann bringen wir eine einfache Linse an die Stelle $z = 2f$, wobei f die Brennweite der Linse ist. Einen Schirm oder eine photographische Platte bringen wir an die Stelle $z = 4f$. Dann wird der Objektträger auf dem Schirm abgebildet, und die Vergrößerung ist gleich Eins. Beweisen Sie diese Behauptung.

b) Nun bringen wir eine Amöbe in einem Wassertropfen auf den Objektträger und bilden sie auf dem Schirm ab. Leider können wir aber die Amöbe nicht sehen, da sie durchsichtig ist und ihr Brechungsindex sich nicht viel von dem des Wassertropfens unterscheidet. Also färben wir die Amöbe. Nun können wir sie wohl sehen, doch die Farbe hat die Amöbe umgebracht, und wir wollten doch ihre Lebensvorgänge studieren!

Die Farbe spielt folgende Rolle: Sie moduliert die Amplitude des am $+z$-Ende der Amöbe austretenden Lichts, d.h., sie moduliert die Amplitude relativ zu der des Lichts, das bloß durch den Objektträger und nicht durch die Amöbe tritt. Ist keine Farbe vorhanden, dann ist die Amplitude am $+z$-Ende der Amöbe (an einem gegebenen Punkt mit der Querkoordinate x) genauso groß, als ob die Amöbe nicht vorhanden wäre. Die Phase ist jedoch verschieden, da das Licht je nach der x-Koordinate der Durchtrittsstelle verschieden dicke Stellen der Amöbe durchlaufen hat, und der Brechungsindex der Amöbe unterscheidet sich ja von dem des Wassers. Angenommen, der Objektträger werde von einer ebenen, monochromatischen, in der $+z$-Richtung laufenden Lichtwelle bestrahlt; dieses Licht wurde von einer im Brennpunkt einer Linse gelegenen Quelle S emittiert und bildet also ein Parallelstrahlenbündel (Bild 9.37). Ohne Amöbe sei das elektrische Feld am Ort $z = 0$ für alle x durch

$$E(x, z, t) = E_0 \sin \omega t$$

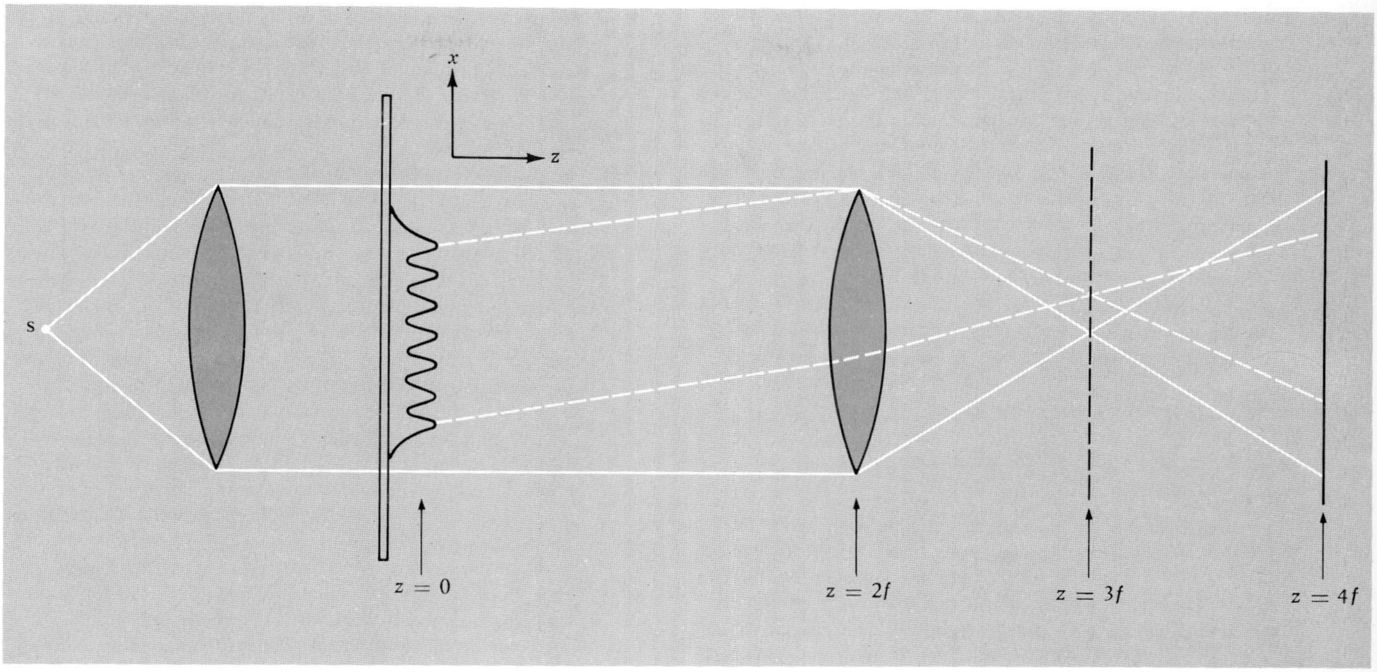

Bild 9.37. Phasenkontrastmikroskop. Bei diesem Beispiel wurde die Vergrößerung gleich Eins gewählt. Die Gegenstandsebene befindet sich bei $z = 0$, die Bildebene bei $z = 4f$. Die Brennebene des Objektivs liegt bei $z = 3f$.

gegeben. Ist die Amöbe vorhanden, dann herrscht eine von x abhängige Phasenverschiebung $\varphi(x)$. Das elektrische Feld des Lichts am Ort $z = 0$ ist dann durch

$$E(x,z,t) = E_0 \sin[\omega t + \varphi(x)]$$

gegeben. Die ungefärbte Amöbe erzeugt also ein phasenmoduliertes Licht. Die am Ort $z = 2f$ befindliche Linse bildet die Amöbe auf dem Schirm bei $z = 4f$ ab. Das elektrische Feld am Schirm ist dasselbe wie bei $z = 0$ (wenn man kleine Verluste vernachlässigt und sich um die Umkehr des Bildes – x wäre durch $-x$ zu ersetzen – nicht kümmert). Der zeitliche Mittelwert des Quadrats des elektrischen Feldes ist dann unabhängig von x und gleich $\frac{1}{2}E_0^2$; wir sehen also kein Bild. Beweisen Sie beide Teile dieser Behauptung.

c) Die Farbe moduliert die Amplitude E_0, tötet jedoch die Amöbe. Wir wollen das phasenmodulierte Licht in amplitudenmoduliertes Licht umwandeln. Aber wie? Nehmen wir die in Übung 58 besprochene Umwandlung einer AM-Spannung in eine FM-Spannung als Vorbild. Wir wollen das Problem sozusagen von hinten anpacken und FM-Licht in AM-Licht umwandeln. (Es ist jedoch zu beachten, daß wir es hier nicht mit einer zeitlichen Phasenmodulation $\varphi(t)$, sondern mit einer räumlichen Phasenmodulation $\varphi(x)$ zu tun haben. Wir machen uns aber darüber vorläufig noch keine Gedanken!) Wenn wir zum Ende der Übung 58 zurückkehren, so sehen wir, daß wir dort bei einer Phasenmodulation $\varphi(t) = a_m \cos\omega_m t$ angelangt waren, da wir von einer Amplitudenmodulation $a(t) = a_m \cos\omega_m t$ ausgegangen waren. Nun gehen wir von einer Phasenmodulation $\varphi(x)$ aus. Wir nehmen an, der Betrag von $\varphi(x)$ sei für alle x klein gegen 1 rad, d.h., die Amöbe habe beinahe denselben Brechungsindex wie Wasser. Zeigen Sie, daß das phasenmodulierte Licht bei $z = 0$ oder $z = 4f$ (für $\varphi \ll 1$) in der Form

$$E(x,z,t) = E_0 \sin\omega t + E_0\varphi(x)\cos\omega t$$

geschrieben werden kann. Wir zerlegen nun $\varphi(x)$ in Fourier-Komponenten und betrachten eine herausgegriffene Komponente mit der Wellenzahl k_m. Wir setzen also $\varphi(x) = a_m \cos k_m x$. Das phasenmodulierte Licht bei $z = 0$ oder $z = 4f$ ist somit durch den Ausdruck

$$E(x,z,t) = E_0 \sin\omega t + E_0 a_m \cos k_m x \cos\omega t$$

gegeben. Das ist noch immer das phasenmodulierte Licht, von dem wir ausgegangen sind; es gibt also noch immer ein „unsichtbares" Bild bei $z = 4f$. Nun sehen wir uns die Übung 58 noch einmal an. In Analogie dazu bezeichnen wir den Beitrag $E_0 \sin\omega t$ als „Trägerlichtwelle". Wir sehen also, daß wir AM-Licht erzeugen können, wenn wir die Phase der Trägerlichtwelle gegen das modulierte Licht (das Licht mit der Amplitude a_m) um 90° verschieben können. Ohne uns darum zu kümmern, wie man das anstellen könnte, ersetzen wir im obigen Ausdruck für das Trägerlicht einfach $\sin\omega t$ durch $\cos\omega t$. Für das Licht am Schirm (bei $z = 4f$) haben wir dann

$$\begin{aligned} E'(x,z,t) &= E_0 \cos\omega t + E_0 a_m \cos k_m x \cos\omega t \\ &= E_0[1 + a_m \cos k_m x]\cos\omega t \\ &= E_0[1 + a(x)]\cos\omega t. \end{aligned}$$

Dieses amplitudenmodulierte Licht ergibt eine Intensität, die dem Zeitmittel des Quadrats des elektrischen Feldes, also der von x abhängigen Größe $\frac{1}{2}E_0^2[1 + a(x)]^2$ proportional ist; diese Größe zeigt uns, wie die Dicke der Amöbe und ihr innerer Brechungsindex von x abhängt. Daher können wir die Amöbe sehen.

d) Es bleibt nur noch ein „kleineres“ Problem zu lösen: Wie können wir die Trägerlichtwelle vom übrigen Licht trennen, ihre Phase gegen den Rest der Lichtwelle um 90° verschieben und sie dann mit dem Rest der Welle auf dem Schirm vereinigen (zur Überlagerung bringen) – und das alles soll zwischen $z = 0$ und $z = 4f$ geschehen? Bei der Umwandlung der AM-Spannung in eine FM-Spannung war der Trick der, die Trägerfrequenz $\omega = \omega_0$ durch ein Frequenz-Bandpaßfilter von den Seitenbändern $\omega = \omega_0 \pm \omega_m$ zu trennen. In Analogie dazu müssen wir daher ein *Bandpaßfilter für Wellenzahlen* suchen, um damit die Wellenzahl $k_x = k_0 = 0$ der Trägerwelle von den Seitenbändern $k_x = k_0 + k_m$ abzusondern. Die zuletzt gemachte Feststellung ist leichter verständlich, wenn wir das phasenmodulierte elektrische Feld bei $z = 0$ in der Form

$$E(x,z,t) = E_0 \sin[\omega t - k_0 x] + \tfrac{1}{2} E_0 a_m \cos[\omega t - (k_0 + k_m) x] + \tfrac{1}{2} E_0 a_m \cos[\omega t - (k_0 - k_m) x]$$

schreiben; dabei gilt $k_0 = 0$; die stehende Welle $\cos k_m x \cos \omega t$ haben wir als Überlagerung zweier laufender Wellen mit $k_x = +k_m$ und $k_x = -k_m$ geschrieben. Beweisen Sie diese Gleichung. Wir sehen also, daß die phasenmodulierte Schwingung bei $z = 0$ drei laufende Wellen erzeugt. Für die Trägerwelle gilt $k_x = 0$. Die Modulationen ergeben eine Welle mit $k_x = +k_m$ sowie eine Welle mit $k_x = -k_m$. Der Wert von k_z ist im wesentlichen für alle drei laufenden Wellen gleich groß und gleich ω/c, da wir annehmen, daß k_x klein gegen k_z ist, d.h., daß alle Wellen hauptsächlich in der z-Richtung laufen. Daher ist der Absolutbetrag $\omega/c = \sqrt{k_z^2 + k_x^2}$ des Wellenvektors für alle drei Wellen im wesentlichen gleich k_z. (Auf k_y gehen wir hier nicht ein.)

e) Das Bild 9.37 zeigt einen gläsernen Mikroskop-Objektträger sowie die Fourier-Komponente mit der Wellenzahl k_m für die x-Abhängigkeit der Dicke der Amöbe. Die Trägerwelle wird von der Punktquelle S erzeugt; ihre äußersten Strahlen sind ausgezogen gezeichnet. Das obere Seitenband mit $k_x = +k_m$ ist gestrichelt gezeichnet. (Das untere Seitenband mit $k_x = -k_m$ ist nicht eingezeichnet.) Die Linse fokussiert die drei fast ebenen laufenden Wellen in der Brennebene, die sich in der Entfernung $z = 3f$ befindet, zu drei fast punktförmigen Bildern. Die Strahlen gehen weiter bis zum Schirm bei $z = 4f$, so sie sich wieder überdecken. Beachten Sie, daß *die drei Wellen in der Brennebene der Linse* (bei $z = 3f$) *räumlich vollkommen getrennt sind*. Genau *da* können wir die Trägerwelle bearbeiten, ohne die Seitenbänder zu stören! Wir haben somit ein räumliches Filter und können so ein gegebenes k_x aussondern, ähnlich wie wir mit dem Zeitfilter (Schaltung zur Zerlegung in Fourier-Komponenten) ein gegebenes ω isolieren können. Nun, da wir die Trägerwelle bei $z = 3f$ von den Seitenbändern räumlich getrennt haben, müßte es eigentlich leicht sein, die Phase der Trägerwelle um 90° zu verschieben, ohne die Seitenbänder zu stören. Denken Sie sich ein Verfahren aus, mit dem Sie die Phase der Trägerwelle um 90° gegen die Seitenbänder verschieben können. Die schöne Erfindung des *Phasenkontrastmikroskops* wurde von *F. Zernicke* im Jahre 1934 gemacht.

Auf folgende Weise können wir das Vorangc angene abstrakter (und daher auch allgemeiner) beschreiben: Bei $z = 0$ hatten wir die Amplitude und die Phasenkonstante einer Schwingung $A(x) \cos[\omega t + \varphi(x)]$ als Funktionen von x gegeben. (Beim vorliegenden Beispiel war bei $z = 0$ keine Amplitudenmodulation vorhanden, d.h., $A(x)$ war konstant. Bei anderen Beispielen über Beugungsmuster war statt dessen $\varphi(x)$ konstant.) Wir unterwarfen die x-Abhängigkeit einer Fourieranalyse und fanden stehende Wellen bei $z = 0$. Diese wirkten als Quellen laufender Wellen mit bekannten Werten von k_x und k_z. Dann benutzten wir eine Linse und wandelten damit eine Abhängigkeit von k_x (bei $z = 0$) in eine x-Abhängigkeit (in der Brennebene der Linse, im Abstand f hinter der Linse) um, wobei verschiedene k_x bei verschiedenen x fokussiert wurden. Die x-Abhängigkeit *in dieser Brennebene* entspricht also der k_x-Abhängigkeit in eindeutiger Weise. Die x-Abhängigkeit in dieser Brennebene ist also gleich einer Konstanten, multipliziert mit der *Fouriertransformierten* der x-Abhängigkeit in der Gegenstandsebene bei $z = 0$. Das ist bei keinem anderen Wert von z der Fall. Treffen die Wellen schließlich auf dem Schirm (in der Bildebene) auf, dann haben sie wieder dieselbe x-Abhängigkeit wie in der Gegenstandsebene (wenn man die Substitution von x durch $-x$ sowie eine etwaige, von Eins verschiedene Vergrößerung auch außer acht läßt.) Beim Übergang von der Gegenstandsebene zur Brennebene hinter der Linse und weiter zum Schirm geht also die x-Abhängigkeit von einer x-Abhängigkeit in der Gegenstandsebene in eine k_x-Abhängigkeit in der Gegenstandsebene und dann wieder in eine x-Abhängigkeit in der Gegenstandsebene über. Beim Übergang von der k_x-Abhängigkeit in der Gegenstandsebene zur x-Abhängigkeit in der Gegenstandsebene wird eine inverse Fouriertransformation ausgeführt. Wir können also sagen, daß wir im Phasenkontrastmikroskop von einer gegebenen x-Abhängigkeit ausgehen, diese einer Fouriertransformation unterwerfen, sie dann bearbeiten (die Phase eines Teils der Fouriertransformierten verschieben, vielleicht ihre Amplitude verstärken oder abschwächen) und dann die inverse Fouriertransformation nicht durchführen, d.h. keinen „Phasenschieber“ in die Brennebene geben, dann ist das Endergebnis genau die ursprüngliche x-Abhängigkeit.) Auf diese Weise lassen sich viele bemerkenswerte Effekte erzielen; man nennt das Verfahren manchmal auch „Spekroskopie durch Fouriertransformation“ oder „Spektroskopie in der Brennebene“.

f) Beschreiben Sie die Umwandlung einer AM-Spannung in eine FM-Spannung auf dieselbe allgemeine Weise, wie wir eben das Phasenkontrastmikroskop beschrieben haben.

g) Bei unseren obigen Betrachtungen haben wir die Gesamtbreite der Amöbe (in der x-Richtung) und der Trägerwelle nicht berücksichtigt. Die Breite der Trägerwelle sei W, die der Amöbe sei w. Wie beeinflussen diese Größen die Änderung der Intensität mit x in der Brennebene bei $z = 3f$, d.h., wie (wenn überhaupt) ändern sich unsere obigen Ergebnisse?

h) Angenommen, wir blenden die Trägerwelle durch ein undurchsichtiges Hindernis in der Brennebene vollständig aus, anstatt ihre Phase um 90° zu verschieben. Wie hängt dann die Intensität des Bildes von x ab?

60. *Zwei dünne Linsen hintereinander.* Zwei dünne Linsen mit den Brechkräften f_1^{-1} und f_2^{-1} seien hintereinander auf einer gemeinsamen Achse angebracht; ihr gegenseitiger Abstand sei s. Beide Linsen seien Sammellinsen. (Das Ergebnis wird ganz allgemein gelten, wenn man die Vorzeichen richtig interpretiert.) Betrachten Sie einen achsenparallelen Strahl, der, von links kommend, im Abstand h von der Achse auf die erste Linse auftrifft. Die Linsen werden, von links nach rechts, mit 1 und 2 bezeichnet. Die erste Linse lenkt den Strahl zur Achse hin ab. Angenommen, der Strahl trifft auf die zweite Linse, bevor er die Linse kreuzt. Bestimmen Sie den Brennpunkt F, in dem der Strahl die Achse nach Verlassen der zweiten Linse kreuzt. Zeigen Sie, daß die Lage von F (in der Näherung für kleine Winkel) nicht von h abhängt. Der Ort H (als Abkürzung

für „Hauptebene") sei folgendermaßen definiert: Verlängern Sie den einfallenden Strahl nach vorne (nach rechts) und den austretenden Strahl (der durch F geht) nach rückwärts, bis beide sich schneiden. Sie schneiden sich in der Hauptebene H. Der Abstand des Brennpunktes F rechts von der zweiten Linse sei x. Der Abstand der Hauptebene H links von der zweiten Linse sei y. Die Größe $x + y$ ist dann der Abstand von der Hauptebene H nach rechts bis zur Brennebene F. Dieser Abstand wird als Brennweite f der Kombination der beiden Linsen bezeichnet; man benutzt ihn so, als ob sich in der Hauptebene H nur eine einzige dünne Linse befände. Drücken Sie x, y und f durch f_1, f_2 und s aus. Haben Sie f und H für von links nach rechts verlaufende Strahlen gefunden, dann verfahren Sie in gleicher Weise für Strahlen, die von rechts nach links laufen. Sind die beiden Brennweiten gleich groß? Befinden sich die Hauptebenen an ein und demselben Ort?

Antwort: Für von links her einfallende Strahlen gilt

$$f^{-1} = f_1^{-1} + f_2^{-1} - s f_1^{-1} f_2^{-1};$$

$$x = (1 - s f_1^{-1})\, f;$$

$$y = s f_1^{-1} f.$$

61. *Strahlengang an zwei Linsen.* Zwei Linsen mit $f_1 = +20$ cm und $f_2 = +30$ cm werden 10 cm voneinander entfernt aufgestellt. Ein 5 cm hoher Gegenstand befindet sich 30 cm vor der ersten Linse. Bestimmen Sie

a) den Ort,

b) die Orientierung,

c) die Größe des Bildes.

Zeichnen Sie den Strahlengang und bestimmen Sie so die Lage des Bildes.

62. *Lochkamera.* Ein weit entfernter grüner Gegenstand soll mit einer Lochkamera abgebildet werden; der Abstand zwischen Loch und Film ist D. Wie groß muß der Durchmesser des Lochs ungefähr sein, damit ein Bild maximaler Schärfe erzeugt wird?

10. Ergänzungen

10.1. „Mikroskopische" Beispiele für schwach gekoppelte gleichartige Oszillatoren

Es ist ratsam, zuerst den Abschnitt 1.5 über schwach gekoppelte gleichartige Pendel einschließlich des letzten Absatzes (Esoterische Beispiele) als Einführung zu lesen.

Wir bringen nun einige Beispiele für schwach gekoppelte Oszillatoren aus der Atom- und Elementarteilchenphysik. In beiden Fällen haben wir es mit „zwei gleichartigen, schwach gekoppelten Freiheitsgraden" zu tun, so daß zwei „Eigenschwingungen" mit den Frequenzen ω_1 und ω_2 auftreten. Wir behandeln hier jedoch keine makroskopischen mechanischen Systeme. Folglich genügen auch die Newtonschen Bewegungsgesetze allein nicht. Zum Verständnis solcher „mikroskopischer" Systeme braucht man die Quantenmechanik. Immerhin ist das mathematische Verhalten mikroskopischer Systeme, wie wir sie hier beschreiben, ziemlich analog dem Verhalten zweier schwach gekoppelter Pendel. Die physikalische Interpretation ist jedoch grundverschieden. Bei den gekoppelten Pendeln ist das Quadrat der Amplitude eines Pendels proportional seiner Energie (kinetische Energie plus potentielle Energie). Die Energie „strömt" sozusagen mit der Schwebungsfrequenz zwischen den beiden Pendeln hin und her. Bei einem quantenmechanischen System gibt das Quadrat der Amplitude eines bestimmten Freiheitsgrades (eigentlich der Absolutbetrag des Amplitudenquadrats, da die Amplituden in der Quantenmechanik immer komplexe Größen sind) die *Wahrscheinlichkeit* dafür an, daß sich dieser Freiheitsgrad im „angeregten" Zustand befindet (d.h. die *gesamte* Energie des Systems hat). Hier „strömt" also diese Wahrscheinlichkeit mit der Schwebungsfrequenz $\nu_1 - \nu_2$ von einem Freiheitsgrad zum anderen. Die Energie selbst ist „quantisiert"; sie kann sich nicht aufteilen, um zu „strömen". Bei zwei Pendeln ist deren Gesamtenergie konstant. Ähnlich ist bei makroskopischen Systemen die Gesamtwahrscheinlichkeit, daß entweder der eine oder der andere Freiheitsgrad angeregt ist, konstant. (Diese Gesamtwahrscheinlichkeit ist gleich Eins, solange das System nichts von seiner Anregungsenergie verliert.) Die beiden folgenden Beispiele sind ziemlich berühmt; Sie werden ihnen beim Studium der Quantenmechanik wieder begegnen.

Das Ammoniakmolekül. Das Ammoniakmolekül (NH_3) besteht aus einem Stickstoff- und drei Wasserstoffatomen (siehe Band 2). Die drei H-Atome bilden ein gleichseitiges Dreieck. Wir nennen die Ebene dieses Dreiecks die H_3-Ebene. Wie die beiden Pendel a und b hat auch das N-Atom zwei mögliche Lagen, um die es schwingen kann. Die eine (Lage a) ist auf der einen Seite der H_3-Ebene, die andere (Lage b) auf der anderen. Das N-Atom kann nicht leicht von a nach b bzw. umgekehrt gelangen, da sich zwischen a und b ein „Berg" aus potentieller Energie, ein „Potentialwall", befindet. In der klassischen Mechanik sind a und b stabile Gleichgewichtslagen, und ein an der Stelle a schwingendes N-Atom kann niemals nach b gelangen. (Bei den Pendeln entspricht das dem Wegnehmen der Kopplungsfeder. Wenn dann das Pendel a schwingt und b in Ruhe ist, so bleibt dieser Zustand aufrecht, vorausgesetzt, man vernachlässigt die Reibung.) Die Quantenmechanik führt nun eine „Kopplung" zwischen a und b ein und erlaubt ein „Durchdringen des Potentialwalls". Angenommen, das Molekül beginnt seine Bewegung zur Zeit $t = 0$ in einem quantenmechanischen Zustand, für den das N-Atom sicher in a ist. Dann sind die Anfangswahrscheinlichkeiten durch $|\psi_a|^2 = 1$, $|\psi_b|^2 = 0$ gegeben; das bedeutet, die Wahrscheinlichkeit ist Eins, daß das N-Atom in der Lage a schwingt, und die Wahrscheinlichkeit ist Null, daß das N-Atom in b ist. Es stellt sich aber heraus, daß dieser Zustand nicht erhalten bleibt. Durch Lösen der Schrödinger-Gleichung kann man sich nämlich überzeugen, daß die Wahrscheinlichkeiten, das N-Atom in a anzutreffen, also $|\psi_a|^2$, bzw., es in b anzutreffen, also $|\psi_b|^2$, mit dieser Anfangsbedingung durch

$$|\psi_a|^2 = \tfrac{1}{2}\,[1 + \cos(\omega_1 - \omega_2)\,t], \qquad (10.1\text{a})$$

$$|\psi_b|^2 = \tfrac{1}{2}\,[1 - \cos(\omega_1 - \omega_2)\,t] \qquad (10.1\text{b})$$

gegeben sind; dabei sind ω_1 und ω_2 die Eigenfrequenzen. Die Gln. (10.1) haben eine bemerkenswerte Ähnlichkeit mit den Beziehungen (1.99) im Abschnitt 1.5. Die Gesamtwahrscheinlichkeit dafür, daß sich das N-Atom entweder am einen oder am anderen Ort befindet, ist natürlich gleich Eins, wie man durch Addition der Gln. (10.1) findet.

Ähnlich, wie die gekoppelten Pendel, läßt sich auch ein Ammoniakmolekül „anstoßen", so daß es die eine (oder die andere) Eigenschwingung ausführt. Es stellt sich heraus, daß das Molekül instabil ist, wenn es mit der höheren Eigenfrequenz (wir nennen sie Eigenschwingung 2; $\omega_2 > \omega_1$) schwingt. Es emittiert dabei elektromagnetische Strahlung und geht von der Eigenschwingung 2 (dem „angeregten Zustand") in die Eigenschwingung 1 (den „Grundzustand") über. Diese Strahlung läßt sich nachweisen. Ihre Frequenz, die Schwebungsfrequenz $\nu_2 - \nu_1$, ist

$$\nu_{\text{Schwebung}} = \nu_2 - \nu_1 \approx 2 \cdot 10^{10}\ \text{Hz}.$$

Dies entspricht einer Wellenlänge ($\lambda = c/\nu_{\text{Schwebung}}$) von ungefähr 1,5 cm, also dem typischen Radar- oder Mikrowellenbereich. Wenn man nun Mikrowellen der Frequenz $2 \cdot 10^{10}$ Hz durch Ammoniakgas schickt, so wird ein Teil der Mikrowellen-Photonen Übergänge vom Grundzustand (Eigenschwingung 1) in den angeregten Zustand (Eigenschwingung 2) auslösen. Durch die Anregung der Moleküle wird also Energie zwischen den Mikrowellen und dem Gas ausgetauscht. Ähnlich kann auch ein angeregtes Molekül in seinen Grundzustand „hinunterfallen" und so ein Photon an den Mikrowellenstrahl abgeben. Auf diesem Energieaustausch zwischen Mikrowellen und Ammoniakgas beruht das Prinzip der „Ammoniakuhr" (Atomuhr).

Absorption von Energie aus einem Mikrowellenstrahl „zieht die Uhr auf". Die „Wahrscheinlichkeitsströmung" vom Zustand a nach b und zurück im Rhythmus der Schwebungsfrequenz ist die „Hemmung" der Uhr. Die Ammoniakuhr und ihre Abkömmlinge sind die genauesten existierenden Mittel zur Zeitmessung.

Die neutralen K-Mesonen. Ein weiteres, faszinierendes System, das sich analog zu schwach gekoppelten Pendeln verhält, sind die neutralen K-Mesonen, auch „strange particles" („merkwürdige Teilchen") genannt. Sie sind in der Tat äußerst merkwürdig und auch noch nicht vollständig erforscht. Dieses System hat, ähnlich wie die zwei Pendel, zwei Freiheitsgrade, nämlich das K^0-Meson und das $\overline{K}^0$-Meson. Diese sind gekoppelt, weil jedes von ihnen (unter anderem) mit zwei π-Mesonen in „schwache Wechselwirkung" treten kann. Die π-Mesonen (oder kurz Pionen) sind das Analogon zur Feder. Daher existieren zwei Eigenschwingungen, die man das K_1^0- bzw. das K_2^0-Meson nennt. Zum Unterschied von den vorher besprochenen Eigenschwingungen ist eine dieser Eigenschwingungen, die K_1^0-Schwingung, stark gedämpft. Die andere ist schwach gedämpft. (Systeme mit Dämpfung werden in Kapitel 3 behandelt.) Beginnt das System zur Zeit $t = 0$ mit der Wahrscheinlichkeit Eins für den Zustand K_1^0, so nimmt diese Wahrscheinlichkeit mit der Zeit exponentiell ab: e^{-t/τ_1}. Der K_2-Zustand erfährt eine ähnliche (jedoch viel geringere) Dämpfung. Der der Dämpfung entsprechende „Verlust an Wahrscheinlichkeit" ist das Ergebnis des radioaktiven Zerfalls der Zustände in andere Teilchen. Der K_1^0-Zustand zerfällt z.B. meistens in zwei Pionen; τ_1 ist dabei die mittlere Zerfallszeit für K_1^0.

Würde das System zur Zeit $t = 0$ mit der Wahrscheinlichkeit Eins für den Zustand K^0 (hier Zustand a genannt) beginnen und wäre keine Dämpfung vorhanden, so wäre die Wahrscheinlichkeit dafür, daß sich das System zu einer späteren Zeit im selben Zustand (K^0) befindet, durch Gl. (10.1a) gegeben. Die Wahrscheinlichkeit, das System im Zustand b ($\overline{K}^0$) vorzufinden, wäre dann durch Gl. (10.1b) gegeben. Wegen der Dämpfung müssen diese Gleichungen abgeändert werden:

$$|\psi(K^0)|^2 = \tfrac{1}{4}\,[e^{-t/\tau_1} + e^{-t/\tau_2} + 2\,e^{-(1/2)(t/\tau_1 + t/\tau_2)} \cos(\omega_1 - \omega_2)\,t], \qquad (10.2\,a)$$

$$|\psi(\overline{K}^0)|^2 = \tfrac{1}{4}\,[e^{-t/\tau_1} + e^{-t/\tau_2} - 2\,e^{-(1/2)(t/\tau_1 + t/\tau_2)} \cos(\omega_1 - \omega_2)\,t]. \qquad (10.2\,b)$$

Beachten Sie, daß die Gln. (10.2) für $\tau_1 = \tau_2 = \infty$ (keine Dämpfung) identisch mit den Gln. (10.1) sind.

Eine interessante Übung wäre, für die schwach gekoppelten Pendel einen Dämpfungsmechanismus, der nur die Eigenschwingung 1 bzw. nur die Eigenschwingung 2 dämpft, zu ersinnen. An die Stelle der Gln. (10.1) für die Energie in den Pendeln würden dann ähnliche Ausdrücke wie in den Gln. (10.2) treten.

10.2. Dispersionsrelation für de-Broglie-Wellen

Eine de-Broglie-Welle, die ein einzelnes Teilchen bestimmter Energie beschreibt, hat die Form

$$\psi(z, t) = A f(z)\,e^{-i\omega t} \qquad (10.3)$$

Die Wahrscheinlichkeit dafür, das Teilchen in einem Intervall dz am Ort z anzutreffen, ist gleich $|\psi(z, t)|^2 dz$ und ist unabhängig von t. Ist die Energie des Teilchens konstant, so haben wir ein „homogenes Medium", und $f(z)$ ist eine sinusartige Funktion von kz:

$$\psi(z, t) = [A \sin kz + B \cos kz]\,e^{-i\omega t} \qquad (10.4)$$

Die Dispersionsrelation für ein Teilchen in einem Gebiet konstanter potentieller Energie V erhält man, indem man $W = \hbar\omega$ und $p = \hbar k$ (Bohrsche Frequenzbedingungen und de-Broglie-Beziehung) in den klassischen Ausdruck für die Energie einsetzt. Für nichtrelativistische Elektronen der Masse m lautet die klassische Beziehung zwischen Energie W, Impuls p und Potential V

$$W = \frac{p^2}{2m} + V, \qquad (10.5)$$

woraus die Dispersionsrelation für die de-Broglie-Wellen folgt:

$$\hbar\omega = \frac{\hbar^2 k^2}{2m} + V. \qquad (10.6)$$

Elektronen in einem Kasten. Als Beispiel nehmen wir an, das Elektron sei in einem von $z = 0$ bis $z = l$ reichenden eindimensionalen „Kasten" eingesperrt. Im Kasten sei $V = V_1$ (gleich einer Konstanten). Für z kleiner als Null oder größer als l sei $V(z)$ gleich $+\infty$. Das Elektron ist also im Kasten „eingesperrt". Würde sich dieses „gebundene Elektron" wie ein klassisches Teilchen verhalten, so könnte es jede durch

$$\frac{p^2}{2m} = W - V_1 \qquad (10.7)$$

gegebene kinetische Energie annehmen. Ein wirkliches Elektron ist nun aber kein klassisches Teilchen. Die möglichen gebundenen Zustände eines wirklichen Elektrons in unserem „unendlichen Potentialtopf" sind gerade die Eigenschwingungen der de-Broglie-Wellen des Elektrons, d.h., sie sind stehende Wellen mit einer durch Gl. (10.6) verknüpften Frequenz und Wellenlänge.

Stehende Wellen von der Form der schwingenden Saite. Welche Werte nehmen die Wellenzahlen k für die stehenden Wellen an? Die Wahrscheinlichkeit, das Elektron außerhalb des Intervalls $0 \leqslant z \leqslant l$ anzutreffen, ist Null. Somit ist $|\psi(z, t)|^2$ außerhalb des Potentialtopfs gleich Null. Da aber $\psi(z, t)$ eine stetige Funktion von z ist, muß ψ bei $z = 0$ und $z = l$ verschwinden. (Das sind dieselben Randbedingungen wie für eine bei $z = 0$ und $z = l$ eingespannte homogene Saite. Die stehenden de-Broglie-Wellen treten daher in derselben Folge von Konfigurationen auf, wie die Schwingungen einer idealen Saite.) Die Randbedingungen bei $z = 0$ erfordern also $B = 0$ in Gl. (10.4), woraus folgt

$$\psi(z, t) = e^{-i\omega t} A \sin kz. \tag{10.8}$$

Die Bedingung am Rand $z = l$ erfordert, daß $\sin kl$ verschwindet. Die möglichen stehenden Wellen sind also gegeben durch: l gleich eine Halbwellenlänge, zwei Halbwellenlängen, usw.:

$$k_1 l = \pi, \quad k_2 l = 2\pi, \quad \ldots, \quad k_n l = n\pi, \quad \ldots \tag{10.9}$$

Befindet sich das Elektron in einem einzigen Schwingungszustand, so ist die Wahrscheinlichkeit dafür, das Teilchen pro Längeneinheit (damit sich die Intervallänge dz erübrigt) zur Zeit t am Ort z vorzufinden, gleich

$$|\psi(z, t)|^2 = |e^{-i\omega t} A \sin kz|^2 = |A|^2 \sin^2 kz. \tag{10.10}$$

Diese Wahrscheinlichkeit ist von der Zeit unabhängig; man sagt, „das Elektron befindet sich in einem stationären Zustand". Die Wahrscheinlichkeit dafür, daß sich das Elektron irgendwo zwischen $z = 0$ und $z = l$ befindet, ist gleich Eins. Daraus folgt die „Normierungsbedingung" für $|A|^2$:

$$1 = \int_0^l |\psi|^2 dz = |A|^2 \int_0^l \sin^2 kz\, dz = \tfrac{1}{2} |A|^2 l, \tag{10.11}$$

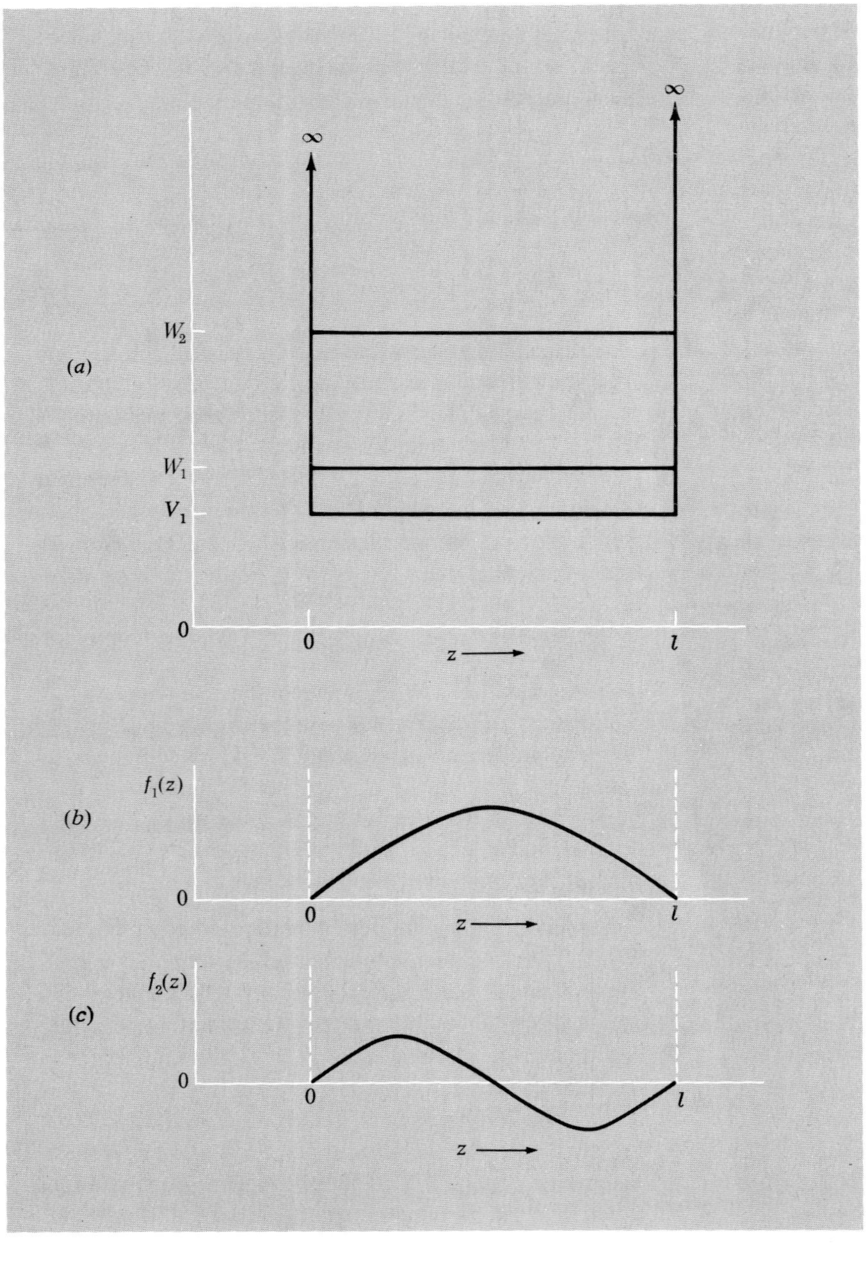

Bild 10.1

In einem unendlich tiefen Potentialtopf gebundenes Elektron

a) Potentialverlauf $V(z)$. Die horizontalen Linien W_1 und W_2 bezeichnen die Energien des ersten und des zweiten Schwingungszustandes. (Grundzustand und erster angeregter Zustand.) Die kinetische Energie $W_n - V_1$ ist n^2 proportional, so daß $(W_2 - V_1) = 4(W_1 - V_1)$;

b) räumlicher Verlauf der Wellenfunktion des Grundzustandes;

c) räumlicher Verlauf der Wellenfunktion des ersten angeregten Zustandes.

die $|A|$ festlegt. Wenn also

$$A = |A| e^{i\alpha} = \sqrt{\frac{2}{l}} e^{i\alpha},$$

so ist

$$\psi(z,t) = \sqrt{\frac{2}{l}} e^{-i(\omega t - \alpha)} \sin kz, \tag{10.12}$$

wobei α eine unbestimmte Phasenkonstante ist.

Die Frequenzen der stehenden Wellen sind durch die Dispersionsrelation, Gl. (10.6), gegeben:

$$\omega_n = \omega_0 + \frac{\hbar k_n^2}{2m}, \quad \omega_0 \equiv \frac{V_1}{\hbar}. \tag{10.13}$$

Somit ist die Energie W des Elektrons gleich

$$W_n = V_1 + \frac{\hbar^2 k_n^2}{2m} = V_1 + \frac{\hbar^2 (n\pi/l)^2}{2m},$$

$$\text{für} \quad n = 1, 2, 3, \ldots \tag{10.14}$$

Stehende Wellen mit anderen als den Saitenfrequenzen. Obwohl die Form der stehenden Wellen dieselbe ist wie bei der schwingenden Saite, sind die Frequenzen keine „Obertöne" der tiefsten Schwingungsfrequenz, wie das bei der schwingenden Saite der Fall ist. Der Grund dafür ist, daß die Dispersionsrelation für de-Broglie-Wellen von der Dispersionsrelation für die Wellen der schwingenden Saite sehr verschieden ist.

Bild 10.1 zeigt die tiefste Eigenschwingung (den „Grundzustand") und die zweite Eigenschwingung (den „ersten angeregten Zustand").

Inhomogenes Medium. Ist die Potentialfunktion $V(z)$ keine von z unabhängige Konstante, so ist die Form der den Eigenschwingungen (d.h. Zuständen mit bestimmten Schwingungsfrequenzen bzw. bestimmten Teilchenenergien) entsprechenden stehenden de-Broglie-Wellen keine Sinuskurve mehr. Es gibt also auch keine „Dispersionsrelation" für ω als Funktion von k, weil die räumliche Abhängigkeit nicht mehr die von Gl. (10.4) ist, und es existiert keine einzige Wellenzahl, die der Frequenz ω entsprechen würde. Statt dessen muß man, um $f(z)$ zu erhalten, die Schrödingersche Wellengleichung lösen. Dies ist in gewisser Hinsicht analog dem in Abschnitt 2.3 behandelten Fall der homogenen Saite. Dort haben wir gefunden, daß die Eigenschwingungen nur bei homogenem Medium eine sinusförmige Raumabhängigkeit aufweisen. Die Raumabhängigkeit für die stehenden Wellen einer inhomogenen Saite erhält man durch Lösen der Differentialgleichung (2.59) (wir nehmen an, die Spannung $T_0(z) = T_0 = \text{const}$, die Massendichte $\rho_0(z)$ sei nicht konstant).

$$\frac{d^2 f(z)}{dz^2} = -\frac{\omega^2 \rho_0(z)}{T_0} f(z). \tag{10.15}$$

Ähnlich läßt sich die räumliche Abhängigkeit der stehenden de-Broglie-Wellen für ein inhomogenes Potential $V(z)$ aus der Schrödinger-Gleichung ermitteln; in diesem Fall lautet sie

$$\frac{d^2 f(z)}{dz^2} = \frac{2m}{\hbar^2}[V(z) - \hbar\omega] f(z). \tag{10.16}$$

10.3. Eindringen eines „Teilchens" in ein „klassisch verbotenes" Raumgebiet

Die Summe aus kinetischer und potentieller Energie eines klassischen Teilchens läßt sich (nichtrelativistisch) als

$$W = \frac{p^2}{2m} + V \tag{10.17}$$

schreiben; dabei ist $p^2/2m$ die kinetische und V die potentielle Energie. Angenommen, V habe den Wert V_1 zwischen $z = 0$ und $z = l$ und den Wert $V_2\,(V_2 > V_1)$ von $z = l$ bis $+\infty$ und von $z = 0$ bis $-\infty$. Weiter nehmen wir an, daß das klassische Teilchen in dem in Abschnitt 10.2 beschriebenen Potentialtopf „gebunden" sei. Dies ist der Fall, wenn die Energie W des Teilchens irgendwo zwischen V_1 und V_2 liegt; wenn sich das Teilchen irgendwie im Bereich zwischen $z = 0$ und $z = l$ befindet, so kann es diesen nicht mehr verlassen. Es wird sich vielmehr mit dem Impuls $p_z = \pm\sqrt{2m(W - V_1)}$ zwischen den Wänden hin- und herbewegen und dabei jedesmal das Vorzeichen von p_z wechseln, wenn es von einer Wand abprallt. In die Gebiete mit dem Potential V_2 kann es nicht eindringen, weil dort seine kinetische Energie negativ würde:

$$\frac{p^2}{2m} = W - V = W - V_2 = -(V_2 - W),$$

$$\text{für} \quad W < V_2. \tag{10.18}$$

Negative kinetische Energie hat natürlich bei einem klassischen Teilchen keinen Sinn.

Reale Teilchen sind keine klassischen Teilchen. Sie besitzen sowohl Welleneigenschaften als auch „Teilchen"-Eigenschaften. Aus den de-Broglie-Beziehungen $p = \hbar k$ und $W = \hbar\omega$ folgt die Dispersionsrelation

$$\omega = \omega_0(z) + \frac{\hbar k^2}{2m}, \quad \text{für} \quad \omega > \omega_0 \tag{10.19}$$

mit

$$\omega_0(z) \equiv \frac{V(z)}{h}.$$

Analogie zu gekoppelten Pendeln. Diese Gleichung kann man mit der Dispersionsrelation für gekoppelte Pendel (in der Kontinuumsnäherung, siehe Abschnitt 3.5) vergleichen:

$$\omega^2 = \omega_0^2(z) + \frac{K^2 a^2}{m} k^2, \quad \text{für} \quad \omega^2 > \omega_0^2, \tag{10.20}$$

mit

$$\omega_0^2(z) \equiv \frac{g}{l}. \tag{10.21}$$

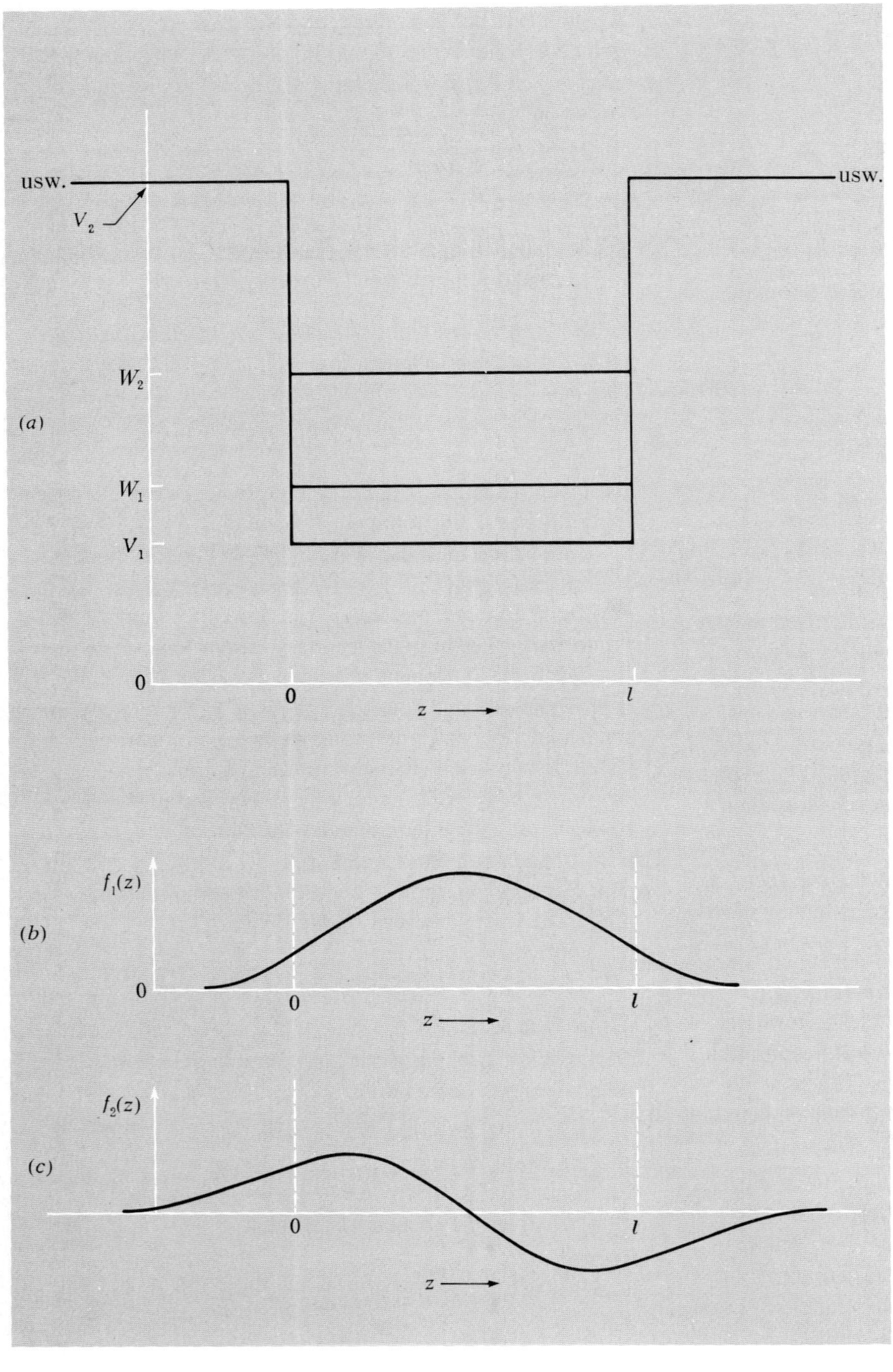

Bild 10.2
In einem endlich tiefen Potentialtopf gebundenes Elektron.
a) Potentialverlauf $V(z)$. Die horizontalen Linien W_1 und W_2 bezeichnen die Energien des Grundzustandes und des ersten angeregten Zustandes;
b) räumlicher Verlauf der Wellenfunktion des Grundzustandes;
c) räumlicher Verlauf der Wellenfunktion des ersten angeregten Zustandes.

Ist bei den gekoppelten Pendeln ω kleiner als ω_0, so sind die Wellen nicht sinusförmig, sondern nehmen einen exponentiellen Verlauf. Man spricht dann von einem *reaktiven Medium*. Die Dispersionsrelation wird hierbei

$$\omega^2 = \omega_0^2 - \frac{K^2 a^2}{m} \kappa^2, \quad \omega^2 < \omega_0^2, \tag{10.22}$$

worin κ die Dämpfungskonstante und $\delta = 1/\kappa$ die Dämpfungslänge ist. Ähnlich wird mit $\omega < \omega_0$ die Dispersionsrelation für de-Broglie-Wellen

$$\omega = \omega_0(z) - \frac{\hbar \kappa^2}{2m}, \quad \omega < \omega_0. \tag{10.23}$$

Somit ist in unserem Beispiel die kinetische Energie $W-V$ gleich

$$W - V_1 = \frac{\hbar^2 k_1^2}{2m}, \quad 0 \leqslant z \leqslant l \tag{10.24}$$

und

$$W - V_2 = -\frac{\hbar^2 \kappa_2^2}{2m} \quad \text{überall sonst.} \tag{10.25}$$

Hat das Teilchen also positive kinetische Energie, so sind die entsprechenden de Broglie-Wellen sinusförmig (wenn das Medium homogen ist) mit der Wellenzahl k_1, während sie bei negativer kinetischer Teilchenenergie exponentielle Wellen mit der Dämpfungskonstanten κ_2 sind. Die Wellenfunktionen der möglichen Zustände eines Elektrons, das in einem solchen „endlichen Potentialtopf" gebunden ist, sind der Form nach den in Abschnitt 3.5 beschriebenen „gebundenen Eigenschwingungen" gekoppelter Pendel ziemlich ähhlich. So ist die Wellenfunktion $f(z)$ des Grundzustands im Bereich positiver kinetischer Energie (im Dispersionsbereich) sinusförmig und hat solche Wellenzahlen, daß kl etwas kleiner als π ist. Bei $z=0$ und $z=l$ schließt die sinusförmige Wellenfunktion stetig an die Exponentialfunktion an, die in unendlichem Abstand vom Dispersionsbereich auf Null abnimmt. (Die beiden niedrigsten stationären Zustände sind in Bild 10.2 dargestellt.)

Aus der Zeichnung sehen wir, daß die Wahrscheinlichkeit, das Teilchen im „klassisch verbotenen" Gebiet vorzufinden, nicht Null ist. Für z kleiner als Null ist die Wahrscheinlichkeit proportional $|\exp[-\kappa_2(-z)]|^2$, für z größer als l ist sie proportional zu $|\exp[-\kappa_2(z-l)]|^2$.

Zu beachten ist, daß κ_2 nach Gl. (10.25) unendlich wird und die Dämpfungslänge δ_2 gegen Null geht, wenn V_2 gegen $+\infty$ geht. Das ist genau der unter Punkt 2 der Ergänzungen behandelte Fall. Für ihn können wir sofort die Wellenzahlen und erlaubten Eigenschwingungen schreiben und erhalten dann die entsprechenden Energien aus der Dispersionsrelation. Beim vorliegenden Beispiel eines endlichen Potentialtopfes ist es etwas komplizierter, die zulässigen Werte von k (im Potentialtopf) und κ (außerhalb des Potentialtopfes) aufzufinden.

10.4. Phasen- und Gruppengeschwindigkeit der de Broglie-Wellen

Die Dispersionsrelation für ein nichtrelativistisches Elektron der Energie W in einem konstanten Potentialfeld V lautet (siehe Abschnitt 10.2)

$$\omega = \frac{\hbar k^2}{2m} + \frac{V}{\hbar}. \tag{10.26}$$

Die Phasengeschwindigkeit ist

$$v_\varphi(k) = \frac{\omega}{k} = \frac{\hbar k}{2m} + \frac{V}{\hbar k}. \tag{10.27}$$

Die Geschwindigkeit eines klassischen Teilchens ist p/m, d.h. also $\hbar k/m$. Somit wird aus Gl. (10.27)

$$v_\varphi(k) = \frac{1}{2}\, v(\text{Teilchen}) + \frac{V}{p(\text{Teilchen})}. \tag{10.28}$$

Dies ist eine recht merkwürdige Beziehung. Glücklicherweise läßt sich $v_\varphi(k)$ nicht direkt beobachten. Die Geschwindigkeit eines quantenmechanischen Teilchens ist statt dessen die Geschwindigkeit eines „Wellenpakets", das nicht bloß aus einem, sondern aus mehreren benachbarten Werten von k besteht. Die Ausbreitungsgeschwindigkeit eines Wellenpakets ist durch seine Gruppengeschwindigkeit v_g gegeben. Mit Hilfe von Gl. (10.26) finden wir

$$v_g = \left(\frac{d\omega}{dk}\right)_0 = \left(\frac{\hbar k}{m}\right)_0, \tag{10.29}$$

wobei der Index Null andeuten soll, daß die Ableitung für den Wert k in der Mitte des Bandes Δk, aus dem das Wellenpaket besteht, auszuwerten ist. Daraus sehen wir, daß $v_g = v(\text{Teilchen})$, wenn die der Mitte des Pakets entsprechende Größe $(\hbar k)_0$ als Teilchenimpuls angesehen wird.

Für ein relativistisches freies Teilchen lautet die Beziehung zwischen Energie, Impuls und Ruhmasse m

$$W^2 = (mc^2)^2 + (cp)^2, \tag{10.30}$$

daraus folgt die Dispersionsrelation (mit $W = \hbar\omega$ und $p = \hbar k$, was auch bei relativistischer Betrachtungsweise korrekt ist)

$$\hbar^2\omega^2 = (mc^2)^2 + (\hbar ck)^2. \tag{10.31}$$

Die Phasengeschwindigkeit $v_\varphi = \omega/k$ hat den Wert $v_\varphi = \omega/k = W/p$; das ist gleich $c^2/v(\text{Teilchen})$ und somit größer als c. Die Gruppengeschwindigkeit ist

$$v_g = \frac{d\omega}{dk} = \frac{c^2 k}{\omega} = \frac{c^2 p}{W} = v(\text{Teilchen}). \tag{10.32}$$

Die Beziehung zwischen Phasengeschwindigkeit, Gruppengeschwindigkeit und Lichtgeschwindigkeit ist dieselbe wie die für Radiowellen in der Ionosphäre, nämlich $v_\varphi v_g = c^2$, was auf die Ähnlichkeit der Dispersionsrelationen zurückzuführen ist.

10.5. Wellengleichungen für die de Broglie-Wellen

Eine harmonische de Broglie-Welle (d.h. ein stationärer Zustand) in einem Gebiet konstanten Potentials hat die Form

$$\psi(z,t) = e^{-i\omega t}(A e^{ikz} + B e^{-ikz}). \tag{10.33}$$

Daraus folgt

$$\frac{\partial\psi(z,t)}{\partial t} = -i\omega\psi(z,t); \tag{10.35}$$

$$\frac{\partial^2 \psi(z,t)}{\partial t^2} = -\omega^2 \psi(z,t); \tag{10.35}$$

$$\frac{\partial \psi(z,t)}{\partial z} = e^{-i\omega t}(ikAe^{ikz} - ikB\,e^{-ikz}); \tag{10.36}$$

$$\frac{\partial^2 \psi(z,t)}{\partial z^2} = -k^2 \psi(z,t). \tag{10.37}$$

Für nichtrelativistische Teilchen lautet die Dispersionsrelation (siehe Abschnitt 10.2)

$$\hbar\omega = \frac{\hbar^2 k^2}{2m} + V. \tag{10.38}$$

Durch Multiplikation von Gl. (10.34) mit $i\hbar$ und Verwendung der Gln. (10.37) und (10.38) erhalten wir

$$\frac{i\hbar\partial\psi(z,t)}{\partial t} = -\frac{\hbar^2}{2m}\frac{\partial^2\psi(z,t)}{\partial z^2} + V\psi(z,t). \tag{10.39}$$

Diese Gleichung wurde mit harmonischen Wellen für ein räumlich konstantes Potential abgeleitet, daraus folgt eine in kz sinusförmige Raumabhängigkeit. Es gibt keinen Grund zur Annahme, daß Gl. (10.39) auch dann gilt, wenn $V = V(z)$, d.h., wenn V eine Funktion des Ortes ist. Man kann jedoch hoffen, daß dies der Fall ist, und genau das tat *Schrödinger*. Er dachte sich, daß die Beziehung (10.39) vielleicht sogar für ein zeitabhängiges $V(z)$ gelten könne. Mit $V = V(z)$ nennt man dann Gl. (10.39) die *Schrödingergleichung* (genauer: Die *eindimensionale, zeitabhängige Schrödingergleichung*). Sie funktioniert tatsächlich in der Atomphysik.

Wenn relativistische Effekte nicht vernachlässigbar sind, so kann man weder Gl. (10.38) noch Gl. (10.39) verwenden. Für freie relativistische Teilchen lautet die relativistische Dispersionsrelation

$$\hbar^2\omega^2 = \hbar^2 c^2 k^2 + (mc^2)^2. \tag{10.40}$$

Durch Multiplikation von Gl. (10.40) mit $-\hbar^{-2}\psi(z,t)$ und Verwendung der Gln. (10.35) und (10.37) erhalten wir

$$\frac{\partial^2\psi(z,t)}{\partial t^2} = c^2\frac{\partial^2\psi(z,t)}{\partial z^2} - \frac{(mc^2)^2}{\hbar^2}\psi(z,t). \tag{10.41}$$

Das ist die *Klein-Gordon-Gleichung*. Beachten Sie, daß man mit $m = 0$ die klassische Wellengleichung für Wellen der Geschwindigkeit c ohne Dispersion erhält. Dies entspricht der Tatsache, daß Photonen die Ruhmasse Null haben.

10.6. Elektromagnetische Strahlung von einem eindimensionalen „Atom"

Zunächst verweisen wir noch einmal auf Abschnitt 10.2. Wir nehmen an, die stationären Zustände eines in einem eindimensionalen Potentialtopf mit unendlich hohen „Seitenwänden" gebundenen Elektrons seien bei $z = -l/2$ und $z = +l/2$. Das Elektron möge sich nun zufällig in einer Überlagerung von Grundzustand und erstem angeregtem Zustand befinden:

$$\psi(z,t) = \psi_1(z,t) + \psi_2(z,t), \tag{10.42}$$

$$\psi_1(z,t) = A_1 e^{-i\omega_1 t}\cos k_1 z, \quad k_1 l = \pi; \tag{10.43}$$

$$\psi_2(z,t) = A_2 e^{-i\omega_2 t}\sin k_2 z, \quad k_2 l = 2\pi. \tag{10.44}$$

Dann ist die Wahrscheinlichkeit (pro Längeneinheit) dafür, daß sich das Elektron zur Zeit t an der Stelle z befindet, durch

$$\begin{aligned}|\psi(z,t)|^2 &= |A_1 e^{-i\omega_1 t}\cos k_1 z + A_2 e^{-i\omega_2 t}\sin k_2 z|^2\\ &= A_1^2\cos^2 k_1 z + A_2^2 \sin^2 k_2 z\\ &\quad + 2A_1A_2\cos k_1 z\sin k_2 z\cos(\omega_2-\omega_1)t\end{aligned} \tag{10.45}$$

gegeben. Wir sehen, daß die Wahrscheinlichkeit ein Glied enthält, das mit der Schwebungsfrequenz zwischen den beiden de-Broglie-Frequenzen ω_1 und ω_2 harmonisch oszilliert. Es ist weiter nicht schwierig, die folgenden Integrationen auszuführen und damit $\bar{z}$, den räumlichen Mittelwert von z, zu finden:

$$\int_{-l/2}^{l/2} |\psi|^2\,dz = (A_1^2 + A_2^2)\,\frac{l}{2},$$

$$\int_{-l/2}^{l/2} z|\psi|^2\,dz = \frac{16\,l^2}{9\pi^2}A_1A_2\cos(\omega_2-\omega_1)t,$$

$$\bar{z} = \frac{\int z|\psi|^2\,dz}{\int|\psi|^2\,dz} = \frac{32\,l}{9\pi^2}\,\frac{A_1A_2}{A_1^2+A_2^2}\cos(\omega_2-\omega_1)t,$$

$$\bar{z} = (0{,}36\,l)\,\frac{A_1A_2}{A_1^2+A_2^2}\cos(\omega_2-\omega_1)t. \tag{10.46}$$

Warum die Strahlungsfrequenz gleich der Schwebungsfrequenz ist. Trägt das Elektron die Ladung $Q = -e$, so strahlt es mit derselben Frequenz, mit der es schwingt, elektromagnetische Wellen ab. Aus Gl. (10.46) sieht man, daß die mittlere (d.h. gemittelte) Lage der Ladung mit der Schwebungsfrequenz $\omega_2 - \omega_1$ oszilliert. Daher ist die Strahlungsfrequenz gleich der Schwebungsfrequenz zwischen den beiden am „Übergang" beteiligten stationären Zuständen:

$$\omega_{\text{rad}} = \omega_2 - \omega_1. \tag{10.47}$$

10.7. Zeitliche Kohärenz und optische Schwebungen

Interferenz läßt sich zwischen Wellen verschiedener Frequenz erzeugen. Das gilt für optische ebenso wie für andere Erscheinungen. Angenommen, wir haben zwei

Lichtwellen 1 und 2, die die elektrischen Felder $\mathbf{E}_1$ und $\mathbf{E}_2$ erzeugen und beide längs der $\hat{\mathbf{x}}$-Richtung polarisiert sind. (Dann erübrigt sich die Vektorschreibweise.) Das Gesamtfeld bei festem z ist die Überlagerung von E_1 und E_2. In komplexer Schreibweise wird das Feld

$$E_c(t) = E_1 \mathrm{e}^{\mathrm{i}\omega_1 t} \mathrm{e}^{\mathrm{i}\varphi_1} + E_2 \mathrm{e}^{\mathrm{i}\omega_2 t} \mathrm{e}^{\mathrm{i}\varphi_2}. \tag{10.48}$$

Die Energiestromdichte läßt sich mit einem Sekundärelektronen-Vervielfacher messen (der von diesem abgegebene Strom ist proportional dem einfallenden Energiestrom). Sie ist proportional dem über eine Periode T der „schnellen" Schwingungen bei der mittleren Frequenz genommenen Mittelwert von $E^2(t)$:

$$\begin{aligned}\langle E^2(T)\rangle &= \tfrac{1}{2}\,|E_c(t)|^2 \\ &= \tfrac{1}{2}\{E_1^2 + E_2^2 + 2E_1E_2\cos[(\omega_1 - \omega_2)t \\ &\quad + (\varphi_1 - \varphi_2)]\}.\end{aligned} \tag{10.49}$$

Man kann also hoffen, am Sekundärelektronen-Vervielfacher einen Strom zu messen, der mit der relativ langsamen Schwebungsfrequenz $\omega_1 - \omega_2$ variiert. Welche Anforderungen sind an die Bandbreiten zu stellen? Wir erinnern uns, daß sich die Amplituden und die Phasenkonstanten unserer einfachen Anschauung zufolge langsam und in nicht vorhersagbarer Weise ändern, wobei (z.B.) φ_1 während eines Kohärenzzeitintervalls (gleich dem Reziprokwert der Bandbreite der Schwingung 1)

$$t_{1(\mathrm{koh})} \approx (\Delta\nu_1)^{-1} \tag{10.50}$$

$$t_{2(\mathrm{koh})} \approx (\Delta\nu_2)^{-1} \tag{10.51}$$

zufällig um einen Betrag von der Größenordnung 2π wandert (sich verschiebt). Sollen Schwebungen zu beobachten sein, so müssen natürlich die Phasen der einzelnen Komponenten während einer Schwebungsperiode wenigstens ungefähr konstant bleiben. Um also eine Schwebung beobachten zu können, müssen wir verlangen, daß beide Kohärenzzeiten lang gegen eine Schwebungsperiode sind, d.h., daß beide Bandbreiten klein gegen die Schwebungsfrequenz sind:

$$\begin{aligned}&\Delta\nu_1 < |\nu_1 - \nu_2| \quad \text{(für beobachtbare} \\ &\Delta\nu_2 < |\nu_1 - \nu_2| \quad \text{Schwebungen)}\end{aligned} \tag{10.52}$$

Außerdem muß man aber auch noch Talent haben, um Stromschwankungen von der Schwebungsfrequenz am Sekundärelektronen-Vervielfacher zu entdecken. Man muß sich dazu schon etwas einfallen lassen. Das Experiment wurde tatsächlich ausgeführt, und es kann sich sehen lassen.[1])

[1]) *A. T. Forrester, R. A. Gudmundsen* und *P. O. Johnson*, „Photoelectric Mixing of Incoherent Light", *Phys. Rev.*, 99, 169 (1955).

10.8. Warum ist der Himmel hell?

Bei der Behandlung der Farbabhängigkeit der Streuung des Lichts an einzelnen Luftmolekülen (Abschnitt 7.5) hatten wir herausgefunden, warum der Himmel blau ist. Doch nun ein Einwand, der zu beweisen scheint, daß der Himmel eigentlich unsichtbar sein sollte: Wir betrachten irgendeine monochromatische Komponente des Sonnenlichts. Das elektrische Feld stößt ein bestimmtes Luftmolekül an. Jedes schwingende Elektron dieses Luftmoleküls strahlt Wellen nach allen Richtungen ab, einige davon werden das Auge eines bestimmten Beobachters erreichen. Für ein gegebenes Molekül (wir nennen es Nr. 1) gibt es aber sicher ein anderes (Nr. 2), das gerade eine halbe Wellenlänge weiter vom Beobachter entfernt ist. Werden beide Moleküle mit derselben Amplitude und derselben Phasenkonstanten angestoßen, so sollten sich ihre Wellen überlagern und am Ort des Beobachters Null ergeben. Für Streuung in der Nähe von 90° lassen sich diese Bedingungen für Phase und Amplitude offensichtlich erfüllen, vorausgesetzt, die Anzahl der Luftmoleküle pro Volumeneinheit ist groß genug, so daß es für jedes Molekül „Nr. 1" fast immer ein Molekül „Nr. 2" gibt. (Für Streuung in der Nähe von 0° werden Moleküle, die vom Beobachter eine halbe Wellenlänge weiter entfernt sind, eine halbe Periode früher angeregt. Sie tragen daher zur Auslöschung nichts bei.) Unter Normalbedingungen ist die Teilchendichte in Luft ungefähr $3 \cdot 10^{25}$ Moleküle pro m^3. Ein Würfel der Kantenlänge $5 \cdot 10^{-7}$ m (Wellenlänge des blauen Lichts) enthält somit ca. $4 \cdot 10^6$ Moleküle oder ungefähr 100 Moleküle längs jeder Kante. Das scheint mehr als genug zu sein, um fast vollständige Auslöschung durch Interferenz zu geben, sogar dann noch, wenn man den exponentiellen Abfall der Luftdichte mit steigender Entfernung von der Erdoberfläche berücksichtigt. Wir kommen also zu der Vorhersage, daß der Teil des Himmels, der einer Streuung um ca. 90° entspricht, eher „schwarz" als hellblau sein müßte!

Diese Vorhersage steht offenbar in krassem Widerspruch zur Erfahrung. Die beobachtete Intensität ist vielmehr nahezu diejenige, die aufgrund einer Streuung an einzelnen Luftmolekülen zu erwarten wäre, wenn man die Teilchendichte in Betracht zieht und die von den einzelnen, unabhängigen Molekülen beigesteuerten *Intensitäten* aufsummiert. Aus irgendeinem Grund tritt die vorausgesagte Auslöschung durch Interferenz nicht ein. Aber warum nicht?

Hier noch eine andere ähnliche Tatsache: Nehmen wir Glas oder reines Wasser statt Luft, so tritt die vorhergesagte Auslöschung durch Interferenz für Streuung um 90° tatsächlich auf. Aus diesem Grunde dringt auch der Strahl einer Taschenlampe mit vernachlässigbarem Verlust an Intensität (außer der Zerstreuung des Strahls durch Beugung) durch reines Wasser. Die Luftmenge über der

Erdoberfläche ist gewichtsmäßig und annähernd auch nach der Anzahl der Moleküle einer ca. 10 m hohen Wassermenge äquivalent. Dennoch ist die von einem Taschenlampenstrahl beim Durchgang durch 10 m reines Wasser um 90° gestreute Lichtmenge sehr klein im Vergleich zur Streuung des Sonnenlichts beim Durchgang durch die Atmosphäre. Bei Wasser addiert man die *Amplitude* für Streuung um 90° und erhält die erwartete Auslöschung durch Interferenz. Bei Luft scheinen sich die *Intensitäten* zu addieren. Warum?

Die Antwort liegt in der *Gleichmäßigkeit* der Abstände zwischen den Wassermolekülen im Vergleich zu den Abständen zwischen den Luftmolekülen. (Das hat mit dem Unterschied zwischen Luft- und Wassermolekülen nichts zu tun: Wasserdampf verhält sich wie gasförmige Luft; flüssige Luft verhält sich wie flüssiges Wasser.) Die Wassermoleküle stehen miteinander „in Berührung", die Abstände zwischen ihnen sind überaus gleichmäßig. Es gibt garantiert immer ein Molekül „Nr. 2", das den Beitrag des gegebenen Moleküls „Nr. 1" auslöscht (bei der Überlagerung ihrer Strahlungsfelder am Ort des Beobachters). Bei Luft existiert nur *im Mittel* ein Molekül „Nr. 2" für jedes Molekül „Nr. 1", es ist also manchmal eines da, manchmal aber auch nicht. *Die Schwankungen* (der Gleichmäßigkeit der Anzahl der Luftmoleküle pro Volumeneinheit) *zerstören die Kohärenz*. Die „erwartete" Auslöschung der *Amplituden* für 90°-Streuung tritt nicht ein. Statt dessen ist die Gesamtintensität gleich der Summe der *Einzelintensitäten* der beteiligten Quellen (wie dies bei inkohärenten Quellen immer der Fall ist).

Im folgenden bringen wir eine einfache Ableitung: Wir betrachten einen winzig kleinen Raumbereich, den wir Bereich 1 nennen. Dann wählen wir irgendeinen anderen Bereich (Nr. 2) derselben Größe, der denselben Abstand von der Sonne hat, aber vom Beobachter eine halbe Wellenlänge weiter entfernt ist. (Wir betrachten nur eine monochromatische Komponente des Sonnenlichts.) Jeder dieser beiden Bereiche soll sehr klein im Vergleich zu einer Wellenlänge sein. Dann werden alle Moleküle im Bereich 1 phasengleich angestoßen. Jedes trägt am Ort des Beobachters ein Feld $\mathbf{E}_1$ bei. Sind im Bereich 1 zu einer gegebenen Zeit n_1 Moleküle vorhanden, so ist das von diesen Molekülen beim Beobachter erzeugte Feld gleich $n_1 \mathbf{E}_1$. In gleicher Weise ist das aus dem Bereich 2 stammende Feld $n_2 \mathbf{E}_2$. Das gesamte von diesen beiden Bereichen stammende Feld ist die Überlagerung $\mathbf{E} = n_1 \mathbf{E}_1 + n_2 \mathbf{E}_2$. Da aber die beiden Bereiche jeweils phasengleich angestoßen werden und in der Richtung zum Beobachter eine halbe Wellenlänge voneinander entfernt sind, ist $\mathbf{E}_2$ gleich $-\mathbf{E}_1$. Somit ist zu dem gegebenen Zeitpunkt

$$\mathbf{E} = n_1 \mathbf{E}_1 + n_2 \mathbf{E}_2 = (n_1 - n_2)\, \mathbf{E}_1. \qquad (10.53)$$

Das Feld $\mathbf{E}_1$ ist das von einem angestoßenen Luftmolekül ausgestrahlte Feld. Es läßt sich auch schreiben als (wir gehen von der Vektorschreibweise aus, da uns die Polarisation nicht interessiert)

$$E_1 = A_1 \cos(\omega t + \varphi). \qquad (10.54)$$

Daher ist das von den beiden Bereichen 1 und 2 stammende Feld gleich

$$E = A \cos(\omega t + \varphi), \qquad (10.55)$$

wobei

$$A = (n_1 - n_2) A_1. \qquad (10.56)$$

Wie groß ist nun der durchschnittliche oder der „zu erwartende" Wert der Amplitude A? Manchmal ist n_1 größer als n_2 und manchmal kleiner. Im Mittel werden n_1 und n_2 gleich sein. Daher wird A im Mittel verschwinden. Würden n_1 und n_2 ihre durchschnittlichen Werte unveränderlich beibehalten, so wäre E dauernd Null, und wir hätten keinerlei Streuung bei 90°. Wie wir jedoch sehen werden, ist dies nicht der Fall.

Die Intensität der gestreuten Strahlung ist proportional dem Quadrat des abgestrahlten elektrischen Feldes. Wir bilden den Mittelwert über eine Schwingungsperiode. (Eine Periode dauert ungefähr 10^{-15} s, während dieser kurzen Zeitspanne ändern sich n_1 und n_2 nicht.) Die Streuintensität ist dann proportional dem Quadrat der Amplitude A. Abgesehen von hier uninteressanten Konstanten gilt also

$$\text{Intensität} = A^2 = (n_1 - n_2)^2 A_1^2. \qquad (10.57)$$

Nun betrachten wir den Einfluß der Schwankungen von $n_1 - n_2$. Mitteln wir über ein genügend langes Zeitintervall, so daß unsere Bereiche 1 und 2 Zeit haben, die sich ständig ändernde Teilchendichte „auszuprobieren", so sehen wir, daß die über die Zeit gemittelte Intensität aus den beiden Bereichen gerade gleich dem Mittel von $(n_1 - n_2)^2$ mal der Intensität ist, die wir von einem einzelnen, im Bereich 1 verbleibenden Molekül erhalten würden. Bezeichnen wir das zeitliche Mittel der Intensität aus den beiden Bereichen mit I, so ist

$$I = \overline{(n_1 - n_2)^2}\, I_1, \qquad (10.58)$$

dabei ist I_1 die Intensität eines einzelnen Moleküls (das im Bereich 1 verbleibt); der Querstrich soll die Mittelung über die Zeit andeuten. Der Mittelwert $\overline{n}_1$ von n_1 ist nun gleich dem Mittelwert $\overline{n}_2$ von n_2. Daher ist

$$\begin{aligned}(n_1 - n_2)^2 &= [(n_1 - \overline{n}_1) - (n_2 - \overline{n}_2)]^2 \\ &= (n_1 - \overline{n}_1)^2 + (n_2 - \overline{n}_2)^2 \\ &\quad - 2(n_1 - \overline{n}_1)(n_2 - \overline{n}_2). \end{aligned} \qquad (10.59)$$

Durch Mittelung finden wir

$$\begin{aligned}\overline{(n_1 - n_2)^2} &= \overline{(n_1 - \overline{n}_1)^2} + \overline{(n_2 - \overline{n}_2)^2} \\ &\quad - 2\overline{(n_1 - \overline{n}_1)(n_2 - \overline{n}_2)}. \end{aligned} \qquad (10.60)$$

Bis hierher gelten alle unsere Ausführungen für Luft und für Wasser. Doch nun kommen wir zum entscheidenden Unterschied. Bei Luft sind die beiden Bereiche 1 und 2 vollkommen unabhängig voneinander. Das bedeutet, daß die Schwankungen von n_1 (zu einem gegebenen Zeitpunkt) unabhängig von den Schwankungen von n_2 sind, weil die Moleküle im Bereich 1 diejenigen im Bereich 2 nicht direkt beeinflussen. (Bei Wasser ist die Sache anders. Hier berühren sich alle Moleküle. Will man ein Molekül auf einer Seite in den Bereich 1 hineinschieben, so muß erst Platz geschaffen und ein Molekül auf der anderen Seite entfernt werden. Dabei werden sogar Moleküle durch den Bereich 2 durchgeschoben.) Daher ist *für Luft* der Mittelwert des Produkts von $(n_1 - \overline{n}_1)$ und $(n_2 - \overline{n}_2)$ gleich dem Produkt der beiden unabhängigen Mittelwerte:

$$\overline{(n_1 - \overline{n}_1)(n_2 - \overline{n}_2)} = \overline{(n_1 - \overline{n}_1)} \cdot \overline{(n_2 - \overline{n}_2)} = = (\overline{n}_1 - \overline{n}_1) \cdot (\overline{n}_2 - \overline{n}_2) = 0. \tag{10.61}$$

(Der entscheidende Schritt war die Erkenntnis, daß bei Luft die Schwankung von n_1 unabhängig von der Schwankung von n_2 ist.) Als nächstes werten wir die mittleren Schwankungsquadrate von n_1 und n_2 um ihre Mittelwerte aus. Bei Luft ist „genug Platz" im Bereich 1 (oder Bereich 2), die Moleküle sind nicht zusammengepfercht. Sollte in irgendeinem Augenblick ein Überschuß an Molekülen im Bereich 1 herrschen, so hat das keinen Einfluß darauf, ob noch ein Molekül hinein kann oder nicht. Dabei stellt sich heraus (wie Sie in Band 5 sehen werden), daß für die Anzahl der Moleküle im Bereich 1 (oder 2) eine Wahrscheinlichkeitsverteilungsfunktion (die sogenannte „Poisson-Verteilung") gilt, für die das mittlere Abweichungsquadrat von n_1 von seinem Mittelwert gleich dem Mittelwert selbst ist:

$$\overline{(n_1 - \overline{n}_1)^2} = \overline{n}_1, \quad \overline{(n_2 - \overline{n}_2)^2} = \overline{n}_2. \tag{10.62}$$

Diese Beziehung gilt für die Luftmoleküle. Sie gilt jedoch *nicht* für die Wassermoleküle, weil hier schon ein kleiner Überschuß das Eindringen eines weiteren Moleküls stark behindert. Statt dessen ist für Wasser

$$\overline{(n_1 - \overline{n}_1)^2} \ll \overline{n}_1, \quad \overline{(n_2 - \overline{n}_2)^2} \ll \overline{n}_2. \tag{10.63}$$

Das zeitliche Mittel der Intensität aus den beiden Bereichen ist somit für Luft

$$\begin{aligned} I &= \overline{(n_1 - n_2)^2}\, I_1 \\ &= \overline{(n_1 - \overline{n}_1)^2}\, I_1 + \overline{(n_2 - \overline{n}_2)^2}\, I_1 + 0 \\ &= \overline{n}_1 I_1 + \overline{n}_2 I_1 \\ &= \overline{n}_1 I_1 + \overline{n}_2 I_2 . \end{aligned} \tag{10.64}$$

Diese Intensität ist gerade die Summe der von den Luftmolekülen aus Bereich 1 und Bereich 2 stammenden *Intensitäten*. Für Wasser gilt statt dessen

$$I = \overline{(n_1 - n_2)^2}\, I_1 \ll \overline{n}_1 I_1 + \overline{n}_2 I_2 . \tag{10.65}$$

Wären n_1 und n_2 immer genau gleich, so hätten wir „vollkommen starres und homogenes Wasser", was die Intensität Null ergeben würde.

In einem ebenso einfachen wie genialen Experiment hat *R. W. Wood* gezeigt, daß die Intensität des an Luft um 90° gestreuten Lichts proportional der Anzahl der beteiligten Moleküle ist, wie dies von Gl. (10.64) vorhergesagt wird. Dieses Experiment läßt sich leicht durchführen. Der Leser sei hier z.B. auf die Beschreibung in *M. Minnaert*, *Light and Colour*, §§ 172 und 174 (Dover Publications, Inc., New York, 1954) verwiesen.

10.9. Elektromagnetische Wellen in materiellen Medien

Unsere Darlegung wird hier allgemeiner sein als im Haupttext. Wir werden weder die Besprechung des Absorptionsteils der Dielektrizitätskonstanten noch die Verwendung komplexer Zahlen vermeiden.

Die Maxwellschen Gleichungen. Wir beginnen damit, daß wir die Maxwellschen Gleichungen in ihrer allgemeinsten Form wiedergeben:

$$\nabla \cdot \mathbf{B} = 0 \tag{10.66}$$

$$\nabla \cdot \mathbf{E} = \rho_{ges}/\epsilon_0 = \rho_{frei}/\epsilon_0 - \mathbf{P}/\epsilon_0 \tag{10.67}$$

$$\begin{aligned} \nabla \times \mathbf{B} &= \mu_0\, \mathbf{J}_{ges} + \frac{1}{c^2}\frac{\partial \mathbf{E}}{\partial t} = \mu_0\, \mathbf{J}_{frei} \\ &\quad + \left(\mu_0\, \nabla \times \mathbf{M} + \mu_0 \frac{\partial \mathbf{P}}{\partial t}\right) + \frac{1}{c^2}\frac{\partial \mathbf{E}}{\partial t} \end{aligned} \tag{10.68}$$

$$\nabla \times \mathbf{E} = -\frac{\partial \mathbf{B}}{\partial t}. \tag{10.69}$$

(Zu Gl. (10.66) siehe Band 2, Gl. (10.1); zu Gl. (10.67) siehe Band 2, Gl. (9.57); zu Gl. (10.68) siehe Band 2, Gl. (9.79) für $\mathbf{M}$ gleich Null bzw. Gl. (10.50) für $\partial\mathbf{P}/\partial t$ und $\partial\mathbf{E}/\partial t$ gleich Null; zu Gl. (10.69) siehe Band 2, Gl. (10.30).)

Anders geschrieben, lauten die Gln. (10.66) bis (10.69) wie folgt:

$$\nabla \cdot \mathbf{B} = 0 \tag{10.70}$$

$$\nabla \cdot \{\epsilon_0 \mathbf{E} + \mathbf{P}\} = \rho_{frei} \tag{10.71}$$

$$\nabla \times \{\mathbf{B} - \mu_0 \mathbf{M}\} = \frac{1}{c^2}\frac{\partial}{\partial t}\{\mathbf{E} + \frac{\mathbf{P}}{\epsilon_0}\} + \mu_0\, \mathbf{J}_{frei} \tag{10.72}$$

$$\nabla \times \mathbf{E} = -\frac{\partial \mathbf{B}}{\partial t}. \tag{10.73}$$

Die Summe $\epsilon_0 \mathbf{E} + \mathbf{P}$ bezeichnet man als $\mathbf{D}$, die Kombination $\mathbf{B} - \mu_0 \mathbf{M}$ als $\mu_0 \mathbf{H}$:

$$\epsilon_0 \mathbf{E} + \mathbf{P} \equiv \mathbf{D}, \quad \mathbf{B} - \mu_0 \mathbf{M} \equiv \mu_0 \mathbf{H}. \tag{10.74}$$

Wir werden die Symbole $\mathbf{D}$ und $\mathbf{H}$ jedoch vermeiden.

Lineares isotropes Medium. Die Kraft auf eine Punktladung Q an einem gegebenen Punkt x, y, z zur Zeit t ist

$$\mathbf{F} = Q\mathbf{E} + Q\mathbf{v} \times \mathbf{B}, \tag{10.75}$$

wobei **E** und **B** die momentanen lokalen Felder sind. Bei der Behandlung „kontinuierlicher" Medien benutzen wir die über ein kleines Volumenelement gemittelte, mittlere Kraft pro Ladungseinheit, um die räumlichen Mittelwerte von **E** und **B** zu definieren. Wir nehmen an, daß diese Felder auf eine „mittlere" Ladung wirken, deren Ladung und Geschwindigkeit die Mittelwerte über das Volumenelement sind und der Ladungs- und Stromdichte in dem Volumenelement entsprechen.

Die auf die Ladungen und Ströme im Medium wirkenden Kräfte rühren von den Feldern **E** und **B** im Medium her. Diese Kräfte ändern die Ladungs- und Stromverteilung und liefern einen Beitrag zu **P** und **M**. Das Medium heißt *isotrop*, wenn die Polarisation **P** längs +**E** und die Magnetisierung **M** längs +**B** gerichtet ist. Das bedeutet also auch, daß **P** verschwindet, wenn **E** Null ist, und daß **M** verschwindet, wenn **B** Null ist. Es bedeutet aber auch, daß (z.B.) P_x nur von E_x, nicht jedoch von E_y oder E_z abhängt. (Wirkt bei manchen Kristallen eine Kraft proportional zu **E** auf die Atomelektronen ein, so ist deren Verschiebung – die Quelle von **P** – nicht längs **E** gerichtet, da die Zwangskräfte im Kristall derart wirken, daß die Elektronen in bestimmten Richtungen leichter zu bewegen sind als in anderen.) So haben wir für ein isotropes Medium z.B.

$$P_x = \chi E_x + \alpha E_x^2 + \beta E_x^3 + \ldots \tag{10.76}$$

Für genügend schwache Felder können quadratische und höhere Glieder in Gl. (10.76) vernachlässigt werden. Dies ist bei den üblichen elektromagnetischen Feldstärken in gewöhnlicher Materie der Fall. (Bei genügend starken Feldern, wie sie mit einem Rubinlaser im Impulsbetrieb hergestellt werden können, können die nichtlinearen Anteile von **P** nachgewiesen und untersucht werden.) Ein Medium heißt *linear*, wenn man die Terme αE_x^2 und βE_x^3 usw. in Gl. (10.76) vernachlässigen kann. Wir finden also, daß „lineares Verhalten" nicht nur eine Eigenschaft des Mediums, sondern auch der Intensität der vorhandenen Felder ist.

Die Definitionen von χ, χ_m, ϵ und μ für statische Felder. Für zeitunabhängige Felder ist die elektrische Suszeptibilität χ und die magnetische Suszeptibilität χ_m eines linearen isotropen Mediums definiert durch

$$P_x(x,y,z) = \chi(x,y,z)\,\epsilon_0 E_x(x,y,z) \tag{10.77}$$

$$M_x(x,y,z) = \frac{\chi_m}{\mu\mu_0} B_x(x,y,z). \tag{10.78}$$

Die Dielektrizitätskonstante ϵ und die magnetische Permeabilität μ sind genau definiert durch

$$E_x + P_x/\epsilon_0 = \epsilon E_x \tag{10.79}$$

$$B_x - \mu_0 M_x = \frac{1}{\mu} B_x. \tag{10.80}$$

Durch Kombination dieser Definitionsgleichung finden wir

$$1 + \chi = \epsilon \tag{10.81}$$

$$1 - \frac{\chi_m}{\mu} = \frac{1}{\mu}. \tag{10.82}$$

(Zu Gl. (10.79) siehe Band 2, Gl. (9.38). Zur Ableitung von Gl. (10.80) siehe Band 2, Gl. (10.55) für die Gleichung $\mathbf{M} = \chi_m \mathbf{H}$ und Gl. (10.52) für die Definition $\mu_0 \mathbf{H} = \mathbf{B} - \mu_0 \mathbf{M}$. Die weitere Definition $\mathbf{H} = \mathbf{B}/\mu\mu_0$ ergibt Gl. (10.80).)

Die Suszeptibilitäten für zeitabhängige Felder. Wir wollen nun diese linearen Beziehungen so erweitern, daß sie auch für zeitabhängige Felder in einem linearen isotropen Medium gelten. Wir könnten uns der Hoffnung hingeben, daß wir nach Messung beispielsweise von χ für statische elektrische Felder die Gl. (10.77) einfach so zu verallgemeinern brauchen, daß wir $P_x(x, y, z, t) = \chi\epsilon_0 \cdot E_x(x,y,z,t)$ schreiben, wobei χ der aus den statischen Messungen ermittelte Wert ist. Wie wir jedoch sehen werden, erfüllt sich diese Hoffnung nicht. Im allgemeinen müssen die Felder einer Fourier-Analyse unterworfen und in die einzelnen Frequenzkomponenten aufgespalten werden. Elektrische und magnetische Suszeptibilität hängen von der Frequenz ab. Also gibt es auch kein „Gesamt"-χ, das als Summe der Beiträge zu **P** von den verschiedenen Frequenzen zusammengesetzt werden könnte.

Nun da wir gefunden haben, daß die Suszeptibilitäten von der Frequenz abhängen, könnten wir erwarten, daß sich Gl. (10.77) auf die Form

$$P_x(x,y,z,\omega t) = \chi(x,y,z,\omega)\,\epsilon_0 E_x(x,y,z,\omega t) \tag{10.83}$$

verallgemeinern läßt, wobei ein ähnlicher Ausdruck für M_x anzusetzen wäre. Wir würden jedoch finden, daß Gl. (10.83) eine zu große Vereinfachung darstellt, da sie die Aussage beinhaltet, P_x sei in jedem Augenblick proportional zu E_x, d.h., P_x sei *in Phase* mit E_x (abgesehen von einem möglichen Minuszeichen). Allgemeiner müssen wir die Möglichkeit mit einbeziehen, daß P_x auch eine Komponente mit +90°-Phasenverschiebung zu E_x hat. Wir werden finden, daß derjenige Teil von P_x, der mit E_x in Phase ist, keine Absorption elektromagnetischer Energie durch das Medium hervorruft. Daher werden wir den phasengleichen Anteil von P_x als „elastischen" oder „dispergierenden" Anteil bezeichnen. Der zu E_x um 90° phasenverschobene Anteil von P_x verursacht Absorption von Energie und wird daher „absorbierender" Anteil von P_x genannt. $P_x(x,y,z,\omega t)$ läßt sich als Summe eines elastischen und eines absorbierenden Teils schreiben. Für ein lineares isotropes Medium ist der elastische Anteil proportional zu $E_x(x,y,z,\omega t)$; die Proportionalitätskonstante ist $\chi_{el}(x,y,z,\omega)$. Der absorbierende Teil ist proportional zu $E_x(x, y, z, \omega t - \frac{1}{2}\pi)$ mit der Proportionalitätskonstanten $\chi_{ab}(x, y, z, \omega)$:

$$P_x(x, y, z, \omega t) = \chi_{el}(x, y, z, \omega)\, \epsilon_0 E_x(x, y, z, \omega t) + \chi_{ab}(x, y, z, \omega)\, \epsilon_0 E_x(x, y, z, \omega t - \tfrac{1}{2}\pi). \quad (10.84)$$

Wir betrachten einen festen Ort, damit wir x, y, z nicht mehr mitzuschleppen brauchen. An diesem Ort sei

$$E_x(\omega t) = E_0 \cos(\omega t - \varphi). \quad (10.85)$$

Dann folgt aus Gl. (10.84)

$$P_x(\omega t) = \chi_{el}\, \epsilon_0 E_x(\omega t) + \chi_{ab}\, \epsilon_0 Ex(\omega t - \tfrac{1}{2}\pi), \quad (10.86)$$

d.h.

$$P_x(\omega t) = \chi_{el}\, \epsilon_0 E_0 \cos(\omega t - \varphi) + \chi_{ab}\, \epsilon_0 E_0 \sin(\omega t - \varphi). \quad (10.87)$$

Ein einfaches Modell für ein lineares isotropes Medium. Wir nehmen an, das Medium enthalte in einer kleinen Umgebung eines gegebenen festen Punktes N neutrale „Atome" pro Volumeneinheit. Jedes Atom bestehe aus einem Teilchen (einem „Elektron") der Masse m und Ladung Q (Q sei algebraisch, d.h. in Bezug auf das Vorzeichen beliebig), das mit einer Feder der Federkonstanten $m\omega_0^2$ an einen viel schwereren „Kern" mit gleich großer, aber entgegengesetzter Ladung gebunden sei. (Wir schließen auch den Fall $\omega_0 = 0$ ein. Dann haben wir ein neutrales „Plasma".) Wir vernachlässigen die verhältnismäßig kleine Bewegung des Kerns und somit auch seinen Beitrag zu **P**. Das Atom soll kein magnetisches Moment besitzen, und es sollen auch keine magnetischen Momente durch irgendwelche Magnetfelder induziert werden. Dann ist die Magnetisierung Null. Wir vernachlässigen die Schwankungen und Unregelmäßigkeiten der Bewegung der einzelnen Teilchen und nehmen an, daß sich jedes Teilchen wie ein fiktives „Durchschnittsteilchen" verhält. Auf das Teilchen m wirken die Felder, das elektrische Feld $E_x(\omega t)$ an seinem jeweiligen Ort und eine „Dämpfungskraft", die den Energieverlust des Teilchens an seine Nachbarn durch Stöße (oder durch Strahlung) darstellt. Wir vernachlässigen die auf das Teilchen m wirkende Kraft $Q\,\mathbf{v} \times \mathbf{B}$ gegenüber der Kraft $Q\mathbf{E}$, da wir annehmen, daß keine statischen Magnetfelder vorhanden sind und v/c immer sehr klein ist. (Das trifft sogar für die starken, von einem Rubinlaser im Impulsbetrieb erzeugten elektrischen Felder zu.) Daher gilt für die x-Komponente der Bewegung von Q

$$m\ddot{x} = -m\omega_0^2 x - m\Gamma\dot{x} + QE_x, \quad (10.88)$$

mit

$$E_x(\omega t) = E_0 \cos(\omega t - \varphi). \quad (10.89)$$

Die Dämpfungskraft $-m\Gamma\dot{x}$ beschreibt die Energieübertragung von der schwingenden Ladung auf das Medium. Diese Energie ist nicht mehr in den Komponenten des elektrischen Feldes der Frequenz ω oder in der Schwingungsenergie von m mit der Frequenz ω enthalten, sondern sie findet sich in Form von Translations- und Rotationsenergie der Atome und als „statistisch verteilte" Schwingungen in anderen Frequenzen wieder; man nennt sie *Wärme*.

In Gl. (10.89) gehen wir davon aus, daß die Amplitude E_0 und die Phasenkonstante φ nur von der Gleichgewichtslage der Ladung Q, nicht aber von deren momentaner Verschiebung (Auslenkung) aus dieser Gleichgewichtslage $x(t)$ abhängt. Wir nehmen daher an, die Schwingungsamplitude von Q sei klein im Vergleich zur Wellenlänge der elektromagnetischen Wellen, die die Raum- und Zeitabhängigkeit von E_x angeben. Andernfalls müßten wir in E_0 und φ eine x-Abhängigkeit berücksichtigen.

Das in Gl. (10.88) auftretende „lokale Feld" Ex soll für die Bewegung unseres „Durchschnittsteilchens" der Ladung Q dasselbe sein wie das über den Raum gemittelte Feld E_x in Gl. (10.86). Das trifft für Gase und bestimmte Kristalle fast zu. (In vielen Kristallen wird das auf eine gegebene Ladung wirkende Feld von einem Nachbarn der näheren Umgebung bestimmt. Im allgemeinen ist das mittlere lokale Feld nicht dasselbe wie das über den Raum gemittelte Feld.)

Laut Abschnitt 3.2 hat die stationäre Lösung der Gl. (10.88) die Form

$$x(t) = A_{el} \cos(\omega t - \varphi) + A_{ab} \sin(\omega t - \varphi),$$

dabei ist $A_{el} \cos(\omega t - \varphi)$ der elastische Anteil der Verschiebung x, d.h. der mit der treibenden Kraft phasengleiche Anteil, und $A_{ab} \sin(\omega t - \varphi)$ ist der absorbierende Anteil der Verschiebung, d.h. der Anteil, der gegenüber der treibenden Kraft eine Phasenverschiebung von 90° aufweist. Die elastische und die absorbierende Amplitude sind gegeben durch

$$A_{el} = \frac{QE_0}{m} \frac{(\omega_0^2 - \omega^2)}{(\omega_0^2 - \omega^2)^2 + \Gamma^2\omega^2} \quad (10.90)$$

$$A_{ab} = \frac{QE_0}{m} \frac{\Gamma\omega}{(\omega_0^2 - \omega^2)^2 + \Gamma^2\omega^2}. \quad (10.91)$$

Die Polarisation P_x ist gleich der Teilchendichte n multipliziert mit dem Dipolmoment Qx, das einer Verschiebung x der Ladung Q aus ihrem Gleichgewicht entspricht. Somit ist

$$P_x(t) = nQx(t). \quad (10.92)$$

d.h.

$$P_x(t) = nQA_{el} \cos(\omega t - \varphi) + nQA_{ab} \sin(\omega t - \varphi), \quad (10.93)$$

bzw.

$$P_x(\omega t) = \frac{nQA_{el}}{E_0} E_x(\omega t) + \frac{nQA_{ab}}{E_0} E_x(\omega t - \tfrac{1}{2}\pi). \quad (10.94)$$

Durch Vergleich der Gl. (10.94) mit Gl. (10.86) finden wir

$$\chi_{el} = \frac{nQA_{el}}{\epsilon_0 E_0} = \frac{nQ^2}{\epsilon_0 m} \frac{(\omega_0^2 - \omega^2)}{(\omega_0^2 - \omega^2)^2 + \Gamma^2 \omega^2} \qquad (10.95)$$

$$\chi_{ab} = \frac{nQA_{ab}}{\epsilon_0 E_0} = \frac{nQ^2}{\epsilon_0 m} \frac{\Gamma\omega}{(\omega_0^2 - \omega^2)^2 + \Gamma^2 \omega^2}. \qquad (10.96)$$

Die Verwendung komplexer Größen in den Maxwellschen Gleichungen. Die Maxwellschen Gleichungen enthalten keine Quadratwurzel aus -1. Das gilt auch für die beobachtbaren Größen wie **E**, **B**, **P** und **M**. Die zur Beschreibung elektromagnetischer Wellen in *absorbierenden* Medien verwendete Algebra läßt sich jedoch durch Verwendung komplexer Zahlen stark vereinfachen.

Kann die Absorption vernachlässigt werden, so nimmt Gl. (10.86) die einfachere Form $P_x(\omega t) = \chi(\omega) E_x(\omega t)$ an, wobei $\chi(\omega)$ gleich χ_{el} ist. Dieselbe Form hat auch Gl. (10.83), die wiederum so aussieht wie die lineare Beziehung für statische Felder (Gl. (10.77)). In diesem Fall können die durch die Gln. (10.77) bis (10.82) gegebenen Definitionen der Dielektrizitätskonstante und der magnetischen Permeabilität auch für zeitabhängige Felder benutzt werden.

Kann die Absorption nicht vernachlässigt werden, so muß Gl. (10.83) durch den komplizierteren Ausdruck (10.86) ersetzt werden, weil dann der um 90° phasenverschobene und der phasengleiche Anteil von **P** (ebenso wie von **M**) berücksichtigt werden muß. Dabei müssen wir $\mathbf{E}(\omega t)$, $\mathbf{E}(\omega t - \frac{1}{2}\pi)$, $\mathbf{B}(\omega t)$, $\mathbf{B}(\omega t - \frac{1}{2}\pi)$ ebenso wie die entsprechenden (in Bezug auf $\mathbf{E}(\omega t)$ und $\mathbf{B}(\omega t)$) phasengleichen und um 90° phasenverschobenen Polarisationen und Magnetisierungen einzeln verfolgen.

Eine solche „Buchführung" läßt sich mit Hilfe komplexer Größen auf sehr praktische Weise bewerkstelligen; wir nennen diese Größen **E**, **B**, **P** und **M** und verstehen darunter, daß nur *die Realteile dieser „komplexen Felder" die physikalischen Felder sind*. Für die Zeitabhängigkeit jedes dieser komplexen Felder wird die Form $\exp(-i\omega t)$ angenommen. Das Minuszeichen entspricht der in der Optik üblichen Bezeichnungsweise. (In der Elektrotechnik wird gewöhnlich $\exp(+i\omega t)$ vereinbart, in der Quantenmechanik immer $\exp(-i\omega t)$. Wir führen nun die ortsabhängige komplexe Größe

$$E_x(\omega t) = E_0 e^{i\varphi} e^{-i\omega t} = E_0 \cos(\omega t - \varphi) - iE_0 \sin(\omega t - \varphi) \qquad (10.97)$$

ein. Der Realteil des komplexen Feldes E_x stellt das entsprechende physikalische Feld dar, das laut Gl. (10.97) also gleich $E_0 \cos(\omega t - \varphi)$ ist.

Die Vereinfachung durch die Verwendung einer komplexen Zeitabhängigkeit $\exp(-i\omega t)$ besteht darin, daß einer Phasenverschiebung um 90° einfach eine Multiplikation mit i entspricht:

$$e^{-i[\omega t - (1/2)\pi]} = e^{i(1/2)\pi} e^{-i\omega t} = ie^{-i\omega t}.$$

Daher ist

$$E_x(\omega t - \tfrac{1}{2}\pi) = iE_x(\omega t). \qquad (10.98)$$

Komplexe Suszeptibilität. Ob wir nun komplexe Felder benutzen oder nicht – die physikalische Polarisation ist mit dem physikalischen elektrischen Feld (für ein isotropes Medium) immer durch die lineare Beziehung

$$P_x(\omega t) = \chi_{el}\, \epsilon_0 E_x(\omega t) + \chi_{ab}\, \epsilon_0 E_x(\omega t - \tfrac{1}{2}\pi) \qquad (10.99)$$

verknüpft; alle Größen darin sind reell und daher physikalisch. Wir benutzen nun das in Gl. (10.97) gegebene komplexe $E_x(\omega t)$ und interpretieren Gl. (10.99) neu mit komplexem P_x und E_x (χ_{el} und χ_{ab} sind immer noch reell):

$$P_x(\omega t) = \chi_{el}\, \epsilon_0 E_x(\omega t) + \chi_{ab}\, \epsilon_0 E_x(\omega t - \tfrac{1}{2}\pi)$$
$$= \chi_{el}\, \epsilon_0 E_x(\omega t) + i\chi_{ab}\, \epsilon_0 E_x(\omega t),$$

d.h.,

$$P_x(\omega t) = \chi(\omega)\, \epsilon_0 E_x(\omega t), \qquad (10.100)$$

wobei

$$\chi(\omega) = \chi_{el} + i\chi_{ab}. \qquad (10.101)$$

Der Realteil der durch Gl. (10.100) gegebenen komplexen Größe P_x ist die physikalische Polarisation in der x-Richtung. Sie beinhaltet sowohl den Realteil χ_{el} als auch den Imaginärteil χ_{ab} der komplexen Suszeptibilität $\chi_{el} + i\chi_{ab}$. (Die Größen χ_{el} und χ_{ab} selbst sind natürlich beide reell.) Z.B. (mit $\varphi = 0$ in Gl. (10.97)) ist

$$E_x = E_0 e^{-i\omega t} = E_0 \cos\omega t - iE_0 \sin\omega t \qquad (10.102)$$

$$P_x = \chi E_x = (\chi_{el} + i\chi_{ab})(E_0 \cos\omega t - iE_0 \sin\omega t)$$
$$= \chi_{el} E_0 \cos\omega t + \chi_{ab} E_0 \sin\omega t + i\cdot(\text{Imaginärteil}). \qquad (10.103)$$

Der Realteil von P_x folgt aus Gl. (10.103), der Realteil von E_x aus Gl. (10.102) und die reellen Größen χ_{el} und χ_{ab} genügen der Gl. (10.99), die für die physikalischen (also reellen) Felder gilt.

Komplexe Dielektrizitätskonstante. Mit den von uns eingeführten komplexen Feldern E_x und P_x konnten wir den sehr einfachen Ausdruck (10.100), $P_x = \chi E_x$, anstelle des komplizierteren Ausdrucks (10.99) erhalten. Der Preis dafür ist, daß nun in Gl. (10.101) eine komplexe Suszeptibilität $\chi(\omega)$ auftritt. Da Gl. (10.100) dieselbe Form wie Gl. (10.77) (die für statische Felder gilt) hat, können wir die in den Gln. (10.77) bis (10.82) gegebenen Definitionen so erweitern, daß sie auch für zeitabhängige Felder gelten. Das heißt, wir müssen eine komplexe Dielektrizitätskonstante und eine komplexe magnetische Permeabilität verwenden, wenn wir wollen, daß die Gln. (10.77) bis (10.82) auch dann noch gelten, wenn die

Absorption nicht vernachlässigt werden kann. Aus den Gln. (10.81) und (10.101) erhalten wir dann

$$\epsilon = 1 + \chi = 1 + \chi_{el} + \mathrm{i}\,\chi_{ab}. \qquad (10.104)$$

Also ist

$$\epsilon = \mathrm{Re}\,\epsilon + \mathrm{i}\,\mathrm{Im}\,\epsilon,$$

wobei

$$\mathrm{Re}\,\epsilon = 1 + \chi_{el} \qquad (10.105)$$

$$\mathrm{Im}\,\epsilon = \chi_{ab}. \qquad (10.106)$$

Für $\omega = 0$ reduzieren sich alle Größen auf ihre statischen Werte.

Die komplexe Dielektrizitätskonstante eines linearen isotropen Mediums. In unserem einfachen Modell gilt $\mathbf{M} = 0$. Damit folgt aus den Gln. (10.78), (10.80) und (10.82) $\chi_m = 0$ und $\mu = 1$. Aus den Gln. (10.95) und (10.96) folgen der reelle (d.h. elastische) und der imaginäre (d.h. absorbierende) Teil der elektrischen Suszeptibilität. Damit ergibt Gl. (10.104)

$$\epsilon = 1 + \frac{nQ^2}{\epsilon_0 m} \cdot \frac{(\omega_0^2 - \omega^2)}{(\omega_0^2 - \omega^2)^2 + \Gamma^2\omega^2} + \mathrm{i}\,\frac{nQ^2}{\epsilon_0 m} \cdot \frac{\Gamma\omega}{(\omega_0^2 - \omega^2)^2 + \Gamma^2\omega^2}. \qquad (10.107)$$

Wenn wir uns einmal entschlossen haben, komplexe Zahlen zu verwenden, wird die Lösung der Bewegungsgleichung (10.88) für Q ziemlich einfach:

$$\ddot{x} + \Gamma\dot{x} + \omega_0^2 x = \frac{Q}{m} E_x = \frac{Q}{m} E_0\,\mathrm{e}^{-\mathrm{i}\omega t}, \qquad (10.108)$$

dabei ist E_0 komplex. Mit dem Ansatz $x = x_0 \exp(-\mathrm{i}\omega t)$ wird $\dot{x} = -\mathrm{i}\omega x$ und $\ddot{x} = -\omega^2 x$. Durch Einsetzen in Gl. (10.108) ergibt sich:

$$(-\omega^2 - \mathrm{i}\omega\Gamma + \omega_0^2)\,x = \frac{Q}{m} E_x$$

und weiter

$$x(\omega t) = \frac{Q}{m} \cdot \frac{1}{(\omega_0^2 - \omega^2) - \mathrm{i}\omega\Gamma} E_x(\omega t). \qquad (10.109)$$

Die komplexe Suszeptibilität wird dann

$$\chi(\omega) = \frac{P_x}{\epsilon_0 E_x} = \frac{nQx}{\epsilon_0 E_x} = \frac{nQ^2}{\epsilon_0 m} \cdot \frac{1}{(\omega_0^2 - \omega^2) - \mathrm{i}\omega\Gamma}. \qquad (10.110)$$

Die komplexe Dielektrizitätskonstante ist

$$\epsilon = 1 + \chi = 1 + \frac{nQ^2}{\epsilon_0 m} \cdot \frac{1}{(\omega_0^2 - \omega^2) - \mathrm{i}\omega\Gamma}. \qquad (10.111)$$

Durch Multiplikation des Zählers und Nenners von $\epsilon - 1$ (in Gl. (10.111)) mit $(\omega_0^2 - \omega^2) + \mathrm{i}\omega\Gamma$ läßt sich leicht nachprüfen, daß die Gln. (10.111) und (10.107) äquivalent sind, so daß ϵ als Summe von $\mathrm{Re}\,\epsilon + \mathrm{i}\,\mathrm{Im}\,\epsilon$ geschrieben werden kann. Es ist aber manchmal praktischer, ϵ in der Form der Gl. (10.111) zu belassen.

Die Maxwellschen Gleichungen für ein lineares isotropes Medium. Wir beginnen mit den allgemeinen Maxwellschen Gleichungen (10.70) bis (10.73). Dann nehmen wir an, daß zwischen P_x und E_x sowie zwischen M_x und B_x der durch die Gln. (10.77) bis (10.82) beschriebene lineare Zusammenhang besteht. Für reelle Größen gelten diese Beziehungen nur für $\omega = 0$. Wie wir gesehen haben, gelten sie für eine beliebige Frequenz ω nur, wenn alle Größen komplex angenommen werden. Wir erhalten also die Maxwellschen Gleichungen für die komplexen Felder $\mathbf{B}$ und $\mathbf{E}$ (deren Realteile die physikalischen Felder sind):

$$\nabla \cdot \mathbf{B} = 0 \qquad (10.112)$$

$$\nabla \cdot (\epsilon\mathbf{E}) = \rho_{frei}/\epsilon_0 \qquad (10.113)$$

$$\nabla \times (\mathbf{B}/\mu) = \frac{1}{c^2}\frac{\partial(\epsilon\mathbf{E})}{\partial t} + \mu_0 \mathbf{J}_{frei} \qquad (10.114)$$

$$\nabla \times \mathbf{E} = -\frac{\partial\mathbf{B}}{\partial t}. \qquad (10.115)$$

Im allgemeinen Fall hängen ϵ und μ von der Frequenz ab; dann beziehen sich alle diese Gleichungen auf eine gegebene Frequenz ω. Da die physikalischen Größen ρ_{frei} und $\mathbf{J}_{frei}$ teilweise auch proportional zu $\cos\omega t$ und $\sin\omega t$ sein können, sind sie im allgemeinen die Realteile der komplexen Größen, die in den obigen Gleichungen auftreten. Bei einem Medium mit frequenzunabhängigem ϵ und μ sind natürlich alle Größen reell.

Die Maxwellschen Gleichungen für ein neutrales, homogenes, lineares, isotropes Medium. Dielektrizitätskonstante und magnetische Permeabilität in den Gln. (10.113) und (10.114) sind komplexe Funktionen der Frequenz ω und ebenso Funktionen von x, y, z, da wir ja nicht angenommen haben, daß die Eigenschaften des Mediums an jedem Ort gleich sind. Bei unserem einfachen Modell können wir z.B. davon ausgehen, daß die Teilchendichte eine Funktion des Ortes ist, also $n = n(x, y, z)$. Wir betrachten nun den besonders einfachen und wichtigen Fall eines *homogenen* Mediums, d.h., μ und ϵ sollen nicht von x, y und z abhängen. Unter dieser Annahme sind ϵ und μ in den Gln. (10.113) und (10.114) konstant. Wir nehmen weiter an, daß das Medium *neutral* ist, d.h., sowohl ρ_{frei} als auch $\mathbf{J}_{frei}$ ist gleich Null. (Unser einfaches Modell stellt ein neutrales Gas, einen amorphen Festkörper oder ein Plasma dar.) Die Maxwellschen Gln. (10.112) bis (10.115) werden dann

$$\nabla \cdot \mathbf{B} = 0 \qquad (10.116)$$

$$\nabla \cdot \mathbf{E} = 0 \qquad (10.117)$$

$$\nabla \times \mathbf{B} = \frac{\mu\epsilon}{c^2}\frac{\partial\mathbf{E}}{\partial t} \qquad (10.118)$$

$$\nabla \times \mathbf{E} = -\frac{\partial\mathbf{B}}{\partial t}. \qquad (10.119)$$

Zu beachten ist, daß man mit $\mu = 1$ und $\epsilon = 1$ die Maxwellschen Gleichungen für das Vakuum erhält. In den uns interessierenden Fällen sind μ und ϵ im allgemeinen komplex, so daß **E** und **B** komplex sind. Bei unserem einfachen Modell sei beispielsweise $\mu = 1$, und ϵ ist komplex. Damit sind **E** und **B** komplex, ihre Realteile sind die physikalischen Felder.

Die Wellengleichung. Die Gln. (10.116) bis (10.119) sind lineare Differentialgleichungen erster Ordnung. Die Gln. (10.118) und (10.119) sind „gekoppelte" Gleichungen, die **B** und **E** miteinander verknüpfen. Entkoppelte Gleichungen zweiter Ordnung lassen sich auf folgende Weise ableiten: Wir bilden die Rotation der Gl. (10.118) und verwenden dann Gl. (10.119):

$$\nabla \times (\nabla \times \mathbf{B}) = \frac{\mu\epsilon}{c^2}\frac{\partial}{\partial t}(\nabla \times \mathbf{E}) = -\frac{\mu\epsilon}{c^2}\frac{\partial^2 \mathbf{B}}{\partial t^2}. \quad (10.120)$$

Ebenso wenden wir die Operation rot auf Gl. (10.119) an und verwenden dann Gl. (10.118):

$$\nabla \times (\nabla \times \mathbf{E}) = -\frac{\partial}{\partial t}(\nabla \times \mathbf{B}) = -\frac{\mu\epsilon}{c^2}\frac{\partial^2 \mathbf{E}}{\partial t^2}. \quad (10.121)$$

Jetzt benutzen wir die Vektoridentität (Anhang, Gl. (A.39)).

$$\nabla \times (\nabla \times \mathbf{C}) \equiv \nabla(\nabla \cdot \mathbf{C}) - \nabla^2 \mathbf{C}. \quad (10.122)$$

Wir wenden sie auf die linken Seiten der Gln. (10.120) und (10.121) an, wobei wir berücksichtigen, daß sowohl $\nabla \cdot \mathbf{E}$ als auch $\nabla \cdot \mathbf{B}$ Null ist. Dann erhalten wir

$$\nabla^2 \mathbf{B} - \frac{\mu\epsilon}{c^2}\frac{\partial^2 \mathbf{B}}{\partial t^2} = 0, \quad \nabla^2 \mathbf{E} - \frac{\mu\epsilon}{c^2}\frac{\partial^2 \mathbf{E}}{\partial t^2} = 0. \quad (10.123)$$

Die Gln. (10.123) bestehen eigentlich aus sechs einzelnen Gleichungen von der Form

$$\nabla^2 \psi(x,y,z,t) - \frac{\mu\epsilon}{c^2}\frac{\partial^2 \psi(x,y,z,t)}{\partial t^2} = 0, \quad (10.124)$$

$\psi(x,y,z,t)$ bedeutet hier irgendeine der sechs Größen $E_x, E_y, E_z, B_x, B_y, B_z$.

Im Sonderfall, ϵ und μ sind reell, positiv und frequenzunabhängig, ist Gl. (10.124) die klassische Wellengleichung für Wellen ohne Dispersion. Das trifft für das Vakuum zu, wo $\mu = \epsilon = 1$. Uns interessiert hier der allgemeine Fall eines homogenen, neutralen, isotropen, linearen Mediums, in dem ϵ und μ komplex sind und von der Frequenz abhängen. Dabei nehmen wir **E** und **B** als komplexe Größen mit der Zeitabhängigkeit $\exp(-i\omega t)$ an. Dann ist für alle sechs durch $\psi(x,y,z,t)$ dargestellten Größen

$$\psi(x,y,z,t) = \varphi(x,y,z)\,e^{-i\omega t} \quad (10.125)$$

$$\frac{\partial^2 \psi}{\partial t^2} = -\omega^2 \psi, \quad (10.126)$$

Wir setzen Gl. (10.126) in Gl. (10.124) ein, kürzen durch $\exp(-i\omega t)$ und finden so die Differentialgleichung für den räumlichen Verlauf von $\varphi(x,y,z)$:

$$\nabla^2 \varphi(x,y,z) + k^2 \varphi(x,y,z) = 0, \quad (10.127)$$

wobei wir die komplexe Konstante k^2 durch

$$k^2 = \mu\epsilon\frac{\omega^2}{c^2} \quad (10.128)$$

definiert haben.

Komplexer Brechungsindex. Die komplexe Konstante n^2, das *Quadrat des komplexen Brechungsindex*, definieren wir als

$$n^2 = \mu\epsilon. \quad (10.129)$$

Damit ist

$$k^2 = n^2\frac{\omega^2}{c^2} = \mu\epsilon\frac{\omega^2}{c^2}. \quad (10.130)$$

Beachten Sie, daß auch k^2 und n^2 komplex sind, wenn ϵ und μ komplex sind. Aus k^2 oder n^2 können wir die Quadratwurzel ziehen. Die Quadratwurzel aus einer komplexen Zahl ist wieder eine komplexe Zahl. Somit haben wir ein komplexes k und einen komplexen Brechungsindex.

Lösung durch ebene Wellen. Die allgemeine Lösung der Gl. (10.127) läßt sich als Überlagerung von Gliedern der Form

$$\varphi(x,y,z) = e^{i\mathbf{k}\cdot\mathbf{r}} = \exp i(k_x x + k_y y + k_z z) \quad (10.131)$$

schreiben, dabei ist

$$k_x^2 + k_y^2 + k_z^2 = k^2 = n^2\frac{\omega^2}{c^2} = \mu\epsilon\frac{\omega^2}{c^2}. \quad (10.132)$$

Die allgemeine Lösung der Gl. (10.124) läßt sich dann als Überlagerung von laufenden ebenen Wellen der Form

$$\psi(x,y,z,t) = e^{-i(\omega t - \mathbf{k}\cdot\mathbf{r})} \quad (10.133)$$

mit komplexem k^2 wiedergeben.

Ebene Wellen in der *z*-Richtung. Als Spezialfall betrachten wir den Zustand, daß nur k_z von Null verschieden ist. Die allgemeine Lösung besteht dann aus einer nach $+z$ und einer nach $-z$ laufenden ebenen Welle:

$$\psi(z,t) = [A^+ e^{+ikz} + A^- e^{-ikz}]\,e^{-i\omega t}, \quad (10.134)$$

dabei sind $+k$ und $-k$ die beiden Wurzeln aus k^2; A^+ und A^- sind komplexe Konstanten. Da $\exp[i(kz - \omega t)]$ eine in der positiven z-Richtung laufende Welle darstellen soll, nehmen wir für k die Wurzel aus k^2 mit dem positiven Realteil, vorausgesetzt, k hat überhaupt einen Realteil. Ist k rein imaginär, so bezeichnen wir mit k diejenige Wurzel aus k^2, die gleich $+i|k|$ ist.

Verknüpfung zwischen E und B für eine ebene Welle. Gl. (10.134) muß für jede der sechs Größen $E_x, E_y, E_z, B_x, B_y, B_z$ gelten, da alle diese Größen der Wellengleichung (10.124) genügen. Bei der Ableitung der Wellengleichung (Differentialgleichung zweiter Ordnung!) haben wir einen Teil der in den Maxwellschen Gleichungen (erster Ordnung) enthaltenen Information verloren. Daher kehren wir jetzt wieder zu den Maxwellschen Gleichungen zurück und versuchen, diese Information mit einzubeziehen. Aus $\nabla \cdot \mathbf{B} = 0$ und $\nabla \cdot \mathbf{E} = 0$ schließen wir, daß

B_z und E_z konstant sind (wenn k in der z-Richtung liegt). Da wir den Sonderfall verschwindender Frequenz nicht betrachten, müssen diese Konstanten gleich Null sein. Somit brauchen wir nur E_x, E_y, B_x und B_y zu berücksichtigen. Der Einfachheit halber betrachten wir nur linear polarisierte Felder, wobei E_x von Null verschieden und E_y gleich Null sein soll. Aus Gl. (10.134) finden wir dann

$$E_x(z,t) = (E^+ e^{ikz} + E^- e^{-ikz})\, e^{-i\omega t} \tag{10.135}$$

wobei E^+ und E^- komplexe Konstanten sind. Aus den Maxwellschen Gleichungen (10.118) und (10.119) folgt dann, daß B_x gleich Null ist, während B_y und E_x durch die Beziehungen

$$\frac{\partial B_y}{\partial z} = -\frac{\mu\epsilon}{c^2}\frac{\partial E_x}{\partial t}$$

$$\frac{\partial B_y}{\partial t} = -\frac{\partial E_x}{\partial z} \tag{10.136}$$

miteinander verknüpft sind. Wenn wir jetzt noch berücksichtigen, daß B_y die Form der Gl. (10.134) hat, und außerdem Gl. (10.136) verwenden, so finden wir

$$B_y(z,t) = n(E^+ e^{ikz} - E^- e^{-ikz})\, e^{-i\omega t}. \tag{10.137}$$

Ist also E_x gegeben (siehe Gl. (10.135)), so ist B_y vollständig bestimmt (durch Gl. (10.137)). Analoge Ergebnisse erhält man, wenn man E_y von Null verschieden annimmt. Das allgemeine Ergebnis ist, daß **B** und **E** für Komponenten, die sich längs der $+\hat{\mathbf{z}}$-Richtung ausbreiten, durch die Beziehungen

$$c\mathbf{B}^+ = +\hat{\mathbf{z}} \times (n\mathbf{E}^+); \qquad c\mathbf{B}^- = -\hat{\mathbf{z}} \times (n\mathbf{E}^-) \tag{10.138}$$

miteinander verknüpft sind; die oberen Indizes beziehen sich auf die Ausbreitung längs $+\hat{\mathbf{z}}$ bzw. längs $-\hat{\mathbf{z}}$. In allen diesen Beziehungen sind n und k im allgemeinen komplex.

Ein numerisches Beispiel für komplexen Brechungsindex. Angenommen, für ein Medium sei $\mu = 1{,}0$ und $\epsilon = 1 + i\sqrt{3}$ (bei einer gegebenen Frequenz ω). Dann ist

$$n^2 = 1 + i\sqrt{3} = 2\exp(i\tfrac{1}{3}\pi)$$

$$n = \sqrt{2}\exp i\frac{\pi}{6} = \sqrt{2}\,(\tfrac{1}{2}\sqrt{3} + \tfrac{1}{2}i) = 1{,}225 + 0{,}707\,i$$

$$k = n\frac{\omega}{c} = 1{,}225\frac{\omega}{c} + 0{,}707\,i\,\frac{\omega}{c}. \tag{10.139}$$

Die Welle soll nun längs x linear polarisiert sein und sich in der $+z$-Richtung ausbreiten. Dann ist $E^- = 0$. Wir setzen $E^+ = E_0$ (mit reellem E_0). Somit

$$E_x = E_0\, e^{i(kz-\omega t)} = E_0\, e^{-0{,}707(\omega/c)z}\, e^{i\omega[1{,}225z/c)-t]}$$

$$B_y = nE_x = \sqrt{2}\,E_x \exp\left(i\frac{\pi}{6}\right).$$

In diesem Beispiel breitet sich die Welle in der $+z$-Richtung aus. Ihre Wellenlänge (Strecke, auf der die Phase bei festgehaltenem t um 2π anwächst) ist $(1{,}225)^{-1}$ mal der Wellenlänge im Vakuum. Die Wellenamplitude nimmt mit der Entfernung exponentiell ab. Das Magnetfeld ist um den Faktor $\sqrt{2}$ größer als das elektrische Feld und hinkt um 60° dahinter her.

Reflexion und Durchgang ebener Wellen. Die Medien 1 und 2 seien zwei verschiedene, homogene Medien, die durch die Ebene $z = 0$ voneinander getrennt sind. Medium 1 soll den gesamten Halbraum mit negativem z, Medium 2 den gesamten Halbraum mit positivem z einnehmen. Bei $z = -\infty$ wird eine ebene Welle erzeugt. Das gibt im Medium 1 eine in der $+z$-Richtung hereinlaufende Welle. Die Unstetigkeitsfläche erzeugt eine reflektierte und eine durchgehende Welle. Der Einfachheit halber betrachten wir nur senkrechten Einfall. Die einfallende Welle soll längs x linear polarisiert sein und für E_x die komplexe Amplitude Eins haben. Sind R_{12} und T_{12} die komplexen Amplituden des reflektierten bzw. durchgehenden Anteils von E_x, so erhalten wir

$$E_x(1) = 1\cdot e^{i(k_1z-\omega t)} + R_{12}\, e^{-i(k_1z+\omega t)} \tag{10.140}$$

$$E_x(2) = T_{12}\, e^{i(k_2z-\omega t)}, \tag{10.141}$$

wobei $E_x(1)$ das gesamte (d.h. einfallende plus reflektierte) Feld E_x im Medium 1, $E_x(2)$ das gesamte (d.h. durchgehende) Feld E_x im Medium 2 und R_{12} und T_{12} die zu bestimmenden unbekannten komplexen Konstanten sind.

Wenn E_x bekannt ist, so läßt sich B_y in beiden Medien aus Gl. (10.137) finden:

$$B_y(1) = n_1\, e^{i(k_1z-\omega t)} - n_1 R_{12}\, e^{-i(k_1z+\omega t)}, \tag{10.142}$$

$$B_y(2) = n_2 T_{12}\, e^{i(k_2z-\omega t)}. \tag{10.143}$$

Randbedingungen bei $z = 0$. Da bei $z = 0$ eine Unstetigkeit vorhanden ist, dürfen wir die Maxwellschen Gleichungen nicht für ein homogenes Medium verwenden, wenn wir den unmittelbar an die Ebene $z = 0$ angrenzenden Bereich betrachten. Statt dessen verwenden wir die Maxwellschen Gln. (10.112) bis (10.115) für ein lineares isotropes Medium. Wir nehmen an, beide Medien seien elektrisch neutral und in der Unstetigkeitsfläche existieren weder Flächenladungen noch Ströme. Die beiden hier interessierenden Maxwellschen Gleichungen sind

$$\nabla \times (\mathbf{B}/\mu) = \frac{1}{c^2}\frac{\partial(\epsilon\mathbf{E})}{\partial t} = -i\frac{\omega}{c^2}\epsilon\mathbf{E} \tag{10.144}$$

$$\nabla \times \mathbf{E} = -\frac{\partial\mathbf{B}}{\partial t} = i\omega\mathbf{B}, \tag{10.145}$$

wobei in unserem Problem $\mathbf{E} = \hat{\mathbf{x}}E_x$ und $\mathbf{B} = \hat{\mathbf{y}}B_y$. Nach dem Stokesschen Satz gilt für jeden Vektor **C**

$$\int (\nabla \times \mathbf{C})\cdot d\mathbf{A} = \oint \mathbf{C}\cdot d\mathbf{l}, \tag{10.146}$$

dabei ist $d\mathbf{A}$ ein Oberflächenelement und $d\mathbf{l}$ ein Linienelement längs der Kontur, die die geschlossene Fläche begrenzt. Wir wenden Gl. (10.146) auf $\mathbf{C} \equiv \hat{\mathbf{y}}(B_y/\mu)$ an und ziehen unsere Kontur längs der positiven y-Richtung auf der einen Seite der Ebene $z = 0$ und zurück längs der negativen y-Richtung auf der anderen Seite der Ebene, wobei wir einen kleinen Zwischenraum Δz zwischen diesen beiden Ästen freilassen. Geht nun Δz gegen Null, so geht auch die von der Kontur umschlossene Fläche gegen Null, folglich auch das Flächenintegral auf der linken Seite der Gl. (10.146), vorausgesetzt, daß $\nabla \times \mathbf{C}$ nicht unendlich ist. (Das ist nicht der Fall.) Daher ist das Linienintegral auf der rechten Seite von Gl. (10.146) gleich Null. Infolgedessen ist die Tangentialkomponente von **C** auf beiden Seiten der Grenzfläche gleich groß. Wir finden also, daß die Tangentialkomponente von $\mathbf{B}/\mu$ auf beiden Seiten der Grenzfläche denselben Wert hat, sie ist „stetig" bei $z = 0$. In gleicher Weise folgt auch die Stetigkeit der Tangentialkomponente von **E** bei $z = 0$.

Stetigkeit von E_x bei $z = 0$ gibt (mit den Gln. (10.140) und (10.141))

$$1 + R_{12} = T_{12}. \tag{10.147}$$

Stetigkeit von $H_y = B_y/\mu$ bei $z = 0$ ergibt (mit den Gln. (10.142) und (10.143))

$$\frac{n_1}{\mu_1}(1 - R_{12}) = \frac{n_2}{\mu_2} T_{12}. \tag{10.148}$$

Definieren wir eine charakteristische Impedanz (abgesehen von einem konstanten Proportionalitätsfaktor) durch

$$Z = \frac{\mu}{n} = \frac{\mu}{\sqrt{\epsilon\mu}} = \sqrt{\frac{\mu}{\epsilon}} \tag{10.149}$$

und lösen die Gln. (10.147) und (10.148), so finden wir

$$R_{12} = \frac{Z_2 - Z_1}{Z_2 + Z_1}, \quad T_{12} = 1 + R_{12}. \tag{10.150}$$

Im Sonderfall, daß die magnetische Permeabilität μ gleich Eins ist, erhalten wir $Z = n^{-1}$. Dann wird aus Gl. (10.150)

$$R_{12} = \frac{n_1 - n_2}{n_1 + n_2}, \quad T_{12} = 1 + R_{12}. \tag{10.151}$$

Ist nun Medium 1 das Vakuum mit $n_1 = 1$ und hat Medium 2 den komplexen Index $n = n_R + in_I$, folgt aus Gl. (10.151)

$$R_{12} = \frac{1-n}{1+n} = \frac{(1-n_R) - in_I}{(1+n_R) + in_I} \equiv |R| \exp i\varphi. \tag{10.152}$$

Die Amplitude der reflektierten Welle ist gleich $|R|$ mal der Amplitude der einfallenden Welle. Die Zeitabhängigkeit $\exp(-i\omega t)$ der einfallenden Welle wird zu $\exp(-i\omega t + i\varphi)$ für die reflektierte Welle, so daß die Phase nach der Reflexion um φ *nachhinkt*. Die Teilintensität $|R_{12}|^2$ ist nach Gl. (10.152) gleich

$$|R_{12}|^2 = \frac{(1-n_R)^2 + n_I^2}{(1+n_R)^2 + n_I^2}. \tag{10.153}$$

● **Beispiel**: *Ein einfaches Modell für die Dispersionsrelation eines Leiters.* Wir nehmen an, wir können unser einfaches Modell hier anwenden, und setzen die Federkonstante $m\omega_0^2$ gleich Null. Das bedeutet, daß die „mittleren Ladungen" der Bewegungsgleichung

$$\ddot{x} + \Gamma\dot{x} = \frac{Q}{m} E_x \tag{10.154}$$

genügen. Zunächst betrachten wir ein stationäres elektrisches Feld, das bei $t = 0$ plötzlich eingeschaltet wird. Die Geschwindigkeit $\dot{x}$ nimmt mit der Zeit exponentiell zu, bis sie ihren „Endwert" erreicht hat; dieser folgt aus der Gl. (10.154) mit $\ddot{x} = 0$. Für ein konstantes Feld, das bei $t = 0$ eingeschaltet wird, lautet die Lösung der Gl. (10.154)

$$\dot{x} = \frac{QE_x}{\Gamma m}(1 - e^{-\Gamma t}),$$

$$\dot{x} = \frac{QE_x}{\Gamma m} \quad \text{wenn} \quad t \gg \Gamma^{-1}. \tag{10.155}$$

Die Größe Γ, die die Dimension einer Frequenz hat, gibt also die Geschwindigkeitsrate für das Erreichen der Endgeschwindigkeit an. Anders gesehen ist Γ^{-1} die mittlere Relaxationszeit der „Übergangsströme", wenn das Feld plötzlich auf einen anderen konstanten Wert geändert wird. ●

Der „rein resistive" Frequenzbereich. Bei kleinem ω (wenn ω klein im Vergleich zu Γ ist) werden sich die Ladungen im wesentlichen immer auf der dem momentanen Feld E_x zukommenden Endgeschwindigkeit befinden. Die Phasenbeziehung zwischen $\dot{x}$ und E_x ist dann praktisch dieselbe wie bei der Frequenz Null (d.h. bei Gleichstrom). Man bezeichnet dann das Medium als *rein resistiv* bzw. man sagt: Das Medium besitzt nur *einen Wirkwiderstand (Ohmschen Widerstand).* Aus Gl. (10.155) folgt

$$\dot{x}(t) = \frac{QE_x(t)}{\Gamma m}, \quad \omega \ll \Gamma. \tag{10.156}$$

Die Stromdichte $\mathbf{J}_x$ ist dann proportional zu E_x. (Dies ist die Aussage des *Ohmschen Gesetzes.*) Die „rein resistive" Leitfähigkeit σ_{ge} hängt mit Γ wie folgt zusammen:

$$\mathbf{J}_x = nQ\dot{x} = nQ\left(\frac{QE_x}{\Gamma m}\right) \equiv \sigma_{ge} E_x \tag{10.157}$$

oder

$$\sigma_{ge} = \frac{nQ^2}{\Gamma m}, \quad \omega \ll \Gamma. \tag{10.158}$$

Bei einer beliebigen Frequenz wird die Geschwindigkeit $\dot{x}$ nicht, wie bei Gleichstrom, nur eine mit E_x phasengleiche, sondern auch eine gegen E_x um 90° phasenverschobene Komponente besitzen. Wir verwenden komplexe Größen mit der Zeitabhängigkeit $\exp(-i\omega t)$. Die stationäre Lösung von Gl. (10.154) ist leicht zu finden.

(Durch Nullsetzen von ω_0 in Gl. (10.109).) Die komplexe Leitfähigkeit $\sigma(\omega)$ ist dann durch

$$\begin{aligned} J_x &= nQ\dot{x} = nQ(-\mathrm{i}\omega x) = -\mathrm{i}\omega P_x \\ &= -\mathrm{i}\omega\chi\epsilon_0 E_x \equiv \sigma(\omega) E_x \end{aligned} \tag{10.159}$$

definiert. Somit ist

$$\begin{aligned} \sigma(\omega) &= -\mathrm{i}\omega\epsilon_0\chi = -\mathrm{i}\omega\epsilon_0(\chi_{\mathrm{el}} + \mathrm{i}\chi_{\mathrm{ab}}) \\ &= \omega\epsilon_0\chi_{\mathrm{ab}} - \mathrm{i}\omega\epsilon_0\chi_{\mathrm{el}}. \end{aligned} \tag{10.160}$$

Man sieht also, daß $\dot{x}$ mit E_x in Phase ist, wenn $\sigma(\omega)$ reell ist; σ ist dem absorbierenden Teil der elektrischen Suszeptibilität proportional.

Weniger umständlich ist es, $\chi(\omega)$ bzw. $\sigma(\omega)$ wie in Gl. (10.110) mit komplexem Nenner zu schreiben, anstatt sie in Real- und Imaginärteil aufzuspalten. Setzt man in Gl. (10.110) $\omega_0 = 0$, dann ist

$$\chi(\omega) = \frac{nQ^2}{\epsilon_0 m} \cdot \frac{1}{-\omega^2 - \mathrm{i}\omega\Gamma} \tag{10.161}$$

$$\sigma(\omega) = -\mathrm{i}\omega\epsilon_0\chi(\omega) = \frac{nQ^2}{m} \cdot \frac{\mathrm{i}\omega}{\omega^2 + \mathrm{i}\omega\Gamma}. \tag{10.162}$$

Im Grenzfall $\omega \ll \Gamma$ ist ω^2 gegen $\omega\Gamma$ vernachlässigbar, so daß bei reinem Wirkwiderstand oder bei Gleichstrom

$$\chi(\omega) = \mathrm{i}\,\frac{nQ^2}{\epsilon_0 m}\,\frac{1}{\omega\Gamma}, \qquad \omega \ll \Gamma \tag{10.163}$$

und

$$\sigma(\omega) = \frac{nQ^2}{m\Gamma} = \sigma(0) = \sigma_{\mathrm{ge}}, \qquad \omega \ll \Gamma \tag{10.164}$$

gilt. Man sieht also, daß $\sigma(\omega)$ im rein resistiven Frequenzbereich $0 \leqslant \omega \ll \Gamma$ reell und gleich dem Gleichstromwert (Frequenz Null!) $\sigma(0)$ ist. Die Geschwindigkeit $\dot{x}$ ist dann mit E_x in Phase.

Nach Gl. (10.163) ist die komplexe elektrische Suszeptibilität $\chi(\omega)$ für $\omega \ll \Gamma$ rein imaginär. Das komplexe Quadrat des Brechungsindex n^2 ist dann für $\omega \ll \Gamma$ gleich

$$n^2 = 1 + \chi = 1 + \mathrm{i}\,\frac{nQ^2}{m\Gamma}\,\frac{1}{\omega\Gamma} = 1 + \mathrm{i}\,\frac{\omega_{\mathrm{p}}^2}{\omega\Gamma}, \tag{10.165}$$

wobei

$$\omega_{\mathrm{p}}^2 \equiv \frac{nQ^2}{\epsilon_0 m}. \tag{10.166}$$

Es gibt zwei Arten eines „rein resistiven Mediums" mit qualitativ verschiedenen physikalischen Eigenschaften:

Fall 1: *Das „dünne resistive Medium".* Dies bedeutet, daß ω, Γ und ω_{p} den Beziehungen

$$\omega_{\mathrm{p}} \ll \Gamma, \qquad \frac{\omega_{\mathrm{p}}^2}{\Gamma} \ll \omega \ll \Gamma \tag{10.167}$$

genügen. Aus Gl. (10.165) folgt dann

$$n = \left[1 + \mathrm{i}\,\frac{\omega_{\mathrm{p}}^2}{\omega\Gamma}\right]^{1/2} \approx 1 + \frac{1}{2}\,\mathrm{i}\,\frac{\omega_{\mathrm{p}}^2}{\omega\Gamma}, \tag{10.168}$$

wobei Glieder höherer Ordnung vernachlässigt wurden. Somit ist

$$k = n\,\frac{\omega}{c} = \frac{\omega}{c} + \mathrm{i}\,\frac{1}{2}\,\frac{\omega_{\mathrm{p}}^2}{c\Gamma} = \frac{\omega}{c} + \frac{\mathrm{i}}{2\epsilon_0 c}\,\sigma_{\mathrm{ge}}. \tag{10.169}$$

Hier wurden nach dem letzten Gleichheitszeichen die Gln. (10.166) und (10.158) berücksichtigt. Der Realteil von k ist wie im Vakuum gleich ω/c. Der Imaginärteil ist viel kleiner als der Realteil; er stellt eine exponentielle Schwächung einer laufenden ebenen Welle dar. Die mittlere Schwächungslänge ist groß im Vergleich zu einer Wellenlänge. Die *Intensität* der ebenen Welle ist dem Absolutbetrag des Quadrats der komplexen Amplitude proportional. Sie unterliegt daher mit wachsender Entfernung einer exponentiellen Abschwächung um den Faktor $\exp(-2k_{\mathrm{I}}z)$, wobei k_{I} der Imaginärteil von k ist. Die Entfernung $d \equiv (2k_{\mathrm{I}})^{-1}$, nach der die Intensität auf $1/\mathrm{e}$ abgenommen hat, ergibt sich aus Gl. (10.169)

$$\frac{1}{d} \equiv 2k_{\mathrm{I}} = \frac{1}{\epsilon_0 c}\,\sigma_{\mathrm{ge}}, \quad \text{i.e.,} \quad \frac{\rho_{\mathrm{ge}}}{d} = c\mu_0. \tag{10.170}$$

Der „Flächenwiderstand" einer aus einem dünnen resistiven Medium bestehenden quadratischen Platte der Dicke d und der Kantenlänge l ist gleich dem Gleichstromwiderstand, dividiert durch d. Nach Gl. (10.170) ist das gleich $c\mu_0 = 377\ \Omega$ pro Flächenteil. Sie werden sich erinnern, daß $377\ \Omega$ auch die charakteristische Impedanz für „idealen Abschluß" einer elektromagnetischen Planwelle ist (siehe Kapitel 5). Natürlich wird die Welle nicht schon nach einer einzigen Schwächungslänge d, sondern erst allmählich absorbiert; sie wird jedoch praktisch überhaupt nicht reflektiert.

Da der Realteil von n im wesentlichen gleich Eins und der Imaginärteil klein gegen Eins ist, ist die reflektierte Teilintensität einer aus dem Vakuum senkrecht einfallenden Planwelle genauer durch

$$|R|^2 = \frac{(n_{\mathrm{R}} - 1)^2 + n_{\mathrm{I}}^2}{(n_{\mathrm{R}} + 1)^2 + n_{\mathrm{I}}^2} \approx \frac{0 + n_{\mathrm{I}}^2}{2^2 + n_{\mathrm{I}}^2} \approx \frac{n_{\mathrm{I}}^2}{4} \ll 1 \tag{10.171}$$

gegeben. Mit den Gln. (10.168) und (10.170) wird daraus

$$|R|^2 \approx \frac{1}{16}\left(\frac{\omega_{\mathrm{p}}^2}{\omega\Gamma}\right)^2 = \left(\frac{\lambda\!\!\!^{-}}{4d}\right)^2 \ll 1. \tag{10.172}$$

Die Größe $\lambda\!\!\!^{-} \equiv C/\omega$ bezeichnet man als „reduzierte" Wellenlänge im Vakuum.

Fall 2: *Das „dichte resistive Medium".* Dies bedeutet

$$\omega \ll \Gamma, \qquad \omega \ll \omega_{\mathrm{p}}, \qquad \omega\Gamma \ll \omega_{\mathrm{p}}^2 \tag{10.173}$$

Nach Gl. (10.165) ist n^2 hier im wesentlichen rein imaginär. Beim Ziehen der Quadratwurzel aus n^2 benutzen wir die Beziehung, daß die Quadratwurzel aus i gleich $[\exp(\mathrm{i}\,\frac{1}{2}\pi)]^{1/2} = \exp(\mathrm{i}\,\frac{1}{4}\pi)$, also gleich $2^{-(1/2)}(1+\mathrm{i})$ ist. Dann ist

$$n = \left[\mathrm{i}\,\frac{\omega_{\mathrm{p}}^2}{\omega\Gamma}\right]^{1/2} = \left(\frac{\omega_{\mathrm{p}}^2}{2\omega\Gamma}\right)^{1/2}(1+\mathrm{i}) = |n|\,\frac{(1+\mathrm{i})}{\sqrt{2}} \tag{10.174}$$

und

$$k = n\,\frac{\omega}{c} = \sqrt{\frac{\omega}{c}}\left(\frac{\omega_p^2}{2c\Gamma}\right)^{1/2}(1+i)$$

$$= \sqrt{\frac{\omega}{c}}\left(\frac{2\pi\sigma_{ge}}{c}\right)^{1/2}(1+i). \qquad (10.175)$$

Real- und Imaginärteil von k sind also gleich groß. Jeder dieser Teile ist groß gegen den Vakuumwert von k (also gegen ω/c). Die mittlere Eindringtiefe k_I^{-1} für die Amplitude ist klein im Vergleich zur Vakuumwellenlänge. Eine aus dem Vakuum auf ein dichtes resistives Medium auftreffende ebene Welle wird also praktisch ohne Absorption reflektiert, weil die Eindringtiefe so gering ist, daß relativ wenige Ladungen überhaupt etwas vom elektrischen Feld zu spüren bekommen. Diejenigen Ladungen, die etwas davon merken, sind auf ihrer Endgeschwindigkeit und mit E_x in Phase, absorbieren also Energie. Ihre Anzahl ist jedoch so gering, daß ihnen die Welle ohne merklichen Intensitätsverlust „entschlüpft".

Genauer ist die Teilintensität durch

$$|R|^2 = \frac{(n_R-1)^2+n_I^2}{(n_R+1)^2+n_I^2} \approx \frac{|n|^2-2n_R}{|n|^2+2n_R}$$

$$= \frac{|n|^2-\sqrt{2}\,|n|}{|n|^2+\sqrt{2}\,|n|} \approx 1-\frac{2\sqrt{2}}{|n|}$$

$$= 1-2\sqrt{2}\left(\frac{\omega\Gamma}{\omega_p^2}\right)^{1/2} \qquad (10.176)$$

gegeben. Somit gilt also $|R|^2 \approx 1$, da $\omega\Gamma \ll \omega_p^2$.

Die Schwächungslänge $d \equiv (2k_I)^{-1}$ für die Intensität folgt aus

$$d = ƛ\sqrt{\frac{\omega\Gamma}{2\omega_p^2}} \ll ƛ.$$

Obwohl d klein gegen die Wellenlänge ist, ist es doch um den Faktor $(ƛ/2d)$ größer als die Dicke, aus der für Gleichstrom 377 Ω pro Flächeneinheit folgt. Die Impedanz ist also klein im Vergleich zu derjenigen Impedanz, die idealen Abschluß ergibt. Das ist der Grund, warum E_x bei Reflexion auch das Vorzeichen wechselt.

Wir sehen, daß zwischen einem dünnen und einem dichten resistiven Medium ein großer qualitativer Unterschied besteht. Ein dünnes resistives Medium ist im wesentlichen „schwarz". Es absorbiert fast vollständig. Im Gegensatz dazu wirkt ein dichtes resistives Medium wie eine „Anhäufung" einer sehr geringen Impedanz. Es reflektiert fast vollständig.

Zum Schluß müssen wir uns noch erinnern, daß unsere anschaulichen Begriffe nur Namen für die in den Ungleichungen (10.167) und (10.173) ausgedrückten Zustände sind. Die wichtige Tatsache, daß ein gegebener Leiter verschiedene, frequenzabhängige Eigenschaften haben kann, ist darin nicht berücksichtigt. Nach Gl. (10.173) verhält sich z.B. jeder Leiter wie ein dichtes resistives Medium, wenn ω genügend klein ist. Andererseits kann ein Leiter bei keiner Frequenz ein dünnes resistives Medium sein, wenn nicht $\Gamma \gg \omega_p$. Ist diese Bedingung erfüllt, so verhält sich der Leiter nur in dem durch Gl. (10.167) gegebenen Frequenzbereich wie ein dünnes resistives Medium.

Der rein elastische Frequenzbereich. Gl. (10.154) ist die Bewegungsgleichung für eine alleinstehende durchschnittliche Ladung. Für komplexe Zeitabhängigkeit $\exp(-i\omega t)$ wird aus dieser Gleichung

$$-i\omega\dot{x} + \Gamma\dot{x} = \frac{Q}{m}E_x. \qquad (10.177)$$

Im obigen behandelten rein resistiven Frequenzbereich konnte ω gegenüber Γ vernachlässigt werden. Im *rein elastischen* Frequenzbereich ist ω sehr groß gegen Γ, es gilt also

$$\dot{x} = \frac{iQ}{\omega m}E_x, \quad \omega \gg \Gamma. \qquad (10.178)$$

Die Geschwindigkeit ist dann gegen die Kraft um 90° phasenverschoben, so daß während einer Periode keine Arbeit an der Ladung verrichtet wird. Es existiert keine Absorption. Die komplexe Leitfähigkeit ist eine rein imaginäre Größe und (mit Gl. (10.178)) durch

$$J_x = nQ\dot{x} = i\,\frac{nQ^2}{\omega m}E_x \equiv \sigma(\omega)\,E_x$$

gegeben, d.h.

$$\sigma(\omega) = i\,\frac{nQ^2}{\omega m}, \quad \omega \gg \Gamma \qquad (10.179)$$

(siehe auch Gl. (10.162), wobei $\omega\Gamma$ gegen ω^2 zu vernachlässigen ist).

Das Quadrat des komplexen Brechungsindex ist gleich

$$n^2 = 1+\chi = 1-\frac{nQ^2}{\epsilon_0 m\omega^2} = 1-\frac{\omega_p^2}{\omega^2}, \quad \omega \gg \Gamma. \qquad (10.180)$$

Es gibt zwei qualitativ verschiedene, rein elastische Frequenzbereiche:

Fall 1: *Der dispersive Frequenzbereich.* Das bedeutet

$$\Gamma \ll \omega_p \ll \omega. \qquad (10.181)$$

Aus Gl. (10.180) folgt dann

$$0 \leqslant n^2 < 1, \qquad (10.182)$$

also

$$0 \leqslant n < 1. \qquad (10.183)$$

Im dispersiven Frequenzbereich eines Leiters ist also sein Brechungsindex n reell und liegt zwischen Null und Eins. Das Medium ist durchsichtig. Es gibt keine Absorption. Die Phasengeschwindigkeit ist größer als c. Die reflektierte Teilintensität ist gleich $(n-1)^2/(n+1)^2$.

Fall 2: *Der reaktive Frequenzbereich.* Das bedeutet

$$\Gamma \ll \omega \ll \omega_p . \qquad (10.184)$$

Aus Gl. (10.180) folgt

$$-\frac{\omega_p^2}{\Gamma^2} \ll n^2 \ll 0 . \qquad (10.185)$$

Also ist n^2 negativ und n somit rein imaginär:

$$n = \mathrm{i}\,|n| = \mathrm{i}\left[\frac{\omega_p^2}{\omega^2} - 1\right]^{1/2}$$

und

$$k = n\,\frac{\omega}{c} = \mathrm{i}\,\frac{\omega}{c}\,|n| = \mathrm{i}\,|k| .$$

Eine ebene Welle in einem reaktiven Medium hat die Form

$$E_x = [A^+ \mathrm{e}^{-|k|z} + A^- \mathrm{e}^{+|k|z}]\,\mathrm{e}^{-\mathrm{i}\omega t}.$$

Erstreckt sich das Medium bis $z = +\infty$, so ist A^- gleich Null. Eine aus dem Vakuum auf ein solches Medium auftreffende ebene Welle muß also vollkommen und ohne Absorption reflektiert werden. Die reflektierte Teilintensität folgt genauer aus

$$|R|^2 = \frac{(n_R - 1)^2 + n_I^2}{(n_R + 1)^2 + n_I^2} \approx \frac{1 + n_I^2}{1 + n_I^2} = 1 .$$

Im Haupttext wurde die Behandlung des komplexen Brechungsindex und komplexer Wellenzahlen k vermieden, da dort keine absorbierenden Medien besprochen wurden. Für den reaktiven Frequenzbereich wurde anstelle des Absolutbetrages $|k|$ des komplexen k das Symbol κ benutzt. Im dispersiven Bereich wurde k verwendet. Dies entspricht dem hier verwendeten komplexen k, wenn es reell ist.

Überblick über die Eigenschaften der Leiter. Wir können nun die Eigenschaften eines beliebigen Leiters zusammenfassen (soweit unser einfaches Modell anwendbar ist):

1. Bei genügend niedriger Frequenz ist jeder Leiter ein dichtes resistives Medium. Die Reflexion ist praktisch vollständig, die Absorption sehr gering.
2. Bei genügend hoher Frequenz ist jeder Leiter ein dispergierendes Medium. Er ist dann durchsichtig.

Die Leiter können grob in drei Klassen eingeteilt werden, je nach dem Verhältnis von Γ (Rate, mit der die Endgeschwindigkeit erreicht wird) zur Plasmafrequenz ω_p.

1. Ein Leiter mit $\Gamma \gg \omega_p$ besitzt einen Frequenzbereich, in dem er ein dünnes resistives Medium ist. In diesem Bereich kann er eine Welle ohne Reflexion absorbieren. Ein solcher Leiter hat keinen rein reaktiven Frequenzbereich. Daher kann bei keiner Frequenz vollständige Reflexion auftreten.
2. Ein Leiter mit $\Gamma \ll \omega_p$ besitzt einen Frequenzbereich, für den er ein rein reaktives Medium ist. In diesem Bereich reflektiert er vollständig ohne Absorption. Er verhält sich in keinem Frequenzbereich wie ein dünnes resistives Medium. Er kann daher auch keine ebene Welle ohne Reflexion absorbieren.
3. Ein Leiter mit $\Gamma \approx \omega_p$ ist in keinem Frequenzbereich ein dünnes resistives Medium oder ein rein reaktives Medium. Er hat aber natürlich immer noch die allgemeine Eigenschaft, für genügend niedrige ω ein dichtes resistives und für genügend hohe ω ein durchsichtiges Medium zu sein.

• **Anwendungsbeispiele**: *1. Festes Silber.* Angenommen, festes Silber läßt sich durch unser einfaches Modell angenähert beschreiben. Die beweglichen Ladungen sind „Leitungselektronen", die von den „Valenzelektronen" der Silberatome zur Verfügung gestellt werden. Die Wertigkeit ist Eins, die relative Atommasse ist 107,9 g/Mol, die Dichte ist 10500 kg/m^3. Die Avogadrosche Zahl ist $6 \cdot 10^{23}$ pro Mol. Somit ist n gleich $6 \cdot 10^{23} \cdot 10500/107{,}9 = 5{,}8 \cdot 10^{25}$. Sind m und Q die Masse bzw. Ladung eines freien Elektrons, so ist

$$\omega_p = \sqrt{\frac{ne^2}{\epsilon_0\, m}} = 1{,}36 \cdot 10^{16}\ \mathrm{rad/s}.$$

Der spezifische Gleichstromwiderstand ρ_{Gl} beträgt $1{,}59 \cdot 10^{-8}$ Ωm. Die Anwachsrate Γ bis zur Endgeschwindigkeit ist dann

$$\Gamma = \frac{ne^2}{m\sigma_{Gl}} = \epsilon_0\, \omega_p^2\, \rho_{Gl} = 2{,}7 \cdot 10^{13}\ \mathrm{s}^{-1}.$$

Für festes Silber gilt also $\Gamma \ll \omega_p$. Für $\omega \ll 2{,}7 \cdot 10^{13}$ rad/s ist Silber nach unserem Modell ein dichtes resistives Medium. (Das trifft z. B. für Mikrowellen zu.) Für $\omega \gg 2{,}7 \cdot 10^{13}$ rad/s ist Silber rein elastisch. Im rein elastischen Bereich mit $\omega < 1{,}36 \cdot 10^{16}$ rad/s ist es rein reaktiv. (In diesen Bereich fällt auch das sichtbare Licht.) Im rein elastischen Bereich mit $\omega > 1{,}36 \cdot 10^{16}$ rad/s ist es durchsichtig. (Das ist der kurzwellige Ultraviolett- und Röntgenbereich.) Wirkliches Silber stimmt natürlich nicht vollkommen mit diesem Modell überein. (Wir haben z. B. die Beiträge von den „gebundenen" Elektronen vernachlässigt.) •

• *2. Graphit.* Wir nehmen an: Wertigkeit 4, Dichte 2000 kg/m^3, relative Atommasse 12 g/Mol. Unser einfaches Modell gibt dann

$$\omega_p = 0{,}36 \cdot 10^{17}\ \mathrm{rad/s}.$$

Der spezifische Gleichstromwiderstand ρ_{Gl} ist $1{,}38 \cdot 10^{-5}$ Ωm. Daraus folgt

$$\Gamma = 1{,}6 \cdot 10^{17}\ \mathrm{s}^{-1}.$$

Für $\omega \ll 1{,}6 \cdot 10^{17}$ rad/s ist Graphit rein resistiv, wie sich aus dem Modell ergibt. Für $\omega \ll 8 \cdot 10^{15}$ rad/s ist er ein dichtes resistives Medium. Für $8 \cdot 10^{15} \ll \omega \ll 1{,}6 \cdot 10^{17}$ ist er ein dünnes resistives Medium. Da dieser Frequenzbereich nur um den Faktor 20 variiert, können nicht beide Ungleichungen gleich gut erfüllt sein; Graphit ist also bei keiner Frequenz besonders dünn und daher auch bei keiner Frequenz „vollkommen schwarz". Graphit hat keinen reaktiven Frequenzbereich. Nach dem Modell ist er für $\omega \gg 1{,}6 \cdot 10^{17}$ durchsichtig.

Wir wollen nun das Reflexionsvemögen $|R|^2$ von idealisiertem Graphit für sichtbares Licht vorhersagen. Für grünes Licht der Vakuum-Wellenlänge 550 nm ist

$$\omega = 2 \cdot 3{,}14 \cdot 3 \cdot 10^8/5{,}5 \cdot 10^{-7} = 3{,}42 \cdot 10^{15}\ \text{rad/s}.$$

Das liegt nicht im „dichten resistiven" Frequenzbereich, der durch $\omega \ll 8 \cdot 10^{15}$ gegeben ist. Daher erwarten wir auch keine nahezu 100%ige Reflexion. Wir erwarten aber auch keine extrem geringe Reflexion. Wir haben

$$n^2 = \epsilon = \epsilon_R + i\epsilon_I,$$

$$\epsilon_R = 1 + \frac{\omega_p^2(\omega_0^2 - \omega^2)}{(\omega_0^2 - \omega^2)^2 + \Gamma^2\omega^2} = 1 - \frac{\omega_p^2}{\omega^2 + \Gamma^2}$$

$$= 1 - \frac{36^2}{3{,}42^2 + 160^2} = 0{,}951$$

$$\epsilon_I = \frac{\omega_p^2\,\Gamma\omega}{(\omega_0^2 - \omega^2)^2 + \Gamma^2\omega^2} = \frac{\omega_p^2(\Gamma/\omega)}{\omega^2 + \Gamma^2}$$

$$= \frac{160}{3{,}42}\,\frac{36^2}{3{,}42^2 + 160^2} = 2{,}36$$

$$n^2 = 0{,}951 + 2{,}36\,i = 2{,}55 \exp i\varphi,$$

wobei

$$\varphi = \arctan\frac{2{,}36}{0{,}951} \approx 68^\circ$$

Somit ist

$$n = \sqrt{2{,}55}\,\exp(i\,\tfrac{1}{2}\varphi) = 1{,}60(\cos 34^\circ + i\sin 34^\circ)$$

$$= 1{,}33 + i\,0{,}90$$

und

$$|R|^2 = \frac{(n_R - 1)^2 + n_I^2}{(n_R + 1)^2 + n_I^2} = \frac{0{,}33^2 + 0{,}90^2}{2{,}33^2 + 0{,}90^2} = 0{,}15.$$

Dem Modell zufolge reflektiert also eine polierte Graphitplatte ungefähr 15 % der Intensität von senkrecht einfallendem, sichtbarem grünem Licht.

A.1. Die Taylor-Reihe

Wir nehmen an, $f(x)$ lasse sich als unendliche Reihe der Form

$$f(x) = c_0 + c_1(x - x_0) + c_2(x - x_0)^2 + c_3(x - x_0)^3 + \dots \quad \text{(A.1)}$$

schreiben; c_0, $c_1 \dots$ sind dabei Konstanten. Man sagt dann, $f(x)$ wird im Punkt x_0 „entwickelt". Um c_0 zu finden, setzen wir $x = x_0$; dann verschwinden alle Glieder auf der rechten Seite mit Ausnahme des ersten. Somit ist also $c_0 = f(x_0)$. Um c_1 zu finden, differenzieren wir Gl. (A.1) nach x und setzen wieder $x = x_0$. Alle Glieder, mit Ausnahme des Gliedes mit c_1, verschwinden; daraus finden wir $c_1 = (df/dx)_0$, wobei der untere Index Null bedeutet, daß df/dx an der Stelle $x = x_0$ zu nehmen ist. Ebenso ist

$$(d^m f/dx^m)_0 = m!\,c_m \quad \text{(A.2)}$$

und Gl. (A.1) wird zu

$$f(x) = f(x_0) + (x - x_0)\left(\frac{df}{dx}\right)_0 + \frac{(x - x_0)^2}{2!}\left(\frac{d^2 f}{dx^2}\right)_0 + \frac{(x - x_0)^3}{3!}\left(\frac{d^3 f}{dx^3}\right)_0 + \dots \quad \text{(A.3)}$$

A.2. Häufig gebrauchte Reihen

sin x und cos x. Wir verwenden $d(\sin x)/dx = \cos x$, $d(\cos x)/dx = -\sin x$, $\cos(0) = 1$, $\sin(0) = 0$ und $x_0 = 0$ in Gl. (A.3) und erhalten

$$\sin x = x - \frac{x^3}{3!} + \frac{x^5}{5!} - .. \quad \text{(A.4)}$$

$$\cos x = 1 - \frac{x^2}{2!} + \frac{x^4}{4!} - \dots \quad \text{(A.5)}$$

Exponentialfunktion e^{ax}. Wir verwenden in Gl. (A.3) $d(e^{ax})/dx = a e^{ax}$, $e^0 = 1$ und $x_0 = 0$ und erhalten

$$e^{ax} = 1 + ax + \frac{a^2x^2}{2!} + \frac{a^3x^3}{3!} + \frac{a^4x^4}{4!} + \dots. \quad \text{(A.6)}$$

sinh x und cosh x. Diese Funktionen lassen sich durch $d(\sinh x/dx) = \cosh x$, $d(\cosh x)/dx = \sinh x$, $\sinh(0) = 0$, $\cosh(0) = 1$ und Gl. (A.3) mit $x_0 = 0$ definieren; man erhält

$$\sinh x = x + \frac{x^3}{3!} + \frac{x^5}{5!} + \dots, \quad \text{(A.7)}$$

$$\cosh x = 1 + \frac{x^2}{2!} + \frac{x^4}{4!} + \dots. \quad \text{(A.8)}$$

Beziehungen zwischen der Exponentialfunktion und anderen Funktionen. Setzt man in Gl. (A.6) $a = +1$ bzw. $a = -1$ und vergleicht mit den Gln. (A.7) und (A.8), so erhält man

$$e^x = \cosh x + \sinh x, \quad \text{(A.9)}$$

$$e^{-x} = \cosh x - \sinh x; \quad \text{(A.10)}$$

diese Beziehungen können aufgelöst werden und ergeben dann

$$\cosh x = \frac{e^x + e^{-x}}{2}, \quad \text{(A.11)}$$

$$\sinh x = \frac{e^x - e^{-x}}{2}. \quad \text{(A.12)}$$

Setzen wir $a = +i \equiv +\sqrt{-1}$ in Gl. (A.6) ein, so finden wir

$$e^{ix} = 1 + ix - \frac{x^2}{2!} - \frac{ix^3}{3!} + \frac{x^4}{4!} + \frac{ix^5}{5!} - \frac{x^6}{6!} + \dots. \quad \text{(A.13)}$$

Ebenso erhält man mit $a = -i$ aus Gl. (A.6)

$$e^{-ix} = 1 - ix - \frac{x^2}{2!} + \frac{ix^3}{3!} + \frac{x^4}{4!} - \frac{ix^5}{5!} - \frac{x^6}{6!} + \dots. \quad \text{(A.14)}$$

Durch Addition bzw. Subtraktion der Gln. (A.13) und (A.14) und Vergleich mit den Gln. (A.4) und (A.5) ergibt sich:

$$\frac{e^{ix} + e^{-ix}}{2} = \cos x, \quad \text{(A.15)}$$

$$\frac{e^{ix} - e^{-ix}}{2i} = \sin x; \quad \text{(A.16)}$$

nach Auflösung folgt

$$e^{ix} = \cos x + i \sin x, \quad \text{(A.17)}$$

$$e^{-ix} = \cos x - i \sin x. \quad \text{(A.18)}$$

tan x. Wir benutzen

$\tan x = \sin x/\cos x$,

$d(\sin x)/dx = \cos x$ und

$d(\cos x)/dx = -\sin x$

und finden

$d(\tan x)/dx = (\cos x)^{-2}$,

$d^2(\tan x)/dx^2 = 2 \sin x (\cos x)^{-3}$,

$d^3(\tan x)/dx^3 = 2(\cos x)^{-2} - 6 \sin^2 x (\cos x)^{-4}$,

usw. Dann setzen wir in Gl. (A.3) $x_0 = 0$ und erhalten

$$\tan x = x + \frac{x^3}{3} + \frac{2x^5}{15} + \dots. \quad \text{(A.19)}$$

Binomialreihe $(1 + x)^n$. Wir benutzen

$d(1 + x)^n/dx = n(1 + x)^{n-1}$,

$d^2(1 + x)^n/dx^2 = n(n - 1)(1 + x)^{n-2}$,

$d^3(1 + x)^n/dx^3 = n(n - 1)(n - 2)(1 + x)^{n-3}$

usw., und Gl. (A.3) mit $x_0 = 0$. Dann ergibt sich

$$(1 + x)^n = 1 + nx + \frac{n(n - 1)x^2}{2!} + \frac{n(n - 1)(n - 2)x^3}{3!} + \dots. \quad \text{(A.20)}$$

Die Gl. (A.20) gilt für beliebiges positives oder negatives n; sie gilt ebenfalls für beliebiges positives oder negatives x, wenn x der Bedingung $x^2 < 1$ genügt.

A.3. Überlagerung harmonischer Funktionen

Bei Wellenerscheinungen begegnet man häufig den folgenden Überlagerungen von N harmonischen Funktionen:

$$u(t) = \cos\omega_1 t + \cos(\omega_1 + \alpha)t + \cos(\omega_1 + 2\alpha)t + \ldots + \cos[\omega_1 + (N-1)\alpha]t; \quad (A.21)$$

$$u(z) = \cos kz + \cos(kz + \beta) + \cos(kz + 2\beta) + \ldots + \cos[kz + (N-1)\beta]. \quad (A.22)$$

Beide haben die Form

$$u = \cos\theta_1 + \cos(\theta_1 + \gamma) + \cos(\theta_1 + 2\gamma) + \ldots + \cos[\theta_1 + (N-1)\gamma]. \quad (A.23)$$

Wir suchen nun einen bequemen Ausdruck für Gl. (A.23). Dabei bemerken wir, daß wir u als Realteil einer Größe v schreiben können; diese Größe ist gleich

$$v = e^{i\theta_1} + e^{i(\theta_1+\gamma)} + e^{i(\theta_1+2\gamma)} + \ldots + e^{i[\theta_1+(N-1)\gamma]} = e^{i\theta_1} S, \quad (A.24)$$

S ist hier eine geometrische Reihe mit N Gliedern:

$$S = 1 + a + a^2 + a^3 + \ldots + a^{N-1}, \quad \text{mit} \quad a = e^{i\gamma}. \quad (A.25)$$

Zunächst multiplizieren wir S mit a. Dann subtrahieren wir S gliedweise von aS und erhalten

$$aS - S = a^N - 1, \quad (A.26)$$

d.h.

$$S = \frac{a^N - 1}{a - 1} = \frac{e^{iN\gamma} - 1}{e^{i\gamma} - 1} = \frac{e^{(1/2)iN\gamma}}{e^{(1/2)i\gamma}} \frac{(e^{(1/2)iN\gamma} - e^{-(1/2)iN\gamma})}{(e^{(1/2)i\gamma} - e^{-(1/2)i\gamma})} = e^{(1/2)i(N-1)\gamma} \frac{\sin\frac{1}{2}N\gamma}{\sin\frac{1}{2}\gamma}. \quad (A.27)$$

Beim letzten Rechenschritt haben wir Gl. (A.16) benutzt. Durch Einsetzen von Gl. (A.27) in Gl. (A.24) erhalten wir

$$v = e^{i[\theta_1 + (1/2)(N-1)\gamma]} \frac{\sin\frac{1}{2}N\gamma}{\sin\frac{1}{2}\gamma}. \quad (A.28)$$

Der Realteil davon liefert uns das gewünschte Ergebnis:

$$u = \cos[\theta_1 + \tfrac{1}{2}(N-1)\gamma] \frac{\sin\frac{1}{2}N\gamma}{\sin\frac{1}{2}\gamma}. \quad (A.29)$$

Diese Gleichung läßt sich in eine andere nützliche Form bringen. In Gl. (A.23) ist θ_1 das Argument des ersten Gliedes; das Argument θ_2 des letzten Gliedes ist

$$\theta_2 \equiv \theta_1 + (N-1)\gamma. \quad (A.30)$$

Das Mittel aus dem ersten und dem letzten Argument (also aus θ_1 und θ_2) ist dann

$$\theta_{mit} \equiv \tfrac{1}{2}(\theta_1 + \theta_2) = \tfrac{1}{2}\theta_1 + \tfrac{1}{2}\theta_1 + \tfrac{1}{2}(N-1)\gamma. \quad (A.31)$$

Der erste Faktor in Gl. (A.29) ist also gerade gleich $\cos\theta_{mit}$. Damit und unter Berücksichtigung der Gleichung $\gamma = (\theta_2 - \theta_1)/(N-i)$ (siehe Gl. (A.30)) schreiben wir Gl. (A.29) in der Form

$$u = \cos\theta_{mit} \frac{\sin[\frac{1}{2}N(\theta_2 - \theta_1)/(N-1)]}{\sin[\frac{1}{2}(\theta_2 - \theta_1)/(N-1)]}. \quad (A.32)$$

Gl. (A.29) zeigt deutlich den Zuwachs γ zwischen den Argumenten der aufeinanderfolgenden Glieder der Summe in Gl. (A.23). Die Gln. (A.32) und (A.29) sind äquivalent, doch sind der erste und der letzte Beitrag sowie deren Mittel aus Gl. (A.32) besser ersichtlich. Beachten Sie, daß θ_{mit} eine harmonische Schwingung darstellt. Ihre Form ist dieselbe wie die der einzelnen Glieder in Gl. (A.32); anstelle der Amplitude Eins hat sie jedoch die Amplitude $A(\theta_1, \theta_2, N)$, die durch den Ausdruck

$$A(\theta_1, \theta_2, N) = \frac{\sin[\frac{1}{2}N(\theta_2 - \theta_1)/(N-1)]}{\sin[\frac{1}{2}(\theta_2 - \theta_1)/(N-1)]} \quad (A.33)$$

gegeben ist. Unser Resultat lautet also kurz

$$u = A(\theta_1, \theta_2, N)\cos\theta_{mit}. \quad (A.34)$$

Bei zeitlichen Schwingungen (Gl. (A.21)) entspricht $N = 2$ einer „Schwebung", bei räumlicher Schwingung (Gl. (A.22)) entspricht dieser Fall dem Doppelspalt-Interferenzmuster. Größeres N gibt bei zeitlichen Schwingungen „Modulationen", die im Grenzfall $N \to \infty$ ein „pulsierendes" Verhalten von $u(t)$ bewirken. Bei räumlichen Schwingungen ergibt größeres N das Mehrspalt-Interferenzmuster, und im Grenzfall $N \to \infty$ erhält man das Interferenzmuster eines viele Wellenlängen breiten Einzelspalts.

A.4. Vektoridentitäten

Wir verwenden die Buchstaben A, B und C für skalare Funktionen von x, y und z, also für $A(x,y,z)$, $B(x,y,z)$ und $C(x,y,z)$. Analog verwenden wir $\mathbf{A}$, $\mathbf{B}$ und $\mathbf{C}$ für Vektorfunktionen von x, y und z. Das Symbol $\mathbf{A}$ bedeutet also $\hat{\mathbf{x}}A_x(x,y,z) + \hat{\mathbf{y}}A_y(x,y,z) + \hat{\mathbf{z}}A_z(x,y,z)$, wobei $\hat{\mathbf{x}}$, $\hat{\mathbf{y}}$ und $\hat{\mathbf{z}}$ Einheitsvektoren sind. Wir wollen nun lernen, wie man mit dem Nabla-Operator ∇, der sowohl ein Vektor als auch ein Operator für einmalige Differentiation ist, umgeht. Der Trick dabei ist, die Gleichungen, in denen der Nabla-Operator steht, so zu schreiben, daß sowohl die Vektoreigenschaft als auch die Differentiation zur Geltung kommen. Z.B. kommt in

$$\nabla(AB) = (\nabla A)B + A(\nabla B) = B\nabla A + A\nabla B \quad (A.35)$$

das erste Gleichheitszeichen von der Produktregel der Differentiation: Zuerst wird B und dann A konstant gehalten. Nach dem zweiten Gleichheitszeichen werden die Klammern beseitigt, da die Differentiation des Nabla-Operators laut Übereinkunft nur das betrifft, was rechts vom Operator steht. Wir schreiben einstweilen symbolisch ∇_a, wenn die Differentiation nur $\mathbf{A}$ (oder A) betrifft, bzw. ∇_b, wenn der Nabla-Operator nur auf **B** (oder B) wirken soll. Auf diese Weise sind wir sicher, daß wir die Produktregel einhalten. Dann vertauschen wir die Operatoren und Vektoren so, daß Größen, die nicht differenziert werden sollen, auf der linken Seite des Nabla-Operators „in Sicherheit" sind, wobei wir aber dafür sorgen müssen, daß wir die Vektorregeln nicht verletzen. Zum Schluß lassen wir die Indizes weg. So ist

$$\nabla(AB) = \nabla_a(AB) + \nabla_b(AB) = B\,\nabla_a A + A\nabla_b B$$

$$= B\,\nabla A + A\nabla B \tag{A.36}$$

und ebenso

$$\nabla\times(\mathbf{A}B) = \nabla_a\times(\mathbf{A}B) + \nabla_b\times(\mathbf{A}B)$$

$$= B\,\nabla_a\times\mathbf{A} - \mathbf{A}\times\nabla_b B = B\,\nabla\times\mathbf{A} - \mathbf{A}\times\nabla B. \tag{A.37}$$

Mit etwas Übung brauchen Sie dann die Zwischenschritte nicht mehr mitzuschreiben.

Wir wollen nun eine Identität für $\nabla\times(\nabla\times\mathbf{C})$ ableiten. Wir setzen die Identität

$$\mathbf{A}\times(\mathbf{B}\times\mathbf{C}) = \mathbf{B}(\mathbf{A}\cdot\mathbf{C}) - \mathbf{C}(\mathbf{A}\cdot\mathbf{B}) \tag{A.38a}$$

$$= \mathbf{B}(\mathbf{A}\cdot\mathbf{C}) - (\mathbf{A}\cdot\mathbf{B})\,\mathbf{C} \tag{A.38b}$$

als bekannt voraus. Wir können diese Regel anwenden, wenn wir sowohl für **A** als auch für **B** den Nabla-Operator setzen. Wir müssen jedoch beide Nabla-Operatoren auf der linken Seite von **C** halten, weil beide auf **C** wirken sollen. Wir können daher Gl. (A.38a) nicht benutzen, sondern müssen Gl. (A.38b) verwenden. Damit erhalten wir

$$\nabla\times(\nabla\times\mathbf{C}) = \nabla(\nabla\cdot\mathbf{C}) - (\nabla\cdot\nabla)\,\mathbf{C}. \tag{A.39}$$

In Komponenten nach x, y und z lautet Gl. (A.39)

$$[\nabla\times(\nabla\times\mathbf{C})]_x = \frac{\partial(\nabla\cdot\mathbf{C})}{\partial x} - \nabla^2 C_x, \tag{A.40}$$

mit analogen Ausdrücken für y und z; dabei ist

$$\nabla^2 \equiv \frac{\partial^2}{\partial x^2} + \frac{\partial^2}{\partial y^2} + \frac{\partial^2}{\partial z^2}. \tag{A.41}$$

Sachwortverzeichnis

Das elektromagnetische Spektrum

Bennennung der elektromagnetischen Strahlung	praktische Einheiten[1]		Größenordnung		
	λ	$\hbar\nu$, ν, ν/c	λ cm	ν Hz	$\hbar\nu$ eV
Bremsstrahlung (maximale Energie) von					
Elektronen-Linearbeschleuniger Stanford	0,067 F	18 G eV	10^{-16}	10^{24}	10^{10}
typisches Elektron-Synchrotron	4 F	300 M eV	10^{-15}	10^{23}	10^{9}
Gammastrahlen					
Zerfall des neutralen pi-Mesons $\pi^\circ \rightarrow 2\gamma$	19 F	67 M eV	10^{-14}	10^{22}	10^{8}
Abregung eines angeregten Kerns	100 F	10 M eV	10^{-13}	10^{21}	10^{7}
	10^{-2} nm	100 k eV	10^{-11}	10^{19}	10^{5}
Röntgenstrahlen (angeregte Atome) oder Elektronenbremsstrahlung	10 nm	100 eV	10^{-8}	10^{16}	10^{2}
Ultraviolettes Licht (angeregte Atome)					
Sichtbares Licht, Sichtbarkeitsgrenze bei Dunkelblau	390 nm	2,5 eV	10^{-7}	10^{15}	10^{1}
blaues Licht einer Quecksilberdampf-Straßenlampe	435,8 nm	22,940 cm^{-1}			
grünes Licht einer Quecksilberdampf-Straßenlampe	546,1 nm	18,310 cm^{-1}			
gelbes Licht einer Quecksilberdampf-Straßenlampe	577,0 nm	17,330 cm^{-1}			
rotes Licht eines Neon-Lasers	632,8 nm	15,800 cm^{-1}			
Sichtbares Licht, Sichtbarkeitsgrenze bei Dunkelrot	760 nm	1,6 eV	10^{-6}	10^{14}	10^{0}
Infrarot					
vorherrschende Wärmestrahlung ($h\nu \approx 3\,kT$) von					
Sonnenoberfläche ($T \approx 6000$ K)	1 μm	1 eV	10^{-6}	10^{14}	10^{0}
Zimmertemperatur ($T \approx 300$ K)	20 μm	15,000 GHz	10^{-5}	10^{13}	10^{-1}
der Entstehung des Universums her (3 K)	2 mm	150 GHz	10^{-3}	10^{11}	10^{-2}
Mikrowellen und Radiowellen					
Ammoniakuhr	1,5 cm	20 GHz	10^{-2}	10^{10}	10^{-3}
Radar (S-Band)	10 cm	3 GHz	10^{-1}	10^{9}	10^{-4}
Linie des interstellaren Wasserstoffs	21 cm	1,5 GHz	10^{-1}	10^{9}	10^{-4}
UHF-Fernseh-Trägerfrequenzen[2]	37 cm	800 MHz	10^{-1}	10^{9}	10^{-4}
	75 cm	400 MHz	10^{0}	10^{8}	10^{-5}
gewöhnliche Fernseh-Trägerfrequenzen (VHF)[2]	1,5 … 5,5 m	210 … 55 MHz	10^{0}	10^{8}	10^{-5}
Trägerfrequenz des kommerziellen UKW-Rundfunks (VHF)[2]	2,8 … 3,4 m	108 … 88 MHz	10^{0}	10^{8}	10^{-5}
Amateurfunkbänder (HF)[2]	10 m	30 MHz	10^{1}	10^{7}	10^{-6}
	100 m	3 MHz	10^{2}	10^{6}	10^{-7}
Trägerfrequenzen des kommerziellen MW-Rundfunks (MF)[2]	200 m	1500 k Hz	10^{2}	10^{6}	10^{-7}
	600 m	500 k Hz	10^{3}	10^{5}	10^{-8}
Hörfrequenzen (VLF)[2]	10 km	30 k Hz	10^{4}	10^{4}	10^{-9}
	10^{4} km[3]	30 Hz	10^{7}	10^{1}	10^{-12}